PHYSIOLOGIE UND PATHOPHYSIOLOGIE DER ATMUNG

VON

P. H. ROSSIER · A. BÜHLMANN · K. WIESINGER

ZWEITE
VERBESSERTE UND ERWEITERTE AUFLAGE

MIT 95 ABBILDUNGEN

SPRINGER-VERLAG
BERLIN · GÖTTINGEN · HEIDELBERG
1958

ISBN-13: 978-3-642-87857-2   e-ISBN-13: 978-3-642-87856-5
DOI: 10.1007/978-3-642-87856-5

BRÜHLSCHE UNIVERSITÄTSDRUCKEREI GIESSEN

Vorwort zur zweiten Auflage

Die erste Auflage dieser Monographie war nach wenig länger als einem Jahr vergriffen, was das Bedürfnis einer zusammenfassenden Darstellung der Lungenpathophysiologie in deutscher Sprache demonstriert. Die zweite Auflage gibt uns nicht nur Gelegenheit, Korrekturen und Verbesserungen anzubringen, es war auch möglich, einige Kapitel entsprechend den Fortschritten der letzten Jahre zu vervollständigen und die Anzahl der Abbildungen zu vermehren. Insbesondere konnten die Probleme der Atemmechanik ausführlicher besprochen sowie die Ergebnisse eigener Untersuchungen dargestellt werden. Die Beschreibung der Lungeninsuffizienz berücksichtigt jetzt nicht nur vorwiegend spirometrische und blutgasanalytische Befunde sowie die Verhältnisse im Lungenkreislauf, sondern auch die verschiedenen Möglichkeiten einer gestörten Atemmechanik. Diese neuen Studien wurden durch den Schweizerischen Nationalfonds und die Gertrud-Ruegg-Stiftung finanziell unterstützt, bei der Durchführung und Auswertung dieser Untersuchungen sind wir insbesondere Herrn Dr. BEHN zu Dank verpflichtet. Herr Dr. PIRCHER stand uns auch für die zweite Auflage beratend zur Verfügung, ihm und den Herren Prof. BARTELS, Dr. HERTZ, Dr. LUCHSINGER, Dr. SCHERRER und Prof. WYSS verdanken wir eine Reihe wichtiger Anregungen.

Leider hat die von der deutschen Gesellschaft für innere Medizin 1956 eingesetzte Kommission für die Einführung einer neuen Nomenklatur und Symbolik ihre Arbeiten noch nicht beendet, deshalb werden in dieser Auflage noch die alten Symbole für Formeln und Tabellen angewandt, doch ist dafür Sorge getragen, daß möglichst keine Verwechslungen oder Unklarheiten entstehen können.

Wir haben uns auch bemüht, das Literaturverzeichnis mit den neuen sowie mit älteren wichtigen Arbeiten zu vervollständigen, was durch den von Herrn Dr. BATES gegründeten "Respiratory Reprint Club" erleichtert wurde.

Es bleibt unser Bestreben, eine in sich geschlossene Darstellung der komplizierten Pathophysiologie der Atmung und ihrer Grenzgebiete unter möglichster Berücksichtigung der umfangreichen Literatur, vor allem aber der eigenen experimentellen und klinischen Erfahrung zu geben. Wir hoffen, daß die zweite Auflage die gleiche gute Aufnahme finden möge wie die erste.

Zürich, im Frühjahr 1958

P. H. ROSSIER   A. BÜHLMANN

Vorwort zur ersten Auflage

Im Jahre 1928 begann einer von uns mit Untersuchungen des Säure-Basen-Gleichgewichtes und der Atemgase im arteriellen und venösen Blut. Diese Untersuchungen wurden von Professor L. MICHAUD gefördert und in der Medizinischen Universitätsklinik Lausanne gemeinsam mit Dr. phil. MERCIER durchgeführt. Die Arbeiten von L. J. HENDERSON und L. DAUTREBANDE zeigten eindrücklich, daß nur eine gemeinsame Untersuchung des Säure-Basen-Gleichgewichtes und der Lungenfunktion weiterführen konnte, so daß letztere in das Studium mit einbezogen werden mußte. Diese Forderung wurde in Zusammenarbeit mit Dr. MÉAN, der von 1938—1944 das Lungenfunktionslaboratorium der Medizinischen Universitätspoliklinik in Zürich leitete, erfüllt. Während dieser Jahre gelang die Synthese zwischen den Befunden der arteriellen Blutgasanalyse und denen der Spirometrie, die eine neue Klassifikation der Lungeninsuffizienz auf einer pathophysiologischen Grundlage ermöglichte. Von 1944—1948 leitete Privatdozent Dr. WIESINGER dieses Laboratorium, er verunglückte, während dieses Buch geschrieben wurde, vor wenigen Monaten als Militärpilot tödlich. Wir verlieren mit ihm einen treuen Freund und Mitarbeiter, der für die Entwicklung der Lungenfunktionsprüfung als klinische Untersuchungsmethode und den Fortschritt unserer Kenntnisse der Pathophysiologie der Atmung entscheidende Bedeutung hatte. Privatdozent Dr. MAIER und Frau Dr. HEGGLIN-VOLKMANN führten bei uns 1947 den Herzkatheterismus ein, der in den letzten Jahren für das Studium der Lungenfunktion immer wichtiger wurde. Die Bewältigung einer umfangreichen experimentellen Arbeit war nur dank zahlreicher Mitarbeiter möglich, von denen wir insbesondere Dr. BUCHER, MEILI, HOTZ, KÄLIN, LUCHSINGER und SCHAUB erwähnen wollen.

Ohne das Wohlwollen unserer Kollegen in den verschiedenen Züricher Universitätskliniken, Professor BRUNNER, FANCONI, HELD, LÖFFLER, KRAYENBÜHL und RUEDI, wäre es uns aber nie möglich gewesen, ein derartig vielseitiges Untersuchungsmaterial zu sammeln, insbesondere den Privatdozenten Dr. ROSSI und GROB sind wir für ihre Anregungen und die Überlassung von interessanten Beobachtungen dankbar.

Es schien uns unmöglich, ein Buch über die Pathophysiologie der Atmung zu schreiben, ohne die normale Physiologie zu berücksichtigen. Wir wollen damit nicht die Fachphysiologen konkurrenzieren, doch ist uns im europäischen Schrifttum kein Buch bekannt, daß alle für das Verständnis der Pathophysiologie notwendigen Details der normalen Physiologie zusammenfassend darstellt. Die Kapitel zur normalen Physiologie der Atmung, wie auch der methodische Teil dieses Buches, wurden von dem Physiologen Dr. PIRCHER vom Fliegerärztlichen Institut in Dübendorf (Zürich) maßgeblich beeinflußt, dem wir für seine Mitarbeit zu größtem Dank verpflichtet sind.

Es ist heute nicht mehr möglich, die gesamte Literatur über die Lungenfunktion und Atemphysiologie zu übersehen, geschweige denn in einem Buch zu verarbeiten und zu zitieren, wir haben uns deshalb für dieses Buch auf die uns bekannten und am wichtigsten erscheinenden Arbeiten beschränkt. Eine ausführliche Literaturzusammenstellung findet sich in unserem Kapitel „Pathophysiologie der Atmung" im ersten Lungenband der Neuauflage des Handbuches der inneren Medizin.

Unsere Arbeit wurde finanziell unterstützt durch die Hermann Kurz-Stiftung, die Stiftung für wissenschaftliche Forschung an der Universität Zürich und vor allem durch die Züricher Arbeitsgemeinschaft zur Erforschung und Bekämpfung der Silikose in der Schweiz mit ihrem Präsidenten Professor SCHINZ. Auch dem Springer-Verlag sind wir für die Übernahme des Buches und seine großzügige Ausstattung zu großem Dank verpflichtet.

Unter Pathophysiologie verstehen wir die funktionelle Anpassung an ungewöhnliche und krankhafte Bedingungen. Bei vielen Anpassungsmechanismen spielt der Zeitfaktor eine große Rolle, der z. B. im „akuten Tierversuch" gar nicht oder nur ungenügend zur Geltung kommt. Dieser Zeitfaktor führt zu funktionellen Verhältnissen, wie sie nur am kranken Menschen studiert werden können. Trotz schwerster anatomischer Läsionen findet der Organismus eine Möglichkeit, weiter zu leben. Er entwickelt damit eine neue, seinem Zustand gemäße „Physiologie", die wir als Pathophysiologie bezeichnen, und wir hoffen, die Pathophysiologie der Atmung dem Leser dieses Buches interessant und vertraut zu machen.

Zürich, im Dezember 1955

P. H. ROSSIER   A. BÜHLMANN

Inhaltsverzeichnis

Historische Einführung

Die Pathophysiologie der Atmung fand nur langsam und mit Mühe Eingang in das ärztliche Denken. Sie ist für den „klinisch" denkenden Arzt mit einer schweren Hypothek belastet, nämlich mit Abstraktion und Mathematik, sie irritiert diejenigen, denen nur das Konkrete und Palpable etwas sagt. Wenn der Physiologe von Alveolen spricht, so verbindet er mit demselben Wort nicht das gleiche wie der Anatom, er denkt weniger an eine bestimmte histologische Struktur, sondern an den Ort des Gasaustausches. Der respiratorische Totraum ist für ihn nicht einfach das Volumen der Atemwege, sondern er stellt einen rein funktionellen Begriff dar, dessen Volumen allerdings in engen Beziehungen zu dem der Luftwege steht. Die alveoläre Ventilation ist für den Pathophysiologen nicht einfach die Belüftung bestimmter Lungenteile im anatomischen Sinne, sondern eine mathematische Abstraktion, die sich aus einem ausgeschiedenen Gasvolumen und einer Änderung der Gaskonzentration während der Ausscheidung ergibt. Der anscheinend rein anatomische Begriff der Alveolarmembran enthält für den Physiologen einen dynamischen Faktor, nämlich die Kontaktzeit des durch die Alveolarcapillaren fließenden Blutes mit der Alveolarluft. Will sich der Arzt mit der Pathophysiologie der Atmung — das gleiche gilt übrigens auch für den Kreislauf — beschäftigen, so muß er sich ein mathematisches Denken aneignen, das während seiner klinischen Ausbildung gar nicht geschult wurde. Unser heutiges ärztliches Denken wird immer noch von der Morphologie dominiert, obwohl bereits VIRCHOW eine pathologische Physiologie bei der Entwicklung der Cellularpathologie berücksichtigte, was aber unter dem Eindruck der großen Erfolge der pathologischen Anatomie zu wenig beachtet wurde. Trotz der großen Vorläufer einer funktionellen Medizin wie CLAUDE BERNARD, KREHL, v. MÜLLER u. a. haben wir Schwierigkeiten, uns von der alten Denkweise zu lösen und frei von fixen anatomischen Vorstellungen zu diskutieren.

Die geschichtliche Entwicklung der Lungenfunktionsprüfung ist in dieser Beziehung sehr aufschlußreich. DAVY interessierte sich bereits 1800 für die Lungenfunktion und führte die noch heute angewandte Wasserstoffmethode zur Bestimmung der Residualluft ein. HUTCHINSON erfand 1846 das Spirometer und definierte die Vitalkapazität als einen wichtigen funktionellen Begriff. Die Spirometrie hat somit eine mehr als 100jährige Tradition. PAUL BERT wies 1878 auf die Bedeutung der Gasspannungen für die Atemphysiologie hin, ohne daß seine Zeit die fundamentale Bedeutung dieser Konzeption für die Physiologie und Pathophysiologie der Atmung erkannt hätte. Gegen Ende des 19. Jahrhunderts beschäftigen sich zwei deutsche Autoren, ZUNTZ und LOEWY mit Atemphysiologie und untersuchten insbesondere den Totraum.

Die Basis der modernen Physiologie und Pathophysiologie der Atmung wurde jedoch erst zu Beginn unseres Jahrhunderts durch die Arbeiten zweier Engländer, HALDANE und BARCROFT und zweier Skandinavier, BOHR und KROGH, geschaffen. Auf diese Autoren gehen die Physiologie der alveolären Gasspannungen, des Totraumes, der Gasdiffusion durch die Alveolarmembran und die Gesetzmäßigkeiten der Bindung und gegenseitigen Beeinflussung der Atemgase im Blut zurück. Doch hatten bereits diese Forscher über einige grundlegende Fragen heftige Auseinandersetzungen. HALDANE wie auch BOHR vertraten die Sekretionstheorie der

Sauerstoffaufnahme durch die Lunge, während KROGH und BARCROFT die Diffusionstheorie, die schließlich allgemein angenommen wurde, propagierten. Die Ironie der Geschichte will es, daß ausgerechnet eine Formel von BOHR noch heute die mathematische Grundlage für die Berechnung der physikalischen Gasdiffusion in der Lunge gibt. Eine andere Auseinandersetzung zwischen KROGH und HALDANE betrifft den Totraum. Für KROGH handelte es sich dabei um ein auch unter ganz verschiedenen Bedingungen der Lungentätigkeit praktisch unveränderliches Volumen. HALDANE hielt den Totraum für eine ausgesprochen funktionelle und variable Größe. Während Jahrzehnten hat die Auffassung von KROGH vorgeherrscht, heute setzt sich die Betrachtungsweise HALDANEs durch. 1912 führte HÜRTER die Arterienpunktion ein, die einen wesentlichen Fortschritt für das Studium der Lungenfunktion ermöglicht hätte. Doch wurde die Bedeutung dieser Methode vollständig übersehen und fand in Europa erst den nach Arbeiten des Amerikaners STADIE (1919) Beachtung. Wenn somit auch bereits vor dem 1. Weltkrieg die wichtigsten Methoden zum Studium der Lungenfunktion sowie die physiologischen Grundlagen bekannt waren, fanden sie doch bei den Klinikern kein Interesse. SIEBECK (1910—1911) stellt mit seinen Untersuchungen über den Totraum beim Emphysem die große Ausnahme dar.

Mit Kriegsende und in den ersten Friedensjahren erschienen meist von amerikanischen Autoren eine Reihe sehr wichtiger Arbeiten, deren Bedeutung nun auch in der Klinik allgemein erkannt wurde. VAN SLYKE mit seinen Mitarbeitern studierte systematisch das Säure-Basen-Gleichgewicht, und L. J. HENDERSON versuchte als erster eine mathematische Beschreibung der Atemgase im Blut und die nomographische Darstellung der physiko-chemischen Gesetzmäßigkeiten zu entwickeln. STADIE griff die Frage der Cyanose als ein wichtiges klinisches Symptom auf, ein Problem, das später von LUNDSGAARD und VAN SLYKE befriedigend gelöst werden sollte. In den gleichen Jahren begannen sich auch deutsche Kliniker mit der Pathophysiologie der Atmung zu beschäftigen. BRAUER, KNIPPING, HERMANNSEN, ANTHONY u. a. begründeten eine Schule, die großen Erfolg haben sollte. Die Einführung der Lungenfunktionsprüfung als klinische Untersuchungsmethode ist in Europa vor allem diesen Autoren zu verdanken. BRAUER schlug 1932 eine erste praktisch anwendbare Klassifikation der verschiedenen Formen der Lungeninsuffizienz vor und beschrieb als besondere Form die „Pneumonose", deren Existenz erst während der letzten Jahre sicher nachweisbar geworden ist. Leider verließ die Mehrzahl der deutschen Autoren den so erfolgversprechenden Weg der gleichzeitigen Untersuchung der arteriellen Blutgase und der Ventilation und entwickelten nur die Spirometrie in der Vorstellung, aus einem „spirographischen Sauerstoffdefizit" auf die arterielle Sauerstoffsättigung rückschließen zu können.

Während die deutschen Autoren die Volumetrie mittels Verbesserung der Spirometerapparaturen sowie die Untersuchung in Ruhe und bei körperlicher Arbeit weiterentwickelten, folgten MEAKINS und DAVIS sowie DAUTREBANDE der angelsächsischen Tradition und analysierten die Alveolarluft und das arterielle Blut. MEAKINS und DAVIES veröffentlichten 1925 und DAUTREBANDE 1930 ihre noch heute lesenswerten Monographien. Die Untersuchungen der Physiologen all dieser Jahre betrafen vorwiegend die nervöse Steuerung der Atmung (HESS, FLEISCH, GESELL, GRAY, LOESCHKE) und Fragen der spezifischen Erregbarkeit der Atemzentren, was weniger direkte Bedeutung für die Klinik hatte.

Als der zweite Weltkrieg ausbrach, hatte die Lungenfunktionsprüfung in der Klinik festen Fuß gefaßt, wenn sie auch nur an wenigen Universitätszentren studiert wurde. Mit den sprunghaften Fortschritten der Lungen- und Herzchirurgie erhielt sie plötzlich große praktische Bedeutung. Die mathematische

Verknüpfung zwischen den Befunden der arteriellen Blutgasanalyse und denen der Spirometrie erwies sich als der nächste große Schritt für das Studium der alveolären Gasspannungen und des Totraumes, da sich die direkte Alveolarluftanalyse als für die Klinik viel zu umständlich und in pathologischen Fällen zu ungenau erwiesen hatte. ROSSIER und MÉAN (1942—1946) sowie amerikanische Autoren, RILEY u. Mitarb. (1946) publizierten fast gleichzeitig und voneinander unabhängig die „Alveolarformeln", die die gewünschte Synthese darstellten und auf der Erkenntnis beruhen, daß die arterielle Kohlensäurespannung, von Ausnahmefällen abgesehen, der alveolären gleichgesetzt werden kann.

Mit dieser Kombination, die sowohl in Ruhe als auch bei Arbeit anwendbar ist, wurden das Studium einer detaillierten Pathophysiologie der Atmung in der Klinik ermöglicht und die Grundlagen einer neuen Klassifikation der Lungenfunktionsstörungen gegeben. Das Problem der Diffusionsstörung blieb offen, es wurde von amerikanischen Autoren (LILIENTHAL u. Mitarb. 1946, RILEY u. Mitarb. 1951) einer Lösung nähergebracht. Will man diese Frage lösen, so darf man die Lungenfunktion nicht nur von der ventilatorischen Seite her betrachten, man muß auch die Lungendurchblutung berücksichtigen. COURNAND hat u. W. als erster diese Notwendigkeit erkannt, den bereits 1929 von FORSSMANN beschriebenen und angewandten — aber in Europa vollständig unbeachtet gebliebenen — Herzkatherismus 1941 als Routineuntersuchung in die Klinik eingeführt und die Resultate der Untersuchung der Lungenventilation, der arteriellen Blutgase mit denen des Herzkatheterismus kombiniert. Von EULER und LILJESTRAND zeigten 1946 im Tierversuch den Einfluß der alveolären Gasspannungen auf die Lungendurchblutung, und MOTLEY, COURNAND u. Mitarb. bewiesen bereits 1947, daß es auch beim Menschen im Hypoxieversuch zu einem Druckanstieg in der Art. pulmonalis kommt.

Damit war der Zeitpunkt gekommen, die komplexe Pathophysiologie des Cor pulmonale abzuklären, was bei gleichzeitiger Untersuchung der Lungenfunktion und der Hämodynamik des Lungenkreislaufes möglich ist. BÜHLMANN u. Mitarb. gaben 1953 eine Klassifikation der verschiedenen Formen der pulmonalen Hypertonie unter Berücksichtigung der Lungenfunktion an und stellten dabei als Ursache der häufigsten Diffusionsstörungen eine verminderte Kontaktzeit zwischen Alveolarluft und Capillarblut in den Vordergrund. Die Ätiologie des chronischen Cor pulmonale konnte in zwei Haupttypen — alveoläre Hypoventilation und eingeschränkte capilläre Strombahn—, die sich durch entsprechende Untersuchungen sicher differenzieren lassen, unterteilt werden (ROSSIER und BÜHLMANN 1954). Heute ist eine getrennte Betrachtungsweise von Lungenventilation und Lungendurchblutung kaum noch denkbar.

Seit einigen Jahren zielen die Bemühungen auf eine Kombination dieser „kardiopulmonalen" Pathophysiologie mit der der Atemmechanik. Die ersten Untersuchungen zur Atemmechanik stammen von ROHRER (1915). VAN NEERGAARD und WIRZ (1927) führten entsprechende Methoden in die Klinik ein. Diese Arbeiten wurden weitergeführt von CHRISTIE (1934), BAYLISS und ROBERTSON (1939), VUILLEUMIER (1939—1944), OTIS u. Mitarb. (1950), MEAD und WHITTENBERGER (1955) sowie NOELPP u. Mitarb. und WYSS u. Mitarb. (1951—1955). Die Abklärung der Dyspnoe als subjektives Symptom ist ein wesentliches Problem der Untersuchungen zur Atemmechanik in der Klinik. Im Vordergrund stehen die Relationen zwischen Dyspnoe und Atemarbeit sowie die Bestimmung der Faktoren, die die Atemarbeit pathologisch vergrößern.

Dieser kurze Abriß soll den Wandel der Probleme und der Betrachtungsweisen im Laufe der Jahrzehnte zeigen. Dank den Bemühungen mehrerer Forschergenerationen kann man die Lunge als dasjenige Organ bezeichnen, dessen Funktion

heute in der Klinik am genauesten untersucht werden kann. Dies ist aber nicht nur
das Ergebnis immer feinerer Untersuchungsmethoden und besserer Apparaturen,
sondern auch die Frucht einer der naturwissenschaftlichen Grundlage der Medizin
entsprechenden, in der Klinik aber noch nicht allgemein üblichen, mathematisch
orientierten Denkweise.

A. Die normale Physiologie der Atmung

Die grundlegende Konzeption unserer Lungenfunktionsprüfung und der Einteilung der pathologischen Störungen soll die Atmung als Ganzes erfassen unter
Berücksichtigung der Wechselwirkungen zwischen Ventilation und Gasaustausch
in der Lunge, Gastransport mit dem Blut, Lungendurchblutung und nervöse
Steuerung dieser Vorgänge. Wir geben deshalb vorerst einen Überblick über die
physiologischen Grundlagen der Atmung, wobei der Stoff in 5 Hauptabschnitte,
die Lungenatmung im engeren Sinne, der Transport der Atemgase mit dem Blut,
der Übertritt der Atemgase aus den Lungenalveolen in das Blut, die nervöse
Steuerung der Atmung und die Gewebeatmung gegliedert wird. Ein 6. und 7. Abschnitt behandeln die funktionellen Grundlagen der Cyanose und Dyspnoe.

I. Die Lungenatmung

In diesem Kapitel fassen wir alle jene Vorgänge zusammen, die mit dem
Wechsel der Gase in den Lungen zusammenhängen, also die eigentliche Ventilation
als Ergebnis der mechanischen Atemvorgänge und die Durchmischung der Gase
in den Lungen als Resultat von Strömung und Diffusion.

1. Die Atemmechanik

Der pulmonale Atemmechanismus ist vergleichbar mit einer Kolbenpumpe,
die über ein einziges Ein- und Auslaßrohr verfügt.

a) Anatomie und Bewegungsmechanismus von Lunge und Thorax

Die Wirbelsäule bildet mit ihrer relativ geringen Beweglichkeit den Fixpunkt
der Atembewegungen. Sie ist die Ursache dafür, daß sich die Atembewegungen
nicht gleichmäßig über die ganze Lunge verteilen können. Eine Vergrößerung
des Tiefen-Durchmessers wird durch Heben der Rippen und des Brustbeins
bewerkstelligt, wodurch vor allem eine Entfaltung der vorderen Lungenpartien
zustandekommt. Das Zwerchfell führt eine Volumenänderung der Lungen in
Richtung der Längsachse des Körpers herbei. Die basalen Lungenpartien werden
hierdurch wesentlich stärker betroffen als die von den Rippen eng umschlossenen
oberen Teile. Die Veränderungen des Querdurchmessers des Thorax durch das
Aufstellen der Rippen wirkt sich noch am gleichmäßigsten auf die Volumenänderung der Lungen aus, obschon auch hier die unteren Partien bevorzugt sind.

KEITH hat 1908 die Einwirkung der Thoraxbewegungen auf die verschiedenen
Lungendurchmesser einem eingehenden Studium unterzogen. Die erste Rippe
ist durch die Mm. scaleni einigermaßen fixiert. Jede weitere Rippe hebt sich
durch Aktion der Mm. intercostales externi gegenüber der darüberliegenden,
so daß auf diese Weise das Sternum nach vorne bewegt und gehoben wird. Das
Manubrium sterni ist aber mit der ersten Rippe ziemlich fest verbunden und führt
bei der Inspiration eine leichte Drehbewegung in der Articulatio manubrio-
sternalis aus. Die Bewegung der ersten 6 Rippen erfolgt als Drehung um eine
Achse, welche durch den Rippenhals geht. Dieser ganze Mechanismus vergrößert
den Tiefendurchmesser des Thorax.

Von der 7. Rippe an ändert sich die Bewegung, weil die Drehachse sich in die anterio-posteriore Richtung verlagert, so daß sie durch die Tuberositas costae und das Sternum verläuft. Die 7.—10. Rippe werden dadurch vor allem gegen außen aufgestellt, was zu einer Verbreiterung des Thorax bei der Einatmung führt.

Die zwei untersten Rippen liefern Ansatzstellen für die Abdominalmuskulatur, die als Antagonist des Zwerchfells dem System der Ausatmung zugehört. Das Zwerchfell ist allein für fast zwei Drittel des gesamten Inspirationsvolumens verantwortlich. Es weist seine größte Beweglichkeit in den dorsalen Kuppenbezirken auf. Da diese vor allem von den Unterlappen bedeckt sind, wirken sich die Zwerchfellbewegungen auf die Unterlappen am stärksten aus.

Die Beschreibung der Thoraxbewegung bei der Atmung läßt erkennen, daß es Lungenbezirke gibt, welche primär nur in geringem Maße erfaßt werden. Solche Partien sind vor allem längs der Wirbelsäule und dem Mediastinum gelegen. Man kann in der Lunge drei strukturale Zonen unterscheiden: Das Zentrum mit den großen Bronchien, Gefäßen und den Lymphknoten ist nur wenig dehnbar. Die peripheren Gebiete, welche fast nur aus Lungenlobuli bestehen, sind dagegen sehr ausdehnungsfähig. Zwischen beiden Zonen liegt eine Schicht, die infolge der radiär ausstrahlenden Bindegewebssepten, Bronchien und Gefäße eine gewisse Rigidität aufweist, zugleich aber auch dank der dazwischenliegenden Lungenläppchen über eine nicht unerhebliche Elastizität verfügt.

Bei der Inspiration bewegt sich die Lungenwurzel nach vorn und unten. Das Spannungssystem der Bronchien und Gefäße, welches vom Hilus radiär ausstrahlt, gestaltet die Lungen zu einer mechanischen Einheit, ohne die eine einigermaßen homogene Durchlüftung nicht möglich wäre. Die Röntgenkinematographie, verbunden mit der Bronchographie gestattet, diese Verhältnisse intra vitam darzustellen.

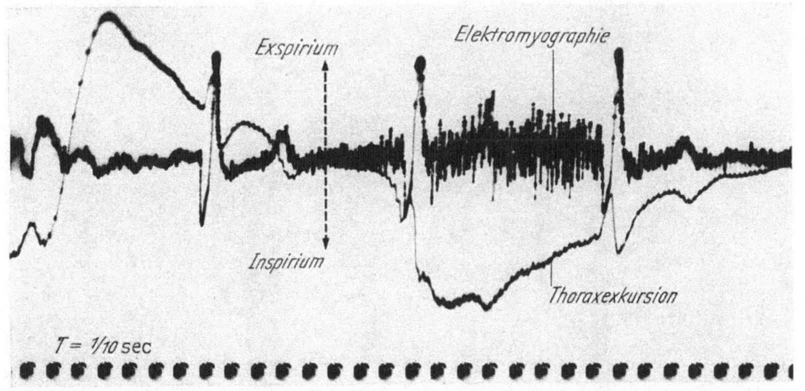

Abb. 1 a—c. Elektromyogramme mit simultaner Thorakographie oder Pneumotachographie
a. M. pectoralis major und Thorakogramm (Infratonpulsschreiber mit interferrierendem EKG)

Unter dem Gesichtspunkt der Lungenmechanik offenbart sich der Sinn der Aufteilung der Lungen in verschiedene Lappen, denn nur eine solche Gliederung gewährleistet eine Verschiebung der einzelnen Abschnitte gegeneinander, was in Anbetracht der einwirkenden Kräfte notwendig ist. Es erscheint auch ohne weiteres verständlich, daß eine krankhafte Veränderung der parietalen und visceralen Reibflächen die Entfaltung der Lungen wesentlich zu beeinträchtigen vermag. Verwachsungen und Schwarten führen deshalb nicht selten zu einer ungleichmäßigen Ventilation und damit zum patho-physiologischen Bild der Partialinsuffizienz.

Während die normale Inspiration von den Mm. intercostales externi, den Mm. levatores costae und vom Zwerchfell allein bewerkstelligt wird, treten bei Atemsteigerung akzessorische Inspirationsmuskeln in Aktion, wie M. pectoralis major, M. serratus lateralis, M. lattissimus dorsi, M. scalenus und M. sterno-cleido-mastoideus.

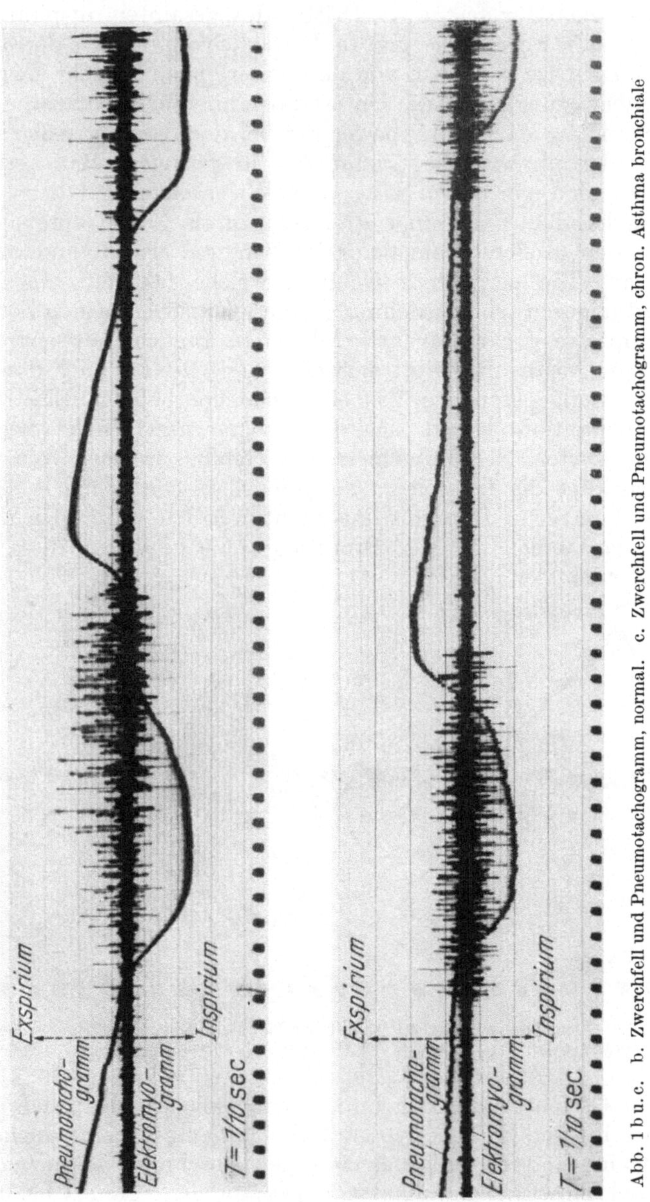

Abb. 1 b u.c.　b. Zwerchfell und Pneumotachogramm, normal.　c. Zwerchfell und Pneumotachogramm, chron. Asthma bronchiale

Während die Einatmung einen aktiven Vorgang darstellt, erfolgt die normale Ausatmung fast ausschließlich passiv. Der durch die Inspiration entgegen der Schwerkraft gehobene Thorax wird durch diese Kraft sowohl im Stehen als auch im Liegen in Richtung der Exspiration bewegt. Eine noch wichtigere Rolle spielt die Elastizität des Thorax und der Lunge. Durch die Einatmung werden elastische Elemente gespannt, die nach Aufhören des inspiratorischen Muskelzuges eine Rückkehr zur Ausgangslage bewirken. Es leuchtet deshalb auch ohne weiteres ein, daß ein Verlust von elastischen Elementen, wie wir ihn beim Emphysem kennen, zu einer Verschlechterung der Ausatmung führen muß.

Nur bei der forcierten Ausatmung treten exspiratorische Muskeln in Aktion, unter denen die Abdominal- und Lumbalmuskeln sowie die Mm. intercostales interni, die Mm. subcostales und der M. transversus thoracis zu nennen sind. Die Funktionsweise der abdominalen Muskeln ist doppelter Art, indem sie durch Zug an den untersten Rippen und am Sternum den anterio-posterioren Durchmesser des Thorax verkleinern und durch Druck auf den Bauchinhalt das Zwerchfell nach oben wölben, was eine Verkleinerung des Längsdurchmessers der Lunge zur Folge hat. Das Zwerchfell bleibt während der Exspiration passiv.

b) Beziehungen von Druck, Energie und Arbeit bei der Atmung

Die anatomischen Verhältnisse und der Bewegungsablauf bilden die Grundlage für das Studium der eigentlichen Atemmechanik. Hierfür ist es zweckmäßig, den Atemapparat als Luftpumpe darzustellen. Die Funktionsweise einer Luftpumpe kann am besten durch ihre Druck-Volumen-Beziehungen beschrieben werden, weshalb es notwendig ist, am System Thorax-Lunge die Druck- und Volumenverhältnisse an geeigneten Stellen zu untersuchen.

Da der Pleuraspalt normalerweise keine Luft enthält, sondern durch eine capilläre Flüssigkeitsschicht vollständig ausgefüllt ist, folgt die Lunge bei der Inspiration der Ausdehnung des Thorax. In das hierdurch vergrößerte Volumen strömt von außen Luft in die Lunge nach. Der Dehnung der Lunge wirken 4 Kräfte entgegen:

1. *Die Eigenelastizität des Lungengewebes* hat die Tendenz, die Lunge auf ein kleines Volumen zusammenzuziehen. Das Minimalvolumen, welches man bei geöffnetem Thorax findet, nennt man Kollapsvolumen. P_{el} ist der zur Überwindung dieser elastischen Kraft des Lungengewebes notwendige Druck.

2. Die eindringende Luft hat in den zuführenden Luftwegen einen *Strömungswiderstand* zu überwinden. Den Druck, der zur Überwindung dieses Strömungswiderstandes aufgewendet werden muß, nennen wir P_{RL}, wobei sich das „L" auf Luft bezieht.

3. Die inneren *Reibungs- und Deformationswiderstände* der Lunge spielen bereits normalerweise eine gewisse Rolle. Sie erlangen in pathologischen Fällen größere Bedeutung. Ihr Symbol ist P_{RG}, wobei sich „G" auf das Gewebe bezieht.

4. Weniger wichtig ist der *Trägheitswiderstand*, den die Gewebe- und Luftmassen jeder Bewegungsänderung entgegensetzen. Wir nennen die Kraft, welche diesem Widerstand entgegenwirkt P_M, wobei „M" für die Masse steht.

Da alle diese Kräfte an einem Volumen angreifen, drückt man sie mit Vorteil durch die entsprechenden Drucke aus:

$$P = \frac{K}{F} \qquad \text{(Druck = Kraft pro Flächeneinheit)}$$

$$V = F \cdot W \qquad \text{(Volumen = Fläche mal Weg)}$$

also $\quad P = \dfrac{K \cdot W}{V} \quad$ oder $\quad P \cdot V = K \cdot W.$

Da Kraft mal Weg Arbeit (A) ist, können wir auch schreiben:

$$A = P \cdot V \qquad \text{(Arbeit = Druck mal Volumen)}.$$

Auf diese Beziehungen werden wir später noch eingehen. Vorerst wollen wir uns jedoch mit den Drucken auseinandersetzen, die wir auf atmosphärischen Druck beziehen, so daß alle Drucke, die geringer sind, mit einem negativen Vorzeichen versehen werden.

Die Kräfte, welche die Lunge dehnen, müssen gleich groß sein, wie die ihnen entgegenwirkenden Widerstände. Diese Kräfte greifen an der Lungenoberfläche an, und lassen sich deshalb im Pleuraspalt messen. Der Druck im Pleuraspalt (P_{PL}) ist gleich der Summe der vier genannten Widerstände:

$$P_{Pl} = -P_{el} + P_{RL} + P_{RG} + P_M. \tag{1}$$

Der Trägheitswiderstand der zu bewegenden Massen kann ohne großen Fehler gegenüber den anderen beiden Widerständen vernachlässigt werden. Die gesamten Reibungs- und Deformationswiderstände von Luft und Gewebe werden zusammengefaßt als P_R bezeichnet, so daß die Gleichung vereinfacht wird:

$$P_{Pl} = -P_{el} + P_R. \tag{1a}$$

c) Der Pleuradruck]

Während des Atmencyclus ändert sich der Druck im Pleuraspalt dauernd, so daß man von einem *dynamischen Pleuradruck* spricht. Beim Gesunden ist er unter normalen Atembedingungen stets negativ. Bei forcierter Ausatmung steigt er vorübergehend leicht über den atmosphärischen Druck an. Er kann direkt durch Pleurapunktion mit geeigneten Manometern gemessen und registriert werden. Wie ROSENTHAL bereits 1880 dargelegt hat, läßt sich die Pleurapunktion umgehen, indem der Druck im Oesophagus gemessen wird. Dies ist statthaft, weil der Oesophagus den gleichen Kräften ausgesetzt ist wie der Pleuraspalt.

d) Der elastische Lungendruck

Der elastische Lungendruck (P_{el}) ist derjenige Druck, den die Lunge infolge ihrer Elastizität auf das in ihr enthaltene Luftvolumen ausübt. Er ist infolgedessen abhängig vom Dehnungszustand der Lunge. Definitionsgemäß nimmt er für die Kollapslunge den Wert Null an. Bei Dehnung der Lunge steigt er mit dem Volumen an, wobei dieser Anstieg in den mittleren Atemlagen praktisch linear verläuft.

DONDERS hat diese Druck-Volumen-Beziehung an der Leichenlunge untersucht, und für den *Elastizitätsfaktor* $\dfrac{\Delta P_{el}}{\Delta V}$ den Wert von 4,5 (K_{el} Luft) cm Wassersäule pro Liter Luft gefunden. BAYLISS und ROBERTSON nennen diesen Faktor *Elastance*. MEAD und WHITTENBERGER benützen den reziproken Wert, den sie *Compliance* nennen. Nach den Messungen von DONDERS beträgt er beim Lungengesunden 0,22, was heißen will, daß mit einem Druck von 1 cm Wassersäule 0,22 l in die Lunge eingefüllt werden. Die ersten Messungen in vivo führten v. NEERGAARD und WIRZ (1927) bei einem Tuberkulose- und einem Emphysem-Patienten aus, wobei sie Werte von 0,13 bzw. 0,18 fanden. Neuere Messungen von OTIS, RAHN und FENN (1946) und von MEAD und WHITTENBERGER (1953) ergaben Werte, die gut mit denjenigen von DONDERS übereinstimmen.

Für die Messung des elastischen Druckes der Lungen in vivo bedient man sich der Gl. (1). Beim Phasenwechsel zwischen In- und Exspiration stehen Luftströmung und Gewebsbewegung für einen Augenblick still. In diesem Moment werden alle dynamischen Widerstände (P_{RL}, P_{RG}, P_M) gleich null, und es bleibt einzig der elastische Widerstand übrig. Die Gl. (1) vereinfacht sich dann zu dem Ausdruck:

$$P_{PL} = - P_{el} \; (\dot{V} = 0).\tag{1b}$$

$\dot{V}$ ist das Symbol für den Durchfluß pro Zeiteinheit. Den unter der Bedingung $\dot{V} = 0$ gemessenen Pleuradruck nennt man auch *statischen Pleuradruck*. Mit umgekehrtem Vorzeichen ist er gleich dem elastischen Lungendruck für das betreffende Lungenvolumen.

Für den Vergleich verschieden großer Lungen wäre es von Vorteil, an Stelle der „Elastance" den *Elastizitätsmodul* $\dfrac{\Delta P \, / \, \Delta V}{V_0}$ zu kennen, wobei als V_0 das Kollapsvolumen einzusetzen wäre. Solche Vergleiche sind aber nicht möglich, weil das Kollapsvolumen unbekannt ist und in vivo auch kaum meßbar sein dürfte.

e) Der Alveolardruck

Wir nannten P_{RL} den Druck, der sich in der Lunge infolge des Strömungswiderstandes der Luft aufbaut. Er ist eine dynamische Größe und identisch mit dem Luftdruck in den Alveolen, weshalb er *Alveolardruck* genannt wird. Der für die Überwindung des Strömungswiderstandes nötige Druck ergibt sich bei laminärer Strömung aus dem Hagen-Poiseuilleschen Gesetz:

$$\dot{V} \cdot K'_{RL} = P_{lam}.\tag{2}$$

Die Konstante ist:

$$K'_{RL} = \frac{8 \cdot \eta \cdot l}{\pi \cdot r^4}\tag{3}$$

(η Zähigkeitskonstante, l Länge der Röhre, r Radius der Röhre)

Für den Fall der laminären Strömung ist die Reibungskonstante K'_{RL} von der Strömungsgeschwindigkeit des Gases unabhängig. Überschreitet die Strömungsgeschwindigkeit einen je nach Art des Gases und der geometrischen Abmessung der Röhre verschieden hohen Wert, dann geht die laminäre Strömung in turbulente über, und die Reibung wird von der Strömungsgeschwindigkeit abhängig:

$$P_{turb} = \dot{V}^2 \cdot K''_{RL}.\tag{4}$$

Der Widerstand hängt nun vom Durchfluß pro Zeit im Quadrat ab und von den Konstanten K''_{RL}.

$$K''_{RL} = k \cdot a \cdot \gamma\tag{5}$$

k Konstante,
γ Dichte des Gases,
a Widerstands-Beiwert für Änderung von Querschnitt und Richtung des Rohres.

Eine Entscheidung darüber, ob laminäre oder turbulente Strömung vorliegt, ist mit Hilfe der Reynoldsschen Zahl (R) möglich:

$$R = \frac{v \cdot d \cdot \gamma}{\eta}\tag{6}$$

(v Luftgeschwindigkeit, d Durchmesser der Röhre)

Für Luft auf Meereshöhe gilt $\dfrac{\gamma}{\eta} = \sim 6$. In größeren Höhen wird dieser Wert kleiner. Beträgt für ein glattes, hindernisfreies Röhrensystem R weniger als 1 200, dann liegt laminäre Strömung vor. Nimmt die Zahl jedoch höhere Werte an, dann kommt es zur Turbulenz.

Sobald aber eine Strombahn nicht gerade verläuft oder Verzweigungen aufweist, tritt schon bei weit niedrigeren Reynoldsschen Zahlen turbulente Strömung auf. Wenn wir den Bau der Atemwege in Betracht ziehen, dann ist es verständlich, daß an vielen Stellen die Voraussetzungen für laminäre Strömung gegeben sind, während an andern Turbulenz entsteht. Deshalb muß die Beziehung zwischen alveolärem Druck und Luftvolumen pro Zeiteinheit sowohl ein lineares (Gl. 2) als auch ein quadratisches (Gl. 4) Glied aufweisen:

$$P_{RL} = K'_{RL} \cdot \dot{V} + K''_{RL} \cdot \dot{V}^2. \tag{7}$$

Diese Gleichung wurde von ROHRER aufgestellt. Die aus experimentellen Unterlagen gewonnene Kurve ist in Abb. 2 wiedergegeben. Sie bestätigt den nicht linearen Verlauf der Abhängigkeit zwischen Alveolardruck und Durchfluß.

BAYLISS und ROBERTSON nannten den Quotienten $\dfrac{P_{RL}}{\dot{V}}$ *Viscance*.

Experimentell wurden die Konstanten der Gl. (7) erstmals durch v. NEERGAARD und WIRZ bestimmt. Sie fanden die folgenden Werte:

	K'_{RL}	K''_{RL}	
Inspiration	1,16	2,1	cm H_2O/Liter Luft/sec
Exspiration	2,35	6,5	cm H_2O/Liter Luft/sec.

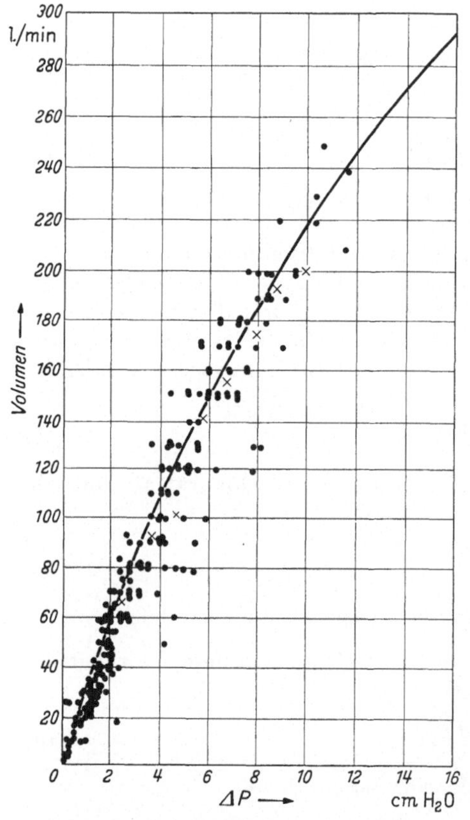

Abb. 2. Beziehung zwischen Volumen pro Zeiteinheit und Druckdifferenz (nach MEAD und WHITTENBERGER 1954)

Es fällt dabei auf, daß diese Autoren für die Exspiration erheblich höhere Strömungswiderstände fanden als für die Inspiration. Diese Differenzen konnten unter Verwendung anderer Methoden nicht bestätigt werden, OTIS und PROCTOR (1948), OTIS, FENN und RAHN (1950), SHELDON und OTIS (1951). MEAD und WHITTENBERGER (1954) fanden bis zu Strömungsgeschwindigkeiten von 2 l/sec keinen Einfluß der Atemrichtung auf die Konstanten, bei höheren Geschwindigkeiten stieg aber der exspiratorische Widerstand sehr viel steiler an als der inspiratorische, der seine parabolische Gesetzmäßigkeit beibehielt. Die Autoren erklären diesen Befund mit einer Kompression der Bronchien infolge des stark erhöhten intrapulmonalen Druckes. Diese Erklärung erhält gute Stützen durch die Bronchogrammstudien von DI RIENZO (1949) sowie durch bronchoskopische Beobachtungen beim Hustenstoß (vgl. ROHRER, 1915). Ein Zusammenpressen der Luftwege kommt dann in Frage, wenn der Thorakaldruck über den atmosphärischen ansteigt, was bei forcierter Exspiration durchaus der Fall ist. Dieses als "check valve mechanism" bezeichnete Verhalten wurde bereits von LAENNEC und BIERMER beschrieben.

Wie aus der Gl. (7) hervorgeht, spielt bei der turbulenten Strömung die Dichte des Gases eine große Rolle, weil sie im quadratischen Glied der Gleichung vorkommt. OTIS und BEMBOWER konnten 1949 zeigen, daß durch Atmen eines Gemisches von 20% Sauerstoff und 80% Helium (Dichte $^1/_3$ der Luftdichte) die Größe des turbulenten Widerstands auf ungefähr ein Drittel des Wertes bei Luftatmung gesenkt werden kann. Entsprechende Beobachtungen wurden auch in verdünnter Luft gemacht. Neben den Reibungswiderständen in den Luftwegen spielen auch die Reibungs- und Deformationswiderstände des Lungengewebes eine gewisse, in pathologischen Fällen sogar eine größere Rolle. Diese viscösen Widerstände des Lungengewebes machen nach MARSHALL u. Mitarb. (1956) 15—18% der gesamten Reibungswiderstände aus. Sie sind direkt von der Bewegungsgeschwindigkeit der Lungen abhängig und können deshalb auch auf Volumenänderungen pro Zeiteinheit bezogen werden. Wie der viscöse Widerstand der Luft in den Luftwegen (Gl. 7) weist auch der Reibungswiderstand des Gewebes ein lineares und ein quadratisches Glied auf:

$$P_{RG} = K'_{RG} \cdot \dot{V} + K''_{RG} \cdot \dot{V}^2. \tag{8}$$

Durch Addition von Gl. 7 zu Gl. 8 erhält man den gesamten Reibungswiderstand von Luft und Gewebe.

$$P_{R(L+G)} = K'_{R(L+G)} \cdot \dot{V} + K''_{R(L+G)} \cdot \dot{V}^2. \tag{9}$$

$$(R = \text{Reibung}, \ L = \text{Luft}, \ G = \text{Gewebe})$$

Die Bestimmung der gesamten viscösen Widerstände $(R\,(L+G))$ ist relativ einfach, die Messung der einzelnen Reibungsanteile von Luft und Gewebe getrennt, benötigt komplizierte Techniken.

f) Der Einfluß des Thorax auf die Lungendrucke

Bisher haben wir nur diejenigen Kräfte in Betracht gezogen, welche an der Lunge selbst angreifen. Für die Untersuchung des Arbeitsaufwandes, der von der Atemmuskulatur für die Erneuerung der Luft geleistet werden muß, sind außerdem noch die Dehnungs- und Reibungskräfte des Thorax zu berücksichtigen, denn dieser überträgt ja die Muskelkontraktion auf die Lunge. Eingehende Untersuchungen über das System Thorax-Lunge verdanken wir vor allem OTIS, FENN und RAHN (1950).

Wie die Lunge allein, so übt auch das ganze elastische System Thorax-Lunge auf seinen Luftinhalt einen Druck aus, der vom Füllungszustand abhängig ist. Den bei völliger Entspannung der Atemmuskulatur gemessenen Druck nennt man *Relaxationsdruck* (Relaxation pressure von OTIS, FENN und RAHN, 1950). Am Ende einer normalen Exspiration ist er definitionsgemäß gleich null. Das dazugehörige Lungenvolumen wird als Relaxationsvolumen oder funktionelle Residualkapazität bezeichnet. Bei forcierter Exspiration wird der Relaxationsdruck negativ. Die Relaxationskurve, welche die quantitative Abhängigkeit des Relaxationsdrucks vom Relaxationsvolumen darstellt, besitzt eine S-förmige Gestalt und verläuft im Bereich der normalen Atembewegungen annähernd linear. In diesem Bereich beträgt die Elastance von Lunge und Thorax $(L+T)$

$$\frac{\Delta P_{el(L+T)}}{\Delta V} = K_{el\,(L+T)} = \sim 8,5 \ \text{cm} \ H_2O/l \ \text{Luft}.$$

Für die Lunge allein fand man 4,5 cm, so daß der elastische Widerstand, der einer Volumenvergrößerung entgegengesetzt wird, sich je zur Hälfte aus der Lunge und dem Thorax zusammensetzt.

Der für die Atmung von der Muskulatur aufzuwendende Gesamtdruck beträgt basierend auf Gl. (1 a):

$$P_{ges} = K_{el\,ges} \cdot V + K'_{R(ges)} \cdot \dot{V} + K''_{R(ges)} \cdot \dot{V}^2. \tag{10}$$

Dieser Druck kann während der spontanen Atmung nirgends direkt gemessen werden. Im Pleuraspalt hat sich der Druck bereits um den im Thorax verlorenen Anteil vermindert. OTIS, FENN und RAHN (1950) überwanden diese Schwierigkeit, indem sie die Versuchspersonen ihre Atemmuskulatur völlig entspannen ließen und die Atmung durch einen Respirator aufrechterhielten. Nun leistet der Respirator die ganze Arbeit, und Muskeln und Gewebe machen die Bewegungen passiv mit. Der Gesamtdruck P_{ges} kann unter diesen Bedingungen am Respirator gemessen werden, was an der Gesamtheit der Atemmuskulatur aus technischen Gründen nicht möglich wäre. Mit dieser Methode bestimmten die Autoren die Konstanten der Gl. (10) und fanden (Druck in cm H_2O, Volumen in Liter):

$$P_{ges} = 8{,}5 \cdot V + 3{,}5 \cdot \dot{V} + 1{,}5\,\dot{V}^2.$$

g) Der Einfluß ungleicher Belüftung

Da die Lunge aus einer Vielzahl von elastischen Bläschen mit Zuführungswegen besteht, kommt es in pathologischen Fällen mit dem Nebeneinander ungleicher Zuleitungen und unterschiedlicher Werte für die Dehnbarkeit zu besonderen Erscheinungen, die anhand eines Modellversuchs beschrieben werden sollen.

In einem Raum, in dem periodisch der Druck gewechselt werden kann (in Analogie zum Thorakalraum, Versuchsanordnung von OTIS u. Mitarb. 1956), befinden sich 2 gleich große Gummiballons, die über ein Y-förmiges Röhrensystem mit der Außenluft verbunden sind (Abb. 4). Die Compliance der beiden Ballons sei gleich, dann ist die Gesamt-Compliance der beiden Ballons doppelt so groß, d. h. bei gleicher Druckerniedrigung im Thorakalraum nehmen die beiden Ballons zusammen die doppelte Menge Luft wie ein Ballon allein auf. Wird nun dieses System durch einen periodisch wechselnden Druck im Thorakalraum beatmet, so bleibt das elastische Verhalten des Gesamtsystems bei den verschiedensten Beatmungsfrequenzen konstant. Die Compliance oder Elastance ist frequenzunabhängig. Prinzipiell das gleiche Verhalten ist bei einer positiven Beatmung des Systems mit Überdruck zu beobachten, eine Versuchsanordnung, wie sie in unserem Laboratorium angewandt wurde (RAU u. Mitarb. 1957).

Wird nun ein Zuführungsrohr zu einem Ballon stenosiert, so findet man bei langsamer Beatmung den gleichen Wert für die Elastance bzw. Compliance wie vor der Stenosierung, beide Ballons blähen sich phasengleich. Steigt nun die Beatmungsfrequenz und damit die Strömungsgeschwindigkeit der Luft in den Zuleitungen an, so wirkt sich die Stenosierung in der Weise aus, daß in den anderen Ballon mehr fließt, der damit auch stärker gebläht wird, als in den mit der stenosierten Zuleitung. Strömungsgeschwindigkeit in den Zuführungsrohren und auch Blähungszustand der beiden Ballons werden gegeneinander phasenverschoben. Am Ende der Inspiration entleert sich bereits der nicht stenosierte Ballon, während sich der andere noch bläht.

Die Elastance des nicht stenosierten Ballons gewinnt dadurch im Gesamtsystem an Bedeutung, indem sich die Elastance des Gesamtsystems der dieses einen Ballons annähert und damit ansteigt.

Unter diesen Bedingungen wird also die Steilheit der Elastizitätskurve um so größer je größer die Beatmungsfrequenz ist, mit anderen Worten, die Elastance nimmt zu, bzw. die Compliance ab, ohne daß am elastischen Verhalten der einzelnen Ballonwände eine Änderung eingetreten wäre.

Die unter dynamischen Verhältnissen gemessene Compliance oder Elastance wird als dynamische oder effektive Compliance bzw. Elastance bezeichnet. Es ist

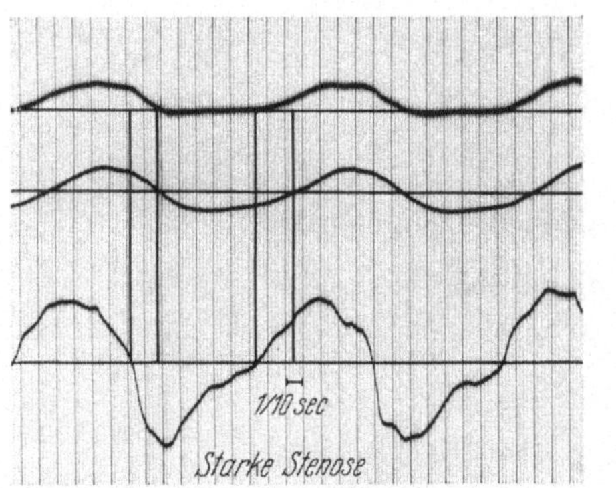

Abb. 3 a—c. *Lungenmodell.* Simultane Registrierung des Gesamtdruckes, des Differentialdruckes (cm Wasser) und der Strömungsgeschwindigkeit der Luft (cm³ pro ¹/₁₀ sec).

  a Beidseits freie Zuleitung.
  b Leichte einseitige Stenose.
  c Schwere einseitige Stenose.

Der Differentialdruck zwischen beiden Ballons zeigt das Maß der ungleichen Blähung der beiden Ballons, die senkrechten Linien, durch die 0-Punkte von Fluß und Druck gezogen, zeigen die Phasenverschiebung

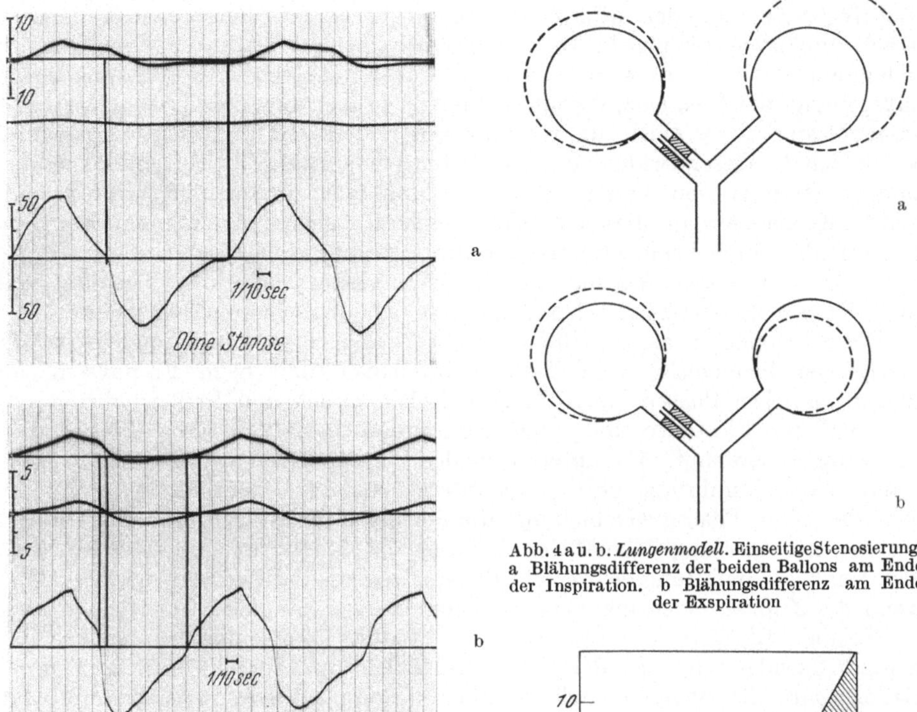

Abb. 4 a u. b. *Lungenmodell.* Einseitige Stenosierung. a Blähungsdifferenz der beiden Ballons am Ende der Inspiration. b Blähungsdifferenz am Ende der Exspiration

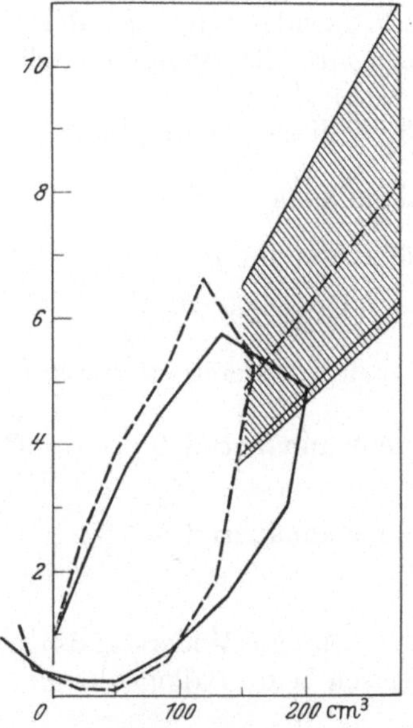

Abb. 5. *Lungenmodell.* Atemschleife bei einseitiger Stenosierung und Beatmung mit einer Frequenz von 20 (——) und einer von 40 (-----) pro Minute. Der schraffierte Bereich umgrenzt die Elastance-Geraden des 2-Ballonsystems mit beidseits freien Zuleitungen und die der einseitigen Blockade

dabei zu beachten, daß für den einzelnen Ballon statische und effektive Compliance immer gleichbleiben, der Einfluß der Beatmungsfrequenz kann sich nur auf die Compliance des Gesamtsystems mit einer Mehrzahl von Ballons geltend machen.

In analoger Weise ändert sich unter den besprochenen Bedingungen auch der effektive Widerstand der zuführenden Luftwege. Bei sehr langsamen Frequenzen strömt annähernd die gleiche Luftmenge durch beide Zuleitungen. Der Gesamtwiderstand des Systems wird maßgeblich durch die stenosierte Zuleitung beeinflußt. Steigt die Frequenz, strömt eine immer größer werdende Luftmenge durch die nicht stenosierte Zuleitung, so daß deren Widerstand an Bedeutung gewinnt, womit sich der Gesamtwiderstand des Systems dem dieser Zuleitung annähert und damit gegenüber den Verhältnissen bei langsamen Frequenzen absinkt. Als weitere Konsequenz aus diesen Verhältnissen ergibt sich, daß die Summe der Luftmengen, die durch beide Zuführungsrohre strömen, größer ist als diejenige, die durch das gemeinsame Verbindungsrohr nach außen fließt. Dies bedeutet, daß ein Teil der Luft zwischen beiden Ballons als Pendelluft hin und her strömt.

Diese besonderen atemmechanischen Verhältnisse sind insbesondere bei der spastischen Bronchitis, beim Asthma bronchiale und beim Emphysem von Bedeutung. Die Phasenverschiebung zwischen Druck und Fluß ist direkt proportional zur Elastance und umgekehrt proportional zur Frequenz und zum Strömungswiderstand. Da unter normalen Verhältnissen der Strömungswiderstand in den Zuführungsröhren von untergeordneter Bedeutung ist, ergibt sich hier die größte Phasenverschiebung, die auf einen Kreis bezogen annähernd 90° beträgt. Zu einer ungleichmäßigen Blähung im Modellversuch und zu einer ungleichmäßigen Belüftung der verschiedenen Lungenpartien kommt es immer dann, wenn die *Zeitkonstanten* der verschiedenen Ballons mit ihren Zuleitungen nicht gleich sind. Die Zeitkonstanten sind das Produkt von Compliance (C) und dem Strömungswiderstand (R) der jeweiligen Zuleitung. Im Modellversuch mit 2 Ballons wird die Blähung ungleich und die Compliance frequenzabhängig, falls $C_1 R_1$ nicht gleich $C_2 R_2$ ist.

Unter diesen Bedingungen gelten folgende Beziehungen:

Frequenz annähernd 0 $\qquad\qquad C_{eff} = C_1 + C_2$

Frequenz annähernd ∞ $\qquad\qquad C_{eff} \approx C_1$

und R_2 viel größer als R_1.

Für den Widerstand gelten dann folgende Beziehungen:

Frequenz annähernd 0 $\qquad\qquad R_{eff}\; \dfrac{C_1^2 \cdot R_1 + C_2^2 \cdot R_2}{(C_1 + C_2)^2}$

Frequenz annähernd ∞ $\qquad\qquad R_{eff}\; \dfrac{1}{\dfrac{1}{R_1} + \dfrac{1}{R_2}},$

woraus sich eine Widerstandsabnahme mit steigender Frequenz ergibt.

Weisen beide Ballons die gleiche Zeitkonstante auf, d. h.

$$C_1 R_1 = C_2 R_2,$$

dann gilt: unabhängig von der Frequenz

$$C_{eff} = C_1 + C_2$$

$$R_{eff} = \frac{1}{\dfrac{1}{R_1} + \dfrac{1}{R_2}}.$$

Bei den tatsächlichen Gegebenheiten der Lunge haben wir es mit Millionen von derartigen Ballons mit Zuleitungen zu tun. Da beim Gesunden die Compliance bzw. die Elastance nicht von der Atemfrequenz abhängig ist, müssen wir annehmen, daß die einzelnen Zeitkonstanten überall praktisch gleich sind. Bei pathologischen Zuständen haben wir es meistens mit unterschiedlichen Strömungswiderständen und gelegentlich auch mit dem Nebeneinander von unterschiedlichen Werten für die Dehnbarkeit zu tun.

h) Der energetische Aufwand bei der Atmung

Wir haben uns in den vorigen Kapiteln mit den Druckverhältnissen bei der Atmung beschäftigt. Von mindestens ebenso großem Interesse ist der Energieaufwand, der von der Atemmuskulatur zur Förderung einer bestimmten Luftmenge bereitgestellt werden muß. Grundlage für eine Untersuchung der Atemenergetik bildet die Beziehung: Arbeit gleich Druck mal Volumen.

$$A = \int P \, dV.$$

Kennt man den für die Förderung eines Volumens notwendigen Gesamtdruck P_{ges}, wie er auf dem oben beschriebenen Wege gemessen werden kann, sowie das verschobene Volumen, dann läßt sich die hierfür notwendige Arbeit graphisch integrieren.

Trägt man auf einem PV-Diagramm den oben definierten Gesamtdruck gegen das während einer Inspiration eingeatmete Volumen auf, dann stellt die Oberfläche $A + B$ die Arbeit dar, welche die Atemmuskulatur leisten muß, um das Inspirationsvolumen in die Lunge zu pumpen. Die Fläche A entspricht der Arbeit gegen die elastischen Kräfte von Lunge und Thorax:

$$A_{el} = \int\limits_{V_1}^{V_2} P_{el} \, dV,$$

die Fläche B stellt die Arbeit gegen die viscösen Widerstände von Luft und Geweben dar:

$$A_R = \int\limits_{V_1}^{V_2} P_{R(L+T)} \, dV.$$

Bei der Exspiration geben die gedehnten elastischen Elemente von Lunge und Thorax ihre Energie wieder ab, teils zur Überwindung des exspiratorischen Strömungswiderstandes der Luft (Fläche $A—C$), teils als Energierückgabe an den Respirator (Fläche C).

OTIS, FENN und RAHN (1950) fanden bei einem Atemvolumen von 500 cm³ eine Inspirationsarbeit von 2100 cm · g pro Atemzug, wovon 63% zur Überwindung der elastischen Widerstände, 29% für den viscösen Luftwiderstand und 8% für den viscösen Gewebewiderstand aufgewendet werden. Bei einem Atemvolumen von 1550 cm³ vergrößert sich die Inspirationsarbeit auf 17300 cm · g bei gleicher prozentualer Verteilung auf die verschiedenen Widerstände.

Von besonderem Interesse ist die Feststellung der gleichen Autoren, daß bei konstanter Ventilation die aufzuwendende Arbeit am geringsten ist, wenn die Atemfrequenz 15 pro Minute beträgt. Bei tieferen Frequenzen steigt infolge der größeren Thoraxexkursionen der elastische Widerstand stark an; bei höheren Frequenzen ist es der viscöse Widerstand, der den Arbeitsaufwand wesentlich vergrößert. Wir sehen auch hier das Prinzip der Ökonomie am Werk, indem die normale Atemfrequenz so eingestellt ist, daß ein Minimum an Arbeit aufgewendet werden muß, um einen bestimmten Erfolg herbeizuführen. Unter pathologischen

Bedingungen (steifer Thorax, Stenosen) können andere Atemfrequenzen am ökonomischsten sein.

Es muß aber darauf hingewiesen werden, daß die oben angegebenen Zahlenwerte strenggenommen nur für die Atmung am Respirator Gültigkeit haben, während die Formel selbst auch für die Spontanatmung richtig ist. Bei der energetischen Betrachtung ist *ein* Unterschied zwischen Spontan- und Respiratoratmung besonders hervorzuheben: bei der Spontanatmung wird die in den elastischen Elementen gespeicherte Energie weitgehend zur Überwindung der viscösen Widerstände aufgebraucht, während bei der Atmung am Respirator ein Teil der inspiratorisch gespeicherten Energie während der Exspiration an den Respirator abgegeben wird.

Diese energetischen Betrachtungen lassen sich nun an allen Stellen des Systems Thorax—Lunge anstellen, an welchen Druck und Volumen-Verschiebungen gemessen werden können. Insbesondere ist es möglich, im Pleuraspalt diejenige Energie zu messen, die an der Lunge wirksam wird. Es darf bei diesen Untersuchungen nur nicht vergessen werden, daß es sich nicht um die gesamte aufzuwendende Energie handelt, denn die Thoraxwiderstände müssen ebenfalls durch die Atemmuskulatur überwunden werden. Es ist auch in Betracht zu ziehen, daß das System Thorax—Lunge infolge der sich entgegenwirkenden elastischen Kräfte unter einer Vorspannung steht. Ein Teil der Energie für die Inspiration kann aus dieser im Thorax gespeicherten elastischen Energie geliefert werden. Bei der Exspiration wird deshalb nicht die gesamte elastische Energie der Lunge zur Über-

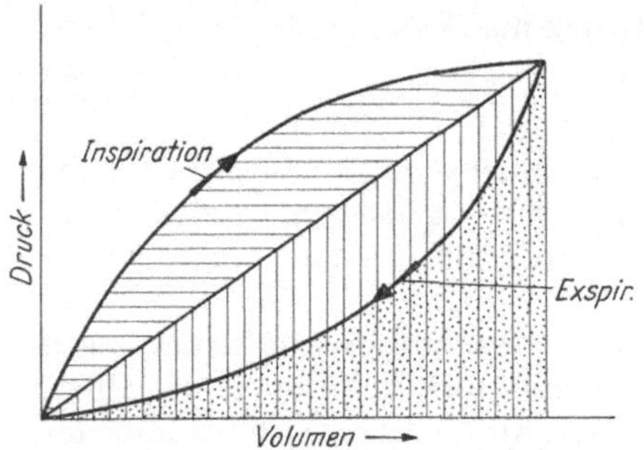

Abb. 6. Druck-Volumen-Diagramm der Atemarbeit *A* ▨ Exspiratorische Atemarbeit gegen viscöse Widerstände. *B* ▤ Inspiratorische Atemarbeit gegen viscöse Widerstände. *C* ⸪ Rückgewinnung der für die Inspiration gegen die Lungenelastizität geleisteten Atemarbeit. Die ganze Fläche entspricht der während der Inspiration geleisteten Atemarbeit. (Konstruktion der Atemschleife, wie sie am Respirator gewonnen wird)

windung des viscösen Widerstandes von Luft und Lungengewebe verbraucht, sondern ein Teil wird wiederum im Thorax als elastische Energie gespeichert, die dann für die nächste Inspiration zur Verfügung steht. Ein Teil der elastischen Energie pendelt also während des Respirationscyclus zwischen Lunge und Thorax hin und her, wobei sie den Pleuraspalt passiert. Messungen an letzterem erfassen sowohl die von den Muskeln immer neu gelieferte Energie als auch die Pendelenergie. Über den Pleuraspalt hinweg werden also größere Energiemengen verschoben, als von der Muskulatur zur Überwindung der Widerstände gesamthaft aufgebracht werden müssen (PIRCHER, 1955). Es ist deshalb nicht statthaft, Messungen am Pleuraspalt ohne weiteres zur Bestimmung des gesamten Energiebedarfes der Atmung zu verwenden. Es soll noch einmal betont werden, daß mit der Druckmessung im Pleuraspalt bzw. im Oesophagus nur die für die Überwindung der elastischen und viscösen Widerstände der Lunge selbst und ihrer zuführenden Luftwege notwendige Atemarbeit gemessen werden kann. Die Gesamtarbeit läßt sich bei künstlicher Beatmung bei einer Lähmung der Atemmuskulatur mit der Messung des Gesamtdruckes (P_{ges}) am Mund bzw. am Tubus bei Überdruckbeatmung oder mit der Messung des negativen Druckes in der Eisernen Lunge bei Unterdruckbeatmung bestimmen. Die gleichzeitige Messung des intrathorakalen Druckes ermöglicht die Differenzierung zwischen der am Thorax und an der Lunge zu leistenden Atemarbeit (s. auch Abb. 87, 88, 92).

2. Lungenvolumen und Ventilation

Was wir unter dem Begriff der Lungenvolumen zusammenfassen, steht der Anatomie näher als der Physiologie. In der Tat kümmern wir uns bei der Bestimmung dieser Volumen keineswegs darum, wie das Gas in ihnen zusammengesetzt ist. Das Interesse am Fassungsvermögen der Lungen ist schon sehr früh erwacht, hat doch Davy bereits 1800 den Begriff des *Residualvolumens* eingeführt und die heute noch verwendete Wasserstoffmethode entwickelt. Die Erfindung der Spirometrie durch Hutchinson 1846 gestattete Unterteilungen der Lungenvolumen zu messen, so daß wir heute über eine ganze Anzahl von Begriffen verfügen, die hier dargelegt werden sollen.

Unter *Totalkapazität* versteht man das Gasvolumen, welches nach einer maximalen Inspiration in der Lunge enthalten ist. Mißt man dajenige Volumen, das von einer maximalen Inspiration bis zur vollständigen, forcierten Exspiration

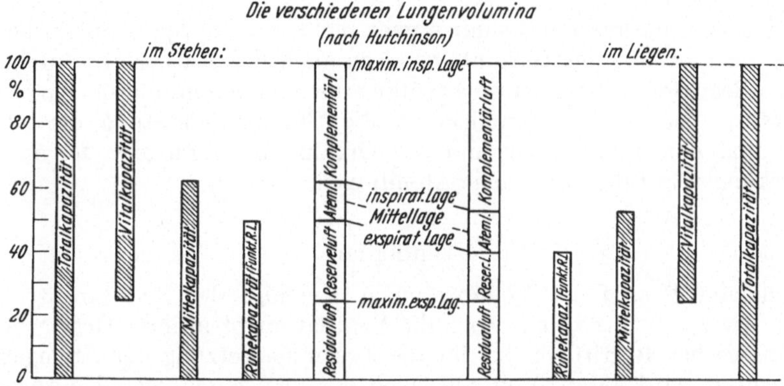

Abb. 7. Die verschiedenen Lungenvolumen im Stehen und im Liegen

aus der Lunge entleert werden kann, so erhält man die *Vitalkapazität*, ein Begriff, der in der Lungenfunktionsprüfung eine große Rolle spielt. Die Differenz zwischen Total- und Vitalkapazität ergibt das *Residualvolumen*, welches also dasjenige Volumen umfaßt, das nach einer maximalen Exspiration noch in den Lungen verbleibt. Die Vitalkapazität wurde weiterhin unterteilt in das Atemvolumen, die Komplementärluft und die Reserveluft. Das Atemvolumen ist die Gasmenge, welche pro Atemzug gefördert wird. Diejenige Luftmenge, welche die Lungenfüllung von der normalen zur maximalen Inspiration kompletiert, heißt Komplementärluft, während das Volumen, welches nach einer normalen bis zur maximalen Exspiration aus der Lunge herausbefördert werden kann, Reserveluft benannt wird.

In der *Atemmittellage* haben wir einen Begriff, der jener Lungenfüllung entspricht, die mitten zwischen der normalen Ein- und Ausatmung vorhanden ist, quantitativ kann das als Summe von funktioneller Residualkapazität $+ \frac{1}{2}$ Atemvolumen ausgedrückt werden. Die *funktionelle Residual-Kapazität*, auch *Ruhekapazität* oder equilibrium capacity genannt, ergibt sich aus der Summe von Reserve- + Residualvolumen. Wir ziehen den Begriff „funktionelle Residualkapazität" vor, weil das Wort „Ruhekapazität" irreführend ist, denn auch bei körperlicher Arbeit gibt es ein funktionelles Residualvolumen.

Dieses nach der Ausatmung in der Lunge verbleibende Gasvolumen ist keineswegs überflüssig, denn wenn die Lunge bei jedem Atemzug völlig entleert würde, dann käme es zu großen Schwankungen der alveolären Gasspannungen, und die daraus resultierenden Steuerimpulse könnten sich auf die Atemregulation ungünstig auswirken. Durch das ständige Vorhandensein einer relativ großen Gasmenge werden die Schwankungen der alveolären Gasspannungen zwischen In- und Exspiration auf sehr geringe Werte reduziert, weshalb wir dieses Gasvolumen als „*Puffervolumen*" bezeichnen können (McLeod, Rossier und Wiesinger).

Schließlich muß noch der Begriff *Mittelkapazität* erwähnt werden, worunter die Summe von funktioneller Residualkapazität und Atemvolumen verstanden wird, also diejenige Gasmenge, die nach einer Inspiration in der Lunge vorhanden ist. Man kann das auch so formulieren, daß die Lunge nach Exspiration die funktionelle Residualkapazität und nach Inspiration die Mittelkapazität enthält. Es ist naheliegend, daß das Verhältnis von Atemvolumen zu funktioneller Residualkapazität von großer Bedeutung ist und sich bei einer Lungenblähung wie auch normalerweise während körperlicher Arbeit mit Vergrößerung des Atemvolumens erheblich verändern kann, was die Luftdurchmischung in der Lunge maßgeblich beeinflußt.

Den bis jetzt definierten Volumen geht nicht nur die Spezifität in bezug auf die Zusammensetzung der Gase ab, sondern auch der Zeitfaktor. Infolgedessen sind diese Begriffe für die Funktionsprüfung nur von beschränktem Wert. Immerhin gewähren sie gewisse Einblicke in die Gesamthubleistung der „Lungenpumpe" und den Blähungszustand des Organs, Bedingungen, die nicht ohne Rückwirkungen auf die eigentliche Atemfunktion sind.

Ventilation

Wenn zum Begriff der Volumen noch derjenige der Zeit hinzutritt, dann sprechen wir von Ventilation. Auch die Ventilation ist in ihrer Gesamtheit noch ein mechanischer Begriff, da bei ihr die Zusammensetzung der Atemgase nicht berücksichtigt wird. Man fragt nur nach der mengenmäßigen Umwälzung der Gase, nicht nach ihrer Ausnützung und damit auch nicht nach ihrer Veränderung im Ablauf des Respirationscyclus.

Die Gesamtventilation der Lunge wird in Litern oder Kubikzentimetern pro Minute in der Regel exspiratorisch gemessen und als *Minutenvolumen* bezeichnet (siehe u. a. Jansen, Knipping und Stromberger, 1932). Die Beziehung zwischen dem Minutenvolumen und dem Sauerstoffverbrauch des Organismus, die im Normalzustand ziemlich konstant ist, wurde von Brauer und Knipping *Atemäquivalent* genannt.

$$\text{Atemäquivalent} = \frac{\text{Minutenvolumen in cm}^3/\text{min}}{\text{O}_2\text{-Verbrauch in cm}^3/\text{min} \cdot 10} \;.$$

Der Faktor 10 wurde eingeführt, um eine einstellige Zahl zu erhalten, die angibt, wieviel Liter Luft ventiliert werden müssen, um 100 cm³ Sauerstoff aufzunehmen. Der Normalwert des Atemäquivalents beträgt 2,4 ± 0,6. In der Folge ergaben sich in der Bewertung dieser Größe einige Schwierigkeiten, weil die einen Autoren für den Sauerstoffverbrauch einen von Tabellen ablesbaren Sollwert, die anderen den gemessenen effektiven Sauerstoffverbrauch einsetzten. Auch die Korrektur der Volumen, Reduktion des Sauerstoffverbrauches auf „Normalverhältnisse" (STBD), d. h. auf 0° C und 760 mm Hg, und Korrektur des Minutenvolumens auf „Körperverhältnisse" (BTPS), d. h. auf 37° C, Wasserdampfsättigung bei 37° C und experimentellen Luftdruck, wurde ganz unterschiedlich gehandhabt, was natürlich die zahlenmäßige Größe des Atemäquivalents beeinflußt und damit den Vergleich der Befunde verschiedener Autoren und Arbeiten erschwert.

Rossier und Méan schlugen deshalb vor, den willkürlichen Faktor 10 wegzulassen und das Minutenvolumen auf Lungenverhältnisse zu korrigieren, d. h. die Körpertemperatur und die Wasserdampfspannung zu berücksichtigen [BTPS). Außerdem setzen sie für den Sauerstoff-Verbrauch nicht den Sollwert aus den entsprechenden Tabellen ein, sondern den beim Patienten tatsächlich gemessenen Sauerstoff-Verbrauch. Sie nannten das Verhältnis von Minutenvolumen zu Sauerstoffverbrauch *spezifische Ventilation.*

$$\text{Spez. Vent.} = \frac{\text{Minutenvolumen in cm}^3 \text{ [BTPS]}}{\text{O}_2\text{-Verbrauch in cm}^3/\text{min [STPD]}} \cdot$$

Die Normalwerte dieses Faktors liegen bei 28 ± 3, was also heißen will, daß normalerweise für die Aufnahme von 1 cm³ Sauerstoff 28 cm³ Luft ventiliert werden müssen. Man kann sich fragen, in welcher Form die Sauerstoffaufnahme in die Formel eingesetzt werden soll. Wir sind der Ansicht, daß es nicht viel Sinn hat, den aufgenommenen Sauerstoff auch auf Körperverhältnisse umzurechnen, da für die Oxydation in den Geweben die Anzahl pro Zeiteinheit aufgenommener Sauerstoffmoleküle maßgebend ist. Wir ziehen es deshalb vor, den Sauerstoffverbrauch in Normalgaszustand anzugeben, weil das so anschaulich ist, könnten aber selbstverständlich auch Gramm oder Mol als Einheit wählen.

Die spezifische Ventilation ist insofern von Bedeutung, als sie maßgeblich vom Verhältnis zwischen alveolärer und Totraumventilation abhängt und somit etwas über die Atemökonomie aussagt.

Neben der Ventilation in Ruhe interessiert vor allem auch ihre *Steigerung bei Arbeitsleistung.* Ebenso wie der Sauerstoffverbrauch steigt auch das Minutenvolumen mit der Leistung beim Gesunden bis etwa 200 Watt linear an, solange keine Störungen der Atmung vorliegen. Bei sehr gut trainierten Sportlern kann man auch noch bei Arbeitsleistungen bis gegen 300 Watt einen praktisch linearen Anstieg des Minutenvolumens feststellen. Übersteigt die Leistung die genannten Grenzen, dann kommt es zu einem steilen Anstieg der Ventilation.

Der obere Grenzwert, d. h. dasjenige Minutenvolumen, das relativ kurzfristig bei maximaler Ventilation umgewälzt werden kann, ist für die Kontrolle der Atemfunktion von besonderem Interesse. Eine Prüfungsmethode für diesen sog. *Atemgrenzwert* wurde von Hermannsen (1933) eingeführt, indem er die Versuchsperson an einem Spirometer so rasch und so tief als möglich ein- und ausatmen ließ. Während die Vitalkapazität nur die volumenmäßige Begrenzung der Atmung angibt, kommt beim Atemgrenzwert der Zeitfaktor hinzu. Es ist nicht zweckmäßig, eine bestimmte Frequenz vorzuschreiben, sondern man führt den Versuch bei verschiedenen Frequenzen bis höchstens 60/min durch und wählt das beste Resultat. Setzen wir den Atemgrenzwert zur aktuellen Ventilation in Beziehung, dann erhalten wir aus der Differenz der beiden Größen die *Atemreserven.* Eine wesentliche Verkleinerung dieser Atemreserven steht gewöhnlich im Zusammenhang mit einer Belastungsinsuffizienz, d. h. die Anpassungsfähigkeit der Atmung an erhöhte Anforderungen ist vermindert.

3. Die Zusammensetzung der Gase in den Lungen

Während wir uns bisher mit den mechanischen Vorgängen des Gaswechsels befaßt haben, müssen wir nun die Zusammensetzung der Gase in den einzelnen Teilen der Lungen und der Atemwege sowie im Zeitablauf einer Analyse unterziehen.

a) Die Inspirationsluft

Innerhalb der Troposphäre besitzt die Luft folgende konstante Zusammensetzung:

O_2	CO_2	N_2 (und Edelgase)	Total der trockenen Gase
20,93%	0,03%	79,04%	100%

Einzig der Kohlensäuregehalt kann etwas schwanken und in Großstädten, in industriereichen Gebieten und in Laboratorien etwas höher liegen. Demgegenüber sind Temperatur und Wasserdampfgehalt der Außenluft starken Schwankungen unterworfen.

In den unteren Luftwegen herrscht Körpertemperatur, die wir normalerweise mit 37° C einsetzen dürfen, und vollständige Sättigung mit Wasserdampf, wobei die Wasserdampfspannung eine Funktion der Temperatur ist, und bei 37° C 47 mm Hg beträgt.

Die in der freien Atmosphäre unkonstanten Werte von Temperatur und Wasserdampfsättigung machen also in den unteren Luftwegen konstanten Verhältnissen Platz. Die derart veränderte Inspirationsluft nennen wir Trachealluft, deren Gasspannungen nur noch vom Gesamtdruck, d. h. vom Barometerstand abhängen, der seinerseits eine Funktion der Höhe über Meer und der Wettersituation ist.

Spannungen der Trachealluft auf Meereshöhe bei 760 mm Hg Druck

O_2	CO_2	N_2	H_2O	Total
149,2	0,2	563,6	47,0	760,0 mm Hg.

b) Die Exspirationsluft

Im Gegensatz zur Inspirationsluft ist die Zusammensetzung der Exspirationsluft nicht konstant, da in der Lunge wechselnde Mengen Sauerstoff aufgenommen und Kohlensäure abgegeben werden.

Auch das Exspirationsvolumen ist nicht gleich groß wie das Inspirationsvolumen, was folgende Überlegung zeigt: Aus dem eingeatmeten Volumen (V_I) verschwindet durch Übertritt in das Capillarblut das Volumen a Sauerstoff. Dafür wird in der gleichen Zeit das Volumen b Kohlensäure aus dem Blut in die Lungenluft abgegeben. Das Volumen der ausgeatmeten Luft (V_E) beträgt demnach:

$$V_E = V_I - a + b.$$

Nur wenn $a = b$ ist, d. h. der respiratorische Quotient 1 beträgt, sind die beiden Volumen gleich. Ist der respiratorische Quotient kleiner als 1, dann wird das exspiratorische Volumen kleiner als das inspiratorische. Bei einem respiratorischen Quotienten von 0,82 beträgt der Unterschied etwa 2%. Gewöhnlich pflegt man das Minutenvolumen auf die Exspirationsluft zu beziehen. Die ungleichen Volumen der In- und Exspirationsluft bewirken auch einen Unterschied ihrer Stickstoffkonzentration. Weil in der Lunge normalerweise weder Stickstoff aufgenommen noch abgegeben wird, kann man schreiben:

$$V_I \cdot \% \, N_{2I} = V_E \cdot \% \, N_{2E}$$

oder

$$V_I = V_E \cdot \frac{\% \, N_{2I}}{\% \, N_{2E}}.$$

Bei einem normalen respiratorischen Quotienten von 0,82 finden wir folgende Werte für die Exspirationsluft:

O_2	CO_2	N_2	Total der trockenen Gase
16,23%	4,05%	79,72%	100%

Hieraus lassen sich folgende Werte für die Spannungen berechnen:

Spannungen der Exspirationsluft auf Meereshöhe bei 760 mm Hg

O_2	CO_2	N_2	H_2O
116,0	29,0	568,0	47,0 .

c) Die Alveolarluft

Im vorigen Abschnitt haben wir die Exspirationsluft als Ganzes besprochen, so wie sie sich aus einer Analyse der gesamten, während einiger Zeit gesammelten Ausatmungsluft ergibt. Es war jedoch schon lange bekannt, daß diese Luft im zeitlichen Ablauf des Atemcyclus keine konstante Zusammensetzung hat, weil die dem Munde bzw. der Nase nahen Teile die Zusammensetzung der Inspirationsluft aufweisen, während die Luft der tieferen Lungenpartien durch den Gasaustausch mit dem Blut beeinflußt wird. Im Ablauf einer Exspiration muß deshalb die Kohlensäurekonzentration zu-, die Sauerstoffkonzentration abnehmen bis zu einem Wert, der der Gaszusammensetzung in den Alveolen entspricht; mit anderen Worten, es muß erst die Totraumluft ausgewaschen werden, bevor Alveolarluft ausströmen kann. BOHR, KROGH u. a. hatten die Zusammensetzung der Alveolarluft berechnet unter der Annahme, daß der Totraum, d. h. derjenige Teil der Atemwege, der keinen Gasaustausch mit dem Blut erlaubt, konstant sei und sich aus den anatomischen Verhältnissen ableiten lasse. Aber erst mit der Einführung einer genauen Methode zur direkten Messung der Zusammensetzung der Alveolarluft durch HALDANE und PRIESTLEY (1905) konnte ein tieferer Einblick in die Verhältnisse der Alveolen gewonnen werden, wodurch die Physiologie und Pathophysiologie der Lunge eine entscheidende Förderung erfuhr.

Mit diesen neuen Methoden konnten Resultate gewonnen werden, welche mit den Berechnungen BOHRs und KROGHs übereinstimmten. In vielen Fällen jedoch, besonders in pathologischen und bei körperlicher Leistung, traten wesentliche Unterschiede zutage. Es zeigte sich bald, daß es nicht zweckmäßig ist, die Alveolarluft anatomisch zu definieren als diejenige Luft, welche sich in den Alveolen befindet, sondern, daß es sich um einen funktionellen Wert handelt, nämlich um die Zusammensetzung der Luft, wie sie sich aus dem Gasausgleich mit dem Blut ergibt. Näheres über diesen Punkt ist im Kapitel über alveoläre Ventilation und Totraum zu finden.

Nach HALDANE bleibt die Zusammensetzung der Alveolarluft im Ablauf des respiratorischen Cyclus im Ruhestand annähernd konstant.

Die Technik von HALDANE und PRIESTLEY berücksichtigt aber Änderungen der Alveolarluft-Zusammensetzung während des respiratorischen Cyclus, indem die forcierte Exspiration zur Gewinnung der Alveolarluft einmal am Ende einer normalen Inspiration, das andere Mal am Ende einer normalen Exspiration ausgeführt wird. Der Mittelwert beider Untersuchungen entspricht dann der mittleren Gasspannung in den Alveolen. Aus den Prozentzahlen von HALDANE und PRIESTLEY lassen sich folgende Differenzen der Kohlensäurespannung zwischen den beiden Atemphasen errechnen: In Ruhe 1,4 mm Hg, bei Kohlensäure bedingter Hyperventilation 0,8 mm Hg und bei Körperarbeit 4,1 mm Hg. Interessant ist die Abhängigkeit der Differenz von der Atemfrequenz bei konstanter alveolärer Ventilation:

Frequenz	3—6	24—36	60
Diff. $p CO_2$	5,6 mm Hg	0,35 mm Hg	0 mm Hg,

während für die Kohlensäure die Endexspirationswerte etwas höher liegen als die Endinspirationswerte sind die Verhältnisse für den Sauerstoff natürlich umgekehrt.

Bei ausgesprochener Bradypnoe und im Arbeitsversuch treten also meßbare Schwankungen mit dem Atemcyclus auf, die MATTHES und wir selbst auch am Oxymeter beobachten konnten. Nach den Berechnungen von Du-BOIS, BRITT und FENN soll die alveoläre Kohlensäurespannung auch im normalen Atemcyclus von maximal 40,4 mm Hg am Ende der Inspiration der Totraum-Luft bis minimal 38,3 mm Hg unmittelbar vor Beginn der Exspiration schwanken.

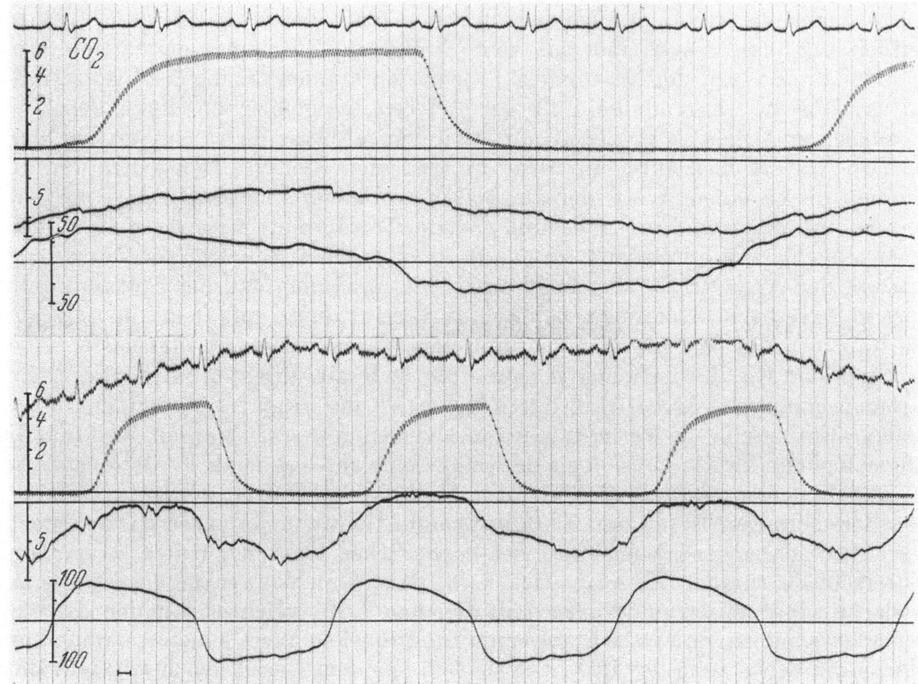

Abb. 8. Simultane Registrierung des EKG, der Kohlensäurekonzentration in der Exspirationsluft mittels Infrarot, des Oesophagusdruckes und des Pneumotachogramms in Ruhe und bei mittelschwerer Arbeit, beides in sitzender Position. (Kohlensäurekonzentration in %, Latenz etwa 0,18 sec, Oesophagusdruck in cm Wasser, Pneumotachogramm in cm³ pro ¹/₁₀ sec, Zeitmarke ¹/₁₀ sec)

Nach DuBOIS, BRITT und FENN ist die Methode der Alveolarluftentnahme am Ende der Exspiration nicht ganz exakt wegen der Asymmetrie der Ausatmung in bezug auf den zeitlichen Volumenablauf. Der beste Moment für die Entnahme mittlerer Alveolarluft liege kurz nach der volumenmäßigen Mitte der Exspiration. Bei der Technik der forcierten Exspiration nach HALDANE-PRIESTLEY werden auf alle Fälle leicht erhöhte Kohlensäurewerte gefunden, weil in der Zeit, welche für die forcierte Exspiration benötigt wird, der Gasaustausch weitergeht. Dies konnte vor allem mit der Methode der laufenden Kohlensäureanalyse der Exspirationsluft mittels Infrarotabsorption gezeigt werden (RAHN, DuBOIS).

Es ist deshalb zu empfehlen, Techniken zu verwenden, wie sie von OTIS und RAHN für die laufende automatische Entnahme von Alveolarluft am Ende jeder *normalen* Exspiration angegeben worden sind.

BENZINGER hat 1937 erstmals den mathematischen Zusammenhang, welcher zwischen der alveolären Sauerstoff- und Kohlensäure-Spannung besteht, in eine

Formel gefaßt:

$$pO_2\,\mathrm{alv} = (P_{atm} - 47) \cdot FO_2 - pCO_2\,\mathrm{alv} \cdot \left[\frac{1}{RQ} - FO_2 \cdot \left(\frac{1}{RQ} - 1\right)\right]$$

oder

$$pO_2\,\mathrm{alv} = pO_2\,\mathrm{tracheal} - \left[\frac{pCO_2\,\mathrm{alv}}{RQ} + pCO_2\,\mathrm{alv} \cdot FO_2 \cdot \left(\frac{1}{RQ} - 1\right)\right]$$

$$(FO_2 = 0{,}2093)\,.$$

MOCHIZUKI und BARTELS gaben eine neue Ableitung der Formel, in der statt des respiratorischen Quotienten die Gaskonzentration berücksichtigt werden:

$$pO_2\,\mathrm{alv} = pO_2\,\mathrm{tracheal} -$$

$$- \left[\frac{pCO_2\,\mathrm{alv.} - pCO_2\,\mathrm{tracheal}}{FCO_2\,\mathrm{exspir.} - FCO_2\,\mathrm{tracheal}} \cdot (FO_2\,\mathrm{tracheal} - FO_2\,\mathrm{exspir.})\right]$$

$$(F = \text{Anteil des Gases, } O_2 \text{ z. B. } 0{,}2093)$$

FENN, RAHN und OTIS haben die Beziehungen der alveolären Gasspannungen und des RQ graphisch dargestellt, RILEY, COURNAND und wir verwenden die gleiche Formel.

Die folgenden Zahlen können auf Meereshöhe in Rückenlage als normale Mittelwerte angesprochen werden:

$$\text{Kohlensäurespannung} \quad 39{,}5 \pm 1 \text{ mm Hg}$$
$$\text{Sauerstoffspannung} \quad 98 \;\; \pm 2 \text{ mm Hg}\,.$$

In Höhenlagen über dem Meeresspiegel ist die Abnahme der inspiratorischen Sauerstoffspannung und in größeren Höhen (über 2000 m) auch die Abnahme der Kohlensäurespannung als Folge der Hyperventilation zu berücksichtigen. RAHN gibt eine Zusammenstellung des Einflusses der Körperhaltung auf die alveoläre Kohlensäurespannung (Tab. 1).

Eine Möglichkeit für die indirekte Berechnung der alveolären Gasspannungen besteht darin, in die oben erläuterte „Alveolarformel" statt der direkt bestimmten alveolären Kohlensäurespannung die arterielle Kohlensäurespannung einzusetzen. Da die arterielle Kohlensäurespannung leichter und zuverlässiger bestimmt werden kann als die alveoläre, sich von dieser jedoch praktisch nicht unterscheidet, wobei die möglichen Differenzen zwischen beiden noch im Bereiche der methodischen Fehler liegen, kommt dieser indirekten Bestimmung der alveolären Sauerstoff- und Kohlensäure-

Tabelle 1

Körperhaltung	alv. pCO_2
liegend	40,0
sitzend zurückgelehnt	39,2
sitzend gerade	37,3
stehend	36,3

spannung praktisch die größte Bedeutung zu (ROSSIER u. MÉAN 1942—1943, RILEY u. Mitarb. 1946). Auf die Bedeutung dieses Kunstgriffes, statt mit der schwierig zu bestimmenden alveolären mit der arteriellen Kohlensäurespannung zu arbeiten und den sich damit ergebenden Problemen und neuen Fehlermöglichkeiten wird im nächsten Abschnitt über die alveoläre Ventilation und den Totraum besonders eingegangen.

4. Alveoläre Ventilation und Totraum

Da es sich hier um eines der grundlegenden Kapitel der Atemphysiologie handelt, müssen wir unsere Darlegungen ausführlich gestalten. Schon bei der Besprechung der Alveolarluft wurde darauf hingewiesen, daß streng zwischen dem anatomischen Begriff des Gesamtvolumens der Alveolen und dem funktionellen Begriff der Alveolarluft in bezug auf ihre Gaszusammensetzung unterschieden werden muß. Eine gleiche Differenzierung ist auch für den Totraum notwendig. Der Sprachgebrauch hat viel zur Verwirrung der Begriffe beigetragen. Bezeichnungen wie „schädlicher Raum" haben die Bedeutung des Totraumes festgelegt ohne Klärung seiner funktionellen Problematik. Schon die Bezeichnung „Totraum" ist bedauerlich, nun aber durch die Gewohnheit eingeführt.

Im Schrifttum über den Totraum finden sich zahlreiche Kontroversen, die eigentlich schon in dem Zeitpunkt beginnen, als man sich mit der experimentellen Messung des Totraumes zu beschäftigen anfing. Es wurden immer wieder experimentelle Befunde mitgeteilt, die denen anderer Autoren widersprachen, ohne daß die Diskussion der abweichenden Befunde eine befriedigende Abklärung für die z. T. diametralen Unterschiede gegeben hätte.

Rossier, Bühlmann und Müller (1953) zeigten in einer Übersichtsarbeit, daß es sich bei den zahlreichen Kontroversen z. T. nur um reine Definitionsfragen, z. T. aber um echte Differenzen handelt, die sich aus den angewandten Methoden ergeben müssen, da mit den verschiedenen Techniken nur unter ganz bestimmten Voraussetzungen der gleiche Totraum gemessen werden kann. Aus den Schlußfolgerungen geht hervor, daß für die Klinik die Bestimmung des „funktionellen Totraums" die größte Bedeutung hat, wie es auch in den folgenden Darlegungen ausgeführt werden soll.

Als erster hat Zuntz (1882) auf die mit dem Totraum verbundene Problematik hingewiesen. Der *anatomische Totraum* besteht aus dem Nasen-Rachen-Raum, der Glottis, der Trachea, den Bronchien und den Bronchiolen, d. h. aus allen denjenigen Teilen der Atemwege, die nur in so geringem Maße am Gasaustausch mit dem Blut teilnehmen, daß derselbe praktisch zu vernachlässigen ist. In pathologischen Fällen kann sein Volumen vergrößert sein und nach Entfernung eines Lungenteils ist er verkleinert. Der anatomische Totraum wurde wiederholt mit verschiedenen Methoden gemessen (Zuntz 1882, Loewy 1894, Rohrer 1915). Von Rohrer stammt die für die Funktion sehr wichtige Feststellung, daß der anatomische Totraum mit dem Entfaltungsgrad der Lunge variiert:

Tabelle 2

Entfaltungsgrad der Lunge	anatomischer Totraum
Kollaps	160 cm³
Totale Exspiration	180 cm³
Normale Exspiration	220 cm³
Normale Inspiration	230 cm³
Totale Inspiration	260 cm³.

Mit diesen Daten wurde bereits darauf hingewiesen, daß der Totraum während des Atemcyclus nicht ganz konstant ist.

Für die indirekte Bestimmung der Gaskonzentration in der Alveolarluft wandte Bohr (1891) unter Einsetzen eines konstanten Totraumes von etwa 140 cm³ folgende Formel an:

$$V \cdot e = TR \cdot i + (V - TR) \cdot a \qquad \text{nach dem Totraum aufgelöst}$$

$$TR = \frac{a - e}{a - i} \cdot V$$

V Atemvolumen, a Gaskonzentration in der Alveolarluft, e in der Exspirationsluft, i in der Inspirationsluft.

Nach Einführung der direkten Alveolarluftanalyse durch Haldane und Priestley konnte der Wert a sowohl für den Sauerstoff wie auch für die Kohlensäure ermittelt und der Totraum mit der Bohrschen Formel bestimmt werden. Die beiden Autoren fanden bei ihren ersten Messungen Werte von 142 und 189 cm³, also Volumen, die im Bereiche des anatomischen Totraumes liegen. Die Vorstellung, daß die Alveolen mit Alveolarluft und der Totraum mit Frischluft gefüllt sind, schien damit bestätigt. Als nächstes interessierte die Frage, ob der Totraum unter verschiedenen physiologischen Bedingungen konstant sei. DOUGLAS und HALDANE (1912) sowie HALDANE (1915) fanden, daß der auf diese Weise bestimmte Totraum bei willkürlicher Hyperventilation wie auch während körperlicher Arbeit mit der Vergrößerung des Minutenvolumens zunehme, was durch Y. HENDERSON und Mitarbeiter (1915) bestätigt wurde. Da man sich aber eine Verdoppelung bis Verdreifachung des anatomischen Totraumes während Arbeit nicht vorstellen konnte, kam HALDANE zum Schluß, daß der mit seiner Methode gemessene Totraum ein rein funktioneller Wert sei.

Die Diskussion über den Totraum nahm eine neue Wendung, als SIEBECK (1911) die Wasserstoffmethode zu seiner Messung einführte, die später auch von KROGH und LINDHARD (1913) sowie von MUNDT und Mitarbeiter (1941) gebraucht und verbessert wurde. Diese Autoren, die mit Fremdgasen arbeiteten, fanden unter verschiedenen physiologischen Bedingungen insbesondere bei Arbeit, sofern sie die Verhältnisse hier untersuchten, einen weitgehend konstanten Totraum und gelangten damit in Widerspruch zu den Ergebnissen von HALDANE und DOUGLAS und von Y. HENDERSON und Mitarbeiter.

Mit der Methode der Sauerstoff/Stickstoff-Mischung, die zur Wasserstoffmethode enge Beziehungen hat, wenn auch nicht mit einem Fremdgas gearbeitet wird, konnten die wichtigsten Schlußfolgerungen von KROGH und MUNDT durch FOWLER (1948) und BATEMAN (1952) bestätigt werden.

HALDANEs Methode wurde von vielen Autoren angewandt, so von LILJESTRAND (1918), von KRZYWANEK am Hund (1922), von MEAKINS und Mitarbeitern (1925), von DAUTREBANDE und Mitarbeitern (1928), von HECKSCHER (1930), von MONCRIEFF (1931), von HURTADO und Mitarbeitern (1933-1935) und von KALTREIDER und Mitarbeitern (1938).

AITKEN und Mitarbeiter (1928) schlugen für die Bestimmung des Totraumes einen neuen Weg ein, indem sie die fraktioniert entnommene Exspirationsluft analysierten und aus dem zeitlichen Ablauf des Anstieges der Kohlensäurekonzentration bzw. der Abnahme der Sauerstoffkonzentration während der Exspiration den Totraum berechneten. Mit dieser neuen Methode stellten sie wie HALDANE u. a. eine Vergrößerung des Totraumes bei Hyperventilation und während Arbeit fest. Eine Erklärung des Unterschiedes der mit der Bohrschen Formel ermittelten und mit den Mischmethoden bestimmten Werten für den Totraum wurde damit noch nicht gegeben.

Die Methode AITKENs wurde später durch die fortlaufende Analyse der Exspirationsluft mittels Infrarotabsorption entscheidend verbessert. Schon vorher hatten GROSSE-BROCKHOFF und SCHOEDEL (1937) das Prinzip der fraktionierten Analyse der Exspirationsluft verbessert, indem sie im Laufe der Exspiration zahlreichere Gasproben entnahmen und mittels einer graphischen Integration die „mittlere alveoläre Kohlensäurekonzentration" bestimmten. Sie fanden mit ihrer Methode keine Vergrößerung des Totraumes bei Arbeit, was mit ihrem Begriff der „mittleren alveolären Kohlensäurekonzentration" zusammenhängt, die nicht mit der alveolären Kohlensäurekonzentration identisch ist, welche von anderen Autoren zur Berechnung des Totraumes in die Formel von BOHR eingesetzt wird. *Auch in diesem Falle handelt es sich bei der Kontroverse um den Totraum schließlich um die Definition der Alveolarluft.*

Diesen Autoren kommt aber vor allem das Verdienst zu, einige Diskrepanzen zwischen der Alveolarluftmethode von HALDANE und den Fremdgasgemisch- methoden aufgeklärt zu haben. Fremdgase, z. B. Wasserstoff, dringen mit der Zeit in alle Alveolen ein, ob sie gut oder schlecht ventiliert werden und vor allem auch in Alveolargebiete, die wohl ventiliert, aber nicht durchblutet werden, so daß in ihnen gar kein Gasaustausch stattfindet. Diese Gebiete werden mit der Fremdgasmethode von SIEBECK oder KROGH nicht, mit den Alveolarluftmethoden aber als Totraum erfaßt. Eine schlechte intrapulmonale Luftdurchmischung wird sowohl mit der Analyse der Exspirationsluft als auch durch die indirekte Messung des Totraumes, die auf der Bestimmung der Mischungszeit mittels eines Fremd- gases basiert, als Totraumvergrößerung dargestellt, wie es insbesondere aus den Untersuchungen von BIRATH hervorgeht. Ein extremes Beispiel soll den Unter- schied zwischen den Fremdgas- und den Alveolarluftmethoden beleuchten. Wird ein ganzer Lungenflügel noch ventiliert, aber nicht mehr durchblutet, so würde man mit einer Fremdgasmethode keine Vergrößerung des Totraumes finden, während man mit der indirekten Alveolarluftmethode die gesamte Venti- lation dieses Lungenflügels als Totraumventilation messen würde.

Die Unterschiede der Fremdgasmethode und der Alveolarluftmethode sind demnach prinzipieller Natur, es wird in beiden Fällen nicht dasselbe als Totraum bestimmt, die mit diesen Methoden gemessenen Werte können nicht miteinander verglichen werden, sie haben verschiedene Bedeutung. Es handelt sich nun darum, abzuklären, warum man auch mit den verschiedenen Alveolarluftmethoden nicht immer den gleichen Totraum findet, die Ursache hierfür muß in den unter- schiedlichen methodischen Anwendungen des gleichen Prinzipes liegen.

PAPPENHEIMER und Mitarbeiter (1952) führten eine neue Methode ein und untersuchten den Einfluß der Größe des Atemvolumens auf den Totraum. Die Grundbedingungen ihrer Versuchsanordnung war, daß sich die arterielle Sauer- stoffsättigung, die photoelektrisch kontrolliert wurde, bei verschiedenem Atem- volumen konstant blieb. Um allfällige Änderungen der Sättigung besser zu er- fassen, wurden die Versuche unter Hypoxämiebedingungen durchgeführt. Die während des Versuches konstante arterielle Sauerstoffsättigung wurde einer un- veränderten alveolären Sauerstoff- und Kohlensäurespannung gleichgesetzt. Mit diesen Untersuchungen stellten sie fest, daß Änderungen des Atemvolumens in Ruhe und bei leichter Arbeit die Größe „ihres" Totraumes nicht beeinflussen. FISHMAN wies in der Folge darauf hin, daß bei dieser Versuchsanordnung, der sog. "isosaturation method", eine weitgehend mit dem anatomischen Totraum über- einstimmende Größe bestimmt wird und somit auch keine wesentlichen Ände- rungen bei verschiedenen Atemvolumen zu erwarten sind.

DuBOIS und Mitarbeiter (1952) konnten schließlich mit der fortlaufenden Messung der Kohlensäurekonzentration in der Exspirationsluft zeigen, warum mit der Originalmethode von HALDANE während Arbeit zu hohe Werte für den Totraum gefunden werden. Wegen des großen Anfalles von Kohlensäure pro Zeiteinheit steigt die alveoläre Kohlensäurespannung während der Exspiration nocht merklich an, so daß sich kein eigentliches Plateau bildet (s. Abb. 8). Da die Alveolarluft nach der Technik von HALDANE mit Verzögerung entnommen wird, mißt man immer zu hohe Kohlensäurewerte. Auf diese Weise wurde die von KROGH und später von GROSSE-BROCKHOFF vertretene Meinung bestätigt, daß man mit der Originalmethode von HALDANE nur in Ruhe brauchbare Werte für die Alveolarluft erhält, während die mangelnde Konstanz der Atemgase in den Alveolen im Zeitablauf die Bestimmung des Totraumes bei Arbeit mit der Analyse einer einzelnen Gasprobe illusorisch macht. Wenn derartige methodischen Un- zulänglichkeiten ausgeschlossen werden, sollte man mit den Alveolarluftmethoden identische Werte für den Totraum erhalten, was aber nur der Fall ist, wenn die Alveolarluft in gleicher Weise definiert wird.

Setzen wir in die ursprüngliche Formel von BOHR

$$\frac{\text{Totraum}}{\text{Atemvolumen}} = \frac{p\,CO_2\ \text{alv.} - p\,CO_2\ \text{exsp.}}{p\,CO_2\ \text{alv.} - p\,CO_2\ \text{insp.}}$$

statt der direkt bestimmten alveolären Kohlensäurekonzentrationen bzw. -spannung die arterielle Kohlensäurespannung ein, so wird die Bestimmung des Totraumes in methodischer Hinsicht stark vereinfacht, da die arterielle Kohlensäurespannung, wie auch die der Exspirationsluft unter den verschiedensten Bedingungen, insbesondere auch während Arbeit exakt gemessen werden können. Die leitende Idee dieses Vorgehens besteht darin, daß man sich sagt, das arterielle Blut ist als Integration der gesamten Alveolarluft am ehesten in der Lage, einen representativen Wert für letztere zu liefern, wie es schon bei der indirekten Bestimmung der alveolären Sauerstoffspannung über die arterielle Kohlensäurespannung und den respiratorischen Quotienten erwähnt wurde. RILEY und COURNAND (1949) bezeichneten die auf diesem Weg bestimmte Alveolarluft als die „ideale" Alveolarluft. ENGHOFF (1938), ROSSIER und MÉAN (1942–1946) sowie RILEY und Mitarbeiter (1946) sind unabhängig voneinander zu dieser methodischen Vereinfachung der Alveolarluftmessung gekommen und haben ihre Untersuchungen über den Totraum mittels der arteriellen Kohlensäurespannung durchgeführt. DARLING schreibt zu diesem Vorgehen: „Die Konvention, die arterielle Kohlensäurespannung als die mittlere alveoläre Kohlensäurespannung zu betrachten, liefert die verläßlichste und reproduzierbarste Basis für Totraummessungen, auch wenn das so bestimmte Volumen keine anatomische Realität besitzt." Der mit der arteriellen Kohlensäurespannung berechnete Totraum wird in der Folge als „funktioneller Totraum" bezeichnet. Für die Bestimmung der arteriellen Kohlensäurespannung wurden verschiedene Methoden angewandt. Heute hat sich allgemein die indirekte Bestimmung über den Kohlensäuregehalt im Plasma und das p_H mittels der Gleichung von HASSELBALCH-HENDERSON, wie wir sie von Anfang an bevorzugten, als die einfachste und zuverlässigste durchgesetzt.

Bei der ursprünglichen Methode von HALDANE wird der Totraum aus einem Atemzug bestimmt entsprechend der Methode der Alveolarluftanalyse und der Bohrschen Formel. Da das arterielle Blut immer einen Mittelwert mehrerer Atemzüge darstellt, ist es sinnvoll, die Formel auf ein Ventilationsvolumen pro Zeiteinheit, z. B. 1 Minute, umzuändern. Dies hat den Vorteil, daß nicht die Kohlensäurekonzentration bzw. -spannung der Exspirationsluft in einem Atemzug analysiert werden muß, sondern daß man Ventilationsvolumen und Kohlensäureausscheidung spirometrisch während einer längeren Zeitperiode messen kann, den Mittelwert für eine Minute berechnet und durch entsprechenden Umbau der Formel die „alveoläre Ventilation" erhält. Die Differenz der alveolären Ventilation zum Minutenvolumen entspricht der Totraumventilation; wird diese durch die Atemfrequenz dividiert, so ergibt sich der funktionelle Totraum.

$$\text{alv. Ventilation cm}^3\ (37°) = \frac{CO_2\ \text{Ausscheidung cm}^3 \cdot 863}{\text{art. } p\,CO_2}\,.$$

$$\left(863 = 760 \cdot \frac{273 + 37}{273}\,,\ \text{da das Volumen der Kohlensäureausscheidung auf } 0°\,C \text{ reduziert ist.}\right)$$

Die Kohlensäurespannung der Inspirationsluft kann beim Atmen von atmosphärischer Luft vernachlässigt werden.

Diese Formel für die Berechnung der alveolären Ventilation wurde in dieser Form von Rossier und Mean (1942—1946) angewandt. Es fällt dabei sofort die Übereinstimmung mit den in der Nierenphysiologie gebräuchlichen Clearanceformeln auf, und man kann die alveoläre Ventilation als dasjenige Volumen bezeichnen, das pro Zeiteinheit von der alveolären Kohlensäurespannung durch Abgabe einer bestimmten Menge Kohlensäure befreit wird. Im Grunde genommen handelt es sich bei allen diesen Formeln und Umwandlungen, sei es nun die Bohrsche Formel für die Bestimmung des Totraumes, unsere Formel für die Berechnung der alveolären Ventilation, die Clearanceformeln in der Nierenphysiologie wie auch die Ficksche Formel für die Berechnung des Herzminutenvolumens immer um das gleiche Prinzip, indem das Volumen oder die Menge eines ausgeschiedenen oder aufgenommenen Gases bzw. einer Substanz mit den Konzentrationsdifferenzen, die durch die Aufnahme oder Ausscheidung hervorgerufen werden, in Beziehung gesetzt werden.

Folgende Tabellen geben eine Übersicht über die Werte für den Totraum, wie sie von verschiedenen Autoren mit unterschiedlichen Methoden ermittelt und angegeben wurden. Interessanter als die absoluten Werte ist das Verhältnis von funktionellen Totraum zu Atemvolumen (V_D/V_T), das in Ruhe am größten ist und bei Arbeit kleiner wird.

Tabelle 3. *Anatomischer Totraum*

Autor	Fälle	Alter Jahre	Mittel- wert cm³	Streuung cm³	Methode
Siebeck (1911) . .	5 ♂	25—32	144	98—164	Fremdgas (H₂)
	2 ♀	20 u. 25	108	93 u. 124	Fremdgas (H₂)
Fowler (1948) . .	45 ♂	19—38	156	106—219	Stickstoff (Nitrogenmeter)

Tabelle 4. *Funktioneller Totraum*

Autor	Fälle	Alter Jahre	Mittel- wert cm³	Streuung cm³	Methode
Hurtado u. Mitarb. (1934)	50 ♀	18—34	144	41—449	Alveoläre Kohlensäurespannung (Exspirationsluft)
Kaltreider u. Mitarb. (1938)	42 ♂	38—63	256	100—620	Alveoläre Kohlensäurespannung (Exspirationsluft)
Blickenstorfer (1947)	10 ♂	21—32	173	52—223	Arterielle Kohlensäurespannung (p_H und Formel Hasselbalch-Henderson)
DuBois u. Mitarb. (1952)	7 ♂	—	177	154—214	Kohlensäuremessung mittels Infrarot in der Exspirationsluft

Bei Verwendung der arteriellen Kohlensäurespannung kann der funktionelle Totraum auch in pathologischen Fällen und bei größerer körperlicher Arbeit ohne Schwierigkeiten gemessen werden. Bei Arbeit wird der funktionelle Totraum absolut etwas größer doch nimmt sein Anteil am Atemvolumen signifikant ab, wie es aus der Tabelle 5 hervorgeht.

Die Totraumvergrößerung bei Arbeit kann so erklärt werden, daß sich bei Intensivierung des Gasaustausches und Verkürzung der Zeit infolge Erhöhung der Atemfrequenz in der Alveole kein homogenes Gasgemisch mehr bilden kann, so daß an der Austauschzone eine etwas höhere Kohlensäurespannung herrscht als in der Mitte der Alveole, oder mit anderen Worten, daß die „ideale" Alveolarluft nicht mehr der mittleren Alveolarluft entspricht. Im Arbeitsversuch fanden wir (ROSSIER und BÜHLMANN 1950) in Abhängigkeit zur Leistung und zur Steigerung des Minutenvolumens regelmäßig eine Vergrößerung des funktionellen Totraumes, was nur auf die oben erwähnte Weise erklärt werden kann. Die Heterogenität der Gaszusammensetzung in der einzelnen Alveole bedeutet nichts anderes, als daß ein Teil der Alveole in den Totraum miteinbezogen wird.

Tabelle 5. *Funktioneller Totraum bei Arbeit und Verhältnis von funktionellem Totraum zu Atemvolumen*

Autor	Fälle	$\dot{V}_{O_2}$ cm³/min	V_T cm³	V_D cm³	$\dfrac{V_D}{V_T}$	Methode
DOUGLAS u. HALDANE (1912)	1	237	457	160	0,35	Alveoläre Kohlensäure-
		1065	1535	320	0,21	spannung (Exspirations-
		1595	2064	497	0,24	luft)
		2005	2524	549	0,22	
		2543	3145	622	0,20	
AITKEN u. CLARK-KENNEDY (1928)	1	1410	2371	295	0,12	Fraktionierte Kohlensäure-
		2050	3410	378	0,11	analyse der Exspirations- luft
HOUSTON u. RILEY (1947)	2	I 272	667	160	0,24	Arterielle Kohlensäure-
		862	1276	281	0,22	spannung (Mikro-
		II 297	596	235	0,39	tonometrie)
		1538	1706	360	0,21	
FILLEY u. Mitarb. (1954)	34	810—1350 pro m²	—	—	0,15	Arterielle Kohlensäure- spannung, Mittelwerte
ROSSIER u. BÜHL-MANN (1957)	30	400	570	155	0,27	Arterielle Kohlensäurespan-
		800	1050	260	0,25	nung (p_H u. Formel HASSEL-
		1200	1400	320	0,23	BALCH-HENDERSON)
		1600	1700	370	0,22	Mittelwerte
		2000	2020	470	0,23	

Man könnte nun aber einwenden, daß eine Vergrößerung des Totraumes während der Arbeit bei Verwendung der arteriellen Kohlensäurespannung durch eine Vergrößerung des Spannungsgradienten zwischen arteriellem Blut und Alveolarluft vorgetäuscht werden könnte. In der Tat würde ein derartiger Gradient eine zu hohe alveoläre Kohlensäurespannung vortäuschen, woraus sich

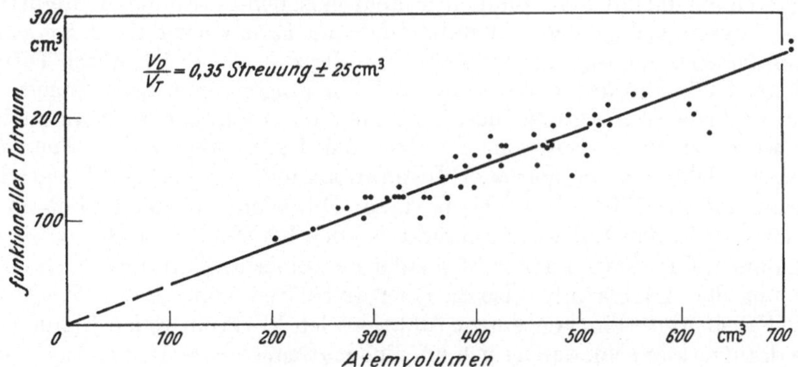

Abb. 9. Verhältnis von funktionellem Totraum zu Atemvolumen bei 50 gesunden Exploranden in Ruhe liegend. Volumen BTPS (ROSSIER u. BÜHLMANN 1957)

eine zu kleine alveoläre Ventilation und damit ein zu großer Totraum ergeben. Bei der sehr raschen Diffusion der Kohlensäure durch die alveolo-capilläre Membran ist es jedoch sehr unwahrscheinlich, daß sich ein derartiger Gradient in meßbaren Dimensionen ergibt. Ein Gradient von 2 mm Hg würde übrigens lediglich zu einer Fehlberechnung des funktionellen Totraumes von $+16\%$ führen. Aus diesem Grunde ist auch eine Vermehrung der Zumischung von venösem zum arteriellen Blut zu vernachlässigen, sofern sie nicht mehr als 20% des Herzminutenvolumens beträgt.

Es muß in diesem Zusammenhang aber darauf hingewiesen werden, daß die arterielle Kohlensäurespannung auch in zeitlicher Beziehung einen Mittelwert im Atemcyclus darstellt. Bei stark gesteigertem Gaswechsel bestehen möglicherweise größere respiratorische Schwankungen. Aus der arteriellen Kohlensäurespannung am Ende der Inspiration würde dann ein etwas kleinerer funktioneller Totraum errechnet als mit dem Mittelwert des ganzen Atemcyclus.

Im folgenden sollen noch die Beziehungen zwischen dem anatomischen und funktionellen Totraum sowie die Faktoren, die letzteren oder beide unter pathologischen Verhältnissen vergrößern, besprochen werden, was auch die abweichende Befunde, die mit den verschiedenen Totraumbestimmungen unter pathologischen Verhältnissen gefunden wurden, erklären wird. Wenn unmittelbar vor der Exspiration die Gesamtheit der Alveolen homogene Alveolarluft enthalten und der ganze anatomische Totraum mit Frischluft gefüllt ist, dann entspricht die „ideale“ Alveolarluft der mittleren Alveolarluft wie auch der bei anatomischer Betrachtung in den Alveolen enthaltenen Luft; in diesem Falle stimmen funktioneller und anatomischer Totraum miteinander überein. Diese Forderung schließt eine scharfe Grenze zwischen den beiden Gasphasen am Eingang der Alveolen in sich. Bei ruhiger Atmung und normalen Lungenverhältnissen ist diese Forderung weitgehend erfüllt. Die fortlaufende Kohlensäureanalyse in der Ausatmungsluft ergibt dann einen sehr steilen Anstieg der Kohlensäurekonzentration im Ablauf der Zeit (s. Abb. 8). Bei derartigen Verhältnissen würde man auch mit den verschiedenen Totraumbestimmungsmethoden ungefähr den gleichen Wert finden, der dann weitgehend mit dem Volumen des anatomischen Totraumes übereinstimmt.

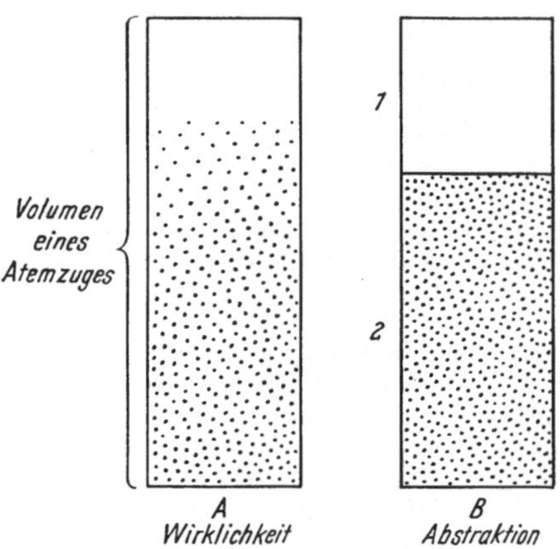

Abb. 10. Schematische Darstellung zur Erklärung des Begriffes „funktioneller Totraum“

Es ist physikalisch jedoch undenkbar, daß eine ganz scharfe Grenze vorhanden ist, denn die Spannungsgefälle tendieren ständig zum Ausgleich durch Diffusion. Daß diese Diffusion unter bestimmten Bedingungen eine Rolle spielt, kann dadurch nachgewiesen werden, daß bei Apnoe der funktionelle Totraum immer kleiner wird. DuBois, Fowler, Soffer und Fenn stellten bei einer Apnoe während 15 Sekunden in normaler Inspirationsstellung eine Verkleinerung des Totraumes auf die Hälfte fest. Dank dieser Diffusion und der laminären Strömung der Luft in den Luftwegen kommt es auch bei einer Tachypnoe mit einem Atemvolumen, das sicher kleiner ist als der anatomische Totraum, noch zu einer Erneuerung der Alveolarluft, also zu einer alveolären Ventilation. Wenn wir in solchen Fällen weiterhin von einem funktionellen Totraum reden, dann müssen wir uns darüber klar sein, daß es sich um eine mathemetische Abstraktion handelt. In der Tat sind keine scharf getrennten Räume vorhanden, sondern die Gase gehen stetig ineinander über, was im Schema in Abb. 10 veranschaulicht werden soll.

Unmittelbar vor der Exspiration entsprechen die Verhältnisse in Wirklichkeit dem Schema A, d. h. die Alveolarluft geht in die Außenluft über, so daß von innen nach außen der Sauerstoffgehalt kontinuierlich zu- und der Kohlensäuregehalt abnehmen. Dieser Übergang kann wegen seiner Kompliziertheit im einzelnen quantitativ nicht genau erfaßt werden, weshalb wir eine Abstraktion vornehmen, die einer Verteilung der Atemgase in der Form entspricht, daß ein Teil der Lunge nur mit Alveolarluft (gemäß Definition im Gasgleichgewicht mit den Lungencapillaren), also mit „idealer" Alveolarluft, und der andere Teil mit Außenluft gefüllt wäre (Schema B). An der Basis der beiden Säulen herrscht die gleiche Gaskonzentration, und die Gesamtheit der Schraffur (Fläche mal Intensität) ist in beiden Säulen dieselbe. Dieses Schema erklärt auch unser rechnerisches Vorgehen. *Die alveoläre Ventilation entspricht dem Gasvolumen mit der Zusammensetzung der „idealen" Alveolarluft, welches die gesamte pro Zeiteinheit ausgeschiedene Kohlensäure enthält. Der funktionelle Totraum stellt bei der Inspiration jene Luftmenge mit alveolärer Zusammensetzung dar, die mit den Lungencapillaren in Kontakt kommt, während bei der Exspiration dieser „Raum" jenem Volumen gleichkommt, das die Lunge mit der Zusammensetzung der Trachealluft wieder verläßt.*

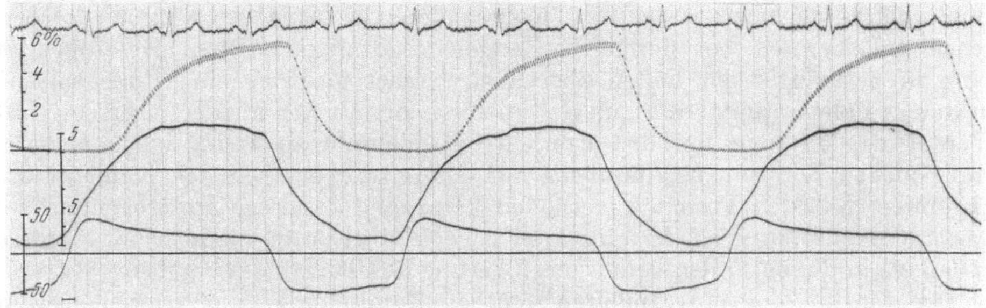

Art. O_2-Sttg. $90^0/_0$ pCO_2 49 mm Hg

Abb. 11. Simultane Registrierung des EKG, der Kohlensäurekonzentration in der Exspirationsluft, des Oesophagusdruck und des Pneumotachogramms sowie arterielle Sauerstoffsättigung und Kohlensäurespannung bei verschlechterter Luftdurchmischung wegen obstruktivem Emphysem, deutlich verzögerter Anstieg der Kohlensäurekonzentration während der Exspiration

Welche Faktoren vergrößern unter pathologischen Verhältnissen den funktionellen Totraum ? Betrachten wir die Kurve des Anstieges der Kohlensäurekonzentration in der Exspirationsluft beim Lungenemphysem, so ist eine deutliche Abflachung bzw. Verzögerung festzustellen. Ursache hierfür ist die ungleichmäßige Belüftung der verschiedenen Lungenpartien im Sinne einer ungleichmäßigen Luftdurchmischung, so daß die Zusammensetzung der Alveolarluft nicht in allen Partien die gleiche ist. Sowohl mit den Fremdgasgemischmethoden, mit der fraktionierten Analyse der Exspirationsluft, der direkten Alveolarluftmethode wie auch bei der Bestimmung über die alveoläre Ventilation mit der arteriellen Kohlensäurespannung, wird man in diesem Fall eine Vergrößerung des Totraumes feststellen. Die verschiedenen Methoden ergeben also bei einer verschlechterten Luftdurchmischung wie bei einer einfachen Vergrößerung des anatomischen Totraumes übereinstimmende Resultate.

Ein weiterer wichtiger Faktor, der zu einer Vergrößerung des funktionellen Totraumes führt, ist ein in den verschiedenen Alveolargebieten unterschiedliches Verhältnis von Ventilation zu Durchblutung, die "ventilation/perfusion ratio" der amerikanischen Autoren RILEY und COURNAND. Alveolargebiete, die ventiliert aber nicht mehr durchblutet werden, kommen als Vergrößerung des funktionellen Totraumes zur Darstellung. Auch mit der fraktionierten bzw. fortlaufenden Analyse der Exspirationsluft auf Kohlensäure wird man in diesen Fällen eine Zunahme des Totraumes erfassen, nicht aber mit einer Fremdgasmischmethode, da die alveoläre Gaszusammensetzung des Fremdgases nur von der ventilatorischen Seite über die Durchmischung, nicht aber von der Seite des Gasaustausches an der Alveolarmembran her beeinflußt wird. Auch in nicht mehr durchbluteten Alveolen ohne Gasaustausch ergeben sich ungefähr die gleichen Fremdgaskonzentrationen wie in den durchbluteten Alveolen. Der mit der Bestimmung des funktionellen Totraumes erfaßbare "dead space effect" eines gestörten Verhältnisses zwischen Ventilation und Durchblutung existiert jedoch nur dann, wenn das Ventilations/Durchblutungs-Verhältnis nicht in allen Alveolen gleich ist. Ein in allen Lungenabschnitten im gleichen Maß verändertes Verhältnis von Ventilation zu Durchblutung hat auf den funktionellen Totraum keinen vergrößernden Einfluß. Dieser Faktor für eine Zunahme des funktionellen Totraumes spielt praktisch eine große Rolle, doch wäre es falsch, jede Vergrößerung des funktionellen Totraumes auf ein gestörtes Ventilations/Durchblutungs-Verhältnis zurückzuführen.

Eine allfällige heterogene Gaszusammensetzung in der einzelnen Alveole beeinflußt ebenfalls die Größe des funktionellen Totraumes. Dieser Mechanismus erklärt, wie oben ausgeführt, insbesondere die Zunahme während körperlicher Arbeit auch bei normalen Lungenverhältnissen. Diese Heterogenität kann in pathologischen Fällen aber auch bereits in Ruhe eine Rolle spielen. In diesen Fällen stimmt die „ideale" nicht mehr mit der mittleren Alveolarluft überein, so daß man mit der arteriellen Kohlensäurespannung einen anderen funktionellen Totraum bestimmt als mit der mittleren alveolären Kohlensäurespannung. Mit den Fremdgasmethoden kann eine derartige Heterogenität der Gaszusammensetzung in der einzelnen Alveole überhaupt nicht erfaßt werden, so daß sie in diesen Fällen keine Vergrößerung des Totraumes ergeben.

Der Einfluß der postcapillären venösen Zumischung zum arteriellen Blut kann bei der Bestimmung des funktionellen Totraumes über die arterielle Kohlensäurespannung vernachlässigt werden, sofern der Shunt nicht mehr als etwa 20% des Herzminutenvolumens beträgt.

Fassen wir die verschiedenen Faktoren zusammen, so wird die Größe des *funktionellen Totraumes* beeinflußt:

1. Von der Größe des *anatomischen Totraumes*, wie es u. a. die Experimente von ROSSIER, BLICKENSTORFER und WIESINGER mit einem zusätzlichen Totraum gezeigt haben.

2. Vom *Ventilations/Durchblutungs-Verhältnis* in den verschiedenen Alveolarbezirken, indem das Nebeneinander von unterschiedlichen Verhältnissen den funktionellen Totraum vergrößert.

3. Von der *Intensität des Gasaustausches in den Alveolen im Verhältnis zum Atemtypus* (Frequenz und Atemvolumen), was den Grad der Homogenität der Gaszusammensetzung in den einzelnen Alveole beeinflußt, weil durch eine allfällige Heterogenität der funktionelle Totraum vergrößert wird.

Das Volumen der funktionellen Residualkapazität hat für die Größe des funktionellen Totraumes nur indirekte Bedeutung, indem ihr Volumen als Ausdruck des Entfaltungsgrades der Lunge die Größe des anatomischen Totraumes (Punkt 1), wie auch die Gleichmäßigkeit der Luftdurchmischung in den verschiedenen Lungenpartien beeinflußt (Punkt 2).

Der funktionelle Totraum, wie wir ihn oben definiert haben, wird über die arterielle Kohlensäurespannung, die der der „idelaen" Alveolarluft entspricht, gemessen. Mit den Methoden der direkten Alveolarluftanalysen kann der Totraum auch über den Sauerstoff bestimmt werden, was ebenfalls zu Kontroversen geführt hat. HALDANE fand nämlich nicht immer denselben Totraum für beide Gase, was nicht unbedingt auf methodischen Unzulänglichkeiten beruhen müßte. Wenn aber der Totraum für Sauerstoff und Kohlensäure verschieden wäre, so würde das bedeuten, daß die Alveolarluft einen anderen respiratorischen Quotienten hätte als die Exspirationsluft. RAHN fand jedoch mit der fortlaufenden Analyse der Exspirations- und Alveolarluft in beiden den gleichen respiratorischen Quotienten. Er erklärt die frühere Kontroverse damit, daß die Originalmethode von HALDANE einen zu niedrigen respiratorischen Quotienten in der Alveolarluft ergibt. Die Untersuchungen RAHNs zeigen erstens, daß der Totraum für Sauerstoff und Kohlensäure gleich ist und zweitens, daß die indirekte Bestimmung der alveolären Sauerstoffspannung über die arterielle Kohlensäurespannung und den respiratorischen Quotienten der Exspirationsluft zuverlässige und brauchbare Werte gibt. Setzt man die alveoläre Sauerstoffspannung bzw. Konzentration der „idealen" Alveolarluft in die Bohrsche Formel ein, so erhält man für den Totraum den gleichen Wert wie mit der arteriellen Kohlensäurespannung.

Es mag noch angezeigt sein, sich kurz mit dem Sinn des Totraumes auseinanderzusetzen. Ist der Totraum ein notwendiges Übel, ein „schädlicher" Raum, weil aus anatomischen Gründen die Alveolen nicht einfach direkt nach außen münden können, oder verbindet sich mit der anatomischen Notwendigkeit eines Röhrensystems auch ein funktioneller Wert? Schon die ganz erhebliche Umwandlung, welche die Außenluft im Totraum erfährt, zeigt seine funktionelle Bedeutung. Er kann als Vorwärme- und Anfeuchtekammer betrachtet werden und leistet in dieser Hinsicht Erstaunliches. Auch bei ganz trockener Frischluft ist die Lungenluft immer zu 100% mit Wasserdampf gesättigt. Auch hinsichtlich der Temperatur spielt der Totraum eine große Rolle, werden doch beim Einatmen von Luft bis zu $-50°$ C keine Temperaturschwankungen im arteriellen Blut gemessen.

Eine Totraumhyperventilation ohne Vergrößerung des Totraumes kennen wir als sinnvollen Atemtyp beim Hund, der über keine Schweißdrüsen verfügt und im Sommer hachelt, um mit der Atmung Wärme abzugeben. Hierbei handelt es sich um einen reinen Typ der Totraumhyperventilation, denn es wäre ja durchaus unzweckmäßig, wenn die einzig mit dem Ziel der Temperaturregulation in Gang gesetzte Atemsteigerung zu einem Kohlensäureverlust mit Alkalose führen würde, was die notwendige Folge einer gleichzeitigen alveolären Hyperventilation wäre.

Vom Gesichtspunkt der Gaserneuerung in den Alveolen aus bedeutet die Totraumhyperventilation jedoch eine unökonomische Atmung. Das Verhältnis zwischen alveolärer und Totraum-Ventilation stellt ein Maß für die Atemökonomie dar. Der Wirkungsgrad beträgt nach unseren Erfahrungen in Ruhe etwa 2 : 1, d. h. von der Gesamtventilation werden $^2/_3$—$^3/_4$ zur Belüftung der Alveolen verwendet und der Rest im Totraum umgewälzt. Andere Autoren fanden ähnliche Werte: HALDANE 70%, ENGHOFF 66%, BIRATH 66%, FOWLER 74%, RILEY 80%. Einige Autoren haben auch den reziproken Wert verwendet, den ENGHOFF „inefficax Quotient" nennt.

II. Das Blut als Träger der Atemgase

1. Der Sauerstofftransport

Beim Sauerstofftransport im Blut müssen wir die physikalische Lösung des Sauerstoffs im Plasma von seiner chemischen Bindung an das Hämoglobin unterscheiden.

Die *Löslichkeit* des Sauerstoffs im Plasma hat zur Folge, daß dieses, wenn auch in bescheidenem Maße, am Sauerstofftransport teilnimmt. Die Löslichkeit eines Gases in einer Flüssigkeit wird definiert als diejenige Menge Gas (STPD), die sich bei einem Druck von 760 mm Hg in 1 cm³ Flüssigkeit löst. Der Löslichkeitskoeffizient nach BUNSEN ist abhängig von der Natur der Flüssigkeit und von der Temperatur, bei der die Lösung stattfindet. Für eine gegebene Flüssigkeit bei einer bestimmten Temperatur ist der Löslichkeitskoeffizient eine Konstante, so daß unter diesen Bedingungen eine direkte Proportionalität zwischen der Gasspannung in der Flüssigkeit und dem Gehalt an Gas in derselben besteht (HENRYs Gesetz).

Wenn wir das Blutplasma diesbezüglich untersuchen, dann können wir im allgemeinen mit einer konstanten Temperatur im Innern des Körpers rechnen, nicht aber in den Extremitäten. Auch die Zusammensetzung des Plasmas ist nicht ganz konstant, was allerdings unter physiologischen Verhältnissen keine große Rolle spielt. In Äthylalkohol findet man eine achtmal größere Löslichkeit für Sauerstoff als in Wasser. BOHR stellte 1905 fest, daß sich im Plasma nur 97,5% Sauerstoff lösen, verglichen mit Wasser unter gleichen Verhältnissen. 1934 fanden SENDROY u. Mitarb. für die Sauerstoff-Löslichkeit folgende Werte bei 38° C Plasma 0,0209, Zellen 0,0261 und Vollblut mit einer Sauerstoffkapazität von 20 Vol.-% Sauerstoff 0,0230. Auf 37° C korrigiert lauten die Zahlen folgendermaßen:

$$\text{Sauerstofflöslichkeit bei 37° C}$$

Wasser	0,0237
Plasma	0,0213
Zellen	0,0266
Vollblut	0,0235.

Tab. 6 gibt eine Übersicht über die Verteilung des Sauerstoffs im Blut.

Tabelle 6. *Sauerstoff im Blut (Sauerstoffkapazität 20,0 Vol.-%)*

	venöses Mischblut	arterielles Blut
pO_2 mm Hg	35	92
im Plasma in Vol.-%	0,10	0,26
in den Zellen in Vol.-%	0,12	0,32
physikalisch gelöst im Plasma und Zellen zusammen in Vol.-%	0,11	0,285
chemisch an Hämoglobin gebunden in Vol.-%	14,6	19,2
Total in Vol.-%	14,71	19,48
O_2-Sättigung in %	73,0	96,0

Im venösen Mischblut wird also nur etwa $^1/_{150}$ des Sauerstoffs im Plasma transportiert, während im arteriellen Blut etwa $^1/_{80}$ in gelöster Form vorhanden ist. Dieser Unterschied rührt davon her, daß die Löslichkeit von Sauerstoff im Plasma eine lineare Funktion der Sauerstoffspannung ist, während der an das Hämoglobin gebundene Sauerstoff als Funktion der Spannung der S-förmigen Sauerstoffdissoziationskurve folgt.

Damit kommen wir zur Frage des Sauerstoff-Transportes durch das Hämoglobin. 1 Mol, d. h. 32 g Sauerstoff, verbinden sich mit 16,700 g Hämoglobin. Da 1 Mol bei 0° C und 760 mm Hg Druck ein Volumen von 22,4 l einnimmt, verbindet sich 1 g Hämoglobin mit 1,34 cm³ Sauerstoff (HÜFNER 1894). Man kann also aus der Sauerstoffmenge, welche eine Volumeneinheit Blut zu binden vermag, ihren Hämoglobingehalt und umgekehrt aus einer Hämoglobinbestimmung das Sauerstoff-Fassungsvermögen, d. h. die Sauerstoffkapazität errechnen, insofern sich der gesamte Farbstoff als aktiv im Sauerstofftransport erweist, was nicht immer der Fall ist.

Lange war man der Ansicht, daß sich 1 Molekül Sauerstoff mit einem Molekül Hämoglobin verbinde, daß also das Molekulargewicht des Hämoglobins 16700 betragen müsse. Neuere Untersuchungen mit der Ultrazentrifuge haben jedoch ein Molekulargewicht von etwa 68000 für das Hämoglobin ergeben, so daß man annehmen muß, daß sich 1 Molekül Hämoglobin mit 4 Molekülen Sauerstoff verbindet. Wir werden im folgenden das Symbol Hb_4 für das Molekulargewicht von 68000 verwenden. Die Formel der Bindung zwischen Hämoglobin und Sauerstoff lautet dann:

$$4\, O_2 + Hb_4 \rightleftarrows Hb_4(O_2)_4.$$

Mißt man den Sauerstoffgehalt von Hämoglobinlösungen, die mit verschiedenen Sauerstoffspannungen ins Gleichgewicht gebracht worden sind, und trägt man den Gehalt als Ordinaten, die Spannung als Abszisse in einem Koordinationssystem auf, dann erhält man die gewohnte Form der *Sauerstoff-Dissoziations- oder Binde-Kurve*. Der Begriff Dissoziationskurve ist wohl eher für die Gewebe adäquat, wo Sauerstoff abgegeben wird, während der Begriff Bindekurve besser für die Vorgänge in der Lunge paßt, wo die Sauerstoffaufnahme stattfindet. Beide Bezeichnungen sind einseitig, denn im Gleichgewicht wird ständig Sauerstoff abgegeben und aufgenommen. Ein entsprechender Name wäre jedoch zu umständlich und wir müssen uns deshalb für eine der beiden Bezeichnungen entschließen. Der Ausdruck Sauerstoffbindungskurve besitzt einige Vorteile: er ist deutsch, klar und den Vorgängen der Lunge angepaßt, fragen wir doch vor allen danach, wieviel Sauerstoff an das Hämoglobin gebunden wird. Wenn wir uns dennoch zum Ausdruck Dissoziationskurve entschließen, dann vor allem deshalb, weil er viel gebräuchlicher ist, weil er in einigen anderen Sprachen verwendet wird, und weil er auch für die entsprechenden Kurven der Kohlensäure gilt, bei der in der Lunge Abgabe und nicht Aufnahme des Gases erfolgt. Wir passen uns hierbei auch dem Sprachgebrauch in der physikalischen Chemie an, wo der Begriff Dissoziationskurve allgemein für Gleichgewichte ($J_2 \rightleftarrows J + J$) verwendet wird.

Die Sauerstoff-Dissoziationskurve weist sowohl in Hämoglobinlösungen als auch im Vollblut eine charakteristische S-Form auf (BARCROFT, HENDERSON u. Mitarb. u. a. siehe Abb. 12 und 13). Die von HÜFNER ursprünglich vorgeschlagene Formel der Sauerstoffbindung an das Hämoglobin

$$\frac{(Hb) \cdot (O_2)}{HbO_2}$$

wird graphisch durch eine rechtwinklige Hyperbel dargestellt.

BARCROFT, der die Verhältnisse näher untersuchte, fand jedoch, daß nur in verdünnten Hämoglobinlösungen, in denen das Globin denaturiert ist, eine Hyperbel gefunden wird. Solange das Eiweiß frisch ist, findet man die S-Kurve und auch immer in konzentrierten Hämoglobinlösungen. Um diese Form zu erklären, wurde eine Reihe von Theorien aufgestellt.

Die Gleichung von HILL (1910) $\dfrac{Y}{100} = \dfrac{K \cdot x^n}{1 + K\, x^n}$[1] stimmt in erster Annäherung mit den gefundenen Kurven recht gut überein. Nun fand aber ADAIR durch Messungen des osmotischen Druckes, daß Hämoglobin ein Molekulargewicht um 60000 haben muß, daß es also in Form von Hb_4 vorliegt. Wenn $n = 4$ in die Hillsche Gleichung eingesetzt wird, dann stimmt diese nicht mehr mit den gefundenen Kurven überein. Nach ADAIR paßt ein Wert von 2,5 am besten für Hämoglobinkonzentrationen, wie sie im Blut üblich sind. 1925 hat ADAIR eine neue Theorie aufgestellt, gemäß der sich Sauerstoff mit dem Hämoglobin stufenweise verbindet.

$$K_1:\ Hb_4 \qquad\ + O_2 \rightleftarrows Hb_4\, O_2$$
$$K_2:\ Hb_4O_2 \quad\ + O_2 \rightleftarrows Hb_4(O_2)_2$$
$$K_3:\ Hb_4(O_2)_2 + O_2 \rightleftarrows Hb_4(O_2)_3$$
$$K_4:\ Hb_4(O_2)_3 + O_2 \rightleftarrows Hb_4(O_2)_4.$$

---

[1] $Y = \%\ O_2$-Sättigung, $x = pO_2$, K Konstante, welche die Dissoz.-Konstante sowie die Löslichkeit von O_2 einschließt, $n = $ Anzahl Hb-Moleküle, die im Mittel aggregiert sind.

Diese vier Oxydationsstufen, welche gleichzeitig vorhanden sind, geben eine
befriedigende Erklärung der S-Form der Kurve. Man muß sich die Verhältnisse
so vorstellen, daß bei wechselnden Sauerstoffspannungen der Anteil der verschiedenen Stufen an der Mischung nicht gleichbleibt.

Die Konstante $K\,1$, welche bei niedrigen Sauerstoffspannungen fast ausschließlich vorhanden ist, wurde durch PAUL und ROUGHTON gemessen.

Es läßt sich übrigens eine gute Anpassung zwischen der Form der Sauerstoff-
Dissoziationskurve an die physiologischen Bedingungen feststellen, insofern als
bei der in den Lungen normalerweise vorhandenen Sauerstoffspannung das Blut
fast vollständig mit Sauerstoff gesättigt wird, während bei den im Gewebe

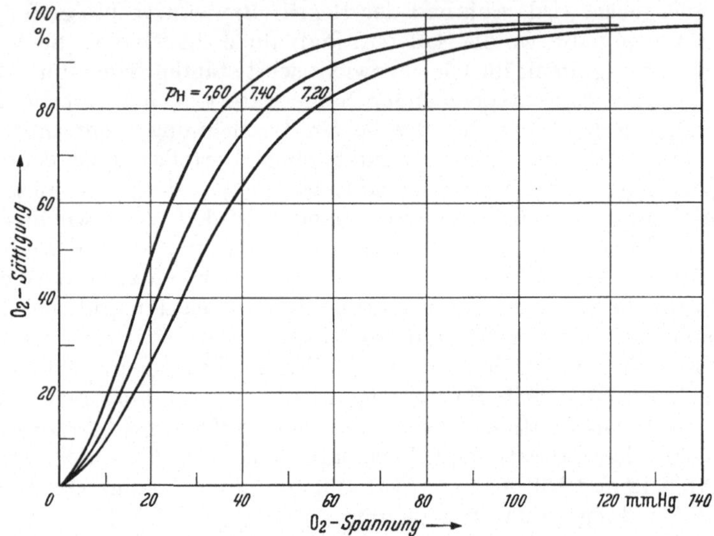

Abb. 12. Der Einfluß des p_H auf die Sauerstoffdissoziationskurve

üblicherweise gefundenen Spannungen die Voraussetzungen für die Sauerstoffabgabe besonders günstig sind. Die Steilheit der Kurve in diesem Bereiche
bedeutet eine große Sauerstoffabgabe bei kleinem Spannungsabfall. Es kann also
viel Sauerstoff an ein Gewebe abgegeben werden, ohne daß die als Triebkraft
wirkende Spannungsdifferenz stark abfällt.

BOHR, HASSELBALCH und KROGH fanden 1904, daß die Sauerstoffdissoziationskurve vom Kohlensäuregehalt des Blutes ganz wesentlich beeinflußt wird, und
zwar in dem Sinne, daß eine Erhöhung der Kohlensäurespannung die Kurven nach
rechts und eine Erniedrigung nach links verschiebt. BARCROFT konnte 1914 zeigen,
daß diese Einflußnahme der Kohlensäure auf die Sauerstoffdissoziationskurve
hauptsächlich eine Folge der Änderung in der Wasserstoffionenkonzentration ist,
wie sie auch durch andere Säuren herbeigeführt wird. Die unter dem Namen
„Bohr Effekt" bekannte Änderung der Sauerstoffbindung des Hämoglobins unter
dem Einfluß der Kohlensäure muß als außerordentlich zweckmäßig bezeichnet
werden, hat sie doch zur Folge, daß in den Lungen unter der Kohlensäureabgabe
das Blut für den Sauerstoff aufnahmefähiger wird, während in den Geweben
unter der Kohlensäureaufnahme der Sauerstoff sich vom Hämoglobin trennt und
damit besser an die Zellen abgegeben werden kann.

Es sei noch nebenbei bemerkt, daß BARCROFT die Tatsache, daß sich die
Konstante K der Hillschen Gleichung für die Sauerstoffdissoziation unter dem
Einfluß des p_H ändert, zu dessen Messung im Blut verwendet hat.

Die Abhängigkeit der Sauerstoffdissoziation vom p_H ist in Abb. 12 dargestellt.

Die Abhängigkeit der Sauerstoffdissoziationskurve von der *Temperatur* ist von BARCROFT und KING (1909) sowie von BROWN und HILL (1923) studiert worden. Bei höheren Temperaturen verschiebt sich die Kurve nach rechts, was zur Erschwerung der Sauerstoffaufnahme führt und die bei fieberhaften Erkrankungen manchmal gefundene Sauerstoffuntersättigung des arteriellen Blutes erklärt (ROSSIER und MÉAN 1936).

Im Gegensatz dazu verursacht eine Erniedrigung der Temperatur eine Verschiebung der Kurve nach links, was bei gleichem Sauerstoffgehalt eine Abnahme der Sauerstoffspannung zur Folge hat. Diese Tatsache kann bei lokalen Erfrierun-

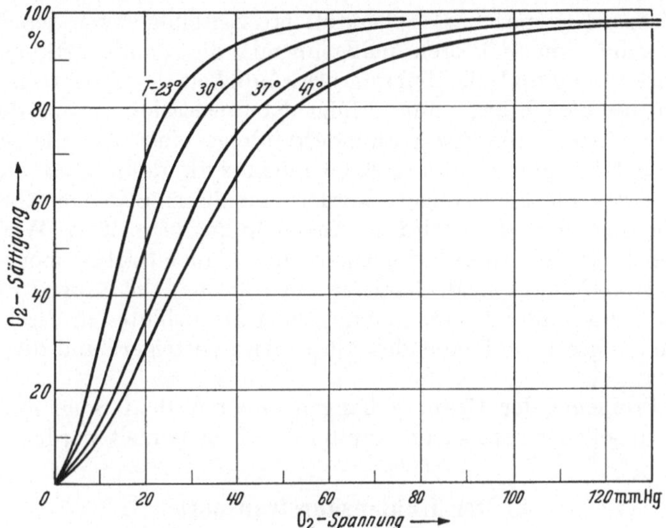

Abb. 13. Der Einfluß der Temperatur auf die Sauerstoffdissoziationskurve

gen zur Erschwerung der Sauerstoffversorgung von Geweben führen, eine Störung, die sich zur gefäßbedingten Kreislaufverschlechterung gesellt, und damit den Schaden vergrößert. Die Abhängigkeit der Sauerstoffdissoziationskurve von der Temperatur ist in Abb. 13 dargestellt.

BARCROFT fand, daß dem Temperatureinfluß auf die Sauerstoffdissoziationskurve eine Änderung der Skala auf der Abszisse entspricht. Es muß jedoch betont werden, daß gegenseitige Beeinflussung von p_H- und Temperaturabhängigkeit hierbei unberücksichtigt bleibt, da sie noch viel zu wenig bekannt ist.

Die Fragen der verschiedenen Dissoziationskonstanten von Hämoglobin und Oxy-Hämoglobin sowie die damit zusammenhängende Bedeutung des Hämoglobins als Puffersubstanz und seine Bindungsfähigkeit mit der Kohlensäure werden im Kapitel über den Kohlensäuretransport und das Säure-Basen-Gleichgewicht besprochen.

In physiologischem Zustand, d. h. bei normaler Lage der Kohlensäuredissoziationskurve ($pK'_1 = 6{,}11$, Löslichkeit für Kohlensäure $= 0{,}521$, Temperatur 37° C) können wir für die Sauerstofftransportfähigkeit des Blutes folgende Werte einsetzen:

Die *Sauerstoffkapazität* wird praktisch kaum voll ausgenützt, da das Blut die Lungen nicht zu 100% gesättigt verläßt, und nach Beimengung des physiologischen Kurzschlußblutes nur etwa zu 96 % mit Sauerstoff beladen in den peripheren Arterien gefunden wird. Da seine Sättigung im venösen Mischblut im Mittel 73%

beträgt, kann man eine Ausschöpfung von 23% errechnen. 23% von 21 Vol.-% Gesamtkapazität sind 4,8 Vol.-%, d. h. die mittlere Ausschöpfung beträgt normalerweise 4,8 cm³ Sauerstoff auf 100 cm³ Blut. Dazu kommt noch die bei Luftatmung praktisch zu vernachlässigende arterio-venöse Differenz des gelösten Sauerstoffs von 0,1—0,2 Vol.-%. Es ist klar, daß bei einer Ausschöpfung von knapp ein Viertel der Gesamtkapazität hier erhebliche Reserven vorliegen, die bei gesteigerter Leistung und in pathologischen Fällen vor allem bei Verlangsamung der Blutzirkulation ausgenützt werden können.

Bei einem Sauerstoffverbrauch von beispielsweise 220 cm³/min und einer Ausschöpfung 4,8 cm³ Sauerstoff auf 100 cm³ Blut läßt sich ein Herzminutenvolumen von 4,5/min errechnen.

Für den Gesamttransport von Sauerstoff pro Zeiteinheit von den Lungen zu den Geweben sind drei Faktoren maßgenbend: die Sauerstoffkapazität, die Sauerstoffausschöpfung und die Umlaufgeschwindigkeit des Blutes. Ist einer der drei Faktoren beeinträchtigt, dann erfolgt Kompensation durch die andern. Ist z. B. die Sauerstoffkapazität vermindert infolge einer Anämie oder wegen Blockierung des Hämoglobins durch Kohlenmonoxyd, dann muß die Umlaufgeschwindigkeit des Blutes gesteigert werden. Ist dieselbe wegen Abnahme der Herzleistung herabgesetzt, dann wird die Ausschöpfung vergrößert. Werden durch körperliche Leistung die Anforderungen an den Sauerstofftransport stark gesteigert, dann treten alle drei Mechanismen in Aktion: Die Sauerstoffkapazität wird durch Ausschwemmung hämoglobinreichen Depotblutes in die Zirkulation erhöht, die Umlaufgeschwindigkeit des Blutes wird gesteigert und die Ausschöpfung vergrößert.

Auch die Probleme der Cyanose hängen eng mit dem Sauerstofftransport zusammen, doch sollen sie später im Kapitel A, VI. behandelt werden.

2. Der Kohlensäuretransport

Wie der Sauerstoff wird auch die Kohlensäure im Blut auf mehrere Arten transportiert. Kohlensäure löst sich im Wasser, wobei nur etwa 1⁰/₀₀ in Säureform als H_2CO_3 vorliegt. Da die Löslichkeit der Kohlensäure durch die Anwesenheit von Salzen und Proteinen herabgesetzt wird, finden wir sie im Plasma geringer als im Wasser. Dagegen ist sie in Lipoiden erheblich größer, was in Fällen von ausgesprochener Lipämie zu beachten ist. Bei Anwendung der Hasselbalch-Henderson-Gleichung für die Berechnung der Kohlensäurespannung über den Kohlensäuregehalt und das p_H muß diese Tatsache berücksichtigt werden. Da aber der chemisch gebundene Teil der Kohlensäure den physikalisch gelösten weit überwiegt, wird durch Vernachlässigung der im Lipoid gelösten Kohlensäure kein erheblicher Fehler verursacht. Große Schwankungen im Mineral- oder Eiweißgehalt des Blutes müssen sich dagegen wesentlich stärker bemerkbar machen.

Tabelle 7

Wasser	0,547
Plasma	0,521
Rote Blutkörperchen	0,44
Vollblut	0,48

Bohr nahm an, daß das Löslichkeits-Verhältnis zwischen Wasser und Plasma für Sauerstoff und Kohlensäure gleich sei und errechnete hieraus die Kohlensäure-Löslichkeit mit 0,541. Seine Annahme war jedoch unrichtig, weshalb es nicht verwunderlich ist, daß die Messung von Sendroy, Dillon und van Slyke 1929 einen anderen Wert, nämlich 0,510 bei 38° C ergab. Im folgenden werden wir mit der auf 37° C korrigierten Zahl 0,521 rechnen.

Die Tab. 7 zeigt die Löslichkeit der Kohlensäure in verschiedenen Medien bei 37° C.

Wie für den Sauerstoff gilt auch für die Kohlensäure die Tatsache, daß nur ein relativ kleiner Teil des Gases in physikalisch gelöstem Zustand transportiert wird, während der weitaus größte Teil auf verschiedene Weise chemisch gebunden im Blut vorkommt.

Da der Transport der Kohlensäure im Blut eng mit dem gesamten Problem des *Säure-Basen-Gleichgewichts* verbunden ist, müssen wir uns hier mit den Grundlagen desselben eingehender beschäftigen.

Wasser ist stets zu einem gewissen Teil in Wasserstoff- und Hydroxylionen dissoziiert:

$$H_2O \leftrightarrows H^+ + OH^-.$$

Die Dissoziation ist reversibel und die Geschwindigkeit V' des Zerfalles in Ionen ist nach dem Massenwirkungsgesetz proportional der aktiven Masse der reagierenden Wassermoleküle:

$$V' = K_1 \cdot [H_2O].$$

Umgekehrt ist die Geschwindigkeit V'' der Wasserbildung dem Produkt der reagierenden Ionen proportional

$$V'' = K_2 \cdot [H^+] \cdot [OH^-].$$

Wenn das Gleichgewicht erreicht, d. h. $V' = V''$ ist, können wir schreiben

$$K_1 \cdot [H_2O] = K_2 \cdot [H^+] \cdot [OH^-].$$

oder

$$\frac{K_1}{K_2} = \frac{[H^+] \cdot [OH^-]}{[H_2O]}.$$

Das Verhältnis der beiden Konstanten $\frac{K_1}{K_2}$ ergibt die neue Konstante K. Da im Wasser nur ein verschwindend kleiner Teil der Moleküle, nämlich im besten Falle eines auf 10 Millionen in Ionen dissoziiert vorliegt, ist das Quantum Wasser unvergleichlich viel größer als das Quantum Ionen. An Wassermolekülen sind 55,56 Mol pro Liter vorhanden. Da diese Zahl durch den Grad der Ionisation kaum beeinflußt wird, kann sie in die Konstante (Kw) miteinbezogen werden, so daß man das Produkt der Wasserstoff- und Hydroxylionen als konstant bezeichnen darf:

$$Kw = [H^+] \cdot [OH^-].$$

Die Konstante hängt lediglich von der Temperatur ab und beträgt bei 37° C $3,2 \cdot 10^{-14}$ und bei 22° = $1 \cdot 10^{-14}$.

Während bei gleicher Konzentration der beiden Ionenarten Neutralität vorliegt, wird die Lösung durch Vermehrung der Wasserstoffionen sauer und durch Vermehrung der Hydroxylionen alkalisch, und zwar um so mehr, als die betreffende Anzahl Ionen überwiegt. Sowohl im Wasser als auch in allen übrigen wäßrigen Lösungen von Säuren, Basen und Salzen ist das Produkt der Wasserstoff- und Hydroxylionen konstant.

Tabelle 8

bei 22° C	$c\,H^+$	$c\,OH^-$
Starke Säure .	10^{-1}	10^{-13} Gramm-Ionen/Liter
Neutralität . .	10^{-7}	10^{-7} „
Starke Base . .	10^{-13}	10^{-1} „
Ionenprodukt .	10^{-14}	10^{-14} „

Die Konstanz des Ionenproduktes erlaubt, den Grad der Säuerung bzw. Alkalinität entweder durch die H^+- oder durch die OH-Ionenzahl allein auszudrücken. Da sich die obige Schreibart für die Abgabe der Wasserstoffionenkonzentration als umständlich erwiesen hat, schlug SÖRENSEN 1909 vor, sie durch den negativen Logarithmus zu ersetzen, den er p_H nannte:

$$p_H = - \log c\,H^+ .$$

Im Gegensatz zu Wasser sind Mineralsäuren und -basen sowie alle Salze in Lösung vollständig dissoziiert. Die sog. schwachen Säuren und Basen, wie wir sie vorwiegend im biologischen Milieu vorfinden, sind dagegen nur teilweise dissoziiert, wobei der Dissoziationsgrad mit der Verdünnung der Lösung zunimmt. Für diese Dissoziation ist das Massenwirkungsgesetz ebenso gültig, wie für das Wasser, so daß man ganz allgemein schreiben kann:

$$K_s = \frac{[H^+] \cdot [A^-]}{[HA]}$$

$[H^+]$ = Wasserstoffionenkonzentration,
$[A^-]$ = Konzentration der Anionen,
$[HA]$ = Konzentration der nicht dissoziierten Säure.

Falls man die Dissoziationskonstante und die Normalität einer Lösung kennt, kann man die H-Ionenkonzentration berechnen.

Wir haben uns nun im folgenden mit der Frage der *Pufferung* zu beschäftigen. Befindet sich ein Salz einer schwachen Säure oder Base mit derselben zusammen in Lösung, dann kann man in erster Annäherung damit rechnen, daß sozusagen alle Anionen vom Salz herstammen, welches im Gegensatz zur Säure vollständig dissoziiert ist. In gleicher Weise können wir annehmen, daß der nicht dissoziierte Teil der Säure praktisch die Gesamtheit der Säure in der Lösung repräsentiert. Wir schreiben dann

$$K = \frac{[Salz]}{[Säure]} \cdot [H^+].$$

Da das Salz nun aber nicht vollständig aktiv ist, da sich die Anionen gegenseitig beeinflussen, kommt nicht die volle Salzkonzentration zur Wirkung, so daß noch ein Aktivitätsfaktor a eingeführt werden muß. Die Gleichung lautet dann:

$$K = \frac{a \cdot [Salz]}{[Säure]} \cdot [H^+].$$

In p_H ausgedrückt nimmt die Gleichung folgende Form an:

$$p_H = p_K + \log \frac{a \cdot [Salz]}{[Säure]} .$$

Beziehen wir a in die Dissoziationskonstante ein, dann lautet die Gleichung:

$$p_H = p_K{'} + \log \frac{[Salz]}{[Säure]} .$$

Wenn man das Konzentrationsverhältnis zwischen Salz und Säure, den Aktivitätskoeffizienten des Salzes und die Dissoziationskonstante der Säure kennt, dann ist es möglich, das p_H der betreffenden Lösung zu berechnen.

Solche Lösungen, die man mit dem Namen *Pufferlösungen* bezeichnet, haben die Eigenschaft, daß man sie mit Säuren oder Basen belasten kann, ohne daß sie ihr p_H stark ändern. Wir wollen hierfür ein Beispiel geben: Setzen wir einer Pufferlösung von Natriumacetat und Essigsäure etwas Salzsäure zu, dann verbindet sich das Cl^- sofort mit dem Na^+ zu Kochsalz und die H^+ bilden mit dem Acetat Essigsäure. Die starke Salzsäure wird also umgeformt in die schwache Essigsäure und das neutrale Kochsalz, so daß sich trotz Zusatz einer hohen Konzentration von Wasserstoffionen das p_H nur wenig ändert. Erst wenn so viel Salzsäure zugesetzt worden ist, daß alle Natriumionen aufgebraucht sind, fällt das p_H im Moment der Erschöpfung des Puffervermögens abrupt ab. Man verwendet diese Tatsache zu Titrationszwecken. Normalerweise erstreckt sich das Puffervermögen einer solchen Lösung über 2 p_H-Einheiten.

Ziehen wir das *isolierte Blutplasma* bezüglich des Kohlensäure-Transportes in Betracht, dann steht das Puffersystem Bicarbonat — Kohlensäure im Vordergrund, während demjenigen der sauren und basischen Phosphate nur eine untergeordnete Rolle zukommt. Die Gleichung lautet wie folgt:

$$p_H = p_{K_1'} + \log \frac{\text{(Bicarbonat)}}{\text{(freie Kohlensäure)}} \; .$$

Die freie Kohlensäure (H_2CO_3) errechnet sich aus dem Löslichkeitskoeffizienten α (bei $37° = 0{,}521$) und dem Partialdruck der Kohlensäure in mm Hg zu $\alpha \cdot \dfrac{pCO_2 \cdot 100}{760}$.

Die vorwiegend als Bicarbonat gebundene Kohlensäure ist gleich der gesamten, abzüglich der freien, so daß die Gleichung nach HASSELBALCH-HENDERSON geschrieben werden kann:

$$p_H = p_{K_1'} + \log \cdot \frac{\text{Gesamt } CO_2\,(\text{Vol.-\%}) - 0{,}1316 \; \alpha \cdot pCO_2 \; (\text{mm Hg})}{0{,}1316 \cdot \alpha \cdot pCO_2 \; [\text{mm Hg}]} \; .$$

Für rechnerische Operationen ist die folgende Form bequemer:

$$p_H = p_{K_1'} + \log \left[\frac{\text{Gesamt } CO_2}{0{,}1316 \cdot \alpha \cdot pCO_2} - 1 \right] .$$

Die erste Dissoziationskonstante der Kohlensäure $p_{K_1'}$ wurde des öfteren bestimmt und bei $37°$ um $6{,}11$ im Plasma ermittelt (HASTINGS, SENDROY, VAN SLYKE, ROSSIER). Sie enthält sowohl den Aktivitätskoeffizienten des Bicarbonats als auch die Dissoziationskonstante der Kohlensäure.

WIESINGER, ROSSIER, SABOZ und SAMPAOLO (1949) haben die Abhängigkeit der Konstanten vom p_H und von der Temperatur eingehend untersucht, indem sie im Tonometer entsprechende Kohlensäure-Dissoziationskurven herstellten und im Plasma das p_H und die Kohlensäure bestimmten. Wenn die Gleichung nach $p_{K_1'}$ aufgelöst wird, dann kann dieses aus den gemessenen Größen errechnet werden.

PIRCHER (1954) stellte fest, daß bei Abkürzung der Zeit für die Messungen keine Abhängigkeit der Werte vom p_H gefunden wird. Die bei vier verschiedenen Temperaturen ermittelten Werte für $p_{K_1'}$ im Plasma sind in Tab. 9 angegeben.

SEVERINGHAUS und Mitarbeiter (1956) fanden praktisch die gleiche Temperaturabhängigkeit für $p_{K_1'}$ und zusätzlich, wie wir in unseren früheren Untersuchungen, eine allerdings geringfügige Beeinflussung durch das aktuelle p_H. Für ein p_H von $7{,}40$ und eine Temperatur von $37{,}5°$ C geben sie ein $p_{K_1'}$ von $6{,}09$. Die leichte Differenz zu unseren Resultaten erklärt sich wahrscheinlich mit der Verwendung von anderen Eichpuffern für die p_H-Messung.

Tabelle 9

Temp.	$p_{K_1'}$
$25°$ C	$6{,}16$
$30°$ C	$6{,}14$
$37°$ C	$6{,}11$
$42°$ C	$6{,}08$

Temperaturgradient:

$$\frac{\Delta \, p K_{K_1'}}{\Delta T} = -0{,}0051 \; .$$

Aus Tab. 9 können die notwendigen Korrekturen abgelesen werden, wenn man unter Benützung der Hasselbalch-Henderson-Gleichung die Kohlensäurespannung im Blut auch bei verschiedenen Körpertemperaturen bestimmen will.

Da wir mit den heutigen Techniken das p_H wesentlich genauer messen können als die Kohlensäurespannung im Blut, bedienen wir uns der Hasselbalch-Henderson-Gleichung gewöhnlich in folgender Weise:

$$pCO_2 \; (\text{mm Hg}) = \frac{\text{Gesamt } CO_2 \; (\text{Vol.-\%})}{0{,}1316 \cdot \alpha \cdot (10^{p_H - p_{K_1'}} + 1)} \; .$$

Wie wir später darlegen werden, ermitteln wir die arterielle und damit auch die alveoläre Kohlensäurespannung stets auf diese Weise, indem wir das p_H mit der Glaselektrode und die Gesamtkohlensäure mit dem van Slyke-Apparat messen.

Noch wichtiger als die Pufferung durch Salze ist im Blut diejenige durch *Ampholyte*. Es handelt sich dabei um Gebilde, welche sowohl saure als auch basische Gruppen besitzen und infolgedessen H^+- und OH-Ionen abgeben können. Als Beispiel zeichnen wir eine Aminosäure auf:

$$\begin{array}{ccc}
& & \mathrm{H} \\
& & | \\
\mathrm{H} & \rightleftarrows & \mathrm{H_2N-C-COO^- \; H^+} \quad \text{(Säure)} \\
| & & \mathrm{H} \\
\mathrm{H_2N-C-COOH} & & \\
| & & \mathrm{H} \\
\mathrm{H} & & | \\
& \rightleftarrows & \mathrm{OH^- -H_3N-C-COOH} \quad \text{(Base)} \\
& & | \\
& & \mathrm{H}
\end{array}$$

Als Säure puffert der Ampholyt Basen und als Base Säuren.

Führt man Wasserstoffionen von außen zu, dann wird die Dissoziation der sauren Gruppe zurückgedrängt und gleichzeitig werden OH-Ionen zur Neutralisation zur Verfügung gestellt.

In gleicher Weise muß man sich die Pufferung bei Eiweißen vorstellen. Da das im Blut für unsere Belange wichtigste Eiweiß, das Hämoglobin über viele basische und saure Gruppen verfügt, ist sein Puffervermögen beträchtlich, was sich am besten durch die Pufferkurve in Abb. 14 darstellen läßt.

Der Neigungswinkel der Kurve gibt ein Maß für die Pufferkapazität. Diese ist um so besser, je steiler die Kurve verläuft, d. h. je weniger sich das p_H bei Zusatz einer bestimmten Menge von Säure oder Base ändert. Aus Abb. 14 geht hervor, daß sowohl Hämoglobin als auch Oxy-Hämoglobin über die annähernd gleiche, beträchtliche Pufferkapazität verfügen.

Von besonderer Bedeutung ist die Tatsache, daß das Alkali-Bindungsvermögen des reduzierten Hämoglobins bei gleichem p_H beträchtlich kleiner ist als dasjenige des Oxy-Hämoglobin (Abb. 14). Es geht daraus hervor, daß bei Änderung des Oxydationsgrades die Alkalibindungsfähigkeit sich ebenfalls ändert, so daß beispielsweise beim normalen p_H des Erythrocyteninnern beim Übergang vom vollständig reduzierten zum ganz oxydierten Zustand etwa 13 Vol.-% Kohlensäure ohne Veränderung des p_H abgegeben werden können.

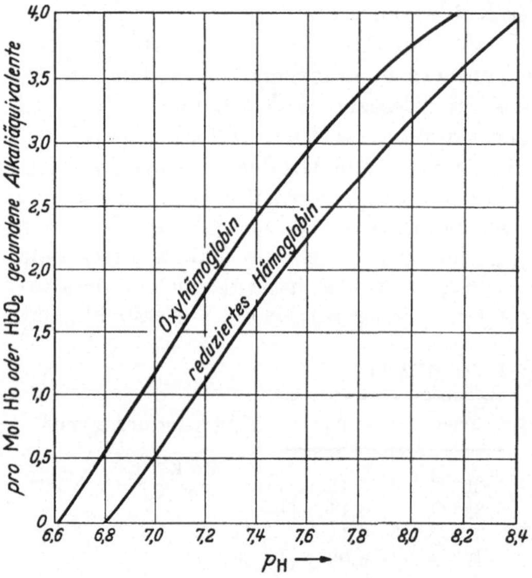

Abb. 14. Pufferkapazität des oxydierten und reduzierten Hämoglobins (nach HASTINGS, VAN SLYKE, NEILL, HEIDELBERGER und HARINGTON)

Nachdem wir die verschiedenen Puffermechanismen im Blut behandelt haben, müssen wir uns im folgenden mit der Kohlensäuredissoziationskurve beschäftigen.

Wenn wir im Tonometer Plasma mit verschiedenen Kohlensäurespannungen ins Gleichgewicht bringen und dann den Gehalt des Plasmas an Kohlensäure bestimmen, erhalten wir beim Auftragen der Werte in ein Koordinatensystem eine Kohlensäuredissoziationskurve.

Wie beim Sauerstoff pflegt man die Spannung auf der Abszisse und den Gehalt auf der Ordinate aufzuschreiben. Im Gegensatz zur Sauerstoffdissoziationskurve erhält man im bilogarithmischen System eine Gerade.

Senkt man im von den Erythrocyten separierten Plasma die Kohlensäurespannung auf Null, so enthält dieses Plasma noch eine erhebliche Menge Kohlensäure, die an Basen, vor allem an Natrium gebunden ist. Aus dem Gleichgewicht

$$2 \, NaH \, CO_2 \rightleftharpoons Na_2CO_3 + H_2O + CO_2$$

wird durch Evakuation nur die Hälfte der gebundenen Kohlensäure ausgetrieben. Die Kohlensäuredissoziationskurve des „separierten Plasmas" geht also nicht durch den Nullpunkt des Koordinatensystems. Schon PFLÜGER hatte 1864 festgestellt, daß man aus Blut alle Kohlensäure auch ohne Zusatz von Säure evakuieren kann, während dies im Plasma nur nach Zufügen einer Säure gelingt (siehe auch Abb. 15).

Stellt man demnach eine Kohlensäuredissoziationskurve aus Vollblut her, oder aus sog. „wahrem Plasma" (die Trennung von den Erythrocyten erfolgt erst nach Equilibration im Tonometer), so findet man Kurven, die durch den Nullpunkt gehen (CHRISTIANSEN, DOUGLAS und HALDANE 1914).

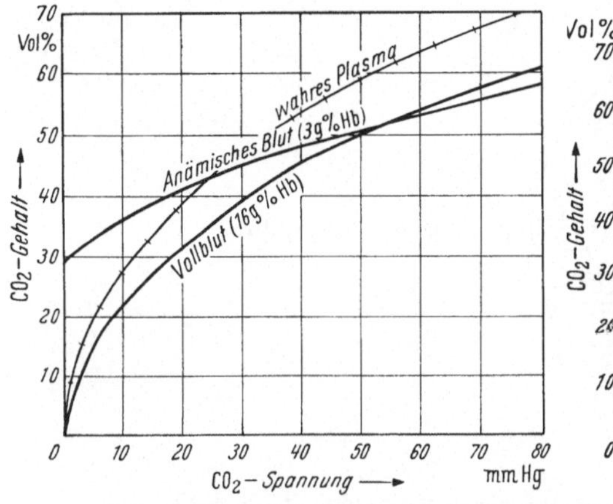

Abb. 15. Die Kohlensäurebindung im normalen Vollblut, im stark anämischen Blut und „wahren Plasma"

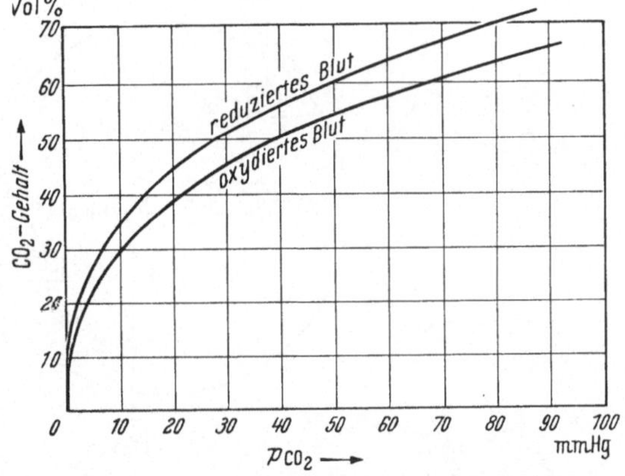

Abb. 16.
Kohlensäurebildung im reduzierten und oxydierten Blut

Das Vollblut und damit auch das „wahre" Plasma enthalten keine Kohlensäure mehr, wenn die Kohlensäurespannung im Tonometer auf Null abfällt: Dieses Phänomen erklärt sich dadurch, daß Hämoglobin die Kationen, die ursprünglich mit Kohlensäure gebunden sind, bindet und damit die Kohlensäure freigibt.

VAN SLYKE hat das Puffervermögen von Blut verschiedener Erythrocyten-Konzentrationen und von Plasma untersucht und dabei festgestellt, daß es vom Gehalt an Hämoglobin abhängt. Er fand, daß das Puffervermögen normalen Blutes fünfmal größer ist, als dasjenige des Plasmas allein, so daß die Kohlensäure-Dissoziationskurve des letzteren sehr viel flacher verläuft, als diejenige des Blutes (s. Abb. 15). Es ist deshalb nicht verwunderlich, daß bei Anämien nicht nur eine

schwere Störung des Sauerstofftransportes vorliegt, sondern daß auch die Pufferkapazität und damit der Kohlensäuretransport des Blutes beeinträchtigt wird.
Bei schweren Anämien liegt die Kohlensäure-Dissoziationskurve zwischen derjenigen normalen Blutes und der des Plasmas, geht also nicht durch den Nullpunkt
des Koordinatensystems (ROSSIER, MERCIER und GLATZ 1932).

Bereits 1914 hatten CHRISTIANSEN, DOUGLAS und HALDANE gefunden, daß die
Kohlensäure-Dissoziationskurve des reduzierten Blutes höher liegt als diejenige
des oxydierten.

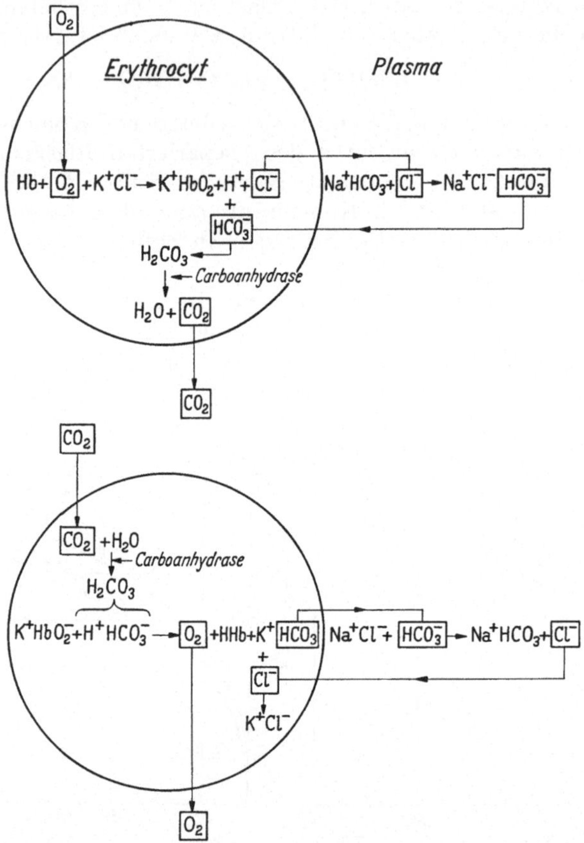

Abb. 17. Die Sauerstoff- bzw. Kohlensäure-Abgabe und -Bindung im Erythrocyt in Lunge und Gewebe

Reduziertes Blut bindet bei gleicher Kohlensäurespannung mehr Kohlensäure
als oxydiertes, was man auch so ausdrücken kann, daß oxydiertes Hämoglobin
eine stärkere Säure ist als reduziertes. Die Pufferkapazität der Hämoglobine ist
jedoch etwa gleich, was aus der Parallelität der beiden Dissoziationskurven sowie
auch aus der Abb. 16 zu entnehmen ist.

Die Tatsache, daß sich das Hämoglobin innerhalb der Erythrocyten befindet,
ist zwar für die Pufferfähigkeit des Blutes nicht von Bedeutung, beeinflußt aber
den Puffermechanismus. Die Verhältnisse sind in Abb. 17 schematisch dargestellt.

Die im Gewebe vom Plasma aufgenommene Kohlensäure dringt in die Erythrocyten ein, wo sie sich unter der beschleunigenden Einwirkung der Carboanhydrase
mit Wasser zu Kohlensäure vereinigt. Diese bildet mit dem vom Hämoglobin
gelieferten Kalium Kaliumbicarbonat. Durch die Anhäufung von Kohlensäure
wird das Anion (HCO₃⁻) gezwungen, z.T. wieder aus den Zellen auszuwandern.

Im Plasma bindet es sich mit dem Natrium zu Natriumbicarbonat. Zur Herstellung des Donnanschen Gleichgewichtes wandert das Chlor in die Erythrocyten, wo es sich mit Kalium, das vom reduzierten Hämoglobin zur Verfügung gestellt wird, bindet und auf diese Weise im Plasma Natrium für die Kohlensäurebindung freigibt (HAMBURGER). Die Bereitstellung von Basen wird durch die Reduktion des Hämoglobins begünstigt, weil das reduzierte Hämoglobin eine schwächere Säure ist als das Oxyhämoglobin.

Während man lange Zeit glaubte, daß Hämoglobin die Kohlensäure nicht direkt binden könne, ist 1928 von HENRIQUES wahrscheinlich gemacht und später von ROUGHTON und MARGARIA der Nachweis erbracht worden, daß ein nicht unbeträchtlicher Teil des Kohlensäuretransportes im Blut durch *eine derartige Bindung* bewerkstelligt wird. Fällt man nämlich die als Bicarbonat gebundene Kohlensäure durch Zufügen von $CaCl_2$ aus, dann bleibt noch ein Teil in Lösung der direkt an das Hämoglobin gebunden ist, und zwar nicht wie der Sauerstoff an das Eisen, sondern an eine Aminogruppe unter Bildung einer labilen Verbindung, genannt *Carb-Hämoglobin*.

Aus Abb. 18 ist ersichtlich, daß die Bindung nur wenig von der Kohlensäurespannung abhängig ist, während reduziertes Hämoglobin

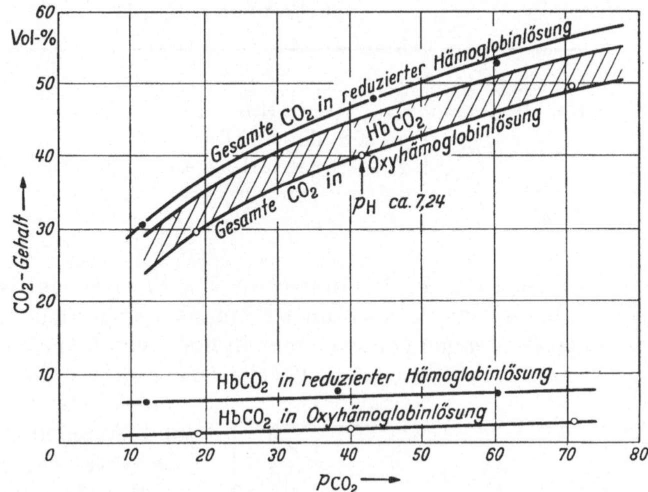

Abb. 18. Kohlensäurebindung in Hämoglobinlösungen mit dem Anteil der als Carbhämoglobin gebundenen Kohlensäure (nach FERGUSON und ROUGHTON)

wesentlich mehr Kohlensäure direkt bindet als oxydiertes (FERGUSON und ROUGHTON). Die Reaktion zwischen Hämoglobin und Kohlensäure geht schnell genug vor sich, so daß kein Ferment für ihre Beschleunigung notwendig ist.

Die geringe Abhängigkeit der Carb-Hämoglobin-Bildung von der Kohlensäurespannung läßt sich dadurch erklären, daß mit zunehmender Säuerung die Affinität zwischen Hämoglobin und Kohlensäure abnimmt, wodurch der flache Verlauf der Carb-Hämoglobin-Kurven zustandekommt (Abb. 18 unten). Für die Kohlensäureabgabe vom Carb-Hämoglobin ist also fast ausschließlich die Sauerstoffaufnahme durch das Hämoglobin verantwortlich.

Tabelle 10

	venöses Mischblut	art. Blut	arterio-venöse Differenz
$p\,CO_2$ mm Hg	46	40	6
Freie CO_2 Vol.-%	3,1	2,7	0,4
Als Bicarbonat gebundene CO_2 Vol.-%	48,9	46,3	2,6
Als Carb.-Hb. geb. CO_2 Vol.-%	3,0	2,0	1,0
Totale CO_2 Vol.-%	55,0	51,0	4,0

Nachdem wir die verschiedenen Transportmechanismen für Kohlensäure kennengelernt haben, wollen wir uns nun noch einen Überblick über den Anteil eines jeden am gesamten Transport verschaffen. Normalerweise finden wir in Ruhe folgende Beurteilung im Blut (s. Tab. 10).

Wichtiger als die Feststellung, welche Menge Kohlensäure in einer bestimmten Form im Gesamtblut vorliegt, ist die Frage nach dem Anteil der verschiedenen Formen, in denen der *Kohlensäureaustausch* zwischen Geweben und Lungen vor sich geht. In Tab. 11 haben wir deshalb den Anteil am Kohlensäurewechsel noch weiter aufgegliedert:

Tabelle 11

CO_2-Transport	Anteil am Austausch	
	Vol.-%	%
Physikalisch gelöst	0,4	10
Direkte Bindung an Hb (Carb-Hb)	1,0	25
Als Bicarbonat } geliefert durch Salze	0,8	20
geliefert durch Hb u. andere Proteine	1,8	45
Total	4,0	100%

Während das Plasma nur etwa 7% Proteine enthält, aber reich an Elektrolyten, besonders an Natrium ist, finden sich in den Erythrocyten im Gegensatz dazu große Mengen von Proteinen in Form von Hämoglobin und Oxy-Hämoglobin, an welche Elektrolyte gebunden sind, insbesondere Kalium. Die Membran, welche beide Systeme trennt, ist für Gase, Wasser und Anionen gut durchlässig, während sie Kationen, ausgenommen Wasserstoff, nicht, oder nur sehr langsam passieren läßt.

Das Hämoglobin ist bezüglich Kohlensäuretransport das wichtigste Eiweiß, weil es $^3/_4$ der gesamten Proteine des Blutes ausmacht, weil es über mehrere Säure- und Basengruppen in seinem Molekül verfügt und weil sich seine Säurewertigkeit mit dem Oxydationsgrad ändert.

Betrachten wir den *Einfluß der Sauerstoffsättigung des Blutes auf den Kohlensäuretransport gesamthaft*, dann können wir feststellen, daß die sog. „physiologische" Kohlensäure-Dissoziationskurve, d. h. diejenige, welche den Sättigungswechsel des Blutes im Kreislauf berücksichtigt, sehr steil verläuft. Es wird also viel Kohlensäure bei nur geringer

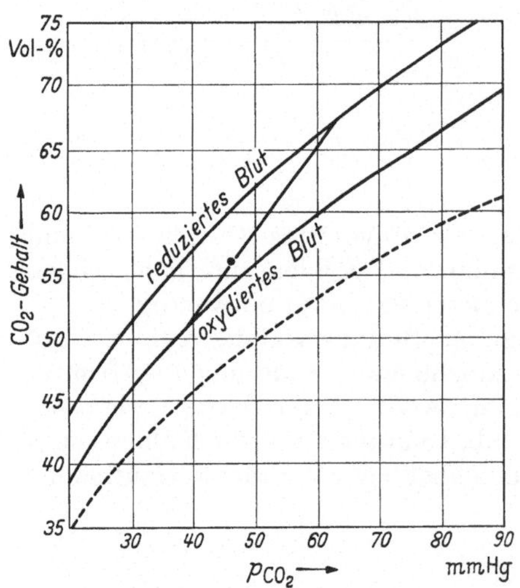

Abb. 19. Die Lage des „venösen Punktes" zwischen den Kohlensäuredissoziationskurven des reduzierten und oxydierten Blutes (nach CHRISTIANSEN, DOUGLAS und HALDANE)

Änderung von Spannung und p_H ausgetauscht (Abb. 19). Vergleichen wir beispielsweise den tatsächlichen venösen Punkt mit dem Punkt gleichen Kohlensäuregehaltes auf der arteriellen Kurve, dann können wir feststellen, daß durch die Sättigungsänderung des Blutes die Spannungsdifferenz für die gleiche Kohlensäureänderung von 5 Vol.-% nur 7 statt 11 mm Hg beträgt.

In der linken Herzkammer und im Arteriensystem finden wir unter normalen Verhältnissen die in Tabelle 12 genannten Werte.

Normalerweise wird das Blut in den Gewebscapillaren nie vollständig entsättigt, so daß das venöse Mischblut der rechten Herzkammer in Ruhe immer noch zu etwa 70% gesättigt ist. Das Blut hat also bei der Gewebepassage etwa 5,4 Vol.-% Sauerstoff abgegeben. Bei einem respiratorischen Quotient von 0,82 nimmt es gleichzeitig 4,4 Vol.-% Kohlensäure auf. Die Änderung des Kohlensäuregehaltes von 51 auf 55,4 Vol.-% führt in Anbetracht der Verschiebung der Kohlensäure-Dissoziationskurve durch die Entsättigung nur zu einer Erhöhung der Kohlensäurespannung von 40 auf 46 mm Hg und einer Senkung des p_H von 7,40 auf 7,38. Diese geringen Schwankungen, die dank einem vorzüglichen Puffersystem gewährleistet sind, bewirken eine große Stabilität des «milieu intérieur».

Tabelle 12

O_2-Kapazität	20,8 Vol.-%
O_2-Gehalt	20,0 Vol.-%
O_2-Sättigung	96% ± 1%
O_2-Spannung	90 mm Hg
CO_2-Gehalt	51,0 ± 1,5 Vol.-%
CO_2-Spannung	40,0 ± 1 mm Hg
p_H	7,40 ± 0,02.

Daß umgekehrt auch die Verschiebung der Sauerstoff-Dissoziationskurve unter dem Einfluß des Kohlensäuregehaltes des Blutes zur Verminderung der Sauerstoff-Spannungsdifferenzen zwischen arteriellem und venösem Blut beiträgt, wurde oben bereits unter dem Namen ,,Bohr Effekt" beschrieben.

Wir stellen fest, daß das Sauerstoff- und Kohlensäure-Transportsystem eng miteinander gekoppelt sind, und daß eine isolierte Betrachtung der beiden Systeme den Tatsachen nicht gerecht wird. Der physiologische Zustand des Blutes ist eine Resultante aus vielen Teilfaktoren und es ist nicht möglich, einen derselben zu ändern ohne Rückwirkungen auf das ganze Gleichgewicht.

3. Beziehungen zum Säure-Basen-Gleichgewicht

Nachdem im vorigen Kapitel die Grundlagen für die Aufrechterhaltung des Säure-Basen-Gleichgewichts besprochen worden sind, sollen nun noch die Störungen desselben behandelt werden, da ihre Kenntnis für das Verständnis der verschiedenen Typen von Lungeninsuffizienzen unerläßlich ist. Wir befassen uns hier vor allem mit der Lunge als Störfaktor oder als Regulator und Verteidiger des Säure-Basen-Gleichgewichts, während die anderen Organe, wie Niere, Magen, Darm, Muskeln nur nebenbei behandelt werden können.

Die Gleichung von HASSELBALCH-HENDERSON kann als Modell für die anderen Puffersysteme im Blut dienen:

$$p_H = p_{K_1'} + \log \frac{\text{(gebundene } CO_2)}{\text{(freie } CO_2)}.$$

Normalerweise ist $p_{K_1'} = 6,11$ (Plasma) und das Verhältnis der gebundenen zur freien Kohlensäure 20 zu 1. Das normale p_H ergibt sich daraus:

$$p_H = 6,11 + \log \frac{20}{1} = 6,11 + 1,3 = 7,41 \qquad \text{(Plasma)}$$

Ändern sich in der Gleichung Zähler und Nenner proportional, so daß der Quotient unverändert bleibt, dann verschiebt sich auch das p_H nicht. Man nennt solche Verlagerungen des Säure-Basen-Gleichgewichts ,,kompensiert". Ändert sich aber der Quotient und damit auch das p_H, dann ist die Störung ,,dekompensiert".

Eine *primäre* Änderung des Zählers, also der Bicarbonate, d. h. des Kohlensäure-Bindevermögens, bezeichnet man als „fix" oder „metabolisch", während eine *primäre* Änderung des Nenners, also der freien Kohlensäure mit dem Ausdruck „flüchtig" oder „respiratorisch" belegt ist. Die Nomenklatur ist nicht restlos befriedigend, doch ist sie derart verbreitet, daß wir uns mit ihr abfinden müssen. Man darf vor allem mit dem Begriff „flüchtig" nicht die Vorstellung der Kurzfristigkeit verbinden, denn flüchtige Acidosen können über viele Jahre hinweg bestehen, wie beispielsweise beim schweren Emphysem mit steifem Thorax. Flüchtig will vielmehr heißen: durch das leicht flüchtige Gas Kohlensäure bedingt. Der Begriff „metabolisch" ist nicht für alle Fälle korrekt, weil auch Störungen der Nierenfunktion und medikamentöse Einflüsse zu fixen Acidosen oder Alkalosen führen können, ohne daß der Stoffwechsel damit etwas zu tun hätte.

Grundsätzlich unterscheiden wir vier Störungen des Säure-Basen-Gleichgewichts, von denen jede wiederum kompensiert oder dekompensiert sein kann:

1. Die *fixe oder metabolische Acidose* ist durch eine Verminderung der für die Kohlensäurebindung zur Verfügung stehenden Basen gekennzeichnet. Entweder sind die Basen direkt vermindert, oder die Kohlensäure ist durch „fixere" Säuren von der Bindung als Bicarbonat verdrängt. Je nachdem, ob die freie Kohlensäure sich dem Zustand angepaßt hat oder nicht, ist diese Acidose kompensiert oder nicht. Die Atmung spielt also die Rolle eines Verteidigers des Säure-Basen-Gleichgewichts gegen die fixe Acidose, indem durch Hyperventilation soviel Kohlensäure abgegeben wird, daß sich das p_H normalisiert. Die renale und die diabetische Acidose sowie diejenige bei großer Arbeitsleistung (Milchsäure) gehören hierher.

2. Die *fixe oder metabolische Alkalose* entsteht durch eine Vermehrung der für die Kohlensäurebindung zur Verfügung stehenden Basen, wie sie beispielsweise durch Einnahme von Bicarbonaten und bei bestimmten endokrinen Störungen vorkommt. Wird das p_H durch Hypoventilation normal, dann ist diese Alkalose kompensiert, andernfalls haben wir es mit einer dekompensierten fixen Alkalose zu tun.

3. Die *flüchtige* oder *respiratorische Acidose* spielt in der Pathophysiologie der Atmung eine große Rolle. Wir finden eine primäre Anhäufung von Kohlensäure im Blut vor allem bei eingeschränkter Ventilation, wie beispielsweise beim Emphysem mit steifem Thorax oder bei Atemlähmung.

4. Die *flüchtige* oder *respiratorische Alkalose* ist eine Folge der alveolären Hyperventilation, wie sie z. B. bei der Atmungstetanie und beim Sauerstoffmangel beobachtet wird.

In Abb. 20 haben wir die Verhältnisse graphisch dargestellt. Verschiebt sich der aktuelle Punkt der Dissoziationskurve längs der Geraden des normalen p_H, dann liegen kompensierte Alkalosen bzw. Acidosen vor. Wandert der Punkt längs der normalen Dissoziationskurve, dann handelt es sich bei Rechtsverschiebung um flüchtige Acidosen. Die normale Lage der Dissoziationskurve ist gleichbedeutend mit einer unveränderten Pufferkapazität des Blutes. Ändert sich die Lage der Dissoziationskurve und liegt der aktuelle Punkt nicht mehr auf der Geraden $p_H = 7{,}40$, dann handelt es sich um dekompensierte fixe Alkalosen (Verschiebung nach oben) bzw. Acidosen (Verschiebung nach unten).

Wenn wir einen kompensierten Zustand vor uns haben, dessen Entstehung nicht bekannt ist, dann läßt sich nicht sagen, ob es sich um eine Acidose oder Alkalose handelt. Man muß schon wissen, welches die primäre Veränderung war, um eine Entscheidung fällen zu können. Wird nämlich hyperventiliert, wie das beim Aufenthalt in der Höhe wegen des Sauerstoffmangels der Fall ist, dann tritt zunächst eine flüchtige Alkalose auf. Wird diese durch Ausscheidung von Basen im Urin kompensiert, dann haben wir ein normales Blut-p_H mit verminderter „Alkalireserve" vor uns. Denselben Zustand können wir aber auch erreichen, wenn dem Körper primär Basen entzogen werden und sekundär infolge einer durch die Acidose bedingten Steigerung der Atmung soviel Kohlensäure abgeatmet wird, bis das p_H wiederum normal ist. Die kompensierte flüchtige Alkalose sieht also im Zustand genauso aus, wie die kompensierte fixe Acidose. Das gleiche gilt für die kompensierte fixe Alkalose und flüchtige Acidose. Störungen des Säure-Basen-Gleichgewichts kommen selten in reiner Form vor, denn der Organismus trachtet im Bestreben nach einer Stabilität des «milieu intérieur» ständig danach, sich dagegen zu verteidigen, sei es mittels der Atmung, sei es durch die Niere oder den Stoffwechsel.

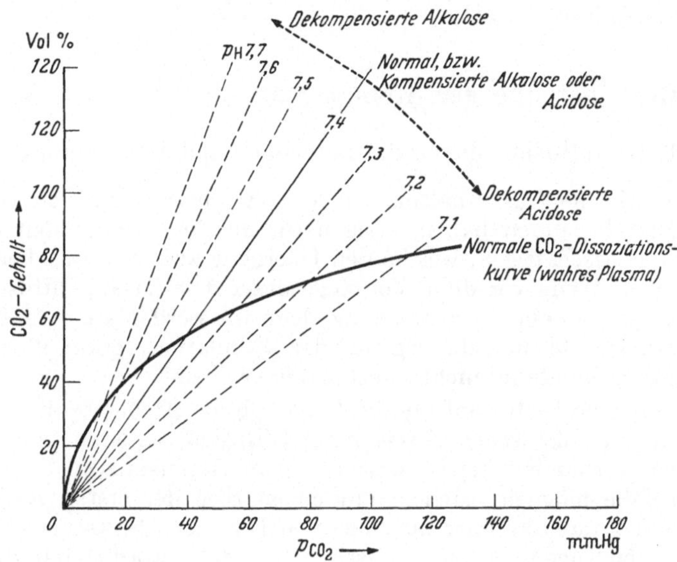

Abb. 20. Schematische Darstellung der Störungen des Säure-Basen-Gleichgewichts

Noch ein Wort zu dem Begriff der „Alkalireserve", den wir vorsichtigerweise nur in Gänsefüßchen verwendet haben. In seiner Originaldefinition als diejenige Menge Kohlensäure im Plasma nach Ausgleich des Vollblutes bei 37° und vollständiger Sauerstoffsättigung des Hämoglobins mit einer Kohlensäure-Spannung von 40 mm Hg, ist der Begriff sinnvoll, denn er gibt uns über die Gesamtheit der Basen Aufschluß, die zur Bindung von Kohlensäure zur Verfügung stehen. Leider ist er jedoch bis zur Unbrauchbarkeit degeneriert, und zwar aus verschiedenen Gründen: Schon die übliche Methode ist anfechtbar, denn eine Equilibration von Plasma oder Serum mit der „Alveolarluft" des Untersuchers ist mit Fehlerquellen verbunden. Bei Verwendung von Plasma ist der Fehler nur deshalb erträglich, weil die Kohlensäure-Dissoziationskurve flach verläuft. Sodann ist in einer Anzahl von Arbeiten ohne Equilibration ganz einfach der Kohlensäuregehalt des Blutes oder Plasmas bestimmt und als „Alkalireserve" bezeichnet worden. Schließlich wird dieses Blut oftmals ganz unkorrekt behandelt, indem es mehr oder weniger lange Zeit vor der Analyse ohne Luftabschluß stehen bleibt, ein Vorgehen, das nur statthaft ist, wenn nachher Equilibration erfolgt. Eine große Verwirrung entstand dadurch, daß man auf Grund solcher Kohlensäurebestimmungen ohne Kenntnis des p_H von Acidose oder Alkalose sprach, was natürlich nicht statthaft ist. Ein geringer Kohlensäuregehalt kann ebensogut durch eine Verminderung der „Alkalireserve", d. h. durch eine fixe Acidose, als auch durch eine Abgabe von

Kohlensäure, d. h. eine flüchtige Alkalose bedingt sein. Wenn auch vielleicht die technisch einigermaßen korrekte Bestimmung der „Alkalireserve" in Fällen von Diabetes oder chronischer Nepritis Anhaltspunkte über die Schwere der Erkrankung liefern kann, so verzichten wir lieber ganz auf diesen Begriff, weil er infolge seines chronischen Mißbrauches zu viel gelitten hat, und wir heute über bessere Mittel verfügen, um uns über den Stand des Säure-Basen-Gleichgewichtes zu orientieren.

In neuerer Zeit hat der British Medical Research Council empfohlen, für Senkung bzw. Anstieg des p_H die Begriffe „Acidemia" bzw. „Alkalemia" zu verwenden und Acidose bzw. Alkalose für Änderungen der „Alkalireserve". Wir können uns aber dieser Nomenklatur nicht anschließen und halten an den oben dargelegten Definitionen fest.

III. Der Übergang der Atemgase aus den Alveolen ins Blut

1. Gasdiffusion durch die „alveolo - capilläre Membran"

Nachdem wir die Gasverhältnisse in den Alveolen sowie den Gastransport durch das Blut behandelt haben, müssen wir uns im vorliegenden Kapitel mit den Vorgängen beschäftigen, welche den Übergang zwischen den beiden Phasen bewerkstelligen. Wenn wir diese Vorgänge unter dem Titel „Diffusion" zusammenfassen, so ist dies eine Vereinfachung, denn wir werden sehen, daß die eigentlichen Diffusionsprobleme sehr eng mit der Zirkulation verknüpft sind, so daß eine getrennte Behandlung nicht zweckmäßig erscheint.

Nachdem der große Kampf um die Frage, ob die Atemgase die Lungen nach den bekannten physikalischen Gesetzen der Diffusion passieren, oder ob spezielle Mechanismen vorhanden seien, welche einen Gasaustausch entgegen einem Spannungsgefälle möglich machen, mit einem Sieg der ersten Auffassung der Schule KROGH-BARCROFT über diejenige von HALDANE-BOHR geendet hatte, ist bis zum heutigen Tage nicht mehr ernsthaft bezweifelt worden, daß die Atemgase für ihren Transport eines Druckgefälles bedürfen. HALDANE hatte auf Grund seiner Versuche mit Kohlenmonoxyd den Schluß gezogen, daß die Lungen als eine Art Drüsen wirken können, indem sie Gaskonzentrationen entgegen einem Druckgefälle zu erzeugen imstande seien. Nach den gewichtigen Einwänden von BARCROFT beschränkte HALDANE seine „Sekretionstheorie" auf diejenigen Fälle, wo hohe Leistungen von der Lunge verlangt werden, also bei Arbeit und bei Sauerstoff-Mangel. Aber BARCROFT ließ nicht locker und brachte in einem Selbstversuch von mehreren Tagen Aufenthalt in der Unterdruckkammer den Beweis, daß auch bei Arbeitsleistung unter vermindertem Sauerstoffdruck der Inspirationsluft das arterielle Blut im Tonometer bei Equilibration mit Alveolarluft immer noch Sauerstoff aufnimmt, d. h. eine niedrigere Sauerstoffspannung haben muß als die Luft. In neuerer Zeit sind zwar durch A. MÜLLER ernsthafte Zweifel darüber geäußert worden, ob die Kontaktzeiten zwischen Blut und Alveolargasen für einen Ausgleich durch reine Diffusion genügen und es wurde an Hilfsmechanismen gedacht, welche den Vorgang beschleunigen. Es handelt sich aber hierbei nicht um eine Wiederaufnahme der Sekretionstheorie HALDANEs, nach der eine Gasbewegung auch entgegen dem Druckgefälle stattfinden sollte.

Das physikalische Grundgesetz des freiwilligen Transportes eines gelösten Körpers in einem Lösungsmittel, d. h. der Diffusion, verdanken wir FICK (1855):

$$Q = Kq \cdot \frac{(c_1 - c_2)}{d} \cdot t.$$

Die Menge Q einer gelösten Substanz (fester Stoff oder Gas) die eine Flüssigkeit passiert, ist proportional:

1. einer Konstante K, die vom gelösten Stoff und vom Lösungsmittel abhängig ist,
2. dem Querschnitt q der Flüssigkeitsschicht,
3. dem Konzentrationsunterschied des gelösten Stoffes an den beiden Oberflächen $c_1 - c_2$.
4. der Zeit t

und umgekehrt proportional der Schichtdicke d des Lösungsmittels.

Aus der Gleichung geht hervor, daß die Diffusionskonstante K im CGS-System die Dimension $cm^2 \, sec^{-1}$ besitzt. Der zahlenmäßige Wert von K hängt natürlich davon ab, in welchen Einheiten t, q und d ausgedrückt werden.

Es sei nebenbei bemerkt, daß die oben angegebene Gleichung *eine* Lösung der allgemein gültigen Differentialgleichung der Diffusion darstellt, und daß die Lösungen mit den geometrischen und zeitlichen Randbedingungen jedes besonderen Problems wechseln.

Im Falle der Diffusion eines Gases kann man statt der Konzentration c auch den Druck p einsetzen, da

$$c = \alpha \cdot p \quad (\alpha = \text{Löslichkeitskoeffizient}),$$

so daß wir die Gleichung $Q = \dfrac{K q \, \alpha \, (p_1 - p_2)}{d} \cdot t$ erhalten. Besondere Beachtung verdient die Tatsache, daß vor allem KROGH die Diffusionskonstante nicht wie in den angegebenen Gleichungen auf die Einheit der Konzentration, sondern auf die Einheit des Druckes bezieht und deshalb zu folgender Diffusionsgleichung kommt:

$$Q = k \cdot q \, \frac{(p_1 - p_2)}{d} \cdot t.$$

Die beiden Konstanten stehen in der Beziehung $K \cdot \alpha = k$ zueinander.

Die Anwendung dieser physikalischen Diffusionsgesetze ist für die Probleme der Lungenfunktionsprüfung auf unüberwindliche Schwierigkeiten gestoßen, da es nicht möglich geworden ist, die einzelnen Faktoren der Diffusionsgleichung für den Fall der Diffusion von Gasen in der Lunge mit genügender Genauigkeit zu bestimmen. Die Angaben für den Diffusionsquerschnitt, d. h. für die aktive Lungenoberfläche z. B. schwanken zwischen 20 und 200 m². Besondere Schwierigkeiten bereitet die Aufstellung der den geometrischen und zeitlichen Verhältnissen in den Lungen adäquaten Diffusionsgleichung.

BOHR und KROGH faßten deshalb diese teilweise unbestimmbaren Größen zu einer komplexen Größe D zusammen, die sie als den Diffusionskoeffizienten der Lunge bezeichneten. Dieser Diffusionskoeffizient enthält folgende Faktoren:

1. Die gesamte am Gasaustausch teilnehmende, aktive Oberfläche der Lunge,

2. die mittlere Dicke der komplexen Membran, die aus der eigentlichen Alveolarmembran, der Plasmaschicht, der Erythrocytenmembran sowie dem Weg innerhalb der Erythrocyten bis zu den Hämoglobinmolekülen besteht,

3. den Bunsenschen Absorptionskoeffizienten des Gases in den in Frage kommenden Flüssigkeiten,

4. die Diffusionskonstante des betreffenden Gases in den in Frage kommenden Flüssigkeiten bei der gegebenen Temperatur.

Mit dieser Vereinfachung erhält die Diffusionsgleichung folgende Form:

$$Q = D_{O_2} \cdot (p_{O_2} A - p_{O_2} \bar{c}) \cdot t.$$

Zu Vergleichszwecken verwendet man jedoch besser den Begriff der Diffusionskapazität, die nach obiger Formel für den Sauerstoff folgendermaßen ausgedrückt wird:

$$D_{O_2} = \frac{Q/t}{(p - \bar{p})} = \frac{\dot{V}_{O_2}}{(p_{O_2}A - p_{O_2}\bar{c})}.$$

Nach KROGH ist D_{O_2} diejenige Menge Sauerstoff, die in einer Minute ($\dot{V}_{O_2}$) bei einer Spannungsdifferenz von 1 mm Hg von der Alveole in das Blut übergeht. Die nach dieser Formel bestimmte Diffusionskapazität setzt sich entlang der Lungencapillare aus einer Vielzahl einzelner D_{O_2} zusammen und stellt einen Mittelwert dar, der wegen der Form der Sauerstoffdissoziationskurve weitgehend von den absoluten Größen für die alveoläre Sauerstoffspannung und die mittlere capilläre Sauerstoffspannung abhängt und somit auch unter physiologischen Bedingungen keine konstante Größe darstellt. Bereits BARCROFT zeigte auf Grund theoretischer Überlegungen, daß bei einer absinkenden alveolären Sauerstoffspannung entweder die Spannungsdifferenz am Ende der Capillare größer wird, als ob die Capillare zu wenig lang oder die Zeit für den Ausgleich zu kurz wäre oder aber daß die Diffusionskapazität größer wird.

Die Betrachtung der Bohrschen Integrationsmethode zur Bestimmung der mittleren capillären Sauerstoffspannung macht diese Tatsache klar. Entsprechend der Formel

$$D_{O_2} = \frac{\dot{V}_{O_2}}{(p_{O_2}A - p_{O_2}\bar{c})}$$

wird auf die Ordinate der Wert $\dfrac{1}{p_{O_2}A - p_{O_2}c}$, auf der Abszisse der Sauerstoffgehalt in Volumenprozent in Abhängigkeit von der Sauerstoffsättigung als gleichwertige Größe für V_{O_2} eingetragen.

Die Abb. 21 A stellt die Verhältnisse für eine alveoläre Sauerstoffspannung von 100 mm Hg, die Abb. 21 B für eine Spannung von 80 mm Hg dar. Die Punkte Cc und Dd entsprechen dem Sauerstoffgehalt, die Punkte a und b den Werten $\dfrac{1}{p_{O_2}A - p_{O_2}c}$ am Eingang und Ausgang der Capillare. Die Gerade AB verwandelt die Fläche $acdb$ in ein Rechteck $ACDB$ gleicher Fläche und ergibt am Schnittpunkt den Wert $\dfrac{1}{p_{O_2}A - p_{O_2}\bar{c}}$. Die Flächen stellen ebenfalls die zeitlichen Verhältnisse dar.

$$V_{O_2} \sim \frac{\Delta \text{ Sättigung}}{t} \sim D_{O_2} \cdot (p_{O_2}A - p_{O_2}\bar{c})$$

oder

$$t \sim \frac{\Delta \text{ Sättigung}}{(p_{O_2}A - p_{O_2}\bar{c})}.$$

Betrachten wir die Sättigungsänderung von 1%, so wird

$$t \sim \frac{t}{(p_{O_2}A - p_{O_2}\bar{c})}$$

Die benötigte Zeit für den Sättigungsunterschied von 1% beträgt bei tiefen Sättigungen und großen Werten für die Spannungsdifferenz nur einen Bruchteil der Zeit für die gleiche Spannungsdifferenz im oberen Teil der Kurve bei kleinen Spannungsdifferenzen. Die Abbildung läßt erkennen, daß mit größerer Sättigungsdifferenzen entlang der Capillare d. h. bei kleinem Herzminutenvolumen die Gerade AB tiefer zu liegen kommt, sofern der Punkt b gleich bleibt. Dies entspricht einer Verlängerung der Zeit für die vollständige Aufsättigung und einer

Verkleinerung der Diffusionskapazität, es sei denn der Punkt b verschiebe sich nach unten. BARCROFT machte bereits auf die kritische Bedeutung der endcapillären Sauerstoffspannung aufmerksam und hob hervor, daß eine Fehlbestimmung um einen mm am Ende der Capillare die Diffusionskapazität erheblich verfälscht.

Trotz dieser Unsicherheiten ist es LILIENTHAL, RILEY und Mitarb. (1946) gelungen, eine Annäherungsmethode zur Bestimmung der Diffusionskapazität zu entwickeln, die später von RILEY und COURNAND zum Studium von Diffusionsstörungen weiter ausgebaut wurde. BARTELS und Mitarbeiter haben von den gleichen Grundlagen ausgehend ebenfalls eine brauchbare Methode zur Bestimmung der Diffusionskapazität entwickelt (näheres im methodischen Teil).

Da der Spannungsausgleich eine asymptotische Funktion darstellt, ist theoretisch kein vollständiger Ausgleich zu erwarten. Man rechnet jedoch damit, daß am Capillarende nur noch eine Spannungsdifferenz von weniger als 1 mm Hg besteht. Die Differenz zwischen alveolärer und mittlerer capillärer Spannung beträgt in Ruhe für den Sauerstoff 12—20 und für die Kohlensäure 1—1,5 mm Hg. Für die Sauerstoffdiffusionskapazität findet man in Ruhe Werte von 15—20 cm³ pro mm Hg. Bei körperlicher Arbeit nimmt dieser Wert auch in pathologischen Fällen zu und soll auf Grund theoretischer Überlegungen einen Maximalwert, die „maximale Diffusionskapazität" erreichen. Dieser Wert ist in der Hauptsache von der Größe der durchbluteten Lungencapillaroberfläche abhängig. Die Diffusionskapazität für die Kohlensäure beträgt bereits in Ruhe 150—200 cm³/mm Hg oder sogar noch mehr und ist daher auch in pathologischen Fällen nie kritisch vermindert.

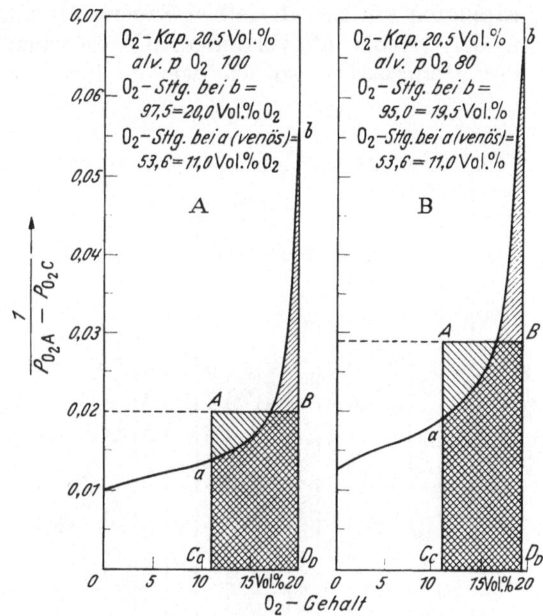

Abb. 21. Graphische Integration nach BOHR zur Ermittlung der mittleren capillären Sauerstoffspannung ($p O_2 \bar{v}$)
A Alveoläre Sauerstoffspannung 100 mm Hg,
B Alveoläre Sauerstoffspannung 80 mm Hg

Die oben angedeuteten Schwierigkeiten einer genauen Bestimmung der Sauerstoffdiffusionskapazität haben dazu geführt, die Kohlenmonoxyddiffusionskapazität zu bestimmen. Bereits GRAHAM (1861) hatte die Beobachtung gemacht, daß sich die Diffusionskonstanten der verschiedenen Gase reziprok zu den Wurzeln aus ihren Molekulargewichten verhalten. Es wird somit

$$D_{O_2} = \frac{D_{OC} \cdot \sqrt{M\,CO} \cdot \alpha\,O_2}{\sqrt{M\,O_2} \cdot \alpha\,CO} = 1{,}23\,D_{CO}.$$

(α = Löslichkeitskoeffizient)

Der Hauptgrund, die Diffusion mit Kohlenmonoxyd zu bestimmen, war die Annahme, daß in der Capillare infolge der großen Affinität zwischen Hämoglobin und Kohlenmonoxyd, kein freies Gas im Blut vorhanden und damit auch keine Kohlenmonoxydspannung zu berücksichtigen sei, womit die Bohrsche Integrationsmethode überflüssig würde. Diese Annahme wurde in neuerer Zeit insbesondere von ROUGHTON bezweifelt. Außerdem beeinflußt der Kohlenmonoxydgehalt des venösen Mischblutes bei länger als 1 Minute dauernden Versuchen die Diffusionskapazität und darf deshalb nicht unberücksichtigt bleiben. Die Bestimmung der Diffusionskapazität mittels Kohlenmonoxyd begegnet im steady state den gleichen theoretischen Schwierigkeiten wie die Sauerstoffmethode. Unter Berücksichtigung dieser Unzulänglichkeiten bietet sie jedoch eine relativ einfache und rasche Beurteilung der Diffusionskapazität.

Die Spannungsgradienten

Wie im vorigen Kapitel ausgeführt wurde, verläßt das Blut die Lungencapillaren mit fast derselben Sauerstoff- und Kohlensäurespannung, wie wir sie in der Alveolarluft vorfinden. Untersuchen wir jedoch das arterielle Blut nach der Herzpassage, so wie wir es durch eine Arterienpunktion erhalten, dann können wir recht erhebliche Sauerstoff-Spannungsdifferenzen messen. So fanden LILIENTHAL u. Mitarb. bei 8 gesunden Versuchspersonen eine mittlere Spannungsdifferenz zwischen Alveolarluft und arteriellem Blut von 9 mm Hg, bei Extremwerten zwischen 3 und 13 mm Hg. Für die Bestimmung der alveolären Sauerstoff-Spannung verwendeten sie die Alveolarformel von BENZINGER. Während die Autoren die arterielle Sauerstoffspannung mikrotonometrisch ermittelten, bestimmte WIESINGER (1948) diese mit seiner polarographischen Methode. Er fand in 9 Messungen an 8 gesunden Versuchspersonen eine mittlere Differenz von 8 mm Hg und Extremwerte zwischen 3 und 11 mm Hg, also Werte die in Anbetracht der Verschiedenheit der Methode sehr schön mit den oben zitierten übereinstimmen. Neuere Untersuchungen von OPITZ und BARTELS ergaben Werte in der gleichen Größenordnung. Bei Atmung von 50% Sauerstoff fanden BARTELS u. Mitarb. bei 14 Versuchspersonen in Ruhe einen Gradienten von 15 mm Hg und bei mittelschwerer Arbeit einen von 26 mm Hg im Mittel. Die venöse Beimischung wurde mit etwa 1% errechnet.

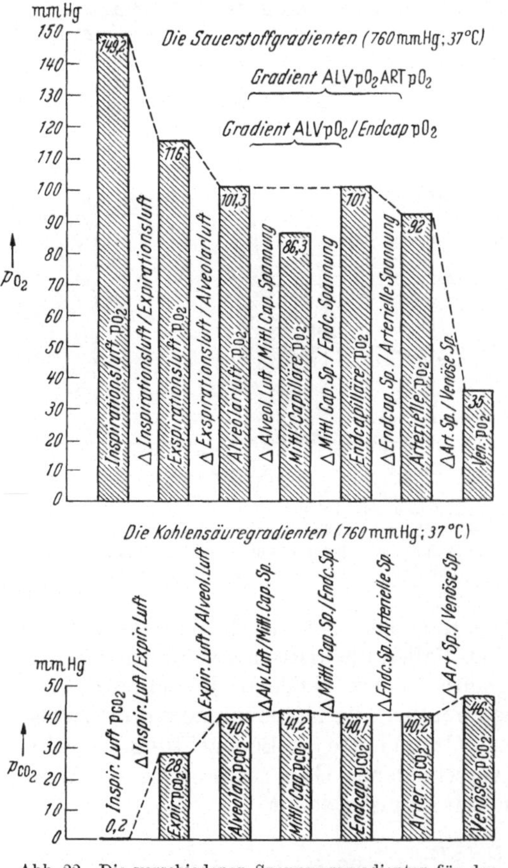

Abb. 22. Die verschiedenen Spannungsgradienten für den Sauerstoff und die Kohlensäure in Ruhe

Wenn also das Blut beim Verlassen der Lunge eine höhere Sauerstoffspannung aufweist als in den peripheren Arterien, dann muß auf dem Wege dorthin Blut mit einem geringeren Sauerstoffgehalt zugeflossen sein. Solche Beimischungen von venösem Blut wirken sich sehr viel stärker auf die Sauerstoffspannung aus als auf die Kohlensäurespannung, weil im Bereiche des arteriellen Blutes die Sauerstoffdissoziationskurve viel flacher verläuft als die Kohlensäuredissoziationskurve.

Der Spannungsgradient des Sauerstoffs zwischen der Alveolarluft und dem arteriellen Blut findet seine Erklärung darin, daß auch bei normalen Verhältnissen nicht alle Lungenpartien genau gleich ventiliert werden, worauf erstmals HALDANE hingewiesen hat. Dieser Auffassung haben sich später verschiedene Autoren angeschlossen, so NIELSEN und SONNE (1932), SONNE (1934), BERGGREN (1942) wie auch RILEY u. Mitarb. (1949). Berechnet man aus dem Spannungsabfall den Anteil der venösen Zumischung, dann erhält man physiologischerweise etwa 4% des Herzminutenvolumens mit Extremwerten zwischen 1,7 und 6,2%. Die ungefähre quantitative Abschätzung dieser beiden für den Gradienten verantwortlichen Faktoren — Diffusion und venöse Beimischung wegen ungleichmäßiger Ventilation — wird mit der Bestimmung der Sauerstoffspannungen auf zwei verschiedenen Sättigungsstufen ermöglicht, worauf wir im methodischen Teil noch näher eingehen werden (BARCROFT, LILIENTHAL, RILEY, OPITZ, BARTELS u.a.) Im Falle eines intrakardialen Rechts-Links-Shuntes erlaubt nur die direkte Bestimmung der Sauerstoffspannung des Lungenvenenblutes, beim Vorliegen eines Vorhofseptumdefektes z. B. mittels Herzkatheterismus, die mengenmäßige Beurteilung der venösen Beimischung. Nach BARTELS u. Mitarb. macht beim Gesunden der Anteil der intrakardialen venösen Zumischung durch die Vv. thebesii am normalen Spannungsgradienten zwischen Alveolarluft und peripherem arteriellen Blut von 5—8 mm Hg 3 mm Hg, d. h. 30—50% aus. Das Verhältnis Belüftung/Durchblutung in der Lunge wäre damit beim Gesunden nahezu „ideal".

Im folgenden geben wir eine Übersicht über die Sauerstoff- und Kohlensäurespannungsgradienten, wie sie insbesondere von LILIENTHAL und RILEY studiert worden sind. Diese Werte gelten für den Ruhezustand; bei Arbeit ergeben sich insbesondere für die Kohlensäurespannungsgradienten erheblich andere Zahlen, die später in der Abb. 40 dargestellt sind.

Die Untersuchung der verschiedenen Gradienten ist zwar mit technischen Schwierigkeiten verbunden, die aber überwunden werden können. Immerhin muß doch darauf aufmerksam gemacht werden, daß bei der Bestimmung einiger Gradienten Hypothesen verwendet werden, deren Richtigkeit heute noch nicht restlos erwiesen ist. Trotzdem erlangt man bei der gezielten Anwendung der zur Verfügung stehenden Methoden einen tiefen Einblick in die funktionellen Zusammenhänge der normalen und der gestörten Lungenfunktion.

2. Beziehungen zwischen Lungendurchblutung und Ventilation

Es leuchtet ohne weiteres ein, daß zwischen der Ventilation der Lunge und ihrer Durchblutung enge Beziehungen bestehen müssen, wird doch der Gasaustausch in den Alveolen durch beide Faktoren beeinflußt. Über die Abstimmung dieser beiden Faktoren sind heute einige Gesetzmäßigkeiten bekannt, über die wir im folgenden Kapitel berichten wollen.

Bei der Lungendurchblutung müssen zwei Gesichtspunkte getrennt betrachtet werden, nämlich die Hämodynamik einerseits und der Gasaustausch zwischen Lungenalveolen und Alveolarcapillaren andererseits. Die Untersuchung der Wechselbeziehungen zwischen Hämodynamik, Diffusion und alveolären Gasspannungen ermöglicht erst ein volles Verständnis der Vorgänge bei der normalen Atmung, wie auch in pathologischen Fällen.

Für die *Hämodynamik*, also Herzminutenvolumen, Strömungswiderstand und Blutdruck ist der Gesamtquerschnitt des Gefäßbettes von größter Bedeutung. Für die *Diffusion* der Atemgase ist sowohl die Größe der Kontaktfläche zwischen Alveolen und Blut, also die Anzahl und Länge der Alveolarcapillaren maßgebend, als auch die Strömungsgeschwindigkeit des Blutes in den Capillaren, was vom

Verhältnis zwischen der Größe des Herzminutenvolumens zur Anzahl der durchbluteten Capillaren abhängt. Da für den Gasaustausch die alveolären Gasspannungen von Bedeutung sind und wie noch ausgeführt wird, direkt die Durchblutung der Alveolen beeinflussen, liegt der Nutzen auf der Hand, den der Organismus aus einer optimalen Abstimmung zwischen Ventilation und Perfusion ziehen wird.

Für die Diffusion der Atemgase kommen nur die Lungencapillaren in Betracht, denn nur in diesem Bereich findet der Gasaustausch statt. Für die Hämodynamik sind auch die zu- und abführenden Gefäße, insbesondere die Arteriolen von Bedeutung, deren Kaliber und Blutfülle die Diffusion nicht direkt beeinflußt. Doch verändert der Blutgehalt die Elastizität des Lungengewebes, was für die Ventilation von Bedeutung ist.

Für den Grad des Ausgleiches der Atemgase spielt die Zeit eine wesentliche Rolle, während der das Blut in den Capillaren mit der Alveolarluft Kontakt hat. Bei eingeschränkter capillarer Strombahn muß bei gegebenem Herzminutenvolumen das Blut die restlichen Capillaren beschleunigt passieren. Bei unveränderter Capillarlänge ist diese Beschleunigung der Durchflußgeschwindigkeit des Blutes mit einer Verkürzung der Kontaktzeit gleichbedeutend. Eine Verkürzung der Kontaktzeit muß sich auf den Sauerstoffausgleich viel früher auswirken als auf denjenigen der Kohlensäure, diffundiert doch diese bei gleicher Spannungsdifferenz etwa 21 mal besser als der Sauerstoff.

Basierend auf Versuchen mit Kohlenmonoxyd hat ROUGHTON eine normale Kontaktzeit von 0,7—0,8 sec zwischen Blut und Alveolarluft berechnet. Er gibt ferner an, daß bis zu einer Kontaktzeit von etwa 0,35 sec noch ein annähernd normaler Ausgleich zwischen Alveolarluft und Blut möglich ist. Bei noch kürzeren Kontaktzeiten wird der Austausch unvollständig. Die Sauerstoffspannungsdifferenz zwischen Alveolarluft und dem die Lungencapillaren verlassenden Blut wird dann so groß, daß die für eine normale Sättigung des Blutes kritische arterielle Sauerstoffspannung unterschritten wird. Den genannten Zahlen kommt keine absolute Bedeutung zu, denn sie basieren auf einer normalen Sauerstoffspannung des venösen Mischblutes. Ist diese stark erniedrigt, dann kann der Sauerstoff-Ausgleich auch bei weniger verkürzter Kontaktzeit unvollständig werden. Aus den Angaben von ROUGHTON über die Kontaktzeit konnte man schließen, daß bei einer Zunahme des Herzminutenvolumens um etwas mehr als das doppelte eine arterielle Sauerstoffuntersättigung auftreten müßte. Dies ist aber nicht der Fall. Aus Arbeitsversuchen geht hervor, daß beim Gesunden der Gaswechsel um mehr als das 10fache und das Herzminutenvolumen um etwa das 3—4fache gesteigert werden können, ohne daß es zu einer arteriellen Untersättigung kommt. Der alveolo-arterielle Sauerstoffspannungsgradient kann von 5 auf etwa 15 mm Hg zunehmen, bis bei normalem Luftdruck die arterielle Sauerstoffspannung unter den kritischen Wert von 80 mm Hg absinkt. Es muß aber angenommen werden, daß auch die Anzahl der durchbluteten Capillaren während Arbeit zunimmt. Wäre dies nicht der Fall, so könnte die normale arterielle Sauerstoffsättigung bei einem um das 4fache vergrößerten Herzminutenvolumen nicht mehr rein physikalisch erklärt werden, und man müßte für diesen Fall besondere Beschleunigungsfaktoren für die Sauerstoffwanderung aus den Alveolen zum Hämoglobin postulieren.

Die Annahme, daß bei Arbeit analog zum Körperkreislauf auch in der Lunge Reservecapillaren eröffnet werden, läßt sich durch einige Beobachtungen stützen. VERZÁR und Mitarbeiter haben an Hand von volumetrischen und thorakometrischen Untersuchungen wiederholt auf die Existenz von „physiologischen Atelektasen", die sich erst bei erhöhtem Sauerstoffbedarf entfalten, hingewiesen. Nach diesen Autoren wird in Ruhe nur ein Teil, etwa $^2/_3$ bis $^3/_4$ aller Alveolen ventiliert und durchblutet. Derartige Atelektasen, die so klein sind, daß sie röntgenologisch nicht erfaßt werden, würden die Verhältnisse beim Arbeitsversuch erklären. Im gleichen Sinne sprechen die Untersuchungen von ROUGHTON, der feststellte, daß die Lungencapillaren in Ruhe etwa 60 cm³, bei Arbeit bis zu 90 cm³ Blut enthalten. Diese Zunahme des Blutgehaltes spricht ebenfalls für die Eröffnung von in Ruhe nicht durchbluteten Capillaren. DuBois konnte plethysmographisch die Zunahme des Blutgehaltes nachweisen. Die normale venöse Beimischung infolge schlecht oder nicht ventilierter Bezirke wird kleiner und beträgt bei Arbeit weniger als 1% des Herzminutenvolumens (BARTELS u. Mitarb.).

Die Hämodynamik ist mit den geschilderten Verhältnissen eng gekoppelt. Ein Verlust an Capillaren führt nicht nur zu einer Beschleunigung des Blutstromes in den noch durchgängigen und damit zu einer verkürzten Kontaktzeit, sondern auch zu einem erhöhten Capillarwiderstand und − gleiches Herzminutenvolumen vorausgesetzt − zu einem Anstieg des Blutdruckes in der A. pulmonalis (BÜHLMANN und Mitarbeiter 1953). Die Vorstellung über die Reservecapillaren wird auch durch die klinische Erfahrung gestützt, daß man nach einer Pneumonektomie, die etwa der Halbierung des Capillarbettes entspricht, noch eine normale arterielle Sauerstoffsättigung wie auch einen Strömungswiderstand im oberen Bereich der Norm findet, sofern die verbleibende Lunge gesund ist. Wäre das Strombett der verbleibenden Lunge nicht durch zusätzlich eröffnete Capillaren erweitert worden, so hätte der Strömungswiderstand stark ansteigen müssen. Doch bestehen bei diesen Verhältnissen keine wesentlichen Reserven mehr, so daß es schon bei relativ kleinen Arbeitsleistungen zu einer arteriellen Hypoxämie wegen zu kurzer Kontaktzeit wie auch zu einem Anstieg des Druckes in der A. pulmonalis kommt.

Dagegen bleibt bei normalen Lungenverhältnissen während körperlicher Arbeit bei einer Zunahme des Herzminutenvolumens um das 3—4fache nicht nur der Sauerstoffspannungsausgleich, sondern der pulmonale Druck im Bereiche der Norm, weil der Strömungswiderstand erheblich herabgesetzt wird, was auf eine Erweiterung der Arteriolen und Eröffnung von Capillaren, d. h. auf eine Zunahme des Gesamtquerschnittes der Lungenstrombahn zurückgeführt werden muß. Erst beim Überschreiten dieser von der Größe der gesamten Capillaroberfläche abhängigen Grenze kommt es zu einem deutlichen Druckanstieg wie auch zu einem Absinken der arteriellen Sauerstoffsättigung. Diese im Vergleich zum Körperkreislauf bemerkenswerte Stabilität des Druckes im Lungenkreislauf bei erheblicher Vergrößerung des Herzminutenvolumens spricht ebenfalls dafür, daß bei Arbeit vorher geschlossene Capillargebiete eröffnet werden, so daß der Gesamtdurchmesser der capillären Strombahn vergrößert und damit der Widerstand herabgesetzt wird. RILEY und Mitarbeiter kamen 1954 auf dem Wege über die Bestimmung der maximalen Diffusionskapazität der Lungen zu den gleichen Schlußfolgerungen. Sie konnten mit der Methode von LILIENTHAL im Arbeitsversuch eine steile Zunahme des D_{O_2} bis zu einer Sauerstoffaufnahme von 900—1 200 cm³/min feststellen, was sie mit einer Eröffnung von Capillaren erklären. Nach NISSEL (1951) führt ein Abfall der Sauerstoffspannung und ein Anstieg der Kohlensäurespannung im venösen Mischblut, wie es z. B. während Arbeit physiologisch ist (s. Abb. 40). zu einer Erweiterung der kleinen Lungengefäße, NISSEL führte diese Untersuchungen an Hunden durch.

Die anatomische Gegebenheit der Anzahl durchgängiger Capillaren beeinflußt direkt den Gasaustausch zwischen Alveolen und Blut, jedoch nur indirekt die Ventilation der Alveolen. Von praktischer Bedeutung für die Klinik ist die Verkleinerung der Capillaroberfläche, die verschiedene Ursachen haben kann, wie ausgedehnte Resektion oder Zerstörung von Lungenparenchym, Verödung von Capillaren infolge Konfluierens der Alveolarsepten und Obliteration der zuführenden Gefäße, insbesondere der Arteriolen. In jedem Fall ist bei der Unterschreitung einer bestimmten Grenze neben einem unvollständigen Spannungsausgleich für den Sauerstoff auch eine Druckerhöhung in der A. pulm. nachweisbar sowie eine Verminderung des Bereiches, in welchem das Herzminutenvolumen ohne Drucksteigerung vergrößert werden kann.

Die Größe der Capillaroberfläche beeinflußt die Ventilation nur indirekt, bei einer massiven Einschränkung der Oberfläche, die zu einer Diffusionsstörung führt, beobachtet man jedoch meistens eine Hyperventilation, die z. T. mit der arteriellen Hypoxämie wie auch mit dem bei diesen Zuständen meistens etwas verminderten Herzminutenvolumen erklärt werden kann. Auch andere Zustände, die zu einer Verkleinerung des Herzminutenvolumens führen, wie z. B. Pulmonal-, Aorten- und Mitralstenose und schwere Myokardinsuffizienz, sind meistens von einer leichten alveolären Hyperventilation mit Senkung der alveolären und arteriellen Kohlensäurespannung begleitet. Besonders bei Arbeit, wenn das Herzminutenvolumen nicht entsprechend dem gesteigerten Gaswechsel erhöht werden kann, so daß die Gewebsausschöpfung ungewöhnlich zunehmen muß, wird diese Hyperventilation, die von den Patienten als Dyspnoe empfunden wird, sehr deutlich. Die Größe des Herzminutenvolumens beeinflußt also über die Gewebeausschöpfung die alveoläre Ventilation.

Im Vergleich zu diesen beiden Faktoren — der Größe der Capillaroberfläche und des Herzminutenvolumens — ist der *Blutgehalt* der Lunge für die Ventilation nur von untergeordneter Bedeutung. Durch eine Zunahme des Blutvolumens, sei sie Folge vermehrten Bluteinstromes in die Lunge bei kongenitalen Herzfehlern mit Links-Rechts-Shunt, sei sie Folge von Rückstauung in den Lungenkreislauf bei kardialer Linksinsuffizienz, erleidet die Lunge einen gewissen Verlust an Elastizität, was die Ventilation ungünstig beeinflussen kann. Auch werden mit zunehmender Blutfülle die Lungenvolumen wie Totalkapazität und Vitalkapazität kleiner. Bei Rückstauung in den kleinen Kreislauf ist die Strömungsgeschwindigkeit in den Capillaren verlangsamt, was der Kontaktzeit für den Gasaustausch zugute kommt. Komplikationen, wie Transsudation in die Alveolen, im Extremfall Lungenödem, und als Dauerzustand „Stauungsbronchitis" führen zu den patho-physiologischen Bildern des vasculären Kurzschlusses und der Partialinsuffizienz. Der Einfluß der Lungenstauung auf die Ventilation fand schon sehr früh Interesse und wurde besonders von KNIPPING und Mitarbeitern bereits in den 30er Jahren zur experimentellen Differenzierung der klinischen Begriffe „Asthma cardiale" und „Asthma bronchiale" studiert.

Erst seit wenigen Jahren wissen wir, daß auch die Ventilation über die alveolären Gasspannungen den Lungenkreislauf beeinflußt. VON EULER und LILJESTRAND (1946) zeigten bei Katzen, daß eine Erhöhung der alveolären Kohlensäurespannung oder eine Erniedrigung der Sauerstoffspannung zu einer Druckerhöhung in der A. pulmonalis führt. LEWIS und GORLIN (1952) fanden bei Hundeversuchen während Hypoxie mit einer arteriellen Sauerstoffsättigung unter 85% ebenfalls eine massive Zunahme des vasculären Strömungswiderstandes, der Druck im linken Vorhof blieb konstant. STROUD und RAHN (1953) bestätigten ebenfalls in Hundeversuchen diesen Hypoxieeffekt, fanden aber keinen Einfluß der Kohlensäure. MOTLEY, COURNAND und Mitarbeiter (1951) sowie WESTCOTT, FOWLER und Mitarbeiter (1951) zeigten dann, daß es auch beim Menschen bei einer Erniedrigung der Sauerstoffkonzentration in der Inspirationsluft ohne typische Änderung des Herzminutenvolumens bei unverändertem Lungencapillardruck zu einem Druckanstieg in der A. pulmonalis, also zu einer Erhöhung des vasculären Strömungswiderstandes kommt. Ob es sich dabei um einen direkten Einfluß auf die Gefäße oder um einen komplizierteren Mechanismus unter Mitbeteiligung des autonomen Nervensystems handelt, konnte bis heute noch nicht sicher entschieden werden. Unserer Ansicht nach handelt es sich bei diesem „alveolo-vasculären" Reflex um eine direkte Einwirkung der alveolären Gasspannungen auf die Lungengefäße. Der Sinn dieses Reflexes besteht darin, nichtventilierte Lungenabschnitte auch von der Zirkulation auszuschließen. Auf diese Weise kann man sich erklären, warum mehr als zwei Tage bestehende Atelektasen, auch wenn sie eine ganze Lungen betreffen, aus dem kleinen Kreislauf ausgeschlossen sind und deshalb nicht zu einem vasculären Kurzschluß führen, wie er in einer nicht mehr ventilierten aber noch durchbluteten Lunge gefunden werden müßte. Ob die alveolären Gasspannungen direkt oder über eine Zwischensubstanz (z. B. Histamin) den Tonus der Lungenarteriolen beeinflussen, ist noch nicht sicher. Die Frage, ob dem Sauerstoff oder der Kohlensäure die größere Wirksamkeit zukommt, hat vom praktischen Standpunkt aus wenig Bedeutung, weil beim Atmen von atmosphärischer Luft bei Ventilationsstörungen immer die Spannungen beider Gase entsprechend verändert sind. Dieser alveolo-vasculäre Reflex tritt aber nicht nur in Funktion, wenn ein Teil der Lunge schlecht ventiliert wird, sondern auch dann, wenn sich die alveolären Gasspannungen in der ganzen Lunge oder in der Mehrzahl der Alveolen ändern. Als Folge der allgemeinen Vasokonstriktion muß der Druck in der A. pulm. ansteigen, solange das Herzminutenvolumen nicht wesentlich abnimmt. Eine Erniedrigung der alveolären Sauerstoffspannung führt natürlich auch zu einer arteriellen Hypoxämie, welche von zahlreichen Autoren als Ursache der Drucksteigerung betrachtet wurde. Diese Auffassung stimmt aber nicht mit dem Mechanismus der Experimente von EULER und auch nicht mit der klinischen Erfahrung überein. Ist die arterielle Hypoxämie nicht die Folge einer zu kleinen Capillaroberfläche, und auch nicht das Ergebnis einer allgemeinen Hypoventilation mit erhöhter alveolärer Kohlensäurespannung, so besteht keine Drucksteigerung. Hypoxämiezustände mit normalen alveolären Gasspannungen (vasculärer Kurzschluß, Partialinsuffizienz) führen zu keiner pulmonalen Hypertonie. So kann es auch nicht überraschen, daß zwischen dem Grad der arteriellen Sauerstoffuntersättigung und der Druckerhöhung in der A. pulmonalis keine durchgehende Korrelation besteht. Dagegen ist die Korrelation zwischen der mittleren alveolären Sauerstoffspannung (über die art. Kohlensäurespannung berechnet) und dem Mitteldruck in der A. pulm. gut, wie das aus der Abb. 53 hervorgeht (BÜHLMANN und Mitarbeiter 1954).

Unsere Auffassung über den Einfluß der alveolären Sauerstoff- und Kohlensäurespannung auf den Strömungswiderstand und damit auf den Druck im Lungenkreislauf läßt sich mit allen beobachteten pathologischen Zuständen wie auch mit den Ergebnissen experimenteller Untersuchungen vereinbaren. Diese Konzeption steht aber im Gegensatz zur Hypothese von COURNAND, der bisher die periphere arterielle Hypoxämie, sofern die Sauerstoffsättigung unter 88% liegt, als Ursache der Drucksteigerung im Lungenkreislauf betrachtete. Es muß dazu betont werden, daß unsere Befunde bei Lungenkrankheiten, insbesondere beim Emphysem hinsichtlich pulmonaler Hypertonie mit denen von COURNAND und Mitarbeiter vollständig übereinstimmen. Es handelt sich vielmehr um eine Diskrepanz in der Interpretation der ätiologischen Faktoren. Gegen den direkten Einfluß einer arteriellen Hypoxämie auf den Tonus der Lungengefäße spricht u. a. die Beobachtung, daß auch bei einer schweren Hypoxämie wegen einer venösen Beimischung, z. B. beim Einmünden einer Hohlvene in den linken Vorhof ohne zusätzlichen Herzfehler Druck und Strömungswiderstand im Lungenkreislauf ganz normal sind (BÜHLMANN 1955).

Über den Einfluß der alveolären Gasspannungen auf den Lungenkreislauf bei lungengesunden Versuchspersonen liegen heute zahlreiche, z. T. untereinander nicht vergleichbare verschiedenartige Experimente vor. Bei curaresierten und künstlich beatmeten, lungengesunden Versuchspersonen konnten wir zeigen, daß es während Hypoventilation mit Absinken der alveolären Sauerstoffspannung und Anstieg der Kohlensäurespannung immer zu einem Druckanstieg in der A. pulmonalis als Folge eines erhöhten vasculären Strömungswiderstandes kommt (Bühlmann und Mitarbeiter 1956).

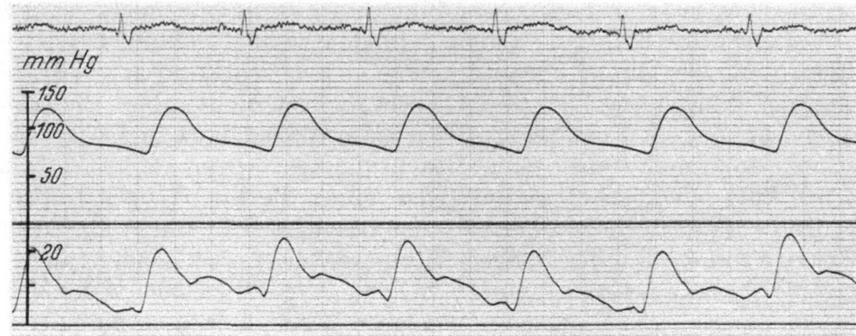

O$_2$-Sttg. 97,0 % pCO$_2$ 40,0 mm Hg

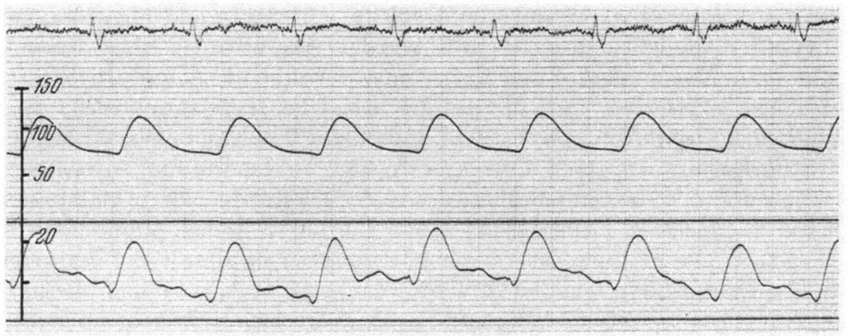

O$_2$-Sttg. 89,3 % pCO$_2$ 40,0 mm Hg

Abb. 23. Druckmessung in der A. pulmonalis und A. femoralis sowie arterielle Blutgase bei einseitiger Rückatmung. Oben: Beidseits freie Atmung. Unten: Rechte Lunge Rückatmung, linke Lunge freie Atmung

Bei Hypoventilation mit einem sauerstoffreichen Luftgemisch ist die Widerstandserhöhung geringer, doch liegen die Werte über der Ausgangssituation bei normaler Ventilation mit der Luft. Dies weist darauf hin, daß nicht nur die alveoläre Sauerstoff-, sondern auch die Kohlensäurespannung von Bedeutung ist.

Tabelle 13

	p_{O_2}A mm Hg	p_{CO_2} mm Hg	$\bar{p}$ A.pulm. mm Hg	$\bar{p}$A. brach. mm Hg	Vasculärer Strömungswiderstand dyn sec cm^{-5}	
					Lunge	Körper
Normale Ventilation mit Luft (8 Fälle)	94	44	15	72	160	890
Hypoventilation mit Luft (8 Fälle)	69	55	23	76	330	1500
Hypoventilation mit 70% O$_2$ (4 Fälle) . . .	etwa 500	54	18	95	200	1350

Bei experimenteller Hypoxie mit Spontanatmung muß die alveoläre Sauerstoffspannung stärker gesenkt werden, was
auch eine entsprechend tiefere arterielle
Sauerstoffsättigung zur Folge hat, damit
es zur gleichen Widerstandserhöhung

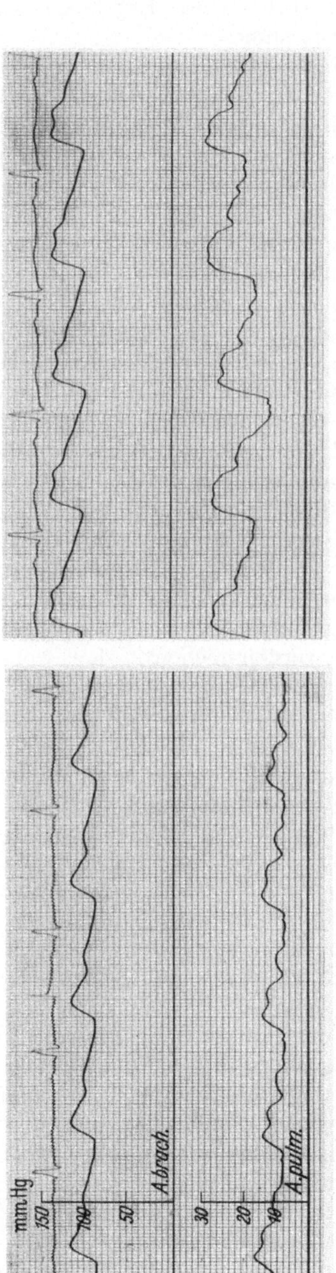

Abb. 24. Simultane Druckmessung in der Art. brachialis und Art. pulmonalis während künstlicher Beatmung mit einem Respirator. Normaler Druck bei richtig dosierter Ventilation. Deutlicher Druckanstieg im kleinen und großen Kreislauf während Hypoventilation. Nach Steigerung der Ventilation auf den Sollwert fällt der Druck nur langsam wieder ab. Das Herzminutenvolumen bleibt ungefähr konstant

kommt. SCHERRER und Mitarbeiter (1956) untersuchten beim Menschen vor und während eines provozierten Asthmaanfalles simultan arterielle Blutgase, Hämodynamik des Lungenkreislaufes mittels Herzkatheterismus und Atemmechanik. Sie fanden eine signifikante Erhöhung des Strömungswiderstandes nur bei den Kranken, bei denen sich während des Asthmaanfalles eine ausgesprochene alveoläre Hypoventilation mit entsprechend veränderten alveolären Gasspannungen entwickelte. Bot der Anfall lediglich das Bild einer ungleichmäßigen Belüftung, so blieb der Strömungswiderstand und auch der Druck in der A. pulmonalis trotz teilweise deutlicher Hypoxämie im Bereiche der Norm. Diese Ergebnisse stehen somit in voller Übereinstimmung mit unserer Auffassung.

Zu den oben erwähnten beidseitigen Hypoxieversuchen ist zu bemerken, daß bei dieser Versuchsanordnung zwar immer die alveoläre Sauerstoffspannung gesenkt und damit auch eine arterielle Hypoxämie erzeugt wird, daß aber gleichzeitig auch immer mehr oder weniger hyperventiliert und damit die Kohlensäurespannung gesenkt wird. Damit entstehen Bedingungen wie sie abgesehen vom Aufenthalt in größeren Höhen gar nicht existieren.

Es lag nahe, den Einfluß der alveolären Gasspannungen auf die Lungendurchblutung mit einseitigen Versuchsanordnungen mittels eines Bronchialtubus zu untersuchen. Auf diese Weise ist es möglich, eine Lunge ein sauerstoffarmes oder sauerstofffreies bzw. ein mit Kohlensäure angereichertes Gasgemisch atmen zu lassen. Entsprechende Tierversuche wurden u. a. von MOORE und COCHRAN (1933), DIRKEN und HEEMSTRA (1948), PETERS und ROOS (1952) Rahn und BAHNSON (1953) sowie VENRATH und Mitarbeiter (1955) durchgeführt. Diese Autoren fanden z. T. eine Abnahme der Durchblutung auf der Hypoxieseite. Mit der einseitigen Hypoxie wird die alveoläre Sauerstoffspannung auf der betreffenden Seite massiv gesenkt und die Kohlensäurespannung auf beiden Seiten in gleicher Weise erniedrigt, falls hyperventiliert wird. Auf der Hypoxieseite wird kein Sauerstoff mehr aufgenommen, wohl aber Kohlensäure vom venösen Mischblut an die Alveolarluft abgegeben, d. h. der respiratorische Quotient wird unendlich groß. Damit entsteht ein Zustand, der sonst unter physiologischen oder pathologischen Bedingungen gar nicht existiert. Die Verhältnisse werden noch grotesker, wenn die betreffende Seite einfach Stickstoff atmet, dann wird nämlich Sauerstoff vom venösen Mischblut an die Alveolarluft abgegeben. Mit dieser Versuchsanordnung fanden COURNAND, FISHMAN und Mitarbeiter (1955) beim Menschen keine Einschränkung der Durchblutung auf der Hypoxieseite, was als Hauptargument gegen unsere Auffassung gebraucht wurde. Unter pathologischen Verhältnissen mit gestörter Ventilation wird aber immer die ganze oder ein Teil der Lunge hypoventiliert, was zur Folge hat, daß die alveoläre Sauerstoffspannung absinkt und die Kohlensäurespannung ansteigt. Betrifft die Hypoventilation die ganze bzw. den größeren Teil der Lunge, so kommt es auch zu einer arteriellen Hypoxämie und Hypercapnie, wird nur ein Teil der Lunge hypoventiliert, so entsteht ebenfalls eine leichte Hypoxämie jedoch keine Hypercapnie. Experimentell läßt sich die Hypoventilation eines Teiles der Lunge nicht durch einseitige Hypoxie, sondern nur durch Stenosieren und Blockieren einer Seite oder mittels einer Rückatmungsordnung annähernd nachahmen. Die Rückatmungsanordnung hat den Vorteil, daß sich auf der betreffenden Seite die alveolären Gasspannungen denen des venösen Mischblutes bei unbehinderter Ventilation dieser Seite angleichen und zu einer Aufhebung des Gasaustausches führen. Bei einseitiger Stenosierung oder Blockade muß die andere Lunge den größeren Teil bzw. das gesamte Ventilationsvolumen aufnehmen, was zu entsprechenden Änderungen der atemmechanischen Verhältnisse mit Vergrößerung der respiratorischen Druckschwankungen führt. Mit der einseitigen Rückatmung haben mehrere Autoren unabhängig voneinander eine deutliche Reduktion der Durchblutung der betreffenden Seite gefunden, was für Tierversuche (VENRATH und Mitarbeiter 1955) wie auch für Untersuchungen am Menschen gilt (BLAKEMORE, CARLENS, BJÖRKMAN 1954, HERTZ 1955, BÜHLMANN und Mitarbeiter 1956 u. a.). Wir fanden bei vier lungengesunden Versuchspersonen sowohl bei einseitiger Blockade als auch bei einseitiger Rückatmung nach 10 bis 15 min eine Abnahme der Durchblutung auf der betreffenden Seite auf etwa 25% des Herzminutenvolumens und eine entsprechende Steigerung auf der Gegenseite. Selbstverständlich bleibt das Herzminutenvolumen bei derartigen Versuchen absolut nicht immer konstant. Wenn bei einseitiger Blockade oder Rückatmung die arterielle Sauerstoffsättigung nach 10 oder mehr Minuten nicht unter 90% liegt, kann bei Annahme einer normalen arterio-venösen Differenz im Sauerstoffgehalt der Anteil der Durchblutung der betreffenden Seite nur noch ungefähr $^{1}/_{3}$ des Herzminutenvolumens betragen. Diese Änderung in der Blutverteilung hat zur Folge, daß die venöse Zumischung immer relativ klein bleibt. Dies ist aber auch der Fall, wenn die Gegenseite normale Luft und nicht ein mit Sauerstoff angereichertes Luftgemisch atmet. Die Abnahme der Durchblutung entspricht einer Erhöhung des Widerstandes in der betreffenden Seite, die durch eine Senkung in der anderen, meistens etwas hyperventilierter Seite größtenteils kompensiert wird, so daß es nicht zu einem Druckanstieg in der A. pulmonalis kommt (s. Abb. 23).

Auch die Körperhaltung ist für die Verteilung des Herzminutenvolumens auf beide Lungen von Bedeutung. BLAKEMORE und Mitarbeiter stellten z. B. fest, daß in Seitenlage die Durchblutung der unten liegenden Lunge zunimmt.

Der Einfluß der Ventilation über die alveolären Gasspannungen auf den Lungenkreislauf ist klinisch von großer Bedeutung und spielt in der Pathogenese des chronischen Cor pulmonale eine wichtige Rolle, worauf wir später noch eingehen werden. Eine künstliche Erhöhung der alveolären Sauerstoffspannung durch Atmen eines sauerstoffreichen Luftgemisches führt auch bei normalen Druckverhältnissen zu einer leichten Senkung des Druckes sowie meistens zu einer Zunahme des Herzminutenvolumens. Diese Tatsache ist weniger für die Sauerstofftherapie von Bedeutung als für die Lungenfunktionsprüfungen mit Sauerstoffatmung. Letztere kann eine Fehlerquelle darstellen, indem die hämodynamischen Verhältnisse im Lungenkreislauf bei Sauerstoffatmung etwas verschieden sind von denen beim Atmen von atmosphärischer Luft.

In diesem Zusammenhang müssen noch kurz die Einflüsse der intrathorakalen und intraabdominalen *respiratorischen Druckschwankungen* auf den Kreislauf besprochen werden. Der leichte Unterdruck im Thorax während der Inspiration wirkt sich auf das Herz und alle intrathorakal gelegenen Gefäßabschnitte aus. In der oberen Hohlvene und im rechten Vorhof wirkt sich der leichte Unterdruck als Sog aus. Unterhalb des Zwerchfells, d. h. im Abdominalraum und damit auch in der unteren Hohlvene steigt hingegen der Druck während der Inspiration als Folge der Verkleinerung durch die Kontraktion des Zwerchfelles leicht an. Während der Exspiration liegen die Verhältnisse umgekehrt; in der oberen Hohlvene und im rechten Vorhof steigt der Druck leicht an, während er in der unteren Hohlvene abfällt. Auf diese Weise wird der venöse Rückfluß zum Herzen durch die respiratorischen Druckschwankungen sinnvoll unterstützt. Wenn auch bei Ruheatmung die normalerweise höchstens 2—3 mm Hg betragenden Druckdifferenzen des Atemcyclus wohl keine größere Bedeutung für die Blutförderung haben, so gilt das nicht für körperliche Arbeit, wenn Atmung und Herzminutenvolumen erheblich gesteigert werden müssen. Es ist wahrscheinlich, daß die Zunahme der respiratorischen Druckschwankungen bei Vergrößerung der Ventilation eine wesentliche Voraussetzung für die Steigerung des Herzminutenvolumens über einen erhöhten venösen Rückfluß darstellen. Sind die Atemwiderstände erhöht, wie beispielsweise beim Asthma bronchiale und Emphysem, dann können die respiratorischen Druckschwankungen bereits bei Ruheatmung mehr als 20 mm Hg betragen. Derartige Druckdifferenzen im Ablauf des Atemcyclus sind wahrscheinlich für den Kreislauf nicht gleichgültig und dürften wenigstens teilweise für die bei solchen Zuständen gefundene Vergrößerung des Herzminutenvolumens verantwortlich sein.

Auch für die verschiedenen Verfahren der künstlichen Beatmung — reine Überdruckatmung, Über-/Unterdruckatmung, Eiserne Lunge usw. — sind die Einflüsse der intrathorakalen und intraabdominalen respiratorischen Druckschwankungen auf den Kreislauf zu berücksichtigen (s. Kapitel D. III. 12.).

Es soll noch erwähnt werden, daß beim Pressen (z. B. auch beim Valsalva-Versuch) der intrathorakale und intraabdominale Druck gleichsinnig verändert werden. Bleibt die Lunge bei

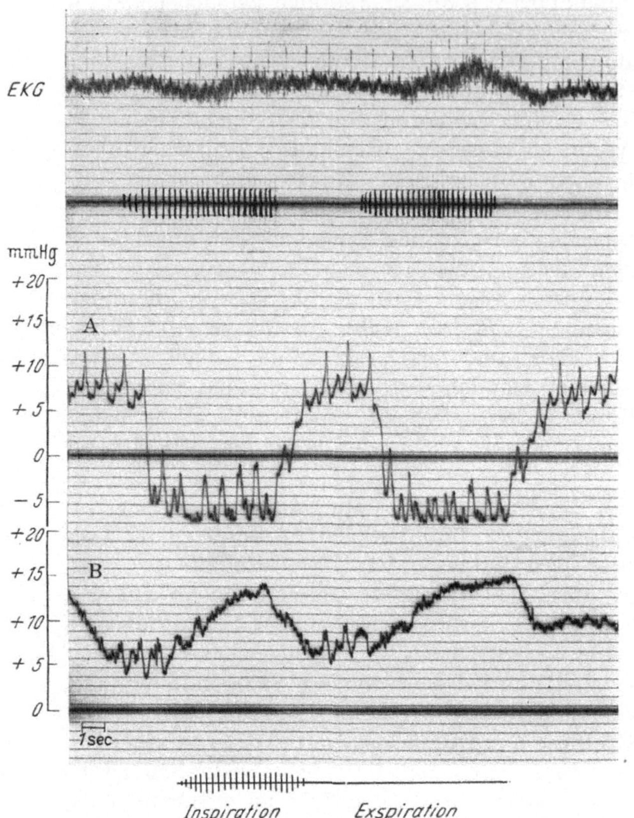

Abb. 25a. Die Wirkung der respiratorischen Druckschwankungen auf den Kreislauf bei leicht verstärkter Atmung. *A* Druckschwankungen im rechten Vorhof. *B* Druckschwankungen in der unteren Hohlvene

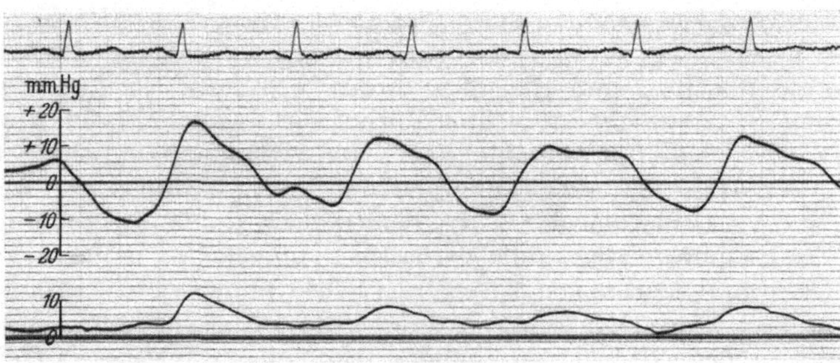

Abb. 25.b Respiratorische Druckschwankungen bei stark gesteigerter Ventilation. Oben Druck im rechten Vorhof, unten Druck in der unteren Hohlvene unterhalb des Zwerchfelles. (Ventilation 60 l/min) (In beiden Fällen sind die respiratorischen Druckschwankungen wegen chron. Bronchitis vergrößert)

derartigen Preßversuchen mit der Außenluft in Verbindung, so kommt es nur unterhalb des Zwerchfelles zu einem Druckanstieg.

IV. Die Steuerung der Atmung

Im Rahmen dieses Buches soll dieses Kapitel nur soweit behandelt werden, wie es für das Verständnis der Regulationsvorgänge notwendig ist. Die Geschichte der Entdeckungen und die auch noch heute bestehenden Probleme sollen nur gestreift werden. Was die Einzelheiten betrifft, müssen wir auf die Literatur verweisen, deren Zusammenstellung sich in den Arbeiten von O. A. M. Wyss und Mitarbeiter findet.

Bei der Steuerung der Atmung haben wir diejenigen Mechanismen, welche zu einer koordinierten, rhythmischen Atmung führen und rein nervöser Natur sind, von den nervös-humoralen zu unterscheiden, die die Regulation einer adäquaten Ventilation zwecks Aufrechterhaltung normaler Blutgasspannungen zum Ziele haben.

Zunächst sollen die heutigen Auffassungen über die Entstehung des Atmungsrhythmus dargestellt werden. Caldanius (1785) versuchte als erster die rhythmische Atmung durch eine Art Schaltmechanismus zu erklären, konnte jedoch nicht entscheiden, ob es sich um einen zentralen oder peripheren Vorgang handelt. Le Gallois (1812) entdeckte das Atmungszentrum, wobei es sich nach heutiger Kenntnis um das inspiratorische Zentrum handelte, womit die Annahme einer zentralen Steuerung gegeben war. Hering und Breuer (1868) beschrieben einen ersten klar durchdachten Schaltmechanismus als „Selbststeuerung der Atmung durch den Nervus vagus", womit für die Erklärung der Rhythmizität der Atmung aus das periphere Nervensystem Bedeutung erhielt. Die experimentelle Forschung hat in der Folge unserer Kenntnisse präzisiert, wobei besonders die Arbeiten von Marckwald (1887), Head (1889), Lumsden (1923), Hess (1930), Adrian (1933), Stella und Mitarbeiter (1937), Pitts und Mitarbeiter (1939) zu erwähnen sind. In neuerer Zeit haben sich insbesondere Wyss und Mitarbeiter mit der Steuerung und Rhythmizität der Atmung beschäftigt, auf deren Ergebnisse sich im Folgenden unsere Darstellung stützt.

Man unterscheidet heute drei Atmungszentren: Das *inspiratorische Zentrum* liegt am weitesten caudal im ventralen Teil der Formatio reticularis der Medulla oblongata. Seine Reizung bewirkt eine heftige koordinierte Inspiration unter Beteiligung der costalen Atemmuskulatur und des Zwerchfelles. Eine Dauerreizung hat eine anhaltende, maximale Inspirationsstellung des Thorax zur Folge.

Das *exspiratorische Zentrum* stellt keine enge Zone dar, es handelt sich um im dorsalen Teil der Formatio reticularis der Medulla oblongata etwas weiter kranial als das Inspirationszentrum gelegene Neuronengruppen, deren Reizung eine aktive Exspiration bewirkt.

Das „*pneumotaktische*" Zentrum liegt in der oberen Hälfte des Pons auf der Höhe des Colliculus inferior. Es steht sowohl mit dem inspiratorischen als auch mit dem exspiratorischen Zentrum in Verbindung. Da es sich ebenfalls nicht um auf eine enge Zone lokalisierbare Neuronengruppen handelt, kann man dieses Zentrum als pontines Exspirationszentrum dem bulbären Exspirationszentrum gegenüberstellen, bzw. von bulbären und pontinen Teilzentren, die als Exspirationszentrum wirksam sind, sprechen.

Die Frage nach einer autonomen rhythmischen Aktivität der Atemzentren wurde von Coombs, Pike und Schäfer verneint, von Rosenthal bejaht. Heute wissen wir, daß die Tätigkeit des caudal gelegenen Inspirationszentrums primär tonischer Natur ist (Wyss), daß die Atmung im Gegensatz zum Herzen über keinen „Schrittmacher" verfügt. Die Aufteilung der inspiratorischen Dauerinnervation in einzelne rhythmisch aufeinander folgende, durch Pausen getrennte Inspirationen kommt durch eine sekundär auftretende periodische Hemmung des inspiratorischen Tonus zustande. Die zentrale inspiratorische Aktivität erregt von einer bestimmten Stärke an die pontinen und bulbären exspiratorischen Teilzentren, die ihrerseits rückwirkend die primäre inspiratorische Tätigkeit hemmen und so vorübergehend zum Verschwinden bringen. Mit dem Nachlassen der inspiratorischen Aktivität geht sekundär auch die Hemmung wieder zurück, so daß wieder die primäre inspiratorische Aktivität wirksam wird. Die sekundäre Hemmung der inspiratorischen Aktivität bedeutet in der motorischen Auswirkung eine Exspiration, auf diese Weise entsteht der Atmungsrhythmus. Die efferenten Bahnen des Inspirationszentrums stehen mit den Kernen des N. phrenicus (C_3-C_5) und der Intercostalnerven, die der exspiratorischen Zentren vorwiegend mit den Kernen der Intercostalnerven und der Abdominalnerven im Rückenmark in Verbindung.

Die Atmungszentren stehen unter der dauernden Einwirkung von Impulsen, die sowohl vom Cortex als auch von der Peripherie herstammen. Unter den letzteren ist vor allem der propriozeptive Reflex von HERING und BREUER zu erwähnen. Die Auffassung dieser Autoren über die Selbststeuerung der Atmung dank dieses Reflexes wurde von HESS kritisch durchleuchtet, der in diesem Zusammenhang auf die Bedeutung des Zwerchfelltonus hinwies, der bei der Inspirationsbewegung ab- und bei der Exspirationsbewegung zunimmt.

Die Natur der propriozeptiven Reflexe wurde u. a. von FLEISCH sowie von WYSS und BUCHER untersucht. Danach übt die inspiratorische Lungenentfaltung über eine zunehmende Erregung der pulmonalen Blähungsreceptoren einen zusätzlichen hemmenden Einfluß auf die inspiratorische Innervation aus. Während der Exspiration nimmt dieser hemmende Einfluß wieder ab, damit bewirken die vagalen Schaltreflexe eine Beschleunigung des auch ohne dieses Reflexes vorhandenen zentralen Atmungsrhythmus. WYSS (1939, 1954) konnte eine Frequenzabhängigkeit dieser vagalen Beeinflussung der Atmungssteuerung nachweisen. Bei niedriger Frequenz wirken die von den Blähungsreceptoren den Atmungszentren zugeleiteten Impulse schwach inspirationsfördernd und bei höherer Frequenz in zunehmenden Maße inspirationshemmend d. h. in der motorischen Auswirkung exspiratorisch. Die Wirkungsweise der in den N. vagi geleiteten propriozeptiven Reflexe ähnelt und vervollständigt die Tätigkeit der bulbären und pontinen exspiratorischen Teilzentren, so daß man sie auch als äußeren Teilmechanismus des Atmungszentrums bezeichnen kann. Die neben den Blähungsreceptoren ebenfalls vorhandenen Kollapsreceptoren spielen bei der normalen Atmung und bei geschlossenem Thorax eine ganz untergeordnete Rolle.

Die Atemzentren stehen auch noch unter Einflüssen, die von höheren Zentren herrühren. Die willkürliche Beeinflussung der Atmung (Hyperventilation und Atemstillstand) und die emotionelle Hyperventilation sind wohlbekannt. Nicht nur der Cortex cerebri, sondern auch die Zentren des Hypothalamus wirken auf die Atmung ein, wobei besonders die fieberbedingte Hyperventilation zu erwähnen ist.

Wir wollen nun noch untersuchen, wie sich die Unterbrechung einzelner Bahnen auf die Atmung auswirkt. Die Unterbrechung des Hering-Breuer-Reflexes durch beidseitige Vagotomie führt zu einer Verlangsamung und Vertiefung der Atmung ohne wesentliche Änderung der alveolären Ventilation und der arteriellen Blutgase. Durchschneidet man zudem noch den Hirnstamm oberhalb des Pons cerebri, womit die medullären Zentren vom pneumotaktischen Zentrum getrennt werden, dann resultiert nach MARCKWALD eine schwerste Störung der Atembewegungen mit einer tonisch verlängerten Inspiration, die von LUMSDEN „Apneusis" genannt wurde während der sich ein asphyktischer Zustand entwickelt. Bei intakten Vagi bleibt die Atmung auch nach der Durchtrennung des Hirnstammes rhythmisch.

Nach der gegebenen Darstellung wird die Exspiration von der nervösen Seite her passiv durch eine kombinierte, während der Inspiration zunehmende Hemmung des Inspirationszentrums ermöglicht, Voraussetzung ist, daß die während der Inspiration in Thorax und Lunge gespeicherte elastische Energie für die Ausatmung der Luft, d. h. insbesondere für die Überwindung der Strömungswiderstände genügt. In pathologischen Fällen wie auch bei Hyperventilation und während schwerer körperlicher Arbeit erhalten die Abdominalmuskeln und die Mm. intercostales interni während der Exspiration Impulse; die Exspiration wird also unter bestimmten Bedingungen von der nervösen Seite her aktiv.

Die bisher besprochenen Mechanismen sorgen für einen geregelten Wechsel zwischen Ein- und Ausatmung. Die adäquate Ventilation der Alveolen wird aber durch andere Steuervorgänge gewährleistet, wobei die beiden Regulationen jedoch sehr eng miteinander gekoppelt sind.

Die *Regulierung der Ventilation* wird durch ein eigenes Receptorensystem bewerkstelligt, jedoch unter Benützung derselben Zentren und efferenten Bahnen wie sie die Atmungsrhythmik verwendet.

Hyperventilation wird vor allem durch eine Steigerung der Aktivität des Inspirationszentrums hervorgerufen, welche zu einer Expansion des Thorax führt. Bei zunehmender Hyperventilation kommt es auch zu einer aktiven Exspiration unter Beteiligung der Ausatmungsmuskulatur.

Die Regulation der Ventilation kommt durch das komplexe Zusammenspiel einer Reihe von Receptorensystemen zustande. Neben zwei Gruppen von Chemoreceptoren wirken auch Thermoreceptoren bei der Anpassung der Atmung an die verschiedenen Bedingungen der Umwelt und des Organismus mit.

Sowohl die bulbären Zentren als auch die peripheren Chemoreceptoren sind auf gewisse chemische Reize empfindlich. Die in der Medulla oblongata lokalisierten Atemzentren reagieren in erster Linie auf Änderungen des p_H und der Kohlensäurespannung im Hirn-Capillarblut. Eine Erhöhung der Kohlensäurespannung oder eine Senkung des p_H lösen Hyperventilation aus, mit dem Ziel, durch Ausscheidung von Kohlensäure das Säure-Basen-Gleichgewicht auszubalancieren. Umgekehrt bewirkt eine Abnahme der Kohlensäurespannung oder ein Anstieg des p_H eine Reduktion der Ventilation zwecks Retention von Kohlensäure. Diese Atemzentren sind jedoch unempfindlich gegenüber einer mäßigen Abnahme der Sauerstoffspannung, während sie bei schwerer Hypoxämie in ihrer Aktivität gehemmt werden.

Die peripheren Chemoreceptoren liegen im Glomus caroticum und Glomus aorticum. Als Abkömmlinge der Kiemen sind diese Receptoren vor allem auf Änderungen der Sauerstoffspannung empfindlich, während ihre Ansprechbarkeit auf Kohlensäure und p_H weniger ausgeprägt ist. Das Glomus caroticum führt seine Impulse durch den Nervus glossopharyngeus und das Glomus aorticum durch den Nervus vagus den bulbären Zentren zu.

Bei arteriellen Sauerstoffspannungen bis hinunter auf etwa 80 mm Hg spielen diese Chemoreceptoren nur eine untergeordnete Rolle. Nach LOESCHCKE (1953) beträgt der Impulsanteil dieser Chemoreceptoren in Ruhe normalerweise am Gesamtminutenvolumen nur etwa 12—14%. Sinkt die Sauerstoffspannung unter 80 mm Hg, dann lösen sie eine Hyperpnoe aus mit dem Ziel der Erhöhung der alveolären Sauerstoffspannung. Diese peripheren Receptoren sind übrigens auch die Ansatzstellen für die Wirkung der atmungssteigernden Mittel wie Lobelin und Coramin.

Die Steigerung der Atmung bei Arbeit kann mit Änderungen der arteriellen Blutgase nicht erklärt werden, denn bei leichter Arbeit ändern sich Sauerstoff-, Kohlensäurespannung und p_H im arteriellen Blut gegenüber dem Ruhezustand nicht. Es wurden deshalb noch weitere Receptoren in den Muskeln postuliert, deren Existenz aber bis heute nicht eindeutig nachgewiesen werden konnte.

Auch bei den atemwirksamen *Thermoreceptoren* unterscheiden wir zwei Gruppen, nämlich die zentralen im Hypothalamus und die peripheren, die vornehmlich in der Haut gelegen sind. Während die zentralen Receptoren vor allem auf Änderungen der Bluttemperatur reagieren, stehen die peripheren mit der Umwelttemperatur in Beziehung. Relativ gut bekannt sind die Receptoren der Rückenhaut in der Gegend der unteren Lungengrenzen. Beim Eintauchen in kaltes Wasser kommt es zur tiefen reflektorischen Inspiration, gefolgt von einem kurzen Atemstillstand. Die peripheren Thermoreceptoren sind vor allem bei Tieren wie beim Hund von Bedeutung, weil dieser wegen des Mangels an Schweißdrüsen weitgehend auf die Atmung zur Thermoregulation angewiesen ist.

Betrachten wir nun im folgenden die Atemsteigerung unter dem Aspekt der geschilderten Steuerung, so können wir bei ihrer Auslösung vier verschiedene Ursachen unterscheiden:

1. Sauerstoff-Mangel
2. Kohlensäure-Atmung (flüchtige Acidose)
3. p_H-Erniedrigung (fixe Acidose)
4. Muskelarbeit.

Die Änderungen, welche wir im arteriellen Blut unter diesen verschiedenen Bedingungen finden, sind im folgenden Schema (modifiziert nach GRAY) zusammengefaßt.

Tabelle 14

	Vergleichswerte für die Ventilation	Änderung im arteriellen Blut		
	Liter pro min	pO_2	pCO_2	p_H
Hypoxämie . .	12	—	—	+
CO_2-Atmung . .	70	+	+	—
Fixe Acidose . .	35	+	—	—
leichte Arbeit . .	50	0	0	0
schwere Arbeit .	120	0	—	—

+ erhöht, — erniedrigt, 0 unverändert.

Diese Tabelle führt uns eindrücklich vor Augen, daß es nicht möglich ist, die Auslösung einer Atemsteigerung auf einen Faktor im arteriellen Blut zurückzuführen, wie frühere Autoren es versuchten. ROSENTHAL (1880) machte die Sauerstoffspannung verantwortlich, HALDANE und PRIESTLEY (1905) die Kohlensäure und WINTERSTEIN (1911) das p_H. Diese unistischen Theorien wurden auf Grund neuerer Untersuchungsergebnisse durch komplexere Erklärungsversuche abgelöst. So sprachen HASSELBALCH (1912) und NIELSEN (1936) die Hauptrolle dem p_H und der Kohlensäurespannung im arteriellen Blut zu, nahmen aber gleichzeitig an, daß die Reizschwellen der Atemzentren gegenüber diesen beiden Faktoren durch andere modifiziert würden, so z. B. durch die arterielle Sauerstoffspannung und durch Muskelarbeit.

WINTERSTEIN (1921) und GESELL (1925) machten das p_H der Zellen des Atemzentrums für die Regulation hauptsächlich verantwortlich, wobei die Abhängigkeit vom arteriellen p_H nur sehr bedingt sei. Die genannten Theorien konnten aber nie einwandfrei bewiesen werden, so daß weitere Erklärungsversuche folgten.

GRAY legte 1946 eine Theorie der multiplen Faktoren vor, welche die arterielle Sauerstoff- und Kohlensäurespannung sowie das p_H quantitativ berücksichtigt.

Diese drei Faktoren sollen in additiver Weise die Funktion „VR" (ventilation ratio) bestimmen. VR ist das Verhältnis zwischen der alveolären Ventilation unter gegebenen Bedingungen (Kohlensäureatmung, Sauerstoffmangelatmung usw.) und dem experimentell unbeeinflußten Sollwert. Nach GRAY drückt die Formel den quantitativen Einfluß der drei Faktoren auf VR aus:

$$VR = 0{,}22 \cdot \mathrm{H}^+ + (0{,}262 \cdot p\mathrm{CO}_2) + \left(\frac{105}{10^{(0{,}038 \cdot p\mathrm{O}_2)}} \right) - 18$$

($\mathrm{H}^+ = \mathrm{cH}^+$ in 10^{-9} mol pro Liter, $p\mathrm{CO}_2$ und $p\mathrm{O}_2$ in mm Hg) .

Wie aus der Tab. 14 hervorgeht, kann man mit dieser additiven Theorie die Ventilationssteigerung bei Arbeit, insbesondere bei leichter Arbeit nicht erklären. GRODINS umging diese Schwierigkeit, indem er die Stoffwechselsteigerung als 4. Faktor einfügte, was natürlich nicht befriedigen kann.

Im Normalzustand steht die Ventilation bei Körperruhe vor allem unter Kontrolle der Kohlensäurespannung und des p_H, die ja ohnehin eng miteinander gekoppelt sind. Eine normale alveoläre Ventilation bedingt unter diesen Bedingungen normale arterielle Blutgase. Werden die Stoffwechselanforderungen durch Muskelarbeit gesteigert, so hat die Atemregulation die Tendenz, möglichst lange die optimalen Verhältnisse bezüglich der arteriellen Blutgase und des p_H beizubehalten.

Wird der Organismus gezwungen, sich gegen äußere oder innere Einflüsse, die sein normales Funktionieren gefährden, zu verteidigen, dann kann die alveoläre Ventilation ungewöhnliche, ja sogar extreme Werte annehmen (ROSSIER und WIESINGER 1948, GRAY 1950). Wir denken hierbei vor allem an die äußeren Einflüsse in großen Höhen, der Kohlensäureatmung und der Wärmestauung sowie an die inneren Einflüsse der fixen Alkalose oder fixen Acidose. Die Atmung dient unter diesen Umständen in erster Linie dazu, eine Bedrohung der Integrität des Organismus abzuwehren, und die normale Funktion des Gasaustausches wird auf den zweiten Rang verdrängt.

Wir dürfen nicht vergessen, daß sich in pathologischen Fällen die Reizbarkeit der Atemzentren erheblich ändern kann. Unter Reizbarkeit der Atemzentren sind zudem noch zwei Qualitäten zu unterscheiden, nämlich die Reizschwelle, die aussagen soll, welcher Spannung eine bestimmte Ventilation entspricht, und die Steilheit der Erregbarkeitskurve, die die Ventilationszunahme für eine bestimmte Änderung der Gase ausdrückt. In Fällen von chronischer alveolärer Hypoventilation (Globalinsuffizienz) adaptieren sich die Zentren an die erhöhte Kohlensäurespannung im Blut. Die gegen Kohlensäure damit weniger empfindlich gewordenen Zentren werden dann im vermehrten Maße durch die Sauerstoffspannung über die peripheren Receptoren gesteuert. Gibt man derartigen Patienten Sauerstoff zu atmen, so fällt ein wesentlicher Stimulus für die Atmung aus, so daß die alveoläre Ventilation noch mehr eingeschränkt wird. Auf diese Weise kommt es zu gefährlich hohen Kohlensäureretentionen mit entsprechenden Verschiebungen des p_H zur sauren Seite, was die oft klinisch beobachtete schlechte Reaktion dieser Patienten auf Sauerstoffatmung erklärt. Für diese wie auch für viele andere pathologische Fälle ist die Graysche Formel für die Regulation der alveolären Ventilation unbrauchbar, es sei denn, man begnüge sich mit der Feststellung, daß sich in diesen Fällen die Reizbarkeit der Atemzentren geändert hat. Die Formel gilt eben nur, wenn im Experiment Sauerstoff-,Kohlensäurespannung und p_H geändert werden, nicht aber, wenn primär eine Störung der Atmung selbst vorliegt, die zu Änderungen der arteriellen Blutgase geführt hat.

Im Folgenden soll versucht werden, die Ventilationssteigerung während körperlicher Arbeit ohne Hilfshypothese wie Stimulation von der Muskulatur her mittels der bekannten atemregulierenden Faktoren, vor allem Kohlensäurespannung und p_H zu erklären. Dieser Erklärungsversuch basiert darauf, daß der Zweck der Regulation darin zu sehen ist, auch bei einem gesteigertem Gaswechsel mittlere alveoläre und damit arterielle Gasspannungen im Bereiche der Norm aufrecht zu erhalten. Arterielle Kohlensäurespannung und p_H stellen bei der üblichen Blutentnahme einen zeitlichen Mittelwert mehrerer Atemzüge dar. Dieser mittlere Spiegel oder Pegel ist das Resultat, das sich aus Gaswechsel und Ventilation ergibt, in ihm das Agens zur Regulierung der Ventilation zu sehen, ist eigentlich unlogisch. Wenn man während Arbeit mittels kurzer, großlumiger Kanülen ganz kurzfristig am Ende der In- und Exspiration getrennt arterielles Blut entnimmt, so kann man hinsichtlich des p_H und der Kohlensäurespannung deutliche Unterschiede feststellen (BÜHLMANN, 1956).

Beispiel 1. *Patient E. M. Lungengesund*

Atemfrequenz	Ruhe 16/min	Arbeit 110 Watt 22/min		
		Mittelwert mehrerer Atemzüge	endinspirat.	end- exspirat.
CO$_2$-Gehalt Vol.-% (Plasma)	52,0	45,1	41,9	47,0
p_H	7,39	7,33	7,33	7,30
$p\mathrm{CO_2}$ mm Hg .	37,5	37,1	34,5	41,5

Beispiel 2. *Patient A. B. Mitralstenose, 3 Jahre nach Commissurotomie*

Atemfrequenz	Ruhe 18/min	Arbeit 140 Watt 28/min		
		Mittelwert mehrerer Atemzüge	endinspirat.	end- exspirat.
CO$_2$-Gehalt Vol.-% (Plasma)	48,8	29,0	27,7	29,6
p_H	7,41	7,31	7,31	7,28
$p\mathrm{CO_2}$ mm Hg .	33,7	24,9	23,8	27,1

Diese beiden Beispiele zeigen die deutliche respiratorischen Schwankungen der Kohlensäurespannung und des p_H im peripheren, aus der A. brachialis entnommenen arteriellen Blut. Diese Schwankungen setzen natürlich entsprechende Schwankungen der alveolären Gasspannungen während eines Atemcyclus voraus.

	$\dot{V}_{\mathrm{CO_2}}$ cm³	funkt. Res. Kap. cm³	$p\mathrm{CO_2}\,A$ Hg mm	$C_{\mathrm{CO_2}}$ %	$V_{\mathrm{CO_2}}$ cm³	$\dot{V}_A$ cm³	f	$\dot{Q}$ cm³	f
Ruhe . .	200	2000	40	5,6	112	4310	16	5000	70
Arbeit . .	2000	2000	40	5,6	112	43100	30	15000	140

	Schlagvol. cm³	$V_{\mathrm{CO_2}}$ Schlagvol.	Zeit Herzaktion sec	Zeit Atemzug sec
Ruhe	71,5	2,86	0,86	3,75
Arbeit	107	14,3	0,43	2,0

Wenn sich nun im Vergleich zum Ruhezustand der mittlere Wert für die Kohlensäurespannung während Arbeit im 1. Fall nicht wesentlich ändert, im 2. Fall sogar etwas absinkt, so werden doch mit Steigerung der Atemfrequenz diese Schwankungen häufiger, vor allem wird aber die Amplitude oder Steilheit dieser Schwankungen infolge der pro Zeiteinheit vergrößerten Kohlensäurezufuhr von den Lungencapillaren zu den Alveolen größer. Die Berechnung eines willkürlichen Beispieles in 1. Annäherung soll das veranschaulichen.

Bei diesem Beispiel bleiben die funktionelle Residualkapazität und die mittlere alveoläre Kohlensäurespannung bzw. -konzentration und damit die Menge des in der Lungen enthaltenden Kohlensäurevolumens konstant, während Kohlensäureausscheidung, alveoläre Ventilation, Atemfrequenz, Herzminutenvolumen und Pulsfrequenz in bekannten Verhältnissen größer werden. In Ruhe beträgt die während eines Atemzuges vom Blut an die Alveolarluft abgegebene Kohlensäuremenge 12,5 cm³, das sind 3,3 cm³ pro sec. Bei Arbeit sind es 66,7 cm³ pro Atemzug und 33,3 cm³ pro sec. Würde diese Kohlensäure mit der Exspiration nicht ausgeschieden, so stiege die alveoläre und damit die arterielle Kohlensäurespannung in Ruhe am Ende eines 3,75 sec dauernden Atemzuges von 40 auf 44,3 mm Hg, bei Arbeit aber bereits am Ende eines nur 2 sec dauernden Atemzuges von 40 auf 64 mm Hg. In 2. Annäherung wäre zu berücksichtigen, daß das Lungenvolumen bei Arbeit wegen des größeren Atemvolumens endinspiratorisch erheblich größer und endexspiratorisch kleiner als in Ruhe ist. Dieser Unterschied trägt ebenfalls zur Vergrößerung der Schwankungen der alveolären Gasspannungen während eines Atemcyclus bei.

Unter Berücksichtigung der Zeit ändert sich die alveoläre Kohlensäurespannung während Arbeit erheblich stärker und viel schneller als in Ruhe. Wenn wir nun annehmen, daß die Atemzentren nicht nur auf einen zeitlichen Mittelwert sondern auch auf die Frequenz allfälliger Änderungen der Kohlensäurespannung und auf die Amplitude und damit Steilheit dieser sich während eines Atemcyclus abspielenden Änderungen ansprechen, so wäre das Problem der Ventilationssteigerung bei Arbeit ohne Änderung und sogar mit Erniedrigung der mittleren Kohlensäurespannung unter Beibehaltung der Kohlensäure als wichtigsten Regulationsfaktor gelöst. Es bleibt zu prüfen, ob von der Kreislaufseite her die Voraussetzungen für eine Weiterleitung dieser „Schwingungen" der Kohlensäurespannung zu den Atemzentren gegeben sind, daß sie bei geeigneter Technik im arteriellen Blut nachweisbar sind, zeigen unsere beiden Beispiele. Im willkürlich in 1. Annäherung berechneten Beispiel kommen in Ruhe pro Atemcyclus 4,36 Herzaktionen mit einem gefördertem Blutvolumen von 500 cm³. Die Anzahl der Herzaktionen beträgt immer ein Mehrfaches der Atemfrequenz, das Verhältnis zwischen Ruhe und Arbeit bleibt ungefähr konstant. Das pro Atemzug geförderte Blutvolumen ist erheblich größer als das Restvolumen im linken Vorhof und in der linken Herzkammer. Damit sind die Voraussetzungen für eine Weiterleitung der von der Atemfrequenz abhängigen respiratorischen „Schwingungen" der Kohlensäurespannung mit dem arteriellen Blut zu den Atemzentren erfüllt. Bei einer massiven Abnahme der Pulsfrequenz oder einer starken Zunahme des Restblutes mit kleinem Schlagvolumen würde sich das Blut im linken Herzen weitgehend durchmischen, so daß die Weiterleitung der respiratorischen „Schwingungen" nicht mehr garantiert ist. Es liegt nahe, die Cheyne-Stokes-Atmung, wie sie bei einer schweren Herzinsuffizienz auftreten kann (s. Abb. 81), auf diese Weise zu erklären. Man kann auch sagen, daß die Atemregulation in quantitativer Beziehung immer über Schwingungen der arteriellen Kohlensäurespannung erfolgt. Normalerweise sprechen die Atemzentren auf die Schwingungen eines Atemzuges an, unter bestimmten pathologischen Voraussetzungen treten wie beim Cheyne-Stokes-Atemtyp Schwingungen oder Wellen 2. Ordnung als regulierendes Prinzip in Aktion.

V. Die Gewebeatmung

Im Rahmen dieses Buches kann es sich nicht darum handeln, auf die Gewebeatmung in extenso einzugehen. Diese Gebiet gehört vielmehr zum Gebiet des

Stoffwechsels, mit dem wir uns hier nur insoweit befassen, als er in näherer Beziehung zur Atmung steht. Die Einschaltung eines kurzen Kapitels über die Gewebeatmung ist insofern gerechtfertigt, als gewisse Probleme so eng mit der Lungenatmung zusammenhängen, daß sie hier besprochen werden müssen. Wir denken dabei an den Grundumsatz, den Leistungsumsatz und den respiratorischen Quotienten.

a) Der Grundumsatz

Am einfachsten wird der Grundumsatz, auch Basalstoffwechsel genannt, definiert als der Energieumsatz des Organismus, der lediglich der Ruhetätigkeit der Zellen entspricht und für den Betrieb der „physiologischen Dienste" (LEFEVRE), also Kreislauf, Atmung, Nierentätigkeit usw. benötigt wird, ohne die das Leben nicht erhalten wird. Der Grundumsatz entspricht mit anderen Worten dem Energieumsatz unter ganz bestimmten Bedingungen. Diese Bedingungen herzustellen, stellt für die Grundumsatzbestimmungen ein besonderes und oft vernachlässigtes Problem dar. Der Grundumsatz setzt sich zusammen aus den zahlreichen Teilenergieumsätzen der verschiedenen Gewebe und Organe mit verschiedener Aktivität, worauf gewisse geschlechtsgebundene und konstitutionelle sowie vom Alter abhängige Unterschiede zwischen einzelnen Individuen beruhen. Frauen, die normalerweise über mehr Fettgewebe verfügen als Männer, haben z. B. auf die Körpermasse bezogen einen niedrigeren Grundumsatz als Männer.

Da die zahlreichen Teilumsätze der verschiedenen Organe und derenAktivität im einzelnen nicht erfaßbar sind, mußte für die Angabe des normalen Grundumsatzes der empirische Weg über die Untersuchung einer möglichst großen Zahl „Normaler" beschritten werden, damit Sollwerttabellen unter Berücksichtigung von Geschlecht, Alter, Größe und Gewicht ermittelt werden konnten. Damit stellte sich sogleich die Frage, auf welche Einheit des Körpers die Normalwerte bezogen werden können. Zur Illustration geben wir nebenstehende Tabelle von RUBNER wieder, der diese Frage anhand von Untersuchungen bei verschiedenen Tieren beleuchtet.

Tabelle 15

	Gewicht kg	Cal./kg/24 Std.	Cal./m²/24 Std.
Schwein . .	128	19	1080
junger Mensch	64	32	1040
Hund	15	51	1040
Gans	3,5	67	980
Maus	0,02	654	1190

Aus dieser Zusammenstellung, die durch ähnliche Untersuchungen an Hunden verschiedener Größe ergänzt worden sind, geht hervor, daß die Relation der Calorienzahl zur Körperoberfläche viel konstanter ist als diejenige zum Körpergewicht.

Diese Tatsache ist in die Literatur als „Rubnersches Oberflächengesetz" eingegangen. Der Sinn dieser Relation wurde darin erblickt, daß dieVerbrennungsvorgänge in einer gewissenBeziehung zur Thermoregulation stehen, die ihrerseits von der Gesamtoberfläche abhängig ist. Doch wäre es falsch, den Grundumsatz als denjenigen Energieumsatz zu definieren, der für die Erhaltung der Körpertemperatur notwendig ist, denn eine, wenn auch die schwierigste Voraussetzung der Grundumsatzbestimmung ist ja die des thermischen Gleichgewichtes, worunter zu verstehen ist, daß der Organismus für die Erhaltung seiner Körpertemperatur keine zusätzliche Energie aufwenden muß. Anders ausgedrückt, die beim Energieumsatz für die „physiologischen Dienste" freiwerdende Wärme genügt für die Erhaltung der Körpertemperatur. Das Rubnersche Oberflächengesetz ist also lediglich ein Hinweis auf die mathematischen Beziehungen der Calorienzahl zur Körperoberfläche, nicht aber auf die eigentliche Ursache des Grundumsatzes. In diesem Zusammenhang möchten wir noch erwähnen, daß bei Poikilothermen der Grundumsatz gleichsinnig mit der Außentemperatur, bei Homeothermen in gewissen Grenzen ihr entgegen verläuft.

Da die Messung der Oberfläche eines Menschen recht schwierig ist, wurden für die Ermittlung Tabellen angegeben, die sich auf Größe und Gewicht stützen (DuBois u. a.). HARRIS und BENEDIKT kritisierten diese Methode und führten eine empirische Formel ein, die auf Geschlecht, Alter, Größe und Gewicht basiert. Doch ergeben die verschiedenen Berechnungsformeln ungefähr dieselben Sollwerte, was dadurch erklärt werden kann, daß alle Formeln nichts anderes als eine mathematische Verknüpfung von statistisch ausgewerteten Untersuchungsergebnissen darstellen. Zudem ist zu bemerken, daß bei Berücksichtigung von Größe und Gewicht auch immer die Oberfläche, die sich ja aus beiden Größen ergibt, in der Formel bzw. in den Sollwerttabellen enthalten ist. Die Oberfläche kann aus allen diesen Formeln herausdividiert werden. Der verbleibende Faktor ist dann nur noch von Alter und Geschlecht beeinflußt und erlaubt einen direkten Vergleich der verschiedenen Formeln und Berechnungsarten. Auf diesem Weg hat FLEISCH in neuester Zeit das arithmetische Mittel der verschiedenen Berechnungsmöglichkeiten für den Sollgrundumsatz in Abhängigkeit von Alter und Geschlecht berechnet und diesen Wert mit eigenen, unter sehr strengen und apparatemäßigen optimalen Bedingungen ermittelten Grundumsatz bei „Normalen" verglichen. Seine Mittelwerte für den Faktor liegen etwa 4—8% unter dem arithmetischen Mittel, was mit den besonders günstigen Versuchsbedingungen zusammenhängt. Die Faktoren, auf denen wir für die Berechnung des Sollgrundumsatzes basieren, sind im Anhang zusammengestellt.

Der Sollwert für den Grundumsatz kann unter Berücksichtigung der verschiedenen Faktoren, die ihn normalerweise beeinflussen, berechnet werden. Wir müssen uns dabei aber immer bewußt bleiben, daß der individuelle Sollwert für den Grundumsatz oft unbekannt ist. Dies ist für die Untersuchung fettleibiger Menschen besonders wichtig, bei denen der wirkliche Grundumsatz näher bei dem mit dem Sollgewicht berechneten Sollwert liegt als bei dem Sollgrundumsatz unter Berücksichtigung des tatsächlichen Gewichtes. Die Verkennung dieser Zusammenhänge hat dazu geführt, daß die bei Adipösen gemessenen Grundumsätze im Vergleich zu den gewichtsbedingt hohen Sollwerten als erniedrigt angesehen wurden, woraus man den falschen Schluß ziehen könnte, daß eine Verminderung der Verbrennung die Ursache der Adipositas sei. Auch das Beispiel des Ödems beleuchtet die Schwierigkeiten der Sollwertberechnung. Der Energieumsatz ändert sich nicht wesentlich, wenn auch der Körper viele Liter Flüssigkeit aufgenommen hat. Wenn man das Gewicht für die Berechnung einsetzt, dann wird man ebenfalls eine Verminderung des Grundumsatzes feststellen, die aber nur scheinbar ist, da die Sollwertsberechnung eben für „Normale" gilt, und im Falle des Ödems dem Gewicht ein anderer Faktor zukommt, da die „lebende Einheit" verwässert worden ist.

Bezogen auf den fettfreien Körper ist der Grundumsatz tatsächlich sehr konstant, und auch die geschlechtsgebundenen Unterschiede fallen heraus. So interessant diese Beobachtungen theoretisch sind, so wenig haben sie bis heute in der Klinik Fuß fassen können. Die Gründe hierfür haben wir oben dargelegt.

Wenn wir vom Ruhezustand sprechen, dann heißt das, daß vom Organismus außer derjenigen zur Lebenserhaltung keine Leistung verlangt wird. Insbesondere werden in diesem Zustand keine Anforderungen an den Bewegungsapparat, an die Verdauungsdrüsen und an die Assimilisation von Nahrungsmitteln gestellt.

Die Außentemperatur muß sich im Behaglichkeitsbereich befinden und psychische Störfaktoren sind auszuschließen.

In diesem Idealruhezustand wären dann nur noch diejenigen Zellaktivitäten vorhanden, welche zur Erhaltung des Lebens und des Bewußtseins notwendig sind. Es ist klar, daß dieser Zustand nie ganz erreicht werden kann. Wir müssen deshalb den praktisch möglichen Ruhezustand für unsere Zwecke definieren. MAGNUS-LEVY hat 1889 eine klare Definition gegeben, indem er Muskelruhe, Nüchternheit und thermisches Gleichgewicht für den Basalzustand verlangte. In der Praxis haben wir zwei Stufen der Annäherung an diese strenge Forderung zu unterscheiden. Für die Aufgaben der Lungenfunktionsprüfung genügt es, wenn der Patient morgens nüchtern erscheint und vor dem Versuch eine halbe Stunde lang in einem wohltemperierten Raum liegt. Wir lassen den Patienten gern auf dem Untersuchungsbett am Spirometer liegen, damit er sich an die ihm neue Umgebung gewöhnt. Wenn das nicht möglich ist, dann muß er nach der Überführung in das Laboratorium nochmals 10 min liegen, bevor der Versuch begonnen wird. Die Ergebnisse der unter solchen Bedingungen ausgeführten GU-Bestimmungen dürfen erst dann als pathologisch gewertet werden, wenn sie um mehr als 30% über dem Sollwert liegen, es sei denn, man verfüge beim gleichen Patienten über frühere Untersuchungen, die unter gleichen Bedingungen durchgeführt worden sind. Ist man auf genauere Werte angewiesen, dann läßt sich eine Hospitalisation nicht umgehen. Die Untersuchung findet, nach mindestens 24 Std. Bettruhe mit leichter Kohlenhydrat-Kost, am Morgen nüchtern statt. Unter solchen Bedingungen darf das Ergebnis $\pm$ 15% nicht überschreiten, um noch als normal zu gelten. Es soll noch einmal betont werden, daß psychische Einflüsse sowie das thermische Gleichgewicht eine große Rolle für die Grundumsatzbestimmungen spielen, indem diese beiden Faktoren den Energieumsatz so ändern können, daß man definitionsgemäß nicht mehr von einem Grundumsatz sprechen kann. Bei einer Raumtemperatur von 20—22° kann man für einen bekleideten und mit einer Decke zugedeckten Patienten annehmen, daß er sich annähernd im thermischen Gleichgewicht befindet, mit anderen Worten, daß die von ihm abgegebene Wärme lediglich seinem Grundumsatz entspricht. Bis auf Höhen von etwa 1800 m ü. M. ist der Grundumsatz im Vergleich zum Tiefland nicht gesteigert.

Die eigentliche Bestimmung des Grundumsatzes beruht auf der direkten Calorimetrie, die auch ursprünglich immer für diese Messungen angewandt wurde. Für den Menschen und insbesondere für die Klinik wäre diese Methode zu umständlich, so daß man allgemein dazu übergegangen ist, den Energieumsatz aus der Sauerstoffaufnahme zu berechnen, indem man unter Grundumsatzbedingungen einer bestimmten Sauerstoffaufnahme eine bestimmte Calorienzahl zurechnen kann. Bei einem respiratorischen Quotienten von 0,82 entspricht dann 1 Calorie einer Sauerstoffaufnahme von 203,6 cm³. Die Calorienzahl für 24 Std. dividiert durch 7,07 ergibt die Sauerstoffaufnahme für eine Minute. Dabei ist zu berücksichtigen, daß die Sauerstoffvolumen auf Normalverhältnisse zu reduzieren sind.

b) Der Leistungsumsatz

Muskelarbeit steigert die Sauerstoffaufnahme ganz erheblich über den Wert des Basalstoffwechsels. Nun ist aber schon lange bekannt, daß zu Beginn der Muskelarbeit mehr Sauerstoff gebraucht wird, als im Muskel zur Verfügung steht. Es wird also zunächst auf anaerobem Wege Energie geliefert, und erst wenn Atmung und Blutzirkulation entsprechend beschleunigt sind, kann der Sauerstoffverbrauch bis zu gewissen Grenzen fortlaufend durch die Sauerstoffaufnahme gedeckt werden.

Zu Beginn der Arbeit entsteht also ein Sauerstoffdefizit ("deficit" der Angelsachsen), das während oder nach Beendigung der Arbeit abgetragen werden muß. Die über den Grundumsatz hinausgehende Sauerstoffaufnahme nach Beendigung der Arbeit wird Sauerstoffschuld genannt („debt" der Angelsachsen). Die Sauerstoffschuld ist nun aber nicht gleich dem Defizit, sondern beträgt bis zu mittleren Leistungen etwa das Doppelte, weil die anaeroben Prozesse nur den halben Wirkungsgrad der aeroben haben.

HOHWÜ-CHRISTENSEN und HÖGBERG wiesen darauf hin, daß es technisch nicht leicht ist, das Sauerstoffdefizit und die Sauerstoffschuld genau zu bestimmen. Es muß nämlich damit gerechnet werden, daß auch während der Arbeit ein Teil der Sauerstoffschuld abgetragen, oder daß umgekehrt zur Initialschuld noch eine weitere laufend aufgenommen wird. Bis zu einer Sauerstoffaufnahme von 2 l/min scheint die Sauerstoffschuld während der Arbeit annähernd unverändert zu bleiben. Wir können also nur bis zu dieser Grenze von einem eigentlichen steady state reden. Die Tatsache, daß die Sauerstoffaufnahme bis zum doppelten Wert proportional der Leistung verläuft, kann nicht als Beweis für einen steady state bis zu diesen Leistungen gelten. Ist die Leistung größer als 2 l/min Sauerstoffaufnahme, dann wird laufend mehr Sauerstoffschuld angehäuft, und es ist in diesem Fall nicht richtig, die Leistung der Sauerstoffaufnahme gleichzusetzen. Bis zu Leistungen entsprechend einer Sauerstoffaufnahme von 2 l/min bei gesunden Versuchspersonen und etwa 3 l bei Athleten steigen Sauerstoffdefizit und Sauerstoffschuld etwa gleichmäßig an, während

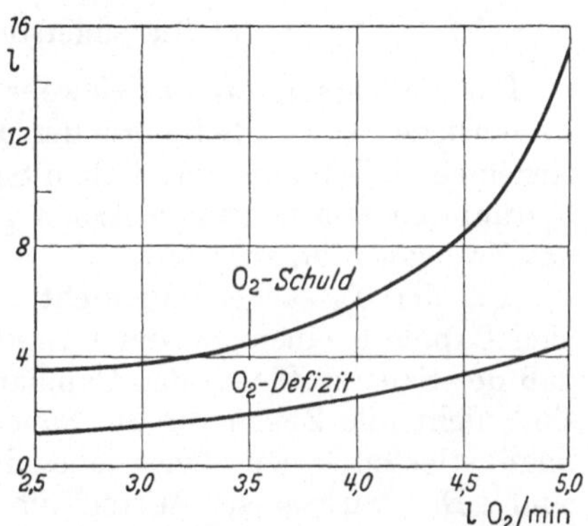

Abb. 26. Sauerstoffdefizit und Sauerstoffschuld bei verschiedenen Leistungen. Größe der Leistung ausgedrückt in O₂-Aufnahme pro Minute (nach HOHWÜ-CHRISTENSEN)

die Sauerstoffschuld bei größeren Leistungen stark in die Höhe schnellt als Zeichen dafür, daß dauernd ein Teil der Arbeit anaerob und deshalb mit geringem Nutzeffekt geleistet wird.

Man muß sich im weiteren auch fragen, wodurch die Sauerstoffaufnahme begrenzt wird. Die Lungenventilation kommt nur in pathologischen Fällen als begrenzender Faktor in Frage, denn in der Regel erreicht die Ventilation nicht den Atemgrenzwert.

Diejenige Menge Sauerstoff, welche pro Zeiteinheit durch das Blut in der Lunge aufgenommen werden kann, ist mit 4,5 bis höchstens 5,5 l/min begrenzt. Die Transportleistung des Blutes beträgt in Ruhe bei einem Minutenvolumen von 4,5 l und bei einer Ausschöpfung von 4,5 Vol.-% 200 cm³ Sauerstoff pro Minute. Das maximale Herzminutenvolumen bei Arbeit wird auf 20—30 l veranschlagt; die Sauerstoffkapazität des Blutes wird bei Arbeit nur mäßig vergrößert, während die Ausschöpfung ganz erheblich ansteigen kann. Aus einer Ausschöpfung von 15 Vol.-% und einem Minutenvolumen von 30 l errechnet sich eine Transportkapazität von etwa 5 l Sauerstoff pro Minute. Der maximale Durchgang von Sauerstoff durch die Alveolenmembran in das Blut ist also etwa gleich groß wie die maximale Transportleistung des Blutkreislaufs, weshalb eine Begrenzung durch beide Systeme gegeben ist. Dies gilt aber nur, wenn die gesamte Muskulatur an der Leistung beteiligt ist. Wird dagegen nur mit einzelnen Muskelgruppen gearbeitet, dann liegt die Begrenzung im Sauerstoff-Antransport.

Die Muskeln sind nun aber nicht auf die Deckung ihrer ganzen Energieausgabe durch Sauerstoffzufuhr während der Arbeit angewiesen. Es ist von Bedeutung, daß aber auch die Aufnahme einer Sauerstoffschuld nicht unbegrenzt fortgesetzt werden kann. Der Körper ist in der Lage, Sauerstoffschulden von über 10 l einzugehen, und der bisher höchste gemessene Wert liegt bei 18 l. Der individuelle Grenzwert läßt sich wahrscheinlich durch Training erhöhen, soweit man das aus den Dauerleistungen beim Marathonlauf abschätzen kann. Die Abtragung solcher Sauerstoffschulden kann Stunden dauern.

Es ist hier noch von Interesse, einige Angaben über die Erhöhung des Umsatzes durch verschiedene Normalleistungen zu machen. Sitzen steigert den Umsatz um 5—10%, Stehen um 20—30% und Gehen in der Ebene um 200 bis 300%. Der Nutzeffekt der Muskelmaschine beträgt etwa 20—30%. Er soll durch Training auf maximal 35% gesteigert werden können, wobei die Ökonomisierung der Bewegungen im Vordergrund steht.

c) Die Sauerstoffversorgung der Gewebe

Für die Versorgung der Gewebe mit Sauerstoff spielt ihre Durchblutung eine wesentliche Rolle. Bei normaler Funktion richtet sich die Durchblutung der einzelnen Gefäßbezirke nach dem Sauerstoffbedarf. Wird beispielsweise mit einer bestimmten Muskelgruppe Arbeit geleistet, dann kann ihr Sauerstoffbedarf um das Zwanzigfache ansteigen.

Aus der Tatsache, daß nicht jede Zelle der Capillare anliegt, sondern daß eine Capillare einen ganzen Cylinder von Zellen versorgen muß, geht hervor, daß der Sauerstoff von den Capillaren zu den Zellen diffundieren muß. Deshalb sind nicht alle Zellen für die Sauerstoffversorgung gleich günstig gelegen. Am ungünstigsten liegen sicher jene, die am weitesten von einer Capillare entfernt sind. Das wirksamste Mittel, um solch ungünstig gelegenen Zellen genügend Sauerstoff zukommen zu lassen, besteht in der Vermehrung der durchbluteten Capillaren. Diese Capillareröffnung bewirkt eine Verbesserung der Sauerstoffversorgung auf doppeltem Wege: 1. wird der Diffusionsweg verkürzt, d. h. der Diffusionsgradient erhöht, und 2. wird die Anzahl Zellen zwischen den Capillaren vermindert, womit der Sauerstoffverbrauch pro Capillare abnimmt.

Tatsächlich weist denn auch der arbeitende Muskel gegenüber dem ruhenden eine 10—20fache Erhöhung der Zahl von offenen Capillaren auf. Proportional zur Zahl der offenen Capillaren sinkt der Strömungswiderstand, so daß die Mehrdurchblutung bei annähernd gleichem arteriellem Blutdruck ermöglicht wird. Beim ruhenden Muskel findet man eine Durchblutung von 6—15 cm³ pro 100 g Muskel, bei arbeitenden bis zu 130 cm³.

Die geschilderten Verhältnisse gelten natürlich nicht nur für die Sauerstoffversorgung, sondern sinngemäß auch für den An- und Abtransport von Nahrungs- und Stoffwechselprodukten.

d) Der respiratorische Quotient

Auf die Ventilation bezogen ist der respiratorische Quotient das Verhältnis von Kohlensäureausscheidung zu Sauerstoffaufnahme, auf die Verbrennungsvorgänge im Gewebe bezogen das Verhältnis von Kohlensäureproduktion und Sauerstoffverbrauch. Eine Identität zwischen diesen beiden respiratorischen Quotienten wird nur dann gefunden, wenn die alveoläre Ventilation genügend lange konstant gewesen ist. Bei Änderungen der Ventilation oder des Stoffwechsels ist die Zeit für die Einstellung eines neuen Gleichgewichtes vom Ausmaß der Änderung sowie von der Ausgangslage abhängig. Nach einer kurzen Hyperventilation ist das Gleichgewicht rasch wieder hergestellt, d. h., es wird sehr schnell wieder nur so viel Kohlensäure ausgeschieden, wie im Gewebe produziert wird.

Für die Bestimmung des metabolischen, respiratorischen Quotienten ist es außerordentlich wichtig, daß sich die Atmung im steady state befindet, so daß der ventilatorische dem metabolischen Quotienten entspricht.

Wir wollen uns zunächst mit dem *metabolischen respiratorischen Quotienten* beschäftigen. Er hängt von der Art der verbrannten Substanzen ab. Werden z. B. Kohlenhydrate verbrannt, so beträgt der Quotient 1:

$$C_6H_{12}O_2 + 6\,O_2 = 6\,CO_2 + 6\,H_2O\,.$$

Aus der Gleichung geht hervor, daß ebensoviel Kohlensäure entsteht als Sauerstoff verbraucht wird. Bei der Verbrennung von Fett beträgt der respiratorische Quotient 0,7 und bei Eiweiß 0,8. Unter Grundumsatzbedingungen findet man normalerweise einen Quotienten von 0,82. Neuere Untersuchungen mit dem Metabograph von FLEISCH ergaben unter Anwendung sehr strenger Versuchsbedingungen Werte zwischen 0,86—0,88 (GALETTI 1956). Dieser Wert ändert sich unter dem Einfluß der Nahrungsaufnahme und bei Stoffwechselstörungen. Auch Umlagerungen beeinflussen den Quotienten. Er steigt an beim Umbau von Kohlenhydraten in Fett, weil hierbei Sauerstoff frei wird und entsprechend weniger aufgenommen wird.

Von ZUNTZ stammt die folgende Tabelle:

Tabelle 16

	O_2-Verbr./g cm³	CO_2-Prod./g cm³	R Q	Cal./g	Cal./l O_2
Kohlenhydrat .	830	830	1	4,2	5,05
Fett	2020	1430	0,7	9,4	4,68
Eiweiß	960	770	0,8	4,3	4,48

Ohne Eiweiß-Verbrennung liefert der Liter Sauerstoff in Abhängigkeit vom respiratorischen Quotienten:

R Q	1,0	0,9	0,8	0,7
Cal./l O_2	5,05	4,92	4,80	4,68

Diese Zahlen wurden mit in vitro-Versuchen ermittelt und haben streng genommen nur für eine vollständige Verbrennung Gültigkeit. Im lebenden Organismus wird aber nicht nur verbrannt, sondern dauernd auch aufgebaut. Je nach dem Verhältnis von Ab- zu Aufbau in den einzelnen Organen und Geweben können sich für die verschiedenen Gewebe ganz verschiedene respiratorische Quotienten ergeben, wir müssen mit einer Variation von 0,4—1,5 rechnen. Aus diesen Gründen ist es auch nicht möglich, in Fütterungsexperimenten die entsprechenden respiratorischen Quotienten der in vitro-Verbrennung zu reproduzieren. Die oben angegebenen Quotienten und ihre Beziehungen zur Sauerstoffaufnahme gelten lediglich für den gesamten Organismus, gewissermaßen als Querschnitt aller Einzelquotienten.

Im Rahmen dieses Buches können wir uns nicht eingehender mit den Fragen der Gewebeatmung beschäftigen, weil diese eher zum Stoffwechsel gehören. Es sei aber noch darauf hingewiesen, daß bei zeitlich beschränkter Muskelarbeit fast ausschließlich Kohlenhydrate zur Verbrennung gelangen, und daß deshalb im steady state der respiratorische Quotient ungefähr gleich eins ist. Es muß hier allerdings bemerkt werden, daß der respiratorische Quotient im Arbeitsversuch wesentlichen Schwankungen ausgesetzt ist. Zu Beginn, während der ersten 1—2 min steigt der respiratorische Quotient in der Exspirationsluft auf Werte über eins (etwa 1,1—1,2) an, weil das Ventilationsvolumen und damit die Kohlensäureausscheidung schneller vergrößert werden, als es der etwas langsamer zunehmenden Sauerstoffaufnahme durch das Blut in der Lunge entspricht. Während der folgenden Minuten stabilisiert sich der respiratorische Quotient um Werte zwischen 0,9—1,0. Nach Beendigung des Arbeitsversuches sinkt der respiratorische Quotient kurzfristig auf Werte unter 0,8, um sich dann schließlich nach einer erneuten Erhöhung nach 5—6 min wieder auf Werte zwischen 0,85—0,95 zu stabilisieren. Die Änderungen des respiratorischen Quotienten gehen mit entsprechenden Änderungen der spezifischen Ventilation parallel.

Für die uns beschäftigenden Probleme ist der *ventilatorische respiratorische Quotient* von größerer Bedeutung als der metabolische. Wenn auch diese beiden bei konstanter Atmung miteinander übereinstimmen, so heißt das aber nicht, daß in jeder einzelnen Alveole derselbe respiratorische Quotient herrscht. Je nach dem Verhältnis von Ventilation zur Zirkulation besitzt jede Alveole ihren eigenen respiratorischen Quotienten. In der gesamten Exspirationsluft entspricht der respiratorische Quotient im Dauerzustand demjenigen der Gesamtheit der Gewebe.

Wenn man vom spirometrisch bestimmten respiratorischen Quotient Rückschlüsse auf die Verbrennungsvorgänge in den Geweben ziehen will, dann ist es unerläßlich, daß die alveoläre Ventilation während längerer Zeit konstant ist. Die Mißachtung dieses Grundsatzes hat schon oft zu Fehlinterpretationen des respiratorischen Quotienten geführt. Registrieren wir beispielsweise den respiratorischen Quotient einer ungeübten Versuchsperson, dann finden wir zumeist zu Beginn einen durch psychogene Hyperventilation bedingten Anstieg. Sie wird von einer kompensatorischen Hypoventilation mit Erniedrigung des respiratorischen Quotienten gefolgt, bis sich die Atmung schließlich stabilisiert. Registriert man jedoch zu kurze Zeit, dann erhält man Resultate, welche mit der Stoffwechsellage des Patienten nichts mehr zu tun haben. Aus der Praxis haben wir die Regel abgeleitet, daß der respiratorische Quotient bei einer Ruhespirometrie zwischen 0,74 und 0,90 liegen sollte, sofern nicht schwere Störungen des Stoffwechsels andere Werte erwarten lassen. Liegt der respiratorische Quotient außerhalb dieser Grenzen, dann ist mit größter Wahrscheinlichkeit anzunehmen, daß sich die Atmung nicht im Gleichgewicht befand, und eine Wiederholung der Untersuchung bestätigt zumeist diese Vermutung.

Unter den Ventilationsstörungen, welche das Resultat der Untersuchung erheblich ändern, steht die psychogene Hyperventilation an erster Stelle. Ihre Auswirkung auf die Sauerstoffaufnahme ist nur sehr gering, da die Steigerung des Sauerstoffverbrauchs durch die vermehrte Tätigkeit der Atemmuskulatur nicht sehr stark ins Gewicht fällt und das Blut normalerweise fast vollständig gesättigt die Lunge verläßt. Dagegen senkt die Hyperventilation die alveoläre Kohlensäurespannung und erhöht dadurch das Spannungsgefälle, so daß Kohlensäure vermehrt ausgeschieden wird. Der ventilatorische respiratorische Quotient steigt an, während der metabolische respiratorische Quotient sich nur wenig ändert. Wird die Hyperventilation genügend lange forgesetzt, dann sinkt infolge des Kohlensäureverlustes im Blut und in den Geweben das Spannungsgefälle, und die Kohlensäureausscheidung nimmt allmählich wieder die Größe der Kohlensäureproduktion an. Es kommt zu einem neuen Gleichgewicht, in dem der ventilatorische respiratorische Quotient wieder dem metabolischen entspricht.

Das neue Gleichgewicht stellt sich mit einem normalen respiratorischen Quotient bei erniedrigter Kohlensäurespannung ein. Es ist deshalb nicht erstaunlich, daß wir bei langdauernden Änderungen im Säure-Basen-Gleichgewicht einen respiratorischen Quotient finden, welcher der Gewebeatmung entspricht.

Shaw untersucht bei der Katze den Einfluß kleiner Änderungen der arteriellen Kohlensäurespannung auf die Kohlensäureausscheidung. Auf den Menschen übertragen würde eine Änderung der arteriellen Kohlensäurespannung um 1 mm Hg eine anfängliche Änderung der Kohlensäureausscheidung um 100 cm³/min bewirken, was einen nicht zu unterschätzenden Einfluß auf den respiratorischen Quotient hätte.

Aus diesen Ausführungen geht hervor, wie sorgfältig man bei der Ermittlung und wie kritisch man bei der Beurteilung des respiratorischen Quotienten sein muß. Unterläßt man diese Sorgfalt, dann sind schwere Täuschungen unvermeidlich. Wir wollen aber nochmals festhalten, daß uns die Bestimmung des respiratorischen Quotienten in der Lungenfunktionsprüfung gute Anhaltspunkte dafür liefert, ob unsere Versuchsbedingungen richtig waren.

VI. Die Cyanose

So offensichtlich ein Kapitel über Cyanose in dieses Buch gehört, so schwierig ist es, dieses Kapitel an die richtige Stelle zu placieren. Die Cyanose ist ein Symptom komplexer Entstehung, an der Störungen der Atmung, des Blutes, der Zirkulation und der Gewebeatmung beteiligt sein können. Wir haben uns deshalb entschlossen, diese Frage in einem eigenen Kapitel am Schluß des Teils über die physiologischen Grundlagen zu behandeln.

Unter Cyanose verstehen wir eine bläuliche Verfärbung der Haut und der Schleimhäute, die entweder generalisiert oder lokal in Erscheinung tritt (Nägel, Lippen, Akra oder andere umschriebene Gebiete). Über die Entstehung dieser Verfärbung ist damit allerdings noch nichts ausgesagt.

De Senac (1749) glaubte, die Cyanose sei die Folge einer Mischung von arteriellem und venösem Blut durch die Herzwand hindurch, während Morgagni (1761) als Ursache eine Stenose der Arteria pulmonalis mit Stase des Kreislaufs annahm. In beiden Hypothesen stecken Teilwahrheiten. Der Name Cyanose wurde 1801 von Baumes geprägt. Die richtige Richtung bekam die Erforschung der Cyanose dadurch, daß Claude Bernard 1859 die Aufmerksamkeit auf die Blutgase lenkte. Diesem Wege folgten Haldane und seine Schule, Stadie (1919), Lundsgaard (1919) und van Slyke (1923). Besonders den Arbeiten von Lundsgaard und van Slyke verdanken wir eine befriedigende Erklärung des Zustandekommens der Cyanose. Unter den zusammenfassenden Arbeiten über die Cyanose ist vor allem das entsprechende Kapitel von Dautrebande im Handbuch der normalen und pathologischen Physiologie (1934) zu erwähnen.

Lundsgaard konnte zeigen, daß die Cyanose durch einen abnorm hohen Gehalt des Blutes der Hautcapillaren an reduziertem Hämoglobin zustande kommt. Als Grenze für das Auftreten der Cyanose gab er einen durchschnittlichen Gehalt des Hautcapillarblutes von 5 g-% reduzierten Hämoglobins an. Es muß dabei festgehalten werden, daß also nicht der Grad der Sauerstoff-Untersättigung maßgebend ist, sondern der absolute Gehalt an entsättigtem Hämoglobin pro Volumeneinheit Blut. Wir müssen auch bedenken, daß diese Grenze für die *Erkennbarkeit der Blaufärbung* maßgebend ist, daß es sich also gewissermaßen um einen Schwellenwert handelt. Für das Ausmaß der Cyanose spielen noch ganz andere Faktoren mit, wobei die Blutfülle der Oberfläche von besonderer Wichtigkeit ist.

In der Haut müssen zwei in funktioneller Hinsicht verschiedene Capillarnetze unterschieden werden: Die Endcapillaren der Hautpapillen und das darunterliegende subpapilläre Capillarnetz. Der Füllungszustand dieser beiden Systeme unterliegt starken Schwankungen und geht durchaus nicht parallel. Für die

Entstehung der Cyanose spielt nach WOLLHEIM (1928) das subpapilläre Capillarnetz die Hauptrolle.

Um die Menge des reduzierten Hämoglobins für unsere Belange anschaulicher zu machen, können wir sie durch Volumenprozent des fehlenden Sauerstoffs ersetzen, wobei wir davon ausgehen, daß 1 g Hämoglobin 1,34 cm³ Sauerstoff bindet. Wenn 5 g reduziertes Hämoglobin pro 100 cm³ Blut die Cyanose erkennen lassen, dann entspricht dies einem Fehlen von 6,7 Vol.-% Sauerstoff bis zur völligen Sättigung. Da das Blut in den Capillaren laufend Sauerstoff an die Gewebe abgibt, muß ein Mittelwert zwischen Anfang und Ende der Capillaren, also zwischen arteriellem und venösem Blut gewählt werden. LUNDSGAARD schlug das arithmetische Mittel $\dfrac{A + V}{2}$ vor, wobei A und V für das Sauerstoff-Sättigungsdefizit im arteriellen bzw. venösen Blut stehen. LUNDSGAARD und VAN SLYKE betonen selbst, daß es sich hierbei nur um eine Annäherung handelt, denn eigentlich müßte die Integration nach der Bohrschen Methode stattfinden. Da es sich ohnehin bei der ganzen Methode nur um eine Annäherung handelt, genügt aber die lineare Integration durchaus.

Die Formel von LUNDSGAARD zeigt, daß bei schweren Anämien keine Cyanose gefunden werden kann. Wenn nur wenig Hämoglobin vorhanden ist, dann kann die Menge reduzierten Hämoglobins auch bei fast völliger Entsättigung des venösen Blutes den für die Cyanose kritischen Wert nicht erreichen. Wählen wir als Beispiel eine Anämie von 7,5 g-% Hämoglobin. Voll gesättigtes arterielles Blut enthält dann etwa 10 Vol.-% Sauerstoff. Auch bei völliger Entsättigung in den Capillaren beträgt der mittlere Gehalt an reduziertem Hämoglobin $\left(\dfrac{0 + 10}{2}\right)$ nur 5 Vol.-%, also weniger als der für das Auftreten der Cyanose maßgebende Wert 6,7 Vol.-%. Dieser Befund stimmt mit den klinischen Beobachtungen überein, indem in Fällen von schwerer Anämie keine Cyanose gefunden wird, auch wenn die Begleitumstände eine solche erwarten lassen. Umgekehrt kann bei Polyglobulie schon Cyanose auftreten, auch wenn das arterielle Blut ganz normal gesättigt ist und keine oder nur geringe periphere Stase vorliegt. Bei 22,5 g-% Hämoglobin haben wir 30 Vol.-% Sauerstoff im arteriellen Blut. Ist das venöse zu 60% gesättigt, dann enthält es 18 Vol.-% Sauerstoff. Nach der Formel von LUNDSGAARD lassen sich $\dfrac{1,5 + 12}{2} = 6,75 \text{ Vol.-}\%$ entsättigtes Hämoglobin errechnen, womit wir schon die Cyanose-Grenze erreicht haben. Da bei Polyglobulie eine gewisse Stase oft vorkommt, wird die Cyanose klinisch bei dieser Krankheit häufig beobachtet.

Die *Entstehung* der Cyanose muß nach der Formel von LUNDSGAARD verschiedene Ursachen haben. Der Autor unterscheidet zwei Haupttypen von Cyanose, je nachdem ob A oder V seiner Formel betroffen sind, mit anderen Worten, je nachdem, ob das arterielle Blut bereits untersättigt in den Geweben anlangt oder ob daselbst eine erhöhte Ausschöpfung stattfindet.

Für eine arterielle Sauerstoffuntersättigung sind drei Hauptursachen anzuführen: 1. eine Erniedrigung der Sauerstoffspannung in der Inspirationsluft (Höhe), 2. die verschiedenen Lungenfunktionsstörungen, 3. eine vermehrte venöse Zumischung, z. B. bei angeborenen Herzfehlern mit Rechts-Links-Shunt. Die arterielle Sauerstoffsättigung muß bei normaler Hämoglobinkonzentration allerdings auf mindestens 80% absinken, damit vom arteriellen Blut aus allein eine Cyanose entsteht. In einem solchen Fall errechnet sich unter Annahme einer normalen peripheren Ausschöpfung von 5 Vol.-% das capilläre reduzierte Hämoglobin wie folgt:

$$\frac{4 + (4 + 5)}{2} = 6{,}5 \, ,$$

womit wir uns an der Grenze der erkennbaren Cyanose befinden. Sauerstoffatmung behebt diese Form der Cyanose augenblicklich, wenn sie durch Lungeninsuffizienz bedingt ist, nicht dagegen, wenn ihr ein Rechts-Links-Shunt zugrunde
liegt, weil dann die Sauerstoffsättigung des arteriellen Blutes durch die Sauerstoffatmung nur wenig beeinflußt wird.

Die zweite Form der Cyanose ist durch eine erhöhte Ausschöpfung des Blutes
in der Peripherie bei normaler arterieller Sättigung bedingt. Die Ursache für
eine vermehrte periphere Ausschöpfung liegt in einer Verlangsamung der Zirkulation, einer Stase, die ihrerseits verschiedene Ursachen haben kann: Herzinsuffizienz, anatomische und funktionelle Gefäßveränderungen, Kältewirkung
und andere Faktoren.

Die Rechnung nach der Lundsgaard-Formel ergibt dann für A 0,5—1 Vol.-%
und für V bei 40% Sauerstoffsättigung = 12 Vol.-%.

$$\frac{1 + 12}{2} = 6,5,$$ womit wir wiederum die Grenze für den Beginn der Cyanose

erreicht haben. Auch die zirkulatorische Cyanose kann durch Sauerstoffatmung
gebessert werden, doch braucht das viel längere Zeit, falls sich der Patient nicht
gerade an der Grenze befindet, so daß die 1—2 Vol.-% Verminderung der arteriellen und venösen Entsättigung genügt, um das Symptom der Cyanose zum
Verschwinden zu bringen.

Oft wird die Cyanose erst im Arbeitsversuch manifest. Dies kann sowohl
pulmonal als auch zirkulatorisch bedingt sein. Im ersten Fall tritt die Cyanose
jedoch rascher in Erscheinung als im zweiten. Häufig ist aber die Cyanose durch
eine Insuffizienz beider Systeme bedingt.

Es muß nun aber nochmals darauf hingewiesen werden, daß die Cyanose ein
Symptom ist, das in einer dunkleren, bläulichen Verfärbung von Haut und
Schleimhäuten besteht. Nachdem wir sahen, daß das subpapilläre Capillarnetz
sehr verschieden stark gefüllt sein kann, müssen wir ihm für das Hervortreten
der Cyanose eine wichtige Rolle zuschreiben. Die Zahl der Capillaren und ihre
Blutfülle sind hierbei maßgebend. Auch der Tonus der Arteriolen und Venülen
spielt mit, der seinerseits unter dem Einfluß der Kohlensäurespannung in den
Geweben steht. Eine Kohlensäureretention in Fällen von Globalinsuffizienz
führt oft zu einer blau-roten Hautfarbe. In diesen Fällen ist der Tonus der
Arteriolen erhöht oder normal, während die Venülen erweitert sind (MÉAN 1935).
Umgekehrt kommt es beim Absinken der Kohlensäurespannung, z. B. während
Hyperventilation, zu einer Erweiterung der Arteriolen. Die dabei zu beob-
achtende blaugraue Verfärbung der Haut wurde von DALE und EVANS (1922) bei
Zirkulationsstörungen als prognostisch schlechtes Zeichen gewertet.

Für die Hautfarbe sind natürlich auch noch andere zusätzliche Faktoren verantwortlich, wie die Dicke der Haut, ihr Pigmentgehalt und das Vorhandensein
von pathologischen Pigmenten wie beim Ikterus, beim Morbus Addison, bei
der Hämochromatose und bei der Argyrie. GOLDSCHMIDT und LIGHT (1925)
wiesen darauf hin, daß für die Hautfarbe auch die Farbe des Plasmas von Bedeutung sein kann. Was das Blut selbst betrifft, so ist darauf hinzuweisen, daß
auch Verschiebungen der Sauerstoffdissoziationskurve mit einer Verminderung
der Affinität des Hämoglobins zum Sauerstoff das Auftreten einer Cyanose begünstigen können. Dies ist z. B. der Fall bei hohem Fieber (ROSSIER und MÉAN
1936) und beim Vorhandensein von pathologischen Hämoglobinderivaten wie
Sulfhämoglobin (MAIER, BÜHLMANN und HOTZ 1951).

Die Veränderung der Blutfarbe bei Met- und Sulfhämoglobinämien, die
das Bild einer schweren Cyanose machen können, ist jedoch in der Hauptsache
auf den pathologischen Blutfarbstoff selbst und weniger auf eine ungenügende

Sättigung des daneben noch vorhandenen normalen Hämoglobins zurückzuführen.

Bei der Kohlenmonoxydvergiftung ist zwar die Sauerstofftransportfunktion des Hämoglobins schwer gestört, doch ist das Kohlenmonoxyd-Hämoglobin von hellroter Farbe und erzeugt deshalb im Gegensatz zum reduzierten Hämoglobin keine Cyanose.

Wenn wir uns an die Definition von LUNDSGAARD halten, dann sind wir berechtigt, alle diejenigen Bläulichfärbungen der Haut und Schleimhäute als echte Cyanose zu bezeichnen, welche auf einer Vermehrung des reduzierten Hämoglobins beruhen. Die anderen Formen müßten wir konsequenterweise Pseudocyanosen nennen.

VII. Die Dyspnoe

Die gleichen Placierungsschwierigkeiten wie mit dem Kapitel über die Cyanose ergeben sich auch bei dem über die Dyspnoe. Cyanose und Dyspnoe, in der ärztlichen Praxis fast alltäglich gebrauchte Begriffe, bereiten für eine klare, alle Seiten befriedigende Definition erhebliche Schwierigkeiten. Was Cyanose ist, kann ätiologisch klar mit dem Gehalt an reduziertem Hämoglobin des unter der Haut fließenden Blutes und in bestimmten Fällen mit dem Vorhandensein von pathologischen Blutfarbstoffen definiert werden, wie es im vorangegangenen Kapitel geschehen ist. Die Erklärung der Dyspnoe ist weit schwieriger, enthält sie doch eine subjektive und objektive Komponente. Dyspnoe einfach mit „gestörter Atmung" zu übersetzen, ergäbe einen zu vieldeutigen Begriff, da ein Atemstillstand, z. B. bei einer Schädelverletzung, zweifellos eine gestörte Atmung darstellt, im medizinischen Sprachgebrauch aber nicht einem Dyspnoezustand entspricht. Die Definition von MEAKINS: „Von Dyspnoe kann gesprochen werden, wenn ein Kranker die Notwendigkeit zu gesteigerter Atemtätigkeit subjektiv empfindet" (zitiert nach HEGGLIN), basiert allein auf dem subjektiven, vom Patienten angegebenen Gefühl der Atemnot, enthält keinen ätiologischen Hinweis und läßt zudem offen, was unter „gesteigerter Atemtätigkeit" genau zu verstehen ist. Die Klagen über Atemnot eines Atemneurotikers wären nach dieser Definition genau so Dyspnoe wie die Atembeschwerden eines Lungenkranken, eines Asthmatikers z. B. Die am Krankenbett vom Arzt objektiv feststellbare und möglicherweise ausgesprochen mühsame Ventilationssteigerung eines bewußtlosen Kranken im Coma diabeticum wäre bei einer strengen Anwendung dieser Definition wegen des Fehlens der subjektiven Komponente nicht als Dyspnoe zu bezeichnen.

Die angedeuteten Widersprüche lassen sich vermeiden, wenn wir in die Definition statt des unklaren Begriffes einer gesteigerten Atemtätigkeit ein objektiv meßbares Charakteristikum einführen. Damit ergibt sich die Möglichkeit, die verschiedenen Formen der Dyspnoe ätiologisch zu unterteilen, und die Klagen des Atemneurotikers lassen sich als rein subjektive Dyspnoe ohne objektive Grundlage klassieren. Dieses meßbare Charakteristikum wäre die *Atemarbeit*, also das Produkt aus gefördertem Luftvolumen und dem dafür nötigen Kraftaufwand der Atemmuskulatur. *Eine gegenüber der Norm um das Mehrfache gesteigerte Atemarbeit ist gleichbedeutend mit Dyspnoe, ob dies nun wie in der Regel vom Kranken als Atemnot empfunden wird oder auch beim Vorliegen besonderer Verhältnisse der subjektiven Wahrnehmung entgeht.*

Eine pathologisch gesteigerte Atemarbeit als Dyspnoe zu bezeichnen, scheint uns nach dem heutigen Stand der Dinge nicht nur eine exakte und ohne Einschränkung anwendbare Definition, diese Definition hat auch praktische Vorteile. Die Atemarbeit, genauer die an den Lungen geleistete Atemarbeit, ist mit relativ einfachen Methoden meßbar, womit sich nicht nur eine Beurteilung der Schwere der Dyspnoe, sondern auch eine weitere ätiologische Differenzierung der verschiedenen

Ursachen ergibt, zudem kann der rein subjektive Charakter der neurotischen Dyspnoe objektiviert werden. Diese Definition ist auch brauchbar für die Atemnot des Gesunden bei ungewöhnlich großer körperlicher Leistung und bei Arbeit unter Hypoxie-Bedingungen. Diese Definition bereitet scheinbar Schwierigkeiten, wenn wir auch die gestörte Atmung bei einer teilweisen Atemlähmung oder einer anders verursachten Störung der Muskeltätigkeit, z. B. bei der Myasthenie gravis, berücksichtigen, Zustände, die vom Kranken wie auch vom Arzt als Atemnot empfunden werden können, ohne daß dabei die Atemarbeit an den Lungen pathologisch vergrößert sein müßte. Wenn wir aber daran denken, daß bei derartigen Zuständen nicht mehr die gesamte, sondern nur noch ein Teil der Atemmuskulatur funktioniert, der dann die gesamte Atemarbeit zu übernehmen hat, so ist unsere Definition wieder richtig, da auch eine insgesamt nicht vergrößerte Atemarbeit, sofern sie nur von einem Bruchteil der Atemmuskulatur geleistet werden muß, für diesen Teil pathologisch groß ist.

Die Atemarbeit stellt das Produkt aus gefördertem Luftvolumen, also Ventilation und Kraftaufwand der Atemmuskulatur, der als intrathorakale respiratorische Druckschwankung direkt meßbar ist, dar. Damit ergeben sich bereits zwei Hauptmöglichkeiten für eine gesteigerte Atemarbeit:

I. Eine unter Berücksichtigung des Gaswechsels gesteigerte Ventilation, also eine Hyperventilation mit den diesem Volumen entsprechenden respiratorischen Druckschwankungen. Diese erste Möglichkeit entspricht in der Regel einer primär nicht pulmonal bedingten Dyspnoe.

II. Die intrathorakalen respiratorischen Druckschwankungen sind für ein dem Gaswechsel entsprechendes Ventilationsvolumen pathologisch vergrößert. Diese zweite Möglichkeit fällt allgemein mit der primär pulmonal bedingten Dyspnoe zusammen.

Ventilationssteigerungen, die nicht dem Gaswechselbedürfnis entsprechen und Ursache einer primär nicht pulmonal bedingten Dyspnoe sein können, kennen wir bei Sauerstoffmangel in der Inspirationsluft, Aufenthalt in größeren Höhen, bzw. Atmen eines sauerstoffarmen Luftgemisches (Hypoxieversuch), Atmung eines mit Kohlensäure oder auch Kohlenmomoxyd angereicherten Luftgemisches, weiterhin bei schwerer Anämie und bei acidotischen Zuständen sowie als Häufigstes bei Herzinsuffizienz und Herzklappenfehlern mit erheblich reduziertem Herzminutenvolumen. Alle hierher gehörenden Zustände lassen sich auf den gemeinsamen Nenner „Kompensation" bringen. Mit der Hyperventilation soll eine aus verschiedenen Gründen verschlechterte Sauerstoffversorgung des Gewebes oder eine durch Ansammlung von sauren Stoffwechselprodukten entstandene Acidose kompensiert werden. Dyspnoe bzw. gesteigerte Atemarbeit stehen hier in direkter Korrelation zur Hyperventilation.

Die primär pulmonal bedingte Dyspnoe, charakterisiert durch vergrößerte intrathorakale Druckschwankungen bei annähernd normalen, d. h. dem Gaswechselbedürfnis entsprechenden oder sogar verminderten Ventilationsvolumen, läßt sich ätiologisch nach den Faktoren weiter aufteilen, die diese vergrößerten Druckschwankungen verursachen. Um die Luft während der Inspiration in die Lungen zu saugen, müssen 1. Thorax und Zwerchfell und damit der Abdominalinhalt bewegt werden, 2. müssen die Strömungswiderstände in den Luftwegen sowie die Gewebedeformationswiderstände des Lungengewebes und 3. der elastische Widerstand der Lungen überwunden werden. Die gegen den elastischen Widerstand geleistete Arbeit steht als potentielle Energie für die Exspiration zur Verfügung und genügt normalerweise, um in Ruhe die Exspiration zu bewältigen, die dann rein passiv, d. h. ohne zusätzliche Tätigkeit der Atemmuskulatur erfolgt. Die an Thorax und Zwerchfell zu leistende Atemarbeit beträgt normalerweise $^1/_3$

bis $^1/_2$ der gesamten Atemarbeit, sie bleibt aber relativ konstant. Anders ist es mit den Strömungswiderständen in den Luftwegen und dem elastischen Widerstand der Lungen, die in pathologischen Fällen um ein Vielfaches des Normalen erhöht sein können. Bei diesen Kranken macht dann die am Thorax zu leistende Atemarbeit nur noch einen untergeordneten Bruchteil der gesamten Atemarbeit aus. Für die primär pulmonal bedingte Dyspnoe ergeben sich zwei Gruppen. Die Atemarbeit kann als Folge erhöhter Strömungswiderstände in den Luftwegen, also bei allen stenosierenden Prozessen oder auch wegen eines erhöhten elastischen Widerstandes vergrößert sein. Beide Möglichkeiten kombinieren sich oft, insbesondere bei der Asthmakrankheit und beim Emphysem, wie es an entsprechender Stelle ausführlich besprochen wird. Bei einer gesteigerten Atemarbeit und damit Atemnot wegen einem erhöhten elastischen Widerstandes handelt es sich meistens nicht um eine wirkliche Veränderung der elastischen Eigenschaften des Lungengewebes, sondern vielmehr darum, daß das blähungsfähige Lungenparenchym massiv reduziert ist, so daß die noch blähungsfähigen Alveolen ein viel größeres Atemvolumen aufnehmen und damit stärker gedehnt werden müssen, als es bei einer Verteilung dieses Atemvolumens auf alle normalerweise vorhandenen Alveolen der Fall wäre. Diese Form der Dyspnoe finden wir immer dann, wenn größere Teile des Lungenparenchyms ausgefallen sind, also Pneumonien, beidseitige Destruktionen, ausgedehnte Tuberkulosen, Silikose usw. und natürlich auch bei ausgedehnten Resektionen, z. B. Pneumonektomien. In beiden Fällen, gesteigerte Atemarbeit gegen erhöhte Strömungswiderstände in den Luftwegen wie auch gegen erhöhte elastische Widerstände bei Einschränkung des blähungsfähigen Lungenparenchyms, wird die Exspiration teilweise aktiv und damit der intrathorakale Druck während der Exspiration positiv, was für den Ruhezustand immer als Zeichen einer schwer gestörten Atemmechanik und Hinweis für eine primär pulmonal bedingte Dyspnoe gelten kann.

Bei der sogenannten „kardialen Dyspnoe" handelt es sich immer um eine Hyperventilation. In reiner Form trifft dies z. B. für die Pulmonalstenose zu. Bei der myokardbedingten Herzinsuffizienz und auch bei Herzklappenfehlern, die zu einer Lungenstauung führen, enthält die kardiale Dyspnoe auch eine pulmonale Komponente, indem die Lungenstauung die Lungenelastizität verändert und eine chronische Stauungsbronchitis auch die Atemarbeit gegen die Strömungswiderstände in den Luftwegen erheblich vergrößern kann. Für das subjektive Empfinden, das dem Kranken Veranlassung gibt, über Atemnot zu klagen, bestehen große individuelle Unterschiede. Patienten mit einem schweren Emphysem klagen häufig nur wenig über Atemnot. Es ist deshalb nicht möglich, die Dyspnoe-Schwelle zahlenmäßig anzugeben.

Es waren vor allem die Untersuchungen der Atemmechanik, die die Probleme der Dyspnoe einer Klärung näher gebracht und eine befriedigende Definition ermöglicht haben. Bisher wurden aber die entsprechenden Untersuchungen nur in vereinzelten Laboratorien systematisch im Rahmen der üblichen Lungenfunktionsprüfungen mit Spirometrie, arterieller Blutgasanalyse und Untersuchung der Lungendurchblutung mittels Herzkatheterismus durchgeführt.

B. Untersuchungsmethoden der Lungenfunktion

In diesem Abschnitt geben wir eine Übersicht über die wichtigsten Untersuchungsmethoden, die bei der Lungenfunktionsprüfung gebraucht werden. Dabei werden auch Methoden berücksichtigt, mit denen wir keine eigenen Erfahrungen haben. Wir verzichten auf eine Detailbeschreibung und beschränken uns auf das

Prinzipielle. Die für das Laboratorium wichtigen Umrechnungsformeln und Korrekturfaktoren werden im Anhang zusammengefaßt.

Für die Untersuchung der Lungenatmung dient in erster Linie die *Spirometrie* im weitesten Sinne des Wortes, und sie soll deshalb ausführlich besprochen werden. Außerdem berücksichtigen wir aber auch andere Techniken, die insbesondere zum Studium der mechanischen Vorgänge bei der Atmung verwendet werden, und schließlich kommen auch die Methoden zur direkten Analyse der Alveolarluft zur Darstellung.

I. Spirometrie

Unter Spirometrie verstehen wir Apparate, mit denen man Volumenmessungen von Atemluft ausführen kann, handle es sich um Glocken- oder Balginstrumente oder um Gasuhren.

1. Allgemeines zur Spirometrie

Seit HUTCHINSON 1846, also vor mehr als 100 Jahren, das Spirometer erfunden hat, ist diese Methode außerordentlich weit entwickelt worden. Dabei ist aber das Prinzip der beweglichen Glocke im Wasserbad für die Mehrzahl der Spirometer gleichgeblieben. Grundsätzlich unterscheidet man offene Spirometersysteme von solchen mit geschlossenem Kreislauf. Bei den *offenen Systemen* wird Frischluft oder ein gewünschtes Gasgemisch eingeatmet und die Ausatmungsluft zur Analyse gesammelt. Für langdauernde Versuche bedient man sich eines großvolumigen Spirometers nach TISSOT, eines Douglas-Sackes oder einer Gasuhr. Die Trennung der Ein- von der Ausatmungsluft erfolgt durch widerstandsarme Ventile. Solche Systeme haben sich besonders für die Bestimmung des Residualvolumens und für den Arbeitsversuch eingebürgert. Der Nachteil ist darin zu sehen, daß nur das mittlere Minutenvolumen gemessen, nicht aber eine Atemkurve registriert wird. Beim Douglas-Sack, der den großen Vorteil aufweist, daß er von der Versuchsperson mitgetragen werden kann, ist daran zu denken, daß Gummi die Gase langsam diffundieren läßt, und daß deshalb besser synthetisches Plastic-Material zur Anwendung gelangt. Die Messung des Minutenvolumens erfolgt in einer 2. Phase durch Entleeren des Douglas-Sackes in ein Spirometer oder eine Gasuhr.

Das *geschlossene System*, welches in der Klinik weitverbreitet ist, wurde von BENEDIKT entwickelt und von KNIPPING ausgebaut. Ein Röhren- und Schlauchsystem verbindet den Anschluß der Versuchspersonen mittels Maske oder Mundstück, das Spirometer zur Registrierung der Volumina, eine Pumpe oder einen Ventilator zur Umwälzung der Luft sowie die Absorptionseinrichtung für die Kohlensäure. Die Reihenfolge läßt sich auch anders anordnen, doch hat sich die beschriebene Folge nach unseren Erfahrungen am besten bewährt. In einfachen, kleinvolumigen Spirometern (KROGH) kann für Ruheversuche die Pumpe weggelassen und die Luft durch die Atembewegungen selbst umgewälzt werden.

Von den Gegnern der Untersuchung der arteriellen Blutgase für die Prüfung der Lungenfunktion wurde das Argument angeführt, daß die Arterienpunktion einen Eingriff darstellt, auf den der Patient mit Angst reagiere und eine allfällige Hyper- oder Hypoventilation das Ergebnis fälsche. Es hängt aber sehr davon ab, wie man an den Patienten herangeht und die Punktion durchführt, doch wird über die Technik der Arterienpunktion noch speziell berichtet. Der Einwand der Angst gilt aber auch für die Spirometrie. Um psychische Einflüsse zu vermeiden, die die spirometrischen Ergebnisse mehr oder weniger erheblich stören können, müssen besondere Vorkehrungen getroffen werden. Man wird dem Patienten erklären, um was es geht, daß er genügend Luft bekommt usw. Im nicht zu engen Laboratorium sollte größtmögliche Ruhe herrschen. Die Zimmertemperatur muß im Behaglichkeitsbereich liegen, unter Berücksichtigung des Bekleidungszustandes, allenfalls wird der Patient zugedeckt. Er soll Zeit haben, sich an die Umgebung zu gewöhnen und deshalb, wenn möglich die Wartezeit, während der er zur Erreichung von Grundsatzbedingungen liegen muß, im Laboratorium zubringen. Dabei handelt es sich um Grundbedingungen, um reproduzierbare Werte mit der Spirometrie zu erhalten. Grundsätzlich führen wir die ganze spirometrische Untersuchung mehrmals, mindestens zweimal durch. Bei einer Untersuchung unter Grundumsatzbedingungen weist ein normaler respiratorischer Quotient darauf hin, daß sich der Patient hinsichtlich Atmung in einem steady state befunden hat. Auch rein technische Fehler, wie z. B. Undichtigkeiten im System, haben eine falsche Messung der Sauerstoffaufnahme zur Folge, während sie die Kohlensäureabsorption viel weniger beeinflussen, was ebenfalls den respiratorischen Quotienten verändert.

2. Apparaturen

a) Einfache Spirometer

Für die Bestimmung des Grundumsatzes gibt es ganz einfache, kleinvolumige Systeme, bei denen die Lunge selbst als Umwälzpumpe verwendet wird und Ventile die Stromrichtung bestimmen (KROGH, FLEISCH). Diese Apparate müssen zu Beginn des Versuches mit Sauerstoff gefüllt werden. Die Kohlensäureabsorption erfolgt mittels ungelöschtem Kalk oder „Sodalime".

b) Spirometer mit Luftumwälzung

Für die Lungenfunktionsprüfung benötigen wir Spirometer mit künstlicher Umwälzung der Luft. Der Anschluß der Versuchsperson erfolgt mittels *Mundstück* oder *Maske*. Das Mundstück ist einfacher und leichter sterilisierbar, kann aber die Atmung beeinflussen, weil die Nasenatmung durch eine Klemme ausgeschaltet werden muß. Außerdem hat die Versuchsperson bei der Befestigung des Mundstückes aktiv mitzuarbeiten. Der Maske fehlen diese Nachteile, dagegen ist sie nicht immer leicht gegen Lecks abzudichten (was auch für die Mundstücke gilt), besonders bei Mageren. Die Maske besitzt auch einen größeren Totraum als das Mundstück, so daß bei ihrer Verwendung auf genügende Durchlüftung zu achten ist. Ohne Umwälzpumpe darf deshalb nur das Mundstück verwendet werden. Subjektiv empfinden die einen die Maske, die andern das Mundstück als weniger unangenehm.

Das *eigentliche Spirometer* besteht aus einer möglichst leichten, zylindrischen Glocke, die über eine Rolle mit einem Gegengewicht verbunden ist, das als Schreiber ausgestaltet wird, der die Atemkurve direkt auf einem Kymographion in Funktion der Zeit aufträgt. Die bewegliche Abdichtung der Glocke erfolgt durch Eintauchen in Wasser, das gleichzeitig eine Sättigung der Spirometerluft mit Wasserdampf bei Zimmertemperatur ermöglicht. Damit keine untragbaren Widerstände gegen die Atmung entstehen, müssen die bewegten Teile so leicht wie möglich gehalten werden. Durch Verwendung ganz dünner Stahlbleche mit Antikorrodalüberzug können Glocken mit 10 l Inhalt gebaut werden, die nicht mehr als 150 g wiegen, was mit dem Gegengewicht und der Rolle eine bewegte Masse von etwas über 300 g ergibt. So leichte Glocken machen die über der Rolle beweglichen Kompensationsgewichte für die Auftriebsänderung als Folge der Eintauchtiefe überflüssig. Ein gutes Spirometer reagiert schon auf einen Hauch aus mehreren Zentimetern Entfernung in den Verbindungsschlauch zwischen Maske und Spirometer. Die Schläuche sollen glattwandig sein und einen Durchmesser von mindestens 4 cm aufweisen.

Die Empfindlichkeit der Registrierung der Volumen steht in direkter Abhängigkeit vom Glockendurchmesser. Mit einem kleinen Durchmesser erreicht man eine große Empfindlichkeit für die Registrierung. Da aber Glocke und Schreiber über

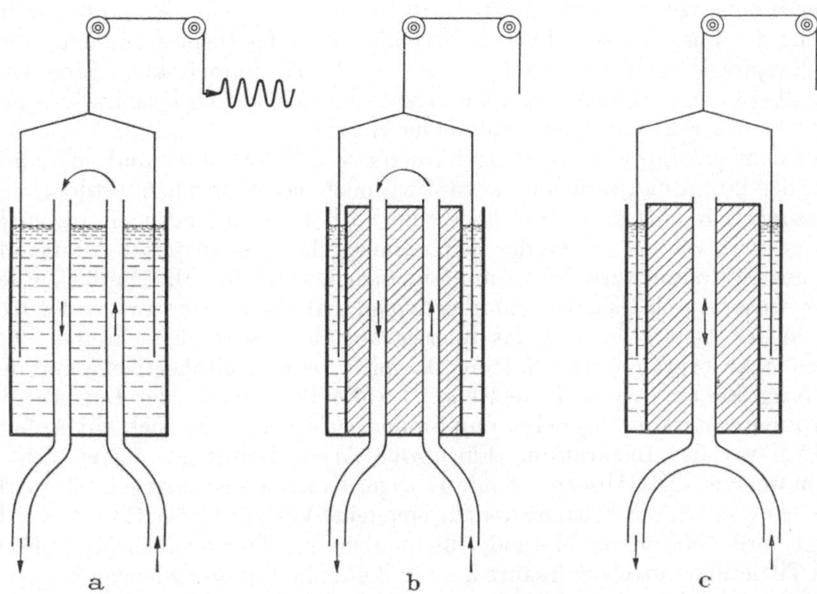

Abb. 27a.—c. Die heute gebräuchlichen Spirometertypen. a) Glocke im Wasserbad b) Glocke im Wassermantel. c) Tissot-Spirometer.   Bei diesen Typen sind Atemmaske, Pumpe und CO_2-Absorption hintereinandergeschaltet

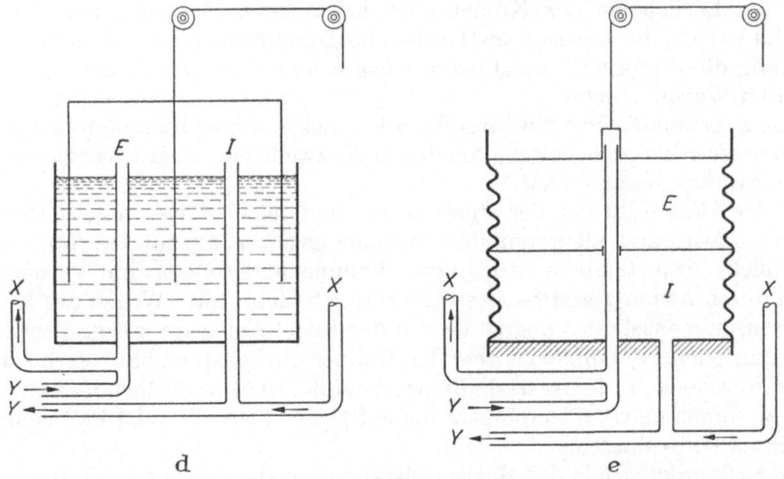

Abb. 27d u. e. Gekoppeltes Doppelspirometer nach FLEISCH. Bei Type e) wird statt Glocke und Wasserbad ein Faltenbalg benutzt. X Anschlüsse für Pumpe und CO_2-Absorption. Y Anschlüsse für Atemmaske

größere Distanzen bewegt werden müssen, wird vom Patienten eine größere Massenbeschleunigungsarbeit gefordert und besondere Ansprüche an die Auftriebskompensation gestellt.

Die Umwälzung der Luft kann entweder durch einen *Ventilator* oder durch einen *Kompressor* bewerkstelligt werden. Der Kompressor ist zwar etwas störanfälliger als der Ventilator, doch bewältigt er größere Druckdifferenzen, die bei der Verwendung von Waschflaschen mit Frittenfiltern für dieKohlensäure-Absorption notwendig sind. Das geförderte Luftvolumen soll das Dreifache des Minutenvolumens des Patienten betragen, so daß für schwerere Arbeitsversuche eine Förderleistung von mindestens 250 l pro Minute verlangt werden muß, damit auch während der Phase größter Luftgeschwindigkeit in der Inspiration keine Luft aus dem Exspirationsschlauch rückgeatmet wird (Totraumeffekt). Eine einfache Kontrolle ist dadurch möglich, daß man zwischen Maske und Exspirationsschlauch ein kurzes Glasrohr mit einer Flaumfeder einsetzt.

Bei dem gekoppelten Doppelspirometer von FLEISCH kommt man mit der Hälfte der Pumpenleistung aus, worauf wir noch näher eingehen werden.

Bezüglich *Kohlensäure-Absorption* müssen hohe Anforderungen an ein Spirometer gestellt werden. Wenn der Kohlensäuregehalt der Inspirationsluft auf über 0,5% ansteigt, dann wird die Atmung meßbar beeinflußt. Man muß sich deshalb immer wieder durch Gasanalysen überzeugen, daß die Konzentration der Kohlensäure in der Inspirationsluft das tolerierbare Maß nicht überschreitet. Bei der trockenen Absorption durch Natronkalk spielt die Gesamtoberfläche und deshalb die Korngröße eine wesentliche Rolle. Da die Trockenheit der Luft bei diesem Absorptionssystem unangenehm empfunden wird, empfiehlt sich ein Anfeuchten derselben vor der Inspiration. Für große Arbeitsleistungen eignet sich dieses System weniger. Die Absorption mit 47%iger Kalilauge ist dagegen sehr wirksam, besonders wenn durch Frittenfilter für eine feine Verteilung der Gase in der Lauge gesorgt wird. Mit dieser Methode, nicht aber mit Trockenabsorption läßt sich durch Titrierung mittels Salzsäure die pro Zeiteinheit ausgeschiedene Kohlensäure und damit auch der respiratorische Quotient bestimmen. Im Arbeitsversuch muß man große Absorptionsflaschen verwenden und nötigenfalls 2 hintereinanderschalten.

Da die Löslichkeit der Kohlensäure bei tieferen Temperaturen besser ist, empfiehlt es sich, die Absorptionsflaschen im Durchflußwasserbad zu kühlen. Das ist auch für die Temperaturkonstanz des Systems wichtig, weil bei der Kohlensäureabsorption Wärme entsteht.

Es ist zweckmäßig, mit 2 während des Versuches auswechselbaren Kohlensäureabsorptionsflaschen zu arbeiten, von denen die zweite erst eingeschaltet wird, wenn sich die Atmung beruhigt hat.

Bei der Durchführung der Spirometrie sind noch einige weitere Punkte zu beachten. Zwar sind kleinvolumige Systeme gegen *Temperatureinflüsse* weniger empfindlich, weil temperaturbedingte Volumenänderungen im Verhältnis zu solchen durch Atmung und Sauerstoffverbrauch klein sind. Wegen der Konstanz der Gaszusammensetzungen sind aber in der Regel Apparate mit größerem Volumen vorzuziehen. Bei ihnen ist aber der Temperaturkonstanz besondere Aufmerksamkeit zu schenken. Es ist deshalb zweckmäßig, für entsprechende Kühleinrichtungen zu sorgen und die Temperatur in der Spirometerglocke oder im Inspirationsschlauch zu kontrollieren.

Druckschwankungen in der Maske müssen vermieden werden, weil sich sonst die Luftfüllung der Lunge ändert, was FLEISCH mittels Plethysmographie feststellen konnte. Gleichmäßige, genügende Pumpenleistung, glatte, ausreichend dimensionierte Rohrsysteme und Vermeidung von Stenosen in Maskennähe sind die wichtigsten Voraussetzungen für die Vermeidung von Druckstößen in der Maske.

Ein bedeutendes Problem ist die *Konstanthaltung der gewünschten Sauerstoffspannung* während der ganzen Spirometrie. Da diese mindestens 10 min dauern muß, tritt in kleinen Spirometern eine ganz erhebliche Sauerstoffverarmung im Laufe des Versuches auf. In einem Spirometer von 10 l Inhalt befinden sich bei

Luftfüllung 2 l Sauerstoff. Das ist aber die Menge, welche ein Mensch in Ruhe durchschnittlich in 10 min aufnimmt. Eine Vergrößerung des Volumens, die schon sehr beträchtlich sein müßte, damit die Abnahme um 2 l Sauerstoff keinen starken Abfall des Sauerstoff-Gehaltes bewirkt, hat wieder andere Nachteile, insbesondere denjenigen relativ großer Volumenschwankungen mit der Temperatur. Eine Vorgabe von Sauerstoff verfälscht die Versuchsbedingungen. Ein Nachfüllen des

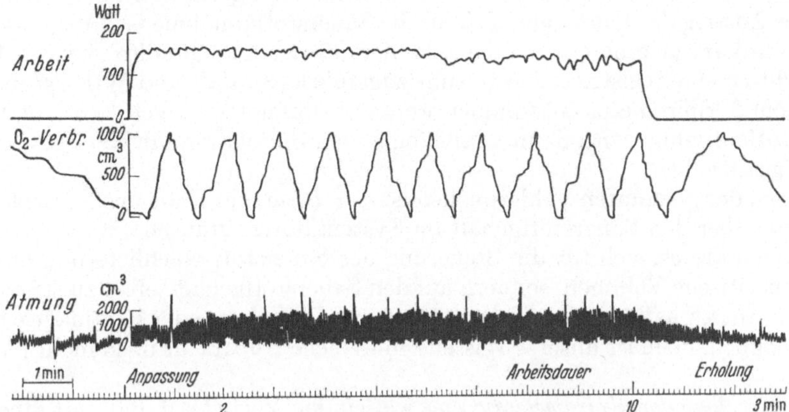

Abb. 28a. Automatische Stabilisierung der Sauerstoffkonzentration im geschlossenen Spirometersystem. System SIGRIST-WIESINGER. Die Sauerstoffaufnahme wird mit einer registrierenden Gasuhr gemessen. Stabilisation auf den Exspirationspunkten

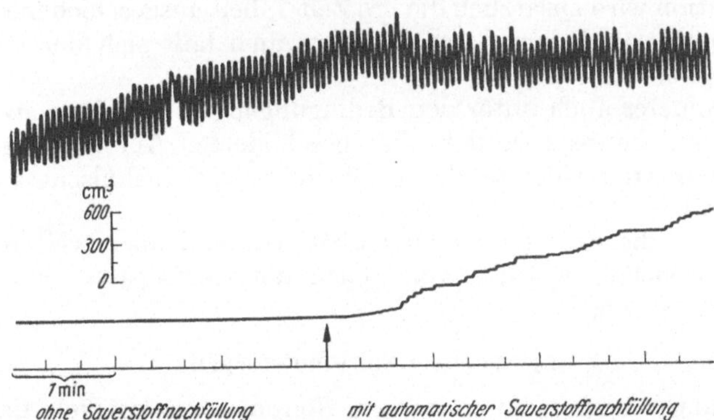

Abb. 28b. Automatische Sauerstoffstabilisation System Pulmotest. Stabilisation auf den Inspirationspunkten, die Sauerstoffaufnahme wird durch die Volumenabnahme einer zweiten Spirometerglocke gemessen

Spirometers etwa jede Minute bewirkt, daß die Atemkurve in so kurze Stücke aufgeteilt wird, daß aus ihnen der Sauerstoffverbrauch nicht mehr genau abgelesen werden kann.

Man ist deshalb dazu übergegangen, Einrichtungen zu konstruieren, welche den verbrauchten Sauerstoff laufend nachfüllen. Alle mechanisch arbeitenden Systeme stützen sich auf die Volumenabnahme im Spirometer. Diese ist aber nur dann gleich der Sauerstoffabnahme, wenn die Kohlensäure vollständig absorbiert wird, die Atemmittellage und Temperatur konstant bleiben und kein Leck im System vorhanden ist. Durch Nachfüllen *reinen* Sauerstoffs wird bei diesen Systemen das Spirometervolumen konstant gehalten. Man muß sich jedoch bei jeder Lieferung von Sauerstoff erneut durch Gasanalyse vergewissern, ob nicht eine Korrektur wegen Beimischung von Stickstoff anzubringen ist. Es ist technisch einfacher, den Inspirationspunkt konstant zu halten, so daß bei üblicher Schreibart die Oberkante des Spirogramms horizontal verläuft. Bei Vertiefung der Atmung sinkt der Exspirationspunkt, wodurch das gewohnte Bild der Kurven etwas verändert wird. Man kann die Nachfüllung aber auch auf die Konstanthaltung des Exspirationspunktes im Spirogramm einrichten. Eine dritte Möglichkeit besteht darin, aus dem Spirometer bei Nachfüllung von Sauerstoff immer gleichviel Luft zu entfernen, wodurch das gewohnte Spirogramm erhalten bleibt, bei dem der Anstieg der Kurve ein Maß für die Sauerstoffabnahme ist. Wenn dagegen Horizontalkurven erhalten werden, dann muß der nachgefüllte Sauerstoff entweder durch eine registrierende Gasuhr zugeführt (SIGRIST und WIESINGER) oder aus einem 2. Spirometer entnommen werden („Pulmotest" nach VAN VEEN). Die Sauerstoffaufnahme wird dann unabhängig vom Spirogramm in einer gesonderten Kurve geschrieben.

Wegen der genannten Fehlerquellen ist es ratsam, am Ende des Versuches eine Kontrolle über den Sauerstoffgehalt im System durchzuführen.

Besser wäre es, sich für die Steuerung der Sauerstoff-Nachlieferung nicht auf das unspezifische Volumen, sondern auf den Sauerstoffgehalt selbst zu stützen, um ihn konstant zu halten. Dies wäre auf polarographischem oder paramagnetischem Wege möglich, doch ist unseres Wissens eine solche Apparatur noch nicht realisiert worden.

Die *geschlossenen Spirometersysteme* weisen den Vorteil auf, daß mit ihnen eine ganze Reihe von Werten direkt aufgeschrieben werden kann: Sauerstoff-Aufnahme, Form der Atemkurve, Atemvolumen, Atemfrequenz, Atemrhythmus, Minutenvolumen, Vitalkapazität und ihre Unterabteilungen sowie der Atemgrenzwert.

Durch Titration wird zusätzlich die pro Zeiteinheit ausgeschiedene Kohlensäure gewonnen. Aus ihr und dem Sauerstoffverbrauch läßt sich der respiratorische Quotient errechnen.

Damit Spirometer auch unter den Bedingungen des *Arbeitsversuchs* genügend leistungsfähig sind, müssen sie den oben geschilderten Anforderungen bezüglich Gaskonstanz und Atemwiderständen genügen, woraus technische Probleme entstehen, die gar nicht so einfach zu lösen sind.

Im Bestreben, die Spirometrie zu verbessern, sind noch weitere Typen von Spirometern entwickelt worden, von denen die wichtigsten im folgenden beschrieben werden sollen.

c) Spezielle Spirometertypen

DONALD und CHRISTIE (1949) haben ein Spirometer entwickelt, das zwar nicht mit der Außenluft kommuniziert, aber trotzdem keinen geschlossenen Kreislauf besitzt. In einer Kammer von 100 l Inhalt ist ein 80 l fassender Sack enthalten, in den ausgeatmet wird. Die Inspirationsluft wird aus der Kammer bezogen. Ein an der Kammer angeschlossenes Spirometer registriert Ein- und Ausatmung. Bei diesem Verfahren bleiben In- und Exspirationsluft vollständig getrennt. Die Volumenänderung des Spirometers entspricht dem respiratorischen Quotienten, d. h. das Volumen bleibt konstant bei einem Quotienten von 1. Wird die Kohlensäure absorbiert, so registriert das Spirometer den Sauerstoffverbrauch. Ähnliche Spirometeranordnungen wurden schon früher von TUSSER, MANNSFELD und SCHROEDER gebaut.

Es sind verschiedene Apparate entwickelt worden, bei denen vom Hauptkreislauf ein *Teilstrom* abgezweigt wird. Die Proportion zwischen Haupt- und Nebenschluß ist von der Luftgeschwindigkeit abhängig. Für die Messung der Gaskonzentrationen sind diese Proportionen ohne Bedeutung, jedoch für die Bestimmung der Volumen. ENGHOFF (1953) hat einen Apparat konstruiert, mit dem im Teilstrom nicht nur die Gaskonzentration des Hauptstromes, sondern auch die Ventilationsvolumen exakt gemessen werden können.

ANTHONY und SCHROEDER bauten ein Spirometer, mit dem gleichzeitig das Pneumotachogramm und das Spirogramm aufgeschrieben werden. Sie fanden damit eine gute Übereinstimmung der Volumenmessungen.

Nebenbei sei erwähnt, daß die Atemvolumen auch mit anderen als volumetrischen Methoden gemessen werden können, wie beispielsweise mit dem Hitzdraht.

An Stelle von Spirometerglocken können auch Faltenbälge verwendet werden, wobei jedoch darauf zu achten ist, daß sie durch besondere Mechanismen in jeder Stellung im Gleichgewicht gehalten werden, damit es nicht zu Druckänderungen im System kommt.

d) Doppelspirometer

Solche Apparate können entweder 2 Spirometerglocken an einem Kreislauf besitzen oder aus 2 vollständigen Kreislaufsystemen bestehen. Im ersten Fall dient die 2. Glocke entweder zum Nachfüllen von Sauerstoff oder zum Umschalten auf sauerstoffarme oder sauerstoffreiche Atemgemische während des Versuchs. Die vollständigen Doppelspirometer gestatten darüber hinaus auch noch die Durchführung der Bronchospirometrie.

e) Spirometer mit laufender Registrierung von Sauerstoffaufnahme und Kohlensäureabgabe

Im Bestreben, die Spirometrie immer mehr zu vervollkommnen, sind Apparaturen entwickelt worden, die das Minutenvolumen aufschreiben und eine fortlaufende Analyse der ausgeatmeten Luft bezüglich Sauerstoff und Kohlensäure bewerkstelligen. Aus der Differenz zum entsprechenden Gasgehalt der Einatmungsluft resultieren Sauerstoffaufnahme und Kohlensäureabgabe pro Zeiteinheit. Durch geeignete Schaltung der beiden Größen kann auch noch der respiratorische Quotient registriert werden. REIN (1935) benutzt für die fortlaufende Analyse der Atemluft den Hitzdraht, dessen Widerstand für den Stromdurchfluß von der Temperatur abhängt. Wird ein Hitzdraht in einem Rohr von Gasen umströmt, dann kühlt er ab, wobei der Grad der Abkühlung erstens von der Geschwindigkeit des Gasstroms und zweitens von seiner Zusammensetzung abhängt.

Die erste Abhängigkeit macht sich zu Nutzen, um die Kohlensäure zu messen. Das zu analysierende Gasgemisch durchströmt eine Anordnung, bei welcher der Gasstrom in zwei Wege geteilt wird. Im einen wird die Kohlensäure durch Lauge absorbiert, im andern dagegen nicht. Hierdurch entsteht eine Strömungsdifferenz in den beiden Röhren und damit auch eine unterschiedliche Abkühlung der beiden Hitzdrähte, welche dem Kohlensäuregehalt proportional ist.

Stickstoff kühlt weniger als Sauerstoff, was zum Vergleich des letzteren zwischen Ein- und Ausatmungsluft dient. Voraussetzung ist die gleiche Durchströmung der beiden Röhren, Konstanz von Temperatur und Wasserdampf sowie Entfernung der Kohlensäure. Aus diesen Gründen ist die Sauerstoffmessung störanfälliger als diejenige der Kohlensäure. Die Kohlensäurekonzentration kann aber auch wie die des Sauerstoffs ohne Strömungsdifferenz, wie bei der ursprünglichen Methode von REIN, also bei gleichbleibender Strömungsgeschwindigkeit mit dem Hitzdraht gemessen werden, da sie ebenfalls einen anderen Kühleffekt als der Stickstoff hat. Die jetzt gebräuchlichen Hitzdrahtapparaturen, z. B. das Diaferometer von NOYONS (1937), arbeiten mit konstanter Strömungsgeschwindigkeit und Wasserdampfgehalt der Luft, so daß nur der spezifische Kühleffekt der Kohlensäure bzw. des Sauerstoffs gemessen wird. Da sich diese Kühleffekte summieren, ist für die Differenzierung beider Gase eine Messung vor und nach Kohlensäureabsorption notwendig. Mit diesen Apparaturen ist eine Analyse der Atemgase auf $\pm$ 0,1% Genauigkeit möglich. Die Latenzzeit hängt von der Größe des Teilstromes ab und beträgt zwischen 20—40 sec.

Auf dem Prinzip des unterschiedlichen Brechungsindex der Gase beruht die *interferometrische* Gasanalyse von ZEISS. Sie eignet sich besonders zur häufigen periodischen Bestimmung von Sauerstoff und Kohlensäure ohne Registrierung.

Als spezifische Methode muß die Verwendung der *paramagnetischen Eigenschaft des Sauerstoffs* betrachtet werden, denn die anderen Gase besitzen diese Eigenschaft nicht. REIN (1939) und PAULING (1946) haben auf diesem Prinzip Apparaturen entwickelt, welche mit einer Latenzzeit von 6 sec und mit einer Genauigkeit von 1% arbeiten.

Der Vollständigkeit halber seien noch 3 Methoden erwähnt: Die *Infrarotabsorption* erlaubt für polyatomare Gase (CO_2, CO, N_2O) eine rasche und genaue Messung. FOWLER sowie DuBois haben diese Methode für die laufende Analyse der Exspirationsluft auf Kohlensäure eingeführt (Abb. 8 und 11).

Das *Nitrogenmeter* von LILLY verwendet das Emissionsspektrum des Stickstoffs, dessen Intensität mit einer Photozelle gemessen werden kann. Die Genauigkeit beträgt $\pm$ 2% und die Latenzzeit nur 0,02 sec.

Mit dem *Massen-Spektrograph* können verschiedene Gase gleichzeitig gemessen werden. Für klinische Zwecke gibt es jedoch noch keinen geeigneten Apparat.

Allen hier geschilderten Methoden ist gemeinsam, daß sie in Nebenschlüssen der zu- und abführenden Spirometerschläuche, bzw. des Rohres zur Entnahme von Alveolarluft angeschlossen werden.

Von FLEISCH (1950) ist in neuester Zeit ein automatisches Spirometer (Metabograph) konstruiert worden, welches den Sauerstoff volumetrisch nachfüllt und die Kohlensäure-Abgabe über die Leitfähigkeit der Absorptionslauge mißt. Der Apparat ist für klinische Zwecke konstruiert und auf eine möglichst geringe Störanfälligkeit ausgerichtet. Außer der Atemkurve und dem Minutenvolumen werden Sauerstoff-Aufnahme, Kohlensäure-Abgabe und respiratorischer Quotient oder spezifische Ventilation registriert.

3. Bestimmung der Vitalkapazität und des Atemgrenzwertes

Die Spirometrie gibt uns auch Auskunft über die Vitalkapazität und den Atemgrenzwert. Im Unterschied zu den Ventilations- und Gaswechselwerten muß der Untersuchte für die Ermittlung dieser Größen mitarbeiten. Für die Bestimmung der Vitalkapazität genügen einfachste Spirometer, die nur über eine Glocke mit Gegengewicht oder einen Faltenbalg mit einer einzigen Zuleitung und eine Skala verfügen. Mit solchen Spirometern kann allerdings nicht viel anderes gemessen werden, so daß sie sich eher in Sportvereinen und Schulen als im Lungenfunktionslaboratorium einer gewissen Beliebtheit erfreuen. Gasuhren haben noch den speziellen Nachteil, daß ihre Eichung von der Luftgeschwindigkeit abhängt. Zur Ermittlung der Vitalkapazität lassen wir den Exploranden erst liegend und dann stehend wiederholt möglichst tief in das Spirometer ein- und ausatmen und verwerten das beste Ergebnis. Wenn die Vitalkapazität im Ablauf einer Atemregistrierung am geschlossenen Kreislaufspirometer bestimmt wird, dann lassen sich auch ihre Unterabteilungen, nämlich Komplementär-, Atem- und Reserveluft ermitteln.

Für die Abschätzung der dynamischen Atemreserven hat HERMANNSEN (1933) die Bestimmung des Atemgrenzwertes, der maximalen Ventilationsleistung, eingeführt. Für diese Untersuchung muß das Spirometer gewisse Anforderungen erfüllen, damit man brauchbare und vergleichbare Ergebnisse bekommt. Die Luftwege, Schläuche und Röhren dürfen keine Engpässe aufweisen und die bewegten Massen, Glocke und Schreiber, sollen nicht zu groß sein. Man darf nicht vergessen, daß die Massen mit jedem Atemzug beschleunigt werden müssen, was eine zusätzliche Atemarbeit erfordert. Das von der Pumpe geförderte Luftvolumen soll auch bei der Bestimmung des Atemgrenzwertes ein Mehrfaches der Ventilation des Patienten betragen. Das Wasser, in das die Glocke eintaucht, wie auch die Glocke selber dürfen nicht in Schwingungen geraten, Schläuche und Glocke sollen sich nicht ausbuchten, was eine Verfälschung des gemessenen Volumens bedeuten würde.

Der Atemgrenzwert wird gemessen, indem die stehende Versuchsperson während kurzer Zeit so rasch und tief wie möglich atmet. Das Produkt von Volumen und Frequenz wird in Litern pro Minute umgerechnet. Frequenzen von über 50 Atemzügen pro Minute sind jedoch für die Berechnung des Atemgrenzwertes nicht zu berücksichtigen.

Da wir mit dem Atemgrenzwert einen Maximalwert bestimmen, scheint es uns richtig zu sein, dem Untersuchten die Frequenz freizustellen. Am besten läßt man 6—10 tiefe Atemzüge ausführen und wiederholt die Übung nach einer kurzen Pause mit einer anderen Frequenz. Dem Vorschlag von BERNSTEIN u. Mitarb. (1952), den Atemgrenzwert immer bei einer Frequenz von 30 pro Minute zu bestimmen, können wir aus den oben genannten Gründen nicht beipflichten. Wir berücksichtigen aber immerhin bei der Beurteilung die Tatsache, daß ein Patient mit kleiner Vitalkapazität durch eine sehr hohe Frequenz einen noch einigermaßen ordentlichen Atemgrenzwert vortäuschen kann, den er bei Arbeitsleistung nicht einzusetzen in der Lage ist, da die Frequenz nicht beliebig lange so hoch gehalten werden kann.

TIFFENEAU (1948) und GAENSLER (1951) haben eine andere Methode zur Bestimmung der Atemreserven vorgeschlagen, für die ein einfaches Spirometer mit geringem Widerstand genügt. Die Versuchsperson muß nach einer tiefen Inspiration möglichst schnell in das Spirometer ausatmen, wobei die Volumenkurve auf einem schnellaufenden Kymographion geschrieben wird. Man untersucht, wieviel Luft in der ersten Sekunde ausgeatmet wird und wieviel Zeit zur Entleerung der ganzen Vitalkapazität erforderlich ist. Normalerweise sollen mindestens $^2/_3$ der Vitalkapazität in einer Sekunde ausgeatmet werden können. Eine Verminderung spricht für Widerstände in den Atemwegen. Der Pneumometerstoß nach HADORN (1942) gehört auch in diese Gruppe von Testen. Er wird aber als nicht spirometrische Methode erst später besprochen. Tiffeneau-Test und Pneumometerstoß nach HADORN haben für die Beurteilung der Atemreserven die gleiche Bedeutung wie die Bestimmung des Atemgrenzwertes. Es ist jedoch nicht angängig, kritiklos aus dem bestimmten Ein-Sekundenwert auf einen „theoretischen Atemgrenzwert" umzurechnen. Bei unbehinderter Exspiration kann der Ein-Sekundenwert auch bei einer deutlich eingeschränkten Vitalkapazität prozentual vollständig normal sein, entsprechend der verminderten Vitalkapazität würde man aber in diesem Fall einen eingeschränkten Atemgrenzwert bestimmen. Wenn auch selten, so ist doch gelegentlich insbesondere bei Kompression der oberen Luftwege die Inspiration, weniger die Exspiration erschwert. In diesen Fällen ist es möglich, daß Tiffeneau-Test und Pneumometerstoß nach HADORN sowie die Vitalkapazität normal sind, der Atemgrenzwert aber deutlich eingeschränkt ist.

4. Sollwerte, Berechnungen und Korrekturen

Es leuchtet ein, daß es bei der Sauerstoffaufnahme und der Kohlensäureabgabe auf die Anzahl der Moleküle pro Zeiteinheit ankommt. Die entsprechende Angabe in Mol hat sich aber für die Lungenfunktionsprüfung nicht eingebürgert, da eine

Angabe in Volumen anschaulicher ist und einen direkten Vergleich mit dem Atemvolumen gestattet. Zur Berechnung der spezifischen Ventilation bzw. des Atemäquivalentes und der alveolären Sauerstoffausnutzung muß die Sauerstoffaufnahme mit dem Minutenvolumen und der alveolären Ventilation in Beziehung gebracht werden. Da es aber auf die Anzahl der Moleküle ankommt, muß der Gaszustand des Sauerstoff- und Kohlensäurevolumens definiert werden, damit Vergleiche bei verschiedenen Temperaturen und Druck möglich sind. Man gibt deshalb die Volumen der Sauerstoffaufnahme und der Kohlensäureabgabe im Standardzustand, d. h. nach Reduktion auf 0° C und 760 mm Hg. an (STPD).

Für alle anderen Gasvolumen, Minutenvolumen, Vitalkapazität usw., ist die Umrechnung auf „Lungenverhältnisse" durchzuführen, d. h. auf den atmosphärischen Druck zur Zeit der Untersuchung, die Körpertemperatur des Untersuchten und die volle Wasserdampfsättigung bei dieser Temperatur. Diese Umrechnung auf Lungenverhältnisse ist erheblich, sie macht bei den bei gewöhnlichen Zimmertemperaturen gemessenen Volumen etwa 10% aus.

Für die Auswertung der erhobenen Befunde ist die Ermittlung von *Sollwerten* von großer Bedeutung, denn besonders bei einmaligen Untersuchungen ist mit den Befunden nicht viel anzufangen, wenn sie nicht auf einen Standardwert bezogen werden können. Es ist deshalb verständlich, daß immer wieder große Anstrengungen gemacht wurden, um möglichst physiologische Sollwerte zu finden. Die Frage des Sollgrundumsatzes haben wir im Kapitel über Gewebeatmung behandelt. Für die Spirometrie steht die Vitalkapazität im Vordergrund, weil aus ihr auch die Sollwerte für ihre Unterabteilung sowie für den Atemgrenzwert abgeleitet werden.

Tabelle 17. *Die Berechnung der Sollwerte der*
An Hand von 4 Beispielen werden die zum Teil erheblichen Unterschiede dargestellt.

	Nach Größe (L in cm)	Nach Gewicht (G in kg)	Nach Größe und Gewicht (L in cm; G in kg)
	a: GROOS $\male = (L—80) \times 50$ $\female = (L—96) \times 50$ b: WEST $\male = 25 \times L$ $\female = 20 \times L$ c: HEWLETT-JACKSON $(50 \times L)—4400$ d: PIOLTI $(47{,}66 \times L)—4146$	e: MYERS $\male = (21{,}2 \times G) + 1168$ $\female = (17{,}6 \times G) + 900$ f: PIOLTI $(22 \times G) + 2410$	g: LUDWIG $\male = (40 \times L) + (30 \times G)—4400$ $\female = (40 \times L) + (10 \times G)—3800$ h: HEWLETT-JACKSON $(31{,}4 \times L) + (27 \times G)—3000$
I: $\male$ A = 59 Jahre L = 173 cm G = 74 kg	a: 4650 b: 4320 c: 4260 d: 4100	e: 2740 f: 4040	g: 4740 h: 4440
II: $\male$ A = 22 Jahre L = 180 cm G = 67 kg	a: 5000 b: 4500 c: 4600 d: 4334	e: 2590 f: 3880	g: 4810 h: 4460
III: $\female$ A = 63 Jahre L = 160 cm G = 73 kg	a: 3200 b: 3200 c: 3600 d: 3474	e: 2180 f: 4020	g: 3330 h: 3990
IV: $\female$ A = 47 Jahre L = 160 cm G = 65 kg	a: 3200 b: 3200 c: 3600 d: 3474	e: 2040 f: 3840	g: 3250 h: 3775

Für die Bestimmung des Sollwertes der Vitalkapazität muß man sich überlegen, daß für das Zustandekommen dieser Größe vor allem das Thoraxvolumen, die Atemmuskulatur und die Elastizität von Lunge und Thorax maßgebend sind. Es leuchtet deshalb ohne weiteres ein, daß die Körpergröße, das Geschlecht und das Alter entscheidenden Einfluß haben müssen. Hingegen ist nicht gut ersichtlich, welchen Gewinn man bezüglich der Vitalkapazität aus dem Gewicht ziehen soll, es sei denn einen negativen, indem ein übermäßiges Fettpolster die Bewegungen hemmt und die bewegte Masse vergrößert. Der Brustumfang und seine Exkursionen, der bei oberflächlicher Betrachtung auch einbezogen werden müßte, ist aber selbst viel zu sehr vom pathologischen Geschehen abhängig, als daß er ein Maß für einen Sollwert abgeben könnte.

Mehr aus historischen Gründen als wegen ihres praktischen Werts geben wir in Tab. 17 eine Übersicht über die von verschiedenen Autoren empfohlenen Formeln zur Ermittlung der Sollwerte für die Vitalkapazität. Wir können dabei die Berücksichtigung einer oder mehrerer der 4 folgenden Größen finden: Größe, Gewicht, Alter und Geschlecht. Wenn der Grundumsatz oder die Körperoberfläche gewählt werden, dann dürfen wir nicht vergessen, daß darin wiederum die genannten Größen stecken. Die Oberfläche wird nämlich in der Regel nicht gemessen, sondern aus den anderen Größen mittels Tabellen bestimmt. Den Grundumsatz mißt man zwar direkt, doch gibt er nur brauchbare Resultate, wenn er normal ist, d. h. nicht zu sehr vom Sollwert abweicht. Wie wir im Kap. A. V. ausgeführt haben, ist der Sollwert auf das Sollgewicht zu beziehen. Letzten Endes kommt es unter diesen Bedingungen darauf heraus, daß die Soll-Vitalkapazität aus

Vitalkapazität nach den verschiedenen Autoren
A = Alter in Jahren; L = Körperlänge in Zentimetern; G = Körpergewicht in Kilogramm

Nach Körperoberfläche (OF in m²)	Nach Grundumsatz (GU in Cal./24 Std.)	Nach Alter und Größe (A in Jahren; L in cm)
i: WEST $\male = 2500 \times OF$ $\female = 2000 \times OF$ k: HEWLETT-JACKSON $2900 \times OF{-}1000$ l: PIOLTI $2660 \times OF{-}797$	m: ANTHONY $\male = GU \times 2{,}3$ $\female = GU \times 2{,}1$	n: COURNAND $\male = [27{,}63{-}(0{,}112 \times A)] \times L$ $\female = [21{,}78{-}(0{,}101 \times A)] \times L$
I $\male$ i: 4700 k: 4450 l: 4200	m: 3570	n: 3640
II $\male$ i: 4650 k: 4390 l: 4150	m: 4000	n: 4805
III $\female$ i: 3520 k: 4100 l: 3880	m: 2850	n: 2470
IV $\female$ i: 3360 k: 3880 l: 3675	m: 2840	n: 2725

dem Soll-Grundumsatz abzuleiten ist, d. h. wiederum aus Größe, Alter und Geschlecht.

In der Einwertgruppe figurieren Größe (HEWLETT-JACKSON und PIOLTI) und Gewicht (PIOLTI). In der Zweiwertgruppe stehen Größe und Geschlecht (GROOS, WEST); Gewicht und Geschlecht (MYERS), Größe und Gewicht (in Form der Oberfläche) (HEWLETT-JACKSON und PIOLTI). Die Dreiwertgruppe umfaßt Größe, Gewicht und Geschlecht (LUDWIG, WEST) sowie Alter, Größe und Geschlecht (COURNAND). Schließlich berücksichtigt ANTHONY 4 Größen, nämlich Geschlecht und Grundumsatz, in dem Alter, Größe, Gewicht und Geschlecht stecken. Das Geschlecht kommt in der Berechnung doppelt vor, was offenbar notwendig ist, da es in der Sollwertbestimmung für den Grundumsatz nicht so berücksichtigt wird, wie das für die Vitalkapazität notwendig ist.

Aus dem vorher Gesagten läßt sich ableiten, daß die besten Werte nach den Formeln von COURNAND und ANTHONY erhalten werden, bei letzterem vor allem dann, wenn bei wesentlichen Abweichungen des Gewichtes von der Norm das Sollgewicht für den Grundumsatz eingesetzt wird. Die ausschließliche oder wesentliche Berücksichtigung des tatsächlichen Gewichtes muß unbedingt zu Fälschungen führen, da, wie oben ausgeführt, das Gewicht höchstens hindernd, nicht aber fördernd wirkt. Insbesondere wird bei Frauen mit Gewichtsformeln ein viel zu hoher Sollwert für die Vitalkapazität gefunden.

Die genannten Sollwerte der Vitalkapazität gelten für Erwachsene. Für Jugendliche bis etwa 15 Jahre gibt die Formel von LUDWIG gute Werte. PÜSCHEL berechnet den Sollwert für Kinder, indem er bei einem Grundumsatz von 800 bis 900 cal diesen mit 1,2, bei höherem Grundumsatz mit 1,8 multipliziert.

Mit dem Alter setzt eine physiologische Abnahme der Vitalkapazität ein, die nach BOWEN mit dem 50. Altersjahr, nach WILSON erst nach dem 70. beginnt, was uns allerdings etwas zu optimistisch erscheint. Mit der Formel von COURNAND erhält man jedenfalls auch bei Patienten von 60 und mehr Jahren noch brauchbare Sollwerte.

Für die Ermittlung des Sollwertes der Vitalkapazität benützen wir die Formel von COURNAND. Mit dieser Formel nimmt die Vitalkapazität von 20. bis zum 70. Lebensjahr um 20—23% ab. Diese Abnahme wäre eine lineare Funktion des Alters, in Wirklichkeit dürfte die Abnahme im höheren Alter exponentiell erfolgen, eine entsprechende Formel wäre aber zu kompliziert. Die Vitalkapazität nimmt im Alter stärker ab als die Totalkapazität, d. h. das Residualvolumen wird im Alter physiologischerweise größer, sein Anteil an der Totalkapazität beträgt während des 6. bis 8. Lebensjahrzehntes im Liegen 30—40%. In Anlehnung an die Formel von BALDWIN und COURNAND können wir für den Sollwert der Totalkapazität folgende Berechnung angeben:

$$\text{Männer, Totalkapazität cm}^3 = [36{,}2 - (0{,}06 \cdot \text{Alter})] \cdot \text{Größe cm}$$
$$\text{Frauen, Totalkapazität cm}^3 = [28{,}6 - (0{,}06 \cdot \text{Alter})] \cdot \text{Größe cm}$$

Mit dieser Formel ergibt sich für die Totalkapazität zwischen dem 20. und 70. Lebensjahr eine Abnahme von 8—10%.

Bezüglich der normalen Streuung der Vitalkapazität muß auf einige Fehlerquellen hingewiesen werden. MILLS fand bei gesunden Versuchspersonen Schwankungen, die zwischen 50 und 200 cm³ liegen. APPERLY konnte nachweisen, daß scheinbare tages- und jahreszeitliche Schwankungen nach Korrektur der Volumen bezüglich Druck und Temperatur verschwanden. Im weiteren ist die Vitalkapazität von der Körperhaltung und vom Füllungszustand des Magens abhängig. Im Stehen ist die Vitalkapazität etwas größer als im Liegen. Füllung des Magens mit 1 l und mehr Flüssigkeit setzt die Vitalkapazität meßbar herab.

Man muß nach all dem Gesagten bei der Beurteilung der Vitalkapazität vorsichtig sein. Wir pflegen von pathologischer Verminderung erst zu sprechen, wenn die Vitalkapazität 30% oder mehr unter dem Sollwert liegt. Bei wiederholten Bestimmungen am gleichen Patienten, z. B. im Verlaufe therapeutischer Maßnahmen, erlangen schon kleinere Differenzen signifikante Bedeutung.

Tabelle 18

O_2-Aufnahme in cm³/min STPD	= GU (Sollwert) in Cal./24 Std. geteilt durch 7
CO_2-Abgabe in cm³/min STPD	= O_2-Aufnahme in cm³/min mal 0,82 (RQ)
RQ (Basalbedingungen)	= 0,82—0,86
Atemminutenvolumen in cm³/min (Lungenzustand, BTPS)	= O_2-Aufnahme (Istwert) mal 28
Spezifische Ventilation cm³ Luft (Lungenzustand) pro 1 cm³ aufgenommen O_2 (STPD)	= 28 ± 3
Vitalkapazität in cm³ (Lungenzustand) stehend	= Formel nach COURNAND, BALDWIN, RICHARDS
Vitalkapazität in cm³	= 72% der Totalkapazität,
AGW in Litern (Lungenzustand)	= VK in Litern mal 40
Atemvolumen in cm³, stehend (Lungenzustand)	= Minutenvolumen in cm³ geteilt durch 15 (Frequenz), oder O_2-Aufnahme in cm³ (Normalzustand) mal 1,87 oder 16% der VK

Die Sollwerte für den Atemgrenzwert leiten sich aus denjenigen für die Vitalkapazität ab. Wir multiplizieren den Sollwert der Vitalkapazität mit 40, um den Sollwert für den Atemgrenzwert zu erhalten. Für Frauen und ältere Patienten werden die Sollwerte auf diese Weise eher etwas zu hoch. Die Formel von BALDWIN, COURNAND und RICHARDS gibt etwas kleinere Werte, doch besitzt sie den Nachteil, daß in ihr das Gewicht (Oberfläche) enthalten ist:

$$\male\ \text{AGW} = [86,5-(0,522 \times \text{Alter in Jahren})] \times \text{Oberfläche in m}^2$$
$$\female\ \text{AGW} = [71,3-(0,474 \times \text{Alter in Jahren})] \times \text{Oberfläche in m}^2$$

Der Sollwert für die Sauerstoffaufnahme in cm³/min ergibt sich aus dem Sollgrundumsatz (Cal./24 Std.) dividiert durch 7. Da beim Gesunden zwischen Sauerstoffaufnahme und Ventilation eine lineare Beziehung besteht, läßt sich der Sollwert für das Minutenvolumen durch Multiplikation der Sauerstoffaufnahme mit einem Faktor ermitteln. KNIPPING gibt hierfür den Wert 24 (10faches Atemäquivalent) und ANTHONY 29. Wir verwenden die bereits auf Lungenverhältnisse korrigierte spezifische Ventilation, die im Mittel 28 beträgt. Der für Standardverhältnisse angegebene Sauerstoffverbrauch, in cm³/min multipliziert mit 28 ergibt das Sollminutenvolumen auf Lungenverhältnisse bezogen.

Die für die Unterabteilungen geltenden Sollwerte sind in Abb. 7 (Schema von HUTCHINSON) dargestellt. Bezüglich der Totalkapazität und des Residualvolumens verweisen wir auf die nächsten Kapitel (Tab. 19).

5. Residualvolumen und Totalkapazität

Nach dem Schema von HUTCHINSON (Abb. 7) wird als Residualvolumen dasjenige Gasvolumen bezeichnet, das nach einer vollständigen Exspiration noch in den Lungen verweilt. Mit der Vitalkapazität zusammen bildet es die Totalkapazität. Residualvolumen und Reservevolumen zusammen ergeben die funktionelle Residualkapazität; sie ist also dasjenige Volumen, welches sich nach einer normalen Exspiration in der Lunge befindet. Bringt man dieses zunächst unbekannte Volumen in Ausgleich mit einem bekannten, dann läßt sich unter gewissen Voraussetzungen aus der Änderung der Gaskonzentrationen das unbekannte Volumen berechnen Für die Messung der funktionellen Residualkapazität schließt man die Versuchsperson nach einer normalen Exspiration an das Spirometer an.

Die Bestimmung des Residualvolumens wurde fast 50 Jahre vor der Erfindung des Spirometers, nämlich 1800 durch DAVY eingeführt. Während früher zur Ermittlung des Residualvolumens die forcierte Atmung Anwendung fand, zogen VAN SLYKE und BUERGER (1932) die normale, ruhige Atmung vor, die sich in der Folge auch durchgesetzt hat, gleichgültig welches Gas benutzt wird.

Gibt man der Luft eines Behälters eine bestimmte Menge eines Fremdgases, beispielsweise Wasserstoff oder Helium zu (das von NOYONS empfohlene Butan konnte sich nicht einbürgern), und läßt man die Versuchsperson so lange hin- und heratmen, bis eine vollständige Durchmischung der Gase stattgefunden hat, dann kann man aus dem Volumen des Behälters sowie aus der Anfangs- und Endkonzentration des Gases das Volumen der Lunge (funktionelle Residualkapazität) berechnen.

$$a \cdot V = b \cdot (V + x)$$

$$x = \frac{(a - b) \cdot V}{b}$$

$V =$ Spirometervolumen,
$a =$ Prozent Anfangskonzentration des Fremdgases,
$b =$ Prozent Endkonzentration des Fremdgases.

Durch die Wahl eines genügend großen Volumens V oder durch Erhöhung der Sauerstoffkonzentration auf 40—50% zu Beginn des Versuchs kann man Sauerstoffmangel vermeiden. BIRATH machte auf die Explosionsgefahr von Wasserstoff-Sauerstoffgemischen aufmerksam. Wenn man keine höhere Konzentration als 10% Wasserstoff verwendet, soll diese Gefahr praktisch eliminiert sein. In dieser Hinsicht ist natürlich Helium vorzuziehen, das jedoch zeitweise sehr teuer war oder überhaupt nicht beschafft werden konnte.

Es muß auch berücksichtigt werden, daß eine gewisse Menge des Fremdgases während des Versuchs vom Blut der Versuchsperson aufgenommen wird. Man hat die durchschnittliche Wasserstoff- bzw. Heliumaufnahme pro Zeiteinheit bestimmt, indem man die Abnahme der Konzentration dieser Gase im Ablauf der Zeit nach vollständiger Durchmischung feststellte. Die Korrektur kann dann approximativ vorgenommen werden. Die Gasanalyse erfolgt nach HALDANE in der Gasbürette oder kontinuierlich auf elektrischem Wege (KNIPPING 1926, McMICHAEL 1939).

Da man heute in entsprechenden Laboratorien allgemein über Spirometer verfügt, ist es zweckmäßig, diese für die Messung des Residualvolumens heranzuziehen. BIRATH benutzt ein geschlossenes Spirometersystem und mißt die Wasserstoffkonzentration jede Minute. Man muß übrigens dabei beachten, daß die Pumpe im Hauptschluß liegt. Wenn Spirometer und Pumpe parallel geschaltet sind, wie z. B. beim gekoppelten Doppelspirometer von FLEISCH, dann kann das Residualvolumen nicht bestimmt werden, da sich kein Gasausgleich zwischen Lunge und Spirometer herstellt.

Während für die Ermittlung des Residualvolumens die Kenntnis der Konzentration des Fremdgases zu Beginn im Spirometer sowie am Schluß nach vollständiger Durchmischung genügt, läßt sich durch mehrere Analysen der Zeitpunkt bestimmen, an dem die Durchmischung vollständig ist. Man bezeichnet die Zeit zwischen Beginn des Versuchs und vollständiger Durchmischung als *Mischzeit*, die bei Emphysem, Bronchialspasmen und ganz allgemein bei Partialinsuffizienz verlängert, bei Hyperventilation mit Vergrößerung des Atemvolumens verkürzt ist. Die Mischzeit hängt neben der mechanischen Durchmischung als Folge der Ventilation auch von der Diffusion ab, d. h. leichte Gase wie Wasserstoff und Helium diffundieren schneller im Gasgemisch als schwerere Gase wie Stickstoff und Sauerstoff.

Während van Slyke und Buerger als normale Mischzeit 5—6 min annahmen, war Anthony der Ansicht, daß in den meisten Fällen schon nach 3 min eine vollständige Durchmischung der Gase erzielt sei. Diese Werte gelten für Wasserstoff, doch schließen sie auch leicht pathologische Fälle ein. Für Stickstoff und Sauerstoff rechnet man bei Lungen-Gesunden mit 3—4 min und für Wasserstoff und Helium mit 2—3 min Zeit bis zur homogenen Durchmischung der Gase. In pathologischen Fällen wird eine Verlängerung auf das 4—5fache beobachtet. Bei Arbeit verkürzt sich die Mischzeit auf etwa 1 min.

Birath hat bei seiner sehr genauen Wasserstoffmethode auf einige Korrekturfaktoren hingewiesen. Der Totraum des Spirometersystems (Schläuche, Pumpe und Waschflasche) kann ebenfalls mit der Wasserstoffverdünnung ein für allemal gemessen werden. Das Volumen der Spirometerglocke ist zu diesem Volumen zu addieren, wobei die Ablesung vor Anschluß der Versuchsperson zu erfolgen hat. Für das Mundstück ist das entsprechende Volumen (BTPS) vom Endresultat in Abzug zu bringen. Die Wasserstoffkonzentration ist unmittelbar hinter der Kohlensäureabsorption etwas höher, weil das Volumen durch die Entfernung der Kohlensäure abnimmt. Da diese erhöhte Konzentration nur in einem kleinen Volumen vorhanden ist, kann sie vernachlässigt werden. Es ist aber wichtig, daß die Entnahme der Probe für die Gasanalyse nicht in diesem Abschnitt des Kreislaufes stattfindet.

Die Volumenabnahme durch den Sauerstoffkonsum muß aus der Spirometerkurve für jede Minute abgelesen und in die Berechnungsformel eingesetzt werden. Bei Systemen mit automatischer Sauerstoffnachfüllung erübrigt sich diese Korrektur.

Erst bei Temperaturänderungen während des Versuchs um mehr als 1° C sind entsprechende Korrekturen anzubringen. Dagegen ist natürlich in jedem Falle eine Umrechnung auf Körperverhältnisse notwendig.

Schließlich muß auch noch die Wasserstoffabsorption durch das Blut in Betracht gezogen werden, die zu Beginn größer ist und dann asymptotisch einem Sättigungswert zustrebt. Nach Krogh und Lindhard (1912) kann bei einer Wasserstoffkonzentration von etwa 10% aus dem Löslichkeitskoeffizienten für Wasserstoff von 0,018 und einem Herzminutenvolumen von 3—4 l mit einer Aufnahme von etwa 50 cm³/min in den ersten 3 min gerechnet werden. Von der 4. min beträgt die Absorption etwa 30 cm³/min. Für die ersten 10 min macht das zusammen 360 cm³, also nur die Hälfte des von Anthony 1933 angegebenen Wertes, der als zu hoch betrachtet werden muß.

Für die Genauigkeit der Methode gibt Birath folgende Werte an: Bei 3 in Minutenabständen in einem Versuch erfolgten Bestimmungen beträgt der Standardfehler der einzelnen Messung ± 40 cm³. Bei 2 Versuchen mit frischem Anschluß der Versuchsperson an das Spirometer rechnet man mit ± 90 cm³ für jede Bestimmung. In diesen Zahlen sind technische Fehler sowie spontane physiologische Schwankungen enthalten. Auch in pathologischen Fällen wird von Birath keine größere Streuung angegeben. Für die Berechnung des Residualvolumens muß bei dieser Methode auch die Volumenabnahme des Spirometers durch die wiederholten Entnahmen der Gasproben berücksichtigt werden.

7*

Statt mit einem fremden Gas zu arbeiten, ist es auch möglich, den bezüglich Stoffwechsel indifferenten Stickstoff für die Bestimmung des Residualvolumens heranzuziehen. Diese Methode hat CHRISTIE (1932) in die Klinik eingeführt, sie hat in den USA seither größere Verbreitung gefunden. Wird an einem Spirometer reiner Sauerstoff oder ein sauerstoffreiches Gemisch geatmet, so wird der Stickstoff aus der Lunge ausgewaschen. Im geschlossenen Spirometersystem entsteht nach der Mischzeit ein Gleichgewicht und aus der Stickstoff-Konzentration desselben kann das Residualvolumen bestimmt werden. Die Methode liefert etwa die gleiche Genauigkeit wie die Fremdgasmethode und ein Vergleich von ANTHONY zwischen Stickstoff- und der Wasserstoffmethode hat gute Übereinstimmung der beiden ergeben. GILSON u. Mitarb. (1949) fanden ebenfalls eine gute Übereinstimmung zwischen Stickstoff- und der Heliummethode.

Bei der Stickstoff-Methode muß der Ausgangswert des Stickstoffs in der Lunge sowie derjenige im Spirometer bekannt sein. Außerdem ist der Nachschub von Stickstoff aus Blut und Geweben zu berücksichtigen, der eine Folge des Absinkens der Stickstoff-Spannung in den Lungen ist. Die durch den Sauerstoffverbrauch bedingte Volumenabnahme im Kreislaufspirometer erzeugt Schwierigkeiten, die entweder durch automatische Volumenstabilisierung mit Sauerstoff oder durch Anwendung von offenen Systemen umgangen werden. Letztere wurde von DARLING, COURNAND und RICHARDS 1940 ausgearbeitet, wobei ein großes Tissot-Spirometer benutzt wird. Die Autoren geben für die Auswaschung des Blutes und der Gewebe Korrekturformeln an, die sich auf Körpergröße und Gewicht stützen.

BOOTHBY und BATEMAN (1948) entwickelten die „Stickstoff-Clearance" als eigentlichen Lungenfunktionstest. Eine wesentliche Verbesserung der Methode wurde durch das *Nitrogenmeter* von LILLY (1950) erreicht, das mit einer Latenzzeit von nur 0,02 sec arbeitet. WOLF (1950) fand damit etwas andere Werte für die „Stickstoff-Clearance" als COURNAND u. Mitarb. ROHLAND wies bereits 1939 darauf hin, daß bei zu kleinem Spirometer durch einen respiratorischen Quotient, der von 1 abweicht, eine dauernde Änderung der Lungengase bewirkt wird, die Fehler in die Bestimmung des Residualvolumens einführt. Diese Fehler können praktisch vermieden werden, wenn das Verhältnis der Volumen zwischen Spirometer und Lungen mindestens 3:1 beträgt. Wenn der alveoläre Stickstoff vor dem Versuch bestimmt werden muß, dann kompliziert das die Messung erheblich. Man kann sich zwar durch Einsetzen von 80% Stickstoff helfen, doch kann dies in pathologischen Fällen zu Fehlern führen.

Wenn man mit einem geschlossenen Spirometersystem arbeitet, das den verbrauchten Sauerstoff automatisch ergänzt, dann vereinfachen sich die Verhältnisse wesentlich. Die funktionelle Residualkapazität berechnet sich dann nach der Formel:

$$\text{Funktionelle Residualkapazität} = \frac{\text{Spirometer-Vol.} \times (a - b)}{b - c}$$

a = Anfangskonzentration des O_2 im Spirometer,
b = Endkonzentration des O_2 im Spirometer,
c = Anfangskonzentration des O_2 in der Lunge vor Beginn der Mischung.

Wir haben eine einfache Methode ausgearbeitet, die für klinische Zwecke durchaus geeignet ist. Sie basiert auf einem Kreislaufspirometer mit Pumpe und automatischer Sauerstoffnachfüllung sowie einem Diaferometer im Nebenschluß. Gearbeitet wird mit Sauerstoff oder mit Helium. Es ist bei dieser Methode nicht nötig, die Sauerstoffkonzentration selbst zu kennen. Durch Zugabe verschiedener Mengen Exspirationsluft wird der Galvanometerausschlag geeicht. Da die Funktion linear ist, kommt man mit 3—4 Punkten zur Kontrolle aus. Diese im Vorversuch für jeden Patienten ermittelte Eichkurve wird verwendet, um aus dem

Galvanometerausschlag nach Durchmischung im Hauptversuch das durchmischte Volumen, nämlich die funktionelle Residualkapazität zu bestimmen. Sind nach den arteriellen Blutgasen annähernd normale alveoläre Gasspannungen zu erwarten, so genügt eine kollektive Eichkurve. Wird mit Helium gearbeitet, so erübrigt sich eine individuelle Eichung. Voraussetzung ist immer, daß mit demselben Spirometervolumen und der gleichen Empfindlichkeit der elektrischen Meßapparatur gearbeitet wird.

Abb. 29a und b zeigt zwei Beispiele für die Bestimmung der Mischzeit und der funktionellen Residualkapazität bei einem Gesunden und bei einem Emphysem-

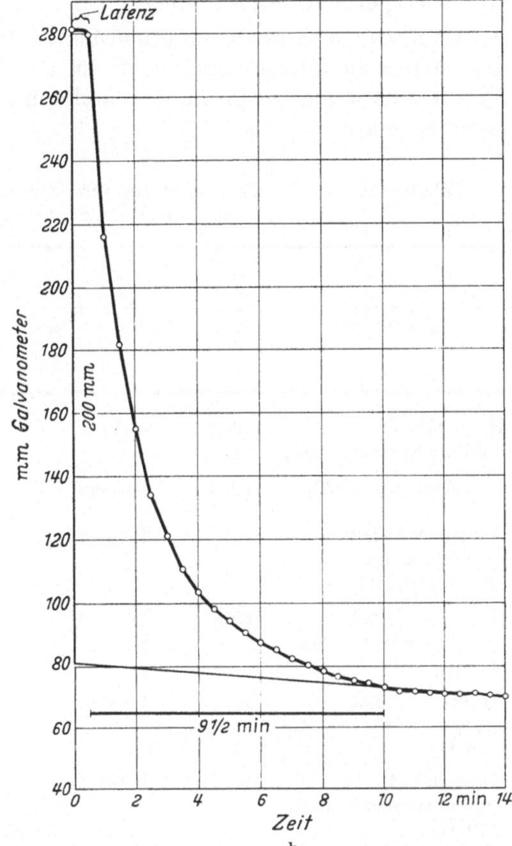

Abb. 29a u. b. Bestimmung der funktionellen Residualkapazität mit Heliummischung. Fortlaufende Messung der Abnahme der Heliumkonzentration im geschlossenen Spirometersystem. a) Normale funktionelle Residualkapazität und Mischzeit. b) Vergrößerte funktionelle Residualkapazität und verlängerte Mischzeit

patienten. Der nach Beendigung der Mischzeit während einiger Minuten konstante Abfall der Kurve ist durch die Stickstoffauswaschung des Blutes bzw. durch die Heliumaufnahme des Blutes bedingt. Durch die Rückverlängerung der Kurve kann dieser Effekt approximativ korrigiert werden, womit sich für die Bestimmung des Residualvolumens sicher keine größeren Fehler ergeben als bei Anwendung der rechnerischen Korrekturen (BIRATH, COURNAND). Bei der Sauerstoff-Stickstoffmischung muß noch eine zusätzliche Korrektur eingefügt werden, falls der nachgefüllte Sauerstoff weniger rein als 99,5% ist. Mit dem Sauerstoff wird laufend auch etwas Argon nachgefüllt, was ebenfalls zu einem leichten Abfall nach vollständiger Durchmischung führt (VAN VEEN, HERTZ).

Wenn bei sehr unregelmäßiger Atmung oder bei Veränderung der Atemmittellage die Sauerstoffnachfüllung nicht genau dem Verbrauch entspricht, so daß die Sauerstoffkonzentration im Spirometer wechselt, können Fehler entstehen, die beim Verwenden von Helium vermieden werden, da entsprechend der viel größeren Wärmeleitfähigkeit des Heliums, die Empfindlichkeit des Galvanometers so reduziert werden kann, daß Schwankungen der Sauerstoffkonzentration nicht mehr stören. Für die Heliummischung genügen Anfangskonzentrationen von 5–10%.

Legt man auf die Mischkurven keinen Wert, dann läßt sich das ganze Verfahren durch Hyperventilation abkürzen.

HURTADO u. Mitarb. veröffentlichten 1933–1935 mehrere grundlegende Arbeiten über die Lungenvolumen, die sie mit der Methode von CHRISTIE bestimmten. Ihre Normalwerte sowie die von anderen Autoren sind in folgender Tabelle zusammengefaßt.

Tabelle 19. *Die Vitalkapazität und ihre Unterabteilungen in Prozent der Totalkapazität nach Angaben der verschiedenen Autoren*

Autoren und Methode	Zahl der Versuchspersonen	Position des Untersuchten	Vitalkapazität	Komplementärluft	Reservevolumen	Residualvolumen	Funktionelle Residualkap. (Ruhekapazität)	Mittelkapazität
BOHR (1907) offenes System mit H_2	9 ♂ 1 ♀	stehend	77	—	26—42	23	—	58
LUNDSGAARD (1922)	18 ♂ 8 ♀	stehend	75	38	37	25	—	62
ANTHONY (1930) geschlossenes System mit O_2 und H_2	9 ♂	liegend	76	48	16	24	40	—
HURTADO (1933) geschlossenes System mit O_2	10 ♂	sitzend liegend	75 77	— —	— —	25 23	50 39	— —
HURTADO (1933) geschlossenes System mit O_2	50 ♂	liegend	78	—	—	22	38	—
HURTADO (1934) geschlossenes System mit O_2	50 ♀	liegend	72	—	—	28	45	—
ASLETT (1939) geschlossenes System mit H_2	38 ♂	sitzend	73	—	—	27	53	—
BIRATH (1944) geschlossenes System mit H_2	16 ♂ 19 ♀	liegend liegend	77,3 74,5	— —	— —	22,7 25,5	48,4 46,3	— —
ROSSIER (1953) geschlossenes System mit O_2 und He	10 ♂	liegend sitzend Arbeit sitzend { 50 W. 100 W. 150 W.	72,1 76,7 77 77 77	— — — — —	14,7 25,3 — — —	27,9 23,3 23 23 23	42,6 48,6 49,0 49,2 43,0	51—55 60—62 68,3 77,0 82,4
FRIEHOFF u. SCHMIDT (1955) geschlossenes System mit H_2	72 ♂	halbliegend	74	—	20	26	43	—

Der Anteil des Residualvolumens an der Totalkapazität wechselt etwas mit dem Alter. Im 2.—3. Lebensjahrzehnt findet man oft Werte unter 25%, im 5.—6. Lebensjahrzehnt müssen auch Zahlen bis zu 32% noch als normal bezeichnet werden.

Beträgt das Residualvolumen mehr als $^1/_3$ der Totalkapazität, so ist nach HURTADO mit einer Belüftungsstörung der Alveolen zu rechnen. Bei einem Anstieg über 45% findet man in der Regel eine ungenügende arterielle Sauerstoffsättigung.

In Verbindung mit der Bronchospirometrie kann das Residualvolumen beider Lungen getrennt untersucht werden.

6. Bronchospirometrie

Die Bronchospirometrie dient vorwiegend zur Ermittlung von Sauerstoffaufnahme, Atemminutenvolumen und Vitalkapazität jeder Lungenseite. Die Sauerstoffaufnahme gibt einen gewissen Hinweis auf die Durchblutung der betreffenden Seite. Der Luftstrom der beiden Lungenseiten wird mittels eines doppelläufigen Katheters getrennt. JACOBAEUS, FRENCKNER und BJÖRKMAN haben 1932 erstmals beim Menschen bronchospirometrische Untersuchungen durchgeführt. Sie benutzten anfänglich ein Bronchoskop, das sie nacheinander in jeden Hauptbronchus einführten. Später hat BJÖRKMAN eine Reihe von Untersuchungen mit einem Doppelbronchoskop durchgeführt. In unserem Laboratorium wurde das Doppelbronchoskop für bronchospirometrische Untersuchungen bei schweren Kyphoskoliosen benutzt (STEINMANN 1950). Der erste flexible Bronchospirometrietubus wurde 1939 von GEBAUER angegeben. ARNAUD, TULOU und MÉRIGOT haben für die bronchospirometrische Untersuchung die Blockade eines Hauptbronchus vorgeschlagen. Diese Methode hat jedoch den Nachteil, das mit ihr die getrennte Sauerstoffaufnahme nicht bestimmt werden kann, da ja die nicht blockierte Seite bei Blockade der anderen ihre Sauerstoffaufnahme vergrößert. Außerdem wird durch diese Anordnung eine arterielle Hypoxämie leichten Grades erzeugt. HERTZ u. Mitarb. konnten röntgenkymographisch zeigen, daß es bei einseitiger Blockade zu einer erheblichen Mediastinalverschiebung zur blockierten Seite kommt, was zur Folge hat, daß die Vitalkapazität der nicht blockierten Seite als zu groß bestimmt wird. Die einseitige Blockade führt natürlich auch zu deutlichen Veränderungen der atemmechanischen Verhältnisse, die Methode ist aus diesen verschiedenen Gründen für vergleichende Untersuchungen unbrauchbar.

Für die Simultanbronchospirometrie ist heute der CARLENS-Katheter am besten geeignet, da er den geringsten Strömungswiderstand bietet und im allgemeinen ohne Röntgenkontrolle regelrecht lokalisiert werden kann. Die Nachteile des Katheters bestehen in einer gewissen Schwierigkeit der Intubation wegen des an ihm befindlichen Hakens, der nach gelungener Einführung der Carina aufsitzen soll. Viele Untersucher schlingen den Haken mit einem Faden an, der nach Passieren der Stimmritze gelöst wird. Mittels eines besonderen Handgriffes (HERTZ) läßt sich der Katheter auch mühelos ohne Anschlingen des Hakens einführen.

NORRIS u. Mitarb. benutzten ein System, bei dem ein einfacher Katheter in den linken Hauptbronchus eingelegt wird, während die Luft aus der linken Lunge mit einer Atemmaske aufgefangen wird. Bei dieser Anordnung ist die Stenosierung der Atemwege am geringsten.

Für die Bestimmung der Vitalkapazität ist weniger die absolute Größe als die Relation der beiden Seiten zueinander von Bedeutung. Bei 9 gesunden Personen fand BJÖRKMAN für die Vitalkapazität im Mittel rechts 54,4% (49,4—58,9) und links 45,6% (41,1—50,6). HERTZ untersuchte 54 gesunde Personen bzw. Patienten mit einem minimen Lungenbefund und stellte folgende Relationen fest.

	rechte Lunge	linke Lunge
Vitalkapazität	53,3% ± 2,6%	46,7% ± 2,6%
Sauerstoffaufnahme	53,6% ± 4,5%	46,4% ± 4,5%
Atemminutenvolumen	56,2% ± 4,8%	43,8% ± 4,8%

Das Residualvolumen jeder Lungenseite wurde von BJÖRKMAN 1934 erstmals mit der Wasserstoffmethode bestimmt. GAENSLER und CUGELL verwendeten die Sauerstoffmethode von DARLING, COURNAND und RICHARDS mit einem offenen System. HERTZ und wir benutzen die Heliummethode im geschlossenen System mit automatischer Sauerstoffnachfüllung und Volumenstabilisation zur Bestimmung der funktionellen Residualkapazität und des Residualvolumens jeder Lungenseite bei Luftatmung. Stehen 2 Doppelspirometer zur Verfügung, so können mit dieser Methode Sauerstoffaufnahme, Atemminutenvolumen, funktionelle Residualkapazität und Vitalkapazität gleichzeitig gemessen werden, anderenfalls muß die Untersuchung jeder Lungenseite nacheinander erfolgen.

BJÖRKMAN und CARLENS (1951) sowie GAENSLER und CUGELL (1952) führten auch vergleichende bronchospirometrische Untersuchungen bei Luft- und Sauerstoffatmung durch. Häufig fand man auf der ventilationsbehinderten Seite bei Luftatmung eine geringere Sauerstoffaufnahme als bei Sauerstoffatmung.

HERTZ bestimmte mit einer offenen Anordnung den respiratorischen Quotienten jeder Seite, was die Berechnung der alveolären Sauerstoffspannung jeder Seite ermöglicht.

Bronchospirometrische Untersuchungen bei Arbeit wurden von BJÖRKMAN und CARLENS (1951), INADA (1954) und BERGAN (1952) durchgeführt. Die gleichzeitige Blockade eines Astes der A. pulmonalis mit Bronchospirometrie wurde von CARLENS, HANSON und NORDENSTRÖM (1951) beschrieben. Zur präoperativen Beurteilung ob eine Lungenseite allein die ganze Funktion übernehmen kann, wird oft eine Untersuchung mit Blockierung der operativ zu entfernenden Seite durchgeführt, was aber nur sinnvoll ist, wenn man während der Blockade auch die arteriellen Blutgase untersucht. Wenn auch eine Lungenseite den gesamten benötigten Sauerstoff während der Blockade aufnimmt, so bedeutet das noch nicht, daß diese Lunge die Funktion voll übernehmen kann, Dies ist für den Ruhezustand nur der Fall, wenn dabei keine schwerere arterielle Hypoxämie entsteht. Um einen besseren Einblick zu bekommen, sollte während der Blockierung auch ein Belastungsversuch mit Kontrolle durchgeführt werden. Eine leichte arterielle Hypoxämie ist bei der Bronchusblockade wegen der vergrößerten venösen Zumischung in der nicht mehr ventilierten Lungenseite unvermeidlich. Kommt es nicht zu einem leichten aber deutlichen Abfall der arteriellen Sauerstoffsättigung während der Blockade, so kann das als Beweis dafür gelten, daß die betreffende Seite weitgehend aus dem kleinen Kreislauf ausgeschlossen ist. Für die Blockade eines Astes der A. pulmonalis gelten sinngemäß die gleichen Anmerkungen. Bei dieser Methode kommt es nicht zu einer vermehrten venösen Zumischung, ein Abfall der arteriellen Sauerstoffsättigung während der Blockade beweist dann, daß die andere Lungenseite nicht genügend funktioniert. Auch bei der Pulmonalisblockade vervollständigt ein Belastungsversuch das Bild.

Zur Abklärung, ob eine Lungenseite allein zur Abatmung der Kohlensäure d. h. zu einer entsprechenden Ventilationssteigerung imstande ist, kann der einseitige Kohlensäurerückatmungsversuch, wie er von HERTZ angegeben wurde, Verwendung finden. Hierbei atmen beide Seiten reinen Sauerstoff, und auf der einen Seite wird die ausgeschiedene Kohlensäure nicht absorbiert. Damit erreicht man eine mehr oder weniger unveränderte Sauerstoffaufnahme auf beiden Seiten und eine Blockierung der Kohlensäureabgabe auf der Rückatmungsseite, eine Hypoxie und Hypoxämie wird vermieden. Ein fehlender Anstieg der arteriellen Kohlensäurespannung beweist dann, daß auf der einen Seite, entsprechend der Notwendigkeit die ganze Kohlensäure abzugeben, die Ventilation gesteigert wurde. Eine weitere Möglichkeit besteht darin, nicht Sauerstoff sondern Luft rückatmen zu lassen. Dann gleichen sich die alveolären Gasspannungen in der betreffenden

Seite denen des venösen Mischblutes an, so daß schließlich weder Kohlensäure abgegeben noch Sauerstoff aufgenommen wird. Mit dieser Versuchsanordnung haben HERTZ sowie BJÖRKMAN u. Mitarb. und auch wir insbesondere den Einfluß der alveolären Gasspannungen auf die Durchblutung der betreffenden Lungenseite studiert (s. Teil A.).

Die einseitige Hypoxie wurde von zahlreichen Autoren angewendet (JACOBAEUS und BRUCE 1940, WRIGHT und WOODRUFF 1942, WHITEHEAD, WHITMAN und SHACTER 1943, SCHERRER 1954, HERTZ 1955, FISHMAN, HIMMELSTEIN, COURNAND und FRITTS 1955, ULMER 1956). Das Charakteristische für die einseitige Hypoxieanordnung besteht darin, daß je nach Konzentration des Sauerstoffs in der Inspirationsluft die Sauerstoffaufnahme in der betreffenden Seite mehr oder weniger ganz unterbunden, möglicherweise sogar noch Sauerstoff vom venösen Mischblut an die Alveolen abgegeben wird, während die Kohlensäureabgabe unverändert bleibt. Der respiratorische Quotient nimmt auf dieser Seite Werte an, wie sie weder physiologisch noch pathologisch existieren.

Die Bedeutung der Bronchospirometrie liegt aber nach wie vor hauptsächlich in der vergleichenden Untersuchung beider Lungenseiten. Die Notwendigkeit einer Anaesthesierung der oberen Luftwege sowie die Anwendung von Atropin zwecks Einschränkung der Sekretbildung führt Untersuchungsbedingungen herbei, die sicher nicht als physiologisch bezeichnet werden können. Die jederzeit mögliche teilweise oder vollständige Verstopfung der Katheterlumen kann die Resultate schwer fälschen. Da die Atemwege und beide Lungenseiten durch die Tubi vollständig getrennt werden, kann der funktionelle Totraum beider Seiten nicht bestimmt werden.

Die Bronchospirometrie soll bei eitrigen Entzündungen oder oberen Luftwege sowie bei weniger als 10 Tage zurückliegenden Anfällen von Hämoptoe nicht durchgeführt werden.

7. Zusätzliche spirometrische Methoden

a) Der spirometrische Sauerstoffversuch

Wir befassen uns hier mit dem rein spirometrischen Sauerstoffversuch nach UHLENBRUCK-KNIPPING und nicht mit demjenigen, den wir in Kombination mit der Untersuchung des arteriellen Blutes zur Ermittlung des vasculären Kurzschlusses anwenden.

Von den Beobachtungen UHLENBRUCKs (1929) ausgehend, daß Patienten mit Cyanose, die durch Versagen des Herzens bei chronischen Lungenprozessen bedingt ist, bei Sauerstoffatmung mehr Sauerstoff aufnehmen als bei Luftatmung entwickelten KNIPPING und seine Schule den spirographischen Sauerstoffversuch zur Ermittlung des „Sauerstoff-Defizites", das wiederholt als Ersatz für die direkte Untersuchung des arteriellen Blutes empfohlen und deshalb auch als „arterielles Sauerstoff-Defizit" bezeichnet wurde. Zur Vermeidung von Verwechslungen muß darauf hingewiesen werden, daß dieses Sauerstoff-Defizit nicht identisch ist mit dem zu Beginn von körperlicher Arbeit aufgenommenen „Sauerstoff-Defizit", welches einen Teil der Sauerstoffschuld ausmacht.

Um das Sauerstoff-Defizit entbrannte ein heftiger Streit, der sich einerseits auf die Methode bezog, andererseits aber vor allem auf die Interpretation. Die Schule von KNIPPING hatte das spirographische Sauerstoff-Defizit als quantitativen Ausdruck einer arteriellen Sauerstoffuntersättigung gedeutet.

Methodisch wurde von BJERKNESS (1939) vor allem eingewendet, daß ein Sauerstoff-Defizit nicht ohne Konstanthaltung des Sauerstoffs im Spirometer bei Luftatmung gemessen werden kann. Er entwickelte eine Apparatur, die diese

Forderung erfüllte und konnte damit die Befunde Knippings nicht bestätigen. Außer der Inkonstanz des Sauerstoffs im Spirometer gibt es noch andere Fehlerquellen, die wir bereits in der Methodik der Spirometrie beschrieben haben. So wirken sich Änderungen in der Temperatur der Gase sowie Verschiebungen der Atemmittellage als scheinbare Ab- oder Zunahme der Sauerstoffverbrauchs aus. Der mit den Methoden der Spirometrie Vertraute weiß deshalb, daß bei der Interpretation von Änderungen in der Sauerstoffaufnahme aus Spirogrammen Vorsicht am Platze ist, und daß auf alle Fälle aus Änderungen von $\pm 10\%$ noch keine Schlüsse gezogen werden dürfen.

Eine Temperaturänderung von $1°$ C in einem Spirometer von 20 l Inhalt gibt eine Änderung des Volumens von etwa 70 cm³, was im Ruheversuch von 10 min Dauer für die Sauerstoffaufnahme einen Fehler von 3% ergibt. Von einzelnen Autoren wurde die Methode auf die Spitze getrieben, indem z. B. Vorwerk Defiziten von insgesamt 10 cm³ bereits pathologische Bedeutung beimaß. Solche „Defizite" müssen ja schon beim Gesunden gefunden werden, da auch sein Blut unter Sauerstoffatmung um $2-3\%$ höher gesättigt wird.

Neben diesen methodischen Einwänden bestanden vor allem aber auch physiologische, indem Defizite von mehreren Litern gefunden wurden, bei einer Gesamtkapazität des Blutes von etwa 1 Liter Sauerstoff. Es ist also undenkbar, solche Defizite als arteriell anzunehmen. Auch die zeitlichen Verhältnisse konnten mit einer arteriellen Untersättigung nicht erklärt werden, denn die Aufsättigung der Defizite benötigt oft lange Zeit, während die Aufsättigung des Blutes in den Lungen nicht länger als einige Minuten dauern kann.

1929 haben Uhlenbruck und 1933 Knipping bereits an Stoffwechselvorgänge zur Erklärung der gefundenen Sauerstoff-Defizite gedacht. Leider ist dann dieser Weg nicht mehr weiter verfolgt worden, und die Schule Knippings hat eine große Zahl von Arbeiten publiziert, in denen das spirographische Defizit ganz einfach mit einer arteriellen Untersättigung gleichgesetzt wurde.

Wiesinger und Nager haben es 1947 unternommen, die Methode und ihre Interpretation nachzuprüfen, indem sie unter Konstanthaltung des Sauerstoffs im Spirometer die Sauerstoffaufnahme unter Luft- und unter Sauerstoffatmung $(60-70\%)$ bestimmten sowie gleichzeitig die arterielle Sauerstoffsättigung durch Arterienpunktion ermittelten. Sie fanden zwar auch gelegentlich spirographische Sauerstoff-Defizite, doch standen diese weder in einer qualitativen noch in einer quantitativen Beziehung zu den gefundenen arteriellen Sauerstoffsättigungen und ihren Änderungen unter Sauerstoffatmung. Wir müssen aus diesen Untersuchungen den Schluß ziehen, daß die arterielle Untersättigung nicht mittels der Spirometrie festgestellt werden kann, sondern daß eine direkte Untersuchung des arteriellen Blutes hierfür unerläßlich ist.

Bei der Erklärung der gefundenen spirographischen Defizite müssen wir auf die ursprünglichen Beobachtungen von Uhlenbruck zurückgehen, der große Defizite an Patienten mit Kreislaufstauungen bei Lungenerkrankungen fand. In der Tat müssen bei positivem Ausfall des Sauerstoffversuchs größere Mengen von Sauerstoff von den Geweben aufgenommen werden, da sie weder im zirkulierenden Blut noch in den Blutspeichern untergebracht werden können. Der Mehrverbrauch von Sauerstoff bei Erhöhung der Sauerstoffspannung in der Einatmungsluft muß vor allem metabolischer Natur sein, denn auch eine Erhöhung der Spannung in Blut und Gewebe mit ihrer vermehrten Lösung von Sauerstoff kann nicht die ganzen, oftmals großen, gefundenen Defizite erklären. Bezüglich der Interpretation ist auch noch daran zu denken, daß Hermannsen bei Herzpatienten bereits unter Luft-Atmung eine wechselnde Sauerstoffaufnahme fand. Sichere spirographische Defizite beobachtete er jedoch nur bei Patienten mit schwerer Lungenstauung.

Im Gegensatz zu KNIPPING hat JEQUIER-DOGE (1940) die Mehraufnahme von Sauerstoff unmittelbar nach dem Umschalten von Luft auf Sauerstoff untersucht, die theoretisch mit einer Auffüllung des arteriellen Blutes zusammenhängen kann. Während im Ruheversuch aus technischen Gründen nur bei sehr großen Untersättigungen entsprechende Stufen im Spirogramm gefunden werden, gelingt es im Arbeitsversuch eher, einen wenigstens qualitativen Hinweis auf ein arterielles Sauerstoff-Defizit zu finden. Ein Sauerstoff-Defizit im Arbeitsversuch weist auf eine respiratorische Insuffizienz im weitesten Sinne hin, ohne direkt etwas über den Grad der Sauerstoff-Untersättigung des arteriellen Blutes auszusagen. Wegen der großen methodischen Unsicherheiten verzichten wir aber auch im Arbeitsversuch auf die Ermittlung solcher Sauerstoff-Defizite.

b) Der Sauerstoff-Mangelversuch, Hypoxieversuch

Es lag nahe, die Lungenfunktion auch bei erniedrigtem Sauerstoff-Partialdruck in der Einatmungsluft zu untersuchen. Es ist dies möglich durch Verminderung des Gesamtdruckes (Höhenaufenthalt, Unterdruckkammer) oder durch Herabsetzung des Sauerstoff-Partialdrucks, indem sauerstoffarme Gemische mittels Atemmasken aus Druckflaschen oder aus Spirometern verabreicht werden. Eine Erniedrigung des Sauerstoffangebotes bei gleichbleibender Leistung (Ruhezustand) muß ähnliche Probleme an die Atmung stellen wie eine Erhöhung des Sauerstoffverbrauchs (Arbeitsversuch) bei normalem Sauerstoffangebot. Der Hauptunterschied besteht aber darin, daß Sauerstoffmangel die Atmung primär steigert, um sekundär zur respiratorischen Alkalose zu führen, die dann tertiär kompensiert wird, während im Arbeitsversuch die Gasspannungen möglichst lange konstant gehalten werden (vgl. Steuerung der Atmung). Wir begegnen deshalb im Arbeitsversuch wesentlich physiologischeren Bedingungen als im Sauerstoff-Mangelversuch. Für die Begutachtung der Arbeitsfähigkeit ist deshalb der Arbeitsversuch bei weitem vorzuziehen. Früher wurde der Sauerstoff-Mangelversuch hauptsächlich für die Auswahl von Piloten für den Höhenflug verwendet.

In der Klinik wird der Sauerstoff-Mangelversuch vor allem in Verbindung mit der Elektrokardiographie zur Untersuchung der Coronardurchblutung angewendet. Die Dosierung des Sauerstoffmangels ($7-8\%$ Sauerstoff) muß derart sein, daß er auf keinen Fall durch die Atmung voll kompensiert werden kann.

c) Der Kohlensäure-Belastungsversuch

1931 hat GOIFFON einen Belastungsversuch angegeben, bei dem die Versuchsperson an ein 7 l fassendes Kreislaufspirometer ohne Kohlensäure-Absorption angeschlossen wird. Die Versuchsperson atmet so lange, wie sie die durch Anhäufung von Kohlensäure bedingte Atmungssteigerung aushält. Das Atemvolumen bei maximaler Kohlensäurebelastung wird als „reflektorische Vitalkapazität" bezeichnet. Sie beträgt normalerweise $80-85\%$ der auf übliche Weise bestimmten Vitalkapazität. Das unter den Bedingungen dieses Versuches registrierte Atemvolumen läßt einen gewissen Vergleich mit dem Atemgrenzwert zu. Nach HEINE werden etwa 60% des Atemgrenzwertes durch Kohlensäureatmung erreicht. Nach der Ansicht von GOIFFON liegt der Wert der Methode darin, daß sie den Kreislauf nicht belastet wie der Arbeitsversuch. Wir sind jedoch der Ansicht, daß der Kreislauf durch diesen Versuch auch belastet wird, aber in unphysiologischer Weise, sind doch die vasomotorischen Einflüsse der Kohlensäure genügend bekannt. Da der Versuch unphysiologisch und recht ungenau ist, verzichten wir in der Routineuntersuchung auf ihn. In Fällen, in denen Verdacht auf Aggravation besteht, kann er zur Ermittlung des Atemgrenzwertes gute Dienste leisten.

Es besteht auch die Möglichkeit, die Kohlensäure in der Einatmungsluft genauer zu dosieren, indem ein bestimmter Totraum vorgeschaltet oder indem der Einatmungsluft ein gewisser Prozentsatz Kohlensäure beigefügt wird.

II. Nichtspirometrische Methoden zur Untersuchung der Lungenatmung

In dieser etwas heterogenen Gruppe fassen wir alle diejenigen „unblutigen" Methoden zusammen, die nicht als spirometrisch bezeichnet werden können, aber doch für die Untersuchung der Lungenfunktion eine gewisse Bedeutung erlangt haben.

1. Direkte Alveolarluftbestimmung

Wir haben bereits im physiologischen Teil ausgeführt, daß die Zusammensetzung der Alveolarluft auf verschiedene Weise ermittelt werden kann. Unter Gleichsetzung der arteriellen Kohlensäurespannung mit der mittleren alveolären kann mit dem respiratorischen Quotienten auch die mittlere alveoläre Sauerstoffspannung berechnet werden. Diese indirekte Bestimmung hat den großen Vorteil, daß sie auch in pathologischen Fällen angewandt werden kann und verwertbare Ergebnisse liefert, während bei den direkten Methoden immer eine gewisse Mitarbeit des Patienten erforderlich ist.

Bei der direkten Analyse der Alveolarluft unterscheiden wir die Methoden mit Untersuchung einer einzelnen Alveolarluftprobe von den fortlaufend registrierenden Techniken. Die direkte Methode haben HALDANE und PRIESTLEY zu Anfang des Jahrhunderts eingeführt. Die Atemluft wird durch ein horizontales Rohr von etwa 1,2 m Länge und 2,5 cm Durchmesser exspiriert. Wegen der laminären Strömung im Rohr müssen nach HALDANE mindestens 800 cm³, also mehr als ein normales Atemvolumen, ausgeatmet werden. Nach der Exspiration verschließt man das Mundstück und entnimmt aus der mundnahen Partie des Rohres eine Gasprobe, die mit dem Haldane-Apparat auf Sauerstoff- und Kohlensäuregehalt analysiert wird. Die Ergebnisse werden auf Lungenverhältnisse korrigiert. Unter Berücksichtigung des Barometerstandes und der Wasserdampfsättigung kann aus dem Prozentgehalt die Spannung der Alveolargase berechnet werden.

Wenn man viele Alveolarluftanalysen durchführen will, so ist es zweckmäßig das Exspirationsrohr direkt an den Haldane-Gasanalysenapparat anzuschließen, womit aber Doppelanalysen der einzelnen Alveolarluftprobe nicht mehr möglich sind.

Die forcierte Exspiration muß nach einer normalen Atmung ausgeführt werden, eine vorgängige Hyper- oder Hypoventilation verfälscht natürlich das Ergebnis, hier liegen die großen praktischen Schwierigkeiten der Methode für die klinische Anwendung. HALDANE stellte bereits fest, daß man mit einer forcierten Exspiration nach einer normalen Inspiration (endinspiratorische Methode) einen etwas höheren Wert für den Sauerstoff und niedrigeren für die Kohlensäure mißt als wenn die forcierte Exspiration nach einer normalen Exspiration erfolgt. Der Mittelwert zwischen beiden Möglichkeiten ist nach ihm representativ für die Alveolarluft.

Mit dem Ziel, die Alveolarluft automatisch und ohne Mithilfe des Patienten zu sammeln, haben BENZINGER und BRAUCH (1934) eine Methode entwickelt, bei der durch einen von der Atmung gesteuerten Ventilmechanismus am Ende jeder normalen Exspiration etwas Alveolarluft gesammelt wird, die dann auch mit dem Haldane- oder Scholander-Apparat oder mit einer der bereits bei der Bestimmung des Residualvolumens erwähnten Methoden analysiert bzw. fortlaufend registriert wird. Mit der praktisch latenzzeitlos arbeitenden Infrarotabsorption ist die fortlaufende Kohlensäureanalyse der Exspirationsluft möglich. Das sich nach Exspiration der Totraumluft einstellende Plateau der Kohlensäurekonzentration entspricht der der Alveolarluft. Die Messung der Sauerstoffkonzentration ist mit diesem nur für polyatomare Gase brauchbaren System nicht möglich. Doch kann bei Kenntnis des respiratorischen Quotienten aus der alveolaren Kohlensäurespannung jederzeit die alveoläre Sauerstoffspannung berechnet werden.

2. Apnoezeit und Flak-Test

Bei der Bestimmung der Apnoezeit handelt es sich um die Messung der Zeit des maximalen willkürlichen Atemstillstandes, wobei man von verschiedenen Atemlagen ausgehen kann. Die Methode hat heute wesentlich an Interesse eingebüßt, ihr einziger Vorteil ist die Einfachheit. Man ist aber bei dieser Untersuchung noch mehr als bei der Bestimmung der Vitalkapazität, des Atemgrenzwertes, des Pneumometerstoßes usw. auf die Mitarbeit des Patienten angewiesen. Der eine kann Impulse, die zur Fortsetzung der Atmung zwingen, länger unterdrücken als der andere, wobei Wille und Training eine große Rolle spielen. Auch ist es möglich, durch andere Reflexe wie beispielsweise das Schlucken den Atemreflex zu unterdrücken und damit die Apnoezeit zu verlängern. Erst in zweiter Linie hängt die Zeit des Atemanhaltens von der Gaszusammensetzung in den Lungen ab. Senkt man die Kohlensäurespannung im Blut durch Hyperventilation, oder füllt man die Lungen mit reinem Sauerstoff, dann kann die Apnoezeit verlängert werden. Die Interpretation der Apnoezeit ist sehr vieldeutig, und die Methode hat deshalb für die Lungenfunktionsprüfung keine große Bedeutung.

Durch photoelektrische Registrierung der Sauerstoffsättigung des Blutes während Apnoe läßt sich die Methode bis zu einem gewissen Grade objektivieren, verliert aber dadurch auch ihre Einfachheit. MATTHES hat auf diese Weise das Residualvolumen bestimmt, indem er die Sauerstoffsättigung des Blutes während der Apnoe nach verschiedener Lungenfüllung oxymetrisch verfolgte. Üblicherweise werden die Apnoezeiten in maximaler In- bzw. Exspiration bestimmt. Sie variieren sehr stark und liegen zwischen 20 und 120 sec. Bei Körperarbeit sind sie infolge des großen Sauerstoffverbrauchs und Kohlensäureanfalles erheblich kürzer.

Im französischen Schrifttum und speziell in der Selektion von Militärpiloten ist der Flak-Test sehr verbreitet. Er besteht darin, daß die Versuchsperson in den einen Schenkel eines U-Rohres exspiriert und das darin befindliche Hg bis auf eine Niveau-Differenz von 40 mm hinauftreibt. Dieser exspiratorische Druck muß so lange wie möglich gehalten werden. Zu den geschilderten Unsicherheiten bei der Interpretation der Apnoezeit kommen noch die Einflüsse des intrathorakalen Überdrucks, so daß die Verhältnisse sehr unübersichtlich werden. Schickt man sich an, die einzelnen Faktoren wie Sauerstoffsättigung, Blutdruck und andere während des Versuchs zu messen, dann wird die Methode kompliziert. Wenn sie sich so lange in der Pilotenselektion halten konnte, dann wohl hauptsächlich deshalb, weil sie einen gewissen Test für den Willen der Versuchsperson darstellt. Als Funktionsprüfung für Lungen und Kreislauf ist sie jedoch zu komplex und undurchsichtig, so daß eine Interpretation der Ergebnisse ohne eine große Zahl von zusätzlichen Messungen nicht möglich ist.

3. Der Adrenalinversuch

Bronchialspasmen können durch Adrenalin oder adrenalinähnliche Substanzen gelöst werden, was ja aus der Asthmatherapie zur Genüge bekannt ist. Ob diese Substanzen durch Einspritzung oder durch Inhalation von Sprays an den Ort der

Wirkung gelangen, ist dabei nicht entscheidend. Rossier hat 1936 eine Methode eingeführt, bei der vor und 10 min nach intramuskulärer Injektion von 1 mg Adrenalin die Vitalkapazität und der Atemgrenzwert bestimmt werden. Um dem Patienten keine Schmerzen zu bereiten, fügen wir dem Adrenalin 1cm³ 2%iges Procain zu.

Bronchialspasmen sind klinisch häufig erfaßbar, indem sie sich auskultatorisch durch Giemen verraten. Die Untersuchung einer großen Zahl von Patienten mittels Adrenalinversuch hat uns gelehrt, daß es verhältnismäßig viele gibt, bei denen die Spasmen klinisch inaperzept bleiben und erst mit dem Versuch erfaßt werden können. Als Kontraindikation für den Versuch nennen wir wesentliche Hypertonien und stenokardische Beschwerden.

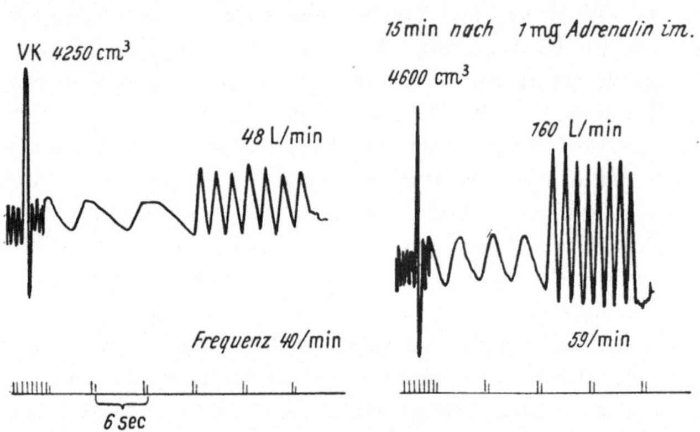

Abb. 30. Adrenalinversuch. Die Wirkung des intramuskulär injizierten Adrenalins auf den Atemgrenzwert bei einem Patienten mit chronischer spastischer Bronchitis

Wir können selbstverständlich nicht auf die zahlreichen Spasmolytica eingehen, die heute im Handel sind. Der von uns eingeführte Adrenalinversuch hat im Laufe der Jahre von vielen Autoren Modifikationen erfahren, ohne daß dadurch Grundsätzliches geändert worden wäre. Wyss bestimmt beispielsweise den Pneumometerstoß vor und nach Inhalation eines Aleudrinsprays. Er fand, daß sein Test relativ häufig bei Lungenstauung positiv ausfällt, woraus wir den Schluß ziehen können, daß neben der Wirkung auf die Bronchialmuskulatur auch ein abschwellender Effekt auf die Bronchialschleimhaut vorhanden ist. Vergleichende Untersuchungen der verschiedenen Methoden liegen noch nicht in genügendem Umfange vor, um sich ein genaues Bild über die Unterschiede machen zu können.

In allen Fällen, in denen klinisch Bronchialspasmen vorhanden sind, werden Vitalkapazität und Atemgrenzwert durch Applikation von 1 mg Adrenalin wesentlich vergrößert. Eine 2. Injektion nach 15 min verbessert das Resultat nur noch wenig und eine 3. überhaupt nicht mehr. Wir begnügen uns deshalb mit einer Injektion.

Da durch die Beseitigung der Bronchialspasmen eine Verbesserung der Gasdurchmischung in den Lungen bewirkt wird, findet man gelegentlich eine Verkürzung oder sogar Normalisierung der vorher verlängerten Mischzeit.

4. Die Pneumotachographie

Von der Idee ausgehend, daß nicht nur das geatmete Volumen (Spirometrie), sondern auch seine Geschwindigkeit zu jedem Zeitpunkt des Atemcyclus von Interesse sei, hat Fleisch bereits 1925 den ersten Pneumotachographen konstruiert, der heute in einer vom Autor verbesserten Form, jedoch im Prinzip unverändert, vorliegt.

Das Pneumotachogramm gibt die Geschwindigkeit des Luftstroms in jedem Zeitpunkt des Atemcyclus wieder. Hieraus lassen sich Rückschlüsse auf die Kraft der Atemmuskulatur sowie auf die Atemwiderstände ziehen.

Das Prinzip des Pneumotachographen beruht auf dem Poiseuilleschen Gesetz, nach dem bei laminärer Strömung in einem engen, steifen Rohr die Durchflußgeschwindigkeit proportional der Druckabnahme pro Längeneinheit ist. Die laufende Registrierung der Druckdifferenzen zwischen 2 Punkten des Rohres ergibt eine Kurve, aus der das pro Zeiteinheit bewegte Luftvolumen abgelesen werden kann. Zur Vermeidung von Turbulenzen, welche die Proportionalität zwischen Luftstrom und Druckdifferenz stören würden, wird der Exspirationsstrom in eine große Zahl von engen Röhren aufgeteilt (Abb. 31). Von einem der Röhrchen erfolgt an zwei Stellen in 10 cm Abstand die Abnahme des Differentialdruckes, der mit einem Differentialmanometer registriert wird. Wegen der Turbulenz, die in den oberen Atemwegen entsteht, ist die Druckabnahme-stelle auf der Mundstück-seite weiter vom Anfang des Röhrensystems entfernt als die Abnahmestelle auf der Außenluftseite. Bei sehr großen Exspirationsgeschwindigkeiten treten Schwingungen auf, die auf der Kurve erkannt werden. Durch Einschaltung von Dämpfungsröhrchen (0,8 mm Durchmesser, 35 mm Länge) in die Verbindungsschläuche lassen sich diese Schwingungen vermeiden ohne wesentliche Verzögerung der Registrierung. Die Eigenfrequenz des Apparates beträgt 40

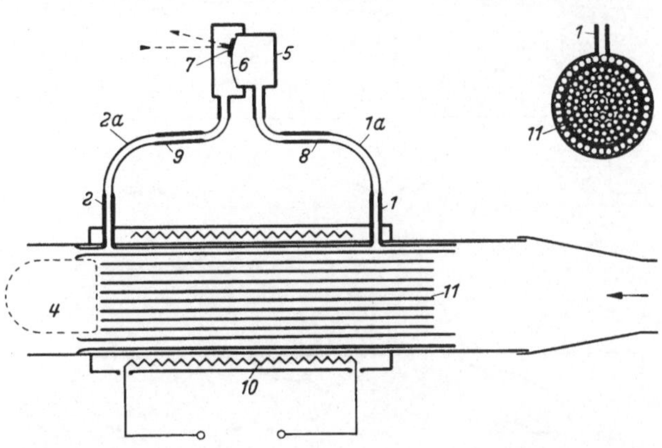

Abb. 31. Pneumotachograph von Fleisch. *1* u. *2* Ableitstutzen des Differentialdruckes. *8* u. *9* Dämpfung *5, 6* u. *7* Differentialmanometer. *10* Heizung. *11* Röhrchen. *4* Verschluß der Mehrzahl der Röhrchen zur Erhöhung der Empfindlichkeit

Ganzschwingungen, was für den vorgesehenen Zweck genügt. Zur Vermeidung von Wasserkondensationen ist eine kleine elektrische Heizung angebracht, welche den Apparat vorwärmt.

Heute sind für die verschiedenen Ansprüche mehrere Typen im Handel. Zusätzlicher Totraum und Widerstand sind bei den neuen Typen auf ein Minimum reduziert. Jeder Pneumotachograph muß geeicht werden und soll für gleiche Stromstärken bei In- und Exspiration die gleichen Ausschläge geben. Bei zu hohen Stromstärken treten infolge Turbulenz Fälschungen auf, indem zu hohe Differentialdrucke gemessen werden. Die Stromstärke, bei der diese Unsicherheit beginnt, ist auf der Eichkurve angegeben. Sollen größere Stromstärken gemessen werden, so ist der nächst größere Typ zu verwenden. Wir arbeiten mit dem mittleren Modell, das einen annähernd linearen Ausschlag bis zu einer Stromstärke von 150 l/min gibt. Da wir den Differentialdruck nicht wie auf der Abb. 31 mit einer Druckkapsel mit Gummimembran sondern elektrisch messen, ist es möglich durch entsprechende Wahl der Verstärkerstufe für kleine und große Stromstärken gut ausmeßbare Amplituden zu registrieren. Die Planimetrie der Flächen zwischen der Kurve und der 0-Linie ergibt das in- und exspirierte Volumen. Der mittlere Fehler der pneumotachographischen Volumenmessung beträgt $\pm 4\%$. Die Pneumotachographie hat im Zusammenhang mit atemmechanischen Untersuchungen erneut große Bedeutung bekommen. Bei obstruktiven Prozessen, insbesondere beim Asthma bronchiale registriert man mit dem Pneumotachogramm auch in formaler Hinsicht charakteristische Kurven.

HADORN hat vorgeschlagen, die bei forcierter Exspiration maximale Stromstärke als Pneumometerwert in l/sec zur Beurteilung der Atemreserven heranzuziehen, und er hat einen entsprechenden Apparat entwickelt. Normalerweise
beträgt der Pneumome-
terwert mindestens 5—8
l/sec, bei mechanisch be-
hinderter Atmung wesent-
lich weniger.

5. Die Messung der Beweglichkeit von Thorax und Zwerchfell

Zu diesem Zweck sind
hauptsächlich 3 Methoden
aufgekommen, nämlich
Durchleuchtung, Thora-
kographie und Plethys-
mographie.

Durchleuchtung und Röntgenaufnahme

Zur Bestimmung der
Beweglichkeit von Thorax
und Zwerchfell bedient
man sich in erster Linie
der Durchleuchtung. Die
Zwerchfellkuppen werden
auf dem Röntgenschirm
in maximaler In- und
Exspiration markiert. Man
muß aber berücksichtigen,
daß sich die Ansatzstellen
des Zwerchfells bei der
Inspiration mit den Rip-
pen heben. Durch Ein-
legen eines Fingers oder
durch Markierung mit Blei
auf der Haut läßt sich
diese Änderung der An-
satzstellen messen. Sie ist
der maximalen Zwerch-
fellexkursion zuzuzählen,
um die tatsächliche Be-
weglichkeit der Zwerch-
felle zu erhalten. Selbst-

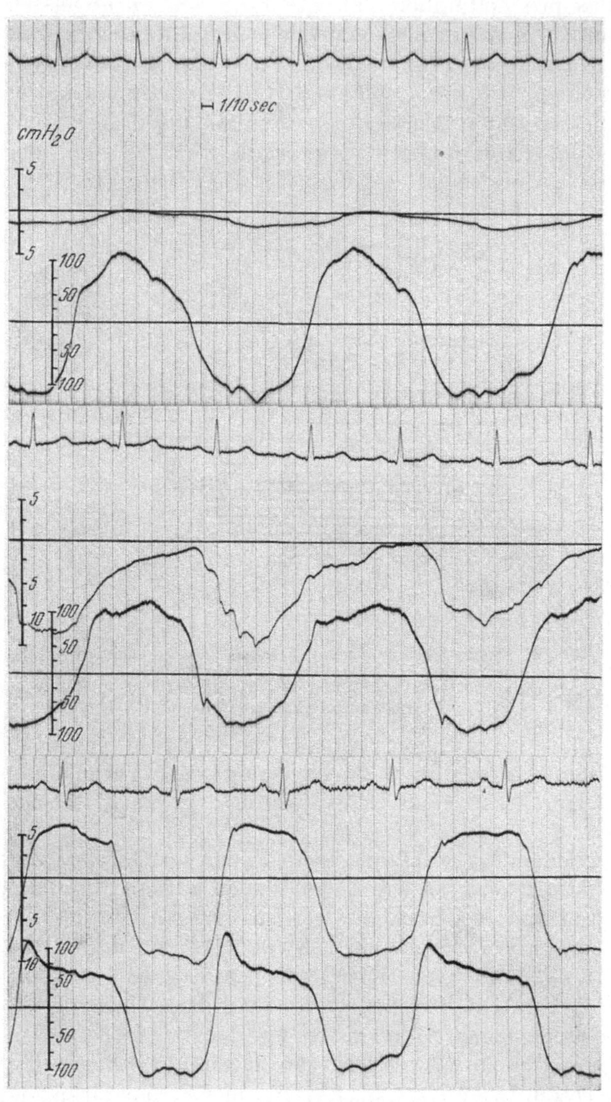

Abb. 32. Simultane Registrierung von EKG, Oesophagusdruck und
Pneumotachogramm. Oben: Normale Verhältnisse, Mitte: Subakute
Bronchitis. Unten: Schweres Emphysem bei chron. Asthma bronchiale

verständlich kann auch die Röntgen-Kymographie zur Beurteilung der Beweglichkeit des Thorax herangezogen werden, was aber in der Regel nicht notwendig ist.

6. Die Thorakographie

Die Messung des Brustumfanges in maximaler In- und Exspiration ist in der
Militär- und Sportmedizin weit verbreitet. Genauere Informationen über den
zeitlichen Ablauf der Thoraxbewegungen erhält man durch Thorakogramme. Ein

Band wird um die Brust gelegt und an einer Stelle (in der Regel über dem Brustbein) ein Apparat eingeschaltet, der entweder mechanisch (VERZÁR) oder elektrisch die Änderung des Thoraxumfanges mit der Atmung laufend registriert.

7. Die Plethysmographie

Für wissenschaftliche Fragen kann die Plethysmographie der Atemvolumen-Schwankungen von Bedeutung sein. Sie stellt gewissermaßen ein Spiegelbild der Spirometrie dar. Plethysmographen, mit denen die Atemvolumenschwankungen von außen gemessen werden, sind von GAD, HALDANE, GOLLWITZER-MEIER, GREENE und COGGESHALL, VERZÁR sowie von FLEISCH gebaut worden. Da der ganze Mensch in den Apparat gesetzt werden muß, handelt es sich um relativ umfangreiche Einrichtungen. FLEISCH beschrieb 1954 einen Plethysmographen, der den reichlich vorhandenen Fehlerquellen weitgehend Rechnung trägt. Solche Apparate haben in der Lungenfunktionsprüfung keinen Eingang gefunden, da sie umfangreich, kompliziert sowie störanfällig sind und das mit ihnen gewonnene Ergebnis in keiner Weise dem Aufwand entspricht. Für wissenschaftliche Fragestellungen können jedoch Plethysmographen unentbehrlich sein. FLEISCH hat beispielsweise seinen Apparat dazu benutzt, um den Einfluß von Atemwiderständen auf die Atemmittellage zu untersuchen, ein Problem, das für die Konstruktion von Spirometern von ausschlaggebender Bedeutung ist. DuBois u. Mitarb. haben in jüngster Zeit die Plethysmographie für spezielle Probleme der Atemmechanik und der Lungendurchblutung angewandt.

8. Druckmessungen in der Lunge (Alveolar-, Oesophagus- und Pleuradruck)

Die Grundlagen für die Messungen des Alveolardruckes haben wir bereits im Kapitel über die Atemmechanik im physiologischen Teil des Buches behandelt. Auf die Problematik all dieser Messungen in pathologischen Fällen wird noch einmal im Kapitel über die Pathophysiologie des Emphysems eingegangen. Es soll hier nur kurz die Meßtechnik behandelt werden. Die direkte Messung des Druckes in einem Alveolar-Säckchen wurde 1944 von VUILLEUMIER am Hund vorgenommen, doch handelt es sich dabei um eine für den Menschen nicht anwendbare Methode.

Bei der Bestimmung des Alveolardruckes können wir uns auf die Gleichung von v. NEERGAARD und WIRZ stützen, die 1927 die ersten Messungen des Alveolardruckes beim Menschen vorgenommen haben.

$$P_{Pl} = -P_{el} + P_{alv}$$

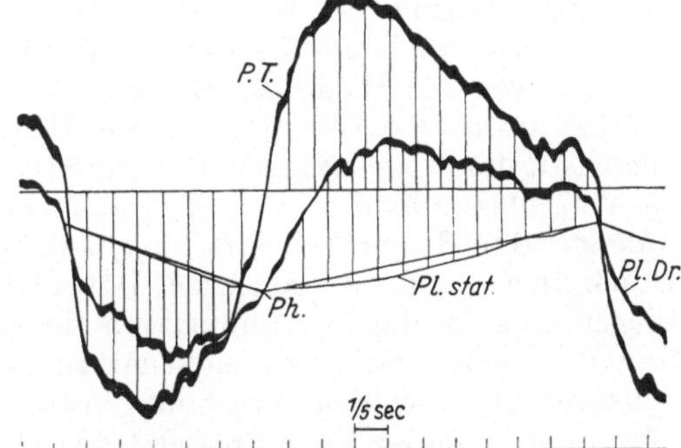

Abb. 33. Gleichzeitige Registrierung von Pneumotachogramm (*P.T.*) und dynamischem Pleuradruck (*Pl.Dr.*). Zwischen den Phasenwechselpunkten (*Ph.*) wird der statische Pleuradruck (*Pl.stat.*) interpoliert, wobei sich die lineare Interpolation auf den Volumen- und nicht auf den Zeitablauf bezieht. Die Differenz zwischen dem statischen und dynamischen Pleuradruck gibt den zur Überwindung der viscösen Widerstände von Luft und Lungengewebe nötigen Druck an. (Nach V. NEERGAARD und WIRZ)

An den Phasenwechselpunkten zwischen Ein- und Ausatmung werden die dynamischen Drucke gleich 0, so daß der Elastizitätsdruck der Lungen gleich dem Pleuradruck wird. Durch gleichzeitige Registrierung des Pneumotachogramms und des Pleuradruckes (Abb. 33) läßt sich der letztere an den Phasenwechselpunkten ermitteln.

Der elastische Lungendruck zwischen den Phasenwechselpunkten kann durch lineare Interpolation bestimmt werden, wobei sich die Werte auf die Volumen und nicht auf den zeitlichen Ablauf beziehen. Die Differenz zwischen dem gemessenen Pleuradruck und dem interpolierten elastischen Lungendruck ergibt nach der obigen Gleichung den Alveolardruck. Der Pleuradruck kann direkt durch Pleurapunktion oder indirekt mit der Oesophagussonde gemessen werden. Bei der direkten Messung ist ein leichter Pneumothorax nicht zu vermeiden, ja sogar Voraussetzung für die Messung. Diese Methode kommt deshalb für die Routineuntersuchung kaum in Frage. Die indirekte Messung mit der Oesophagussonde ist harmlos und ist heute weitaus die gebräuchlichste Methode, die aber als indirektes Verfahren neue Probleme aufwirft. Örtliche Kontraktionen und Tonusänderungen des Oesophagus verfälschen die Messung. Um einen guten Mittelwert zu erhalten, sollte der in der Speiseröhre liegende Ballon etwa 10—15 cm lang sein. Die Sonde muß gegen Außenluft nach oben dicht schließen, also überall der Oesophaguswand eng anliegen. Andererseits darf der Ballon zu diesem Zweck nicht einfach aufgeblasen werden, weil man damit das Druckniveau grob verfälscht. Nach unseren Erfahrungen ist es mit der Oesophagussonde meistens möglich, die respiratorischen Druckschwankungen und die Druckdifferenzen zwischen den Phasenwechselpunkten in In- und Exspiration sehr genau zu registrieren, während die exakte Angabe des absoluten Pleuradruckes oft sehr schwierig ist. Für die Bestimmung der an der Lunge geleisteten Atemarbeit ist aber die genaue Kenntnis des absoluten Pleuradruckes weniger wichtig als die einwandfreie Registrierung der respiratorischen Druckänderungen, weshalb hierfür die Oesophagussonde heute die Methode der Wahl darstellt.

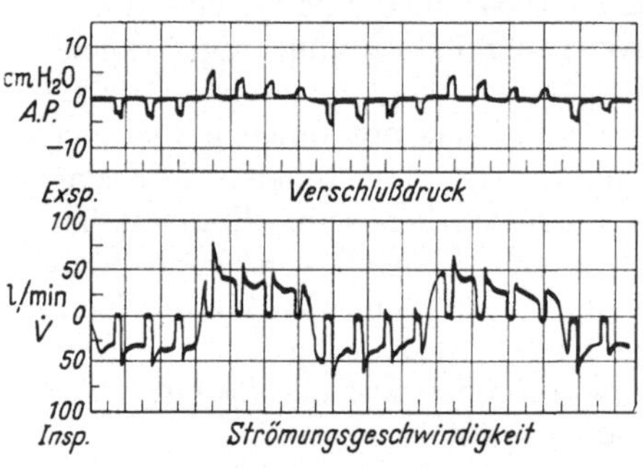

Abb. 34. Registrierung von Verschlußdruck und Pneumotachogramm (nach MEAD und WHITTENBERGER)

Eine zweite Methode zur Messung des Alveolardruckes stammt ebenfalls von v. NEERGAARD und WIRZ (1927). Im Ablauf des Atemcyclus wird der Luftstrom kurzfristig durch einen Verschlußmechanismus mehrmals unterbrochen. Im Moment des Verschlusses ist die Strömungsgeschwindigkeit und damit auch der Reibungswiderstand 0. Hinter dem Verschluß, z. B. in der Mundhöhle, stellt sich der gleiche Druck ein wie in den Alveolen. Die Dauer des Verschlusses darf 0,02 sec nicht übersteigen, da sonst die die Atmung verändernden propriozeptiven Reflexe zu spielen beginnen. Andererseits verstreicht natürlich eine gewisse Zeit, bis der Druckausgleich vollzogen ist. Nach den Berechnungen von MEAD und WHITTENBERGER (1954) genügen bei normalen Verhältnissen 0,02 sec für den vollständigen Druckausgleich. In folgender Abbildung sind entsprechende Kurven dieser Autoren wiedergegeben.

Die Verschlußdruckmethode wurde von zahlreichen Autoren angewandt, VUILLEUMIER (1944), OTIS und PROCTOR (1948), WYSS und SCHMID (1951), JEKER (1953), NOELLP und LOTTENBACH (1954). Vergleichende Messungen zwischen Verschlußdruck und Pleuradruck von MEAD und WHITTENBERGER (1954) ergaben für den Alveolardruck bei gesunden Versuchspersonen eine gute Übereinstimmung. Ob die Verschlußdruckmethode auch in allen pathologischen Fällen, insbesondere bei einer Stenosierung der Atemwege z. B. beim Asthma bronchiale, richtige Ergebnisse liefert, ist nicht ganz sicher. Bei einer Verzögerung des Druckausgleiches werden unter Umständen 0,02 sec für den vollständigen Druckausgleich zu kurz, so daß man einen zu tiefen Alveolardruck mißt. Für die Berechnung der

Strömungswiderstände in den Atemwegen ist aber die genaue Kenntnis des Alveolardruckes die Voraussetzung.

In unserem Laboratorium wenden wir folgende Technik zur routinemäßigen Untersuchung der Atemmechanik an. Oesophagusdruck und Pneumotachogramm werden mit hochempfindlichen Differentialdruckmanometern gemessen und simultan mit dem Elektrokardiogramm registriert (s. Abb. 8). Wir verwenden Elektromanometer (Statham) und die gleichen Verstärker wie für Blutdruckmessungen sowie eine photographische Registrierung (Polypulmocard „Zürich", Atlaswerke). Als Oesophagussonde haben sich normale Magensonden aus Plastik mit mehreren seitlichen Öffnungen sehr gut bewährt, sie bereiten den Kranken viel weniger Schwierigkeiten beim Schlucken als Ballonsonden. Als Pneumotachograph verwenden wir einen neuen Typ von FLEISCH mit einem Totraum einschließlich des Mundstückes von 30—35 cm³. Nach einigen Atemzügen ist die Luft im elektrisch geheizten Pneumotachographen auf 37° C angewärmt und mit Wasserdampf gesättigt, so daß die registrierten Volumen bzw. Strömungsgeschwindigkeiten für Lungenverhältnisse gelten. Zur Korrektur des allerdings minimen Widerstandes des Pneumotachographen wird der Oesophagusdruck als Differentialdruck zu einer seitlichen Druckabnahme am Mund proximal vom Pneumotachographen gemessen. Üblicherweise registrieren wir in Ruhe eine größere Anzahl von Atemzügen bei normaler Spontanatmung sowie bei höheren Atemfrequenzen bis etwa 40 pro Minute. Die gleiche Versuchsanordnung eignet sich auch für körperliche Arbeit. In besonderen Fällen registrieren wir zwecks Bestimmung der statischen Elastance den Oesophagusdruck bei langsamer sukzessiver Vertiefung der Atmung mit spirometrischer Kontrolle der Volumenänderung. Aus Oesophagusdruck und Pneumotachogramm wird durch Volumenintegration von $^1/_{10}$ sec zu $^1/_{10}$ sec die Atemschleife konstruiert. Ein integrierender Pneumotachograph, der die Auswertung der Kurven erheblich erleichtert, ist in Vorbereitung (PIRCHER). Der Winkel der Geraden zwischen den Phasenwechselpunkten zwischen In- und Exspiration entspricht der effektiven Elastance. Die Schleife um diese Gerade entspricht den viscösen Widerständen (Luftwege und Gewebedeformation) während In- und Exspiration. Durch Planimetrieren des inspiratorischen Teiles der Atemschleife kann die gesamte inspiratorische Atemarbeit an den Lungen pro Atemzug gemessen sowie die Unterteilung in Arbeit gegen elastische und viscöse Widerstände durchgeführt werden. Die Fläche der Schleife über der Geraden entspricht der Arbeit gegen viscöse Widerstände während der Exspiration.

Bei der Konstruktion der Atemschleife werden die unterschiedlichen zeitlichen Verhältnisse zwischen In- und Exspiration nicht berücksichtigt. Zur Bestimmung des Strömungswiderstandes, der Viscance, müssen deshalb Stromstärke, also Volumenänderung pro Zeit und Oesophagusdruck miteinander in Beziehung gebracht werden mit Subtraktion des für die Überwindung der elastischen Widerstände nötigen Druckes (Abb. 36).

Für atemmechanische Untersuchungen ist die Lage des Patienten nicht ohne Bedeutung. Mit dem Wechsel vom Liegen zum Sitzen oder Stehen wird in der Regel die Atemmittellage inspiratorisch verschoben (s. Abb. 7). Die Zunahme der funktionellen Residualkapazität um mehrere 100 cm³ entspricht einer stärkeren Lungenblähung und damit einem entsprechend stärker negativen Pleuradruck, die Differenz beträgt normalerweise 3—5 cm Wasser. Dank dieser Niveauverschiebung bleibt der Pleuradruck auch während leichter bis mittelschwerer Arbeit trotz Vergrößerung der respiratorischen Druckschwankungen entsprechend dem größeren Atemvolumen während der Exspiration negativ (s. Abb. 8). Sofern nicht ausdrücklich vermerkt, wurden alle in diesem Buch verwerteten atemmechanischen Untersuchungen am liegenden Patienten durchgeführt.

Während künstlicher Beatmung kann auch die gesamte, einschließlich der für die Bewegung von Thorax und Zwerchfell nötige Atemarbeit sowie die Thoraxelastance gemessen werden. Bei Überdruckbeatmung entspricht die Druckdifferenz zwischen Tubus und Oesophagus der Kraft, die für die Überwindung der viscösen und elastischen Widerstände der Lunge und Luftwege allein nötig ist. Bei Unterdruckbeatmung entspricht die Druckdifferenz zwischen Tank und Oesophagus der für die Bewegung des Thorax notwendigen Kraft (s. auch Kap. Künstliche Beatmung).

Abschließend soll noch einmal betont werden, daß die Oesophagusdruckmessung abgesehen von an den Kurven als solche erkennbaren Artefakten wie Kontraktionen nur im Falle beidseits freier Pleuraräume und eines frei beweglichen Mediastinums verwertbare und für die gesamte Lunge repräsen-

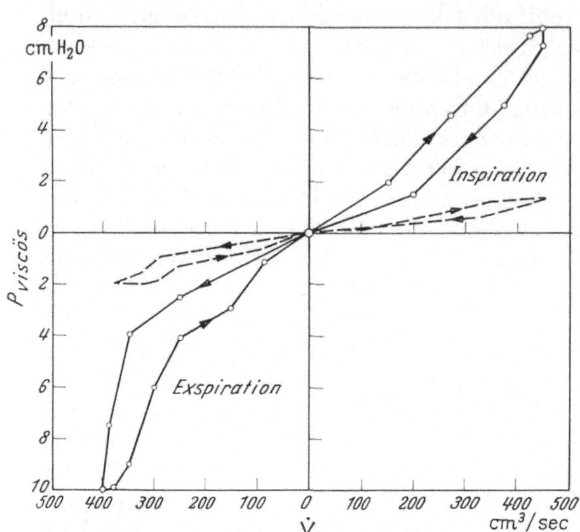

Abb. 35. *Druckströmungsdiagramm*. Ordinate: p*vis* = p*oe*—p*el*. Abscisse: Stromstärke während In- und Exspiration ---- Normal —— Chron. asthmoide Bronchitis

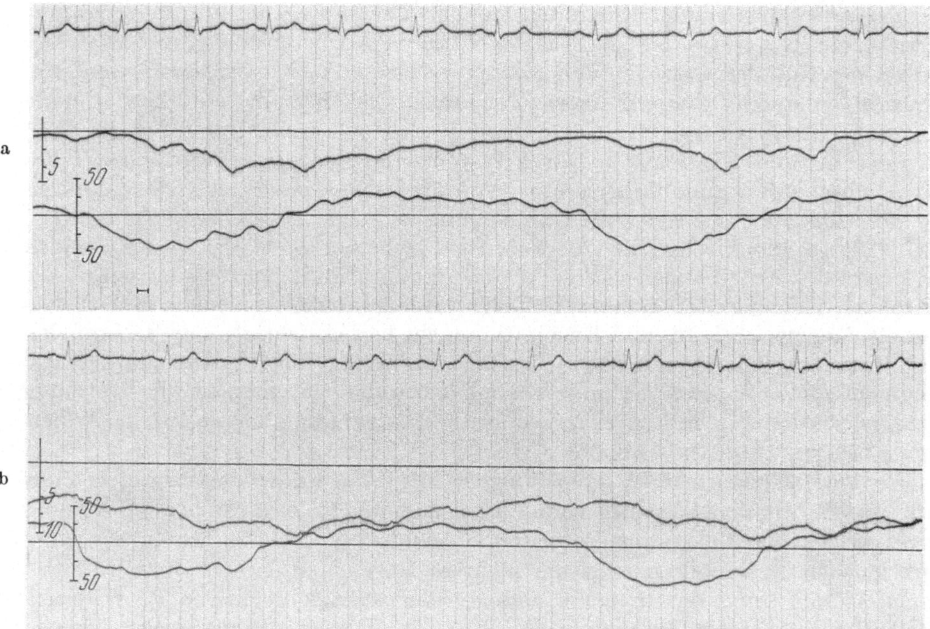

Abb. 36 a u. b. Simultane Registrierung von EKG, Oesophagusdruck und Pneumotachogramm. a: liegend, funkt. Residualkapazität 1600 cm³; b: sitzend, funkt. Residualkapazität 2000 cm³

tative Resultate gibt. Bei der Tuberkulose mit Pleurabeteiligung und nach chirurgischen Eingriffen stoßen deshalb atemmechanische Untersuchungen meistens auf kaum zu überwindende Schwierigkeiten. Auch die direkte Messung des Pleuradruckes gibt in diesen Fällen bestenfalls für die betreffende Seite, nicht aber für die gesamte Lunge representative Werte. Dies gilt weniger für Untersuchungen bei künstlicher Beatmung, doch ist in diesen Fällen wegen dem Fehlen einer zuverlässigen Pleura- oder Oesophagusdruckmessung die Differenzierung zwischen Lunge und Thorax erschwert bzw. unmöglich.

9. Verwendung von radioaktiven Gasen

In neuerer Zeit haben KNIPPING u. Mitarb. eine Methode für die Untersuchung der Luftdurchmischung in den Lungen angegeben, die sich auf die Verwendung von radioaktiven Gasen stützt. Die Verteilung der Radioaktivität in beiden Lungen wird durch Geiger-Zähler verfolgt. Die schlechte Luftverteilung und ungleichmäßige Ventilation bei einer Stenosierung eines Hauptbronchus, z. B. durch einen Tumor, kann auf diese Weise direkt registriert werden. Der Wert dieser Methode liegt nicht in der Feststellung einer Ventilationsstörung, sondern in deren Lokalisierung.

III. Untersuchung der Blutgase

Wie im Abschnitt über Spirometrie werden wir uns auch hier vor allem mit dem Grundsätzlichen der Blutuntersuchungsmethoden beschäftigen und gegebenenfalls mehrere Methoden anführen. Wir wollen betonen, daß wir der Untersuchung des Blutes und insbesondere des arteriellen eine mindestens ebenso große Bedeutung beimessen wie den spirometrischen Methoden.

1. Blutentnahme und Blutkonservierung

Bei der Blutentnahme müssen wir zwischen drei Sorten Blut unterscheiden: das arterielle Blut, das grundsätzlich in jeder zugänglichen Arterie entnommen werden kann, das periphere venöse Blut, das uns über dasjenige Gebiet orientiert, aus dem die Vene das Blut ableitet und das venöse Gesamt- oder Mischblut, welches mittels Herzkatheter der Arteria pulmonalis entnommen wird. Mit dem Herzkatheter kann man übrigens auch Blut aus speziellen Gegenden erhalten, wie aus der Vena cava sup., der cava inf., den Leber- oder Nierenvenen usw.

Während wir uns über die Venenpunktion nicht weiter verbreiten müssen, wollen wir auf die Arterienpunktion und die Blutentnahme mittels Katheter näher eingehen, wobei wir letztere in einem besonderen Kapitel behandeln werden.

Von seiten der Verfechter der spirographischen Messung des „arteriellen Sauerstoffdefizites" wurde lange Zeit die Gefährlichkeit der Arterienpunktion ins Feld geführt, und sie wurde als Routinemethode von diesen Autoren abgelehnt. Die Gewinnung arteriellen Blutes beim Menschen durch Punktion einer Arterie ist von HÜRTER (1912) eingeführt und von STADIE (1919) propagiert worden. Was die Gefahren anbelangt, so haben sich die Ansichten auf Grund eines großen Erfahrungsgutes gewandelt. Arterienpunktionen werden heute in vielen Laboratorien und auch für Arteriogramme täglich routinemäßig ausgeführt. Wir selbst verfügen über eine Erfahrung von rund 15000 Punktionen im Verlauf von 25 Jahren, ohne daß wir einen einzigen schweren Zwischenfall wie Thrombosierung einer Arterie oder unstillbare Blutung gesehen hätten.

Als Ort der Punktion wählen wir in der Regel die Ellbeuge, weil die Arterie dort gewöhnlich oberflächlich verläuft und gut gelagert ist. Sie wird in ihrem Verlauf erst möglichst genau palpiert und dann zwischen 2 Fingerbeeren fixiert, welche rittlings aufgesetzt werden. Mit sehr feiner, schräg und keilförmig geschliffener Nadel durchstoßen wir die Arterie senkrecht, wobei oftmals auch die

Hinterwand durchbohrt wird. In diesem Fall erhalten wir erst Blut beim Zurückziehen der Nadel. Das Blut strömt bei dünnen Nadeln übrigens durchaus nicht unter großem Druck in die Spritze, sondern muß aspiriert werden. Zumeist erkennt man das arterielle Blut an seiner hellen Farbe und am Pulsieren. Bei Untersättigung ist es aber nicht immer leicht, festzustellen, ob man wirklich arterielles Blut gewonnen hat, weshalb sich im Zweifelsfall ein Vergleich mit venösem Blut empfiehlt. Nach der Entnahme von 20 cm³ Blut wird die Nadel zurückgezogen und die Einstichstelle mit einem Tupfer massiert. Manchmal entsteht ein leichtes Hämatom, aber in der Regel verschließt sich die Einstichstelle sofort. Es kann gelegentlich auch vorkommen, daß man den Nervus medianus trifft, was zu einem zuckenden Schmerz in seinem Ausbreitungsgebiet führt. Wir ziehen dann die Nadel sofort zurück und punktieren auf der anderen Seite.

In den meisten Fällen gelingt die Punktion auf diesem Wege. Wenn wir auf Schwierigkeiten stoßen, dann punktieren wir die Arteria femoralis unmittelbar· unterhalb dem Poupartschen Band. Die Punktion erfolgt mit einer längeren Nadel und es kann gelegentlich vorkommen, daß man die Nadel in die neben der Arterie liegende Vene verstößt. Bei Kindern oder Säuglingen kann diese Entnahmestelle die einzig mögliche sein, während sie bei sehr adipösen Frauen weniger Erfolg verspricht.

Vorsicht ist am Platze, wenn Patienten Anticoagulantien erhalten haben. In zwei solchen Fällen hatten wir nach der Arterienpunktion Mühe mit der Blutstillung, und es entstand ein beträchtliches Hämatom.

Bei Verwendung feiner, speziell geschliffener Nadeln ist eine Anaesthesie der Punktionsstelle überflüssig. Wir sagen unseren Patienten nur, daß es sich um eine Blutentnahme handelt, und nicht, daß wir eine Arterie punktieren. Da die meisten Menschen Blutentnahmen in der Ellbeuge kennen, regen sie sich nicht auf, so daß eine Hyperventilation vermieden wird.

Wenn mehrmalige Punktion in kurzen Zeitabständen nötig ist, dann legen wir eine Verweilkanüle mit Mandrin ein, was bei kräftigen, gut palpablen Brachialarterien keine Schwierigkeiten bereitet.

Das Blut wird normalerweise mit einer 20 cm³-Spritze entnommen. Handelt es sich um eine Präzisionsspritze, dann sind besondere Maßnahmen zur Vermeidung des Luftkontaktes überflüssig. Im andern Fall empfehlen wir, etwa 2 cm³ steriles Paraffinum liquidum einzufüllen und den Nadelansatz sowie die Verbindungsstellen zwischen Glas und Metall durch aufgeschmolzenes Paraffinum solidum abzudichten. Spritzen mit weitem Spiel des Kolbens im Zylinder sind nicht zu verwenden.

Soll die Sauerstoffspannung auf polarographischem Weg gemessen werden, dann ist die Spritze auf etwa 40° vorzuwärmen. Sie kühlt sich während der Punktion ungefähr auf Körpertemperatur ab, so daß der Temperaturausgleich nur wenig Zeit in Anspruch nimmt.

Zur *Hemmung der Gerinnung* haben wir während vielen Jahren 2⁰/₀₀ Kaliumoxalat und zur *Hemmung der Autoxydation* 1,5⁰/₀₀ Natriumfluorid in fester Form verwendet. Wir sind nach Versuchen mit verschiedenen Anticoagulantien auf diese Lösung gekommen, weil durch den Zusatz dieser Salze das p_H nicht meßbar verändert wird und weil als Folge der Hemmung der Autoxydation mittels Fluorid keine Ansäuerung des Blutes beim Stehen auftritt. Der Zusatz in fester Form besitzt den Vorteil, daß keine Korrekturen für im Gerinnungs-Hemmungsmittel gelöste Gase und das Volumen gemacht werden müssen.

Da bei der Polarographie Hämolyse störend wirkt, ist ein zu hoher Zusatz von Salzen unerwünscht. Fluorid ist aber zur Hemmung der Autoxydation unbedingt nötig, während das Oxalat mit Vorteil durch Heparin ersetzt wird.

2. Die Messung des Sauerstoffes im Blut

Zur Beurteilung der Sauerstoff-Transportvermögens des Blutes müssen wir seine Sauerstoffkapazität kennen. Das bedeutsamste Kriterium der Lungenfunktion ist der Sättigungsgrad des arteriellen Blutes mit Sauerstoff. Für die Fragen der Diffusion des Sauerstoffs durch die Alveolarmembran ist die Messung seiner Spannung im Blut notwendig.

a) Die Sauerstoffkapazität

Obschon die gasanalytischen Methoden zur Messung der Sauerstoffkapazität selten alleine, d. h. ohne gleichzeitige Bestimmung der Sauerstoffsättigung durchgeführt werden, wollen wir sie doch der Übersichtlichkeit wegen getrennt beschreiben.

Es handelt sich darum, diejenige Menge Sauerstoff zu messen, die von der Volumeneinheit Blut bei voller Sättigung von Hämoglobin aufgenommen werden kann. Die volle Sättigung wird praktisch dann erreicht, wenn bei Zimmertemperatur mit Luft geschüttelt wird. Es sei nebenbei bemerkt, daß bei Körpertemperatur der Sauerstoffpartialdruck der Luft nicht zur restlosen Sättigung genügt, die erst bei einem Druck von gegen 300 mm Hg wirklich erreicht wird. Das Einbeziehen des im Plasma gelösten Sauerstoffs in die Kapazität ist aber nicht sinnvoll, da die Löslichkeit eine lineare Funktion des Partialdrucks und damit unbegrenzt ist.

Die Frage der Messung der Sauerstoffkapazität des Blutes wurde in unserem Laboratorium eingehend studiert und wir verweisen diesbezüglich auf die Dissertation DE CHASTONAY (Zürich, 1950). Für die Messung der Sauerstoffkapazität können wir verschiedene Wege beschreiten: Die feste Beziehung zwischen Hämoglobin und Sauerstoff (1 g Hämoglobin bindet 1,34 cm³ Sauerstoff) ermöglichen die Berechnungen der Kapazität über eine Hämoglobin- (oder auch eine Eisen-) Bestimmung des Blutes. Hierbei können jedoch Fehler entstehen, indem nicht alles als Farbstoff in Erscheinung tretende Hämoglobin auch aktiv sauerstofftransportfähig sein muß. Da uns jedoch nicht die Farbe, sondern der Sauerstofftransport interessiert, benutzen wir lieber Methoden, welche diesen direkt ermitteln. Hierbei stehen uns grundsätzlich 3 Wege offen. Nach VAN SLYKE wird der Sauerstoff chemisch ausgetrieben und zusätzlich evakuiert. Der Gesamtdruck der Gase wird bei konstantem Volumen vor und nach Absorption des Sauerstoffs manometrisch gemessen. Nach HALDANE treibt man den Sauerstoff chemisch aus dem Blut aus und mißt die Volumenzunahme des Gases in einer Bürette. Eine dritte Methode, die von BARCROFT stammte und sich der chemischen Austreibung des Sauerstoffs und seiner manometrischen Messung bediente, ist heute verlassen worden.

Die manometrische Bestimmung der Sauerstoffkapazität nach VAN SLYKE benötigt 0,5—2 cm³ Blut. Die Sättigung des Blutes mit Sauerstoff erfolgt entweder vor der Einführung in den Apparat oder (nach SENDROY) in diesem selbst. DE CHASTONAY bestätigte, daß mit beiden Methoden dieselben Resultate erzielt werden. Der Sauerstoff wird in der Kammer durch entgaste Ferricyanid-Saponin-Lösung im Vakuum unter Schütteln ausgetrieben. Die Hämolyse durch Saponin ist notwendig, weil das Ferricyanid die Erythrocytenmembran nicht rasch genug durchdringt. An und für sich würde die Evakuation genügen, um den Sauerstoff aus dem Hämoglobin zu treiben. Die Ferricyanidlösung verhindert jedoch die erneute Bindung nach Wiedererhöhung des Druckes. Die Wirkung des Ferricyanid kann man sich in folgender Weise vorstellen.

$$HbO_2 + K_3Fe(CN)_6 + H_2O \rightarrow O_2 + K_3HFe(CN)_6 + HbOH.$$

Das Ferricyanid geht in Ferrocyanid über, und das Hämoglobin wird zu Met-Hämoglobin umgewandelt. Nun absorbiert man die Kohlensäure durch Natronlauge und bringt die verbleibenden Gase auf ein bestimmtes Volumen. Ihr Druck wird mit dem Quecksilber-Manometer gemessen. Daraufhin absorbiert man den Sauerstoff mittels Hydrosulfit und liest wiederum bei demselben Volumen den Druck ab. Der Sauerstoffdruck berechnet sich aus der Differenz der beiden Ablesungen, abzüglich eines Korrekturwertes, der sich aus einem Leerversuch ohne Blut ergibt und den gesamten Sauerstoff der entgasten Reagentien enthält.

Durch die Anwendung des Vakuums kommt es im Gegensatz zur Methode von HALDANE auch zur Austreibung des im Plasma gelösten Sauerstoffs, der abgerechnet werden muß, wenn man die Kapazität des Hämoglobins sucht. Für die Umrechnung der Drucke in Vol.-% bedient man sich mit Tabellen, welche die Faktoren in Abhängigkeit der Temperaturen enthalten.

Die Methode ist präzis ($\pm$ 0,2 Vol.-%) und Doppelbestimmungen sind nötig, wie bei allen gasanalytischen Methoden.

Wir verwenden die volumetrische Methode von HALDANE, verbessert durch COURTICE und DOUGLAS (1947), weil sie einfacher und rascher ausgeführt wird und weil ihre Genauigkeit derjenigen von VAN SLYKE ebenbürtig ist (DE CHASTONAY, 1950). Die Methode von HALDANE beruht darauf, daß man das Blut unter einen alkalischen Puffer schichtet, der beim Schütteln die Kohlensäure des Blutes bindet, so daß sie die Messung nicht stören kann. Aus dem durch Schütteln an der Luft gesättigten Blut wird der Sauerstoff durch Saponin-Ferricyanid Lösung ausgetrieben. Die Volumenänderung in der Gasbürette entspricht der Sauerstoff-Kapazität des Blutes. Weil Sauerstoff und Stickstoff im Plasma nicht in gleichem Maße gelöst sind wie im luftgesättigten Puffer, kommt es zu geringen Verschiebungen dieser Gase, was entsprechende Korrekturen notwendig macht. Da die Gasspannungen im Blut bei Luftatmung einigermaßen bekannt sind, lassen sich die kleinen Korrekturen mit genügender Genauigkeit anbringen. Nach kurzfristiger Sauerstoffatmung hingegen entstehen größere Unsicherheiten, weil das Blut bezüglich Gasspannungen nicht im Gleichgewicht ist.

Wie schon von anderen Autoren und uns selbst oftmals festgestellt wurde, ergibt die Originalmethode von HALDANE verglichen mit VAN SLYKE zu niedrige Werte für die Sauerstoffkapazität. Wir stellten außerdem fest, daß die Werte recht erheblichen Schwankungen unterworfen sein können. DE CHASTONAY fand, daß das Ergebnis von der Konzentration der verwendeten Carbonatpuffers abhängt. COURTICE und DOUGLAS (1947) führten diese Unstimmigkeiten darauf zurück, daß in stark alkalischem Milieu Oxydationen vor allem von Lipoiden stattfinden, welche Sauerstoff verbrauchen, und damit zu niedrige Werte bei der Messung ergeben. Dies erklärt auch die Abhängigkeit des Resultates von der Art des Blutes. Durch Verwendung eines weniger alkalischen Puffers mit dennoch guter Absorption der Kohlensäure kann dieser Fehler vermieden werden. Wir haben mit dem von COURTICE und DOUGLAS empfohlenen Boratpuffer sehr gute Erfahrungen gemacht. Mit ihm lassen sich konstante Werte für die Sauerstoffkapazität erzielen, welche ausgezeichnet mit denjenigen von VAN SLYKE übereinstimmen. Neben der Raschheit und Einfachheit besitzt diese Methode noch einen Vorteil, der darin besteht, daß Sauerstoffkapazität und Sauerstoffsättigung aus der gleichen Blutprobe bestimmt werden, worauf wir bei der Beschreibung der Methode für die Sauerstoffsättigung noch zurückkommen werden.

b) Die Sauerstoffsättigung des Blutes

Für die Messung der Sauerstoffsättigung kann man sich verschiedener Prinzipien bedienen, von denen zwei auf den für die Kapazität geschilderten Methoden beruhen.

Mit dem Apparat von VAN SLYKE läßt sich der aktuelle Sauerstoffgehalt einer Blutprobe messen und nach voller Sättigung einer Probe desselben Blutes mit seiner Kapazität vergleichen. Der Prozentsatz des gesamten Hämoglobin, welcher mit Sauerstoff besetzt ist, ergibt die Sättigung. Der Nachteil der Methode besteht darin, daß Gehalt und Kapazität aus zwei verschiedenen Proben desselben Blutes ermittelt werden müssen. Ist das Hämoglobin im Blut ungleich verteilt, wie das infolge von Sedimentation oder teilweiser Gerinnung vorkommen kann, dann entstehen in der Berechnung der Sättigung wesentliche Fehler.

Die Methode von HALDANE vermeidet diese Nachteile, indem nicht der Sauerstoffgehalt, sondern der zur vollständigen Sättigung fehlende Sauerstoffbetrag gemessen wird. Nachdem die Blutproben (1 cm³, besser 2 cm³) im Kölbchen unter den Puffer geschichtet, der Temperaturausgleich beendet und das Gasvolumen auf der Bürette abgelesen ist, schüttelt man die Proben von Hand, oder besser automatisch. Das Blut nimmt dabei so viel Sauerstoff auf, bis es vollständig gesättigt ist. Die hierdurch bewirkte Volumenabnahme läßt sich an der Skala der Bürette ablesen.

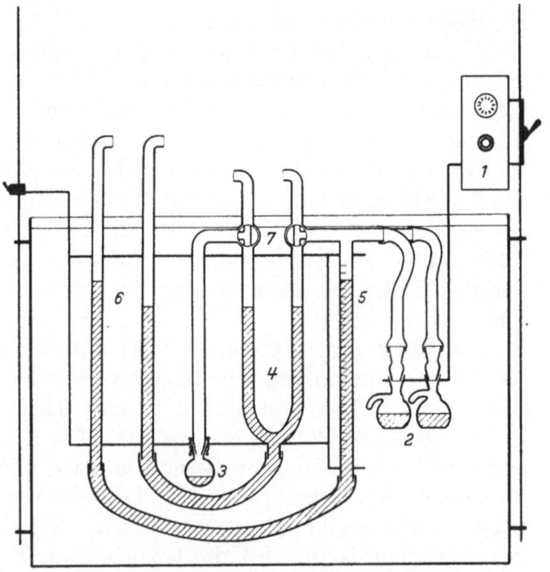

In einer zweiten Phase kippt man das in einem Seitenarm des Kölbchens befindliche Ferricyanid zum Blut-Puffer-Gemisch und schüttelt bis zur völligen Austreibung des Sauerstoffs aus dem Blut. Die Volumenzunahme ergibt die Sauerstoffkapazität, und die Sättigung läßt sich aus Defizit und Kapazität leicht errechnen. Die Methode wird im Anhang beschrieben samt den dazu benötigten Korrekturfaktoren für die im Puffer und Plasma gelösten Gase.

Abb. 37. Schema des modifizierten Haldane-Barcroft-Apparates für die Bestimmung der Sauerstoffkapazität und -sättigung. Med. Universitätspoliklinik Zürich. *1* Schütteleinrichtung mit Elektromotor. *2* Schüttelgefäße für Pufferlösung und Blutprobe mit Seitenarm, aus dem beim Kippen Ferricyanid-Saponinlösung zum Blut-Puffer-Gemisch fließt. *3* Thermobarometer. *4* U-Rohr. *5* Meßbürette. *6* Nivelliergefäße zum Einstellen der Spiegel. *7* Dreiweghähne. Das Einstellen der Spiegel erfolgt bei Öffnen gegen Außenluft, beim Schütteln und Ablesen an der Meßbürette ist das System gegen die Außenluft geschlossen. Der ganze Apparat befindet sich bis zu den Hähnen im Wasserbad, dessen Temperatur kontrolliert wird

Für die Gewährleistung einer guten Temperaturkonstanz wird die ganze Apparatur in einem Wasserbad auf Zimmertemperatur gehalten. Die Methode, welche Doppelbestimmungen in einem Arbeitsgang ermöglicht, hat sich uns als sehr einfach, rasch und zuverlässig erwiesen ($\pm$ 0,2 Vol.-% Genauigkeit).

c) Die Sauerstoffspannung des Blutes

Für die Probleme unserer Standard-Lungenfunktion benötigen wir die Sauerstoffspannung in der Regel nicht. Dagegen kann ihre Kenntnis für gewisse Fragen, wie insbesondere derjenigen nach der Diffusion, von ausschlaggebender Bedeutung sein. Da ihre Messung auf große methodische Schwierigkeiten gestoßen ist, hat man immer wieder den Weg über die Dissoziationskurve beschritten. Es sei unbestritten, daß bei genauer Messung der Sauerstoffsättigung und Fehlen grober

Störungen im Säure-Basen-Gleichgewicht und der Temperatur eine grobe Abschätzung der Sauerstoffspannung aus der Sauerstoffsättigung und der Standard-Sauerstoff-Dissoziationskurve möglich ist. Wenn aber immer wieder Anstrengungen auf eine direkte Messung der Sauerstoffspannung im Blut gerichtet worden sind, dann liegt der Grund dafür in der Form der Sauerstoff-Dissoziationskurve. Auf dem Niveau der normalen arteriellen Sauerstoffsättigung verläuft diese bereits so flach, daß die Sauerstoffspannung nur sehr ungenau aus der Sättigung abgelesen werden kann. Für den steilen Teil der Sauerstoff-Dissoziationskurve gilt diese Einschränkung nicht.

Wir müssen bei der Messung der Sauerstoffspannung in Flüssigkeiten grundsätzlich zwei Wege unterscheiden, indem entweder eine kleine Gasblase mit der Flüssigkeit in Spannungsausgleich gebracht und ihr Gehalt an Gas gemessen wird, oder indem der Gasgehalt in der Volumeneinheit Flüssigkeit direkt bestimmt wird.

Auf dem ersten Verfahren beruht das Pfluegersche Aerotonometer, mit dem bereits 1872 STRASSBURG die Sauerstoffspannung im Blut von Hunden bestimmte, wobei allerdings das ganze Blut der Tiere durch den Apparat strömte. KROGH (1908) führte sein Mikrotonometer ein, mit dem er längere Versuche machen konnte, weil das Blut nach Durchströmen des Apparates wieder in den Kreislauf geleitet wurde.

BARCROFT und NAGASAKI (1921) entwickelten die Methode weiter, so daß sie für isolierte Blutproben von 10 cm³ verwendet werden konnten. Eine weitere Verfeinerung erfuhr sie von SCHOLANDER (1942), der vor allem auf eine Verringerung der notwendigen Blutmenge abzielte. Die Methode erlebte noch einige Varianten und wird heute in einer größeren Zahl, vor allem in amerikanischen Laboratorien, verwendet. Sie ist recht heikel und scheint nur in der Hand erfahrener Experimentatoren zuverlässige Werte zu liefern. Nebst der feinen Manipulation liegt das Problem auch darin, daß die Gasblase im Verhältnis zur Blutmenge klein sein muß, um deren Spannung nicht zu verändern. Man hat auch versucht, Gasblasen zu verwenden, welche der zu erwartenden Spannung möglichst ähnlich sind, wie beispielsweise Alveolarluft für arterielles Blut, um diesen Schwierigkeiten aus dem Weg zu gehen. In vielen Fällen sind jedoch die Voraussetzungen zu einem solchen Vorgehen nicht gegeben.

Der zweite Weg, die direkte Bestimmung des in den Flüssigkeiten, d. h. im Plasma gelösten Sauerstoff, wurde ebenfalls schon früh beschritten.

1869 evakuierte PFLÜGER Gase aus Salzlösungen und analysierte sie, was aber große Mengen von Flüssigkeit erforderte. Dasselbe gilt von der chemischen Bestimmung nach WINKLER (1891). Das Prinzip von PFLÜGER läßt sich auch im van Slyke-Apparat anwenden, doch genügen die Sauerstoffmengen, welche in einigen cm³ Plasma enthalten sind, für normale Analysen nicht. Verbesserungen von MOOK sowie von ASENDROY, DILLON und VAN SLYKE arbeiten aber immer noch mit Flüssigkeitsmengen von 15 cm³ und hohen Partialdrucken, damit genügend Gas evakuiert werden kann, was für die Bestimmung des Löslichkeitskoeffizienten im Plasma angängig ist. Eine weitere Verfeinerung von BERGGREN ermöglichte schließlich die Messung in 0,2 cm Plasma auf ± 2% genau; sie ist aber schwierig zu handhaben und hat sich deshalb nicht eingebürgert. BERGGREN selbst versuchte zur Polarographie überzugehen und verwendete obige Methode nur zu Vergleichszwecken.

Von den Methoden, welche sich auf die direkte Messung des im Plasma gelösten Sauerstoff stützen, wurde die *Polarographie* (HEYROVSKY 1924, VITEK 1933) in die Lungenfunktionsprüfung eingeführt, weil man mit ihr in kleinen Flüssigkeitsmengen relativ genau messen kann (BAUMBERGER 1938, BEECHER u. Mitarb. 1942, BERGGREN 1942, HEEMSTRA 1948). Man arbeitet mit der tropfenden

Quecksilber-Elektrode und findet beim Anlegen einer Spannung, bei welcher der Sauerstoff reduziert wird, vollkommene Proportionalität zwischen dem fließenden Strom und dem gelösten Sauerstoff und somit auch der Sauerstoffspannung. WIESINGER hat 1948 eine Methode und Apparatur entwickelt, mit der eine Messung der Sauerstoffspannung im ungesättigten Blut bei Körpertemperatur auf etwa $\pm$ 2 mm Hg genau möglich ist. Leider kann man im Vollblut nicht direkt polarographieren, weshalb eine Trennung der Zellen vom Plasma notwendig wird. Diese hat natürlich bei Körpertemperatur zu erfolgen, um Verschiebungen von Sauerstoff zwischen Erythrocyten und Plasma zu vermeiden. Die Autoxydation des Blutes wird durch Zusatz von $1^1/_2\,{}^0/_{00}$ NaF und Verkürzung der Zeit unter Verwendung einer hochtourigen, elektrisch gebremsten Zentrifuge auf ein Minimum reduziert. Beim Auftreten von Hämolyse kann man die Plasma-Eichkurve nicht mehr direkt verwenden, sondern es muß eine Korrektureichung mit dem hämoglobinhaltigen Plasma durchgeführt werden. Da jede Tropfcapillare ihre eigene Charakteristik besitzt, muß für jede eine Eichkurve hergestellt werden, was leicht gelingt, da die Kurve eine Gerade und deshalb durch zwei Punkte gegeben ist. Sättigung von Plasma mit Luft sowie vollständige Reduktion durch Natriumsulfit ergeben zwei rasch bestimmbare Punkte. Zur Sicherheit kann man noch einen dazwischenliegenden Punkt ermitteln, indem man Plasma mit etwa 10% sauerstoffhaltigem Gasgemisch durchperlt.

Die Bestimmung der Sauerstoffspannung im Vollblut ist BARTELS (1951) mit einer potentiometrischen Methode gelungen, wobei das an einer tropfenden Quecksilberelektrode auftretende elektrische Potential in einer bestimmten Beziehung zur Sauerstoffspannung des Blutes steht. Der Wegfall der Zentrifugation bei 37° bedeutet einen großen Vorteil und Zeitgewinn, der Nachteil der Methode von BARTELS besteht darin, daß für jedes Blut eine Eichkurve gemacht werden muß. Neuerdings haben MOCHIZUKI und BARTELS (1954) eine amperometrische Messung der Sauerstoffspannung im Vollblut mit der blanken Platinelektrode vorgeschlagen, die sich auch für Messungen im strömenden Blut eignen soll. Der Ersatz der gelegentlich schwierig zu handhabenden tropfenden Quecksilberelektrode würde einen großen Fortschritt bedeuten. Die Polarographie ist der Microtonometrie hinsichtlich Genauigkeit, insbesondere bei der Messung niedriger Sauerstoffspannungen z. B. im venösen Blut und hoher Sauerstoffspannungen z. B. bei Hyperoxie, überlegen.

3. Photoelektrische Oxymetrie

Unter Oxymetrie versteht man die unblutige photoelektrische Messung der Sauerstoffsättigung des arteriellen Blutes. Die Grenzen der Methode bestehen vor allem darin, daß es nicht einfach ist, das arterielle Blut zu erfassen und die Apparatur so zu eichen, daß sie Absolutwerte ergibt.

Die Möglichkeit, die Sauerstoffsättigung des Blutes photometrisch zu messen, beruht auf folgendem Prinzip: Die Sauerstoffsättigung des Blutes stellt den Quotienten

$$\frac{c\,\mathrm{HbO_2}}{c\,\mathrm{Hb} + c\,\mathrm{HbO_2}} \cdot 100$$

dar.

Mit der Messung der Lichtabsorption einer Lösung von Hämoglobin und Oxyhämoglobin in zwei verschiedenen Wellenlängen ist es mit Hilfe des LAMBERT-BEERschen Gesetzes möglich, in der gleichen Blutprobe die Konzentration des Hämoglobins wie des Oxyhämoglobins nebeneinander zu bestimmen, da die Extinktionskurven beider Hämoglobinformen einen verschiedenen Verlauf haben.

Für die Wellenlänge 1 gilt dann:

$$E = \log \frac{Io}{I} = c\,HbO_2 \cdot E_{HbO_2} \cdot d + c\,Hb \cdot E_{Hb} \cdot d \tag{1}$$

und für Wellenlänge 2

$$E' = \log \frac{I'o}{I'} = c\,HbO_2 \cdot E'_{HbO_2} \cdot d + c\,Hb \cdot E'_{Hb} \cdot d \,. \tag{2}$$

Die Kombination beider Gl. (1) und (2) ergibt:

$$\frac{c\,HbO_2 \cdot 100}{c\,HbO_2 + c\,Hb} = O_2\text{-Sttg. \%}$$

$$= \frac{\left(\log \dfrac{Io}{I} \cdot E'Hb - \log \dfrac{I'o}{I'} \cdot EHb\right) \cdot 100}{\log \dfrac{Io}{I} \cdot (E'Hb - E'HbO_2) + \log \dfrac{I'o}{I'} \cdot (E_{HbO_2} - E_{Hb})} \tag{3}$$

Io bzw. $I'o$ = Lichtintensität, wie sie bei Abwesenheit von Hämoglobin und Oxyhämoglobin
　　　　　　　gemessen wird,
I bzw. I'　= Lichtintensität nach Durchgang durch eine Lösung von Hämoglobin und
　　　　　　　Oxyhämoglobin,
c　　　　　= Konzentration von Hämoglobin und Oxyhämoglobin,
E bzw. E'　= Extinktionskoeffizient bei den 2 Wellenlängen,
d　　　　　= Schichtdicke.

Wählt man, wie es bei der Oxymetrie gewöhnlich geschieht, die Wellenlängen
so, daß $E_{HbO_2} = E_{Hb}$ wird, dann vereinfacht sich die Gleichung zu:

$$O_2\text{-Sttg. \%} = \frac{\log \dfrac{Io}{I}}{\log \dfrac{I'o}{I'}} \cdot \frac{E'Hb \cdot 100}{(E_{HbO_2} - E_{Hb})} - \frac{EHb \cdot 100}{(E\,HbO_2 - E\,Hb)} \tag{4}$$

Um den Meßausschlag möglichst groß zu machen, wählt man die 1. Wellenlänge so, daß die Extinktionskoeffizienten von Hämo- und Oxyhämoglobin
möglichst verschieden sind. Dies sind die Grundlagen der photometrischen
Messung der Sauerstoffsättigung, wie sie in vitro erfolgt.

Die Übertragung der Methode auf das histamisierte Ohrläppchen zur Registrierung der Sauerstoffsättigung im durchstrahlten Gewebe erfolgte 1935 durch
MATTHES. Hier tritt an die Stelle der Cuvette mit der Hämoglobinlösung eine
mit Blutcapillaren durchsetzte Gewebsschicht. Io ist für diesen Fall die Lichtintensität des blutleeren durchstrahlten Gewebes. Die Blutleere kann z. B. nach
WOOD durch Auspressen des Gewebes mit Preßluft erzeugt werden. Das Gewebe
wird mit weißem Licht durchstrahlt und die Lichtintensität mit Photozellen
gemessen. Über einer Photozelle befindet sich ein Filter, der nur (mehr oder
weniger selektiv) Licht einer Wellenlänge durchläßt, z. B. ein Rotfilter im Bereich
der Wellenlänge 620 mμ, wo die Differenz von E_{HbO_2} zu E_{Hb} und damit der Meßausschlag groß ist. Über der anderen Photozelle befindet sich ein Filter, z. B. von
800 mμ, das jenen Bereich durchläßt, in dem $E_{HbO_2} = E_{Hb}$ ist.

Die erste Photozelle spricht sowohl auf Änderungen der Sauerstoffsättigungen
als auch auf Änderungen des gesamten Hämoglobingehaltes (Änderung des
Hämatokritwertes, Capillarweite usw.) an, die zweite Photozelle nur auf den
Gesamt-Hämoglobingehalt. Mit der zweiten Photozelle kann somit der Einfluß
der gesamten Pigmentkonzentration auf den Meßwert der 1. Photozelle eliminiert

werden. Bei einer entsprechenden Anordnung genügt auch eine Photozelle zur abwechslungsweisen Messung von I und I'.

Beim Oxymeter von MILLIKAN werden die Ströme der beiden Photozellen gegeneinandergeschaltet, womit der Ausschlag des Oxymeters proportional zu $I - I'$ wird. Da die Skala logarithmisch geteilt ist, wird der Meßwert proportional dem Ausdruck $\log(I - I')$. Ein Vergleich dieser Abhängigkeit mit Gl. (4) zeigt, daß dieser Ausdruck nur eine sehr grobe Angleichung an die theoretisch richtige Beziehung darstellt. Weitaus korrekter ist die getrennte Registrierung bzw. Aufzeichnung der Photoströme beider Zellen und die rechnerische Ermittlung der Sauerstoffsättigung (MATTHES, WOOD, BRINKMAN). Aber auch dieses Vorgehen ist nicht frei von Fehlerquellen, die in der Hauptsache in der Bestimmung von Io und $I'o$, also in der Messung des blutleeren Gewebes liegen. Eine bessere Angleichung an die theoretische Abhängigkeit stellt ein Oxymeter dar, dessen Ausschlag proportional dem Wert $\dfrac{I}{I'}$ ist (BÜHLMANN und SIGRIST).

Aus den bisherigen Ausführungen ergeben sich folgende Schlußfolgerungen:

1. Der Einfluß des Gesamtpigmentgehaltes wird nur in grober Annäherung eliminiert, so daß sich auch bei konstanter Sauerstoffsättigung Änderungen der Durchblutung und der Capillarweite auf die Messung störend auswirken.

2. Die Eichung des Oxymeters muß immer empirisch vorgenommen werden.

Der Wert der 100%igen Sättigung kann so festgelegt werden, daß man die Versuchsperson reinen Sauerstoff atmen läßt und den sich einstellenden Oxymeterwert als 100% bezeichnet, ein Vorgehen, das beim Vorliegen eines vasculären Kurzschlusses, kongenitale Vitien usw., nicht möglich ist. Ein zweiter Meßpunkt kann ermittelt werden, indem man den Patienten ein sauerstoffarmes Luftgemisch atmen läßt und den Wert der arteriellen Sauerstoffsättigung auf einer Sauerstoffdissoziationskurve abliest oder besser direkt im arteriellen Blut bestimmt. Es wurde auch versucht, den Nullpunkt so zu bestimmen, daß durch Blutsperre eine vollständige Entsättigung des Blutes im Meßgebiet herbeigeführt wird. MATTHES konnte jedoch nachweisen, daß diese Methode nur ganz grobe Werte ergibt, da auf diese Weise eine vollständige Entsättigung nicht erreicht werden kann. Auch eigene Untersuchungen zeigten, daß die Absperrung eines Gefäßgebietes mit einem Manschettendruck, der über dem systolischen Blutdruck liegt, nicht zu einer vollständigen Entsättigung führt, das venöse Blut dieses Gebietes bleibt mehr oder weniger hoch mit Sauerstoff gesättigt.

Da für die exakte Bestimmung der Sättigung die Gewinnung und Analyse des arteriellen Blutes kein Problem darstellt und der indirekten Oxymetrie immer überlegen bleiben wird, so liegt der eigentliche Vorteil der Oxymetrie am Gewebe in der fortlaufenden Registrierung eventueller Änderungen der Sauerstoffsättigung. Bei der Lungenfunktionsprüfung interessiert uns in erster Linie das arterielle Blut, bei Anwendung der Oxymetrie müssen wir also wissen unter welchen Bedingungen die Sättigung des Gewebeblutes der des arteriellen Blutes gleichgesetzt werden kann. Steigert man im Untersuchungsgebiet die Durchblutung z. B. durch ein heißes Bad oder besser mit einer Histamin-Iontophorese um ein Vielfaches, so wird die Sauerstoffaufnahme im Verhältnis zur Durchblutung so klein, daß das venöse Blut angenähert so hoch gesättigt bleibt wie das arterielle. Ob diese Bedingungen für die Messung der arteriellen Sättigung genügend erfüllt sind, läßt sich nach MATTHES durch Veränderung der alveolären Sauerstoffspannung überprüfen. Die Bedingungen sind optimal, sobald das Oxymeter auf Änderungen der alveolären Sauerstoffspannung lediglich mit einer Latenz reagiert, die der Kreislaufzeit Lunge—Meßgebiet entspricht. MATTHES fand, daß diese Bedingungen am Ohrläppchen besser erfüllt werden als an anderen Stellen,

z. B. am Finger. Bei den Reflexionsmethoden besteht kein derartiger Unterschied, so daß die Messung auch an anderen vorbereiteten Stellen — Stirn, Finger — möglich ist.

Die Reflexionsoxymeter beruhen nicht auf der Messung von Licht, das eine Gewebsschicht durchstrahlt hat, sondern werten das von einer Gewebeoberfläche reflektierte Licht zur Bestimmung der Sauerstoffsättigung aus (BRINKMAN, BÜHLMANN und SIGRIST). Das von einer Blutschicht reflektierte Licht ist in ähnlicher Weise von der Sauerstoffsättigung abhängig wie das durchgelassene Licht, aber auch bei dieser Methode müssen Gesamtgehalt an Hämoglobin und Oxyhämoglobinkonzentration berücksichtigt werden. Man verwendet für die Kompensation eine Wellenlänge, die von Hämoglobin und Oxyhämoglobin in gleicher Weise reflektiert wird, was z. B. für den grünen Wellenbereich zutrifft. Die Messung des Oxyhämoglobins, bzw. der Sättigung erfolgt wie bei den Durchleuchtungsmethoden ebenfalls bei 620 mμ.

Während BRINKMAN die Werte des reflektierten grünen und roten Lichtes getrennt mißt und die Sättigung daraus rechnerisch ermittelt, haben wir ein anderes Prinzip entwickelt, bei dem das Verhältnis des reflektierten Lichtes im grünen und roten Bereich gemessen wird, d. h.

$$A = \frac{I_{\text{rot}}}{I_{\text{grün}}},$$

was eine brauchbare Annäherung an die theoretisch geforderte Abhängigkeit darstellt (BÜHLMANN und SIGRIST, 1951). Das rot- und grünfiltrierte Licht wird mittels eines Flimmerspiegels mit einer Frequenz von 525 Hz auf die Meßstelle projiziert. Durch Abblenden des grünen Lichtes wird der Zeiger des Direktschreibers auf die gewünschte Ausgangslage placiert. Ändert sich während des Versuches die Sauerstoffsättigung, so verschiebt sich mit ihr auch das Verhältnis zwischen dem reflektierten grünen und roten Licht. Damit entsteht ein mit der Flimmerfrequenz pulsierender Wechselstrom, der je nach dem Überwiegen des roten oder grünen Lichtes positiv oder negativ von O abweicht. Dieser Strom wird verstärkt, gleichgerichtet, und er betätigt parallel das Anzeigegerät und einen in den Strahlengang eingeschalteten Drehspiegel, der das Mischungsverhältnis von Rot zu Grün durch Verzerrung des Lichtbündels in der Weise verändert, bis das projizierte Licht wieder dem reflektierten entspricht und damit der Photozellenstrom wieder um O schwankt. Auf diese Weise geht nicht die absolute Lichtmenge, sondern nur das Verhältnis von Rot zu Grün in die Messung ein, und das Anzeigegerät wird nur betätigt, wenn sich dieses der Sauerstoffsättigung des Blutes angenäherte Verhältnis ändert. Das Gerät wird damit ziemlich unempfindlich gegenüber Schwankungen der Lichtintensität und der Empfindlichkeit der Photozelle. Da der Ausgangsstrom des Endverstärkers nicht nur den Direktschreiber betätigt, sondern auch für die automatische Kompensation des Nullpunktes verwendet wird, ist der Meßwert in weiten Grenzen unabhängig vom Verstärkungsgrad. Die Empfindlichkeit läßt sich so regulieren, daß der volle Zeigerausschlag von 12 cm den zu erwartenden Sättigungsänderungen angepaßt wird. In der Regel verwenden wir den vollen Ausschlag für den Sättigungsbereich von 100—70%. Eine exakte Eichung ist auch bei dieser Methode nur mit der gleichzeitigen Analyse des arteriellen Blutes möglich. Bezüglich der vielseitigen Anwendungsmöglichkeiten der Oxymetrie verweisen wir auf die Monographien von MATTHES (1951) und ZIJLSTRA (1953).

4. Bestimmung der Kohlensäure im Blut

Wie der Sauerstoff, läßt sich auch die Kohlensäure volumetrisch und manometrisch im Blut messen. Für den Sauerstoff haben wir festgestellt, daß die volumetrische Methode gegenüber der manometrischen gewisse Vorteile auf-weist. Für die Kohlensäurebestimmung hat sich die relativ einfache manometrische Methode nach VAN SLYKE als die exakteste durchgesetzt. Sie beruht darauf, daß die Kohlensäure in Vakuum durch Milchsäure mit kräftigem Schütteln aus dem Blut ausgetrieben wird. Beim Schütteln im Vakuum entweichen auch andere Gase wie Stickstoff und Sauerstoff. Die Gase werden auf ein bestimmtes Volumen gebracht und dann ihr Druck an einer Quecksilbersäule gemessen. In einer 2. Phase wird die Kohlensäure durch Natronlauge absorbiert. Die verbleibenden Gase werden wiederum auf dasselbe Volumen gebracht und dann ihr Druck gemessen. Die Druckdifferenz mit einem temperaturabhängigen Faktor multipliziert ergibt direkt den Kohlensäuregehalt in Volumen-% auf 0° und 760 mm Hg.

Mit dieser Methode kann der Kohlensäuregehalt im Vollblut wie auch im Plasma gemessen werden, ersterer variiert mit der Erythrocytenzahl, d. h. er nimmt mit abnehmendem Hämatokrit unabhängig von der Lungenfunktion zu. Der Gehalt im Plasma hingegen kann ohne Berücksichtigung der Zellzahl verglichen werden. Um Plasma zu gewinnen, muß das Blut unter Luftabschluß zentrifugiert werden. Das Blut wird unter flüssiges Paraffin unterschichtet, das noch mit einer Schicht festem Paraffin abgedeckt wird. Nach dem Zentrifugieren wird der Paraffindeckel entfernt und das Blut nach Durchstechen des flüssigen Paraffins mit der Pipette aspiriert. 1 cm³ genügt für eine Messung.

Auf diese Weise wird der tatsächliche Kohlensäuregehalt des Plasmas bestimmt Bei der Messung der Alkalireserve wird das Vollblut bei 37° mit einer Kohlensäurespannung von 40 mm Hg und einer Sauerstoffspannung von 100—150 mm Hg zum Ausgleich gebracht. Der dann im anaerob zentrifugiertem Plasma bestimmte Kohlensäuregehalt entspricht der Alkalireserve.

Bestimmung der Kohlensäurespannung im Blut

Die Kohlensäurespannung kann mit der Luftblasenmethode von KROGH, die von SCHOLANDER und RILEY wesentlich verbessert wurde, wie auch die Sauerstoffspannung direkt gemessen werden. Das Prinzip beruht auf der Equilibrierung einer kleinen Gasblase mit einer relativ großen Blutmenge. Sauerstoff und Kohlensäure der Gasblase werden fraktioniert absorbiert und die Volumenabnahme der Gasblase in der Mikrobürette gemessen. Die Technik setzt eine große manuelle Geschicklichkeit voraus, zudem muß die Equilibrierung bei 37° erfolgen. In den Händen geübter Experimentatoren ergibt diese Methode einen Fehler von ± 2,2 mm Hg (FILLEY u. Mitarb., 1954), was wohl für die Sauerstoffspannung, nicht aber für die Kohlensäurespannung befriedigt.

Wir ziehen deshalb die indirekte Bestimmung der Kohlensäurespannung aus dem Kohlensäuregehalt und dem p_H mittels der Formel von HASSELBALCH-HENDERSON vor. Die Genauigkeit hängt dann nur von der Genauigkeit der Bestimmung des Kohlensäuregehaltes mit der van Slyke-Apparatur, etwa 1‰ und der p_H-Messung ab, da die Löslichkeit und die Konstante pk' sehr genau auch in ihrer Abhängigkeit von der Temperatur bekannt sind (siehe Anhang). Eine Fehlmessung des p_H von 0,01 ergibt eine Verfälschung der Kohlensäurespannung von 0,75 mm Hg, ein Fehler bei der Bestimmung des Kohlensäuregehaltes von 0,5 Vol.-% verfälscht das Ergebnis um 0,25 mm Hg. Die Genauigkeit der indirekten Bestimmung der Kohlensäurespannung im Blut beträgt etwa ± 1 mm Hg.

Von theoretischem Interesse sind noch zwei weitere Möglichkeiten, die Kohlensäurespannung über die Kohlensäuredissoziationskurve zu bestimmen, denen aber praktisch keine Bedeutung zukommt. Wenn wir eine Kohlensäuredissoziationskurve mit Blut, das entsprechend dem arteriellen Blut des Patienten mit Sauerstoff gesättigt ist und den Kohlensäuregehalt des Plasmas messen, so können wir auf die Dissoziationskurve die dazugehörende Spannung aufsuchen. Eine zweite Möglichkeit besteht darin, je eine Dissoziationskurve mit dem separierten und wahren Plasma zu machen. Beide Kurven kreuzen sich an dem Punkt, der der Kohlensäurespannung des Blutes vor der Trennung entspricht.

5. Messung des p_H

Für die Messung der Wasserstoffionenkonzentration von Körperflüssigkeiten sind 3 Methoden in Gebrauch: 1. die colorimetrischen Methoden; 2. die gasometrischen Methoden; 3. die elektrometrische Methode.

Da das p_H des Blutes nur um wenige hundertstel Einheiten schwankt und auch in pathologischen Fällen selten um mehr als $^2/_{10}$ Einheiten vom Normalwert abweicht, sind die colorimetrischen Methoden für diesen Zweck unbrauchbar. Die gasometrische Technik beruht auf der Tatsache, daß das p_H des Blutes durch das Verhältnis von Gesamtkohlensäure zu freier Kohlensäure gemäß der Formel von HASSELBALCH-HENDERSON charakterisiert wird. Man kann mit Hilfe dieser Formel aus der Gesamtkohlensäure, wie sie mit dem Apparat von VAN SLYKE bestimmt wird, und der freien Kohlensäure, wie sie mittels Mikrotonometrie (SCHOLANDER, RILEY) ermittelt werden kann oder auch aus der alveolären Kohlensäurespannung das p_H berechnen. Letztere Bestimmungen sind aber technisch schwierig und geben oft keine genügend genauen Werte. Die freie Kohlensäure mit 2,7 Vol.-% einfach als konstant einzusetzen, ist natürlich nicht angängig. Die freie Kohlensäure, die Kohlensäurespannung hängt ja von der Lungenfunktion ab und kann erheblich variieren. Das umgekehrte Verfahren, aus dem p_H und dem Gesamtkohlensäuregehalt die Kohlensäurespannung zu berechnen, gibt dagegen gute Resultate, weil die Bestimmung des Gesamtkohlensäuregehaltes und die Messung des p_H heute mit sehr großer Exaktheit möglich sind. So kommen also für die Messung des Blut-p_H nur die elektrometrischen Methoden in Frage. Bei diesen wird aus einer Meßelektrode und einer Bezugselektrode mit bekanntem Potential eine Elektrodenkette hergestellt. In der Meßelektrode, z. B. einer Wasserstoffelektrode, entsteht zwischen dem Wasserstoff und der zu messenden Flüssigkeit eine Potentialdifferenz, die vom p_H-Wert der Lösung abhängt. Natürlich müssen die leitenden Verbindungen der Meßkette so beschaffen sein, daß keine zusätzliche Potentialdifferenz auftritt. Die Spannung (Potentialdifferenz), die dann nur vom p_H der Lösung abhängt, muß stromlos gemessen werden, was mit einem Elektrometer oder besser mit einem Elektronenröhrenverstärker in Potentiometerschaltung möglich ist.

Die ersten zuverlässigen Messungen des Blut-p_H wurden mit der von MICHAELIS angegebenen U-förmigen Wasserstoffelektrode durchgeführt, auch wir arbeiteten anfänglich mit dieser Anordnung. Eine verbesserte Form dieser Elektrode ist die von LECOMTE DU NOÜY angegebene Wasserstoffdrehelektrode, bei der ein platinierter Glaszapfen über einer in der zu messenden Lösung schwimmenden Wasserstoffblase rotiert. Als Bezugselektrode wird ebenfalls eine Kalomelelektrode verwendet.

Andere Methoden benützen die Chinidron-, Antimon-, Wolfram- und Molybdän-elektroden, die sich aber für Blutmessungen nicht durchsetzen konnten. Anders ist es mit der Glaselektrode, die heute als das bestgeeignete Instrument für die Messung des p_H in physiologischen Lösungen bezeichnet werden kann, obwohl die Theorie der Funktionsweise noch nicht ganz geklärt ist, wenn auch für sie die NERNSTsche Formel für Konzentrationsketten anwendbar ist. Der entscheidende Vorteil der Glaselektrode liegt in der leichten Reinigung, in der Einfachheit der Manipulation und in der Unempfindlichkeit gegenüber Eiweiß und Sauerstoff. Außerdem bleibt der Kohlensäuregehalt der Blut- oder Plasmaprobe konstant im Gegensatz zur Wasserstoffelektrode, wo immer Kohlensäure an die Wasserstoffblase abgegeben wird und die Probe deshalb bis zum völligen Ausgleich mehrmals erneuert werden muß. Die Glaselektrode kann so dimensioniert und konstruiert werden, daß die luftfreie Füllung, eine Voraussetzung für die exakte Messung des Blut-p_H, einfach ist und daß kleine Mengen von Plasma oder Vollblut genügen. Bei der idealen Glaselektrode ist die Abhängigkeit der an ihr abzugreifenden Spannung vom p_H, d. h. ihre „Steilheit", die gleiche wie bei der Wasserstoffelektrode (0,0615 V/p_H für 37°) und variiert nur mit der Temperatur. Diese theoretische Abhängigkeit zeigt aber nicht jede Glaselektrode, zudem kann sich die Steilheit im Laufe der Zeit ändern. Eine spezielle Eigenschaft der Glaselektroden ist ihr „Asymmetriepotential", d. h., man mißt auch eine Potentialdifferenz, wenn sich auf beiden Seiten der Glasmembran eine Lösung mit dem gleichen p_H befindet. Asymmetriepotential und von den idealen Verhältnissen abweichende Steilheit bedingen, daß Glaselektroden mit einem Puffer von bekanntem p_H geeicht werden müssen. Um den Einfluß der Steilheit möglichst klein zu machen, wäre theoretisch ein Puffer mit einem p_H um 7, also in der Nähe des Blut-p_H vorzuziehen. Andererseits sind diese Puffer, es handelt sich meistens um Phosphatpuffer, nicht so exakt herzustellen wie z. B. der Standardacetatpuffer, zudem sind sie nicht genügend stabil und haltbar. Wir ziehen deshalb den Standardacetatpuffer mit einem p_H von 4,63 oder den sehr leicht herstellbaren Phthalatpuffer mit einem p_H von 4,01 vor und wählen unter mehreren Glaselektroden diejenige aus, die beim Messen einer Blutprobe oder eines Phosphatpuffers im Vergleich zur Messung mit der Wasserstoffelektrode die beste Übereinstimmung ergibt.

Die Messung der Potentialdifferenz erfolgt mit einem Elektrometer oder viel praktischer mit einem Röhrenvoltmeter, womit man auch beim Verwenden von dickwandigen Elektroden, die eher die theoretische Steilheit garantieren, zuverlässige Resultate erhält. Heute werden für die p_H-Messung Verstärkerpotentiometer, die elektrisch durch Schaltung gegen ein Weston-Element geeicht werden, so konstruiert, daß die Potentiometerskala direkt das p_H entweder mit einem direkt anzeigenden Galvanometer oder mit einem Galvanometer als Nullinstrument angibt. Die Temperatur ist für die p_H-Messung von doppelter Bedeutung, was oft viel zuwenig berücksichtigt wird. Einmal ist die Größe der Potentialdifferenz zwischen Wasserstoff und Blut bei gegebener Wasserstoffionenkonzentration von der Temperatur abhängig, was bei modernen Geräten durch Einstellen eines variablen Widerstandes berücksichtigt wird, so daß sich eine mathematische Korrektur erübrigt. Dann ändert sich aber auch die Reaktion des Blutes selber mit der Temperatur. Aus diesem Grunde soll die Messung bei Körpertemperatur erfolgen (37°), indem sich die ganze Meßkette in einem gut regulierten Thermostat befindet. Mathematische Korrekturen für die Temperaturabhängigkeit des Blut-p_H sind wenig zuverlässig. Mit der von uns seit 15 Jahren verwendeten Anordnung ist eine Meßgenauigkeit von $\pm$ 0,005 p_H-Einheiten möglich. Praktisch beträgt die Genauigkeit $\pm$ 0,01 Einheiten. Dabei ist die Manipulation denkbar einfach, und die ganze Messung benötigt höchstens 2—3 min. Die Elektrode wird einfach mittels Durchblasen von destilliertem körperwarmem Wasser gereinigt, so daß beliebig viel Messungen hintereinander ausgeführt werden können.

Wir messen das p_H entweder in dem bei 37° C abgetrennten „wahren Plasma" oder im Vollblut. Bei Messungen im Vollblut vermeidet man automatisch Fehler, wie sie beim Zentrifugieren in einer ungenügend angewärmten Zentrifuge entstehen. Die Temperaturabhängigkeit des p_H im Vollblut ist normalerweise konstant, so daß die Messung auch bei allerdings exakt zu kontrollierender Zimmertemperatur durchgeführt und das gemessene p_H dann auf 37° C korrigiert werden kann. Wir ziehen allerdings die Messung bei 37° C im Luftthermostat, der auch eine vorzügliche Abschirmung gegen elektrische Störungen garantiert, vor.

Die Angaben in der Literatur über die physiologischen Variationen der Blut-p_H werden mit den fortlaufenden Verbesserungen der Methodik immer kleiner. Für das arterielle Blut beträgt die normale Schwankung in Ruhe $7,40 \pm 0,02\ p_H$. Die Variationen im venösen Blut sind in Ruhe nicht viel größer, doch nehmen sie während der körperlichen Arbeit erheblich zu (siehe auch Technik des Herzkatheterismus).

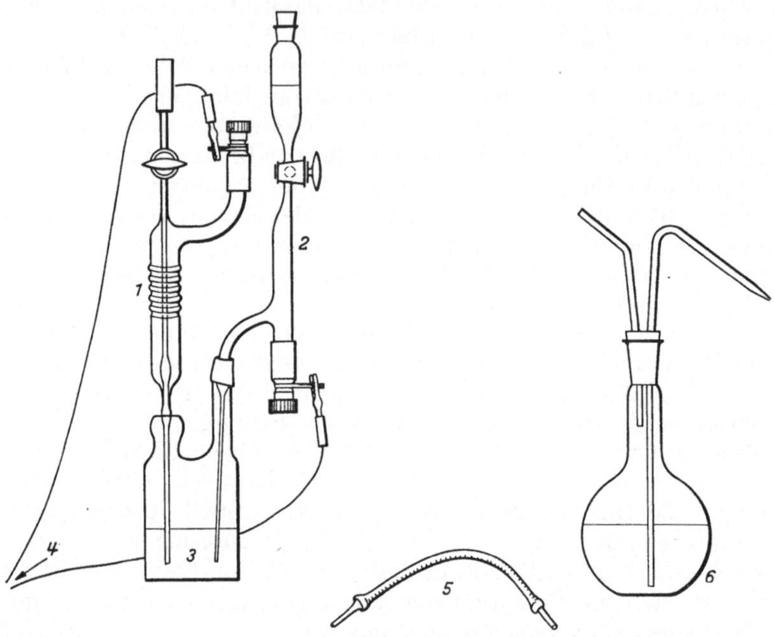

Abb. 38. Messung des p_H im Blut unter aneroben Bedingungen mit der Glaselektrode (Anordnung der Med. Univ.-Poliklinik Zürich). *1* Glascapillarelektrode für 0,8—1,2 cm³ Blut oder Plasma. *2* Bezugskalomelelektrode. *3* Gefäß mit gesättigter KCl-Lösung. *4* Ableitungen zum Potentiometer. *5* Dünner Gummischlauch mit Glasansätzen zum Aspirieren des Blutes. *6* Spritzflasche mit destilliertem Wasser von 37° C zum Durchspülen der Glaselektrode. Meßkette und Spritzflasche befinden sich dauernd in einem auf 37° ± 0,3° C regulierten Thermostat

Die Glaselektrode ist als Mikroelektrode auch für Messungen von kleinsten Volumina, z. B. 0,05 cm³, und als nadelförmige Elektrode auch für Messungen im strömenden Blut brauchbar. Natürlich ist die Genauigkeit dabei etwas geringer.

6. Dissoziationskurven

Mit den bisher erwähnten Methoden für die Blutgasanalyse und für die Bestimmung der Luftgase ist es auch möglich, Dissoziationskurven für Sauerstoff und Kohlensäure herzustellen. Hierfür wird das durch Anticoagulantien ungerinnbar gemachte Blut in einem Tonometer mit verschiedenen Gasgemischen bei der gewünschten Temperatur zum Spannungsausgleich gebracht. Dabei können wir 2 Möglichkeiten unterscheiden. Entweder bringt man ein relativ kleines Blut- oder Plasmavolumen mit einem großen Gasvolumen von gewünschter Zusammensetzung zum Ausgleich oder man läßt ein vorher in einer Gasbombe hergestelltes Gasgemisch durch das Tonometergefäß mit dem Blut strömen. Der Ausgleich benötigt in beiden Fällen etwa 10 min. Die Tonometergefäße befinden sich in einem Wasserbad mit bestimmter Temperatur, z. B. 37° für physiologische Untersuchungen. Im ersteren Fall – kleines Blut- großes Gasvolumen – muß das

Gefäß im Wasserbad rotieren. In beiden Fällen muß das Gasgemisch im Tonometergefäß bzw. in der Gasbombe hinsichtlich Sauerstoff- und Kohlensäurekonzentration mit der Haldane-Apparatur genau analysiert werden. Die Blutentnahme aus dem Tonometergefäß für die Blutgasanalyse muß luftfrei erfolgen. Die auf ein Koordinatensystem eingetragenen Punkte stellen die Dissoziationskurve für Sauerstoff und Kohlensäure in Abhängigkeit von der Gasspannung, Temperatur und der gegenseitigen Beeinflussung der Bindung zwischen Sauerstoff, Kohlensäure und p_H dar.

IV. Kombinierte und zusätzliche Methoden

1. Sauerstoffversuch nach Rossier

Nicht zu verwechseln mit dem rein spirometrischen Sauerstoffversuch nach Uhlenbruck-Knipping ist der von Rossier und Méan 1936 eingeführte Sauerstoffversuch. Bei diesem wird die arterielle Sauerstoffsättigung bei Luftatmung und Atmung von 40–60% Sauerstoff verglichen. Besteht in Ruhe oder bei Arbeit eine arterielle Sauerstoffuntersättigung, so läßt sich auf diese Weise differenzieren, ob sie Folge einer allgemeinen oder lokalisierten alveolären Hypoventilation oder einer Diffusionsstörung oder aber eines vasculären Kurzschlusses, also einer vermehrten venösen Zumischung ist. Während Sauerstoffatmung steigt auch bei ungenügender alveolärer Ventilation die alveoläre Sauerstoffspannung an, selbst in Bezirken, die ganz schlecht ventiliert werden, solange sie überhaupt noch mit der Atemluft in Verbindung stehen. Unter diesen Bedingungen verläßt das Blut die Lunge zu 100% mit Sauerstoff gesättigt, sei nun die arterielle Hypoxämie bei Luftatmung die Folge einer erniedrigten alveolären Sauerstoffspannung wegen alveolärer Hypoventilation oder einer gestörten Sauerstoffdiffusion. Anders ist es, wenn ein Lungenteil gänzlich von der Ventilation ausgeschlossen, aber noch durchblutet ist. Das Blut aus diesen Gebieten bleibt untersättigt, und die Zumischung dieses venösen Blutes zum arteriellen hat zur Folge, daß auch dieses nicht zu 100% gesättigt ist. Genau das gleiche ist der Fall bei einem nicht intrapulmonalen, sondern intrakardialen Kurzschluß mit von rechts nach links gerichtetem Shunt. Aus der Genauigkeit der Bestimmung der Sauerstoffsättigung und dem flachen Verlauf der Sauerstoffdissoziationskurve in den hohen Spannungsbereichen ergibt sich, daß die venöse Zumischung mindestens 10% des Herzminutenvolumens betragen muß, damit man mit dieser Methode einen vasculären Kurzschluß erfaßt. Bestimmt man statt der Sauerstoffsättigung die Sauerstoffspannung, so ist in dieser Beziehung eine Verfeinerung möglich, was für Untersuchungen mit mehr physiologischen Fragestellungen (Bartels) von Bedeutung, für klinische Zwecke aber eher belanglos ist, da eine venöse Zumischung von weniger als 10% des Herzminutenvolumens keine große diagnostische und pathophysiologische Bedeutung hat. Für die Durchführung des Sauerstoffversuches ist es wichtig, während mindestens 10 min eine hohe Sauerstoffkonzentration atmen zu lassen, weil es bei schlechter Luftdurchmischung oft lange gehen kann, bis die alveoläre Sauerstoffspannung auch in den letzten schlecht belüfteten Alveolen genügend erhöht ist.

2. Methoden zum Studium von Diffusionsstörungen

Zur Erfassung von Diffusionsstörungen, einer gestörten alveolären Gaspassage, stehen grundsätzlich 3 verschiedene Methoden zur Verfügung.

a) Die Kohlenmonoxydmethode;

b) die von Lilienthal und Riley entwickelte Methode; in beiden Fällen handelt es sich um die Bestimmung des Diffusionskoeffizienten bzw. der Diffusionskapazität;

c) die indirekte Erfassung von Diffusionsstörungen durch Bestimmung des alveolo-arteriellen Sauerstoffspannungsgradienten über die arterielle Kohlensäurespannung in Ruhe und bei Arbeit.

Es sollen hier nur die Prinzipien der verschiedenen Methoden besprochen werden, während die prinzipiellen Fragen der Gasdiffusion und der Diffusionsstörung im Kapitel A (Physiologie) und C (Einteilung der Lungeninsuffizienz) behandelt werden.

a) Die Kohlenmonoxydmethode

Dieses Verfahren wurde von BOHR vorgeschlagen. Bei seinen Überlegungen stützte er sich auf die Arbeiten von GRÉHANT und HALDANE. Eingeführt wurde die Kohlenmonoxydmethode von MARIE KROGH (1915). Seither ist sie von vielen Autoren modifiziert worden und fand in die Klinik hauptsächlich in zwei Formen, nämlich der "single breath method" (FORSTER) und der "steady state method" (FILLEY, McINTOSH u. WRIGHT) Eingang. Wegen der Einfachheit der Untersuchung mit Infrarot-Kohlenmonoxydanalysatoren hat insbesondere die "single breath" Methode weite Verbreitung gefunden.

Beide Untersuchungsmethoden wurden auf Grund der Annahme vorgeschlagen, daß alles im Blut befindliche Kohlenmonoxyd an das Hämoglobin gebunden und die Kohlenmonoxydspannung im Plasma praktisch Null ist. Die Berechnung der Diffusionskapazität mit der steady state-Methode vereinfacht sich damit zu:

$$D_{CO} = \frac{V_{CO}}{p_{CO\,A}} \text{ cm}^3/\text{min} \cdot \text{mm Hg}$$

Die Affinität des Kohlenmonoxydes zum Hämoglobin ist rund $200-250$ mal größer als die des Sauerstoffes. Nach HALDANE besteht folgende Relation:

$$\frac{210 \cdot p_{CO}}{p_{O_2}} = \frac{CO \text{ Hb Konzentration}}{O_2 \text{ Hb Konzentration}}$$

Andererseits bindet sich das Kohlenmonoxyd in den menschlichen Erythrocyten relativ langsam, so daß in den Lungencapillaren eine nicht zu vernachlässigende Kohlenmonoxydspannung besteht (ROUGHTON). FORSTER hebt hervor, daß der Diffusionsprozeß aus grundsätzlich zwei Etappen besteht, nämlich, der Gasdiffusion durch die Membran, eine weitgehend statische Größe und der Diffusion in der Capillare bis zur Fixierung an das Hämoglobin, eine Komponente, die vom capillären Blutfluß und der Hämoglobinkonzentration und damit dynamisch beeinflußt wird. Sofern wir gleichzeitig mit Kohlenmonoxyd ein weiteres Testgas atmen lassen, das nur im Gewebe löslich ist (z. B. Acetylen), kann die Komponente der Kohlenmonoxyd-Fixation an das Hämoglobin von den übrigen Diffusionsvorgängen abgetrennt werden. Derartige Untersuchungen sind noch im Fluß.

Bei der "steady state"-Methode atmet der Patient während 6 min ein Gasgemisch von 0,1% Kohlenmonoxyd in Luft, während der 5. und 6. Minute wird die Exspirationsluft gesammelt und auf Kohlenmonoxyd, Sauerstoff und Kohlensäure analysiert, was die Werte für die Kohlenmonoxyd- und Sauerstoffaufnahme und Kohlensäureabgabe ergibt. Gleichzeitig wird arterielles Blut entnommen und die Kohlenmonoxydspannung und Kohlensäurespannung bestimmt. Die alveoläre Kohlenmonoxydspannung wird unter Annahme eines für alle Gase konstanten funktionellen Totraumes berechnet:

$$p_{CO\,A} = \frac{p_{CO\,E} - (V_D/V_E \cdot p_{CO\,I})}{1 - (V_D/V_E)}$$

Die Methode ist auch während Arbeit anwendbar. FILLEY, McINTOSH und WRIGHT fanden bei gesunden Versuchspersonen Werte für D_{CO} von $13-28$ cm³ pro min · mm Hg in Ruhe und etwa die doppelten Zahlen bei Arbeit. Der Vorteil der Methode liegt in der genaueren Bestimmung der alveolären Kohlenmonoxyd-spannung, setzt aber eine exakte Messung der Kohlensäurespannung voraus und wird bei großen Quotienten für V_D/V_E relativ ungenau. Ein weiterer Nachteil besteht darin, daß bei einer Versuchsdauer von 6 min zwecks vollständiger Mischung der Gase mit der funktionellen Residualkapazität eine meßbare Kohlen-monoxyd-Hämoglobin-Konzentration im venösen Mischblut entstehen muß. Die capilläre Kohlenmonoxydspannung ist damit nicht mehr Null, was die berechnete Diffusionskapazität verfälscht.

Bei der ursprünglich von MARIE KROGH angegebenen "single breath" Methode inspiriert der Patient nach einer maximalen Exspiration eine Kohlenmonoxyd-konzentration von 1%. Die Hälfte des inspirierten Volumens wird sofort wieder exspiriert. Die Kohlenmonoxydspannung der letzten Portion gilt als represen-tativ für die alveoläre Spannung zu Beginn des Versuches. Nach 10—30 sec exspiriert der Patient maximal und die Spannung in der letzten Probe entspricht der alveolären Kohlenmonoxydspannung am Ende des Versuches. Die Zeit der Apnoe ist die Dauer des Versuches. Mit dem vorher bestimmten Residualvolumen und unter Einsetzung eines konstanten respiratorischen und Apparatetotraumes kann das Alveolarvolumen und mit den Spannungsdifferenzen die Kohlenmonoxyd-aufnahme pro Minute berechnet werden. Diese Methode, die überall großes Interesse fand, weist folgende Nachteile auf. Mit einer einzigen Inspiration ist insbesondere in pathologischen Fällen keine gleichmäßige Verteilung des Kohlen-monoxyds im Alveolarraum zu erwarten, dessen Volumenbestimmung mit der Einsetzung eines konstanten Totraumes unsicher wird. Die Kohlenmonoxyd-spannung zu Beginn des Versuches wird infolge Zumischung aus dem Totraum etwas zu hoch bestimmt, doch kompensieren sich die Fehler teilweise.

Die meist verwendete Modifikation dieser ursprünglichen Methode von MARIE KROGH ist diejenige von FORSTER. Hierbei wird ebenfalls zuerst die funktionelle Residualkapazität bestimmt. Dann inspiriert der Patient nach einer maximalen Exspiration ein Gasgemisch mit 10% Helium, 0,3% Kohlenmonoxyd und 21% Sauerstoff in Stickstoff. Nach einer Apnoe von etwa 30 sec exspiriert der Patient in einen Infrarot-Analysator für die Messung der Kohlenmonoxydkonzentration und in einen Katharo-Analysator für die Bestimmung der Heliumkonzentration. Die alveoläre Kohlenmonoxyd-Konzentration zu Beginn des Versuches ist:

$$\frac{\text{Helium \% } E}{\text{Helium \% } I} \cdot \text{CO \% } E$$

Das Alveolarvolumen während des Versuches beträgt Residualvolumen + in-spiriertes Volumen. Diese Methode vermeidet die Fehlermöglichkeiten der Krogh-schen Methode nur teilweise. Die Diffusionskapazität berechnet sich dann fol-gendermaßen:

$$D_{CO} = \frac{\text{Alveolarvolumen (STPD)} \cdot 60}{\text{Versuchsdauer in sec} \cdot (B{-}47)} \cdot \log e \, \frac{p_{CO} \text{ Beginn}}{p_{CO} \text{ Ende}}$$

Die Zeit des Versuches und die Dauer des Exspiration sind von kritischer Bedeutung, eine Verlängerung der Apnoe und eine verzögerte Exspiration ver-ändern den Wert für die D_{CO}.

FORSTER fand mit dieser Methode bei 28 gesunden Versuchspersonen im Alter von 8—72 Jahren folgende Werte:

Junge Männer . . 27,1
Alte Männer . . 24,1
Junge Frauen . . 24,0
Alte Frauen . . . 20,7

Bei Arbeit nimmt die Diffusionskapazität deutlich zu. FORSTER, COHN, BRISCOE, BLAKEMORE und RILEY fanden bei einem Vergleich zwischen steady state, single breath-Methode und Bestimmung der Diffusionskapazität nach LILIENTHAL und RILEY eine befriedigende Übereinstimmung, während MARKS u. Mitarb. bei 26 Patienten und 12 Gesunden mit der Methode von FORSTER signifikant höhere Werte feststellten als mit der steady state-Methode. Zwischen dieser und der von LILIENTHAL und RILEY fanden sie bei 18 Patienten eine befriedigende Übereinstimmung. Es muß jedoch betont werden, daß bei keiner dieser Vergleichsuntersuchungen Lungendurchblutung und venöse Sauerstoff- sowie Kohlenmonoxydsättigung bestimmt wurden.

b) Methode von LILIENTHAL, RILEY und Mitarbeitern

Wie bereits in der physiologischen Einführung erwähnt, setzt sich der alveolo-arterielle Sauerstoffspannungsgradient aus 2 Komponenten zusammen:

1. dem alveolo-endcapillären Gradienten, der im Normalfall 1 mm Hg beträgt;

2. dem endcapillaro-arteriellen Gradienten, der vom venösen Zufluß abhängig ist und im Normalfall 3—8 mm Hg ausmacht.

Beim Studium der Diffusionsstörungen interessiert vor allem der Sauerstoffgradient zwischen Alveole und Lungenendcapillare. Bei normaler oder annähernd normaler alveolärer Sauerstoffspannung ist das Auftreten eines vergrößerten Gradienten gleichbedeutend mit einer Diffusionsstörung. Bei der Bestimmung des alveolo-endcapillären Gradienten ist es unerläßlich, diesen vom capillaro-arteriellen Gradienten zu differenzieren, der von venösem Zufluß abhängig ist. Diese Differenzierung bedeutet den delikaten Punkt der Methode von LILIENTHAL und RILEY. Die Sauerstoffdissoziationskurve zeigt, daß bei hohen Sauerstoffspannungen der venöse Zufluß einen deutlichen Einfluß auf die arterielle Sauerstoffspannung ausübt; ist die Sauerstoffspannung hingegen niedrig, so daß man sich auf dem steilen Teil der Dissoziationskurve befindet, so ist der venöse Zufluß ohne größeren Einfluß auf die arterielle Sauerstoffspannung. Untersucht man die arterielle Sauerstoffspannung bei 2 Oxydationsstufen, z. B. bei einer Sauerstoffsättigung von 96% und 82%, so ergibt sich die Möglichkeit, den Einfluß der venösen Zumischung auf die arterielle Sauerstoffspannung zu bestimmen. Kennt man:

1. mittlere alveoläre Sauerstoffspannung (Berechnung aus der arteriellen Kohlensäurespannung mit der „Alveolarformel"),

2. arterielle Sauerstoffspannung,

3. Sauerstoffspannung des venösen Mischblutes (Herzkatheter oder approximativ),

4. Sauerstoffdissoziationskurve entsprechend dem p_H der Versuchsperson,

5. Sauerstoffaufnahme pro Zeiteinheit,

so kann man mit der Bohrschen Integrationsmethode oder einer ihrer Modifikationen (LILIENTHAL) durch sukzessive Approximation den mittleren alveolo-capillären Gradienten ermitteln. Damit ergibt sich der alveolo-endcapilläre Gradient, der Sauerstoffdiffusionskoeffizient und die venöse Zumischung. Diese Berechnungen sind allerdings nur unter der Voraussetzung, daß der mittlere alveolo-capilläre Gradient und der venöse Zufluß bei 2 Oxydationsstufen konstant bleiben, möglich.

Die Methode von LILIENTHAL und RILEY zur Bestimmung des Sauerstoffdiffusionskoeffizienten ist technisch sehr komplex und nicht leicht zu handhaben, sie hat aber den Vorteil, daß sie auch bei Arbeit angewandt werden kann. Es waren die amerikanischen Autoren, die mit dieser Methode erstmals überzeugend den Nachweis erbracht haben, daß es Diffusionsstörungen gibt.

Kety (1950) kritisierte in einer sehr gründlichen Arbeit diese Methode. Er benutzt dabei schon von Barcroft geäußerte Argumente bezüglich der Bohrschen Integrationsmethode zur Bestimmung des mittleren alveolo-capillären Spannungsgradienten. Auf einen weiteren Unsicherheitsfaktor der Methode wurde von Filley (1954) hingewiesen. Die Senkung der alveolären Sauerstoffspannung im Hypoxämieversuch ist nicht ohne Rückwirkungen auf den Lungenkreislauf, da die alveolären Gasspannungen den Tonus der Lungenarteriolen beeinflussen, worüber an anderer Stelle ausführlich berichtet wurde. Während des Hypoxämieversuches steigt der Druck im Lungenkreislauf etwas an, zudem wird das Herzminutenvolumen und damit die Lungendurchblutung etwas vergrößert, was den Wert des Diffusionskoeffizienten beeinflußt. Lilienthal und Riley fanden mit ihrer Methode Normalwerte zwischen 12 und 36, mit einem Mittel von 21. Donald u. Mitarb. (1951) begnügen sich mit der Angabe, daß der Diffusionskoeffizient physiologischerweise größer als 15 ist.

Bartels u. Mitarb. (1954—1955) bestimmten den Wert D_{O_2} mit einer ähnlichen Methode wie die amerikanischen Autoren. Die Genauigkeit wurde durch die direkte Bestimmung der Sauerstoffspannung des mittels Herzkatheter gewonnenen venösen Mischblutes vergrößert. Zudem wurden die Untersuchungen nicht nur bei Luftatmung und Hypoxie (12% Sauerstoff), sondern auch bei Hyperoxie (40% Sauerstoff) durchgeführt. Außerdem wurden die Untersuchungen in Ruhe und bei Arbeit durchgeführt. Sie bestätigten die Zunahme des alveolo-arteriellen Sauerstoffspannungsgradienten bei Arbeit auf etwa 10—15 mm Hg sowie die Vergrößerung von D_{O_2} während Arbeit. Ihre Werte für D_{O_2} liegen in der gleichen Größenordnung wie bei Lilienthal und Riley. Diese Autoren zeigten durch vergleichende Untersuchungen auch den Einfluß der angewandten Methodik zur Bestimmung der mittleren alveolären Sauerstoffspannung auf den Wert D_{O_2}, da man insbesondere bei Arbeit mit der direkten Alveolarluftanalyse nicht immer die gleichen Werte wie bei der indirekten Bestimmung über die arterielle Kohlensäurespannung und den respiratorischen Quotienten erhält, wie wir es im entsprechenden Kapitel über die Alveolarluft bereits besprochen haben.

Die Kurzschlußblutmenge hat einen beträchtlichen Einfluß auf den Zahlenwert für den Diffusionskoeffizienten. Mit der Untersuchung bei Hyperoxie kann dieser Fehler verkleinert werden. Bei Luftatmung entspricht eine Spannungsdifferenz für den Sauerstoff von 2,5 mm Hg zwischen dem Ende der Lungencapillare und dem arteriellen Blut einem Kurzschluß von 1% des Herzminutenvolumens. Die Meßgenauigkeit für die Sauerstoffspannung des Blutes beträgt bei allen Methoden bestenfalls $\pm$ 2 mm Hg. Bei Hypoxie entspricht die gleiche Spannungsdifferenz, weil man sich auf dem steileren Teil der Dissoziationskurve befindet, einer größeren Kurzschlußblutmenge, womit der Fehler für den Diffusionskoeffizienten vergrößert wird. Bei Hyperoxie (z. B. 40% oder 100% Sauerstoff in der Inspirationsluft) führt der gleiche Kurzschluß von 1% zu einer Spannungsdifferenz zwischen Endcapillare und arteriellem Blut von 15 mm Hg. Mit der Mikrotonometrie (Riley u. Mitarb.) kann die Sauerstoffspannung im Blut nur bis zu 120 mm Hg genügend genau gemessen werden, d. h., der Versuch kann nur mit Sauerstoffkonzentrationen in der Inspirationsluft bis zu 22% durchgeführt werden. Polarographisch beträgt die Genauigkeit der Messungen auch bei hohen Spannungen $\pm$ 2 mm Hg, daraus ergibt sich, daß die Kurzschlußblutmenge bei Hyperoxie 5—6mal genauer als bei Luftatmung bestimmt werden kann.

Riley u. Mitarb. müssen im Bereich von 19—22% Sauerstoff in der Inspirationsluft arbeiten. In diesem Bereich ist aber nicht nur die Bestimmung der Kurzschlußblutmenge relativ ungenau, dazu kommt, daß hier die Spannungsdifferenz zwischen Alveolarluft und arteriellem Blut bereits durch eine allfällige Diffusionsstörung vergrößert wird. RILEY u. Mitarb. arbeiten schließlich mit 3 Sauerstoffkonzentrationen in der Inspirationsluft (z. B. 22, 18 und 12%). Mit dem "trial and error"-Verfahren (RILEY und COURNAND) werden Kurzschlußblutmenge und Diffusionskoeffizient zusammen ermittelt unter der Annahme, daß diese Größen bei den verschiedenen Pegeln gleichbleiben. Der so ermittelte Wert für die Kurzschlußblutmenge wird dann für die Berechnung des Diffusionskoeffizienten bei Atmung von 12–14% Sauerstoff eingesetzt. BARTELS u. Mitarb. arbeiten mit 2 Konzentrationen in der Inspirationsluft (z. B. 40 und 14%) und setzen ebenfalls eine konstante Kurzschlußblutmenge voraus. Änderungen derselben durch Änderungen des Herzminutenvolumens sind bei Hyperoxie eher kleiner als bei Hypoxie. Die Fehler, die durch Änderungen der Kurzschlußblutmenge bei Atmung von 12–14% Sauerstoff entstehen, sind für beide Methoden praktisch gleich. Der wesentliche Vorteil der Methode von BARTELS u. Mitarb. liegt also darin, daß die Kurzschlußblutmenge bei Hyperoxie viel genauer bestimmt werden kann, und daß dieser Wert bei Hyperoxie nicht mehr durch eine allfällige Diffusionsstörung verfälscht wird wie es bei Atmung von Sauerstoffkonzentrationen zwischen 18 und 22% und damit auch von atmosphärischer Luft der Fall ist.

c) Eigene Methodik

Den bisher skizzierten Methoden (KROGH, FILLEY, FORSTER und LILIENTHAL, RILEY, BARTELS mit ihren Mitarb.) ist gemeinsam, daß sie sich bemühen, die Sauerstoffdiffusionskapazität selber zu bestimmen. Eine Verminderung von D_{O_2} ist gleichbedeutend mit einer Diffusionsstörung, wobei aber zu berücksichtigen ist, daß die Variationen der Normalwerte bereits ziemlich groß sind. Alle Methoden sind technisch sehr schwierig zu handhaben, setzen ein großes Laboratorium und im Einzelfall zeitraubende Untersuchungen voraus und sind zudem mit einigen Unsicherheiten, wie z. B. die Bestimmung des mittleren alveolocapillären Gradienten auf graphischem Wege, verbunden.

Als Tatsache kann aber heute gelten, daß bei einer Diffusionsstörung der alveolo-endcapilläre und damit auch der alveolo-arterielle Spannungsgradient für Sauerstoff vergrößert ist und daß sich die Störung bei Arbeit in vermehrtem Maße auswirkt, weil der Gradient bei Arbeit zunimmt. Dies sind die Voraussetzungen unserer sehr einfachen Methodik, mit der zwar die Diffusion nicht quantitativ gemessen, wohl aber eine Diffusionsstörung eindeutig aufgedeckt werden kann. Bei Luftatmung werden in Ruhe und bei Arbeit je eine oder mehrere arterielle Blutentnahmen gemacht und die Sauerstoffsättigung, die Sauerstoffspannung und Kohlensäurespannung bestimmt. Mit letzterer wird die alveoläre Sauerstoffspannung nach der Alveolarformel berechnet, was bei Arbeit ohne Analyse der Exspirationsluft oder Spirometrie und damit genaue Bestimmung des respiratorischen Quotienten gut möglich ist, weil dieser ohne großen Fehler mit 1 als bekannt eingesetzt werden kann. Eine Abweichung von 0,1 (RQ 0,9 oder 1,1) würde den Spannungsgradienten nur um etwa 3 mm Hg verfälschen, was bei den großen Gradienten bei einer Diffusionsstörung zu vernachlässigen ist. Nimmt der Sauerstoffspannungsgradient zwischen Alveolarluft und arteriellem Blut bei der Arbeit stark zu, so daß es zu einer arteriellen Sauerstoffuntersättigung kommt, so entspricht das einer Diffusionsstörung entweder als Folge einer erschwerten Membranpassage oder einer zu kurzen Kontaktzeit. Eine Vergrößerung des Gradienten als Folge eines Kurzschlusses läßt sich wie in Ruhe auch bei Arbeit durch Atmenlassen von 40–60% Sauerstoff ausschließen, d. h., bei einer Diffusionsstörung steigt unter Hyperoxie die arterielle Sauerstoffsättigung auch bei Arbeit auf 100% an. Die Prozedur wird vereinfacht, wenn man die Sauerstoffsättigung oxymetrisch laufend kontrolliert und das arterielle Blut während der

Arbeit entnimmt, wenn es zu einem Abfall der Sauerstoffsättigung gekommen ist. Das Charakteristische der Diffusionsstörung ist, daß es schon bei leichter Belastung bzw. Zunahme des Sauerstoffverbrauches zu einem Abfall der arteriellen Sauerstoffsättigung kommt, während die arterielle und alveoläre Kohlensäurespannung wegen der bei leichter Belastung möglichen Hyperventilation meist mehr oder weniger stark absinkt.

Ein Vorteil dieser Methode liegt darin, daß die Diffusionsverhältnisse bei körperlicher Arbeit untersucht werden und daß eine allfällige vermehrte venöse Zumischung aus schlecht ventilierten Lungenpartien, die den Gradienten beeinflußt, infolge der allgemeinen Ventilationssteigerung während Arbeit kleiner wird. Das gleiche, was LILIENTHAL und RILEY mit dem Hypoxämieversuch zu erreichen versuchen, wird hier auf etwas physiologischere Weise mit Luftatmung während Arbeit ermöglicht. Unter Berücksichtigung der Größe der Belastung beim Arbeitsversuch ist auch eine quantitative Abschätzung der Diffusionsstörung möglich. Wie die anderen Methoden kann unser Verfahren im Falle von intrakardialen oder pulmonalen Kurzschlüssen mit Rechts-Links-Shunt nicht angewandt werden.

V. Der Arbeitsversuch

1. Allgemeines

Einen sehr wertvollen Einblick in die Anpassungsfunktionen von Atmung und Kreislauf bietet der Belastungsversuch, weshalb er für die Lungenfunktionsprüfung immer mehr an Bedeutung gewinnt. Es ist ja naheliegend, daß bei vielen Patienten in Ruhe noch normale Befunde erhoben werden können und die respiratorische Insuffizienz erst bei Belastung auftritt (latente Insuffizienz).

Während der Ruheversuch klar definiert ist (liegender Patient unter Grundsatzbedingungen), so gilt das nicht für den Arbeitsversuch. Um wie für den Ruheversuch vergleichbare Resultate zu erhalten, muß auch der Belastungsversuch standardisiert werden. Wir können z. B. den Patienten bis zur Erschöpfung belasten, wobei uns interessiert, bei welcher Belastungsgröße und nach welcher Zeit die Erschöpfung eintritt, oder wir wollen untersuchen, wieviel der Patient arbeiten kann, ohne daß es zu Insuffizienzerscheinungen kommt. In diesem Falle würde es sich um eine Belastung handeln, die vom Patienten im "steady state", d. h. mit weitgehender Anpassung von Atmung und Kreislauf während längerer Zeit, z. B. 20–30 min, bewältigt wird. Im steady state entsprechen Sauerstoffaufnahme und Kohlensäureabgabe der geleisteten Arbeit, die Ventilation entspricht dem Gaswechsel, und der Gaswechsel wie auch das Herzminutenvolumen bleiben nach einer kurzen Anlaufzeit praktisch konstant, solange sich die Belastungsgröße nicht ändert. Über die grundsätzlichen Dinge muß man sich im klaren sein, wenn man einen Arbeitsversuch durchführen will. Handelt es sich darum, beim Patienten die Grenze der Anpassungsfähigkeit festzustellen, und das dürfte in einem klinischen Lungenfunktionslaboratorium meistens der Fall sein, so ist es von Vorteil, einen oder mehrere Arbeitsversuche im steady state durchzuführen, wobei der Patient eine Arbeit zu verrichten hat, die kein besonderes Training erfordert. Das ist z. B. der Fall beim Kurbel- und Fahrradergometer, die es erlauben, eine begrenzte Muskelgruppe dosiert zu belasten. Sind die respiratorischen Funktionen eingeschränkt, so wird es in der Regel möglich sein, die Belastung dieser begrenzten Muskelgruppe so zu steigern, daß es zu Insuffizienzerscheinungen kommt. Anders ist es natürlich, wenn die Muskulatur selber zu schwach ist, so daß wir gar nicht die Grenze der respiratorischen Anpassung erreichen, weil die Atem- und auch Kreislaufreserven die der beanspruchten Muskulatur überwiegen. Ähnlich liegen die Verhältnisse bei gesunden und gut trainierten

Versuchspersonen, z. B. bei sportärztlichen Untersuchungen, wo es oft nicht möglich ist, durch Belastung einer begrenzten Muskelgruppe die Grenze der respiratorischen Anpassung zu erreichen, weil die betroffene Muskulatur vorher ermüdet. Für derartige Untersuchungen muß eine Arbeitsform gewählt werden, die möglichst viel Muskulatur beansprucht, damit der Arbeitsstoffwechsel und damit der Sauerstoffverbrauch überhaupt in einem Maße gesteigert werden können, daß die Anpassungsgrenze von Atmung und Kreislauf erreicht wird. Für derartige Zwecke ist das laufende Band, mit dem Laufgeschwindigkeit und Neigungswinkel verändert werden können, vorzuziehen, weil damit fast die ganze Körpermuskulatur in Tätigkeit gesetzt wird.

Für klinische Zwecke genügt jedoch das Kurbel- oder Fahrradergometer, weil die Arbeit genau gemessen werden kann und der Trainingszustand wie auch die Geschicklichkeit des Patienten als zusätzliche unbekannte Faktoren nur eine untergeordnete Rolle spielen. Für das Kurbel- und Fahrradergometer bleibt die Frage der Drehfrequenz zu diskutieren. Beim Fahrradergometer zeigen sich unter Belastungen zwischen 50 und 150 Watt, was für die Mehrzahl der Patienten genügt, mit Tretfrequenzen von 30—60 je min keine wesentlichen Unterschiede für die Sauerstoffaufnahme. Bei höheren Belastungen sind natürlich höhere Frequenzen vorzuziehen, damit der Pedaldruck nicht zu groß wird. Für die genaue Messung der geleisteten Arbeit haben sich die Bremssysteme, bei denen die Arbeit mechanisch vernichtet wird, am besten bewährt, weil die Verluste im Gegensatz zur Messung der Watt-Zahl mittels eines vom Patienten angetriebenen Generators sehr klein und bei verschiedenen Belastungen praktisch unverändert bleiben. FLEISCH hat einen sehr einfachen „Ergostat" konstruiert, der auf dem Prinzip der Reibungsbremse beruht. Dieser Apparat kompensiert auf die einfachste Weise die beim mechanischen Bremsen entstehende Wärme, die die Reibung verändert, was ohne Kompensation eine Verfälschung der Messung der geleisteten Arbeit bedeuten würde. Mit dem Ergostat, der in zwei Variationen sowohl für die Untersuchung im Sitzen wie auch im Liegen gebaut wird, ist eine exakte Messung der Arbeit von 30—450 Watt mit 3 Frequenzen 30, 60 und 90/min möglich. Wir ziehen das Fahrrad- dem Kurbel-Ergometer vor, weil beide Arme mit dem ganzen Oberkörper ziemlich unbewegt bleiben und für Blutentnahmen, Blutdruckmessungen, Pulszählen usw. zur Verfügung stehen.

Wir geben die Arbeitsleistung übereinstimmend mit der Mehrzahl der Autoren in Watt an, folgende Tabelle soll über die Umrechnung in andere Einheiten orientieren:

Einheit der Leistung	1 Watt	= 0,102 mkg/sec
	1 PS	= 75 mkg/sec
Einheit der Arbeit	1 Watt min	= 6,12 mkg = 0,01435 Calorien
	1 Calorie	= 69,7 Watt min

Bei einem respiratorischen Quotienten von 1,0 entsprechen 1000 cm^3 Sauerstoff 5,05 Calorien.

Unter leichter Arbeit verstehen wir für einen erwachsenen Patienten eine Belastung auf dem Fahrradergometer mit 30—60 Watt, was einer Sauerstoffaufnahme von etwa 500—800 cm^3 pro Minute entspricht, 80—120 Watt (1000 bis 1400 cm^3 Sauerstoff pro Minute) betrachten wir als mittelschwere Arbeit, während 150 und mehr Watt bzw. eine Sauerstoffaufnahme von mehr als 1500 cm^3 pro Minute schwerer Arbeit entsprechen. Dabei handelt es sich natürlich nur um eine ganz grobe Einteilung ohne Berücksichtigung von Geschlecht, Alter und Konstitution. Über unsere Normalwerte für Sauerstoffaufnahme, Minutenvolumen und alveoläre Ventilation in Abhängigkeit zur Arbeitsleistung in Watt orientieren die Abbildungen 39a, b, c.

Es wird immer wieder betont, daß man für Lungen- und Kreislaufuntersuchungen einen Arbeitsversuch im steady state durchführen muß. Wir sind uns natürlich darüber klar, daß es sich immer nur um einen relativen steady state handelt, der darin besteht, daß die Sauerstoffaufnahme und die Ventilation während eines 10—20 min dauernden Versuches praktisch konstant bleiben. Dies kann aber nicht unbedingt einer laufenden und vollständigen Deckung des Sauerstoffverbrauches durch die Atmung gleichgesetzt werden. Es ist durchaus möglich, daß die zu Arbeitsbeginn eingegangene Sauerstoffschuld noch während der Arbeit zunimmt; auch wenn dies nicht der Fall ist, kommt es immer zu einer Anhäufung von sauren Stoffwechselprodukten. Von diesem Standpunkt aus gibt es gar keinen absoluten steady state. Bei einer Arbeit im relativen steady state bleibt aber die Leistungsfähigkeit sehr lange erhalten, werden doch in einem Marathonlauf bis gegen 20 l Sauerstoffschuld aufgenommen.

2. Spiroergometrie

Alle die bereits erwähnten methodischen Verfeinerungen der Spirometrie, wie Sauerstoffstabilisation, resistenzarme Atmung durch Verwenden von weiten Schläuchen und leichten Glocken, vollständige Kohlensäureabsorption, Temperaturkonstanz und gut ventilierte Masken gewinnen ihre volle Bedeutung erst, wenn es gilt, die Atmung nicht nur unter Ruhebedingungen, sondern auch bei Arbeit unter möglichst physiologischen Verhältnissen zu untersuchen. Bei schwerer Arbeit, z. B. 200 Watt, werden 2000—2200 cm³ Kohlensäure pro min ausgeschieden. Diese Kohlensäuremenge vollständig zu absorbieren ist nicht ganz einfach. Eine sichere Methode besteht darin, 2 Waschflaschen hintereinander zu schalten, was natürlich nur bei leistungsfähigen Kompressorpumpen möglich ist; daß dabei gewisse Druckdifferenzen vor und nach den Waschflaschen auftreten, ist nicht zu vermeiden. Eine Anreicherung der Kohlensäurekonzentration im Spirometer auf mehr als 0,5% führt schon zu einer merkbaren Vergrößerung des Atemminutenvolumens und damit Verfälschung der Ergebnisse. Wir stellten bei Arbeitsversuchen bis zu 200 Watt eine zur Belastung ungefähr lineare Zunahme des Minutenvolumens und des Sauerstoffverbrauches fest. Andere Autoren, z. B. KNIPPING u. Mitarb. sowie LANDEN, fanden bei Belastungen mit mehr als 150 Watt im Vergleich zur Sauerstoffaufnahme größere Minutenvolumen, was möglicherweise auf eine bei hohen Belastungen ungenügende Kohlensäureabsorption zurückzuführen ist. ASTRAND fand bei sehr gut trainierten jugendlichen Männern mit einer offenen Methode (Douglas-Sack), wobei eine Rückatmung von Kohlensäure ausgeschlossen ist, bei Belastungen bis zu etwa 400 Watt eine lineare Beziehung zwischen Sauerstoffaufnahme und Minutenvolumen. Zu Beginn der Arbeit wird die funktionelle Residualkapazität meistens verschoben. Damit entsteht eine erhebliche Fehlerquelle für die Bestimmung des Sauerstoffverbrauches. Verwendet man Sauerstoffstabilisatoren, die das Volumen konstant halten, so wird im Moment der Änderung der Atemmittellage zuviel oder zuwenig Sauerstoff nachgeliefert, was bei kleinem Spirometervolumen zu einer merklichen Erhöhung, bzw. Verminderung der Sauerstoffkonzentration führt. In der Folge wird dann ein an Sauerstoff zu reiches oder zu armes Luftgemisch konstant gehalten. Dieser Nachteil der automatischen Sauerstoffstabilisierung läßt sich vermeiden, wenn man den Nachfüllmechanismus zu Beginn der Arbeit für einige Atemzüge unterbricht, bis sich die neue Atemmittellage eingestellt hat, oder man beginnt mit der spirographischen Registrierung der Atmung überhaupt erst, nachdem sich der Patient im steady state befindet, z. B. 5 min nach Arbeitsbeginn. Dann verliert man aber die Kontrolle über die ersten Minuten der Anpassung. Eine andere Möglichkeit besteht darin, zu Beginn und am Ende der Arbeit die Vitalkapazität zu bestimmen, dann läßt sich mit den evtl. Änderungen des Reservevolumens die vermeintliche Sauerstoffaufnahme approximativ korrigieren. Das am besten für Arbeitsversuche auch mit sehr großen Belastungen geeignete Spirometer ist unseres Wissens der Metabograph von FLEISCH, der schon an anderer Stelle besprochen wurde. Mit diesem Apparat, der eine von Kohlensäure praktisch freie Inspirationsluft garantiert, wurde ebenfalls eine zur Belastung lineare Zunahme von Minutenvolumen und Sauerstoffaufnahme festgestellt. Da der Apparat auch die ausgeschiedene Kohlensäure fortlaufend registriert, konnten auch die Änderungen des respiratorischen Quotienten zu Beginn der Arbeit, während der Arbeit und in der Erholungsphase studiert werden. Diese Untersuchungen zeigten, daß erst 4—5 min nach Arbeitsbeginn ein angenäherter Gleichgewichtszustand mit einem respiratorischen Quotienten zwischen 0,9 und 1,0 erreicht wird.

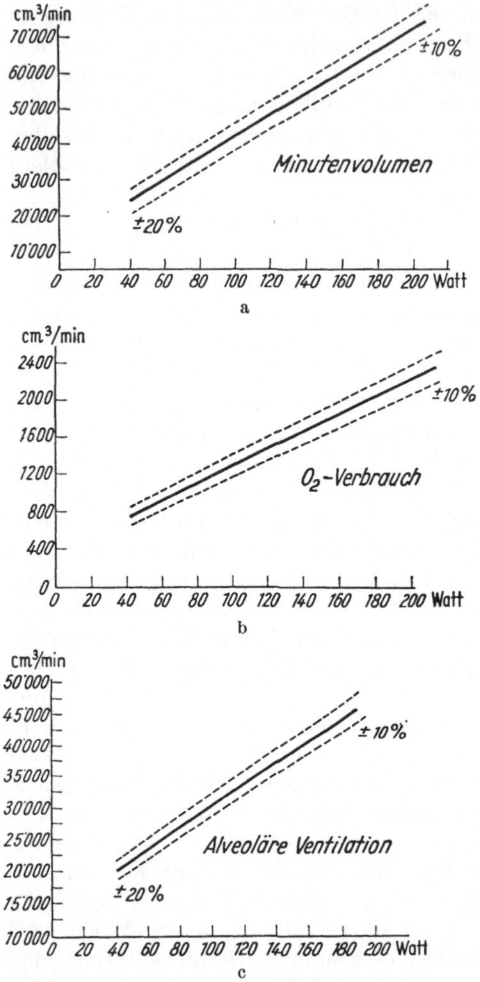

Das Spirogramm während der Arbeit gibt uns Auskunft über die Steigerung der Sauerstoffaufnahme, der Ventilation, der Atemfrequenz und der Kohlensäureausscheidung. In pathologischen Fällen interessiert uns, mit welchem Ventilationsaufwand der notwendige Sauerstoff aufgenommen wird. Interessanterweise ist für die verschiedensten pathologischen Verhältnisse die Sauerstoffaufnahme für eine bestimmte Belastung, solange sie überhaupt in einem relativen steady state bewältigt wird, ziemlich konstant. Das Atemäquivalent, bzw. die spezifische Ventilation sind bei normaler Lungenfunktion etwa gleich wie in Ruhe, bei gut trainierten eher etwas kleiner. Da das Sauerstoffaufnahmevermögen schließlich auch von der Herzleistung, d. h. von der Lungendurchblutung abhängig ist, wurde die maximale Sauerstoffaufnahme bei Arbeit auch als Index für die

Abb. 39a-c. Normalwerte für das Atemminutenvolumen, die Sauerstoffaufnahme und die alveoläre Ventilation bei körperlicher Arbeit in Beziehung zur Leistung in Watt

Steigerung des Herzminutenvolumens benutzt. Die Angaben für die obere Grenze, bei welcher eine Herzinsuffizienz ausgeschlossen werden kann, schwanken für Erwachsene zwischen 1100 und 1500 cm^3 Sauerstoff/min. Ist ein Patient in der Lage, mehr als 1500 cm^3 Sauerstoff/min aufzunehmen, so ist eine Herzinsuffizienz unwahrscheinlich. Dabei ist immer zu bedenken, daß über eine vermehrte Blutausschöpfung mit massivem Absinken des Sauerstoffgehaltes des venösen Mischblutes eine relativ große Sauerstoffaufnahme bei kleinem Herzminutenvolumen möglich ist.

Einen Anhaltspunkt für die Objektivierung der angegebenen Dyspnoebeschwerden gibt der Vergleich des Atemminutenvolumens bei Arbeit mit dem festgestellten Atemgrenzwert. Normalerweise kann der Atemgrenzwert während Arbeit zu etwa zwei Drittel benutzt werden, ohne daß der Patient subjektiv über Dyspnoe klagt. Bei pathologischer Einschränkung des Atemgrenzwertes kommt es deshalb schon bei kleinen Belastungen zu Dyspnoebeschwerden. Beim Vorliegen von Bronchialspasmen kann das Atemminutenvolumen während der Arbeit größer werden als der in Ruhe bestimmte Atemgrenzwert. Das ist auch der Fall, wenn der Patient bei der Bestimmung des Atemgrenzwertes aggraviert. Allgemein ist bei der Arbeit die Belüftung der Alveolen besser und gleichmäßiger als in Ruhe, worauf speziell ENGELHARD hinweist. Das trifft insbesondere beim Emphysematiker mit vergrößerter funktioneller Residualkapazität und bei Patienten mit chronischer Bronchitis zu, weil sich bei gesteigerter Atmung das Verhältnis von Atemvolumen zu funktioneller Residualkapazität zugunsten des ersteren ändert. Die Lungenfunktion kann bei Arbeit besser als in Ruhe sein, was die Bedeutung des Arbeitsversuches für die Lungenfunktionsprüfung unterstreicht.

Wie im Ruheversuch ist auch in Arbeit die Synthese von spirometrischen Befunden mit den blutgasanalytischen Untersuchungen für die Berechnung der alveolären Ventilation, der alveolären Sauerstoffspannung und des funktionellen Totraumes möglich. Dabei zeigt sich, daß beim Gesunden die Relation Totraum zu Atemvolumen bei leichter und mittelschwerer Arbeit im Vergleich zur Ruheatmung besser wird. Der Quotient kann von 0,35 bis auf ungefähr 0,2 absinken. Die alveoläre Sauerstoffspannung steigt bei Arbeit im Zusammenhang mit der Änderung des respiratorischen Quotienten an, und der alveolo-arterielle Gradient der Sauerstoffspannung nimmt um einige mm Hg zu und beträgt bei einer Leistung entsprechend einer Sauerstoffaufnahme von 2000 cm³ pro Minute zwischen 13—17 mm Hg. Die arterielle Sauerstoffsättigung sinkt auch bei schweren Belastungen nicht unter 95%. Die Sauerstoffkapazität nimmt durchschnittlich um 1,5—2,0 Vol.-% zu als Folge einer Erythrocytenausschwemmung. Die Kohlensäurewerte und das p_H sind beim Gesunden während leichter Arbeit praktisch die gleichen wie in Ruhe, bei höheren Belastungen nehmen Gesamtkohlensäure sowie Kohlensäurespannung und p_H ab (s. Abb. 40).

BARR hat bereits 1923 bei Fahrradergometerversuchen die Milchsäure, den Kohlensäuregehalt und das p_H im Blut bestimmt und eine Zunahme der Milchsäure bis 117 mg-% festgestellt. Nach seinen Ergebnissen verdrängen 10 mg Milchsäure 1,5—2,6 Vol.-% Kohlensäure. Da auch der Gesunde und gut Trainierte bei Arbeit je nach Höhe der Belastung größere Milchsäurewerte als in Ruhe hat, kann diese Bestimmung nicht als eigentliche Funktionsprüfung der Lunge verwertet werden. Ob es infolge der Milchsäureanhäufung zu einer Acidose kommt, ist allerdings von der Lungentätigkeit abhängig. Aber nur die Bestimmung Kohlensäure und des p_H im arteriellen Blut zeigt, ob tatsächlich eine Acidose vorliegt oder ob die Milchsäureanhäufung durch eine vermehrte Kohlensäureabgabe kompensiert wird. Bei Leberstörungen fanden wir oft einen über das Normale hinausgehenden Anstieg der Milchsäurekonzentration während Arbeit. Entwickelt sich während der Arbeit eine Hypoxämie, so steigt die Milchsäurekonzentration nach unserer Erfahrung ebenfalls höher an als bei normaler arterieller Sauerstoffsättigung.

Wie unter Ruhebedingungen ist auch beim Arbeitsversuch die Feststellung eines spirographischen Sauerstoffdefizites möglich. Die angewandten Methoden sind die gleichen, wie sie bereits für den Ruheversuch beschrieben wurden, desgleichen die methodischen Fehlermöglichkeiten, da bei Arbeit Änderungen der Atemmittellage, die die Sauerstoffaufnahme verfälschen noch ausgesprochener sind als in Ruhe. Werden diese Fehlermöglichkeiten ausgeschaltet, so kommt unseres Erachtens der Bestimmung des spirographischen Sauerstoffdefizites bei Arbeit eine viel größere Bedeutung zu als in Ruhe.

3. Arbeitsversuch mit Kontrolle der arteriellen Blutgase

Der Belastungsversuch gewinnt für die Objektivierung einer latenten pulmonalen oder auch kardialen Insuffizienz bei der Indikationsstellung für thoraxchirurgische Eingriffe und für die Gutachtertätigkeit bei der Beurteilung der Arbeitsfähigkeit immer mehr an Bedeutung. Da das Schwergewicht auf Versuchen mit mehreren Belastungsstufen zum Abtasten der oberen Grenze der Anpassungsfähigkeit liegt, wird die spirometrische Technik zu umständlich. Mehrere Arbeitsversuche mit verschiedenen Belastungsstufen hintereinander unter Berücksichtigung aller notwendigen spirometrischen Finessen bedeuten einen Zeit- und Arbeitsaufwand, der sich für den Routinebetrieb nicht lohnt. Wir beschränken uns deshalb, abgesehen von Sonderfällen, in der Regel mit der arteriellen Blutanalyse. Bei Männern bereitet das Einlegen einer Verweilkanüle in die Art. brachialis meistens keine Schwierigkeiten, so daß man beliebig viele Blutentnahmen vor, während und nach der Arbeit machen kann, ohne den Patienten jedesmal neu zu stechen, was wegen des Schmerzes die Resultate verfälschen könnte. Die Zeit wird für jede Arbeitsstufe auf 5–6 min beschränkt. Mit dem Verzicht auf die Spirometrie fallen auch für den Patienten Maske oder Mundstück weg, er ist in seiner Atmung frei, und wir sind sicher, daß er atmosphärische Luft und nicht ein mit Sauerstoff angereichertes oder sauerstoffarmes Luftgemisch atmet, so daß die arterielle Blutgasanalyse in dieser Beziehung nicht entwertet wird. Mit der gleichzeitigen photoelektrischen Oxymetrie wird das Verfahren noch mehr vereinfacht, indem sie uns zeigt, bei welcher Belastungsgröße und wann es zu einem Abfall der Sauerstoffsättigung kommt, bzw. ob die Sättigung während Arbeit ansteigt. Die Kombination mit der Pneumotachographie und der Kohlensäureanalyse in der Exspirationsluft mittels Infrarot (s. Abb. 8) ermöglichst die Volumenregistrierung und die Messung der ausgeschiedenen Kohlensäure in einer offenen Anordnung, die ebenfalls das Atmen von atmosphärischer Luft garantiert.

VI. Technik des Herzkatheterismus, Berechnungen und Normalwerte

CHAUVEAU und MAREY (1861) führten erstmals in Tierversuchen eine Sonde zwecks Druckmessungen durch eine Vene in das Herz ein, sie führten auch bereits die Sondierung von der arteriellen Seite her durch. BLEICHRÖDER berichtete dann 1912 über venöse und arterielle Sondierungen im Tierversuch sowie über zwei Selbstversuche mit Sondierungen der V. cava und drei weitere entsprechende Versuche bei 3 freiwilligen Versuchspersonen. FORSSMANN führte dann 1929 mehrere Selbstversuche durch, wobei wie bei BLEICHRÖDER therapeutische Gedankengänge wie die intrakardiale Applikation von Medikamenten, im Vordergrund standen. Die Sondierung des rechten Herzens zwecks Bestimmung des Herzminutenvolumens nach dem Fickschen Prinzip wurde in verschiedenen Ländern beim Menschen versuchsweise durchgeführt JIMENEZ und CUENCA (1930), KLEIN (1930), die erste Angiokardiographie durch einen in den Vorhof eingeführten Katheter machten MONIZ, DE CARVALHO und LIMA (1931). Doch wurde die Bedeutung dieser neuen Untersuchungsmethode erst viel später im Zusammenhang mit den Fortschritten der Lungen- und Herzchirurgie, die eine Verfeinerung der Diagnostik erforderten, erkannt. COURNAND und RICHARDS (1941) entwickelten den Herzkatheterismus zur Routinemethode. Die Gefahren der Herzsondierung sind nicht groß. Statistiken, z. B. von COURNAND (6000 Untersuchungen), LENÈGRE und SOULIÉ ergeben eine Mortalität von weniger als 1$^0/_{00}$. In Zürich haben wir auf mehr als 1000 Untersuchungen keinen Todesfall. Tödliche Zwischenfälle sind meistens auf subendotheliale Blutungen oder irreversibles Kammerflimmern zurückzuführen. Die Mortalität der Angiokardiographie ist vergleichsweise bedeutend größer. Wir ziehen deshalb die gezielte Angiokardiographie mit kleinen Kontrastmittelmengen vom liegenden Katheter aus in Lachgasnarkose vor, womit die Mortalität unter 1% sinkt. Bei dieser gezielten oder selektiven (BOLT) Angiokardiographie handelt es sich um eine wertvolle Bereicherung der röntgenologischen Diagnostik. Morphologische Veränderungen der Ausflußbahn des rechten Ventrikels, der Art. pulmonalis und ihren Ästen bis zu den kleinen Gefäßen können auf diese Weise sehr schön dargestellt werden, doch scheint es uns nicht gerechtfertigt, z. B. aus dem Angiogramm eines Lungenlappens bindende Schlüsse auf die Funktion zu ziehen. Zwischen pathologisch veränderter Morphologie und eingeschränkter Funktion im weitesten Sinne bestehen wohl qualitative, aber selten direkte quantitative Beziehungen. Es sei noch erwähnt, daß man mit etwas größeren Kontrastmittelmengen auch sehr gute Laevogramme zur Darstellung von Aorten- insbesondere aber von Aortenisthmusstenosen erhält. Die Methode ist der direkten Aortographie, was die Qualität der Bilder betrifft, praktisch ebenbürtig, hinsichtlich des Untersuchungsrisikos überlegen.

Die mit der bisher beschriebenen Untersuchungsmethode der Lungenfunktion gewonnenen Ergebnisse ergänzen die des Herzkatheterismus. In der Kombination beider Untersuchungsmöglichkeiten ist COURNAND vorangegangen. Seitdem einige gesetzmäßige Beziehungen zwischen Lungenventilation und -zirkulation bekannt sind, kann aus dem Ausfall der Befunde der einen Untersuchungsmethode auf die zu erwartenden der anderen geschlossen werden, wie es weiter unten noch ausführlich besprochen wird. So weisen bestimmte mit der Lungenfunktionsprüfung erfaßbare pathologische Veränderungen mit großer Sicherheit auf eine pulmonale Hypertonie hin.

Der Herzkatheterismus ermöglicht die Messung der Druckverhältnisse in den verschiedenen Gefäß- und Herzabschnitten sowie die Bestimmung des Herzminutenvolumens und die Feststellung von Kurzschlußverbindungen. Die Kombination von Druck und Volumen erlaubt die Berechnung der Strömungswiderstände, der Herzarbeit und der Klappenöffnungsflächen im Falle von Klappenstenosen. Auf alle Möglichkeiten dieser Untersuchung und auf die detailierte Technik bei den angeborenen und erworbenen Herzfehlern soll in diesem Zusammenhang nicht speziell eingegangen werden. Wir verweisen hierfür auf die einschlägige Literatur, insbesondere auf die Monographien von SOULIÉ, BAYER und ROSSI.

Unsere Technik entspricht im wesentlichen der allgemein üblichen. Die Untersuchung erfolgt morgens am nüchternen Patienten, der mindestens eine halbe Stunde gelegen ist. Wenn immer möglich, verbinden wir die Lungenfunktionsprüfung und den Herzkatheterismus in einem Arbeitsgang. Zuerst werden spirometrisch Sauerstoffaufnahme, Atemminutenvolumen und die funktionelle Residualkapazität sowie die Vitalkapazität bestimmt. Dann wird unter Lokalanaesthesie in die rechte Art. brachialis evtl. Art. femoralis eine relativ dicke Verweilkanüle eingelegt, die zu jeder Zeit arterielle Blutentnahmen und direkte Messungen des Druckes im Körperkreislauf ermöglicht. Gleichzeitig wird ebenfalls unter Lokalanaesthesie die V. basilica media in der linken Ellenbeuge evtl. die V. saphena in der Schenkelbeuge durch einen kleinen Querschnitt freigelegt und die Sonde unter dauernder Durchspülung mit körperwarmer physiologischer Kochsalzlösung mit Liqueminzusatz in die Hohlvenen vorgeschoben und dann unter Durchleuchtungskontrolle die Sondenspitze in den verschiedenen Gefäß- und Herzabschnitten für die Druckmessungen und Blutentnahmen placiert. Für die

Bestimmung des Herzminutenvolumens wird das Blut aus der Art. brachialis und der Art. pulmonalis simultan entnommen. Im allgemeinen verzichten wir auf eine besondere Vorbereitung des Patienten, nur wenn er besonders aufgeregt und ängstlich ist, erhält er 0,5 cm³ Dilaudid s. c.

Für die Druckregistrierung verwenden wir Widerstandsmanometer (Statham-Elemente). Die Membran der Manometer befindet sich in „Herzhöhe", d. h. 5 cm unterhalb des Sternums des liegenden Patienten, was uns die O-Linie gibt, die laufend mitregistriert wird. Gleichzeitig wird auch immer eine EKG-Ableitung mitgeschrieben. Aus qualitativen Gründen ziehen wir die optische Registrierung einer Direktschreibung vor. In diesem Falle ist es aber von großem Vorteil, wenn die Druckkurve und das EKG auf einer parallelgeschalteten Braunschen Röhre fortlaufend beobachtet werden kann, weil der Druckablauf formal für die verschiedenen gewünschten und unerwünschten Lokalisationen der Sondenspitze charakteristisch ist und auch eine Häufung von Extrasystolen sofort bemerkt wird. Gehäufte Extrasystolen sind für uns eine Indikation zum raschen Zurückziehen des Katheters. Gefährlich kann das Sondieren des Sinus venosus bzw. einer Coronarvene werden, was auf dem Leuchtschirm sofort an der Druckkurve erkannt werden kann. Das Blut der Coronarvenen ist übrigens besonders tief ausgeschöpft, die Sauerstoffsättigung beträgt selten mehr als 40%, meistens nur 20%.

Tabelle 20. *Mittelwerte von 5 herzgesunden Exploranden*

	A. femoralis	A. pulmon.	Sinus venosus
O_2-Sättigung %	96,2	72,0	20,3
pO_2 mm Hg	86	38	15
CO_2-Gehalt Vol.-% (Plasma)	54,0	55,6	61,0
P_H	7,40	7,38	7,35
pCO_2 mm Hg	38,2	41,0	48,0

Die Druckregistrierung wird so verstärkt, daß man gut ausmeßbare Kurven erhält. Für die Berechnung von Kreislaufgrößen wie Widerstand, Herzarbeit und Klappenöffnungsflächen braucht man den Mitteldruck, den man durch direkte elektrische oder graphische Integration erhält. Hierzu ist zu bemerken, daß es sich bei diesen Methoden um eine zeitliche Integration handelt, während genau genommen die Integration des Mitteldruckes auf das im Zeitablauf wechselnde Volumen zu erfolgen hätte. Der in den Hohlvenen und in den Herzkammern sowie in der Art. pulmonalis gemessene Druck entspricht dem effektiv dort herrschenden hämodynamischen Druck, anders ist es mit dem sog. „Capillardruck" den man erhält, wenn die Sonde so weit in die Peripherie vorgestoßen wird, bis die Sonde allseitig vom Gefäß umschlossen ist, so daß keine Strömung mehr besteht. Dieser so gemessene „Capillardruck", es wurde auch die Bezeichnung "wedge pressure" vorgeschlagen, entspricht weitgehend dem Druck in den Lungenvenen und im linken Vorhof und ist deshalb nur bei einer Ausflußbehinderung aus dem Lungenkreislauf erhöht. Es soll noch erwähnt werden, daß analog zum Vorgehen bei der Messung des Capillardruckes, von den Lungenvenen her (Vorhofsseptumdefekt) der Druck in der Art. pulmonalis und von der Lebervene der Druck in der Vena porta gemessen werden kann. Im Herz und in den Lungengefäßen wird der Druck durch kreislauffremde Faktoren, insbesondere durch die intrathorakalen respiratorischen Druckschwankungen beeinflußt, weshalb wir für die Ausmessung immer längere Kurvenstücke benützen. Die Messung in Apnoe halten wir nicht für zweckmäßig. Man muß auch daran denken, daß mit der Atmung auch ein wenig die Herzhöhe und damit der O-Punkt variiert.

Bei der Messung des „Capillardruckes" ist darauf zu achten, daß sich das Manometer in Höhe der in der Lungenperipherie liegenden Sondenspitze, deren

Lage durch Drehen des Patienten unter dem Röntgenschirm kontrolliert werden kann, befindet. Bei pathologisch vergrößerten intrathorakalen respiratorischen Druckschwankungen müssen diese für die Bestimmung des absoluten Druckes selbstverständlich berücksichtigt werden. Bei den für die hämodynamischen Berechnungen so wichtigen Differenzen des Mitteldruckes spielen die respiratorischen Druckschwankungen keine Rolle, wenn der Mitteldruck über wenigstens eine oder besser mehrere Atemphasen integriert wird. Es sei erwähnt, daß es gelegentlich einfach unmöglich ist, den „Capillardruck" einwandfrei zu registrieren. Wenn die Sonde eine Anastomose zum Bronchialkreislauf blockiert, was allerdings nur selten vorkommt, mißt man retrograd den Druck in den Art. bronchiales.

Wenn die Sondenspitze gerade über den Pulmonalklappen in der Stromrichtung des Blutes liegt, ist es möglich, daß man bei größeren Strömungsgeschwindigkeiten, also bei großem Herzminutenvolumen bzw. gesteigerter Lungendurchblutung bei Links—Rechts-shunts eine systolische Druckdifferenz zwischen A. pulmonalis und rechten Ventrikel mißt, die keiner Pulmonalstenose entspricht. Diese Fehlermöglichkeit wird bei Lage der Sondenspitze, die auch immer seitliche Öffnungen haben soll, in einem Hauptast praktisch ausgeschaltet. Bei simultaner Messung des Druckes im rechten Ventrikel und in der A. pulmonalis mit einer Doppelsonde haben wir bei herzgesunden Exploranden auch bei großem Herzminutenvolumen während Arbeit keine signifikanten Druckdifferenzen feststellen können. Liegt die Sonde in einem Hauptast, so sind auch die Bewegungen, die zu Kunstprodukten bei der Druckmessung führen können, am geringsten. Allgemein kann man sagen, daß bei Beachtung einiger hier erwähnter Grundsätze eine amplitudengetreue Druckregistrierung möglich ist. Für die Formanalyse werden die Verhältnisse viel schwieriger, weil hier Eigenfrequenz und Dämpfung des ganzen Systems von großer Bedeutung sind. Um eine breite Anwendungsmöglichkeit der Apparaturen zu ermöglichen, kommt man in dieser Beziehung nicht ohne Kompromiß aus. Die Eigenfrequenz unserer Manometer mit Ansatz und kurzer, relativ dicker Nadel für die Messung des peripheren arteriellen Druckes beträgt 35/sec, mit einem 150 cm langen Katheter sinkt die Eigenfrequenz auf 15/sec.

Aus den verschiedenen Gefäß- und Herzabschnitten werden eine oder besser mehrere Blutproben entnommen, wobei darauf zu achten ist, daß die Sonde vorgängig mit dem zu untersuchenden Blut gespült wird. Insbesondere bei dilatierten Herzkammern und intrakardialen Kurzschlüssen empfehlen sich zahlreiche Blutentnahmen, weil die Blutdurchmischung in diesen Fällen sehr unvollständig ist. Den zuverlässigsten Wert für das venöse Mischblut des Körpers erhält man in der Art. pulmonalis, sofern keine Kurzschlußverbindung vorliegt. Wie bei der Messung des Capillardruckes muß man sich auch bei der Bestimmung des Sauerstoffgehaltes des Capillarblutes über die Besonderheiten klar sein, die mit dem Verschluß des Gefäßes durch die Sonde verbunden sind. Der im „retrograd" aspirierten „Capillarblut" gefundene Sauerstoffgehalt entspricht nicht in allen Fällen dem wirklichen Gehalt am Capillarausgang bzw. in den Lungenvenen, weil ein wesentlicher Faktor für den Gasaustausch, nämlich die Kontaktzeit zwischen Capillarblut und Alveolargasen verändert, und zwar um Vielfaches vergrößert wird. Bei Diffusionsstörungen als Folge einer zu kurzen Kontaktzeit (s. unten) ist die Sauerstoffsättigung im retrograd aspirierten Capillarblut höher als im Lungenvenenblut und in den peripheren Arterien, was deshalb keineswegs als Beweis angeführt werden kann, daß in diesen Fällen der Gasaustausch in den Alveolen normal und die arterielle Untersättigung die Folge einer vergrößerten postalveolären venösen Zumischung ist. Wir ziehen es vor, in jeder Blutprobe Sauerstoffkapazität und -sättigung zu bestimmen, was beim Arbeiten mit unserem modifizierten Haldane-Barcroft-Apparat (s. Abb. 37) im Vergleich zur van Slyke-Methode auch bei Doppelanalysen keinen Zeitverlust bedeutet.

Das Herzminutenvolumen wird nach dem Fickschen Prinzip berechnet:

$$\text{HMV (cm}^3/\text{min)} = \frac{\text{O}_2\text{-Aufnahme/min (STPD)} \cdot 100}{\text{art.-ven.O}_2\text{-Differenz Vol.-\%}} \cdot$$

Zuverlässige Werte für den Sauerstoffgehalt des venösen Mischblutes des Körpers erhält man, wie schon erwähnt, nur in der Art. pulmonalis beim Fehlen von Kurzschlußverbindungen. Dann gilt das so berechnete Herzminutenvolumen für den großen und kleinen Kreislauf. Bei Shunt-Verbindungen muß je nachdem der Sauerstoffgehalt des Lungenvenenblutes und der der Hohlvenen in die Formel eingesetzt werden, womit erhebliche Fehlermöglichkeiten entstehen. Wenn der Sauerstoffgehalt des Lungenvenenblutes nicht direkt bestimmt werden kann, so darf dafür eine normale Sättigung (96–97%) eingesetzt werden, falls die Lungenfunktionsprüfung eine normale alveoläre Sauerstoffspannung ergeben hat und eine Diffusionsstörung ausgeschlossen werden kann. Der Sauerstoffgehalt in den Hohlvenen schwankt hingegen entsprechend der ungleichmäßigen Durchmischung und der teilweise laminären Strömung ziemlich stark. Der Sauerstoffgehalt des Blutes aus der oberen Hohlvene stimmt nur selten mit dem aus der unteren überein. Die Berechnung der Volumenwerte und die quantitativen Shunt-Angaben auf Grund dieser Zahlen ist deshalb nur sehr approximativ.

Mittels der Formel von HAGEN-POISEUILLE, die für laminäre Strömungen gilt, können Druck- und Volumenwerte miteinander in Beziehung gesetzt werden:

$$\frac{\text{Volumen}}{\text{Zeit}} = \frac{(P_1 - P_2) \cdot r^4 \cdot \pi}{8 \cdot \eta \cdot L} \cdot$$

Volumen zu Zeit, in unserem Falle das Herzminutenvolumen, sind direkt proportional zur Druckdifferenz $(P_1 - P_2)$ und zum Quadrat des Querschnittes sowie umgekehrt proportional zur Viscosität des Blutes (η) und zur Länge des Gefäßsystems (L).

Das Ohmsche Gesetz zeigt die Beziehung zwischen Druckdifferenz, Volumen und Widerstand:

$$\text{Widerstand} = \frac{P_1 - P_2}{\text{Vol./Zeit}} \cdot$$

Der Widerstand wird allgemein in dyn sec cm^{-5} angegeben, womit sich wegen der Umrechnung von mm Hg in dyn der Faktor 1332 ergibt. Die Unterteilung in Gesamtwiderstand und arteriolären Widerstand halten wir nicht für vorteilhaft. Da der Blutfluß bis in die Lungencapillaren pulsatil erfolgt, ist auch die Lokalisation „arteriolär" ungünstig, es scheint uns deshalb zutreffender und unmißverständlicher vom „vasculären" Widerstand zu sprechen, der folgendermaßen berechnet wird:

$$\text{Vasculärer Widerstand (Lunge)} = \frac{(PAm - Asm) \cdot 1332}{\text{HMV (cm}^3) : 60} = \frac{(PAm - Asm) \cdot 80}{\text{HMV (Liter)}}$$

PAm = Mitteldruck in der A. Pulmonalis,
Asm = Mitteldruck im linken Vorhof,
PCm = mittlerer Lungencapillardruck $\approx Asm$,
BAm = Mitteldruck in der Aorta,
Adm = Mitteldruck im rechten Vorhof.

Statt des Mitteldruckes im linken Vorhof wird in der Regel der mittlere Lungen-capillardruck (PCm) eingesetzt.Unter Verwendung des Mitteldruckes in der Aorta (B_{Am}) und des Mitteldruckes im rechten Vorhof (A_{Adm}) wird in der gleichen Weise der Widerstand im Körperkreislauf berechnet. Da es sich im Lungen- und Körperkreislauf nicht um ein starres Röhrensystem, sondern um ein elastisches System handelt, entspricht der so berechnete Widerstand nicht allein dem reinen Strömungswiderstand und wird auch nicht lediglich vom Querschnitt und Länge des Gefäßsystemes und der Blutviscosität beeinflußt. Trotz dieses grundsätz-lichen Einwandes ist doch das Ohmsche Gesetz auch für den Kreislauf anwendbar, d. h. die direkt von uns ermittelten Größen, Druckdifferenz und Herzminuten-volumen, ergeben den Widerstand.

Die Arbeit der Ventrikel kann mit Umrechnung der Druckwerte von mm Hg auf mm Wasser ohne Berücksichtigung der Beschleunigungsarbeit wie folgt berechnet werden:

$$\text{Arbeit re. Ventrikel mkg/min} = \frac{\text{HMV (Liter)} \cdot (PAm - Adm) \cdot 13{,}6}{1000}.$$

Die Arbeit des linken Ventrikels wird in gleicher Weise berechnet, indem der Mitteldruck in der Aorta und im linken Vorhof in die Formel eingesetzt wird. Benutzt man statt des Herzminutenvolumens den Herzindex (HMV/Körper-oberfläche), so erhält man die Arbeit pro Quadratmeter Körperoberfläche.

DEXTER und mit ihm viele Autoren berücksichtigen in der Formel auch das spezifische Gewicht des Blutes (1,055), mit dem das Herzminutenvolumen multipliziert wird. Auf diese Weise erhält man für die Arbeit einen um 5,5% größeren Wert, was praktisch zu vernachlässigen ist, da diesen Berechnungen ja ohnehin keine sehr große Genauigkeit zukommt. Grundsätzlich gehört aber das spezifische Gewicht des Blutes nicht in die Formel, da in der Beziehung Kraft mal Weg das Volumen dem Weg und die Druckdifferenz der Kraft entsprechen, wie es folgende einfache Ableitung zeigt: Die Druckdifferenz sei 100 mm Hg, das Herzminutenvolumen 5000 cm³.

$$100 \text{ mm Hg} = \frac{1360 \text{ mm H}_2\text{O}}{\text{cm}^2} = \frac{136 \text{ cm H}_2\text{O}}{\text{cm}^2} = \frac{136 \text{ g}}{\text{cm}^2}$$

$$\frac{136 \text{ g} \cdot 5000 \text{ cm}^3}{\text{cm}^2} = 680\,000 \text{ cm g} = 6{,}8 \text{ mkg pro Minute,}$$

da das Volumen für eine Minute gilt.

Wie bereits im Zusammenhang mit der Bronchospirometrie erwähnt, spielt für die präoperative Beurteilung der Lungenfunktion die Blockade eines Haupt-astes der A. pulmonalis eine gewisse Rolle. Ein deutlicher Druckanstieg während der Blockade weist darauf hin, daß es nach der Resektion der betreffenden Seite mit großer Wahrscheinlichkeit zur Ausbildung einer pulmonalen Hypertonie kommt, weil der Strömungswiderstand in der verbleibenden Lungenseite bereits erhöht ist bzw. sich während der Blockade nicht genügend verringert. Die Pulmonalisblockade mit gleichzeitiger körperlicher Belastung und Kontrolle der arteriellen Blutgase stellt sicher das genaueste Verfahren der präoperativen Beurteilung dar, doch scheint uns der Aufwand nur in den seltensten Fällen gerechtfertigt. Die Doppelsonde mit aufblasbarem bzw. Kontrastmittel füllbaren Beutel findet auch zur Abschätzung der Größe von Vorhofseptumdefekten und offenen D. Botalli Verwendung (ROSSI). Mit der Pulmonalisblockade ergibt sich auch eine Möglichkeit, pathologisch einmündende Lungenvenen vom Vorhof-septumdefekt zu differenzieren.

Solange die Sondenspitze in der Art. pulmonalis liegt, besteht keine besondere Gefährdung für Rhythmusstörungen und Extrasystolien, so daß auch Belastungsversuche durchgeführt werden können. Für die Orientierung über die Druckverhältnisse bei Zunahme des Herzminutenvolumens und des Gaswechsels genügt eine einfache Belastung, z. B. Beineheben. Für genauere Untersuchungen ist ein Arbeitsversuch mit dosierter Belastung, z. B. mit dem Fahrradergometer, unter gleichzeitiger Registrierung der Sauerstoffaufnahme und des Atemminutenvolumens notwendig. Für die Bestimmung des Herzminutenvolumens bei Arbeit ist es von größter Wichtigkeit, daß sich der Patient im steady state befindet. Nun hat die Erfahrung gezeigt, daß die einzelnen Faktoren nicht die gleichen Anlaufzeiten haben. Während Atmung, Sauerstoffaufnahme sowie arterielle Sauerstoffsättigung und Kohlensäurespannung sowie die Sauerstoffkapazität, bzw. der Hämatokrit beim Gesunden spätestens 5—6 min nach Arbeitsbeginn mit einer gleichbleibenden Belastung annähernd konstant bleiben, so gilt das nicht für die Kohlensäureabgabe, die in den ersten Minuten die Sauerstoffaufnahme übertreffen kann (respiratorischer Quotient über 1), und auch nicht für die Blutgase des venösen Mischblutes. Die Sauerstoffsättigung und die Kohlensäurespannung des venösen Mischblutes erreichen gemäß unseren Untersuchungen frühestens 8—10 min nach Arbeitsbeginn, in pathologischen Fällen, z.T. noch später oder gar nicht, ein mehr oder weniger konstantes Niveau, das sich für die folgenden 10 bis 15 min nicht wesentlich ändert. Entsprechende Untersuchungen mit gleichbleibender Belastung während 30 und mehr Minuten liegen noch nicht vor. Es ist durchaus denkbar, daß bei Fortsetzen der Arbeit der Sauerstoffgehalt des venösen Mischblutes noch weiter absinkt, derartige Variationen werden bei leichten Belastungen größer sein als bei schwerer Arbeit, bei der schon sehr früh ein tiefes Niveau des Sauerstoffgehaltes im venösen Mischblut erreicht wird. Wir müssen uns darüber klar sein, daß wir mit derartigen Arbeitsversuchen keinen absoluten, sondern nur einen relativen steady state hinsichtlich Gaswechsel und Herzminutenvolumen erreichen. Wenn wir von Minute zu Minute nach Arbeitsbeginn die arteriellen und venösen Blutgase kontrollieren (BÜHLMANN u. Mitarb., 1955), so sind 8—10 min nach Arbeitsbeginn die Variationen kaum größer, als es den Fehlern der Bestimmungsmethoden entspricht, ihr Einfluß auf die Berechnung des Herzminutenvolumens wird kleiner als 10%. Da wir andererseits die Sauerstoffaufnahme während Arbeit, sei es nun mit dem Spirometer oder mit dem Douglas-Sack, mit befriedigender Genauigkeit nur bestimmen können, wenn wir während mindestens 3 min registrieren bzw. die Exspirationsluft sammeln, so ist es ohnehin nicht möglich, mit dieser Untersuchungsmethode Aussagen über Änderungen des Herzminutenvolumens von Minute zu Minute zu machen. Wir dürfen uns aber mit der Feststellung zufriedengeben, daß sich Gaswechsel und arterielle sowie venöse Blutgase normalerweise 8—10 min nach Arbeitsbeginn in einem annähernden Gleichgewichtszustand befinden, der eine für die betreffende Arbeitsleistung repräsentative Bestimmung des Herzminutenvolumens einschließlich eines Fehlers von 10% erlaubt. Bestimmungen des Herzminutenvolumens bei Arbeit, die auf dem venösen Mischblut basieren, das bereits während der ersten 5 min nach Arbeitsbeginn entnommen wurde, haben deshalb nur ganz relative Bedeutung.

Bei den Untersuchungen, die den folgenden Abbildungen für die Normalwerte zugrunde liegen, haben wir das venöse Mischblut erst während der 8—12 min nach Arbeitsbeginn gleichzeitig mit dem arteriellen Blut entnommen. Die Sauerstoffaufnahme wurde ebenfalls frühestens 8 min nach Arbeitsbeginn bestimmt und stellt einen Mittelwert von 3—4 min dar. Da wir unsere Zahlen direkt auf die Sauerstoffaufnahme beziehen, erübrigt sich eine Korrektur mit der Körperoberfläche.

Unsere Normalwerte für das Herzminutenvolumen und die Herzarbeit liegen etwas unter den von DEXTER u. Mitarb. 1951 mitgeteilten Zahlen, was in der Hauptsache damit zusammenhängen dürfte, daß diese Autoren damals das Blut schon während der 3. min, also zu früh, entnommen haben. Aus den verschie-

denen Untersuchungen der hämodynamischen Verhältnisse während Arbeit kann geschlossen werden, daß das Herzminutenvolumen bei Arbeit nach einer kurzen Anlaufzeit ein Maximum erreicht und bei Fortsetzen der Arbeit auf einem etwas kleineren Wert für längere Zeit annähernd konstant gehalten wird. Ein weiterer wichtiger Befund beim Leistungsversuch besteht darin, daß beim Gesunden der Widerstand in großen und kleinen Kreislauf mit der Zunahme des Herzminutenvolumens absinkt. Ein weitgehend fixierter Widerstand weist deshalb auf anatomische Veränderungen

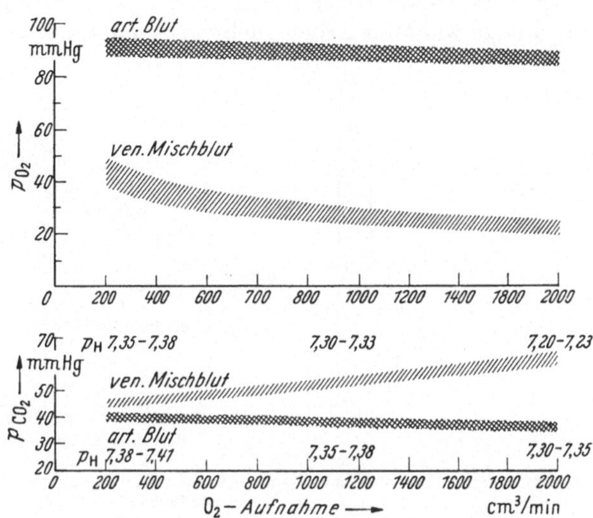

Abb. 40. Die Sauerstoff- und Kohlensäurespannung sowie das p_H im arteriellen und venösen Mischblut in Ruhe und bei körperlicher Arbeit

an den kleinen und kleinsten Lungengefäßen, insbesondere im Bereiche der Arteriolen hin.

Unter Ruhebedingungen können wir beim Erwachsenen mit folgenden Normalwerten rechnen:

Herzminutenvolumen 4—6 l/min
Herzindex   2,8—4,0
Druckwerte: re. Vorhof   re. Ventrikel   Art. pulm   „capillär"   li. Vorhof
systol.-/diastol.   3/—2   20—25/0   20—25/8—12   (5—7)   8/4
Mitteldruck   Adm 2   PAm 14—17 PCm 5—7   A Asm 5
Widerstand: dyn sec cm⁻⁵, Lunge vasculär, 100—180
Herzarbeit, mkg/min 0,7—1,0, 0,4—0,6 pro m².
  (rechter Ventrikel)

Die Normalwerte während Arbeit gehen aus den Abbildungen 40—43 hervor. Der Mitteldruck im rechten und linken Vorhof steigen leicht an. Wahrscheinlich spielt bei Arbeit die gleichzeitige Zunahme der respiratorischen intrathorakalen Druckschwankungen mit der Ventilationssteigerung für den venösen Rückfluß und damit für die bessere Füllung der Ventrikel eine wichtige Rolle.

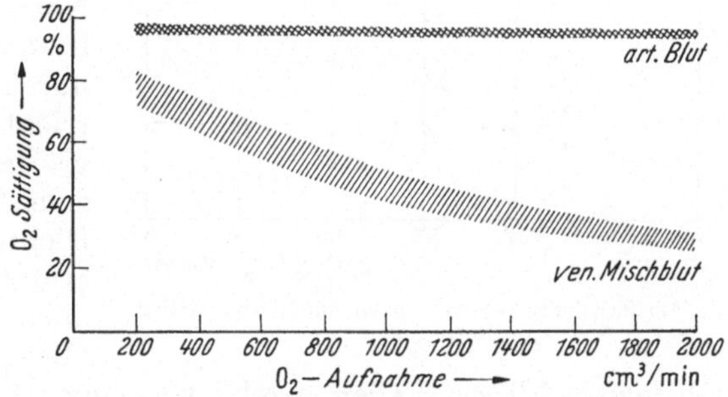

Abb. 41. Die Sauerstoffsättigung im arteriellen und venösen Mischblut in Ruhe und während körperlicher Arbeit

Der Arbeitsversuch beim Herzkatheterismus hat, wie bereits angedeutet, gelegentlich auch für die praktische Diagnostik größere Bedeutung, was anhand einiger Beispiele gezeigt werden soll. Mit der Steigerung der Lungendurchblutung bei Arbeit wird der Strömungswiderstand in der Lunge wie auch im Körperkreislauf durch Erweiterung der Arteriolen und Eröffnung von in Ruhe nicht durchbluteten Capillargebieten auf einen Minimalwert gesenkt. Nimmt z. B. bei einer Mitralstenose oder einem kongenitalen Vitium der vasculäre Widerstand in der Lunge während Arbeit nicht deutlich ab, so spricht das für eine weitgehende

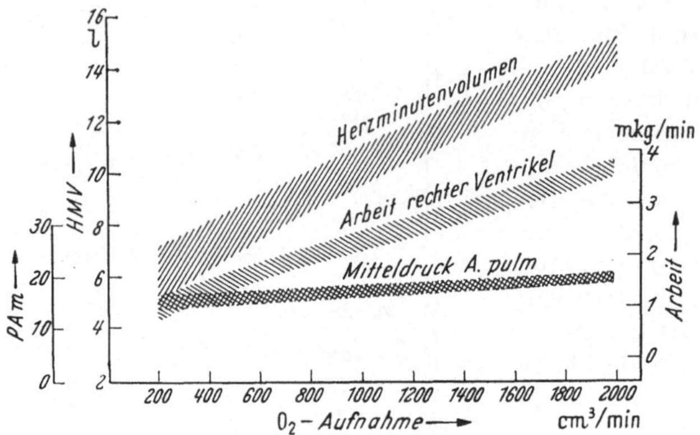

Abb. 42. Herzminutenvolumen, Mitteldruck in der Art. pulmonalis und Arbeit des rechten Ventrikels in Abhängigkeit zur Sauerstoffaufnahme

Fixierung des Widerstandes infolge anatomischer Veränderungen der kleinen und kleinsten Lungengefäße im Sinne der sekundären Pulmonalsklerose (siehe auch klinischer Teil). Wird während Arbeit eine andere Öffnungsfläche für die Mitralklappe berechnet als in Ruhe, so ist der mit dem Herzminutenvolumen und dem Capillardruck während der Arbeit berechnete Wert zuverlässiger. Leichte Mitral- und Pulmonalstenosen können mit dem Arbeitsversuch gesichert werden.

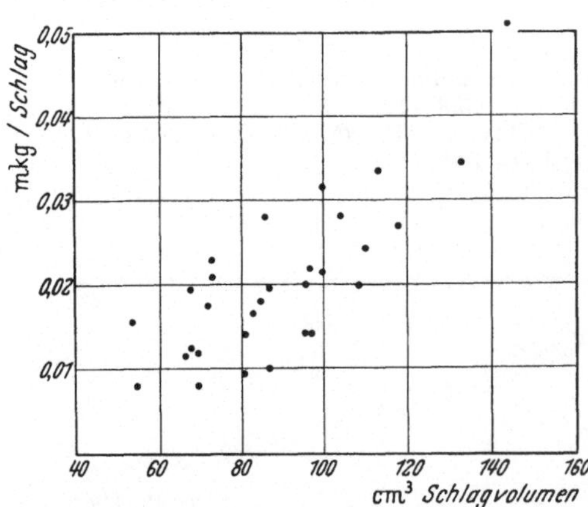

Abb. 43. Die Beziehung zwischen Schlagvolumen und Arbeit pro Herzschlag

Ähnlich liegen die Verhältnisse bei Lungenerkrankungen, die zu einem Cor pulmonale führen können. Bei nur leicht erhöhtem Strömungswiderstand wird in Ruhe bei eher kleinem Herzminutenvolumen noch ein Druck im Bereiche der Norm gemessen. Aber schon bei leichter Vergrößerung der Lungendurchblutung während Arbeit erreicht der Druck eindeutig pathologische Werte, sofern der Widerstand fixiert ist. Auf diese Weise werden leichte Formen des Cor pulmonale erfaßt, die mit dem Ruheversuch allein nicht diagnostiziert würden (Beispiele 1 und 2).

Ob man in diesen Fällen bereits von einem Cor pulmonale spricht, ist eine Definitionsfrage. Sicher ist aber, daß auch bei diesen Patienten, die sich nicht dauernd in einem Ruhezustand befinden, eine vermehrte Belastung des rechten Ventrikels besteht, was für die Indikationsstellung von thoraxchirurgischen Eingriffen wichtig sein kann. Kommt es schon bei geringer Vergrößerung des Herzminutenvolumens zu einer eindeutigen pulmonalen Hypertonie, so sollte jede

Resektion von noch funktionstüchtigem Lungengewebe vermieden, beziehungsweise auf ein Minimum reduziert werden.

Besteht bereits in Ruhe eine Drucksteigerung, so erhöht sich der Druck während des Arbeitsversuches mit Zunahme der Lungendurchblutung. Bei der häufigsten Form des Cor pulmonale, der pulmonalen Hypertonie wegen chronischer alveolärer

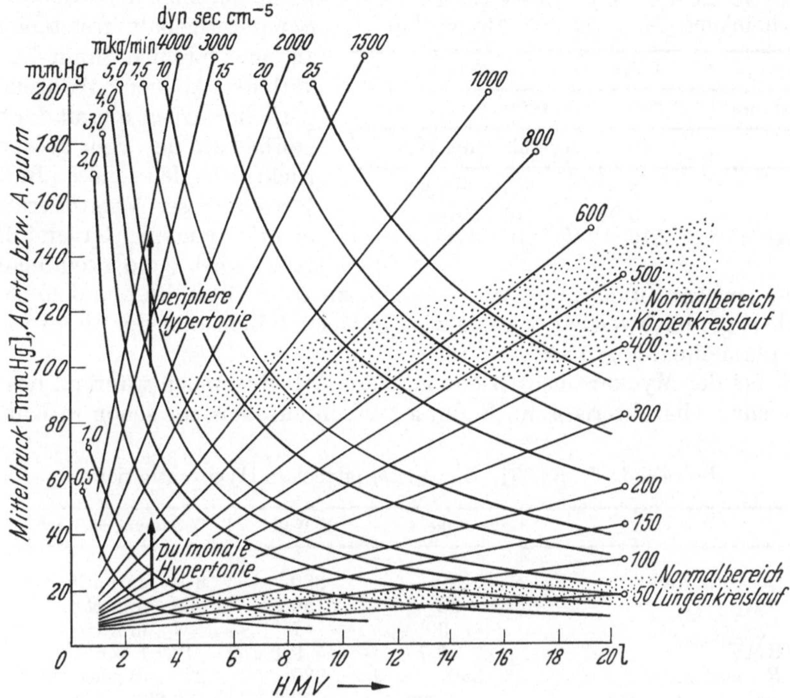

Abb. 44. Die gegenseitigen Beziehungen zwischen Herzminutenvolumen, Mitteldruck in der Art. pulmonalis bzw. Aorta, Strömungswiderstand und Herzarbeit

Hypoventilation (Globalinsuffizienz nach Rossier) mit Verminderung der alveolären Sauerstoffspannung undErhöhung der alveolärenKohlensäurespannung und demzufolge arterieller Hypoxämie und Hyperkapnie, läßt sich der Widerstand während des Arbeitsversuches durch Sauerstoffatmung wie in Ruhe deutlich senken (Beispiel 3). Dies ist beim Cor pulmonale wegen stark eingeschränktem

Beispiel 1: C. I. 43j. *M. Boeck, diffuse Form* (Einschränkung der capillären Strombahn)

	Ruhe	30 Watt	60 Watt	
O_2-Aufnahme	200	630	840	cm³/min
P_{Am}	18	24	33	mm Hg
P_{Cm}	5	5	7	mm Hg
HMV	5,8	9,0	11,2	Liter
R vasculär	180	170	185	dyn sec cm⁻⁵

Capillarbett nicht der Fall, obwohl auch in diesen Fällen die arterielle Hypoxämie — hier Folge einer Diffusionsstörung wegen zu kurzer Kontaktzeit bei zu kleiner Lungencapillaroberfläche — durch die Sauerstoffatmung beseitigt wird (siehe auch Klassifikation der Lungeninsuffizienz und der pulmonalen Hypertonie).

Der Arbeitsversuch hat auch für die Diagnostik der angeborenen Herzfehler Bedeutung, weil quantitativ kleine Shunt-Verbindungen viel sicherer erfaßt werden können. Schon normalerweise ist das Blut in den Hohlvenen, im rechten Vorhof und Ventrikel nicht vollständig durchmischt. Bei zahlreichen Blutentnahmen kann man immer wieder erhebliche Differenzen im Sauerstoffgehalt feststellen, die zu einer falschen Shunt-Diagnose verleiten können. Während körperlicher Arbeit nimmt der Sauerstoffgehalt des vom Körper zu-. rückfließenden venösen Blutes ab. Wegen dieser Vergrößerung der arterio-venösen Sauerstoffdifferenz wird eine volumenmäßig auch nur geringe Zumischung von venösem zu arteriellem Blut und umgekehrt viel eindeutiger nachweisbar. Zudem wird in vielen Fällen auch der Shunt während Arbeit volumenmäßig größer.

Auch bei der Myokardinsuffizienz gibt der Arbeitsversuch während des Herzkatheterismus charakteristische Befunde, indem ein meistens schon in Ruhe ver-

Beispiel 2: H. E. 31 j. *Bronchiektasen*
(Einschränkung der capillären Strombahn)

	Ruhe	80 Watt	
O_2-Aufnahme	200	1000	cm³/min
P_{Am}	18	33	mm Hg
P_{Cm}	5	5	mm Hg
HMV	5,0	10,7	Liter
R vasculär	210	210	dyn sec cm⁻⁵

Beispiel 3: R. K. 63 j. *Emphysem* (alveoläre Hypoventilation)

	Ruhe	60 Watt	O_2-Atmung 60 Watt	
O_2-Aufnahme	220	860	870	cm³/min
P_{Am}	33	50	50	mm Hg
P_{Cm}	6	7	7	mm Hg
HMV	5,7	9,1	12,7	Liter
R vasculär	380	380	270	dyn sec cm⁻⁵
art. Blut, O_2-Sttg.	83,2	79,8	98,8%	
$p CO_2$ mm Hg	56,1	57,6	75,8	

mindertes Herzminutenvolumen während der Arbeit nur ganz ungenügend vergrößert werden kann.

Bei angeborenen Herzfehlern mit Venenanomalien führt gelegentlich nur die gleichzeitige oder nacheinanderfolgende Sondierung von beiden Armen bzw.

Beispiel 4: W. W. 32 j. *Cystenlunge* (Einschränkung der capillären Strombahn)

	Ruhe	70 Watt	O_2-Atmung 70 Watt	
O_2-Aufnahme	205	890	900	cm³/min
P_{Am}	20	42	40	mm Hg
P_{Cm}	4	6	6	mm Hg
HMV	3,8	10,0	9,8	Liter
R vasculär	335	290	280	dyn sec cm⁻⁵
art. Blut, O_2-Sättg.	94,0	81,0	100%	
$p CO_2$ mm Hg	36,5	37,0	38,0	

einem Arm und Bein aus zur richtigen Diagnose. So gelang es uns bei einem seit Geburt cyanotischen Patienten, die Ursache der schweren Cyanose aufzuklären. Trotz der schweren Cyanose und der Polyglobulie hatte sich der Patient körperlich und geistig normal entwickelt und zeigte als 24 jähriger keinerlei Zeichen einer kardialen Rechtsüberlastung, was mit den häufigeren Formen der früh- und spätcyanotischen angeborenen Herzfehler kontrastierte. Die bis dahin gestellten Diagnosen variierten zwischen M. FALLOT, M. EISENMENGER bis zur Polycythaemia vera. Die gleichzeitige Sondierung vom linken Arm und vom Bein ergab das Ein-

Beispiel 5: B. R. 25j. *Ductus Botalli* (Links-Rechts-Shunt)

	Ruhe	50 Watt
O_2-Aufnahme	200	770 cm³/min
O_2-Sttg. Ventrikel	82%	58%
O_2-Sttg. A. pulm.	84%	65%
HMV (Lunge)	8,8	14,5 Liter

münden der unteren Hohlvene in den linken Vorhof, womit einerseits die schwere arterielle Sauerstoffuntersättigung und Cyanose und andererseits die fehlende

Beispiel 6: M. T. 16j. *Aortenisthmus-Stenose, Ductus Botalli, Ventrikelseptumdefekt, Pulmonalsklerose* (Rechts-Links-Shunt untere Körperhälfte)

	Ruhe	Arbeit	O_2-Atmung
O_2-Sttg. A. brach. dext.	92%	80%	98%
O_2-Sttg. A. femoralis	82%	56%	87%

kardiale Rechtsüberlastung — die Druckwerte im Lungenkreislauf waren vollständig normal — wie auch der bis dahin gutartige klinische Verlauf erklärt wurde.

Beispiel 7: R. A. 34j. *Cor bovinum* (komb. Mitralvitium, Myokardinsuffizienz)

	Ruhe	35 Watt
O_2-Aufnahme	220	680 cm³/min
P_{Am}	38	52 mm Hg
P_{Cm}	19	40 mm Hg
HMV	3,0	4,7 Liter
R vasculär	510	210 dyn sec cm⁻⁵

Mit dem Herzkatheterismus und der Angiokardiographie vom Arm oder Hals allein kann eine derartige Anomalie der großen Hohlvenen gar nicht diagnostiziert, bei Verwertung der übrigen klinischen Befunde höchstens vermutet werden.

C. Pathophysiologie der Atmung

I. Synthese von Spirometrie und Blutgasanalyse

Besonders das deutsche, aber auch das französische klinische Schrifttum waren lange Zeit von Arbeiten beherrscht, die sich als Untersuchungsmethoden ausschließlich der Spirometrie bedienten und dies, obwohl die Atmungsphysiologie schon weit entwickelt war. Die Vervollkommnung der Spirometrie durch die Einführung des KNIPPINGschen Apparates hat viel zu der Überschätzung ihrer Möglichkeiten beigetragen. Zwar wurden immer wieder Ansätze gemacht, auch das arterielle Blut als „Erfolgsorgan" der Lungen in die Funktionsprüfung einzubeziehen, doch blieb es mehr bei einem Nebeneinander, als daß eine Synthese gelungen wäre. Es waren wohl nicht zuletzt die Arbeiten L. J. HENDERSONs, dem eine mathematische Verknüpfung einer größeren Zahl von Blutwerten gelungen war, welche die Forscher immer wieder veranlaßten, ein gleiches bezüglich spirometrischen und blutgasanalytischen Werten zu versuchen. Während die Alveolarformel von BENZINGER sich noch diesseits der Alveolarmembran hält, brachte die Erkenntnis, daß alveoläre und arterielle Kohlensäurespannung praktisch gleich sind, die Möglichkeit mit sich, einen Wert des arteriellen Blutes in die Formel einzuführen (ENGHOFF, ROSSIER, RILEY) und damit einen ersten Schritt zur Synthese der auf so unterschiedlichem Wege gewonnenen Werte zu unternehmen.

Die Frage nach der Größe der Ventilation wurde durch diejenige nach ihrem Erfolg abgelöst. Der Erfolg aber läßt sich nicht nur an den pro Zeiteinheit umgewälzten Litern Luft erkennen, sondern an dem, was damit erreicht wird, das heißt, an den Gasspannungen im arteriellen Blut. Daß die Untersuchung derselben allein auch nicht genügt, liegt auf der Hand, denn für die so wichtige Beurteilung der Atemökonomie ist es notwendig, den Aufwand zu kennen, der für die Erreichung des Erfolges notwendig war.

Eine solche Betrachtungsweise führt zwangsläufig von denjenigen Methoden weg, die nur eine Indexzahl liefern, deren Bedeutung in der Luft hängt. Zwar kann der Erfahrene, wenn er seine Methode genau kennt, aus solchen Indexzahlen eine gewisse Beurteilung gewinnen, doch fehlt dabei eine tiefere Einsicht in die Zusammenhänge, und Täuschungsmöglichkeiten sind gegeben. Als Beispiel hierfür möchten wir den Atemgrenzwert nennen, der uns als zusätzliche Methode einen guten Einblick in die Atemreserven gewinnen läßt. Doch was nützt einem Kranken eine noch so große Reserve zur Hyperventilation, wenn in den Lungen ein vasculärer Kurzschluß vorliegt, an dem die Atmungssteigerung gar nicht ansetzen kann? Oder: Was nützt eine Steigerung der Ventilation, wenn sie ausschließlich in einer vermehrten Belüftung des Totraums untergeht?

Diese Überlegungen mögen zeigen, daß die Verknüpfung der spirometrisch und blutgasanalytisch erhobenen Befunde die theoretische Grundlage der Lungenfunktionsprüfung bilden. Wir wollen in erster Linie wissen, wie sich die Ventilation auf das arterielle Blut auswirkt und was für ein Aufwand für diesen Erfolg nötig ist. Bei Störungen der Atmung interessiert uns sowohl der Umfang der Störung als auch ihr Mechanismus.

Es mag an dieser Stelle von einigem Interesse sein, die Entwicklung der drei hauptsächlichsten Schulen der Lungenfunktionsprüfung darzustellen und miteinander zu vergleichen. Wir werden daraus ersehen, daß, soweit die Ausgangsbasen auch auseinanderlagen, eine zunehmende Konvergenz im Laufe der Zeit festgestellt werden kann. Nach BARCROFT muß eine jede Theorie im Lichte des zur Zeit ihrer Entstehung vorhandenen Wissens betrachtet werden. Hierin finden wir den Schlüssel zur relativ großen Differenz zwischen der deutschen Schule einerseits und der amerikanischen und schweizerischen andererseits. Man kann sich den Satz von BARCROFT dadurch veranschaulichen, daß man sich überlegt, was die Einführung einer neuen Methode, wie diejenige der Arterienpunktion oder des Herzkatheters beim Menschen für neue Möglichkeiten der Erkenntnis in sich birgt. So ist es denn sicher kein Zufall, daß sich die amerikanische und die schweizerische Klassifikation der Lungeninsuffizienz in ihren Grundzügen nur wenig unterscheiden, basieren sie doch weitgehend auf den gleichen Methoden. Beide Auffassungen wurden in denselben Jahren entwickelt, ohne daß in jener Zeit ein direkter Gedankenaustausch möglich gewesen wäre. Die Methoden waren jedoch bereits gegeben und so mußten sich, richtige Arbeitsweise vorausgesetzt, auch annähernd dieselben Ergebnisse herauskristallisieren.

II. Die Klassifikation der Lungeninsuffizienz

1. Die deutsche Schule

Diese Klassifikation wurde 1932 durch BRAUER begründet, der in einem Referat über respiratorische Insuffizienz vor der deutschen Gesellschaft für Innere Medizin eine Einteilung der verschiedenen Störungen der Lungenfunktion vorschlug. Er berücksichtigte hierbei gleichermaßen die Ergebnisse der Spirometrie und der Blutgasanalyse. Wir werden im folgenden seine Einteilung als „BRAUERs Klassifikation" bezeichnen und uns an die in den Originalarbeiten verwendeten Benennungen halten. BRAUER unterscheidet 6 Hauptgruppen von Lungenfunktionsstörungen, die wir in enger Anlehnung an die Originalarbeiten, d. h. ohne eigene Interpretation darstellen wollen.

1. Gruppe: Die zentral bedingte respiratorische Insuffizienz

Sie beruht auf einer primären Schädigung der Atemzentren, wie sie bei Morphium- und Schlafmittelvergiftungen sowie bei moribunden Kreislaufpatienten vorkommt. Das Atemäquivalent ist niedrig, im arteriellen Blut findet sich eine Verminderung der Sauerstoffsättigung und eine Erhöhung des Kohlensäuregehaltes. Auch ist der Atemrhythmus zumeist gestört und Sauerstofftherapie ist von guter Wirkung.

2. Gruppe: Die respiratorische Insuffizienz durch Behinderung der Atmung

Hierher gehören Patienten mit starrem Thorax, wie er beim Emphysem häufig vorkommt, mit Stenosen der oberen Luftwege, mit Lungenstauungen schweren Grades, mit cirrhotischen Veränderungen, ausgedehnten Verschwartungen und Folgen langdauernder Kollapstherapie.

Die Atemreserven sind stark vermindert, und die Ventilation liegt nicht weit unter dem Atemgrenzwert. Im arteriellen Blut sind Sauerstoffsättigung vermindert und Kohlensäuregehalt erhöht. In fortgeschrittenen Fällen ist ein spirographisches Sauerstoffdefizit nach UHLENBRUCK-KNIPPING vorhanden, und die Sauerstoffatmung bessert das Befinden. Diese Gruppe entspricht der primären Insuffizienz der Gesamtfunktion nach KNIPPING, LEWIS und MONCRIEFF.

3. Gruppe: Die Störungen der Luft- und Blutverteilung in der Lunge

In dieser Gruppe sind verschiedene Formen je nach Ursache zusammengefaßt.

a) Das Atemvolumen ist im Verhältnis zum gesamten Alveolarvolumen vermindert, wie beim Emphysem. Das Residualvolumen ist vergrößert, das Atemäquivalent mäßig erhöht. Nur in schweren Fällen ist die Sauerstoffsättigung des arteriellen Blutes erniedrigt.

b) Das Atemvolumen ist im Verhältnis zum Totraum vermindert, wie man es bei Bronchiektasen findet. Die Spirometrie ergibt nur eine geringe Erhöhung des Atemäquivalents, und das Lungenblut ist normal arterialisiert.

c) Die verschiedenen Lungenbezirke sind ungleichmäßig durchlüftet, was man in Fällen von Kyphoskoliose und Apoplexie beobachten kann. Das Atemäquivalent ist beinahe normal, das arterielle Blut manchmal untersättigt bei normalem Kohlensäuregehalt.

d) Die Blutverteilung im kleinen Kreislauf ist ungleichmäßig. Solche Zustände findet man in der Narkose. Eine Untersättigung im arteriellen Blut ist das einzige Zeichen.

e) Das Mediastinum flattert (Pendelluft), wie das bei offenem Pneumothorax vorkommt. Das Atemäquivalent ist stark erhöht und im arteriellen Blut findet man eine Verminderung der Sauerstoffsättigung nebst einer Erhöhung des Kohlensäuregehaltes.

4. Gruppe: Partielle Ventilationssperre, Kurzschluß

Sie entsteht, wenn normal oder reduziert durchblutete Lungenbezirke von der Ventilation ausgeschlossen sind. Solche Störungen treten bei Bronchialverschlüssen und Pneumonien auf. Das Atemäquivalent ist erhöht. Im arteriellen Blut werden die Sauerstoffsättigung und der Kohlensäuregehalt vermindert gefunden und Sauerstoffatmung ist ohne Erfolg.

5. Gruppe: Respiratorische Insuffizienz bei tiefem Sauerstoffdruck

Sie wird durch eine Erniedrigung der Sauerstoffspannung in der Einatmungsluft verursacht. Das Atemäquivalent ist erhöht, während Sauerstoffsättigung und Kohlensäuregehalt im arteriellen Blut vermindert sind.

6. Gruppe: Pneumonosen

Sie sind die Folge einer erschwerten Diffusion durch die Alveolarmembran und kommen bei schwerer Grippe mit Cyanose, bei Gasvergiftungen, Stauungslungen, Emphysem und Narkose vor. Das Atemäquivalent ist erhöht, und im arteriellen Blut findet sich neben einer Sauerstoffuntersättigung ein normaler Kohlensäuregehalt. Sauerstoffatmung ist erfolgreich.

Bei seiner Einteilung ist BRAUER von den klinischen Zustandsbildern ausgegangen und hat von hier aus eine Synthese mit den pathophysiologischen Gegebenheiten versucht, wobei auch Insuffizienztypen Berücksichtigung fanden, die schon früher von englischen Autoren beschrieben worden waren, wie die Verteilungsinsuffizienz von HALDANE und der vasculäre Kurzschluß von BARCROFT. Im Gegensatz dazu gehen die schweizerische und amerikanische Schule ganz von der Pathophysiologie aus, um die Funktionsstörungen unabhängig von den klinischen Bildern zu klassifizieren. Dieses Vorgehen hat den Vorteil, daß die in der Klinik zumeist vorhandenen Mischformen der Insuffizienzen besser berücksichtigt werden können. Die erzwungene Zuordnung von Klinik und Pathophysiologie in BRAUERs Klassifikation wurde mit Vorteil durch die rein pathophysiologische Einteilung ersetzt, wobei in jedem Einzelfall der einzige oder die verschiedenen pathophysiologischen Zustände zu ergründen sind. Die Tatsache, daß verschiedene Krankheiten dieselben Funktionsstörungen bewirken können, und daß dieselbe Krankheit zu den verschiedensten pathophysiologischen Zuständen Anlaß geben kann, ist in BRAUERs Klassifikation zu wenig berücksichtigt. Das große Verdienst von BRAUERs Klassifikation liegt in der Einbeziehung von Spirometrie und Blutgasanalyse. Neben der Eigenschaft, zu speziell und schematisch und damit zu wenig anpassungsfähig zu sein, haftet BRAUERs vorwiegend beschreibender Klassifikation noch ein anderer Nachteil an. Die sachliche und damit auch die mathematische Verknüpfung der Spirometrie mit den Blutgaswerten ist BRAUER nicht gelungen. Infolgedessen fehlte ihm ein tieferer Einblick in die alveoläre Funktion. Ein Begriff wie derjenige der Pneumonosen wurde nur postuliert, während die Methode zum Beweis ihrer Existenz erst später geschaffen werden mußte.

Die Grundlagen für eine rein pathophysiologische Klassifikation der Lungen-Insuffizienzen wurden durch die folgende Generation aufgebaut, wobei die amerikanische Schule von COURNAND, BALDWIN und RILEY sowie die schweizerische von ROSSIER unabhängig voneinander und gleichzeitig zu einem Resultat gelangt sind, das in großen Zügen weitgehend übereinstimmt.

2. Die amerikanische Schule

In diesem Kapitel soll die von COURNAND, BALDWIN, RILEY und ihren Mitarbeitern ausgearbeitete „amerikanische Klassifikation" beschrieben werden. Die erste Einteilung wurde von COURNAND und RICHARDS 1941 vorgeschlagen, zu einem Zeitpunkt, da die Synthese zwischen der Spirometrie und den Blutgasanalysen noch nicht gemacht war. Sie erfuhr in der Folge eine Präzisierung durch BALDWIN und RILEY. In den Jahren 1949—1952 veröffentlichten RILEY und COURNAND, dann DONALD, RENZETTI, RILEY und COURNAND ihre Arbeiten, die sich mit den Grundproblemen der Physiologie und der Pathophysiologie der Atmung befassen. Sie studierten insbesondere die Diffusionsstörungen unter Anwendung einer neuen Methode. In diesen Arbeiten finden wir die heutige Auffassung der amerikanischen Schule in bezug auf die Klassifikation der Lungenfunktionsstörungen niedergelegt.

Zu Beginn stützte sich die amerikanische Einteilung auf verhältnismäßig einfache Untersuchungsmethoden, die sich aber mit fortschreitender Entwicklung immer mehr komplizierten. Die Anwendung einer großen Zahl von Symbolen macht die Lektüre dieser Autoren für den Nichtspezialisten schwierig. Wir haben deshalb auf ihre Einführung verzichtet, obschon sie gewiß auch Vorteile bieten und darum bereits von einer Reihe europäischer Forscher übernommen worden sind.

Die Einteilung der Amerikaner unterscheidet zwei Haupttypen von Funktionen bei der Atmung, nämlich die Ventilation, welche die Luft in den Lungen erneuert und die alveolo-respiratorische Atemfunktion, welche den Gasaustausch zwischen der Alveolarluft und den Lungencapillaren gewährleistet. Die Letztere umfaßt einerseits die Verteilung der Luft in den Alveolen, andererseits die Diffusion der Gase durch die Alveolarmembran.

Entsprechend den beiden großen Funktionsaufgaben lassen sich auch zwei Hauptgruppen von Atmungsinsuffizienzen unterscheiden, nämlich die ventilatorische und die alveolo-respiratorische Insuffizienz.

Die *ventilatorische Insuffizienz* kann die Folge einer Verminderung der Ausdehnungsfähigkeit oder der Elastizität der Lungen sein, wie sie sowohl bei anatomischen als auch bei funktionellen Veränderungen vorkommt (restriktive Form). Sie wird vor allem bei Lungenfibrose, Silikose, M. Boeck, Tuberkulose, Kypho-Skoliose u. dgl. Erkrankungen gefunden. Total- und Vitalkapazität sowie das Residualvolumen sind vermindert, desgleichen der Atemgrenzwert. Die Gasspannungen im arteriellen Blut sind in Ruhe normal und es fehlt infolgedessen eine Sauerstoffuntersättigung. Die Mischzeit für Gase ist normal oder sogar verkürzt.

Die ventilatorische Insuffizienz kann aber auch durch Stenosen in den Atemwegen bedingt sein (obstruktive Form). Man beobachtet diese Form bei sekundärem Emphysem als Folge chronisch spastischer Bronchitis. Total- und Vitalkapazität können vergrößert sein. Das Residualvolumen ist wenigstens im Verhältnis zur Totalkapazität oft stark vermehrt. Der Atemgrenzwert ist erniedrigt und die Mischzeit deutlich verlängert. Sehr oft wird schon in Ruhe stark hyperventiliert. Das Spirogramm zeigt eine Verlängerung der Exspirationszeit, und oft fällt ein Test mit bronchodilatorischen Mitteln positiv aus. Die Blutgasverhältnisse befinden sich in der Regel noch im Bereiche der Norm. Die mangelhafte Verteilung der Atemgase in der Lunge wird bis zu einem gewissen Grade durch die Hyperventilation ausgeglichen.

Bei der *alveolo-respiratorischen Insuffizienz* ist die Verteilungsstörung (distribution insufficiency) von der Diffusionsstörung (diffusion insufficiency) zu unterscheiden. Die *Verteilungsstörung* ist die Folge eines mangelhaften Zusammenspiels

zwischen Ventilation und Durchblutung der einzelnen Lungenpartien. Das
Residualvolumen ist, wenigstens im Verhältnis zur Totalkapazität, vergrößert und
die Mischzeit der Gase in den Lungen erheblich verlängert. Die arterielle Sauerstoffsättigung ist vermindert. Diese von uns als Partialinsuffizienz bezeichnete
Störung wird sehr häufig, besonders bei Patienten mit Emphysem, beobachtet.

In dieser Gruppe werden zwei Typen unterschieden, je nachdem, ob die
arterielle Kohlensäurespannung normal oder erhöht ist, letzteres besonders bei
Körperarbeit. Die Form mit erhöhter Kohlensäurespannung entspricht unserer
Globalinsuffizienz. Das Syndrom der allgemeinen alveolären Hypoventilation,
das auch bei zentraler Atemstörung gefunden wird, ist von der amerikanischen
Schule ursprünglich nicht als besondere Form der Lungeninsuffizienz heraus-
geschält worden, wie dies ROSSIER und MÉAN 1942 getan haben. Schon bevor die
alveoläre Ventilation gemessen werden konnte, haben verschiedene Autoren auf
diese Möglichkeit der Lungenfunktionsstörung aufmerksam gemacht, SCOTT(1920),
DAUTREBANDE (1925), KNIPPING (1931) und ROSSIER (1932).

Tabelle 21

Zürcher Klassifikation	Mechanismus	Amerikanische Klassifikation
Hypervent. Syndrom	Globale alveoläre Hyperventilation	
Latente Insuffizienz sensu stricto	Verminderung des aktiven Parenchyms	*Ventilatory insuffiziency* restrictive form
Stenose-Syndrom	Stenose oder Spasmen der Luftwege	obstructive form
Manifeste Insuffizienz		*Alveolo-respiratory insufficiency*
Partialinsuffizienz	Ungleichmäßigkeit der alveolären Ventilation	distribution insufficiency
Kurzschluß	Vasculärer Kurzschluß	
Globalinsuffizienz	Globale alveoläre Hypoventilation	chronic respiratory acidosis
Diffusionsstörung	Störung der Gaspassage durch die „alv. Membran"	diffusion insufficiency

Die *Diffusionsstörungen* als 2. Gruppe der alveolo-respiratorischen Insuffizienz
wurde erst 1951 von der amerikanischen Schule definiert und auch experimentell
bewiesen. Wie in anderen Fällen, wurde auch diese Störung des öfteren postuliert,
bevor sie eine sichere experimentelle Grundlage fand, so von BRAUER und seiner
Schule (1918—1932), von COURNAND und RICHARDS (1941), von WRIGHT u. Mitarb.
(1947). Die alveoläre Ventilation ist normal oder vergrößert und damit die
alveoläre Sauerstoffspannung normal oder erhöht. Auch die Atemreserven werden
bei reinen Formen normal gefunden. Dagegen ist die arterielle Sauerstoffspannung
bei Arbeit und in ausgeprägteren Fällen bereits in Ruhe erniedrigt. Der alveolo-
arterielle Gradient für die Sauerstoffspannung ist erhöht und die Diffusionskapazität kann sehr niedrige Werte annehmen. Am besten wird die Diffusionsstörung daran erkannt, daß es schon bei leichter Arbeit zu einem deutlichen Absinken der arteriellen Sauerstoffsättigung kommt, während im Gegensatz zur
Globalinsuffizienz die arterielle Kohlensäurespannung normal oder erniedrigt
bleibt.

Als klinische Leitsymptome geben die Autoren der amerikanischen Schule für
die ventilatorische Insuffizienz die Dyspnoe an, während bei der alveolo-respiratorischen Insuffizienz die arterielle Sauerstoff-Untersättigung und Cyanose im
Vordergrund steht.

Als nach Kriegsende der Gedankenaustausch möglich wurde, konnten wir feststellen, daß von den Amerikanern die gleichen Störungen der Lungenfunktion beschrieben worden sind wie von uns. In einigen Punkten bestehen jedoch Unterschiede. Diese sowie das Gemeinsame lassen sich am besten in Form einer tabellarischen Gegenüberstellung gegenüberstellen (Tab. 21).

Der Vorteil unserer Klassifikation liegt unseres Erachtens darin, daß sie an die klinischen Bilder anpassungsfähiger ist. Auch hebt sie die Globalinsuffizienz und den vasculären Kurzschluß heraus, die in der amerikanischen Klassifikation nur als Sonder- oder Grenzfälle enthalten sind.

3. Die Zürcher Schule

Die Klassifikation, wie sie sich bei uns herauskristallisiert hat, findet sich in der Gegenüberstellung zur amerikanischen Schule in etwas abgekürzter und leicht veränderter Form, damit ein Vergleich der beiden Einteilungen erleichtert werde. Wir geben im folgenden einen Überblick über unsere Einteilung, um im nächsten Kapitel die verschiedenen Formen der Lungeninsuffizienz eingehend zu behandeln.

Unsere Einteilung ist dadurch gekennzeichnet, daß wir vom arteriellen Blut als „Erfolgsorgan" der Lungenatmung ausgehen. Hierin besteht einer der Hauptunterschiede zur KNIPPINGschen Schule, die sich von der Spirometrie, also von einer Methode aus entwickelt hat. Wir begannen mit dem Studium des Säure-Basen-Gleichgewichtes, was zwangsläufig zur Beschäftigung mit der Sauerstoffsättigung des Blutes führte. Von hier aus gelangten wir zum Gaswechsel in den Lungen, wie er mit der Spirometrie erfaßt werden kann. Mittels der Alveolarluft-Formeln gelang die mathematische Verknüpfung zwischen den Blutgaswerten und den spirometrisch gemessenen Größen zwecks Berechnung der alveolären Ventilation, der idealen alveolären Sauerstoffspannung und des funktionellen Totraumes. Die Einführung des Herzkatheterismus gestattete, die Lungenfunktion auch von der Seite der Lungendurchblutung her zu untersuchen. Das Studium der Atemmechanik ermöglichte schließlich, eine alle Seiten der Lungenfunktion berücksichtigende Darstellung der Lungeninsuffizienz. Auf diesen verschiedenartigen Untersuchungen basiert unsere pathophysiologische Einteilung der verschiedenen Insuffizienztypen, wobei für die Praxis zu berücksichtigen ist, daß neben den reinen Formen ebenso häufig Mischformen verschiedener Insuffizienztypen vorkommen.

Folgendes Schema soll das Vorgehen bei unserer routinemäßigen Lungenfunktionsprüfung skizzieren.

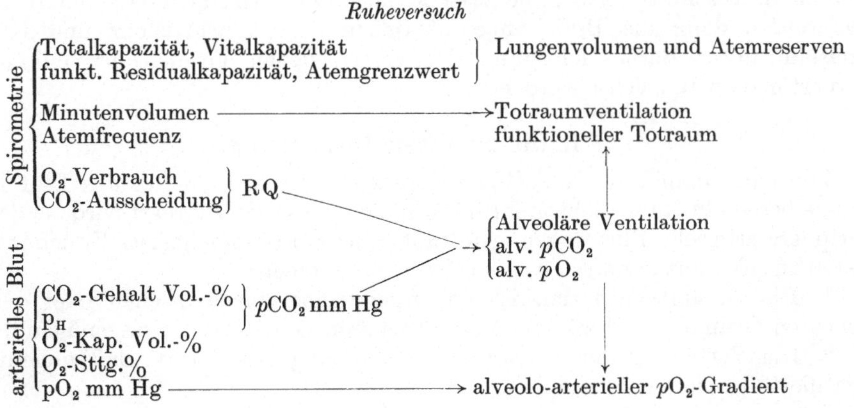

Zusätzlich: Arbeitsversuch auf dem Fahrradergometer mit Kontrolle der arteriellen Blutgase bei einer evtl. bei verschiedenen Belastungsstufen. Im Falle einer Hypoxämie in Ruhe oder bei Arbeit, Hyperoxieversuch (40—60% Sauerstoff) zwecks Nachweises bzw. Ausschließens eines vasculären Kurzschlusses. Untersuchung der Atemmechanik (Oesophagusdruck und Pneumotachogramm) in Ruhe bei verschiedenen Atemfrequenzen evtl. auch bei Arbeit.

In bestimmten Fällen zusätzlich: Adrenalinversuch zum Nachweis von Bronchialspasmen, Bronchospirometrie, Herzkatheterismus.

Basierend auf den arteriellen Blutgasen unterscheiden wir:

1. Die manifeste Insuffizienz

Das arterielle Blut ist im Ruheversuch nicht normal mit Sauerstoff gesättigt.

    a) Globalininsuffizienz,

    b) Partialinsuffizienz,

    c) vasculärer Kurzschluß,

    d) Diffusionsstörung.

2. Die latente Insuffizienz

Das arterielle Blut ist in Ruhe normal, doch kommt es bei Belastung zu Insuffizienzerscheinungen, meist sind die Atemreserven und Lungenvolumen deutlich eingeschränkt.

3. Besondere Syndrome

    a) Das spastische Syndrom,

    b) das Hyperventilationssyndrom,

    c) das Totraumhyperventilationssyndrom.

Es handelt sich hierbei nicht um besondere Insuffizienzformen, sondern um klinische Zustände, die wegen ihrer praktischen Bedeutung besonders aufgeführt werden.

4. Die Pseudoinsuffizienz

Wenn die Sauerstoffuntersättigung im arteriellen Blut rein physiko-chemisch durch eine Rechtsverschiebung der Sauerstoffdissoziationskurve bedingt ist, sprechen wir von einer Pseudoinsuffizienz. Die Rechtsverschiebung der Dissoziationskurve kennen wir bei höherem Fieber und bei Hämoglobinschädigungen, z. B. bei Sulfhämoglobinämien.

III. Die Einteilung der Lungenfunktionsstörungen

In diesem Kapitel sollen die einzelnen Insuffizienzformen mit Beispielen eingehend beschrieben werden. Die dazugehörenden atemmechanischen Verhältnisse werden im Abschnitt 2 zusammenfassend dargestellt. In einem besonderen Kapitel IV werden dann die Beziehungen zwischen Lungeninsuffizienz und Lungenkreislauf unter Berücksichtigung der verschiedenen Formen der pulmonalen Hypertonie ausführlich besprochen.

1. Die manifeste Insuffizienz

Von einer manifesten Insuffizienz sprechen wir dann, wenn das Blut in der Lunge bereits in Ruhe nicht mehr in normaler Weise arterialisiert wird, so daß das periphere arterielle Blut ungenügend mit Sauerstoff gesättigt ist. Zu einer manifesten Insuffizienz kann es aus vier Gründen kommen:

1. Die Gesamtventilation ist aus irgendeinem mechanischen oder zentralnervösen Grund quantitativ im Verhältnis zum Gasaustausch ungenügend.

2. Die Verteilung der Atemgase in der Lunge ist derart, daß ungenügend ventilierte Gebiete entstehen.

3. Es bestehen in der Lunge Gebiete, die zwar noch durchblutet, aber nicht mehr ventiliert werden.

4. Die Ventilation und damit die alveoläre Sauerstoffspannung sind zwar normal, doch verläßt das Blut die Lunge nicht normal gesättigt, weil entweder die Membran die Gaspassage erschwert, oder die Kontaktzeit zwischen Blut und Alveolarluft für einen normalen Spannungsausgleich zu kurz ist.

Nur bei einer ungenügenden Gesamtventilation oder einer Hypoventilation der Mehrzahl aller Alveolen ist die arterielle Kohlensäurespannung erhöht, bei den drei anderen Gruppen ist sie normal oder wegen einer kompensatorischen Hyperventilation erniedrigt.

a) Die Globalinsuffizienz

Da zur Erfüllung der Bedürfnisse des Stoffwechsels eine bestimmte Menge Sauerstoff und Kohlensäure pro Zeiteinheit aufgenommen bzw. abgegeben werden muß, führt jede ungenügende alveoläre Ventilation, ganz gleich welcher Genese, zu einer Erniedrigung der Sauerstoffspannung und Erhöhung der Kohlensäurespannung in den Alveolen. Die Ursache der Hypoventilation ist in akuten Fällen meist zentral-nervöser Natur, Schlafmittelvergiftungen, Narkosezwischenfälle, Schädeltraumen und -operationen, Kinderlähmung usw. In chronischen Fällen handelt es sich meistens um ein Mißverhältnis zwischen Ventilationseffekt und Atemarbeit in dem Sinne, daß der Arbeitsaufwand für eine genügende Ventilation zu groß und damit unökonomisch wäre. Die im Vergleich zum Normalen um ein Vielfaches gesteigerte Atemarbeit an den Lungen gegen elastische und viscöse Widerstände bei chronischen Lungenerkrankungen, insbesondere bei obstruierenden Prozessen, ist der eigentliche Grund für das Auftreten einer Globalinsuffizienz, worauf noch einmal im speziellen Teil bei der Besprechung der Pathophysiologie des Emphysems und des Asthma bronchiale eingegangen wird. In chronischen Fällen fanden wir 0,1—0,2 mkg/l Gesamtventilation bzw. 0,2—0,3 mkg/l alveolärer Ventilation, was etwa dem 10—20fachen der normalen Atemarbeit gegen elastische und viscöse Widerstände entspricht. Unter akuten Versuchsbedingungen, z. B. während eines Asthmaanfalles oder bei einer künstlichen Stenosierung der oberen Luftwege, muß die Atemarbeit an den Lungen mehr als 0,4—0,5 mkg/l alveolärer Ventilation betragen, damit es zu einer alveolären Hypoventilation kommt. Eine Globalinsuffizienz mit mehr oder weniger normalen atemmechanischen Verhältnissen, also nicht primär pulmonal bedingt, kennen wir außer den bereits erwähnten Zuständen mit Atemlähmungen usw. bei massiver Bicarbonatmedikation sowie beim M. Cushing und bei extremer Adipositas sowie gelegentlich bei schwerer Anorexia mentalis. In diesen Fällen ist die Globalinsuffizienz mit deutlichen Veränderungen des Säure-Basen-Gleichgewichtes und des Elektrolythaushaltes sowie mit einer verminderten Ansprechbarkeit der Atemzentren auf Kohlensäure kombiniert. In allen Fällen sinkt infolge der wegen der Hypoventilation veränderten alveolären Gasspannungen die arterielle Sauerstoffsättigung, und die Kohlensäurespannung steigt an. Schließlich stellt sich ein neues Gleichgewicht ein, so daß trotz verminderter alveolärer Ventilation der benötigte Sauerstoff aufgenommen und die produzierte Kohlensäure abgegeben wird. Dieses Ziel erreicht der Organismus mit der Senkung der Sauerstoffspannung im venösen Mischblut, bis ein ausreichendes Gefälle gegenüber den Alveolen hergestellt ist. Der Sauerstofftransport erfolgt bei erniedrigter alveolärer Sauerstoffspannung auf dem steileren Schenkel der Dissoziationskurve, wo pro mm Hg Spannungsgefälle mehr Sauerstoff aufgenommen und im Gewebe abgegeben werden kann als im flacheren oberen Teil der Kurve. Diese bessere Ausschöpfung bezeichnen wir als 4. Atemregulation (neben der Steigerung von Atemtiefe, Frequenz und

Vergrößerung der Lungenoberfläche), und wir messen dementsprechend eine vergrößerte alveoläre Sauerstoff-Ausnutzung. Die Erhöhung der alveolären Kohlensäurespannung vergrößert das Spannungsgefälle gegenüber der Außenluft, womit eine genügende Kohlensäureausscheidung gewährleistet ist.

Dieses neue, wenn auch pathologische Gleichgewicht, ist in vielen Fällen auffallend stabil, so daß die alveoläre und arterielle Kohlensäurespannung auch bei erheblicher Änderung des Gaswechsels und der Gesamtventilation z. B. während körperlicher Arbeit sich gegenüber dem Ruhezustand nicht wesentlich ändern. Die erhöhte arterielle Kohlensäurespannung führt zu einer respiratorischen Acidose, die aber durch Retention von Basen meist weitgehend kompensiert ist, so daß das p_H nicht oder nur wenig zur sauren Seite verschoben ist. Unter Sauerstoffatmung steigt die arterielle Sauerstoffsättigung rasch auf 100% an, doch kommt es dabei wegen dem Ausfall der stimulierend wirkenden erniedrigten arteriellen Sauerstoffspannung meist zu einer weiteren Einschränkung der Ventilation und damit zu einem Anstieg der Kohlensäurespannung mit Verstärkung der respiratorischen Acidose (RÜBSAM, 1942). Auffallenderweise wirkt die Sauerstoffatmung während körperlicher Arbeit weniger sedativ als in Ruhe. Die Gesamtventilation

Beispiel 1: Globalinsuffizienz. M., Karl, 52j. (Asthma bronchiale, Emphysem)

	Sollwerte	Ruhe	O_2-Atmung	Arbeitsversuch 25 Watt	
Arterielles Blut:					
O_2-Kapazität. Vol.-%	19,5—20,5	21,9	22,0	22,4	
O_2-Sättigung, %	95—97	81,7	100	80,0	
O_2-Spannung, mm Hg	85—95	52	—	50	
CO_2-Gehalt, Vol.-% Plasma	54—57	80,3	84,0	78,0	
p_H	7,38—7,41	7,30	7,26	7,29	
CO_2-Spannung, mm Hg	40,0	71,0	81,1	70,6	
alveolo-arteriel. pO_2-Gradient		9		22	
Spirometrie:					
O_2-Aufnahme cm³/min (0° und 760 mm Hg)	215	300	350	550	
CO_2-Abgabe, cm³/min (0° und 760 mm Hg)		265	280	550	
Respiratorischer Quotient	0,82	0,88	0,80	1,0	
Atemfrequenz pro min		15,3	15,3	22,3	
Minutenvolumen, cm³/min	8350	7500	6210	13200	
Spezifische Ventilation	25—31	25	18	24	
Totalkapazität, cm³	5000	4000			
Vitalkapazität, cm³	3600	1550			
Residualvolumen, cm³	1400	2450			
funkt. Residualkapazität, cm³	2150	2900			
Mischzeit (Helium)	2—3 min	5 min			
Atemgrenzwert, l/min	144	21			
Alveoläre Funktion:					
Alveoläre Ventilation, cm³/min	5730	3220	3000	6630	
in % der Gesamtventilation	60—70	43	47	50	
O_2-Ausnützung (cm³ O_2-Aufnahme p.l/alv. Vent.)	55—58	93	116	83	
Alveoläre O_2-Spannung, mm Hg	92—98 (Zürich)	61		72	
Totraum: cm³	200	280	210	295	
Totraumventilation, cm³/min		4280	3210	6570	

Mit Ausnahme der O_2-Aufnahme und der CO_2-Abgabe sind alle Volumina auf „Lungenverhältnisse" korrigiert

(37°, Atm. Druck, H_2O gesättigt, BTPS)

ist bei Globalinsuffizienz nur selten deutlich vermindert, meist geht ein übermäßig großer Teil des Minutenvolumens in der Totraumventilation verloren. Wenn reversible Zustände wie Bronchialspasmen an der Entstehung der Globalinsuffizienz wesentlich beteiligt sind, dann kommt es gelegentlich während Arbeit zu einer Verbesserung der Blutwerte, doch handelt es sich dabei meistens um Grenzfälle, bei denen die arterielle Kohlensäurespannung in Ruhe selten mehr als 45 mm Hg beträgt. Soweit nicht eigentliche Atemlähmung zum Bilde der Globalinsuffizienz führen, handelt es sich immer um Lungenerkrankungen, die zu einer schweren Einschränkung der Atemreserven geführt haben. Der Atemgrenzwert beträgt in diesen Fällen selten mehr als 40 l. Die Globalinsuffizienz, die alveoläre Hypoventilation ist oft mit einer ungleichmäßigen Belüftung der verschiedenen Lungenpartien kombiniert, was eine Verstärkung der arteriellen Hypoxämie zur Folge hat. Während körperlicher Arbeit wird die Luftverteilung gelegentlich besser, und man kann dann bei unverändert hoher Kohlensäurespannung einen Anstieg der Sauerstoffsättigung beobachten. Bei hohem atmosphärischen Druck ist es dann möglich, daß die Sauerstoffsättigung trotz einer Kohlensäurespannung von 50—55 mm Hg 92—94% beträgt.

Die chronische arterielle Hypoxämie und Hypercapnie bei der Globalinsuffizienz führt zu einer gesteigerten Hirndurchblutung. In schweren Fällen lassen sich gelegentlich ausgesprochene Hirndrucksymptome mit Stauungspapille, manchmal sogar ein Exophthalmus und fast immer deutlich gerötete Conjunctiven nachweisen.

b) Die Partialinsuffizienz

Im Gegensatz zur Globalinsuffizienz werden bei dieser ventilatorischen Störung nicht alle oder die Mehrzahl der Alveolen, sondern nur ein Teil von ihnen hypoventiliert, während die Mehrzahl meistens kompensatorisch hyperventiliert wird. Die Auswirkung auf das arterielle Blut ist deshalb nur „partiell", indem die Sauerstoffsättigung vermindert, die Kohlensäurespannung aber normal oder bei Hyperventilation erniedrigt ist. Die Gesamtventilation ist meist mehr oder weniger gesteigert, und die alveoläre Ventilation sowie die ideale alveoläre Sauerstoffspannung sind nicht vermindert. Die Erklärung für die arterielle Sauerstoffuntersättigung liegt in der Verschiedenheit der Dissoziationskurven des Sauerstoffs und der Kohlensäure. Im Bereiche der arteriellen Kohlensäurespannung ist die Kohlensäuredissoziationskurve annähernd eine Gerade, so daß sich Hyperventilation und Hypoventilation quantitativ in gleicher Weise auf das Mischblut auswirken. Anders liegen die Verhältnisse beim Sauerstoff, weil der arterielle Punkt an einer Stelle der S-förmigen Sauerstoffdissoziationskurve liegt, wo bei Abnahme der Spannung der Gehalt merklich absinkt, während wegen des flachen Verlaufs der Kurve oberhalb 80 mm Hg eine Zunahme der Spannung sich nur sehr wenig auf den Gehalt auswirkt. Die hyperventilierten Lungenbezirke sind deshalb nicht in der Lage, die hypoventilierten bezüglich der Sauerstoffsättigung des arteriellen Blutes zu kompensieren. Das Blut verläßt die hyperventilierten Bezirke bestenfalls mit einer Sauerstoffsättigung von 97—98%, während es in den schlecht belüfteten Partien weniger aufgesättigt wird und im Extremfall bei aufgehobener Ventilation mit der Sättigung des venösen Mischblutes dem arteriellen Blut zugemischt wird. Die Kohlensäurespannung wird dagegen in den hyperventilierten Bezirken entsprechend der Hyperventilation herabgesetzt, so daß deren Erhöhung in den hypoventilierten Abschnitten in der Auswirkung auf das arterielle Blut vollständig kompensiert wird.

Auf diese Verhältnisse wurde von einer Reihe von Autoren hingewiesen, von denen wir vor allem HALDANE, JANSEN, KNIPPING und STROMBERGER, SONNE, ANTHONY und MATTHES nennen wollen.

Unsere Partialinsuffizienz ist nichts anderes als die Verteilungsinsuffizienz der Amerikaner (COURNAND, RILEY, FOWLER).

Die atemmechanische Voraussetzung für eine ungleichmäßige Verteilung der inspirierten Luft ist das Nebeneinander verschiedener Zeitkonstanten (siehe auch Teil A, Kap. I.). In der Regel handelt es sich um unterschiedlich schwere Stenosierungen der verschiedenen zuführenden Bronchien, gelegentlich, insbesondere im höheren Alter, ist die ungleichmäßige Belüftung Folge eines Nebeneinanders von verschieden stark blähungsfähigem Lungenparenchym. Typisch für das Nebeneinander von verschiedenen Zeitkonstanten ist die von der Atemfrequenz abhängige Elastance.

Wie bei der Globalinsuffizienz, die sich übrigens oft mit einer Partialinsuffizienz kombiniert, steigt während Hyperoxie die arterielle Sauerstoffsättigung auf 100% an, was beim vasculären Kurzschluß nicht möglich ist. Wenn durchblutete Lungenbezirke von der Ventilation vollständig ausgeschlossen sind, kann in ihnen die erhöhte Sauerstoffspannung in der Inspirationsluft gar nicht wirksam werden.

Beispiel 2: Partialinsuffizienz. T. Daniel, 57j. (Silikose I, chron.- spast. Bronchitis)

	Sollwerte	Ruhe	O_2-Atmung		Arbeits-versuch 140 Watt
Arterielles Blut:					
O_2-Kapazität. Vol.-%	19,5—20,5	19,9	19,8		20,5
O_2-Sättigung, %	95—97	91,7	100		95,6
O_2-Spannung, mm Hg	85—95	65	—		88
CO_2-Gehalt, Vol.-% Plasma	54—57	51,2	52,0		48,0
p_H	7,38—7,41	7,45	7,43		7,37
CO_2-Spannung, mm Hg	40,0	32,6	34,6		36,4
alveolo-arteriel. pO_2-Gradient		38			16
Spirometrie:					
O_2-Aufnahme cm³/min	185	260	250		1650
(0° und 760 mm Hg)					
CO_2-Abgabe, cm³/min		215	200		1650
(0° und 760 mm Hg)					
Respiratorischer Quotient	0,82	0,82	0,80		1,0
Atemfrequenz, pro min		19,7	18,5		29,0
Minutenvolumen, cm³/min	7280	9240	8250		49500
Spezifische Ventilation	25—31	35	33		30
Totalkapazität, cm³	4750	5280			
Vitalkapazität, cm³	3420	3300			
Residualvolumen, cm³	1330	1980			
funkt. Residualkapazität, cm³	2050	2750			
Mischzeit (Helium)	2—3 min	6 min		nach 1 mg Adrenalin	
Atemgrenzwert, l/min	137	94		156	
Alveoläre Funktion:					
Alveoläre Ventilation, cm³/min	4360	5700	5000		39100
in % der Gesamtventilation	60—70	62	60		79
O_2-Ausnützung	55—58	45	50		42
(cm³ O_2-Aufnahme p. Liter alv. vent.)					
Alveoläre O_2-Spannung, mm Hg	92—98	103			104
	(Zürich)				
Totraum: cm³	135	180	175		360
Totraumventilation, cm³/min		3540	3250		10400

Mit Ausnahme der O_2-Aufnahme und der CO_2-Abgabe sind alle Volumina auf „Lungenverhältnisse" korrigiert

(37°, Atm. Druck, H_2O gesättigt, BTPS)

Die mathematische Analyse einer ungleichmäßigen Belüftung zeigt, daß bei einer normalen oder erniedrigten arteriellen Kohlensäurespannung sowie bei einem normalen atmosphärischem Druck, also bis zu etwa 1000 m Höhe, und bei einem annähernd normalen respiratorischen Quotienten in den hypoventilierten Bezirken die arterielle Sauerstoffsättigung nicht unter 90% sinken kann. Eine arterielle Sauerstoffsättigung unter 90% beweist bei einer normalen Kohlensäurespannung einen vasculären Kurzschluß, ist dieser mit dem Hyperoxieversuch ausgeschlossen eine Diffusionsstörung.

Bei der Partialinsuffizienz ist immer das Verhältnis von Ventilation zu Durchblutung gestört. Wie bereits in der Einleitung ausgeführt, beeinflussen die alveolären Gaspannungen über den Tonus der kleinen Lungengefäße die Durchblutung, was für die ganze Lunge wie auch für einzelne Bezirke gilt. In einem hypoventilierten Bezirk wird die Durchblutung eingeschränkt, wäre das nicht der Fall, so müßte man bei vielen Patienten als Folge einer unterschiedlichen Ventilation der verschiedenen Lungenbezirke viel stärkere arterielle Sauerstoffuntersättigungen finden als es tatsächlich der Fall ist. In der Tat liegt die arterielle Sauerstoffsättigung bei der Partialinsuffizienz selten unter 91—94%, auch wenn ein ganzer Lungenflügel hypoventiliert wird, was eben nur damit erklärt werden kann, daß die Durchblutung der hypoventilierten Teile so reduziert ist, daß die Zumischung von ungenügend mit Sauerstoff gesättigtem Blut quantitativ klein bleibt. Aus dem Nebeneinander von hyper- und hypoventilierten Lungenbezirken mit einer mehr oder weniger vollständigen Anpassung der Durchblutung resultiert für die ganze Lunge eine gestörte Relation von Ventilation zu Durchblutung, was in einer Vergrößerung des funktionellen Totraumes zum Ausdruck kommt.

Im Gegensatz zur Globalininsuffizienz handelt es sich bei der Partialinsuffizienz nicht um ein neues Gleichgewicht, an dem der Organismus unter verschiedenen Bedingungen festhält. Für die Partialinsuffizienz ist es im Gegenteil gerade typisch, daß die arterielle Sauerstoffsättigung bei Steigerung der Ventilation während körperlicher Arbeit besser, eventuell sogar normal wird, weil mit der Vertiefung der Atmung die Durchlüftung der in Ruhe hypoventilierten Bezirke besser wird, zudem können sich Bronchialspasmen, die oft zu einer unterschiedlichen Ventilation führen, während des Arbeitsversuches lösen.

c) Der vasculäre Kurzschluß

Der intrapulmonale vasculäre Kurzschluß, der erstmals von BARCROFT beschrieben wurde, ist dadurch gekennzeichnet, daß mehr oder weniger große Lungenbezirke von der Ventilation gänzlich ausgeschlossen sind, währenddem noch eine gewisse Durchblutung stattfindet. Man kann den Kurzschluß als Grenzfall der Partialinsuffizienz darstellen, doch wird der Unterschied bei Untersuchung während Arbeit und auch Hyperoxie deutlich. Ein leichter Anstieg der Sauerstoffsättigung während Hyperoxie um 2—3% kommt dadurch zustande, daß in den durchlüfteten Gebieten das Blut voll aufgesättigt wird und auch der Sauerstoffgehalt im Plasma meßbar ansteigt. Wegen der zusätzlichen physikalischen Lösung von Sauerstoff im Plasma, der dann nach der venösen Beimischung für eine Aufsättigung des nicht arterialisierten Blutes zur Verfügung steht, können kleinere Kurzschlüsse voll kompensiert werden. Um diese Fehlerquelle auszuschalten, wird der Hyperoxieversuch nicht mit reinem Sauerstoff, sondern mit 40—60% Sauerstoff in der Inspirationsluft durchgeführt.

Wie bei der Partialinsuffizienz ist die arterielle Kohlensäurespannung normal oder in der Mehrzahl der Fälle mäßig erniedrigt, weil die arterielle Sauerstoff-Untersättigung in der Regel zur Hyperventilation anregt.

Die Verhältnisse im arteriellen Blut sind übrigens dieselben, ob sich der Kurzschluß in den Lungen befindet oder ob ein intrakardialer Rechts-Links-Shunt vorliegt.

Den intrapulmonalen Kurzschluß finden wir bei vollständig kollabierten Lungen als Folge eines Pneumothorax, bei frischen Atelektasen anderer Genese und bei beginnenden Infiltraten. Der Kurzschluß ist aber nicht so häufig wie die genannten Zustände selbst. Wenn eine Atelektase längere Zeit besteht, dann kommt es zu einer Drosselung der Zirkulation in den nicht ventilierten Gebieten, wobei der Kurzschluß immer mehr abnimmt. Die Kenntnis dieser Tatsache ist nicht ohne Bedeutung für die Pneumothoraxtherapie.

Es sei hier noch bemerkt, daß ein vasculärer Kurzschluß recht häufig mit einer Partialinsuffizienz kombiniert vorkommt, und natürlich daß auch dieKombination mit einer Globalinsuffizienz möglich ist.

Sowohl beim vasculären Kurzschluß, als auch bei der Partialinsuffizienz kommt es zu einer Vergrößerung der Sauerstoff-Spannungsdifferenz zwischen der idealen Alveolarluft und dem arteriellen Blut. Im Gegensatz zur Diffusionsstörung ist aber der Gradient zwischen jeder einzelnen Alveole und den dazugehörigen Capillaren normal, und erst durch die Mischung von arterialisiertem und venösem Blut kommt es zur Spannungsabnahme im arteriellen Blut.

Da ein Teil des die Lungen durchströmenden Blutes nicht zum Gasausgleich mit der Alveolarluft gelangt, ist es bei vasculären Kurzschlüssen größeren Ausmaßes nicht möglich, aus den Werten, welche mit der Spirometrie und der arte-

Beispiel 3: Vasculärer Kurzschluß.
B. Maurice, 56 j. (lobäre Pneumonie, Temp. 39,2°C)

	Sollwerte	Ruhe	O_2-Atmung
Arterielles Blut:			
O_2-Kapazität. Vol.-%	19,5—20,5	15,5	14,7
O_2-Sättigung, %	95—97	85,0	88,5
O_2-Spannung, mm Hg	85—95	60	64
CO_2-Gehalt, Vol.-% Plasma	54—57	47,5	47,3
p_H	7,38—7,41	7,42	7,41
CO_2-Spannung, mm Hg	40,0	30,5	31,0
alveolo-arteriel. pO_2-Gradient		43	
Spirometrie:			
O_2-Aufnahme cm³/min	195	450	440
(0° und 760 mm Hg)			
CO_2-Abgabe, cm³/min		365	355
(0° und 760 mm Hg)			
Respiratorischer Quotient	0,82	0,82	0,80
Atemfrequenz, pro min		40	48
Minutenvolumen, cm³/min	12600	21400	23200
Spezifische Ventilation	25—31	47	53
Alveoläre Funktion:			
Alveoläre Ventilation, cm³/min	7920	10550	9850
in % der Gesamtventilation	60—70	50	43
O_2-Ausnützung	55—58	42	44
(cm³ O_2-Aufnahme p. Liter alv. Vent.)			
Alveoläre O_2-Spannung, mm Hg	92—100	103	
	(Lausanne)		
Totraum: cm³/min	115	270	280
Totraumventilation, cm³/min		10850	13350

Mit Ausnahme der O_2-Aufnahme und der CO_2-Abgabe sind alle Volumina auf „Lungenverhältnisse" korrigiert
(39°, Atm. Druck, H_2O gesättigt, BTPS)

riellen Blutgasanalyse gewonnen werden, die alveoläre Ventilation, die alveoläre Sauerstoffspannung sowie den funktionellen Totraum zu berechnen. Rein pulmonale Kurzschlüsse sind allerdings selten so groß, daß bei diesen Berechnungen massive Fehler entstehen würden. Bei großen kardiovasculären Shunts ist jedoch eine Berechnung der genannten Größen auf dem beschriebenenWeg ausgeschlossen.

d) Die Diffusionsstörungen

Anatomische Befunde von Verdickungen der Alveolarwand ließen schon frühzeitig den Gedanken aufkommen, daß eine solche Erscheinung auch eine entsprechende Funktionsstörung in Form einer Erschwerung der Diffusion der Atemgase zur Folge haben könnte. Wahrscheinlich war es DOUGLAS, der 1914 als Erster gewisse Lungenfunktionsstörungen mit einer Erschwerung der Diffusion der Gase durch die Alveolarmembran in Beziehung brachte. Er vermutete, daß die Cheyne-Stokessche Atmung mit einer solchen Diffusionsstörung in Beziehung stehe. TENDELOO und HOFFMANN nahmen beim Emphysem eine derartige Störung der Atemfunktion an. BRAUER prägte den Begriff der „Pneumonose", worunter er eine Diffusionsstörung auf Grund pathologischer Veränderungen der Alveolarmembran verstand. Er glaubte, daß die manchmal zu Beginn der Grippe auftretende Cyanose, wie sie besonders anläßlich der Pandemie von 1918 beobachtet wurde, auf eine Pneumonose zurückzuführen sei. Bei der klinischen Untersuchung fand man in diesem Stadium der Grippe keine Veränderungen am Respirationssystem. Da ein experimenteller Nachweis einer Lungenfunktionsstörung nicht erbracht werden konnte, blieb die Annahme einer Pneumonose rein hypothetisch. 1922 versuchte SCHJERNING diese Hypothese experimentell zu stützen. Er untersuchte das arterielle Blut von chlorgasvergifteten Hunden und fand in zwei Fällen eine Verminderung der arteriellen Sauerstoffsättigung, ohne daß schwere histologische Veränderungen in den Lungen gefunden werden konnten. Abgesehen davon, daß der Autor Schwierigkeiten mit der Bestimmung der Sauerstoffsättigung hatte, kann auf diesem Wege eine Diffusionsstörung natürlich nicht nachgewiesen werden. Es ist also nicht richtig, wenn der Autor glaubt, nur mit einem Vorbehalt wegen der kleinen Zahl von Untersuchungen, auf das Vorkommen von Diffusionsstörungen in der Lunge ohne mikroskopisch sichtbare Veränderungen schließen zu können.

JANSEN, KNIPPING und STROMBERGER wiesen 1932 mit Recht darauf hin, daß man für die Diagnose einer Pneumonose den Nachweis erbringen muß, daß der Sauerstoffspannungsgradient zwischen der Alveolarluft und den Lungencapillaren vergrößert ist. Da dieser Beweis damals technisch nicht möglich war, mußte die Diagnose der Diffusionsstörung per exclusionem gestellt werden. Die Autoren betonten, daß eine arterielle Sauerstoffuntersättigung auch auf anderem Wege, namentlich als Folge mangelhafter Durchmischung der Atemgase in den Lungen, entstehen könne. Sie sind einer indirekten Beweisführung gegenüber kritisch eingestellt, und es ist deshalb nicht ganz verständlich, daß KNIPPING 1935 in einer zusammenfassenden Arbeit über die Pneumonose eine ganze Reihe von klinischen Zuständen als Diffusionsstörung darstellt.

In den Jahren 1935—1950 sind verschiedene neue Methoden entwickelt worden, die uns der Lösung des Problems nähergebracht haben. COURNAND führte den durch FORSSMANN entwickelten Herzkatheter in die Klinik ein und gestattete dadurch das venöse Mischblut, sowie es mit der Alveolarluft in Kontakt kommt, direkt zu untersuchen. ENGHOFF und ROSSIER sowie RILEY u. Mitarb. führten in die Formel zur Berechnung der alveolären Sauerstoffspannung die *arterielle* Kohlensäurespannung ein, welche den Vorteil besitzt, die Berechnung *idealer* Alveolarluft zu gestatten. SCHOLANDER, RILEY u. Mitarb. verbesserten die KROGH-BARCROFTsche

Methode zur Bestimmung der Sauerstoffspannung im Blut. BERGGREN und WIESINGER sowie BARTELS führten zu diesem Zwecke die polarographische Methode ein. Schließlich beschrieben LILIENTHAL (1946) sowie RILEY (1951) mit ihren Mitarbeitern eine neue Methode zur Messung des Sauerstofftransportes durch die Alveolarmembran, worüber wir bereits im methodischen Teil berichtet haben.

Die übrigens bereits früher von physiologischer Seite (MARIE KROGH) mit der Kohlenmonoxydmethode unternommenen Versuche zur Messung der Diffusion in den Lungen sind mit wesentlichen Fehlern behaftet, so daß sie in der Klinik erst jetzt langsam Eingang finden. Schließlich sei noch die Entwicklung der Oxymetrie durch die Schule von MATTHES erwähnt, eine Methode, die von uns in Verbindung mit der Ergometrie zum Studium von Diffusionsstörungen Verwendung findet.

Mit den heute zur Verfügung stehenden Methoden ist die Erfassung einer Diffusionsstörung in Körperruhe möglich, bleibt jedoch ein schwieriges Unterfangen. Eine Trennung der beiden Möglichkeiten, nämlich der Erschwerung der Diffusion durch die Membran und der Verkürzung der Kontaktzeit zwischen Alveolargasen und Blut, so daß aus diesem Grunde kein normaler Ausgleich der Sauerstoffspannung möglich ist, ist ohne Herzkatheterismus nicht sicher möglich. Gerade der letztere Fall ist nicht selten und tritt immer dann in Erscheinung, wenn die capilläre Strombahn erheblich, d. h. um etwa zwei Drittel oder mehr eingeschränkt ist. Um das Minutenvolumen durch den kleinen Kreislauf zu fördern, muß die Blutstromgeschwindigkeit in den Capillaren erheblich gesteigert werden, was schließlich dazu führt, daß die Kontaktzeit nicht mehr zur normalen Sättigung des Blutes ausreicht. Eine solche Funktionsstörung finden wir in Ruhe bei Pulmonalsklerose, multiplen Lungenembolien, diffuser Lungenfibrose, massiven Parenchymverlusten, dagegen nicht nach Pneumonektomie, wenn die andereLunge normal arbeitet, weil die Reduktion der Strombahn auf etwa die Hälfte in der Regel noch nicht zur Untersättigung des Blutes infolge der Verkürzung der Kontaktzeit ausreicht.

Die atemmechanische Untersuchung bietet neben Röntgenbild und Spirometrie eine weitere Möglichkeit, zu unterscheiden, ob die Einschränkung der Capillaroberfläche mit einem Verlust an Lungenparenchym kombiniert ist oder ob es sich um eine reine Gefäßveränderung handelt. Im letzteren Fall zeigen die Lungenfelder röntgenologisch keine Veränderungen wie beim Beispiel 4, die Spirometrie ergibt normale Lungenvolumen und Atemreserven und die Atemmechanik ist normal. Ist das Lungenparenchym teilweise zerstört oder auch reseziert, so stellt man neben dem entsprechenden Röntgenbefund auch eine Abnahme der Lungenvolumen und Atemreserven sowie atemmechanisch eine Erhöhung der Elastance fest, weil nur noch ein Parenchymrest mit dem ganzen Atemvolumen gebläht werden muß.

Da die Kohlensäure viel besser, d. h. schneller diffundiert als der Sauerstoff, ist ihr Austausch in der Regel nicht gestört, ganz gleich ob die Diffusionsstörung die Folge einer Membranveränderung oder einer zu kurzen Kontaktzeit ist. In der Regel wird hyperventiliert, so daß man eine erniedrigte alveoläre und arterielle Kohlensäurespannung findet.

Bei Diffusionsstörungen wegen verkürzter Kontaktzeit bei reduziertem Capillarbett kann mittels des Herzkatheterismus, ein normales Herzminutenvolumen vorausgesetzt, eine Erhöhung des Druckes in der Art. Pulmonalis nachgewiesen werden. Der erhöhte Widerstand ist weitgehend fixiert, d. h. es kommt zu keinem Druckabfall während Sauerstoffatmung, obwohl damit die arterielle Sauerstoffsättigung auf 100% ansteigt. Der Herzkatheterismus erlaubt damit eine Differenzierung, ob es sich um eine eigentliche Membranstörung oder um eine eingeschränkte Capillaroberfläche handelt. Bei einer Membranstörung mit normalem Gefäßbett sollte der Druck nicht erhöht, oder wenn die arterielle Hypoxämie eine kausale Rolle für die Drucksteigerung spielen sollte (COURNAND), durch Sauerstoffatmung beeinflußbar sein. Abgesehen vom Lungenödem, bei dem der Druck im Lungenkreislauf aus anderen Gründen erhöht ist und dieses Kriterium unbrauchbar ist, haben wir allerdings noch nie eine sichere Diffusionsstörung, die allein oder vorwiegend auf eine eigentliche Membranstörung bei normaler Capillaroberfläche zurückgeführt werden müßte, gesehen.

Mit dem Ruheversuch allein und ohne Anwendung der sehr komplizierten Methoden zur Bestimmung der Diffusionskapazität kann die Diffusionsstörung nicht von der Partialinsuffizienz unterschieden werden. Eine praktisch sehr einfache und sichere Differenzierung erlaubt der Arbeitsversuch. Bei der Partialinsuffizienz steigt die arterielle Sauerstoffsättigung während Arbeit in der Regel an, bei Diffusionsstörungen, insbesondere bei denen, die durch eine Einschränkung der Capillaroberfläche bedingt sind, kommt es bei Steigerung des Gaswechsels während Arbeit zu einem weiteren Abfall der Sauerstoffsättigung trotz genügender

Beispiel 4: Diffusionsstörung wegen zu kleiner Capillaroberfläche. M. Christian, 46j.
(primäre Pulmonalsklerose)

	Sollwert	Ruhe	Arbeitsversuch 80 Watt	Arbeitsversuch mit O_2-Atmung
Arterielles Blut:				
O_2-Kapazität, Vol.-%	19,5—20,5	19,7	21,2	21,1
O_2-Sättigung, %	95—97	92,3	81,3	100
O_2-Spannung, mm Hg	85—95	67	45	—
CO_2-Gehalt, Vol.-% Plasma	54—57	51,2	41,7	50,0
p_H	7,38—7,41	7,44	7,44	7,43
CO_2-Spannung, mm Hg	40	33,3	27,1	33,0
alveolo-arteriel. pO_2-Gradient		36	67	
Spirometrie:				
O_2-Aufnahme, cm³/min	235	275	1 200	
(0° und 760 mm Hg)				
CO_2-Abgabe, cm³/min		225	1 300	
(0° und 760 mm Hg)				
Respiratorischer Quotient	0,82	0,82	1,08	
Atemfrequenz, pro min		15,3	36	
Minutenvolumen, cm³/min	7700	11 400	78 000	
Spezifische Ventilation	25—31	41	65	
Totalkapazität, cm³	5500	6 500		
Vitalkapazität, cm³	4000	4 900		
Residualvolumen, cm³	1500	1 600		
funkt. Residualkapazität, cm³	2400	3 250		
Mischzeit (Helium)	2—3 min	3 min		
Atemgrenzwert, l/min	160	180		
Alveoläre Funktion:				
Alveoläre Ventilation, cm³/min	4900	5 830	41 500	
in % der Gesamtventilation	60—70	51	49	
O_2-Ausnützung	55—58	47	32	
(cm³ O_2-Aufnahme p. Liter alv. Vent.)				
Alveoläre O_2-Spannung, mm Hg	92—98	103	112	
	(Zürich)			
Totraum: cm³	180	360	1 000	
Totraumventilation, cm³/min		5 570	36 500	

Mit Ausnahme der O_2-Aufnahme und der CO_2-Abgabe sind alle Volumina auf „Lungenverhältnisse" korrigiert
(37°, Atm. Druck, H_2O gesättigt, BTPS)

Ventilation mit normaler arterieller Kohlensäurespannung. In der Regel wird aber hyperventiliert, so daß die Kohlensäurespannung absinkt. Die Berechnung des alveolo-arteriellen Spannungsgradienten für den Sauerstoff ergibt eine massive Zunahme desselben. Da man bei einem Arbeitsversuch im steady state den respiratorischen Quotienten ohne große Fehler mit 0,9—1,1 in die Berechnung der alveolären Sauerstoffspannung mit der arteriellen Kohlensäurespannung einsetzen kann, so genügt für die Feststellung einer Diffusionsstörung die Untersuchung der arteriellen Blutgase in Ruhe und bei körperlicher Arbeit. Führt man gleichzeitig einen Herzkatheterismus durch, so kann man mit dem Abfall der arteriellen Sauerstoffsättigung einen Druckanstieg in der Art. pulmonalis feststellen, der sich durch Sauerstoffatmung nicht wesentlich beeinflussen läßt, obwohl die arterielle Sauerstoffsättigung bei einer Diffusionsstörung auch während Arbeit bei Sauerstoffatmung auf 100% ansteigt (BÜHLMANN u. Mitarb., 1953).

Die Diffusionsstörung ist nur in schweren Fällen bereits in Ruhe manifest. In leichteren Fällen kann man in Ruhe noch keine sichere Störung der Lungenfunktion feststellen, erst im Arbeitsversuch wird die Störung bei einer bestimmten Belastungsstufe manifest, worauf noch im Abschnitt über die latente Insuffizienz näher eingegangen wird. Wir wollen hier noch erwähnen, daß auch beim Gesunden durch sehr große Leistung, beim Untrainierten etwa bei 200 und mehr Watt, die Symptomatologie der Diffusionsstörung auftritt. Die Ventilationsreserven sind immer größer als die „maximale Diffusionskapazität", die man als größtmögliche Sauerstoffaufnahme pro Zeiteinheit bei normaler arterieller Sauerstoffspannung definieren kann.

2. Die Atemmechanik bei den verschiedenen manifesten Insuffizienztypen

Die oben beschriebenen Insuffizienzformen sind in der Regel auch von typischen Veränderungen der Atemtechnik begleitet. Die folgenden Abbildungen geben in Form von Mittelwerten eine Zusammenstellung der wichtigsten Befunde wie Elastance, Atemarbeit gegen viscöse Widerstände und das zeitliche Verhältnis zwischen Ex- und Inspiration mit den dazu gehörenden spirometrischen und blutgasanalytischen Werten sowie Hinweisen auf die Verhältnisse während Arbeit und auf den Lungenkreislauf.

a) Partialinsuffizienz

Charakteristisch sind eine deutliche Erhöhung der viscösen Widerstände sowie eine erhöhte effektive Elastance als Hinweis dafür, daß mit jedem Atemzug nur ein Teil des vorhandenen Lungenparenchyms gedehnt wird. Der Wert der Elastance ist ausgesprochen abhängig von der Atemfrequenz, indem bei hohen Frequenzen nur noch die Lungenpartien mit ganz freien Zuleitungen gebläht werden. Die Exspiration ist zeitlich leicht verlängert, und der intrathorakale Druck wird am Ende der Exspiration leicht positiv (s. auch Teil A, I).

Ist die Partialinsuffizienz nicht die Folge multipler Stenosierungen bei Bronchitis usw. sondern Folge eines Nebeneinanders von verschieden blähungsfähigen Lungenparenchyms, wie wir es im höheren Alter beobachten können, so ergibt die Untersuchung eine erhöhte, ebenfalls frequenzabhängige effektive Elastance bei normalen viscösen Widerständen.

b) Globalinsuffizienz

Bei einer primär pulmonal bedingten Globalinsuffizienz zeigt die Atemmechanik immer massiv erhöhte viscöse Widerstände, die Atemschleife ist stark aufgetrieben. Die Exspiration ist zeitlich deutlich verlängert und der intrathorakale Druck wird während des größeren Teiles der Exspiration positiv als

Zeichen dafür, daß sie aktiv erfolgt. Da es sich in diesen Fällen durchwegs um obstruktive Prozesse handelt, sind die funktionelle Residualkapazität immer erheblich vergrößert und die Atemreserven stark eingeschränkt. Die effektive Elastance ist wie bei der Partialinsuffizienz erhöht und frequenzabhängig. Ent-

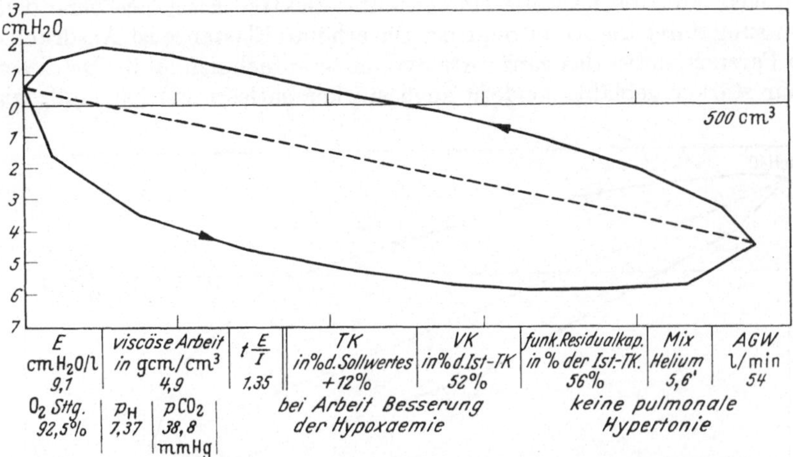

Abb. 45. *Partialinsuffizienz.* Atemschleife und Mittelwerte von 11 Patienten, Atemmechanik: Elastance, viscöse Arbeit. Spirometrie: Totalkapazität, funkt. Residualkapazität, Mischzeit und Atemgrenzwert. Arterielle Blutgase: Sauerstoffsättigung, p_H und Kohlensäurespannung

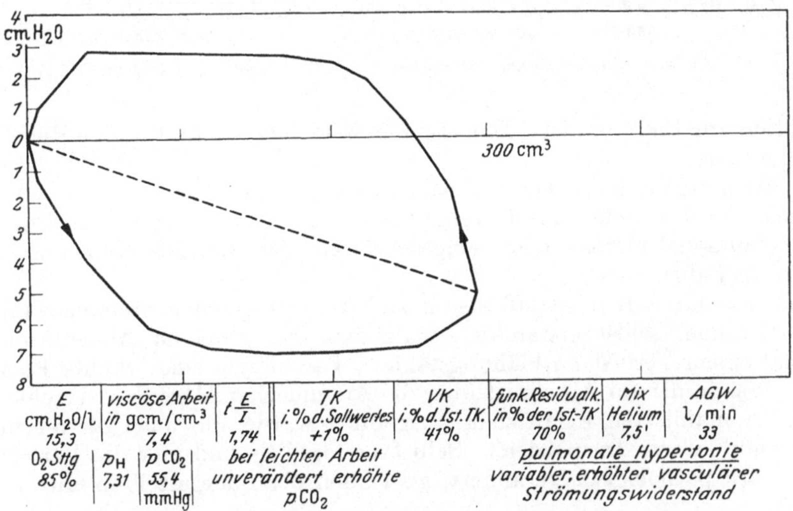

Abb. 46. *Globalininsuffizienz.* Atemschleife und Mittelwerte von 16 Patienten

sprechend der gleichen anatomischen Grundlage, nämlich Obstruktion der Luftwege, ist ja die Globalinsuffizienz meistens mit einer ungleichmäßigen Luftverteilung kombiniert.

Ist die Globalinsuffizienz Folge einer Atemlähmung, einer Schlafmittelvergiftung usw. oder Begleiterscheinung einer Stoffwechsel- und Elektrolytstörung, so sind die atemmechanischen Verhältnisse normal. Sie werden sofort pathologisch, wenn es z.B. im Verlaufe einer Atemlähmung zu einer Verstopfung der Luftwege mit Schleim usw. kommt, worüber im Kapitel über die künstliche Beatmung noch näher eingegangen wird.

c) Diffussionsstörungen

Ist die Diffusionsstörung Folge eines restriktiven Lungenprozesses, der zu einer Reduktion des Lungenparenchyms und damit zu einer Verkleinerung der Lungencapillaroberfläche geführt hat, so ergibt die atemmechanische Untersuchung charakteristischerweise eine erhöhte effektive Elastance ohne deutliche Beeinflussung durch die Atemfrequenz. Die erhöhte Elastance ist Ausdruck dafür, daß ein Parenchymrest das ganze Atemvolumen aufnehmen muß. Da dieser Rest nicht nur stärker gebläht, sondern auch stärker entleert werden muß, wird die

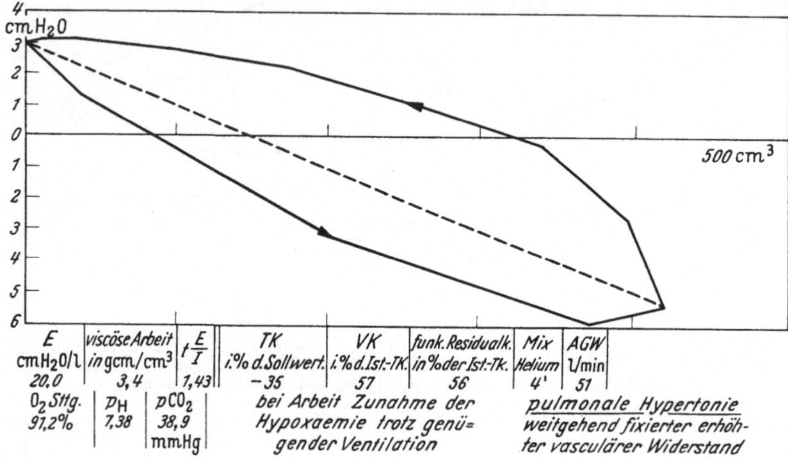

E cmH_2O/l	viscöse Arbeit in gcm./cm³	$t\frac{E}{I}$	TK i.% d.Sollwert.	VK i.% d.Ist-TK.	funk.Residualk. in % der Ist-Tk.	Mix Helium	AGW l/min
20,0	3,4	1,43	−35	57	56	4'	51

| O_2 Sttg. 91,2% | p_H 7,38 | pCO_2 38,9 mmHg | bei Arbeit Zunahme der Hypoxaemie trotz genü= gender Ventilation | | | pulmonale Hypertonie weitgehend fixierter erhöh- ter vasculärer Widerstand | |

Abb. 47. *Diffusionsstörung*. Atemschleife und Mittelwerte von 11 Patienten

Exspiration am Ende positiv. Die viscösen Widerstände sind in der Regel nicht deutlich erhöht.

Die Atemmechanik ist bei Diffusionsstörungen praktisch normal, wenn die Lungencapillaroberfläche durch rein vasculäre Prozesse, multiple Embolien, primäre Pulmonalsklerose usw. eingeschränkt, das Lungenparenchym selber jedoch nicht reduziert ist.

Dem vasculären Kurzschluß lassen sich keine typischen atemmechanischen Bilder zuordnen, selbstverständlich wird man bei größeren Atelektasen entsprechend einem Verlust an blähungsfähigen Parenchym eine erhöhte Elastance messen. Was in diesem Abschnitt über die Atemmechanik bei den verschiedenen Formen der manifesten Insuffizienz ausgeführt wurde, gilt auch für die nun zu besprechende latente Insuffizienz. Selbstverständlich sind hier die Verhältnisse weniger stark pathologisch verändert, als es den oben dargestellten Mittelwerten entspricht.

3. Die latente Insuffizienz

Wie oben ausgeführt, verstehen wir hierunter den Befund einer normalen Sauerstoffsättigung im arteriellen Blut in Ruhe, wenn aber eine Belastung, die normalerweise von den Betreffenden gemäß Konstitution, Alter, Geschlecht und allgemeinem Gesundheits- und Trainingszustand ertragen werden müßte, zu einer der beschriebenen Formen der manifesten Insuffizienz führt. Als Belastung wählen wir in Anlehnung an die normalen Lebensverhältnisse die Körperarbeit. Es kämen jedoch auch andere Belastungen in Betracht, wie beispielsweise der Sauerstoffmangel oder das Atmen gegen Widerstand. Eine Verminderung der Atemreserven ist in der Regel vorhanden und bei latenter Globalinsuffizienz immer zu finden. Bei latenter Diffusionsstörung können die Atemreserven jedoch völlig normal sein. Das wichtigste klinische Symptom der latenten Lungeninsuffizienz ist die Anstrengungsdyspnoe. Für die Beurteilung der Arbeitsfähigkeit kommt der Feststellung der latenten Insuffizienz eine große Bedeutung zu.

Bei dem für klinische Zwecke zur Anwendung gelangenden Arbeitsversuch handelt es sich um Belastungen, welche normalerweise während 5—20 min ausgeführt werden, während wir die kurzfristigen Höchstleistungen, welche ganz neue Probleme aufwerfen, hier nicht in Betracht ziehen. Wir interessieren uns vor allem für die Frage, bei welcher Belastung eine Lungeninsuffizienz auftritt, und welcher Art sie ist. Es muß beim Arbeitsversuch immer auch daran gedacht werden, daß die Leistungsfähigkeit durch die Herzfunktion und nicht durch die Lungenfunktion begrenzt sein kann.

Das Auftreten einer Partialinsuffizienz oder eines vasculären Kurzschlusses während des Arbeitsversuches ist selten und uns nur bei zunehmender Lungenstauung z. B. bei der Mitralstenose bekannt. Bei pulmonalen Erkrankungen wird die in Ruhe latente Insuffizienz während Arbeit bei einer bestimmten Belastungsstufe zu einer manifesten Globalinsuffizienz oder zu einer Diffusionsstörung, wobei letzteres weitaus das Häufigste ist.

a) Globalinsuffizienz bei Belastung

Die Atemreserven sind so eingeschränkt, daß die alveoläre Ventilation nur ungenügend gesteigert werden kann, so daß es im arteriellen Blut zu einem Abfall der Sauerstoffsättigung und zu einem Anstieg der Kohlensäurespannung kommt. Es entwickelt sich also eine akute Globalinsuffizienz, wobei sich wie in Ruhe ein neues Gleichgewicht einstellen kann, so daß die Kohlensäurespannung auf dem erhöhten Niveau konstant gehalten wird. Meistens wird jedoch die Arbeit nach wenigen Minuten abgebrochen. Sind die Atemreserven aus mechanischen Gründen eingeschränkt, dann läßt sich aus der Größe des Atemgrenzwertes ungefähr abschätzen, bei welcher Belastung es zu einer Insuffizienz kommen wird. Etwas anderes ist es, wenn die Atemreserven vorwiegend durch Bronchialspasmen eingeschränkt sind. Im Arbeitsversuch kann es zu einer Lösung der Spasmen kommen, in Extremfällen übertrifft die Ventilation während Arbeit den Atemgrenzwert, wobei allerdings zu berücksichtigen ist, daß die Ventilation bei Arbeit erzwungen wird, während bei der Bestimmung des Atemgrenzwertes die Mitarbeit des Patienten eine große Rolle spielt.

Im Gegensatz zum Untrainierten oder zum Patienten setzt der trainierte Sportler (Mittelstreckenläufer, Schwimmer) die Übung fort, auch wenn das Blut nicht mehr vollständig arterialisiert ist. Wie bei der Globalinsuffizienz in Ruhe ist auch bei hohen Leistungen ein voller Gasaustausch trotz erniedrigter alveolärer Sauerstoffspannung und erhöhter Kohlensäurespannung möglich. Der Sportler setzt den 4. Mechanismus der Atemregulation, die Verscheibung des Sauerstofftransportes auf den steilen Teil der Sauerstoffdissoziationskurve, ein. Hierdurch kommt es für bestimmte sportliche Leistungen zu einer ökonomischeren Verteilung der Gesamtbelastung, indem an Ventilationsarbeit gespart wird. Die Atemarbeit nimmt ja mit der Ventilation nicht linear, sondern exponentiell zu, so daß die Globalinsuffizienz vom energetischen Standpunkt unter bestimmten Bedingungen sehr sinnvoll ist.

b) Diffusionsstörung bei Belastung

Weitaus häufiger als das Auftreten einer Globalinsuffizienz bei Belastung ist das Manifestwerden einer Diffusionsstörung während des Arbeitsversuches. Bei allen Lungenerkrankungen, die zu einer Verminderung des aktiven Lungenparenchyms und damit zur Einschränkung der Capillaroberfläche führen, also auch Lungenresektionen, ist die maximale Diffusionskapazität herabgesetzt. Es kommt damit bei einer vom Ausmaß der Einschränkung abhängigen Belastungsstufe, die normalerweise ohne Insuffizienzerscheinungen bewältigt werden sollte, zu einem Abfall der arteriellen Sauerstoffsättigung trotz genügender Ventilation oder sogar Hyperventilation. Auch bei Lungenfibrosen verschiedenster Ätiologie, bei fortgeschrittenen Silikosen, bei der miliaren Form des Morbus Boeck und bei der Miliartuberkulose kommt es beim Arbeitsversuch zu einer deutlichen Diffusionsstörung, während diese in Ruhe oft nur diskret angedeutet ist. Da man in diesen Fällen mit dem Abfall der Sauerstoffsättigung einen Anstieg des Druckes im Lungenkreislauf, d. h. einen fixierten erhöhten Widerstand feststellen kann, vertreten wir die Auffassung, daß auch bei diesen Lungenerkrankungen der Einschränkung der Capillaroberfläche die entscheidende Bedeutung zukommt und nicht einer Membranveränderung im wörtlichen Sinne (ROSSIER u. Mitarb., 1954).

Handelt es sich um das Lungenparenchym zerstörende Krankheiten, so ist es mit einiger Erfahrung unter Berücksichtigung des Röntgenbefundes möglich, für Operationsindikationen aus dem Ausfall des Arbeitsversuches wichtige Schlüsse zu ziehen. Stellt man z. B. bei einer vorwiegend einseitigen ausgedehnten Tuberkulose oder auch bei einer jahrealten Verschwartung weitgehend analoge Verhältnisse zu einem Status nach Pneumonektomie fest, sinkt mit anderen Worten die arterielle Sauerstoffsättigung bereits bei einer Belastung mit 40—60 Watt, was etwa einer Sauerstoffaufnahme von 600—800 cm³/min entspricht, deutlich ab, so ist der Schluß naheliegend, daß die betroffene Lunge zum größten Teil nicht mehr ventiliert und durchblutet ist. Die Bronchospirometrie würde in diesen Fällen, bei denen die Entfernung der betroffenen Lunge indiziert ist, diese Schlußfolgerung bestätigen, indem sie zeigt, daß diese Lunge gar keinen oder nur noch sehr wenig Sauerstoff aufnimmt. Ob daneben noch eine gewisse Ventilation nachweisbar ist oder nicht, ist praktisch von sekundärer Bedeutung. Die Ventilation einer nicht mehr oder nur ganz ungenügend durchbluteten Lunge stellt ja nichts anderes als eine Totraumventilation dar, die mit der Entfernung dieser Lunge wegfällt, womit die Atmung meßbar ökonomischer wird.

Etwas komplizierter liegen die Verhältnisse bei der kardialen Linksinsuffizienz. Die Lungenstauung nimmt während körperlicher Arbeit zu und führt schließlich auch zu einer Störung des Gasaustausches, die sich in einem Abfall der arteriellen Sauerstoffsättigung bei unveränderter Kohlensäurespannung manifestiert. Die Ursache des Abfalles ist komplexer Natur. Die Anschoppung einzelner Alveolen führt zum vasculären Kurzschluß, die Verlegung einzelner Bronchien zu einer ungleichmäßigen Belüftung der verschiedenen Lungenpartien und damit zur Partialinsuffizienz und die Gefäßdilatation und Schwellung der Alveolarmembran im Sinne des Lungenödems zu einer Verlängerung des Diffusionsweges für den Sauerstoff von den Alveolen bis zum Hämoglobin. Der Abfall der arteriellen Sauerstoffsättigung ist bei diesen Verhältnissen das Resultat einer Kombination von drei verschiedenen Insuffizienztypen. Der Anteil des Kurzschlußfaktors kann daraus ermessen werden, daß die Sauerstoffsättigung bei Sauerstoffatmung nicht auf 100% ansteigt (BÜHLMANN u. Mitarb., 1954). Bei schweren und lange bestehenden Mitralstenosen und anderen Zuständen mit Lungenstauung kommt es schließlich auch zu sekundären Veränderungen an den kleinen und kleinsten Lungengefäßen im Sinne der Pulmonalsklerose, so daß schließlich auch noch die Capillaroberfläche eingeschränkt ist. In diesen Fällen kann man mit dem Herzkatheterismus einen stark erhöhten und bei Arbeit weitgehend fixierten vasculären Widerstand feststellen.

Der Einfluß der Lungenstauung auf die Lungenfunktion wurde von KNIPPING u. Mitarb. sowie von SCHOEN und DERRA bereits vor 20 Jahren studiert. Die rein spirometrische Technik, die LANDEN zur Diagnose der kardialen Linksinsuffizienz entwickelt hat, beruht ebenfalls auf der bei Belastung zunehmenden Lungenstauung. Die Abnahme der Vitalkapazität sowie das Auftreten eines spirographischen Sauerstoffdefizites nach UHLENBRUCK-KNIPPING werden in diesen Fällen auf die zunehmende Lungenstauung bezogen.

4. Besondere Syndrome

Es sollen hier noch drei Syndrome besprochen werden, die nicht in eine Klassifikation der Insuffizienzen gehören, weil sie auch ohne Insuffizienz vorkommen. Sie sind aber praktisch sehr wichtig, da sie häufig auftreten und mit einer latenten oder einer manifesten Insuffizienz verbunden sein können.

a) Das spastische Syndrom

Bronchialspasmen sind in der Klinik von großer Bedeutung. Als Beispiele zitieren wir die spastische Bronchitis, das Asthma bronchiale und die Silikose.

Bei der Funktionsprüfung fällt eine starke Verminderung der Atemreserven auf, wobei besonders der Atemgrenzwert und der Tiffeneau-Test betroffen sind, während die Vitalkapazität noch einigermaßen normal sein kann. Bronchialspasmen mit ihren häufigen Begleiterscheinungen (Schleimbildung und Schwellung der Bronchialschleimhaut) bewirken eine Änderung des Atemtypus, entsprechend einer exspiratorischen Stenose. Es ist deshalb nicht verwunderlich, daß dort, wo die Geschwindigkeit des Luftstromes in die Messung eingeht, wie beim Atemgrenzwert und beim Pneumometerwert, die größten Einbußen gefunden werden. Auf Gaben von Spasmolytica lösen sich die Spasmen zumeist, und es können dann wesentliche Verbesserungen der genannten Werte gemessen werden. Es fällt aber auf, daß dieser Besserung der Atemreserven nicht immer eine entsprechende Besserung der aktuellen Störung (Global- oder Partialinsuffizienz) folgt.

Das Spirogramm zeigt eine charakteristische Verlängerung der Exspirationszeit. In der Regel ist die Luftdurchmischung in den Lungen schlecht, was in einer Verlängerung der Mischzeit zum Ausdruck kommt. Hieraus resultiert das Bild einer Partialinsuffizienz, und bei sehr stark eingeschränkten Reserven sogar dasjenige einer Globalinsuffizienz. Bei leichter Arbeit können sich Spasmen in vermehrter Dyspnoe bemerkbar machen, während es bei großer Arbeitsleistung durch Lösen der Spasmen zu einer Verbesserung der Lungenfunktion kommen kann (JÉQUIER-DOGE).

b) Das Hyperventilationssyndrom

Dieser Zustand ist durch eine globale Hyperventilation der Alveolen gekennzeichnet, ohne daß ein erhöhtes Sauerstoffbedürfnis des Organismus oder eine Diffusionsstörung eine solche notwendig machen würde. Es handelt sich um eine zentrale Störung der Atmung, wobei die Ursache in einer Acidose des Blutes, in einer gesteigerten Erregbarkeit der bulbären Atemzentren oder in einer Beeinflussung derselben durch psychische Impulse liegen kann. Die acidotische Hyperventilation, welche einen Verteidigungsmechanismus darstellt, werden wir im speziellen Teil eingehend behandeln.

Die zentrale Hyperventilation ist dagegen ein Luxus mit nachteiligen Begleiterscheinungen. Im Blut findet man nämlich eine flüchtige Alkalose. Als Beispiel sei die Hyperventilationstetanie angeführt, die corticalen Ursprungs sein kann oder auch durch direkte Reizung der bulbären Zentren (Sonnenstich, Durchblutungsstörungen) ausgelöst wird. Zu den cortical ausgelösten Hyperventilationen ist außer denjenigen durch Angst, die bei der Spirometrie zu berücksichtigen ist, vor allem das Effortsyndrom (DA COSTA 1870, WOOD 1941, MEILI 1948) zu erwähnen. Die Schwangerschaft ist ein Beispiel dafür, daß auch physiologische Zustände zur allgemeinen alveolären Hyperventilation führen können (HASSELBALCH, 1912, ROSSIER und HOTZ 1953). Auch die Ventilationssteigerung, die von WALTER bereits 1877 nach Gaben von Natriumsalicylat beobachtet wurde, gehört hierher, handelt es sich doch um eine primär zentrale Störung der Atmung mit Alkalose (ROSSIER und BÜHLMANN 1950), und nicht um eine Verteidigung des Organismus gegen eine primäre Acidose, wie man früher angenommen hatte. Es sei noch bemerkt, daß das Hyperventilationssyndrom das Spiegelbild der Globalinsuffizienz darstellt. Der Totraum kann dabei normal ventiliert werden, doch ist er meistens in die Hyperventilation einbezogen. Ventilatorische Alkalosen leichten Grades (Aufenthalt auf 3000 m über Meer) werden durch Einschränkung der Magensaftproduktion und Ausscheidung alkalischen Harns nach einiger Zeit kompensiert.

Beispiel 5: Hyperventilationssyndrom. K. Wilhelm, 43j. (Atemneurose)

	Sollwerte	Ruhe	Arbeitsversuch 100 Watt
Arterielles Blut:			
O_2-Kapazität Vol.-%	19,5—20,5	21,0	21,5
O_2-Sättigung, %	95—97	97,9	96,5
O_2-Spannung, mm Hg	85—95	98	95
CO_2-Gehalt, Vol.-% Plasma	54—57	41,0	40,0
p_H	7,38—7,41	7,52	7,35
CO_2-Spannung, mm Hg	40,0	22,3	31,7
alveolo-arteriel. pO_2-Gradient		23	13
Spirometrie:			
O_2-Aufnahme cm³/min (0° und 760 mm Hg)	260	440	
CO_2-Abgabe, cm³/min (0° und 760 mm Hg)		395	
Respiratorischer Quotient	0,82	0,90	
Atemfrequenz, pro min		32	
Minutenvolumen, cm³/min	12300	24600	
Spezifische Ventilation	25—31	56	
Totalkapazität, cm³	5700	6110	
Vitalkapazität, cm³	4100	4800	
Residualvolumen, cm³	1600	1310	
funkt. Residualkapazität, cm³	2630	2040	
Mischzeit (Helium)	2—3 min	3 min	
Atemgrenzwert, l/min	165	(66)	
Alveoläre Funktion:			
Alveoläre Ventilation, cm³/min	8500	15300	
in % der Gesamtventilation	60—70	62	
O_2-Ausnützung (cm³ O_2-Aufnahme p. Liter alv. Vent.)	55—58	29	
Alveoläre O_2-Spannung, mm Hg	92—98 (Zürich)	121	108
Totraum: cm³	140	290	
Totraumventilation, cm³/min		9300	

Mit Ausnahme der O_2-Aufnahme und der CO_2-Abgabe sind alle Volumina auf „Lungenverhältnisse" korrigiert

(37°, Atm. Druck, H_2O gesättigt, BTPS)

Bei massiver Hyperventilation, um die es sich in diesem Kapitel handelt, wird offenbar ein Kompromiß geschlossen, indem der Körper auf eine vollständige Kompensation des Säure-Basen-Gleichgewichtes verzichtet, um nicht zuviel von seinen alkalischen Substanzen zu verlieren. Ein solcher Verlust wäre unzweckmäßig, weil die Hyperventilation in der Regel nicht konstant ist, und bei einer vorübergehenden Einschränkung der Atmung die zur Bindung der Kohlensäure notwendigen Alkalien fehlen würden. Ob sich die Patienten in einem ventilatorischen Gleichgewichtszustand befinden, läßt sich am respiratorischen Quotienten ablesen.

Das Hauptmerkmal ist die enorme alveoläre Hyperventilation, die zu einer Erhöhung der alveolären und arteriellen Sauerstoffspannung und zu einer flüchtigen Alkalose führt. Aber auch die Totraumventilation ist stark gesteigert, wobei das Verhältnis zwischen alveolärer und Totraumventilation ungefähr erhalten bleibt.

Berücksichtigt man das venöse Blut, so sieht man, daß bei einer akuten Hyperventilation hinsichtlich des Sauerstoffs und annähernd auch für das p_H relativ schnell eine normale arterio-venöse Differenz erreicht wird. Für die Kohlensäure trifft dies nicht zu, da über längere Zeit Kohlensäure vom Gewebe an das Blut abgegeben wird. Damit ergibt sich als Zeichen eines fehlenden Gleichgewichtszustandes eine ganz unterschiedliche arterio-venöse Differenz für den Sauerstoff einerseits und die Kohlensäure andererseits wie es vorstehendes Beispiel zeigt.

Beispiel 6: Gertrud W. 53 j. (15 min Hyperventilation)

	Art. brachialis	Art. pulmonalis
O_2-Kap. Vol.-%	18,0	17,9
O_2-Sttg. %	96,0	80,0
CO_2-Vol.-% (Plasma) .	38,3	51,6
p_H	7,62	7,57
CO_2-Spannung, mm Hg	16,0	25,0
Druck mm Hg	105/65	25/5
Mitteldruck	80	12
Herzminutenvolumen .	etwa 6—7 L	
Pulsfrequenz	70	

c) Das Totraum-Hyperventilationssyndrom

Es ist außerordentlich häufig, und kann sowohl durch eine Vergrößerung des anatomischen Totraumes, als auch, und zwar viel häufiger durch eine Änderung des Atemtypus, d. h. rein funktionell bedingt sein. Das klassische Beispiel für eine Totraum-Hyperventilation ist das Hacheln des Hundes. Um überschüssige Wärme loszuwerden, bedient sich der Hund der Evaporation von Wasserdampf in den oberen Luftwegen, wozu diese sehr reichlich belüftet werden müssen. Wenn der Hund dieses Ziel mit einer allgemeinen Steigerung der Atmung erreichen wollte, dann käme es zu unangenehmen Rückwirkungen auf die Blutgase. Durch sehr frequentes und oberflächliches Atmen sorgt aber der Hund dafür, daß die Ventilationssteigerung nur dem Totraum und damit der Verdunstung von Wasser zugute kommt. Der Anteil der alveolären Ventilation an der Gesamtventilation beträgt weniger als 60%.

Wir finden die Totraumhyperventilation bei der chronisch-spastischen Bronchitis, beim Emphysem und bei der Silikose. Die Atemreserven können normal sein, werden jedoch oft vermindert gefunden. Häufig liegt das Bild der Partialinsuffizienz vor, wobei die unterschiedliche Durchmischung der Gase in den Lungen zu einer Vergrößerung des funktionellen Totraumes führt. Eine Vermehrung der funktionellen Residualkapazität kann das Zeichen dafür sein, daß auch der anatomische Totraum vergrößert ist, womit wir vor allem beim Emphysem zu rechnen haben.

Die *Totraumhypoventilation*, welche das Gegenstück zum eben beschriebenen Syndrom darstellt, ist nicht als ursprüngliche Erscheinung bekannt, sondern als Folge der Pneumonektomie, so daß sie mit derselben im speziellen Teil beschrieben werden soll.

Beispiel 7: Totraumhyperventilationssyndrom.
D. Candido, 56 j. (Spastische Bronchitis)

	Sollwert	Ruhe
Arterielles Blut:		
O_2-Kapazität. Vol.-%	19,5—20,5	21,1
O_2-Sättigung, %	95—97	94,1
O_2-Spannung, mm Hg	85—95	74
CO_2-Gehalt, Vol.-% Plasma	54—57	54,7
p_H	7,38—7,41	7,38
CO_2-Spannung, mm Hg	40,0	40,7
alveolo-arteriel. pO_2-Gradient		20
Spirometrie:		
O_2-Aufnahme cm³/min	225	240
(0° und 760 mm Hg)		
CO_2-Abgabe, cm³/min		195
(0° und 760 mm Hg)		
Respiratorischer Quotient	0,82	0,82
Atemfrequenz, pro min		33,7
Minutenvolumen, cm³/min	6700	12400
Spezifische Ventilation	25—31	52
Totalkapazität, cm³	5500	5600
Vitalkapazität, cm³	3940	3200
Residualvolumen, cm³	1560	2400
funkt. Residualkapazität, cm³	2350	3700
Mischzeit (Helium)	2—3 min	5 min
Atemgrenzwert, l/min	158	73
Alveoläre Funktion:		
Alveoläre Ventilation, cm³/min	4240	4150
· in % der Gesamtventilation	60—70	33
O_2-Ausnützung	55—58	57
(cm³ O_2-Aufnahme p. Liter alv. Vent.)		
Alveoläre O_2Spannung, mm Hg	92—98	94
	(Zürich)	
Totraum: cm³	75	245
Totraumventilation, cm³/min	8250	

Mit Ausnahme der O_2-Aufnahme und der CO_2-Abgabe sind alle Volumina auf „Lungenverhältnisse" korrigiert

(37°, Atm. Druck, H_2O gesättigt, BTPS)

5. Die Pseudoinsuffizienz

Als Pseudoinsuffizienz bezeichnen wir durch arterielle Sauerstoffuntersättigung bedingte Cyanosezustände, ohne Störung der Lungenfunktion. Die alveoläre Ventilation und die Diffusion der Atemgase sind in Ordnung, doch kommt es zur Untersättigung infolge einer Rechtsverschiebung der Sauerstoff-Dissoziationskurve. Eine solche Verschiebung wird mit zunehmender Temperatur beobachtet, so daß die Pseudoinsuffizienz vor allem im Fieber zustande kommt. Bei höherer Temperatur sinkt die Affinität des Hämoglobins zum Sauerstoff, so daß bei normaler Sauerstoffspannung die Sättigung vermindert ist. ROSSIER und MEAN beschrieben 1936 solche Zustände, die bei Temperaturen von 39° und darüber gefunden werden. Diese Beobachtungen beziehen sich auf Fälle von Impfmalaria, Sepsis, Pneumonie und Pyelitis. Wahrscheinlich beruht die Cyanose, welche BRAUER zu Beginn von schweren Grippefällen beobachtete, auf der Wirkung des

Fiebers und nicht auf einer Pneumonose. Im Gegensatz dazu kommt es infolge der Linksverschiebung der Sauerstoff-Dissoziationskurve, bei Abkühlung zur ungenügenden Abgabe von Sauerstoff an die Gewebe, was besonders bei Erfrierungen zu berücksichtigen ist.

Beispiel 8: Pseudoinsuffizienz.

N. Niklaus, 44 j. (Sulfhämoglobinämie bei chron. Phenacetinabusus — leichtes Emphysem)

	Sollwerte	Ruhe	O_2-Atmung
Arterielles Blut:			
O_2-Kapazität, Vol.-%	19,5—20,5	19,2	19,1
O_2-Sättigung, %	95—97	92,0	100
O_2-Spannung, mm Hg	85—95	84	—
CO_2-Gehalt, Vol.-% Plasma	54—57	56,7	55,7
p_H	7,38—7,41	7,39	7,40
CO_2-Spannung, mm Hg	40,0	41,2	39,6
alveolo-arteriel. pO_2-Gradient		7	
Spirometrie:			
O_2-Aufnahme cm³/min	210	250	
(0° und 760 mm Hg)			
CO_2-Abgabe, cm³/min		200	
(0° und 760 mm Hg)			
Respiratorischer Quotient	0,82	0,80	
Atemfrequenz, pro min		14,2	
Minutenvolumen, cm³/min	7 000	8 300	
Spezifische Ventilation	25—31	33	
Vitalkapazität, cm³	3 930	4 100	
Atemgrenzwert l/min	157	128	
Alveoläre Funktion:			
Alveoläre Ventilation, cm³/min	4 430	4 200	
in % der Gesamtventilation	60—70	50	
O_2-Ausnützung	55—58	59	
(cm³ O_2- Aufnahme p. Liter alv. Vent.)			
Alveoläre O_2-Spannung, mm Hg	92—98	91	
	(Zürich)		
Totraum: cm³	180	290	
Totraumventilation, cm³/min	4 100		

Mit Ausnahme der O_2-Aufnahme und der CO_2-Abgabe sind alle Volumina auf „Lungen‹ verhältnisse" korrigiert

(37°, Atm. Druck, H_2O gesättigt, BTPS)

Eine Verschiebung der Sauerstoff-Dissoziationskurve nach rechts kann auch durch Vergiftungen bewirkt werden. MAIER, BÜHLMANN und HOTZ beschrieben 1951 die Bildung von Sulfhämoglobin bei der Phenazetin-Vergiftung. In der Mehrzahl der Fälle von chronischem Gebrauch phenazetinhaltiger Analgetica fanden sie eine leichte Sauerstoffuntersättigung im arteriellen Blut bei normaler Lungenfunktion. Die Sauerstoff-Dissoziationskurve dieser Patienten war nach rechts verschoben. Die Cyanose ist also nicht nur durch das pathologische Hämoglobin-Derivat, sondern auch durch die Untersättigung bedingt. Nach Absetzen des verursachenden Medikamentes dauert die Rückbildung Wochen bis Monate und die Normalisierung der Sauerstoffuntersättigung geht mit dem Rückgang des Sulfhämoglobins parallel. Bei künstlich erzeugter Methämoglobin-Bildung konnten wir dagegen keine Verschiebung der Sauerstoff-Dissoziationskurve feststellen.

Entscheidende Bedeutung kommt der Diskrepanz zwischen der arteriellen Sauerstoffspannung und -sättigung zu. Bei einer Spannung vom 84 mm Hg sollte die Sättigung bei den praktisch normalen Werten für das p_H und die Kohlensäurespannung erheblich mehr als 92% betragen. Der Befund erklärt sich mit einer Rechtsverschiebung der Sauerstoffdissoziationskurve.

Die folgenden arteriellen Blutgase gehören zu einem ungewöhnlich schweren Fall von Sulfhämoglobinämie bei chronischem Schmerzmittelmißbrauch.

O_2-Kap./Vol.-%	9,8	pCO_2 mm Hg	41,0
O_2-Sttg. %	78,6	aktives Hämoglobin	7,2 g-%
pO_2 mm Hg	80	Gesamtfarbstoff	10,5 g-%
CO_2-Vol.-%	52,9	inaktives Hämoglobin	3,3 g-%
p_H	7,36		

Unsere Beispiele für die verschiedenen Insuffizienztypen entsprechen Befunden wie man sie in der Regel erheben kann. Wie schon erwähnt, können sich die einzelnen Typen kombinieren. So findet man beim schweren Emphysem neben der ventilatorisch bedingten Globalinsuffizienz auch noch eine Diffusionsstörung, die aber gegenüber der im Ruhezustand ganz im Vordergrund stehenden chronischen alveolären Hypoventilation nur von untergeordneter Bedeutung ist. Ähnlich liegen die Verhältnisse bei älteren Patienten mit schweren Thoraxdeformitäten − Kyphoskoliose, Status nach Totalplastik usw. −, bei denen es neben der Einschränkung der Thoraxbeweglichkeit auch immer zu einem Verlust an funktionierendem Lungenparenchym kommt. Auch bei pneumonektomierten Patienten muß man damit rechnen, daß sich im Alter mit der Entwicklung eines substantiellen Emphysems der restlichen Lunge die Kombination einer Globalinsuffizienz mit einer Diffusionsstörung ergibt.

In Extremfällen z. B. bei moribunden Patienten, bei denen sich zu der eigentlichen Lungenfunktionsstörung auch noch eine Kreislaufinsuffizienz zugesellt, muß man hinsichtlich Grad der arteriellen Hypoxämie mit viel schwereren Befunden rechnen, als sie den oben dargelegten Beispielen entsprechen. Eine arterielle Sauerstoffsättigung von nur 40−45% und eine Kohlensäurespannung von über 80−100 mm Hg mit einem p_H unter 7,20 haben wir bei derartigen Patienten bereits mehrmals feststellen können. Der Beweis, daß man in diesen Fällen überhaupt arterielles Blut untersucht hat, kann nur durch die gleichzeitige Bestimmung der Blutgase des venösen Blutes erbracht werden.

6. Arterielle Blutgase und Elektrolyte

Pathologische Veränderungen der arteriellen Blutgase entsprechend den oben beschriebenen Insuffizienztypen sind nicht ohne Rückwirkungen auf die Elektrolyte im Plasma, doch wird z. B. durch das p_H der Ionisationsgrad mehr beeinflußt

Tabelle 22. *Mittelwerte von 7 gesunden Versuchspersonen*

	vor Hyperventilation	10 min Hyperventilation	20 min nach Hyperventilation
O_2-Kap. Vol.-%	18,7	19,1	18,3
O_2-Sttg. %	95,1	97,9	96,0
CO_2-Vol.-% (Plasma) . . .	54,8	40,2	51,2
p_H	7,38	7,59	7,38
pCO_2 mm Hg	39,0	18,8	36,9
Kalium mäq/l	4,0	3,4	3,4
Natrium mäq/l	141,0	139,4	139,4
Chloride mäq/l	102,0	103,2	103,6
Calcium mg-%	9,8	10,1	9,7

als die mengenmäßige Konzentration, wie sie üblicherweise bestimmt wird. Am auffälligsten und praktisch am wichtigsten ist die Hypokaliämie bei der respiratorischen Alkalose infolge akuter oder chronischer Hyperventilationszustände.

Interessant ist, daß die Hypokaliämie bei akuter Hyperventilation noch längere Zeit nach Beendigung der Ventilationssteigerung und Normalisierung des p_H und der Kohlensäurewerte nachweisbar ist. Die Kenntnis dieser Verhältnisse ist insbesondere im Zusammenhang mit der künstlichen Beatmung wichtig. Bei der chronischen respiratorischen Acidose wegen Hypoventilation, bei der Globalinsuffizienz, liegen die Kaliumwerte meist im oberen Bereich der Norm. Die Sauerstoff-

Tabelle 23

	chronische respiratorische Acidose Mittelwerte von 15 Fällen	chronische Hypoxämie mit normaler Ventilation Mittelwerte von 10 Fällen
O_2-Kap. Vol.-%	21,1	20,6
O_2-Sttg. %	87,5	88,5
CO_2-Vol.-% (Plasma)	69,7	52,0
p_H	7,35	7,38
pCO_2 mm Hg	55,0	38,4
Kalium mäq/l	5,0	4,8
Natrium mäq/l	135	137
Chloride mäq/l	100	102
Calcium mg/%	9,6	9,8

sättigung scheint keinen direkten Einfluß auf die Elektrolytkonzentrationen zu haben. Bei den in den folgenden Tabellen zusammengestellten Mittelwerten wurden die Elektrolyte im Plasma des sofort nach der Entnahme zentrifugierten arteriellen Blutes bestimmt. Selbstverständlich wurden Kranke mit einem gestörten Elektrolythaushalt (M. Cushing, M. Addison usw.) nicht berücksichtigt.

IV. Die Einteilung der verschiedenen Formen der pulmonalen Hypertonie

Der Einbeziehung des Herzkatheterismus in die Lungenfunktionsprüfung verdanken wir die wichtigsten Fortschritte der letzten Jahre in der pathophysiologischen Betrachtung der Lungenfunktion. Auf diese Weise wurde eine Gesamtübersicht über die Funktion des kardio-pulmonalen Systems ermöglicht. Bei der Untersuchung der Lungendurchblutung mit dem Herzkatheterismus stehen die hämodynamischen Probleme ganz im Vordergrund, d. h. es interessieren vorallem Druck, Widerstand und Herzminutenvolumen. Alle diese direkt meß- und indirekt berechenbaren Größen entsprechen einem für die ganze Lunge geltenden Mittelwert. Für die Messung der Durchblutung eines Lungenflügels allein, sowie für die Bestimmung des entsprechenden Widerstandes müssen kompliziertere Methoden herangezogen werden, deren praktische Vorteile für die Klinik nicht sehr groß sind. Von großer Bedeutung hingegen ist, daß das rechte Herz einen dem mittleren Widerstand der ganzen Lunge entsprechenden Druck für ein gegebenes Herzminutenvolumen erzeugen muß, gleichgültig ob eine allfällige Erhöhung des Widerstandes auf einen lokalisierten Prozeß oder auf die ganze Lunge mehr oder weniger gleichmäßig betreffende pathologische Veränderungen zurückgeführt werden muß. Derartige von der Norm abweichende Bedingungen, handle es sich nun um die Lungenventilation oder um das Lungenparenchym mit seinen Gefäßen, können den Widerstand erhöhen, so daß der Druck in der Art. pulmonalis ansteigt, da der Organismus immer danach trachtet, ein möglichst normales Herzminutenvolumen aufrechtzuerhalten. Aus diesem Grund wählen wir als Kriterium für pathologische Verhältnisse im Lungenkreislauf den mit dem Herzkatheterismus direkt und mit großer Genauigkeit meßbaren Druck. Da aber auch primär von der Lunge unabhängige angeborene und erworbene pathologische Veränderungen am Herzen zu einer Drucksteigerung im Lungenkreislauf führen können, müssen wir auch diese Möglichkeiten bei einer Einteilung der verschiedenen Formen der pulmonalen Hypertonie berücksichtigen sowie deren Einfluß auf die Lungenfunktion besprechen. Allen Formen

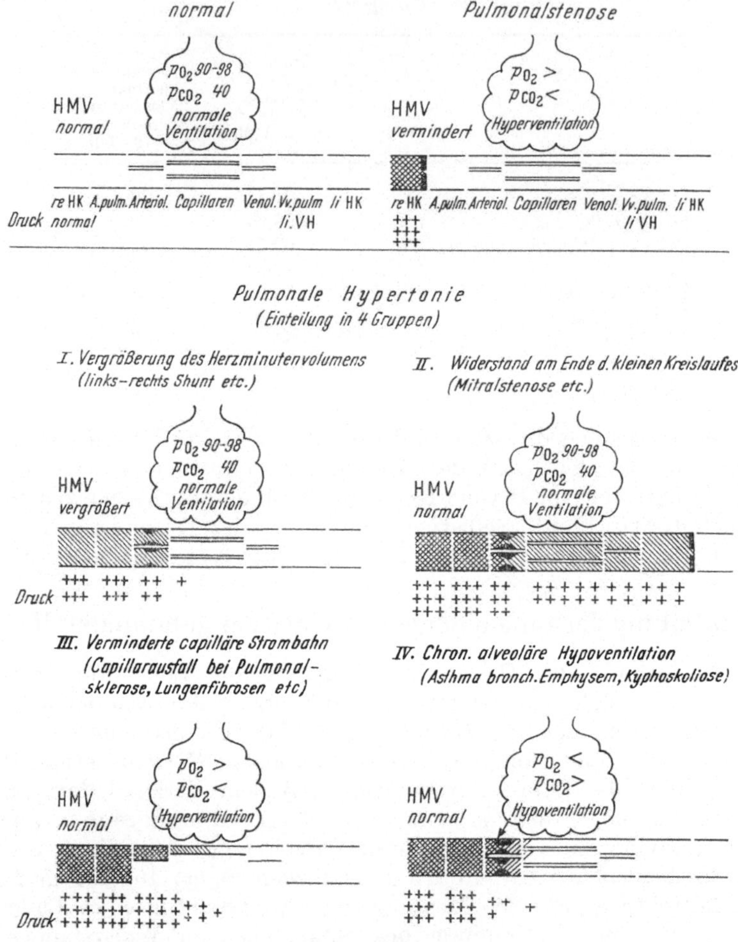

Abb. 48.
Schematische Darstellung der Beziehungen zwischen Ventilation der Alveolen und Druck im Lungenkreislauf.
> erhöht   < erniedrigt

gemeinsam und für die Klinik von größter Bedeutung ist ja die Überlastung der rechten Herzkammer, die schließlich zu einer kardialen Rechtsinsuffizienz führen kann.

Wenn man die Ursachen, die zu einer Drucksteigerung im Lungenkreislauf führen, untersucht, so lassen sich pathogenetisch 4 Gruppen unterscheiden, in der Abb. 48 wird versucht, diese 4 Gruppen und die Beziehungen zur Lungenfunktion zu schematisieren, was natürlich nicht ohne eine gewisse Vereinfachung möglich ist.

Die *Pulmonalstenose,* isoliert oder in Verbindung mit weiteren kardialen Mißbildungen, führt lediglich zu einer Drucksteigerung im rechten Ventrikel, nicht aber in der Arteria pulmonalis, weshalb wir sie gesondert kurz besprechen. Bei der

Pulmonalstenose ist die Ventilation je nach Schwere der Stenose erheblich gesteigert, die arterielle Sauerstoffsättigung normal und die Kohlensäurespannung je nach dem Grad der Hyperventilation erniedrigt. Besonders charakteristisch sind die Befunde beim Arbeitsversuch. Das Herzminutenvolumen kann nur wenig vergrößert werden, wohl aber die Ventilation, die unter dem Einfluß der Gewebshypoxie — bei ungenügender Vergrößerung des Herzminutenvolumens muß die periphere Sauerstoff-Ausschöpfung zunehmen — sehr groß werden kann. Im arteriellen Blut findet man dann eine normale bzw. hohe Sauerstoffsättigung und eine stark erniedrigte Kohlensäurespannung mit flüchtiger Alkalose. Das Atemäquivalent bzw. die spezifische Ventilation werden sehr groß, die alveoläre Sauerstoffausnutzung klein. Die gleichen Verhältnisse hinsichtlich Lungenfunktion findet man bei multiplen Stenosen der Hauptäste der Art. pulmonalis — einer sehr seltenen Mißbildung — die Druckdifferenz besteht dann nicht zwischen rechtem Ventrikel und Stamm der Art. pulmonalis sondern weiter peripher. Die Diffusionskapazität ist bei diesen beiden Möglichkeiten der Pulmonalstenose praktisch immer normal. Auch bei größerer Arbeit, sofern sie überhaupt bewältigt werden kann, kommt es nicht zu einem Abfall der arteriellen Sauerstoffsättigung, auch wenn dabei die Sättigung des venösen Mischblutes wegen einer enorm erhöhten Ausschöpfung im Gewebe auf ganz niedrige Werte sinkt. Ist die Pulmonalstenose mit anderen Mißbildungen, die einen Rechts-Links-Shunt ermöglichen, kombiniert, z. B. Trilogie und Tetralogie von Fallot, so ist entsprechend der venösen Zumischung eine mehr oder weniger schwere arterielle Hypoxämie, die sich durch Hyperoxie nicht beseitigen läßt, nachweisbar.

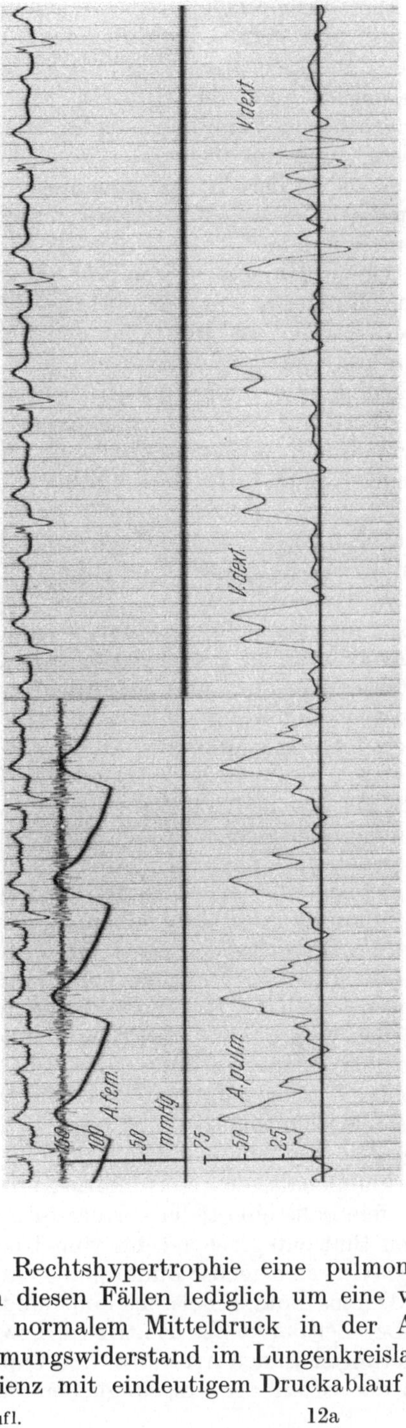

Die sehr seltene *Pulmonalklappeninsuffizienz* täuscht klinisch mit erweiterten und stark pulsierenden Hili sowie Vergrößerung des rechten Herzens und Rechtshypertrophie eine pulmonale Hypertonie vor. Doch handelt es sich in diesen Fällen lediglich um eine vergrößerte Druckamplitude mit annähernd normalem Mitteldruck in der Art. pulmonalis und normalen vasculären Strömungswiderstand im Lungenkreislauf. Das Vollbild der Pulmonalklappeninsuffizienz mit eindeutigem Druckablauf ist

Abb. 49. *Pulmonalklappeninsuffizienz.* EKG, Phonokardiogramm, Druck in der A. femoralis u. A. pulmonalis sowie im rechten Ventrikel und Vorhof

sehr selten, wir verfügen über eine einzige Beobachtung, wobei es sich anamnestisch um die Folge einer rheumatischen Endokarditis der Pulmonalklappen handelt.

1. Vergrößerung des Herzminutenvolumens (kongenitale Vitien usw.)

Alle angeborenen Vitien mit einem Links-Rechts-Shunt, wie Ductus Botalli, Vorhof- und Ventrikelseptumdefekt, arterio-venöse Kurzschlußverbindungen im großen und kleinen Kreislauf (arteriovenöse Aneurysmen und Morbus Paget) und gelegentlich auch die Hyperthyreose führen schon im Ruhezustand zu einer beträchtlichen Vergrößerung der Herzminutenvolumen bzw. der Lungendurchblutung, was eine mehr oder weniger deutliche Druckerhöhung im rechten Ventrikel und in der Art. pulmonalis zur Folge hat. Gegen die Capillaren fällt der Druck deutlich ab. Bei diesen Kranken findet man röntgenologisch meistens eine „Lungenstauung". Dabei handelt es sich aber nicht um eine wirkliche Stauung vor einem Hindernis, sondern um eine aktiv gesteigerte Durchblutung. Die Lungenfunktion zeigt in diesen Fällen keine schweren Veränderungen. Die Arterialisation des Blutes in der Lunge ist meistens vollständig, die Atmung nicht gesteigert und ökonomisch. Bei körperlicher Arbeit ist in der Mehrzahl der Fälle eine gute Anpassung an leichte bis mittelschwere Belastungen, z. B. 60 bis 120 Watt, auf dem Fahrradergometer festzustellen. Besteht neben dem Links-Rechts-Shunt noch zusätzlich ein Rechts-Links-Shunt, wie z. B. beim Eisenmenger-Komplex, bei bestimmten hochgelegenen Ventrikelseptumdefekten und bei arteriovenösen Aneurysmen im Lungenkreislauf, so entsteht eine Mischblutcyanose. Die arterielle Hypoxämie hat oft eine zusätzliche Stimulierung der Atmung zur Folge, die dann entsprechend gesteigert ist.

Die Druckerhöhung steht aber nicht immer in einer direkten Korrelation zur Größe des Herzminutenvolumens, bzw. der Lungendurchblutung. Durch eine Engerstellung der Arteriolen wird in diesen Fällen die gesteigerte Lungendurchblutung, die wegen des vergrößerten Volumenangebotes auch eine zusätzliche Belastung des linken Ventrikels bedeutet, gedrosselt. Diese Engerstellung der Arteriolen, die man analog zu den Verhältnissen bei der noch zu besprechenden 2. Gruppe (Mitralstenose usw.) als Schutzmechanismus bezeichnen kann, hat einen zusätzlichen Druckanstieg in der Art. pulmonalis zur Folge. Diese Engerstellung läßt sich mit der selektiven Angiokardiographie nach BOLT direkt röntgenologisch darstellen. Der dauernd erhöhte Arteriolentonus führt schließlich zu histologisch nachweisbaren Intima- und Mediaveränderungen, die man als sekundäre Sklerose der kleinen Lungengefäße bezeichnen kann. Auf diese Weise wird der Widerstand im Lungenkreislauf erhöht und dem des großen Kreislaufes angeglichen. Wichtig ist, daß diese Gefäßänderungen den Widerstand der Lungenstrombahn fixieren und die Anpassungsmöglichkeiten des Herzens hinsichtlich Vergrößerung des Herzminutenvolumens bei Arbeit reduzieren und auch zu einem Verlust an durchgängigen Capillaren, also zu einer Einschränkung der Capillaroberfläche führen, was wiederum eine Diffusionsstörung zur Folge hat. Dieser Mechanismus erklärt auch, warum es z. B. beim Ductus Botalli mit der Zeit zu einer Shunt-Umkehr kommt, nämlich dann, wenn der Druck in der Art. pulmonalis den Aortendruck erreicht. In diesen Fällen findet man in der Art. femoralis eine tiefere Sauerstoffsättigung als in der rechten Art. brachialis, deren Blut entsprechend des vom Ductus proximal gelegenen Abganges der Art. subclavia keine venöse Zumischung enthält. In diesen Fällen ist die Unterbindung des Ductus Botalli meistens kontraindiziert.

Der Zeitpunkt des Eintrittes, bzw. die Entwicklungsdauer dieser Gefäßveränderungen an den Arteriolen und Capillaren steht in einer gewissen Abhängigkeit von der Größe des ursprünglichen Shuntes. Beim Eisenmenger-Komplex sowie

Beispiel: Ductus Botalli mit Shunt-Umkehr
In beiden Fällen Mitteldruck in der Art. pulmonalis gleich wie in der Aorta

	Heidi E., 17 jährig				René Sch., 13 jährig			
	A. brach. dext.		A. femor.		A. brach. dext.		A. femor.	
	Luft-Atmung	O_2-Atmung	Luft-Atmung	O_2-Atmung	Luft-Atmung	O_2-Atmung	Luft-Atmung	O_2-Atmung
O_2-Kap. Vol.-%	18,8	18,7	18,7	18,1	19,9	19,8	19,9	19,9
O_2-Sttg. %	91,9	98,4	85,3	90,7	93,0	96,0	85,8	86,0
CO_2-Vol.-% (Plasma)	50,8				49,7			
p_H	7,45				7,40			
pCO_2	32,2				35,3			

bei hochliegenden und großen Ventrikelseptumdefekten und beim gemeinsamen Ventrikel und gemeinsamen Vorhof sind diese Gefäßveränderungen schon sehr früh, meistens schon im Kindesalter nachweisbar, so daß man beim Erwachsenen dann keine vergrößerte, eher eine verminderte Lungendurchblutung findet. Beim einfachen Ventrikelseptumdefekt und beim Ductus Botalli dauert die Entwicklung dieser Gefäßveränderungen viel länger, so daß sie oft erst im 3.–4. Lebensjahrzehnt hämodynamisch deutlich wirksam werden. Der einfache Vorhofseptumdefekt führt oft zu keinem nennenswerten Shunt, und man findet in diesen Fällen auch im höheren Alter keine Gefäßveränderungen im Sinne der sekundären Pulmonalsklerose. Diese Unterschiede sind natürlich für die Prognose der verschiedenen angeborenen Herzfehler von großer Bedeutung. Ob allerdings diese Vorstellungen über den Zusammenhang der sekundären Pulmonalsklerose mit der Größe des ursprünglichen Links-Rechts-Shuntes richtig sind, ist nicht ganz sicher und läßt sich auch kaum beweisen, da ja im konkreten Fall immer der Shunt infolge dieser Lungengefäßveränderungen, die dann auch zu einer massiven pulmonalen Hypertonie führen, vermindert ist. Nach SELTZER kommt es nur in 8–10% aller Vorhofseptumdefekte zu einer massiven pulmonalen Hypertonie, weshalb auch die Meinung vertreten wird, daß in diesen Fällen gar kein Zusammenhang mit dem Defekt besteht, daß vielmehr die Lungengefäßveränderungen Ausdruck einer zusätzlichen Erkrankung sind, um so mehr als man die gleichen histologischen Bilder auch bei Fällen ohne jeden angeborenen Herzfehler finden kann (s. auch Gruppe 3 und primäre Pulmonalsklerose).

Wie beim Ductus Botalli angedeutet, kann die simultane Untersuchung der arteriellen Blutgase an der oberen und unteren Extremität wertvolle Hilfe für die Diagnostik bieten. Der Ductus Botalli mit Shunt-Umkehr, die Transposition der Gefäße kombiniert mit einem Ductus sowie die Isthmusstenose der Aorta mit einem Ductus Botalli können bereits aus der Differenz der Sauerstoffsättigung zwischen rechtem Arm und Bein vermutet werden. Beim hochliegenden Ventrikelseptumdefekt, beim Eisenmenger-Komplex und beim M. Fallot gibt das Maß der venösen Zumischung zum arteriellen Blut, also die Schwere der arteriellen Hypoxämie einen Anhaltspunkt über den Grad der Dextroposition der Aorta und über die Schwere der Pulmonalstenose bzw. das Ausmaß der Widerstandserhöhung im Lungenkreislauf.

2. Ausflußbehinderung aus dem Lungenkreislauf (Mitralstenose usw.)

Bei der Mitralstenose, der Mitralinsuffizienz und der kardialen Linksinsuffizienz handelt es sich um einen Stauungshochdruck infolge eines erhöhten Widerstandes am Ende der Strombahn des Lungenkreislaufes. Die gleichen Symptome findet man auch bei der Kompression der Venae pulmonales, durch mediastinale Prozesse

bei Tumoren im linken Vorhof sowie bei der Pericarditis adhaesiva. Der Druck ist
bis zum Hindernis mehr oder weniger stark erhöht. Durch sekundäre reflektorische
Mechanismen kommt es in vielen Fällen über eine Engerstellung der Arteriolen

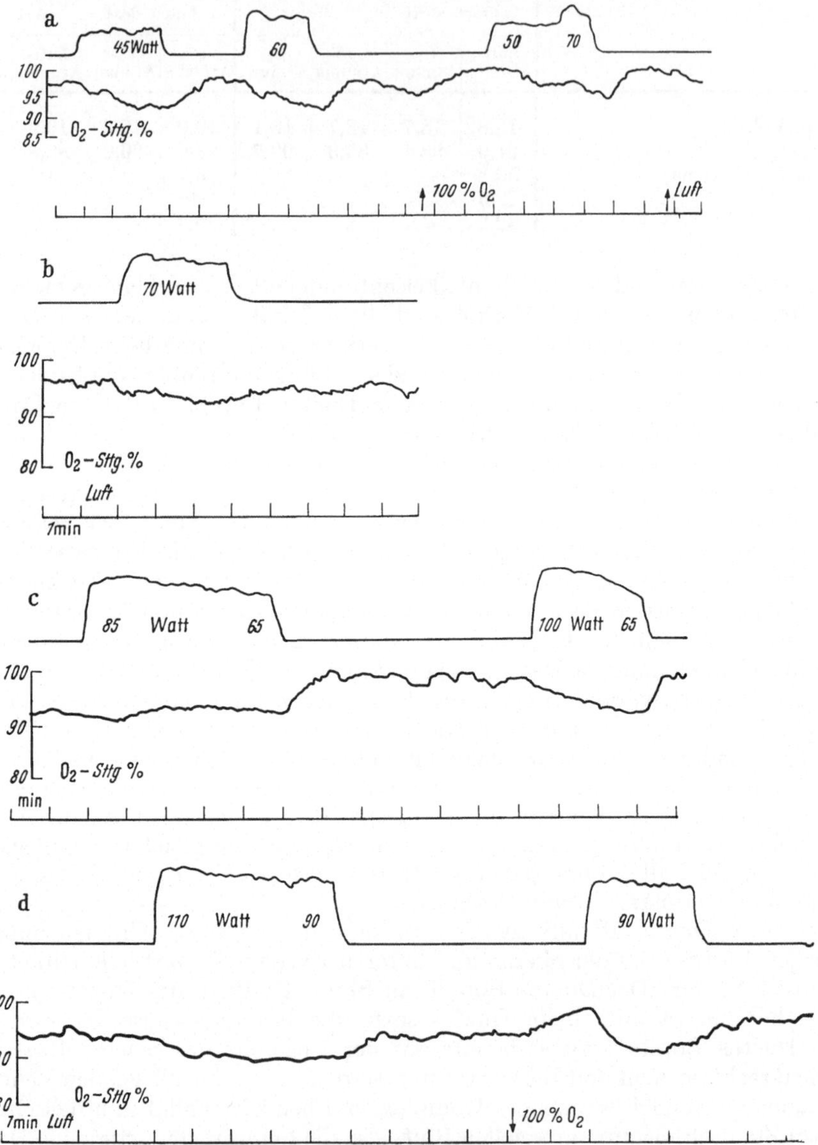

Abb. 50a—d. Arbeitsversuch mit oxymetrischer Kontrolle der O₂-Sättigung bei Mitralstenose. a) Vor der Operation deutlicher Abfall der Sättigung bereits bei 45 Watt, auch bei O₂-Atmung Abfall der Sättigung bei 70 Watt.
b) 2 Monate nach der Commissurotomie werden 70 Watt ohne Abfall der Sättigung bewältigt. c) 4 Monate nach
der Operation werden 70—80 Watt ohne deutliche Untersättigung bewältigt. d) 6 Monate nach der Operation
leichter Abfall der Sättigung bei 100 Watt auch während O₂-Atmung

zu einem zusätzlichen Druckanstieg in der Art. pulmonalis, so daß man zwischen
Art. pulmonalis und „Capillardruck" einen deutlichen Druckabfall feststellen kann.
Die Lungenfunktion ist unter Ruhebedingungen oft nicht wesentlich verändert.
Ob es zu einer Störung kommt, ist abhängig von der Schwere der Lungenstauung,

die nicht proportional zur Drucksteigerung sein muß. Meistens ist das Blut in Ruhe in normaler Weise mit Sauerstoff gesättigt, gelegentlich besteht eine leichte Hyperventilation mit Erniedrigung der arteriellen Kohlensäurespannung. Die Lungenstauung zeigt sich, wenn auch nicht immer sehr deutlich, in einer leichten Einschränkung der Total- und Vitalkapazität. Das Residualvolumen kann vermindert, aber auch vergrößert sein. Die durch die Lungenstauung hervorgerufene Lungenstarre beeinträchtigt den Atemgrenzwert.

Charakteristisch für diese Zustände ist die schlechte Anpassungsfähigkeit an körperliche Arbeit. Besonders bei der Mitralstenose, bei der die hämodynamischen Verhältnisse am einfachsten sind, gibt der Arbeitsversuch eindeutige Befunde. Bei der Arbeit steigt der Druck weiter an, und die Lungenstauung nimmt so zu, daß der Gasaustausch nicht mehr in normaler Weise funktioniert. Die Alveolenmembranen schwellen an, einzelne Alveolen füllen sich mit Transsudat. Schon bei leichter körperlicher Belastung kommt es dann zu einem Absinken der arteriellen Sauerstoffsättigung trotz erheblich gesteigerter Ventilation. Dieser Abfall der Sättigung beruht auf drei verschiedenen Faktoren:

1. Ungleichmäßige Ventilation (Partialinsuffizienz) wegen Schwellung der Bronchien und Bronchiolen.

2. Vasculärer Kurzschluß in den mit Transsudat gefüllten und nicht mehr ventilierten Alveolen.

3. „Diffusionsstörung" infolge Veränderungen der Alveolarmembran der noch ventilierten Alveolen.

Mit der operativen Erweiterung der Stenose ist in dieser Beziehung eine deutliche Besserung möglich, wenn nicht nur der Druck im Lungenkreislauf gesenkt und die Lungenstauung vermindert wird, sondern auch das Herzminutenvolumen bei Arbeit genügend vergrößert werden kann. Natürlich muß berücksichtigt werden, daß die hämodynamische Umstellung vieler Monate bedarf. Kontrolliert man die Befunde in regelmäßigen Abständen, so kann man die Besserung gut verfolgen.

Weniger frappant ist die Besserung nach der Commissurotomie bei Patienten, bei denen infolge der chronischen Lungenstauung bereits eine Schädigung der Arteriolen und Capillaren im Sinne der sekundären Pulmonalsklerose aufgetreten ist. In diesen Fällen findet man auch Monate nach der Operation noch eine stark reduzierte Anpassungsfähigkeit im Arbeitsversuch sowie die Befunde einer Diffusionsstörung.

3. Einschränkung der Capillaroberfläche

Die pulmonale Hypertonie kann auch die Folge einer Einschränkung der capillären Strombahn sein. Die verminderte Capillaroberfläche ist gleichbedeutend mit einem vergrößerten Capillarwiderstand. Die Lungenfunktionsprüfung, insbesondere der Arbeitsversuch ergibt bei diesen Zuständen die typischen Befunde einer Diffusionsstörung, Vergrößerung des alveolo-arteriellen Sauerstoffspannungs-Gradienten bei Arbeit zunehmende arterielle Hypoxämie trotz Hyperventilation mit Senkung der Kohlensäurespannung, wie sie bei der Klassifikation der Lungeninsuffizienzformen bereits besprochen wurde. Die Befunde hinsichtlich Herzkatheterismus und Lungenfunktionsprüfung sind immer dieselben, gleich welcher Genese die Einschränkung der Capillaroberfläche ist. Die zu kleine Capillaroberfläche führt wegen der Beschleunigung der Strömungsgeschwindigkeit des Blutes in den noch durchgängigen Capillaren zu einer Verkürzung der Kontaktzeit und damit zu einer Zunahme des alveolo-arteriellen Sauerstoffspannungs-Gradienten und wegen des erhöhten Capillarwiderstandes zu einer pulmonalen Hypertonie solange das Herzminutenvolumen nicht wesentlich vermindert wird. Bei körperlicher Arbeit nehmen sowohl der Druck, wie auch der alveolo-arterielle Sauerstoff-

Tabelle 24

Name, Diagnose		O₂-Aufnahme cm³/min	HMV L Lunge	vasculärer Widerstand Lunge dyn sec cm⁻⁵	ADm mmHg	PAm mmHg
H. Emma, 18 jährig *Trilogie Fallot*		165	5,3 Körp.ca. 8	195	6	18 Ventr. 70
M. Marc, 19 jährig *Vorhofseptumdefekt*	Ruhe	265	12,6 Körp. 6,6	80	5	20
Arbeitsversuch	100 Watt	1170	19,8 Körp. 10,5	60	6	21
J. Elsbeth, 28 jährig *Ductus Botalli*	Ruhe	225	14,7 Körp. 6	90	3	22
Arbeitsversuch	50 Watt	750	17,5 Körp. 8	80	3	25
Sch. Astrid, 16 jährig *Vorhofseptumdefekt u. „Pulmonalsklerose"*		205	2,6 Körp. 2,1	1570	6	57
E. Willi, 50 jährig *Vorhofseptumdefekt u. „Pulmonalsklerose"*	Ruhe	245	4,0 Körp. 4,5	900	4	50
Arbeitsversuch	30 Watt	625	5,7 Körp. 6,4	840	5	66
F. Alex, 23 jährig *gemeinsamer Vorhof*		200	2,7	1630	10	60
Sch. Richard, 39 jährig *Mitralstenose*	Ruhe	230	4,4	240	2	33
Arbeitsversuch	60 Watt	930	7,1	200	3	62
F. Julia, 39 jährig *Pericarditis adhaesiva*	Ruhe	170	4,1	80	10	20
Arbeitsversuch	100 Watt	1290	10,0	95	12	32
H. Julius, 47 jährig *Tbc. pulm. dupl.*	Ruhe	245	5,6	160	2	16
Arbeitsversuch	80 Watt	1000	10,6	150	3	26
H. Elsbeth, 31 jährig *Cystenlunge*	Ruhe	195	5,0	160	3	18
Arbeitsversuch	80 Watt	1010	10,7	180	3	33
W. Werner, 41 jährig *Cystenlunge*	Ruhe	220	3,8	315	3	20
Arbeitsversuch	75 Watt	890	9,8	290	4	42
M. Heinz, 36 jährig *Tbc. pulm. dupl.*	Ruhe	235	4,2	230	3	18
Arbeitsversuch	45 Watt	660	7,3	230	3	27
J. Max, 16 jährig *„primäre Pulmonalsklerose"*		220	2,3	2200	4	70
B. Arnold, 53 jährig *Asthma bronchiale*	Ruhe	260	5,5	200	4	20
Arbeitsversuch	35 Watt	750	10,0	160	5	27
B. Karl, 51 jährig *Emphysem*	Ruhe	235	4,2	500	2	38
Arbeitsversuch	40 Watt	600	6,2	500	3	52

ADm = Mitteldruck im re. Vorhof.   PAm = Mitteldruck in der A. pulmonalis

Tabelle 24

PCm mmHg	BAm mmHg	Arterielles Blut				venöses Mischblut			Bemerkungen
		O_2-Kap. Vol.-%	O_2-Sättigung %	p_H	pCO_2 mmHg	O_2-Sttg. %	p_H	pCO_2 mmHg	
5	100	15,1	88,0	7,40	36,0	74,9	7,36	38,0	Pulmonalstenose
		Lungenvenen 15,2	95,3	7,41	31,5				
7	100	19,0	96,0	7,39	37,0	85,0	7,37	40,6	vergrößerte Lungen- durchblutung bei
8	105	19,8	98,3	7,32	36,7	68,7	7,30	41,5	Li.-Re.-Shunt mit normalem Strömungs-
6	95	18,4	95,8	7,39	34,0	87,6	7,35	38,0	widerstand
8	105	19,2	95,4	7,36	33,0	73,0	7,32	43,0	
6	100	20,3	85,0	7,40	29,9	57,9	7,40	32,0	Massiv erhöhter Strömungswiderstand gemischter Shunt
		Lungenvenen 20,0	97,2	7,44	23,7				
5	100	20,7	85,4	7,39	32,0	59,5	7,38	36,4	
		Lungenvenen 21,0	88,7	7,39	27,6				
6	110	21,3	74,3	7,35	32,9	30,3	7,32	42,4	
		Lungenvenen 21,3	80,2	7,37	26,0				
5	80	31,0	76,9	7,42	38,0	71,0	7,41	40,0	
		Lungenvenen 30,5	95,0	7,44	33,0				
20	85	18,7	94,6	7,41	32,8	68,0	7,37	40,0	Ausflußbehinderung aus dem Lungen- kreislauf
44	100	19,8	94,8	7,39	33,0	31,5	7,27	52,0	
14	85	17,2	97,7	7,36	38,9	73,8	7,35	45,6	
18	100	18,2	98,0	7,35	38,1	30,8	7,22	56,3	
5	112	16,3	89,4	7,34	40,1	62,4	7,32	46,1	eingeschränkte Capillaroberfläche aus verschiedenen Gründen
6	150	17,2	89,7	7,31	35,7	34,8	7,27	48,5	
8	90	16,7	96,2	7,39	36,0	72,8	7,33	42,6	
9	100	18,0	92,5	7,35	33,5	40,6	7,23	58,6	
5	95	18,3	94,0	7,36	36,5	62,1	7,35	43,3	
6	90	20,1	81,0	7,33	37,0	37,2	7,28	47,8	
6	85	20,6	92,3	7,38	42,2	65,0	7,37	44,0	
6	100	21,5	78,7	7,32	45,8	38,2	7,27	57,3	
6	100	28,0	90,3	7,36	33,4	61,0	7,28	42,0	
6	130	21,4	90,5	7,39	45,6	69,9	7,37	47,0	chron. alveoläre Hypoventilation (Globalinsuffizienz) z. T. kombiniert mit kardialer Links- insuffizienz
7	125	21,8	87,5	7,39	43,4	54,5	7,35	46,7	
12	80	22,5	89,9	7,33	63,3	66,2	7,32	64,5	
13	95	22,5	74,7	7,28	63,5	33,7	7,27	76,4	

PCm = mittlerer „Lungencapillardruck" BAm = Mitteldruck in der A. brachialis oder femoralis

Übersicht über die Beziehungen der verschiedenen Insuffizienzen zum Lungenkreislauf

Klassifikation der Lungeninsuffizienz, basierend auf den arteriellen Blutgasen, Form der Insuffizienz, Mechanismus der Funktionsstörung, Symptome im arteriellen Blut	Lungenkreislauf	
A. Latente Insuffizienz: Eingeschränkte Atemreserven, arterielles Blut in Ruhe normal	normal	
B. Manifeste Insuffizienz:		Diese Funktionsstörungen sind nicht spezifisch für einen bestimmten anatomischen Zustand. Man findet sie bei: chronischer Bronchitis, Asthma bronchiale, Emphysem, Bronchiektasen, Staublungen, stark eingeschränkter Thorax- und Zwerchfellbeweglichkeit, bei der Kollapstherapie der Lungentuberkulose.
I. Partialinsuffizienz: Ursache: ungleichmäßige Belüftung der verschiedenen Lungenpartien. Arterielles Blut: O_2-Sättigung erniedrigt, pCO_2 normal. Bei Arbeit meistens Besserung der O_2-Sättigung. Bei O_2-Atmung steigt die O_2-Sättigung auf 100%.	normal	
II. Globalinsuffizienz: Ursache: alveoläre Hypoventilation. Arterielles Blut: O_2-Sättigung erniedrigt, pCO_2 erhöht, respiratorische Acidose mehr oder weniger kompensiert. Bei Arbeit meistens keine wesentlichen Änderungen. Bei O_2-Atmung arterielle O_2-Sättigung 100%, aber zusätzliche CO_2Retention mit Anstieg der pCO_2 und Zunahme der respiratorischen Acidose wegen sedativen Einflusses des O_2 auf die Atemzentren.	*pulmonale Hypertonie* als Folge einer Vasokonstriktion wegen pathologisch veränderter alveolärer Gasspannungen, keine wesentlichen Unterschiede in Ruhe und bei Arbeit, Herzminutenvolumen in Ruhe im oberen Bereiche der Norm. Die Normalisierung der alveolären Gasspannungen führt zu einem deutlichen Druckabfall.	Die Globalinsuffizienz tritt als akute Störung auf bei: Atemlähmungen der verschiedensten Genese, bei Schlafmittelvergiftungen, bei Narkosezwischenfällen mit ungenügender Atmung und bei massiver Bicarbonatmedikation.
III. Diffusionsstörung: Ursache: unvollständiger O_2-Spannungsausgleich zwischen Alveolarluft und Capillarblut wegen stark verkürzter Kontaktzeit bei eingeschränkter capillärer Strombahn. Arterielles Blut: O_2-Sättigung erniedrigt, pCO_2 normal oder meistens wegen Hyperventilation erniedrigt. Bei Arbeit weiteres Absinken der O_2-Sättigung. Bei O_2-Atmung arterielle O_2-Sättigung 100%.	*Pulmonale Hypertonie* als Folge eines erhöhten Capillarwiderstandes wegen eingeschränkter capillärer Strombahn. Bei Arbeit massiver Druckanstieg. Herzminutenvolumen im unteren Bereich der Norm oder vermindert, kann bei Arbeit nur ungenügend vergrößert werden. Der Druck kann durch Änderungen der alveolären Gasspannungen nicht wesentlich beeinflußt werden.	Diffusionsstörungen treten gehäuft auf bei: massiven Parenchymverlusten der Lungen, diffusen Lungenfibrosen verschiedenster Ätiologie, Miliartuberkulose und miliarer Form des M. Boeck, bei fortgeschrittenen Fällen von Staublungen und bei sog. primärer und sekundärer Pulmonalsklerose, soweit sie die kleinen und kleinsten Lungengefäße betrifft.
IV. Vasculärer Kurzschluß: Ursache: venöse Zumischung zum arteriellen Blut aus nicht mehr ventilierten, aber noch durchbluteten Bezirken. Arterielles Blut: O_2-Sättigung erniedrigt, pCO_2 normal. Bei O_2-Atmung steigt die arterielle O_2-Sättigung nicht auf 100%.	*Keine pulmonale Hypertonie*	Tritt auf bei arteriovenösen Aneurysmen in der Lunge, bei frischen Atelaktasen und gelegentlich bei größeren Infiltraten und Pneumonien. Prinzipiell das gleiche Bild wie bei intrakardialen Kurzschlüssen mit Rechts-Links-Shunt.
C. Pseudoinsuffizienz: Die arterielle Hypoxämie ist nicht pulmonal bedingt. Ursache: verminderte Affinität des Hämoglobins zum O_2, Rechtsverschiebung der O_2-Dissoziationskurve. Arterielles Blut: O_2-Sättigung erniedrigt, pCO_2 normal, auch bei O_2-Atmung gelegentlich keine vollständige O_2-Sättigung.	normal	Rechtsverschiebung der O_2-Dissoziationskurve bei Fieber mit Temperaturen über 39° C, bei Sulfhämoglobinämien.

spannungs-Gradient und damit die Diffusionsstörung deutlich zu, weshalb eine gute Übereinstimmung zwischen dem Gradienten und dem Mitteldruck in der Art. pulmonalis besteht.

Entsprechend der anatomischen Ursache der pulmonalen Hypertonie bei diesen Zuständen handelt es sich um einen fixierten Widerstand, der sich zum Unterschied bei der noch zu besprechenden 4. Gruppe durch Sauerstoffatmung nicht wesentlich beeinflussen läßt, obwohl man damit die arterielle Hypoxämie als Folge der Diffusionsstörung beseitigt.

Das Herzminutenvolumen liegt bei dieser Form der pulmonalen Hypertonie oft eher an der unteren Grenze der Norm. Wenn wir die Diffusionsstörung auf eine

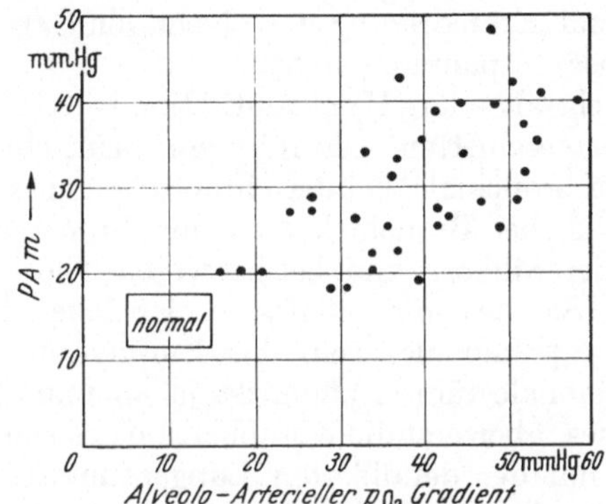

Abb. 51. Alveolo-arterieller pO_2-Gradient und PAm (36 Fälle) bei Patienten mit Diffusionsstörung wegen eingeschränkter Lungencapillaroberfläche

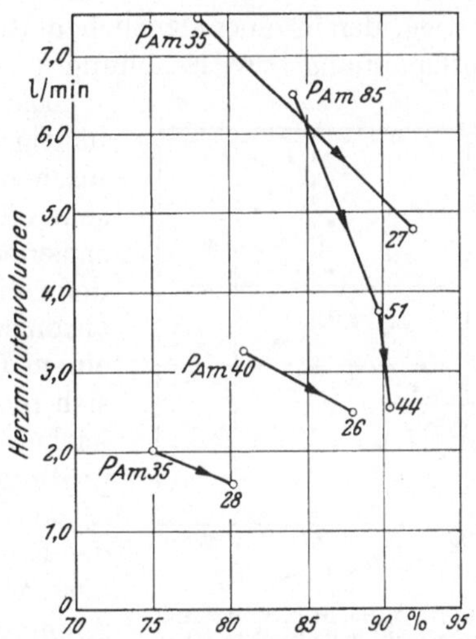

Abb. 52. Herzminutenvolumen und arterielle Sauerstoffsättigung vor und unter Hexamethionium bei 5 Patienten mit einer Diffusionsstörung wegen eingeschränkter Lungencapillaroberfläche

zu kurze Kontaktzeit zwischen Alveolargasen und Capillarblut zurückführen, so muß die Größe des Herzminutenvolumens für die Schwere der Diffusionsstörung bzw. für den Grad der Hypoxämie von Bedeutung sein. LUCHSINGER u. Mitarb. (1957) konnten zeigen, daß bei Diffusionsstörungen wegen zu kleiner Lungencapillaroberfläche bei experimenteller Senkung des Herzminutenvolumens z. B. mit Hexamethonium der alveoloarterielle Sauerstoffspannungsgradient kleiner wird und die arterielle Sauerstoffsättigung ansteigt.

Es handelt sich dabei um eine qualitative, nicht aber um eine strikte quantitative Beziehung. Die Sauerstoffaufnahme blieb bei diesen Versuchen konstant, d. h. die Sauerstoffdiffusionskapazität wurde mit Abnahme des Herzminutenvolumens größer. Auf die Komplexität des Begriffes Diffusionskapazität wurde bereits im Teil A, Kap. III hingewiesen.

Bei dieser Form der pulmonalen Hypertonie handelt es sich um eine quantitative Frage ob bereits in Ruhe oder erst bei Arbeit mit Vergrößerung des Herzminutenvolumens eine Drucksteigerung in der Art. pulmonalis nachweisbar ist, wesentlich ist der fixierte vasculäre Strömungswiderstand. Dieser Umstand ist für die klinische Beurteilung wichtig. Er erklärt warum es zu einer Rechtshypertrophie und zu einem Cor pulmonale kommen kann, wenn auch der Druck unter Ruhebedingungen noch im Bereiche der Norm liegt. Da ja diese Kranken nicht dauernd in einem Ruhezustand leben, ergibt sich bei ihnen doch während einer kürzeren oder längeren Zeit des Tages eine Druckerhöhung und Überlastung des rechten Herzens.

4. Chronische alveoläre Hypoventilation

Bei den bisher besprochenen 3 Gruppen lag die Ursache der pulmonalen Hypertonie in pathologischen Veränderungen des Herzens oder der Lungengefäße selber. Die Lungenfunktion im engeren Sinne wird bei all diesen Zuständen sekundär beeinflußt. Anders ist es bei der 4. Gruppe. Von Euler konnte im Tierversuch zeigen, daß die alveolären Gasspannungen den Tonus der Lungengefäße beeinflussen, wobei es sich um einen Regulationsmechanismus mit dem Zweck, die Durchblutung der Ventilation anzupassen, handelt. Bei allen Hypoventilationszuständen mit Senkung der alveolären Sauerstoffspannung und Erhöhung der Kohlensäurespannung, handle es sich um eine akute oder chronische Hypoventilation, kommt es über eine Engerstellung der kleinen Gefäße zu einem Druckanstieg, der in einer deutlichen Relation zur Erniedrigung der alveolären Sauerstoffspannung bzw. Erhöhung der Kohlensäurespannung steht.

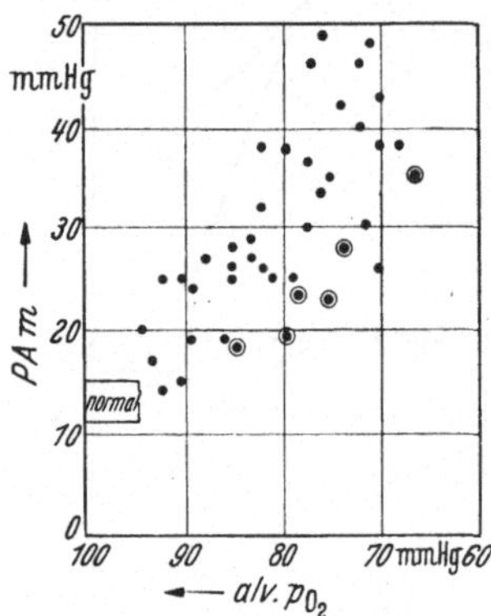

Abb. 53. Mitteldruck in der Art. pulmonalis und alveoläre pO_2 (35 Fälle) + 6 Fälle mit künstlicher Hypoventilation ⊙

Die chronische alveoläre Hypoventilation ist relativ häufig beim fortgeschrittenen Emphysem, beim chronischen Asthma bronchiale, bei der chronischen spastischen Bronchitis, bei Bronchiektasen mit Bronchialspasmen, bei der Silikose und bei schweren Thoraxdeformitäten. Sie ist die häufigste Ursache des chronischen Cor pulmonale. Daß das Emphysem zu einem Cor pulmonale führen kann, ist ja an und für sich nichts Neues, aber erst die Kombination des Herzkatheterismus mit der detaillierten Lungenfunktionsprüfung war in der Lage, den Mechanismus dieser Zusammenhänge zu erklären. Beim Emphysem, bei der Bronchitis usw., bei allen Zuständen mit Erhöhung der Atemwiderstände usw., nehmen während des Atemcyclus die intrathorakalen Druckschwankungen, die sich auch auf die Gefäße übertragen, zu. In typischer Weise schwankt der Capillardruck bei diesen Kranken ziemlich stark, die Differenz zwischen In- und Exspiration kann 15—20 und mehr mm Hg betragen. Es wurde deshalb auch versucht, die pulmonale Hypertonie bei diesen Zuständen auf eine mechanische Capillarkompression während der Exspiration zurückzuführen (Rodbard). Diese Erklärung geht aber an der wesentlichen Tatsache vorbei, daß trotz der großen respiratorischen Capillardruckschwankungen ein im Vergleich zum Normalen viel größerer Druckabfall zwischen Art. pulmonalis und Capillaren besteht, der auf einen erhöhten vasculären Widerstand hinweist. Wenn diese respiratorischen Druckschwankungen auch nicht unterschätzt werden sollen, so sind sie doch nicht die Ursache der Drucksteigerung, was in einfachster Weise damit bewiesen wird, daß die Normalisierung oder Besserung der alveolären Gasspannungen durch künstliche Hyperventilation und Sauerstoffatmung zu einem eindeutigen Druckabfall führt, obwohl die respiratorischen Druckschwankungen durch derartige Maßnahmen natürlich nicht vermindert werden.

Diese Versuche zeigen, daß es sich bei dieser Form der pulmonalen Hypertonie als Folge pathologischer alveolärer Gasspannungen um einen reversiblen und damit auch therapeutisch beeinflußbaren Zustand handelt im Gegensatz zur pulmonalen Hypertonie bei einer eingeschränkten capillären Strombahn (Gruppe 3). Ein weiterer wichtiger Unterschied besteht darin, daß das Herzminutenvolumen meistens nicht vermindert, sondern eher etwas vergrößert ist, und vor allen Dingen bei leichter Arbeit auch entsprechend dem gesteigerten Gaswechsel vergrößert werden kann.

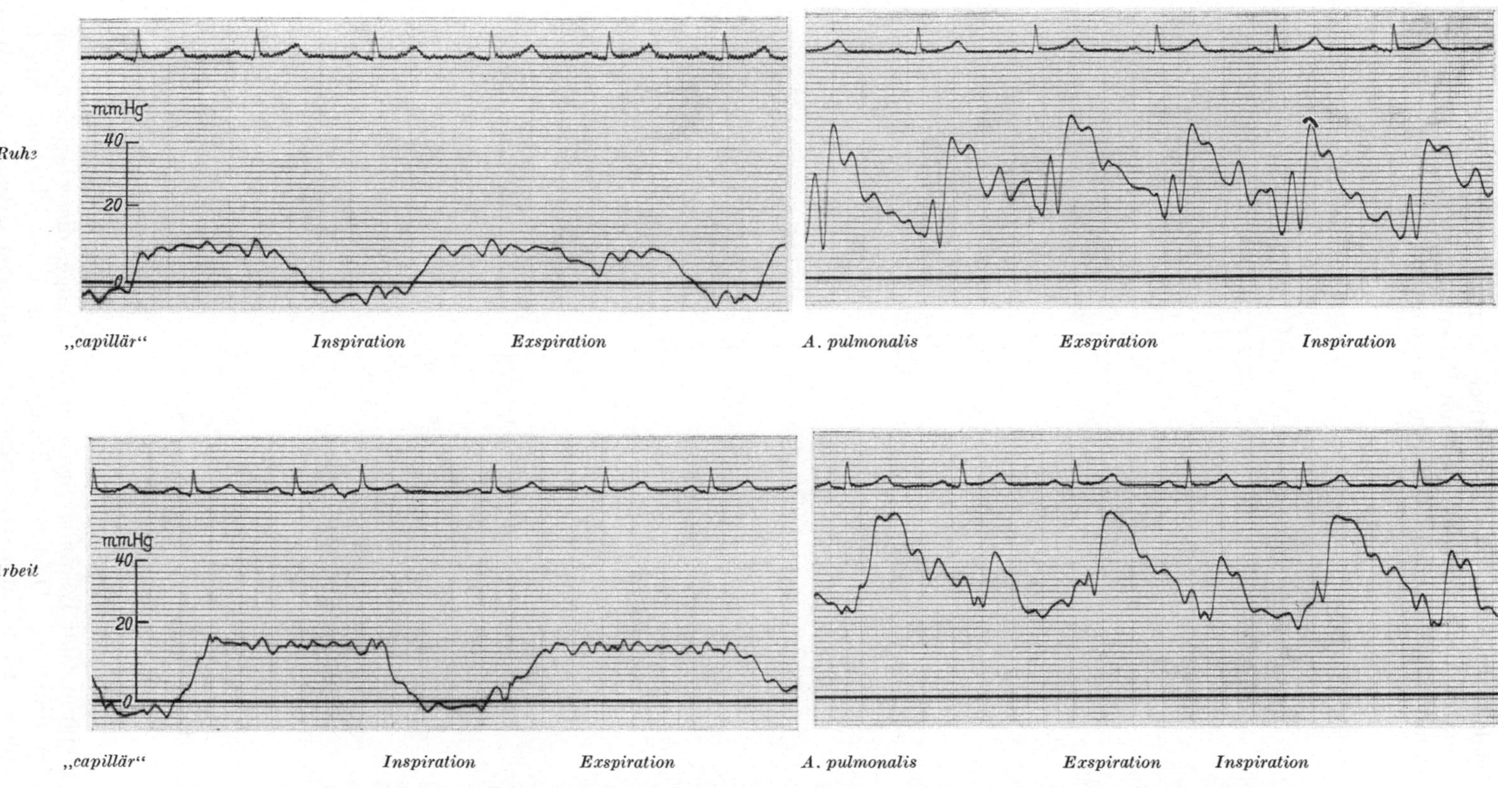

Abb. 54. Respiratorische Druckschwankungen bei vermehrten Atemwiderständen wegen chronischem Asthma bronchiale

Mit dem angegebenen Schema haben wir versucht, die verschiedenen Formen
der pulmonalen Hypertonie pathogenetisch klar zu unterscheiden, doch sind
natürlich Kombinationen möglich, je nach Patientenauswahl sogar häufig. Insbesondere kommt es bei bestimmten angeborenen und erworbenen Herzfehlern

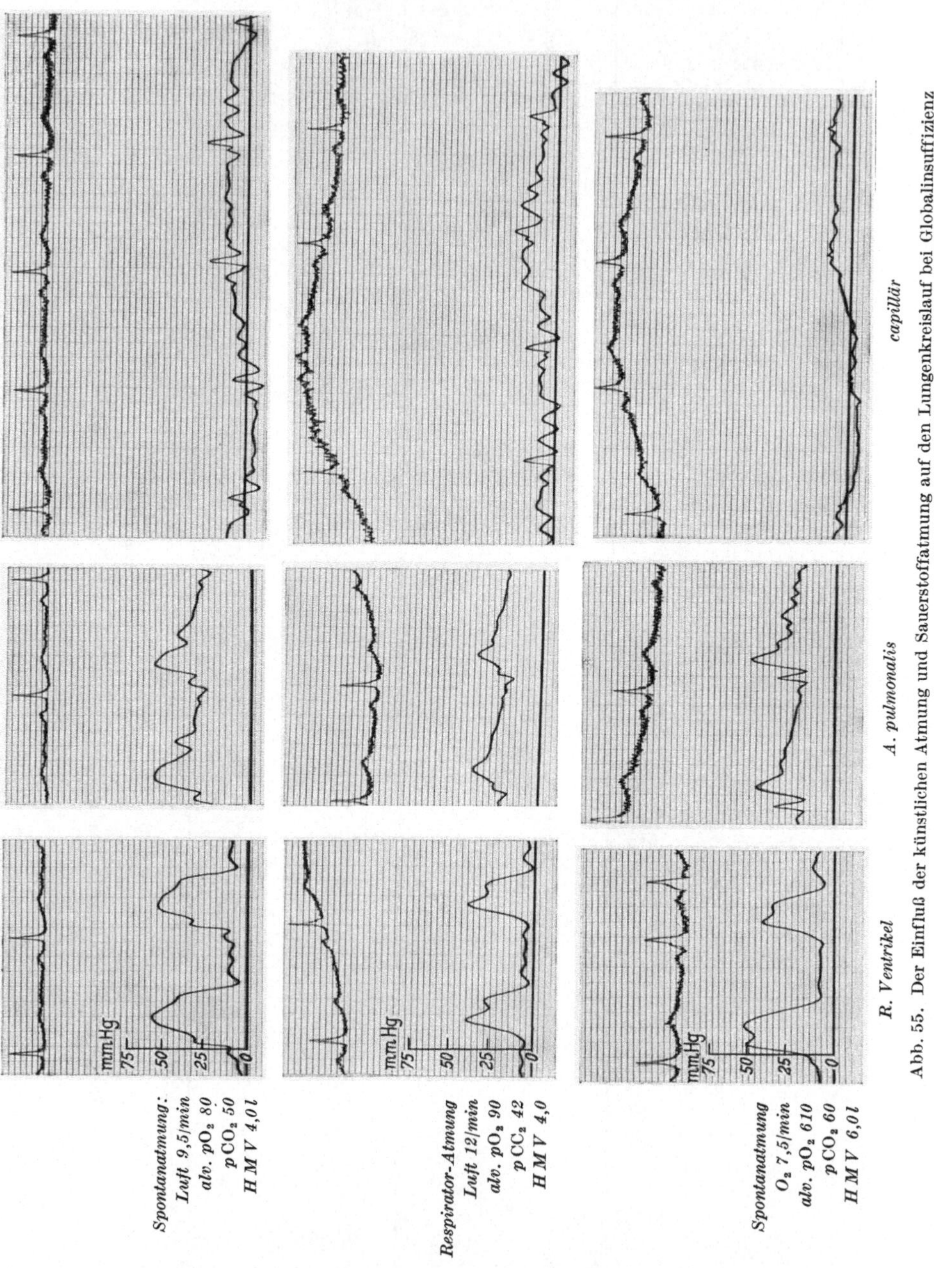

Abb. 55. Der Einfluß der künstlichen Atmung und Sauerstoffatmung auf den Lungenkreislauf bei Globalinsuffizienz

oft zu sekundären Gefäßveränderungen in der Lunge, die wiederum den Gasaustausch im Sinne der Diffusionsstörung verändern. Auch beim Emphysem
usw., das primär zu ventilatorischen Störungen und über pathologische alveoläre

Gasspannungen zu einer pulmonalen Hypertonie führt, ist mit sekundären Gefäßveränderungen im Sinne der Pulmonalsklerose zu rechnen, außerdem wird auch durch das Konfluieren der Alveolen die Capillaroberfläche reduziert. Diese Unterschiede verwischen sich ganz bei älteren Patienten, die z. B. an einer dekompensierten Hypertonie mit chronischer Lungenstauung leiden. In diesen Fällen ist der Capillardruck erhöht. Die chronische Stauungsbronchitis führt in schweren Fällen zu einer Hypoventilation, die wiederum den Tonus der kleinen Lungengefäße beeinflußt.

In den beiden vorangegangenen Kapiteln wurden die verschiedenen Insuffizienzformen der Lunge, wie sie sich mittels arterieller Blutgase und Spirometrie differenzieren lassen, sowie die Einteilung der verschiedenen Formen der pulmonalen Hypertonie ausführlich besprochen. Die Zusammenstellung auf Seite 190 soll eine gedrängte Übersicht über die Beziehung der verschiedenen Insuffizienzen zum Lungenkreislauf geben.

D. Die Klinik der Lungeninsuffizienz

I. Das chronische Cor pulmonale

Der klinische Teil dieses Buches beginnt mit der Besprechung des chronischen Cor pulmonale, weil bestimmte respiratorische Insuffizienzformen, die klinisch die größte Bedeutung haben, bei den verschiedensten Lungenerkrankungen zu einer Überlastung des rechten Herzens führen. Wie den einzelnen respiratorischen Störungen keine Spezifität für bestimmte Lungenerkrankungen zukommt, so gilt das auch für das chronische Cor pulmonale, auch wenn es sich bei seiner Ätiologie immer um die gleichen pathophysiologischen Mechanismen handelt. In fortgeschrittenen Fällen wird die klinische Symptomatologie von Herz und Kreislauf beherrscht, während die eigentlich primär respiratorische Insuffizienz mehr in den Hintergrund tritt, wenn sie auch immer nachweisbar bleibt.

1. Definition des chronischen Cor pulmonale
und der kardialen Rechtsinsuffizienz

Unter dem *chronischen Cor pulmonale* verstehen wir alle die Anpassungserscheinungen des Herzens, insbesondere die Muskelhypertrophie des rechten Ventrikels, die wegen seiner vermehrten Arbeitsleistung entsteht und als Folge einer primären Lungenerkrankung aufzufassen ist. Es handelt sich somit um eine vorwiegend ätiologische Definition. Erkrankungen des linken Herzens, die sekundär über eine Lungenstauung zu einer vermehrten Belastung des rechten Ventrikels führen sowie angeborene Herzfehler, die wie die Pulmonalstenose als solche oder wie der M. Eisenmenger und Ventrikel- und Vorhofseptumdefekte sowie der Ductus Botalli über sekundäre Veränderungen an den kleinen Lungengefäßen zu einer Widerstandserhöhung im Lungenkreislauf und zu einer Rechtshypertrophie führen können, werden mit dieser strengen Definition des Cor pulmonale nicht berücksichtigt. Hämodynamisch, klinisch, elektrokardiographisch zeigen sich zum Teil keine wesentlichen und was den anatomischen Befund, die Rechtshypertrophie, betrifft, gar keine Unterschiede zwischen dem Cor pulmonale im engeren Sinne und der sekundären Rechtsüberlastung bei Lungenstauung wegen kardialer Linksinsuffizienz oder angeborener und erworbener Herzfehler.

Das anatomische Substrat des Cor pulmonale, die Rechtshypertrophie, kann beim Lebenden nur in einem gewissen Prozentsatz, nach unseren elektrokardiographischen und vektorkardiographischen Untersuchungen, bestenfalls zu 55% mit Sicherheit erfaßt werden. Stützt man sich jedoch auf die Feststellung eines erhöhten Strömungswiderstandes und einer Blutdruckerhöhung im Lungenkreislauf als hämodynamische Ursache der Überlastung des rechten Herzens, so ist mit den seit mehreren Jahren zur Verfügung stehenden Untersuchungsmethoden wie Lungenfunktionsprüfung und Herzkatheterismus in jedem Fall eine sichere Diagnose möglich.

Pulmonale Hypertonie, Cor pulmonale, kardiale Rechtsüberlastung und Rechtsinsuffizienz sind keineswegs Synonima. Hämodynamisch muß die *kardiale Rechtsinsuffizienz* streng von der kompensierten pulmonalen Hypertonie unterschieden werden. Jede pulmonale Hypertonie, ganz gleich welcher Genese, kann, wenn das Myokard insuffizient wird, zur kardialen Rechtsinsuffizienz führen. Im Spezialfall des Cor pulmonale kann man dann von einem dekompensierten Cor pulmonale sprechen. Eine Insuffizienz des rechten Ventrikels liegt vor, wenn der diastolische Füllungsdruck im Ventrikel sowie der Druck im rechten Vorhof und in den Venen, der normalerweise 0–3 mm Hg beträgt, erhöht ist. Dabei kann das Herzminutenvolumen selber normal, vergrößert oder auch vermindert sein, wenn auch die Angabe, welches Herzminutenvolumen für ein Cor pulmonale „normal" ist, an sich schon problematisch bleibt. Das gesamte im Körper vorhandene Blutvolumen ist meistens vergrößert, und es besteht ein Mißverhältnis zwischen Herzminutenvolumen und Gesamtblutmenge. Wenn diese streng hämodynamische Definition der Rechtsinsuffizienz auch nicht alle Phänomene gebührend berücksichtigt, so hat sie doch den Vorzug der Klarheit und vermeidet Mißverständnisse. Eine Voraussetzung der Erhöhung des Venendruckes ist die Auffüllung des Capillar- und Venensystems des Körpers, was nicht ohne Zunahme der Gesamtblutmenge möglich ist, so daß diese bereits als erstes Zeichen der Insuffizienz gewertet werden könnte. Doch ist die Messung der Gesamtblutmenge nicht so einfach und exakt wie die des Venendruckes, und auch der dem Patienten gemäße „Normalwert" für das Gesamtblutvolumen kann im Einzelfall nicht so genau angegeben werden. Ein hämodynamisches Charakteristikum der Rechtsinsuffizienz besteht darin, daß ein gegebenes Herzminutenvolumen bei gleichem Druck in der Art. pulmonalis mit einer kleineren Arbeit für den rechten Ventrikel gefördert wird, als es den in der Abb. 44 dargestellten Relationen entspricht. Ein Teil der Arbeit wird unter den Bedingungen der Insuffizienz vom rechten Vorhof und über den erhöhten Venendruck sogar vom linken Ventrikel übernommen. Zudem ist auch meist die Relation Schlagvolumen zu Restblut infolge einer Vermehrung des letzteren gestört. Sinngemäß gilt das gleiche auch für den linken Ventrikel, wenn auch auf einem dem 6–8mal größeren Widerstand im Körperkreislauf entsprechenden höheren Druckniveau. Ein weiteres, wenn auch nicht obligates Zeichen der Insuffizienz besteht darin, daß das Herzminutenvolumen bei Arbeit nicht oder nur ungenügend vergrößert werden kann, so daß eine Mehraufnahme von Sauerstoff hauptsächlich durch eine vergrößerte periphere Blutausschöpfung ermöglicht wird. Da jedoch die Sauerstoffsättigung des venösen Mischblutes nicht unbegrenzt erniedrigt werden kann, tritt in diesen Fällen oft als Kompensationsmechanismus eine Polyglobulie in Erscheinung, die die Transportkapazität des Blutes für den Sauerstoff vergrößert, so daß mit einer gegebenen arteriovenösen Sauerstoffsättigungsdifferenz mehr Sauerstoff in den Geweben abgegeben und in der Lunge aufgenommen werden kann als mit einer normalen Hämoglobinkonzentration.

Es muß aber darauf hingewiesen werden, daß bei pulmonal bedingten chronischen Hypoxämiezuständen im Gegensatz zu den Verhältnissen bei angeborenen Herzfehlern mit Rechts-Links-Shunt keine Korrelation zwischen arterieller Hypoxämie und Zunahme der Hämoglobinkonzentration besteht. Bei bestimmten Lungenaffektionen wie Tuberkulose und Lungenfibrosen ist die Hypoxämie sogar oft mit einer Anämie kombiniert.

2. Ursachen der Erhöhung des Widerstandes im Lungenkreislauf, die zu einem Cor pulmonale führen

Als Ursachen der Widerstandserhöhung können wir heute zwei prinzipiell verschiedene Möglichkeiten, deren Mechanismen gut abgeklärt und bekannt sind und sich somit nicht mehr im Stadium der Spekulationen und Hypothesen befinden, unterscheiden (s. a. Kapitel über Einteilung der verschiedenen Formen der pulmonalen Hypertonie).

Widerstandserhöhung wegen:

1. Funktioneller bzw. reflektorischer Engerstellung der kleinen Lungengefäße, insbesondere der Arteriolen. In diesen Fällen kann der Widerstand durch bestimmte Maßnahmen gesenkt werden. Die wichtigste und häufigste Ursache ist die chronische alveoläre Hypoventilation, die Globalinsuffizienz. Theoretisch denkbar und wahrscheinlich für bestimmte Fälle auch zutreffend ist die funktionelle, evtl. auch fixierte Engerstellung der Lungenarteriolen ohne pathologische alveoläre Gasspannungen.

2. Einschränkung der Lungenstrombahn aus anatomischen Gründen mit Verlust oder Umwandlung des ganzen Lungenparenchyms wegen destruktiven Prozessen, Lungenresektionen usw. oder wegen vorwiegend die Gefäße betreffenden Veränderungen mit Obliterieren und Veröden von Lungencapillaren, thrombangitische Prozesse, multiple Embolien usw. In diesen Fällen ist der erhöhte Widerstand weitgehend fixiert.

Die folgende Abb. 56 soll die beiden Ursachen einer zum Cor pulmonale führenden Widerstandserhöhung im Lungenkreislauf schematisch darstellen.

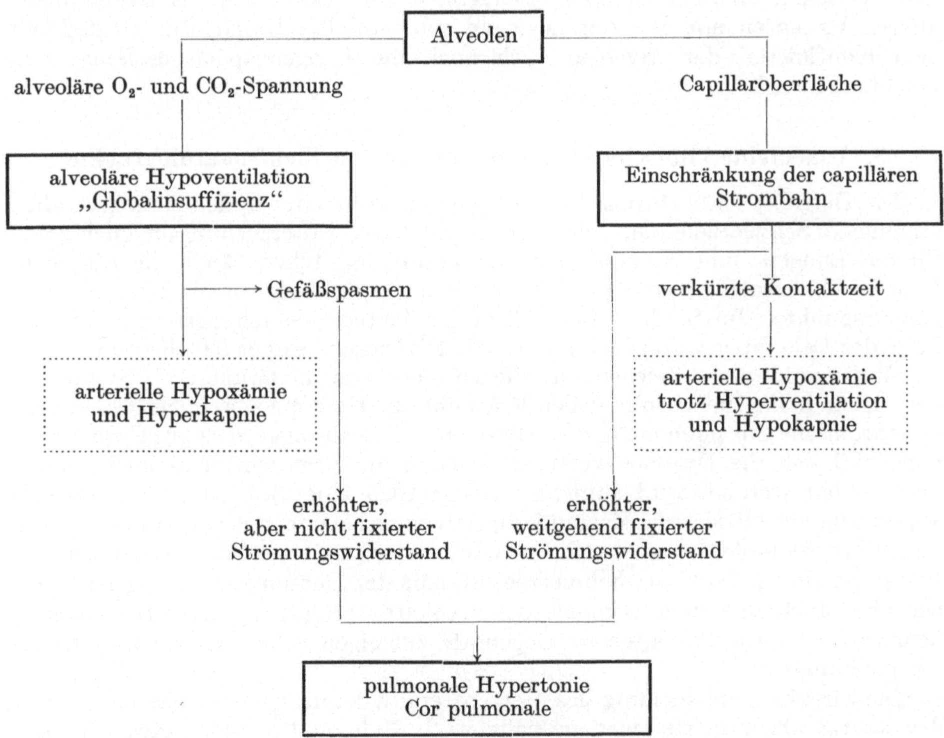

Abb. 56. Schematische Darstellung der Ätiologie des chron. Cor pulmonale. (Chron. alveoläre Hypoventilation, Globalinsuffizienz und stark eingeschränkte capilläre Strombahn, Diffusionsstörung)

Physiologie und Pathophysiologie der Atmung, 2. Aufl.   13a

Aus Gründen der Klarheit wurden die beiden Ursachen des chronischen Cor pulmonale — alveoläre Hypoventilation und Einschränkung der Lungenstrombahn — streng unterschieden. Sie lassen sich auch mit den heute zur Verfügung stehenden Untersuchungsmethoden gut differenzieren. Von Wichtigkeit und großer diagnostischer Bedeutung ist, daß die alveoläre Hypoventilation, die „Globalinsuffizienz", entsprechend der Definition als neues Gleichgewicht zwischen Gaswechsel, Ventilation und Erregbarkeit der Atemzentren schon im Ruhezustand vorliegt und nachweisbar ist. Bei diesen Kranken besteht bereits in Ruhe eine pulmonale Hypertonie und Mehrbelastung des rechten Herzens. Eine gleichzeitige Einschränkung der capillären Strombahn, die ja mindestens $2/_3$ betragen muß, damit sie in Ruhe zu einer pulmonalen Hypertonie führt, ist deshalb hämodynamisch für den Ruhezustand von untergeordneter Bedeutung. Ist hingegen die alveoläre Ventilation normal oder gesteigert und die Erhöhung des Strömungswiderstandes die Folge einer eingeschränkten capillären Strombahn, so ist es lediglich eine quantitative Frage, ob bereits in Ruhe oder erst bei Arbeit mit Vergrößerung des Herzminutenvolumens die pulmonale Hypertonie in Erscheinung tritt. In Grenzfällen kann deshalb diese Form der kardialen Rechtsüberlastung nur mit einer Untersuchung während Arbeit erfaßt werden.

Schließlich soll noch erwähnt werden, daß gelegentlich die Kombination mit einer kardialen Linksinsuffizienz vorliegt, z. B. als „Myodegeneratio et insufficientia cordis". Dabei handelt es sich oft um eine Myokardschädigung bei chronischem Alkoholismus oder auch um eine dekompensierte Hypertonie. Die chronische Lungenstauung beeinträchtigt wegen dem Elastizitätsverlust der Lungen wie auch über eine chronische Stauungsbronchitis die Ventilation, so daß es zu einer Globalinsuffizienz kommt. Schließlich entwickelt sich bei diesen meist älteren Patienten mit der Zeit noch ein substantielles Emphysem, so daß mit dem Konfluieren der Alveolen auch noch die Lungencapillaroberfläche eingeschränkt wird.

3. Allgemeine klinische Symptomatologie und Elektrokardiographie

Die Diagnose eines chronischen Cor pulmonale bereitet in den Anfangsstadien erhebliche Schwierigkeiten, sofern nicht moderne Untersuchungsmöglichkeiten für die Lungen- und Herzfunktion zur Verfügung stehen. Auch die röntgenologische Untersuchung und die Elektrokardiographie ergeben oft keine sicheren Anhaltspunkte. Im Stadium der voll ausgebildeten Rechtshypertrophie und im Falle der Dekompensation ist hingegen die Diagnose meistens naheliegend.

Wichtige klinische Zeichen sind die Dyspnoe und die Cyanose als Symptome der zugrunde liegenden pulmonalen Erkrankung. Orthopnoe ist nicht typisch für das chronische Cor pulmonale; diese Patienten können sogar meistens flach liegen, ohne daß sich die Dyspnoe verstärkt. Wenn die Atemzentren immer weniger ansprechbar werden, wird subjektiv gelegentlich eine Besserung der Dyspnoe angegeben, obwohl sich der Zustand objektiv verschlechtert hat und die Patienten schließlich somnolent werden. Ein relativ häufiges und gelegentlich mißdeutetes Symptom sind präkordiale Schmerzen, die mit der Dehnung der Lungenarterien wie aber auch mit einer Hypoxie des Myokards erklärt werden. Die Cyanose kennzeichnet diese Patienten im Gegensatz zur eigentlichen Angina pectoris als Lungenkranke.

Die direkte Untersuchung des Herzens ergibt kaum typische Zeichen. Auch der häufig akzentuierte oder gespaltene 2. Pulmonalton oder etwa die Abschwächung der Herztöne sind nicht spezifisch für das Cor pulmonale. Als Folge der Rechtshypertrophie können links parasternal oder im Epigastrium hebende

Pulsationen festgestellt werden; sie sind das einzige sichere klinische Zeichen einer Rechtshypertrophie. Auch röntgenologisch ist die Rechtshypertrophie — besonders in den Frühfällen — oft nur schwer zu erkennen und abzuschätzen, um so mehr, als beim Emphysematiker der Zwerchfelltiefstand das Herz klein erscheinen läßt. Ein frühes und verläßliches Zeichen ist die Vorbuchtung des Conus pulmonalis. Am besten sichtbar im rechtsvorderen Schrägdurchmesser. Zu Beginn der Rechtshypertrophie verlängert sich zuerst die Ausflußbahn der rechten Kammer. Die Ausfüllung der Herzbucht kann gelegentlich eine pseudomitrale Herzkonfiguration vortäuschen. Vergrößert sich in der Folge der rechte Ventrikel deutlicher, so erscheint das Herz infolge Tendenz der hypertrophischen Kammer zur Linksdrehung als linksverbreitert; die Herzspitze rückt dann nach oben. Infolge der pulmonalen Hypertonie kann sich die Art. pulmonalis aneurysmatisch erweitern und gelegentlich einen tumorartigen Schatten vortäuschen. Wichtige Unterscheidungsmerkmale zwischen der primär pulmonal bedingten Rechtshypertrophie gegenüber der sekundären Überlastung der rechten Kammer bei Affektionen des linken Herzens sind das Fehlen einer Vergrößerung des linken Vorhofes, die peripher hellen Lungenfelder und die erweiterten und pulsierenden Hauptäste der Art. pulmonalis. Bei den meisten Patienten besteht ein regelmäßiger Sinusrhythmus; Arrhythmien sind relativ selten und erwecken stets den Verdacht auf eine zusätzliche Komplikation.

Ungenügend gewürdigt werden oft die neurologischen Komplikationen wie Kopfschmerzen, Somnolenz, Schwindel, Sprachstörungen, flüchtige Paresen und gelegentlich sogar Muskelkrämpfe. Arterielle Hypoxämie und Hyperkapnie steigern die Hirndurchblutung, erweitern die Retinalgefäße und können zu einer erheblichen Steigerung des intracerebralen Druckes führen. Hustenanfälle sind gelegentlich von kurzfristigen Bewußtseinsverlusten begleitet. Wir verfügen über die Beobachtung von 2 Patienten mit einem chronischen Cor pulmonale wegen chronischer Bronchitis und Emphysem, die wegen einer Stauungspapille mit Verdacht auf Hirntumor in die Neurochirurgische Klinik eingewiesen wirden. Die konsequente Behandlung der respiratorischen Insuffizienz führte zu einem Rückgang der Stauungspapille.

Die wesentlich pathologisch-anatomischen Befunde sind Hypertrophie und Dilatation der rechten Herzkammer sowie meistens auch des rechten Vorhofes. Bei getrennter Wägung beider Ventrikel (KIRCH) ist das Verhältnis von rechts zu links, das normalerweise erheblich weniger als 1 beträgt, zugunsten der rechten Herzkammer verändert. In schweren Fällen wiegt der rechte Ventrikel sogar mehr als der linke. Als Folge der pulmonalen Hypertonie findet man oft arteriosklerotische Veränderungen an den großen Lungenarterien. Die kleinen Lungengefäße und Capillaren sind je nach dem pulmonalen Grundleiden obliteriert, fibrosiert oder thrombosiert und zeigen Intima- und Mediaveränderungen.

Die sich als Folge der Drucksteigerung im Lungenkreislauf entwickelnde Rechtshypertrophie des Herzens kann in einem gewissen Prozentsatz auch elektrokardiographisch erfaßt werden. Bei diesen elektrokardiographischen Befunden spielen Lageänderungen des Herzens sowie die durch die anatomischen Verhältnisse bedingten besonderen Ableitungsbedingungen, Massenzunahme und evtl. Schädigungen des rechten Ventrikels, aber auch gleichzeitig vorhandene, pathogenetisch anders bedingte Alterationen des Herzens (Hypertonie im großen Kreislauf, Aortenvitien, Coronarsklerose usw.) eine entscheidende Rolle.

Folgende Kriterien werden im allgemeinen der rechtsventrikulären Hypertrophie zugeschrieben.

1. Abweichung der elektrischen Achse nach rechts. Hierbei handelt es sich um ein praktisch obligates, aber unspezifisches Symptom, das unseres Erachtens

nur zur Diagnose der Rechtshypertrophie verwendet werden darf, wenn gleichzeitig andere EKG-Zeichen für eine solche sprechen. Als erstes Zeichen einer Rechtshypertrophie kann sich eine Rotation im Uhrzeigersinn um die Herzlängsachse (Verlagerung der Übergangszone nach links) einstellen.

2. Pathologisches Verhältnis von R zu S in V 1 ($>$ 1) und V 6 ($<$ 2), wobei der QRS-Komplex in V 1 besondere Aspekte zeigen kann: RS, Rs, qR, R. Eine Amplitude von R in V 1 von über 5 mm erweckt bei gegebenen klinischen Verhältnissen stets den Verdacht auf eine Rechtshypertrophie (SCHAUB u. Mitarb.).

3. Verspätung der maximalen Negativitätsbewegung in V 1 (0,03 sec) bzw. pathologische Differenz zwischen örtlicher Negativitätsbewegung in V 6 minus örtlicher Negativitätsbewegung in V 1 (0,08 sec) (REINDELL).

4. Negative T-Zacken rechts präkordial.

5. Auftreten von partiellen oder totalen Rechtsschenkelblockbildern.

6. Veränderungen der P-Zacke. Sie sind ein sehr sensibles und frühes Kriterium einer pulmonalen Hypertonie und deuten besonders in Form einer spitzpositiven Zacke rechts präkordial mit kurzer, schneller Nachschwankung auf eine Vorhofshypertrophie und damit indirekt auf eine Kammerhypertrophie rechts hin.

In vereinzelten Fällen von chronischem Cor pulmonale kommen EKG-Bilder vom rS-Typ in V 1–V 6 vor, die nicht mit einem Vorderwandinfarkt verwechselt werden dürfen. In allen Fällen, bei denen eine Rechtshypertrophie zur Diskussion steht, sind die Ableitungen Vr 3–5 unerläßlich, da oft nur in diesen ein qR oder rsR'-Komplex zur Darstellung kommen kann. Beim chronischen Cor pulmonale wegen Emphysem besteht die Tendenz zur Niedervoltage.

In nicht wenigen Fällen von chronischem Cor pulmonale findet man ein normales EKG. Die Herzstromkurve erfaßt lediglich die fortgeschrittenen Fälle mit längerer Anamnese. Der Prozentsatz wird weitgehend von der Auswahl der Patienten bzw. der Zusammensetzung des Krankengutes beeinflußt. Die Rechtsverspätung bzw. der Rechtsschenkelblock ist bei Rechtshypertrophie häufig und vor allem beim chronischen Cor pulmonale ein wertvolles diagnostisches Symptom. Es besteht jedoch keine Abhängigkeit zur Schwere der pulmonalen Hypertonie, indem sowohl bei leichter und erheblicher Drucksteigerung wie auch bei leichter und schwerer Hypertrophie Rechtsschenkelblockbilder in etwa der gleichen Verteilung vorkommen. Die Entstehung der Rechtsverspätung bei Rechtshypertrophie ist nicht sicher geklärt. Schließlich sei noch vermerkt, daß bei Erkrankungen, die den linken Ventrikel belasten, so daß es zu einer biventrikulären Hypertrophie kommt, die Rechtshypertrophie im EKG meistens durch diejenige des linken Ventrikels vollständig maskiert oder zumindest tiefgreifend modifiziert wird, so daß hier die diagnostische Bedeutung des EKG für die Rechtshypertrophie erheblich vermindert ist. Allgemein kann gesagt werden, daß der EKG-Diagnostik der Hypertrophieschäden des rechten Herzens nicht die gleiche Bedeutung zukommt wie derjenige des linken Herzens.

4. Bedeutung der Häufigkeit des chronischen Cor pulmonale

Die Häufigkeit des chronischen Cor pulmonale wird in der Literatur verschieden angegeben und variiert stark gemäß den örtlichen Verhältnissen und der Auswahl des Krankengutes. In einer allgemeinen internen Klinik beträgt die Häufigkeit etwa 3% aller Herzkranken. In der Med. Universitätspoliklinik Zürich wurde 1954 das Cor pulmonale bei einer Gesamtpatientenzahl von 15419 64mal, d. h. in 0,46% diagnostiziert. Auf die Herzkranken bezogen, betrug die Häufigkeit des chronischen Cor pulmonale jedoch bereits 20%, wenn wir die Patienten mit einer allgemeinen Arteriosklerose, einer essentiellen Hypertonie und mit funktionellen Herzbeschwerden nicht berücksichtigen. Im allgemeinen befinden sich die Kranken im Alter von 45—65 Jahren. Auch die Ätiologie wird je nach Krankengut (interne Kliniken, Sanatorien, Bergbauspitäler) verschieden beurteilt. Im Material der internen Kliniken überwiegt das Emphysem zahlenmäßig bei weitem, in denjenigen von Bergbau- und Industriezentren stehen die Pneumokoniosen an erster Stelle. Bei unseren Patienten war in der Hälfte der Fälle das Emphysem, das Asthma bronchiale, die chronische spastische Bronchitis sowie Bronchiektasen oder Cystenlunge die Ursache des Cor pulmonale. In etwas weniger als 20% handelte es sich um Patienten mit einer fortgeschrittenen Tuberkulose. Der Rest verteilt sich auf schwere Thoraxdeformitäten, Silikose, Lungenfibrosen und primäre Angiopathien der Lungengefäße. GRIGGS u. Mitarb. fanden autoptisch in etwa 50% ihrer Fälle von Silikose, in etwa 30% ihrer Fälle von Emphysem, in 40% ihrer Fälle von Lungentuberkulose und in 36% ihrer Fälle von Siliko-Tuberkulose ein Cor pulmonale. NEMETT und ROSENBLATT konstatierten in 34% ihrer Tuberkulosefälle eine Rechtshypertrophie des Herzens.

Für die Klinik können hinsichtlich Vorkommen und Bedeutung des chronischen Cor pulmonale folgende Richtlinien angegeben werden. Bei allen Krankheiten, vorab beim Emphysem, beim chronischen Asthma bronchiale, bei der chronischen spastischen Bronchitis und bei schweren Thoraxdeformitäten, die zu einer starken Einschränkung der Atemreserven führen, die am besten mit dem Atemgrenzwert, dem Tiffeneau-Test oder dem Pneumometerstoß nach HADORN gemessen werden, kann sich eine Globalinsuffizienz entwickeln, die zu einem chronischen Cor pulmonale führt. Beträgt bei diesen Patienten der Atemgrenzwert weniger als 30—40 l in der Minute, so kann man fast immer eine alveoläre Hypoventilation und eine arterielle Hypoxämie und Hyperkapnie feststellen. Auch bei der Silikose, bei Bronchiektasen und bei der Cystenlunge kommt es oft zu schweren ventilatorischen Störungen, so daß auch bei diesen Krankheiten die Globalinsuffizienz als Ursache des chronischen Cor pulmonale von großer Bedeutung ist. Bei den fortgeschrittenen Silikosen gewinnt die anatomische Einschränkung der Lungenstrombahn als Ursache der Widerstandserhöhung an Bedeutung; das gilt auch für ausgedehnte Lungenfibrosen anderer Genese und für schwere Tuberkulosen. Thoraxchirurgische Eingriffe wie Pneumothorax, Phrenicuslähmung und Thorakoplastik beeinträchtigen in erster Linie die Ventilation; Lungenresektionen verkleinern hauptsächlich die Capillaroberfläche. Eine bereits in Ruhe bestehende pulmonale Hypertonie gilt, von Sonderfällen abgesehen, bei der Diskussion eines thoraxchirurgischen Eingriffes als Gegenindikation. Sehr selten und ätiologisch meistens ganz unklar sind primäre Veränderungen an den kleinen Lungengefäßen, die zu einer Widerstandserhöhung und zu einer Rechtshypertrophie führen. Zum Teil dürfte es sich um echte degenerative Prozesse, z. T. um arteriitische und thrombangitische Veränderungen sowie um Folgezustände nach multiplen Lungenembolien handeln. Hierher gehören das "pulmonary vascular obstruction syndrome" (CUTLER), die «Endofibrose idiopathique oblitérante des artérioles du poumon» (FEUARDENT) und einige klinisch als „primäre pulmonale Hypertonie" oder „primäres Cor pulmonale" beschriebene Fälle. Wir sprechen von einer „primären Pulmonalsklerose", wenn eine pulmonale Hypertonie nicht durch eine Lungenerkrankung oder einen angeborenen bzw. erworbenen Herzfehler erklärt werden kann. Dabei soll die Bezeichnung Pulmonalsklerose auf anatomische Veränderungen an den kleinen und kleinsten Lungengefäßen, die zu einer Einschränkung des Strombettes geführt haben, hinweisen; sie bezieht sich nicht auf sklerotische Veränderungen an den großen Lungengefäßen.

Der Verlauf des chronischen Cor pulmonale kann klinisch in 3 Stadien eingeteilt werden. Im ersten stehen die Symptome der pulmonalen Grundkrankheit, die zur pulmonalen Hypertonie führt, im Vordergrund. Im zweiten wird die Rechtshypertrophie manifest, doch besteht noch keine kardiale Insuffizienz. Im Endstadium entwickelt sich das Vollbild mit der Rechtsinsuffizienz. Die einzelnen Stadien werden individuell verschieden rasch durchlaufen. Im allgemeinen beschleunigt sich der Verlauf mit dem Eintritt der kardialen Dekompensation. Gelegentlich entwickelt sich auch unter akuten Bedingungen (Infektionen, körperliche Anstrengungen, Operationen usw.) eine rasch progrediente Dekompensation mit deletärem Ausgang.

5. Die Therapie des chronischen Cor pulmonale

Die allgemein verbreitete ungünstige Beurteilung der Prognose und Therapie des chronischen Cor pulmonale datiert aus jener Zeit, wo sich die Behandlung vor allem auf die Beeinflussung der kardialen Rechtsinsuffizienz konzentrieren mußte und eine „kausale" Therapie, d. h. die Ausschaltung der primären pulmonalen Ursache, kaum möglich war. Nicht selten fällt auch heute noch jede Kausaltherapie dahin, z. B. bei der primären Pulmonalsklerose und bei weit fortgeschrittenen Lungenprozessen, die zu einer definitiven Einschränkung des Strombettes geführt haben. In einer nicht kleinen Zahl von Fällen ergeben sich aber heute Möglichkeiten, die eine pulmonale Hypertonie verursachende respiratorische Insuffizienz – die Globalinsuffizienz – günstig zu beeinflussen. Mit einer Besserung oder sogar Normalisierung der alveolären Gasspannung wird der Druck im Lungenkreislauf gesenkt und das rechte Herz entlastet. Am sinnvollsten ist die Kombination von Sauerstoffatmung und künstlich gesteigerter Ventilation mit Eiserner Lunge, elektrischer Stimulierung der Atemmuskulatur, „Respirator" nach ENGSTRÖM oder anderen Apparaten sowie mit Atemgymnastik. Wir erreichten mit einer derartigen, während Wochen konsequent durchgeführten Atembehandlung bei Emphysematikern mit bereits dekompensiertem Cor pulmonale eine volle Rekompensation und Entwässerung, ohne daß herzaktive Glykoside und Diuretica verabreicht wurden. Die Sauerstoffatmung ohne gleichzeitige Stimulierung der Atmung ist hingegen zu vermeiden, da die ohnehin vermindert erregbaren Atemzentren durch die Erhöhung der arteriellen Sauerstoffspannung noch mehr gedämpft werden, so daß die Atmung noch stärker eingeschränkt wird und sich wegen der zusätzlichen Kohlensäureretention eine bedrohliche respiratorische Acidose, eventuell mit Koma und Exitus, entwickeln kann.

Alle jene Maßnahmen, die die einer Ventilationsstörung zugrunde liegenden Bronchialspasmen zu beeinflussen versuchen, haben ebenfalls den Charakter einer „kausalen" Therapie in ihrer Auswirkung auf den kleinen Kreislauf. Die Verabreichung von Bronchospasmolytica per os, per inhalationem und parenteral ist deshalb von großer Bedeutung. Außerordentlich wichtig ist die Bekämpfung von chronischen und akuten Infekten der Luftwege mit Antibiotica und Chemotherapeutica in allen Fällen von Bronchiektasen, chronischer Bronchitis, Emphysem, Kyphoskoliose usw., wo die chronischen entzündlichen Prozesse infolge Schwellung und Hypersekretion der Bronchialschleimhaut und Begünstigung der Stenosen den exspiratorischen Widerstand erhöhen und den Untergang von Parenchym befördern. Jeder Patient mit einer pulmonalen Hypertonie ist gegenüber Infektionen der Bronchien besonders anfällig; und nicht selten kommt es zu einer bedrohlichen Verschlechterung der Kreislaufverhältnisse bei interkurrenten Infektionen der Luftwege. Bei derartig bedrohlichen Situationen mit Bewußtlosigkeit und arteriellen Kohlensäurespannungen von über 80 mm Hg wirken Tracheotomie und künstliche Beatmung lebensrettend. Auf die Behandlungsmöglichkeiten mit ACTH, Cortison, Liquemin und die Atmung stimulierenden

Mitteln wie z. B. Diamox und Micoren wird in den Kapiteln über die Pathophysiologie des Emphysems, der Lungenfibrosen und der Pulmonalsklerose noch eingegangen.

Infektionen der oberen Luftwege führen gelegentlich auch zu einer bakteriellen Autoallergisierung, die ihrerseits asthmatische Zustände begünstigt. Die Bekämpfung chronischer und akuter Infekte der Luftwege hat deshalb eminente Bedeutung.

Schließlich sind alle jene Maßnahmen zu erwähnen, die ganz allgemein bei insuffizientem Myokard indiziert sind. Die Patienten sollen sich körperlich schonen oder ruhiggestellt werden; diätetische Einschränkungen, wie bei jedem Herzkranken, sind zu verordnen. Aderlässe vermindern die kompensatorische, überschießende Zunahme der Blutmenge und der Erythrocyten, die zu einer zusätzlichen Überlastung des Herzens durch Steigerung des venösen Rückflusses und der Blutviscosität sowie zu Überfüllung des Gefäßsystems beitragen. Man bedenke dabei, daß die Polyglobulie (nach dem Hämatokritwert beurteilt) eine Gegenregulation des Organismus gegen die chronische Sauerstoff-Untersättigung darstellt und deshalb nur dann therapeutisch reduziert werden soll, wenn sie ihrerseits krankheitsverschlimmernd wirkt, d. h. wenn die Erhöhung der Blutviscosität an sich tatsächlich eine ungünstige Rolle zu spielen beginnt. Andernfalls bedeuten Aderlässe nur Reize zu weiterer Erythrocytenproduktion. In der Behandlung der kardialen Rechtsinsuffizienz haben die herzaktiven Glykoside und Diuretica nicht die gleiche überragende Bedeutung wie beim Versagen des linken Ventrikels. Den oben diskutierten Verfahren ist in der Dauerbehandlung und in der langen Periode der fast ausschließlich pulmonal bedingten Symptome wie Dyspnoe und Cyanose die größere Aufmerksamkeit zu schenken. Die eigentliche Herztherapie bleibt den akuten Zuständen und der letzten Phase des Krankheitsprozesses, wo Stauungserscheinungen im großen Kreislauf das Bild beherrschen, vorbehalten. Die Ansicht, bei Rechtsinsuffizienz und beim chronischen Cor pulmonale sei Strophosid angezeigt und Digitalis eher abzuraten, ist unseres Erachtens weder experimentell noch theoretisch oder klinisch begründet, um so mehr, als ja keine grundsätzlichen Unterschiede zwischen diesen beiden Glykosidgruppen bestehen. Die Rechtsinsuffizienz kann unseres Erachtens entsprechend der persönlichen Erfahrung und Einstellung des Therapeuten sowohl mit Strophosid als auch mit Digitalis erfolgreich behandelt werden. Warum die Herzglykoside bei der Rechtsinsuffizienz weniger gut wirken, ist bis heute nicht sicher geklärt; wahrscheinlich spielen die geringere Muskelmasse des rechten Ventrikels und die chronische Hypoxie eine gewisse Rolle. Es sollen beim chronischen Cor pulmonale und besonders bei der primären Pulmonalsklerose nach Strophantinverabreichung häufiger Zwischen- bzw. Todesfälle auftreten als bei anderen Herzleiden; diese werden u. a. damit erklärt, daß bei fixiertem Widerstand im kleinen Kreislauf ein bereits maximal dilatiertes Herz unter Strophantin beim Versuch einer weiteren Kraftentfaltung akut überdehnt wird und versagt bzw. stillsteht.

Morphium ist bei Patienten mit chronischem Cor pulmonale wegen alveolärer Hypoventilation kontraindiziert, weil es die ohnehin schon vermindert ansprechbaren Atemzentren zusätzlich dämpft, was zu einer zusätzlichen Kohlensäureretention mit asphyktischem Koma führen kann. Zu unserer Überraschung stellten wir jedoch fest, daß unter experimentellen Bedingungen Morphium und Dilaudid auch bei Kranken mit einer schweren Globalinsuffizienz oft zu keiner meßbaren zusätzlichen Einschränkung der Ventilation und Zunahme der respiratorischen Acidose führen. Bei der postoperativen Schmerzbekämpfung mit Morphium und seinen Derivaten liegen die Verhältnisse etwas anders.

II. Eigentliche Lungenerkrankungen

1. Die Pathophysiologie des Emphysems

Das Emphysem stellt eines der zentralen Probleme der Atemphysiologie dar, sein Studium ist die beste Voraussetzung für das Verständnis des größeren Teiles der ganzen Pathophysiologie der Atmung. Dies berechtigt uns, diese Erkrankung besonders ausführlich zu besprechen.

Unter dem Begriff Emphysem wurden ganz verschiedene Affektionen vereinigt, was das Verständnis erschwert und z. T. die beträchtliche Verwirrung sowie die zahlreichen gegensätzlichen Meinungen über diese Erkrankung erklärt. Dazu kommt, daß tierexperimentelle Studien wie beim Asthma bronchiale für das Emphysem nicht möglich sind. Die Definition des Emphysems ist also von ausschlaggebender Bedeutung, wobei die funktionelle Definition weniger Schwierigkeiten bereitet als die anatomische.

a) Die anatomischen Formen des Emphysems

Die amerikanischen Autoren unterscheiden 2 Hauptformen des Emphysems: die *"nonobstructive form"* (senile emphysema, compensatory emphysema) und die *"obstructive form"* (chronic pulmonary emphysema, bullous emphysema). Diese Einteilung ist bestechend einfach und zudem interessant, da sie das Vorliegen oder das Fehlen eines funktionellen Elementes, die Obstruktion, in den Vordergrund stellt. Untersucht man diese Einteilung näher, so muß man aber feststellen, daß unter der "obstructive form" Emphysemformen verschiedener Ätiologie zusammengefaßt werden, die sich pathologisch-anatomisch sauber trennen lassen, weshalb wir im folgenden die Einteilung der europäischen Pathologen vorziehen. Sie unterscheiden:

1. Das substantielle universelle oder chronische idiopathische Emphysem. Diese Affektion ist unserer Meinung nach parenchymatös und nicht bronchial bedingt. Im Laufe der Jahre kommt es zu einer Verminderung des Bindegewebeskeletes der Lunge mit Konfluieren der Alveolen wegen Atrophie und Ruptur der Alveolarsepten. Die Pathogenese dieser Form des Emphysems, das man gelegentlich schon bei jüngeren Patienten beobachtet, ist unklar. Nach FREUND ist die Ursache mechanisch, indem die parenchymatöse Atrophie die Folge eines chronischen Dilatationszustandes der Lunge sein soll. Andere Autoren sehen die Ursache in einer primären Zirkulationsstörung und die dritte These ist, daß es sich um eine primäre Degeneration des Lungenparenchyms handelt. Diese verschiedenen Theorien werden von LOTTENBACH ausführlich diskutiert. Im Anfangsstadium dieser Form des Emphysems, ganz gleich welche Ätiologie nun zutreffen sollte, sind die Bronchien nicht beteiligt, es besteht keine Bronchialstenose, kommt es im Verlaufe der Erkrankung doch zu einer Stenosierung, so handelt es sich um mechanisch-funktionell bedingte Phänomene, auf die später noch eingegangen wird. LAURENT 1954 u. a. haben beim idiopathischen Emphysem entzündliche Läsionen an den Bronchiolen beschrieben, wobei es sich unserer Meinung nach aber um sekundäre Veränderungen ohne tiefere Beziehungen zur Ätiologie handelt. Die emphysematöse Lunge begünstigt eine bronchiale Infektion, deren ungünstiger Einfluß auf den weiteren Verlauf und die Funktion gar nicht bestritten werden soll.

2. Das Dehnungsemphysem. Dieses auch sekundäres oder Volumen pulmonum auctum genannte Emphysem hat im Gegensatz zum substantiellen, idiopathischen Emphysem eine gut definierte und bekannte Ätiologie. Es ist das Resultat multipler stenosierender Prozesse in den Bronchiolen und Bronchien oder in den oberen Luftwegen. In den akuten Fällen zeigt das Parenchym keine anatomischen Veränderungen, es besteht nur eine auffällige Dilatation, die vor allem die Alveolen und die Infundibula betrifft. Bei den chronischen Fällen, z. B. chronisches Asthma bronchiale, chronisch spastische Bronchitis, kommt es wegen der Überblähung ebenfalls zu atrophischen Läsionen des Parenchyms mit Konfluieren der Alveolen, Bildung von Bläschen usw. ganz ähnlich denen, wie sie beim idiopathischen Emphysem beschrieben werden. Nur ist beim Dehnungsemphysem, das der "obstructive form" der amerikanischen Autoren entspricht, die primäre Ursache, die Stenosierung bekannt.

3. Das kompensatorische Emphysem. Diese Form muß scharf von den beiden bereits beschriebenen getrennt werden. Es handelt sich um eine Blähung gesunden Lungenparenchyms zur Kompensation von anderen retrahierten Lungenteilen. Die gleiche Überblähung beobachtet man nach operativen Resektionen. Bei sehr jugendlichen Patienten kann sich das kompensatorische Emphysem zu einer echten Hypertrophie des Parenchyms entwickeln, wie es im Tierversuch nachgewiesen wurde. In der überwiegenden Mehrzahl wird man aber lediglich eine Dilatation der Alveolen und Infundibula finden, wobei die Bronchien meistens nicht beteiligt sind.

4. Das senile Emphysem. Dieses ist der anatomische Ausdruck einer senilen Involution des Lungenparenchyms, das aber einen Teil seiner Retraktionskraft behalten hat. Die Läsionen befinden sich vor allem an der Lungenoberfläche. Es handelt sich um einen mehr oder weniger normalen Prozeß, der dem Altern eines gesunden Organes entspricht. Wie beim idiopathischen substantiellen Emphysem spielen beim senilen Emphysem Stenosen keine ursächliche Rolle. Wie weit man das idiopathische Emphysem einfach als ein pathologisches Senium praecox der Lungen auffassen kann, soll dahingestellt bleiben.

Nach der anatomischen Definition des Emphysems wenden wir uns der Pathophysiologie zu, wobei 3 Hauptabschnitte, die Atemmechanik, die Ventilation und der Gasaustausch und der Lungenkreislauf besonders besprochen werden sollen.

b) Die Atemmechanik beim Emphysem

Die Thoraxform wechselt beim Emphysemkranken gemäß seiner Konstitution, sie zeigt aber immer eine Vergrößerung ihrer Durchmesser, sei es im dorsoventralen, im frontalen, im longitudinalen oder in allen drei zugleich. In fortgeschrittenen Fällen findet man oft eine ausgesprochene Versteifung der thorakalen Wirbelsäule. Bei Pyknikern versteift sich die Wirbelsäule oft in einer Lordose, und der Thorax bekommt ein glockenförmiges Aussehen. Bei leptosomem Habitus beobachtet man meistens eine thorakale Kyphose, in anderen Fällen bleibt die Wirbelsäule gerade, die Rippen verlaufen dann dorsal horizontal und ventral steil (Thorax asthenicoasthmaticus). Die Zwischenrippenräume sind erweitert, die Zwerchfellkuppen abgeflacht, und ihre Beweglichkeit proportional zur Abflachung eingeschränkt.

Wie schon in der physiologischen Einleitung erwähnt, wurden die theoretischen Grundlagen der Atemmechanik im wesentlichen von ROHRER (1915—1925) geschaffen. Die wichtigste experimentelle Methode, die simultane Messung des Pleuradruckes und der Atemstromstärke wurde von VAN NEERGAARD und WIRZ (1927) eingeführt. Die gleiche Untersuchungstechnik wurde beim Menschen vor allem von CHRISTIE (1934) und DAYMAN (1951) benutzt. Da die Messung des Pleuradruckes nur bei Pneumothoraxträgern oder nach Anlegen eines experimentellen Pneumothorax möglich ist, haben die meisten Autoren die Oesophagusdruckbestimmung, die bereits 1880 von ROSENTHAL vorgeschlagen wurde, zur Hilfe genommen. Diese Methode wurde durch BUYTENDIJK (1949) besonders ausgearbeitet und für das Studium der Atemmechanik des Emphysems benutzt

[FRY u. Mitarb. (1952), McILROY und CHRISTIE (1954), EBERT u. Mitarb. (1954), NOELPP u. Mitarb. (1954), MEAD, LINDGREN und GAENSLER (1955)]. Die Oesophagusdruckmethode hat große technische Vorteile, sie ist gefahrlos und reproduziert befriedigend die intrathorakalen respiratorischen Druckschwankungen. Sie hat nur einen gewissen Nachteil, indem sie nur relative Druckwerte gibt, man kann die negativen und positiven Druckwerte nicht mit Sicherheit in absoluten Zahlen angeben, was für bestimmte Fälle von großer Bedeutung sein kann.

Die fundamentalen Elemente der Atemmechanik sind die elastischen Widerstände, die Strömungswiderstände, die Gewebedeformationswiderstände, deren Überwindung zur Förderung des notwendigen Ventilationsvolumens die Atemarbeit darstellt. Zur Differenzierung der verschiedenen Widerstände wurden zahlreiche Hilfstechniken entwickelt, auf die noch eingegangen wird.

Für das Studium der Elastizität müssen wir die Druckveränderungen pro Einheit Volumenänderung messen. Der Elastizitätskoeffizient entspricht:

$$E = \frac{\Delta P}{\Delta \text{Volumen}} \left(\text{Compliance, } C = \frac{\Delta \text{Volumen}}{\Delta P} \right).$$

Unter normalen Verhältnissen ist E bei einem mittleren Blähungszustand annähernd eine lineare Funktion, wie es CLOETTA (1913) in vitro gezeigt hat, was später beim lebenden Tier und beim Menschen durch CHRISTIE und McINTOSH (1934), FERRIS, MEAD, WHITTENBERGER und SAXTON (1952) sowie STEAD, FRY und EBERT (1952) bestätigt wurde. Der Elastizitätskoeffizient wird durch Messung des statischen Pleuradruckes bei verschiedenem Blähungszustand der Lunge bestimmt, wobei die Pleuradruckmessung durch die Oesophagusdruckmethode ersetzt werden kann. Eine andere Methode besteht in der indirekten Konstruktion oder direkten Registrierung der „Atemschleife", die man erhält, wenn in einem Koordinatensystem der dynamische Pleuradruck bzw. der Oesophagusdruck als Funktion der Volumenveränderung während eines Atemcyclus aufgetragen wird. Die zwei Umschlagspunkte der Schleife entsprechen dem Übergang von In- zu Exspiration und umgekehrt, also dem Moment der Atemstromstärke Null. Die Verbindung dieser 2 Punkte durch eine Gerade charakterisiert für jeden Moment des Atemcyclus die elastische Retraktionskraft der Lunge, woraus der Elastizitätskoeffizient, die "elastance" nach BAYLISS und ROBERTSON (1939), berechnet werden kann. Mit den entsprechenden Maßeinheiten und mit dem absoluten Druck kann die für die Überwindung dieser elastischen Widerstände während der Inspiration nötige Atemarbeit gemessen werden.

Schon normalerweise variiert der Elastizitätskoeffizient ziemlich stark:

v. NEERGAARD und WIRZ (1927)	7,7
CHRISTIE und McINTOSH (1934)	12,5
PAINE (1940)	11,1
BUYTENDIJK (1949)	3,0—4,55
DAYMAN (1951)	6,9—8,6
STEAD, FRY und EBERT (1952)	4,33
McILROY, MARSHALL und CHRISTIE (1954)	4,3—10,5

Diese Variationen sind teilweise auf die verschiedenen Volumen der untersuchten Lungen zurückzuführen. CHRISTIE und McINTOSH (1934) wiesen darauf hin, daß nur die Bestimmung bei einem standardisierten Volumenverhältnis einen Vergleich gestattet, und sie schlugen hierfür eine Volumenänderung entsprechend 20% des Residualvolumens vor, wobei sie einen Elastizitätsindex von 3,6—5,8 fanden. Andere Autoren haben jedoch diesen Vorschlag nicht berücksichtigt, obwohl er von großer Bedeutung ist, da das aktuelle Volumen die elastische Retraktionskraft stark beeinflußt.

Kennt man in jeder Phase des Atemcyclus den dynamischen und statischen Pleuradruck, so kann durch Substraktion die Größe der Kräfte bestimmt werden, die zur Überwindung der eigentlichen Strömungswiderstände in den Luftwegen (laminäre und turbulente Strömung) wie auch die, die zur Überwindung der Gewebedeformationswiderstände nötig sind. Nach BAYLISS und ROBERTSON (1939) definiert der Begriff "viscance" die zur Überwindung der nicht elastischen Resistenzen notwendigen Kräfte. Kennen wir die den eigentlichen Strömungswiderständen und den Gewebedeformationswiderständen entsprechenden Druckdifferenzen sowie die Volumenveränderung, so kann auch die „viscöse Arbeit" während einer In- und Exspiration berechnet werden.

Auf den ersten Blick scheint die Bestimmung der gesamten elastischen Widerstände keine größeren Schwierigkeiten zu bereiten, sofern man die Möglichkeit hat, den Pleura- oder den Oesophagusdruck simultan mit der Atemstromstärke (Pneumotachogramm oder Spirometer) zu registrieren, doch ergeben sich in der Praxis besonders in pathologischen Fällen und beim Emphysem große Schwierigkeiten, zwischen Strömungs- und Gewebedeformationswiderstand sicher zu differenzieren.

Die Messung des Alveolardruckes mit der gleichzeitigen Bestimmung der Atemstromstärke würde eine exakte Messung der Strömungswiderstände in den Luftwegen erlauben. Zur Bestimmung des Alveolardruckes hat VUILLEUMIER (1944) die Verschlußdruckmethode eingeführt, die beim Lungengesunden brauchbare Ergebnisse liefert. Gegen die Anwendung bei pathologischen Verhältnissen bestehen jedoch einige Einwände. Man weiß nicht ganz genau, was man eigentlich mit dieser Technik bestimmt, es handelt sich nicht mehr um den Alveolardruck, sondern um einen komplexen Wert, der von verschiedenen Faktoren nicht nur von den Strömungswiderständen in den Atemwegen abhängt. Sind die Bronchien nicht gleichmäßig und gut durchgängig, so kann mit der Verschlußdruckmethode nicht mehr sicher zwischen Strömungs- und Gewebedeformationswiderständen differenziert werden. Deshalb haben andere Autoren nach weiteren Methoden zur Bestimmung des Alveolardruckes gesucht.

Physikalisch gesehen sind die laminären Strömungswiderstände von der Viscosität des Gases und der Atemstromstärke ($\dot{V}$), die turbulenten Widerstände von der Dichte des Gases und der Atemstromstärke im Quadrat ($\dot{V}^2$) abhängig, während die Gewebedeformationswiderstände vom physikalischen Charakter des geatmeten Gases unabhängig und nur eine Funktion der Atemstromstärke sind. Durch Beatmung mit verschiedenen Gasgemischen, die möglichst große Unterschiede hinsichtlich ihrer Dichte und Viscosität besitzen, wird es vielleicht möglich werden, die gewünschte Differenzierung durchzuführen. Diese Untersuchungsmethode wurde durch BAYLISS und ROBERTSON (1939) eingeführt, wobei sie Luft und Wasserstoff benutzten. DEAN und VISSCHER (1941) benutzten eine ähnliche Technik, und beide Arbeitsgruppen kamen zur Überzeugung, daß die Gewebedeformationswiderstände eine nicht zu vernachlässigende Rolle spielen und daß sich die Gewebsviscosität der mechanischen Hysteresiskurve eines elastischen Körpers vergleichen lasse. Während diese Autoren mit Tieren arbeiteten, haben FRY u. Mitarb. (1954) die Frage der Gewebedeformationswiderstände beim Menschen studiert. Sie kamen zu ganz gegensätzlichen Schlußfolgerungen, möglicherweise zufolge einer modifizierten Technik. MCILROY u. Mitarb. (1954) unterzogen schließlich die Frage der Widerstandsbestimmungen mittels verschiedener Gasgemische einer scharfen Kritik. Ihre Schlußfolgerungen sind, daß man mit Gasgemischen arbeiten muß, die die gleiche kinematische Viscosität besitzen, d. h. die gleiche Relation zwischen Viscosität und Dichte haben. Wenn man für zwei derartige Gasgemische nacheinander am gleichen Individuum die gesamten nicht elastischen Widerstände bestimmt, so kann man aus den erhaltenen Resultaten auf einen abstrakten Wert extrapolieren, den man bei einer Beatmung mit einem Gasgemisch der Dichte und Viscosität 0 erhalten würde. Mittels dieses Kunstgriffes lassen sich die Gewebedeformationswiderstände berechnen, die gemäß dieser Autoren normalerweise 30—40% der gesamten nicht elastischen Widerstände ausmachen. Mit entsprechenden Techniken ist es auch möglich, die Strömungswiderstände, die durch laminäre und turbulente Strömung entstehen, zu differenzieren. Wir können zusammenfassen, daß der Anteil der Gewebedeformationswiderstände ganz verschieden beurteilt wird, daß aber derartige Widerstände normalerweise existieren. In jüngster Zeit haben DuBois u. Mitarb. die Plethysmographie für die Messung des Alveolardruckes benützt, damit ergibt sich eine weitere Methode für die Differenzierung zwischen Gewebedeformationswiderständen und Strömungswiderständen in den Luftwegen.

Vor der Besprechung dieser Verhältnisse beim Emphysem soll aber noch über Messungen der Atemarbeit berichtet werden. Liljestrand (1918) hat dieses Problem beim Menschen mit der Bestimmung der Zunahme des Sauerstoffverbrauches während willkürlicher Hyperventilation studiert unter der Annahme, daß der gesteigerte Sauerstoffverbrauch einzig auf die verstärkte Tätigkeit der Atemmuskulatur zurückzuführen sei. Bayliss und Robertson (1939) haben die gesamte Atemarbeit und deren Teilfraktionen beim künstlich beatmeten curaresierten Tier gemessen, indem sie aus dem Druck-Volumen-Diagramm die Atemarbeit direkt berechnen konnten. Dean und Visscher (1941) haben die Technik weiter verbessert, und Otis, Fenn und Rahn (1950) haben sie schließlich auf den Menschen übertragen. Sie arbeiteten mit gesunden Individuen, die in der Lage waren, die Atemmuskulatur vollkommen zu entspannen und sich dem Rhythmus des Respirationsgerätes vollständig anzupassen. Mittels Pleura- und Oesophagusdruckmessungen wurde die Atemarbeit beim Tier wie auch beim Menschen von Noelpp u. Mitarb. (1952—1954), wie auch von Christie (1953), McIlroy (1954), Marshall (1954), Scherrer u. Mitarb. (1956), Bühlmann u. Mitarb. (1956) u. a. gemessen. Mit diesen Methoden wird nur die an der Lunge selbst geleistete Arbeit gemessen, d. h. es fehlt der Anteil, der zur Bewegung des Brustkorbes nötig ist, der nur mit der Methode der künstlichen Beatmung erfaßt werden kann. Dieser Hinweis scheint uns gerade für pathologische Verhältnisse aus zwei Gründen bedeutungsvoll. Bei einem starren Brustkorb nimmt die Arbeit der Atemmuskulatur für die Bewegung des Thorax zu, was mit den Methoden der intrathorakalen Druckmessung gar nicht gemessen wird. Ein zweiter wichtiger Punkt ist, daß die normale Lunge bei jeder Lungenfüllung, also bis zur vollständigen Exspiration ihre Tendenz zur Retraktion beibehält, während die 0-Stellung des Thorax-Lungensystems ungefähr bei der funktionellen Residualkapazität liegt. Bei der Inspiration arbeitet die Muskulatur gegen die Thorax-Lungensystem-Elastizität, und die in diesem System gespeicherte Elastizität kommt der Exspiration zugute. Geht die Exspiration über die 0-Stellung des Thorax-Lungensystems hinaus, so muß Energie aufgewendet werden, die wieder der nachfolgenden Inspiration zugute kommt. Beim Emphysem mit starrem Thorax und inspiratorisch verschobener Atemmittellage kann dieses bei normalen Verhältnissen sinnvolle Spiel zwischen Lungen- und Thoraxelastizität, das für ein gegebenes Ventilationsvolumen ein Minimum an Arbeitsaufwand für die Atemmuskulatur garantiert, schwer gestört sein. Die gesamte Atemarbeit mit der Differenzierung in Atemarbeit an den Lungen und am Thorax einschließlich des Zwerchfelles wurde von Bühlmann u. Mitarb. (1957) bei atemgelähmten und curaresierten Patienten mittels künstlicher Beatmung (Überdruckbeatmung und Tankbeatmung) bestimmt. (S. Kapitel über künstliche Beatmung.)

Der energetische Nutzeffekt der Atemmuskulatur ist gering, OTIS, FENN und RAHN (1950) schätzen ihn auf 3—7%. Trotzdem ist der Energieverbrauch der Atemmuskulatur normalerweise sehr klein. LILJESTRAND und NIELSEN (1936) schätzen ihn auf 0,5 cm³ Sauerstoff pro Liter Ventilation, OTIS u. Mitarb. geben für ein Atemvolumen von 500 cm³, bei einer Frequenz von 15, 0,042 mkg an. Die Zahlen von CHRISTIE (1953) liegen mit 0,03—0,05 mkg pro Liter bei Ruheatmung in der gleichen Größenordnung. Wird die Atmung willkürlich oder während körperlicher Arbeit gesteigert, so nimmt die Atemarbeit pro Liter rasch zu. Nach NILSEN (1936) verdoppelt sich die Atemarbeit pro Liter Ventilation bei einer Zunahme der Ventilation von 10 auf 50 l. OTIS (1954) kommt auf Grund experimenteller Arbeiten von BADER, FISHMAN, RICHARDS und COURNAND zum Schluß, daß der Energieverbrauch der Atemmuskulatur bei willkürlicher Hyperventilation so gesteigert wird, daß die alveoläre Kohlensäurespannung nicht mehr gesenkt werden kann, wenn die kritische Grenze von etwa 60 l pro Minute überschritten wird. Während körperlicher Arbeit verschiebt sich diese Grenze auf etwa 140 l und liegt dann ungefähr beim Atemgrenzwert. Bei Emphysempatienten liegt als Zeichen einer gesteigerten Atemarbeit die kritische Grenze weit unter 60 l.

OTIS, FENN und RAHN (1950) haben gezeigt, daß der Organismus in Ruhe und bei Arbeit normalerweise die Atemfrequenz wählt, bei der der Arbeitsaufwand am kleinsten ist, dies wurde von CHRISTIE (1953) auch für pathologische Fälle bestätigt.

Die Vorstellungen über die Atemmechanik, wie sie von den oben zitierten Autoren geschaffen wurden, stellen für den Normalzustand ein befriedigendes Ganzes dar, wenn auch einzelne Detailfragen wie die Deformationswiderstände und die Rolle der turbulenten Strömungen noch nicht ganz gelöst sind. Für pathologische Zustände, insbesondere für das Emphysem, trifft das noch nicht zu, wie es eine kritische Durchsicht der widerspruchsvollen Literatur zeigt.

Beim idiopathischen Emphysem wie auch bei den fortgeschrittenen Fällen von Dehnungsemphysem gibt es aber doch einige eindeutige Tatsachen. Die Retraktionskraft der Lunge ist immer beträchtlich vermindert. Diese Beobachtung kann jeder bestätigen, der einmal bei solchen Kranken einen Pneumothorax angelegt hat. Die verminderte Retraktionskraft ist die Folge der Parenchymveränderung, wobei nicht einmal ein spezifischer Schwund der elastischen Fasern, wie er von Pathologen auch nur ausnahmsweise festgestellt wurde, postuliert werden muß.

Die Elastizität der emphysematösen Lunge wurde von verschiedenen Autoren untersucht. VAN NEERGAARD und WIRZ (1927) fanden in dem einzigen von ihnen untersuchten Fall eine Abnahme des Elastizitätskoeffizienten. CHRISTIE (1934) bekam in fortgeschrittenen Fällen für $\dfrac{\Delta P}{\Delta \text{Volumen}}$ statt einer linearen eine logarithmische Funktion, was bedeuten würde, daß in diesen Fällen die Lunge ihre Elastizität verloren hätte. Er machte zudem eine weitere Feststellung von großer Tragweite, wenn man einen Patienten mit einem schweren Emphysem tief inspirieren läßt, mißt man am Ende der Inspiration einen negativen statischen Pleuradruck, der sich aber langsam gegen 0 abbaut, wenn der Patient in der Inspirationsstellung verharrt. DAYMAN (1951) zeigte mit Pleuradruckmessungen, daß bei fortgeschrittenen Emphysemfällen die Lungenspannung nicht mehr in einer direkten proportionalen Beziehung zum Lungenvolumen steht, was so viel bedeutet, daß die Angabe eines Elastizitätskoeffizienten in diesen Fällen unmöglich ist. Bei zwei schweren Emphysemfällen fand er in Inspirationsstellung einen Druck ungefähr minus 10 cm Wasser, bei der folgenden Exspiration von 500—1000 cm³ fiel der Druck rasch auf 0, ohne sich bei weiterer Exspiration der Reserveluft zu verändern. Die emphysematöse Lunge verhielt sich in diesen Fällen wie ein Sack, der nur von einer anfänglichen Füllung mit 2 l eine elastische Retraktionskraft entwickelt, unterhalb dieses Volumens aber keine Elastizität zeigt. MCILROY und CHRISTIE (1954) kamen mit Oesophagusdruckmessungen zu den gleichen Schlußfolgerungen. Wenn die Elastizität verlorengegangen ist, so schwankt der intrathorakale Druck um 0, wobei es natürlich alle Übergangsstadien zwischen teilweisem und vollständigem Verlust der Elastizität gibt. Mit der Abnahme der Retraktionskraft ist nach diesen Autoren immer eine Vermehrung der Gewebeviscosität verbunden. NOELPP u. Mitarb. (1954) fanden damit übereinstimmend, daß beim Emphysem die Inspirationsarbeit gegen die Lungenelastizität vermindert, die viscöse Arbeit aber vergrößert ist.

nach NOELPP u. Mitarb. (1954)	Inspirator. elastische Arbeit pro cm³ Volumen	Viscöse Arbeit pro cm³ Volumen
Normal	2,5	2,4 g/cm
Emphysem	1,0	7,4 g/cm

MEAD, LINDGREN und GAENSLER (1955) kamen zu konträren Schlußfolgerungen, sie fanden bei ihren Emphysempatienten eine Abnahme der "compliance", des reziproken Wertes des Elastizitätskoeffizienten, mit anderen Worten eine Zunahme der Elastizität beim Emphysem. Angesichts der großen Streuung (Extremwerte bei Normalen 0,13–0,29, beim Emphysempatienten 0,09–0,44) kommt diesen Befunden hinsichtlich der Frage der Elastizität der emphysematösen Lunge noch keine entscheidende Bedeutung zu. Die Autoren machten aber eine Beobachtung, die ein neues Licht auf die Problematik der Elastizität beim Emphysem wirft. Bei ruhiger Atmung fanden sie eine mittlere "compliance" von 0,19, bei beschleunigter Atmung betrug dieser Wert bei den gleichen Patienten nur noch 0,04. Der Wert der "compliance" bzw. der Elastizität ist in pathologischen Fällen von der Atemstromstärke $\dot{V}$ und nicht nur vom Blähungszustand wie beim Normalen abhängig, sie wird von einem dynamischen Phänomen beeinflußt, was immer bei einem Nebeneinander ungleicher Zeitkonstanten der Fall ist (s. Kapitel Atemmechanik im Teil A).

Ist nun die Elastizität beim Emphysem vergrößert oder vermindert? Die Meinungsverschiedenheiten erklären sich nicht nur mit den verschiedenen angewandten Untersuchungstechniken und dem z. T. gar nicht vergleichbaren Untersuchungsmaterial — idiopathisches Emphysem und Dehnungsemphysem bei chronischem Asthma bronchiale usw. —, die Ursachen liegen tiefer, es handelt sich um die Definition der Elastizität unter pathologischen Verhältnissen. Vom physikalischen Standpunkt aus ist die Definition klar, man versteht unter Elastizität die Fähigkeit eines Körpers, Formänderungsarbeit aufzuspeichern. Ein Körper verhält sich „vollkommen elastisch", wenn die durch äußere Kräfte zugeführte Formänderungsarbeit vollständig als mechanische Energie zurückgewonnen werden kann.

Diese Definition beschreibt die elastischen Kräfte auf Zug wie auf Kompression. In der Lungenphysiologie wird der Begriff der Elastizität auf die Retraktionskraft der Lunge, die sich als elastischer Widerstand während der Inspiration auswirkt, angewandt. Elastische Kräfte nach einer Kompression, die sich in einer nachfolgenden passiven Ausdehnung äußern können, werden dabei gar nicht in Betracht gezogen, da sich normalerweise die elastischen Spannungsschwankungen im Bereiche negativen Pleuradruckes abspielen. Unter diesen Bedingungen können wir eine Atemschleife während eines Atemcyclus konstruieren und ihre beiden Extrempunkte durch eine Gerade verbinden und die elastische Arbeit berechnen, ohne daß sich vom physikalischen Standpunkt Einwände gegen diese Methode ergeben. Die Diagonale ergibt uns auch den Elastizitätskoeffizienten. Das gleiche Vorgehen ist auch in pathologischen Fällen möglich, solange der statische Pleuradruck während des ganzen Atemcyclus negativ bleibt, auch in diesen Fällen wird die von der Inspirationsmuskulatur für die Überwindung des elastischen Widerstandes geleistete Arbeit während der Exspiration wieder frei. Sobald aber die die Lungenelastizität charakterisierende Diagonale im Verlaufe der Exspiration die X-Achse schneidet, wie es gerade beim Emphysem häufig der Fall ist, so entspricht der Teil im Bereich der positiven Pleuradrucke einer Elastizität auf Kompression im physikalischen Sinn, hat aber physiologisch eine viel komplexere Bedeutung. Die Diagonale im Bereich der positiven Pleuradrucke entspricht einer aktiven Kompression der Lunge, die durch die Exspirationsmuskulatur geleistet werden muß, dabei kann die aufgewandte Energie theoretisch zu Beginn der folgenden Inspiration zurückgewonnen werden. In diesem Fall zerfällt die Inspiration in einen anfänglichen passiven und einen zweiten aktiven gegen die Retraktionskraft der Lunge geleisteten Teil. Wenn wir hier die elastische Arbeit während der Inspiration unter Verwendung des Winkels und der Länge der Diagonale berechnen, so ist das physikalisch unsinnig, da die Gerade im Bereiche der positiven und negativen Pleuradrucke entgegengesetzte und z. T. nicht mehr elastische Kräfte repräsentiert. Dieses Vorgehen läßt sich nur rechtfertigen, wenn man von der vollständigen Reversibilität der während der aktiven Exspiration gestapelten Energie überzeugt ist und wenn man darauf hinweist, daß unter diesen Bedingungen nicht mehr die gesamte Inspirationsarbeit von der Inspirationsmuskulatur geleistet wird. Diese Überlegung zeigt auch den Nachteil und das Risiko der indirekten Pleuradruckmessung mittels der Oesophagusdruckmessung, die ja keine absoluten Werte gibt und damit auch nicht die genaue Angabe des Momentes der Schneidung der X-Achse erlaubt.

MEAD u. Mitarb. (1955) haben mit weiteren Untersuchungen die Komplexität des Begriffes Elastizität unter pathologischen Verhältnissen gezeigt. Sie experimentierten mit Hunden bei geöffnetem Thorax mit Hilfe einer Starling-Pumpe. Sie fanden, wie zu erwarten, einen von der Frequenz unabhängigen Elastizitätskoeffizienten. Wird ein Bronchus blockiert und nur eine Lunge beatmet, so verdoppelt sich der Koeffizient, der weiterhin von der Frequenz unabhängig bleibt, Wird nun die Blockade teilweise gelöst, so daß Luft in die betreffende Lunge eindringen kann, wobei aber die Stenosierung eine erhebliche Vergrößerung des Strömungswiderstandes hervorruft, so sind sehr interessante Phänomene zu beobachten. Wenn mit niedriger Frequenz beatmet wird, so findet man einen normalen Elastizitätskoeffizienten wie bei normal durchgängigen Bronchien. Bei Steigerung der Frequenz nimmt die Ventilation der teilweise blockierten Lunge ab und die der anderen dementsprechend zu, der Elastizitätskoeffizient wird größer. Schließlich kommt der Moment, wo die teilweise blockierte Lunge überhaupt nicht mehr ventiliert wird, und man findet wieder einen Koeffizienten wie bei vollständigem Verschluß des einen Bronchus. Diese Versuche zeigen, daß der Elastizitätskoeffizient bei teilweisem Verschluß der Bronchien variable Werte annimmt, die von der Atemstromstärke abhängen (s. auch Kap. A, I, g).

Bronchialstenosen bringen deshalb ein heterogenes und die Verhältnisse komplizierendes Element in die Pathophysiologie, was sowohl für die Ventilation als auch für die Elastizität gilt. Während der Inspiration setzen sich die stenosierten Lungenteile gegenüber den normalen Teilen nur mit einer Verzögerung ins Gleichgewicht. Die Verzögerung ist abhängig von der Schwere der Stenose, sie betrifft die Ventilation und die elastische Adaptation. Zu Beginn der Inspiration werden die gesunden Regionen gebläht, und da nur ein Teil des gesamten Parenchyms mit einem unverhältnismäßig großen Volumen gebläht werden muß, wird der Elastizitätskoeffizient der Lunge eindeutig größer, er nimmt ab, sobald sich die Luft auch auf die stenosierten Teile verteilt, und die Verteilung ist von der Atemstromstärke abhängig. Eine exakte Messung der Elastizität beim Emphysem wäre deshalb nur möglich, wenn man den Faktor Zeit z. B. durch Apnoe eliminieren würde, was schließlich zu der alten Beobachtung von Christie führt, daß sich beim Emphysemkranken der Pleuradruck während Apnoe am Ende einer Inspiration langsam abbaut. Beim Dehnungsemphysem handelt es sich also um sehr komplexe Prozesse, die den Wert der totalen Elastizität ständig beeinflussen. Der Grad der Blähung variiert von einer Region der Lunge zur anderen in Abhängigkeit vom Grad der Stenosierung und von der Atemstromstärke. Die gesamte in Erscheinung tretende Elastizität ist das Integral zahlloser regionaler, sehr unterschiedlicher momentaner Blähungszustände. Es scheint uns sehr zweifelhaft, daß wir in diesen Fällen die gemessene Lungenelastizität noch mit der physikalisch definierten Elastizität vergleichen können.

Zusammenfassend ist festzustellen, daß der für normale Lungenverhältnisse klare Begriff der Lungenelastizität unter pathologischen Verhältnissen, insbesondere beim Vorliegen von Bronchialstenosen, einen ganz anderen Aspekt annimmt, indem die Atemstromstärke und damit der Zeitfaktor entscheidende Bedeutung bekommt, die für die Elastizität im physikalischen und normalphysiologischen Sinne keine Rolle spielt. Wir unterscheiden deshalb eine statische und „effektive" Elastance.

Genau das umgekehrte Phänomen wie bei der Elastizität beobachtet man bei der Viscosität. Die Strömungs- und Gewebedeformationswiderstände sind normalerweise nur eine Funktion der Atemstromstärke und vom Grad der Lungenblähung unabhängig. Doch haben schon v. Neergaard und Wirz (1927) eine Zunahme der Strömungswiderstände am Ende der Exspiration, wenn sich der Dehnungsgrad der Lunge dem Residualvolumen nähert, beobachtet, was von Wyss und Schmid (1951) bestätigt, von Otis und Proctor (1948), Sheldon und Otis (1951) aber bestritten wurde. Beim Emphysem, sowohl beim idiopathischen als auch beim Dehnungsemphysem, kann man beobachten, daß die Strömungswiderstände, die normalerweise bei konstanten Bronchialdurchmessern nur von der Atemstromstärke beeinflußt werden, plötzlich auch vom Blähungszustand der Lunge abhängen. Dieses Phänomen hat eine einfache Erklärung. Im Normalzustand werden die Bronchien durch die Spannungssysteme der Lunge, die sich von den bronchovasculären Gebilden bis zur Pleura erstrecken, offengehalten. Beim Emphysem werden diese Systeme wie das ganze Parenchym geschädigt, so daß die Bronchien diesen Unterstützungsmechanismus verlieren. Ein weiterer wesentlicher Faktor liegt darin, daß der Pleuradruck gegen Ende der Exspiration die Tendenz hat, positiv zu werden. Beim Vorliegen von Bronchialstenosen ist es durchaus möglich, daß der intrathorakale Druck und der Alveolardruck wesentlich höher als der intrabronchiale und intratracheale Druck ist. Unter diesen Bedingungen komprimiert die Lunge in der Art eines Luftkissens die Bronchien, was zu einem Kollaps der Bronchien und Bronchiolen ohne knorpeliges Gerüst führen kann, womit der circulus vitiosus geschlossen wird. Man kann dieses Phänomen schließlich auch im Bereiche der größeren Bronchien bis zur Trachea beobachten, sobald die Pars membranacea hernienartig in das Lumen vorgewölbt wird [Lell (1946), Stutz (1952), Dayman (1951), Herzog (1954)]. Die Folge dieser Kompression der Bronchien und evtl. sogar der Trachea gegen Ende der Exspiration ist natürlich eine beträchtliche Erhöhung der Strömungswiderstände, sie sind um so höher, als sich das Lungenvolumen dem des Residualvolumens nähert. Von diesem Punkt aus betrachtet ist die Inspirationsstellung beim Emphysem sinnvoll oder sogar notwendig.

Während der weiteren Entwicklung des Emphysems werden schließlich infolge dieses Mechanismus einzelne Bronchiolen so stenosiert, daß die Luft aus den entsprechenden Alveolargebieten nicht mehr entweichen kann, es handelt sich dabei

um das "trapping" der amerikanischen Autoren. In diesen Alveolargebieten ist
der Exspirationsdruck stark erhöht, so daß sie sich gegen die Gebiete mit noch
durchgängigen Bronchiolen ausdehnen. Die Ausdehnung kann so weit gehen, daß
es zur Ruptur der Septen kommt. Der volumenmäßige Anteil des "trapped gas",
der ja mit der Messung der funktionellen Residualkapazität nicht erfaßt wird, kann
plethysmographisch (DuBois u. Mitarb.) gemessen werden. Wir haben also beim
Emphysem mit beträchtlichen regionären Differenzen der Strömungswiderstände
zu rechnen, es ergibt sich auch von diesem Gesichtspunkt aus eine Heterogenität,
ganz ähnlich der bei der Untersuchung und Definition der Lungenelastizität. Im
Bereiche der normal weiten Bronchien ist der Strömungswiderstand normal, und
er wird unendlich groß bei den kollabierten Bronchiolen, wobei mit allen Übergangsstadien zu rechnen ist. Unter diesen Verhältnissen ergibt die Alveolardruck-
messung mit der Verschlußdruckmethode keine Werte mehr, die die Berechnung
der wirklichen Strömungswiderstände erlauben würde. Nur wenn die Bronchialstenosen gleichförmig über den ganzen Bronchialbaum verteilt wären, können mit
dieser Methode vernünftige Werte für den Alveolardruck gemessen werden. Die
Verteilung ist aber in pathologischen Fällen nie gleichmäßig, womit sich auch die
Zeit für den Druckausgleich zwischen Alveole und Mund verlängert, die exakte
Messung mit der Unterbrechermethode setzt aber einen sehr schnellen Druckausgleich voraus.

Die Differenzierung der gesamten Viscosität in Strömungswiderstände und
Gewebedeformationswiderstände stößt aus allen diesen Gründen beim Emphysem
auf die größten Schwierigkeiten. Da es sich um komplementäre Größen handelt,
werden sich die Meßfehler bei der Bestimmung der einen Größe im umgekehrten
Sinne auf die andere Größe übertragen. Da der mit der Verschlußdruckmethode
bestimmte Alveolardruck meist zu tief gemessen wird, so findet man eine erhöhte
Gewebsviscosität. In dieser Gewebsviscosität finden sich aber eine Reihe von
ganz verschiedenen Elementen, Deformationswiderstände im eigentlichen Sinne,
Ungleichheiten in der Ventilation der verschiedenen Lungenpartien und das
Phänomen des "trapping", d. h. die Kompression von Luftkissen.

Im Normalzustand haben die Begriffe Elastizität, Luft- und Gewebsviscosität
eine scharf umrissene Bedeutung, die Definitionen gelten, solange die Lunge
gleichmäßig arbeitet, sie verwischen sich bei ungleichmäßiger Ventilation, bei
wechselnder Bronchialweite usw. Die Elastizität wird plötzlich eine Funktion
der Atemstromstärke und die Strömungswiderstände eine solche der Lungenblähung. Die Grenzen zwischen diesen Begriffen verwischen sich so weit, daß wir
in fortgeschrittenen Fällen nur schwer sagen können, was wir eigentlich mit
unseren Techniken gemessen haben.

Im Gegensatz zur Messung der Elastizität und der Viscosität ist die Bestimmung der Atemarbeit bei pathologischen Fällen und beim Emphysem gut möglich.
Wie unter normalen Verhältnissen kann auch hier ein Volumen-Druck-Diagramm
zur Messung der an der Lunge selbst geleisteten Arbeit konstruiert werden. Es
bleibt die Einschränkung, daß die gesamte Arbeit, einschließlich der zur Bewegung
des Thorax notwendigen, nur mittels der Methode der künstlichen Atmung bei
vollkommener Muskelerschlaffung gemessen werden kann. Alle Autoren haben
übereinstimmend beim Emphysem eine beträchtliche Zunahme der Atemarbeit
festgestellt [Christie (1953), Fry u. Mitarb. (1954), McIlroy (1954), Noelpp u.
Mitarb. (1954)]. Der Emphysempatient muß z. B. für eine Ventilation von 15 l
pro Minute die gleiche Atemarbeit leisten wie ein Gesunder für 30—40 l. Dieses
Mißverhältnis zwischen Ventilationseffekt und Atemarbeit ist ein ursächlicher
Faktor der Dyspnoe. Bei einer gesteigerten Atemarbeit nimmt aber auch die
Kohlensäureproduktion beim Versuche einer Ventilationssteigerung stark zu,

so daß diese Patienten ihre Atemreserven, wie sie z. B. mit dem Atemgrenzwert erfaßt werden, gar nicht voll ausnützen können, mit anderen Worten, ihre alveoläre Kohlensäurespannung bei willkürlicher Hyperventilation gar nicht wesentlich senken können. Schließlich kommt der Moment, wo eine Einschränkung der Ventilation vom energetischen Standpunkt ökonomischer wird als das Aufrechterhalten einer für eine normale alveoläre Kohlensäurespannung notwendigen Ventilation, d. h. es kommt zu einer Globalinsuffizienz mit chronischer arterieller Hypoxämie und Hyperkapnie, was aber eine Anpassung der die Atmung regulierenden Atemzentren voraussetzt. Abb. 57 zeigt den Einfluß der willkürlich gesteigerten Ventilation auf die arterielle Kohlensäurespannung beim Lungengesunden während Ruhe und Arbeit sowie beim Emphysempatienten mit chronischer Hyperkapnie.

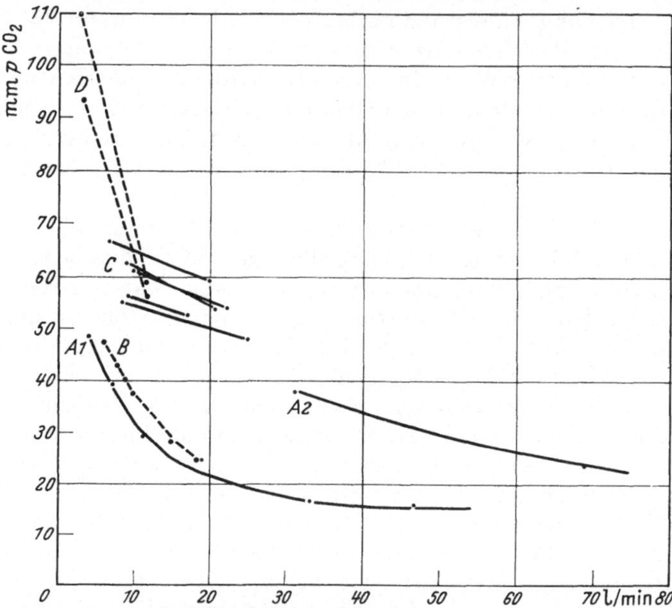

Abb. 57. Der Einfluß der willkürlich oder medicamentös bzw. apparativ gesteigerten Ventilation auf die arterielle Kohlensäurespannung bei normalen Versuchspersonen während Ruhe und Arbeit sowie bei Patienten mit Globalinsuffizienz. A_1 u. B normal, A_2 normal während Arbeit. C Emphysempatienten. D Emphysempatienten mit künstlicher Beatmung

c) Spirometrische und blutgasanalytische Untersuchungen beim Emphysem

Die Volumetrie der emphysematösen Lunge wurde besonders von BRAUER (1932), JANSEN, KNIPPING und STROMBERGER (1932), CHRISTIE (1934), HURTADO, KALTREIDER und FRAY (1934), BALDWIN, COURNAND und RICHARDS (1949) und WITHFIELD (1952) wie auch von uns bearbeitet.

Das wichtigste Phänomen ist die Vergrößerung der funktionellen Residualkapazität, die Einschränkung der Reserveluft und damit die Vermehrung des Residualvolumens. Die Totalkapazität ist in den Anfangsstadien meist vergrößert, die Vitalkapazität anfänglich gelegentlich noch normal, später immer reduziert. Eine funktionelle Residualkapazität von 60—80% der Totalkapazität ist durchaus nichts Ungewöhnliches. Ein weiterer charakteristischer Befund ist die Einschränkung des Atemgrenzwertes, der in schwersten Fällen nur noch 20% des Sollwertes betragen kann. Im Falle des idiopathischen Emphysems haben Broncholytica, z. B. Adrenalin i.m. keinen besonderen Einfluß auf den Atemgrenzwert, beim Dehnungsemphysem und beim Vorliegen von Bronchialspasmen fällt dagegen dieser Test positiv aus. Analog zur Einschränkung des Atemgrenzwertes ist der Tiffeneau-Test pathologisch verändert und der Pneumometerstoß nach HADORN vermindert. Bei der Spirometrie erkennt man bei schnellaufendem Kymographion eine zunehmende Verlängerung und Unterbrechung der Exspiration, wobei es sich um die graphische Darstellung des schon bei der Atemmechanik beschriebenen "trapping" handelt. Nach einer tiefen Inspiration geht beim Emphysempatienten das Lungenvolumen nicht immer mit der nachfolgenden Exspiration, sondern erst im Verlaufe mehrerer Exspirationen auf das Ausgangsvolumen zurück. Dieses Phänomen wurde von CHRISTIE (1934) besonders studiert, um daraus einen Test für die Lungenelastizität (over-distension test) zu entwickeln.

Die Zunahme der funktionellen Residualkapazität, die Stenosierung der Bronchien und Bronchiolen, die entsprechende lokale Unterschiede der Atemstromstärke hervorrufen, beeinflussen die intrapulmonale Verteilung der Atemgase, was man mit der Bestimmung der Mischzeit direkt untersuchen kann. Diese ist beim Emphysem immer beträchtlich verlängert [NIELSEN und SONNE (1932), ROELSEN (1939), DARLING, COURNAND und RICHARDS (1944), BRISCOE (1952) u. a.]. KNIPPING wies schon sehr früh auf die Bedeutung dieser unterschiedlichen Belüftung auf den Gaswechsel und die arteriellen Blutgase hin. Die ungleichmäßige Luftverteilung hat ungleichmäßige alveoläre Gasspannungen in den verschiedenen Lungenabschnitten zur Folge, was wiederum die Durchblutung dieser Gebiete beeinflußt; das Verhältnis von Ventilation zu Durchblutung variiert in diesen verschiedenen Gebieten. Die Folge ist eine Verschlechterung der Atemökonomie und eine Vergrößerung des funktionellen Totraumes, der schon durch die Lungenblähung im Sinne der Zunahme beeinflußt wird. Der Anteil der alveolären Ventilation an der Gesamtventilation, der normalerweise 60—70% beträgt, wird kleiner und kann weniger als 50% betragen. Der Emphysempatient muß in diesem Stadium, um eine normale alveoläre Ventilation aufrechtzuerhalten, eine größere Gesamtventilation leisten als der Gesunde, die spezifische Ventilation wird größer. Die verlängerte Mischzeit, die verschlechterte Ausnützung der Inspirationsluft, die Vergrößerung des funktionellen Totraumes und die Zunahme der spezifischen Ventilation sind tatsächlich nur verschiedene Aspekte von eng miteinander verbundenen Phänomenen.

Die ungleiche Ventilation der verschiedenen Lungenpartien führt auch zu einer Vergrößerung der venösen Zumischung, die normalerwiese nur 2—6% des Herzminutenvolumens ausmacht. Alle Autoren, die diese Frage beim Emphysem studiert haben, fanden eine Zunahme der venösen Zumischung, die gelegentlich bis zu 20% des Herzminutenvolumens betragen kann. Das Blut der schlecht ventilierten Alveolargebiete wird nur ungenügend mit Sauerstoff aufgesättigt, die vermehrte Zumischung von ungesättigtem Blut hat zur Folge, daß die arterielle Sauerstoffsättigung absinkt, es kommt mit anderen Worten zum Bild der Partialinsuffizienz. Da auch die Durchblutung der schlecht ventilierten Bezirke eingeschränkt wird, ist der Einfluß der venösen Zumischung auf die periphere arterielle Sauerstoffsättigung meistens nicht so groß, als man es nach dem Ausmaß der schlecht ventilierten Gebiete zu erwarten hätte. Die arterielle Sauerstoffsättigung bei einer Partialinsuffizienz liegt deshalb selten wesentlich unter 90%. Schon normalerweise ist die Belüftung der Alveolen nicht absolut gleichmäßig, so daß es fließende Übergänge vom Normalzustand bis zur schweren Verteilungsstörung gibt. Wir sprechen aber erst von einer Partialinsuffizienz, wenn die venöse Zumischung so vergrößert ist, daß die arterielle Sauerstoffsättigung unter 95% sinkt. Die Ventilation von nicht mehr durchbluteten Alveolargebieten, z. B. von emphysematösen Blasen, verändert das Ventilations-Durchblutungs-verhältnis und führt zu einer Vergrößerung des funktionellen Totraumes, wobei es sich um den "dead space effect" der amerikanischen Autoren handelt.

Im weiteren Verlauf des idiopathischen wie auch des Dehnungsemphysems kommt schließlich der Moment, in dem es dem Patienten nicht mehr möglich ist, eine dem Gaswechselbedürfnis entsprechende alveoläre Ventilation aufrechtzuerhalten, weil es wegen der gesteigerten Atemarbeit vom energetischen Standpunkt betrachtet zu unökonomisch wird. Es entwickelt sich das Bild der Globalinsuffizienz, der "chronic respiratory acidosis", die ein neues Gleichgewicht zwischen Ventilation, Atemarbeit und Erregbarkeit der Atemzentren darstellt, an dem die Patienten unter verschiedenen Bedingungen, z. B. Ruhe und körperliche Arbeit, festhalten. Die Atemreserven sind in diesem Stadium beim Emphysem immer stark eingeschränkt, der Atemgrenzwert beträgt meistens weniger als 25–35% des Sollwertes.

d) Die Veränderungen der Lungendurchblutung beim Emphysem

Die Probleme der Hämodynamik beim Emphysem und die Pathogenese des Cor pulmonale wurden in den letzten Jahren von zahlreichen Autoren studiert [BORDEN u. Mitarb. (1950), HARVEY u. Mitarb. (1951), BÜHLMANN u. Mitarb. (1953), VUYLSTEEK u. Mitarb. (1953), ROSSIER (1954)]. Wir verweisen insbesondere auf die Kapitel „Einteilung der verschiedenen Formen der pulmonalen Hypertonie" und „Das chronische Cor pulmonale". Es soll hier nur wiederholt werden, daß man bei der Partialinsuffizienz in der Regel keine pulmonale Hypertonie und kein Cor pulmonale findet. Die Einschränkung der Durchblutung der schlecht ventilierten Alveolargebiete wird durch die gesteigerte Durchblutung der normal oder hyperventilierten Gebiete kompensiert, so daß keine wesentliche Erhöhung des Strömungswiderstandes resultiert. Bei einer Hypoventilation der Mehrzahl oder aller Alveolen, in diesen Fällen ist die alveoläre Sauerstoffspannung erniedrigt, die Kohlensäurespannung erhöht, kommt es zu einer durch Sauerstoffatmung und künstliche Hyperventilation beeinflußbaren Erhöhung des Widerstandes im Lungenkreislauf, und da die Lungendurchblutung in diesen Fällen ohne Einschränkung des Herzminutenvolumens nicht reduziert werden kann, steigt der Druck in der Art. pulmonalis an. Es entwickelt sich ein Cor pulmonale, da es sich bei der Globalinsuffizienz beim Emphysem um einen praktisch irreversiblen Zustand handelt. Das Herzminutenvolumen ist wegen der dazugehörenden chronischen Hypoxämie und Hyperkapnie meistens etwas vergrößert, solange das Myokard noch nicht insuffizient ist, wie es COURNAND u. Mitarb. gezeigt haben und was auch unserer eigenen Erfahrung entspricht. Das Konfluieren der Alveolen führt schließlich auch zu einer Einschränkung der capillären Strombahn, so daß auch die „Diffusionskapazität" vermindert wird. Doch ist der Prozeß selten so ausgesprochen, daß man bereits im Ruhezustand eine Diffusionsstörung feststellen könnte, zudem besteht in diesen anatomisch weit fortgeschrittenen Fällen meistens eine Globalinsuffizienz, von der das funktionelle Bild beherrscht wird. Der Nachweis einer Diffusionsstörung neben einer Globalinsuffizienz kann bei der Lungenfunktionsprüfung und beim Herzkatheterismus mit dem Arbeitsversuch erbracht werden, worauf wir noch bei unserer funktionellen Stadieneinteilung des Emphysems zurückkommen werden.

Die respiratorischen intrathorakalen Druckschwankungen sind beim Dehnungsemphysem immer deutlich vergrößert und führen auch zu entsprechenden Druckänderungen in den Hohlvenen und in den Herzhöhlen. Ob diesen vergrößerten Druckvariationen im Laufe eines Atemcyclus auch eine wesentliche hämodynamische Bedeutung zukommt, ist noch nicht sicher abgeklärt.

e) Funktionelle Stadieneinteilung des Emphysems

Gemäß unseren Untersuchungsmethoden mit arterieller Blutgasanalyse, Spirometrie, Bestimmung der funktionellen Residualkapazität, der Mischzeit, des Atemgrenzwertes, Berechnung der alveolären Ventilation, des funktionellen Totraumes und der Untersuchung des Lungenkreislaufes mit dem Herzkatheterismus teilen wir das Emphysem in 5 Stadien ein.

	normal	latente Insuffizienz	Partialinsuffizienzen		Globalinsuffizienz	Globalinsuffizienz kombiniert mit Diffusionsstörungen bei leichter Arbeit
			leicht	schwer		
O_2-Sättigung	95—97%		92,2	92,0	88,7	84,4
pO_2	85—95 mm Hg	normal	64	65	60	54
pCO_2	38—41 mm Hg		38,1	40	49,3	53,7
alveol. pO_2	92—98 mm Hg		97	97	85	78
Totalkapazität	100%	110%	120%	114%	105%	105% des Sollwertes
Funkt. Residualkap.	43%	55%	51%	60%	61%	62% der Totalkapazität
Residualvolumen	28%	42%	41%	50%	52%	56% der Totalkapazität
Vitalkapazität	72%	58%	59%	50%	48%	44% der Totalkapazität
Alveol. Ventilation	60—70%	53%	47%	46%	48%	47% der Gesamtventilat.
Spez. Ventilation	25—31	36	41	39	30	28
Mischzeit	2—3 min	5 min	5 min	7 min	7 min	6 min
Atemgrenzwert	100%	61%	55%	30%	26%	25% des Sollwertes
Funkt. Totraum	130—170 cm³	190—240	250—290	270—290	200—220	200—230

pulmonale Hypertonie
Cor pulmonale

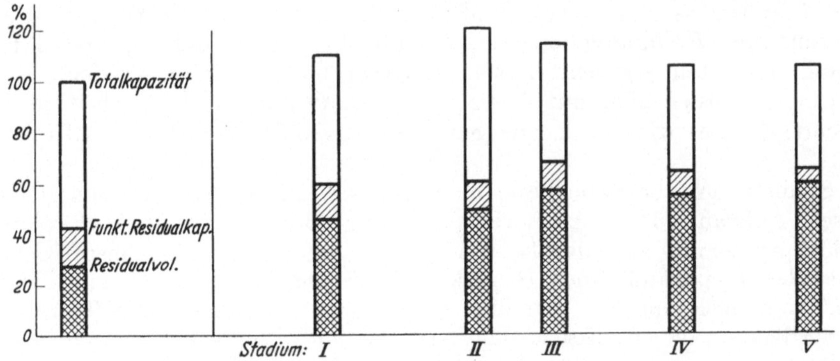

Abb. 58. Funktionelle Einteilung des Emphysems in 5 Stadien

In dieser Übersicht sind die wichtigsten Befunde für die 5 Stadien zusammengestellt. Es handelt sich dabei um Mittelwerte von je 10—15 Patienten, ausschließlich Männer zwischen 50 und 60 Jahren, die sich auch hinsichtlich Größe und Gewicht nicht wesentlich unterschieden. Die überwiegende Mehrzahl dieser Kranken litt unter einem Dehnungsemphysem bei chronischer spastischer Bronchitis und chronischem Asthma bronchiale (''obstructive form''), wir hatten nur selten Gelegenheit, ein reines idiopathisches Emphysem ohne Bronchialstenosen zu untersuchen.

Allen Stadien gemeinsam ist eine beträchtliche Vermehrung des Residualvolumens, der funktionellen Residualkapazität, eine verlängerte Mischzeit, eine Vergrößerung des funktionellen Totraumes und die Einschränkung des Atemgrenzwertes. Die Totalkapazität ist gegenüber dem theoretischen Sollwert insbesondere in den Anfangsstadien deutlich vergrößert. Als Zeichen einer unökonomischen Atmung ist der Anteil der alveolären Ventilation an der Gesamtventilation vermindert und die spezifische Ventilation (das Atemäquivalent) erhöht.

Beim Stadium I ist der Thorax relativ gut beweglich, und der Atemgrenzwert beträgt noch eindeutig mehr als die Hälfte des Sollwertes. Die arteriellen Blutgase sind normal, und die Anpassungsfähigkeit an leichte und mittelschwere körperliche Arbeit ist gut.

Das Vorliegen einer arteriellen Hypoxämie als Folge einer ungleichmäßigen Belüftung, die Partialinsuffizienz, charakterisiert das Stadium II. Die Atmung wird noch etwas unökonomischer, die spezifische Ventilation, das Verhältnis von Gesamtventilation und Sauerstoffaufnahme, wird noch ungünstiger. Bei der Berechnung der Mittelwerte ergab sich bei dieser Gruppe die größte Totalkapazität. Der Atemgrenzwert beträgt noch mehr als die Hälfte des Sollwertes. Auch diese Patienten sind noch in der Lage, sich an leichte und mittelschwere Arbeit gut anzupassen.

Im weiteren Verlauf nimmt die Totalkapazität wieder etwas ab, die Residualvolumen werden aber größer. Infolge der zunehmenden Starre des Thorax wird der Atemgrenzwert merklich kleiner. Das Stadium III unterscheidet sich vom Stadium II in der Hauptsache durch die stärkere Einschränkung des Atemgrenzwertes, die Patienten haben bereits eine deutliche Anstrengungsdyspnoe und eine deutlich reduzierte Anpassungsfähigkeit an körperliche Arbeit. Der Herzkatheterismus ergibt in diesem Stadium hinsichtlich Widerstand, Druck und Lungendurchblutung noch normale Befunde. Das Stadium III stellt in funktioneller Hinsicht gewissermaßen einen End- und Wendepunkt in der Entwicklung des Emphysems dar. Die spezifischen Emphysem-Veränderungen, wie Vergrößerung des Residualvolumens, schlechte Luftdurchmischung und Einschränkung der Atemreserven, haben praktisch ihr Maximum erreicht, die Veränderungen werden aber mit einem großen Aufwand an Atemarbeit noch kompensiert, d. h. es wird noch eine genügende alveoläre Ventilation aufrechterhalten.

Das Stadium IV charakterisiert die respiratorische Dekompensation. Der energetische Aufwand für die Atemarbeit wird zu groß für eine normale alveoläre Ventilation, es kommt zur alveolären Hypoventilation, zur Globalinsuffizienz mit arterieller Hypoxämie und Hyperkapnie. Dieser Zustand ist mit einer gewissen Ökonomisierung der Atmung verbunden, der funktionelle Totraum wird wieder kleiner, die spezifische Ventilation nimmt ab und wird normal. Das Spannungsgefälle zwischen alveolärer Sauerstoff- und Kohlensäurespannung wird gegenüber der Inspirationsluft so verändert, daß pro Liter alveoläre Ventilation mehr Sauerstoff aufgenommen und Kohlensäure abgegeben werden kann als bei normalen alveolären Gasspannungen. Eine chronische alveoläre Hypoventilation ist aber nur möglich, wenn sich die Atemzentren den veränderten Blutgasen angepaßt haben. Die arterielle Sauerstoffspannung bzw. Sättigung bekommt für die Atemregulation gegenüber dem Normalzustand vermehrte Bedeutung, wird sie durch Sauerstoffatmung massiv erhöht, so kommt es regelmäßig zu einer weiteren Einschränkung der alveolären Ventilation und damit Zunahme der Hyperkapnie und Verstärkung der respiratorischen Acidose. Die Sauerstofftherapie ohne gleichzeitige Verbesserung der Ventilation ist deshalb in diesen Fällen kontraindiziert. Die Globalinsuffizienz stellt ein neues Gleichgewicht zwischen Ventilation, Aufwand an Atemarbeit für diese Ventilation und Erregbarkeit der Atemzentren dar, an dem der Organismus auch bei einer Ventilationssteigerung während körperlicher Arbeit festhält. Diese Patienten sind meist nur in der Lage, 20—40 Watt als Dauerbelastung zu bewältigen, dabei kommt es zu keiner wesentlichen Änderung der arteriellen Kohlensäurespannung.

Entsprechend den pathologischen alveolären Gasspannungen ist der Widerstand im Lungenkreislauf erhöht, es besteht eine pulmonale Hypertonie, und es entwickelt sich, da es sich ja immer um chronische und kaum reversible Zustände beim Emphysem handelt, ein Cor pulmonale. Mit künstlicher Steigerung der Ventilation und Sauerstoffatmung kann der Widerstand im Lungenkreislauf und der Druck in diesem Stadium wesentlich gesenkt werden.

Auch in diesem Stadium ist die Luftdurchmischung oft noch sehr verschlechtert, so daß sich die Globalinsuffizienz mit einer Partialinsuffizienz kombiniert. Man beobachtet dann während des Arbeitsversuches einen leichten Anstieg der arteriellen Sauerstoffsättigung bei unveränderter Kohlensäurespannung.

Selbstverständlich existieren Zwischenformen zwischen den Stadien III und IV mit leicht erhöhter Kohlensäurespannung, die sich dann bei Arbeit normalisiert. Wir sprechen deshalb nur von einer Globalinsuffizienz, wenn die Kohlensäurespannung mehr als 45 mm Hg beträgt und bei Arbeit gleichbleibt.

Beim Stadium V handelt es sich um die Kombination von Globalinsuffizienz mit Diffusionsstörung. Letztere ist bedingt durch eine massive Einschränkung der Capillaroberfläche als Folge eines weit fortgeschrittenen Schwundes der Alveolarsepten und Konfluierens der Alveolen. Die spirometrischen und blutgasanalytischen Werte unterscheiden sich in Ruhe nicht von denen im Stadium IV, doch fällt die Sauerstoffsättigung bei leichter Arbeit, soweit sie überhaupt noch bewältigt werden kann, deutlich ab. Die pulmonale Hypertonie ist weitgehend fixiert, der erhöhte Druck wird durch eine Normalisierung der alveolären Gasspannungen während künstlicher Hyperventilation nicht normalisiert. Hinsichtlich Verlaufes des Cor pulmonale ergeben sich ebenfalls keine Unterschiede zum Stadium IV. Eine strenge Trennung zwischen diesen beiden Stadien ist im Grunde genommen gar nicht möglich und praktisch ohne größere Bedeutung, die Differenzierung hat mehr prinzipielle Bedeutung für die pathophysiologische Klassifikation.

Das rein idiopathische Emphysem mit progressiven Parenchymverlusten führt ausnahmsweise auch einmal zu einer Diffusionsstörung und pulmonalen Hypertonie ohne gleichzeitig alveoläre Hypoventilation, also ohne Globalinsuffizienz. In unserem Krankengut mit etwa 300 Emphysempatienten handelt es sich dabei aber um seltene Ausnahmen.

Das Stadium der Dekompensation des Cor pulmonale beim Emphysem könnte man als 6. Stadium bezeichnen. Das klinische Bild wird dann aber von der kardialen Rechtsinsuffizienz mit Stauung im großen Kreislauf usw. dominiert. Die Lungenfunktionsprüfung in diesem Stadium hat in erster Linie differentialdiagnostische Bedeutung zur Abgrenzung von anderen kardialen Affektionen, wie Pulmonalstenose, Mitralstenose, dekompensierte Hypertonie usw., die schließlich ebenfalls zu einer kardialen Rechtsinsuffizienz führen können.

Es ist unnötig, besonders zu betonen, daß unsere Stadieneinteilung des Emphysems nach funktionellen Gesichtspunkten nur die großen Linien angeben kann, ohne alle Detailfragen genügend zu berücksichtigen.

f) Die Therapie des Emphysems unter funktionellen Gesichtspunkten

Wie bereits betont, steht in der Klinik das „obstruktive" Emphysem im Vordergrund, die bisherigen Ausführungen beziehen sich praktisch ausschließlich auf diese Form des Emphysems. Schwere Funktionsstörungen mit Globalinsuffizienz finden sich fast ausnahmslos nur beim obstruktiven Emphysem, die Funktionsstörungen beim rein idiopathischen Emphysem sind meistens viel harmloser, so daß der Therapie keine große Bedeutung zukommt.

Die wichtigste therapeutische Maßnahme beim obstruktiven Emphysem liegt in der Bekämpfung der Obstruktion, wobei sich entsprechend der Komplexität der exspirationsbehindernden Prozesse mehrere Möglichkeiten ergeben, worauf noch einmal im Zusammenhang mit dem Asthma bronchiale und den Bronchitiden kurz eingegangen wird. Eigentliche Spasmolytica wie Adrenalinderivate und Euphyllin können parenteral und per inhalationem verabreicht werden. Mit intravenöser Injektion von Euphyllin erreichte Schwab bei Fällen mit Globalinsuffizienz eine Senkung der Kohlensäurespannung um 8 mm Hg im Mittel. In vielen Fällen spielt auch die chronische Infektion der Luftwege direkt und über eine Autoallergisierung eine kausale Rolle für die Obstruktion, so daß die Behandlung der Infektion, z. B. mit Antibiotica auch eine kausale Therapie der Obstruktion bedeutet. In den letzten Jahren fand auch das Cortison bzw. seine Derivate z. B. das Prednison Anwendung für die Behandlung der schweren Funktionsstörungen beim Emphysem. Nach den Erfahrungen beim akuten Asthma bronchiale handelt es sich ebenfalls in der Hauptsache um einen der Bronchospasmolyse vergleichbaren Effekt mit Verminderung der Strömungswiderstände und damit Abnahme der Atemarbeit pro Liter ventilierter Luft, was dann eine Erhöhung der Ventilation und Senkung der Kohlensäurespannung zur Folge hat (Beispiel 1).

Beispiel 1: Obstruktives Emphysem bei chronischer asthmoider Bronchitis. E. G. 54 jährig

		2 Wochen Behandlung mit Meticorten
O_2-Kapazität, Vol.-%	20,8	19,7
O_2-Sättigung %	85,0	87,0
CO_2-Vol.-% (Plasma)	68,5	62,7
p_H	7,22	7,28
pCO_2 mm Hg	71,4	57,3

Da die Cortisonbehandlung klinisch durchgeführt wird, kombinieren sich die Effekte der Ruhigstellung mit denen des Medikamentes.

Bei bedrohlichen Situationen, wie sie bei diesen Kranken im Verlaufe eines zusätzlichen akuten Infektes, z. B. einer Bronchopneumonie entstehen können, insbesondere dann wenn die Atmung während Stunden durch Sauerstoffatmung sediert wurde, wirken Intubation bzw. Tracheotomie, Absaugen der Luftwege und künstliche Beatmung lebensrettend (Beispiel 2).

Dieser Patient war zu Beginn nicht nur bewußtlos, er hatte zudem Zeichen einer massiven Hirndrucksteigerung mit Exophthalmus und Hemiplegie. Alle Symptome bildeten sich innerhalb Stunden während der künstlichen Beatmung

Beispiel 2: Obstruktives Emphysem, Bronchopneumonie H. St. 71 jährig

	Spontanatmung mit etwa 50% O_2	künstliche Beatmung mit Respirator 4 l O_2 + 7 l Luft	3 Tage später Spontanatmung Luft
O_2-Kapazität, Vol.-%	21,9	22,0	20,9
O_2-Sättigung %	86,3	95,0	85,0
CO_2-Vol.-% (Plasma)	88,2	70,1	69,4
p_H	7,11	7,32	7,40
pCO_2 mm Hg	116	59,1	49,1

zurück, es blieb als Zeichen einer cerebralen Dauerschädigung eine leichte Visusstörung. Der hier nur skizzierte Verlauf zeigt, daß man in derartigen Situationen nicht Zeit verlieren darf mit Medikamenten oder gar Sauerstoffinhalationen. Eine arterielle Kohlensäurespannung von über 80 mm Hg ist auch bei diesen Patienten, die ja an eine chronische respiratorische Acidose gewöhnt sind, eine absolute Indikation für die Intubation und künstliche Beatmung.

Bei weniger schweren Fällen ist die Behandlung der chronischen respiratorischen Acidose auch über die Beeinflussung der Erregbarkeit der Atemzentren, am besten kombiniert mit spasmolytisch wirksamen Mitteln möglich. Eine Möglichkeit besteht in der Hemmung der Carbohydrase mit ,,Diamox“, was zu einer vermehrten renalen Ausscheidung von Basen und einer metabolischen Acidose mit

Senkung des p_H und damit Stimulierung der Atemzentren führt. SCHWAB erreichte mit 500 mg Diamox täglich während 4 Monaten eine Senkung der arteriellen Kohlensäurespannung von im Mittel von 59,3 auf 51,0 mm Hg, während der folgenden 4 Monate stieg die Kohlensäurespannung trotz gleicher Medikation im Mittel wieder auf 55,9 mm Hg an. Das p_H wurde im Mittel um 0,02 Einheiten erniedrigt.

Die zweite Möglichkeit liegt in der Anwendung von zentral wirkenden Analeptica. Das einzige uns bekannte Mittel, das die Atmung ohne unangenehmen Nebenwirkungen eindeutig auch in Fällen mit chronischer Hypoventilation und respiratorischer Acidose steigert, ist das „Micoren", ein Gemisch zweier Alkyliminofettsäuren. Wir fanden bei 12 Fällen mit chronisch respiratorischer Acidose und Kohlensäurespannungen zwischen 50 und 65 mm Hg 10 min nach intravenöser Injektion von 450 mg Micoren im Mittel eine Senkung der Kohlensäurespannung um 8 mm Hg (BÜHLMANN und BEHN, 1957). Da der ventilationssteigernde Effekt nicht wie bei der Diamoxbehandlung über eine metabolische Acidose erreicht wird, ist die Ventilationssteigerung mit einer Erhöhung des p_H, bei unseren Versuchen im Mittel um 0,06 Einheiten verbunden. Wie die Diamox-Behandlung ist die Anwendung von Micoren beim obstruktiven Emphysem auf die Dauer nur in Kombination mit einer spasmolytischen Therapie, die die schwer pathologischen atemmechanischen Verhältnisse als eigentliche Ursache der alveolären Hypoventilation beeinflußt, sinnvoll.

Die künstliche Beatmung als einzige erfolgreiche Therapie bei bedrohlichen Situationen wurde bereits erwähnt. Die apparativ, mittels eines Tank-Respirators oder besser eines Überdruck-Unterdruck-Systems mit Atemmaske gesteigerte Ventilation hat sich bei uns aber auch für weniger schwere Fälle als wirksame Therapie erwiesen. Die Anwendung von Apparaturen für die künstliche Beatmung kann unter diesen Bedingungen mit dem Effekt einer Atemgymnastik verglichen werden.

2. Asthma bronchiale und Asthmakrankheit

Unter diesem Titel fassen wir Krankheiten zusammen, die als gemeinsames und wichtiges Symptom eine mehr oder weniger generalisierte funktionelle Stenose der kleinen Bronchien und Bronchiolen aufweisen. Dabei kann die Ursache der Stenosierung ein Muskelspasmus, ein Ödem der Schleimhaut oder auch eine veränderte Sekretion (Dyskrinie) sein.

Unter diese Gruppe von Krankheiten gehört das *akute Asthma bronchiale*, das sich in Anfällen manifestiert, wobei die Lungen und Bronchien während der symptomfreien Intervalle keine anatomischen Veränderungen zeigen, dazu gehören auch das *chronische Asthma bronchiale*, die *akute, subakute* und *chronische spastische Bronchitis* sowie die *Bronchitis spastica inappercepta*. Alle diese Krankheiten führen im chronischen Stadium zu einem Dehnungsemphysem, dessen Pathophysiologie im vorangegangenen Kapitel ausführlich besprochen wurde.

a) Das akute Asthma bronchiale

Die Ätiologie des akuten Asthmaanfalles ist theoretisch gut abgeklärt, wenn sich auch in der Praxis große Schwierigkeiten ergeben. WALKER (1917–1918) und RACKEMANN (1940–1947) unterscheiden bei der allergischen Ätiologie eine exogene und eine endogene Form. Im ersten Fall dringt das Allergen von außen, meistens auf dem Inhalationsweg ein und löst den Anfall als allergisches Geschehen aus. Diese Form ist besonders häufig bei Kindern, und auch die Erwachsenen sind meistens jünger als 40 Jahre. Die einzelnen Anfälle sind durch vollkommen beschwerdefreie Intervalle getrennt, in anderen Fällen kommt es zur

Ausbildung von Brückensymptomen zwischen den Anfällen, so daß sich schließlich ein chronisches Asthma entwickelt. Der Nachweis des Allergens ist bei dieser exogenen Form oft relativ einfach, Hautteste geben Reaktionen vom anaphylaktischen Typ.

Bei der endogenen Form sind die Verhältnisse viel komplexer, oft handelt es sich um eine fortschreitende Allergisierung gegen im Organismus besonders in den Atemwegen lebende Mikroorganismen. Diese Form betrifft meistens eher ältere Patienten, sie ist weniger durch eigentliche Anfälle mit beschwerdefreien Intervallen als durch mehr oder weniger dauernd vorhandene Beschwerden charakterisiert. Diese Patienten leiden gelegentlich an einer chronischen Sinusitis (ROSSIER und GUGGISBERG, 1929) oder an einer anderen chronischen Entzündung der Luftwege z. B. an infizierten Bronchiektasen usw. Die Prognose dieser endogenen Form ist schlechter als die der exogenen. Meistens ist es schwierig, das verantwortliche Allergen ausfindig zu machen, die Hautproben geben verzögerte Reaktionen vom Tuberkulintyp. Gelegentlich besteht auch eine exogene und endogene Allergisierung gleichzeitig, oder ein Patient mit einer Allergie gegen ein bestimmtes und bekanntes Allergen entwickelt im Laufe der Jahre eine Polyallergie. Bei beiden Formen spielen aber für die Auslösung des Anfalles auch psychische Faktoren und bedingte Reflexe eine große Rolle, was sich sogar beim experimentellen Meerscheinchen-Asthma nachweisen läßt [NOELPP (1951)]. Für die Pathophysiologie der Atmung beim Asthma bronchiale ist die Unterscheidung in eine exogene und endogene Form weniger wichtig; da letztere aber vorwiegend ältere Patienten betrifft, erhalten die in diesen Fällen häufigeren vom Asthma unabhängigen Lungenveränderungen vermehrte Bedeutung für die Atmung.

Die mehr oder weniger ausgesprochene Stenosierung der kleinen Bronchien und Bronchiolen wird von der Mehrheit der Autoren als das wichtigste funktionelle Element des Asthmas betrachtet. Das während des Anfalles immer über der Lunge hörbare „Giemen" weist darauf hin, daß in Höhe der kleinkalibrigen Bronchien die Luftströmung nicht mehr laminär, sondern wegen wechselnder Lumen und Stenosen insbesondere im Bereiche der nicht mehr durch Knorpel gestützten Bronchiolen mit einem Durchmesser von weniger als 5 mm turbulent erfolgt.

Man hat lange über den Mechanismus dieser multiplen Stenosen diskutiert. Für LAENNEC (1826) und BIERMER (1870) handelte es sich in der Hauptsache um Spasmen der Bronchialmuskulatur. In der Folge erkannte man, daß mit Bronchialspasmen allein nicht alles erklärt werden kann, daß auch noch andere stenosierende Prozesse eine Rolle spielen müssen, nämlich ein Ödem der Schleimhaut und eine vermehrte Schleimproduktion der Schleimdrüsen [TRAUBE (1867), STRÜMPELL (1908)]. Diese vaso-motorischen und hypersekretorischen Phänomene konnten bronchoskopisch bestätigt werden. WARREN und DIXON (1948) gelang der Nachweis von radioaktiv markierten Antigenen in ödematösen Zonen der Bronchialschleimhaut beim experimentellen Asthma. Darüber darf aber die Bedeutung der Muskelspasmen nicht vergessen werden, die sich bronchographisch darstellen lassen [CRUCIANI, NOGUERA, STUTZ (1950), FISCHER (1952) u. a.]. Muskelspasmen, Schleimhautödem und veränderte bzw. vermehrte Schleimproduktion sind beim Asthmaanfall die 3 wichtigsten Mechanismen der Bronchialstenose, ohne daß es möglich wäre, einem dieser Faktoren die entscheidende Rolle beizumessen [ALEXANDER (1941)].

Die autoptischen Befunde nach einem akuten Asthmaanfall bestätigen das Ödem der Bronchialschleimhäute und die sekretorischen Veränderungen, während der autoptische Nachweis der Muskelspasmen natürlich sehr schwierig ist [HUBER und KOESSLER (1922), KOUNTZ und ALEXANDER (1928), MICHAEL und ROWE (1953),

LAMSON und BUTT (1937), THIEME und SHELDON (1938), HILDING (1943), RIVA und PROBST (1950), LEU, SCHWARZ und RINIKER (1954) u. a.].

Die Untersuchungen über die Pathophysiologie des Asthma wurden in den letzten Jahren durch das experimentelle Asthma beim Tier bereichert. Insbesondere beim Meerschweinchen gelingt es, ohne größere Schwierigkeiten typische Anfälle zu provozieren, wobei man 2 Techniken unterscheiden kann. KALLÓS und PAGEL (1937) benutzten Histamin- und Acetycholin-Inhalationen, eine Technik, die auch von BOVET und STAUB (1937) sowie von HALPERN (1942) angewandt wurde. BUSSON und OGATA (1924), ALEXANDER, BECKE und HOLMES (1926), RATNER, JACKSON und GRUEHL (1927), KALLÓS und PAGEL (1937), COLLDAHL (1943), NOELPP u. Mitarb. (1950—1954) sensibilisierten die Tiere und arbeiteten mit dem spezifischen Allergen. Mit beiden Methoden kann man einen typischen Asthmaanfall erzeugen, doch bestehen gewisse Unterschiede, auf die KALLÓS und PAGEL (1937) sowie FRIEBEL (1953) hinweisen. Histamin macht lediglich einen Spasmus der Bronchialmuskulatur, während die spezifischen Allergene auch ein Ödem der Schleimhäute sowie eine Hypersekretion erzeugen. Nach NOELPP und FRIEBEL neigen die allergisierten Tiere auch mehr zur Ausbildung von bedingten Reflexen als die histaminisierten Meerschweinchen.

Inzwischen hatten andere Autoren, unter anderen HERZHEIMER (1951), auch die Wirkung von Allergenen (Pollen) beim spontan sensibilisierten Menschen untersucht. Er fand bereits 20 sec nach Beginn der Inhalation eine Abnahme der Vitalkapazität, die sich nach 1 min bereits auf 40% vermindern kann. CURRY (1946), SAMTER (1953) u. a. machten die Beobachtung, daß der Asthmakranke gegenüber Acetylcholin und Histamin viel empfindlicher ist als der Gesunde. Damit ergaben sich vereinfachte Bedingungen für das experimentelle Arbeiten beim asthmakranken Menschen, wie es die zahlreichen Studien von TIFFENEAU (1941—1950) zeigen.

Die Atemmechanik während des akuten Asthmaanfalles wurde von zahlreichen Autoren studiert, von denen die meisten bereits im Emphysemkapitel zitiert wurden. Es ist zu hoffen, daß die Kombination verschiedener Techniken wie Spirometrie, Pneumotachographie und Bestimmung des Pleura- bzw. Oesophagusdruckes und des Alveolardruckes eine definitive Lösung bringen wird. Diese Techniken, von v. NEERGAARD und WIRZ (1927) eingeführt, wurden für das Asthma in den letzten Jahren insbesondere von NOELPP und NOELPP (1951—1954) und LOPEZ-BOTET, WYSS und WILBRANDT (1952) beim experimentellen Meerschweinchenasthma und von NOELPP, LOTTENBACH und FORSTER (1954) sowie von WYSS u. Mitarb. (1951—1955) auch beim asthmakranken Menschen angewandt und weiterentwickelt. Die Untersuchungen von WYSS betreffen vor allem die Messung des Bronchialwiderstandes, und die Resultate sind in einer Monographie (1955) zusammengefaßt. SCHERRER u. Mitarb. (1956) haben als erste beim Menschen während des mit Histamin oder mit dem Allergen provozierten Asthmaanfalles simultan die Atemmechanik, die Ventilation, die arteriellen Blutgase und die Lungendurchblutung mittels Herzkatheterismus untersucht.

Erklären die Bronchialstenosen die ganze Symptomatologie und die gelegentlich schwere Dyspnoe beim Asthma, insbesondere beim eigentlichen Asthmaanfall ? Diese Frage kann nur bei einer gesamthaften Betrachtung der Pathophysiologie des Asthmas, insbesondere der verschiedenen Elemente der Atemmechanik gelöst werden. Bei der Bestimmung der Strömungswiderstände in den Luftwegen (air viscance) mittels Pneumotachographie und Verschlußdruckmethode von VUILLEU-MIER für den Alveolardruck fand WYSS beim Gesunden Werte von 9—30, im Mittel 22, beim Asthmatiker 30—100, im Mittel 57. Erhöht man beim Gesunden mit einer Stenose vor dem Mund den Widerstand in der gleichen Größenordnung, so kann man nicht die gleiche schwere Dyspnoe wie beim Asthmaanfall beobachten. Diese Diskrepanz weist nach WYSS darauf hin, daß der erhöhte Widerstand nicht die wichtigste Ursache der Dyspnoe beim Asthmaanfall darstellt, daß ein von der Bronchialstenose nicht direkt abhängiger Faktor größere Bedeutung hat. Dieser Faktor wäre ein Krampf der Inspirationsmuskulatur insbesondere des Zwerchfells während der Exspiration, die dadurch besonders in der 2. Phase verlangsamt wird. Mit dieser Theorie haben WYSS u. Mitarb. eine bereits von WINTRICH (1854) geäußerte Hypothese wieder aufgegriffen. Die Richtigkeit dieser Theorie steht und fällt mit der Zuverlässigkeit der Bestimmung des Bronchialwiderstandes, bzw. des Alveolardruckes. Im Emphysemkapitel haben wir bereits ausgeführt, daß die Verschlußdruckmethode von VUILLEUMIER nur bei normalen Verhältnissen, intakten und weiten Bronchien zuverlässige Werte für den Alveolardruck gibt. Beim Vorliegen von multiplen, verschieden schweren Stenosen und teilweise vollständiger Obstruktion wird die Anwendung dieser Methode sehr problematisch, da der Druck in den verschiedenen Alveolargebieten unter diesen Verhältnissen stark wechseln kann und sich während des kurzen Verschlusses nur ein Druckausgleich mit den Alveolargebieten einstellt, die frei mit den oberen Luftwegen kommunizieren. Der „mittlere" Alveolardruck ist unter diesen Bedingungen keine Integration des Druckes in allen Alveolen mehr, sondern stellt lediglich einen Mittelwert bestimmter Alveolargebiete, die während des kurzen Verschlusses frei kommunizieren, dar und liegt damit tiefer als der wirkliche mittlere Alveolardruck in allen Alveolen. Damit ergeben sich bei der Berechnung des Widerstandes aus Atemstromstärke und Alveolardruck zu kleine Werte.

Außer diesen methodischen Einwendungen zur Messung des Alveolardruckes gibt es auch noch andere Argumente gegen die Theorie des exspiratorischen Krampfes der Inspirationsmuskulatur. Wir haben gezeigt, daß man bei der direkten Ableitung der Aktionsströme des Zwerchfelles weder bei Gesunden noch bei Asthmapatienten eine Aktivität während der Exspiration nachweisen kann [ROSSIER, PIPBERGER u. Mitarb. (1953)]. Ein wichtigeres Gegenargument sind aber die von LOPEZ-BOTET, WYSS und WILBRANDT (1952) publizierten Pleuradruckkurven beim experimentellen Asthma. Diese Kurven zeigen, daß der dynamische Pleuradruck während der 2. verlangsamten Exspirationsphase stationär bleibt oder sogar noch ansteigt. Wäre diese Verminderung der Atemstromstärke die Folge eines die Exspiration beeinträchtigenden Krampfes der Inspirationsmuskulatur gemäß der Theorie von WINTRICH und WYSS, so sollte der Pleuradruck während dieser Phase abfallen. Das Vorliegen eines unverändert bestehenden oder noch zunehmenden Pleuradruckes beweist unseres Erachtens, daß das die Exspiration erschwerende Hindernis in der Lunge selbst und nicht in der Inspirationsmuskulatur liegt.

Die direkte Messung des Bronchialwiderstandes stößt wie ausgeführt beim akuten und chronischen Asthma auf große methodische Schwierigkeiten, damit wird es auf diesem Wege unmöglich, die Frage zu klären, ob die Bronchialstenosen allein für die gesamte Symptomatologie verantwortlich sind. Die Spirometrie ergibt in diesem Zusammenhang wichtige Resultate. Man beobachtet beim Asthmaanfall eine sehr schnelle Inspiration, die von einer in zwei Portionen geteilten Exspiration gefolgt wird. Der 1. Teil der Exspiration ist schnell, der 2. verlangsamt. Die Atemstromstärke nimmt während der Exspiration progressiv ab. Diese Verlangsamung führt in leichteren Fällen gelegentlich zu einer Bradypnoe, bei den schweren Fällen besteht jedoch meistens eine Tachypnoe. Ein weiteres charakteristisches klinisches und spirometrisches Zeichen ist die Inspirationsstellung des Thorax, die funktionelle Residualkapazität ist stark vergrößert, und in den extremen Fällen werden für die Atmung nur die obersten Partien des Komplementärvolumens benutzt. Diese klinischen und spirometrischen Symptome finden ihre einfachste Erklärung in der multiplen Stenosierung der Bronchien, die den Strömungswiderstand erhöht. Mit der Lungenblähung wird die Retraktionskraft der Lunge vergrößert, so daß die Überwindung des erhöhten Strömungswiderstandes bis zu einer gewissen Grenze noch mit einer passiven Exspiration möglich ist. Genügt die auf diese Weise erhöhte Retraktionskraft der Lunge nicht mehr für eine adäquate Exspiration und für eine genügende alveoläre Ventilation, so wird die Exspiration während der 2. Phase aktiv und der statische und dynamische Pleuradruck positiv. Der positive dynamische Pleuradruck während der 2. Phase der Exspiration erhöht auch den intrathorakalen Druck. Da der intrabronchiale Druck im Verlaufe der Stenose stark abfällt, kann es vorkommen, daß dieser Druck distal der Stenose niedriger als der intrathorakale ist, was dann zu einer Komprimierung der nicht durch Knorpel gestützten Bronchien und Bronchiolen führt. Auf diese Weise entsteht während der Exspiration eine zusätzliche Stenosierung und Erhöhung der Strömungswiderstände. In Extremfällen kann es auf diesem Wege sogar zu einer Einbuchtung der Pars membranacea der großen Bronchien und der Trachea kommen, womit die exspiratorische Stenose noch schwerer wird [LELL (1946), DAYMAN (1951), STUTZ (1952) und HERZOG (1954)]. Wie es schon beim Emphysem beschrieben wurde, entwickelt sich auch beim Asthma bronchiale der "expiratory check valve mechanism" und das spirometrische Symptom des "trapping". Immer größere Alveolargebiete können ihre Luft während der Exspiration nur noch zum kleinsten Teil oder gar nicht mehr entleeren, was zur Ausbildung von intrapulmonalen Luftkissen führt, was wieder eine Zunahme der Gewebedeformationswiderstände zur Folge hat. Auf diese Weise entwickelt sich ein Circulus vitiosus, der die Exspiration immer mehr erschwert, bis es dem Organismus nicht mehr möglich ist, eine genügende alveoläre Ventilation aufrechtzuerhalten, so daß sich das Bild der Globalinsuffizienz entwickelt.

Die Stenosierung erschwert aber nicht nur die Exspiration, auch die Inspiration wird, wenn auch nicht im gleichen Maße, behindert. Zur Überwindung des erhöhten Strömungswiderstandes muß der dynamische Pleuradruck stärker negativ werden, dazu kommt eine Zunahme des Elastizitätskoeffizienten der Lunge, worauf insbesondere NOELPP u. Mitarb. hinweisen. Die Ursache dieser Erhöhung wird verschieden interpretiert. Ein wesentlicher Faktor ist der Krampf der Bronchialmuskulatur [ROSSIER (1951)], daneben erhöhen aber auch ein peribronchiales Ödem und eine allfällige Zunahme des Blutvolumens die Konsistenz des Lungenparenchyms (NOELPP u. Mitarb.). Sicher spielen derartige anatomisch faßbare Lungenveränderungen eine große Rolle, doch muß auch hier wie bei der Besprechung des Emphysems darauf hingewiesen werden, daß diese physiologisch streng definierbaren Begriffe wie Elastizität, Strömungswiderstand, Gewebedeformationswiderstand usw. unter komplexen pathologischen Bedingungen nur relative Bedeutung haben. Die normalerweise nur vom Volumen abhängige Elastizität wird bei multiplen Stenosen plötzlich auch von der Atemstromstärke beeinflußt, und die Gewebedeformationswiderstände ändern mit dem Volumen, während sie normalerweise nur eine Funktion der Atemstromstärke sind. Wie beim Emphysem ergibt sich auch beim Asthmaanfall eine funktionelle Heterogenität in den verschiedenen Lungenpartien, was die Bewertung der dabei gemessenen atemmechanischen Größen erschwert.

Die Dyspnoe enthält ein wesentliches subjektives Element, was die Lösung der Frage, ob die atemmechanischen Veränderungen als Folge der Stenosen die Symptomatologie beim Asthmaanfall allein erklären können, erschwert. Eine wichtige Untersuchung zur Klärung dieser Frage ist die Bestimmung der Atemarbeit mittels eines Druck/Volumen-Diagrammes. NOELPP u. Mitarb. (1954)

stellten beim experimentellen Meerschweinchenasthma fest, daß die Arbeit für die Inspiration im Anfall das 44fache und die gesamte Atemarbeit das 12,5fache des Normalwertes betragen kann, wobei beim sehr schweren Anfall die Hauptzunahme auf eine Vermehrung der Arbeit gegen einen erhöhten elastischen Widerstand zurückzuführen ist.

Tabelle 25. *Meerschweinchenversuche*

nach NOELPP u. Mitarb.	normal	schwerer Anfall	sehr schwerer Anfall
Arbeit gegen Elastizität in Prozent	59,5	59,4	72,5
Arbeit gegen Gewebedeformationswiderstände in Prozent	26,6	1,5	13,3
Arbeit gegen Strömungswiderstände in den Luftwegen in Prozent	13,9	39,1	14,2

Die Atemarbeit ist während des Asthmaanfalles (siehe Abb. 59) auch beim Menschen massiv gesteigert, dabei handelt es sich nicht nur um eine Erhöhung der Atemarbeit gegen viscöse Widerstände, sondern auch um eine gesteigerte Arbeit gegen elastische Widerstände. Die hohe Atemfrequenz hat bei den multiplen Stenosen mit Ventilmechanismen zur Folge, daß mit jedem Atemzug nur ein kleiner Parenchymrest gebläht wird, was in einer stark erhöhten effektiven Elastance zum Ausdruck kommt. SCHERRER u. Mitarb. fanden bei ihren provozierten Asthmaanfällen hinsichtlich arterieller Blutgase alle Möglichkeiten von der respiratorischen Alkalose wegen alveolärer Hyperventilation mit niedrigen Werten für die Kohlensäurespannung und nur leichter Hypoxämie bis zur schweren Globalinsuffizienz mit schwerster Hypoxämie und respiratorischer Acidose. Die Variabilität entsprach unseren Befunden, die bei spontanen Asthmaanfällen gewonnen wurden. Der klinisch ziemlich uniforme Asthmaanfall stellt pathophysiologisch, insbesondere was die arteriellen Blutgase betrifft gar kein einheitliches Syndrom dar. Nach den Untersuchungen von SCHERRER u. Mitarb. kam es bei den provozierten Anfällen nur dann zum Bild der Globalinsuffizienz, wenn die Atemarbeit

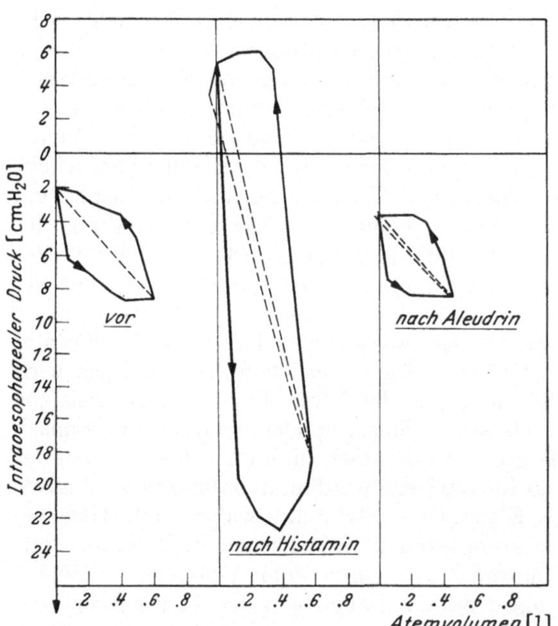

Abb. 59. Druck-Volumen-Diagramm (Atemschleife) vor, während und nach gelöstem akutem provoziertem Asthmaanfall (nach SCHERRER u. Mitarb. 1956)

an den Lungen einen bestimmten Grenzwert, nämlich 0,5 mkg pro Liter alveolärer Ventilation überschritt. Diese Autoren konnten nur im Falle der Globalinsuffizienz eine Erhöhung des vasculären Strömungswiderstandes und damit einen Druckanstieg in der Art. pulmonalis feststellen, was mit unserer Auffassung über den Einfluß der alveolären Gasspannungen auf den Tonus der Lungengefäße übereinstimmt.

Spirometrische Untersuchungen beim Asthma bronchiale liegen von zahlreichen Autoren vor [HURTADO und KALTREIDER (1934), WARRING (1945), BALDWIN (1946), WATERHOUSE (1950), WHITFIELD, ARNOTT und GAENSLER (1950), GRAY, BARNUM, MATHESON und SPIESS (1950), ROSSIER (1951), BERGER (1952), WYSS (1951—1955), HERSCHFUS, BRESNICK und SEGAL (1953) u. a.], um nur die neueren Arbeiten zu erwähnen. Im Anfall sind die Vitalkapazität vermindert, der Atemgrenzwert stark eingeschränkt, die Residualvolumenwerte vergrößert und der Pneumometerstoß nach HADORN wie auch der Tiffeneau-Test pathologisch verändert.

Die ersten Untersuchungen der *arteriellen Blutgase* beim Asthma stammen unseres Wissens von MEAKINS (1921), der bei schweren Anfällen eine Erhöhung der Kohlensäure und eine Verminderung der Sauerstoffsättigung fand. Bei nur leichten Anfällen stellten MEAKINS und DAVIES (1921) jedoch keine Kohlensäureretention und keine regelmäßige Sauerstoffuntersättigung fest. Diese Autoren bringen diese Unterschiede bereits mit der Ausbreitung der Bronchialstenosen in Zusammenhang. Handelt es sich nur um auf eine Lungenpartie lokalisierte Stenosen, so kommt es in der Regel zu einer Partialinsuffizienz gemäß unserer Klassifikation; betreffen die Stenosen alle oder die Mehrzahl aller Lungenpartien, so kommt es zum Bild der Globalinsuffizienz. Damit sind bereits schon vor mehr als 30 Jahren die wichtigsten pathophysiologischen Phänomene des Asthmas, wie sie mit der Spirometrie und der arteriellen Blutgasanalyse erfaßt werden können, beschrieben worden. Diese Untersuchungen wurden von ROSSIER und MÉAN (1943), BALDWIN (1946), SCHILLER u. Mitarb. (1951), ROSSIER u. Mitarb. (1950—1951) vervollständigt.

Auf Grund dieser Untersuchungen können wir verschiedene Typen des akuten Asthma bronchiale unterscheiden, wobei immer zu berücksichtigen ist, daß bei älteren und schon jahrelang leidenden Patienten das funktionelle Bild durch das unvermeidliche Dehnungsemphysem stark beeinflußt wird.

Das funktionelle Bild ist u. a. von der Schwere und Ausdehnung der Bronchialstenosen abhängig. Bei nur leichten Stenosen und zu Beginn des Anfalles kann

Beispiel 1: Asthmaanfall. Paul Z., 35 jährig

	Sollwerte	Anfall
Arterielles Blut:		
O$_2$-Kapazität. Vol.-%	19,5—20,5	17,05
O$_2$-Sättigung, %	95—97	92,0
O$_2$-Spannung, mm Hg	85—95	62
CO$_2$-Gehalt, Vol.-% Plasma	54—57	37,3
p$_H$	7,38—7,41	7,46
CO$_2$-Spannung, mm Hg	40,0	23,2
alveolo-arteriel. pO$_2$-Gradient		53
Spirometrie:		
O$_2$-Aufnahme cm³/min	185	245
(0° und 760 mm Hg)		
CO$_2$-Abgabe, cm³/min		200
(0° und 760 mm Hg)		
Respiratorischer Quotient	0,82	0,82
Atemfrequenz, pro min		25,4
Minutenvolumen, cm³/min	6830	23490
Spezifische Ventilation	25—31	96,2
Totalkapazität, cm³	4290	5910
Vitalkapazität, cm³	3090	2870
Residualvolumen, cm³	1200	3040
funktionelle Residualkapazität, cm³	1850	3360
Mischzeit (Helium)	2—3 min	8'30''
Atemgrenzwert, l/min	123	62
bei einer Frequenz pro min		50
Alveoläre Funktion:		
Alveoläre Ventilation, cm³/min	4320	7440
in % der Gesamtventilation	60—70	32
O$_2$-Ausnutzung	55—58	33
(cm³ O$_2$-Aufnahme p. Liter alv. Vent.)		
Alveoläre O$_2$-Spannung, mm Hg	95	115
Totraum: cm³	100	630
Totraumventilation, cm³/min		16050

man relativ häufig eine ausgesprochene alveoläre Hyperventilation mit respiratorischer Alkalose beobachten. Für einen derartigen Zustand kommt der Angst die größere Bedeutung zu als der Erhöhung der Strömungswiderstände infolge der Bronchialstenosen. Die verminderte Sauerstoffsättigung trotz der Hyperventilation, mit anderenWorten die Partialinsuffizienz, und die erheblicheVergrößerung des Residualvolumens sind die unterscheidenden Merkmale zu einem reinen psychogenen Hyperventilationszustand (Beispiel 1 u. 2).

Beispiel 2: Asthma bronchiale. Helen St., 33 jährig

	Sollwerte	im Anfall	nach Asthmolysin
Arterielles Blut:			
O_2-Kapazität, Vol.-%	19,5—20,5	20,8	20,9
O_2-Sättigung, %	95—97	81,0	89,4
O_2-Spannung, mm Hg	85—95	48	55
CO_2-Gehalt, Vol.-% Plasma	54—57	51,6	46,1
p_H	7,38—7,41	7,41	7,46
CO_2-Spannung, mm Hg	40,0	35,6	28,5
Spirometrie:			
O_2-Aufnahme cm³/min	215	370	405
(0° und 760 mm Hg)			
CO_2-Abgabe, cm³/min		260	290
(0° und 760 mm Hg)			
Respiratorischer Quotient	0,82	0,70	0,72
Atemfrequenz, pro min		36,4	22,8
Minutenvolumen, cm³/min		13900	12800
Spezifische Ventilation	25—31	38	32
Alveoläre Funktion:			
Alveoläre Ventilation, cm³/min		6300	8780
in % der Gesamtventilation	60—70%	45	68
O_2-Ausnützung	55—58	59	46
(cm³ O_2-Aufnahme p. Liter alv. Vent.)			
Alveoläre O_2-Spannung, mm Hg	92	94	102
Totraum: cm³		210	175
Totraumventilation, cm³/min		7600	4020

Sind die Stenosen schwerer und ausgedehnter, so ist eine derartige Steigerung der alveolären Ventilation nicht mehr möglich, die Partialinsuffizienz wird ausgesprochener und die Kohlensäurewerte sowie das p_H weichen nicht wesentlich von den Normalwerten ab. Werden die Spasmen medikamentös gelöst bzw. gebessert, so nimmt die alveoläre Ventilation ohne Steigerung der Gesamtventilation als Folge einer Ökonomisierung der Atmung zu, und es entwickelt sich ebenfalls eine respiratorische Alkalose, wie es vorstehendes Beispiel zeigt (Beispiel 2).

Bei noch schwereren Anfällen ist die Hyperventilation nicht mehr so ausgesprochen, im Gegenteil, es kommt zu einer ungenügenden alveolären Ventilation und damit zum Bild der Globalinsuffizienz (Beispiel 3).

Bei diesen schweren Anfällen kann man gelegentlich eine gestörte Zwerchfelltätigkeit mit einer Hebung der Zwerchfellkuppen während der Inspiration beobachten, wie es WELTZ schon vor vielen Jahren beschrieben hat.

Welche funktionelle Bedeutung den Stenosen zukommt, soll folgendes Beispiel eines 16 jährigen Knaben demonstrieren. Während des Anfalles besteht eine schwerste Globalinsuffizienz, die arterille Sauerstoffsättigung war so tief, daß wir uns durch die Untersuchung des venösen Blutes überzeugen mußten, wirklich

Beispiel 3: Asthma bronchiale. Maria T., 47 jährig

	Sollwerte	Anfall
Arterielles Blut:		
O_2-Kapazität, Vol.-%	19,5—20,5	19,6
O_2-Sättigung, %	95—97	89,7
O_2-Spannung, mm Hg	85—95	65
CO_2-Gehalt. Vol.-% Plasma	54—57	50,8
p_H	7,38—7,41	7,27
CO_2Spannung, mm Hg	40,0	47,6
Spirometrie:		
O_2-Aufnahme cm³/min	170	205
(0° und 760 mm Hg)		
CO_2-Abgabe, cm³/min		190
(0° und 760 mm Hg)		
Respiratorischer Quotient	0,82	0,92
Atemfrequenz, pro min		32
Minutenvolumen, cm³/min	5740	8250
Spezifische Ventilation	25—31	40,2
Vitalkapazität, cm³	2860	1120
Atemgrenzwert, l/min	115	28
Alveoläre Funktion:		
Alveoläre Ventilation, cm³/min	4100	3440
in % der Gesamtventilation	60—70	42
O_2-Ausnützung	55—58	60
(cm³ O_2-Aufnahme p. Liter alv. Vent.)		
Alveoläre O_2-Spannung, mm Hg	94	90
Totraum: cm³	65	150
Totraumventilation, cm³/min		4810

Beispiel 4: Asthma bronchiale. Peter B., 16 jährig

	Sollwerte	zwischen den Anfällen	im Anfall	venös
Arterielles Blut:				
O_2-Kapazität, Vol.-%	19,5—20,5	17,6	19,4	19,2
O_2-Sättigung, %	95—97	92,8	45,5	25,9
O_2-Spannung, mm Hg	85—95	68	28	
CO_2-Gehalt, Vol.-% Plasma	54—57	50,4	75,2	
p_H	7,38—7,41	7,42	7,26	
CO_2-Spannung, mm Hg	40,0	34,1	72,1	
Spirometrie:				
O_2-Aufnahme cm³/min	195	225	360	
(0° und 760 mm Hg)				
CO_2-Abgabe, cm³/min		200	270	
(0° und 760 mm Hg)				
Respiratorischer Quotient	0,82	0,89	0,75	
Atemfrequenz, pro min		20,8	48,3	
Minutenvolumen, cm³/min		7820	14890	
Spezifische Ventilation	25—31	35	41	
Vitalkapazität, cm³	3200	3600	—	
Atemgrenzwert, l/min	130	80	—	
Alveoläre Funktion:				
Alveoläre Ventilation, cm³/min		5060	3230	
in % der Gesamtventilation	60—70	65	22	
O_2-Ausnützung	55—58	45	110	
(cm³ O_2-Aufnahme p. Liter alv. Vent.)				
Alveoläre O_2-Spannung, mm Hg		103	52	
Totraum: cm³		135	240	
Totraumventilation, cm³/min		2760	11660	

arterielles Blut untersucht zu haben. Einige Tage später war lediglich eine leichte Partialinsuffizienz nachweisbar (Beispiel 4).

b) Das chronische Asthma bronchiale

Praktisch symptomlose Intervalle zwischen den einzelnen Anfällen sind eher selten, man beobachtet sie am ehesten beim Heuasthma. Bei der Mehrzahl der Fälle kommt es zwischen den Anfällen zur Ausbildung von Brückensymptomen und funktionellen Veränderungen wie dauernde Vergrößerung der Residualvolumenwerte und ungleichmäßige Luftverteilung in den verschiedenen Lungenpartien im Sinne der Partialinsuffizienz sowie zu einer Einschränkung der Atemreserven. Schließlich entwickelt sich ein Dehnungsemphysem mit der dazugehörenden und

Tabelle 26

nach NOELPP u. Mitarb.	gesunde Vergleichsperson	Asthma bronchiale
Atemvolumen cm³	1130	457
Inspiratorische Arbeit gegen elastische Widerstände	2820 g/cm	2180 g/cm
Arbeit gegen viscöse Widerstände . . .	2700 g/cm	4100 g/cm
Inspiratorische elastische Arbeit pro cm³ Fördervolumen	2,5 g/cm	4,8 g/cm
Viscöse Arbeit pro cm³	2,4 g/cm	8,9 g/cm

schon besprochenen funktionellen Symptomatologie. Eigentliche Anfälle treten mehr in den Hintergrund. Im Unterschied zum Anfall ist beim chronischen Asthma die Gesamtventilation meistens nicht gesteigert und die Atmung nicht so frequent. Der funktionelle Zustand wird ebenfalls von der Schwere und dem Ausmaß der Bronchialstenosen beeinflußt. In leichteren Fällen sind die arteriellen Blutgase normal und nur die Residualvolumenwerte vergrößert und der Atemgrenzwert eingeschränkt, der sich nach Verabreichung eines Spasmolytikums signifikant bessert. In schwereren und länger dauernden Fällen wird man gehäuft eine Partialinsuffizienz feststellen können, ein Zustand, der gelegentlich während 20 Jahren praktisch unverändert bleibt.

Wie beim akuten Anfall ist auch beim chronischen Asthma bronchiale die Atemarbeit gegenüber der Norm vergrößert, was in der Hauptsache auf eine Zunahme der Arbeit gegen die viscösen Widerstände (Strömungswiderstand und Gewebedeformationswiderstand) zurückzuführen ist, wie es NOELPP, NOELPP, LOTTENBACH und FORSTER (1954) u. a. gezeigt haben (Tab. 26).

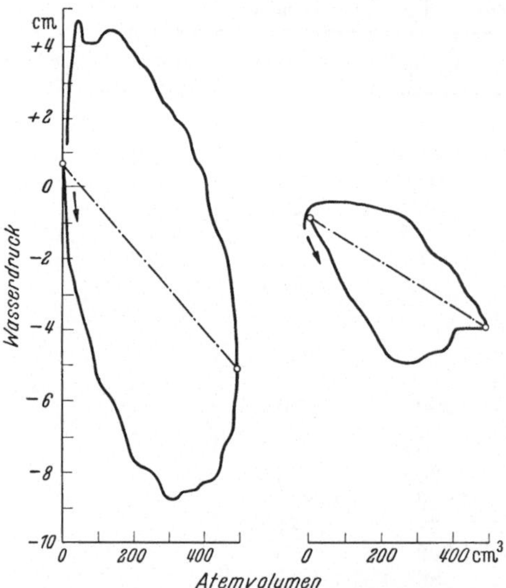

Abb. 60. 50j. Patient mit chronischem Asthma bronchiale. Atemarbeit, Druck-Volumen-Diagramm. Links vor, rechts nach einer Woche Behandlung mit ACTH (nach NOELPP)

Die Globalinsuffizienz mit pulmonaler Hypertonie und chronischem Cor pulmonale charakterisiert schließlich das Endstadium des chronischen Asthma bronchiale, wobei sich in der funktionellen Symptomatologie keine Unterschiede mehr zu den Endstadien des Dehnungsemphysems ergeben, wie es folgendes Beispiel 5 zeigen soll.

Beiliegend geben wir ein Arbeitsdiagramm eines chronischen Asthmatikers vor und nach ACTH-Behandlung (NOELPP).

Beispiel 5: Chronisches Asthma bronchiale. Karl B., 51 jährig

	Sollwerte	Ruhe	O_2-Atmung	Arbeits-versuch 40 Watt
Arterielles Blut:				
O_2-Kapazität, Vol.-%	19,5—20,5	23,2	23,5	24,5
O_2-Sättigung, %	95—97	81,7	100	74,7
O_2-Spannung, mm Hg	85—95	51	—	45
CO_2-Gehalt, Vol.-% Plasma	54—57	74,7	71,6	68,8
p_H	7,38—7,41	7,32	7,26	7,28
CO_2-Spannung, mm Hg	40,0	63,3	69,1	63,6
alveolo-arteriel. pO_2-Gradient		17		26
Spirometrie				
O_2-Aufnahme cm³/min	190	230		
(0° und 760 mm Hg)				
CO_2-Abgabe, cm³/min		190		
(0° und 760 mm Hg)				
Respiratorischer Quotient	0,82	0,82		
Atemfrequenz, pro min		23,0		
Minutenvolumen, cm³/min	6490	9470		
Spezifische Ventilation	25—31	41		
Totalkapazität, cm³	5140	7430		
Vitalkapazität, cm³	3700	3060		
Residualvolumen, cm³	1440	4370		
funktionelle Residualkapazität, cm³	2210	5350		
Mischzeit (Helium)	2—3 min	7 min		
Atemgrenzwert, l/min	148	33		
bei einer Frequenz pro min		40		
Alveoläre Funktion:				
Alveoläre Ventilation, cm³/min	4110	2590		
in % der Gesamtventilation	60—70	27		
O_2-Ausnützung	55—58	89		71
(cm³ O_2-Aufnahme p. Liter alv. Vent.)				
Alveoläre O_2-Spannung, mm Hg	96	68		
Totraum: cm³	100	300		
Totraumventilation, cm³/min		6880		

Da in diesem Stadium auch das klinische Bild sehr uniform wird, kann bestenfalls die Anamnese entscheiden, ob das Dehnungsemphysem das Resultat eines chronischen Asthma bronchiale, einer chronischen spastischen Bronchitis oder einer anderen chronischen Stenosierung der Luftwege ist.

c) Die Bronchitiden

Nachdem wir die Pathophysiologie des Emphysems und des Asthma bronchiale ausführlich besprochen haben, können wir uns hinsichtlich der verschiedenen Bronchitiden kurzfassen. Vom klinischen und funktionellen Standpunkt können wir 2 Hauptgruppen von entzündlichen Bronchialaffektionen unterscheiden:

1. Akute und chronische Bronchitiden ohne Bronchialstenosen,
2. Akute und chronische Bronchitiden mit Bronchialstenosen.

Klinisch lassen sich beide Gruppen von Sonderfällen ausgenommen durch das Vorliegen oder Fehlen von trockenen Rasselgeräuschen, insbesondere Giemen, unterscheiden. Die Bronchitiden ohne Bronchialstenosen haben keine größere Bedeutung für die Lungenfunktion. Das arterielle Blut, die Lungenvolumen und die Atemreserven bleiben in der Regel normal. Beim Vorliegen von Bronchialspasmen hingegen sind die Atemreserven mehr oder weniger eingeschränkt, und Adrenalin oder ähnliche Substanzen führen zu einer signifikanten Besserung des Atemgrenzwertes oder entsprechender Funktionsprüfungen. Wie beim akuten und chronischen Asthma bronchiale findet man auch bei der spastischen Bronchitis

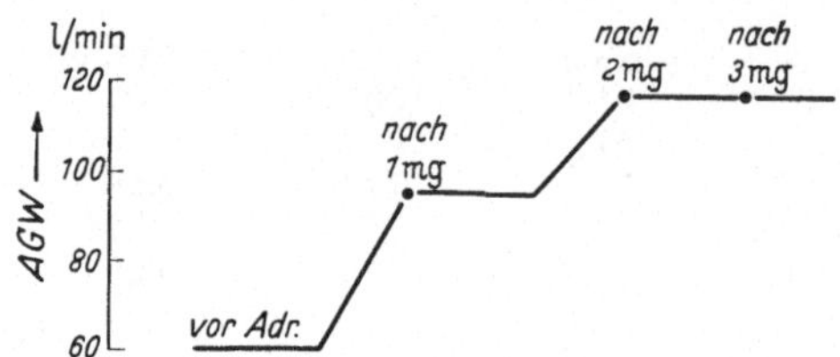

Abb. 61. Bronchitis spastica subacuta. Adrenalinversuch

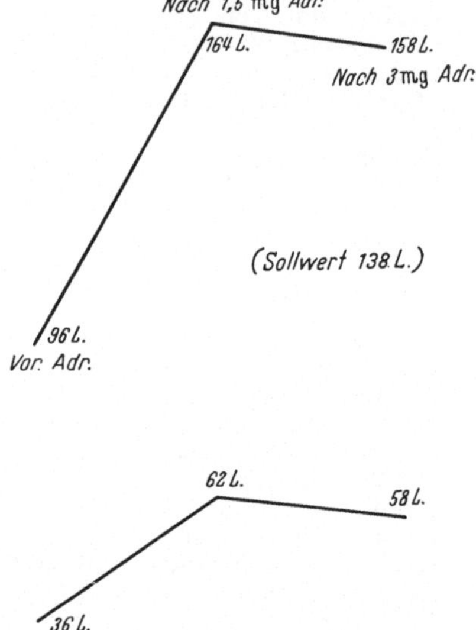

Abb. 62. Bronchitis spastica chronica. Oben: leichte Form. Unten: schwere Form, Adrenalinversuch

eine inspiratorisch verschobene Atemmittellage und als Folge einer ungleichmäßigen Luftdurchmischung oft eine Partialinsuffizienz.

Auch bei den Bronchitiden hängt das Auftreten von Bronchialspasmen von einer Allergisierung des Patienten ab, wobei wir wie beim Asthma eine exogene und endogene Ätiologie unterscheiden können. Daneben dürften konstitutionelle Momente eine große Rolle spielen. Der eine reagiert auf ungünstige atmosphärische Bedingungen, Erkältung usw., mit einer einfachen Entzündung des Pharynx, der oberen Luftwege und der Bronchien, die keine größeren Atembeschwerden macht und nach einigen Tagen abklingt. Der andere erkrankt unter den gleichen Bedingungen ebenfalls an einer Bronchitis, aber es kommt zur Ausbildung von die Funktion stark beeinträchtigenden Bronchialspasmen. In diesem Fall sprechen wir von einer *akuten spastischen Bronchitis*. In diesen Fällen wird der Atemgrenzwert nach einer Injektion von Adrenalin praktisch wieder normal.

Die akute spastische Bronchitis kann wie die einfache katarrhalische Bronchitis spontan abheilen, doch besteht oft die Tendenz zum Übergang in eine *subakute spastische Bronchitis* und gelegentlich auch in eine *chronische spastische Bronchitis*.

Die ätiologischen Probleme der chronischen spastischen Bronchitis sind sehr komplex. In vielen Fällen handelt es sich um eine sekundäre Entwicklung bei vorbestehenden z. T. angeborenen bronchialen Veränderungen. Bei den angeborenen, infizierten Bronchiektasen (KARTAGENER) kommt es über eine chronische Infektion zu einer endogenen Allergisierung, die zu Bronchialspasmen führen kann. In diesen Fällen sprechen wir von einer „ascendierenden chronischen spastischen Bronchitis". In anderen Fällen sind die kleinen Bronchien primär normal, aber es besteht eine chronische Entzündung der oberen Luftwege oder der Nebenhöhlen, und die Bronchien, besonders die der Unterlappen, beteiligen sich sekundär. Diese Form, die schließlich zu sekundären Bronchiektasen führt, bezeichnen wir als „descendierende chronische spastische Bronchitis" [Rossier und Guggisberg (1929)]. In vielen Fällen bleibt aber die Ätiologie ganz unklar. Gelegentlich dürfte es sich um einen Circulus vitiosus handeln, indem eine banale Entzündung der Bronchien wegen der Bronchialspasmen nicht zur Abheilung gelangt und im chronischen Stadium zu anatomischen Veränderungen der Bronchien führt. In diesem Rahmen gehört auch die „chronische deformierende

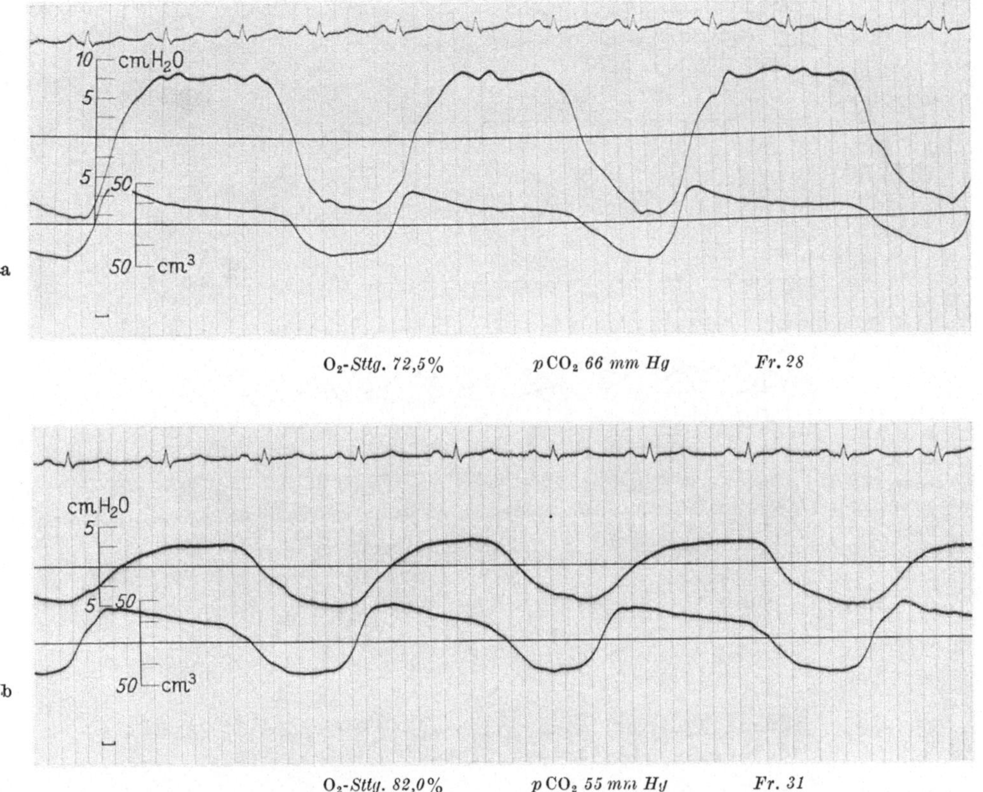

Abb. 63 a u. b. EKG, Oesophagusdruck (cm Wasser) und Pneumotachogramm (Fluß in cm³ pro ¹/₁₀ sec) sowie arterielle Blutgase bei obstruktivem Emphysem vor und 1 Woche nach einer spasmolytischen Behandlung

Bronchitis", eigentlich eine bronchographische Diagnose [Fischer (1952)], bei der man ebenfalls meistens spastische Phänomene nachweisen kann.

Die chronische spastische Bronchitis führt wie das chronische Asthma bronchiale — in vielen Fällen ist gar keine sichere Differenzierung möglich — zu einem Dehnungsemphysem mit allen schon besprochenen funktionellen Störungen. Der Adrenalinversuch ist in diesen Fällen immer positiv, doch wird der Atemgrenzwert nach Adrenalin oft nicht mehr ganz normal.

Abb. 63 zeigt die atemmechanischen Verhältnisse bei einem Kranken mit einer chronischen spastischen Bronchitis sowie schwerem Emphysem mit den arteriellen Blutgasen vor und eine Woche nach einer konsequenten Behandlung mit Bronchospasmolytika. Die Abnahme der intrathorakalen respiratorischen Druckschwankungen als Zeichen verminderter, wenn auch nicht normalisierter Strömungswiderstände ist deutlich. Die Verbesserung der Atemmechanik geht mit einer Besserung der arteriellen Blutgase einher.

Gelegentlich fehlt besonders bei jugendlichen Patienten das klinische Symptom der trockenen Rasselgeräusche. Mit dem Adrenalinversuch können in diesen Fällen einer „Bronchitis spastica inappercepta" [ROSSIER und MÉAN (1944)] Bronchialspasmen als Ursache der Anstrengungsdyspnoe und einer inspiratorisch verschobenen Atemmittellage nachgewiesen werden. Diese Bronchitisform wurde kürzlich auch von WYSS beschrieben.

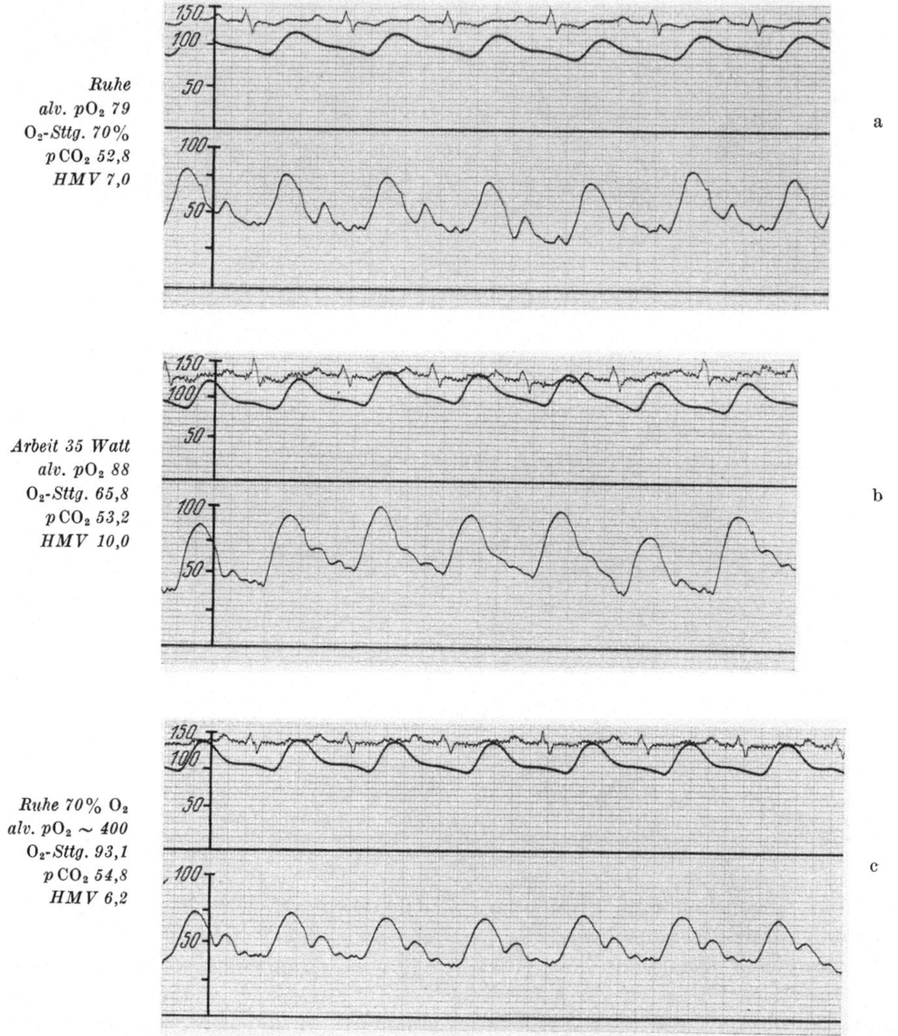

Abb. 64a—c. Intrakardiale Druckwerte während Spontanatmung (Luft und 70% Sauerstoff) sowie bei leichter Arbeit bei einem 27 j. Patienten mit beidseitigen Bronchiektasen

Bei angeborenen Bronchiektasen kommt es gelegentlich bereits im jugendlichen Alter zu schweren Störungen der Lungenfunktion mit Globalinsuffizienz und pulmonaler Hypertonie. Abb. 64 betrifft einen 27 jährigen Kranken, der an angeborenen Bronchiektasen beidseits leidet, die sich rezidivierend infizieren und seit Kindheit wiederholt zu bronchopneumonischen Schüben einerseits und zu allgemeinen Bronchialspasmen andererseits geführt haben.

3. Stenoseatmung

Die Stenosierung der oberen Luftwege läßt sich durch Einschaltung vonWider-
ständen in ein Mundstück experimentell leicht nachahmen, weshalb hierüber zahlreiche Untersuchungen vorliegen. Nach FLEISCH lassen sich die Änderungen der
Atmung auf im N. phrenicus verlaufende, die Atemphasen verstärkende und ver-
längernde Widerstandsreflexe und auf im Vagus verlaufende Volumenreflexe

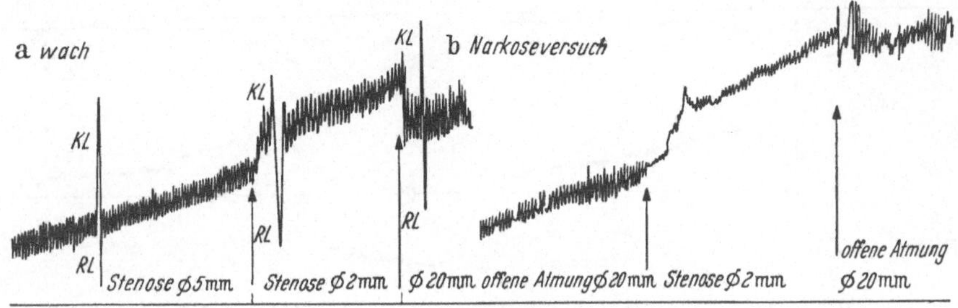

Abb. 65 a u. b. Spirogramm bei Ein- und Ausschaltung einer Stenose. Die deutliche inspiratorische Verschiebung der Atemmittellage ist auch im Narkoseversuch nachweisbar, doch wird unter diesen Bedingungen das Minutenvolumen stark eingeschränkt

zurückführen (Literatur s. BUCHER). Bei exspiratorisch wirksamen Stenosen,
denen klinisch die größere Bedeutung zukommt, wird die Atemmittellage inspiratorisch verschoben und die funktionelle Residualkapazität nimmt deutlich zu.

Spirometrisch ist bei Vorschal-
ten einer Stenose eine Zunahme
des Reservevolumens feststellbar. Die Untersuchungen von
FLEISCH u. Mitarb. zeigten, daß
diese Volumenänderungen auf
reflektorische Mechanismen zurückzuführen sind, unsere eigenen Erfahrungen mit Narkose-
versuchen bestätigen diese Resultate [BÜHLMANN (1948)]. Eine
Zunahme der funktionellen Residualkapazität bedeutet eine
Verschlechterung der Luftdurchmischung und Vergrößerung des
funktionellen Totraumes. Bei
schweren Stenosen, im Experiment z. B. mit einem Durchmesser von 2 mm, kommt es
schließlich auch bei lungengesunden Versuchspersonen zu
einer ungenügenden alveolären
Ventilation und zum Bilde
der Globalinsuffizienz. Dieser

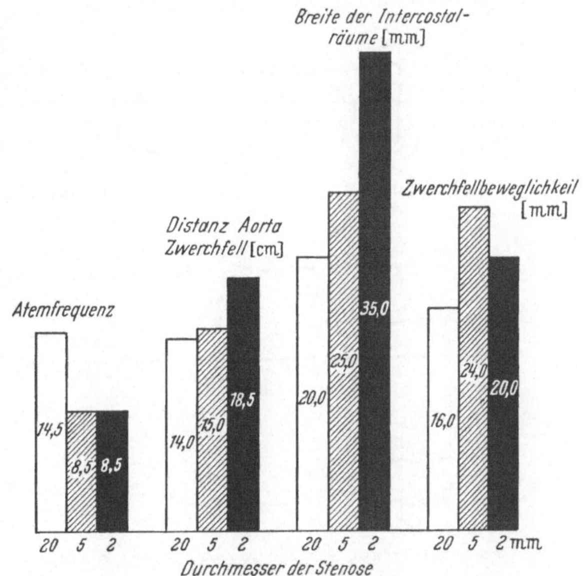

Abb. 66. Einfluß einer künstlichen Stenose auf Atemfrequenz, Distanz zwischen Aortenknopf und Zwerchfellkuppe, Weite der Intercostalräume und respiratorische Verschiebungen des Zwerchfelles

Befund ist im Narkoseversuch noch viel ausgesprochener (s. Abb. 65).

Diese experimentellen Stenosen sind nur pathologischen Stenosen in den
oberen Luftwegen im Bereiche des Larynx und der Trachea, z. B. den Verhältnissen bei einer komprimierenden Struma, direkt vergleichbar. Bei peripheren
Stenosen im Bereiche der kleinen Bronchien und Bronchiolen, insbesondere dann,

wenn die Stenosierung nicht gleichmäßig alle Lungenteile betrifft, werden die
Verhältnisse sofort komplizierter. Doch kommt es auch in diesen Fällen immer zu
einer Vergrößerung der funktionellen Residualkapazität.

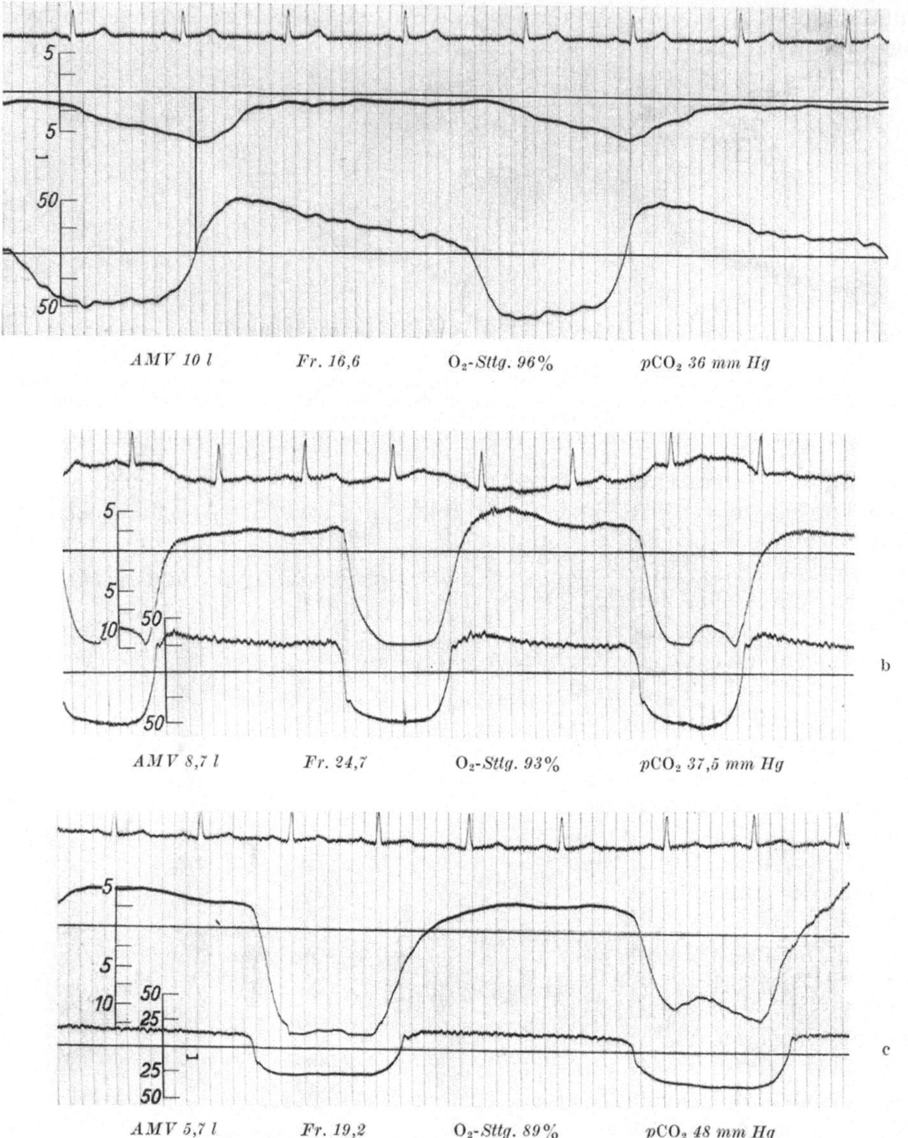

Abb. 67 a—c. EKG, Oesophagusdruck, Pneumotachogramm und arterielle Blutgase bei einer lungengesunden
Versuchsperson vor und während verschieden schwerer Stenosierung der oberen Luftwege

　　Abb. 67 zeigt Oesophagusdruck, Pneumotachogramm und arterielle Blutgase
bei einer gesunden Versuchsperson bei freier Atmung und bei Atmung durch zwei
verschieden schwere Stenosen. In diesem Versuch kommt die Abnahme der
normalen Phasenverschiebung zwischen Fluß und Druck bei Erhöhung der viscösen
Widerstände gut zur Darstellung. Bei freier Atmung überwiegen die normalen
elastischen Widerstände, deshalb wird das Druckminimum am Ende der Inspira-

tion erreicht, mit der Erhöhung des Strömungswiderstandes laufen Druck und Fluß weitgehend parallel (vgl. auch Abb. 3, 32 u. 74).

Besondere Interesse haben die nur während der Ex- oder Inspiration wirksamen Stenosen, wie sie bei Ventilmechanismen in der Trachea und in den Bronchien auftreten können. Bei einer nur inspiratorisch wirksamen Stenose wird die Atemmittellage exspiratorisch verschoben und die funktionelle Residualkapazität vermindert. Zu lediglich während der Exspiration wirksamen und dann zu schweren Dyspnoezuständen führenden Stenosen kommt es gelegentlich bei einer Erschlaffung der Pars membranacea der Trachea und der Bronchien. Dabei handelt es sich meist um ältere Emphysempatienten, bei denen der Alveolardruck während der teilweise aktiven Exspiration deutlich erhöht ist. Dies kann dazu führen, daß die erschlaffte Pars membranacea in das Lumen der Trachea und der Bronchien hineingebuchtet wird und diese somit stenosiert. Wegen des erhöhten exspiratorischen Widerstands wird die Exspiration noch mehr forciert mit dem Ergebnis einer noch stärkeren Stenosierung, so entsteht ein Circulus vitiosus. HERZOG (1954) u. a. konnten derartige nur exspiratorisch wirksame Stenosemechanismen direkt bronchoskopisch nachweisen. Die operative Fixation der Pars membranacea kann in diesen Fällen den Dyspnoezustand erheblich bessern.

Im Prinzip der gleiche Mechanismus kann sich auch an einzelnen Bronchien und Bronchiolen abspielen, die durch ein um sie herumliegendes Alveolargebiet mit erhöhtem Alveolardruck komprimiert werden.

Das folgende Beispiel betrifft eine Stenoseatmung bei einem tracheotomierten Patienten. Die Stenosierung war die Folge einer Verstopfung der Kanüle mit Sekret. Während der Stenosierung zeigt die arterielle Blutgasanalyse eine schwere, aber praktisch kompensierte respiratorische Acidose.

Beispiel: Stenoseatmung

	schwere Stenosierung	nach Freilegen der Atemwege
O_2-Sättigung	68,3	89,4
CO_2-Gehalt Vol.-%	81,5	81,1
p_H	7,35	7,57
pCO_2 mm Hg	64,4	39,7

Nach Freilegung der Atemwege wird die Kohlensäurespannung sofort normalisiert, so daß eine respiratorische Alkalose entsteht, in diesem Moment entwickelte sich ein Cheyne-Stokes-Atemtyp. Die Sauerstoffuntersättigung nach der Freilegung der Atemwege ist die Folge einer erhöhten Temperatur und eines pneumonischen Befundes.

4. Die Funktionsstörungen bei der Lungentuberkulose

Die Lungentuberkulose kann zu den verschiedensten Funktionsstörungen führen. Praktisch sind alle Bilder der respiratorischen Insuffizienz beschrieben worden. Die Befunde der käsigen Pneumonie entsprechen denen der lobären Pneumonie. Bei der Miliartuberkulose kann man wie bei der miliaren Form des Morbus Boeck eine Diffusionsstörung beobachten. Eine lokalisierte fibröse Tuberkulose, ein frisches Infiltrat oder ein Cavernensystem führen gelegentlich zu einem vasculären Kurzschluß. Ausgedehnte Veränderungen schränken mit dem Parenchymverlust die Diffusionskapazität und damit die Anpassungsfähigkeit an körperliche Arbeit ein und führen zudem meistens auch zu einer Verminderung der Atemreserven. Nicht selten kann man in diesen Fällen in Ruhe eine Partialinsuffizienz feststellen, insbesondere dann, wenn Pleuraschwarten eine normale Entfaltung der verschiedenen Lungenpartien verhindern. Bei älteren Patienten kann es zum Bild der Globalinsuffizienz kommen, besonders im Falle der Entwicklung eines Emphysems. Die Bronchustuberkulose zieht nicht selten eine Atelektase mit den entsprechenden funktionellen Veränderungen nach sich. Im allgemeinen ist es aber unmöglich, den verschiedenen Tuberkuloseformen spezifische

Veränderungen der Lungenfunktion zuzuordnen, entsprechende Versuche, auch in unserem Laboratorium, waren schließlich immer wieder zum Scheitern verurteilt. Nicht zuletzt aus dieser Erfahrung geben wir einer rein deskriptiven pathophysiologischen Klassifizierung der Lungeninsuffizienz ohne Einbeziehung anatomischer Befunde den Vorzug.

Beispiel 1: Beidseitige Lungentuberkulose. (Linke Lunge zerstört. Status nach Pneumothorax rechts.) T. Erwin, 24jährig

	Sollwerte	Ruhe	Arbeits-versuch 40 Watt	O_2-Atmung
Arterielles Blut:				
O_2-Kapazität, Vol.-%	19,5—20,5	19,8	20,6	21,1
O_2-Sättigung, %	95—97	72,3	57,3	95,2
O_2-Spannung, mm Hg	85—95	39	32	85
CO_2-Gehalt, Vol.-% Plasma	54—57	66,0	57,8	58,9
p_H	7,38—7,41	7,36	7,32	7,31
CO_2Spannung, mm Hg	40,0	51,2	48,9	51,0
alveolo-arteriel. pO_2-Gradient		42	50	
Spirometrie:				
O_2-Aufnahme cm³/min	267	327		
(0° und 760 mm Hg)				
CO_2-Abgabe, cm/min³		268		
(0° und 760 mm Hg)				
Respiratorischer Quotient	0,82	0,82		
Atemfrequenz, pro min		31,5		
Minutenvolumen, cm³/min	9160	13600		
Spezifische Ventilation	25—31	41,6		
Totalkapazität, cm³	6410	1870		
Vitalkapazität, cm³	4620	620		
Residualvolumen, cm³	1790	1250		
funktionelle Residualkapazität, cm³	2760	1380		
Mischzeit (Helium)	2—3 min	3′30″		
Atemgrenzwert, l/min	185	31		
bei einer Frequenz pro min		53		
Alveoläre Funktion:				
Alveoläre Ventilation cm³/min	5790	4540		
in % der Gesamtventilation	60—70	33		
O_2-Ausnützung	55—58	72	82	
(cm³ O_2-Aufnahme p. Liter alv. Vent.)				
Alveoläre O_2-Spannung mm Hg	95	81		
Totraum: cm³	100	285		
Totraumventilation, cm³/min		9060		

Handelt es sich um vorwiegend lokalisierte, z. B. nur ein Segment oder einen Lappen betreffende Prozesse, so wird man in der Regel insbesondere bei jüngeren Patienten keine schwereren Störungen der Lungenfunktion feststellen können, die für das therapeutische Vorgehen wichtig sein könnten, anders ist es bei fortgeschrittenen Fällen mit Befallensein beider Lungenflügel oder Ausfall eines ganzen Flügels, zudem wird bei derartigen Kranken die Lungenfunktion meistens noch zusätzlich durch bereits erfolgte thoraxchirurgische Eingriffe beeinflußt. Einige Beispiele sollen die verschiedenen Möglichkeiten einer gestörten Lungenfunktion bei schwerer Lungentuberkulose illustrieren.

Das erste Beispiel gibt die Befunde eines zum Glück sehr seltenen ganz schweren Verlaufes einer beidseitigen Lungentuberkulose bei einem noch relativ jungen Patienten mit einer etwa 8 Jahre dauernden Anamnese. Die linke Lunge ist praktisch vollständig zerstört, und auch die rechte Lunge ist voller Streuherde, zudem liegt rechts noch ein Status nach Pneumothorax vor. Die Lungenfunktionsprüfung zeigt eine massive Einschränkung der Lungenvolumen- und Atemreserven. Bereits in Ruhe besteht eine deutliche alveoläre Hypoventilation, also eine Globalinsuffizienz mit Erhöhung der Kohlensäurespannung, wie es für dieses Alter ganz ungewöhnlich ist. Die arterielle Sauerstoffuntersättigung ist nicht nur die Folge der eingeschränkten alveolären Ventilation, sondern vor allem Folge einer zu kleinen Capillaroberfläche wegen der weit fortgeschrittenen Zerstörung des Lungenparenchyms. Schon bei leichter Arbeit nimmt die Hypoxämie stark zu. Bei Sauerstoffatmung steigt die arterielle Sauerstoffsättigung nicht ganz auf 100% an, was darauf hinweist, daß auch noch ein vasculärer Kurzschluß vorliegt. Bei diesen Verhältnissen besteht auch eine beträchtliche pulmonale Hypertonie, und da es sich um einen seit einigen Jahren vorliegenden Befund handelt, auch ein Cor pulmonale. Jeder thoraxchirurgische Eingriff ist bei derartigen Befunden kontraindiziert, die Prognose ist ganz schlecht.

Die linke Lunge ist gesund, die rechte weitgehend zerstört. Das arterielle Blut ist in Ruhe ganz normal. Die Lungenvolumen sind deutlich, die Atemreserven

Beispiel 2: Einseitige Lungentuberkulose (rechte Lunge zerstört).
N. Gertrud, 35 jährig

	Sollwerte	Ruhe	Arbeits-versuch 50 Watt
Arterielles Blut:			
O_2-Kapazität, Vol.-%	19,5—20,5	15,5	16,3
O_2-Sättigung, %	95—97	96,8	91,0
O_2-Spannung, mm Hg	85—95	88	65
CO_2-Gehalt, Vol.-% Plasma	54—57	57,3	52,0
p_H	7,38—7,41	7,38	7,37
CO_2-Spannung, mm Hg	40,0	42,6	39,5
alveolo-arteriel. pO_2-Gradient		2	35
Spirometrie:			
O_2-Aufnahme cm³/min	200	210	
(0° und 760 mm Hg)			
CO_2-Abgabe, cm³/min		180	
(0° und 760 mm Hg)			
Respiratorischer Quotient	0,82	0,85	
Atemfrequenz, pro min		22,2	
Minutenvolumen, cm³/min	5880	7000	
Spezifische Ventilation	25—31	33 4	
Totalkapazität,cm³	4240	3380	
Vitalkapazität, cm³	3050	2050	
Residualvolumen, cm³	1190	1330	
funktionelle Residualkapazität, cm³	1950	1600	
Mischzeit (Helium)	2—3 min	4 min	
Atemgrenzwert, l/nim	122	34	
bei einer Frequenz pro min		52	
Alveoläre Funktion:			
Alveoläre Ventilation, cm³/min	3730	3480	
in % der Gesamtventilation	60—70	50	
O_2-Ausnützung	55—58	60	100
(cm³ O_2-Aufnahme p. Liter alv. Vent.)			
Alveoläre O_2-Spannung, mm Hg	93	90	
Totraum: cm³	100	160	
Totraumventilation, cm³/min		3530	

stark eingeschränkt. Die Atmung ist aber ziemlich ökonomisch, d. h. die spezifische Ventilation und der funktionelle Totraum sind nicht wesentlich vergrößert. Dies spricht dafür, daß die rechte Lunge nur noch wenig ventiliert wird und auch aus dem Lungenkreislauf weitgehend ausgeschaltet ist. Der Arbeitsversuch bestätigt diese Vermutung, indem es bereits bei einer Belastung mit 50 Watt, was kaum mehr als $^1/_3$ des theoretischen Sollwertes entspricht, zu einem deutlichen Abfall der Sauerstoffsättigung kommt, obwohl noch genügend ventiliert wird, was aus der normalen Kohlensäurespannung hervorgeht. Die Verhältnisse entsprechen also weitgehend denen nach einer Pneumonektomie. Die Entfernung der zerstörten rechten Lunge dürfte kaum zu einer wesentlichen Änderung der Lungenfunktion führen. Trotz des röntgenologisch schweren Befundes war hier vom funktionellen Standpunkt die Resektion zu befürworten.

Beispiel 3: Doppelseitige kavernöse Lungentuberkulose. (Status nach Pneumothorax beidseits.) B. Josef, 49 jährig

	Sollwerte	Ruhe	Arbeitsversuch 60 Watt
Arterielles Blut:			
O_2-Kapazität, Vol.-%	19,5—20,5	16,5	18,5
O_2-Sättigung, %	95—97	90,3	81,4
O_2-Spannung, mm Hg	85—95	60	51
CO_2-Gehalt, Vol. % Plasma	54—57	54,0	36,0
p_H	7,38—7,41	7,42	7,31
CO_2-Spannung, mm Hg	40,0	36,8	31,2
alveolo-arteriel. pO_2-Gradient	5—15	35	56
Spirometrie:			
O_2-Aufnahme cm³/min	215	275	
(0° und 760 mm Hg)			
CO_2-Abgabe, cm³/min		225	
(0° und 760 mm Hg)			
Respiratorischer Quotient	0,82	0,82	
Atemfrequenz, pro min		13,3	
Minutenvolumen, cm³/min	7 730	7 970	
Spezifische Ventilation	25—31	30,0	
Totalkapazität, cm³	5 280	4 760	
Vitalkapazität, cm³	3 800	2 690	
Residualvolumen, cm³	1 480	2 070	
funktionelle Residualkapazität, cm³	2 270	2 650	
Mischzeit (Helium)	2—3 min	4 min	
Atemgrenzwert, l/min	152	52	
bei einer Frequenz pro min		45	
Alveoläre Funktion:			
Alveoläre Ventilation, cm³/min	4 880	5 300	
in % der Gesamtventilation	60—70	66	107
O_2-Ausnützung	55—58	52	
(cm³ O_2-Aufnahme p. Liter alv. Vent.)			
Alveoläre O_2-Spannung, mm Hg	91	95	
Totraum: cm³	215	200	
Totraumventilation, cm³/min		2 670	

Im vorstehenden Fall (Beispiel 3) besteht bereits in Ruhe eine deutliche arterielle Hypoxämie, die schon bei leichter Arbeit trotz Hyperventilation mit Erniedrigung der Kohlensäurespannung massiv zunimmt. Es besteht also eine deutliche Diffusionsstörung wegen zu kleiner Capillaroberfläche, obwohl die Lungenvolumen und Atemreserven gar nicht so stark eingeschränkt sind. In diesem Falle ist die erhebliche Einschränkung der Capillaroberfläche wohl auf die zu lange und dann noch auf beiden Seiten durchgeführte Pneumothoraxtherapie zurückzuführen. Bei diesen Verhältnissen liegt bereits in Ruhe eine pulmonale Hypertonie vor, und ein thoraxchirurgischer Eingriff ist trotz der relativ guten Atemreserven kontraindiziert.

Die Lungenfunktionsstörungen beim folgenden Patienten sind einserseits durch die tuberkulösen Veränderungen selbst, in der Hauptsache aber durch das begleitende Emphysem bedingt. Die Residualvolumenwerte sind stark vergrößert, die Luftverteilung erheblich verzögert und der Atemgrenzwert d. h. die Atemreserven sehr eingeschränkt. Die leichte arterielle Hypoxämie in Ruhe ist Folge einer Partialinsuffizienz, nach dem Arbeitsversuch, während der Erholungsphase wird die Sauerstoffsättigung normal. Während der Arbeit, und zwar bei einer kleinen Belastung, die etwa $^1/_3$ des theoretischen Sollwertes entspricht, sinkt die Sättigung trotz genügender Ventilation weiter ab, was nur mit einer Einschränkung der Capillaroberfläche erklärt werden kann. Die Untersuchung mit dem Herzkatheterismus ergab mit dieser Interpretation übereinstimmend in Ruhe einen normalen Druck in der Art. pulmonalis, der aber bei leichter Arbeit bereits pathologisch anstieg als Zeichen eines leicht erhöhten und fixierten Widerstandes.

Beispiel 4: Doppelseitige, vorwiegend cirrhöse Lungentuberkulose, Emphysem.
B. Bernhard, 46 jährig

	Sollwerte	Ruhe	Arbeits-versuch 50 Watt	Erholung
Arterielles Blut:				
O_2-Kapazität, Vol.-%	19,5--20,5	18,7	20,0	20,6
O_2-Sättigung, %	95--97	93,0	90,9	97,0
O_2-Spannung, mm Hg	85—95	75	60	98
CO_2-Gehalt, Vol.-% Plasma	54—57	55,0	45,0	48,2
p_H	7,38—7,41	7,36	7,33	7,35
CO_2-Spannung, mm Hg	40,0	42,6	37,3	38,2
alveolo-arteriel. pO_2-Gradient		21	43	5
Spirometrie:				
O_2-Aufnahme cm³/min	205	225		
(0° und 760 mm Hg)				
CO_2-Abgabe, cm³/min		180		
(0° und 760 mm Hg)				
Respiratorischer Quotient	0,82	0,82		
Atemfrequenz, pro min		16,5		
Minutenvolumen, cm³/min	6270	7050		
Spezifische Ventilation	25—31	31,5		
Totalkapazität, cm³	5560	6500		
Vitalkapazität, cm³	4000	2450		
Residualvolumen, cm³	1560	4050		
funktionelle Residualkapazität, cm³	2400	4500		
Mischzeit (Helium)	2—3 min	10 min		
Atemgrenzwert, l/min	160	47		
bei einer Frequenz pro min		50		
Alveoläre Funktion:				
Alveoläre Ventilation, cm³/min	3970	3730		
in % der Gesamtventilation	60—70	53		
O_2-Ausnützung	55—58	60		
(cm³ O_2-Aufnahme p. Liter alv. Vent.)				
Alveoläre O_2-Spannung, mm Hg	94	91	103	103
Totraum: cm³	140	200		
Totraumventilation, cm³/min		3300		

Für die Indikationsstellung eines Eingriffes handelt es sich beim Beispiel 5 um einen ausgesprochenen Grenzfall. Die Lungenvolumen und Atemreserven sind massiv eingeschränkt, Total- und Vitalkapazität betragen weniger als die Hälfte des Sollwertes. Trotzdem ist die Arterialisation des Blutes in Ruhe ganz normal, was nichts anderes bedeuten kann, als daß das Kavernensystem unter der Totalplastik links kaum noch ventiliert und durchblutet wird, daß aber die Funktion der rechten Lunge nur wenig gestört ist. Der Befund entspricht weitgehend dem nach einer Pneumonektomie. Die intrakardiale Druckmessung zeigte keine pulmonale Hypertonie in Ruhe. Auf Grund all dieser Befunde hielten wir die Pneumonektomie für gerechtfertigt mit dem Argument, daß die Entfernung des Kavernensystems links kaum eine Verschlechterung der Funktion mit sich bringen wird, die Tuberkulose aber möglicherweise günstig beeinflußt wird. Die Kontrolluntersuchung nach der Pneumonektomie bestätigt diese Erwartung weitgehend.

Beispiel 5: Zerstörte Lunge links, Totalplastik links, Pneumothorax und Emphysem rechts.
C. Annemarie, 31 jährig

	Sollwerte	vor Pneumonektomie li.	nach Pneumonektomie li.	Arbeitsversuch 30 Watt
Arterielles Blut:				
O_2-Kapazität, Vol.-%	19,5—20,5	14,7	14,2	15,6
O_2-Sättigung, %	95—97	97,1	94,2	82,5
O_2-Spannung, mm Hg	85—95	90	80	50
CO_2-Gehalt, Vol.-% Plasma	54—57	53,6	52,7	45,6
p_H	7,38—7,41	7,36	7,42	7,34
CO_2-Spannung, mm Hg	40,0	41,6	35,9	37,0
alveolo-arteriel. pO_2-Gradient	5—15	5	18	54
Spirometrie:				
O_2-Aufnahme cm³/min	185	190	175	
(0° und 760 mm Hg)				
CO_2-Abgabe, cm³/min		160	145	
(0° und 760 mm Hg)				
Respiratorischer Quotient	0,82	0,83	0,85	
Atemfrequenz, pro min		17,5	21,7	
Minutenvolumen, cm³/min	5320	7330	7550	
Spezifische Ventilation	25—31	38,6	43,9	
Totalkapazität, cm³	4290	1870	1560	
Vitalkapazität, cm³	3080	1100	850	
Residualvolumen, cm³	1210	770	710	
funktionelle Residualkapazität, cm³	1840	930	710	
Mischzeit (Helium)	2—3 min	3 min	3 min	
Atemgrenzwert, l/min	124	45	35	
bei einer Frequenz pro min		40	42	
Alveoläre Funktion:				
Alveoläre Ventilation, cm³/min	3370	3230	3390	
in % der Gesamtventilation	60—70	44	45	
O_2-Ausnützung	55—58	59	51	
(cm³ O_2-Aufnahme p. Liter alv. Vent.)				
Alveoläre O_2-Spannung, mm Hg	94	95	98	104
Totraum: cm³	110	235	190	
Totraumventilation, cm³/min		4100	4160	

Im Beispiel 6 weisen Lungenvolumen und Atemreserven darauf hin, daß die verschwartete Lunge noch ventiliert wird. Die Frage hinsichtlich einer Decortication ist, ob sie auch noch durchblutet wird, also am Gaswechsel beteiligt ist. Dies kann mit der Bronchospirometrie gut abgeklärt werden. Aber auch ohne diese für den Patienten nicht immer angenehme Untersuchung kann aus den vorliegenden Befunden mit erheblich gesteigerter Totraumventilation und Vergrößerung des funktionellen Totraumes geschlossen werden, daß die linke Lunge nicht mehr wesentlich

Beispiel 6: Pleuraschwarte links. S. Albert, 48jährig

	Sollwerte	Ruhe	Arbeits- versuch 5 min 100 Watt
Arterielles Blut:			
O_2-Kapazität, Vol.-%	19,5—20,5	18,6	21,4
O_2-Sättigung, %	95—97	92,6	89,6
O_2-Spannung, mm Hg	85—95	69	63
CO_2-Gehalt, Vol.-% Plasma	54—57	55,3	42,6
p_H	7,38—7,41	7,38	7,33
CO_2-Spannung, mm Hg	40,0	41,1	35,3
alveolo-arteriel. pO_2-Gradient	5—15	23	42
Spirometrie:			
O_2-Aufnahme cm³/min	245	255	
(0° und 760 mm Hg)			
CO_2-Abgabe, cm³/min		210	
(0° und 760 mm Hg)			
Respiratorischer Quotient	0,82	0,82	
Atemfrequenz, pro min		14,7	
Minutenvolumen, cm³/min	7140	10600	
Spezifische Ventilation	25—31	41,6	
Totalkapazität, cm³	5420	4460	
Vitalkapazität, cm³	3900	2790	
Residualvolumen, cm³	1520	1680	
funktionelle Residualkapazität, cm³	2330	2160	
Mischzeit (Helium)	2—3 min	3 min	
Atemgrenzwert, l/min	156	87	
bei einer Frequenz pro min		50	
Alveoläre Funktion:			
Alveoläre Ventilation, cm³/min	4510	4390	
in % der Gesamtventilation	60—70	41	
O_2-Ausnützung	55—58	58	
(cm³ O_2-Aufnahme p. Liter alv. Vent.)			
Alveoläre O_2-Spannung, mm Hg	93	92	105
Totraum: cm³	180	420	
Totraumventilation, cm³/min		6210	

durchblutet wird. Die deutliche arterielle Hypoxämie bei mittelschwerer Arbeit trotz genügender Ventilation zeigt zudem eine herabgesetzte Diffusionskapazität, die ebenfalls darauf hinweist, daß die Capillaren der linken Lunge weitgehend verödet sind. Eine Steigerung der Ventilation der linken Lunge nach einer Decortication würde lediglich eine Zunahme der Totraumventilation bedeuten, weshalb man in diesem Fall lieber darauf verzichtet hat.

Das Beispiel 7 zeigt einen ungewöhnlich guten Erfolg einer Decortication obwohl es sich um einen beidseitigen Prozeß handelt und auf der Gegenseite eine Lobektomie sowie eine 4-Rippen-Plastik durchgeführt werden mußten. Die erstaunliche Besserung kommt am eindrücklichsten bei den Arbeitsversuchen zur Darstellung. Nach der Decortication rechts und der Lobektomie und 4-Rippen-Plastik links kommt es bei einer Belastung mit 140 Watt lediglich zu einer leichten

Beispiel 7: H. Hans, 36 jährig

A = Vor Operation, Tbc. pulm. bds., rechte Lunge verschwartet, Pneumothorax links.
B = 9 Monate nach Decortication rechts, Pneumothorax links.
C = 12 Monate nach Decortication rechts, Lobektomie li. Oberlappen, 4-Rippenplastik.

Arterielles Blut:	Sollwerte	A Ruhe	B Ruhe	C Ruhe
Arterielles Blut:				
O_2-Kapazität, Vol.-%	19,5—20,5	18,9	18,7	19,7
O_2-Sättigung, %	95—97	94,0	96,2	96,7
O_2-Spannung, mm Hg	85—95	74	88	90
CO_2-Gehalt, Vol.-% Plasma	54—57	51,0	53,0	54,8
p_H	7,38—7,41	7,39	7,38	7,38
CO_2-Spannung, mm Hg	40,0	37,0	39,1	40,4
alveolo-arteriel. pO_2-Gradient		22	6	3
Spirometrie:				
O_2-Aufnahme, cm³/min (0° und 760 mm Hg)	240	230	250	255
CO_2-Abgabe, cm³/min (0° und 760 mm Hg)		190	200	205
Respiratorischer Quotient	0,82	0,82	0,80	0,82
Atemfrequenz, pro min		6,4	9,7	13,1
Minutenvolumen, cm³/min	6860	6980	6170	6630
Spezifische Ventilation	25—31	30,0	24,7	26,2
Totalkapazität, cm³	5800	3330	3580	3780
Vitalkapazität, cm³	4180	1740	2430	2650
Residualvolumen, cm³	1620	1590	1150	1130
funktionelle Residualkapazität, cm³	2490	1910	2080	1750
Mischzeit (Helium)	2—3 min	2'30''	4'30''	4 min
Atemgrenzwert, l/min	167	62	90	94
bei einer Frequenz pro min		50	56	45
Alveoläre Funktion:				
Alveoläre Ventilation, cm³/min	4320	4410	4460	4420
in % der Gesamtventilation	60—70%	65	70	65
O_2-Ausnützung (cm³ O_2-Aufnahme p. Liter alv. Vent.)	55—58	52	55	58
Alveoläre O_2-Spannung, mm Hg	92—95	96	84	93
Totraum: cm³	200—350	400	180	170
Totraumventilation, cm³/min		2570	1710	2210

Die arteriellen Blutgase während körperlicher Arbeit beim gleichen Fall

Arterielles Blut	A Arbeits-versuch 60 Watt	B Arbeits-versuch 150 Watt	C Arbeits-versuch 140 Watt
O_2-Kapazität, Vol.-%	20,3	22,0	20,2
O_2-Sättigung, %	84,2	84,9	93,0
O_2-Spannung, mm Hg	51	56	75
CO_2-Gehalt, Vol.-% Plasma	46,5	37,0	39,7
p_H	7,38	7,22	7,27
CO_2-Spannung, mm Hg	34,6	34,7	37,2
alveolo-arteriel. pO_2-Gradient	46	51	28

arteriellen Hypoxämie, was nur damit erklärt werden kann, daß die rechte Lunge wieder gut ventiliert und durchblutet ist.

Beispiel 8 gibt die Befunde bei einer Miliartuberkulose. In Ruhe besteht eine beträchtliche arterielle Sauerstoffuntersättigung trotz massiver Hyperventilation. Sie ist teilweise die Folge einer ungleichmäßigen Luftdurchmischung (Partialinsuffizienz), worauf schon die stark verlängerte Mischzeit bei der Residualvolumenbestimmung hinweist, als auch der Ausdruck einer Diffusionsstörung. Letztere wird durch den Arbeitsversuch bewiesen, bei dem es trotz Hyperventilation bei kleiner Belastung nicht zu einer normalen Sättigung kommt. Der Faktor der ungenügenden Luftdurchmischung hingegen fällt während der Arbeit weg, so daß die Sauerstoffsättigung in der Erholungsphase normal wird, wobei allerdings immer noch stark hyperventiliert wird.

Alle diese Beispiele zeigen die Bedeutung des Arbeitsversuches für die Differenzierung der Insuffizienzform und Indikationsstellung für thoraxchirurgische

Beispiel 8: Miliartuberkulose. B. Christian, 40jährig

	Sollwerte	Ruhe	Arbeits-versuch 50 Watt	Erholung
Arterielles Blut:				
O_2-Kapazität, Vol.-%	19,5—20,5	20,3	21,4	21,4
O_2-Sättigung, %	95—97	87,6	91,8	96,3
O_2-Spannung, mm Hg	85—95	57	64	83
CO_2-Gehalt, Vol.-% Plasma	54—57	50,1	46,3	46,1
p_H	7,38—7,41	7,40	7,41	7,46
CO_2Spannung, mm Hg	40,0	35,0	32,1	28,7
alveolo-arteriel. pO_2-Gradient		38	40	25
Spirometrie:				
O_2-Aufnahme cm³/min	245	280		
(0° und 760 mm Hg)				
CO_2-Abgabe, cm³/min		245		
(0° und 760 mm Hg)				
Respiratorischer Quotient	0,82	0,90		
Atemfrequenz, pro min		25,7		
Minutenvolumen, cm³/min	7810	13100		
Spezifische Ventilation	25—31	47,0		
Totalkapazität, cm³	5890	4570		
Vitalkapazität, cm³	4240	2340		
Residualvolumen, cm³	1650	2230		
funktionelle Residualkapazität, cm³	2530	2660		
Mischzeit (Helium)	2—3 min	11 min		
Atemgrenzwert, l/min	170	80		
bei einer Frequenz pro min		50		
Alveoläre Funktion:				
Alveoläre Ventilation, cm³/min	4950	5560		
in % der Gesamtventilation	60—70	42		
O_2-Ausnützung	55—58	50		
(cm³ O_2-Aufnahme p. Liter alv. Vent.)				
Alveoläre O_2-Spannung, mm Hg	89	95	104	108
Totraum: cm³	110	290		
Totraumventilation, cm³/min		7540		

Eingriffe in schweren und ausgesprochenen Grenzfällen. Die Bestimmung des alveolo-arteriellen Sauerstoffspannungsgradienten in Ruhe und bei Arbeit, evtl. bei verschiedenen Belastungsstufen und während der Erholungsphase ermöglicht uns eine zuverlässige Abschätzung der Diffusionskapazität und damit eine Antwort auf die Frage des Chirurgen, ob noch funktionstüchtiges Lungengewebe reseziert werden darf oder nicht. Die Bedeutung der Lungenfunktionsprüfung für die Indikationsstellung in der Thoraxchirurgie soll noch besonders besprochen werden, nachdem der Einfluß der verschiedenen Eingriffe auf die Lungenfunktion abgehandelt worden ist.

a) Pneumothorax

Die häufigste und oft auch erste chirurgische Intervention bei einer kavernösen Lungentuberkulose ist der Pneumothorax, der zu einer deutlichen Einschränkung der Atemreserven führt. Doch betragen Vitalkapazität und Atemgrenzwert in den meisten Fällen noch mehr als die Hälfte des Sollwertes. Das Minutenvolumen ist etwas gesteigert und die spezifische Ventilation bzw. das Atemäquivalent vergrößert (KNIPPING, LEWIS und MONCRIEFF (1931)). Die Atmung wird also etwas unökonomisch, und die alveoläre Ventilation beträgt meistens weniger als 60% der Gesamtventilation. Die Änderung der Ventilationsverhältnisse infolge der teilweise kollabierten, teilweise komprimierten Lunge vergrößert die Luftmenge, die nicht mehr am Gasaustausch teilnimmt, so daß die Bestimmung des funktionellen Totraumes meistens beträchtlich vergrößerte Werte ergibt (BIRATH, 1944). Der immer mehr oder weniger unvollständige Kollaps beim Pneumothorax wirkt sich auf die Lungenfunktion nicht nur quantitativ in einer Verminderung der Atemreserven und Lungenvolumen, sondern auch qualitativ in einer Verschlechterung der Luftdurchmischung aus. Im arteriellen Blut fanden wir in 30–40% der Fälle eine leichte bis deutliche Sauerstoffuntersättigung als Zeichen einer Partialinsuffizienz. Ähnliche Befunde wurden von PETZOLD, u. Mitarb. (1939) beschrieben, die die Kontrolle der arteriellen Sauerstoffsättigung für die Dosierung des Pneumothorax empfehlen. DAUTREBANDE (1922), MEAKINS, DAVIES u. a. zeigten, daß der Pneumothorax nur ausnahmsweise zu einem vasculären Kurzschluß führt, was auch mit unserer Erfahrung übereinstimmt. Diese Tatsache ist also so zu deuten, daß die kollabierten Lungenpartien aus dem Lungenkreislauf funktionell ausgeschaltet sind. BJÖRKMAN konnte mit bronchospirometrischen Untersuchungen zeigen, daß die Pneumothoraxlunge nur noch zu etwa 30% am Gasaustausch und an der Gesamtventilation beteiligt ist. Manchmal bietet die Bronchospirometrie überraschende Befunde, indem eine Diskrepanz zwischen Ventilation und Sauerstoffaufnahme festzustellen ist. Bei einem jahrelang bestehenden Pneumothorax muß man damit rechnen, daß die entsprechende Lunge wohl noch ventiliert, aber nicht durchblutet wird, so daß sie nur noch in sehr geringem Umfang am Gasaustausch teilnimmt. Als Ursache für diese Erscheinung muß man eine Fibrosierung und Capillarverödung annehmen. Hier liegt die Gefahr einer zu lange durchgeführten Pneumothoraxbehandlung, daß die anfänglich rein funktionelle Ausschaltung aus dem Lungenkreislauf durch anatomische Veränderungen an den kleinen Lungengefäßen definitiv wird. Ein doppelseitiger Pneumothorax schränkt die Lungenvolumen und Atemreserven noch mehr ein. Diese Patienten atmen oft sehr frequent und flach. Wenn der Pneumothorax eine starke Verschiebung des Mediastinums zur Folge hat, so kann der zusätzliche Pneumothorax auf der Gegenseite zu einer gewissen Besserung der Lungenfunktion, ja sogar zu einer Vergrößerung der Vitalkapazität (AGNELLO) führen.

Beim Anlegen eines Pneumothorax spielt immer die Überlegung eine gewisse Rolle, daß es sich um einen reversiblen Zustand handelt. WERNLI hat bei einer Nachkontrolle von 263 ehemaligen Pneumothoraxträgern festgestellt, daß es nur in 40% geringfügige, in 60% aber grobe Pleuraveränderungen und Komplikationen gab. Man muß doch in einem erheblichen Prozentsatz auch nach Eingehen des Pneumothorax mit einer dauernden Einschränkung der Lungenfunktion rechnen. Ähnliche Feststellungen machten auch BUCHER und GLOOR mit bronchospirometrischen Untersuchungen. Sie fanden nur bei komplikationslos verlaufendem Pneumothorax auf der behandelten Seite eine normale Funktion hinsichtlich Ventilation und Sauerstoffaufnahme nach Eingehen des Pneumothorax. Im Falle von Komplikationen wie Verziehungen, Adhärenzen, Schwartenbildung usw. war die Funktion immer mehr oder weniger beeinträchtigt.

In diesem Zusammenhang muß auch noch der Einfluß der Decortication auf die Lungenfunktion besprochen werden. Die Bronchospirometrie kann hierüber am besten Auskunft geben. BUCHER und GLOOR mußten in dieser Beziehung eher enttäuschende Befunde erheben. Wenn es auch meistens gelingt, die Lunge wieder zur Entfaltung zu bringen, so ist das nicht gleichbedeutend mit einer guten Funktion. Oft wird diese Lunge nur noch ventiliert, nimmt aber nicht mehr oder nur ganz ungenügend am Gasaustausch teil. In diesen Fällen hat die Decortication nur eine Verschlechterung der Gesamtfunktion zur Folge, indem mit der Zunahme der Totraumventilation die Atemökonomie schlechter wird. Das funktionelle Ergebnis der Decortication ist von der Dauer des Kollapses weitgehend abhängig. Nach CARROL, CLEMENT, HIMMELSTEIN und COURNAND müssen 4 Jahre als obere Grenze betrachtet werden. Nach dieser Frist ist von der Decortication in der Regel in funktioneller Hinsicht kein gutes Ergebnis mehr zu erwarten.

Zusammenfassend können wir sagen, daß der Pneumothorax funktionell gesehen meistens eine erhebliche Beeinträchtigung bedeutet. Hinsichtlich Luftdurchmischung, Atemökonomie und Arterialisation des Blutes liegen die Verhältnisse mit Ausnahme der Zwerchfellähmung ungünstiger als bei den anderen chirurgischen Behandlungsmöglichkeiten der Tuberkulose, und vom Vorteil der Reversibilität profitiert nur der kleinere Teil der Patienten. Nicht zuletzt wegen dieser Erfahrungen ist die Indikationsstellung in den letzten Jahren viel seltener geworden.

b) Phrenicuslähmung

Ganz ähnlich wie beim Pneumothorax liegen die Verhältnisse bei der Zwerchfellähmung. Die Atemreserven sind etwa im gleichen Maße eingeschränkt (RAMONDIN, SCARTASCINI, NAEGELI, SCHULTE-TIGGES, BEITZ, DECKER, MICHAUD, ROSSIER). HEINE und HELL weisen darauf hin, daß die Zwerchfellähmung insbesondere bei älteren Leuten wegen der bei diesen überwiegenden Zwerchfellatmung sehr ungünstig wirken kann. Die Atmung ist wie beim Pneumothorax gesamthaft gesteigert und sehr unökonomisch. In 40—50% der Fälle fanden wir eine arterielle Sauerstoffuntersättigung als Folge einer Partialinsuffizienz. LAMBERT, BERRY, COURNAND und RICHARDS haben diesbezüglich ähnliche Befunde erhoben. Sie haben zudem eine Abnahme der Totalkapazität und eine absolute oder zumindest relative Zunahme des Residualvolumens beschrieben. Bronchospirometrische Untersuchungen zeigen, daß die Ventilation auf der Seite der Lähmung weniger als $^1/_2$ und die Sauerstoffaufnahme weniger als $^1/_3$ der gesunden Seite betragen kann. Vom funktionellen Standpunkt aus sollte mit einer definitiven Zwerchfellähmung größte Zurückhaltung geübt werden.

c) Thorakoplastik

Die Thorakoplastik als definitive Kollapstherapie sieht funktionell eher besser aus, wenn man die Resultate mit denen des Pneumothorax und der Zwerchfelllähmung vergleicht. Die Abnahme der Totalkapazität, wie auch die Einschränkung der Vitalkapazität und des Atemgrenzwertes sind natürlich von der Zahl der resezierten Rippen abhängig. GAUBATZ fand eine Verminderung des Atemgrenzwertes um 15% bei der Spitzenplastik, um 30% bei der oberen Teilplastik und um 40% bei der Totalplastik. Ähnliche Zahlen wurden von BEITZ, VANECKOVA, SEYNONA und KALTREIDER angegeben. KALTREIDER untersuchte die arterielle Sauerstoffsättigung und fand im Mittel eine Sättigung von 90%. PETZOLD, DECKER, MICHAUD und ROSSIER wiesen darauf hin, daß man nach einer Plastik weniger häufig eine arterielle Untersättigung findet als bei einer Phrenicuslähmung. BJÖRKMAN zeigte mit bronchospirometrischen Untersuchungen, daß die Lunge der Plastikseite gelegentlich nur noch in geringem Umfang an der Ventilation und am Gasaustausch teilnimmt. Zudem ist die Atmung dieser Lunge oft unökonomisch. Damit übereinstimmend fand BIRATH mit der Wasserstoffmethode bei der Plastik bei verminderter Totalkapazität eine relative Zunahme des Residualvolumens und eine Vergrößerung des funktionellen Totraumes. Aber auch er weist darauf hin, daß diese Befunde hinsichtlich Luftdurchmischung, Atemökonomie und Totraum bei der Thorakoplastik meistens besser ausfallen als beim Pneumothorax. Wie aus der folgenden tabellarischen Zusammenstellung hervorgeht, entspricht dies auch unserer Erfahrung. Wir haben für diese Zusammenstellung nur die Patienten mit einer 9-Rippen- oder Totalplastik berücksichtigt, was die stärkere prozentuale Einschränkung der Atemreserven erklärt. Trotzdem war in diesen Fällen nur in 25—30% eine ungenügende Arterialisation festzustellen. Nach diesen Befunden ist es also durchaus möglich, daß die Lungenfunktion nach einer Plastik, die einen vorbestehenden Pneumothorax ersetzt, besser ist als vorher. BOLT und RINK verglichen die funktionellen Resultate zwischen Maurer-Plastik und klassischer Plastik und kamen zum Schluß, daß letztere vom funktionellen Standpunkt aus vorzuziehen sei. Die Mehrzahl dieser Untersuchungen wurden einige Monate bis wenige Jahre nach dem Eingriff durchgeführt und haben deshalb für die funktionelle Spätprognose nur relative Bedeutung. Bei älteren Patienten, die vor 20 oder mehr Jahren einmal eine Totalplastik erhalten hatten, mußten wir, wie bei Patienten mit schweren Thoraxdeformitäten, gehäuft eine schwere Globalinsuffizienz und ein Cor pulmonale feststellen. In diesen Fällen war die Lunge unter der Plastik vollständig ausgefallen, wie es mit dem Eingriff auch beabsichtigt war, doch genügte die andere Lunge wegen mehr oder weniger normaler altersbedingter Veränderungen im Sinne eines Emphysems nicht mehr für eine normale Ventilation.

d) Segmentresektion und Lobektomie

Hinsichtlich Lungenfunktion haben wir zwischen diesen beiden Eingriffen keine signifikanten Unterschiede gefunden, wenn auch zu erwarten ist, daß bei der Segmentresektion mehr funktionelles Gewebe erhalten bleibt, was für die funktionelle Spätprognose wichtig ist. LILIENTHAL beschrieb bereits 1926 eine leichte Verminderung der Vitalkapazität nach Lobektomie. LINDSKOG stellte bei Bestimmungen der Totalkapazität und des Residualvolumens keine wesentlichen Änderungen fest. Wie aus unserer Tabelle hervorgeht, ist das funktionelle Resultat im Mittel etwa gleich wie nach einer Thorakoplastik, doch ist dies etwas irreführend, da die Streuung erheblich größer ist. Oft wird die Einschränkung der Vitalkapazität und des Atemgrenzwertes viel geringer sein als es dem Mittelwert entspricht. Nur selten fanden wir nach einer Lobektomie eine arterielle Sauerstoffuntersättigung. Die Anpassungsfähigkeit an leichte und mittelschwere körperliche Arbeit ist meistens gut, in der Regel besser als nach einer ausgedehnten Plastik. Häufig wird eine Lobektomie bei Bronchiektasen durchgeführt. Bei dieser Erkrankung sind im allgemeinen mit der Lungenfunktionsprüfung ähnliche Befunde zu erheben wie bei der chronischen Bronchitis, also Vergrößerung der funktionellen Residualkapazität und des funktionellen Totraumes, ungleichmäßige Belüftung der verschiedenen Lungenpartien und damit zusammenhängend oft eine arterielle Hypoxämie. In diesen Fällen ist nach der Lobektomie meistens eine Besserung der Lungenfunktion festzustellen, worauf schon FURMAN, BLAKE und STAHLMAN hingewiesen haben.

e) Pneumonektomie

Nach einer Pneumonektomie sind die Lungenvolumen und Atemreserven noch stärker eingeschränkt als bei den vorher besprochenen Eingriffen. Von besonderer

Bedeutung nach einer Pneumonektomie ist die Überblähung der verbleibenden Lunge, die die Luftdurchmischung ungünstig beeinflußt und zu einer Vergrößerung des funktionellen Totraumes führt. Das Residualvolumen nimmt relativ zu, d. h. es ist im Verhältnis zur verminderten Totalkapazität vergrößert (DENOLIN, DE COSTER, DUMONT u. CANTINIEAUX-DUWAERTS, BIRATH). Die Atmung ist nach einer Pneumonektomie oft sehr unökonomisch, was bei der erheblichen Einschränkung der Atemreserven nicht ohne Bedeutung ist. Die Arterialisation ist aber fast immer vollständig, nur ausnahmsweise besteht eine leichte arterielle Sauerstoffuntersättigung (ROSSIER und BÜHLMANN). Die verbleibende Lunge genügt, sofern sie gesund ist, um unter Ruhebedingungen einen normalen Gasaustausch zu gewährleisten (COURNAND, RILEY, HIMMELSTEIN und AUSTRIAN).

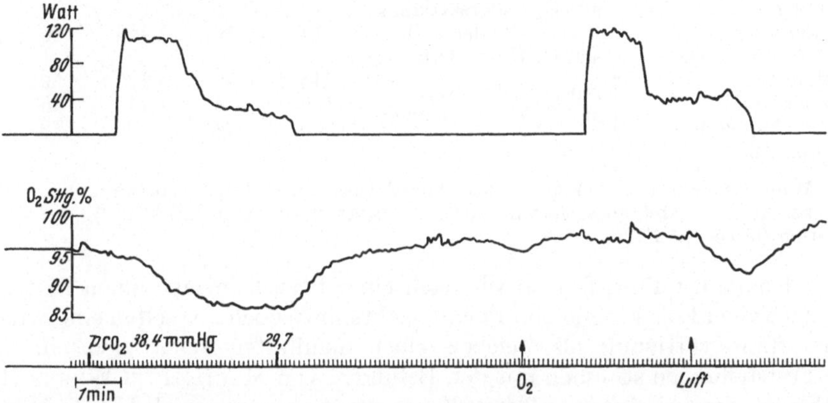

Abb. 68. Oxymetrisch kontrollierter Arbeitsversuch bei einem Status nach Pneumonektomie. In Ruhe normale Sauerstoffsättigung und Kohlensäurespannung. Kurz nach Arbeitsbeginn Abfall der Sättigung. Die Leistung von 110 Watt wird nur kurzfristig vollbracht, es kommt nicht zum steady state, deshalb wird die Arbeit auf 40 Watt reduziert. Bei dieser reduzierten Leistung bleibt die Sättigung konstant. Die arterielle Kohlensäurespannung ist erheblich erniedrigt, was zeigt, daß die Untersättigung nicht die Folge einer ungenügenden Ventilation ist. Während der Erholung steigt die Sättigung schnell wieder auf den Normalwert an. Bei O_2-Atmung steigt die Sättigung an und fällt bei Arbeit nicht ab, der Abfall erfolgt prompt nach Umschalten auf Luftatmung

Erst bei Arbeit kommt es zu einem Abfall der Sauerstoffsättigung als Folge einer Diffusionsstörung bei zu kleiner Capillaroberfläche.

Damit übereinstimmend zeigte GROSSE-BROCKHOFF, daß der Druck in der Art. pulmonalis nach einer Pneumonektomie in Ruhe noch im Bereiche der Norm liegt, aber schon bei Arbeit pathologische Werte erreicht.

Die Lungenfunktion nach einer Pneumonektomie ändert sich in charakteristischer Weise, wenn die unerwünschte Überblähung der verbleibenden Lunge durch eine Plastik auf der Resektionsseite eingeschränkt wird. Die Kombination Pneumonektomie mit Deckplastik führt immer zu einer auffälligen Ökonomisierung der Atmung (ROSSIER und BÜHLMANN). Die Ventilation ist nicht mehr gesteigert und der funktionelle Totraum praktisch normal. Diese Befunde sind auch zu erheben, wenn eine Pneumonektomie bei einer vorbestehenden Plastik ausgeführt wird. Bei diesem Zustand werden die Beziehungen zwischen funktioneller Residualkapazität und funktionellem Totraum deutlich. Beträgt erstere weniger als 1000 cm³, was bei Frauen nach diesem Eingriff relativ häufig der Fall ist, so wird der funktionelle Totraum klein und beträgt weniger als 100 cm³ bzw. nur 70—80% des Sollwertes. Wir haben 1950 diese interessanten Befunde erstmals beschrieben. Unsere damaligen Fälle betrafen fast ausschließlich Frauen, bei denen wegen einer Bronchustuberkulose mit Totalatelektase eine Pneumonektomie mit Deckplastik durchgeführt wurde. Deshalb war der Effekt auf den funktionellen Totraum besonders deutlich. Das jetzige Material umfaßt etwa gleich viel Männer wie Frauen, so daß die Abnahme bei Berechnung der Mittelwerte weniger massiv ist. Trotzdem ist der Unterschied im Vergleich zum Zustand nach Pneumonektomie ohne Deckplastik immer noch sehr deutlich.

Tabelle 27

	arterielles Blut	MV %	alv. Vent. %	TR %	VK %	AGW %
Normalwerte		100	60—70	100	100	100
Einseitiger Pneumo-thorax	in 30—40% der Fälle art. O_2-Untersättigung	121	56	135	64	55
Einseitige Zwerchfell-lähmung	in 40—50% der Fälle art. O_2-Untersättigung	125	54	160	62	53
Thorakoplastik (9-Rippen-Totalplastik)	in 25—30% der Fälle art. O_2-Untersättigung	114	59	123	60	45
Lobektomie	nur ausnahmsweise art. O_2-Untersättigung	116	58	120	59	46
Pneumonektomie		116	53	140	46	37
Pneumonektomie mit Deckplastik		95	74	90	42	34

MV = Minutenvolumen, alv. Vent. = alv. Ventilation, TR = funkt. Totraum, VK = Vitalkapazität, AGW = Atemgrenzwert in % des Sollwertes. alv. Ventilation in % der Gesamtventilation (je 15—25 Fälle).

Wie bereits erwähnt, fanden wir nach einer Plastik in fast einem Drittel der Fälle, nach einer Lobektomie und Pneumonektomie jedoch nur selten eine arterielle Sauerstoffuntersättigung als Zeichen einer manifesten Insuffizienz in Ruhe. Diese Feststellungen stimmen mit den Befunden von MAURATH u. WEBER (1951) gut überein, der bei einem größeren Krankengut ebenfalls nach Lobektomie und Pneumonektomie seltener eine arterielle Hypoxämie fand als nach einer Thorakoplastik. Bei den in der Literatur angegebenen Befunden wie auch bei unserer Tabelle handelt es sich meistens um Frühergebnisse. Bei älteren Patienten können die Befunde erheblich schlechter sein, wie es schon bei der Thorakoplastik erwähnt wurde. Einige Jahre nach dem Eingriff kann man meistens eine etwas größere Total- und Vitalkapazität sowie einen besseren Atemgrenzwert feststellen als während der ersten Monate nach dem Eingriff.

f) Bronchospirometrische Untersuchungen bei den verschiedenen Behandlungsmethoden der Lungentuberkulose

Mit der Bronchospirometrie können hinsichtlich Vitalkapazität, Ventilation, Sauerstoffaufnahme und damit indirekt auch Durchblutung genauere Aussagen über die funktionelle Einbuße nach den verschiedenen Eingriffen gemacht werden. Aus Mangel an genügender eigener Erfahrung bringen wir hier die Resultate von Herrn Kollegen SCHERRER vom Lungenfunktionslaboratorium des Niederländischen Sanatoriums (Dr. P. ZUIDEMA) und des Schweizerischen Forschungsinstitutes für Hochgebirgsklima und Tuberkulose in Davos. Es handelt sich um total 467 Fälle, wobei das größte Kontingent die nicht chirurgisch, sondern rein konservativ, d. h. medikamentös behandelten Fälle betrifft, was für Vergleichszwecke von großer Bedeutung ist. Die Abbildung zeigt die prozentuale Abnahme der Vitalkapazität der betroffenen Seite, wobei der Sollwert jeweils mit 100% gleichgesetzt wird.

Die große Mehrzahl der Fälle zeigt eine Parallelität zwischen Einbuße an Vitalkapazität und Minderaufnahme von Sauerstoff; eine Abweichung im Sinne einer stärkeren Abnahme der Sauerstoffaufnahme, würde einer Vergrößerung der

Totraumventilation auf der betreffenden Seite gleichkommen. In der Abbildung handelt es sich um Mittelwerte, weshalb noch auf die unterschiedliche Streuung hingewiesen werden muß. Bei den konservativ behandelten Fällen beträgt die Streuung für die Abweichung der Vitalkapazität vom Sollwert + 30 bis −65%, beim komplikationslos verlaufenden intrapleuralen Pneumothorax 0 bis −50%. Bei allen anderen Eingriffen betrug die Einbuße mindestens 10 bis 25 %, am schlechtesten liegen die Verhältnisse bei der Phrenicusexairese mit einer Streuung von −60 bis −100%, was heißt, daß auch bei den günstigsten Fällen die Einbuße an Vitalkapazität mindestens 60% ausmachte. Die Phrenicusquetschung schafft z. T. reversible Verhältnisse, so daß keine Angaben möglich sind, je nach Dauer kann die Einbuße 0 bis − 100% betragen. Bei einem kleineren Material fanden SCHERRER u. Mitarb. bei vergleichenden bronchospirometrischen Untersuchungen vor und nach Resektion von 1−2 Segmenten und eines Lappens keine signifikanten Unterschiede zwischen den beiden Eingriffen. Die Sauerstoffaufnahme nahm in beiden Fällen um 12%, die Vitalkapazität um 7−10% ab.

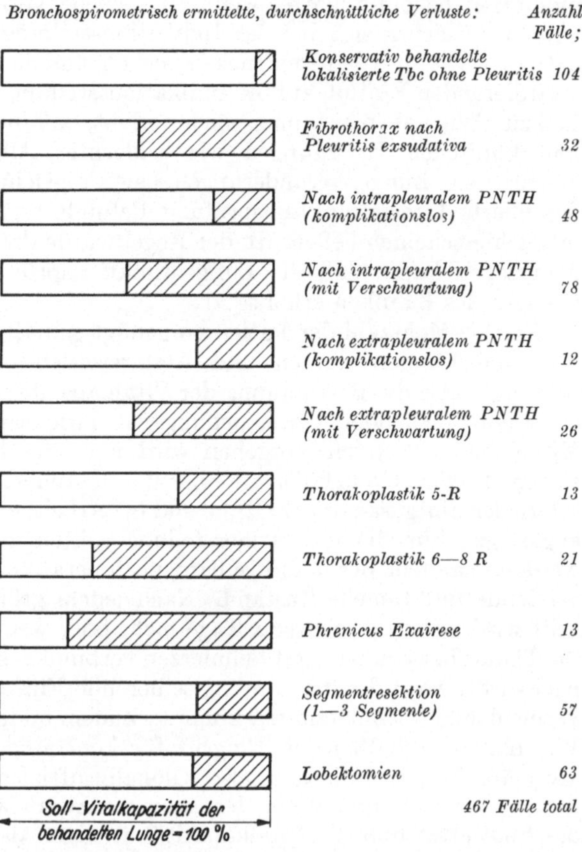

Abb. 69. Bronchospirometrische Untersuchungen bei Lungentuberkulose. Mittlere prozentuale Einbuße an Vitalkapazität der betreffenden Seite bei den verschiedenen Behandlungsmethoden (nach SCHERRER 1956)

g) Die Bedeutung der Lungenfunktionsprüfung für die Indikationsstellung bei thoraxchirurgischen Eingriffen

Mit den Fortschritten der Lungenchirurgie und der Entwicklung von immer größeren und tiefer greifenden Eingriffen hat die Lungenfunktionsprüfung für die Indikationsstellung an Bedeutung gewonnen. Während früher funktionelle Untersuchungen mehr wissenschaftliche Bedeutung hatten und den Einfluß der verschiedenen Eingriffe auf die Funktion abklären sollten, beeinflussen heute derartige Untersuchungen oft maßgeblich den Chirurgen bei der Entscheidung, ob er im konkreten Fall überhaupt operieren soll und welchem Eingriff der Vorzug zu geben ist. Die Lungenfunktionsprüfung wird damit zu einer klinischen Routineuntersuchung wie z. B. die Elektrokardiographie.

SCHERRER u. Mitarb. konnten in einer Zusammenstellung zeigen, daß die postoperative Mortalität eindeutig geringer ist, wenn bei der Operationsindikation der

Ausfall der Lungenfunktionsprüfung berücksichtigt wurde. Daraus ergibt sich, daß zumindestens bei dem von diesen Autoren bearbeiteten Material Patienten operiert wurden, bei denen der Ausfall der Lungenfunktionsprüfung eine Kontraindikation bedeutet hätte, wenn eine solche vorher durchgeführt worden wäre bzw. der Chirurg sich bei der Indikationsstellung an deren Ergebnisse gehalten hätte. Dies könnte den Eindruck erwecken, daß die Lungenfunktionsprüfung einen retardierenden Einfluß auf die Indikationsstellung ausübt, dies trifft aber nur zum Teil zu. Wir haben es immer wieder erlebt, daß die Operation eines Patienten aus rein klinischen Erwägungen wie schlechter Allgemeinzustand, zu weit fortgeschrittene Lungenveränderungen usw. abgelehnt wurde, bei denen dann die detaillierte Lungenfunktionsprüfung Befunde ergab, die einen Eingriff noch als möglich erscheinen ließen. In der Regel wurde die Operation gut toleriert, so daß man sagen kann, daß die Lungenfunktionsprüfung in diesen Fällen die Heilchancen des Kranken erhöht hat.

Für die Mehrzahl der Patienten genügt gemäß unserer Erfahrung eine „kleine über die Lungenvolumen und Atemreserven orientierende Lungenfunktionsprüfung", also die Bestimmung der Vitalkapazität und des Atemgrenzwertes bzw. einer entsprechenden Untersuchung wie Tiffeneau-Test oder Pneumometerstoß. Mit einem derartigen Vorgehen wird man die Patienten bereits wirkungsvoll sieben. In sog. Grenzfällen ist aber die detaillierte Lungenfunktionsprüfung mit arterieller Blutgasanalyse in Ruhe und bei Arbeit, evtl. sogar ein Herzkatheterismus angezeigt. Für die Indikationsstellung sollten 2 Gesichtspunkte berücksichtigt werden, nämlich der unmittelbare postoperative Status und der später zu erwartende funktionelle Zustand. Nach jedem größeren thoraxchirurgischen Eingriff wird während mehrerer Tage mehr oder weniger deutlich hypoventiliert, da die Thoraxbewegungen mit Schmerzen verbunden sind und die Narkosemedikation nachwirkt, wozu der die Atmung sedierende Einfluß der in dieser Phase kaum zu vermeidenden Schmerzmittel kommt. Zudem bildet sich oft noch ein Pleuraerguß. Wir halten deshalb jeden Eingriff für kontraindiziert, wenn schon vorher eine alveoläre Hypoventilation, also Globalinsuffizienz und pulmonale Hypertonie nachweisbar ist, und wenn der Atemgrenzwert weniger als 30 l bzw. 25—30% des Sollwertes und die Vitalkapazität weniger als 1000 cm³ betragen. In diesen Fällen wird es während der postoperativen Phase mit großer Wahrscheinlichkeit zu schwersten Störungen kommen. Werden diese überwunden, so ist trotzdem mit einer Zunahme der pulmonalen Hypertonie und Verschlechterung des Cor pulmonale zu rechnen, da alle diese Eingriffe zu einer weiteren Einschränkung der Atemreserven und Thoraxbeweglichkeit führen. Liegen die Atemreserven hingegen noch deutlich über dieser Grenze (Atemgrenzwert von 30 l), so befürworten wir im allgemeinen die Operation auch dann, wenn schon vorher eine leichte pulmonale Hypertonie als Folge einer zu kleinen Capillaroberfläche besteht, sofern die Resektion nicht mehr funktionierendes Lungengewebe, z. B. ein Kavernensystem, betrifft. In diesen Fällen wird man den funktionellen Zustand und die pulmonale Hypertonie kaum wesentlich verschlechtern, evtl. aber die Krankheit günstig beeinflussen. Eine ventilatorische Insuffizienz ist aber nicht zu befürchten, weder für die postoperative Phase noch für später, wenn die Atemreserven nicht allzustark eingeschränkt sind. Für die Indikationsstellung ist natürlich auch die Natur der Lungenerkrankung zu berücksichtigen. Bei einem Bronchus-Carcinom handelt es sich in der Hauptsache nur um die Frage des unmittelbaren Operationsrisikos und ob während der postoperativen Phase mit einer Insuffizienz zu rechnen ist, während die funktionelle Spätprognose wegen der im allgemeinen nur wenige Jahre betragenden Lebenserwartung im Gegensatz zur Tuberkulose keine größere Bedeutung hat.

5. Die Pathophysiologie der Atmung bei der Silikose

Die Silikose ist in allen Industrie- und Bergbauländern eine häufige Krankheit. Als versicherungspflichtige Berufskrankheit hat sie nicht nur individuell-medizinische, sondern auch soziale Bedeutung. Die schweizerische Unfallversicherungsanstalt wird durch die Silikose allein mehr belastet als durch alle anderen Berufskrankheiten zusammen. Für die ärztliche Einstellung zur Silikose ist die bestehende Versicherungsgesetzgebung von großer Bedeutung. Je nachdem, ob die Krankheit selber oder nur ihre Folgen, wie Arbeitsunfähigkeit, versichert sind, ergibt sich in der Praxis eine etwas andere Auffassung. In gewissen Ländern z. B. ist die Silikose als Krankheit versichert. Sobald einmal die Diagnose gestellt ist, erhält der Betroffene eine Entschädigung und ist in der Folge meistens vollständig aus dem Arbeitsprozeß ausgeschaltet. Dieses System führt automatisch zu Spätdiagnosen, d. h. die Diagnose wird erst ausgesprochen, wenn die Silikose röntgenologisch nicht mehr zu übersehen ist und entsprechend dem fortgeschrittenen Stadium bei der Mehrzahl der Betroffenen auch zu schwereren funktionellen Störungen geführt hat, so daß eine finanzielle Entschädigung gerechtfertigt zu sein scheint. Ein Vorteil dieses Systems besteht darin, daß der Kreis der quarzstaubgefährdeten Arbeiter eingeschränkt wird, da der einzelne länger an seinem Arbeitsplatz bleibt, als es der Fall wäre, wenn man ihn schon bei einer beginnenden Silikose aus dem Milieu entfernen, damit aber einen bis dahin gesunden Arbeiter neu gefährden würde.

In der Schweiz ist die Silikose nicht als Krankheit, sondern nur die durch sie hervorgerufene Arbeitsunfähigkeit und Behandlungsbedürftigkeit versichert. Dies führt, wie die Erfahrung zeigt, zu Frühdiagnosen, denn jeder quarzstaubgefährdete Arbeiter wird sich bei irgendwelchen Atembeschwerden sofort melden, da er sie für silikotisch bedingt auffaßt. Sind röntgenologisch auch nur wenige auf eine Silikose verdächtige Lungenveränderungen nachweisbar, so muß die Versicherung die Arztkosten übernehmen und, sofern diese Atembeschwerden eine meßbare Invalidität hervorrufen, eine entsprechende Rente auszahlen. Da diese Patienten meistens für weitere quarzstaubgefährdete Arbeit untauglich erklärt werden, ist es unvermeidlich, daß sich der Kreis der silikosegefährdeten Arbeiter dauernd vergrößert. Da die Versicherung in der Schweiz aber durch die Prämien der Arbeitgeber, abgestuft nach der Anzahl der im Betrieb gefährdeten Arbeiter finanziert wird, hat die Industrie alles Interesse daran, die technische Prophylaxe zu fördern, mit der allein letzten Endes eine wirksame Bekämpfung der Silikose möglich ist.

Die Versicherungsgesetzgebung der verschiedenen Länder wie auch die gutachtliche Praxis versuchen meistens einen Kompromiß zwischen diesen beiden, man darf sagen Extremlösungen — Entschädigung für die Silikose oder Entschädigung lediglich für die durch sie hervorgerufene Invalidität — zu schließen.

Für den Arzt stellt diese Krankheit somit nicht nur ein diagnostisches Problem dar, er hat zudem auch stets die Funktionseinschränkung zu beurteilen. Aus diesem Grunde kommt den Untersuchungen der Atemfunktion bei der Silikose eine große Bedeutung zu, wie es schon aus dem umfangreichen Schrifttum hervorgeht (Hurtado u. Mitarb. 1935, Brückner 1935, McCann 1937, Böhme 1938, Bruce 1942, Jequier-Doge 1946, Bolt 1950, Zorn 1950, Rossier u. Mitarb. 1945—56 u. a.). Neben der Feststellung der Funktionseinschränkung ist es das Ziel, durch Verfeinerung der Untersuchungsmethoden die durch die Silikose allein bedingten Funktionsstörungen von denen der Begleitkrankheiten abzugrenzen. Oft bleibt es jedoch eine Ermessensfrage, wie weit man solche Begleitkrankheiten, wie z. B. eine chronische spastische Bronchitis und ein Emphysem, auf die Berufskrankheit oder auf silikosefremde, möglicherweise konstitutionelle Faktoren zurückführt.

Man ist sich seit langem einig, daß der morphologisch-röntgenologischen Stadieneinteilung keine parallel verlaufende funktionelle Einteilung zugeordnet werden kann. Im Einzelfall ist jeder Funktionszustand bei allen röntgenologischen Stadien der Silikose möglich. Anders ist dies jedoch, wenn wir eine größere Anzahl von Silikosekranken untersuchen und die Mittelwerte berechnen, dann besteht doch eine gewisse Parallelität zwischen Schwere der anatomischen Veränderungen und funktionellem Zustand. Ferner ist zu betonen, daß die Lungenfunktionsstörungen nicht nur die direkte Folge der silikotischen Veränderungen, sondern auch der Begleiterscheinungen, wie Bronchitis und Emphysem sind, d. h. die Lungenfunktion wird von pathologischen Zuständen beeinflußt, die keineswegs für die Silikose spezifisch sind. Dazu kommt weiter, daß wir eine beginnende Silikose im allgemeinen bei jüngeren Arbeitern, fortgeschrittene Fälle jedoch eher bei älteren Patienten beobachten, bei denen sich silikosebedingte und altersbedingte Lungenveränderungen vermischen.

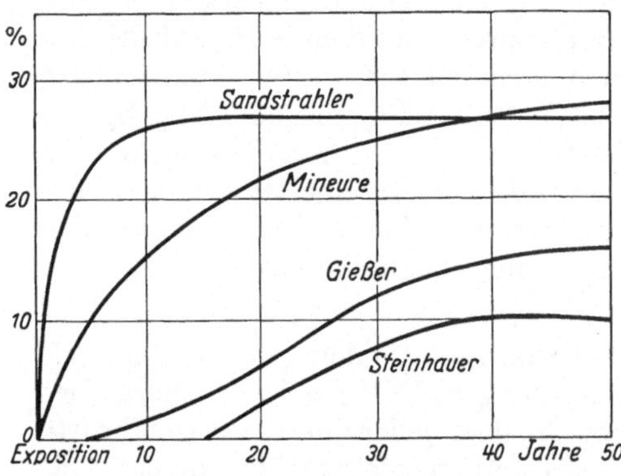

Abb. 70. Erkrankung an Silikose III in Abhängigkeit zur Expositionszeit in Prozent der Untersuchten jeder Berufsgruppe

Wenn man die Funktionsstörungen mit den röntgenologischen Stadien vergleicht, muß man natürlich auch die unterschiedlich langen Expositionszeiten in den verschiedenen silikosegefährdeten Berufen berücksichtigen. Sandstrahler und Mineure, die bei schlechten Arbeitsbedingungen in einem erheblichen Prozentsatz schon nach wenigen Jahren an einer fortgeschrittenen Silikose erkranken, sind meistens viel jünger als z. B. Steinhauer und Gießer, bei denen oft erst nach jahrzehntelanger Staubarbeit eine fortgeschrittene Silikose diagnostiziert wird, was natürlich die Lungenfunktion und damit die Begutachtung der Arbeitsfähigkeit beeinflußt.

Untersuchen wir die Lungenfunktion einer größeren Anzahl von Silikosepatienten, so müssen wir die Feststellung machen, daß es sich meistens um vorwiegend ventilatorische Störungen handelt, die Folgen der Begleiterkrankungen wie chronische Bronchitis und Emphysem sind und mit zunehmender Schwere der Erkrankung zu entsprechend größeren Funktionsausfällen führen. So haben wir [ROSSIER, BUCHER und WIESINGER (1947)] gezeigt, daß mit Fortschreiten der Silikose die Vitalkapazität und der Atemgrenzwert kleiner werden und das Atemminutenvolumen sowie der funktionelle Totraum als Zeichen einer unökonomischen Atmung zunehmen. FROST und GEORG, GILSON u. a. zeigten mit der Untersuchung des Residualvolumens und der Mischzeiten ebenfalls, wie die Atmung zunehmend unökonomischer wird, was deshalb bedeutungsvoll ist, weil ja gleichzeitig die Atemreserven eingeschränkt werden.

Mit dem Adrenalinversuch fanden wir in allen 3 Stadien in etwa der Hälfte der Fälle eine Zunahme des Atemgrenzwertes von mehr als 15—20% des Ausgangswertes. Diese Befunde unterstreichen die Bedeutung der Bronchialspasmen für die Lungenfunktion des Silikosekranken. Die Krampfbereitschaft der Bronchien dieser Kranken läßt sich auch bronchographisch darstellen (SCHINZ u. COCCHI 1950).

Fassen wir die Ergebnisse von 400 Fällen zusammen, so ergibt sich, daß die fortgeschrittenen Silikosefälle einen wesentlich größeren Prozentsatz an manifesten Lungeninsuffizienzen, also eine arterielle Hypoxämie in Ruhe, aufweisen als die leichten Silikosen. Aber auch bei den fortgeschrittenen Fällen gibt es immer

Patienten ohne eine sicher nachweisbare respiratorische Insuffizienz, also normale arterielle Blutgase in Ruhe und bei Arbeit sowie normale Lungenvolumen und Atemreserven trotz röntgenologisch schwerer Silikose. In der Abb. 72 sind zum Vergleich die Ergebnisse von Patienten dargestellt, die ebenfalls quarzstaub-gefährdet waren, jedoch noch keine röntgenologischen Lungenveränderungen aufwiesen, die eine sichere Silikosediagnose erlaubt hätten.

Auch bei Arbeitsversuchen fällt auf, daß die Störungen in den beginnenden Stadien vorwiegend ventilatorisch bedingt sind. Viele Patienten mit einer Störung der Lungenfunktion in Ruhe sind dennoch in der Lage, schwerere körperliche Arbeit zu leisten, sofern ihre Atemreserven genügen. Es handelt sich dabei um diejenigen Fälle, bei denen z. B. infolge einer Bronchitis die Luftverteilung in der Lunge in Ruhe ungleichmäßig ist, sich bei Arbeit mit der Ventilationssteigerung aber bessert. Patienten mit einer Globalinsuffizienz hingegen sind meistens unfähig, eine größere körperliche Arbeit zu bewältigen. Diffusionsstörungen als Folge einer zu kleinen Capillaroberfläche häufen sich natürlich bei den fortgeschrittenen und alle Lungenfelder ziemlich gleichmäßig befallenden Silikosen insbesondere dann, wenn neben der Silikose noch eine cirrhotische Tuberkulose vorliegt.

Eine neue statistische Bearbeitung unseres Krankengutes, das sich jetzt zu mehr als 60% aus Mineursilikosen (Straßen- und Eisenbahntunnel, Kraftwerke und Festungsbau) zusammensetzt, ergab bei Anwendung strenger anamnestischer und diagnostischer Kriterien in allen Stadien in rund 50% eine chronische spastische Bronchitis. Diese Bronchitis mit dem sich entwickelnden obstruktiven Emphysem ist in diesen Fällen für die Lungenfunktion von größerer

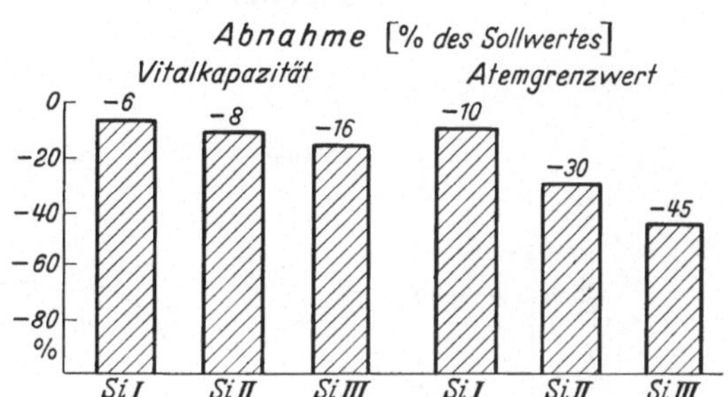

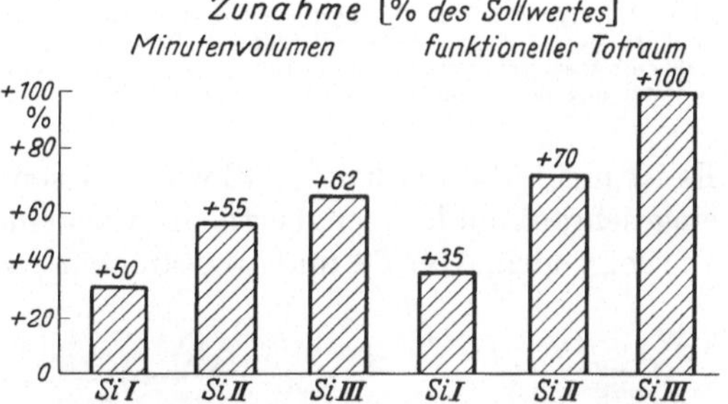

Abb. 71. Der Einfluß der Silikose auf Vitalkapazität, Atemgrenzwert, Minutenvolumen und funktionellen Totraum. Mittelwerte von 200 Patienten

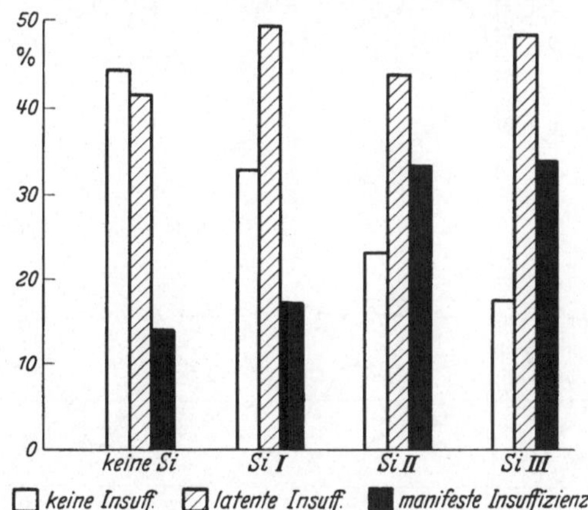

Abb. 72. Verteilung der Insuffizienzformen auf die verschiedenen Stadien. I. Kolonne: SiO₂-exponierte Patienten ohne röntgenologisch nachweisbare Silikose (Mittelwerte von 400 Patienten)

Bedeutung als die eigentlichen silikotischen Lungenveränderungen. Die Untersuchung der Atemmechanik ergibt in diesen Fällen analoge Verhältnisse wie beim obstruktiven Emphysem bei chronischem Asthma bronchiale bzw. bei chronischer asthmoider Bronchitis ohne Silikose, nämlich eine mehr oder weniger massive Erhöhung der viscösen Widerstände. Bei den fortgeschrittenen Silikosen ohne

zusätzliche Bronchitis also mit mehr oder weniger normalen Strömungswiderständen
in den Luftwegen zeigt die atemmechanische Untersuchung als Zeichen eines massiv
reduzierten blähungsfähigen Lungenparenchyms eine deutlich erhöhte Elastance.

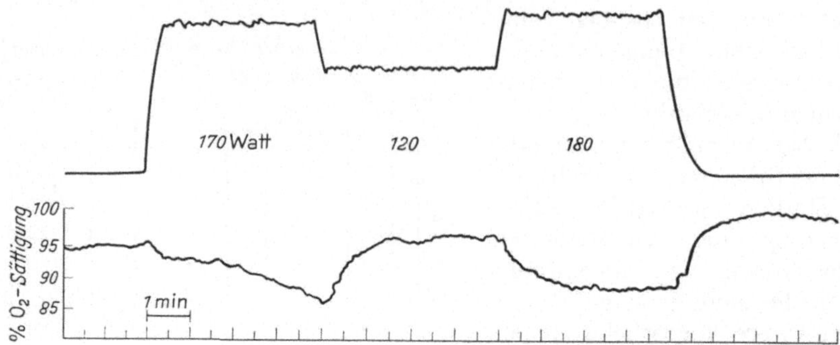

Abb. 73. Oxymetrisch kontrollierter Arbeitsversuch auf dem Fahrradergometer. Obere Kurve = Arbeitsleistung
in Watt, untere Kurve = O₂-Sättigung in Prozent. Latente Insuffizienz bei einer Silikose II, Vitalkapazität
3500 cm³ Atemgrenzwert 60 l statt 140 l. Deutlicher Abfall der O₂-Sättigung bei 170 Watt, Normalisierung der
O₂-Sättigung bei Reduktion der Arbeit auf 120 Watt, erneuter Abfall bei Steigerung der Arbeit auf 180 Watt

Es ist nicht überraschend, daß wir in diesen Fällen ebenfalls als Zeichen einer stark
eingeschränkten Lungenoberfläche auch eine Diffusionsstörung feststellen können.
Die folgenden Abb. 74 und 75 stammen von einem 34 jährigen Sandstrahler, bei

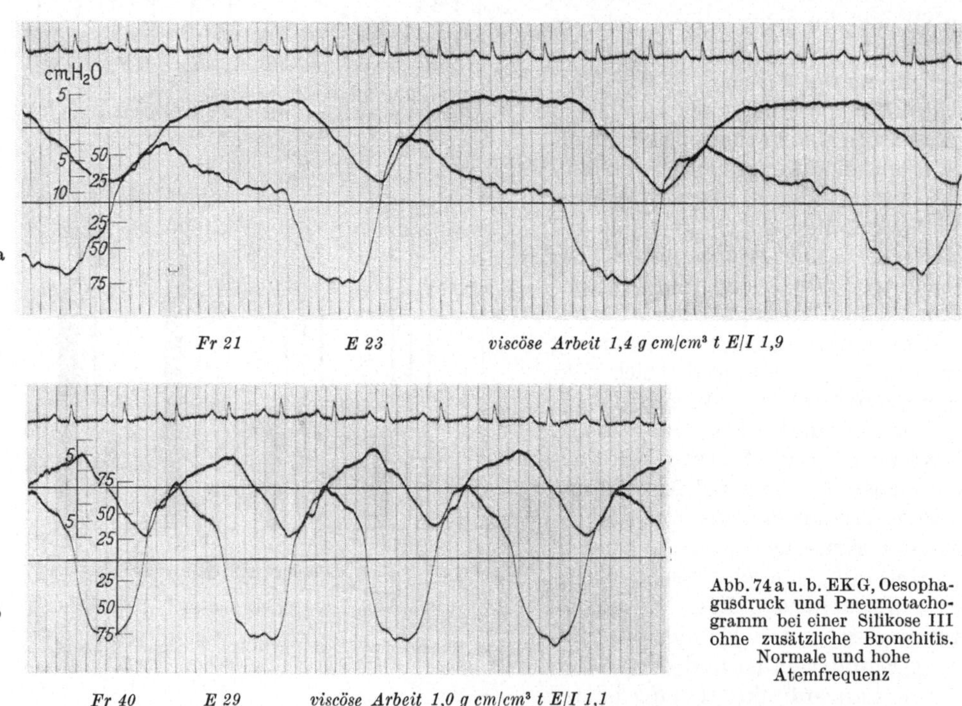

Abb. 74 a u. b. EKG, Oesophagusdruck und Pneumotacho-
gramm bei einer Silikose III
ohne zusätzliche Bronchitis.
Normale und hohe
Atemfrequenz

dem sich wegen ganz ungünstiger Arbeitsbedingungen ungefähr innert eines Jahres
eine schwere Silikose mit submiliaren Knötchen in allen Lungenpartien entwickelte, der aber nie bronchitische Symptome zeigte. Die normale Phasenverschiebung zwischen Fluß und Druck, d. h. Druckminimum am Ende der

Inspiration weist darauf hin, daß keine wesentliche Erhöhung der viscösen Widerstände vorliegt, daß die vergrößerten intrathorakalen Druckschwankungen vielmehr auf die erhöhten elastischen Widerstände zurückzuführen sind. Bei dieser gewissermaßen subakut verlaufenden Silikose erreichten wir mit einer intensiven Cortisontherapie einen vorläufigen Stillstand des Prozesses sowie eine subjektive Besserung der Dyspnoe.

Da sich die Globalinsuffizienz und die Diffusionsstörung bei den schweren und schwersten Silikosen häufen, so wird sich die Insuffizienz in ihrer Bedeutung mehr

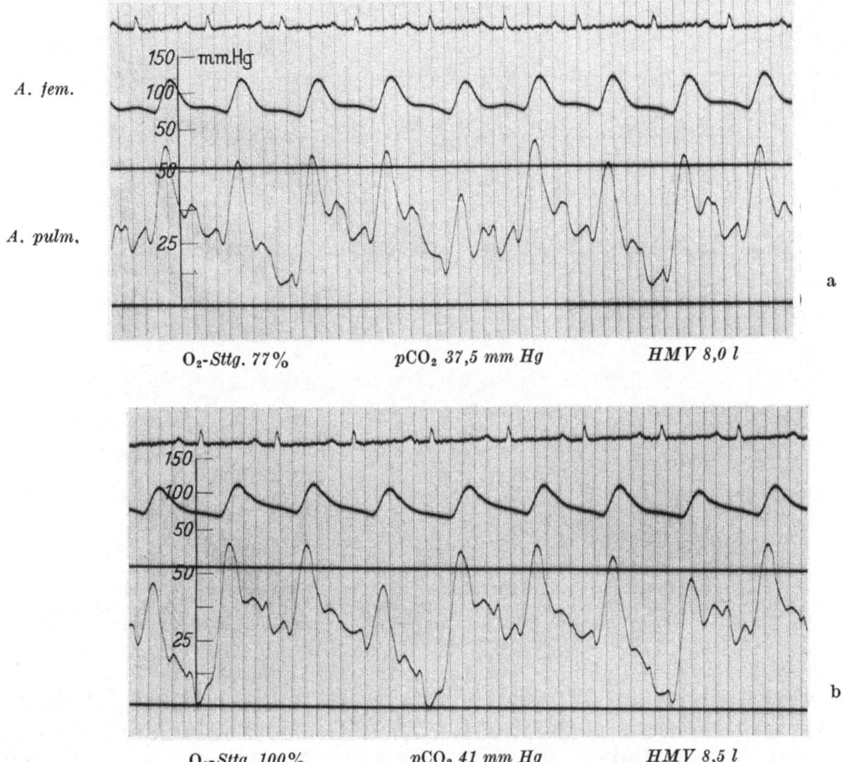

Abb. 75a u. b. Intrakardiale Druckwerte und arterielle Blutgase bei Luftatmung (a) und Atmung von 70% Sauerstoff (b), gleicher Patient wie Abb. 74

und mehr auf den Lungenkreislauf und das Herz verlagern, indem es zur Ausbildung eines *Cor pulmonale* kommt. Die Todesursache des Silikosekranken ist demnach auch oft das Rechtsversagen des Herzens (Lavenne u. a.). Intra vitam läßt sich die Diagnose eines Cor pulmonale nicht immer stellen, sofern wir nicht den Herzkatheterismus hinzuziehen. Zorn zeigte, daß bei Silikosepatienten nur dann eine pulmonale Hypertonie vorliegt, wenn auch respiratorische Störungen nachweisbar sind, die er jedoch nicht näher definiert. In Tab. 28 haben wir unsere Befunde der Lungenfunktionsprüfung und des Herzkatheterismus statistisch ausgewertet. Für diese Zusammenstellung wurden alle Patienten, bei denen die Silikose durch eine kavernöse oder cirrhotische Lungentuberkulose oder durch eine kardiale Linksinsuffizienz (dekompensierte Hypertonie, Mitralvitium usw.) oder andere Lungen- oder Herzaffektionen kompliziert war, nicht berücksichtigt. Aus dieser Zusammenstellung geht hervor, daß das Cor pulmonale weniger häufig ist, als man es erwarten würde. Trotzdem haben unsere Zahlen ungefähr die gleiche Größenordnung wie die Resultate, die von Autoren, die sich auf pathologisch-anatomische Untersuchungen stützen, mitgeteilt wurden.

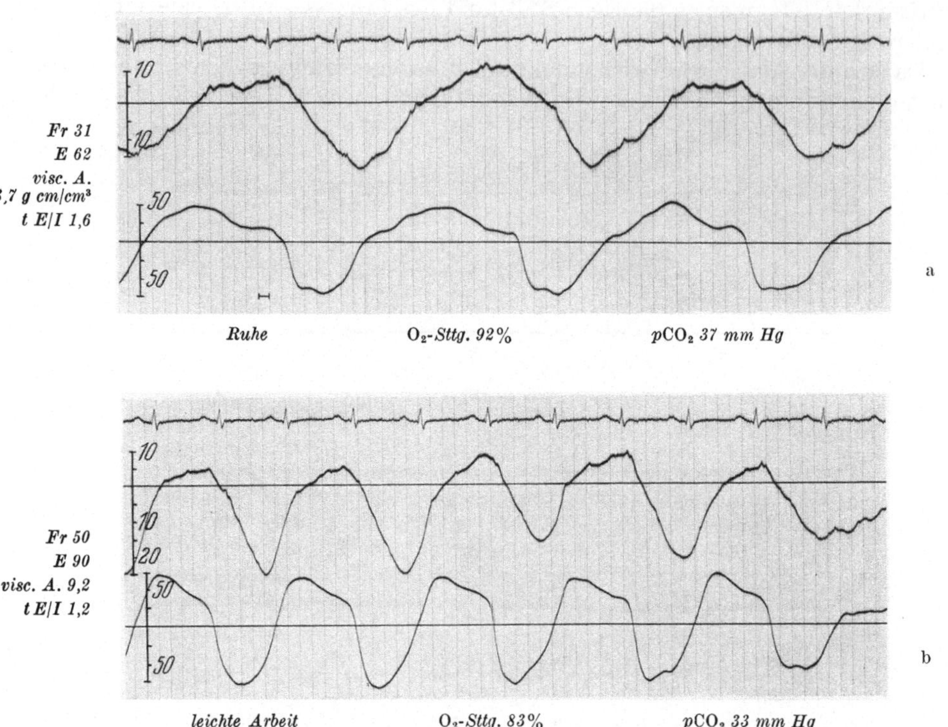

Abb. 76a u. b. EKG, Oesophagusdruck, Pneumotachogramm und arterielle Blutgase bei einer Silikose III ohne zusätzliche Bronchitis in Ruhe und während leichter Arbeit. (Dieser Kranke ist der Nachfolger am Sandstrahlerarbeitsplatz des Patienten, dessen atemmechanische und hämodynamische Befunde in Abb. 74 und 75 dargestellt sind)

Wie erwartet, nimmt die Diffusionsstörung bei der Silikose II und III gegenüber der Globalinsuffizienz prozentual zu. Die Rechtsüberlastung des Herzens beruht in den Anfangsstadien der Silikose vorwiegend auf der ventilatorisch bedingten Globalinsuffizienz und ist viel weniger die Folge der silikotischen Ver-

Tabelle 28. *Silikose und Cor pulmonale*

Stadium	I	II	III
Total der Fälle	153	105	77
Diffusionsstörung	1	11	15
Globalinsuffizienz	6	6	10
Cor pulmonale	7	17	25
in %	5	16	33

änderungen selbst als der Komplikationen, wie chronische Bronchitis und Emphysem.

Die ätiologische Differenzierung des Cor pulmonale in Globalinsuffizienz und Diffusionsstörungen ist auch für die Prognose und Therapie von einiger Bedeutung. Nur in ersterem Falle ist mit konsequenter Behandlung der Bronchitis mit

Spasmolytica und Antibiotica sowie mit Atemgymnastik, Sauerstoffatmung und künstlicher Ventilationssteigerung eine Senkung des Druckes im Lungenkreislauf und damit Entlastung des rechten Herzens möglich. Das Cor pulmonale als Folge einer stark eingeschränkten capillären Strombahn kann hingegen therapeutisch nicht wirksam angegangen werden, weil es sich um eine primäre anatomische Ursache handelt. In diesen Fällen kann lediglich Sauerstoffatmung und körperliche Schonung zu einer subjektiven Besserung führen. Ohne Therapie ergeben sich zwischen diesen beiden Formen des Cor pulmonale, die sich natürlich häufig kombinieren, keine Unterschiede.

Auf Grund unserer funktionellen Untersuchungen halten wir uns für die *Begutachtung der Arbeitsfähigkeit* an folgende Richtlinien, wobei im Einzelfall immer den individuellen Umständen des Patienten, wie evtl. zusätzlichen Erkrankungen Rechnung zu tragen ist und nach wiederholten Untersuchungen Revisionen möglich sein sollten. Wir betrachten einen Patienten für körperliche Arbeit voll arbeitsunfähig, wenn bei ihm bereits im Ruhezustand eine Globalinsuffizienz oder Diffusionsstörung nachweisbar ist, die beide zu einem Cor pulmonale führen. Die Arbeitsfähigkeit ist aus pulmonalen Gründen nicht eingeschränkt, wenn ein Patient im Alter zwischen 20—50 Jahren in der Lage ist, 150—170 Watt (1700—2000 cm³ Sauerstoffaufnahme pro Minute) oder mehr als Dauerleistung auf dem Fahrradergometer zu bewältigen, ohne daß die arterielle Sauerstoffsättigung auf pathologische Werte absinkt. Liegt diese Grenze bei etwa 100 Watt, so schätzen wir die Arbeitsfähigkeit um ein Drittel eingeschränkt, werden nicht mehr als 50 Watt ohne Insuffizienzzeichen bewältigt, so halten wir die körperliche Arbeitsfähigkeit um etwa zwei Drittel vermindert.

Früher wurde allgemein angenommen, daß eine Silikose auch nach der Entfernung des Kranken aus dem Staubmilieu progredient verlaufe und damit immer eine schlechte Prognose habe. Dank besserer Prophylaxe sehen wir heute weniger schwere Silikosen als früher. In der Schweiz wird im allgemeinen ein Silikosekranker auch in den Anfangsstadien für weitere Staubarbeit untauglich erklärt. Damit hatten wir Gelegenheit, der Frage nachzugehen, welches Verhalten in röntgenologischer und funktioneller Hinsicht diejenigen Arbeiter aufwiesen, die mit einer leichten Silikose aus dem Staubmilieu entfernt wurden.

Tabelle 29

Funktion	Silikose röntgenologisch progredient 18			Silikose röntgenologisch stationär 28		
	besser	gleich	schlechter	besser	gleich	schlechter
	1	8	9	10	7	11

Röntgenologische und funktionelle Befunde nach Beendigung der Staubarbeit. 46 Silikosepatienten, mindestens 2mal kontrolliert nach 4 Jahren staubfreier Arbeit.

Dabei konnten wir an einer allerdings kleinen Zahl feststellen, daß sich in mehr als der Hälfte der Fälle die Silikose im Röntgenbild nach 4 Jahren nicht verschlechtert hatte. Ebenfalls in etwa der Hälfte der Fälle wurde die Lungenfunktion und damit auch die Arbeitsfähigkeit besser, oder sie blieben zumindestens unverändert.

Nach neueren Anschauungen spielt die Teilchengröße des quarzhaltigen Staubes, die maßgeblich von der beim jeweiligen Arbeitsprozeß an den Werkzeugen freiwerdenden Energie (Bohrer, Hammer, Sandstrahlpistole usw.) beeinflußt wird, für den Verlauf und den röntgenologischen Aspekt der Silikose eine große Rolle. Teilchengrößen über 8—10 Mikron sind praktisch harmlos, weil sie bereits in den Bronchien sedimentieren und mit dem Schleim expektoriert werden. Die typische, schließlich zu Ballungen führende noduläre Form der Silikose ist auf Teilchengrößen unter 8 bis etwa 1 Mikron zurückzuführen. Unter speziellen Bedingungen wie z. B. Sandstrahlen entstehen Partikel mit Größen unter 1 bis etwa 0,05 Mikron, die in großen Mengen inhaliert zu einer schweren, ganz diffusen Lungenfibrose ohne röntgenologisch sicher erkennbare Knötchen führen. Für diese Fälle ist klinisch ein subacuter Verlauf, d. h. Tod wenige Jahre nach Beginn der Exposition und hinsichtlich Lungenfunktion eine schwere Diffusionsstörung sowie pulmonale Hypertonie charakteristisch. Die beiden in den Abb. 74, 75 u. 76 dargestellten Fälle gehören in diese spezielle Gruppe. Ohne genaue Kenntnis der Arbeitsanamnese würde man bei diesen Kranken eine schwere Lungenfibrose unklarer Ätiologie und nicht eine schwere Silikose diagnostizieren.

6. Lungenfibrosen und Morbus Boeck

Bei den Lungenfibrosen handelt es sich klinisch in erster Linie um eine röntgenologische, nicht um eine ätiologische Diagnose; sie sollen trotzdem zusammenhängend besprochen werden. Über Lungenfunktionsstörungen bei Lungenfibrosen verschiedener Ätiologie und beim M. Boeck liegen aus den letzten Jahren mehrere Arbeiten vor. Besonders die amerikanischen Autoren haben derartige Lungenveränderungen mit der speziellen Fragestellung untersucht, ob die Fibrose als Musterbeispiel einer Membranschädigung zu einer Diffusionsstörung führt. BALDWIN, COURNAND und RICHARDS berichteten 1949 über 39 Fälle. Bei der Mehrzahl dieser Patienten, bei denen als Ursache der Fibrose Lungenerkrankungen wie Silikose, Bronchiektasen und Tuberkulose bekannt waren — in diesen Fällen würden wir nicht von einer Fibrose sprechen —, ließen sich lediglich ventilatorische Störungen nachweisen, ähnlich wie beim Emphysem, nämlich eine Partialinsuffizienz mit Besserung der Arterialisation bei Arbeit oder eine Globalinsuffizienz mit pulmonaler Hypertonie gemäß unserer Klassifikation. Diffusionsstörungen, d. h. eine sichere Einschränkung der Diffusionskapazität fanden sich hingegen gehäuft bei Lungenfibrosen, die durch Asbestose, Inhalationsschäden und Sklerodermie bedingt waren sowie bei carcinomatösen Infiltrationen. WRIGHT und FILLEY fanden bei 9 Lungenfibrosen lediglich bei einer Berylliose eine sichere Diffusionsstörung mit Vergrößerung des alveolo-arteriellen Sauerstoffspannungsgradienten bereits in Ruhe und Zunahme desselben bei leichter körperlicher Arbeit. Wir haben entsprechende Befunde ebenfalls bei einer Anzahl von Lungenfibrosen und bei der miliaren Form des M. Boeck mitgeteilt [ROSSIER u. Mitarb. (1954)]. Bei der miliaren Form des M. Boeck ist aber zu betonen, daß meistens in Ruhe noch keine sichere Störung nachweisbar ist, was auch für die Miliartuberkulose gilt. Erst bei Arbeit kommt es in diesen Fällen zu einem deutlichen Abfall der arteriellen Sauerstoffsättigung als Folge einer pathologischen Vergrößerung des alveolo-arteriellen Sauerstoffspannungsgradienten. Bei der hilären Form des M. Boeck sind in der Regel überhaupt keine Störungen der Lungenfunktion nachweisbar. Anfänglich dachte man, daß die Diffusionsstörung bei Lungenfibrosen und bei der miliaren Form des M. Boeck die Folge einer echten Membranschädigung, die den Durchtritt des Sauerstoffs erschwert, sei. Wie wir in der physiologischen Einführung auseinandergesetzt haben, ist in dem Faktor „Membran" auch immer die Kontaktzeit des Capillarblutes mit der Alveolarluft enthalten. Nun scheint es durchaus möglich, daß Lungenfibrosen auch zu einem Verlust an durchgängigen Capillaren, zu einer Einschränkung der Capillaroberfläche und auf diese Weise zu einer Diffusionsstörung führen. Wäre dies der Fall, so müßte eine pulmonale Hypertonie nachweisbar sein, nicht aber wenn die Capillaroberfläche normal und nur die Membran verdickt wäre. HARVEY, FERRER, RICHARDS

u. COURNAND haben 1951 entsprechende Befunde mitgeteilt und gezeigt, daß Lungenfibrosen zu einer pulmonalen Hypertonie und zu einem Cor pulmonale führen können. Sie waren jedoch der Meinung, daß die Drucksteigerung mit der arteriellen Hypoxämie ursächlich zusammenhänge. Träfe dies zu, so sollte die Sauerstoffatmung, mit der bei einer Diffusionsstörung die arterielle Hypoxämie beseitigt wird, zu einer deutlichen Drucksenkung bzw. Widerstandsabnahme im

Beispiel: Lungenfibrose unbekannter Ätiologie. L. Ernst, 46jährig
(Seit 5 Jahren konstanter Röntgenbefund)

	Sollwerte	Ruhe	Arbeitsversuch 70 Watt	Arbeitsversuch 100 Watt
Arterielles Blut:				
O_2-Kapazität, Vol.-%	19,5—20,5	19,2	19,4	19,5
O_2-Sättigung, %	95—97	93,9	88,6	87,3
O_2-Spannung, mm Hg	85—95	72	56	54
CO_2-Gehalt, Vol.-% Plasma	54—57	51,4	46,6	40,9
p_H	7,38—7,41	7,40	7,42	7,42
CO_2-Spannung, mm Hg	40,0	36,5	36,8	27,8
alveolo-arteriel. pO_2-Gradient		26	48	59
Spirometrie:				
O_2-Aufnahme cm³/min	181	280		
(0° und 760 mm Hg)				
CO_2-Abgabe, cm³/min		230		
(0° und 760 mm Hg				
Respiratorischer Quotient	0,82	0,82		
Atemfrequenz, pro min		13,3		
Minutenvolumen, cm³/min	7900	7310		
Spezifische Ventilation	25—31	25,9		
Totalkapazität, cm³	5120	6630		
Vitalkapazität, cm³	3690	3650		
Residualvolumen, cm³	1430	2980		
funktionelle Residualkapazität, cm³	2200	3630		
Mischzeit (Helium)	2—3 min	8'30″		
Atemgrenzwert, l/min	147	72		
bei einer Frequenz pro min		50		
Alveoläre Funktion:				
Alveoläre Ventilation, cm³/min	5000	5470		
in % der Gesamtventilation	60—70	75		
O_2-Ausnützung	55—58	52		
(cm³ O_2-Aufnahme p. Liter alv. Vent.)				
Alveoläre O_2-Spannung, mm Hg	94	98	104	113
Totraum: cm³	215	140		
Totraumventilation, cm³/min		1840		

Lungenkreislauf führen, was nun nach unseren Untersuchungen nicht der Fall ist. Eine durch Sauerstoffatmung nicht wesentlich beeinflußbare pulmonale Hypertonie bei einer röntgenologisch diagnostizierbaren Lungenfibrose, ganz gleich welcher Ätiologie, beweist unseres Erachtens einen erhöhten vasculären Widerstand und damit auch, daß die Diffusionsstörung in diesen Fällen die Folge einer zu kleinen Capillaroberfläche ist. So betrachtet, ergeben sich bei den Lungenfibrosen und bei der miliaren Form des M. Boeck, abgesehen von der Ätiologie, hinsichtlich Hämodynamik des Lungenkreislaufes, Cor pulmonale und Lungenfunktion keine prinzipiellen Unterschiede zu den bereits besprochenen Zuständen bei fortgeschrittenen Silikosen und Tuberkulosen. Nicht selten handelt es sich ja bei Lungenfibrosen unklarer Ätiologie um eine chronische interstitielle Pneumonie oder um eine sehr protrahiert und atypisch verlaufende Tuberkulose, die wegen fehlenden Kavernen- und Tuberkelbacillen-Nachweises nur sehr schwer diagnostiziert werden kann. Was die Atemmechanik betrifft, gelten die gleichen Verhältnisse wie für die Silikose. Bei fortgeschrittenen Lungenfibrosen ohne zusätzliche Bronchitis weist die erhöhte Elastance auf eine Reduktion von blähungsfähigem Lungenparenchym hin.

Auch die von HAMMAN und RICH 1944 beschriebene, ätiologisch ungeklärte, diffuse, interstitielle und progredient verlaufende Lungenfibrose führt terminal zu

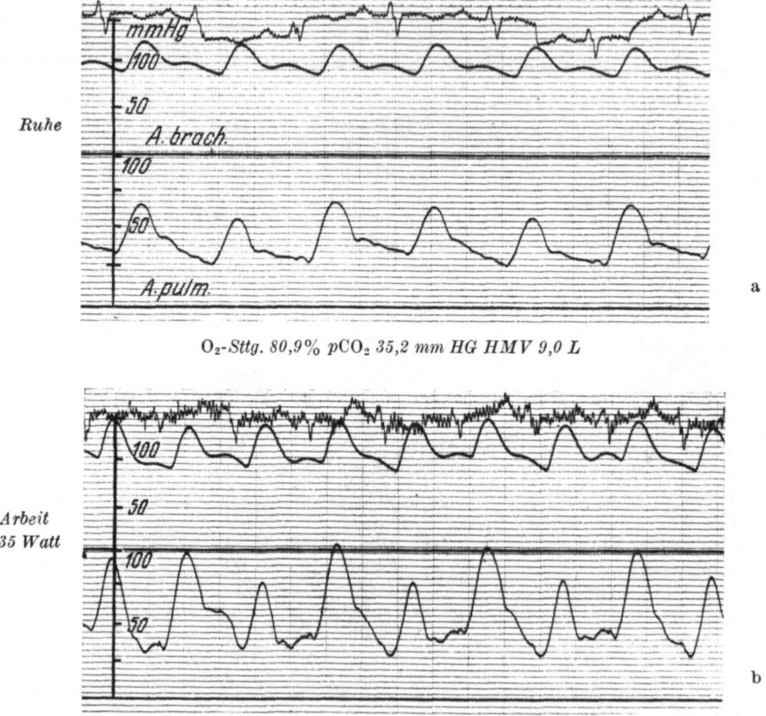

O_2-Sttg. 80,9% pCO_2 35,2 mm HG HMV 9,0 L

O_2-Sttg. 46,1% pCO_2 38,6 mm Hg HMV 11,5 L

Abb. 77 a u. b. Intrakardiale Druckwerte und arterielle Blutgase bei einer ungewöhnlich schweren Diffusionsstörung wegen Lungenfibrose in Ruhe und bei leichter Arbeit

einem Cor pulmonale. Die klinischen Zeichen Dyspnoe und Cyanose weisen auf eine Störung der Lungenfunktion hin. GOLDEN und BRONK (1952) fanden histologisch eine „Reticulosis", eine diffuse Alveolarwand-Hyperplasie sowie eine Vermehrung und Erweiterung der Capillaren. Ob tatsächlich eine Vermehrung von Capillaren in der ganzen Lunge und damit gegenüber der Norm eine Vergrößerung des capillären Strombettes vorliegt, kann natürlich anhand histologischer Schnitte nicht beurteilt werden. Hierfür müßten die Lungengefäße gefüllt werden, die einzige Technik, die einen direkten Vergleich zwischen Lungenfunktion, Hämodynamik des Lungenkreislaufes und Morphologie erlauben würde.

Das vorstehende Beispiel zeigt die Befunde bei einer röntgenologisch schweren Lungenfibrose ungeklärter Ätiologie. Der Röntgenbefund hat sich während einer bis jetzt 5jährigen Kontrolle nicht geändert.

Abb. 77 zeigt die Herzkatheterbefunde sowie die arteriellen Blutgase während Ruhe und bei leichter Arbeit bei einer ganz schweren Diffusionsstörung wegen einer Lungenfibrose, wobei es sich anamnestisch um eine Berylliose handeln könnte.

Auch dieser Kranke wurde während Wochen mit Prednison behandelt. Die Kontrolluntersuchung ergab in Übereinstimmung mit der subjektiven Besserung eine Abnahme, jedoch keine Normalisierung des stark vergrößerten alveolo-arteriellen Sauerstoffspannungsgradienten. Wir hatten den Eindruck, daß die

Tabelle 30. *Die Lungenfunktion bei Lungenfibrosen und bei der diffusen Form des Morbus Boeck*

| | arterielle(s) | | | | pCO_2 | alv. pO_2 | MV | alv.
Vent. | TR | VK | AGW |
	O_2-Sät- tigung %	pO_2 mm Hg	CO_2 Vol.-%	p_H	mmHg	mm Hg	%	%	%	%	%
Normalwerte	95—97	85—95	54—57	7,40	40,0	92—98	100	60—70	100	100	100
Sch. Ernst, 65 Jahre											
Aluminiumstaubfibrose und Tuberkulose											
Ruhe	81,3	50	57,6	7,38	43,3	93	158	40	250	77	47
Arbeit 40 Watt . .	75,7	43	40,5	7,33	33,5	107					
S. Heinrich, 55 Jahre Fibrose, unklare Ätiologie											
Ruhe	92,1	68	50,8	7,38	37,8	97	110	64	100	132	110
Arbeit 100 Watt . .	85,5	56	31,6	7,33	27,4	114					
A. Edwin, 47 Jahre Lungencarcinose											
Ruhe	87,2	55	51,8	7,44	33,6	99	127	56	135	66	48
W. Ruth, 32 Jahre Fibrose, unklare Ätiologie											
Ruhe	88,7	60	58,0	7,38	43,0	89	140	50	150	22	23
Morbus Boeck, diffuse Lungenform											
F. Josef, 39 Jahre											
Ruhe	94,9	88	60,3	7,41	41,9	96	142	50	180	40	86
Arbeit 80 Watt . .	76,1	44	51,7	7,38	38,5	103					
B. Franz, 26 Jahre											
Ruhe	96,7	88	57,4	7,40	40,4	92	123	60	120	90	100
Arbeit 150 Watt . .	88,2	64	50,0	7,33	41,4	101					

Besserung, vor allem auf eine Senkung des Herzminutenvolumens zurückzuführen war, eine Besserung wie man sie bei derartigen Fällen auch unter akuten Bedingungen mit Hexamethonium z. B. erreichen kann (s. Abb. 52).

In Tab. 30 sind die wichtigsten Befunde der Lungenfunktionsprüfung bei 4 Lungenfibrosen verschiedener Ätiologie sowie bei 2 Patienten mit einem miliaren M. Boeck der Lunge zusammengestellt.

7. Sogenannte primäre und sekundäre Pulmonalsklerose

Über diese Krankheit bestehen zahlreiche Unklarheiten, die nicht nur auf die diagnostischen Schwierigkeiten und verschiedene, z. T. unbekannte Ätiologien, sondern auch auf mißverständliche Definitionen zurückgeführt werden müssen. Zudem ist die Bezeichnung „Pulmonalsklerose" auch anatomisch vieldeutig und unglücklich gewählt, hat sich aber nun im deutschen Schrifttum eingebürgert.

Unter Pulmonalsklerose verstehen wir histologisch nachweisbare Veränderungen, wie Intima- und Mediaverdickungen, an den kleinen und kleinsten Lungengefäßen, insbesondere an den Arteriolen mit Gefäßverschlüssen, die zu einer pulmonalen Hypertonie einerseits und wegen einer Einschränkung der Capillaroberfläche zu einer Diffusionsstörung andererseits führen. Ist die Ursache dieser Gefäßveränderungen bekannt oder bestehen primär pathologische hämodynamische Verhältnisse im Lungenkreislauf, die derartige Gefäßveränderungen begünstigen, z. B. erworbene und angeborene Herzfehler, so sprechen wir von einer sekundären Pulmonalsklerose. Das gleiche gilt auch für das Emphysem usw., bei dem wegen einer ventilatorischen Störung (Globalinsuffizienz) vorerst während Jahren eine reversible pulmonale Hypertonie als Folge einer funktionellen Engerstellung der Arteriolen bestehen kann. Jede funktionelle Engerstellung der Arteriolen, mit anderen Worten ein chronisch erhöhter Arteriolentonus, kann sekundär zu histologisch nachweisbaren Intima- und Mediaveränderungen der kleinen Lungengefäße führen. Kennen wir die Ursache dieser Gefäßveränderungen nicht, so sprechen wir von einer primären Pulmonalsklerose. Soweit histologische Untersuchungen und vor allem Lungengefäßfüllungen vorliegen, ist bei derartigen Lungengefäßveränderungen auch in der Regel mit einer Einschränkung der Capillaroberfläche zu rechnen, da zahlreiche Arteriolen vollständig obliteriert und zahlreiche Capillarabgänge verstopft sind. Diese Gefäßveränderungen, hämodynamisch gleichbedeutend mit einer peripheren Stenose, verursachen nicht nur eine massive Zunahme der Resistenz der Lungenstrombahn und fixierte pulmonale Hypertonie, die exzessive Grade erreichen kann, sondern verhindern auch eine adäquate Zunahme des Herzminutenvolumens bei körperlicher Arbeit. Die klinische Symptomatologie mit auffälliger Anstrengungsdyspnoe unterscheidet sich prinzipiell nicht von der einer Pulmonalstenose. Zum Unterschied zur reinen Pulmonalstenose ist jedoch bei der Pulmonalsklerose mit einer eingeschränkten Capillaroberfläche auch eine Diffusionsstörung nachweisbar. Hinsichtlich Lungenfunktionsprüfung und Herzkatheterismus ist also kein Unterschied feststellbar zu Lungenerkrankungen, wie Lungenfibrosen, massiver Parenchymverlust usw., die ebenfalls zu einer Einschränkung der Capillaroberfläche und damit zu einer Diffusionsstörung und wegen des erhöhten vasculären zu einer pulmonalen Hypertonie sowie zu einem Cor pulmonale führen. Entscheidend ist deshalb der Röntgenbefund, indem eine pulmonale Hypertonie mit einer Diffusionsstörung bei röntgenologisch unauffälligen Lungen und bei Ausschluß eines angeborenen oder erworbenen Herzfehlers nur auf eine Widerstandserhöhung im Bereiche der Arteriolen und kleinsten Lungengefäße zurückgeführt werden kann. Damit ist über die Ätiologie noch nichts ausgesagt, und oft genug wird es bei der Feststellung, daß die Arteriolen im Sinne der Pulmonalsklerose verändert sind, bleiben.

ARRILLAGA (1913 u. 1924) beschrieb als „cardiacos negros" ein Krankheitsbild, das der primären Pulmonalsklerose, wie sie oben definiert wurde, entsprechen würde. Der Autor dachte als Ursache insbesondere an die Lues, was aber nicht bestätigt werden konnte. Von klinischer Seite basierend, auf Untersuchungen mit dem Herzkatheterismus, wurden in neuerer Zeit mehrere Fälle unter verschiedenen Bezeichnungen veröffentlicht. So beschrieben WERKÖ und ELIASH 1952 einen Fall einer «hypertension pulmonaire primitive», SAMUELSON 1952 einen Patienten mit einem primären Cor pulmonale, SOULIÉ u. Mitarb. faßten 1953 die Befunde von 5 Fällen einer «hypertension artérielle pulmonaire primitive» zusammen. Entsprechende Befunde wurden auch von uns bei 3 Patienten 1954 veröffentlicht. EVANS, SHORT und BEDFORD berichteten 1956 über 11 Fälle im Alter zwischen 7 und 64 Jahren und zeigten anatomisch-pathologisch mittels Arteriogrammen und histologisch schwerste obstruktive Veränderungen an den kleinen und kleinsten Lungengefäßen. Die Befunde aller Autoren stimmen insofern überein, daß bei diesen Patienten in allen Altersstufen eine mehr oder weniger massive, weitgehend fixierte pulmonale Hypertonie bestand, ohne daß ein Herz- oder Lungenleiden nachweisbar waren. Alle diese Patienten zeigten in Ruhe z. T. eine arterielle Hypoxämie, und, soweit die Kohlensäurewerte untersucht wurden, eine Erniedrigung derselben wegen einer Hyperventilation. Allen gemeinsam war auch eine ausgesprochene Anstrengungsdyspnoe und eine bei körperlicher Arbeit zunehmende Cyanose. Soweit die arterielle Sauerstoffsättigung untersucht wurde, wie in unseren Fällen, kam es während Arbeit zu einem deutlichen Abfall.

Wir haben den Eindruck, daß es sich bei allen diesen unter verschiedenen Bezeichnungen mitgeteilten Fällen anatomisch um den gleichen Zustand, nämlich um eine Pulmonalsklerose entsprechend der oben gegebenen Definition handelt, womit nicht gesagt ist, daß es sich auch ätiologisch um die gleiche Krankheit handelt, was mit den angewandten Untersuchungsmethoden auch gar nicht entschieden werden kann. Möglicherweise handelt es sich teilweise um echte Arteriitiden, in anderen Fällen vielleicht auch um primär degenerative Veränderungen. Auch nach multiplen Lungenembolien entwickelt sich das gleiche Zustandsbild, insbesondere dann, wenn die Emboli organisiert werden. Mit histologischen Untersuchungen war bisher ebenfalls keine ätiologische Differenzierung möglich, weshalb diese Krankheit von den Pathologen ebenfalls vorwiegend deskriptiv definiert wurde. So beschrieb FEUARDENT einige Fälle, die in dieses Kapitel gehören als «Endofibrose idiopathique oblitérante des artérioles du poumon» und CUTLER u. Mitarb. als "Pulmonary vascular obstruction syndrome". Zu erwähnen ist aber, daß bei den von CUTLER mitgeteilten Fällen z. T. ein kongenitales Vitium, nämlich ein Vorhofseptumdefekt, bestand. Die Autoren vertreten aber die Ansicht, daß in diesen Fällen kein Zusammenhang zwischen Vitium und Lungengefäßveränderungen, die das ganze Bild beherrschten, besteht. Bei den von FEUARDENT und CUTLER, wie auch bei den von SOULIÉ und WERKÖ mit ihren Mitarbeitern mitgeteilten Fällen handelte es sich um Kinder und Jugendliche mit massiver pulmonaler Hypertonie und progredientem Verlauf. Wir sehen aber keinen Grund, weniger schwere Fälle, die auch ein etwas höheres Alter erreichen, nicht ebenfalls in diese Gruppe einzureihen, sofern die eingangs erwähnten Bedingungen erfüllt sind und keine sichere ätiologische Differenzierung möglich ist. Abgesehen von einer entzündlichen oder degenerativen Genese der histologischen Gefäßveränderungen wird in Analogie zum Körperkreislauf auch eine essentielle pulmonale Hypertonie diskutiert. SCHMIDT hält eine nervöse Regulationsstörung im Rahmen einer allgemeinen vegetativen Dystonie für wahrscheinlich. HOCHREIN diskutiert insbesondere eineVerteilungsstörung zwischen Lungen- und Bronchialkreislauf. Die histologischen Veränderungen an den kleinen Lungengefäßen entsprechen nach SCHMIDT weitgehend denen der Arteriolosklerose im großen Kreislauf und entwickeln sich als Folge eines chronisch erhöhten Arteriolotonus. Bei den 4 von ihm mitgeteilten Fällen bestand in einem eine schwere Mitralstenose und bei 2 weiteren Bronchiektasen und diffuse bronchitische Veränderungen und bei einem zudem eine Lungentuberkulose mit cirrhotischen Veränderungen, so daß die Kriterien für eine essentielle oder primäre pulmonale Hypertonie und primäre Pulmonalsklerose nur in einem Fall erfüllt sind.

Es wurde wiederholt betont, daß diese Lungengefäßveränderungen wegen der Obliteration und Verstopfung der Arteriolen zu einer Einschränkung der Capillaroberfläche und damit zu einer Diffusionsstörung wegen einer Verkürzung der Kontaktzeit zwischen Blut und Alveolargasen führen. In diesen Fällen sollte demnach eine arterielle Hypoxämie nachweisbar sein, sofern die Lungendurchblutung gegenüber der Norm nicht stark eingeschränkt ist. In mehreren in der Literatur beschriebenen Fällen bestand aber in Ruhe keine deutliche arterielle Hypoxämie. Wenn wir berücksichtigen, daß in diesen Fällen das Herzminutenvolumen oft weniger als die Hälfte des Normalen beträgt, so wird es verständlich, daß mit einer derartig verminderten Lungendurchblutung die Kontaktzeit viel weniger verkürzt wird, als wenn die gleiche Capillaroberfläche mit einem normalen Herzminutenvolumen durchblutet würde. Wie aus der Abb. 44 hervorgeht, muß der rechte Ventrikel bei einem Strömungswiderstand von etwa 1000 dyn sec cm^{-5} für ein Herzminutenvolumen von 5 l die gleiche Arbeit leisten wie für ein Herzminutenvolumen von etwa 16 l bei einer normalen Resistenz von 100. Da 4 bis 5 mkg/min ungefähr die obere Grenze der Arbeit für den rechten Ventrikel darstellen, ist es verständlich, daß bei exzessiv erhöhtem Strömungswiderstand das Herzminutenvolumen vermindert wird, was wiederum zur Folge hat, daß die arterielle Hypoxämie nicht so ausgesprochen ist, als es der Einschränkung der Capillaroberfläche entsprechen würde.

Die Prognose dieser schon im Kindesalter auftretenden primären Pulmonalsklerose ist sehr schlecht, eine wirksame Therapie existiert nicht. Versuche mit Cortison und Liquemin verliefen enttäuschend. Die Lebenserwartung beträgt meistens weniger als 2 Jahrzehnte. Auffällig ist, daß der systolische Druck in der Arteria pulmonalis selten mehr als 120—140 mm Hg beträgt, was die Vermutung nahelegt, daß bei Erreichen einer derartigen Hypertonie — entsprechend einem Notventil — eine gewisse Entlastung über den nutritiven Kreislauf der Lunge, d. h. über die Bronchialvenen stattfindet. Auf diese Weise würde ein Teil des Blutes aus der Arteria pulmonalis nicht durch die Lungencapillaren, sondern über die Bronchialvenen direkt in den linken Vorhof gelangen, was einer vermehrten venösen Beimischung gleichkäme. In diesem Falle würde die arterielle Sauerstoffsättigung bei Sauerstoffatmung nicht auf 100% ansteigen.

Bei den anderen von uns beobachteten Fällen handelte es sich um Erwachsene. Alle hatten eine deutliche pulmonale Hypertonie, die schon bei leichter körperlicher Arbeit zunahm, sowie eine bei Arbeit zunehmende arterielle Hypoxämie. In allen Fällen bestanden auch elektrokardiographische Zeichen einer kardialen Rechtsüberlastung. Angeborene oder erworbene Herzfehler sowie Lungenerkrankungen, die zu einer pulmonalen Hypertonie führen können, wurden durch entsprechende Untersuchungen ausgeschlossen. Die subjektiven Beschwerden und die klinischen Symptome mit auffallender Anstrengungsdyspnoe und bei Arbeit zunehmender Cyanose waren ziemlich uniform. Auffallend häufig wurden die Beschwerden mit einem Asthma bronchiale verwechselt. Ein Patient registrierte eine deutliche Verschlechterung seines Zustandes in der Höhe. Die röntgenologischen Untersuchungen der Lunge ergaben keine pathologischen Befunde, abgesehen von einer gelegentlich verstärkten Lungenzeichnung. Der rechte Ventrikel war, soweit beurteilbar, vergrößert und die Arteria pulmonalis erweitert und stark pulsierend. Auskultatorisch waren außer der Verstärkung des 2. Pulmonaltones keine sicheren pathologischen Geräusche zu hören. In der Literatur wird gelegentlich ein systolisches Geräusch angegeben. Auch eine Hämoptoe, wie sie gelegentlich beschrieben wurde, bestand bei unseren Patienten nicht.

Im Gegensatz zu den Lungenfibrosen, die hinsichtlich Herzkatheterismus und arterieller Blutgase die gleichen Befunde ergaben, sind die atemmechanischen Verhältnisse bei der primären Pulmonalsklerose mehr oder weniger normal, da ja das Lungenparenchym nicht verändert ist. Die folgende Abb. 78 zeigt die Herzkatheterbefunde, die arteriellen Blutgase sowie Oesophagusdruck und Pneumotachogramm bei einer 40 jährigen Frau mit einer primären Pulmonalsklerose.

Abschließend soll noch einmal betont werden, daß es sich bei der „primären Pulmonalsklerose" ätiologisch wahrscheinlich um verschiedene Krankheiten handelt, daß aber die zur Verfügung stehenden Untersuchungsmöglichkeiten hinsichtlich Lungenfunktion und Lungenkreislauf wie auch die Histologie nicht in allen Fällen eine Differenzierung erlauben.

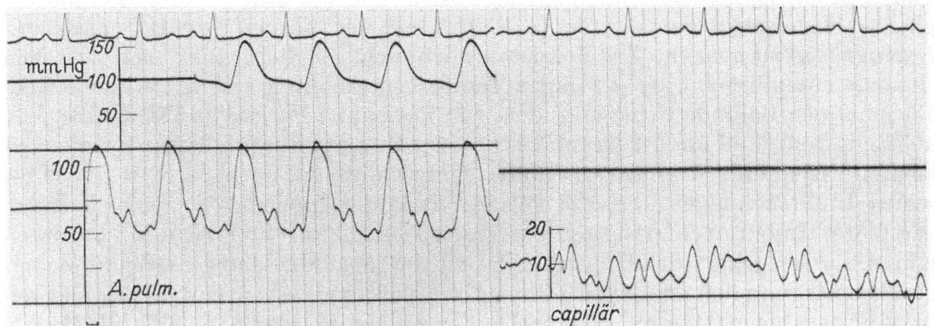

O$_2$-Sttg. 92% p$_H$ 7,38 pCO$_2$ 28,2 mm Hg

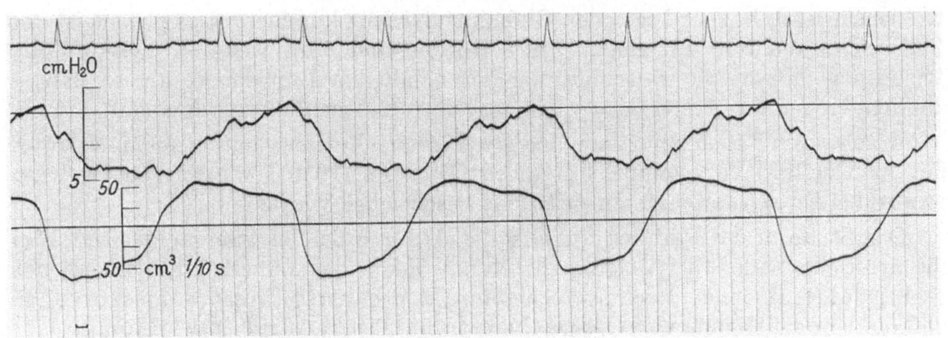

Fr. 31   E 12   viscöse A.   1,6 gcm/cm^3 t E/I 1,3

Abb. 78 a u. b. Intrakardiale Druckwerte, arterielle Blutgase (a), Oesophagusdruck und Pneumotachogramm (b) bei einer Patientin mit einer primären Pulmonalsklerose

Tabelle 31. *Die Lungenfunktion bei Pulmonalsklerose*

	Arterielle(s)					alv. pO$_2$	MV	alv. Vent.	TR	VK	AGW
	O$_2$-Sättigung %	pO$_2$ mm Hg	CO$_2$ Vol.-%	p$_H$	pCO$_2$ mmHg	mm Hg	%	%	%	%	%
Normalwerte	95—97	85—95	54—57	7,40	40,0	92—98	100	60—70	100	100	100
M. Christian, 46 Jahre											
Ruhe	92,3	67	51,2	7,44	33,3	103	147	51	195	122	125
Arbeit 80 Watt . .	81,3	48	41,7	7,44	27,5	114	—	—			
M. Hermann, 61 Jahre											
Ruhe	88,7	58	48,4	7,39	35,1	97	130	52	170	140	102
Arbeit 100 Watt .	82,1	50	36,8	7,36	28,5	112	—	—			
L. Hermann, 28 Jahre											
Ruhe	85,1	53	50,6	7,41	35,1	100	180	39	310	53	70
B. Max, 53 Jahre . .											
Ruhe	88,6	59	40,8	7,38	30,3	104	197	42	300	86	63

8. Pneumonie

Die Pathophysiologie der lobären Pneumonie wurde von zahlreichen Autoren, u. a. von STADIE, BARACH und WOODWELL, MEAKINS und DAVIES, DAUTREBANDE, BRAUER, ROSSIER und MERCIER studiert. Wegen dem Nebeneinander verschiedener Faktoren sind die Funktionsstörungen dieser Affektion sehr komplex. Unter diesen Faktoren ist insbesondere das Fieber mit dem Einfluß auf die Blutgase und die physico-chemischen Konstanten (z. B. das pk' der Formel von HASSELBALCH-HENDERSON) zu nennen. Zur Zeit ist es noch nicht möglich, alle experimentellen Befunde entsprechend der jeweiligen Temperaturerhöhung richtig zu korrigieren. Die einzelnen Befunde variieren zudem von Patient zu Patient und sind außerdem abhängig vom Stadium der Krankheit. Sicher kommt es in den frühen Stadien der lobären Pneumonie zu einem vasculären Kurzschluß, wie es schon 1919 GROSS bei seinen Untersuchungen über die Permeabilität der Lungengefäße mittels intravasculärer Injektionen post mortem gezeigt hat. Zum Vollbild des vasculären Kurzschlusses gehört die Hyperventilation der gesunden Lungenabschnitte und die Erniedrigung der arteriellen Kohlensäurespannung, was natürlich nur möglich ist, wenn genügend Atemreserven vorhanden sind (s. Beispiel 3, S. 166). Bei älteren Patienten sowie bei gleichzeitigem Bestehen eines Emphysems oder einer Kyphoskoliose fehlt diese Hyperventilation, und es kann sogar zu einer Retention von Kohlensäure, d. h. zum Bilde der Globalinsuffizienz kommen. Das gleiche ist der Fall, wenn mehrere Lungenlappen betroffen sind. Im weiteren Verlaufe der Pneumonie nimmt die Durchblutung der befallenen Lungenteile ab, so daß — ähnlich wie bei der Atelektase — der vasculäre Kurzschluß verschwindet.

In schweren Fällen kann man eine generalisierteVerlangsamung des Kreislaufes mit Acidose und Polyglobulie feststellen [ROSSIER (1936)], wie sie von DAUTREBANDE bei der schweren Herzinsuffizienz beschrieben wurde.

Das Studium der Pathophysiologie der Atmung bei der Pneumonie zeigt, daß die arterielle Sauerstoffsättigung nicht nur Folge der Lungenaffektion ist, das Fieber führt zu einer Rechtsverschiebung der Sauerstoffdissoziationskurve, so daß die Untersättigung auch Folge einer verminderten Affinität des Hämoglobins zum Sauerstoff ist.

Seit Einführung der Antibiotica in die Therapie der Pneumonien hat man weniger Gelegenheit, die Lungenfunktion bei dieser Affektion zu untersuchen. Die einzelnen Stadien lassen sich nicht mehr genau abgrenzen und kommen oft gar nicht mehr zur vollen Ausbildung. Aber auch heute sind die Funktionsstörungen letzten Endes abhängig von der Ausdehnung des Prozesses, von den Atemreserven, vom Grad der Temperaturerhöhung sowie vom Zustand des Herzens und des peripheren Kreislaufes.

9. Atelektase

Bei einer frischen Atelektase, wenn die nicht mehr ventilierten Lungenabschnitte noch durchblutet werden, kommt es zu einem vasculären Kurzschluß (BARCROFT, DAUTREBANDE, ROSSIER). Nun ist dieser aber viel seltener, als es der häufigen röntgenologischen Diagnose einer Atelektase entspricht. Dies weist darauf hin, daß in der Regel nicht mehr ventilierte Lungenabschnitte mehr oder weniger vollständig aus dem kleinen Kreislauf ausgeschaltet werden. Nach den heutigen Kenntnissen über den Einfluß der alveolären Gasspannungen auf den Tonus der Lungengefäße bietet dieser Befund keine besondere Überraschung. Auch röntgenologisch z. B. mit der selektiven Angiographie nach BOLT kann man die verminderte oder gänzlich aufgehobene Durchblutung einer Atelektase nachweisen.

10. Thoraxdeformitäten

Schwere Thoraxdeformitäten wie Kyphoskoliose führen zu einer Verminderung der Lungenvolumen, Totalkapazität und Vitalkapazität, vor allem aber wegen der behinderten Thoraxbeweglichkeit zu einer mehr oder weniger schweren Einschränkung der Atemreserven. Bei jugendlichen Patienten kann man außer diesen Einschränkungen in der Regel keine schwereren Störungen der Lungenfunktion feststellen, d. h. in der Mehrzahl der Fälle handelt es sich um eine latente Insuffizienz ohne Rückwirkungen auf das arterielle Blut. Anders ist es bei älteren Patienten. Gehäufte Bronchitiden und die normalen altersbedingten Lungenveränderungen im Sinne eines Emphysems genügen dann, daß es zu schweren respiratorischen Störungen kommt. Meistens entwickelt sich eine chronische alveoläre Hypoventilation, also eine Globalinsuffizienz und damit ein Cor pulmonale. Nach unseren Untersuchungen [SCHAUB u. Mitarb. (1954)] handelt es sich beim „Kyphoskolioseherzen" um ein echtes Cor pulmonale als Folge der ventilatorischen Störung, zu der diese Patienten infolge der Thoraxdeformität mit zunehmendem Alter besonders disponiert sind. Bei leichten Deformitäten, z. B. bei der Trichterbrust, haben wir bisher noch nie schwerere Störungen feststellen können. Trotzdem halten wir auch in diesem Falle wie bei der Kyphoskoliose des Kindes eine operative Behandlung der Skeletdeformität für angezeigt.

11. Lungenadenomatose

Diese sehr seltene tumorartige Wucherung des Alveolarepithels würde pathologisch-anatomisch das Musterbeispiel für eine gestörte Diffusion wegen einer verdickten Membran liefern. Wir hatten bisher erst einmal Gelegenheit, bei einer Lungenadenomatose wenige Tage vor dem Exitus die arteriellen Blutgase zu untersuchen. Dieser Fall zeigte nicht nur eine massive Hypoxämie mit Sauerstoffsättigungswerten zwischen 65 und 75%, sondern auch eine Erhöhung der Kohlensäurespannung und eine respiratorische Acidose als Zeichen einer zumindestens terminal auch ungenügenden Ventilation. Die schwere arterielle Hypoxämie war in diesem Fall nicht nur Folge der Diffusionsstörung und Hypoventilation, sondern, wie sich mit dem Sauerstoffversuch nachweisen ließ, auch das Resultat einer massiv vergrößerten venösen Zumischung aus gar nicht mehr ventilierten, aber noch durchbluteten Lungenpartien.

12. Arteriovenöses Lungenaneurysma

Das arteriovenöse Lungenaneurysma, die arteriovenöse Fistel, bietet das klassische Beispiel eines intrapulmonalen vasculären Kurzschlusses. Das folgende Beispiel zeigt die Verhältnisse im arteriellen Blut bei einem ungewöhnlich großen Aneurysma, durch das ungefähr die Hälfte eines wegen bereits bestehender Rechtsinsuffizienz eher kleinem Herzminutenvolumen von 4,5 l fließt.

Bei derartig großen arteriovenösen Fisteln muß man mit Gefäßveränderungen im Sinne

Beispiel: Arteriovenöses Lungenaneurysma vor und nach Lobektomie. Ida Sch. 47jährig

	Luftatmung	Hyperoxie	nach Lobektomie
O_2-Kapazität, Vol.-%	22,0	22,1	19,5
O_2-Sättigung, %	71,0	77,0	94,0
CO_2-Vol.-% (Plasma)	57,5	55,6	58,2
p_H	7,39	7,38	7,39
pCO_2 mm Hg	41,5	41,0	42,0

der sekundären Pulmonalsklerose im Bereiche der übrigen Lunge rechnen, was eine entsprechende Erhöhung des vasculären Strömungswiderstandes zur Folge hat. Die Entfernung des Aneurysmas durch Resektion des betreffenden Lungenlappens kann dann eine akute Drucksteigerung im Lungenkreislauf und eine akute Rechtsinsuffizienz zur Folge haben. Ähnlich wie beim offenen Ductus Botalli und beim Vorhofseptumdefekt ist deshalb auch bei der arteriovenösen Lungenfistel die frühzeitige Operation indiziert.

III. Beeinflussung der Atmung durch bestimmte Zustände des Körpers

1. Die Lungenfunktion im Alter

Die zunehmende Lebenserwartung und damit zusammenhängend die sog. Überalterung der Bevölkerung zwingen den Arzt, sich mit der „normalen" Funktion der verschiedenen Organsysteme im Alter zu beschäftigen, um zu wissen, was einerseits noch als „normal" und andererseits als sicher pathologisch und nicht altersbedingt zu unterpretieren ist. Hinsichtlich Lungenfunktion ist das Altersproblem für die innere Medizin und besonders für die Thoraxchirurgie und Versicherungsmedizin wichtig. Untersuchungen über die Lungenfunktion im Alter liegen u. a. von ROBINSON (1938), BALDWIN u. Mitarb. (1948), TENNEY und MILLER (1956) sowie aus unserem Laboratorium von JOOS u. Mitarb. (1957) vor. Unsere Untersuchungen betreffen nicht nur die Spirometrie, sondern auch die arteriellen Blutgase in Ruhe und bei Arbeit sowie die Atemmechanik. Da das Alter nicht mit einer bestimmten Zahl von Lebensjahren definiert werden kann, geben wir in den folgenden Tabellen zu Vergleichszwecken die Resultate bei einer Gruppe von Exploranden im Alter von 50—59 Jahren an.

Tabelle 32. *Arterielle Blutgase*

	O_2-Sättigung %	pO_2 mm Hg	p_H	pCO_2 mm Hg	Alkalireserve mAeq/l
normal. . . . . 50—59 J. (50 Fälle)	95—97	85—95	7,38—7,41	40	24—26
mittleres Alter 55 J.		Alle im Bereich der Norm			
60—79 J. (61 Fälle)	94,7		7,40	37,6	23—25
mittleres Alter 65 J.	(90—97)	(80—95)	(7,36—7,44)	(33—43)	
68—89 J. (18 Fälle)	90,0	—	7,43	38,0	—
mittleres Alter 78 J. . . . . TENNEY u. MILLER	(87—93)		(7,42—7,44)	(34—41)	

Tabelle 33. *Lungenvolumen*

	Totalkapazität	Vitalkapazität	Residualvolumen	funkt. Residualkapazität
Normal %	100	**72**	**28**	**43**
50—59 J. (50 Fälle)	100	**65**	**35**	47
mittleres Alter 55 J.		(54—82)	(18—46)	(30—60)
60—79 J. (41 Fälle)	100	**61**	**39**	**50**
mittleres Alter 65 J.		(54—66)	(34—46)	(46—55)

Zu erwähnen ist noch, daß sowohl in unserer Untersuchungsgruppe wie auch bei der der amerikanischen Autoren die durchschnittliche Hämoglobinkonzentration mit 13—14 g-% deutlich unter dem Normalwert von 16 g-% liegt.

Die Bestimmung der Lungenvolumen ergeben eine mäßige Vergrößerung der Anteile des Residualvolumens und der funktionellen Residualkapazität an einer im Vergleich zur Jugend nur leicht eingeschränkten Totalkapazität. Die Atemökonomie ist in Ruhe gegenüber der Norm etwas schlechter, was in einer erhöhten spezifischen Ventilation und in einem vergrößerten Totraumquotienten zum Ausdruck kommt. Die Atemreserven, als Atemgrenzwert bestimmt, sind leicht eingeschränkt. Die arteriellen Blutgase zeigen hinsichtlich Kohlensäurespannung normale, sogar eher etwas niedrige Werte, und, was die Sauerstoffsättigung betrifft, Werte an der unteren Grenze der Norm. Nach den Bestimmungen bei leichter Arbeit, wobei die Sättigung ansteigt, handelt es sich um die Folge einer in Ruhe ungleichmäßigen Belüftung der verschiedenen Lungenpartien. Die Anpassungsfähigkeit an körperliche Arbeit ist bei den über 60jährigen gegenüber der Norm bei jüngeren Männern um $\frac{1}{4}-\frac{1}{3}$ reduziert. Was die Blutgase und

Tabelle 34. *Spezifische Ventilation und Totraumquotient in Ruhe*

	Atemminutenvolumen/ O_2-Aufnahme	funkt. Totraum/Atemvolumen
Normal	28 (25—31)	0,35
50—59 J. (50 Fälle) mittleres Alter 55 J. . .	alle im Bereich der Norm	
60—79 J. (41 Fälle) mittleres Alter 65 J. . .	33	0,38
68—89 J. (18 Fälle) mittleres Alter 78 J. . . TENNEY u. MILLER	43	0,48

die Atemökonomie betrifft, sind die Befunde bei der im Mittel 13 Jahre älteren Untersuchungsgruppe von TENNEY und MILLER noch ausgesprochener. Auf Grund atemmechanischer Untersuchungen kann in Kombination mit der Vergrößerung

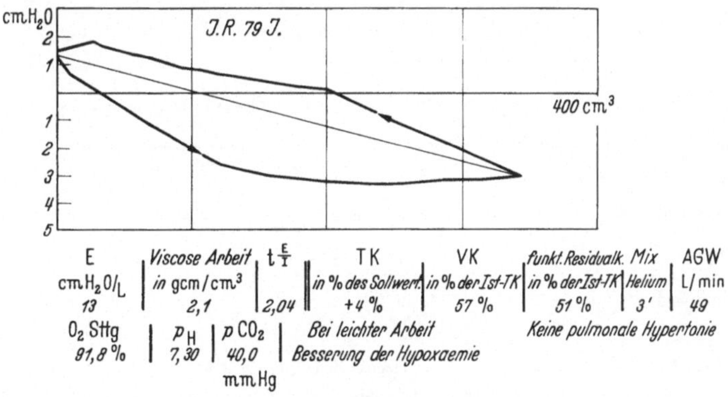

Abb. 79. Lungenfunktion im höheren Alter. Atemschleife, arterielle Blutgase und spirometrische Werte bei einem 79j. lungengesunden Patienten

des Residualvolumens geschlossen werden, daß die Retraktionskraft des Lungengewebes etwas abnimmt, wobei die Abnahme nicht alle Lungenpartien gleichmäßig betrifft. Das Nebeneinander von verschieden dehnbaren Lungenpartien ist die Ursache der ungleichmäßigen Luftverteilung, der Partialinsuffizienz und damit auch der verschlechterten Atemökonomie in Ruhe.

Die Befunde bei der Vergleichsgruppe mit 50 Patienten zwischen 50 und 59 Jahren liegen, abgesehen von einer leichten Vergrößerung des Residualvolumens, noch ganz im Bereiche der üblichen Sollwerte. Unsere Befunde bei den über 60jährigen entsprechen blutgasanalytisch und spirometrisch denen eines leichten Emphysems. Der wesentliche Unterschied zum Emphysem bei jüngeren Patienten wie auch zum schweren Emphysem bei älteren Kranken im gleichen Alter liegt in den atemmechanischen Verhältnissen, indem bei diesen in der überwiegenden Zahl erhöhte Strömungswiderstände in den Luftwegen als Folge einer Bronchitis, eines chron. Asthma bronchiale usw. nachweisbar sind, d. h. es handelt sich in diesen Fällen fast immer um die obstruktive Form des Emphysems. Wie die Abb. 79 zeigt, sind beim „normalen" Altersemphysem die viscösen Widerstände nicht wesentlich erhöht. Das „normale" Altersemphysem ist harmlos, führt zumindestens in Ruhe nicht zu subjektiven Atembeschwerden und auch nicht zu den schweren und schwersten Funktionsstörungen, die sich beim obstruktiven Emphysem entwickeln können, das zur Hauptsache den Arzt diagnostisch und therapeutisch beschäftigt, wenn er vom Emphysem spricht.

2. Lungenfunktion und Herzinsuffizienz

Über die engen Beziehungen zwischen Lungenventilation, Lungendurchblutung und Gasaustausch wurde bereits in früheren Kapiteln eingehend berichtet, insbesondere verweisen wir auf die Einteilung der verschiedenen Formen der

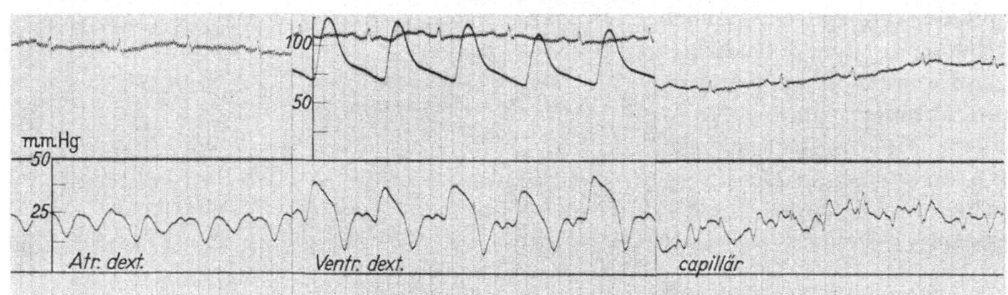

O_2-Sttg. 96% pCO_2 40 mm Hg

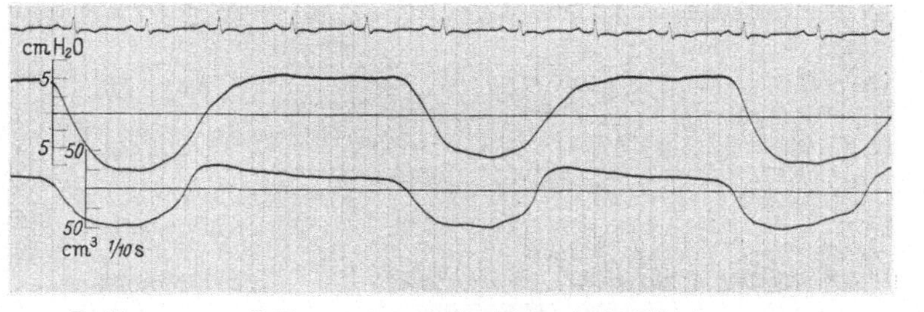

Fr. 21   E 17   viscöse A.8,7 gm/cm² t E/I 1,5

Abb. 80 a u. b. Intrakardiale Druckwerte (a), Oesophagusdruck und Pneumotachogramm (b) bei einer Pericarditis adhaesiva constrictiva

pulmonalen Hypertonie. Es sollen hier nur einige allgemeingültige Gesichtspunkte besprochen werden, bei jeder stärkeren Einschränkung des Herzminutenvolumens, ganz gleich welcher Genese — Klappenstenosen, Myokardinsuffizienz, Perikarditis — wird, solange der Kranke aus pulmonalen Gründen dazu in der Lage ist, mehr oder weniger stark hyperventiliert, so daß es zu einer Verminderung der Kohlensäurewerte im arteriellen Blut kommt. Als Zeichen des verminderten Herzminutenvolumens ist die arteriovenöse Differenz für den Sauerstoffgehalt und die Kohlensäurespannung vergrößert. Eine Lungenstauung, handele es sich nun um einen Mitralfehler oder um einen insuffizienten linken Ventrikel bei Aortenvitien, dekompensierter Hypertonie usw., beeinflußt die Lungenvolumen, Total- und Vitalkapazität sowie den Atemgrenzwert im Sinne einer Verminderung. Eine chronische Stauungsbronchitis und die Lungenstauung selber können sich auf die Ventilation wie eine spastische Bronchitis im Sinne einer ungleichmäßigen Belüftung der verschiedenen Lungenpartien auswirken und zu einer Partialinsuffizienz führen. Der Adrenalinversuch fällt gelegentlich positiv aus. Das akute Lungenödem schließlich führt mit der Anschoppung von größeren Alveolargebieten zum Bild des vasculären Kurzschlusses. Die arterielle Sauerstoffsättigung kann unter diesen Bedingungen sehr tief absinken. Eine arterielle Sauerstoffsättigung zwischen 40—70% trotz Sauerstoffatmung bei normalen oder wegen Hyperventilation erniedrigten Kohlensäurewerten findet man praktisch nur beim

akuten, schweren Lungenödem und keiner anderen Lungenerkrankung mit Ausnahme der terminalen Stadien der Lungenadenomatose. Bei erfolgreicher cardialer Therapie des Lungenödems bessern sich die arteriellen Blutgase innerhalb weniger Stunden.

Atemmechanisch können sich eine chronische Lungenstauung und eine Stauungsbronchitis in einer signifikanten Vergrößerung der viscösen Widerstände zeigen. Abb. 80 zeigt die Herzkatheterbefunde sowie Oesophagusdruck und Pneumotachogramm bei einer Pericarditis adhaesiva constrictiva.

Nach unserer bisherigen Erfahrung besteht jedoch keine strikte Beziehung zwischen Schwere der Lungenstauung und pathologisch veränderter Atemmechanik. Insbesondere bei Mitralstenosen fanden wir meistens trotz schwerster

Beispiel:

Albert W., 47 jährig. „*Myodegeneratio et insufficientia cordis*“. Coronarsklerose, chronischer Alkoholismus

	Sollwerte	Ruhe
Arterielles Blut:		
O_2-Kapazität, Vol.-%	19,5—20,5	17,9
O_2-Sättigung, %	95—97	93,4
O_2-Spannung, mm Hg	85—95	67
CO_2-Gehalt, Vol.-% Plasma	54—57	48,2
p_H	7,38—7,41	7,45
CO_2-Spannung, mm Hg	40,0	30,7
alveolo-arteriel. pO_2-Gradient		34
Spirometrie:		
O_2-Aufnahme cm³/min	239	355
(0° und 760 mm Hg)		
CO_2-Abgabe, cm³/min		290
(0° und 760 mm Hg)		
Respiratorischer Quotient	0,82	0,82
Atemfrequenz, pro min		23,5
Minutenvolumen, cm³/min	9940	17100
Spezifische Ventilation	25—31	48,2
Totalkapazität, cm³	5500	3830
Vitalkapazität, cm³	3960	1990
Residualvolumen, cm³	1540	1840
funktionelle Residualkapazität, cm³	2370	2450
Mischzeit (Helium)	2—3 min	5 min
Atemgrenzwert, l/min	158	nicht bestimmbar
Alveoläre Funktion:		
Alveoläre Ventilation, cm³/min	6280	8180
in % der Gesamtventilation	60—70	48
O_2-Ausnützung	55—58	43
(cm³ O_2-Aufnahme p. Liter alv. Vent.)		
Alveoläre O_2-Spannung, mm Hg	92	101
Totraum: cm³	155	380
Totraumventilation, cm³/min		8920

Lungenstauung praktisch normale atemmechanische Verhältnisse und damit auch nach gelungener Commissurotomie keine signifikanten Veränderungen.

Das vorstehende Beispiel zeigt die typischen Befunde bei einer allgemeinen Herzinsuffizienz mit gleichzeitiger Stauung im Lungen- und Körperkreislauf wegen sog. „Myodegeneratio et insufficientia cordis“ bei Coronarsklerose und chronischem Alkoholismus. Der Mitteldruck in den Hohlvenen und im rechten Vorhof betrug 20 mm Hg, der mittlere „Capillardruck“ 30 mm Hg, der Mitteldruck in der Art. pulmonalis 47 mm Hg und in der Art. brachialis 98 mm Hg. Das Herzminutenvolumen war 4,5 l und der Herzindex 2,3.

Wie bei einer direkten Schädigung der Atemzentren kann auch bei einer massiven Verlangsamung des Kreislaufes im Gehirn, z. B. im terminalen Stadium einer Herzinsuffizienz, die Atemregulation schwer gestört sein. Man kann dann gelegentlich ein periodisches Atmen vom Cheyne-Stokesschen Typ beobachten. Interessant ist, daß auch unter diesen Bedingungen gesamthaft hyperventiliert und damit die arterielle Kohlensäurespannung erniedrigt wird. Die Cheyne-Stokessche Atmung ist nicht das Zeichen einer schweren respiratorischen Acidose.

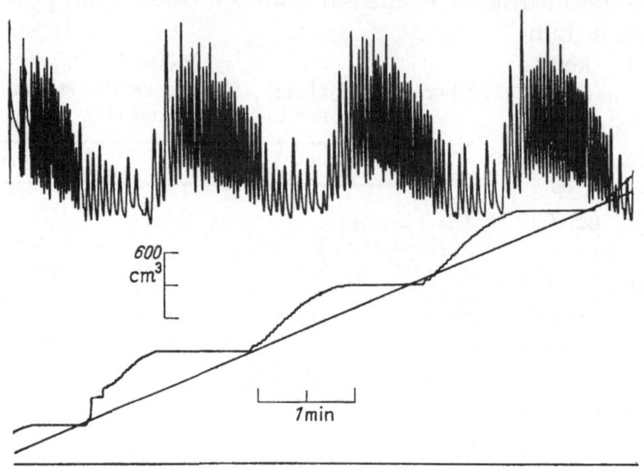

Abb. 81. Spirometrische Registrierung einer Cheyne-Stokesschen Atmung bei einer schweren Herzinsuffizienz

3. Die Lungenfunktion bei angeborenen Herzfehlern

Das bereits bei der Herzinsuffizienz Gesagte gilt sinngemäß auch für die angeborenen Herzfehler. Da es sich vorwiegend um Kinder und Jugendliche handelt, ist die Hyperventilation bei Einschränkung des Herzminutenvolumens noch auffälliger. Das gilt sowohl für Klappenstenosen, Lutembacher Syndrom, Aorten- und Pulmonalstenosen, wie auch für anatomische Veränderungen an den kleinen Lungengefäßen, die einer „peripheren Stenose" in der Lungenstrombahn gleichkommen, wie z. B. beim Eisenmenger-Komplex. In allen diesen Fällen sind Herzminutenvolumen bzw. Lungendurchblutung nicht nur bereits in Ruhe mehr oder weniger eingeschränkt, sie können vor allem bei körperlicher Arbeit entsprechend dem erhöhten und fixierten Strömungswiderstand nicht genügend vergrößert werden. Darum wird die Hyperventilation und die subjektive Dyspnoe dieser Kranken bei Arbeit noch viel ausgesprochener. Bei der Aortenisthmusstenose sind Herzminutenvolumen und Lungendurchblutung in der Regel nicht vermindert, und man findet meistens auch keine Hyperventilation und dementsprechend praktisch normale arterielle Blutgase. Das gleiche gilt auch für Vitien mit einfachem Links-Rechts-Shunt wie Einmünden von Lungenvenen in die Hohlvenen oder in den rechten Vorhof, den einfachen Vorhof- und Ventrikelseptumdefekt und den offenen Ductus Botalli. Kommt es im Verlaufe dieser Mißbildungen zu Lungengefäßveränderungen, die den Strömungswiderstand in der Lunge massiv erhöhen, so entwickelt sich bei Vorhof- und Ventrikelseptumdefekten wie auch beim Ductus Botalli als Zeichen einer teilweisen oder vollständigen Shunt-Umkehr eine arterielle Hypoxämie wie beim Eisenmenger-Komplex. Die isolierte Pulmonalstenose unterscheidet sich von kombinierten Mißbildungen mit Septumdefekten — Trilogie, Tetralogie und Pentalogie von FALLOT — durch das Fehlen einer arteriellen Hypoxämie. Klinisch wird man bei allen Pulmonalstenosen eine mehr oder weniger deutliche Cyanose beobachten können. Bei der isolierten Pulmonalstenose handelt es sich um eine reine periphere, durch eine vermehrte Blutausschöpfung infolge des verminderten Herzminutenvolumens bedingte Cyanose. Bei der Pulmonalstenose mit zusätzlichen Mißbildungen handelt es sich um die Kombination von peripherer und Mischblutcyanose. Die Untersuchung der arteriellen Sauerstoffsättigung ermöglicht eine Differentialdiagnose. Wie bereits erwähnt, kann der Ductus Botalli mit Shunt-Umkehr aus der Sauerstoffsättigungsdifferenz im arteriellen Blut des rechten Armes und eines Beines diagnostiziert werden. Bei angeborenen Herzfehlern mit Mischblutcyanose entwickelt sich praktisch immer, besonders wenn letztere von

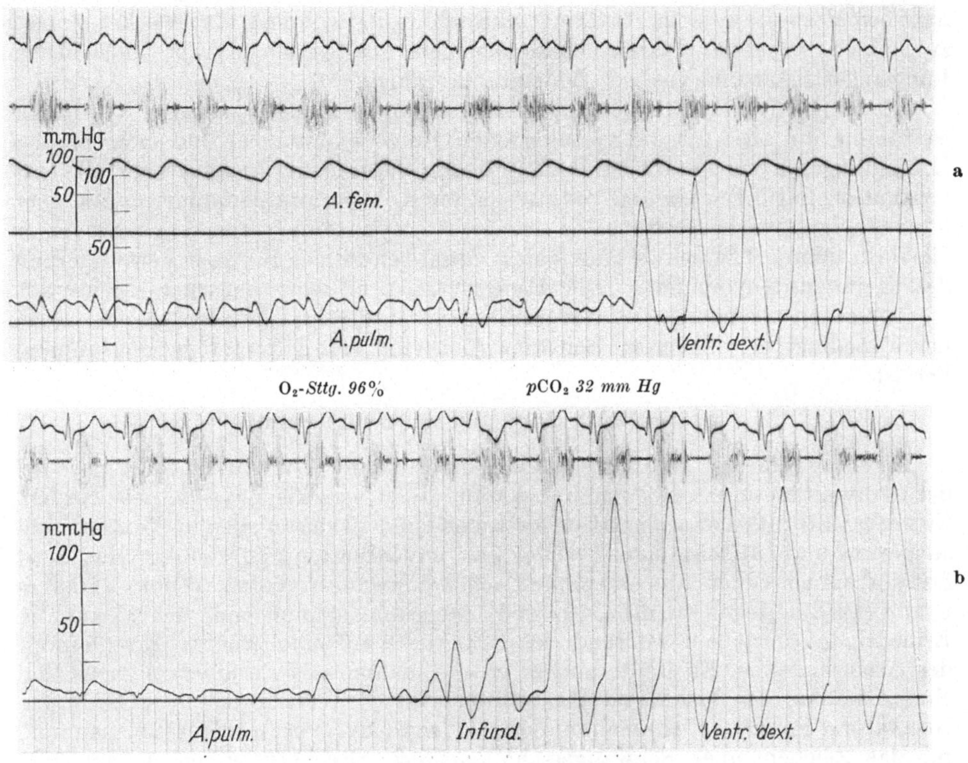

Abb. 82a u. b. Intrakardiale Druckwerte und Phonokardiogramm über der Pulmonalis (a) bei einer valvulären und (b) einer infundibulären Pulmonalstenose

Geburt an besteht, eine deutliche Polyglobulie. Werte für die Sauerstoffkapazität von über 30 Vol.-% sind nichts Ungewöhnliches. Entsprechend den hämodynamischen Gegebenheiten gehen Mischblutcyanose und Rechtshypertrophie im Elektrokardiogramm meistens parallel. Eine schwere Mischblutcyanose von Geburt an ohne zusätzliche Belastung des rechten Ventrikels und ohne elektrokardiographische Rechtshypertrophie sehen wir beim Einmünden einer Hohlvene in den linken Vorhof, einer extrem seltenen Mißbildung, die wir erst einmal beobachtet haben. Umgekehrt kommt es als Zeichen einer Überlastung des rechten Ventrikels zu einer ausgesprochenen Rechtshypertrophie ohne Mischblutcyanose beim Einmünden von mehreren Lungenvenen in die Hohlvenen oder in den rechten Vorhof. Die vollständige Lungenvenentransposition ist nur mit einem zusätzlichen Septumdefekt im Vorhof oder Ventrikel mit dem Leben vereinbar, in diesen Fällen ist die arterielle Sauerstoffsättigung erniedrigt, da sich arterielles und venöses Blut im Herzen mischt.

Für die operative Therapie der Pulmonalstenose ist die Unterscheidung zwischen der infundibulären und valvulären Form wichtig, was mittels einer sorgfältigen Druckmessung in den verschiedenen Abschnitten der Art. pulmonalis und des rechten Ventrikels möglich ist, wie es Abb. 82 zeigt.

Die atemmechanischen Untersuchungen ergeben bei den verschiedenen angeborenen Herzfehlern keine typischen und in der Regel auch keine pathologischen Befunde. Selbst bei massiv gesteigerter Lungendurchblutung wegen einem Links-Rechts-Shunt sind nach unseren bisherigen Erfahrungen die atemmechanischen Verhältnisse zumindestens bei Jugendlichen normal, wie ja auch die normalerweise gesteigerte Lungendurchblutung während körperlicher Arbeit zu keinen sicher meßbaren Veränderungen der Atemmechanik hinsichtlich Lungenelastizität und viscöser Widerstände führt.

Die subjektive Dyspnoe ist für die Kardiologie ein sehr wichtiges Symptom, es kommt ihr aber für die verschiedenen Herzerkrankungen und angeborenen Mißbildungen keine spezifische Bedeutung zu. Die objektiv nachweisbare Hyperventilation mit Erniedrigung der alveolären Kohlensäurespannung spricht aber unabhängig vom Bestehen einer arteriellen Hypoxämie beim Vorliegen einer Herzerkrankung bzw. eines Herzfehlers praktisch immer für eine Verminderung des Herzminutenvolumens. Die Hyperventilation fehlt natürlich, wenn aus mechanischen Gründen, wie Stenosierung der Luftwege, Emphysem oder auch neural bedingt bei cerebralen Schädigungen, eine Ventilationssteigerung unmöglich ist.

4. Lungenfunktion und Schwangerschaft

Eine Zunahme der Atmung und eine Änderung der Alveolar- und Blutgase bei der Gravidität sind seit langem bekannt, aber verschieden gedeutet worden. ZUNTZ stellte 1908 spirometrisch erstmals eine cyclusabhängige Ventilationssteigerung und 1910 eine Zunahme der Lungenventilation während der Gravidität fest und sprach bereits von einer spezifischen Schwangerschaftsreaktion. HASSELBALCH (1912) untersuchte die alveoläre Kohlensäurespannung und schloß aus der Erniedrigung derselben während der Gravidität auf eine erhöhte Erregbarkeit des Atemzentrums. Er stellte zudem eine Abnahme des Residualvolumens und eine Zunahme der Vitalkapazität während der Gravidität fest. LEIMDÖRFER, NORAK und PORGES (1912) hielten die erniedrigte alveoläre Kohlensäurespannung für das Zeichen einer Schwangerschaftsacidose. Dagegen waren AUSTIN und CULLEN (1926) sowie SIEDENTOPF und EISSNER (1929) der Ansicht, daß diese Erniedrigung mit einer entsprechenden Verminderung des Kohlensäuregehaltes des venösen Blutes Ausdruck einer hyperventilationsbedingten Alkalose sein könnte. BEHRENDT, BERBERICH und EUFINGER (1930) haben das Säure-Basengleichgewicht im venösen Blut und im Urin eingehend studiert und keinen sicheren Anhaltspunkt für eine echte Acidose feststellen können. NICE u. Mitarb. (1936) fanden im venösen Blut eine flüchtige Alkalose mit einer Verschiebung des p_H zur alkalischen Seite. UMBRICHT und MÉAN (1942—1943) beobachteten bei schwangeren Frauen eine deutliche Steigerung der Ventilation, eine leichte Verminderung des Kohlensäuregehaltes im venösen Blut und ebenfalls eine Verschiebung des p_H zur alkalischen Seite. Sie fanden diese Veränderungen bereits im dritten Schwangerschaftsmonat. DOERING, LOESCHKE und OCHWADT (1949) stellten dagegen diese Veränderungen im Sinne einer leichten Alkalose erst am Ende der Schwangerschaft fest. LOESCHKE und SOMMER (1944), die die Erregbarkeit des Atmezentrums während der Gravidität eingehend studiert haben, nehmen an, daß während der Schwangerschaft eine Schwellenerniedrigung des Atemzentrums mit gleicher Erregbarkeit vorliege. Von den gleichen Autoren u. a.

stammen mehrere Arbeiten über die Wirkung des Progesterons auf die Lungenfunktion und das Atemzentrum. Kürzlich haben auch amerikanische Autoren wie CUGELL, FRANK, GAENSLER und BADGER (1953), ABELMAN (1954) u. a. das Säure-Basen-Gleichgewicht im arteriellen Blut und die Lungenfunktion bei normalen Schwangeren studiert. Sie haben die Veränderungen der Atmung, insbesondere unter Berücksichtigung der Verschiebung der Atemmittellage — Zwerchfellhochstand und Verminderung des Residualvolumens usw. — beschrieben. Auch diese Autoren stellten ausnahmslos eine bereits in den ersten Monaten nachweisbare Steigerung der Ventilation mit Erniedrigung der alveolären Kohlensäurespannung fest.

Tabelle 35. *Die Lungenfunktion während der Schwangerschaft.* (Mittelwerte von 28 Frauen)

| | Arterielle(s) | | | | | | | | | | | |
	O_2-Sättigung %	pO_2 mm Hg	CO_2 Vol.-%	p_H	pCO_2 mmHg	Alv.pO_2 mm Hg	MV %	O_2-Aufnahme %	Alv. Vent. %	TR %	VK %	A GW %
Normalwerte	95—97	85—95	54—57	7,40	40,0	92-98	100	100	60—70	100	100	100
Schwangerschaft	98	90	48,9	7,42	33,2	103	120	120	61	100	100	80

Auf Grund detaillierter blutgasanalytischer, spirometrischer sowie blut- und urinchemischer Untersuchungen kamen wir [ROSSIER und HOTZ (1953)] zum Schluß, daß es sich bei den Änderungen des Säure-Basen-Gleichgewichtes während der Gravidität um eine mehr oder weniger dekompensierte flüchtige Alkalose infolge Hyperventilation handelt. Die Ursache dürfte in hormonalen Faktoren zu suchen sein. Wenn man berücksichtigt, daß die Hyperventilation der Mutter zu einer Erhöhung der arteriellen Sauerstoffspannung und Erniedrigung der Kohlensäurespannung führt und damit auch die Blutgase in der V. umbilicalis des Fetalkreislaufes in dieser Richtung beeinflußt werden, so kann man von einem sinnvollen Anpassungsmechanismus sprechen.

[5. Die psychisch gestörte Atmung
Effort-Syndrom

Eine besonders bei jugendlichen Männern nicht so seltene Störung der Lungenfunktion ist das Effort-Syndrom [DA COSTA (1871), WOOD (1941)]; auch hierbei handelt es sich um ein Hyperventilationssyndrom, [MEILI (1948)]. Als akute Störung ist in diesem Sinne die Hyperventilationstetanie bekannt. Bei vielen Patienten findet man aber, ohne daß es je zu einem eigentlichen Anfall gekommen wäre, lediglich eine Dauerhyperventilation mit entsprechenden Änderungen der Blutgase. Die Ursache der Ventilationssteigerung liegt zentral in einer gesteigerten Erregbarkeit des Atemzentrums als Ausdruck einer allgemeinen vegetativen Dystonie. Dabei gibt es fließende Übergänge bis zur Atemneurose. Im Gegensatz zur vorher besprochenen Gravidität ist beim Effort-Syndrom die Atemmittellage inspiratorisch verschoben und die funktionelle Residualkapazität erheblich vergrößert. Der Durchleuchtungsbefund mit Zwerchfelltiefstand und Querstellung der Rippen entspricht dem des Emphysems, doch ist die Zwerchfellbeweglichkeit nicht eingeschränkt, die Patienten sind in der Lage, voll zu exspirieren. Die Lungenblähung beim Effort-Syndrom beeinflußt natürlich die Luftdurchmischung, zudem ist die Atmung meistens flach und frequent. Demzufolge ist die Atmung im Gegensatz zur Gravidität sehr unökonomisch. Die Gegenüberstellung mit den Befunden bei der

Gravidität ist interessant, handelt es sich doch in beiden Fällen um ein Hyperventilationssyndrom. Bei der Gravidität ist die Hyperventilation sinnvoll, und der Organismus erreicht sie auf sehr ökonomische Weise. Beim Effort-Syndrom ist die Hyperventilation Ausdruck einer pathologischen Störung, und der Patient leistet sich den Luxus einer sehr unökonomischen Atmung.

Tabelle 36. *Die Lungenfunktion beim Effort-Syndrom.* (Mittelwerte von 40 Patienten)

	Arterielle(s)										
	O_2-Sättigung %	pO_2 mm Hg	CO_2 Vol.-%	p_H	pCO_2 mmHg	Alv.pO_2 mm Hg	MV %	Alv. Vent. %	TR %	VK %	A GW %
Normalwerte . . .	95—97	85—95	54—57	7,40	40,0	92—98	100	60—70	100	100	100
Effort-Syndrom. .	97,5	96	54,4	7,42	37,1	105	190	40	200	100	95

6. Die Lungenfunktion bei der schweren Anämie

Die Anämie vermindert die Transportkapazität des Blutes für den Sauerstoff. Damit wird in erster Linie der Kreislauf belastet. Um im Gewebe bei einer verminderten Sauerstoffkapazität gleichviel Sauerstoff abzugeben, muß die periphere Ausschöpfung gesteigert werden, was aber nur über eine ungewöhnliche Entsättigung des venösen Blutes möglich ist. Tatsächlich konnten wir bei schweren und akuten Anämien sehr niedrige venöse Sauerstoffsättigungen bis gegen Null beobachten. Das bedeutet aber, daß die Sauerstoffspannung des Gewebes stark erniedrigt sein muß.

Beispiel: Anämie

W. Eugen, 51 Jahre, akute Blutungsanämie bei Oesophagusvaricen, 3,1 g-% Hämoglobin

	Sollwerte	arterielles Blut	venöses Blut
Arterielles Blut			
O_2-Kapazität, Vol.-%	19,5—20,5	4,1	4,4
O_2-Sättigung %	95—97	98,0	23,0
pO_2 mm Hg	85—95	93	12
CO_2-Vol.-%	54—57	45,0	47,6
p_H	7,38—7,41	7,50	7,44
pCO_2 mm Hg	40,0	25,7	31,0
alveoläre pO_2 mm Hg (Zürich)	92—98	105	

Der Organismus begegnet dieser vermehrten Ausschöpfung mit einer Vergrößerung des Herzminutenvolumens. Die Verminderung des Hämoglobins bedeutet aber auch eine reduzierte Pufferkapazität des Blutes, so daß bei Anämien auch Änderungen des Säure-Basen-Gleichgewichtes zu erwarten sind. Diese Verhältnisse wurden insbesondere von BARR und PETERS (1921), HAGGARD und HENDERSON (1922), EVANS (1921), DAUTREBANDE (1925), BENNETT (1926), ROSSIER, MERCIER und GLATZ (1933), NEUSCHLOSZ (1935), APPERLY u. Mitarb. (1939) u. a. untersucht. In diesem Zusammenhang interessierte natürlich immer der Verlauf der Dissoziationskurven. RICHARDS und STRAUSS (1927) sowie HENDERSON (1931) stellten bei schwerer perniziöser Anämie eine leichte Rechtsverschiebung der Sauerstoffdissoziationskurve fest und betrachteten dies als einen Kompensationsmechanismus mit dem Sinne, die Sauerstoffspannung des Gewebes nicht so tief absinken zu lassen. ROSSIER u. Mitarb. (1933) fanden, daß bei schweren Anämien die Kohlensäuredissoziationskurve nicht mehr durch den Nullpunkt geht (Abb. 15). OGATA (1924), GESELL u. Mitarb. (1930), BRÜNER u. Mitarb. (1940)

u. a. beschäftigten sich mehr allgemein mit dem Einfluß der Anämie auf Atmung und Kreislauf sowie deren Regulation.

Bei mittelschweren und schweren Anämien findet man fast regelmäßig eine Hyperventilation mit Erniedrigung der alveolären und arteriellen Kohlensäurespannung sowie eine Verminderung der Gesamtkohlensäure in Richtung einer flüchtigen Alkalose. Wenn man berücksichtigt, daß bei einer Anämie der Hämatokrit verkleinert ist, so würde ein normaler prozentualer Kohlensäuregehalt des Plasmas eine Zunahme des Kohlensäuregehaltes im Vollblut bedeuten. Man kann deshalb die Hyperventilation mit Verminderung der Kohlensäurewerte auch als eine Anpassung der Kohlensäuretransportkapazität an die des Sauerstoffs bezeichnen.

Bei Acidosezuständen, z. B. bei chronischer Urämie, die ja auch zu einer Anämie führt, erschwert die verminderte Pufferkapazität des Blutes die Kompensation der Acidose.

7. Die Lungenfunktion bei Adipositas

In jüngster Zeit wurde von verschiedenen Autoren über Lungenfunktionsstörungen bei schwerer Adipositas berichtet (SIEKER u. Mitarb. 1955, AUCHINCLOSS u. Mitarb. 1955, CARROLL 1956 sowie BURWELL u. Mitarb. 1956). Dabei handelte es sich zur Hauptsache um Einzelbeobachtungen bei Patienten, die neben einer meist extremen Adipositas eine alveoläre Hypoventilation mit respiratorischer Acidose sowie oft auch eine Polyglobulie und eine pulmonale Hypertonie zeigten. Wir untersuchten 12 Kranke mit einem Gewicht über 100 kg, von denen 6 im Liegen eine deutliche alveoläre Hypoventilation mit arterieller Hypoxämie und Hyperkapnie zeigten (ISENSCHMID u. Mitarb. 1957). Dabei handelte es sich um die

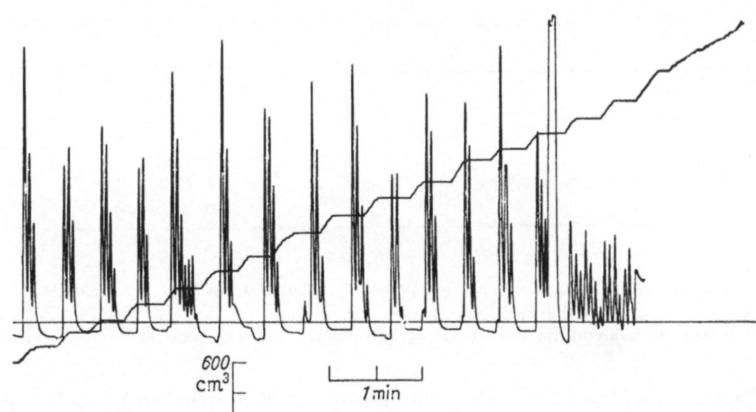

Abb. 83. Spirometrische Registrierung einer periodischen Atmung bei einer Adipositas (158 kg)

schwersten Patienten mit Gewichten über 130 kg. Spirometrisch waren in allen Fällen Total- und Vitalkapazität sowie die funktionelle Residualkapazität als Zeichen eines Zwerchfellhochstandes eingeschränkt sowie der Atemgrenzwert vermindert. Am auffälligsten war jedoch bei der spirometrischen Untersuchung, insbesondere bei den schwersten Fällen mit Globalinsuffizienz die Schlafneigung, die meistens auch anamnestisch angegeben wurde. Diese Patienten schliefen wenige Minuten nach Beginn der Spirometrie ein, wobei sich während des Schlafes ein ausgesprochen periodisches Atmen mit Atempausen bis zu 40 sec einstellte (siehe Abb. 83).

Diese eigenartige Atmung entspricht im Mittel einer alveolären Hypoventilation, so daß es zu einer Kohlensäureretention kommt, als höchsten Wert fanden wir eine Kohlensäurespannung von 56 mm Hg. Auffällig und für die Diskussion der ätiologischen Zusammenhänge wichtig ist die Beobachtung, daß sich die Ventilation im Sitzen und Stehen sowie bei leichter Arbeit hinsichtlich Rhythmus und Quantität praktisch normalisiert. Es ist also bei diesen Kranken durchaus möglich, daß man bei ihnen, wenn man sie längere Zeit liegen läßt, eine deutliche

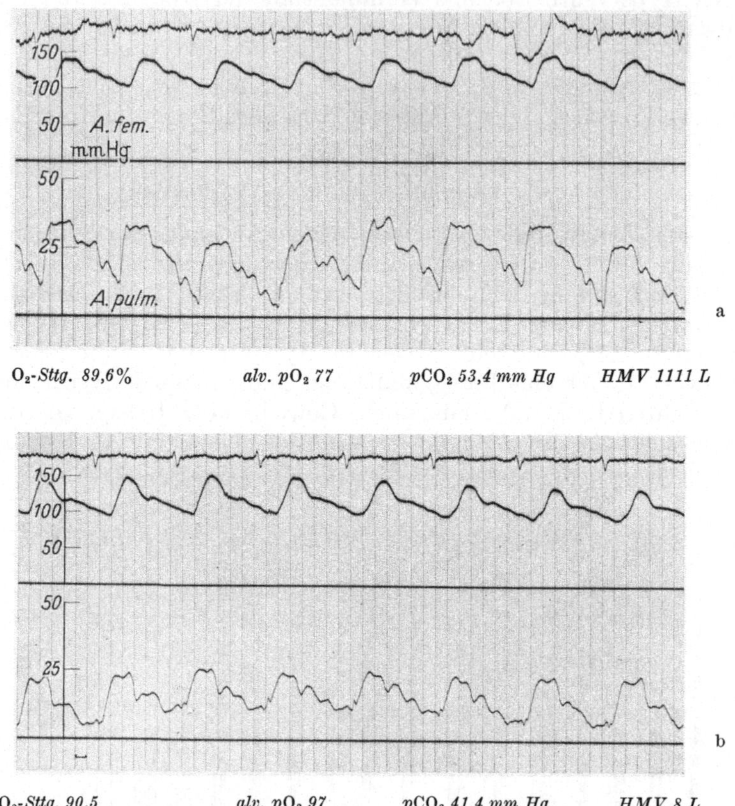

Abb. 84 a u. b. Intrakardiale Druckwerte und arterielle Blutgase bei einer Adipositas [gleicher Patient wie Abb. 83 während Spontanatmung (a) und medikamentös gesteigerter Ventilation (b)]

respiratorische Acidose feststellt, die dann im Wachzustand, insbesondere bei leichter Arbeit mehr oder weniger vollständig verschwindet. Die Globalinsuffizienz stellt hier im Gegensatz zu den Verhältnissen beim Emphysem, beim chronischen Asthma bronchiale usw. keinen neuen Gleichgewichtszustand dar, an dem der Organismus festhält, sondern mehr einen von den Untersuchungsbedingungen abhängigen Befund.

Was die Atemmechanik an den Lungen betrifft, fanden wir hinsichtlich Lungenelastizität und viscöser Widerstände auch bei den Fällen mit einer schweren Globalinsuffizienz keine pathologischen Befunde. Als mechanische, die Atemarbeit steigernden Faktoren kommen nur die Trägheit und Schwere des Thorax sowie das hochgedrängte Zwerchfell in Frage. Die Besserung der Ventilation in aufrechter Körperhaltung und bei leichter Arbeit sowie nach einer Abmagerungskur weist in diese Richtung. Wie in allen Fällen einer alveolären Hypoventilation

mit erniedrigter alveolärer Sauerstoffspannung und erhöhter Kohlensäurespannung kann man auch bei der Adipositas mit Globalinsuffizienz einen erhöhten
vasculären Strömungswiderstand in der Lunge und, da das Herzminutenvolumen
meist vergrößert ist, auch eine pulmonale Hypertonie nachweisen. Mit der
Normalisierung der Ventilation, z. B. hier durch medikamentöse Stimulierung der
Atmung fällt der Druck in der Art. pulmonalis deutlich ab (siehe Abb. 84).

8. Störungen des Säure-Basen-Gleichgewichtes

a) Endokrine Störungen

Bei der Unterfunktion der Nebennieren, insbesondere beim Morbus Addison,
kommt es zu typischen Veränderungen im Spiegel der Blutelektrolyte. Infolge der
vermehrten Kochsalzausscheidung mit dem Urin kommt es zu einer Verminderung
des Natriums, weniger des Chlors, dabei steigt das Kalium an. Derartige Veränderungen beeinflussen das Säure-Basen-Gleichgewicht und indirekt die Atmung.
Regelmäßig findet man bei diesen Elektrolytverhältnissen im arteriellen Blut eine
Verminderung der Bicarbonate, also eine Abnahme des Kohlensäuregehaltes und
eine Verschiebung des p_H zur sauren Seite. Diese Acidose wird durch eine Senkung
der Kohlensäurespannung, also durch Hyperventilation mehr oder weniger kompensiert. Die Untersuchung der arteriellen Blutgase beim M. Addison ergibt
regelmäßig die Befunde einer leichten, aber deutlichen, durch Hyperventilation
mehr oder weniger kompensierten Acidose.

Tabelle 37

| | arterielles Blut bzw. Plasma | | | | | | |
	O_2-Kapa-zität Vol.-%	O_2-Sätti-gung %	CO_2 Vol.-%	p_H	pCO_2 mm Hg	Na	K mäq/l	Chloride
M. *Addison*								
M. G.	17,8	97,0	48,2	7,38	35,8	137	5,5	101
B. R.	18,0	95,6	49,5	7,39	35,9	138	5,3	111
M. *Cushing*								
R. L..	22,5	95,8	60,7	7,43	40,4	143	4,5	106
nach Adrenalektomie	20,4	96,3	50,0	7,40	35,7	139	6,9	94
Anorexia mentalis								
M. M.	16,0	90,0	80,3	7,41	55,7	140	2,0	75
St. H.	17,5	91,2	100,4	7,53	53,7	142	3,1	78

Genau das Spiegelbild der Befunde beim M. Addison können wir bei der Über-
funktion der Nebennieren, am ausgesprochensten beim M. Cushing und nach
massiven ACTH-Gaben erheben. Hier wird Kochsalz, insbesondere Natrium
retiniert. Der Natriumspiegel ist im Blut erhöht, das Kalium vermindert. Damit
übereinstimmend zeigt die Gasanalyse des arteriellen Blutes eine Erhöhung des
Kohlensäuregehaltes und eine Verschiebung des p_H zur alkalischen Seite. Diese
fixe Alkalose wird durch Hypoventilation mit Erhöhung der Kohlensäurespannung
mehr oder weniger kompensiert.

Bei chronischen Hungerzuständen, insbesondere bei der Anorexia mentalis
haben wir [ROSSIER u. Mitarb. (1955)] wiederholt eine Hypokaliämie mit mehr
oder weniger normalen Natriumwerten und eine Verminderung der Chloride sowie
damit zusammenhängend eine gelegentlich starke Alkalose festgestellt. Auch diese
Patientinnen — es handelte sich ausschließlich um Frauen und Mädchen — hypoventilierten deutlich zwecks Erhöhung der Kohlensäurespannung zur Kompensation der fixen Alkalose. Die Feststellung einer Alkalose bei diesen Patienten hat

praktisch diagnostische Bedeutung, da diese Kranken oft mit der Vermutungsdiagnose einer Hypophysen- oder Nebenniereninsuffizienz eingewiesen werden, die mit der Feststellung einer Alkalose bereits ausgeschlossen werden können. Wird allerdings der Zustand durch akute Komplikationen wie Erbrechen und Durchfälle kompliziert, so sind hinsichtlich Elektrolyte und arterieller Blutgase keine einheitlichen Befunde mehr zu erheben.

Im Gegensatz zur Anorexia mentalis als Beispiel eines chronischen, während Jahren dauernden Hungerzustandes mit Ausbildung eines Gleichgewichtes zwischen Nahrungsaufnahme, Energieverbrauch und Körpergewicht findet man zu Beginn eines Hungerzustandes mit Abnahme des Körpergewichtes, Mobilisierung der Fettreserven usw. eine Acidose, die vergleichbar zur diabetischen Acidose mit einer Vermehrung der Ketonkörper im Blut zusammenhängt. In diesen Fällen ist der Kohlensäuregehalt im arteriellen Blut vermindert und das p_H zur sauren Seite verschoben.

b) Die Pathophysiologie der diabetischen Acidose

Da die Verhältnisse bei der diabetischen Acidose unter den verschiedensten Gesichtspunkten gut studiert sind und sie zudem ein Musterbeispiel für die verschiedenen Anpassungs- und Verteidigungsmöglichkeiten des Organismus darstellt, soll sie etwas ausführlicher besprochen werden.

Der Ursprung der Ketonkörper

Der Begriff der „Ketonkörper" umfaßt drei Verbindungen: die Acetessigsäure, das Aceton und die β-Oxybuttersäure.

$$
\begin{array}{ccc}
CH_3 & CH_3 & CH_3 \\
| & | & | \\
CO & CO & HCOH \\
| & | & | \\
CH_2 & CH_3 & CH_2 \\
| & & | \\
COOH & & COOH
\end{array}
$$

Die β-Oxybuttersäure enthält zwar keine Ketogruppe, ihre Einbeziehung in den Begriff der Ketonkörper ist aber durch den Sprachgebrauch gerechtfertigt.

Die Acetessigsäure kommt sowohl in Ketoform ($CH_3-CO-CH_2-COOH$) als auch in Enolform ($CH_3-CHO=CH-COOH$) vor, wobei nur die Enolform eine positive Gerhardsche Reaktion mit Ferrichlorid ergibt. Die Acetessigsäure bildet sich in der Leber vorwiegend aus Fettsäuren, zu einem geringeren Teil auch aus bestimmten Aminosäuren wie Phenylalanin, Tyrosin, Leucin und Isoleucin.

Große Mengen von Ketonkörpern werden jedoch nur bei Glucogenverarmung der Leber gebildet. Diese Tatsache stellte NAUNYN in seinem bekannten Satz, daß die Fette im Feuer der Kohlenhydrate verbrennen, bildlich dar. Die moderne Forschung hat diese Vorstellung, der wir die Konzeption der Acidose beim Diabetes verdanken, weitgehend bestätigt.

Die Kenntnis des Fettsäureabbaues ist für das Verständnis der Entstehung der Ketonkörper notwendig. Im menschlichen wie im tierischen Organismus kommen die Fettsäuren praktisch nur mit einer geraden Anzahl von Kohlenstoffatomen vor. Ihr Abbau verläuft nach der Knoopschen Theorie der β-Oxydation unter Bildung einer $COOH-CH_2-CO-R$-Gruppe und Freisetzung von Fragmenten mit zwei Kohlenstoffatomen, also Essigsäure. Nach neueren Erkenntnissen erfolgt der Abbau tatsächlich durch gleichzeitige multiple Oxydation unter Essigsäurebildung. Die Essigsäure kann jedoch nur in ihrer sog. aktivierten Form dem weiteren Stoffwechsel zugeführt werden (SOODAK und LIPMANN, LYNEN). Diese

„Aktivierung" besteht in einer Kupplung des Acetylradikales an das Coenzym A durch ein Schwefelatom (Co A—S—COCH$_3$). Das Coenzym A enthält ein Vitamin der B-Gruppe, die Pantothensäure.

Die aktivierte Essigsäure spielt nun eine sehr wichtige Rolle im Fettsäureabbau. Diese Verbindung entsteht jedoch nicht nur beim Fettstoffwechsel, sondern sie stellt auch ein Endprodukt des Kohlenhydratabbaues dar. Der Kohlenhydratstoffwechsel führt nach verschiedenen Phosphorylierungsvorgängen zur Brenztraubensäure (COOH—CO—CH$_3$), die durch Decarboxylierung zur Essigsäure wird. Sowohl Fette als auch Kohlenhydrate liefern das gleiche Produkt.

Die aktivierte Essigsäure wird über die Oxalessigsäure dem Krebsschen Tricarbonsäurecyclus eingefügt. Die Oxalessigsäure ihrerseits entsteht durch Carboxylierung der Brenztraubensäure. Das folgende Schema gibt eine Übersicht zu diesen Vorgängen.

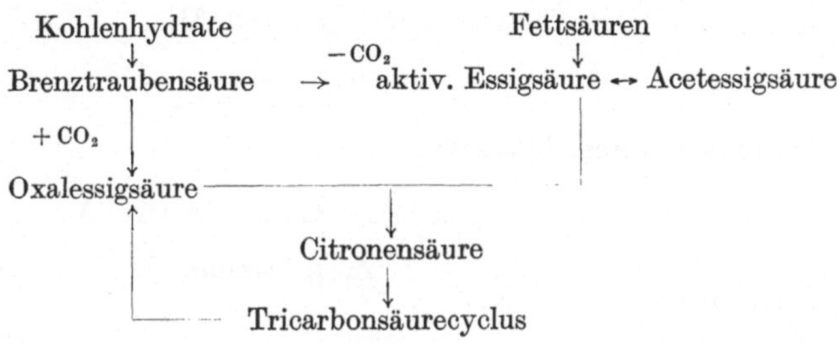

Die Citronensäure tritt in einen Cyclus, der zum Verlust zweier CO$_2$-Gruppen und zur Resynthese der Oxalessigsäure führt, die sich aufs neue an die aktivierte Essigsäure bindet, um wiederum am Cyclus teilzunehmen.

Diese Ausführungen lassen erkennen, daß der endgültige Fettsäureabbau zu Kohlensäure und Wasser nur vollzogen wird, wenn aktivierte Essigsäure in den Tricarbonsäurecyclus eintreten kann. Dieser Eintritt ist aber nur möglich durch Vereinigung mit der Oxalessigsäure, die sich ihrerseits aus der Brenztraubensäure, einem Abbauprodukt des Kohlenhydratstoffwechsels, bildet. In der Oxalessigsäure vereinigen sich die Abbauwege der Kohlenhydrate mit denen der Fette, um die letzte Phase des Stoffwechsels gemeinsam zu durchlaufen.

Sobald der Kohlenhydratstoffwechsel nicht mehr genügend Brenztraubensäure liefert, kann keine adäquate Menge aktivierte Essigsäure in den Tricarbonsäurecyclus eintreten. Dieser Zustand tritt bei fortgeschrittenen Stadien des Diabetes mellitus ein und führt in der Leber zu einem Mißverhältnis zwischen der abzubauenden Essigsäure und der zur Verfügung stehenden Oxalessigsäure. Es sammeln sich unter diesen Bedingungen in der Leber beträchtliche Mengen von 2 C-Atom-Fragmenten an, die auf normalem Weg nicht mehr abgebaut werden können. Unter diesen Umständen können die Reaktionen in einer umgekehrten Richtung verlaufen, indem sich zwei Moleküle aktivierter Essigsäure bei Anwesenheit von Adenosin-Triphosphorsäure in einen Acetessigsäure-Coenzym A-Komplex kondensieren, aus welchem nach Abspalten des Coenzyms freie Acetessigsäure entsteht.

In den Leberzellen wird die Acetessigsäure teilweise unter dem Einfluß der β-Oxybuttersäure-Dehydrase in linksdrehende β-Oxybuttersäure umgebaut. Im Blute besteht zwischen Acetessigsäure und β-Oxybuttersäure ein relatives Gleichgewicht in einem Verhältnis von 1:4, das von verschiedenen Faktoren wie der Sauerstoffspannung, der verfügbaren Menge Acetessigsäure usw. abhängig ist. Im Blut und wahrscheinlich schon in den Leberzellen binden sich diese Säuren an

Basenbildner. Bei normalem Blut-p_H sind dabei über 99% der β-Oxybuttersäure gebunden, da ihre Dissoziationskonstante 4,25 beträgt.

Die Acetessigsäure findet sich im Blut in Enol- und Ketoform. Möglicherweise spaltet sie sich schon im Blut in Aceton und Kohlensäure auf, die durch die Lungen ausgeschieden werden. Vielleicht findet diese Aufspaltung aber erst in der Lunge selbst statt. Allgemein findet man im frischen Urin nur geringe Mengen Aceton, dieses bildet sich vorwiegend nachträglich unter dem Einfluß des Kontaktes mit Luft.

Die Ketonkörper des Blutes werden durch die peripheren Gewebe, vor allem durch die Muskulatur und die Nieren, abgebaut, die sie im Gegensatz zur Leber über die aktivierte Essigsäure vollständig dem Tricarbonsäurecyclus einzuverleiben mögen. Nur wenn die Leber zuviel Ketonkörper produziert, kommen die peripheren Gewebe mit dem Abbau nicht mehr nach, zu diesem Zeitpunkt beginnt die

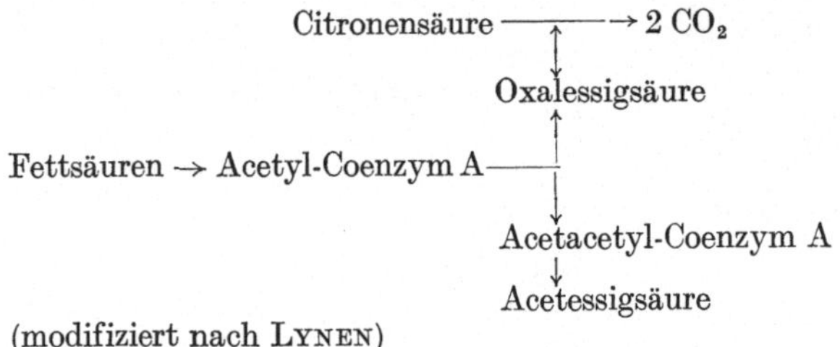

(modifiziert nach LYNEN)

Ansammlung der Ketonkörper im Blut. Auch unter normalen Verhältnissen produziert die Leber kleine Mengen Acetessigsäure, weshalb man die Ketonkörper nicht als pathologische Stoffwechselprodukte bezeichnen kann. Die Blutkonzentration beträgt aber normalerweise nicht mehr als 1—4 mg-%. Möglicherweise entstammt die unter normalen Verhältnissen vorgefundene Acetessigsäure direkt dem Fettsäureabbau, ohne das Zwischenstadium der aktivierten Essigsäure zu durchlaufen.

Zusammenfassend soll festgehalten werden, daß die Ketonkörper normale Stoffwechselprodukte des Fettsäureabbaues sind, und daß es zur Ketose kommt, sobald die Ketonkörperproduktion in der Leber die Abbaumöglichkeiten in den peripheren Geweben übertrifft. Die Bildung von Ketonkörpern in der Leber nimmt pathologische Ausmaße an, sobald der Fettabbau beschleunigt verläuft und der definitive Abbau über die Essigsäure aus Mangel an Oxalessigsäure, die über die Brenztraubensäure aus dem Kohlenhydratabbau stammt, nicht mehr möglich ist.

Die Abwehrmechanismen des Organismus gegenüber der Anhäufung der Ketonkörper, Acidose und Praecoma diabeticum

Wenn der Überproduktion von Ketonkörpern in der Leber mit dem peripheren Abbau nicht mehr das Gleichgewicht gehalten wird, so machen sich die Zeichen der Acidose bemerkbar, einer Erscheinung, die man auch im Verlaufe der Unterernährung bzw. des Hungerzustandes beobachten kann, die aber dabei nie das Ausmaß wie beim Diabetes erreicht. Im diabetischen Koma wurden im Blut Werte von bis zu 368 mg-% Ketonkörper, als β-Oxybuttersäure gemessen, festgestellt.

Die Spaltung der Acetessigsäure in Aceton und Kohlensäure kann als erster Abwehrmechanismus betrachtet werden, da dabei ein nicht saurer Körper und eine flüchtige Säure, die abgeatmet werden kann, entsteht. Die größte Bedeutung für die Abwehr der diabetischen Acidose kommt aber der Niere zu, die die Ketonkörper, β-Oxybuttersäure und Acetessigsäure in einem Verhältnis von 4:1 ausscheidet. Der Großteil des Acetons bildet sich, wie schon ausgeführt, erst nachträglich im Urin bei Luftkontakt.

Die Niere besitzt verschiedene Mittel, um einen zu großen Verlust des Organismus an Basenbildnern zu vermeiden. Der eine Weg besteht darin, durch Verschiebung des Urin-p_H nach der sauren Seite, die β-Oxybuttersäure in größerem Ausmaße undissoziiert und nicht als Salz auszuscheiden. Hätte der Urin das gleiche p_H wie das Blut, so würden über 99% der β-Oxybuttersäure als Salz ausgeschieden. Die Harnacidität nimmt jedoch während der Passage durch die Tubuli kontinuierlich zu. Bei einem Urin-p_H von 5,8 werden immer noch 97,3% der β-Oxybuttersäure als Salz ausgeschieden. Da die Dissoziationskurve dieser Säure S-förmig verläuft, genügt die Verschiebung der Harnacidität um eine p_H-Einheit, damit die Säureausscheidung in ihrer undissoziierten Form ganz beträchtlich ansteigt. Bei einem Urin-p_H von 4,25 sind nur noch etwa 50% der β-Oxybuttersäure an Basenbildner gebunden. Nach unserer Erfahrung kann das Urin-p_H bei Diabetikern im Koma bis gegen 4 absinken, was deshalb zu einer beträchtlichen Einsparung von Basenbildern führt. Dieser Abwehrmechanismus ist sehr ökonomisch, da er von der Acidose abhängt und mit zunehmender Acidose an Bedeutung gewinnt. Während normalerweise die Ketonkörperausscheidung mit dem Harn 0,5 g in 24 Std. nicht überschreitet, kann sie bei schwerer diabetischer Acidose 30—50, ja sogar 200 g erreichen (KÜLZ). Trotz der Ansäuerung des Urins geht mit der β-Oxybuttersäure und der Acetessigsäure dem Organismus ein erhebliches Quantum an Basenbildnern, Kationen, verloren.

Ein zweiter Abwehrmechanismus gegen die Acidose steht der Niere in Form der Ammoniaksynthese zur Verfügung. Die Niere vermag mit Hilfe der Glutaminase aus Glutaminsäure Ammoniak zu synthetisieren, wie es VAN SLYKE gezeigt hat. Die Ammoniakproduktion, die eine wirksame Einsparung von Basen ermöglicht, tritt jedoch erst nach einer gewissen Latenzzeit in Funktion. Bei der experimentellen Acidose beginnt die Ammoniakausscheidung nach 24 Std. und erreicht ihr Maximum erst nach 2—3 Tagen [GAMBLE u. Mitarb. (1923—1925)]. Die Überproduktion verschwindet erst einige Tage nach Ausgleich der Blutacidose. Im Säurebelastungsexperiment läßt sich errechnen, daß 90% der zugeführten sauren Valenzen durch Ammoniak neutralisiert werden. Die anfänglich verlorenen Basenbildner werden nach erreichtem Säure-Basen-Gleichgewicht durch die länger andauernde Ammoniak-Überproduktion wieder eingespart. Dieses Phänomen kann mit der Sauerstoffschuld verglichen werden, die nach Beendigung der Arbeit durch eine zusätzliche Sauerstoffaufnahme abgetragen wird. Die gleichen Vorgänge, wie bei der experimentellen Acidose, können auch bei der diabetischen Acidose beobachtet werden [ODIN (1927), ATCHLEY u. Mitarb. (1933)]. Wir haben selbst bei einem nur mit Insulin, ohne Infusionen behandelten Coma diabeticum diese die schwere Blutacidose überdauernde Ammoniaküberproduktion nachweisen können.

Tabelle 38

	p_H-arterielles Blut	$\dfrac{\mathrm{NH_3\,mäq \cdot 100}}{\text{Ketonkörper als Salz mäq}}$
1. Tag	6,78—7,14	52%
2. Tag	7,13—7,33	270%
3. Tag	7,32	720%

Normalerweise scheidet die Niere 20—30 mäq Ammoniak pro Tag aus. Zum Beginn eines Coma diabeticum ist diese Ausscheidung noch nicht stark gesteigert. Dies beruht einerseits auf der sehr raschen Entwicklung der diabetischen Acidose — sie kann sich bei abruptem Absetzen des Insulins innerhalb eines Tages einstellen —, vielleicht hemmt auch das tiefe Urin-p_H die Glutaminase. Während also Ansäuerung des Urins mit Ausscheidung freier Säuren als auch ihre Bindung an Basenbildner einen sofort verfügbaren Abwehrmechanismus darstellen, benötigt die Abwehr über die gesteigerte Ammoniakproduktion eine Anlaufzeit, während welcher sich bereits eine schwere Acidose entwickeln kann.

Das Blut und die Lungen stellen eine zweite wichtige Abwehreinheit gegenüber der diabetischen Acidose dar. Diese beiden Systeme sind funktionell so eng miteinander gekoppelt, daß sie nicht gesondert betrachtet werden können. Im Normalzustand finden wir im Plasma 152 mäq fixe Basen, von denen 25 mäq an Kohlensäure (Kohlensäuregehalt im Plasma 55 Vol.-%) gebunden sind. Außerdem sind noch 2,75 Vol.-% freie Kohlensäure vorhanden, entsprechend einer arteriellen Kohlensäurespannung von 40 mm Hg. Das normale p_H des Blutes beträgt 7,38 bis 7,41. Die mathematische Beziehung zwischen Kohlensäuregehalt, Kohlensäurespannung und p_H wird durch die Hasselbalch-Henderson-Gleichung dargestellt. Die Dissoziationskurve der Kohlensäure im Blut unter verschiedenen Kohlensäurespannungen läßt das Puffervermögen des Blutes erkennen. Der Neigungswinkel dieser Kurve, die logarithmisch dargestellt zu einer Geraden wird, ist größtenteils eine Funktion des Hämoglobingehaltes, ihre Höhe im Ordinatensystem hingegen hängt von der Menge der Basenbildner ab, die für die Kohlensäurebindung zur Verfügung stehen.

Das Puffervermögen des Blutes wird, sobald es zu einer Überproduktion von Ketonkörpern kommt, in doppelter Weise beeinflußt. Zunächst werden die Ketonsäuren an Basen gebunden, die aus den Leberzellen in das Blut übertreten; diese Bindung kann die Gesamtmenge der normalerweise an Kohlensäure gebundenen Elektrolyte übertreffen, was darauf schließen läßt, daß entweder die Gewebe dem Blut Basenbildner zur Verfügung stellen oder daß die Bindung der Ketonsäuren teilweise oder sogar vollständig bereits intracellulär erfolgt. Der Verbrauch der Basenbildner des Blutes und Gewebes zur Neutralisierung der Ketonsäuren sowie deren gesteigerte Ausscheidung mit dem Urin sind die beiden

Tabelle 39

| | Minutenvolumen | | alveoläre Ventilation | | spez. Vent. |
	Sollwert	Istwert	Sollwert	Istwert	Sollwert 25-31
Fall A. E.	9300	17800	5300	7440	53
Fall B. M.	9100	17810	3760	8215	55
Fall W. E.	7500	11140	4280	5410	42

Hauptvorgänge, die zu einer Erniedrigung der Kohlensäuredissoziationskurve im Verlaufe der diabetischen Acidose führen. Innerhalb weniger Stunden sinkt die „Alkalireserve", der Kohlensäuregehalt bei einer Kohlensäurespannung von 40 mm Hg, rapid ab und kann nach 24 Std. statt 55,0 Vol.-% nur noch 22 Vol.-% betragen. Der tiefste Wert, den wir beobachten konnten, betrug 8,3 Vol.-%. Dabei sind die Gewebe wie auch die Erythrocyten bereits an Basenbildnern verarmt. Eine derartige Verminderung der Alkalireserve müßte rasch zu einer massiven Verschiebung des p_H nach der sauren Seite führen, wenn nicht die Lunge mit einer gesteigerten Ventilation die im Übermaß vorhandene freie Kohlensäure entfernen würde. Wird die Kohlensäurespannung durch Hyperventilation genügend gesenkt, so daß das Verhältnis zwischen freier und gebundener Kohlensäure normal bleibt, so wird die Acidose kompensiert, d. h. das p_H bleibt im Bereiche der Norm. Diesen Zustand mit beträchtlich vergrößertem Atemminutenvolumen und gesteigerter alveolärer Ventilation kann man im Frühstadium der diabetischen Acidose beobachten. Dank dieser Hyperventilation sinkt das p_H des Blutes im Präkoma nie unter 7,0, während es im eigentlichen Koma weiter abfällt.

Die Atmung wird in der Hauptsache vertieft, während die Frequenz nur wenig ansteigt. Entsprechend der gesteigerten alveolären Ventilation mit Senkung der Kohlensäurespannung wird der funktionelle Totraum vergrößert, der das Doppelte des Sollwertes betragen kann (Beispiel 1).

Das Problem der Erregbarkeit des Atemzentrums während der diabetischen Acidose ist noch wenig untersucht worden. Man nahm an, die Schwelle der Erregbarkeit sei herabgesetzt und das Atemzentrum würde durch die Enolform der Acetessigsäure speziell angeregt. Mit der Grayschen Formel kann bei normaler Erregbarkeit die alveoläre Ventilation, genauer das Verhältnis von Istwert der alveolären Ventilation zum Sollwert (VR), berechnet werden.

$$VR = 0{,}22\,H^+ + 0{,}262 \cdot pCO_2 + \left(\frac{105}{10^{0{,}038 \cdot pO_2}}\right) - 18$$

(H^+ = Wasserstoffionenkonzentration in Billionen Mol pro Liter).

Setzt man die entsprechenden Blutgaswerte in die Formel ein, so kann man tatsächlich beim Präkoma eine Übererregbarkeit der Atemzentren feststellen, die auch noch nach Überwindung der diabetischen Acidose nachweisbar bleibt, so daß sich in der Heilungsphase sogar eine leichte respiratorische Alkalose entwickelt.

Zusammenfassend sei festgehalten, daß zu Beginn der diabetischen Acidose und im Präkoma eine aktive Abwehr des Organismus vermittels des Blutes, der Lungen und der Niere stattfindet. Dennoch können auch schon in dieser Phase schwere Verschiebungen des p_H vorkommen und die ersten Symptome auftreten, die das diabetische Koma charakterisieren: Großer Verlust von Basenbildnern und Chloriden, Bluteindikkung, Kreislaufkollaps, Versagen der Nierenfunktion.

Beispiel 1: A. E., 18 Jahre

	Präkoma	Heilung (nur Insulin)
O_2-Kap. Vol.-%	13,8	13,8
O_2-Sttg. %	98	95,5
CO_2-Vol.-% (Plasma)	32,3	54,3
p_H	7,32	7,43
pCO_2 mm Hg	27,3	36,1
O_2-Aufnahme, cm³	300	185
CO_2-Abgabe	235	150
Respiratorischer Quotient	0,78	0,81
Grundumsatz	+43%	—12%
Minutenvolumen, cm³	17830	6110
spez. Ventilation	60	33
Atemfrequenz	19	13
alveoläre Ventilation	7440	3575
alv. pO_2	105	98
funkt. Totraum	495	195

Der Zusammenbruch der Abwehrmechanismen, das Coma diabeticum

Zu Beginn der diabetischen Acidose besteht, wie oben ausgeführt, eine aktive Abwehr seitens des Blutes, der Nieren und der Atmung. Doch handelt es sich um ein sehr labiles Gleichgewicht, und die Patienten können kontinuierlich aus der präkomatösen Acidose in das eigentliche Koma geraten, das durch ein Zusammentreffen charakteristischer Erscheinungen wie Exsiccose, starke Beeinträchtigung des Bewußtseins und Erschöpfung der Atemzentren charakterisiert ist.

Die Exsiccose war schon den Klinikern des letzten Jahrhunderts als führendes Symptom des diabetischen Koma bekannt [KUSSMAUL (1874)], aber erst während der letzten 30 Jahre erkannte man ihren Einfluß auf Entwicklung und Ausgang des Koma. Der Flüssigkeitsverlust führt zu einer Bluteindickung, und die zirkulierende Blutmenge kann um 20% und mehr [CHANG u. Mitarb. (1928)] reduziert sein. Neben dem Flüssigkeitsverlust stehen die Störungen im Elektrolytgleichgewicht im Vordergrund. Die Chloride im Plasma liegen gewöhnlich an der unteren Grenze der Norm oder leicht darunter [PETERS u. Mitarb. (1925)].

Berücksichtigt man jedoch den Gesamtflüssigkeitsverlust, so bedeuten diese Werte doch einen beträchtlichen Chloridverlust des Organismus, darum können Kochsalzinjektionen günstig wirken, wie bereits FAGGE (1874) gezeigt hat. Auch die Gesamtbasen, vor allem das Natrium, sinken im Verlaufe des Koma im Plasma stark ab, was bei starker Exsiccose etwas maskiert wird. Die Gewebe verarmen an Basenbildnern, und man kann sogar in der Exsiccose mit relativ hohen Konzentrationen im Plasma eine deutliche Verminderung von Natrium und Kalium in den Erythrocyten feststellen [NICHOLS (1953)]. Die Blutein-

Beispiel 2: Hämoglobinkonzentration im Verlaufe eines Coma diabeticum, das nur mit Insulin behandelt wurde

Tag	Uhrzeit	g-%
1. Tag	12^{00}	21,1
	13^{00}	20,6
	14^{00}	19,9
2. Tag	8^{00}	19,7
3. Tag		17,3
4. Tag		16,0

dickung führt zu einem Anstieg des Hämoglobins; wir haben Fälle beobachten können, bei denen das gesamte Blutvolumen um etwa $1/4$, die zirkulierende Plasmamenge jedoch um $1/2$ vermindert war, so daß während einer erfolgreichen Therapie die Hämoglobinkonzentration deutlich abnimmt.

Die Kreislaufstörungen während des Koma finden eine Erklärung in der massiven Verminderung der zirkulierenden Blutmenge bei gleichzeitiger Zunahme der Blutviscosität. Es handelt sich um einen Schockzustand, wie er sich bei anderen Erkrankungen mit massiven Flüssigkeits- und Elektrolytverlusten vorfindet: Cholera, Addison-Krise, anhaltendes Erbrechen usw. Der Puls wird rasch, der Blutdruck sinkt, die Extremitäten werden cyanotisch. Scheinbar liegt ein Herzversagen vor, während tatsächlich umgekehrt die Kreislauforgane der Bluteindickung zum Opfer fallen. Wie kommt es zu dieser Bluteindickung, zum Basen- und Chlorverlust? Die wichtigste Ursache ist zweifellos die dem Koma vorausgehende Polyurie. Es handelt sich dabei um ein osmotisches Phänomen, denn das Urinvolumen wird maßgebend durch die Menge der darin gelösten Substanzen bestimmt (KNOWLES, 1952). Die Polyurie führt zu einem Verlust an Kationen und Anionen. Die Störung des Chlorid-Gleichgewichtes wird zudem durch die Acidose verstärkt, indem die Chloride durch Anionen der Ketonkörper ersetzt werden, die die Basen binden, so daß die Chloride entweder in die Gewebe abwandern oder mit dem Urin ausgeschieden werden müssen. Auf dem Nebeneinanderbestehen von Hypochlorämie und Acidose baute BLUM (1929) seine Theorie von der „Salzmangelacidose" auf, die aber allen Phänomenen beim Koma nicht genügend Rechnung trägt.

Die Polyurie besteht auch beim nichtacidotischen Diabetes, führt aber nicht zu einer Bluteindickung, weil der Kranke in diesem Stadium die Verluste dauernd durch entsprechende Nahrungs- und Flüssigkeitsaufnahme kompensiert. Sobald aber der Appetit verschwindet und Erbrechen einsetzt, verarmt der Organismus zunehmend an Flüssigkeit und Elektrolyten. Die Hyperventilation während des Präkoma trägt zum Flüssigkeitsverlust bei. Bluteindickung und Elektrolytverluste, die zum Kreislaufversagen führen, sind auch verantwortlich für die Niereninsuffizienz, die das klinische Bild beherrschen kann. Der Schockzustand mit Bluteindickung, erhöhter Blutviscosität und Blutdruckabfall führen zur Ischämie der Nieren und möglicherweise irreversiblen Funktionsstörungen, wenn es nicht gelingt, die Folge der Ereignisse mit Insulin und Infusionen zu unterbrechen. Diese primär rein funktionelle Nierenfunktionsstörung zeigt sich stark in einer eingeschränkten Inulinclearance [McCANN (1939)]. Infolge der absinkenden glomerulären Filtration nimmt die Acidose noch zu, es entwickelt sich nicht nur eine Oligurie, die Ketonkörper können im Verlaufe des Koma sogar im Urin verschwinden. Störungen des Bewußtseins bis zur vollen Bewußtlosigkeit wie auch die energetisch-dynamische Herzinsuffizienz (HEGGLIN) zeigen, daß der gesamte Organismus durch die Stoffwechselstörung mit den Elektrolytveränderungen und der Acidose stark beeinträchtigt wird.

Während des Präkoma ist die Erregbarkeit des Atemzentrums leicht gesteigert, im Koma ist das Gegenteil der Fall, so daß die Acidose nicht mehr im gleichen Umfang durch Hyperventilation kompensiert wird. Deshalb kommt es im Koma immer zu einer beträchtlichen Verschiebung des p_H nach der sauren Seite. So haben wir stets Werte unter 7,00, in einem Fall sogar 6,73 gefunden. Die Kohlensäurespannung ist nicht immer wie im Präkoma wegen der Hyperventilation deutlich erniedrigt, sondern kann hoch sein, wir haben in sehr schweren Fällen Werte bis zu 70 mmHg festgestellt, wobei trotzdem die Kohlensäuredissoziationskurve sehr tief verläuft. Infolge der schockbedingten Verlangsamung des Kreislaufes findet man im venösen Blut stark erhöhte Werte, also eine vergrößerte arterio-venöse Differenz [ROSSIER, (1932)]. Mit Hilfe der Grayschen Formel läßt sich zeigen, daß im Gegensatz zum Präkoma die Erregbarkeit des Atemzentrums während des Koma sehr stark herabgesetzt ist, was ebenfalls als eine Folge des Schockzustandes aufgefaßt werden kann.

Beispiel 3: A. P. *Coma diabeticum*

p_H 6,78
CO_2-Gehalt   8,5 Vol.-%
pCO_2 20,9 mm Hg
alveoläre Ventilation 8180   Sollwert 4270 cm³/min

Das VR (alv. Ventilation Istwert zu Sollwert) beträgt 1,9. Setzt man die Blutgaswerte in die Formel von GRAY ein, so käme man auf ein VR von 24, d. h. in diesem Beispiel sollte die alveoläre Ventilation 102500 cm³ betragen. Eine derartige Diskrepanz zwischen dem experimentellen Wert und dem berechneten Wert für VR kann nur mit einer verminderten Erregbarkeit des Atemzentrums erklärt werden. Wäre die Erregbarkeit normal, so kämen wir auf einen Wert für VR von 8,7, was einer alveolären Ventilation von 37200 cm³ entsprechen würde, und man würde dann im Blut folgende Blutgaswerte feststellen:

p_H 6,94
CO_2-Gehalt   6,6 Vol.-%
pCO_2 2,5 mm Hg

Beispiel 3: A. P.

Zeit	p_H	VR experimentell	VR nach der Formel von GRAY
12⁰⁰	6,78	1,9	24
13⁰⁰	6,80	2,8	20
14⁰⁰	6,78	2,7	15
15³⁰	6,96	2,5	10
17⁰⁰	7,04	2,5	6,3
19³⁰	7,14	1,9	3,4
24⁰⁰	7,23	1,5	2,0

Bei erfolgreicher Behandlung des Koma wird die Erregbarkeit des Atemzentrums wieder normal, wobei oft vorher ein Stadium der Übererregbarkeit wie im Präkoma durchlaufen wird (Beispiel 3).

Die fortschreitende Hemmung des Atemzentrums gehört auf die gleiche Ebene wie die Nieren- und Kreislaufinsuffizienz. Sie ist Ausdruck des Zusammenbruches der Abwehrmechanismen des Organismus gegenüber der diabetischen Acidose. Wenn ein Patient im Koma eine arterielle Kohlensäurespannung von über 30—40 mm Hg aufweist, so muß das Atemzentrum schwer gestört sein. Der Bestimmung der Kohlensäurespannung kommt deshalb der gleiche prognostische Wert zu wie der Feststellung einer erhöhten Harnstoffkonzentration im Serum als Zeichen der Niereninsuffizienz.

Die diabetische Acidose beginnt mit einer auf die Leber lokalisierten Störung im Tricarbonsäurecyclus, greift allmählich auf das Blut über und wird zu einer Säureintoxikation. Der Organismus verteidigt sich dagegen mit Hilfe der Nieren und der Lunge. Allmählich versagen diese Abwehrsysteme, indem sie die Störung nicht mehr kompensieren können, und es kommt zur Exsiccose mit massiven Elektrolytverlusten. Dies, gleichbedeutend mit einem Schockzustand, führt schließlich zu einem Versagen des Kreislaufes und damit zu einer Niereninsuffizienz und Hemmung der Atemzentren. Der funktionelle Zusammenbruch erfaßt schließlich den ganzen Organismus. Dieser muß in seiner Gesamtheit betrachtet werden, um das Wesen der diabetischen Acidose richtig zu verstehen.

c) Renale Acidose

Weitaus am häufigsten ist eine renale Acidose durch eine Nierenfunktionsstörung mit Retention von harnpflichtigen Substanzen bedingt. Hinsichtlich Lungenfunktion besteht zwischen urämischer oder ketonischer Acidose im Coma diabeticum kein prinzipieller Unterschied. In beiden Fällen versucht der Organismus die Acidose durch Hyperventilation zu kompensieren. Bei der chronischen Urämie besteht eine grobe Parallelität zwischen Schwere der Acidose und Erhöhung der Reststickstoff- und Harnstoffkonzentration. Es muß jedoch ausdrücklich betont werden, daß die Acidose nicht nur durch die Retention von sauren harnpflichtigen Substanzen bei verminderter Glomerulusfiltration zustande kommt. Von wesentlicher Bedeutung ist die Funktion der Tubuli, wo der für die Regulation des Säure-Basen-Gleichgewichtes so wichtige Elektrolytenaustausch und die

Beispiel 1: Interstitielle Nephritis, Anämie. R. Eugen, 40 jährig
(Rest-Stickstoff 90 mg-%, Harnstoff 150 mg-%)

	Sollwerte	Ruhe
Arterielles Blut:		
O_2-Kapazität, Vol.-%	19,5—20,5	10,4
O_2-Sättigung, %	95—97	96,8
O_2-Spannung, mm Hg	85—95	100
CO_2-Gehalt, Vol.-% Plasma	54—57	33,3
p_H	7,38—7,41	7,23
CO_2-Spannung, mm Hg	40,0	33,5
Spirometrie:		
O_2-Aufnahme cm³/min	235	215
(0° und 760 mm Hg)		
CO_2-Abgabe, cm³/min		215
(0° und 760 mm Hg)		
R epiratorischer Quotient	0,82	1,0
Atemfrequenz, pro min		13,7
Minutenvolumen, cm³/min	5930	9920
Spezifische Ventilation	25—31	46,8
Totalkapazität, cm³	5800	6550
Vitalkapazität, cm³	4170	4750
Residualvolumen, cm³	1620	1800
funktionelle Residualkapazität, cm³	2500	2890
Mischzeit (Helium)	2—3 min	4 min
Atemgrenzwert, l/min	167	150
Alveoläre Funktion:		
Alveoläre Ventilation, cm³/min	4690	5590
in % der Gesamtventilation	60—70	56
O_2-Ausnutzung	55—58	38
(0° und 760 mm Hg)		
Alveoläre O_2-Spannung	94	107
Totraum: cm³	160	315
Totraumventilation, cm³/min	1240	4330

Ansäuerung des Urins erfolgt. Deshalb findet man bei chronischen Urämien die schwersten Acidosezustände bei beeinträchtigter Funktion der Tubuli. Als Beispiel für eine chronische Acidose bei Urämie wählen wir die chronische interstitielle Nephritis, wie sie SPÜHLER und ZOLLINGER beschrieben haben (Beipiel 1).

Folgendes Beispiel zeigt die Befunde bei einer extrem schweren renalen Acidose wegen interstitieller Nephritis vor und nach Therapie mit Natriumbicarbonat.

Bei akuten urämischen Zuständen, z. B. nach Transfusionszwischenfällen, Crush-Syndrom usw. sind mit der arteriellen Blutanalyse die gleichen Befunde zu erheben. In diesen Fällen ist meistens die Dialyse mit der „künstlichen Niere" indiziert. Mit der Ausscheidung der sauren Produkte und Änderung der Elektrolyte wird rasch Natrium für die Kohlensäurebindung frei. Da zu diesem Zeitpunkt immer noch eine gewisse Übererregbarkeit der Atemzentren besteht, mit anderen Worten die kompensatorische Hyperventilation nicht im adäquaten Maße reduziert wird, so kommt es wie im folgenden Beispiel meistens zu einer respiratorischen Alkalose. Bei mehr chronischen Urämiezuständen kann man sich vorstellen, daß ähnlich wie beim Coma diabeticum eine gewisse Dämpfung der Atemzentren besteht und die Erregbarkeit während der Dialyse zunimmt, so daß die Besserung der Urämie während der Dialyse zu einer Hyperventilation führt. (Die Dialysen wurden in der medizinischen Universitätsklinik Zürich, Dir. Prof. W. Löffler, durchgeführt.)

Beispiel 2: Interstitielle Nephritis. M. Mainarda, 38 jährig

	6. 7. 56	9. 7. 56 nach 56 g $NaHCO_3$	10. 7. 56
O_2-Kapazität, Vol.-%	7,30	7,26	7,10
O_2-Sättigung, %	90,0	95,0	93,1
CO_2-Gehalt, Vol.-% Plasma	6,8	41,2	51,4
p_H	6,86	7,38	7,46
CO_2-Spannung mm Hg	13,8	30,4	31,8

Beispiel 3: Transfusionszwischenfall, T. A.

	vor Dialyse	nach Dialyse
Rest-N mg-%	208	72
Na mäq/l	112	124
K mäq/l	7,2	4,7
CO_2-Vol.-%	18,4	58,4
p_H	7,12	7,49
pCO_2 mm Hg	23,4	34,2

Beispiel 4: Urämie wegen Blockierung beider Ureter, P. F.
Vor der Dialyse massive Bicarbonatmedikation

	vor Dialyse	$3^1/_2$ Std. Dialyse	nach Dialyse
Rest-N mg-%	234	150	107
Na mäq/l	154	151	150
K mäq/l	5,4	—	4,6
CO_2-Vol.-% Plasma . .	44,8	50,1	51,6
p_H	7,41	7,46	7,45
pCO_2 mm Hg	30,9	31,0	32,7

d) Hyperchlorämische Acidose

Das Schulbeispiel einer hyperchlorämischen Acidose bieten die Elektrolytverhältnisse bei der Implantation der Ureteren in das Rectum, einer Operation, die gelegentlich bei Knaben mit Mißbildungen des Urogenitalsystems durchgeführt werden muß. Das Rectum resorbiert selektiv Chlor, während Natrium mit dem Urin und Stuhl ausgeschieden wird. Eine zusätzliche ascendierende Pyelonephritis führt sekundär zu einer zusätzlichen Störung der Nierenfunktion. Die schweren Veränderungen im Elektrolythaushalt und die Acidose können zum Bild einer schweren Rachitis führen (Tobler, Prader, Bühlmann und Bettex 1957). Folgendes Beispiel zeigt die Verhältnisse bei einem Fall unserer Untersuchungsgruppe.

Wenn das Rectumstück mit den implantierten Ureteren aus dem Rectumverband herausgenommen und z. B. durch Einnähen unter die Bauchhaut eine künstliche Blase gebildet wird, so bildet sich die hyperchlorämische Acidose zurück, da die Rectumschleimhaut unter diesen Bedingungen offenbar nicht mehr im gleichen Maße Chlor resorbiert.

Beispiel: Hyperchlorämische Acidose und schwere Rachitis nach Implantation der Ureteren in das Rectum. W. Ernst, 7jährig

	freie Kost	salzlose Kost		
		ohne Zulage 3 Tage	+ 5 g NaHCO$_3$ 4 Tage	+ 7 g Na-citrat 4 Tage
Rest-N mg-%	58	30	52	—
Na mäq/l	155	144	148	161
K mäq/l	4,5	3,5	5,0	5,2
Cl mäq/l	134	123	107	112
Gesamteiweiß g-%	6,8	5,8	5,4	5,7
Ca mg-%	10,3	—	—	9,6
P mg-%	2,2	—	3,6	5,2
CO$_2$-Gehalt, Vol.-% Plasma	27,4	37,1	65,0	58,8
p$_H$	7,20	7,25	7,40	7,38
CO$_2$-Spannung mm Hg	29,8	36,6	45,9	43,4

e) Hepatorenales Syndrom und Coma hepaticum

Die Störungen des Säure-Basen-Gleichgewichtes bei schweren Leberfunktionsstörungen sind bisher noch wenig studiert bzw. bekannt. Was die arteriellen Blutgase betrifft, geben wir 2 Beispiele; das arterielle Blut wurde in beiden Fällen im Koma mit voller Bewußtlosigkeit 2 Tage vor dem Exitus entnommen.

Beispiel 1: Coma hepaticum bei Hepatitis epidemica, M. Konrad, 51jährig

O$_2$-Kapazität, Vol.-%	18,3
O$_2$-Sättigung, %	93,5
CO$_2$-Gehalt, Vol.-% Plasma	40,9
p$_H$	7,43
CO$_2$-Spannung mm Hg	27,0

Beispiel 2: Coma hepaticum bei Lebercarcinose und Bronchuscarcinom. B. Franz, 56jährig

Rest-N mg-%	70
Na mäq/l	136,5
K mäq/l	5,9
Cl mäq/l	103
Ca mg-%	14,3
O$_2$-Kapazität, Vol.-%	10,9
O$_2$-Sättigung, %	96,6
CO$_2$-Gehalt, Vol.-% Plasma	6,7
p$_H$	6,99
CO$_2$-Spannung mm Hg	11,3

9. Medikamentöse Beeinflussung der Atmung

a) Direkte Beeinflussung der Atmung über die Erregbarkeit der Atemzentren

Schlafmittelvergiftung

Schlafmittel, insbesondere Barbiturate, aber auch Morphin, beeinflussen die Atemzentren sedativ. Bei Vergiftungen findet man dementsprechend meistens eine Hypoventilation (KNIPPING, ROSSIER, LANDEN). In schweren Fällen kommt es zu einer Globalinsuffizeinz mit Erniedrigung der arteriellen Sauerstoffsättigung und Erhöhung der Kohlensäurespannung sowie respiratorischen Acidose. Eine reine Sauerstofftherapie ist in diesen Fällen sinnlos, ja kontraindiziert, da diese wenn auch zu einer Verbesserung der arteriellen Sauerstoffsättigung, so doch zu einer weiteren Einschränkung der Ventilation und damit Verschlechterung der respiratorischen Acidose führt. Man muß gleichzeitig die Atemzentren stimulieren. Eine Stimulierung mit Kohlensäure ist ganz sinnwidrig, da in diesen Fällen das

Blut ja bereits mit Kohlensäure überladen ist. In schweren Fällen, wenn z. B. die Kohlensäurespannung mehr als 50 mm Hg beträgt und das p_H unter 7,30 liegt, ist eine Intubation und die künstliche Atmung indiziert. Die Intubation evtl. die Tracheotomie in diesen Fällen hat zudem den Vorteil, daß die Atemwege durch Absaugen freigehalten werden können, womit Komplikationen wie Bronchopneumonien vermieden werden. Gelegentlich ist die Atmung trotz schwerer Vergiftung mit Narkotica — es handelt sich meistens um Suicidversuche — gar nicht gestört, obwohl der Patient tief bewußtlos ist. In diesen Fällen ist natürlich jede Stimulierung der Atmung oder sogar eine künstliche Atmung überflüssig. Die Gasanalyse des arteriellen Blutes wird dann solche therapeutischen Fehlmaßnahmen verhüten.

b) Medikamentös bedingte Hyperventilation

Adrenalin und ähnliche Stoffe haben eine komplexe Wirkung auf Atmung und Kreislauf. Über die Wirkung auf die Bronchialmuskulatur und über den Adrenalinversuch zum Nachweis von Bronchialspasmen wurde bereits berichtet. Untersucht man die Lungenfunktion bei Lungengesunden und bei Patienten mit Bronchialspasmen vor und nach Applikation von Adrenalin, so kann man in der Regel eine deutliche Steigerung des Grundumsatzes und eine entsprechende Zunahme der Ventilation feststellen. Die Befunde bei Patienten mit Bronchialspasmen zeigen aber, daß die Atmung nicht immer ökonomischer wird. Besteht wegen einer ungleichmäßigen Luftdurchmischung eine arterielle Hypoxämie, eine Partialinsuffizienz, so wird die Sauerstoffsättigung in der Regel nicht viel besser. Abgesehen von Einzelfällen und von der Besserung der Atemreserven führt das intramuskulär injizierte Adrenalin bei Patienten mit chronischen Bronchialspasmen zu keiner Besserung der Lungenfunktion [BÜHLMANN und WEGMANN (1951)].

Es ist seit langem bekannt, daß die Salicylsäure neben anderen Nebenwirkungen auch zu einer Hyperventilation führt. Diese „Salicylsäuredyspnoe" wurde immer wieder mit einer Verschiebung des Säure-Basen-Gleichgewichtes im Blut in Zusammenhang gebracht. Die eine Gruppe von Autoren spricht von einer Acidose [WALTER (1877), ZUNZ (1932), MANCHESTER (1946), PETERS (1947)].

Tabelle 40. *Wirkung der Salicylsäure auf die Lungenfunktion.* Mittelwerte von 5 Patienten

	art. O₂-Sttg. %	pO_2 mm Hg	CO₂ Vol.-%	p_H	pCO_2 mm Hg	alv.pO_2 mm Hg	MV %	O₂-Aufnahme in %	alv. Vent. in %	TR in %
Normalwerte	95—97	85—95	54—57	7,40	40,0	90—98	100	100	60—70	100
vor Salicylaufnahme	96,6	90	57,8	7,40	41,1	95	90	100	73	85
während der Aufnahme von 8—10 g Natr. salicylat tägl.	96,6	92	49,5	7,43	32,7	101	126	133	60	140

Für die andere Gruppe handelt es sich um eine Alkalose [VEIL und GRAUBNER (1926), GEBERT (1930), ODIN (1932), ANDERSEN (1941), MERLE (1949), FARBER u. Mitarb. (1949)]. Die auseinandergehenden Ansichten erklären sich zum Teil damit, daß die meisten Autoren nicht alle zur Verfügung stehenden Untersuchungsmethoden anwendeten und sich meistens auf die Bestimmung der Alkalireserve beschränkten. Kombiniert man die blutgasanalytischen Untersuchungen mit der Spirometrie und der Bestimmung der Gesamtbasen und

Elektrolyte im Blut und Urin [Rossier und Bühlmann (1950)], so findet man regelmäßig eine Erhöhung des Grundumsatzes, eine Steigerung der Ventilation und im arteriellen Blut eine deutliche Erniedrigung der Kohlensäurewerte mit einer Verschiebung des p_H zur alkalischen Seite.

Nach diesen Befunden handelt es sich um eine respiratorische Alkalose, wofür auch die leichte Alkalisierung des Urins spricht. Interessanterweise ergaben Vergleichsuntersuchungen mit Salicylamid keine derartigen Veränderungen. Da das Salicylamid bei diesen Versuchen im enteiweißten Plasma nicht als Salicylsäure nachweisbar war, muß man annehmen, daß dieses Derivat vollständig an Eiweiß gebunden wird und deshalb nicht die gleichen Wirkungen auf das Atemzentrum ausübt. In Übereinstimmung mit Farber stellen wir uns den Mechanismus der Salicylsäuredyspnoe folgendermaßen vor: Die Salicylsäure, und zwar die nicht an Eiweiß gebundene Fraktion reizt das Atemzentrum in gleicher Weise wie die Cochlearis- und Vestibulariskerne. Dieser zentrale Reiz — man kann von einem „Ohrensausen" des Atemzentrums sprechen — führt zur Hyperventilation mit den entsprechenden Veränderungen der arteriellen Blutgase.

	vor Micoren	nach 450 mg Micoren i.v.		
		5 min	10 min	15 min
Patient A. F.				
O_2-Kapazität, Vol.-%	22,8	23,8	24,6	23,5
O_2-Sättigung, %	84,2	85,0	82,2	86,0
CO_2-Gehalt, Vol.-% Plasma	75,0	74,0	71,9	75,7
p_H	7,33	7,36	7,38	7,37
CO_2-Spannung mm Hg	61,7	57,0	53,0	57,1
Patient A. Z.				
O_2-Kapazität, Vol.-%	21,2	21,4	21,2	21,3
O_2-Sättigung, %	81,6	88,4	86,4	87,2
CO_2-Gehalt, Vol.-% Plasma	65,1	64,2	64,8	64,3
p_H	7,31	7,37	7,38	7,38
CO_2-Spannung mm Hg	55,9	48,5	47,8	47,5

Die respiratorische Alkalose wird durch eine vermehrte Ausscheidung von Basen mit dem Urin mehr oder weniger kompensiert, womit die Kohlensäuredissoziationskurve gesenkt wird. Dies gilt für hohe, aber noch therapeutisch gebräuchliche Dosen von Salicylsäure bzw. Salicylaten.

Die ventilationssteigernde Wirkung der üblichen Analeptica ist beim Menschen von untergeordneter Bedeutung. Anders ist es mit dem „Micoren", einem Gemisch zweier Alkyliminofettsäuren, das sowohl beim Lungengesunden wie auch bei Kranken mit einer chronischen Globalinsuffizienz und damit auch bei veränderter Erregbarkeit der Atemzentren zu einer eindrücklichen Ventilationssteigerung führt. Die Ventilationssteigerung ist nicht nur spirometrisch oder pneumotachographisch nachweisbar, es kommt auch zu einer Steigerung der alveolären Ventilation mit Senkung der arteriellen Kohlensäurespannung, wie es vorstehende 2 Beispiele zeigen.

10. Medikamentöse Beeinflussung des Säure-Basen-Gleichgewichtes

Durch Zuführung großer Mengen von alkalisch reagierenden Salzen, z. B. Natriumbicarbonat, kann eine Alkalose und durch sauer reagierende Salze, z. B. Ammoniumchlorid, eine Acidose erzeugt werden. Mit derartigen Substanzen werden die alkalischen bzw. sauren Valenzen vermehrt, so daß das Blut mehr bzw. weniger Kohlensäure binden kann. Bei Belastung mit Natriumbicarbonat wird die Kohlensäuredissoziationskurve erhöht und die Alkalose durch Hypoventilation mit Retention von Kohlensäure z. T. kompensiert. Im Säurebelastungsversuch wird die Kohlensäuredissoziationskurve hinuntergedrückt und die Acidose durch Hyperventilation teilweise kompensiert. Blutgasanalytisch und spirometrisch sind entsprechende Befunde zu erheben, wie es Tab. 41 zeigt.

Tabelle 41. *Alkali- und Säurebelastungsversuch.* Mittelwerte von 5 Patienten

| | Arterielle | | | | | |
	CO_2 Vol.-%	p_H	pCO_2 mm Hg	MV %	alv. V %	TR %
Ausgangswerte	56,0	7,40	39,8	100	65	100
20 g $NaHCO_3$ tgl.	70,6	7,45	45,0	75	79	75
10 g NH_4Cl tgl.	40,4	7,29	36,5	145	56	200

Interessanterweise ist die kompensatorische Hyperventilation beim Säurebelastungsversuch mit einer unökonomischen Atmung verbunden, der funktionelle Totraum verdoppelt sich und der prozentuale Anteil der alveolären Ventilation an der Gesamtventilation nimmt ab. Genau das Gegenteil ist bei der Hypoventilation im Alkalibelastungsversuch zu beobachten.

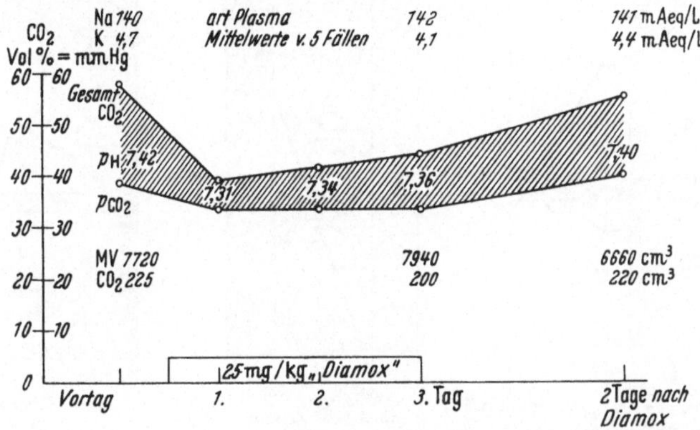

Abb. 85. Hemmung der Carboanhydrase durch das Sulfonamidderivat „Diamox". Im arteriellen Blut: Natrium Kalium, CO_2-Gehalt und -spannung sowie p_H. Spirometrie: CO_2-Ausscheidung und Minutenvolumen (Mittelwerte von 5 Patienten)

In den letzten Jahren haben quecksilberfreie Diuretica an Bedeutung gewonnen. Das Sulfonamid „Diamox" führt über eine Hemmung des Fermentes Carboanhydrase schon in kleinen Dosen zu einer deutlich vermehrten Bicarbonatausscheidung im Urin. Der Austausch zwischen H^+- und K^+-Ionen in den Tubuli wird blockiert und vermehrt Kalium und damit ein alkalischer Urin ausgeschieden. Auch bei dieser Therapie kommt es im Blut zu einer deutlichen Acidose, wie es Abb. 85 zeigt.

11. Lungenfunktion und Narkose

Die modernen Narkosemethoden mit Lähmung der Atemmuskulatur haben dazu geführt, daß sich die Anaesthesisten mit Fragen der Lungenfunktion beschäftigen müssen. Bei der Spinalanaesthesie wird nur die Rippenatmung ausgeschaltet, die Zwerchfellatmung genügt für die Ventilation und für eine vollständige Arterialisation des Blutes in der Lunge (LATTERELL, LUNY). Wird die gesamte Atemmuskulatur durch Stoffe mit Curarewirkung blockiert, so muß künstlich ventiliert werden. Das Ausmaß der Ventilation bleibt meistens dem Fingerspitzengefühl des Narkotiseurs überlassen. Unter diesen Umständen wird in der Regel hypoventiliert, so daß durch Kohlensäureretention eine flüchtige Acidose entsteht (BEECHER u. MURPHY 1950, BÜHLMANN u. HOTZ 1951).

Um diese Acidose zu vermeiden, befürworten WALTROUS, DAVIS, ANDERSEN eine leichte Hyperventilation, die jedoch ebenfalls schwer zu dosieren ist. Eine

massive Hyperventilation mit schwerer flüchtiger Alkalose ist eher noch gefähr-
licher als eine leichte Acidose, denn die Alkalose mit niedrigen Kohlensäurewerten
führt zu einer Erweiterung der Arteriolen im großen Kreislauf und bringt die
Gefahr des Kreislaufkollapses mit sich. Die Erweiterung der peripheren Gefäße
läßt das Gewebe cyanotisch erscheinen und der unerfahrene Narkotiseur vermutet
dann eine Hypoxämie, steigert die Ventilation noch mehr und provoziert den
Kollaps. Die Ventilation sollte also so dosiert werden, daß die Blutgase normal
bleiben. Dieses Ziel läßt sich erreichen, wenn man die Blutgase dauernd kontrolliert.
Die einfachste und häufig angewandte Methode besteht darin, die Sauerstoffsättigung während der Narkose fortlaufend mit einem Oxymeter zu kontrollieren.

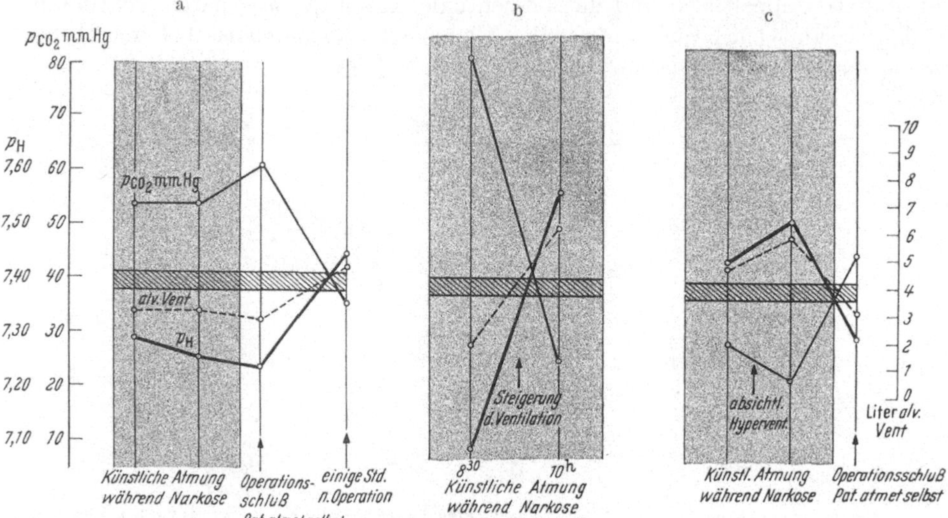

Abb. 86a—c. Die Blutgase während der Narkose mit künstlicher Beatmung. a) Leichteflüchtige Acidose wegen
Hypoventilation. b) Schwere flüchtige Acidose wegen Hypoventilation, nach Steigerung der Ventilation Alkalose.
c) Flüchtige Alkalose wegen Hyperventilation. (Schraffur = Narkose)

Die künstliche Ventilation der Sauerstoffsättigung anzupassen, hat aber nur dann
einen Sinn, wenn mit Luft ventiliert wird. Erhält der Patient ein mit Sauerstoff
angereichertes Narkosegemisch, so bleibt die Sauerstoffsättigung natürlich auch
100%ig, wenn zu wenig ventiliert wird, so daß die Gefahr der Acidose nicht beseitigt ist. Das Sinnvollste wäre, die künstliche Ventilation der arteriellen Kohlensäurespannung anzupassen, doch ist das technisch nicht möglich. Es genügt aber
auch die fortlaufende Kontrolle des Kohlensäuregehaltes der Exspirationsluft, was
durch Einschalten eines Indicator- oder elektrischen Meßgerätes, z. B. des Carbo-
visor von BRINKMAN oder noch besser eines praktisch latenzzeitlos arbeitenden
Infrarotanalysators in den Trachealtubus möglich ist. Wird die Ventilation so
reguliert, daß der Kohlensäuregehalt der Exspirationsluft zwischen 5—6% bleibt,
so kann man mit Sicherheit eine gefährliche Acidose oder Alkalose vermeiden.
Technisch komplizierter ist die laufende Kontrolle des Blut-p_H. SARNOFF hat
einen entsprechenden Apparat entwickelt, bei dem das p_H direkt die künstliche
Ventilation steuert. Die Elektrode übernimmt so die Funktion eines künstlichen
Atemzentrums, dessen Impuls über einen Verstärker den Nn. phrenici zugeleitet
werden.

   Die Narkose mit Hibernation bringt neue Probleme. Der Sinn der Abkühlung
ist alle Lebensvorgänge zu dämpfen, um ausgedehnte Operationen, z. B. am

Herzen, risikoärmer zu gestalten. Von dieser Dämpfung wird mit einer Verminderung des Grundumsatzes auch die Atmung betroffen, ist sie gleichzeitig mit Curare blockiert, so sollte theoretisch der Anaesthesist weniger ventilieren als bei einer normalen Körpertemperatur. Die Abkühlung hat aber auch von der Ventilation und dem Gasaustausch unabhängig direkte physico-chemische Einflüsse auf das Blut. Die Löslichkeit der Kohlensäure nimmt mit sinkender Temperatur zu, auch die Dissoziationskonstante pk' wird etwas größer. Kühlt man bei 37° gewonnenes Blut unter anaeroben Bedingungen ab, so verschiebt sich die aktuelle Reaktion zur alkalischen Seite, es entsteht also, ohne daß sich am Gesamt-Kohlensäuregehalt etwas geändert hätte, eine Alkalose. Auch für die Sauerstoffbindung des Blutes ist die Abkühlung von Bedeutung. Die Sauerstoffdissoziationskurve wird mit sinkender Temperatur nach links (s. Abb. 13) verschoben, d. h. die Affinität des Hämoglobins zum Sauerstoff nimmt zu, die Alkalisierung beeinflußt das Hämoglobin im gleichen Sinne. Für das arterielle Blut ist dies ohne größere praktische Bedeutung, da es ja ohnehin schon normalerweise zu mehr als 95% mit Sauerstoff gesättigt ist. Damit aber im Gewebe bei einer vergrößerten Affinität des Hämoglobins zum Sauerstoff dieser abgegeben werden kann, muß entweder das Herzminutenvolumen vergrößert werden, was sicher nicht dem Sinn der Abkühlung entspricht, oder aber die Sauerstoffspannung im Gewebe absinken. Die anfänglich angewandte zusätzliche Medikation mit Phenergan, Dolosal, Largactil usw. ist nicht ohne Einfluß auf die Hämodynamik, wir fanden bei entsprechenden Untersuchungen regelmäßig eine Steigerung der Pulsfrequenz sowie eine leichte Zunahme des Herzminutenvolumens auch bei Abkühlung sowie praktisch unveränderte Druckwerte in der Art. pulmonalis und Art. brachialis.

Während für die normale Narkose mit Curare sicher der Grundsatz Geltung hat, daß eine künstliche Ventilation, die annähernd normale Blutgase garantiert, das Optimum darstellt, kann eine entsprechende Forderung für die Hibernation noch nicht formuliert werden. Die Verhältnisse sind noch zu wenig abgeklärt.

Die Ausschaltung der Spontanatmung und die Herabsetzung des Muskeltonus mit Stoffen mit Curarewirkung reduziert den Grundumsatz und damit die Sauerstoffaufnahme um 25—30% [BÜHLMANN u. Mitarb. (1956)]. Wird die künstliche Ventilation nicht entsprechend eingeschränkt, hält man sich mit anderen Worten bei der Dosierung der Ventilation an den theoretischen Sollwert für die Sauerstoffaufnahme entsprechend Geschlecht, Alter, Größe und Gewicht, so wird leicht hyperventiliert und eine leichte respiratorische Alkalose erzeugt.

Nach neueren Untersuchungen von RAHN u. Mitarb. (1957) erhöht Curare wenigstens beim Hund die elastischen Widerstände des Lungengewebes, was zur Folge hat, daß für ein gegebenes Ventilationsvolumen größere Druckdifferenzen für die Blähung der Lunge nötig sind als bei der Spontanatmung. Auf die besonderen atemmechanischen Verhältnisse bei der künstlichen Beatmung wird noch im folgenden Kapitel eingegangen.

Besonderes Interesse für die Lungenfunktion haben noch die Basisnarkotica, die ja auch für Kurznarkosen, während denen der Patient spontan atmet, Verwendung finden. Bei der Pentothalnarkose wird die Spontanatmung praktisch immer, vergleichbar mit einer leichten Schlafmittelvergiftung, leicht reduziert, so daß es zu einer leichten respiratorischen Acidose kommt. Bei dem Steroidderivat „Viadril" sahen wir in 7 von 15 Fällen ebenfalls einen allerdings klinisch praktisch bedeutungslosen Anstieg der arteriellen Kohlensäurespannung. Als neuestes Basisnarkoticum haben wir ein Phenoxyessigsäureamid (G 29505) systematisch hinsichtlich arterieller Blutgase untersucht. Dieses Präparat führt zu einer initialen Ventilationssteigerung, die von einem allerdings nur wenige Sekunden dauernden Atemstillstand gefolgt sein kann. Bei sukzessiver intravenöser Injektion sahen wir auch bei einer während 30 min durchgeführten Narkose keine Einschränkung der Ventilation mit Kohlensäureretention. Wichtig für die Beurteilung des Einflusses auf die Atmung ist auch die Kontrolle nach Erwachen des Patienten. Die folgende Tabelle gibt die Mittelwerte von je 7—15 Patienten während der Kurznarkose und etwa 1 Std. nach Erwachen.

	Pentothal		Viadril		G 29505	
	während Narkose	1. Std. nach Erwachen	während Narkose	1. Std. nach Erwachen	während Narkose	1. Std. nach Erwachen
CO_2-Gehalt, Vol.-% Plasma	58,2	57,0	56,3	54,4	52,9	52,7
p_H	7,35	7,38	7,37	7,40	7,38	7,39
CO_2-Spannung mm Hg	46,0	42,1	42,5	38,5	39,0	38,0

Wichtig scheint uns noch die Beobachtung, daß mit dem Phenoxyessigsäure-amid auch in Fällen mit bereits bestehender respiratorischer Acidose keine zusätzliche Sedierung der Atmung zu befürchten ist.

12. Die künstliche Beatmung

Die Probleme zwischen Lungenfunktion und moderner Narkose sind eng mit denen der künstlichen Beatmung verknüpft, die in diesem Kapitel ausführlich besprochen werden soll.

Wir sprechen von künstlicher Beatmung, wenn durch irgendwelche Maßnahmen die Funktion der Atemmuskulatur bzw. der sie innervierenden Nerven übernommen wird, die Funktion des Gasaustausches selber aber der Lunge des Patienten überlassen bleibt. Im Zeitalter der Herz-Lungenmaschinen, die auch den Gasaustausch übernehmen und damit eine künstliche Atmung ermöglichen, ist diese sprachliche Präzisierung notwendig.

Die Kenntnisse der mit der künstlichen Beatmung zusammenhängenden Probleme hat nicht nur mit der Einführung der Intubationsnarkose mit Anwendung von Curare, sondern auch für die innere Medizin an Bedeutung gewonnen. Wir denken dabei insbesondere an die Behandlung von Atemlähmungen bei Schädelverletzungen und -operationen, bei sog. Narkosezwischenfällen, bei Schlafmittelvergiftungen, bei der Poliomyelitis und schließlich auch an die Behandlung des schweren Tetanus mit Curare.

Welche Patienten müssen künstlich beatmet werden? Ist die Atmung nur in den oberen Luftwegen behindert, sind Atemregulation und Atemmuskulatur intakt, so handelt es sich nur darum, die Atemwege frei zu machen und zu halten, evtl. das Hindernis zu umgehen. In diesen Fällen ist die Intubation, oder wenn es länger als 24—36 Std. geht, die Tracheotomie angezeigt, die den Vorteil hat, daß die tieferen Atemwege dauernd durch Absaugen freigehalten werden können.

Für die künstliche Beatmung lassen sich theoretisch zwei Indikationen unterscheiden, die sich aber praktisch immer überschneiden:

Die vollständige Atemlähmung mit Fehlen jeder Spontanatmung

Die vollständige Atemlähmung beruht meistens auf einer Inaktivität der Atemzentren infolge eines Traumas, einer Blutung, eines Tumors oder einer toxischen bzw. infektiösen Schädigung, oder sie ist die Folge einer Unterbrechung aller efferenten Nervenbahnen zur Atemmuskulatur. Die Atemmuskulatur selber ist bei Anwendung von Curare sowie während der Krise bei der Myasthenia gravis blockiert. In allen diesen Fällen ist die künstliche Beatmung absolute Notwendigkeit, ohne sie stirbt der Patient in kürzester Frist.

Die unvollständige Atemlähmung mit noch vorhandener aber ungenügender Spontanatmung

Sie ist meist peripher bedingt, z. B. spinale Form der Poliomyelitis, Morbus Guillain-Barré, Muskeldystrophie und Myasthenie. Sie kann selbstverständlich auch Folge der oben genannten Ursachen sein, falls diese zentralen Schädigungen nicht zu einer vollständigen Atmung geführt haben. Da das Zwerchfell allein etwa 60% des Ventilationsvolumen bewältigt, ist eine künstliche Beatmung bei intakten Nn. phrenici (Segmente C3—C5) meistens nicht notwendig. Von Bedeutung ist, daß bei einer Lähmung der Thoraxmuskulatur die Hustenfunktion schwer gestört ist, während dies bei einer reinen Zwerchfellähmung weniger der Fall ist. Das Unvermögen, richtig zu husten und zu expectorieren ist wegen der Aspiration und Verstopfung der Luftwege von größter praktischer Wichtigkeit. Bei unvollständigen Atemlähmungen besteht nur eine relative Indikation für die künstliche Beatmung. Oft genügt auch hier die Tracheotomie, die das Freihalten der oberen Atemwege ermöglicht und Zeit gewinnen läßt, während der sich möglicherweise der zur Atemstörung führende Prozeß zurückbildet. Kommt es trotz freier Atemwege zu einer deutlichen Kohlensäureretention, wofür als obere Grenze eine Kohlensäurespannung von 50—55 mm Hg angegeben werden kann, so ist eine künstliche Beatmung dringend indiziert. Bei allen Atemstörungen können schließlich die Atemzentren wie alle differenten Gewebe durch pathologische Gasspannungen im Blut und im Gewebe geschädigt sein, womit insbesondere bei der Atmung von reinen Sauerstoff gerechnet werden muß. Immer wieder wird die Meinung vertreten, daß man bei unvollständigen Atemlähmungen, also bei noch vorhandener Spontanatmung mit Sauerstoffatmung, die Hypoxämie und damit das „Schlimmste" vermeiden könne. Selbstverständlich erreicht man mit diesem Vorgehen eine hohe arterielle Sauerstoffsättigung, doch ist es durchaus möglich, daß der Patient auch mit einer hohen Sauerstoffsättigung erstickt wie es folgendes Beispiel zeigt:

Dieses Beispiel zeigt die Aufgabe der künstlichen Beatmung, *deren Ziel darin zu sehen ist, die alveoläre Gaszusammensetzung im physiologischen Bereich zu halten.* Normalerweise beträgt die alveoläre Kohlensäurespannung 38—41 mm Hg und die Sauerstoffspannung 90—100 mm Hg. Bei diesen alveolären Gasspannungen

Beispiel: Blutaspiration nach Bronchoskopie mit Probeexcision, Pneumoperikard, Pneumoperitoneum. Spontanatmung von etwa 70% Sauerstoff

O_2-Kapazität, Vol.-%	18,9
O_2-Sättigung, %	94,4
CO_2-Gehalt, Vol.-% (Plasma)	73,9
p_H	6,91
CO_2-Spannung mm Hg	146

beträgt die Kohlensäurespannung des arteriellen Blutes ebenfalls 38—41 mm Hg und die Sauerstoffsättigung 95—97%. Im Blut finden wir die Kohlensäure jedoch nicht nur als freie Säure, als Kohlensäurespannung, sondern in der Hauptsache an Basen als Bicarbonat gebunden. Das Verhältnis von Bicarbonat zu freier Kohlensäure ist ausschlaggebend für die Wasserstoffionenkonzentration und wird mathematisch mit der Formel von HASSELBALCH-HENDERSON dargestellt (s. auch Teil A):

$$p_H = pk' + \log \frac{(BHCO_3)}{(H^+HCO_3^-)}$$

Mit der künstlichen Beatmung beeinflussen wir die alveoläre und damit die arterielle Kohlensäurespannung und greifen auf diese Weise direkt in das Säure-Basen-Gleichgewicht des Organismus ein. Eine Zunahme des Nenners, also eine Erhöhung der Kohlensäurespannung wegen Hypoventilation, hat zwangsläufig eine Verminderung des p_H, eine respiratorische Acidose zur Folge, die nur durch eine entsprechende Zunahme des Zählers in der Gleichung, d. h. über eine Vermehrung der für die Kohlensäure-Bindung zur Verfügung stehenden Basen kompensiert werden kann. Umgekehrt führt eine Hyperventilation zu einer respiratorischen Alkalose, die durch eine Ausscheidung von Basen kompensiert werden kann. Wie im physiologischen Teil ausgeführt, beeinflussen die alveolären Gasspannungen den Tonus der Lungengefäße und die arteriellen Gasspannungen den Tonus der Gefäße im großen Kreislauf. Die Hypoventilation führt zu einer Vasokonstriktion und damit zu einem Druckanstieg vor allem im Lungenkreislauf, die Hyperventilation zu einer Gefäßdilatation.

Aus diesen Ausführungen ergibt sich die Aufgabe der künstlichen Beatmung. Wir müssen die Ventilation so dosieren, daß die alveolären Gasspannungen im Bereiche der Norm bleiben. Damit erreichen wir normale arterielle Blutgase und haben keine nachteiligen Folgen auf den Kreislauf zu befürchten. Wir übernehmen nicht nur die ventilatorische Funktion der Atemmuskulatur, sondern auch die regulatorische Funktion der Atemzentren, deren Aufgabe ja ebenfalls darin besteht, die Ventilation, den jeweiligen Gasaustauschbedürfnissen des Organismus anzupassen.

a) Methoden der künstlichen Beatmung

Wir können heute zwei prinzipiell verschiedene Methoden unterscheiden:
1. Die elektrische Reizung der Atemmuskulatur, die eine normal funktionierende Atemmuskulatur sowie weitgehend freie Atemwege voraussetzt.
2. Die Erzeugung von intermittierenden Druckschwankungen in den Luftwegen oder im Thorax, womit in allen Fällen eine künstliche Beatmung möglich ist, sofern überhaupt noch eine für den Gasaustausch fähige Lunge vorhanden ist.

Elektrische Reizung der Atemmuskulatur

Man kann die Nn. phrenici am Hals ("phrenic respiration") direkt oder mit einem Elektrodengürtel um den Thorax und den Oberbauch („Elektrolunge") die Intercostal-, Zwerchfell- und Bauchmuskulatur reizen. Durch entsprechende Einstellung ist es möglich, die Atemfrequenz und über die Reizstromstärke auch die Atemtiefe zu regulieren. Mit diesem Prinzip kann bei unvollständigen Atemlähmungen die ungenügende Eigenatmung gesteigert werden, solange die Atemwege einigermaßen frei bleiben. Bei vollständigen Atemlähmungen und bei stark stenosierten Luftwegen ist mit der Anwendung entsprechender Geräte nicht viel zu erreichen. Eine sinnvolle Anwendungsmöglichkeit für die Elektrolunge besteht unseres Erachtens in der Rekonvaleszentenphase der Poliomyelitis, insbesondere dann, wenn es gilt, einer Inaktivitätsatrophie der Atemmuskulatur vorzubeugen, mit der bei den im folgenden zu besprechenden Methoden zu rechnen ist.

Intermittierende Druckschwankungen in den Luftwegen oder im Thorax

Theoretisch ist es gleichgültig, ob für die Blähung der Lunge mit einem bestimmten Volumen wie normalerweise im Intrathorakalraum ein gegenüber dem atmosphärischem Druck negativer Druck oder in den oberen Luftwegen ein positiver Druck erzeugt wird. In beiden Fällen ist für die Blähung und Entblähung die gleiche Druckdifferenz für die Überwindung der viscösen und elastischen Widerstände notwendig. Der Unterschied zwischen der Unterdruckbeatmung im Tank und der Überdruckbeatmung von den oberen Luftwegen her wird sofort klar, wenn wir berücksichtigen, daß bei Atemlähmungen die atemmechanischen Verhältnisse praktisch immer gegenüber der Norm schwer verändert sind. Pneumonien und Atelektasen reduzieren das blähungsfähige Parenchym, damit erhöhen sich die elastischen Widerstände, d. h. um das reduzierte Parenchym mit einem genügenden Volumen zu blähen muß eine größere Druckdifferenz erzeugt werden. Ein weiterer und praktisch noch wichtigerer Faktor ist die Erhöhung der viscösen Widerstände durch Verstopfung der Luftwege mit Schleim, Sekret usw. Das hat zur Folge, daß die Druckdifferenz für die Blähung mit einem adäquaten Ventilationsvolumen sehr groß wird und ein Vielfaches des Normalen beträgt. Im Falle der Unterdruckbeatmung muß eine entsprechend große respiratorische

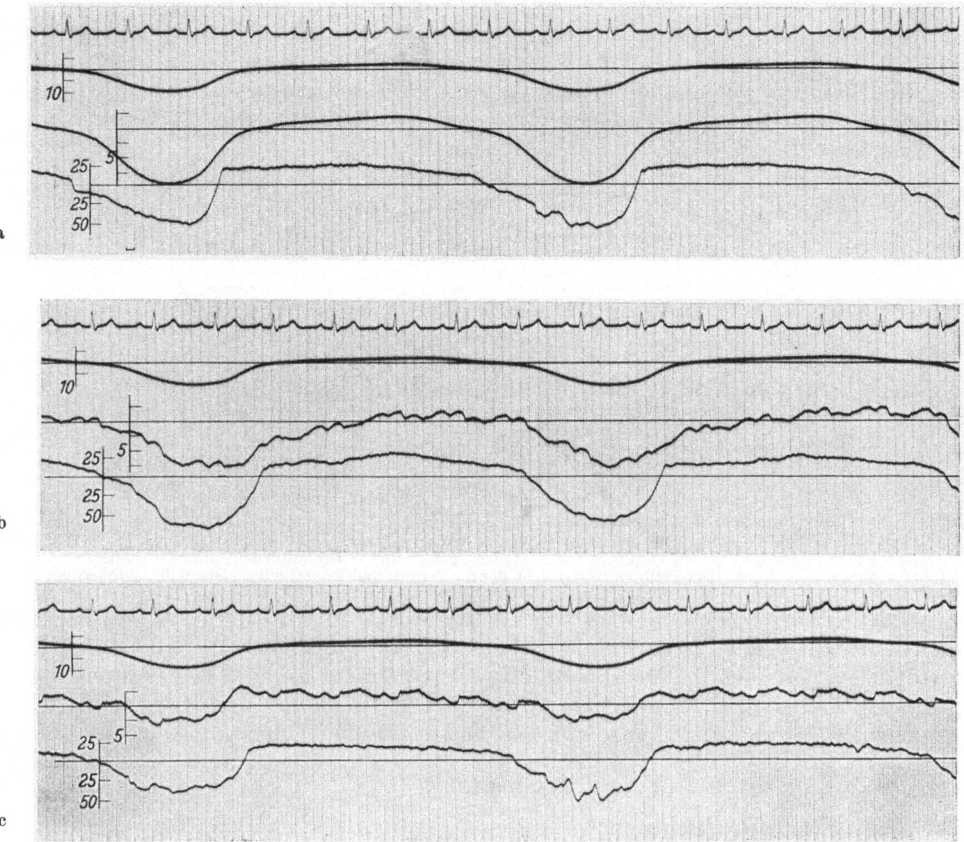

Abb. 87 a—c. EKG, Gesamt- und Oesophagusdruck sowie Pneumotachogramm bei Tankbeatmung.
a) Manometer 1 und 2 parallel geschaltet für Gesamtdruck, b) Manometer 2 Oesophagusdruck,
c) Manometer 2 Differentialdruck zwischen Gesamt- und Oesophagusdruck

Druckdifferenz im Intrathorakalraum erzeugt werden, bei der Überdruckbeatmung in den oberen Luftwegen. Die intrathorakalen, für den Kreislauf nicht bedeutungslosen respiratorischen Druckschwankungen sind bei erhöhten viscösen Widerständen bei Unterdruckbeatmung im Tank groß, bei Überdruckbeatmung von oben klein. Dieser Unterschied wird bei simultaner Messung des Gesamtdruckes und des intrathorakalen Druckes (Oesophagusdruck) deutlich (siehe Abb. 87, 90, 91). Bei jeder künstlichen Beatmung mittels intermittierender Druckänderungen muß nicht nur eine Druckdifferenz zur Überwindung der elastischen und viscösen Widerstände der Lunge, sondern auch eine solche für die Bewegung von Thorax und Zwerchfell erzeugt werden. Der Anteil der Kraft, die für die Bewegung von Zwerchfell und Thorax notwendig ist, ist relativ klein und vor allem ziemlich konstant, während der Lungenanteil je nach Durchgängigkeit der Bronchien sowie pulmonaler Komplikationen wie Pneumonien und Atelektasen dauernd wechseln kann. Bei Unterdruckbeatmung im Tank entspricht die Druckdifferenz zwischen Gesamtdruck und Oesophagusdruck der Kraft, die für die Bewegung von Thorax und Zwerchfell notwendig ist. Bei der Überdruckbeatmung entspricht der Oesophagusdruck dieser Kraft, die große Druckdifferenz zwischen Gesamtdruck im Tubus und im Oesophagus zeigt den Anteil, der für die Blähung der Lunge selbst, d. h. für die Überwindung der viscösen und elastischen Widerstände benötigt wird. Durch entsprechende Schaltung von Differentialmanometern (siehe Abb. 87) ist es möglich, neben dem Gesamtdruck auch die Druckdifferenz zu registrieren, die für die Bewegung von Thorax und Zwerchfell sowie für die Blähung der Lunge notwendig sind. Diese atemmechanischen Untersuchungen bei künstlicher Beatmung haben nicht nur praktische Bedeutung für

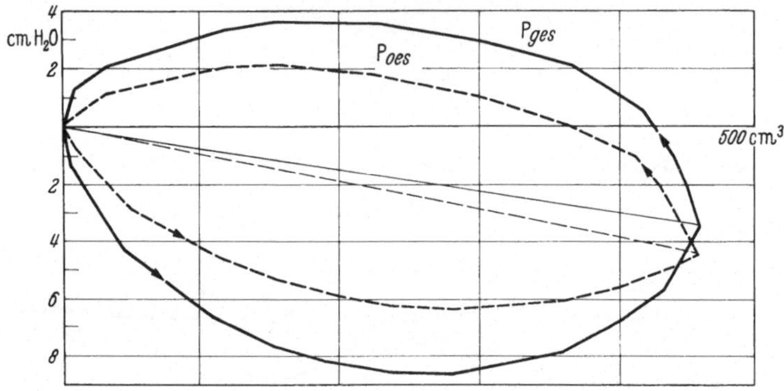

Abb. 88. Atemschleife bei Tankbeatmung. Ausgezogene Linie = Gesamtdruck, unterbrochene Linie = Oesophagusdruck. Die Differenz entspricht der an Thorax und Zwerchfell zu leistenden Atemarbeit

die Beurteilung der Vor- und Nachteile der verschiedenen Apparaturen, sie ermöglichen uns auch die Messung der Thoraxelastizität und die Bestimmung der gesamten Atemarbeit, differenziert in Atemarbeit an Thorax und Zwerchfell und Atemarbeit an den Lungen gegen viscöse und elastische Widerstände.

Eiserne Lunge

Bei diesem heute noch weit verbreiteten Beatmungsapparat werden Volumenänderungen der Lunge durch rhythmisch erzeugte, auf den ganzen Körper mit Ausnahme des Kopfes wirkende negative und positive Druckschwankungen bewirkt. Der Druckablauf berücksichtigt bei den modernen Geräten in zeitlicher Beziehung eine länger als die Inspiration dauernde Exspiration.

Die Kombination mit einer über den Kopf des Patienten stülpbaren Plexiglashaube ermöglicht es, den Tank für längere pflegerische und therapeutische Manipulationen zu öffnen, ohne daß die Atmung unterbrochen werden muß. Die eiserne Lunge leistet als „Atemprothese" — das gleiche gilt auch für den dicht am Thorax befestigten Cuirass (“Chest respirator”) — sehr gute Dienste bei einer noch vorhandenen aber quantitativ ungenügenden Spontanatmung, sofern der Patient bei vollem Bewußtsein ist und seine Atemwege durch Expektoration selbst frei hält. Der Vorteil besteht darin, daß Intubation bzw. Tracheotomie vermieden werden können, der Nachteil liegt darin, daß der Patient in einem Tank möglichst luftdicht eingeschlossen werden muß, womit jede Dauermedikation, Infusionen usw. sowie Lagewechsel zur Decubitusprophylaxe, Massage und andere pflegerische Maßnahmen sehr schwierig durchzuführen sind.

Bei vollständigen Atemlähmungen, bewußtlosen Patienten und stark stenosierten Luftwegen gelingt es in den seltensten Fällen, mit der eisernen Lunge eine genügende Ventilation für längere Zeit aufrechtzuerhalten, in diesen Fällen kann

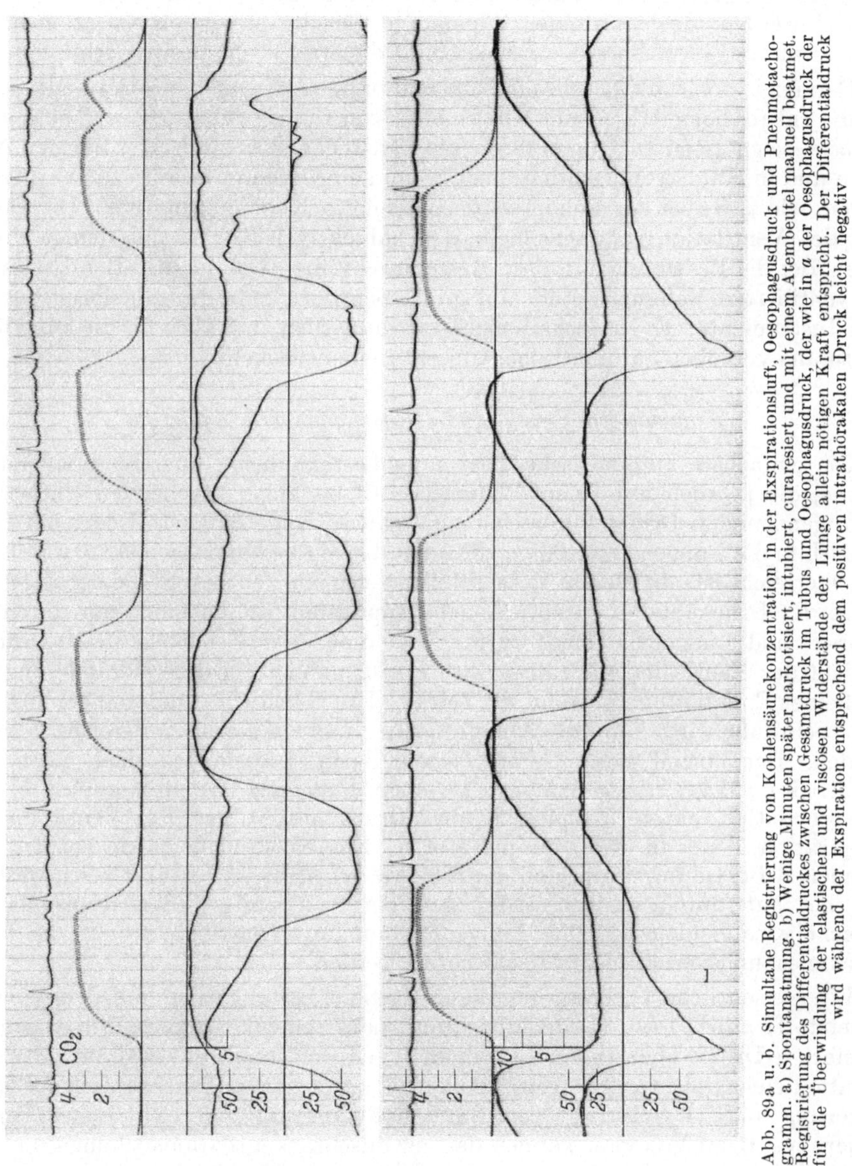

Abb. 89a u. b. Simultane Registrierung von Kohlensäurekonzentration in der Exspirationsluft, Oesophagusdruck und Pneumotachogramm. a) Spontanatmung. b) Wenige Minuten später narkotisiert, intubiert, curaresiert und mit einem Atembeutel manuell beatmet. Registrierung des Differentialdruckes zwischen Gesamtdruck im Tubus und Oesophagusdruck, der wie in a der für die Überwindung der elastischen und viscösen Widerstände der Lunge allein nötigen Kraft entspricht. Der Differentialdruck wird während der Exspiration entsprechend dem positiven intrathorakalen Druck leicht negativ

nur die Überdruckbeatmung von oben zum Ziel führen, die Einführung entsprechender Apparaturen darf als der größte Fortschritt der letzten Jahre auf diesem Gebiet gewertet werden.

Manuelle Beatmung

Die einfachste apparative künstliche Beatmung besteht darin, dem Patienten aus einer Sauerstoffbombe oder einem Gasmischgerät über einen Gummibeutel durch einen peroral eingeführten Tubus oder einen Trachealtubus mit Überdruck ein bestimmtes Volumen rhythmisch zuzuführen und die Exspiration der Thorax- und Lungenelastizität zu überlassen. Die Exspirationsluft entweicht durch ein Ventil ins Freie oder gelangt bei Verwendung eines geschlossenes Systems durch einen Kohlensäureabsorber zurück in den Gummibeutel. So kann an Gasgemisch gespart werden, doch wird der Widerstand für die passive Exspiration etwas größer, und der intrathorakale Druck bleibt dauernd leicht positiv (Abb. 89).

Derartige, konstruktiv sehr einfache und billige Apparaturen werden allgemein für die Intubationsnarkose mit Anwendung von Curare gebraucht und sind auch die bestgeeignetsten Instrumente für die künstliche Beatmung, bei frischen Notfällen und in Katastrophensituationen, wenn keine anderen Geräte zur Verfügung stehen, wie z. B. bei der Poliomyelitisepidemie in Kopenhagen 1952. Die Dosierung des Ventilationsvolumens bleibt dem subjektiven Ermessen desjenigen überlassen, der die Beatmung auf diese Weise durchführt. Die quantitative Erfassung des ventilierten Volumens stößt auf große Schwierigkeiten und benötigt zusätzliche Instrumente. Es ist deshalb nicht verwunderlich, daß auch für die künstliche Beatmung von oben automatische Apparaturen entwickelt wurden.

Automatische druck- und volumengesteuerte Apparate

Die einfachste automatische Beatmung besteht darin, aus einer Sauerstoffbombe, die ja auch mit einem Reduzierventil bis zur weitgehenden Entleerung einen genügenden Druck zur Verfügung stellt, so lange Sauerstoff oder ein Luftgemisch in die Lungen einströmen zu lassen, bis ein bestimmter, vorher wählbarer Druck erreicht ist. In diesem Moment öffnet sich ein Ventil, und die nachfolgende Phase des Druckabfalles entspricht der Exspiration, die ebenfalls nur durch die Thorax- und Lungenelastizität zustande kommt. Bei Erreichen des 0-Druckes schließt das Ventil und die Lunge wird erneut gebläht. Durch Veränderung der Größe der Einlaßöffnung, womit die Zeit des Druckanstieges während der Inspiration beeinflußt wird, kann die Atemfrequenz in einem gewissen Bereiche gewählt werden. Der Vorteil dieser Geräte besteht darin, daß sie sich einem noch vorhandenen und evtl. unregelmäßigen Eigenrhythmus des Patienten anpassen, weil eine vorzeitige, aktive Exspiration den Druck erhöht und das Ventil für die Exspiration öffnet (z. B. „Spiropulsator"). Der Nachteil liegt wie bei der rein manuellen Beatmung darin, daß die Exspiration nicht unterstützt wird, weshalb nur bei gut durchgängigen Luftwegen ein genügendes Ventilationsvolumen erreicht wird, zudem ist eine Lungenblähung unvermeidlich, womit die Luftdurchmischungsverhältnisse verschlechtert werden.

Eine wesentliche Verbesserung dieses Systems besteht darin, mit dem von der Sauerstoffbombe bzw. Druckluftleitung oder einem speziellen Kompressor gelieferten Druck über einen zusätzlichen Ventilmechanismus während der Exspiration einen Sog zu erzeugen, „Poliomat" (Draeger) mit mechanischer Ventilsteuerung und „Respirator" von BANG und OLUFSEN mit elektrischer Ventilsteuerung. Beim Poliomat können das gewünschte Ventilationsvolumen und der Druck eingestellt werden, ändern sich die Strömungswiderstände in den Luftwegen, werden sie z. B. durch Verstopfung mit Sekret größer, so wird der die Inspiration. beendende Druck schneller erreicht, womit die Atemfrequenz ansteigt (siehe Abb. 90). Das pro Minute ungefähr konstante Ventilationsvolumen wird auf diese Weise in kleinere Fraktionen unterteilt. Doch stößt die genaue Dosierung des Ventilationsvolumen auf der Inspirationsseite bei diesen Systemen wegen der dauernd wechselnden Strömungswiderstände auf große Schwierigkeiten, die sich mit dem Einbau einer Gasuhr auf der Exspirationsseite (Poliomat), die das wirklich ventilierte Volumen registriert, lösen lassen.

An ein ideales Beatmungsgerät stellen wir folgende Anforderungen:

1. Das Ventilationsvolumen muß eingestellt werden können.

2. Das vom Patienten effektiv durch die Lungen ventilierte Volumen muß jederzeit kontrolliert werden können, auch dann, wenn der Apparat nicht in Betrieb ist.

3. Der Druckablauf während der In- und Exspiration soll zeitmäßig den physiologischen Verhältnissen angepaßt sein, d. h. für die Exspiration eine längere Zeitspanne zur Verfügung stellen als für die Inspiration.

4. Die Atemfrequenz soll unabhängig vom Ventilationsvolumen regulierbar sein.

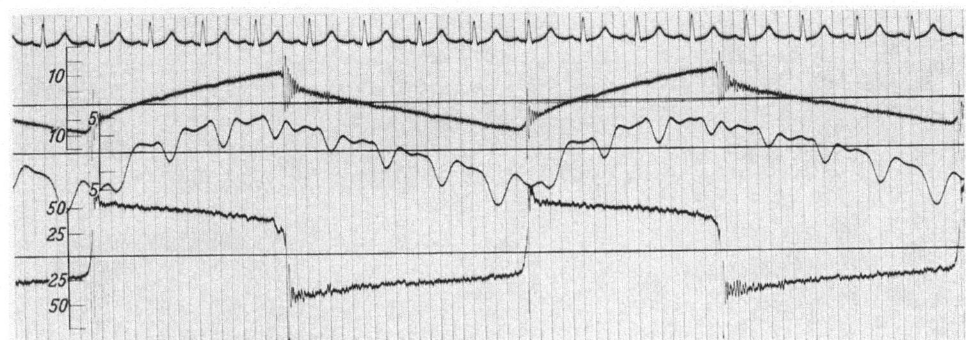

a

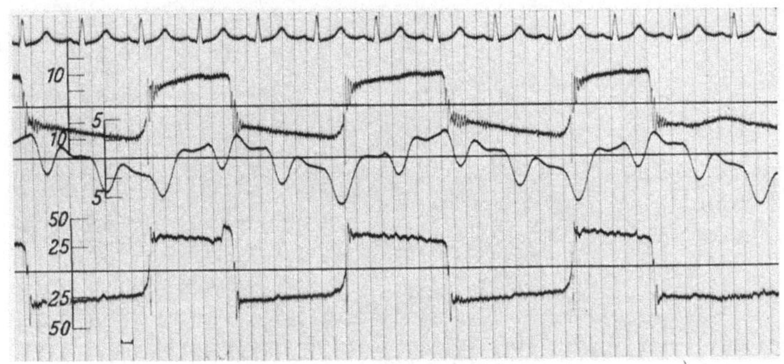

b

Abb. 90a u. b. *Poliomat,* EKG, Gesamt- und Oesophagusdruck sowie Pneumotachogramm. a) normale Atemwiderstände b) erhöhte Atemwiderstände

5. Der Überdruck für die Inspiration und der Unterdruck für die Exspiration müssen dauernd kontrollierbar sein.

6. Eine allfällige Erhöhung der Atemwiderstände (Sekretansammlung, Atelektase, Pneumonie) darf nicht zu einer Verminderung des Ventilationsvolumens führen, sondern muß automatisch durch eine Erhöhung des Druckes für die Inspiration kompensiert werden, womit der erhöhte Widerstand sofort erkannt wird. Diese Forderung wird erfüllt, wenn der einstellbare Überdruck einer „Druckreserve" entspricht, von der der Apparat automatisch nur den für die Förderung des gleichen, eingestellten Volumens für die Überwindung der jeweiligen Widerstände notwendigen Druck im Inspirationsteil aufbaut.

7. Es sollte möglich sein, mit jedem Luftsauerstoffgemisch zu beatmen.

8. Der Apparat sollte sich einer noch vorhandenen oder wieder einsetzenden Spontanatmung anpassen.

9. Da bei jeder länger dauernden künstlichen Beatmung der Apparat an eine Trachealkanüle angeschlossen werden muß, sollte die Inspirationsluft angewärmt und mit Feuchtigkeit gesättigt sein.

Diese Anforderungen werden vom „Respirator", der von dem schwedischen Arzt Dr. ENGSTRÖM entwickelt wurde, zum größten Teil erfüllt. Das vom Apparat geförderte Volumen kann unabhängig von der wählbaren „Druckreserve" für die Inspiration und den Unterdruck für die Exspiration im Bereiche von 2—30 l in beliebiger Zusammensetzung von Luft und Sauerstoff eingestellt werden. Das effektive Ventilationsvolumen des Patienten kann jederzeit auf einer Gasuhr auf

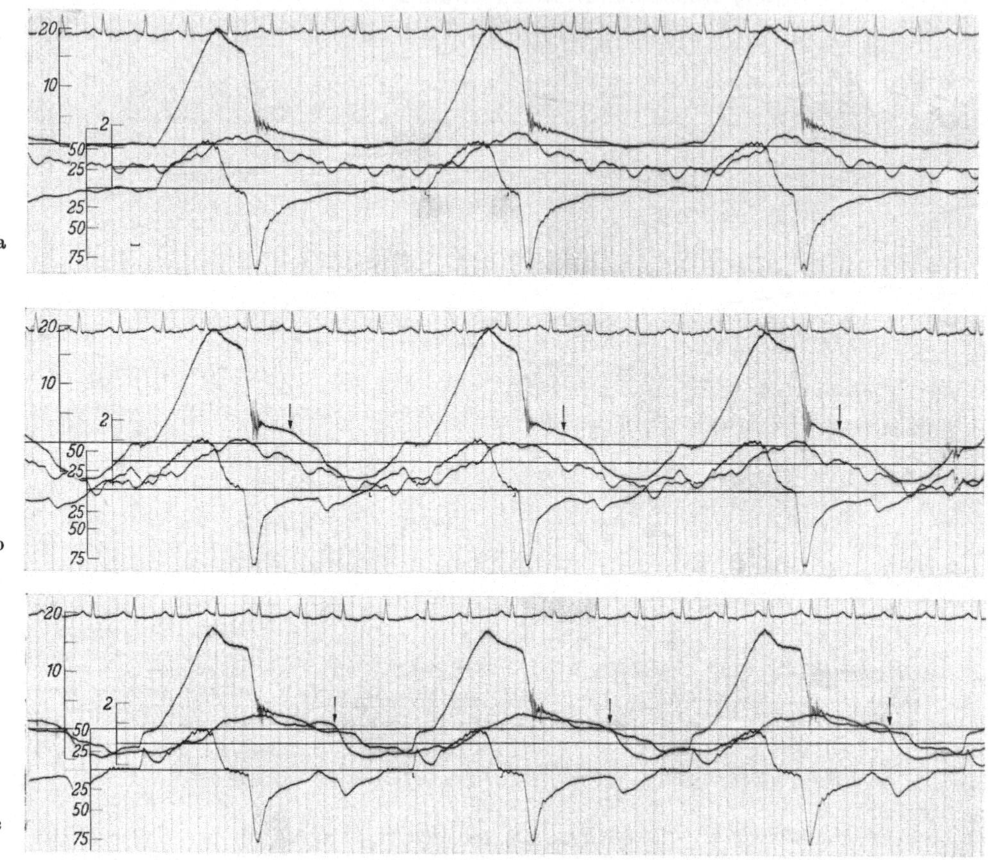

Abb. 91 a—c. *Respirator Engström*, EGK, Gesamt und Oesophagusdruck sowie Pneumotachogramm. a) reine Überdruckbeatmung, b) früh einsetzender exspiratorischer Sog, c) spät einsetzender exspiratorischer Sog

der Exspirationsseite gemessen werden. Die Atemfrequenz ist unabhängig von Druck und Volumen wählbar. Das zeitliche Verhältnis zwischen In- und Exspiration ist stark zugunsten der letzteren verschoben. Der Überdruck für die Inspiration erreicht sein Maximum nicht am Ende der Inspiration wie z. B. beim Poliomat, sondern ungefähr in der Mitte und fällt mit zunehmender Entfaltung wieder ab. Nehmen die Atemwiderstände zu, so entwickelt das Gerät bei genügend eingestellter Druckreserve einen höheren Inspirationsdruck, der an einer Wassersäule ablesbar ist. Nehmen die Atemwiderstände z. B. nach Absaugen wieder ab, so wird ohne Änderung der Druckeinstellung das gleiche Volumen mit einem niedrigeren Inspirationsdruck gefördert, mit anderen Worten, der Apparat fördert ein gewünschtes Ventilationsvolumen immer mit dem den Atemwiderständen entsprechenden Überdruck.

Der „Respirator" von ENGSTRÖM ist im Kantonsspital Zürich seit August 1953
in Gebrauch, seitdem wurden in Zusammenarbeit mit den verschiedenen Kliniken
und dem Kinderspital bis Ende August 1957 insgesamt 71 Fälle mit vollständiger
Atemlähmung mit diesem Gerät behandelt (Tab. 42).

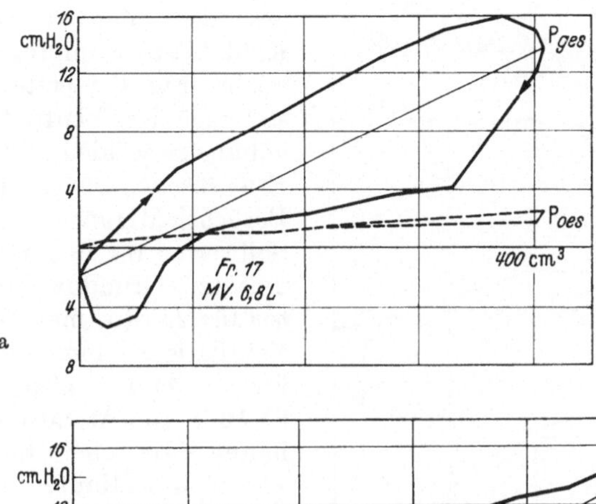

Abb. 92a u. b. Atemschleifen bei
Beatmung mit dem Respirator
von ENGSTRÖM a) und dem Poliomat b). Es handelt sich um den
gleichen Patienten, einen schweren Tetanusfall, der mit Curare
und künstlicher Beatmung erfolgreich behandelt wurde. Ausgezogene Linie = Gesamtdruck im
Tubus, unterbrochene Linie =
Oesophagusdruck. Letzterer zeigt
die Thoraxelastance

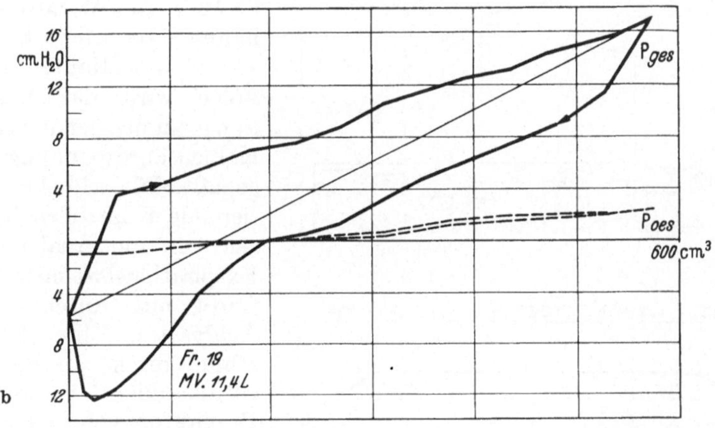

Tabelle 42. *Künstliche Beatmung mit dem „Respirator" Engström*

Anzahl der Fälle	Diagnose und Ursache der Atemlähmung	Dauer der künstl. Beatmung Tage	verstorben
40	Poliomyelitis, bulbäre Form, Polio-encephalitis	1—46	16
11	schwere Tetanus mit Curarebehandlung	6—27	3[1]
9	Schädelverletzungen, Traumen und Operationen	1—21	6
3	Schlafmittelvergiftung	2— 7	—
3	Narkosezwischenfälle	3 Std.—14 Tage	3[2]
1	Hirnblutung bei Thrombocytopenie	5	1
2	Myasthenia gravis	7	—
2	schwerste respiratorische Acidosen wegen interkurrenten Bronchopneumonien bei schwerem obstruktiven Emphysem	1—3	—

[1] 1 Todesfall im allergischen Schock bei Sensibilisierung gegen Phenergan während der
Behandlung. 2 Todesfälle nach erfolgreicher Behandlung aus nicht direkt behandlungs-
bedingten Ursachen.

[2] In 2 Fällen erfolgte der Tod erst später ohne Zusammenhang mit der Atmung.

b) Kontrolluntersuchungen bei künstlicher Beatmung

Wie bereits einleitend erwähnt, besteht das Ziel der künstlichen Beatmung in der Aufrechterhaltung annähernd normaler alveolärer Gasspannungen. Dieses Ziel wird am besten mit der Dosierung des Ventilationsvolumens an Hand der arteriellen Blutgase, insbesondere der arteriellen Kohlensäurespannung erreicht. Für die erste Einstellung des Ventilationsvolumens wählen für den Erwachsenen evtl. unter Berücksichtigung seines Sollwertes für den Grundumsatz — Grundumsatzfaktor für 24 Std. mal $4-5 =$ Ventilationsvolumen in cm^3 für 1 min — also etwa $6-12$ l. Die Atemfrequenz halten wir eher niedrig, $14-22$ pro Minute. In der Folge wird das Ventilationsvolumen der arteriellen Kohlensäurespannung angepaßt. Für schnelle orientierende Kontrollen benützen wir die Analyse der Exspirationsluft mittels Infrarot mit Anschluß des Analysators im Nebenschluß direkt an die Trachealkanüle. Da das vom Respirator geförderte Volumen wegen unvermeidlichen und in ihrer Auswirkung wechselnden Undichtigkeiten nicht immer dem ventilierten Volumen entspricht, wird letzteres auf der Exspirationsseite alle 30 min vom Pflegepersonal mit der Gasuhr gemessen und notiert. Je nach Sekretproduktion wird alle $15-20$ min mit einem Gummikatheter bis in die Stammbronchien abgesaugt, das Freihalten der Luftwege ist für eine möglichst gleichmäßige Luftverteilung auf alle Lungenpartien von größter Bedeutung. Als Luftgemisch verwenden

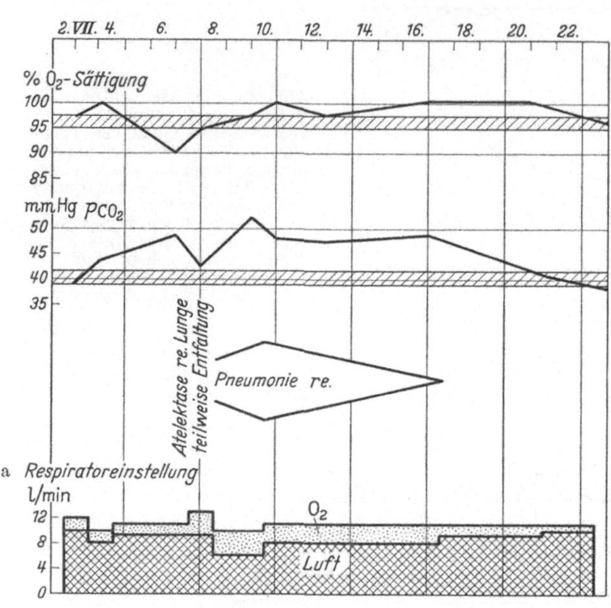

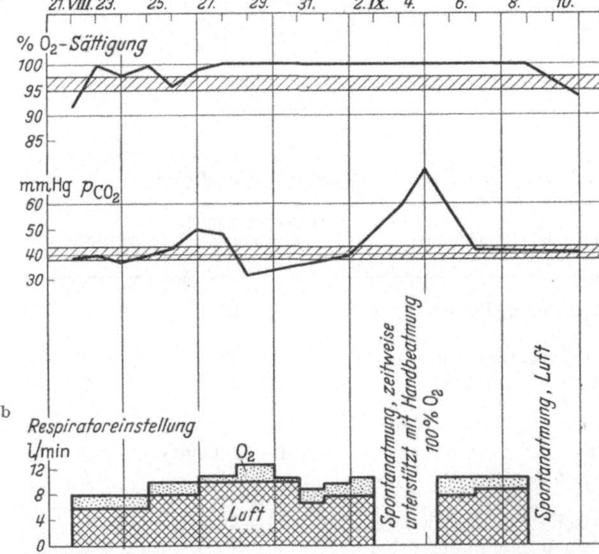

Abb. 93 a u. b. Behandlung des schweren Tetanus mit Curare und künstlicher Atmung. Dosierung des Ventilationsvolumens mittels der arteriellen Blutgase. Oben: der erste auf diese Art erfolgreich behandelte Fall im Kinderspital Zürich. Unten: der zweite Fall. Am 12. Tag wurde versuchsweise das Curare abgesetzt, doch kam es wieder zu schweren Krampfattacken, so daß die Spontanatmung trotz zeitweiser Unterstützung ungenügend wurde, deshalb erneut Curaresierung. Vier Tage später kann das Curare ohne Schwierigkeiten abgesetzt werden

wir Luft und Sauerstoff ungefähr in einem Verhältnis von $3:1$, wir haben damit die Vorteile einer etwas erhöhten alveolären Sauerstoffspannung, die uns auch bei ungleichmäßiger Belüftung der verschiedenen Lungenpartien eine hohe arterielle Sauerstoffsättigung sichert und vermeiden die Nachteile einer Beatmung mit reinem Sauerstoff. Die direkte Kontrolle der arteriellen Blutgase hat den Vorteil, daß man auch über das p_H orientiert ist und bei allfälligen Abweichungen in Richtung einer metabolischen Acidose oder Alkalose korrigierend eingreifen kann. Außerdem kann die Sauerstoffsättigung, die ja bei ungleicher Belüftung, bei Kurzschlüssen in Atelektasen und bei Temperaturerhöhungen nicht mit dem Ventilationsvolumen korriliert, gemessen werden. Während einer künstlichen Beatmung muß auch künstlich ernährt werden, eine genügende Calorienzufuhr ist praktisch fast immer unmöglich. Mit der ungenügenden Calorienzufuhr entsteht eine negative Kaliumbilanz, zudem wird durch eine Hyperventilation ebenfalls der Kaliumspiegel im Blut gesenkt, die regelmäßige Kontrolle des Blutkaliums und der Gesamteiweiße gehört deshalb ebenfalls zu den routinemäßigen Kontrolluntersuchungen im Blut bei jeder länger durchgeführten künstlichen Beatmung. Der Vollständigkeit halber sei noch die Kontrolle des Blutdruckes erwähnt, bei erhaltenen Kreislaufregulationen weist ein Blutdruckanstieg auf eine ungenügende Ventilation mit Kohlensäureretention hin.

Bei allen in der Tabelle angegebenen Fällen haben wir uns an diese Grundsätze gehalten und nur wenige Patienten wegen der Atemfunktionsstörung verloren. Die Tatsache, daß 8 von 11 schweren Tetanusfällen mit Inkubationszeiten von weniger als 7 Tagen dank der Behandlung mit Curare, die eine vollständige künstliche Beatmung während $6-27$ Tagen erforderte, am Leben erhalten und damit vollständig geheilt werden konnten, beweist eindrücklich die Überlegenheit der Überdruckbeatmung. Mit der eisernen Lunge wäre diese Behandlung unmöglich und ist auch noch nicht erfolgreich durchgeführt worden. Die folgende Abbildung gibt eine Übersicht über die Einstellung des ,,Respirators'' nach der arteriellen Kohlensäurespannung während der künstlichen Beatmung bei den beiden ersten 1954 in Zürich mit Curare behandelten Tetanusfällen.

c) Allgemeine Probleme bei der künstlichen Beatmung

Wie bereits erwähnt, haben die meist unvermeidlichen Komplikationen wie Pneumonien, Atelektasen und vor allem die Obstruktion der Luftwege eine beträchtliche Vergrößerung der Atemarbeit zur Folge. Solange der Patient am Apparat angeschlossen ist, hat dies keine größere Bedeutung, da ja die Atemarbeit vom Apparat übernommen wird. Sobald man aber zur Spontanatmung übergehen will, ist es von größter Wichtigkeit, dafür so weit wie möglich zu sorgen, daß die elastischen und vor allem die viscösen Widerstände möglichst klein sind, da insbesondere nach Atemlähmungen wegen Poliomyelitis die geschwächte Atemmuskulatur nicht in der Lage ist, eine stark vergrößerte Atemarbeit an den Lungen zu bewältigen. Unter diesen Bedingungen wird dann mehr oder weniger stark hypoventiliert. Die Umstellung von einer künstlichen Beatmung zu einer ausreichenden Spontanatmung bereitet bei anfänglich bewußtlosen Patienten Schlafmittelvergiftungen, Schädeltraumen usw. und auch bei curaresierten Tetanuskranken wie bei Intubationsnarkose mit Anwendung von Curare meistens keine großen Schwierigkeiten, die Atemmuskulatur und die efferenten Nervenbahnen sind ja in diesen Fällen meistens nicht geschädigt. Anders ist es bei Poliomyelitisfällen, hier liegt bei länger dauernder künstlicher Beatmung meistens eine Schädigung der Atemmuskulatur vor, dazu kommt, daß die Kranken während Wochen bis Monaten bei vollem Bewußtsein an die apparative Beatmung gewöhnt wurden. Den Umstellungsversuchen zur Eigenatmung stellt sich die verständliche Angst der Patienten zu ersticken, gegenüber. Die Umstellung verlangt dann seitens des Arztes und des Pflegepersonals viel psychologisches Geschick. Bewährt hat sich bei uns der Wechsel der Apparaturen, z. B. zuerst Respirator von ENGSTRSÖM, dann Poliomat und schließlich Unterstützung der Eigenatmung mit einem "Chest'-respirator" sowie das Einschalten von immer längeren Pausen, während denen der Kranke ohne jede Unterstützung atmen muß. Es sei noch erwähnt, daß die Angst meistens eine Hyperventilation mit respiratorischer Alkalose während der Spontanatmung begünstigt. Wir haben den Eindruck, daß die von mehreren Autoren beschriebene Bildung von Nierensteinen während der bzw. im Anschluß an eine länger dauernde künstliche Beatmung u. a. auf die respiratorische Alkalose wegen Hyperventilation zurückzuführen ist. In unserem Beobachtungsgut haben wir bisher erst zweimal die Bildung von Nierensteinen feststellen müssen, in beiden Fällen traten die Nierensteine nicht während der Phase der vollen künstlichen Beatmung, sondern nachher während des mühsamen Überganges zur Spontanatmung, bei der immer hyperventiliert wurde, auf.

Die Fortschritte auf dem Gebiete der künstlichen Beatmung ermöglichen es heute, Patienten am Leben zu erhalten, die früher als hoffnungslos aufgegeben werden mußten. Mit Apparaten wie Respirator von ENGSTRÖM oder Poliomat (Draeger) z. B. kann bei Beobachtung einiger atemphysiologischer Gesetzmäßigkeiten der Gasaustausch in den Lungen auch während Wochen in optimaler Weise aufrecht erhalten werden. Selbstverständlich sind die Aufgaben des Arztes und des Pflegepersonales nicht erleichtert worden. Die künstliche Beatmung stellt schließlich eine Substitutionstherapie wie jede andere dar, wobei das „Zuviel" wie das „Zuwenig" gleichermaßen schädlich sind. Diese Therapie setzt einige atemphysiologische Kenntnisse voraus, die zwar alles andere als neu sind, bisher aber in der Klinik keine größere praktische Bedeutung hatten.

Es handelt sich zweifellos um eine heikle Therapie, die nur in Zusammenarbeit mit den verschiedenen Spezialisten, insbesondere mit den Otorhinolaryngologen und den Anaesthesisten in optimaler Weise bewältigt werden kann. Eine Zentralisation derartiger Patienten in größeren Spitälern, denen die entsprechenden Spezialisten und Kontrollapparaturen zur Verfügung stehen, scheint deshalb unvermeidlich.

Selbstverständlich darf nicht verschwiegen werden, daß sich gelegentlich eine Diskrepanz in den therapeutischen Möglichkeiten ergibt, indem die Atmung und damit meistens auch der Kreislauf aufrecht erhalten werden können, während der der Atemlähmung zugrunde liegende Prozeß nicht mehr beeinflußbar ist. Ob in diesen Fällen die künstliche Beatmung fortgesetzt werden soll, ist jedoch keine medizinische Frage mehr.

Abschließend noch ein Hinweis auf die sog. Recidive. Bei der Poliomyelitis ergibt sich gelegentlich die Situation, daß nach einer erfolgreich durchgeführten künstlichen Beatmung die Atemmuskulatur so geschwächt und atrophisch ist, daß sie lediglich eine ausreichende Spontanatmung bei optimalen atemmechanischen Verhältnissen hinsichtlich elastischer und viscöser Widerstände bewältigen kann. Eine interkurrente Bronchitis oder Pneumonie führt dann sofort zur Dekompensation, zu einer schweren respiratorischen Acidose, die wie bei einer frischen Atemlähmung wieder eine Tracheotomie und den Anschluß an ein Beatmungsgerät nötig macht.

13. Sauerstofftherapie

Im Zusammenhang mit der künstlichen Atmung muß noch die Sauerstofftherapie besprochen werden. Eine arterielle Sauerstoffuntersättigung als Folge einer allgemeinen alveolären Hypoventilation (Globalinsuffizienz) oder einer ungleichmäßigen Ventilation (Partialinsuffizienz) und in den meisten Fällen auch als Folge einer Diffusionsstörung kann durch Sauerstoffatmung zum Verschwinden gebracht werden. Da aber bei einer chronischen alveolären Hypoventilation mit Erhöhung der Kohlensäurespannung der Sauerstoff die Regulation der Atmung stärker beeinflußt (DONALD, CHRISTIE, JULICH, ROSSIER), so wird bei diesen Zuständen die Ventilation unter Sauerstoffatmung noch mehr eingeschränkt, so daß es zu einer respiratorischen Acidose kommt (ROSSIER, RÜBSAM, SCHWARTZ, NEWMAN, CHERNIACK). In diesen Fällen hat nur die Kombination der Sauerstofftherapie mit mechanischer oder elektrischer Stimulierung der Atmung evtl. auch die gleichzeitige Applikation eines das Atemzentrum erregenden Mittels einen Sinn. Anders ist es bei Hypoxämiezuständen, infolge pathologischer, aber reversibler Hämoglobinoxydationen wie z. B. durch Kohlenmonoxyd- und Stickoxydulinhalation oder Nitritvergiftungen und bei akuten Lungenveränderungen, die die Sauerstoffdiffusion erschweren, wie das Lungenödem und Giftgase. Bei diesen, meist akuten Zuständen ist die Sauerstofftherapie immer dringend indiziert und kann lebensrettend wirken.

Tabelle 43. Lungeninsuffizienzen und Sauerstofftherapie

Globalinsuffizienz				Pneumonie, Fieber und vasculärer Kurzschluß			
Pat.		O_2-Sättigung %	CO_2-Spannung mm Hg	Pat.		O_2-Sättigung %	CO_2-Spannung mm Hg
E. A.	Luft	91,1	45,8	F. G.	Luft	93,0	34,0
	O_2	100,0	53,4		O_2	96,0	35,0
R. W.	Luft	91,0	45,4	D. N.	Luft	83,0	38,5
	O_2	100,0	59,7		O_2	91,0	38,5
F. M.	Luft	90,4	50,1	R. L.	Luft	92,0	40,5
	O_2	100,0	59,4		O_2	96,0	38,0
I. M.	Luft	82,7	57,5	A. B.	Luft	85,0	34,5
	O_2	100,0	70,5		O_2	88,5	35,0
M. J.	Luft	90,3	47,1	K. R.	Luft	91,0	38,5
	O_2	100,0	54,2		O_2	93,5	37,5
Diffusionsstörung				Partialinsuffizienz			
M. B.	Luft	88,7	35,1	M. S.	Luft	93,6	35,0
	O_2	100,0	31,5		O_2	100,0	33,8
B. J.	Luft	88,7	35,5	R. G.	Luft	89,5	41,0
	O_2	100,0	42,9		O_2	100,0	40,4
M. H.	Luft	81,3	27,8	S. K.	Luft	84,5	41,3
	O_2	100,0	29,7		O_2	100,0	39,5
M. J.	Luft	89,5	44,0	W. D.	Luft	91,5	42,3
	O_2	100,0	39,1		O_2	100,0	42,5
S. H.	Luft	87,6	35,1	W. L.	Luft	91,3	41,1
	O_2	100,0	35,9		O_2	100,0	41,8

Tab. 43 gibt eine Übersicht der Sauerstoffwirkung auf die arteriellen Blutgase bei den verschiedenen Insuffizienzformen. Aus der Gegenüberstellung von je 5 Fällen zeigt sich deutlich, daß der Sauerstoff nur bei der Globalinsuffizienz eine sedative Wirkung hat und über eine Einschränkung der Ventilation zu einer Kohlensäureretention führt.

IV. Sauerstoffmangel und Höhenatmung

Der Verlauf der Sauerstoffdissoziationskurve zeigt, daß bei einer arteriellen Sauerstoffspannung unter 70 mm Hg bei normaler Temperatur und p_H keine Sättigung des Hämoglobins zu 95—97% erfolgt wie im Tiefland. Bei einer mittleren Höhe von 1800—2000 m ü. M. beträgt die Sauerstoffspannung der mit

Wasserdampf gesättigten Inspirationsluft entsprechend einem atmosphärischen Druck von 600 mm Hg nur noch 116 mm Hg. Bei einer normalen alveolären Kohlensäurespannung und einem respiratorischen Quotienten von 1 beträgt dann die alveoläre Sauerstoffspannung noch 76 mm Hg, sie liegt also nur noch wenig über der kritischen Grenze. Der alveolo-arterielle Sauerstoffspannungsgradient beträgt in Ruhe normalerweise 4—6 mm Hg. Man wird also in diesen Höhen unter Ruhebedingungen noch praktisch normale arterielle Blutgase finden, wie es auch mehrmals bestätigt wurde (VERZAR 1945). Bei Arbeit nimmt jedoch dieser Gradient zu, so daß zu erwarten ist, daß dann die arterielle Sauerstoff-sättigung unter 95% sinkt, wenn nicht die alveoläre Sauerstoffspannung durch Hyperventilation stark erhöht wird. Entsprechende Untersuchungen [BÜHL-MANN und HOFSTETTER (1951)] mit Arbeitsversuchen in der Unterdruckkammer mit einem Druck von 600 mm Hg wie auch in 2000 m Höhe zeigten entsprechend den theoretischen Erwartungen bei Belastungen mit 100—130 Watt für weibliche Versuchspersonen und 150—180 Watt für männliche Versuchspersonen einen leichten aber deutlichen Abfall der arteriellen Sauerstoffsättigung im Mittel auf etwa 92%. Dabei hyperventilierten alle Untersuchten ziemlich stark, so daß die Kohlensäurespannung im Mittel auf 34 mm Hg gesenkt wurde, also tiefer als bei entsprechenden Versuchen im Tiefland. Diese leichte, erst bei körperlicher Arbeit entstehende arterielle Hypoxämie stellt einen bisher vielleicht zu wenig beachteten spezifischen Klimafaktor dieser Höhenlagen dar, in der Schweiz z. B. u. a. in Arosa und St. Moritz. Systematische Erythrocytenzählungen bei 100 Schul-kindern im Tiefland (Basel) und in St. Moritz ergaben eine Zunahme von 10% im Mittel nach 3—4 Wochen Höhenaufenthalt [BÜHLMANN u. Mitarb. (1951)].

In größeren Höhen kommt es bereits in Ruhe zu einer leichten arteriellen Hypoxämie, die dann bei Arbeit im Zusammenhang mit der Zunahme des alveolo-arteriellen Sauerstoffspannungsgradienten noch ausgesprochener wird, da sich ja

Tabelle 44. *Atmung in der Höhe*

| Höhe m | Druck mm Hg | pO_2 insp. mm Hg | Arterielle | | Symptome bei nicht Adaptierten |
			pO_2 alv. mm Hg	O_2-Sätti-gung %	
2600	564	108	67	90	subjektiv kaum bemerkbare Ein-schränkung der Aufmerksamkeit, ev. Schläfrigkeit.Noch keine wesent-liche Hyperventilation in Ruhe
3200	518	98	52	85	Schläfrigkeit und Einschränkung der Aufmerksamkeit, deutliche subjek-tiv bemerkbare Hyperventilation
4500	446	84	45	77	Die Symptome sind noch aus-gesprochener und stellen bereits eine beträchtliche Behinderung dar
5200	412	76	38	71	Schwere Störung der Aufmerksam-keit, massive Hyperventilation, Kopfweh, ev. Euphorie
6000	364	66	34	66	Drohender Kollaps

pO_2 insp. = Sauerstoffspannung der Trachealluft bei der Inspiration, pO_2 alv. = alveoläre Sauerstoffspannung ohne Berücksichtigung der individuell unterschiedlichen Hyperven-tilation. Die Höhenadaptation entspricht einer Verschiebung der Symptomatologie in etwas größere Höhenlagen.

Sauerstoffbindung und -abgabe auf dem steilen Teil der Dissoziationskurve abspielen, wo schon kleine Spannungsänderungen große Bedeutung für die prozentuale Sättigung haben. In größeren Höhen wird damit übereinstimmend auch schon im Ruhezustand hyperventiliert und mit der Erniedrigung der Kohlensäurespannung zuerst einmal eine respiratorische Alkalose erzeugt und nach Ausscheidung von Basen das p_H wieder normalisiert, was einer Senkung der Kohlensäuredissoziationskurve entspricht. Da komplizierte psychische Funktionen bereits bei relativ leichter arterieller Sauerstoffuntersättigung deutlich gestört sind, haben Piloten die Anweisung, bereits bei einer Höhe von 3000 m ü. M. die Sauerstoffatmung zu benutzen.

V. Atmung und Sport

Die verschiedenen Sportdisziplinen und sportlichen Leistungen stellen hinsichtlich Sauerstoffaufnahme und Kohlensäureausscheidung ganz unterschiedliche Ansprüche an die Atmung. Der Energieverbrauch der Muskulatur ist z. T. enorm gesteigert. Bei einem 100 m-Lauf mit einer Laufgeschwindigkeit von 9−10 m/sec würde die Muskulatur etwa 600−800 cm³ Sauerstoff pro sec, d. h. 40−50 l pro min verbrauchen, die während dieser Zeit gar nicht aufgenommen werden können. Bei einem 400 m-Lauf mit einer Laufgeschwindigkeit von etwa 7 m/sec beträgt der Sauerstoffverbrauch ungefähr 16−20 l pro min. Da das Maximum der Sauerstoffschuld bei etwa 20 l liegt, ergibt sich die Begrenzung einer derartigen Laufgeschwindigkeit auf 50−60 sec. Für einen 1500 m-Lauf werden ungefähr $4^1/_2$ min benötigt, was einer Laufgeschwindigkeit von etwa 5,5 m/sec entspricht, bei der der Sauerstoffverbrauch der Muskulatur ungefähr 10 l pro min beträgt.

Die maximale Sauerstoffaufnahme durch die Lungen ist durch Ventilation, Diffusionskapazität und vor allem Herzminutenvolumen auf 4−5 l pro min beschränkt, bei derartig großen Leistungen muß deshalb aus anderen Quellen als der aeroben Verbrennung Energie bezogen werden. Wie schon im Kapitel zum Leistungsumsatz und zum Arbeitsversuch besprochen wurde, benötigen Ventilation und Kreislauf zu Beginn der Arbeit immer eine gewisse Anpassungszeit, während der zu wenig Sauerstoff aufgenommen wird, was dem *Sauerstoffdefizit* entspricht. Nach Beendigung der Leistung wird dieses Defizit als *Sauerstoffschuld* durch eine während mehrerer Minuten im Vergleich zum Ruhezustand gesteigerten Sauerstoffaufnahme abgetragen. Diese Sauerstoffschuld ist quantitativ immer größer als das Sauerstoffdefizit. CHRISTENSEN und HÖGBERG (1950), die diesen Befund experimentell nachgewiesen haben, erklären ihn mit dem geringeren energetischen Wirkungsgrad der Muskulatur bei anaerobem Abbau, was schon früher MEYERHOF (1930), SIMONSON und SIRKINA (1935) sowie ASMUSSEN (1946) mit anderen Versuchsanordnungen festgestellt hatten. Im Gegensatz zu einer Leistung im steady state nimmt bei höheren Leistungen das Sauerstoffdefizit laufend zu, doch kann die Sauerstoffschuld nur bis zu einem Maximalwert von etwa 20 l ansteigen, bei mehrere Minuten oder länger dauernden sportlichen Leistungen muß deshalb ein mehr oder weniger beträchtlicher Teil des Sauerstoffbedürfnisses der Muskulatur bereits während der Leistung aufgenommen werden. Bei einem 1500 m-Lauf z. B. werden ungefähr 50% des gesamten Sauerstoffbedarfes während des Laufes aufgenommen und die andere Hälfte nach Beendigung des Laufes als Sauerstoffschuld abgetragen. Die Hauptprodukte des anaeroben Stoffwechsels sind Milchsäure und Brenztraubensäure, die bei einer Arbeit im steady state bereits zum großen Teil während der Arbeit, bei erschöpfender Arbeit erst nachher zu Kohlensäure und Wasser aufoxydiert werden. Die Arbeit im steady state ist u. a. darin charakterisiert, daß in der Hauptsache nur während

der Anpassungsphase entsprechend dem Sauerstoffdefizit Milchsäure und Brenztraubensäure entstehen. Wenn während der Arbeit kein zusätzliches Defizit
eingegangen wird, so ist die Sauerstoffschuld quantitativ ungefähr doppelt so
groß wie das Sauerstoffdefizit, was den Schluß nahelegt, daß der Wirkungsgrad
des anaeroben Stoffwechsels nur etwa 50% des aeroben beträgt.

Bei höheren Leistungen, bei denen ein steady state nicht mehr möglich ist —
die Grenze liegt bei sehr gut trainierten Sportlern ungefähr bei einer Sauerstoffaufnahme von 3–3,5 l Sauerstoff pro min — wird die Diskrepanz zwischen Sauerstoffbedürfnis und Sauerstoffaufnahme immer größer. Da das Sauerstoffbedürfnis mit der Leistung nicht linear, sondern potenziert zunimmt, ergibt
sich auch für die Sauerstoffschuld eine Potenzierung in Abhängigkeit zur Leistung
(siehe Abb. 26). Für den Kurzstreckenlauf, 100 und 200 m, spielen diese Überlegungen für die Lauftaktik noch keine Rolle, da wegen der Kürze der Zeit die
maximale Sauerstoffschuld noch nicht voll ausgenützt wird. Die Atmung ist für
derartige Leistungen von ganz untergeordneter Bedeutung, ein großer Teil der
Strecke wird sogar in Apnoe bewältigt, und der gesamte Sauerstoffbedarf wird
erst nach Beendigung des Laufes aufgenommen. Doch wird die Sauerstoffschuld
bereits bei einem 400 m-Lauf fast vollständig beansprucht, so daß hier bereits
energetische Überlegungen eine Rolle spielen, weil eine konstante Mittelgeschwindigkeit, "steady pace", eine kleinere Gesamtsauerstoffaufnahme erfordert, als
wenn mit zwei verschiedenen Laufgeschwindigkeiten die gleiche Durchschnitts-
geschwindigkeit erreicht wird. Werden die 400 m z. B. mit einer konstanten
Geschwindigkeit von 7 m/sec gelaufen, so benötigt der Läufer ungefähr 16–17 l
Sauerstoff pro min und er hat damit seine Sauerstoffschuld noch nicht voll ausgenützt. Wird die eine Hälfte der Strecke mit 5 m/sec, die andere mit 9 m/sec,
was die gleiche Mittelgeschwindigkeit von 7 m/sec ergibt, gelaufen, so beträgt der
Sauerstoffverbrauch des Läufers bereits etwa 20 l pro min. Dieser Läufer geht also
bereits mit einer fast vollständig ausgeschöpften Sauerstoffschuld zur gleichen Zeit
durchs Ziel. Mit einer Sauerstoffaufnahme von 20 l pro min wäre aber eine
konstante Mittelgeschwindigkeit von 7,4 m/sec und damit der Sieg möglich
gewesen.

Beim Mittel- und Langstreckenlauf wird das Sauerstoffdefizit protrahiert
vergrößert. Wenn am Ende eines 400 m-Laufes von 50–60 sec und am Ende
des Marathonlaufes nach 2–3 Std. ungefähr die gleiche Sauerstoffschuld von
etwa 20 l erreicht wird, so zeigt dies ebenfalls, daß beim 400 m-Lauf nicht nur der
Sauerstoffverbrauch pro min, sondern auch der anaerobe Anteil der Energie-
lieferung pro Zeiteinheit viel größer ist als beim Marathonlauf.

Bei derartig großen Leistungen nimmt die Körpertemperatur deutlich zu.
Das Temperaturgleichgewicht wird wegen der großen Wärmekapazität des Körpers erst nach 40–50 min erreicht.

Da die Atemarbeit und damit der Sauerstoffverbrauch der Atemmuskulatur
mit der Ventilationssteigerung nicht linear, sondern potenziert zunehmen, wird
der Atemgrenzwert nie ausgenützt. Aus ökonomischen Gründen wird bei Leistungen entsprechend einer Sauerstoffaufnahme von 3–4 oder mehr Liter pro min
meistens relativ hypoventiliert, so daß die alveoläre und arterielle Kohlensäurespannung über die Norm ansteigen. Es entsteht damit ein der Globalinsuffizienz
entsprechender Zustand, der wie in pathologischen Fällen, Emphysem usw., eine
Einsparung an Atemarbeit bedeutet. Bei sehr großen Leistungen würde eine
adäquate Ventilationssteigerung auch gar nichts nützen, weil eine normale
arterielle Sauerstoffsättigung durch die Diffusionskapazität und die maximale
Sauerstoffaufnahme durch den Kreislauf, d. h. das Herzminutenvolumen begrenzt
sind. Die arteriellen Blutgase bleiben in unseren Höhen nur bis zu Leistungen

entsprechend 200—250 Watt, bei sehr gut trainierten Sportlern vielleicht noch bis zu 300 Watt ungefähr im Bereiche der Norm. Bei höheren Leistungen mit einer Sauerstoffaufnahme von mehr als 3 l pro min kommt es immer zur Symptomatologie der Diffusionsstörung mit Abfall der arteriellen Sauerstoffsättigung und erniedrigter Kohlensäurespannung falls noch hyperventiliert wird. Wird nicht mehr hyper- sondern bereits relativ hypoventiliert, so fällt die arterielle Sauerstoffsättigung noch weiter ab, während die Kohlensäurespannung ansteigt und eine deutliche Acidose in Erscheinung tritt. Bei länger dauernden Übungen beeinträchtigt auch die Temperaturerhöhung die Sauerstoffbindung an das Hämoglobin, so daß auch von dieser Seite her die arterielle Sauerstoffsättigung herabgedrückt wird. Bei großen und etwas länger dauernden sportlichen Leistungen finden wir im Gegensatz zu den Verhältnissen bei einer Leistung im steady state immer eine arterielle Hypoxämie, eine mehr oder weniger ausgesprochene Hyperkapnie und eine deutliche Verschiebung des p_H zur sauren Seite. Die untenstehenden Werte stammen aus dem arteriellen Blut, das sofort nach 200 m Schwimmen entnommen wurde.

Tabelle 45
Nach BERGGREN und CHRISTENSEN (1950)

Sportart	Sauerstoff-aufnahme/min	Temperatur ° C
Gymnastik	bis 2,5 l	38,2
Skilanglauf	bis 3,4 l	38,8
Eishockey	bis 3,6 l	38,9
Querfeldeinlauf. . .	bis 3,8 l	39,0
Handball	bis 4,2 l	39,3

Aus diesen Ausführungen ergibt sich bereits die Auswirkung der Sauerstoffatmung auf die sportliche Leistung, die seit einigen Jahren erneut in Sportkreisen lebhaft diskutiert wird. Eine günstige Wirkung der Sauerstoffatmung ist nur in dem kleinen Bereich zu erwarten, in dem die maximale Diffusionskapazität überschritten und deshalb keine normale arterielle Sauerstoffsättigung mehr möglich ist, die Transportkapazität durch den Kreislauf aber noch nicht voll ausgeschöpft wird. Überschreitet das Sauerstoffbedürfnis wie bei großen Leistungen die Transportkapazität des Kreislaufes, so kann die Sauerstoffatmung nur eine begrenzte leistungssteigernde Wirkung haben, weil sie die Sauerstoffaufnahme nur insofern vergrößert, als sie das wegen ungenügender Diffusion und Hypoventilation mit Sauerstoff untersättigte Blut aufsättigt, was im Vergleich zum stark erhöhten Sauerstoffbedürfnis quantitativ nur von untergeordneter Bedeutung ist. Entsprechend diesen Erwartungen stellte MÜNCHINGER (1955) nur im Bereiche von 300—350 Watt eine deutliche leistungssteigernde Wirkung in der Größenordnung von 25% bei Sauerstoffatmung fest. Bei kleineren und größeren Belastungen war dieser Effekt

Tabelle 46
Arterielle Blutgase nach 200 m Schwimmen

	A. B.	P. L.
O_2-Kap. Vol.-% ..	22,5	21,9
O_2-Sttg.-%	84,2	87,5
pO_2 mm Hg	56	58
CO_2-Gehalt Vol.-% .	58,4	59,3
p_H	7,29	7,31
pCO_2 mm Hg ...	52,1	51,8

eindeutig geringer. Bei derartigen Belastungen, die von gut Trainierten noch annähernd im steady state vollbracht werden, nehmen nach MÜNCHINGER Atemminutenvolumen und Pulsfrequenz während Sauerstoffatmung im Vergleich zur Luftatmung um 7—10% ab.

Die Sauerstoffatmung während der Erholung hat keinen nennenswerten Einfluß auf die Erholungsdauer und das Abtragen der Sauerstoffschuld. Wegen der geringen Speicherfähigkeit von Sauerstoff, das Sättigungsdefizit ist bei Luftatmung ohnehin nur klein und die Löslichkeit des Sauerstoffes im Gewebe und im

Plasma ist gering, kann das Sauerstoffatmen vor der Leistung keinen eindeutigen leistungssteigernden Effekt haben.

Die Bedeutung des *Trainings* ist hinsichtlich Atmung und Sport durch fünf Faktoren charakterisiert:

1. Zunahme der maximal möglichen Sauerstoffaufnahme, was in erster Linie durch eine Kreislaufanpassung mit Vergrößerung des maximalen Herzminutenvolumens und erst in zweiter Linie durch eine Zunahme der maximalen Diffusionskapazität der Lunge und einer Vermehrung des Hämoglobins zustande kommt.

2. Gewöhnung mit größerer Sauerstoffausschöpfung des Blutes im Gewebe, d. h. mit relativ kleinen Herzminutenvolumen zu arbeiten, wofür der geringere Anstieg des Blutdruckes und der Pulsfrequenz ein gutes Zeichen sind.

3. Gewöhnung an relative Hypoventilation mit arterieller Hypoxämie und Hyperkapnie. Dabei muß für jede Sportdisziplin ein optimales Gleichgewicht gefunden werden, da die arterielle Hypoxämie den Anteil des anaeroben Abbaues zur Energieproduktion erhöht, der aber einen geringeren Wirkungsgrad als der aerobe hat, was wiederum die Sauerstoffschuld vergrößert.

4. Erhöhung der Toleranz gegenüber der Sauerstoffschuld, so daß eine große Sauerstoffschuld aufgenommen werden kann.

5. Besserung der Durchblutung der speziell beanspruchten Muskelgebiete durch vermehrte Capillarisierung.

Die sportphysiologischen Untersuchungen haben z. B. die intuitiv und durch Erfahrung entwickelte Lauftaktik großer Läufer physiologisch begründet, und man darf erwarten, daß weitere Untersuchungen auf diesem Gebiet sowie die konsequente Anwendung der bereits bekannten Gesetzmäßigkeiten bessere sportliche Leistungen zeitigen werden. Diese Untersuchungen zeigen aber auch die großen Anpassungsmechanismen des menschlichen Organismus, die sich prinzipiell gar nicht von denen unter krankhaften Bedingungen unterscheiden. Pathophysiologie der Atmung und Sportphysiologie haben enge Berührungspunkte, hier wie dort steht das Prinzip der Ökonomie im Vordergrund.

E. Anhang

Formeln, Korrekturfaktoren, Reagentien, Tabellen

Korrektur der Lungenvolumina und Ventilation auf „Lungenverhältnisse" (BTPS = 37°, Wasserdampfspannung bei 37°, atmosphärischer Druck)

$$\text{Volumen (BTPS)} = V \text{ (Spirometer)} \cdot \left(\frac{P - p\mathrm{H_2O}\ T\,Sp}{P - 47}\right) \cdot \left(\frac{273 + 37}{273 + T\,Sp}\right)$$

(P = atmosphärischer Druck, T = Temperatur, $T\,Sp$ = Temperatur im Spirometer)

Reduktion der Sauerstoffaufnahme auf „Normalverhältnisse" (STPD = 0°, 760 mm Hg, trocken).

$$\text{Volumen (STPD)} = V \text{ (Spirometer)} \cdot \left(\frac{P - p\mathrm{H_2O}\ T\,Sp}{760}\right) \cdot \left(\frac{273}{273 + T\,Sp}\right)$$

Messung der Kohlensäureausscheidung mit Kalilauge:
50 cm³ 47% Kalilauge + 50 cm³ dest. Wasser in Absorptionsflaschen. Nach Ende des Versuches Ausspülen der Absorptionsflaschen mit dest. Wasser, einfüllen in einen Meßkolben und Auffüllen auf 1000 cm³ mit dest. Wasser. 5 cm³ werden mit 30 cm³ 5% Bariumchloridlösung und 1 Tropfen Phenolphthalein versetzt. Titration mit $^1/_{10}$ n Salzsäure bis zum Farbumschlag.

Leerwert abzüglich Titrationswert multipliziert mit 22,3 ergibt die absorbierte, d. h. ausgeschiedene Kohlensäure für 0°, 760 mm Hg.

Sollwerte: (Ventilation und Lungenvolumina für „Lungenverhältnisse" BTPS).

Minutenvolumen = Sauerstoffaufnahme mal 28 (mittlere spez. Ventilation).

Vitalkapazität:

    Männer [27,63 — (0,112 · Alter)] · Größe cm
    Frauen [21,78 — (0,101 · Alter)] · Größe cm

Totalkapazität:

    Männer [36,2 — (0,06 · Alter)] · Größe cm
    Frauen [28,6 — (0,06 · Alter)] · Größe cm

Totalkapazität   100%
Vitalkapazität   72%
funkt. Residualkap.   43% (Liegender Patient)
Residualvolumen   28%

* bis ungefähr zum 50. Lebensjahr

Tabelle 47. *Spirometrie:* Wasserdampfspannung ($p\,H_2O$)

Temperatur °C	$p\,H_2O$ mm Hg
17	14,5
18	15,5
19	16,5
30	17,6
21	18,7
22	19,8
23	21,1
24	22,4
25	23,8
30	31,9
37	47,0

Atemgrenzwert: Sollvitalkapazität mal 30—40 (Frequenz 40—55 pro min).

Blutgasanalyse:

Zur Hemmung der Gerinnung und Autooxydation

$2^1/_2{}^0/_{00}$ Kaliumoxalat, neutrales ⎫
$1^1/_2{}^0/_{00}$ Natriumfluorid   ⎬ in Pulverform

Für 20 cm³ Blut 0,08 g der Mischung von 5 zu 3 Gewichtsteilen beider Substanzen.

Sauerstoffkapazität und -sättigung mit der modifizierten Haldane-Apparatur.

Brody-Lösung:

    23 g Kochsalz
    5 g Natriumcholeinicum
    ad 500 cm³ dest. Wasser, einige Tropfen Thymol und rote oder blaue Farblösung

„Boratpuffer"

Lösung 1	Lösung 2
12, 404 g H_3BO_3	1/10 n NaOH
100 cm³ 1 n NaOH	
ad 1000 cm³ dest. Wasser	

Täglich frisch mischen 3 Teile von Lösung 1 zu 2 Teilen von Lösung 2.

„Ferricyanidlösung"

    23,0 g   Kaliumferricyanid $K_3Fe(CN)_6$
    8,0 g   Saponin
    ad 100 cm³ dest. Wasser

Saponin durch Rühren mit Glasstab mischen, die Lösung erfolgt während etwa 8 Std. Die Lösung ist 20 Tage haltbar.

Korrekturfaktoren für zusätzliche Sauerstoff- und Stickstofflösung bei Temperaturen, die unter der des Körpers liegen:

15°	0,77	20°	0,58	
16°	0,73	21°	0,54	Für Blut mit einer Sauerstoff-
17°	0,69	22°	0,50	sättigung unter 80% und
18°	0,66	23°	0,46	venöses Blut einheitlich 0,96
19°	0,62	24°	0,42	

Kohlensäuregehalt mit der van Slyke-Apparatur.

1 n Milchsäure
täglich frisch 1 : 10 mit dest. Wasser verdünnen.
20% Natronlauge (Plasma)
Octylalkohol

Beim Arbeiten mit Vollblut Absorption mit 1 n Natronlauge.

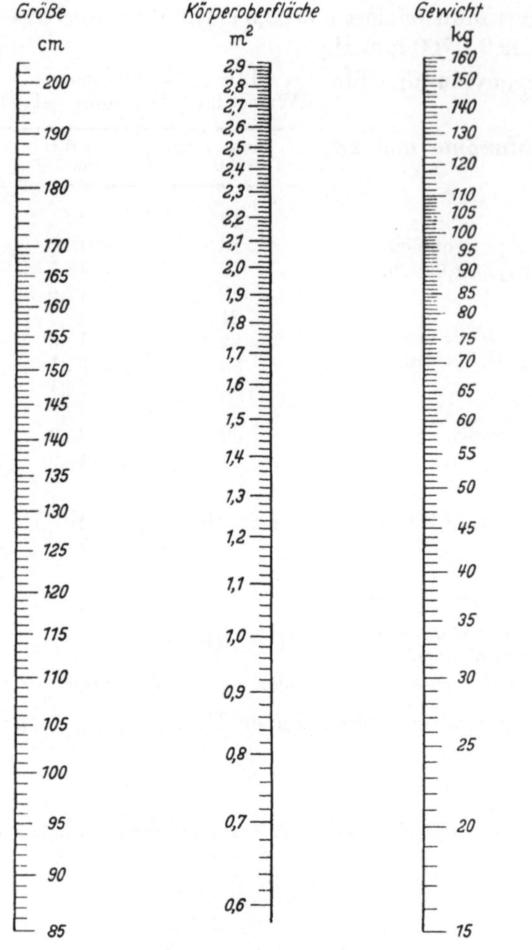

Abb. 94. Nomogramm zur Ermittlung der Körperoberfläche in m²
aus Körpergröße und Gewicht

Tabelle 48. *Faktoren für die Kohlensäurebestimmung im Plasma mit der van Slyke-Apparatur.* (Die Druckdifferenz multipliziert mit dem Faktor ergibt den Kohlensäuregehalt in Vol.-%)

Temperatur °C	Faktor
12	0,2782
13	0,2768
14	0,2751
15	0,2735
16	0,2719
17	0,2704
18	0,2690
19	0,2675
20	0,2662
21	0,2648
22	0,2634
23	0,2620
24	0,2607
25	0,2594
26	0,2581
27	0,2569
28	0,2557
29	0,2545
30	0,2533

p_H-*Messung*

Phthalatpuffer:

5,1045 g Kalium biphthalicum purris Merck (nach CLARK, LUBS) ad 500,0 cm³ dest. Wasser
p_H 4,014 bei 37°
p_H 4,000 bei 25°

Standardacetatpuffer:

200,0 cm³ 1 n Essigsäure   Essigsäure umkristallisieren
100,0 cm³ 1 n Natronlauge   Natronlauge kohlensäurefrei
ad 1000,0 cm³ dest. Wasser
p_H 4,635 bei 37°

PNP Puffer

(Paranitrophenol, *Metrohm* AG, Herisau, Schweiz)

0,08 molar Paranitrophenol
0,08 molar Paranitrophenolat (Natriumsalz)

Lösungen 1:1 mischen

p_H 6,97 bei 37° C   Diese 3 Puffer sind im Kühlschrank monatelang
p_H 7,15 bei 20° C   haltbar, die p_H Konstanz beträgt ± 0,01 E

Gasanalyse nach HALDANE.

Kohlensäureabsorption mit 10% Kalilauge
Sauerstoffabsorption   mit 16 g Natriumhydrosulfit
14 g Kalilauge
3 g Natriumanthrachinonsulfonsaures (Silbersalz)
ad 100 cm³ dest. Wasser

Tabelle 49. *Grundumsatzfaktor nach* FLEISCH. Dieser Faktor, mit der Körperoberfläche multipliziert, ergibt den Grundumsatz in Calorien für 24 Std.

	Männliches Geschlecht Alter in Jahren															
Alter	1	2	3	4	5	6	7	8	9	10	11	12	13	14	15	
Faktor	1270	1255	1230	1205	1180	1165	1135	1110	1085	1055	1030	1020	1015	1010	1000	
Alter	16	17	18	19	20	25	30	35	40	45	50	55	60	65	70	75
Faktor	992	978	960	940	926	900	885	875	870	865	860	850	840	825	810	795

	Weibliches Geschlecht Alter in Jahren															
Alter	1	2	3	4	5	6	7	8	9	10	11	12	13	14	15	
Faktor	1270	1255	1225	1190	1160	1125	1090	1050	1025	1020	1000	990	967	940	910	
Alter	16	17	18	19	20	25	30	35	40	45	50	55	60	65	70	75
Faktor	885	870	860	852	848	845	842	840	838	830	815	800	785	775	760	750

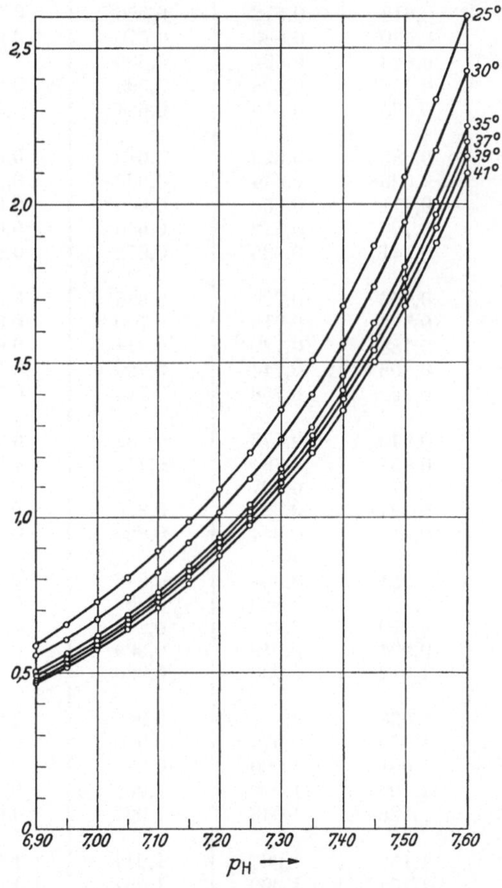

Abb. 95. Graphische Darstellung der Faktoren der Tab. 50

Umrechnungsfaktoren für mäq/l

Natrium 2,3 mg-% = 1 mäq/l
Kalium   3,91 mg-% = 1 mäq/l
Chloride 3,54 mg-% = 1 mäq/l
Bicarbonate im Plasma 2,23 Vol.-% CO_2 = 1 mäq/l

Die Zuführung von 1 g $NaHCO_3$ pro Liter entspricht der Erhöhung der basischen Valenzen um 11,91 mäq/l.

Tab. 50. *Nenner der Hasselbalch-Henderson-Gleichung in Abhängigkeit von Temperatur und* p_H

$$pCO_2 = \frac{CO_2\ Vol.\text{-}\%}{0,1316 \cdot a \cdot \left(10^{p_H - pk'} + 1\right)}$$

	25°	30°	35°	37°	39°	41°
a	0,698	0,612	0,544	0,521	0,498	0,474
pk'	6,163	6,136	6,116	6,107	6,097	6,086
p_H						
6,90	0,584	0,553	0,506	0,494	0,482	0,469
6,91	0,605	0,560	0,515	0,504	0,492	0,478
6,92	0,617	0,570	0,526	0,515	0,493	0,488
6,93	0,629	0,582	0,536	0,525	0,511	0,498
6,94	0,642	0,594	0,551	0,535	0,521	0,508
6,95	0,655	0,606	0,561	0,546	0,531	0,518
6,96	0,666	0,618	0,572	0,556	0,544	0,529
6,97	0,681	0,630	0,583	0,570	0,554	0,540
6,98	0,695	0,643	0,594	0,580	0,564	0,551
6,99	0,710	0,656	0,608	0,593	0,577	0,563
7,00	0,724	0,670	0,618	0,604	0,590	0,574
7,01	0,737	0,683	0,629	0,618	0,603	0,586
7,02	0,760	0,696	0,644	0,632	0,616	0,598
7,03	0,772	0,711	0,658	0,645	0,627	0,611
7,04	0,783	0,727	0,672	0,656	0,642	0,623
7,05	0,800	0,741	0,685	0,672	0,655	0,636
7,06	0,816	0,756	0,700	0,686	0,668	0,650
7,07	0,833	0,772	0,715	0,700	0,682	0,664
7,08	0,850	0,788	0,729	0,714	0,695	0,678
7,09	0,876	0,805	0,744	0,728	0,710	0,692
7,10	0,886	0,822	0,758	0,744	0,728	0,707
7,11	0,905	0,840	0,776	0,762	0,741	0,722
7,12	0,923	0,857	0,784	0,776	0,756	0,737
7,13	0,943	0,875	0,797	0,791	0,774	0,753
7,14	0,960	0,894	0,825	0,810	0,789	0,768
7,15	0,983	0,914	0,844	0,826	0,806	0,785
7,16	1,005	0,931	0,865	0,846	0,823	0,803
7,17	1,024	0,953	0,880	0,862	0,839	0,819
7,18	1,049	0,970	0,900	0,878	0,859	0,837
7,19	1,070	0,994	0,919	0,899	0,879	0,856
7,20	1,092	1,012	0,936	0,920	0,898	0,874
7,21	1,120	1,036	0,957	0,940	0,918	0,892
7,22	1,400	1,059	0,979	0,960	0,937	0,912
7,23	1,168	1,081	1,000	0,981	0,957	0,932
7,24	1,190	1,106	1,022	1,001	0,979	0,952
7,25	1,210	1,128	1,043	1,022	0,996	0,972
7,26	1,240	1,150	1,064	1,044	1,020	0,994
7,27	1,268	1,178	1,090	1,067	1,032	1,014
7,28	1,296	1,203	1,115	1,094	1,062	1,037
7,29	1,321	1,230	1,139	1,114	1,088	1,060
7,30	1,350	1,252	1,164	1,133	1,111	1,084
7,31	1,379	1,283	1,188	1,164	1,134	1,107
7,32	1,410	1,309	1,216	1,186	1,160	1,131
7,33	1,442	1,340	1,243	1,215	1,186	1,156
7,34	1,470	1,370	1,270	1,241	1,212	1,182
7,35	1,505	1,399	1,298	1,270	1,239	1,209

Tabelle 50. (Fortsetzung)

	25°	30°	35°	37°	39°	41°
7,36	1,539	1,430	1,326	1,297	1,265	1,235
7,37	1,570	1,460	1,354	1,325	1,300	1,264
7,38	1,608	1,493	1,388	1,355	1,324	1,290
7,39	1,645	1,527	1,416	1,386	1,350	1,318
7,40	1,680	1,560	1,443	1,414	1,384	1,350
7,41	1,713	1,591	1,480	1,449	1,412	1,377
7,42	1,752	1,630	1,515	1,480	1,445	1,409
7,43	1,791	1,666	1,542	1,513	1,475	1,440
7,44	1,838	1,700	1,601	1,545	1,508	1,470
7,45	1,869	1,741	1,631	1,578	1,540	1,505
7,46	1,910	1,780	1,652	1,615	1,580	1,538
7,47	1,955	1,818	1,688	1,655	1,612	1,575
7,48	2,000	1,860	1,723	1,689	1,649	1,607
7,49	2,040	1,898	1,763	1,725	1,685	1,645
7,50	2,085	1,941	1,802	1,765	1,724	1,682
7,51	2,131	1,990	1,844	1,805	1,764	1,720
7,52	2,180	2,035	1,882	1,845	1,803	1,756
7,53	2,232	2,078	1,926	1,887	1,842	1,787
7,54	2,280	2,120	1,970	1,928	1,880	1,837
7,55	2,338	2,170	2,010	1,970	1,926	1,880
7,56	2,380	2,220	2,060	2,018	1,970	1,920
7,57	2,435	2,265	2,105	2,062	2,011	1,965
7,58	2,490	2,320	2,155	2,108	2,060	2,008
7,59	2,544	2,375	2,200	2,153	2,105	2,055

Tabelle 51. *Sauerstoffspannung in der Inspirationsluft und in der normalen Alveolarluft*

P	pO_2 I	pO_2 alv.	P	pO_2 I	pO_2 alv.
760	149,2	102,2			
759	149,0	102,0	724	141,7	94,7
758	148,7	101,7	723	141,5	94,5
757	148,5	101,5	722	141,3	94,3
756	148,3	101,3	721	141,1	94,1
755	148,1	101,1	720	140,9	93,9
754	147,9	100,9	719	140,6	93,6
753	147,7	100,7	718	140,4	93,4
752	147,5	100,5	717	140,2	93,2
751	147,3	100,3	716	140,0	93,0
750	147,1	100,1	715	139,8	92,8
749	146,8	99,8	714	139,6	92,6
748	146,6	99,6	713	139,4	92,4
747	146,4	99,4	712	139,2	92,2
746	146,2	99,2	711	139,0	92,0
745	146,0	99,0	710	138,8	91,8
744	145,8	98,8	709	138,5	91,5
743	145,6	98,6	708	138,3	91,3
742	145,4	98,4	707	138,1	91,1
741	145,2	98,2	706	137,9	90,9
740	145,0	98,0	705	137,7	90,7

Tabelle 51. (Fortsetzung)

P	pO_2 I	pO_2 alv.	P	pO_2 I	pO_2 alv.
739	144,8	97,8	704	137,5	90,5
738	144,6	97,6	703	137,3	90,3
737	144,4	97,4	702	137,1	90,1
736	144,2	97,2	701	136,9	89,9
735	144,0	97,0	700	136,7	89,7
734	143,8	96,8	699	136,4	89,4
733	143,6	96,6	698	136,2	89,2
732	143,4	96,4	697	136,0	89,0
731	143,2	96,2	696	135,8	88,8
730	143,0	96,0	695	135,6	88,6
729	142,8	95,8	694	135,4	88,4
728	142,6	95,6	693	135,2	88,2
727	142,4	95,4	692	135,0	88,0
726	142,2	95,2	691	134,8	87,8
726	142,2	95,2	691	134,8	87,8
725	142,0	95,0	690	134,6	87,6

$$pO_2 \text{ alv.} = (P - 47) \cdot 0{,}2093 - \frac{pCO_2}{RQ} + \frac{pCO_2 \cdot 0{,}2093 \cdot (1 - RQ)}{RQ}$$

pO_2 alv. Sollwert (pCO_2 40 mm Hg, RQ 0,82)

Tabelle der gebräuchlichen Abkürzungen
und von den amerikanischen Physiologen standardisierte Symbole

A	alveolär		B	Barometerstand
a	arteriell		V	Gasvolumen
v	venös		I	Inspirationsluft
c	capillär		E	Exspirationsluft
P	Druck (allgemein)		T	Atemluft = Atemvolumen

D Totraumluft = Totraumvolumen
R Gasaustausch (Volumen CO_2/Volumen O_2) respiratorischer Quotient RQ
F in Teilen von 1 Konzentration des trockenen Gases %
$\dot{V}$ Volumen/Zeit
$\dot{V}E$ Atemminutenvolumen
$\dot{V}A$ alveoläre Ventilation
$\dot{V}D$ Totraumventilation
f Atemfrequenz
$\dot{Q}$ Blutvolumen/Zeit (z. B. Herzminutenvolumen HMV)
C Gaskonzentration im Blut
D Diffusionskapazität der Lunge = Diffusionskoeffizient der Lunge = D_{O_2}
$\bar{v}$ venöses Mischblut
PIO_2 Sauerstoffspannung in der Inspirationsluft
PEO_2 Sauerstoffspannung in der Exspirationsluft
PAO_2 alveoläre Sauerstoffspannung, alv. pO_2
PaO_2 arterielle Sauerstoffspannung, art. pO_2
$PACO_2$ alveoläre Kohlensäurespannung, alv. pCO_2
$PaCO_2$ arterielle Kohlensäurespannung, art. pCO_2
$\bar{P}cO_2$ mittlere capilläre Sauerstoffspannung
va venöse Zumischung
$PAO_2 - \bar{P}cO_2$ Alveolo — mittlerer capillärer Sauerstoffspannungsgradient
$PAO_2 - PaO_2$ Alveolo — arterieller Sauerstoffspannungsgradient
Sa arterielle Sauerstoffsättigung in %, art. O_2-Sättigung
$S\bar{v}$ Sauerstoffsättigung des venösen Mischblutes
$STPD$ „Normalverhältnisse" für Gasvolumen 0° C, 760 mm Hg, trocken
$BTPS$ „Lungenverhältnisse" für Gasvolumen
     Körpertemperatur, Druck z. Z. der Untersuchung, wasserdampfgesättigt entsprechend Körpertemperatur

Literatur

Eine Zusammenstellung der Literatur über die Atemphysiologie und -pathophysiologie mit etwa 3000 Angaben findet sich im Lungenband (IV) der Neuauflage des Handbuches für innere Medizin (Springer-Verlag) im Beitrag „Pathophysiologie der Atmung" von P. H. Rossier und A. Bühlmann.

Wir haben uns deshalb für diese Monographie mit einer Auswahl begnügt und insbesondere die neueste Literatur berücksichtigt. Eine vollständige Übersicht des Schrifttums über dieses Gebiet ist heute gar nicht mehr möglich.

Die Literaturangaben sind nach Sachgebieten geordnet, was das Aufsuchen der interessierenden Arbeiten erleichtern dürfte. Gelegentliche Überschneidungen sind bei diesem System nicht zu vermeiden.

I. Monographien

1. Physiologie der Atmung im allgemeinen

Barcroft, J.: The respiratory function of the blood. Cambridge: Univ. Press 1928.

Bert, P.: Barometric pressure, Researches in experimental Physiology. Translated from the French: Columbus, College Book Comp. 1943.

Best, C. H., and N. B. Taylor: The physiological basis of medical practice. Baltimore: The Williams and Wilkins Cp. 1945.

Bladergroen, W.: Physikalische Chemie in Medizin und Biologie. Basel: Wepf 1949.

Boothby, W. M.: Handbook of respiratory physiology. Randolph Air Force Base: Air University, USAF. School of Aviation Medicine 1954.

Comroe, J. H.: Methods in medical research, Bd. 2. Chicago: The Year Book Publishers, Inc. 1950.

Comroe, J. H., R. E. Forster, A. B. Du Bois, W. A. Briscoe and E. Carlsen: The lung. Chicago: The Year Book Publishers, Inc. 1955.

Dautrebande, L.: Les échanges respiratoires. Paris: Presse Univ. de France 1930. — Respiration. In: Traité de physiologie normale et pathologie. Paris: Masson & Cie 1934.

Drinker, C. K.: The clinical physiology of the lungs. Springfield: C. C. Thomas 1954.

Edlbacher, S., u. F. Leuthardt: Lehrbuch der physiologischen Chemie. Berlin: W. de Gruyter 1952.

Glasser, O.: Medical physics, Bd. 1, 1944, Bd. 2, 1950. Chicago: The Year Book Publishers.

Gordon, B. L. (Ed.): Clinical cardiopulmonary physiology. New York and London: Grune and Stratton 1957.

Guyton, A. C.: Textbook of medical physiology. Philadelphia and London: W. B. Saunders Comp. 1956.

Haldane, J. S.: Respiration. New-Haven: Yale Univ. Press 1927.

Henderson, L. J.: Blood. A study in general physiology. New-Haven: Yale Univ. Press 1928.

Höber, R.: Lehrbuch der Physiologie des Menschen. 7. Aufl. Berlin: Julius Springer 1934.

Johlin, J. M.: Introduction to physical biochemistry. New York: P. B. Holber 1949.

Knipping, H. W., u. P. Rona: Praktikum der physiologischen Chemie. Teil 3: Stoffwechsel und Energiewechsel. Berlin: Julius Springer 1928.

Lemberg, R., and J. W. Legge: Hematin compounds and bile pigments. New York and London: Interscience Publishers 1949.

Macloed, J. J. R.: Physiology in modern medicine. London: H. Kimpton 1935.

Morin, G.: Physiologie du travail humain. Paris: Masson et Cie 1946.

Rahn, H.: Studies in respiratory Physiology. Third Series, Wright Air Development Center 1956.

— and W. O. Fenn: Studies in respiratory Physiology. Second series. Wright Air Development Center 1955.

Rein, H.: Einführung in die Physiologie des Menschen. Berlin: Julius Springer 1921.

— u. M. Schneider: Physiologie des Menschen. XI. Aufl. Berlin-Göttingen-Heidelberg: Springer 1955.

Robertson, T. B.: Principles of biochemistry. London: Baillière, Tindall and Cox 1924.

Roughton, F. J. W., and J. C. Kendrew: Haemoglobin, A symposium based on a Conference held at Cambridge in June 1948 in memory of Sir J. Barcroft. London: Butterworths Scientific Publ. 1949.

A Symposium held at Queen's College. Pulmonary circulation and respiratory function. Dundee: Univ. of St. Andrews 1956.

2. Atemregulation

BUCHER, K.: Reflektorische Beeinflußbarkeit der Lungenatmung. Wien: Springer-Verlag 1952.

CORDIER, D., et C. HEYMANS: Le centre respiratoire. Paris: Hermann 1935.

GRAY, J. S.: Pulmonary ventilation and its physiological regulation. Springfield: C. C. Thomas 1950.

HESS, W. R.: Die Regulierung der Atmung. Leipzig: Georg Thieme 1931.

— Das Zwischenhirn und die Regulation von Kreislauf und Atmung. Leipzig: Georg Thieme 1938.

KROGH, A.: The comparative physiology of respiratory mechanisms. Philadelphia: Univ. Penn. Press 1941.

MÖLLENDORF, W. v.: Die örtliche Regulierung der Atmung und ihre gestaltlichen Grundlagen. Freiburg i. Br.: Hans Ferdinand Schulz 1942.

PITTS, R. F.: Organization of the neural mechanisms responsible for rhythmic respiration, in Howell's Textbook of Physiology, 15. Aufl. Philadelphia: W. B. Saunders Comp. 1946.

SCHMIDT, C. F.: The reflex regulation of respiration, in Macleod's Physiology in Modern Medicine, 9. Aufl. St. Louis: C. V. Mosby Comp. 1941.

3. Anatomie der Lunge und Mechanik der Atmung

BARIÉTY, M., J. PAILLAS et M. LÉVY: La trachée et les bronches cartilagineuses. Paris: Masson & Cie. 1951.

FISCHER, F. K.: Konstruktiver Lungenbau. In: SCHINZ, BAENSCH, FRIEDL, UEHLINGER, Lehrbuch der Röntgendiagnostik. Stuttgart: Georg Thieme 1951.

HAYEK, H. C.: Die menschliche Lunge. Berlin, Göttingen, Heidelberg: Springer-Verlag 1953.

KEITH, A.: The mechanism of respiration in man. Further advances in physiology. London: Arnold 1909.

MACKLIN, C. C.: The musculature of the bronchi and lungs. Physiology. Rev. 9, 1 (1929).

MILLER, W. S.: The lung. Springfield: C. C. Thomas 1937.

MÜLLER, F.: Les dispositifs interstitiels de tension dans le poumon. Paris: Masson & Cie.

PARODI, F.: La mécanique pulmonaire. Paris: Masson & Cie. 1933.

POLICARD, A.: Le poumon. II Edition. Paris: Masson & Cie. 1955. — Précis d'histologie physiologique. Paris: Doin 1944.

— et P. GALY: Les bronches. Paris: Masson & Cie. 1945. — La plèvre. Paris: Masson & Cie. 1942.

ROUD, A.: Mécanisme des articulations et des muscles de l'homme. Lausanne: F. Rouge 1913.

TÖNDURY, G.: Anatomische Vorbemerkungen. In: Handbuch der inneren Medizin, Bd. IV, Erster Teil. Berlin-Göttingen-Heidelberg: Springer 1956.

4. Säure-Basen-Gleichgewicht

ANSELMINO, K. J.: Die Regulation des Säure-Basen-Haushaltes in der Schwangerschaft und ihre Störungen bei Schwangerschaftstoxikosen. Berlin: S. Karger 1932.

AUSTIN, J. H., and G. E. CULLEN: Hydrogen-ion concentration of the blood in health and disease. Baltimore: Baillière, Tindall and Cox 1926.

BLAND, J. H.: Disturbances of body fluids. Philadelphia and London: W. B. Saunders Comp. 1956.

DAUTREBANDE, L.: L'acidose. Nancy: Humblot 1925.

DAVENPORT, H.: The ABC of acid-base chemistry. Univ. of Chicago Press 1950.

DUNCAN, G. G.: Diseases of Metabolism. Philadelphia and London: W. B. Saunders Comp. 1947.

GAMBLE, J. L.: Chemical anatomy, physiology and pathology of extracellular fluid. Cambridge Mass.: Harvard Univ. Press 1947.

GOLLWITZER-MEIER, KL.: Die Regulierung der Wasserstoffionenkonzentration. In: Handbuch der normalen und pathologischen Physiologie, Bd. XVI/1, S. 1072.

LABBÉ, M., et F. NEPVEUX: Acidose et alcalose. Paris: Masson & Cie. 1928.

MICHAELIS, L.: Die Wasserstoffionenkonzentration. Berlin: Julius Springer 1914.

PETERS, J. P., and D. D. VAN SLYKE: Quantitative Clinical Chemistry, Vol. I, Interpretations. London: Baillière, Tindall and Cox 1932.

ROSSIER, P. H.: Etudes sur l'équilibre acide-base. Liège: Vaillant-Carmanne 1932.

SLYKE, D. D. VAN: Factors affecting the distribution of electrolytes, water and gases in the animal body. Philadelphia and London: J. B. Lippincott 1926.

WARBURG, E. J.: Carbonic acid compound and hydrogen ion activities in blood and salt solution. Cambridge: Univ. Press 1922.

WEISBERG, H. F.: Water, electrolyte and acid-base balance. Baltimore: Williams and Wilkins Comp. 1953.

5. Pathophysiologie der Atmung

ALTSCHULE, M. D.: Physiology in diseases of the heart und lungs. Cambridge, Mass.: Harvard Univ. Press 1954.

ARNOLD, E.: Les examens de la fonction respiratoire. Basel und New York: S. Karger 1957.

BARACH, A. L., and H. A. BICKERMAN: Pulmonary emphysema. Baltimore: Williams and Wilkins Comp. 1956.

BIRATH, G.: Lung volume and ventilation efficiency. Acta med. scand. (Stockh.) Suppl. 5, 154 (1944).

CHABOT, B.: La mesure de la ventilation alvéolaire. Thèse de Doctorat. Univ. de Nancy 1957.

COMROE, J. H., and R. D. DRIPPS: The physiological basis for oxygen therapy. Springfield: C. C. Thomas 1949.

COMROE, J. H., R. E. FORSTER, A. B. DU BOIS, W. A. BRISCOE and E. CARLSEN: The lung, clinical physiology and pulmonary function tests. Chicago: Year book Publ. Inc. 1955.

DAUTREBANDE, L.: Les échanges respiratoires. Paris: Les Presses Universitaires 1930. — L'aérosologie. Paris: Baillière & Fils 1951.

DÖNHARDT, A.: Künstliche Dauerbeatmung. Berlin, Göttingen, Heidelberg: Springer 1955.

GROSSE-BROCKHOFF, F.: Pathologische Physiologie. Berlin-Göttingen-Heidelberg: Springer-Verlag 1950.

HEEMSTRA, H.: Alveolaire zuurstofspanning en longcirculatie. Groningen: Van der Kamp 1948.

HEILMEYER, L. (Ed.): Lehrbuch der speziellen pathologischen Physiologie. Stuttgart: Gustav Fischer 1955.

HIRDES, J. J.: Het clinische Longfunctieonderzoek. Utrecht: Lumax 1951.

KREHL, L.: Entstehung, Erkennung und Behandlung innerer Krankheiten. Leipzig: Vogel 1930.

LAENNEC, R. T. H.: Traité de l'auscultation médiate des maladies des poumons et du coeur. IIIme Edit. Paris: J. S. Chaudé 1831.

LUNDSGAARD, C., AND D. D. V. SLYKE: Cyanosis: Medicine Monographs. Baltimore: Williams and Wilkins Comp. 1923.

LIERE, E. J. VAN: Anoxia, its effect on the body. Chicago: University of Chicago Press 1942.

MAURATH, J.: Patho-Physiologie der Atmung in der Lungenchirurgie. Stuttgart: Georg Thieme 1955.

MEAKINS, J. C., and H. W. DAVIES: Respiratory function in disease. London: Oliver and Boyd 1925.

SADOUL, P.: Exploration de la fonction pulmonaire dans les pneumoconioses. Cahors: Imprimerie A. Coueslant 1954.

SCHMIDT, C. F.: The respiration. In: P. BARD (ed.): Medical Physiology. St. Louis: V. C. Mosby 1956.

SEGAL, M. S.: Severe bronchial asthma. Springfield: Charles C. Thomas 1950.

— and M. J. DULFANO: Chronic pulmonary emphysema. New York: Grune and Stratton 1953.

SODEMAN, W. A. (Ed.): Pathologic Physiology. 2nd Edit. Philadelphia and London: W. B. Saunders Comp. 1956.

STEINMANN, E. P.: Die Patho-Physiologie des Bronchialbaumes. In: Fortschritte der Hals-Nasen-Ohrenheilkunde. Basel u. New York: S. Karger 1956.

STORSTEIN, O.: The effect of pure oxygen breathing on the circulation in anoxemia. Acta med. scand. (Stockh.) Suppl. 143, 1 (1952).

WERNLI-HÄSSIG, A. (Ed.): Funktion und Klinik der chronisch kranken Lunge. Basel und New York: S. Karger 1956.

WINTRICH, M. A.: Handbuch der speziellen Pathologie und Therapie. Bd. V. Erlangen: F. Enke 1854.

WYSS, F.: Asthma bronchiale. Stuttgart: Georg Thieme 1955.

6. Lungenkreislauf, angeborene und erworbene Herzfehler

BAYER, O., F. LOOGEN u. H. H. WOLTER: Der Herzkatheterismus bei angeborenen und erworbenen Herzfehlern. Stuttgart: Georg Thieme 1954.

BOLT, W., W. FORSSMANN u. H. RINK: Selektive Lungenangiographie. Stuttgart: Georg Thieme 1957.

COURNAND, A., L. LEQUIME et P. REGNIERS: L'insuffisance cardiaque chronique. Paris: Ed. Masson & Cie. 1952.

EDWARDS, J. E., T. J. DRY, R. L. PARKER, H. B. BURCHELL, E. H. WOOD and A. H. BULBULIAN: An atlas of congenital anomalies of the heart and great vessels. Springfield: C. C. Thomas 1954.

KNIPPING, H. W., W. BOLT, H. VALENTIN u. H. VENRATH: Untersuchung und Beurteilung des Herzkranken. Stuttgart: F. Enke 1955.

LANDEN, H. C.: Die funktionelle Beurteilung des Lungen- und Herzkranken. Darmstadt: D. Steinkopff 1955.

MANNHEIMER, E. (Ed.): Morbus Coeruleus. Bibliotheca cardiologica. Basel u. New York: S. Karger 1949.

ROSSI, E.: Herzkrankheiten im Säuglingsalter. Stuttgart: Georg Thieme 1954.

SOULIÉ, P.: Cardiopathies congénitales. L'expansion scientifique Française, Editeur 1954.

7. Monographien zur Technik

ANTHONY, A. J.: Funktionsprüfung der Atmung. Leipzig: Johann Ambrosius Barth 1937.

ARNAUD, J., P. TULOU et R. MÉRIGOT: L'exploration de la fonction respiratoire. Paris: Masson & Cie. 1947.

BIRATH, G.: Lung volume and ventilation efficiency. Acta med. scand. (Stockh.) Suppl. 5, 154 (1944).

BOUHUYS, A.: Pneumotachografie. Assen: van Gorcum & Comp. N. V. 1956.

BOUR, H., et P. DEJOURS: Exploration de la fonction respiratoire. Paris: Masson et Cie 1957.

BUYTENDIJK, H. L.: Intraesophageal pressure and lung elasticity. Thesis, Univ. of Groningen Holland, I. Oppenheim N. V.: Electrusche Drukkerij 1949.

COMROE, J. H.: Methods in medical research, Bd. 2. Chicago: The Year Book Publishers, Inc. 1950.

FLEISCH, A.: Nouvelles méthodes d'étude des échanges gazeux et de la fonction pulmonaire. Basel: Benno Schwabe et Cie. 1954.

GEORG, J.: Kliniske Lungefunktions-Undersøgelser. København: Munksgaard 1952.

GUNELLA, G., e. D. JOUASSET: L'esplorazione funzionale della respirazione. Torino: Edizioni Minerva medica 1956.

HALDANE, J. S.: Methods of air analysis. London: Griffin & Comp. 1920.

HEYROVSKY, J.: Polarographie. Wien: Julius Springer 1941.

HUYBRECHTS, M.: Le p_H et sa mesure, les potentiels d'oxydoréduction, le rH. Paris: Masson & Cie. 1946.

JÖRGENSEN, H.: Théorie, mesure et applications du p_H. Paris: Dunod 1938.

KNIPPING, H. W., u. P. RONA: Praktikum der physiologischen Chemie. Bd. III. Berlin: Julius Springer 1928.

KOLTHOFF, J. M., and J. J. LINGANE: Polarography. New York: Interscience 1941/46.

KORDATZKI, W.: Taschenbuch der praktischen p_H-Messung. München: Rudolph Müller & Steinicken 1938.

LECOMTE DU NOÜY, P.: Méthodes physiques en biologie et médicine. Paris: Baillière & Fils 1933.

MATTHES, K.: Kreislaufuntersuchungen am Menschen mit fortlaufend registrierenden Methoden Stuttgart: Georg Thieme 1951.

MICHAELIS, L.: Oxydations- und Reduktionspotentiale. Berlin: Julius Springer 1933.

MISLOWITZER, E.: Die Bestimmung der Wasserstoffionenkonzentration von Flüssigkeiten. Berlin: Julius Springer 1928.

PETERS, J. P., and D. D. VAN SLYKE: Quantitative clinical chemistry, Bd. II. Methods. London: Baillière, Tindall & Cox 1932.

SENDROY, J.: Problems in measurement of p_H of blood and other biological fluids. In: Symposium on p_H measurement. Philadelphia: Amer. Soc. for Testing materials. 1956.

WOOD, E. H.: Oxymetry. In: O. GLASSER (Ed.): Medical Physics, Bd. 2. Chicago: Year Book Publishers, Inc. 1950.

ZIJLSTRA, W. G.: Fundamentals and applications of clinical oximetry. Assen (Netherlands): Konnklijke Van Gorcum & Comp. N. V. 1953.

II. Einzelne Arbeiten

1. Atemregulation

ASMUSSEN, E., H. CHRISTENSEN and M. NIELSEN: Humoral or nervous control of respiration during muscular work? Acta physiol. scand. (Stockh.) 6, 160 (1943).

— M. NIELSEN and G. WIETH PEDERSEN: Cortical or reflex control of respiration during muscular work. Acta physiol. scand. (Stockh.) 6, 168 (1943).

— — Ventilatory response to CO_2 during work at normal and at low oxygen tensions. Acta physiol. scand. (Stockh.) 1, 27 (1957).

BANNISTER, R. G., D. J. C. CUNNINGHAM and C. G. DOUGLAS: The carbon dioxide stimulus to breathing in severe exercise. J. of Physiol. 125, 90 (1954).

BARTELS, H., u. E. WITZLEB: Der Einfluß des arteriellen CO_2-Druckes auf die chemoreceptorischen Aktionspotentiale im Carotissinusnerven. Pflügers Arch. 262, 466 (1956).

BAYER, G.: Regulation der Atmung. In: Handbuch der normalen und pathologischen Physiologie, Bd. II, S. 321, 1925.

BENZINGER, TH.: Die Regulierung der Ventilationsgröße. Luftfahrtmed. **4**, 42 (1939). — Neuere Anschauungen über die Regulierung der Ventilationsgröße. Klin. Wschr. **1940 I**, 457; 489.

BOUCKAERT, J. J., u. R. PANNIER: Über den Mechanismus der reflektorischen Atemerregung durch Hypoxämie. Arch. internat. Pharmacodynamie **67**, 343 (1942).

BUYTENDIJK, F. J. J.: Sur la relation entre la réaction du sang et la respiration. Arch. néerl. Physiol. **13**, 582 (1928).

COMROE, J. H.: The hyperpnea of muscular exercise. Physiologic. Rev. **24**, 319 (1944).

— and C. F. SCHMIDT: Reflexes from the limbs as a factor in the hyperpnea of muscular exercise. Amer. J. Physiol. **138**, 537 (1943).

DAVIES, H. W., G. R. BROW and C. A. BINGER: The respiratory response to CO_2. J. of Exper. Med. **41**, 27 (1925).

DEJOURS, P., Y. LABROUSSE et J. TEYCHENNÉ: Activité des centres respiratoires et hypocapnie. J. de Physiol. **46**, 329 (1954).

— J. C. MITHOEFER et A. TEILLAC: Essai de mise en évidence de chémorécepteurs veineux de ventilation, J. de Physiol. **47**, 160 (1955).

— A. TEILLAC, Y. LABROUSSE et J. RAYNAUD: Etude du mécanisme de la régulation cardio-ventilatoire au début de l'exercice musculaire. Rev. française Etudes clin. et biol. **1**, 504 (1956).

— Y. LABROUSSE et A. TEILLAC: Existence de deux groupes de facteurs dans la régulation ventilatoire de l'exercice musculaire. J. de Physiol. **48**, 484 (1956).

— — et J. RAYNAUD: Mode d'association des deux groupes de facteurs intervenant dans l'adaptation ventilatoire à l'exercice musculaire, J. de Physiol. **48**, 489 (1956).

DELUCCHI, J. R.: Effects of total ventilation by obstructing blood vessels and by muscular effort. J. Aviation Med. **14**, 23 (1943).

DRESSLER, G.: Quantitative Untersuchungen über die CO_2-Wirkung am normalen und morphinisierten Atemzentrum. Arch. exper. Path. u. Pharmakol. **160**, 238 (1931).

EULER, U. S. v.: Die Chemorezeptoren im Sinus caroticus und ihre Bedeutung für die Atmung Nord. Med. **1940**, 1389.

— and G. LILJESTRAND: Arterial blood pressure and respiratory reflexes from the carotid sinus region. Skand. Arch. Physiol. (Berlin u. Leipzig) **77**, 191 (1937). — The effect of carotid sinus denervation on respiration during rest. Acta physiol. scand. (Stockh.) **1**, 93 (1940). — Influence of oxygen inhalation on the chemoreceptor activity of the sinus region. Acta physiol. scand. (Stockh.) **4**, 34 (1942). — The regulation of respiration during muscular work. Acta physiol. scand. (Stockh.) **12**, 268 (1946).

— — and Y. ZOTTERMAN: Action of lobeline on the carotid sinus region. Uppsala Läk. för. Förh., N. F. **45**, 373 (1939).

FLEISCH, A.: Propriozeptive Atmungsreflexe. Pflügers Arch. **219**, 706 (1928). — Über die Eigenschaften der propriozeptiven Atmungsreflexe. Pflügers Arch. **223**, 509 (1929). — Bahnung und Hemmung der propriozeptiven Atmungsreflexe. Pflügers Arch. **223**, 509 (1929). — Erregbarkeitsänderung des Atemzentrums durch Schlaf. Pflügers Arch. **221**, 378 (1929). — Atmungsregulierung durch afferente Impulse in den vorderen Wurzeln. Physiol. Tagg. 29. Sept. bis 1. Okt. 1948.

GEORG, J., and L. M. SONNE: The relation of the oxygen tension of the inspiratory air to the chemoreceptor response during work. Acta physiol. scand. (Stockh.) **16**, 1 (1948).

GESELL, R.: On the chemical regulation of respiration. I. The regulation of respiration with special reference to the metabolism of the respiratory center and the coordination of the dual function of haemoglobin. Amer. J. Physiol. **66**, 5 (1923). — CO_2 and the HCO_3 ion as specific respiratory stimulants. Proc. Soc. Exper. Biol. a. Med. **20**, 345 (1923). — The chemical regulation of respiration. Physiologic. Rev. **5**, 551 (1925). — Further observations on respiratory control. Amer. J. Physiol. **85**, 373 (1928). — The regulation of respiration. A summary of recent experiments. Lancet **1928 II**, 589.

— E. BLAIR and R. T. TROTTER: On the relation of blood volume to tissue nutrition. I. The effects of hemorrhage on the circulatory and respiratory response to changes in the percentage of O_2 and CO_2 in respired air. Amer. J. Physiol. **61**, 399 (1922).

— and D. A. McGINTY: The regulation of respiration. XIII. Effects of changes in O_2 content of artificially administered gaseous mixtures on expired carbon dioxide and oxygen as studied with a continuous electrometric method. Amer. J. Physiol. **82**, 323 (1927).

— and A. B. HERTZMAN: The regulation of respiration. III. A continuous method of recording changes in acidity applied to the circulation blood and other fluids. Amer. J. Physiol. **78**, 206 (1926). — The regulation of respiration. IV. Tissue acidity, blood acidity, and pulmonary ventilation. Amer. J. Physiol. **78**, 610 (1926).

— H. KRUEGER, G. GORHAM and TH. BERNTHAL: The regulation of respiration. A study of the correlation of numerous factors of respiratory control during intravenous injection of sodium cyanide and recovery. Amer. J. Physiol. **94**, 339 (1930). — The regulation of the respiration. A study of the correlation of numerous factors of respiratory control following intravenous injections of sodium bicarbonate. Amer. J. Physiol. **94**, 387 (1930).— The regulation of the respiration. A study for the correlation of numerous factors of respiratory control, following administration of hydrochloric acid, of carbon dioxide and the simultaneous administration of carbon dioxide and sodium bicarbonate. Amer. J. Physiol. **94**, 402 (1930).

GOLLWITZER-MEIER, KL.: Die chemische Atmungsregulation bei alkalischer Blutreaktion. Biochem. Z. **151**, 424 (1924).

— u. E. LERCHE: Reflektorischer und zentraler Anteil der Kohlensäurewirkung auf die Atmung. Pflügers Arch. **244**, 145 (1940).

— u. O. PINOTTI: Über die Nachdauer (Hysteresis) der Erregung des Atemzentrums bei der Kohlensäureatmung. Pflügers Arch. **249**, 3 (1947).

GRANDPIERRE, R., et C. FRANK: Notions actuelles sur l'organisation et le fonctionnement des centres nerveux respiratoires. Méd. Aéronautique **5**, 1 (1950).

GRAY, J. S.: The derivation and certain uses of an equation relating alveolar composition to altitude. AAF School of Aviation Medicine. Res. Rep. No. 131, 12. April 1943. — Reference curves for alveolar composition and arterial O_2 saturation at various altitudes. AAF School of Aviation Medicine. Res. Rep. No. 290, 15. July 1944. — The calculation of equivalent altitudes, AAF School of Aviation Medicine, Res. Rep. No. 291, 19. July 1944. — Concerning the use of CO_2 to counteract anoxia, AAF School of Aviation Medicine, Res. Rep. No. 310, 26. August 1944. — The multiple factor theory of respiratory regulation, AAF School of Aviation Medicine, Res. Rep. No. 310, 26. August 1944. — The multiple factor theory of respiratory regulation, AAF School of Aviation Medicine, Res. Project No. 386, No. 1. The isolation and quantification of the independent effects of H ion, CO_2, and O_2 on respiratory ventilation, 7. May 1945. Report No. 2. — Uncompensated metabolic disturbances of acid-base balance, 14. December 1945. Report N. 3. — Changes in sensitivity to CO_2 in prolonged acapnia and hypercapnia, 21. November 1945. Report No. 4. — The effects on respiration of combined metabolic acidosis and acute anoxia, 12. January 1946. — The multiple factor theory of respiration regulation. II. Uncompensated metabolic disturbances of acid-base balance. Aviat. Med. R. Field, Texas 14. Dec. 1945. III. Changes in sensitivity to CO_2 in prolonged acapnia and hypercapnia. Aviat. Med. R. Field, Texas, 21. Nov. 1945. — The multiple factor theory of the control of respiratory ventilation. Science (Lancaster, Pa.) **103**, 739 (1946).

GRODINS, F. S.: Analysis of factors concerned in regulation of breathing in exercise. Physiologic. Rev. **30**, 2 (1950).

— Respiration and the regulation of acid-base balance. Arch. Int. Med. **99**, 569 (1957).

HALDANE, J. S., and J. G. PRIESTLEY: The regulation of lung ventilation. J. of Physiol. **32**, 225 (1905).

HASSELBALCH, K. A.: Neutralitätsregulation und Reizbarkeit des Atemzentrums in ihren Wirkungen auf die Kohlensäurespannung des Blutes. Biochem. Z. **46**, 403 (1912).

HERING, E., u. G. BREUER: Die Selbststeuerung der Atmung durch den Nervus vagus. Sitzgsber. Akad. Wiss. **57**, 672 (1868); **58**, 909 (1868).

HESS, W. R.: Kritik der Hering-Breuerschen Lehre von der Selbststeuerung der Atmung. Pflügers Arch. **226**, 198 (1930).

HEYMANS, C.: Über reflektorische Einflüsse auf das Atemzentrum. Verh. dtsch. Ges. Kreislaufforsch. **92**, 105 (1928).

— J. JACOB and G. LILJESTRAND: Regulation of respiration during muscular work, as studied on the perfused isolated head. Acta physiol. scand. (Stockh.) **14**, 86 (1947).

— Chemoreceptors and regulation of respiration. Acta physiol. scand. (Stockh.) **22**, 4 (1951).

JULICH, H.: DieVeränderung der Erregbarkeit des Atemzentrums durch erregbarkeitssenkende Arzneimittel, mit einem Beitrag zur Methodik der Erregbarkeitsbestimmung. Z. exper. Med. **117**, 539 (1951).

KRAMER, K., u. O. GAUER: Über die Regelung der Atmung bei Muskelarbeit. Pflügers Arch. **244**, 659 (1951).

LOESCHCKE, H.: Über Reiz und Erregbarkeit der zentralen Atmungsregulation. Klin. Wschr. **1949**, 761.

MARGARIA, R.: L'eccitabilità del centro respiratorio alle variazioni della pressione parziale dell' O_2 e dell CO_2. Schweiz. med. Wschr. **1941**, 289.

McGINTY, D. A.: The regulation of respiration. XXXIV. The carbon dioxide content of the intact brain of the frog in relation to changes of oxidation. Amer. J. Physiol. **93**, 528 (1930).

— and R. GESELL: The regulation of respiration. XVI. The effects of intravenous injection of sodium cyanide on gaseous exchange and acid metabolism. Amer. J. Physiol. **83**, 358 (1927).

MORGAN, D. P., F. KAO, T. P. K. LIM and F. S. GRODINS: Temperature and respiratory responses in exercise. Amer J. Physiol. **183**, 454 (1955).

Moyer, C. A., and H. K. Beecher: Effects of barbiturate anesthesia upon integration of respiratory control mechanisms. J. Clin. Invest. 21, 429 (1942).

Oberholzer, R. J. H.: Contrôle nerveux de la respiration. Praxis (Bern) 41, 481 (1952).

— P. Andereggen et O. A. M. Wyss: Le mécanisme central des réflexes respiratoires d'origine vagale. IV. Localisation précise du centre réflexe inspirateur. Helvet. physiol. Acta 4, 495 (1946).

— u. H. Schlegel: Die Bedeutung des afferenten Lungenvagus für die Spontanatmung des Meerschweinchens. Helvet. physiol. Acta 15, 63 (1957).

— Zentren für Atmung und Kreislauf in der medulla oblongata. Klin. Wschr. 1957, 446.

Opitz, E.: Entthronung der Kohlensäure? Betrachtung über Atemregulation. Klin. Wschr. 1941, II 1161.

Otis, A. B.: Application of Gray's theory of respiratory control to the hyperpnea produced by passive movements of the limbs. J. Appl. Physiol. 1, 743 (1949).

Petitpierre, C.: Etude oscillographique des réflexes proprioceptifs de la respiration. Helvet. physiol. Acta 2, 53 (1944).

Rijlant, P.: La respiration réflexe. C. r. Soc. Biol. (Paris) 124, 582 (1937).

Ritzel, G.: Über die vagale Atmungssteuerung des Menschen. Schweiz. Z. Tbk. 7, 4 (1950).

Schmidt, C. F., and J. H. Comroe: Functions of the carotid and aortic bodies. Physiologic. Rev. 20, 115 (1940).

Scott, F. H.: On the relative parts played by nervous and chemical factors in regulation of respiration. J. of Physiol. 37, 301 (1908).

— C. C. Garelt and R. Kennedy: The regulation of respiration. Amer. J. Physiol. 59, 471 (1922).

Uhlenbruck, P., u. A. Merbeck: Über die Erregbarkeit des Atemzentrums bei extremer Cyanose. Z. klin. Med. 114, 256 (1930).

Verzár, F.: Die Regulation des Lungenvolumens. Pflügers Arch. 232, 322 (1933).

Weterings, P. A. A.: The inhibitory effect of the oxygen pressure in blood on respiration through the intermediacy of chemo-receptors. Acta med. scand. (Stockh.) 130, 232 (1948).

Winterstein, H.: Die Regulierung der Atmung durch das Blut. Pflügers Arch. 138, 167 (1911). — Die Reaktionstheorie der Atmungsregulation. Pflügers Arch. 187, 293 (1921). — Atmungsregulation und Reaktionsregulation, Naturwiss. 11, 28, 625 u. 29, 645 (1923). — Bewirkt Atropin eine Ausschaltung der zentripetalen Vagusfasern der Lunge? Z. exper. Med. 62, 264 (1928). — Die Reaktionstheorie der Atmungsregulation im Lichte neuer Untersuchungen Klin. Wschr. 1928, 241. — Kohlensäure und Atmungsregulation. Pflügers Arch. 222, 411 (1929). — Atmung ohne Chemorezeptoren und Reaktionstheorie. Physiol. Tagg. 29. Sept. bis 1. Okt. 1948. — Die Atmung ohne Chemorezeptoren. Arch. internat. Pharmacodynamie 83, 80 (1950).

Wyss, O. A. M.: Reizphysiologische Analyse des efferenten Lungenvagus. Pflügers Arch. 242, 215 (1939).

— La régulation de l'activité respiratoire motrice. Schweiz. med. Wschr. 1943, 961.

— Respiratory center and reflex control of breathing. Helvet. physiol. Acta 12, Suppl. X, 5, 26 (1954).

— Die Organisation des Atmungszentrums. Vjschr. naturforsch. Ges. Zürich 100, 171 (1955).

— et A. Rivkine: Les fibres afférentes du nerf vague participant aux réflexes respiratoires. Helvet. physiol. Acta 8, 87 (1950).

Zaeper, G.: Über die Atmungsregulation und Gasstoffwechsel. Versuch einer Theorie über die quantitative Regulation der Atmung. Klin. Wschr. 1938 II, 14. Fragen der Wechselbeziehungen zwischen Atmung und Kreislauf. I. Zur Theorie der CO_2-gesteuerten Regulation der Atmung. Klin. Wschr. 1940, 801. III. Zur quantitativen Regulation des Kreislaufes. Klin. Wschr. 1940, 969. IV. Über die funktionelle Verbundenheit von Atmung und Kreislauf. Klin. Wschr. 1940, 1097. V. Stoffwechsel als Atmungs-Kreislauf-Regulator. Klin. Wschr. 1940, 1121.

2. Mechanik der Atmung

Altmann, K.: Experimente und Überlegungen zur Frage des Pleuradruckes. Z. exper. Med. 125, 196 (1955).

Attinger, E. O., and M. S. Segal: The mechanics of breathing. In: Clinical Cardiopulmonary Physiology. New York: Grune et Stratton 1957.

Bayliss, L. E., and G. W. Robertson: The visco-elastic properties of the lungs. Quart. J. of Exper. Physiol. 29, 27 (1939).

Brody, A. W., and A. B. DuBois: Determination of tissue, airway and total resistance to respiration in cats. J. Appl. Physiol. 9, 213 (1956).

Campbell, E. J. M.: An electromyographic examination of the role of the intercostal muscles in breathing in man. J. of Physiol. 129, 12 (1955).

Cara, M.: Mécanique ventilatoire intérieure. Poumon et Coeur 11, 969 (1956).

CARDIN, A.: Il muscolo diafragma e le sue componenti cinestesiche. Arch. Sci. biol. **25**, 51 (1939).

CARSON, J.: On the elasticity of the lungs. Phil. Trans. Roy. Soc., London **110**, 29 (1820).

CHERNIACK, R. M., J. D. ADAMSON and J. A. HILDES: Compliance of the lungs and thorax in poliomyelitis. J. Appl. Physiol. **7**, 375 (1955).

CHRISTIE, R. V., and C. A. McINTOSH: The measurement of the intrapleural pressure in man and its significance. J. Clin. Invest. **13**, 279 (1934).

COURNAND, A., D. W. RICHARDS, R. A. BADER, M. E. BADER and A. P. FISHMAN: The oxygen cost of breathing. Trans. Assoc. Amer. Physicians **67**, 162 (1954).

ENGEL, S.: The structure of the bronchiolar wall relative to its function. Ann. paediatr. (Basel) **153**, 263 (1939).

ENGELHARDT, A.: Über den Antagonismus von Zwerchfellkontraktion und Rippenhebung. Z. Biol. **105**, 170 (1952).

FARHI, L., A. B. OTIS and D. F. PROCTOR: Measurement of intrapleural pressure at different points in the chest of the dog. J. Appl. Physiol. **10**, 15 (1957).

FENN, W. O.: Mechanics of respiration. Amer. J. Med. **10**, 77 (1951).

— The pressure-volume diagram of the breathing mechanism. In Handbook of respiratory physiology. Air University, USAF School of Aviation medicine. Randolph Air Force Base, Texas 1954.

FRANK, N. R., J. MEAD, A. A. SIEBENS and C. F. STOREY: Measurements of pulmonary compliance in seventy healthy young adults. J. Appl. Physiol. **9**, 38 (1956).

GAENSLER, E. A.: Anatomy and physics of respiration. Science (Lancaster, Pa). **114**, 2965 (1951).

GEHLEN, H. v.: Der Acinus der menschlichen Lunge als elastisch-muskulöses System. Gegenbaurs Jb. **85**, 186 (1940).

HEAF, P. J. D., and F. J. PRIME: The compliance of the thorax in normal human subjects. Clin. Sci. **15**, 319 (1956).

HECKMANN, K.: Das Krankheitsbild der Bronchialinsuffizienz. Ein Beitrag zum aktiven Verhalten der Lungen bei der Atmung. Fortschr. Röntgenstr. **74**, 23 (1951).

HEINBECKER, P.: A method for demonstration of calibre changes in the bronchi in normal respiration. J. Clin. Invest. **4**, 459 (1927).

KILLIAN, H.: Beobachtungen über den Zwerchfelltonus. Arch. klin. Chir, **189**, 594 (1937). — Lungenentfaltung, Lungenzug und die Unterdruckförderung des Kreislaufs. Dtsch. Z. Chir. **253**, 621 (1940).

— u. K. KUHLMANN: Der Regulierungsmechanismus der Lungenentfaltung und Atemoberfläche. I. Mitt. Arch. klin. Chir. **190**, 615 (1937).

KLISIECKI, A., u. M. NIEDBAL: Die statisch-elastischen Kräfte des Brustkorbes und ihre Bedeutung für die Atembewegungen. Acta Biol. exper. (Warszawa) **12**, 271 (1938).

KOEPKE, G. H., A. J. MURPHY, J. W. RAE and D. G. DICKINSON: An electromyographic study of some of the muscles used in respiration. Arch. Physiol. Med. Rehabilit. **36**, 217 (1955).

LENT, W., u. P. NOBER: Die Weitung des Brustkorbes bei Zwerchfellbewegungen in den respiratorischen Endlagen. Z. exper. Med. **107**, 668 (1940).

LOTTENBACH, K., J. NOELPP-ESCHENHAGEN u. B. NOELPP: Mechanische Aspekte der Lungenfunktion. In: Handbuch der inneren Medizin, IV. Aufl. Bd. IV, II. Teil. Berlin-Göttingen-Heidelberg: Springer 1956.

LUISADA, A.: Über Lungendynamik. Erg. inn. Med. **47**, 92 (1934). — Zur Frage einer Eigencontractilität der Lungen. Z. Biol. **95**, 434 (1934).

MAGNENAT, P.: Etude neurohistologique du poumon. Acta anat. (Basel) **13**, 1/2 (1951).

MARGARIA, R., and F. MARRO: The maximum potential work of breathing as a functional respiratory test. Exper. Med. a. Surg. **13**, 249 (1955).

MARSHALL, R., and A. B. DuBOIS: The measurement of the viscous resistance of the lung tissues in normal man. Clin. Sci. **15**, 161 (1956).

McILROY, M. B., and R. V. CHRISTIE: A post-mortem study of the visco-elastic properties of normal lungs. Thorax **7**, 291 (1952).

— R. MARSHALL and R. V. CHRISTIE: The work of breathing in normal subjects. Clin. Sci. **13**, 127 (1954).

— J. MEAD, N. J. SELVERSTONE and E. P. RADFORD: Measurement of lung tissue viscous resistance using gases of equal kinematic viscosity. J. Appl. Physiol. **7**, 483 (1955).

McKERROW, C. B., and A. B. OTIS: Oxygen cost of hyperventilation. J. Appl. Physiol. **9**, 375 (1956).

MEAD, J.: Measurement of inertia of the lungs at increased ambient pressure. J. Appl. Physiol. **9**, 208 (1956).

— and J. L. WHITTENBERGER: Physical properties of human lungs measured during spontaneous respiration. J. Appl. Physiol. **5**, 779 (1953).

MEAD, J., J. L. WHITTENBERGER and E. P. RADFORD: Surface tension as a factor in pulmonary volume-pressure hysteresis. J. Appl. Physiol. 10, 9 (1957).

MILLER, R. D., W. S. FOWLER and H. F. HELMHOLZ JR.: Changes of relative volume and ventilation of the two lungs with change to lateral decubitus position. J. Labor. a. Clin. Med. 2, 297 (1956).

MILLER, W. S.: The musculature of the finer divisions of the bronchial tree and its relation to certain pathological conditions. Amer. Rev. Tbc. 5, 689 (1921).

MILLS, J. N.: Intraabdominal pressures during quiet breathing. J. of Physiol. 112, 210 (1951).

NEERGAARD, K. V.: Neue Auffassung über einen Grundbegriff der Atemmechanik. Die Retraktionskraft der Lunge, abhängig von der Oberflächenspannung in den Alveolen. Z. exper. Med. 66, 373 (1929).

OGILVIE, C. M., R. W. STONE and R. MARSHALL: The mechanics of breathing during the maximum breathing capacity. Clin. Sci. 14, 101 (1955).

ORSÓS, F.: Die Gerüstsysteme der Lungen und deren physiologische und pathologische Bedeutung. Beitr. Klin. Tbk. 87, 568 (1936).

OTIS, A. B.: The work of breathing. Physiologic Rev. 34, 449 (1954).

— and W. C. BEMBOWER: The effect of gas density on resistance to respiratory flow in men. J. Appl. Physiol. 2, 300 (1949).

— W. O. FENN and H. RAHN: Mechanics of breathing in man. J. Appl. Physiol. 2, 592 (1950).

PALMIERI, G. G.: Beitrag zur Kenntnis der Zwerchfellmechanik auf röntgenologischer Grundlage. Sitzgsber. physik.-med. Ges. Erlangen 71, 263 (1940).

POLGAR, F.: Studies on respiratory mechanics. Amer. J. Roentgenol. 61, 637 (1949)

RADFORD, E. P. JR., and N. M. LEFCOE: Effects of bronchoconstriction on elastic properties of excised lungs and bronchi. Amer. J. Physiol. 180, 749 (1955).

RAHN, H.: Studies in respiratory physiology. Third series: Chemistry, mechanics and circulation of the lung. WADC Techn. Rep. 56, 466, Astia document No. AD 110487 (1956).

— and W. O. FENN: Studies in respiratory physiology. Second series: chemistry, mechanics and circulation of the lung. WADC Techn. Rep. 55, 357 (1955).

— A. B. OTIS, L. E. CHADWICK and W. O. FENN: The pressure-volume diagram of the thorax and lung. Amer. J. Physiol. 146, 161 (1946).

RAU, G., H. BEHN, W. GEBHARDT, P. H. ROSSIER u. A. BÜHLMANN: Atemmechanische Untersuchungen am Lungenmodell, bei Lungengesunden und bei Patienten mit obstruktivem Emphysem. Schweiz. med. Wschr. 1957, 374.

ROHRER, F.: Der Strömungswiderstand in den menschlichen Atemwegen und der Einfluß der unregelmäßigen Verzweigung des Bronchialsystems auf den Atmungsverlauf in verschiedenen Lungenbezirken. Pflügers Arch. 162, 225 (1915).

— Physiologie der Atembewegung. In: Handbuch der normalen und pathologischen Physiologie. Bd. 2. Berlin: Julius Springer 1925.

ROSSIER, P. H., H. J. NIEPORENT, H. PIPBERGER u. R. KÄLIN: Elektromyographische Untersuchungen der Atemmuskelfunktion an normalen Versuchspersonen. Z. exper. Med. 127, 39 (1956).

D'SILVA, J. L.: The movements of the lungs. Brit. J. Anaesth, 28, 537 (1956).

SCHOEN, R.: Tonusprobleme der Atmung. Klin. Wschr. 1936 II, 1341.

SONNE, C.: On the movements in the lungs during the respiration. Survey of problems and description of apparatus. Acta med. scand. (Stockh.) 105, 313 (1940).

WICK, H.: Zwerchfellspannung und Bronchialweite. Arch. exper. Path. u. Pharmakol. 215, 1 (1952).

WOODS, A. C. JR., D. F. PROCTOR, J. P. ISAACS and B. NOLAND: Studies in the respiratory air flow. III. The mechanics of respiration in the dogs as reflected by changes in intraperitoneal pressure. Bull. Johns Hopkins Hosp. 88, 291 (1951).

WYSS, O. A. M.: Die tonische Innervation des Zwerchfells. Pflügers Arch. 244, 712 (1941).

3. Alveolarluft — Totraum usw. im physiologischen Zustand

ASMUSSEN, E., and M. NIELSEN. Physiological dead space and alveolar gas pressures at rest and during muscular exercise. Acta physiol. scand. (Stockh.) 38, 1 (1956).

BARTELS, J., J. W. SEVERINGHAUS, R. E. FORSTER, W. A. BRISCOE and D. V. BATES: The respiratory dead space measured by single breath analysis of oxygen, carbon dioxide, nitrogen or helium. J. Clin. Invest. 33, 41 (1954).

AITKEN, R. S., and A. E. CLARK-KENNEDY: The concentration of CO_2 in successive portions of an expired breath. J. of Physiol. 64, 17 (1927).

BATEMAN, J. B.: Factors influencing composition of alveolar air in normal persons. Proc. Staff Meet. Mayo Clin. 20, 214 (1945).

— Studies of lung volume and intrapulmonary mixing. Nitrogen clearance curves: apparent respiratory dead space and its significance. J. Appl. Physiol. 3, 143 (1950).

BATEMANN, J. B.: Alveolar air, respiratory dead space, and the "ventilation index". Proc. Soc. Exper. Biol. a. Med. **73**, 683 (1950).

BATES, D. V., W. S. FOWLER, R. E. FORSTER and V. VAN LINGEN: Uniformity of alveolar ventilation at different lung volumes. J. Appl. Physiol. **6**, 598 (1954).

BLICKENSTORFER, E.: Totraum und Totraumhyperventilation. Schweiz. Z. Tbk. **4**, Suppl. 1 (1947).

BOHR, CH.: Über die Lungenatmung. Skand. Arch. Physiol. (Berl. u. Lpz.) **2**, 236 (1891); Blutgase und respiratorischer Gaswechsel. In: Handbuch der Physiologie des Menschen 1905.

BOOTHBY, W. M.: Effects of high altitudes on composition of alveolar air: Introductory remarks. Proc. Staff Meet. Mayo Clin. **20**, 209 (1945).

BOUHUYS, A., R. JÖNSSON and G. LUNDIN: The influence of added dead space upon the uniformity of pulmonary ventilation. Intern. Congress of Physiol. Brüssel 1956.

BREBION, G., et H. MAGNE: L'espace mort et le volume total de l'appareil respiratoire. Ann. de Physiol. **13**, 65 (1937).

BRINKMAN, R., u. M. N. J. DIRKEN: Vergleiche zur Sauerstoffspannung der Alveolarluft mit der des arteriellen Blutes. Acta neerl. Physiol. **10**, 228 (1940).

BRISCOE, W. A., R. E. FORSTER and J. H. COMROE: Alveolar ventilation at low tidal volumes. J. Appl. Physiol. **7**, 27 (1954).

CAMPBELL, J. M. H., C. G. DOUGLAS and E. G. HOBSON: The sensitiviness of the respiratory centre to carbonic acid and the dead space during hyperpnoea. J. of Physiol. **48**, 303 (1914).

DAUTREBANDE, L., et E. DELCOURT-BERNARD: Sur la notion d'espace nuisible physiologique d'un système respiratoire. Ann. de Physiol. **4**, 975 (1928).

DAVY, H.: Researches, chemical and philosophical chiefly concerning nitrous oxide, or dephlogisticated nitrous air, and its respiration. London 1800.

DE COSTER, A., et H. DENOLIN: Ventilation alvéolaire et espace mort respiratoire. Acta clin. belg. **9**, 135 (1954).

DIRKEN, M. N. J.: Über die ungleichmäßige Zusammensetzung der Alveolarluft. Arch. exper. Path. u. Pharmakol. **187**, 462 (1937).

DONALD, K. W.: The definition and assessment of respiratory function. Brit. Med. J. **1953** I, 15,

DOUGLAS, C. G., and J. S. HALDANE: The capacity of the air passages under varying physiological conditions. J. of Physiol. **45**, 235 (1912).

DRESER, H.: Die Bewegung der Atemluft in den Alveolargängen der Lungen. Z. exper. Med. **26**, 3, 223 (1922).

DUBOIS, A. B., A. G. BRITT and W. O. FENN: Alveolar CO_2 during the respiratory cycle. J. Appl. Physiol. **4**, 535 (1952).

— R. C. FOWLER, A. SOFFER and W. O. FENN: Alveolar CO_2 measured by expiration into the infrared gas analyzer. J. Appl. Physiol. **4**, 526 (1952).

ENGHOFF, H.: Zur Frage des schädlichen Raumes bei der Atmung. Skand. Arch. Physiol. (Berl. u. Lpz.) **63**, 15 (1931).

— Volumen inefficax. Upsala Läkför. Förh. **44**, 191 (1938).

FISHMAN, A. P.: Respiratory dead space and alveolar gas composition. J. Clin. Invest. **33**, 469 (1954).

— Studies in man of the volume of the respiratory dead space and the composition of the alveolar gas. J. Clin. Invest. **35**, 469 (1954).

FITZGERALD, O., and J. M. O'CONNOR: The relation between respiratory quotient and alveolar CO_2-tension. J. of Physiol. **91**, 59 (1937).

FLEISCH, A., u. F. LEHNER: Die respiratorische Mittellage. Helvet. physiol. Acta **7**, 410 (1949).

FOLKOW, B., and J. R. PAPPENHEIMER: Components of the respiratory dead space and their variations with pressure breathing and with bronchoactive drugs. J. Appl. Physiol. **8**, 102 (1955).

FOWLER, W. S.: Lung function studies. II. The respiratory dead space. Amer. J. Physiol. **154** 405 (1948).

GALDSTON, M., and S. A. HORWITZ: Study of the exchange of O_2 and CO_2 in the supraglottic portion of the respiratory dead space. Amer. J. Physiol. **155**, 420 (1948).

GAVAZZENI, M., u. L. COTTI: Über das Verhalten des Atemäquivalents bei schwerer Arbeit. Beitr. Klin. Tbk. **84**, 429 (1933).

GIORGIO, M. A. DI: Sulla composizione dell'aria alveolare, al termine dell'apnea volontaria effettuata in correnti d'aria a varia temperatura. Boll. Soc. ital. Biol. sper. **14**, 42 (1939).

GRAY, J. S., F. S. GRODINS and E. T. CARTER: Alveolar and total ventilation and the dead space problem. J. Appl. Physiol. **9**, 307 (1956).

GRÉHANT, N.: Du renouvellement de l'air dans les poumons de l'homme. C. r. Acad. Sci. (Paris) **55**, 278 (1862).

GROSSE-BROCKHOFF, F., u. W. SCHOEDEL: Der effektive schädliche Raum. Pflügers Arch. **238**, 591 (1937).

HALDANE, J. S.: The variations in the effective dead space in breathing. Amer. J. Physiol. 38, 20 (1915).

HATCH, T., K. M. COOK and P. E. PALM: Respiratory dead space. J. Appl. Physiol. 5, 341 (1953).

HECKSCHER, H.: Untersuchungen über das Sauerstoffdefizit und die Kohlensäurespannung in der Alveolarluft. Pflügers Arch. 226, 431 (1930).

— H. FADDERS-BÖLL u. E. MOGENSEN: Untersuchungen betreffend die Konstanz der alveolären Ventilation, die Schwankungen des alveolären Kohlensäureprozentes und des alveolären Sauerstoffdefizites bei willkürlichen Variationen der Frequenz und Tiefe der Respiration. Pflügers Arch. 226, 418 (1930).

HENDERSON, Y., F. P. CHILLINGWORTH and J. L. WHITNEY: The respiratory dead space. Amer. J. Physiol. 38, 1 (1915).

— u. H. W. HAGGARD: Über die Bestimmung des schädlichen Raumes der Atmungswege mit Hilfe von Ätherdämpfen. Hoppe-Seylers Z. 130, 126 (1923).

HITCHCOCK, E. A., and R. W. STACY: Some factors which affect composition of alveolar air. Amer. J. Physiol. 155, 443 (1948).

KROGH, A., and J. LINDHARD: The volume of the dead space in breathing. J. of Physiol. 47, 30 (1913).

KRZYWANEK, FR., W. u. D. V. DESEO: Über die Abhängigkeit des toten Raumes von der Atemgröße. Pflügers Arch. 214, 767 (1926).

— u. M. STEUBER: Ein Beitrag zur Größe des toten Raumes in den Atmungswegen. Pflügers Arch. 197, 624 (1922).

— — Über die Gewinnung der Alveolarluft und die Größe des schädlichen Raumes beim Hunde. Pflügers Arch. 194, 477 (1922).

LILJESTRAND, G., and N. STENSTRÖM: A note on the respiratory dead space when breathing through the nose. Skand. Arch. Physiol. (Berl. u. Lpz.) 46, 93 (1924).

LOEWY, A.: Über die Bestimmung der Größe des schädlichen Luftraumes im Thorax und der alveolären Sauerstoffspannung. Pflügers Arch. 58, 416 (1894).

LUNDIN, G.: Alveolar ventilation (in normal subjects) analyzed breath by breath as nitrogen elimination during oxygen breathing. Scand J. Clin. a. Labor. Invest. 7, 39 (1955).

MARGARIA, R., e T. LO MONACO CROCE: Influenca della introduzione di uno spazio morto respiratorio sulla resistenza alla depressione barometrica. Riv. Med. aeronaut. 3, 95 (1940).

MARTIN, C. J., F. CLINE JR., and H. MARSHALL: Lobar alveolar gas concentrations: effect of body position. J. Clin. Invest. 32, 617 (1953).

MATTHES, K.: Über ungleichmäßige Zusammensetzung der Alveolarluft. Bemerkungen zur gleichnamigen Arbeit von M. N. J. DIRKEN, Arch. exper. Path. u. Pharmakol. 189, 22 (1938).

MOCHIZUKI, M., u. H. BARTELS: Ein neuer Vorschlag zur Berechnung des effectiven alveolaren Sauerstoffdruckes. Pflügers Arch. 262, 473 (1956).

LO MONACO CROCE, T.: Influenza della introduzione di uno spazio morto artificiale sulla respirazione, specialmente sulla tensione dei gas negli alveoli. Riv. Med. aeronaut. 2, 291 (1939).

MONCRIEFF, A.: Tests for respiratory efficiency: The so-called dead space. Lancet 1933 I, 956.

MUNDT, E., W. SCHOEDEL u. H. SCHWARZ: Über den effektiven schädlichen Raum der Atmung. Pflügers Arch. 244, 107 (1941).

— — Über die Gleichmäßigkeit der Lungenbelüftung. Pflügers Arch. 244, 99 (1941).

NIELSEN, E., u. C. SONNE: Die Zusammensetzung der Alveolarluft. Z. exper. Med. 85, 46 (1932).

PAPPENHEIMER, J. R., A. P. FISHMAN and L. M. BORRERO: New experimental methods for determination of effective alveolar gas composition and respiratory dead space, in the anesthetized dog and in man. J. Appl. Physiol. 4, 855 (1952).

RAHN, H., P. SADOUL, L. E. FARHI and J. SHAPIRO: Distribution of ventilation and perfusion in the lobes of the dog's lung in the supine and erect position. J. Appl. Physiol. 8, 417 (1956).

RILEY, R. L., and A. COURNAND: "Ideal" alveolar air and the analysis of ventilation-perfusion relationships in the lungs. J. Appl. Physiol. 1, 825 (1949).

ROSSIER, P. H., et E. BLICKENSTORFER: Espace mort et hyperventilation. Helvet. med. Acta 13, 328 (1946).

— A. BÜHLMANN et H. R. MÜLLER: Espace mort respiratoire et clearance alvéolaire. Schweiz. med. Wschr. 1953, 577.

— — The respiratory dead space. Physiologic. Rev. 35, 860 (1955).

SEGALL, W.: Untersuchungen zur Frage der Totraumatmung. Beitr. Klin. Tbk. 84, 559 (1934).

SEVERINGHAUS, J. W., and M. STUPFEL: Respiratory dead space increase following atropine in man, and atropine, vagal or ganglionic blockade and hypothermia in dogs. J. Appl. Physiol. 8, 81 (1955).

SHOCK, N. W.: Age changes and sex differences in alveolar CO_2 tension. Amer. J. Physiol. 133, 610 (1941).

Siebeck, R.: Über den Gasaustausch zwischen der Außenluft und den Alveolen. Z. Biol. **55**, 267 (1911).
— Über den Gasaustausch zwischen Außenluft and Alveolen. II. Über die Bedeutung und Bestimmung des „schädlichen Raumes" bei der Atmung. Skand. Arch. Physiol. (Berl. u. Lpz.) **25**, 81 (1911).
Sivertson, S. E., and W. S. Fowler: Expired alveolar carbon dioxide tension in health and in pulmonary emphysema. J. Labor. a. Clin. Med. **47**, 869 (1956).
Tenney, S. M., and R. M. Miller: Dead space ventilation in old age. J. Appl. Physiol. **9**, 321 (1956).

4. Diffusion der Atemgase

Bandow, F., J. Birkner u. H. Bonnenkamp: Neue Versuche mit den Fremdgasmethoden zur Bestimmung der arteriovenösen Sauerstoffdifferenz. Verh. dtsch. Ges. Kreislaufforsch. **1933**, 232.
Barcroft, J., and M. Nagahashi: The direct measurement of the partial pressure of oxygen in human blood. J. of Physiol. **55**, 339 (1921).
Bartels, H.: Neuere Anschauungen über den Vorgang des Gasaustausches in der Lunge. Verh. dtsch. Ges. inn. Med. **62**, 25 (1956).
— R. Beer, E. Fleischer, H. J. Hoffheinz, J. Krall, G. Rodewald, J. Wenner u. I. Witt: Bestimmung von Kurzschlußdurchblutung und Diffusionskapazität der Lunge bei Gesunden und Lungenkranken. Pflügers Arch. **261**, 99 (1955).
— — H. P. Koepchen, J. Wenner u. I. Witt: Messung der alveolär-arteriellen O_2-Druckdifferenz mit verschiedenen Methoden am Menschen bei Ruhe und Arbeit. Pflügers Arch. **261**, 151 (1955).
— H. P. Koepchen, I. Lühning, M. Mochizuki u. I. Witt: Die alveolär-arterielle O_2-Druckdifferenz bei Ruhe und Arbeit unter Hyperoxie (50% O_2). Pflügers Arch. **261**, 535 (1955).
— u. M. Mochizuki: Über den Gasaustausch in der Lunge. In: Borderland problems between physikal chemistry and physiology. **5**, 73 (1955).
— u. G. Rodewald: Der arterielle Sauerstoffdruck, die alveolär-arterielle Sauerstoffdruckdifferenz und weitere atmungsphysiologische Daten gesunder Männer. Pflügers Arch. **256**, 113 (1952), **258**, 163 (1953).
Bates, D. V., N. G. Boucot and A. E. Dormer: The pulmonary diffusing capacity in normal subjects. J. of Physiol. **129**, 237 (1955).
Berggren, S. M.: The oxygen deficit of arterial blood caused by non-ventilating parts of the lung. Acta physiol. scand. (Stockh.) **4**, Suppl. 9 (1942).
Bøje, O.: Über die Größe der Lungendiffusion des Menschen während Ruhe und körperlicher Arbeit. Arbeitsphysiologie **7**, 157 (1933).
Le Blanc, E.: Respiratorischer Gasaustausch und Lungendurchblutung unter normalen und krankhaften Zuständen der Atmungsorgane. Untersuchungen an arteriellem und venösem Blut von Mensch und Tier. Beitr. Klin. Tbk. **50**, 21 (1922).
Bock, A. V., D. B. Dill, H. T. Edwards, L. J. Henderson and J. H. Talbott: On the partial pressures of oxygen and carbon dioxide in arterial blood and alveolar air. J. of Physiol. **681**, 277 (1929).
Bohr, C.: Über die spezifische Tätigkeit der Lungen bei der respiratorischen Gasaufnahme und ihr Verhalten zu der durch die Alveolarwand stattfindenden Gasdiffusionen. Skand. Arch. Physiol. (Berl. u. Lpz.) **22**, 221 (1909).
Canfield, R. E., and H. Rahn: Arterial-alveolar N_2 gas pressure differences due to ventilation-perfusion variations. J. Appl. Physiol. **10**, 165 (1957).
Cugell, D. W., A. Marks, M. F. Ellicott, T. L. Badger and E. A. Gaensler: Carbon monoxide diffusing capacity during steady exercise. Amer. Rev. Tbc. **3**, 317 (1956).
Donald, K. W., A. Renzetti, R. L. Riley and A. Cournand: Analysis of factors affecting concentrations of oxygen and carbon dioxide in gas and blood of lungs. Results. J. Appl. Physiol. **4**, 497 (1952).
Farhi, L. E., and R. L. Riley: Graphic analysis of moment-to-moment changes in blood passing through the pulmonary capillary, including a demonstration of three graphic methods for estimation the mean alveolar capillary diffusion gradient (Bohr integration). J. Appl. Physiol. **10**, 179 (1957).
Ferris, B. G., H. A. Kriete and B. C. Kriete: Alveolar-arterial oxygen difference, a comparison of two methods. J. Appl. Physiol. **3**, 9 (1951).
Filley, G. F., F. Gregoire and G. W. Wright: Alveolar and arterial oxygen-tensions and the significance of the alveolar-arterial tension difference in normal men. J. Clin. Invest. **33**, 517 (1954).
Gertz, K. H., u. H. H. Löschcke: Diffusion von Gasen in untersättigten Lösungen. Tagg. dtsch. physiol. Ges. 27.—29. Aug. 1951.
Jost, W.: Ein physiologisches Diffusionsproblem. Z. Naturforsch. **4**, 318 (1949).

KETY, S. S.: Gas-blood diffusion. In: Methods in medical research, Bd. 2.: The Year Book
Publishers, Inc. Chicago 1950.
KNIPPING, H. W.: Die Pneumonose. Erg. inn. Med. 48, 249 (1935).
KRAMER, K., u. H. SARRE: Untersuchungen über die Arterialisation des Blutes. V. Mitt.
Möglichkeiten der Beeinflussung des Gasaustausches zwischen Alveolen und Blut. Z. Biol.
97, 329 (1936).
KREUZER, F.: Über die Diffusion des Sauerstoffes im Blut. Helvet. physiol. Acta 9, 4 (1951).
— Über die Diffusion des Sauerstoffs durch Erythrocytensuspensionen verschiedener
Konzentration in Ringerlösung. Helvet. physiol. Acta 9, 2 (1951).
— Modellversuche zum Problem der Sauerstoffdiffusion in den Lungen. Helvet. physiol. Acta
Suppl. 9, 1 (1953).
KROETZ, C.: Physiologische und pathologische Schwankungen der Sauerstoffdurchlässigkeit
der Lungen. Verh. dtsch. Ges. inn. Med. 43, 105 (1931).
KROGH, A., and M. KROGH: On the rate of diffusion of carbonic oxide into the lungs of man.
Skand. Arch. Physiol. (Berl. u. Lpz.) 23, 236 (1909).
KROGH, M.: The diffusion of gases through the lungs of man. J. of Physiol. 49, 271 (1915).
LASZT, L.: Modellversuche mit Hämoglobinlösungen zur Frage des Gasaustausches in den
Lungen. Helvet. physiol. Acta 3, 291 (1945).
LILIENTHAL, J. L., R. L. RILEY, D. D. PROEMMEL and R. E. FRANKE: An experimental
analysis in man of the oxygen pressure gradient from alveolar air to arterial blood during
rest and exercise at sea level and at altitude. Amer. J. Physiol. 147, 199 (1946).
LOESCHCKE, H. H.: Die Absorption von Gas im Organismus als Diffusionsvorgang. Klin.
Wschr. 1956, 801.
LOESCHCKE, H.: Über die Diffusion von Gas in mit Gas untersättigten Lösungen mit Durch-
rechnung biologischer Beispiele. Z. Naturforsch. 11, 613 (1956).
LONGMUIR, I. C., and F. J. W. ROUGHTON: The diffusion coefficients of carbon monoxide and
nitrogen in hemoglobin solution. J. of Physiol. 119, 264 (1952).
LUCKNER, H.: Über die Austauschgeschwindigkeit der Atemgase im Blut. Tagg. dtsch.
physiol. Ges. 29. Sept. bis 1. Okt. 1948.
MATTHES, K.: Untersuchungen über den Gasaustausch in der menschlichen Lunge. I. Mitt.
O_2-Gehalt und O_2-Spannung im Arterienblut und im venösen Mischblut des Menschen.
Arch. exper. Path. u. Pharmakol. 181, 630 (1936).
MÜLLER, A.: Bemerkungen zum Gasaustausch in den Lungen. Helvet. physiol. Acta 3,2 (1945).
MURRAY, C. D., and W. O. P. MORGAN: Oxygen exchange, blood and the circulation. A
coordinated treatment of the factors involved in oxygen supply on the basis of the diffusion
theory. J. of Biol. Chem. 65, 419 (1925).
NICOLSON, P., and J. F. W. ROUGHTON: A theoretical study of the influence of diffusion and
chemical reaction velocity on the rate of exchange of carbon monoxide and oxygen between
the red blood corpuscle and the surrounding fluid. Proc. Roy. Soc. (London) B 138, 241
(1951).
RILEY, R. L.: Pulmonary gas exchange. Amer. J. Med. 10, 210 (1951).
— and A. COURNAND: Analysis of factors affecting partial pressures of oxygen and carbon
dioxide in gas and blood of lungs. I. Theory. J. Appl. Physiol. 4, 77 (1951).
— — and K. W. DONALD: Analysis of factors affecting partial pressures of oxygen and carbon
dioxide in gas and blood of lungs. II. Methods. J. Appl. Physiol. 4, 102 (1951).
— J. L. LILIENTHAL, D. D. PROEMMEL and R. E. FRANKE: On the determination of the
physiologically effective pressures of oxygen and carbon dioxide in alveolar air. Amer. J.
Physiol. 147, 191 (1946).
ROUGHTON, F. J. W.: The average time spent by the blood in the human lung capillary and
its relation to the rates of CO uptake and elimination in man. Amer. J. Physiol. 143, 621
(1945).
SARRE, H.: Untersuchungen über die Arterialisierung des Blutes. IV. Mitt. Theorie der Sauer-
stoffspannungsausgleiche zwischen Alveolen und Blut und die Diffusionskonstante. Z.
Biol. 96, 352 (1934).
VOGEL, H.: Die Geschwindigkeit des Blutes in den Lungencapillaren. Helvet. physiol. Acta 5,
2 (1947).
WIESINGER, K.: Zum Membranproblem der Lunge. Verh. schweiz. naturforsch. Ges. 28, 178
(1948).

5. Sauerstoff-Transport

ADAIR, G. S.: Thermodynamical proof of the reciprocal relationship of O_2 and CO_2 in blood.
J. of Physiol. 58, 4 (1923).
ADAIR, G. S.: On the relation of K in HILL's equation to the carbonic acid pressure in the blood.
J. of Physiol. 55, 6 (1921).
ADOLPHE, E. F., and R. FERNY: The O_2 dissociation of hemoglobin and the effect of electrolytes
upon it. J. of Biol. Chem. 47, 547 (1921).

BARCROFT, J., and W. O. R. KING: The effect of temperature on the dissociation curve of blood. J. of Physiol. **39**, 374 (1909/10).
— and F. ROBERTS: The dissociation curve of hemoglobin. J. of Physiol. **39**, 143 (1909).
— and M. CAMIS: The dissociation curve of blood. J. of Physiol. **39**, 118 (1909).
BEER, R., H. BARTELS u. H. A. RACZKOWKI: Die Sauerstoffdissoziationskurve des fetalen Blutes und der Gasaustausch in der menschlichen Placenta. Pflügers Arch. **260**, 306 (1955).
BOCK, A. V., H. FIELD and G. S. ADAIR: The O_2 and CO_2 dissociation curve of human blood. J. of Biol. Chem. **59**, 353 (1924).
BOHR, C., K. HASSELBALCH u. A. KROGH: Über einen in biologischer Beziehung wichtigen Einfluß, den die Kohlensäurespannung des Blutes auf dessen Sauerstoffbindung übt. Skanf. Arch. Physiol. (Berl. u. Lpz.) **16**, 402 (1904). Rapport entre les variations de CO_2 et la courbe de O_2. Skand. Arch. Physiol. (Berl. u. Lpz.) **16**, 402 (1904).
BROWN, W. E. L., and A. V. HILL: The physical chemistry of hemoglobin in blood. Arch. néerl. Physiol. **7**, 174 (1922). — The oxygen dissociation curve of the blood and its thermodynamical basis. Proc. Roy. Soc. Series B (London) **94**, 297 (1923).
— — The effect of temperature on the dissociation curve. Proc. Roy. Soc., Ser. B, **94**, 307 (1923).
DOISY, E., A. P. BRIGGS et K. S. CHONKA: The apparent acid dissociation constants of oxyhemoglobin and reduced hemoglobin. J. of Biol. Chem **50**, 48 (1922).
FERRY, R. M., and A. M. PAPPENHEIMER JR.: Studies in the chemistry of hemoglobin. IV. The equilibrium between oxygen and the hemoglobin of sheep in whole blood. Amer. J. Physiol. **90**, 344 (1929).
FORBES, W. H.: The equilibrium between oxygen and hemoglobin. II. The oxygen dissociation curves of dilute solutions of horse hemoglobin. J. of Physiol. **71**, 261 (1931).
— and F. J. W. ROUGHTON: The equilibrium between oxygen and hemoglobin. I. The oxygen dissociation curve of dilute blood solutions. J. of Physiol. **71**, 229 (1931).
HAGGARD, H. W.: Thermal effects accompanying alteration of the O_2 et CO_2 content of blood. Amer. J. Physiol. **59**, 454 (1922).
HERMANN, H., B. HUDOFFSKY, H. NETTER u. L. TRAVIA: Über den spezifischen Einfluß der Kohlensäure auf die Sauerstoffbindungskurve des Hämoglobins. Pflügers Arch. **242**, 311 (1939).
HILL, A. V.: The combinations of hemoglobin with O_2 and CO_2 and the effects of acid and CO_2 Biochemic. J. **15**, 577 (1921). — The acid nature of oxyhemoglobin. Biochemic, J. **17**, 544 (1923). — The interaction of O_2, acid and CO_2 in blood. J. of Biol. Chem. **51**, 359 (1922).
HOCHREIN, M.: The effect of lactic and carbonic acids on the affinity of hemoglobin for oxygen. Amer. J. Physiol. **90**, 391 (1929).
KREUZER, F.: Über die Gültigkeit des Fickschen Gesetzes bei der Diffusion des Sauerstoffs in dünne Schichten hochkonzentrierter Hämoglobinlösung. Helvet. physiol. Acta **7**, 47 (1949).
LAMBERTSEN, C. J., P. L. BUNCE, D. L. DRAKIN and C. F. SCHMIDT: Relationship of oxygen tension to hemoglobin oxygen saturation in the arterial blood of normal men. J. Appl. Physiol. **4**, 873 (1952).
LOONEY, J. M., and E. M. JELLINEK: The oxygen and carbon dioxide content of the arterial and venous blood of normal subjects. Amer. J. Physiol. **118**, 225 (1937).
LUNDSGAARD, C., and F. MÖLLER: Investigations on the O_2 content of cutaneous blood (so-called capillary blood). J. of Exper. Med. **36**, 559 (1922).
MACELA, I., and A. SELISKAR: The influence of temperature on the equilibrium between oxygen and haemoglobin of various forms of life. J. of Physiol. **60**, 428 (1925).
MANUEL, G., et P. LAMBOSSY: Etude sur la fixation de l'oxygène par une solution d'hémoglobine. Helvet. physiol. Acta **3**, 3 (1945).
MORSE, M., D. E. CASSELS and M. HOLDER: The position of the oxygen dissociation curve of the blood in cyanotic congenital heart disease. J. Clin. Invest. **29**, 1098 (1950).
MÜLLER, A.: Über den Sauerstofftransport durch dünne Schichten von Wasser und Hämoglobinlösung. Helvet. physiol. Acta **6**, 1 (1948).
ROSSIER, P. H., et H. MÉAN: L'influence de la fièvre sur les échanges respiratoires et les gaz du sang. Helvet. med. Acta **3**, 666 (1936).
SENDROY, J. JR., R. T. DILLON and D. D. VAN SLYKE: Studies of gas and electrolyte equilibria in blood. XIX. The solubility and physical state of uncombined oxygen in blood. J. of Biol. Chem. **105**, 597 (1934).
SIDWELL, A. E. JR., R. H. MUNCH, E. S. GUZMAN BARRON and T. R. HOGNESS: The salt effect on the hemoglobin-oxygen equilibrium. J. of Biol. Chem. **123**, 335 (1938).
SLYKE, D. D. VAN, A. H. HASTINGS, M. HEIDELBERGER and J. M. NEILL: Studies of gas and electrolyte equilibria in the blood. III. The alkali binding and buffer values of oxyhemoglobin and reduced hemoglobin. J. of Biol. Chem. **54**, 481 (1922).
STADIE, W. C., and K. A. MARTIN: The thermodynamic relations of the O_2- and base combining properties of blood. J. of. Biol. Chem. **60**, 191 (1924).

Wood, E. H.: Blood gas transport. Annual Rev. Physiol. **14**, 235 (1952).

Yang En Fu: Oxygen physically dissolved in blood cell suspensions and hemoglobin solution. Proc. Soc. Exper. Biol. a. Med. **30**, 437 (1933).

6. Kohlensäure-Transport und Säure-Basen-Gleichgewicht

Barcroft, J., A. V. Bock, A. V. Hill, F. R. Parsons and R. Shoji: On the hydrogen ion concentration and some related properties of normal human blood. J. of Physiol. **56**, 157 (1922).

Bradley, A. F., M. Stupfel and J. W. Severinghaus: Effect of temperature on P_{CO_2} and P_{O_2} of blood in vitro. J. Appl. Physiol. **9**, 201 (1956).

Brassfield, Ch. R., and V. G. Behrmann: A correlation of the p_H of arterial blood and urine as affected by changes in pulmonary ventilation. Amer. J. Physiol. **132**, 272 (1941).

Brinkman, R., and R. Margaria: The influence of hemoglobin on the hydration and dehydration velocities of CO_2. J. of Physiol. **72**, 6 (1931).

Brockleburst, R. J., and Y. Henderson: The buffering of the tissues as indicated by the carbon dioxide capacity of the body. J. of Biol. Chem. **72**, 665 (1927).

Browne, J. S. L., and A. M. Vineberg: The interdependence of gastric secretion and the CO_2 content of the blood. J. of Physiol. **75**, 345 (1932).

Burger, W.: Über den Chloraustausch zwischen den roten Blutkörperchen und der umgebenden Lösung. III. Mitt. Der Einfluß der H-Ionenkonzentration auf den Austausch. Arch. exper. Path. u. Pharmakol. **106**, 102 (1925).

Burnell, J. M., M. F. Villamil, B. T. Uyeno and B. H. Scribner: The effect in humans of extracellular p_H change on the relationship between serum potassium concentration and intracellular potassium. J. Clin. Invest. **35**, 935 (1956).

Campbell, J. M. H., and E. P. Poulton: The relation of oxyhemoglobin to the CO_2 of the blood. J. of Physiol. **54**, 152 (1920).

Cape, J., and E. L. Sevringhaus: The rate of change of alkali reserve after ingestion of salts of organic compounds. I. Normal variations in acid-base balance under basal conditions. J. of Biol. Chem. **103**, 257 (1933).

Christiansen, J., G. C. Douglas and J. S. Haldane: The absorption and dissociation of carbon dioxide by human blood. J. of Physiol. **48**, 244 (1914).

Cullen, G. E., H. R. Keeler and H. W. Robinson: The pK′ of the Henderson-Hasselbalch equation for hydrion concentration of serum. J. of Biol. Chem. **66**, 301 (1925).

Daly, C. A., and D. B. Dill: Carbamino-compounds and carbon dioxide transport. J. of Biol. Chem. **109**, 25 (1935).

Dautrebande, L., and H. W. Davies: A study of the chlorine interchange between corpuscles and plasma. J. of Physiol. **57**, 36 (1922).

Dean, R. B., R. R. Noonan, L. Haege and W. O. Fenn: Permeability of erythrocytes to radioactive potassium. J. Gen. Physiol. **24**, 353 (1941).

Dirken, M. N. J., and H. W. Mook: The carriage of carbon dioxide by blood. J. of Physiol. **70**, 373 (1930).

Doisy, E. A., and E. P. Eaton: The relation of the migration of ions between cells and plasma to the transport of CO_2. J. of Biol. Chem. **47**, 377 (1921).

— — and K. S. Chouke: Buffer systems of blood serum. J. of Biol. Chem. **53**, 61 (1922).

— A. R. Briggs, E. P. Eaton and W. H. Chambers: Evaluation of buffers of the blood. J. of Biol. Chem. **54**, 305 (1922).

Farhi, L. E., and H. Rahn: Gas stores of the body and the unsteady state. J. Appl. Physiol. **7**, 472 (1955).

Ferguson, J. K. W., and F. J. W. Roughton: The direct chemical estimation of carbamino compounds of CO_2 with hemoglobin. J. of Physiol. **83**, 68 (1934).

Gollwitzer-Meier, Kl.: Die Regulierung des Säure-Basengleichgewichts. Klin. Wschr. **1926**, 757.

Haggard, H. W., and Y. Henderson: Hemato-respiratory functions. VII. The reversible alteration of the H_2CO_3/$NaHCO_3$ equilibrium in the blood and plasma under variations of CO_2 tension and their mechanism. J. of Biol. Chem. **45**, 189 (1920).

Hahn, L., and G. Hevessy: Rate of penetration of ions into erythrocytes. Acta physiol. scand. (Stockh.) **3**, 193 (1942).

Haldane, J. B. S.: Experiments on the regulation of the blood alcalinity. J. of Physiol. **55**, 265 (1921).

Hastings, A. B., and Ch. W. Eisele: Diurnal variations in the acid-base balance. Proc. Soc. Exper. Biol. a. Med. **43**, 308 (1940).

— J. Sendroy, Jr., J. F. McIntosh and D. D. van Slyke: Studies of gas and electrolyte equilibria in blood. XIII. The distribution of chloride and bicarbonate in the blood of normal and pathological human subjects. J. of Biol. Chem. **79**, 193 (1928).

HOCHREIN, M., D. B. DILL u. L. J. HENDERSON: Das physikalisch-chemische System des Blutes in seiner Beziehung zu Atmung und Kreislauf. Arch. exper. Path. u. Pharmakol. **143**, 129 (1929).

IWATA, T.: On the exchange of bicarbonate ions and chlorine ions between the blood serum and the red corpuscles at different CO_2-tensions. Acta Scholae med. Kioto **17**, 88 (1934).

LECOMTE DU NOÜY, P.: Recherches sur les équilibres ioniques du sérum. Relations entre la concentration des sels et l'équilibre du système albumine-globuline. C. r. Soc. Biol. (Paris) **106**, 85 (1931).

LEUTHARDT, FR.: Alkalireserve des Blutes. Med. Welt **1935 II**, 1383.

LIU, S.: Über die Regulation der Wasserstoffionenkonzentration im Blute. VIII. Mitt. Studien über die Wirkung von Säure, Basen und anderen toxischen Stoffen auf das Säure-Basengleichgewicht des Blutes. Z. exper. Med. **61**, 749 (1928).

MARGARIA, R., and A. A. GREEN: The first dissociation constant pK' of carbonic acid in hemoglobin solutions and its relation to the existence of a combination of hemoglobin with carbon dioxide. J. of Biol. Chem. **102**, 611 (1933).

McCLURE, G. C.: An accessory regulation of acid-base equilibrium and pulmonary ventilation by virtue of the lactic acid changes in the liver. Amer. J. Physiol. **99**, 365 (1932).

MEANS, J. H., A. V. BOOK and M. N. WOODWELL: Studies of the acid-base equilibrium in disease from the point of view of blood gases. J. of Exper. Med. **33**, 201 (1921).

MUNTWYLER, E., E. R. ROSE and V. C. MYERS: The distribution of chloride and bicarbonate between plasma and cells in the blood of various pathological subjects. J. of Biol. Chem. **92**, 90 (1931).

MURRAY, C. D., and A. B. HASTINGS: The maintenance of CO_2 equilibrium in the body, with special reference to the influence of respiration and kidney function on CO_2, H^+, HCO_3 and CO_2 concentrations of plasma. J. of Biol. Chem. **65**, 265 (1925).

NAKAMURA, T.: Studien über die Pufferwirkung des Blutserums. Mitt. med. Akad. Kioto **29**, 82 (1940).

NATELSON, S., and J. H. BARBOUR: Equations and nomograms for approximation of alcali requirements in acidosis. In-vivo-titration with $NaHCO_3$ of blood of patients in acidosis. Procedure for estimation of p_H of venous and fingertip blood with the p_H meter. Amer. J. Clin. Path. **22**, 5 (1952).

PETERS, J. P.: Studies of the carbon dioxide absorption curve of the human blood. III.A further discussion of the form of the absorption curve plotted logarithmically with a convenient type of interpolation chart. J. of Biol. Chem. **56**, 745 (1923).

— and D. P. BARR: The carbon dioxide dissociation curve and the arterial and venous carbon dioxide tension of human blood in health and disease. Proc. Soc. Exper. Biol. a. Med. **18**, 5 (1920).

— — and F. D. RULE: The carbon dioxide absorption curve and carbon dioxide tension of the blood of normal resting individuals. J. of Biol. Chem. **45**, 489 (1921).

— H. A. BULGER and A. J. EISENMAN: Studies of the CO_2 absorption of the human blood. IV. The relation of the Hb content of blood to the form of the CO_2 absorption curve. J. of Biol. Chem. **58**, 747 (1924). V. The construction of the CO_2 absorption curve from one observed point. J. of Biol. Chem. **58**, 769 (1924). VI. The relationship of the CO_2 of the blood to that of plasma. J. of Biol. Chem. **58**, 773 (1924).

PIRCHER, L.: Der Einfluß von Temperatur und p_H auf die 1. Dissociationskonstante der Kohlensäure im wahren Plasma. Verh. Schweiz. Vereins Physiol. u. Pharmakol. **44**. Tagung in Basel vom 22./23. Mai 1954.

PITTS, R. F.: Modern concepts of acid-base regulation. Arch. Int. Med. **89**, 864 (1952).

REIMANN, P. S., and H. A. REIMANN: Blood bicarbonate levels following administration of sodium bicarbonate. J. of Biol. Chem. **46**, 493 (1921).

RICHARDS, D. W.: Carbon dioxide and oxygen tensions of the mixed venous blood of man at rest. J. Clin. Invest. **9**, 475 (1930).

ROOS, J., and C. ROMIJIN: The changes of the oxygen- and carbon dioxide dissociation curves during the first time after birth. Arch. néerl. Physiol. **25**, 219 (1941).

ROSSIER, P. H.: Recherches sur le contenu du sang en bicarbonate après équilibration avec une atmosphère exempte d'acide carbonique. Schweiz. med. Wschr. **1934**, 1187.

— et H. MÉAN: A propos de la constante pK' de la formule de HENDERSON-HASSELBALCH. Rev. méd, Suisse rom. **60**, 633 (1940).

— et P. MERCIER: Sécrétion gastrique et équilibre acide-base du sang. Verh. Schweiz Naturforsch. Ges. **1929**, 202.

— — et G. GLATZ: Remarques sur la courbe de dissociation de l'acide carbonique du sang. Courbes expérimentales et courbes calculées. Anémie et courbe de dissociation. Acta Soc. helvet. Sci. natur. **1933**, 415.

ROUGHTON, F. J. W.: The role of carbamino compounds of hemoglobin on the respiratory transport of CO_2 by the blood. J. of Physiol. **109**, 12 (1949).

SCHWARTZ, W. B., K. J. ØRNING and R. PORTER: The internal distribution of hydrogen ions with varying degrees of metabolic acidosis. J. Clin. Invest. **36**, 373 (1957).
SEVERINGHAUS, J. W., M. STUPFEL and A. F. BRADLEY: Variations of serum carbonic acid pK' with p_H and temperature. J. Appl. Physiol. **9**, 197 (1956).
SLYKE, D. D. VAN: The carbon dioxide carriers of the blood. Physiologic. Rev. **1**, 14 (1921).
— A. H. BAIRD, A. B. HASTINGS and J. M. NEILL: Studies of gas and electrolyte equilibria in blood. IV. The effect of oxygenation and reduction on the bicarbonate content and buffer value of blood. J. of Biol. Chem. **54**, 2 (1922).
— — M. HEIDELBERGER and J. M. NEILL: Studies of gas and electrolyte equilibria in blood. III. The alcali-binding and buffer values of oxyhemoglobin and reduced hemoglobin, J. of Biol. Chem. **54**, 2 (1922).
— R. T. DILLON and A. HILLER: Crystallization of a compound of hemoglobin and carbon dioxide. Proc. Nat. Acad. Sci. **19**, 828 (1933).
— — and R. MARGARIA: Studies of gas and electrolyte equilibria in blood. XVIII. Solubility and physical state of atmospheric nitrogen in blood cells and plasma. J. of Biol. Chem. **105**, 571 (1934).
— A. B. HASTINGS, A. HILLER and J. SENDROY, JR.: Studies of gas and electrolyte equilibria in blood. XIV. The amounts of alkali bound by serum albumin and globulin. J. of Biol. Chem. **79**, 769 (1928).
— — C. D. MURRAY and J. SENDROY, JR.: Studies of gas and electrolyte equilibrium in blood. VIII. The distribution of hydrogen, chloride and bicarbonate ions in oxygenated and reduced blood. J. of Biol. Chem. **65**, 701 (1925).
— — and J. M. NEILL: Studies of gas and electrolyte equilibria in blood. IV. The effect of oxygenation and reduction on the bicarbonate content and buffer value of blood. J. of Biol. Chem. **54**, 507 (1922).
— and J. A. HAWKINS: Studies of gas and electrolyte equilibria in blood. XVI. The evaluation of carbon dioxide from blood and buffer solutions. J. of Biol. Chem. **87**, 265 (1930).
— and J. SENDROY, JR.: Studies of gas and electrolyte equilibria in blood. XI. The solubility of hydrogen at 38° in blood serum and cells. J. of Biol. Chem. **78**, 801 (1928).
— — Studies of gas and electrolyte equilibria in blood. XV. Line charts for graphic calculation by the HENDERSON-HASSELBALCH equation, and for calculating plasma carbon dioxide content from whole blood content. J. of Biol. Chem. **79**, 781 (1928).
— — Studies of gas and electrolyte equilibria in blood. XVII. The effect of oxygenation and reduction on the carbon dioxide absorption curve and the p_H of whole blood. J. of Biol. Chem **102**, 505 (1933).
— — A. B. HASTINGS and J. M. NEILL: Studies of gas and electrolyte equilibrium in blood. X. The solubulity of carbon dioxide at 38° in water, salt solution, serum and blood cells. J. of Biol. Chem. **78**, 765 (1928).
STADIE, W. C., J. H. AUSTIN and H. W. ROBINSON: The effect of the temperature on the acid-base-protein equilibrium and its influence on the CO_2 absorption curve of the whole blood, true and separated serum. J. of Biol. Chem. **66**, 901 (1925).
— and H. O'BRIEN: The kinetics of carbon dioxide reactions in buffer systems and blood. J. of Biol. Chem. **88**, 100 (1933).

7. Technik der Lungenfunktionsprüfung

a) Spirometrie, Grundumsatzbestimmungen usw.

ALEXANDER, R. S.: The use of basal respiratory minute volume as an index of impaired pulmonary function. Amer. Rev. Tbc. **65**, 505 (1952).
BERKSOHN, J., and W. M. BOOTHBY: Studies of the energy of metabolism of normal individuals. A comparison of the estimation of basal metabolism from a linear formule and "surface area". Amer. J. Physiol. **116**, 485 (1936).
BJERKNES, W.: Kritische Untersuchungen über Funktionsprüfung in Luft und in Sauerstoff. Beitr. Klin. Tbk. **93**, 454 (1939).
BRAUER, L., u. W. BRAUER: Einführung in die Spirometrie und die Ergometrie. Beitr. Klin. Tbk. **94**, 504 (1940).
CARA, M.: Sur les coefficients de correction à appliquer aux mesures spirographiques. Poumon et Coeur **11**, 843 (1956).
COMROE, J. H.: Interpretation of commonly used pulmonary function tests. Amer. J. Med. **10**, 356 (1951).
DENOLIN, A., et A. DE COSTER: Les méthodes d'investigation de la fonction pulmonaire et leurs applications. Acta tbc. belg. **4**, 245 (1952).
DIRKEN, M. N. J., u. J. K. KRAAN: Über die Funktionsprüfung der Lungen. Klin. Wschr. **1937 I**, 634.
DONALD, K. W., and R. V. CHRISTIE: New method of clinical spirometry. Clin. Sci. **8**, 21 (1949).

ENGHOFF, E., u. H. ENGHOFF: Zur Technik der Gaswechselbestimmungen. Kgl. Sv. Vetenskapsakad. **4**, 1 (1953).

FARBER, S. M., and S. SILVERMAN JR.: Pulmonary function tests and their significance. Oral Surg., Med. a. Path. **5**, 4 (1952).

FLEISCH, A.: Le double spiromètre couplé. Helvet. med. Acta **17**, 593 (1950).

— Le métabolisme basal standard et sa détermination au moyen du «Métabocalculator». Helvet. med. Acta **18**, 23 (1951).

GAENSLER, E. A., and I. LINDGREN: Open-circuit technique for the measurement of ventilation. Scand. K. Clin. a. Labor. Invest. **7**, Suppl. 20 (1955).

GEORG, J.: Apparatus and methods for the estimation of pulmonary function. Scand. J. Clin. a. Labor. Invest. **1**, 239 (1949).

GRAY, J. S., D. R. BARNUM, H. W. MATHESON and S. N. SPIESS: Ventilatory function tests. I. Voluntary ventilation capacity. J. Clin. Invest. **29**, 677 (1950).

GREENE, J. A., and H. C. COGGESHALL: Clinical studies of respiration. II. Influence of determinations of basal metabolism on respiratory movements in man, and effects of these alterations on calculated basal metabolic rate. Arch. Int. Med. **52**, 226 (1933).

GUCKELBERGER, M.: Die praktische Verwendung der Vitalkapazitätsbestimmung in der sportärztlichen Praxis. Schweiz. med. Wschr. **1943**, 1495.

HARDING, A. E. B.: The basal metabolic rate: Measurement of production of carbon dioxide. Lancet **1940 I**, 17.

HERXHEIMER, H.: Simultaneous recording of spirogram and thoracogram. J. of Physiol. **108**, 39 (1949).

KINDER, W.: Auswertung der Stoffwechselmessungen mit dem Laboratoriumsinterferometer von Zeiss. Klin. Wschr. **1939 II**, 1623.

KNIPPING, H. W.: Beitrag zur Technik der Gasstoffwechseluntersuchung. Münch. med. Wschr. **1924**, 1539. Ergebnisse der Gasstoffwechseluntersuchungen für die Klinik. Klin. Wschr. **1928**, 49.

KROGH, A.: Respirationsapparat für die klinische Bestimmung des Energieumsatzes beim Menschen. Wien. klin. Wschr. **1922**, 290.

LANDEN, C.: Die kombinierte Lungen-Herz- und Kreislauffunktionsprüfung mit dem Spirographen. Münch. med. Wschr. **1942 II**, 662.

LARMI, T.: On the measurement of pulmonary function. Duodecim (Helsinki) **68**, 270 (1952).

LEFÈVRE, G.: Essai critique physiologique sur le métabolisme basal. Bull. Soc. scient. hyg. aliment. **10**, 595 (1922).

MATHES, H. U.: Die Bedeutung des Atemwiderstandes für die Messung des respiratorischen Stoffwechsels. Arb. physiol. **11**, 117 (1940).

MATHESON, H. W., and J. S. GRAY: Ventilatory function tests. III. Resting ventilation, metabolism and derived measures. J. Clin. Invest. **29**, 688 (1950).

— S. N. SPIESS, J. S. GRAY and D. R. BARNUM: Ventilatory function tests. II. Factors affecting the voluntary ventilation capacity. J. Clin. Invest. **29**, 682 (1950).

MATTSON, S. B., and E. CARLENS: Lobar ventilation and oxygen uptake in man. J. Thorac. Surg. **6**, 676 (1955).

MÜLLER, E. A., u. A. MÜLLER: Ein verbesserter Spirograph. Arb. physiol. **12**, 120 (1942).

PATON, W. D. M.: A respiration recorder. J. of Physiol. **108**, 57 (1949).

PIERCE, H. F.: A metabolism chamber automatically maintains a constant partial pressure of oxygen. J. Labor. a. Clin. Med. **21**, 317 (1935).

PILLOT, P., J. GRAIMPREY et P. SADOUL: Précision des méthodes utilisées pour l'étude de la ventilation pulmonaire. Ref. franç. Etudes clin. et Biol. **1**, 814 (1956).

PÜSCHEL, E.: Über die Spirometrie und ihre Ergebnisse im Kindesalter. Erg. inn. Med. **61**, 786 (1942).

READ, H.: Der Einfluß der Mundatmung und der Spirographie auf die Lungenventilation. Beitr. Klin. Tbk. **76**, 121 (1937).

REICHERT, P.: Oxygen utilization as an index of respiratory efficiency. A clinical device for its determination. J. Aviation Med. **7**, 63 (1936).

REIN, H., u. A. HAMPEL: Eine registrierende Gasuhr. Z. Biol. **96**, 35 (1935).

ROSSIER, P. H., u. K. WIESINGER: Stabilisator für die Sauerstoffspannung im geschlossenen Spirometersystem. Schweiz. Z. Tbk. **6**, 17 (1948).

SCHADOW, H.: Ein vereinfachter Respirationsapparat für gleichzeitige O_2- und CO_2-Bestimmung. Klin. Wschr. **1931 I**, 783.

SCHROEDER, W.: Die Atmung des gesunden Menschen unter körperlich erschöpfender Arbeit. Untersuchungen mit einem neuen Spirograph. Diss. Frankfurt a. M. 1939.

SCHMITT, W. J.: Über die Grundumsatzbestimmung mit besonderer Berücksichtigung des Spirometers nach KROGH. Wiss. Karl-Marx-Univ. Leipzig **5**, 381 (1955/1956).

SCOTT, C. C., and H. M. WORTH: An apparatus for continuous recording of the volume of expired air. J. Labor. a. Clin. Med. **32**, 1496 (1947).

SHEPHARD, R. J.: Assessment of ventilatory efficiency by a single breath technique. Flying Personnel research committee. Air Ministry, USA 1956.

SINGH, B. M.: A modification of DIXON's constant pressure respirometer. Current Sci. 4, 656 (1936).

STANDARD, J. N., and E. M. RUSS: Estimation of critical dead space in respiratory protective devices. J. Appl. Physiol. 1, 326 (1948).

TERROINE, E. F., et E. ZUNZ: Le Métabolisme de base. Paris: Presses Universitaires de France 1925.

ZAPFER, G.: Zur Methodik der funktionellen Analyse von Atmung und Kreislauf. Beitr. Klin. Tbk. 90, 115 (1937).

— u. W. WOLF: Über die Auswertung spirographischer Ruhe- und Arbeitskurven. Beitr. Klin. Tbk. 94, 520 (1940).

b) Vitalkapazität

ANTHONY, A. J.: Lungenvolumen und Thoraxgröße. Beitr. Klin. Tbk. 91, 222 (1938).

ARNETT, J. H.: Vital capacity of the lungs: changes occurring in health and disease. J. Clin. Invest. 14, 563 (1935).

ASMUSSEN, E., E. H. CHRISTENSEN u. T. SJÖSTRAND: Über die Abhängigkeit der Lungenvolumen von der Blutverteilung. Skand. Arch. Physiol. (Berl. u. Lpz.) 82, 193 (1939).

BERGAN, F.: The relative function of the lungs in supine, left and right lateral position. J. Oslo City Hosp. 2, 10 (1952).

BINET, L.: Remarque physiologique sur la capacité respiratoire vitale. Bull. Soc. méd. Hôp. (Paris) 13, 579 (1942).

BRAUTLECHT, H. G.: Die Beeinflussung der Vitalkapazität der Lunge durch Behinderung des venösen Abflusses aus den Extremitäten. Diss. Hamburg. 1939.

BUDELMANN, G.: Über den Einfluß des Aderlasses auf die Vitalkapazität der Lunge beim gesunden Menschen. Klin. Wschr. 1937 I, 704. — Die Beeinflussung der Vitalkapazität der Lunge durch Wickelung der Extremitäten. Klin. Wschr. 1937 II, 1711.

CAMPBELL, G. S., and R. B. HARVEY: Postural changes in vital capacity with differential cuff pressures at the bases of the extremities. Amer. J. Physiol. 152, 671 (1948).

DAYTON, E. J., and M. G. WILSON: The standard for comparing the vital capacity of subjects of different size and a chart for partical use. J. Labor. a. Clin. Med. 24, 543 (1939).

DOW, P.: The venous return as a factor affecting the vital capacity. Amer. J. Physiol. 127, 793 (1939).

EDWARDS, D. G., and M. G. WILSON: An analysis of some of the factors of variability in the vital capacity measurements of children. Arch. Int. Med. 30, 638 (1922).

GROSS, H.: Vitalkapazität und Körpergröße. Diss. Hamburg 1940.

GÜNTHER, H.: Ein konstitutioneller Index der vitalen Lungenkapazität. Endocrinology (Springfield, Ill.) 16, 426 (1936). — Vitale Lungenkapazität und Körpermaße. Z. menschl. Vererbgs- u. Konstit.lehre 20, 9 (1936).

JONSELL, S., u. T. SJÖSTRAND: Herzgröße und Vitalkapazität bei Schwankungen der Blutverteilung. Acta physiol. scand. (Stockh.) 3, 49 (1941).

KISCH, F.: Über die Vitalkapazität der Lunge und die respiratorischen Zwerchfellexkursionen bei extrem Fettleibigen. Z. klin. Med. 130, 429 (1936).

KOHLER, J.: Über Messungen von Lungenvolumen, Atemform und respiratorischem Stoffwechsel in verschiedenen Körperlagen. Diss. Zürich 1943.

KRAMER, K., u. H. SARRE: Die Veränderungen der respiratorischen Mittellage im Bad und ihre Folgen für Atmung und Kreislauf. Klin. Wschr. 1936 I, 473.

KRISHMAN, B. T., and C. VAREED: The vital capacity of 103 male medical students in South India. Indian J. Med. Res. 19, 1165 (1932).

LEVY, B.: Die Vitalkapazität im höheren Lebensalter. Zbl. inn. Med. 1933, 417.

LUDWIG, H.: Der Sollwert der Vitalkapazität. Verh. schweiz. naturforsch. Ges. 1941, 202. — Die Soll-Kapazität und ihre Berechnung. Z. klin. Med. 140, 455 (1942).

MILLS, J. N.: Variability of the vital capacity of the normal human subject. J. of Physiol. 110, 76 (1949). — The influence of abdominal distension upon the vital capacity. J. of Physiol. 110, 83 (1949). — Über die Beeinflussung der Vitalkapazität durch Maßnahmen, welche das Blutvolumen der Lunge ändern. J. of Physiol. 110, 207 (1949).

MYERS, J. A., and L. R. MAEDER: Studies on the respiratory organs in health and disease. XIV. The vital capacity of the lungs of 419 firemen. Arch. Int. Med. 35, 184 (1925).

PEMBERTON, J., and E. G. FLANAGAN: Vital capacity and timed vital capacity in normal men over forty. J. Appl. Physiol. 9, 291 (1956).

PÜSCHEL, E.: Lungenvolumina gesunder Kinder. II. Mitt. Ihre Beziehung zu den Werten des Sollgrundumsatzes. Mschr. Kinderheilk. 65, 105 (1936).

RAHN, H., W. O. FENN and A. B. OTIS: Daily variations of vital capacity, residual air and expiratory reserve including a study of the residual air method. J. Appl. Physiol. 1, 725 (1949).

RAHN. H., and D. HAMMOND: Vital capacity at reduced barometric pressure. J. Appl. Physiol. **4**, 715 (1952).

RESCH, M.: Neue Untersuchungen zur Berechnung der Vitalkapazität an 100 Männern und 100 Frauen. Dtsch. Arch. klin. Med. **182**, 39 (1938).

ROHRWASSER, G.: Die Beziehungen von Körpermaßen, Proportionen bzw. Indices auf die Vitalkapazität, Z. menschl. Vererbgs- u. Konstit.lehre **19**, 484 (1935).

SHEPARD, W. P., and J. A. MYERS: The respiratory organs in health and disease. XVI. A comparison of vital capacity standards in three thousand five hundred and thirty four male university students. Arch. Int. Med. **35**, 337 (1925).

TURNER, A. H.: Vital capacity in college women. I. Standards for normal vital capacity in college women. Arch. Int. Med. **46**, 930 (1930).

c) Atemgrenzwert und verwandte Untersuchungsmethoden

BALDWIN, B. T.: Breathing capacity according to height and age of American born-boys and girls of school age. Amer. J. Physic. Anthrop. **12**, 257 (1928).

BERNSTEIN, L., L. D'SILVA and D. MENDEL: The effect of the rate of breathing' on the maximum breathing capacity determined with a new spirometer. Thorax (London) **7**, 255 (1952).

BOEHME, A.: Untersuchungen über Atemgrenzwert. Beitr. Klin. Tbk. **91**, 237 (1938).

CARIEN, M. F.: Quelques mesures du débit respiratoire maximum au moyen du masque manométrique de Pech. Presse méd. **1921**, 616.

D'SILVA, J.-L., and D. MENDEL: The maximum breathing capacity test. Thorax (London) **5**, 325 (1950).

FERRIS, B. G., JR., J. L. WHITTENBERGER and J. R. GALLAGHER: Maximum breathing capacity and vital capacity of male children and adolescents. Pediatrics **9**, 659 (1952).

GAENSLER, E. A.: Laboratory and other basic research analysis of the ventilatory defect by timed capacity measurements. 47 annual Meeting of the Nat. TBC Assoc. USA. 1951. — An instrument for dynamic vital capacity measurements. Science (Lancaster, Pa.) **114**, 444 (1951).

HADORN, W.: Über die Bestimmung des Exspirationsstoßes. Z. Klin. Med. **140**, 266 (1942).

HEINE, F., W. BENESCH u. C. W. HERTZ: Untersuchung zur Methodik der Atemgrenzwertbestimmung. Z. Tbk. **102**, 273 (1953).

HERMANNSEN, J.: Untersuchungen über die maximale Ventilationsgröße (Atemgrenzwert). Z. exper. Med. **90**, 130 (1933).

LANDEN, H. C.: Der Atemgrenzwert als Maßstab respiratorischer Leistungsfähigkeit, Beitr. Klin. Tbk. **102**, 6 (1949).

LEUALLEN, E. C., and W. S. FOWLER: Maximal midexpiratory flow. Amer. Rev. Tbc. **72**, 783 (1955).

MILLS, J. N.: The nature of the limitation of maximal inspiratory and expiratory efforts. J. of Physiol. **111**, 376 (1950).

MÜLLER, E. A., u. H. BASTERT: Atemgrenzwert und Atemwiderstand. Arb. physiol. **14**, 1 (1949).

SHEPHARD, R. J.: The direct interpretation of the fast vital capacity record. Flying personnel research committee, Royal Air Force Institute of Aviation Medicine. February 1956.

— Some factors affecting the open-circuit determination of maximum breathing capacity. Flying personnel research committee. Royal Air Force Institute of Aviation Medicine. 1956

SPANGENBERG, W. W.: Zur spirographischen Bestimmung des Atemgrenzwertes. Z. inn. Med. **10**, 815 (1955).

STURGIS, C. C., F. W. PEABODY, F. C. HALL and F. FREMONT-SMITH: Clinical studies on the respiration. VIII. The relation of dyspnoea to the maximum volume of the pulmonary ventilation. Arch. Int. Med. **24**, 236 (1922).

TIFFENEAU, R., et P. DRUTEL: L'épreuve du cycle respiratoire maximum pour l'étude spirographique de la ventilation pulmonaire. Presse méd. **1952**, 641.

ZÖLLNER, N., S. ERNST u. H. NOWY: Untersuchungen über den Atemgrenzwert Gesunder. Z. Biol. **107**, 335 (1954).

d) Atemgasanalyse

ANTHONY, A. J.: Zur Technik der Gasanalyse mit dem Zeissschen Laboratoriumsinterferometer. Z. exper. Med. **106**, 561 (1939).

ARMITAGE, G. H., and W. M. ARNOTT: Respiratory quotient determination by air sampling in man. Proc. Physiol. 14.—15. July (1950).

ASCHOFF, J., E. MUNDT, W. SCHOEDEL u. H. SCHWARZ: Fortlaufende Bestimmung der Konzentration von eingeatmetem Wasserstoff in der Ausatmungsluft mit Hilfe von Hitzdrahtdüsen. Pflügers Arch. **244**, 1 (1940).

BANSI, H. W.: Fortlaufende Gasanalysen mittels eines auf physikalischen Prinzipien beruhenden Apparates. Ein Beitrag zur Vereinfachung der Grundumsatzbestimmung. Dtsch. med. Wschr. **1933 I**, 729.

BARCROFT, J.: Safety device for the Haldane gas analysis apparatus. J. of Physiol. **84**, 23 (1935).

BEHRMAN, V. G., and F. W. HARTMAN: Rapid CO_2 determination with the PAULING O_2 analyzer. Federat. Proc. **10**, 12 (1951).

BENZIGER, T., u. F. BRAUCH: Fortlaufende Registrierung der Zusammensetzung der Alveolarluft mit dem Gaswechselschreiber von H. REIN. Klin. Wschr. **1934 II**, 1852.

BIRATH, G.: Simultaneous samples of alveolar air from each lung and parts thereof. A preliminary report of a method using bronchial catheterization. Amer. Rev. Tbc. **55**, 444 (1947).

CORDERO, N.: Modification of the HALDANE-HENDERSON apparatus for the analysis of respiratory gases. Clin. J. Physiol. **10**, 373 (1936).

DAUTREBANDE, L.: L'air alvéolaire obtenu par la méthode HALDANE-PRIESTLEY. C. r. Soc. Biol. (Paris) **94**, 129 (1926).

DIEKERSMANN, A.: Zur Technik der Atemgasanalyse. Ein neues interferometrisches Verfahren zur exakten Analyse beliebiger Sauerstoff-Stickstoff-Gemische. Z. exper. Med. **107**, 736 (1940).

FAULCONER, A., and R. W. RIDLEY: Continuous quantitative analysis of mixtures of oxygen, nitrous oxide and ether with and without nitrogen. I. The acoustic gas analyzer for mixtures of first 3 gases. II. The acoustic gas analyzer and the BECKMAN O_2 analyzer for the mixtures of the 4 gases. Anesthesiology **11**, 265 (1950).

FLETCHER, M., A. HEMINGWAY, R. L. VASCO and A. O. C. NIEB: Alveolar ventilation studies using the mass spectrometer. Proc. Soc. Exper. Biol. a. Med. **74**, 13 (1950).

FOWLER, R. C.: Rapid infrared analyzer for CO_2 and other gases. Amer. J. Physiol. **155**, 436 (1948). Rapid infrared gas analyzer. Rev. of Sci. Instr. **20**, 175 (1949).

GOIFFON, R.: Appareil simple pour le prélèvement du CO_2 alvéolaire. C. r. Soc. Biol. (Paris) **99**, 377 (1928).

GROSSE-BROCKHOFF, F., u. W. SCHOEDEL: Eine Apparatur zur Untersuchung der Veränderungen der alveolaren Exspirationsluft in der Ausatmungszeit. Pflügers Arch. **238**, 204 (1937).

HILL, A. V.: An electrical method (Katharometer) for measuring the CO_2 in respired gases. J. of Physiol. **56**, 20 (1922).

HUNTER, J. A., R. W. STACY and F. A. HITCHCOCK: Mass spectrometer for continuous gas analysis. Rev. of Sci. Instr. **20**, 333 (1949).

KNIPPING, H. W.: Über die Bestimmung der CO_2 in der Alveolarluft Hoppe-Seylers Z. 1, 141 (1924).

LAMBIE, C. G., and M. J. MORRISSEY: Automatic method for collection of alveolar air. J. of Physiol. **107**, 14 (1948).

LOESCHCKE, H. H., E. OPITZ u. W. SCHOEDEL: Eine Methode zur fortlaufenden automatischen Registrierung des alveolaren Sauerstoff- und Kohlensäuregehaltes. Pflügers Arch. **243**, 126 (1939).

NEUHAUS, G.: Methodisches zur Gewinnung von Alveolarluft beim Patienten, insbesondere beim Asthmatiker. Z. exper. Med. **119**, 14 (1952).

NIER, A. O. C.: Mass spectrometer for isotope and gas analysis. Rev. of Sci. Instr. **18**, 398 (1947).

NOYONS, A. K.: Méthode physique pour la détermination du CO_2 dans l'air respiratoire. Arch. néerl. Physiol. **7**, 488 (1922).

OPITZ, E., u. H. BARTELS: Gasanalyse. In: Hoppe Seyler, Handbuch der physiologisch und pathologisch-chemischen Analyse. Bd. II, S. 183, 1950.

PFUND, A. H., and W. G. FASTIE: Selective infrared gas analyzers. J. Opt. Soc. Amer. **37**, 762 (1947).

RAHN, H., J. MAHNEY, A. B. OTIS and W. O. FENN: Method for continuous analysis of alveolar air. J. Aviation Med. **17**, 173 (1946).

— and A. B. OTIS: Continuous analysis of alveolar gas composition during work, hyperpnea, hypercapnia and anoxia. J. Appl. Physiol. **1**, 717 (1949).

RILEY, R. L., J. L. LILIENTHAL, D. D. PROEMMEL and R. E. FRANKE: On the determination of physiologically effective pressures of oxygen and carbon dioxide in alveolar air. Amer. J. Physiol. **147**, 191 (1946).

ROELSEN, E.: Fractional analysis of alveolar air after inspiration of hydrogen as method for determination of distribution of inspired air in lungs. Acta med. scand. (Stockh.) **95**, 452 (1938). — Composition of alveolar air investigated by fractional sampling. Acta med. scand. (Stockh.) **98**, 194 (1939). — The composition of the alveolar air investigated by fractional sampling. Comparative investigation on normal persons and patients with bronchial asthma and pulmonary emphysema. Acta med. scand. (Stockh.) **98**, 141 (1939).

SCHOLANDER, P. F.: Analyzer for accurate estimation of respiratory gases in one half cubic centimeter samples. J. of Biol. Chem. **167**, 235 (1947)
SCHROEDER, W.: Alveolarluft. Erg. Physiol. **39** (1937).
STACY, R. W., J. A. HUNTER and F. A. HITCHCOCK: Mass spectrometer for rapid, continuous analysis of respiratory gases. Federat. Proc. **7**, 120 (1948).
VOLLMAR, A. G.: Beitrag zur Gasanalyse. Die quantitative Bestimmung von Kohlensäure und Sauerstoff in der Luft bzw. Exspirationsluft. Z. exper. Med. **78**, 93 (1931).
WILSON, P. W.: Colorimetric method for determination of CO_2 in gas mixtures. Science (Lancaster, Pa.) **2**, 462 (1933).

e) Totalkapazität, Residualvolumen und Mixing

ANTHONY, A. J.: Untersuchungen über Lungenvolumina und Lungenventilation. Dtsch. Arch. klin. Med. **167**, 129 (1930). — Die Bestimmung der Residualluft. Beitr. Klin. Tbk. **83**, 502 (1933).— Lungenvolumen und Thoraxgröße. Beitr. Klin. Tbk. **91**, 222 (1938). Methodisches und Grundsätzliches über die Gesamtkapazität der Lunge. Beitr. Klin. Tbk. **95**, 192 (1940).
ARNOTT, W. M., D. G. RICHARDS and A. G. W. WHITFIELD: A convenient method of measuring residual air. J. of Physiol. **113**, 29 (1951).
BATEMAN, J. B.: Studies of lung capacities and intrapulmonary mixing; normal lung capacities J. Appl. Physiol. **3**, 133 (1950). — Studies of lung volume and intrapulmonary mixing. Nitrogen clearance curve: apparent respiratory dead space and its significance. J. Appl. Physiol. **3**, 143 (1950).
— W. M. BOOTHBY and F. HELMHOLTZ JR.: Studies of lung volumes and intrapulmonary mixing, notes on open-circuit methods, including use of a new pivoted type gasometer for lung clearance studies. J. Clin. Invest. **28**, 679 (1949).
BEDELL, G. N., R. MARSHALL, A. B. DuBois and J. H. COMROE: Plethysmographic determination of the volume of gas trapped in the lungs. J. Clin. Invest. **35**, 664 (1956).
BEHNKE, A. R., and T. L. WILLMON, Gaseous nitrogen and helium elimination from the body during rest and exercise. Amer. J. Physiol. **131**, 619 (1941).
BELL, A. L. L., and T. W. HOWELL: Screening tests for pulmonary insufficiency. Timed and total vital capacity analysis compared with maximum breathing capacity. J. Aviation Med. **26**, 218 (1955).
BIRATH, G.: Etude sur le volume et la ventilation des poumons. Epreuve fonctionnelle. Revue de la Tbc. **10**, 11 (1946).
— and E. W. SWENSON: A correction factor for helium absorption in lung volume determinations. The Scand. J. Clin. a. Laborat. Invest. **8**, 155 (1956).
— — A nomographic solution for lung volume determinations in the closed system. Helium dilution method, Scand. J. Clin. a. Laborat. Invest. **4**, 329 (1956).
BJÖRKLUND, O., und H. DAHLSTRÖHM: On the accuracy of determinations of the functional residual air. Scand. J. Clin. Labor. Invest **4**, 4 (1952).
BOUHUYS, A., K. E. HAGSTAM and G. LUNDIN: Efficiency of pulmonary ventilation during rest and light exercise. A study of alveolar nitrogen wash-out curves in normal subjects. Acta physiol. scand. (Stockh.) **35**, 289 (1956).
BRISCOE, W. A.: Further studies on the intrapulmonary mixing of helium in normal and emphysematous subjects. Clin. Sci. **11**, 1 (1952).
BUXTON, R. ST., and J. L. D'SILVA: Use of the helium-dilution method to assess the mixing of gases in the lungs. Tubercle **37**, 264 (1956).
CHRISTIE, R. V.: The lung volume and its subdivisions. J. Clin. Invest. **11**, 1099 (1932).
COURNAND, A., E. DE F. BALDWIN, R. C. DARLING and D. W. RICHARDS JR.: Studies on intrapulmonary mixture of gases. 4. The significance of the pulmonary emptying rate and a simplified open circuit measurement of residual air. J. Clin. Invest. **20**, 681 (1941).
DUMAREST, F.: Les variations de volume du poumon à l'état pathologique et à l'état normal. Arch. méd.-chir. Appar. respirat. **2**, 161 (1936).
FOWLER, W. S., E. R. CORNISH JR., and S. S. KETY: Lung function studies. VIII. Analysis of alveolar ventilation by pulmonary N_2 clearance curves. J. Clin. Invest. **31**, 1 (1952).
FRIEHOFF, F., u. O. SCHMIDT: Über die Bestimmung der funktionellen Residualluft mit der modifizierten Wasserstoffmethode. Beiträge zur Silikose-Forsch. H. **38** (1955).
GILSON, J. C., and P. HUGH-JONES: The measurement of the total lung volume and breathing capacity. Clin. Sci **7**, 185 (1949).
HERRALD, F. C. C., and J. MCMICHAEL: Determination of lung volume. Proc. Roy. Soc. (London) **126**, 491 (1939).
HURTADO, A., and C. BOLLER: Studies of the total pulmonary capacity and its subdivisions. I. Normal, absolute and relative values. J. Clin. Invest. **12**, 793 (1933).
— and W. W. FRAY: Studies of the total pulmonary capacity and its subdivisions. II. Correlations with physical and radiological measurements. J. Clin. Invest. **12**, 807 (1933).

HURTADO, A., C. BOLLER, N. L. KALTREIDER and W. D. W. BROOKS: Studies of the total pulmonary capacity and its subdivisions. V. Normal values in female subjects. J. Clin. Invest. 13, 169 (1934).
— N. L. KALTREIDER and W. S. McCANN: Studies of the total pulmonary capacity and its subdivisions. IX. Relationship to the oxygen saturation and carbon dioxide content of the arterial blood. J. Clin. Invest. 14, 94, (1935).
— — W. W. FRAY, W. D. W. BROOKS and W. S. McCANN: Studies of the total pulmonary capacity and its subdivisions. Observations on cases of pulmonary fibrosis. J. Clin. Invest. 14, 81 (1935).
JACOB, W., u. H. GÖPFERT: Eine einfache Methode zur Bestimmung der Residualluft und ihre Genauigkeit im Vergleich zur üblichen Helium-Methode. Münch. med. Wschr. 1955, 1175.
KALTREIDER, N. L., W. W. FRAY and H. VAN ZILE HYDE: The effect of age on the total pulmonary capacity and its subdivisions. Amer. Rev. Tbc. 37, 662 (1938).
LAMPHIER, E. H.: Determination of residual volume and residual volume-total capacity ratio by single breath technics. J. Appl. Physiol. 5, 361 (1953).
LUNDIN, G., and A. BOUHUYS: Continuous gas analysis with the nitrogen meter and its applications in the investigation of pulmonary function. Nederl. Tijdschr. Geneesk. 1956, 75.
McMICHAEL, J.: A rapid method of determining lung capacity. Clin. Sci. 4, 167 (1939).
MENEELY, G. R., and N. L. KALTREIDER: Use of helium for determination of pulmonary capacity. Proc. Soc. Exper. Biol. a. Med. 46, 266 (1941). — The volume of the lung determined by helium dilution. Description of the method and comparison with other procedures. J. Clin. Invest. 28, 129 (1949).
MOSSE, M., F. W. SCHLUTZ and D. E. CASSELS: The lung volume and its subdivisions in normal boys 10—17 years of age. J. Clin. Invest. 31, 380 (1952).
NEEDHAM, C. D., M. C. ROGAN and I. McDONALD: Normal standards for lung volumes, intrapulmonary gas-mixing, and maximum breathing capacity. Thorax 9, 313 (1954).
NOYONS, A. K.: Über die Bestimmung der Reserveluft aus der Verbrennungswärme eines Zusatzgases. Acta néerl. Physiol. 5, 24 (1953).
ROBERTSON, J. S., W. E. SIRI and H. B. JONES: Lung ventilation patterns determined by analysis of nitrogen elimination rates, use of the mass spectrometer as a continuous gas analyzer. J. Clin. Invest. 29, 5 (1950).
ROHLAND, R.: Zur Bestimmung der Residualluft mit der Stickstoffmethode. Z. exper. Med. 106, 500 (1939).
ROOS, A., H. DAHLSTROM and J. P. MURPHY: Distribution of inspired air in the lungs. J. Appl. Physiol. 7, 645 (1955).
SENDROY, J. A. JR., A. HILLER and D. D. VAN SLYKE: Determination of lung volume by respiration of oxygen without forced breathing. J. of Exper. Med. 55, 361 (1932).
SLYKE, D. D. VAN, and C. A. L. BINGER: The determination of lung volume without forced breathing. Proc. Soc. Exper. Biol. a. Med. 18, 141 (1921).
SPENGLER, F.: Interferometrische Bestimmung des Residualluftvolumens der Lunge mit der Stickstoffserienmethode im geschlossenen Kreislaufsystem. Klin. Wschr. 1957, 612.
WHITEFIELD, A. G. W., J. A. WATERHOUSE and W. M. ARNOTT: The total lung volume and its subdivisions. A study in physiological norms. I. Basis data. Brit. Soc. Med. 4, 1 (1950).
WILLMON, T. L., and A. R. BEHNKE: Residual lung volume determinations by the methods of helium substitution and volume expansion. Amer. J. Physiol. 153, 138 (1948).
WOLFE, W. A., and L. D. CARLSON: Studies of pulmonary capacity and mixing with the nitrogen meter. J. Clin. Invest. 29, 1568 (1950).

f) Apnoeversuch

BINET, L., et M. V. STRUMZA: Gaz du sang et déclenchement des mouvements respiratoires après apnée anoxique. C. r. Soc. Biol. (Paris) 143, 45 (1949). — La pression endothoracique au cours de l'apnée prolongée. C. r. Soc. Biol. (Paris) 144, 8 (1950).
CARPOVICH, P. V.: Breath-holding as a test of physical endurance. Amer. J. Physiol. 149, 720 (1947).
CRAIG, F. N., and S. M. CAIN: Breath-holding after exercise. J. Appl. Physiol. 10, 19 (1957).
DuBois, A. B.: Alveolar CO_2 and O_2 during breath-holding, expiration, and inspiration. J. Appl. Physiol. 5, 1 (1952).
GIORGI, G.: La curva della tensione alveolare del CO_2 nell'apnea volontaria. Fisiol. e Med. 1, 213 (1930). — L'indice alveolare carbonico dell'apnea volontaria. Fisiol. e Med. 2, 62 (1931). — Effetti di inalazione di O_2 e di iperventilazione polmonare sulla «curve della tensione alveolare del CO_2 nell'apnea volontaria». Fisiol. e Med. 2, 417 (1931).
HERRLINGER, R.: Der Verlauf der Apnoekurve nach sehr langer Hyperventilation. Pflügers Arch. 244, 749 (1941). — Der willkürliche Atemstillstand als Funktionsprüfung. Z. exper. Med. 109, 357 (1941).

Otis, A. B., H. Rahn and W. O. Fenn: Alveolar gas changes during breath holding. Amer. J. Physiol. **152**, 674 (1948).

Rodbard, S.: The effect of oxygen, altitude and exercise on breath-holding time. Amer. J. Physiol. **150**, 142 (1947).

Sarre, H., u. H. Wachter: Untersuchungen über die Arterialisierung des Blutes. VI. Mitt. Berechnung der Sauerstoffabnahme im arteriellen Blut während der Atempause im Vergleich mit dem Experiment. Z. Biol. **98**, 221 (1937).

Studer, P.: Die ex- und inspiratorischen Apnoezeiten. Diss. Zürich 1946.

g) Arterienpunktion

Hürter, J.: Untersuchungen vom arteriellen menschlichen Blut. Dtsch. Arch. klin. Med. **108**, 1 (1912).

Maurath, J., u. P. Uhlbach: Zur Frage der Gefährlichkeit einer Arterienpunktion. Beitr. Klin. Tbk. **106**, 143 (1952).

Stadie, W. C.: The oxygen of the arterial and venous blood in pneumonia and its relations to cyanosis. J. of Exper. Med. **30**, 215 (1919).

Valentin, H., u. H. Venrath: Beitrag zur Arterienpunktion in der Lungen- und Herzklinik. Beitr. Klin. Tbk. **101**, 430 (1948).

h) p_H-Bestimmung im Blut

Behrmann, V. G., and M. Fay: A glass electrode vessel for the determination of blood p_H. Science (Lancaster, Pa.) **2**, 187 (1939).

Du Bois, D.: A glass electrode for testing the p_H of blood. Science (Lancaster, Pa.) **2**, 441 (1932).

Chanoz, M. G. F., et P. Perrottet: A propos des électrodes au calomel. C. r. Soc. Biol. (Paris) **118**, 245 (1935).

Cullen, G. E., and H. W. Robinson: The normal variations in plasma of the hydrogen ion concentration. J. of Biol. Chem. **57**, 533 (1923).

Dallemagne, M. J.: Betrachtungen über die p_H-Bestimmungen mittels der Glaselektrode. Biochem. Z. **291**, 159 (1937).

Dickinson, S., R. E. Harvard and B. S. Platt: The measurement of the hydrogen ion concentration of blood by the glass electrode. J. of Physiol. **78**, 28 (1933).

Dill, D. B., C. Daly and W. H. Forbes: The pK of serum and red cells. J. of Biol. Chem. **117**, 569 (1937).

Dole, M.: The theory of the glass electrode. J. Amer. Chem, Soc. **53**, 4260 (1931). — The theory of the glass electrode. II. The glass as a water electrode. J. Amer. Chem. Soc. **54**, 3095 (1932).

Gesell, R., and A. B. Hertzmann: Continuous recording changes in hydrogen ion concentration of circulating blood: the relation to respiration. Proc. Soc. Exper. Biol. a. Med. **22**, 298 (1925).

Glaubinger, A.: The standardization of p_H measurements with a precision glass electrode at various temperatures. J. Labor. a. Clin. Med. **26**, 892 (1941).

Gollwitzer-Meier, K., u. W. Steinhausen: Über die Bestimmung der Wasserstoffionenkonzentration im strömenden Blut. Klin. Wschr. **1928** II, 2426.

Gross, P., and O. Halpern: On the theory of glass electrodes. J. Chem. Physics **1**, 136 (1934).

Harris, I., E. L. Rubin and W. J. Shutt: Modifications in the use of the glass electrode for the determination of the p_H of venous blood. J. of Physiol. **81**, 147 (1934).

Hasselbalch, K. A.: Die Berechnung der Wasserstoffzahl des Blutes aus der freien und gebundenen Kohlensäure und die Sauerstoffbindung des Blutes als Funktion der Wasserstoffzahl. Biochem. Z. **78**, 113 (1916).

Hastings, A. B., J. Sendroy jr. and D. D. van Slyke: Studies of gas and electrolyte equilibria in blood. XII. The value of pK' in the Henderson-Hasselbalch equation for blood serum. J. of Biol. Chem. **79**, 183 (1928).

Kauko, Y., u. L. Knappsberg: Die Glaselektrode für p_H-Messungen in kleinen Lösungsmengen. Z. Elektrochem. **44**, 261 (1938).

Kratz, L.: Neuere Arbeiten über Glaselektroden, Kolloid.Z. **86**, 51 (1939). — Über Aufbau und Potential von Glaselektrodenketten, Vorzeichen, Normierung und direkte Verwendbarkeit von p_H-Skalen. Z. Elektrochem. **46**, 253 (1940). — Über die Ursache des asymmetrischen Potentials von Glaselektroden. Glastechn. Ber. **20**, 15 (1942).

Laug, E. P.: Studies on the glass electrode. J. Amer. Chem. Soc. **56**, 1034 (1934).

Lecomte du Noüy, P.: Perfectionnements à l'électrode d'hydrogène pour la mesure de la concentration en ions hydrogène des solutions. C. r. Acad. Sci, (Paris) **195**, 1265 (1932).

— et V. Hamon: Sur la mesure du p_H du plasma sanguin. Etude expérimentale de l'électrode rotative inclinée. Bull. Soc. Chim. biol. (Paris) **16**, 177 (1934).

LOISELEUR, J.: Technique de mesure du p_H plasmatique par l'électrode à hydrogène. Bull. Soc. Chim. biol. (Paris) **16**, 612 (1934).

RIEHMS, H.: Bestimmung des Potentials zwischen der 0,1 molaren und der gesättigten Kalomelelektrode bei 5—50°. Z. physik. Chem. A **160**, 1 (1932).

ROSSIER, P. H., et P. MERCIER: Etudes sur l'équilibre acide-base du sang. Arch. Internat. Méd. exp. **6**, 389 (1931).

SCHWABE, K.: Die Glaselektrode für p_H-Messungen. Z. Elektrochem. **41**, 681 (1935). — Die Glaselektrode zur p_H-Kontrolle. Z. Elektrochem. **43**, 152 (1937). — Vergleichende p_H-Messungen mit der Wasserstoff- und der Glaselektrode. Z. Elektrochem. **43**, 874 (1937).

SENDROY, J. JR., T. SHEDLOVSKY and D. BELCHER: The validity of determinations of the p_H of whole blood at thirty-eight degrees with the glass electrode. J. of. Biol. Chem. **115**, 529 (1936).

SEVERINGHAUS, J. W., M. STUPFEL and A. F. BRADLEY: Accuracy of blood p_H and P_{CO_2} determinations. J. Appl. Physiol. **9**, 189 (1956).

— — — Variations of serum carbonic acid pK' with p_H and temperature. J. Appl. Physiol. **2**, 197 (1956).

SKOTNICKY, J.: Über die Temperaturabhängigkeit der Wasserstoffionenkonzentration im Blute und anderen Puffern. Z. physik. Chem. A **191**, 180 (1942).

STADIE, W. S., H. O'BRIEN and E. P. LAUG: Determination of the p_H of serum at 38° with the glass electron tube potentiometer. J. of Biol. Chem. **91**, 243 (1931).

TAYLOR, I. R., and J. H. BIRNIE: A micro vessel for glass electrode determinations of hydrogen-ion activity of biological fluids. Science (Lancaster, Pa.) **2**, 172 (1933).

WENGEL, E., u. N. SCHRODT: Über den Einfluß der Temperatur auf die Spannung von Glaselektrodeketten für die p_H-Messung. Naturwiss. **1942**, 567.

i) Kohlensäurebestimmung im Blut (Gehalt und Spannung)

AUSTIN, J. H.: A note on the estimation of carbon dioxide in the serum in the presence of ether by VAN SLYKE method. J. of. Biol. Chem. **61**, 345 (1924).

— G. E. CULLEN, A. B. HASTINGS, F. C. McLEAN, J. P. PETERS and D. D. VAN SLYKE: Studies of gas and electrolyte equilibria in blood. I. Technique for collection and analysis of blood and for its saturation with gas mixtures of known composition. J. of Biol. Chem. **54**, 121 (1922).

BARCROFT, J.: Some forms of apparatus for the equilibration of blood. J. of Physiol. **80**, 388 (1934).

BARRÈS, G.: La détermination de la pression partielle du gaz carbonique du sang par la méthode microtonométrique de Riley. Rev. franç. Etudes clin. et biol. **1**, 103 (1956).

BJÖRK, V. O., and H. J. HILTY: Microvolumetric determination of CO_2 and O_2 tensions in arterial blood. J. Appl. Physiol. **16**, 800 (1954).

COLLIER, C. R.: Determination of mixed venous CO_2 tensions by rebreathing. J. Appl. Physiol. **9**, 25 (1956).

FERGUSON, J. K. W.: Method to measure tension of carbon dioxide in small amounts of blood. J. of Biol. Chem. **95**, 301 (1932).

KIRK, E., G. SORENSEN, M. TRIER, and E. WARBURG: On the indirect determination of the total base content of the serum. Theoretical considerations and determinations of constants, besides some experiences with the method as compared to determination after VAN SLYKE, HILLER and BERTHELSEN. Acta med. scand (Stockh.) **109**, 231 (1941).

KIYOHARA, S.: An improved method for the micro-determination of blood carbon dioxide combining capacity. Bull. Nav. Med. Assoc. **29**, 41 (1940).

KUBIE, L. S.: The solubility of oxygen, carbon dioxide and nitrogen in mineral oil and the transfer of carbon dioxide from oil to air. J. of Biol. Chem. **72**, 545 (1927).

MURRAY, C. D., and H. TAYLOR: A method for determination of the O_2 et CO_2 tensions in mixed venous blood. J. of Physiol. **59**, 62 (1925).

ROSSIER, P. H., et H. MÉAN: A propos de la constante pK' de la formule de HENDERSON-HASSELBALCH. Rev. méd. Suisse rom. **60**, 633 (1940).

— P. MERCIER et G. GLATZ: La précision des déterminations indirectes de la tension du CO_2 libre du plasma. Verh. schweiz. Naturforsch. Ges. **1932**, 427.

SLYKE, D. D. VAN: Studies of acidosis XI. The determination of carbon dioxide and carbonates J. of Biol. Chem. **36**, 2 (1918). — Studies of acidosis. XVIII. Determination of the bicarbonate concentration of the blood and plasma. J. of Biol. Chem. **52**, 2 (1922). — Determination of solubilities of gases in liquids with use of the VAN SLYKE-NEILL manometric apparatus for saturation and analysis. J. of Biol. Chem. **130**, 545 (1939).

— and M. E. HANKE: Manometric analysis of gas mixtures. IV. Hydrogen and oxygen by combustion. J. of Biol. Chem. **95**, 569 (1932).

— and J. NEILL: Determination of gases in blood and other solutions by vacuum extraction and manometric measurement. J. of Biol. Chem. **61**, 523 (1924).

Slyke, D. D. van, J. Sendroy jr. and S. H. Liu: Manometric analysis of gas mixtures. II. Carbon dioxide by the isolation method. J. of Biol. Chem. **95**, 531 (1932).
— and W. C. Stadie: The determination of the gases of the blood. J. of Biol. Chem. **49**, 1 (1921).
Wiesinger, K., P. H. Rossier, E. Saboz u. G. Sampaolo: Der Einfluß von Temperatur und p_H auf die Konstante pK′ der Hasselbalch-Henderson-Gleichung. Helvet. physiol. Acta **7**, 28 (1948).

k) Sauerstoffkapazität und Sättigung des Blutes

Abeloos, M., J. Barcroft, N. Cordero, T. R. Harrison and J. Sendroy: The measurement of the oxygen capacity of hemoglobin. J. of Physiol. **66**, 262 (1928).
Barcroft, J., and F. Roberts: Improvements in the technique of blood gas analysis. Biochemic. J. **39**, 429 (1916).
Chastonay, J. L. de: De la capacité en oxygène du sang et de sa mesure. Schweiz. Z. Tbk. **7**, 117 (1950).
Gallerani, G.: Determinazione quantitativa simultanea della ossiemoglobina e della emoglobina nel sangue e la varia capacità di saturazione per l'ossigeno delle emoglobina. Osservazioni. Boll. Accad. publ. Sci. **5**, 106 (1930).
Johnson, M., and M. E. Hanke: The iron content and oxygen capacity of blood. J. of Biol. Chem. **114**, 157 (1936).
King, E. J.: Determination of hemoglobin standard compared with iron and gasometric estimations. Lancet **1947 II**, 789. — Determination of hemoglobin: IV. Comparison of methods for determining iron content and O_2 capacity of blood. Lancet **1949 I**, 478.
Roughton, F. J. W., R. C. Darling and W. S. Root: Factors affecting determination of O_2 capacity, content and pressure in human arterial blood. Amer. J. Physiol. **142**, 708 (1944).
Scholander, P. F., S. C. Flemister and L. Irving: Microgasometric estimation of blood gases: Combined CO_2 and O_2. J. of Biol. Chem. **169**, 173 (1947).

l) Sauerstoffspannung im Blut

Barcroft, J., and M. Nagahashi: Direct measurement of partial pressure of oxygen in human blood. J. of Physiol. **55**, 339 (1921).
Bartels, H.: Die Bestimmung des physikalisch gelösten O_2 in biologischen Flüssigkeiten mit der Quecksilberelektrode. Pflügers Arch. **252**, 264 (1950).
— W. Burger, W. Eschweiler u. D. Laue: Das „Haemoxytensiometer". Ein Apparat zur routinemäßigen Bestimmung des Sauerstoffdruckes im Vollblut. Pflügers Arch. **254**, 2. (1951)
— u. D. Laue: Die praktische Durchführung der potentiometrischen Messung des Sauerstoffdruckes im Vollblut. Pflügers Arch. **254**, 2 (1951).
— — u. G. Rodewald: Neue Messungen der alveolär-arteriellen Sauerstoffdruckdifferenz am Menschen. Tagg. dtsch. physiol. Ges. Mainz, 27.—29. Aug. 1951.
Drenckhahn, F. O.: Polarimetrische Messung des Sauerstoffdruckes (pO_2) im nativen Blut mit der Platinelektrode. Tagg. dtsch. physiol. Ges. Mainz, 27.—29. Sept. 1951.
Heyrovsky, J.: The fundamental laws of polarography. Analyst (London) **72**, 229 (1947).
Hick, F. K.: Partial pressure of oxygen in arterial blood of patients: Description of aerotonometer method. Proc. Soc. Exper. Biol. a. Med. **33**, 582 (1936).
Kolthoff, I. M., and C. S. Miller: The reduction of oxygen at the dropping mercury electrode. J. Amer. Chem. Soc. **63**, 1013 (1941).
Lingane, J. J., and H. A. Laitinen: Cell and dropping electrode for polarographic analysis. Industr. Engin. Chem. (Anal. Ed.) **11**, 504 (1939).
Mochizuki, M., u. H. Bartels: Amperometrische Messung des O_2-Druckes im Vollblut mit der blanken Platinelektrode. Pflügers Arch. **261**, 152 (1955).
— — Elektrochemische Methoden zur Messung des O_2-Druckes im Vollblut. In: Borderland Problems between Chemistry and Physiology **5**, 53 (1955).
Penneys, R.: Oxygen tension of tissues by the polarographic method. IV. Skin oxygen tension and arterial oxygen saturation, relationship to oxyhemoglobin dissociation curve. J. Clin. Invest. **31**, 204 (1952).
Petering, H. G., and F. Daniels: Determination of dissolved O_2 by means of the dropping mercury electrode. J. Amer. Chem. Soc. **60**, 2796 (1938).
Poulton, E. P., W. R. Spurrell and E. C. Warner: A method of measuring directly the total and partial pressures of the gases in blood. J. of Physiol. **61**, 232 (1926).
Riley, R. L., D. D. Proemmel and R. E. Franke: Direct method for determination of O_2 and CO_2 tensions in blood. J. of Biol. Chem. **161**, 621 (1945).
Roos, A., and H. Black: Direct determination of partial and total tensions of respiratory gases in blood. Amer. J. Physiol. **160**, 163 (1950).

Scholander, P. F.: A modified manometric blood gas apparatus. Skand. Arch. Physiol. (Berl. u. Lpz.) **78**, 145 (1938).
— and H. J. Evans: Microanalysis of fraction of a cubic millimeter of gas. J. of Biol. Chem. **169**, 551 (1947).
— S. C. Flemister and L. Irving: Microgasometric estimation of the blood gases. V. Combined carbon dioxide and oxygen. J. of Biol. Chem. **169**, 173 (1947).
Wiesinger, K.: Die polarographische Messung der Sauerstoffspannung des Blutes. Helv. Physiol. Acta Suppl. VII, 1950.
Wilson, R. H., B. E. Jay and M. B. Hagedorn: Comparison of the Roughton-Scholander-syringe and polarographic methods for measuring tension of oxygen in plasma and whole blood. J. Appl. Physiol. 8, 513 (1956).

m) Oxymetrie

Alexander, R. F., and N. N. Reydman: A simple test of pulmonary function employing the oximeter. J. Thorac. Surg. **25**, 95 (1953).
Betzien, G.: Relative Alveolarventilation und oxymetrische Aufsättigungszeit des Blutes als Kriterien zur Lungenfunktionsprüfung. Z. exper. Med. **128**, 179 (1956).
Brinkman, R. W., S. Corst, R. K. Koopmans and W. G. Zylstra: Continuous observation on the percentage oxygen saturation of capillary blood in patients. Arch. chir. néerl. **1**, 3 (1949).
— u. W. G. Zylstra: Determination and continuous registration of the percentage oxygen saturation in clinical conditions. Arch. chir. néerl. **1**, 177 (1949).
Bühlmann, A.: Ein neuartiges Oxymeter für die Messung der O_2-Sättigung des Blutes im Gewebe und in der Cuvette. Helvet. physiol. Acta **9**, 3 (1951).
Comroe, J. H., and P. Walker: Normal human arterial oxygen saturation determined by equilibration with 100 per cent O_2 in vivo and by the oximeter. Amer. J. Physiol. **152**, 365 (1948).
Douglas, J. C., and O. G. Edholm: Studies of pulmonary function with use of oximeter. Proc. Amer. Physiol. Soc. **1948**, September. — Measurement of saturation time and saturation tension with Millikan oximeter in subjects with a normal pulmonary function. J. Appl. Physiol. **2**, 307 (1949).
Godfrey, L., H. Pond and F. C. Wood: Millikan oximeter in recognition and treatment of anoxemia in clinical medicine. Amer. J. Med. Sci. **216**, 605 (1948).
Hall, F. G.: A spectroscopic method for the determination of oxygen saturation in whole blood. J. of Biol. Chem. **130**, 573 (1939).
Harned, H.: The conversion of Millikan and Wood type oximeters into direct writing recording instruments for the use in surgery. Studies of pulmonary function and in teaching respiratory physiology. J. Labor. a. Clin. Med. **40**, 457 (1952).
Hartman, F. W., V. G. Behrmann and F. W. Chapman: Photo-electric oxyhemograph: Continuous method for measuring oxygen saturation of blood. Amer. J. Clin. Path. **187**, 1 (1948).
Hemingway, A., and C. B. Taylor: Laboratory tests of oximeter with automatic compensation for vasomotor changes. J. Labor. a. Clin. Med. **29**, 987 (1944).
Hickam, J. B., and R. Frayser: Spectrometric determination of blood O_2. J. of Biol. Chem. **180**, 457 (1949). — Spectrophotometric oxygen determination on whole blood samples. Apparent increase in oxyhemoglobin under high oxygen tensions. J. Appl. Physiol. **5**, 125 (1952).
Issekutz, B. v. jr., G. Hetenyi and J. Feuer: New method for measuring the arterio-venous oxygen difference by means of photoelectrical colorimeter. J. of Physiol. **108**, 9 (1949).
Kramer, K.: Bestimmung des Sauerstoffwechsels und der Hämoglobinkonzentration in Hämoglobinlösungen und hämolysiertem Blut auf lichtelektrischem Wege. Z. Biol. **95**, 126 (1934).
— u. H. Sarre: Fortlaufende Messung der Sauerstoffsättigung des Blutes an uneröffneten Gefäßen. 13. Tagg. dtsch. physiol. Ges. Göttingen 20.—23. Sept. 1934.
Lob, M.: Contrôle oxymétrique du déficit oxygène. Schweiz. med. Wschr. **1950**, 612.
Maria, G. di, e L. Provenzale: L'associazione del metodo spirografico sec. Knipping-Scoz con la ossimetria arteriosa periferica nella indagine della funzione respiratoria. Riv. Tbc. **1**, 18 (1954).
Matthes, K.: Untersuchungen über die Sauerstoffsättigung des menschlichen Arterienblutes. Arch. exper. Path. u. Pharmakol. **179**, 698 (1935). — Demonstration einer Methode zur fortlaufenden Registrierung der Sauerstoffsättigung des arteriellen Blutes beim Menschen. 14. Tagg. dtsch. physiol. Ges. 31. Aug. bis 2. Sept. 1936. — Untersuchungen über die Sauerstoffsättigung des arteriellen Blutes beim Menschen. 14. Tagg. dtsch. physiol. Ges. Gießen 31. Aug. bis 2. Sept. 1936.

MATTHES, K. u. F. GROSS: Untersuchungen über die Absorption von rotem und ultrarotem Licht durch kohlenoxydgesättigtes, sauerstoffgesättigtes und reduziertes Blut. Arch. exper. Path. u. Pharmakol. **191**, 369 (1939). — Fortlaufende Registrierung von Kohlenoxydhämoglobin im strömenden Blute. Arch. exper. Path. u. Pharmakol. **191**, 391 (1939). — Zur Methode der fortlaufenden Registrierung der Farbe des menschlichen Blutes. Arch. exper. Path. u. Pharmakol. **191**, 523 (1939).

LINGEN, B. VAN, and J. WHIDBORNE: Oximetry in congenital heart diseases with special reference to the effects of voluntary hyperventilation. Circulation (New York) **5**, 740 (1952).

VENRATH, H., H. VALENTIN u. W. HOLLMANN: Anwendung und Grenzen der Oxymetrie in der Herz- und Lungenklinik. Ärztl. Wschr. **1955**, 526.

WATKINS, E. JR., and K. S. GULLIXSON: Rapid measurement of the oxygen saturation of whole blood samples with the Millikan-oximeter. Proc. Soc. Exper. Biol. a. Med. **72**, 180 (1949).

WERZ, R. V., u. R. REITER: Eine einfache, unblutige Methode zur Bestimmung der Sauerstoffsättigung des Blutes. Luftfahrtmed. **5**, 32 (1940).

WOOD, E. H., and J. E. GERACI: Photoelectric determination of arterial oxygen saturation in man. J. Labor. a. Clin. Med. 34 (1949).

n) Bronchospirometrie

AUERSWALD, W., E. STRAHBERGER u. M. WENZL: Der Bronchusblockadetest. Langenbecks Arch. u. Dtsch. Z. Chir. **272**, 157 (1952).

AUTIO, V.: Bronchospirometric studies relating to a radiographic method for determining differential vital capacity. Acta med. scand. (Stockh.) Suppl. **1957**, 329.

BEZANÇON, F., P. BRAUN, S. GUILLAUMIN et M. CACHIN: La division des airs. Examen fonctionnel des poumons séparés. Bull. Acad. Méd. Paris **115**, 12 (1936).

BJÖRKMAN, S.: Bronchospirometrie. Acta med. scand. (Stockh.) Suppl. **56**, 1 (1934).

— and E. CARLSEN: Bronchospirometric examination during exercise. Acta oto-laryng. (Stockh.) Suppl. **95**, 265 (1951). — The lung function during rest and exercise in lung disease. A bronchospirometric study. Acta med. scand. (Stockh.) Suppl. **259**, 63 (1951).

BRILLE, D., C. HATZFELD et R. KOURILSKY: Valeur des techniques endobronchiques pour l'exploration fonctionnelle des poumons séparés. Bronches **5**, 381 (1955).

CHURCHILL, E. D., and A. AGASSIZ: A method for separating the air breathed by the right and left lungs, together with effect of pulmonary circulatory changes on this divided breathing. Amer. J. Physiol. **76**, 6 (1926).

CLARK, J. B., and G. P. MAHER-LOUGHNAN: A method of measuring maximum breathing capacities in individual lungs by bronchospirometry. Tubercle **36**, 198 (1955).

FRENCKNER, P., and S. BJÖRKMAN: Bronchospirometry and its clinical applications, with a short account on bronchial catheterization. Proc. Roy. Soc. Med. **30**, 377 (1937).

GAENSLER, E. A.: Bronchospirometry. I. Review of the literature. J. Labor. a. Clin. Med. **39**, 917 (1951).

— and D. W. CUGELL: Bronchospirometry. V. Differential residual volume determination. J. Labor. a. Clin. Med. **40**, 558 (1952).

— and T. R. WATSON JR.: Bronchospirometry. III. Complications, contraindications, technics and interpretations. J. Labor. a. Clin. Med. **40**, 223 (1952).

GEBAUER, P. W.: Catheter for bronchospirometry. J. Thorac. Surg. 8, 674 (1939).

HERTZ, C. W.: Ein einfacher Handgriff zur Erleichterung der Einführung des Carlens-Katheters. Thoraxchirurgie **4**, 252 (1956).

HIRDES, J.: Die Bronchospirometrie. Schweiz. Z. Tbk. 8, 392 (1951).

JACOBAEUS, H. C.: Ergebnisse der Bronchospirometrie. Schweiz. med. Wschr. **1936**, 865.

— and T. BRUCE: A bronchospirometric study on the ability of the human lungs to substitute for one another. Acta med. scand. (Stickh.) **105**, 211 (1940).

— P. FRENCKNER and S. B. BJÖRKMAN: Some attempts at determining the volume and the function of each lung separately. Acta med. scand. (Stockh.) **79**, 174 (1932).

LÖHR, B.: Residualluftbestimmung einzelner Lungenhälften. Klin. Wschr. **1953**, 760.

— u. W. GNÜCHTEL: Atemminutenvolumen, Sauerstoffaufnahme und spezifische Ventilation einzelner Lungenhälften bei gesunden und kranken Menschen (Bronchospirometrische Untersuchungen). Klin. Wschr. **1955**, 674.

MATHIEU, P., et L. CORNIL: Sur les modifications bilatérales immédiates de la ventilation pulmonaire consécutives à la phrénicectomie expérimentale. C. r. Soc. Biol. (Paris) **93**, 773 (1925).

NORRIS, C. M., J. LONG and M. J. OPPENHEIMER: Bronchospirography. J. Thorac. Surg. **17**, 357 (1948).

SADOUL, P., J. P. GRILLIAT et P. BRAUN: La bronchospirométrie ou séparation des airs. Poumon et Coeur **11**, 939 (1956).

Söderholm, B.: Investigation of the methodologic error in bronchospirometry. J. of Labor. a. Clin. Med. **46**, 298 (1955).

Steinmann, E. P.: Die Funktionsprüfung der einzelnen Lunge bei der Kyphoskoliose. Z. Orthop. **80**, 2 (1951).

Steinmann, E. P.: Zur Technik der Bronchospirometrie. Pract. otol. etc. (Basel) **12**, 266 (1950).

Swenson, E. W., and G. Birath: Resistance to air flow in bronchospirometric catheters. J. Thoracic Surg. **2**, 275 (1957).

Venrath, H., F. Rotthoff, H. Valentin u. W. Bolt: Bronchospirographische Untersuchungen bei Durchblutungsstörungen im kleinen Kreislauf. Beitr. Klin. Tbk. **107**, 291 (1952).

Viikari, S. J., and V. Autio: Bronchospirometry during exercise in sitting position. Acta med. scand. (Stockh.) **157**, 61 (1957).

Zavod, W. A.: Bronchospirography: Description of catheter and technique of intubation. J. Thorac. Surg. **10**, 27 (1940).

o) Techniken zur Untersuchung der Atemmechanik, Pneumotachographie, Oesophagusdruck

Bayliss, L. E., and G. W. Robertson: The visco-elastic properties of the lungs. Quart. J. Exper. Physiol. **29**, 27 (1939).

Bretschger, H. J.: Die Geschwindigkeitskurve der menschlichen Atemluft (Pneumotachogramm). Pflügers Arch. **210**, 143 (1925).

Buytendijk, H. L.: Intraesophageal pressure and lung elasticity. Thesis, Univ. of Groningen, Holland. I. Oppenheim, N. V.: Electrusche Drukkerij (1949).

Christie, R. V., and C. A. McIntosh: The measurement of the intrapleural pressure in man and its significance. J. Clin. Invest. **13**, 279 (1934).

Dornhorst, A. C., and G. L. Leathart: A method of assessing the mechanical properties of lungs and air passages. Lancet **1952**, 109.

Du Bois, A. B., and B. B. Ross: A new method for studying mechanics of breathing using cathode ray oscillograph. Proc. Soc. Exper. Biol. a. Med. **78**, 546 (1951).

Farhi, L., A. B. Otis and D. F. Proctor: Measurement of intrapleural pressure at different points in the chest of the dog. J. Appl. Physiol. **10**, 15 (1957).

Fenn, W. O.: The pressure-volume diagram of the breathing mechanism. In: Handbook of respiratory physiology. Air University, USAF School of Aviation Medicine. Randolph Air Force Base, Texas 1954.

Fleisch, A.: Pneumotachograph. Arch. Physiol. **209**, 713 (1925).

— Le pneumotachographe. Helvet. physiol. Acta **14**, 363 (1956).

Fry, D. L., R. E. Hyatt, C. B. McCall and A. J. Mallos: Evaluation of three types of respiratory flowmeters. J. Appl. Physiol. **10**, 210 (1957).

Häusler, H., H. Julich u. G. Lehmann: Pneumotachographische Untersuchungen bei Gesunden und Kranken unter besonderer Berücksichtigung der Auswertungsmethoden. Z. klin. Med. **154**, 378 (1957).

Hadorn, W.: Über die Bestimmung des Exspirationsstoßes (maximale Ausatmungsstromstärke). Eine klinische Methode. Ein neues Pneumometer. Z. klin. Med. **140**, 266 (1942).

Jeker, K., u. F. Wyss: Vergleichende Bronchialwiderstandsmessung mit der Verschlußdruck- und der Oesophagusdruckmethode. Helvet. med. Acta **19**, 383 (1952).

Kaye, R., J. L. Whittenberger and L. Silverman: Respiratory air flow patterns in children. Amer. J. Dis. Childr. **77**, 625 (1949).

McIlroy, M. B., and F. L. Eldridge: The measurement of the mechanical properties of the lungs by simplified methods. Clin. Sci. **15**, 329 (1956).

— — J. P. Thomas and R. V. Christie: The effect of added elastic and non-elastic resistances on the patterns of breathing in normal subjects. Clin. Sci. **15**, 337 (1956).

— J. Mead, N. J. Selverstone and E. P. Radford: Measurement of lung tissue viscous resistance using gases of equal kinematic viscosity. J. Appl. Physiol. **7**, 485 (1955).

Mead, J., M. B. McIlroy, N. J. Selverstone and B. C. Kriete: Measurement of intraesophageal pressure. J. Appl. Physiol. **7**, 491 (1955).

Morrow, P. E., and R. E. Wostene: Pneumotachographic studies in man and dog incorporating a portable wireless transducer. J. Appl. Physiol. **5**, 348 (1953).

Neergaard, K. v., u. K. Wirz: Die Messung der Strömungswiderstände in den Atemwegen des Menschen, insbesondere bei Asthma und Emphysem. Z. klin. Med. **105**, 51 (1927).

— — Über eine Methode zur Messung der Lungenelastizität am lebenden Menschen, insbesondere beim Emphysem. Z. klin. Med. **105**, 35 (1927).

Nisell, O. I., and L. S. G. Ehrner: A simple apparatus for measurement of pressure volume relationship in respiration. J. Appl. Physiol. **8**, 565 (1956).

Otis, A. B., and W. C. Bembower: The effect of gas density on resistance to respiratory flow in man. J. Appl. Physiol. **2**, 300 (1949).

PROCTOR, D. F., and J. B. HARDY: Studies of respiratory air flow: Significance of the normal pneumotachogram. Bull. Johns Hopkins Hosp. **86**, 253 (1949).
— — and R. McLEAN: Studies of respiratory air flow. II. Observations on patients with pulmonary disease. Bull. Johns Hopkins Hosp. **87**, 225 (1950).
— — R. MEAN and M. LINDERMAN: Studies of respiratory air flow. I. Significance of the normal pneumotachogram. Bull. Johns Hopkins Hosp. **85**, 263 (1949).
SCHNEYER, K.: Pneumotachographische Registrierung bei Stenoseatmung. Z. klin. Med. **114**, 579 (1930).
SHEPHARD, R. J.: Pneumotachographic measurement of breathing capacity. Thorax **10**, 259 (1955).
TITSO, M.: Vergleichende Untersuchungen über die Geschwindigkeitskurve der menschlichen Atmung bei Ruhe und Körperarbeit. Arb. physiol. **9**, 16 (1953).
VUILLEUMIER, P.: Über eine Methode zur Messung des intraalveolären Druckes und der Strömungswiderstände in den Atemwegen des Menschen. Z. klin. Med. **143**, 698 (1944).

p) Techniken zur Untersuchung der Gasdiffusion

BARTELS, H., R. BEER, E. FLEISCHER, H. J. HOFFHEINZ, J. KRALL, G. RODEWALD, J. WERNER u. I. WITT: Bestimmung von Kurzschlußdurchblutung und Diffusionskapazität der Lunge bei Gesunden und Lungenkranken. Pflügers Arch. **261**, 99 (1955).
BATES, D. V., and J. F. PEARCE: The pulmonary diffusing capacity; a comparison of methods of measurement and a study of the effect of body position. J. of Physiol. **132**, 232 (1956).
FORSTER, R. E., J. E. COHN, W. A. BRISCOE, W. S. BLAKEMORE and R. L. RILEY: A modification of the Krogh carbon monoxide breath holding technique for estimation the diffusing capacity of the lung: a comparison with three other methods. J. Clin. Invest. **34**, 1417 (1955).
KETY, S. S.: Gas-blood diffusion. In: Methods in medical research. Bd. 2, Chicago: Year Book Publ. Inc. Chicago 1950.
KROGH, M.: The diffusion of gases through the lungs in man. J. of Physiol. **49**, 271 (1915).
LILIENTHAL, J. L., R. L. RILEY, D. D. PROEMMEL and R. E. FRANKE: An experimental analysis in man of the oxygen pressure gradient from alveolar air to arterial blood during rest and exercise at sea level and at altitude. Amer. J. Physiol. **147**, 199 (1946).
LINDERHOLM, H.: On the significance of CO tension in pulmonary capillary blood for determination of pulmonary diffusing capacity with the steady state CO method. Acta med. scand. (Stockh.) **156**, 413 (1957).
— and T. SJÖSTRAND: Determination of carbon monoxide in small gas volumes. Acta physiologie scand. (Stockh.) **37**, 240 (1956).
MARKS, A., D. W. CUGELL, J. B. CADIGAN and E. A. GAENSLER: Clinical determination of the diffusion capacity of the lungs. Amer. J. Med. **22**, 51 (1957).
OGILVIE, C. M., R. E. FORSTER, W. S. BLAKEMORE and J. W. MORTON: A standardized breath holding technique for the clinical measurement of the diffusing capacity of the lung for carbon monoxide. J. Clin. Invest. **36**, 1 (1957).
PERKINS, J. F., W. E. ADAMS and A. FLORES: Arterial oxygen saturation vs. alveolar oxygen tension as a measure of venous admixture and diffusion difficulty in the lung. J. Appl. Physiol. 8, 455 (1956).
RILEY, R. L., A. COURNAND and K. W. DONALD: Analysis of factors affecting partial pressures of oxygen and carbon dioxide in gas and blood of lungs: Methods. J. Appl. Physiol. **4**, 102 (1951).

8. Arbeitsversuch

AITKEN, R. S., and A. E. CLARK-KENNEDY: On fluctuation in composition of alveolar air during respiratory cycle in muscular exercise. J. of Physiol. **65**, 389 (1928).
ALLERÖDER, H., u. H. C. LANDEN: Das Verhalten der Komplementärluft, der Reserveluft und der Sauerstoffaufnahme im Arbeitsversuch. Z. exper. Med. **108**, 406 (1940).
ASMUSSEN, E., W. v. DÖBELN and M. NIELSEN: Blood lactate and oxygen debt after exhaustive work at different oxygen tensions. Acta physiol. scand. (Stockh.) **15**, 57 (1948).
— and M. NIELSEN: The cardiac output in rest and work at low and high oxygen pressures. Acta physiol. scand. (Stockh.) **35**, 73 (1955).
BARR, D. P., and E. H. HIMWICH: Studies on the physiology of muscular exercise. II. Comparison of arterial and venous blood following vigorous exercise. J. of Biol. Chem. **55**, 525 (1923).
— — and R. P. GREEN: Studies on the physiology of muscular exercise. I. Changes in acid-base equilibrium following short periods of vigorous muscular exercise. J. of Biol. Chem. **55**, 495 (1923).
BENEDICT, F. G., R. C. LEE and F. STRIECK: The influence of breathing oxygen-rich atmospheres on human respiratory exchange during severe muscular work and recovery from work. Arb. physiol. 8, 226 (1934).

BERG, E.: Individual differences in respiratory gas exchange during recovery of moderate exercise. Amer. J. Physiol. **149**, 597 (1947).

BOCK, A. V., D. B. DILL, L. M. HURXTHAL, J. S. LAWRENCE, T. C. COOLIDGE, M. E. DAILEY and L. J. HENDERSON: Blood as a physicochemical system. V. The composition and respiratory exchange of normal blood human during work. J. of Biol. Chem. **73**, 749 (1927).

BÖHME, A.: Der Einfluß körperlicher Arbeit auf das Minutenvolumen der Atmung bei Gesunden und Silikosekranken. Arch. Gewerbepath. **9**, 22 (1938).

BOUHUYS, A., K. E. HAGSTAM and G. LUNDIN: Efficiency of pulmonary ventilation during rest and light exercise. Acta physiol. scand. (Stockh.) **34**, 289 (1956).

BRUCE, R. A., R. PEARSON, F. M. LOVEJOY JR., P. N. G. YU and G. B. BROTHERS: Variability of respiratory and circulatory performance during standardized exercise. J. Clin. Invest. **28**, 1431 (1949).

BÜHLMANN, A.: Oxymetrie, Arbeitsversuche und Bestimmung der Arbeitsfähigkeit. Schweiz. med. Wschr. **1951**, 374.

CARPENTER, T. M.: Energy metabolism. Ann. Rev. Physiol. **3**, 131 (1941).

CHRISTENSEN, E. H.: Beiträge zur Physiologie schwerer körperlicher Arbeit. VI. Mitt. Der Stoffwechsel und die respiratorischen Funktionen bei schwerer körperlicher Arbeit. Arb.physiol. **5**, 463 (1932). — Beiträge zur Physiologie schwerer körperlicher Arbeit. III. Gasanalytische Methoden zur Bestimmung des Herzminutenvolumens in Ruhe und während körperlicher Arbeit. Arb. physiol. **4**, 175 (1931).

— and P. HÖGBERG: Steady state, O_2 deficit and O_2 debt at severe work. Arb. physiol. **14**, 251 (1950).

DEJOURS, P., N. MOUMOUZIAS et A. TEILLAC: Modifications respiratoires, cardiaques et vasculaires précoces du travail musculaire. Etude d'un mécanisme réflexe. J. de Physiol. **46**, 334 (1954).

— J. RAYNAUD, C. L. GUÉNOT et Y. LABROUSSE: Modifications instantanées de la ventilation au début et à l'arrêt de l'exercice musculaire. J. de Physiol. **47**, 155 (1955).

DENOLIN, H.: L'exploration de la fonction cardio-pulmonaire au cours de l'effort. Acta clin. belg. **7**, 229 (1952).

DRASCHE, H.: Zur Methodik der simultanen Spiro-Ergo-Oxymetrie. Beitr. Klin. Tbk. **116**, 552 (1957).

EDWARDS, H.T., M. HOCHREIN, D. B. DILL u. L. J. HENDERSON: Das physikalisch-chemische System des Blutes in seiner Beziehung zu Atmung und Kreislauf. III. Mitt. Über die Ionenverteilung in Ruhe und Arbeit. Arch. exper. Path. u. Pharmakol. **143**, 161 (1929).

EPPERINGER, H., F. KISCH u. H. SCHWARZ: Der Einfluß körperlicher Arbeit auf die Sauerstoffsättigung und auf die aktuelle Reaktion des Arterienblutes bei Kreislaufkranken. Klin. Wschr. **1926**, 1316.

ESKILDSEN, P.: The lactic content of blood during muscular work. Acta med. scand. (Stockh.) **127**, 171 (1947).

GESELL, R., T. BERNTHAL, G. GORHAM and H. KRUEGER: Simultaneous observations on expired oxygen and carbon dioxide, blood acidity, blood flow, blood pressure, carbon dioxide capacity and lactic acid content of the blood with relation to pulmonary ventilation. Amer. J. Physiol. **85**, 374 (1928).

GRODINS, S. F.: Analysis of factors concerned in regulation of breathing in exercise. Physiologic. Rev. **30**, 220 (1950).

HÄFELI, G.: Untersuchungen über die Abhängigkeit der Muskelermüdung von dem Sauerstoffgehalt der Einatmungsluft. Z. Biol. **100**, 15 (1940).

HALDANE, J. B. S., and J. H. QUASTEL: The changes in alveolar CO_2 pressure after violent exercise. J. of Physiol. **59**, 138 (1924).

HANSEN, O., and A. KROGH: An arrangement for determining gas exchange and respiratory quotient during severe work. Skand. Arch. Physiol. (Berl. u. Lpz.) **71**, 221 (1935).

HERMANNSEN, J.: Die ergometrische Methode als Funktionsprüfung für Herz und Lunge. Beitr. Klin. Tbk. **92**, 395 (1939).

HILL, A. V., C. N. H. LONG and H. LEPTON: Muscular exercise, lactic acid and the supply and utilisation of oxygen. Proc. Soc. Roy. Ser. B. Biol. Sci. **96**, 438 (1924); **97**, 84 (1925).

JASINSKI, B.: Die klinische Bedeutung von Fahrradergometerversuchen zur Beurteilung der verminderten Leistungsfähigkeit, nebst Bemerkungen zu dem Verhalten der Milchsäure im Blute während und nach der Arbeit bei verschiedenen Erkrankungen. Helvet. med. Acta **14**, 117 (1947); **15**, 152 (1948).

JÉQUIER-DOGE, E.: L'ergomètre de la clinique médicale de Lausanne. Rev. méd. Suisse rom. **60**, 78 (1940). — Les examens fonctionnels du coeur par l'ergomètre. Helvet. med. Acta **8**, 816 (1941).

KNIPPING, H. W., H. PASCHEN u. W. STEINMEYER: Untersuchungen über die Arbeitsatmung. Zbl. inn. Med. **1938**, 881.

KRAUT, H., u. A. SZAKÁLL: Zur Technik der Stoffwechselbilanzen bei Arbeitsversuchen. Arb. physiol. **11**, 408 (1941).

LANDEN, H. C.: Modifikation der Herz- und Lungenfunktionsprüfung mit Spirograph und Ergometer zum Zwecke eines Untersuchungsverfahrens in einem Versuchsgang. Beitr. Klin. Tbk. **108**, 406 (1953).

LANOOY, C., and F. H. BONJER: A hyperbolic ergometer for cycling and cranking. J. Appl. Physiol. **9**, 499 (1956).

LILIENTHAL, J. L., R. L. RILEY, D. D. PROEMMEL and R. E. FRANKE: Experimental analysis in man of oxygen pressure gradient from alveolar air to arterial blood during rest and exercise at sea level and at altitude. Amer. J. Physiol. **147**, 199 (1946).

LUNDIN, G., and G. STRÖM: The concentration of blood lactic acid in man during muscular work in relation to the partial pressure of oxygen of the inspired air. Acta physiol. scand. (Stockh.) **13**, 253 (1947).

LUNDSGAARD, C., and E. MÖLLER: Investigations on the immediate effect of heavy exercise (stair running) on some phases of circulation and respiration in normal individuals. I. O_2 and CO_2 content of blood drawn from the cubital vein before and after exercise. J. of Biol. Chem. **55**, 315 (1923).

MATTHES, K., M. BÖHME u. K. TIETZE: Untersuchungen über den Gasaustausch in der menschlichen Lunge. IV. Mitt. Der Gasaustausch in der Lunge bei körperlicher Arbeit. Arch. exper. Path. u. Pharmakol. **181**, 660 (1936).

— u. W. HAUS: Untersuchungen über Gasaustausch in der menschlichen Lunge. III. Mitt. Kreislauf und Atmung bei körperlicher Arbeit. Arch. exper. Path. u. Pharmakol. **186**, 655 (1936).

MICHAELIS, H., u. E. A. MÜLLER: Über die Höchstgeschwindigkeit der Sauerstoffaufnahme des Körpers. Arb. physiol. **11**, 462 (1941).

MONTGOMERY, G. E., et al.: Continuous observations of arterial O_2 saturation at rest and during exercise in congenital heart disease. Amer. Heart J. **36**, 668 (1948).

MONTLEY, H. L., and J. F. TOMASHEFSKI: Studies of residual air volume at rest and during treadmill exercise. Federat. Proc. **10**, 94 (1951).

NIELSEN, M.: Die Respirationsarbeit bei Körperruhe und bei Muskelarbeit. Skand. Arch. Physiol. (Berl. u. Lpz.) **74**, 299 (1936).

ORNSTEIN, G. G., D. MEYERS and I. ECKMAN: A correlation of the step test in measurement of pulmonary functions. Quart. Bull. Sea View Hosp. **13**, 189 (1952).

PARSONS, T. R., W. PARSONS and J. BARCROFT: Reaction changes in the blood during muscular work. J. of Physiol. **53**, 110 (1920).

PETERS, J. P., and D. D. VAN SLYKE: Respiratory quotient during physical exercise. Proc. Roy. Soc. (London) **96**, 438 (1924); **97**, 84 (1924).

PETRY, H.: Kritische Bewertung der spirometrischen Lungen- und Kreislaufuntersuchungen. Med. Wiss. Beitr. **2**, 19 (1953).

RAHN, H., and A. B. OTIS: Continuous analysis of alveolar gas composition during work, hyperpnea, hypercapnia and anoxia. J. Appl. Physiol. **1**, 717 (1949).

REYMOND, CL., P. DESBAILLETS, B. BAUDRAZ et J. L. RIVIER: Epreuve d'effort et cathétérisme cardiaque. Cardiologia (Basel) **30**, 259 (1957).

ROSSIER, P. H., u. A. BÜHLMANN: Studien über die Pathophysiologie der Atmung bei Silikose. Die Lungenfunktion im Arbeitsversuch. Vjschr. naturforsch. Ges. Zürich **95**, 51 (1950).

SCHNEIDER, K.: Blutgase und Kreislauf bei Arbeit unter der Gasmaske. Arb. physiol. **11**, 10 (1940).

SELTZER, C. C.: Body build and oxygen metabolism at rest and during exercise. Amer. J. Physiol. **129**, 1 (1940).

SILFVERSIÖLD, B. P.: A new ergograph. Acta med. scand. (Stockh.) **135**, 60 (1949).

SUSKIND, M., R. A. BRUCE, M. E. McDOWELL, P. N. G. YU and F. W. LOVEJOY: Normal variations in end-tidal air and arterial blood carbon dioxide and oxygen tensions during moderate exercise. J. Appl. Physiol. **3**, 5 (1950).

TUTTLE, W.: Effect of physical training on capacity to do work as measured by the bicycle ergometer. J. Appl. Physiol. **2**, 393 (1950).

WIEPKING, W.: Die Untersuchung des Sauerstoffverbrauchs bei körperlicher Arbeit als Maßstab der kardialen und pulmonalen Leistungsbegrenzung. Z. exper. Med. **97**, 423 (1935).

ZAEPER, G.: Über die Bestimmung der Kreislaufleistung als Maß für die Beurteilung der sportlichen Leistungsfähigkeit. Klin. Wschr. **1937**, 1705.

— W. KLOSTERKÖTTER u. W. KÜNZER: Die Bestimmung der Sauerstoffschuld bei Körperarbeit. Z. exper. Med. **110**, 226 (1942).

9. Physiologie und Pathophysiologie des Lungenkreislaufes

a) Vorwiegend experimentelle Arbeiten

ANDERSON, L. L., J. C. BELL and S. G. BLOUNT JR.: An evaluation of factors affecting the alveolar-arterial oxygen tension gradient in chronic pulmonary disease. Amer. Rev. Tbc. **69**, 71 (1954).

ATWELL, R. J., J. B. HICKMAN, W. W. PRYOR and E. B. PAGE: Reduction of blood flow through the hypoxic lung. Amer. J. Physiol. **166**, 37 (1951).

AVIADO, D. M., J. S. L. LING, C. W. QUIMBY and C. F. SCHMIDT: Additional role of reflex pulmonary vasoconstriction during anoxia. Federat. Proc. **13**, 4 (1954).

BARTELS, H., E. BÜCHERL, M. MOCHIZUKI und G. NIEMANN: Bestimmung der via venae thebesii in den linken Ventrikel fließenden Blutmenge durch Messung des O_2-Druckes im Blut des linken Vorhofs und einer Arterie beim Menschen. Pflügers Arch. **262**, 478 (1956).

— u. G. RODEWALD: Die alveolär-arterielle Sauerstoffdruckdifferenz und das Problem des Gasaustausches in der menschlichen Lunge. Pflügers Arch. **258**, 163 (1953).

BAYER, O., F. LOOGEN, R. RIPPERT u. H. H. WOLTERS: Klinische und physiologische Untersuchungsergebnisse beim Vorhofsseptumdefekt. Z. Kreislaufforsch. **42**, 335 (1953).

BERNSMEIER, A., H. BLÖMER u. W. SCHIMMLER: Cerebrale Komplikationen beim chronischen Cor pulmonale. Verh. dtsch. Ges. Kreislaufforsch. (1955).

BJÖRK, V. O.: The arterial oxygen and carbon dioxide tension during the postoperative period in cases of pulmonary resection and thoracoplasty. J. Thorac. Surg. **27**, 455 (1954).

BLAKEMORE, W. S., E. CARLENS and S. BJÖRKMAN: The effect of unilateral rebreathing of low oxygen gas mixtures upon the pulmonary blood flow in Man. Surg. Forum Amer. College of surgeons 1954.

BOGAERT, A. VAN, A. VAN GENABEEK, H. VAN DER HEUST et J. VANDAEL: Observation critique à propos des données hémodynamiques dans la sténose mitrale. Arch. Mal. Coeur **8**, 673 (1953). — HEUST, H. VAN DER, E. FAUNER, L. BUYTAERT, J. DE MUNK, A. VAN GENABEEK et J. VANDAEL: Hypertension artérielle pulmonaire après ligature d'une ou plusieurs veines pulmonaires. Arch. Mal Coeur **4**, 289 (1953). — GENABEEK, A. VAN, et J. VANDAEL: Tension artérielle pulmonaire et teneur en O_2 du sang de l'artère pulmonaire. Etude clinique et expérimentale. Arch. Mal. Coeur **11**, 962 (1953).

BONDURANT, ST., J. B. HICKAM and J. K. ISLEY: Pulmonary and circulatory effects of acute pulmonary vascular engorgement in normal subjects. J. Clin. Invest. **36**, 59 (1957).

BROWN, C. C. JR., D. L. FRY and R. V. EBERT: The mechanics of pulmonary ventilation in patients with heart disease. Amer. J. Med. **17**, 438 (1954).

BÜHLMANN, A., C. MAIER, M. HEGGLIN, R. KÄLIN u. F. SCHAUB: Beziehungen zwischen Lungenfunktion und Lungenkreislauf. Schweiz. med. Wschr. **1953**, 1199; Zur Pathogenese der arteriellen pulmonalen Hypertonie mit besonderer Berücksichtigung des Cor pulmonale beim Emphysem. Cardiologia (Basel) **24**, 96 (1954).— SCHAUB, F., u. P. LUCHSINGER: Zur Erfolgsbeurteilung der Kommissurotomie bei Mitralstenose. Dtsch. med. Wschr. **1954**, 630; Die Haemodynamik des Lungenkreislaufes während Ruhe und körperlicher Arbeit beim Gesunden und bei den verschiedenen Formen der pulmonalen Hypertonie. Schweiz. med. Wschr. **1955**, 253. — SCHAUB, F., u. P. H. ROSSIER: Zur Aetiologie und Therapie des Cor pulmonale. Schweiz. med. Wschr. **1954**, 587.

— F. SCHAUB, G. HOSSLI u. P. HÖSLI: Hämodynamische Untersuchungen bei allgemeiner und einseitiger Hypoventilation. Helvet. med. Acta **23**, 545 (1956).

COURNAND, A.: The mysterious influence of unilateral pulmonary hypoxia upon the circulation in man. Acta cardiol. (Bruxelles) **10**, 429 (1955).

— A. MITCHELL and A. P. FISHMAN: Applicability of direct Fick method to measurement of pulmonary blood flow during induced acute hypoxia. Federat. Proc. **13**, 31 (1954).

CURTI, P. C., G. COHEN, B. CASTELMAN, J. G. SCANELL, A. L. FRIEDLICH and G. S. MYERS: Respiratory and circulatory studies of patients with mitral stenosis. Circulation (New York) **8**, 893 (1953).

DE WITT ANDRUS, W.: Observations on the cardiorespiratory physiology following the collapse of one lung by bronchial ligature. Arch. Surg. **10**, 506 (1925.)

DEXTER, L., J. W. DOW, F. W. HAYNES, J. L. WHITTENBERGER, B. G. FERRIS, W. T. GOODALE and H. K. HELLEMS: Studies of the pulmonary circulation in man at rest. Normal variations and the interrelation between increased pulmonary blood flow, elevated pulmonary arterial pressure and high pulmonary "capillary" pressure. J. Clin. Invest. **29**, 602 (1950).

DIRKEN, M. N. J., and H. HEEMSTRA: The adaptation of the lung circulation to the ventilation. Quart. J. Exper. Physiol. **34**, 213 (1948).

DONALD, K. W., J. M. BISHOP and O. L. WADE: A study of minute to minute changes of arterio-venous oxygen content difference. Oxygen uptake and cardiac output and rate of achievement of a steady state during exercise in rheumatic heart disease. J. Clin. Invest. **33**, 1146 (1954).

Duke, H. N.: Pulmonary vaso-motor responses of isolated perfused cat lungs to anoxia and hypercapnia. Quart. J. Exper. Physiol. 36, 75 (1950).

Eisfeld, G., u. H. Julich: Das Verhalten des Milchsäure-, Brenztraubensäure- sowie Zitronensäurespiegels im Lungenkreislauf. Z. Kreislaufforsch. 45, 874 (1956).

Epstein, F. H., O. W. Shadle, T. B. Ferguson and M. E. McDonald: Cardiac output and intracardiac pressures in patients with arteriovenous fistulas. J. Clin. Invest. 32, 543 (1953).

Fishman, A. P., A. Himmelstein, H. W. Fritts and A. Cournand: Blood flow through each lung in man during unilateral hypoxia. J. Clin. Invest. 34, 637 (1955).

Fowler, N. O.: Further studies of the relationship between pulmonary arteriolar resistance and pulmonary artery pressure. Amer. Heart J. 46, 1 (1953).

Hall, P. W.: Effects of anoxia on postarteriolar pulmonary vascular resistance. Circulation Res. 50, 238 (1953).

Harvey, R. M., and M. I. Ferrer: Pulmonary circulation: Its relation to normal and altered dynamics. Dis. Chest 25, 247 (1954).

Hauch, H. J.: Der Lungenkreislauf bei der Mitralstenose. Klin. Wschr. 1953, 883.

Hellems, H. K., F. W. Haynes and L. Dexter: Pulmonary "capillary" pressure in man. J. Appl. Physiol. 2, 24 (1949).

— — — and T. D. Kinney: Pulmonary capillary pressure in animals estimated by venous and arterial catheterization. Amer. J. Physiol. 155, 98 (1948).

Hertz, C. W.: Die Durchblutungsgröße hypoventilierter Lungenbezirke. Verh. Dtsch. Ges. Kreislaufforsch. 21, 447 (1955).

— Untersuchungen über den Einfluß der alveolären Gasdrucke auf die intrapulmonale Durchblutungsverteilung beim Menschen. Klin. Wschr. 1956, 472.

— Einseitige alveolare CO_2-Erhöhung und Durchblutungsgröße jeder Lungenseite beim Menschen. Klin. Wschr. 1956, 532.

Hess, R.: Über die Durchblutung nicht atmender Lungengebiete. Dtsch. Arch. klin. Med. 106, 478 (1912).

Hochrein, M., u. Mitarb.: Pulmonale Dystonie und pulmonaler Hochdruck. Med. Klin. 1954, 1064.

Knebel, R., u. W. Bolt: Die pathologische Physiologie des Cor pulmonale. Verh. dtsch. Ges. Kreislaufforsch. 2 (1955).

Lee, G. de, J. and A. B. DuBois: Pulmonary capillary blood flow in man. J. Clin. Invest. 34, 1381 (1955).

Leusen, I., G. Demeester et K. Vuylsteek: Effets de l'occlusion d'une branche de l'artère pulmonaire chez le chien. Acta cardiol. (Bruxelles) 12, 1 (1957).

Lewis, B. M., and R. Görlin: Effects of hypoxia on pulmonary circulation of the dog. Amer. J. Physiol. 170, 574 (1952).

Lochner, W., H. Bartels, R. Beer, M. Mochizuki u. G. Rodewald: Untersuchung des Gasaustausches am isolierten durchbluteten Lungenlappen des Hundes. Pflügers Arch. 264, 294 (1957).

Logaras, G.: Further studies of the pulmonary arterial blood pressure. Acta physiol. scand. (Stockh.) 14, 120 (1947).

Moore, R. L., and H. W. Cochran: The effects of closed pneumothorax, partial occlusion of one primary bronchus, phrenicectomy, and the respiration of nitrogen by one lung on pulmonary expansion and the minute volume of blood flowing through the lungs. J. Thoracic Surg. 2, 468 (1932).

Motley, H. J., A. Cournand, L. Werkö, A. Himmelstein and D. Dresdale: Influence of short periods of induced anoxia upon pulmonary pressure in man. Amer. J. Physiol. 105, 315 (1947).

Muller, W. H., F. Damman and W. H. Head: Changes in the pulmonary vessels produced by experimental pulmonary hypertension. Surgery (St. Louis) 34, 363 (1953).

Nisell, O.: The action of oxygen and carbon dioxide on the bronchioles and vessels of the isolated perfused lungs. Acta physiol. scand. (Stockh.) 21, Suppl. 73 (1950).

— The influence of carbon dioxide on the respiratory movements of isolated perfused lungs. Acta physiol. scand. (Stockh.) 23, 352 (1951).

— The influence of blood gases on the pulmonary vessels of the cat. Acta physiol. scand. (Stockh.) 23, 85 (1951).

— Reactions of the pulmonary venules of the cat with special reference to the effect of the pulmonary elastance. Acta physiol. scand. (Stockh.) 23, 361 (1951).

Rahn, H., and H. T. Bahnson: Effect of unilateral hypoxia on gas exchange and calculated pulmonary blood flow in each lung. J. Appl. Physiol. 6, 105 (1953).

Retzlaff, K.: Der Einfluß des Sauerstoffs auf die Blutzirkulation in der Lunge. Z. exper. Path. u. Ther. 14, 391 (1913).

Riley, R. L., R. H. Shepard, J. E. Cohn, D. G. Carroll and B. W. Armstrong: Maximal diffusing capacity of the lung. J. Appl. Physiol. 6, 573 (1954).

RINK, H., H. VENRATH, H. VALENTIN u. TH. SCHMITZ: Diffusionsstörung in den Lungen bei alten Insuffizienzen des linken Herzens und bei Mitralstenose, nebst einigen Bemerkungen zur Operation der Mitralfehler. Thoraxchirurgie 1, 403 (1954).

ROSSIER, P. H., A. BÜHLMANN u. P. LUCHSINGER: Bemerkungen über Diffusionsstörungen der Lunge. Schweiz. med. Wschr. 1954, 25.

SIEBENS, A. A., R. E. SMITH and C. F. STOREY: Effect of hypoxia on pulmonary vessels in man. Amer. J. Physiol. 180, 428 (1955).

SÖDERHOLM, B.: The hemodynamics of the lesser circulation in pulmonary tuberculosis. Scand. J. Clin. a. Labor. 9, No. 26 (1957).

STROUD, R. C., and H. RAHN: Effect of oxygen and carbon dioxide tensions upon the resistance of pulmonary blood vessels. Amer. J. Physiol. 172, 211 (1953).

SUSKIND, M., and H. RAHN: Relationship between cardiac output and ventilation and gas transport, with particular reference to anesthesia. J. Appl. Physiol. 7, 59 (1954).

SWAN, H. J. C., J. ZAPATA-DIAZ, H. B. BURCHELL and E. H. WOOD: Pulmonary hypertension in congenital heart disease. Amer. J. Med. 16, 12 (1954).

ULMER, W.: Untersuchungen zur Analyse der alveolären Ventilationsstörung bei chronischem Cor pulmonale. Verh. dtsch. Ges. Kreislaufforsch. 1955.

VENRATH, H., H. LECHTENBÖRGER, H. VALENTIN u. W. BOLT: Das Verhalten von Atmung und Kreislauf bei uni- und bilateraler Sauerstoffmangelatmung. Ein Beitrag zur Kompensation akuter Hypoxie durch Kreislaufumstellung. Z. Kreislaufforsch. 44, 544 (1955).

VUYLSTEEK, K., A. VAN LOO, I. LEUSEN, M. VAN DER STRAETEN, J. VERSTRAETEN, M. RÖTGENS u. R. PANNIER: Experimentelle und klinische Untersuchungen bei unilateralem Verschluß der Arteria pulmonalis während des Herzkatheterismus. Verh. Dtsch. Ges. Kreislaufforsch. 22, 229 (1956).

WEARN, J. T., A. C. ERNSTENE, A. W. BROMER, J. S. BARR, W. J. GERMAN and L. J. ZSCHIESCHE: The normal behavior of the pulmonary blood vessels with observations on the intermittence of the flow of blood in the arterioles and capillaries. Amer. J. Physiol. 109, 236 (1934).

WESTCOTT, R. N., N. O. FOWLER, R. C. SCOTT, V. D. HAUENSTEIN and J. MCGUIRE: Anoxia and human pulmonary vascular resistance. J. Clin. Invest. 30, 957 (1951).

WHITAKER, W.: Pulmonary hypertension in congestive heart failure complicating chronic lung diesease. Quart. J. Med. 23, 57 (1954).

YU, P. N. G., F. W. LOVEJOY, H. A. JOOS, R. E. NYE JR., W. S. MCCANN, S. J. VERNERELLI and C. GOUVERNEUR: Studies of pulmonary hypertension. 1. Pulmonary circulatory dynamics in patients with pulmonary emphysema at rest. J. Clin. Invest. 32, 130 (1953).

b) Klinik der pulmonalen Hypertonie und des chronischen Cor pulmonale
(vorwiegend klinische Arbeiten)

BERTHRONG, M., and T. H. COCHRAN: Pathological findings in nine children with "primary" pulmonary hypertension. Bull. Johns Hopkins Hosp. 97, 69 (1955).

BOLT, W.: Pathologische Physiologie des Cor pulmonale. Verh. dtsch. Ges. Kreislaufforsch. 21, 196 (1955).

COHN, J. E., D. G. CARROL and R. L. RILEY: Respiratory acidosis in patients with emphysema. Amer. J. Med. 17, 447 (1954).

MCCORT, J. J., and P. PARE: Pulmonary fibrosis and cor pulmonale in sarcoidosis. Radiology 62, 496 (1954).

CUTLER, J. G., A. S. NADAS, W. T. GOODALE, R. B. HICKER and A. M. RUDOLPH: Pulmonary arterial hypertension with markedly increased pulmonary resistance. Amer. J. Med. 17, 485 (1954).

DELIUS, L.: Cor pulmonale. In: Klinik der Gegenwart. München-Berlin: Urban und Schwarzenberg 1955.

DENOLIN, H.: Le coeur pulmonaire chronique en médecine interne. Verh. dtsch. Ges. Kreislaufforsch. 1955.

DEXTER, L.: Pulmonary circulatory dynamics in health and disease at rest. Bull. New England Med. Center 11 240 (1949).

ERNST, C.: Zur Kreislaufdynamik beim chronischen Cor pulmonale. Ärztl. Wschr. 1954, 11.

EVANS, W., D. S. SHORT and D. E. BEDFORD: Solitary pulmonary hypertension. Brit. Heart J. 1956, 93.

FERRER, M. I.: Newer concepts of chronic cor pulmonale. New York State J. Med. 50, 1817 (1950).

FERRER, M. I., and R. M. HARVEY: The etiology of secundary pulmonary hypertension. Bull. Acad. Med. 30, 208 (1954).

FEUARDENT, R.: L'endofibrose oblitérante idiopathique des artérioles du poumon. Presse méd. 1953, 594.

FLINT, F. J.: Cor pulmonale. Incidence and etiology in an industrial city. Lancet **1954**, 51.

FRANKE, H.: Das Cor pulmonale in der Thoraxchirurgie. Verh. dtsch. Ges. Kreislaufforsch. 1955.

FULTON, R. M.: The heart in chronic pulmonary disease. Quart. J. Med. **22**, 43 (1953).

HILTPOLD, P.: Die Sklerose der Pulmonalarterien. Schweiz. med. Wschr. **1954**, 161.

HORSTERS, H.: Das Emphysemherz. Z. inn. Med. **7**, 39 (1952).

KEITH, J. D., R. D. ROWE, P. VLAID and J. H. O'HANLEY: Complete anomalous pulmonary venous drainage. Amer. J. Med. **16**, 23 (1954).

MCKEOWN, F.: The pathology of pulmonary heart disease. Brit. Heart J. **14**, 25 (1952).

KIRSHNER, J. J., R. L. BRECKENRIDGE and F. A. ALBRITTEN JR.: Diffuse interstitial fibrosing pneumonitis. J. Amer. Med. Assoc. **154**, 336 (1954).

LENÈGRE, J., et A. GERBAUX: Le coeur pulmonaire chronique par thrombose artérielle pulmonaire. Arch. Mal. Coeur **45**, 289 (1952).

LEWIS, C. S. JR., A. J. SAMUELS and H. H. HECHT: Chronic lung disease, polycythemia and congestive heart failure. Cardiorespiratory, vascular and renal adjustments in Cor pulmonale. Circulation (New York) **6**, 874 (1952).

MOUNSEY, J. P. D.: Emphysema heart disease. Brit. J. Tbc. **48**, 1, 63 (1954).

PUDDU, V.: Il Cuore Polmonare. Relazione al 13. Congresso della Società di Cardiologia. 1952.

ROSSIER, P. H., et A. BÜHLMANN: Cor pulmonale et pathophysiologie alvéolaire. Cardiologia **25**, 132 (1954).

— — u. P. LUCHSINGER: Cor pulmonale und Silikose. Arch. Gewerbepath. **13**, 486 (1955);
— Die Pathophysiologie der Atmung bei der Silikose und die Beurteilung der Arbeitsfähigkeit. Dtsch. med. Wschr. **1955**, 608.

— — SCHAUB, F. u. P. LUCHSINGER: Pulmonale Hypertonie und chronisches Cor pulmonale. Erg. inn. Med. **6**, 580 (1955).

SCHAUB, F., A. BÜHLMANN u. R. KÄLIN: Das „Kyphoskolioseherz" und seine Pathogenese. Cardiologia (Basel) **25**, 148 (1954). — SCHAUB, F., u. T. WEGMANN: Zur Klinik und Pathogenese des sogenannten Kyphoskolioseherzens. Schweiz. med. Wschr. **1954**, 1147.

SCHMIDT, H.: Primäre und sekundäre pulmonale Hypertonie. Dtsch. Arch. klin. Med. **200**, 837 (1953).

SCHWEIZER, W.: Über die Indikationen zur Commissurotomie bei Mitralstenose. Schweiz. med. Wschr. **1953**, 1.

— Die pulmonäre arterielle Hypertension. Schweiz. med. Wschr. **1953**, 1055.

SIMPSON, T.: Acute respiratory infections in emphysema. Brit. Med. J. **1954** II, 297.

SOULIÉ, P., R. TRICOT, J. DI MATTÉO, J. BAILLET et J. SILVESTRE: L'hypertension artérielle pulmonaire primitive. Bull. Soc. Hôp. Paris. **69**, 629 (1953).

SPANG, K.: Die primär-pulmonale Rechtsinsuffizienz. Dtsch. med. Wschr. **1954**, 9.

STAEMMLER, M.: Hypertonie im großen und kleinen Kreislauf. Wien. med. Wschr. **1954**, 279.

STENDER, H. ST., u. M. TANBERT: Zum klinischen Erscheinungsbild der Arteriitis pulmonalis. Ärztl. Wschr. **1953**, 121.

SWAN, H. J. C.: Pulmonary hypertension in congenital heart disease. Amer. J. Med. **16**, 12 (1954).

TAQUINI, A. C.: Physiopathological bases for the clinical interpretation of chronic Cor pulmonale. Cardiologia (Basel) **21**, 393 (1952).

TOURNIAIRE, A.: Syndrome prémonitoire du coeur pulmonaire chronique. Arch. Mal. Coeur **47**, 591 (1954).

VALEZUELA, C., et al.: Structural changes in intrapulmonary arteries exposed to systemic pressures from birth. Arch. of Path. **57**, 51 (1954).

WESTLAKE, E. K., and M. KAYE: Raised intracranial pressure in emphysema. Brit. Med. J. **1954**, 302.

c) Lungenfunktion und Lungenkreislauf

APHTORP, G. H., and D. V. BATES: Report of a case of pulmonary telangiectasia. Thorax **1**, 65 (1957).

BELLINI, E.: Functional interference between the circulatory and respiratory systems. J. Sci. Med. **6**, 9 (1951).

BLOUNT, S. G., and M. C. MCCORD: An investigation of the role of the pulmonary arterial oxygen content in the genesis of pulmonary hypertension. J. Labor. a. Clin. Med. **42**, 785 (1953).

— — and L. L. ANDERSEN: Oxygen pressure gradient from alveolar air to arterial blood in patients with mitral stenosis. Amer. J. Med. **14**, 496 (1953).

BOLT, W., u. H. W. KNIPPING: Zur Klinik des Lungenkreislaufes. Verh. dtsch. Ges. Kreislaufforsch. **1951**, 67.

— H. VENRATH u. H. VALENTIN: Zur Klinik und Praxis der Insuffizienz des rechten Herzens. Med. Klin. **1952**, 1691.

BLUMBERGER, KJ., G. KEMMERER u. H. LINKE: Untersuchungen über das Herz beim Lungenemphysem. Verh. dtsch. Ges. Kreislaufforsch. **21**, 328 (1955).

BROWN, H. R., and R. PEARSON: Demonstration of a positive relationship between cardiac output and oxygen consumption. Proc. Soc. Exper. Biol. a. Med. **65**, 307 (1947).

BUDELMANN, G.: Untersuchungen über den Venendruck, die Vitalkapazität der Lunge und das Herzminutenvolumen bei Gesunden und Herzkranken in Ruhe und bei Kreislaufbelastung. Z. klin. Med. **127**, 15 (1934).

BÜHLMANN, A., C. MAIER, M. HEGGLIN, R. KÄLIN u. F. SCHAUB: Beziehungen zwischen Lungenfunktion und Lungenkreislauf. Schweiz. med. Wschr. **1953**, 1199.

BUHR, G.: Über den Einfluß der Aleudrin-Aerosol-Inhalation auf die Druckverhältnisse in der Arteria pulmonalis beim Menschen. Z. Kreislaufforsch. **42**, 669 (1953).

CAHOON, D. H., J. E. MICHAEL and V. JOHNSON: Respiratory modification of the cardiac output. Amer. J. Physiol. **1933**, 642 (1941).

CALHOUN, J. A., G. E. CULLEN, T. R. HARRISON, W. L. WILKINS and M. M. TIMS: Studies in congestive heart failure. XIV. Orthopnea: Its relation to ventilation vital capacity, oxygen saturation and acid-base condition of arterial and jugular blood. J. Clin. Invest. **10**, 833 (1931).

CARROLL, D., J. E. COHN and R. L. RILEY: Pulmonary function in mitral valvular disease: distribution and diffusion characteristics in resting patients. J. Clin. Invest. **32**, 510 (1953).

CHRISTIE, R. V., and J. C. MEAKINS: The intrapleural pressure in congestive heart failure and its clinical significance. J. Clin. Invest. **13**, 323 (1934).

CHURCHILL, E. D.: The effect of increased blood flow on the ratio between oxygen consumption and pulmonary ventilation. Amer. J. Physiol. **86**, 274 (1928).

COURNAND, A.: Some aspects of the pulmonary circulation in normal man and in chronic cardiopulmonary diseases. Circulation (New York) 2, 641 (1950).

— R. L. RILEY, A. HIMMELSTEIN and R. AUSTRIAN: Pulmonary circulation and alveolar ventilation relationship after pneumectomy. J. Thorac. Surg. **19**, 1 (1950).

CULLEN, G. E., T. R. HARRISON, J. A. CALHOUN, W. E. WILKINS and M. M. TIMS: Studies in congestive heart failure. XIII. The relation of dyspnea of exertion to the oxygen saturation and acid-base condition of the blood. J. Clin. Invest. **10**, 807 (1931).

DAUTREBANDE, L.: Le syndrome respiratoire de l'insuffisance cardiaque. Rev. méd. Suisse rom. **55**, 785 (1935).

DENNING, H.: Über die Grenzen der Arbeitsfähigkeit bei Acidose, Alkalose und Herzinsuffizienz. Verh. dtsch. Ges. inn. Med. **43**, 120 (1931).

DENOLIN, H., A. DE COSTER et N. SALONIKIDES: Aspects physiopathologiques de la circulation pulmonaire: Le problème de l'hypertension pulmonaire chronique. Acta clin. belg. 8, 647 (1953).

— et J. LEQUIME: Les modifications circulatoires dans le coeur pulmonaire chronique. Arch. Mal. Coeur **44**, 391 (1051).

— — et M. SEGERS: La dynamique circulatoire au cours de la persistance du canal artériel et le problème de l'hypertension artérielle pulmonaire. Cardiologia (Basel) **21**, 1 (1952).

— — M. WYBAUW et A. BOLLARET: Communication interauriculaire avec hypertension pulmonaire et veine pulmonaire aberrante. Acta cardiol. (Bruxelles) 8, 64 (1953).

DEXTER, L.: Pulmonary circulatory dynamics in health and diseases, at rest. Bull. New England Med. Center **11**, 240 (1949). — Cor pulmonale chronico con hipoxia y sin ella. Arch. Inst. Cardiol. Mexico **22**, 655 (1952).

— J. L. WHITTENBERGER, R. GORLIN, B. M. LEWIS, F. W. HAYNSS and R. G. SPIEGL: The effect of chronic pulmonary disease (cor pulmonale and hypoxia) on the dynamics of the circulation in man. Trans. Assoc. Amer. Physiol. **64**, 226 (1951).

DIRKEN, M. N. J., and H. HEEMSTRA: Alveolar O_2 tension and lung circulation. Quart. J. Exper. Physiol. **34**, 193 (1948).

DONZELOT, E., J. LAHMA et Y. CASTEL: Coeur pulmonaire aigu. Semaine Hôp. **1952**, 1394.

DOYLE, J. T., J. S. WILSON and J. V. WARREN: The pulmonary vascular responses to short-term hypoxia in human subjects. Circulation (New York) 5, 263 (1952).

DRESSLER, S. H., N. B. SLONIM, O. BALCHUM, G. F. BRONFIN and A. RAVIN: The effect of breathing 100% oxygen on the pulmonary arterial pressure in patients with pulmonary tuberculosis and mitral stenosis. J. Clin. Invest. **31**, 807 (1952).

DRINKER, C. K., F. W. PEABODY and H. L. BLUMGART: The effect of pulmonary congestion on the ventilation of the lungs. J. of Exper. Med. **35**, 77 (1922).

ENGLERT, M., et H. DENOLIN: Etude par la méthode à l'hélium de la ventilation pulmonaire interne dans la sténose mitrale. Acta cardiol. (Bruxelles) **4**, 365 (1956).

EULER, U. S. v., and G. LILJESTRAND: Observations on the pulmonary arterial blood pressure in the cat. Acta physiol. scand. (Stockh.) **12**, 301 (1946).

FERRER, M. I.: Newer concepts of chronic cor pulmonale. N. Y. State J. Med. **50**, 15 (1950).

FERRI, F., M. PANESI, R. ROMANELLI et V. ROVATI: L'influence des modifications de la tension partielle intra-alvéolaire d'oxygène sur la pression sanguine dans la petite circulation lors de l'augmentation du débit cardiaque par l'établissement de shunts gauche-droite. Cardiologia (Basel) **29**, 15 (1956).

FISHMAN, A. P., J. McCLEMENT, A. HIMMELSTEIN and A. COURNAND: Effects of acute anoxia on the circulation and respiration in patients with chronic pulmonary disease studied during the "steady state" J. Clin. Invest. **31**, 770 (1952).

— and D. W. RICHARDS: The management of cor pulmonale in chronic pulmonary disease, with particular reference to the associated disturbances in the pulmonary circulation. Amer. Heart J. **53**, 149 (1956).

FOWLER, N. O. JR., R. N. WESTCOTT and R. C. SCOTT: Pulmonary artery diastolic pressure, its relationship to pulmonary arteriolar resistance and pulmonary "capillary" pressure. J. Clin. Invest. **31**, 1 (1952).

GILBEAU, W. H., H. MARZAHN u. G. ZAEPER: Klinische Untersuchungen über die Funktion von Atmung und Kreislauf bei Gesunden und Kranken. I. Mitt. Methoden. Grenzen der Arbeitsbelastung bei Herz- und Lungenkranken. Z. klin. Med. **129** (1935).

GORLIN, R., and S. G. GORLIN: Hydraulic formula for calculation of the area of the stenotic mitral valve, other cardiac valves and central circulatory shunts. Amer. Heart. J. **41**, 1 (1951).

GOYETTE, E. M.: Chronic cor pumonale. U. S. Armed Force Med. J. **3**, 851 (1952).

GRANDPIERRE, R., C. FRANCK et F. VIOLETTE: Modifications circulatoires entrainées par les variations rapides de pression intra-pulmonaire. C. r. Soc. Biol. (Paris) **146**, 15 (1952).

GREENE, C. W., and N. C. GIBERT: Studies on the responses of the circulations to low O_2 tensions. VI. The cause of the changes observed in the heart during extreme anoxemia. Amer. J. Physiol. **60**, 155 (1922).

HAMILTON, W. F., and P. D. AUGUSTA: The physiology of the pulmonary circulation. J. Allergy **22**, 5 (1951).

HARRIS, I., E. JONES and C. N. ALRED: Blood p_H and lactic acid in different types of heart diseases. Quart. J. Med. **4**, 407 (1935).

HARRISON, T. R., F. C. TURLEY, E. JONES and J. A. CALHOUN: Congestive heart failure. X. The measurement of ventilation as a test of cardiac function. Arch. Int. Med. **48**, 377 (1931).

HARVEY, R. M., M. I. FERRER, D. W. RICHARDS and A. COURNAND: Influence of chronic pulmonary disease on the heart and circulation. Amer. J. Med. **10**, 6 (1951).

HAUCH, H. J., u. C. W. HERTZ: Das arteriovenöse Lungenaneurysma. Thoraxchirurgie **1**, 411 (1954).

HICKAM, J. B., and W. H. CARGILL: Effect of exercise in cardiac output and pulmonary arterial pressure in normal persons and in patients with cardio-vascular disease and pulmonary emphysema. J. Clin. Invest. **27**, 10 (1948).

HOCHREIN, M., u. CH. J. KELLER, Beiträge zur Blutzirkulation in kleinen Kreislauf. I. Mitt. Der Einfluß mechanischer Vorgänge auf die mittlere Durchblutung und die Depotfunktion der Lunge. Arch. exper. Path. u. Pharmakol. **164**, 529 (1932).

— u. I. SCHREIBER: Die Funktion des cardiopulmonalen Systems. Med. Klin **1953**, 765.

JULICH, H.: Über die Dyspnoe bei Herzkranken und Emphysematikern und einige Fragen des Gastransportes. Z. exper. Med. **121**, 131, 503, 535, 563 (1953).

KNIPPING, H. W., H. LUDES, H. VALENTIN u. H. VENRATH: Beitrag zur Differenzierung der Insuffizienz des linken, des rechten Herzens und der Lungen nebst Bemerkungen zur Herzsondierung und zum Defizitproblem. Med. Klin. **1953**, 162.

LANDEN, H. C.: Zur funktionellen Analyse der Leistungsfähigkeit des gesunden und kranken Herzens unter Arbeit. Erg. inn. Med. **4**, 565 (1953).

LAUSON, H. D., R. A. BLOOMFIELD and A. COURNAND: The influence of the respiration on the circulation in man. Amer. J. Med. **1**, 315 (1946).

LEWIS, C. S., A. J. SAMUELS, M. C. DAINES and H. H. HECHT: Chronic lung diseases, polycythemia and congestive heart failure. Circulation (New York) **6**, 974 (1952).

LILJESTRAND, G.: Regulation of pulmonary arterial blood pressure. Arch. Int. Med. **81**, 162, (1948).

LINDGREN, A.: Studies on oxygen consumption, pulmonary ventilation and ventilation equivalent for oxygen at rest and after work in healthy persons and in cases of heart disease. Cardiologia (Basel) **23**, 220 (1953).

MARSHALL, R., M. B. McILROY and R. V. CHRISTIE: The work of breathing in mitral stenosis. Clin. Sci. **13**, 137 (1954).

MEAKINS, J. C., L. DAUTREBANDE and W. J. FETTER: The influence of circulatory disturbances on the gaseous exchange of the blood. IV. The blood gases and circulation rate in cases of mitral stenosis. Heart **10**, 153 (1923).

— and C. N. H. LONG: Oxygen consumption and oxygen debt in heart disease. Trans. Assoc. Amer. Physiol. **41**, 297 (1926).

MOUNSEY, J. P., L. W. RITZMAN, N. J. SELVERSTONE, W. A. BRISCOE and G. A. McLEMORE: Circulatory changes in severe pulmonary emphysema. Brit. Heart J. 14, 153 (1952).
MOUNSEY, J. P. D.: Emphysema heart disease. Brit. J. Tbc. 48, 63 (1954).
NISELL, O. J.: Some aspects of the pulmonary circulation and ventilation. Internat. Arch. Allergy a. Appl. Immun. 3, 142 (1952).
OLIVIER, H.-R., et J. BRETEY: Air alvéolaire et débit cardiaque. C. r. Soc. Biol. (Paris) 105, 278 (1930).
ORAM, S.: Chronic pulmonary heart disease. Brit. J. Tbc. 46, 153 (1952).
PETERS, J. P., H. A. BULGER and A. J. EISENMAN: Total acid-base equilibrium of plasma in health and disease. VII. Bicarbonate and chloride in the serum of patients with heart failure. J. Clin. Invest. 3, 497 (1927).
PETERS, R. M., and A. ROSS: Effect of unilateral nitrogen breathing upon pulmonary blood flow. Amer. J. Physiol. 171, 250 (1952).
PRATT, J. H.: Long continued observations on the vital capacity in health and heart disease. Amer. J. Med. Sci. 164, 819 (1922).
RICHARDS, D. G. B., A. G. W. WHITEFIELD, W. M. ARNOTT and J. A. H. WATERHOUSE: The lung volume in low output cardiac syndromes. Brit. Heart J. 13, 381 (1951).
RILEY, R. L., A. HIMMELSTEIN, H. L. MOTLEY, H. M. WEINER and A. COURNAND: Studies of the pulmonary circulation at rest and during exercise in normal individuals and in patients with chronic pulmonary disease. Amer. J. Physiol. 162, 372 (1948).
— C. J. JOHNS, G. COHEN, J. E. COHN, D. G. CARROLL and R. H. SHEPARD: The diffusion capacity of the lungs in patients with mitral stenosis studied post-operatively. J. Clin. Invest. 35, 1008 (1956).
ROSSIER, P. H.: Lungenkreislauf und Lungenfunktion. Dtsch. Ges. Kreislaufforsch. 1951.
ROUGHTON, F. J. W.: The average time spent by the blood in the human lung capillary and its relation to the rate of CO uptake and elimination in man. Amer. J. Physiol. 143, 621 (1945).
RÜHL, A.: Über Störungen der Sauerstoffdiffusion durch Capillarwandungen und ihre Beeinflussung durch Strophantin. Arch. exper. Path. u. Pharmakol. 164, 695 (1932).
SALVESEN, H. A., and F. MARSTANDER: Arterio-venous fistula of the lung. Report of 4 cases, incl. one acyanotic case. Acta med. scand. (Stockh.) 139, 167 (1951).
SAMUELSSON, Š.: Primary cor pulmonale. Acta med. scand. (Stockh.) 142, 177 (1952).
SCARINCI, C., E. GIANTURCO et P. NOTARIO: L'intérêt de l'angiopneumographie pour l'exploration de la circulation artérielle pulmonaire chez l'homme dans l'anoxie temporaire. Presse méd. 1952, 1550.
SCHARF, R.: Die Arbeit des rechten Herzens bei chronischen Lungenkrankheiten. Med. Mschr. 9, 159 (1955).
SCHNEIDER, E. C., and D. TRUENSDELL: The effects on the circulation and respiration of an increase in the carbon dioxide content of the blood in man. Amer. J. Physiol. 63, 155 (1922).
SCHWEIZER, W.: Die pulmonäre arterielle Hypertension. Schweiz. med. Wschr. 1953, 1055.
STROUD, R. C., and H. RAHN: Effect of O_2 and CO_2 tensions upon the resistance of pulmonary blood vessels. Amer. J. Physiol. 172, 211 (1953).
TAQUINI, A. C., J. R. E. SUAREZ, J. M. GONZALES-FERNANDEZ e A. VERDOGUES: Corazon pulmonar cronico. I. Corazon pulmonar cronico sin anoxemia. Medicina (Parma) 11, 171 (1951). — II. Corazon pulmonar cronico con anoxemia, sin insufficiencia cardiaca. Medicina (Parma) 11, 177 (1951). — III. Corazon pulmonar cronico con anoxemia, con insufficienca cardiaca. Medicina (Parma) 11, 183 (1951).
VALENTIN, H., u. H. VENRATH: Die Differenzierung der respiratorischen Arbeitsinsuffizienz von der kardialen Arbeitsinsuffizienz unter besonderer Berücksichtigung der Links- und Rechtsinsuffizienz des Herzens. Beitr. Klin. Tbk. 107, 35 (1952).
VENRATH, H., F. ROTTHOFF, H. VALENTIN u. W. BOLT: Bronchospirometrische Untersuchungen bei Durchblutungsstörungen im kleinen Kreislauf. Beitr. Klin. Tbk. 107, 291 (1952).
WAGNER, R.: Kreislauf und Atmung. Verh. dtsch. Ges. Kreislaufforsch. 7, 36 (1940).
WILSON, R. H., R. V. EBERT, C. W. BORDEN, T. R. PEARSON, R. S. JOHNSON, A. FALCK and M. R. DEMPSEY: The determination of blood flow through the nonventilated portions of the normal and diseased lung. Amer. Rev. Tbc. 68, 177 (1953).
ZAEPER, G.: Über die Messung der Lungendurchblutung. Beitr. Klin. Tbk. 88, 79 (1936).
ZISSLER, J., u. R. ZISSLER: Zur Hämodynamik bei capillärer Betriebsstörung der Lunge. Z. klin. Med. 1942, 159.
ZORN, O.: Über das Cor pulmonale und den Lungenkreislauf bei Silikosen. Verh. dtsch. Ges. Kreislaufforsch. 17, 99 (1951).

d) Therapie der pulmonalen Hypertonie und des chronischen Cor pulmonale

BAYER, O., E. BODEN u. E. DERRA: Ergebnisse der chirurgischen Behandlung bei 55 Mitralstenosen. Münch. med. Wschr. 1952, 789.

Bolt, W., H. W. Knipping, H. Valentin u. H. Venrath: Das prä- und postoperative funktionelle Bild bei Eingriffen an den Klappen des linken Herzens und bei der Kardiolysis. Dtsch. med. Wschr. **1953**, 1178.

Celice, J., F. Plas et F. Jeanson: Acquisitions récentes pour le traitement des coeurs pulmonaires chroniques. Presse méd. **1953**, 1151.

McClement, J. H., A. D. Renzetti, A. Himmelstein and A. Cournand: Cardiopulmonary function in the pulmonary form of Boeck's sarcoid and its modification by cortisone therapy. Amer. Rev. Tbc. **67**, 154 (1953).

Harvey, R. M., M. I. Ferrer and A. Cournand: The treatment of chronic cor pulmonale. Circulation (New York) **7**, 923 (1953).

Hochrein, M.: Zur Symptomatologie und Therapie des Cor pulmonale. Med. Klin. **1952**, 1551.

Landen, H. C., u. O. Bayer: Weitere Untersuchungen über die Lungenfunktion bei Mitralstenose vor und nach der Operation. Z. Kreislaufforsch. **44**, 651 (1954).

Mann, B., and E. A. Murphy: The treatment of hypertrophic emphysema by pneumoperitoneum. Thorax **9**, 87 (1954).

Miller, W. F.: A physiologic evaluation of the effects of diaphragmatic breathing training in patients with chronic pulmonary emphysema. Amer. J. Med. **17**, 471 (1954).

Schlegel, J. J.: Die chirurgische Behandlung der Mitralstenose. Erg. Chir. **39**, 453 (1955).

Taussig, H. B., and S. R. Bauersfeld: Follow-up studies on the first 1000 patients operated for pulmonary stenosis or atresia. Cardiologia (Basel) **21**, 541 (1952).

Wilson, R. H., W. Hoseth and M. E. Dempsey: Effects of decreasing respiratory minute volume in patients with severe chronic pulmonary emphysema, with specific reference to oxygen, morphine and barbiturates. Amer. J. Med. **17**, 464 (1954).

Williams, H. jr.: Pulmonary function studies in mitral stenosis before and after commissurotomy. J. Clin. Invest. **32**, 1094 (1953).

10. Die verschiedenen Formen der Lungeninsuffizienz (einschl. Diffusionsstörungen)

Arnott, W. M.: Order and disorder in pulmonary function. Brit. Med. J. **1955**, II, 279,.

Auchincloss, J. H., E. Cook and A. D. Renzetti: Clinical and physiological aspects of a case of obesity, polycythemia and alveolar hypoventilation. J. Clin. Invest. **34**, 1537 (1955).

Austrian, R., J. H. McClement, A. D. Renzetti, K. W. Donald, R. L. Riley and A. Cournand: Clinical and physiologic features of some types of pulmonary diseases with impairment of alveolar capillary diffusion. The syndrome of alveolar-capillary block. Amer. J. Med. **11**, 667 (1951).

Baldwin, E. de F., A. Cournand and D. W. Richards: Pulmonary insufficiency. I. Physiological classification, clinical methods of analysis, standard values in normal subjects. Medicine (Baltimore) **27**, 243 (1948). II. A study of thirty-nine cases of pulmonary fibrosis. Medicine (Baltimore) **28**, 1 (1949). III. A study of 122 cases of chronic pulmonary emphysema. Medicine (Baltimore) **28**, 201 (1949). — Baldwin, E. de F., K. A. Harden, D. G. Greene, A. Cournand and D. W. Richards: Pulmonary insufficiency. IV. A study of 16 cases of large pulmonary cysts or bullae. Medicine (Baltimore) **29**, 169 (1950).

Berggren, S. M.: O$_2$ deficit of arterial blood caused by nonventilating parts of the lung. Acta physiol. scand. (Stockh) **4**, Suppl. 9 (1942).

Birath, G.: On the effect of oxygen-want and the conditions for its occurrence in chronic affections of the lungs. Acta med. scand. (Stockh.) **120**, 4 (1945).

Bloomer, W. E.: Applications of tests of respiratory physiology for evaluation of pulmonary pathology. Yale J. Biol. a. Med. **20**, 135 (1947).

Blumenberg, F. W., u. F. Friehoff: Arterieller Sauerstoffdruck und Residualluftgröße. In Beitr. Silikose-Forsch. H. **38**, (1955).

Bolt, W., H. W. Knipping, H. Valentin u. H. Venrath: Respiratorische Ruhe- und Arbeitsinsuffizienz. Die Gruppierung der verschiedenen Formen und die Abgrenzung von der kardialen Insuffizienz unter besonderer Berücksichtigung der Lungentuberkulose. Beitr. Klin. Tbk. **108**, 394 (1953).

Brauer, L.: Die respiratorische Insuffizienz. Verh. dtsch. Ges. inn. Med. **44**, 120 (1932).

Brille, D.: La dyspnée d'effort et son mécanisme physio-pathologique. J. franç. Méd. et Chir. thorac. **4**, 4 (1950).

Cara, M.: Bases physiques pour un essai d'évaluation des taux d'incapacités respiratoires. Arch. Mal. profess. **11**, 613 (1950).

— et D. Jouasset: Rôle de l'insuffisance ventilatoire dans l'insuffisance respiratoire. J. franç. Méd. et Chirurg. thorac. **10**, 331 (1956).

Chiche, P., D. Jouasset et R. Py: Comas avec acidose respiratoire au cours des bronchopneumaties chroniques. Presse méd. **1956**, 1025.

Comroe, J. H., and W. S. Fowler: Lung function studies. Amer. J. Med. **10**, 4 (1951).

— et al. Standardization of definitions and symbols in respiratory physiology. Federat. Proc. **9**, 602 (1950).

COURNAND, A.: The syndrome of "alveolar-capillary block". Clinical, physiologic, pathologic and therapeutic considerations. Royal College of physicians and surgeons of Canada. Rep. Annual Meet. a. Proc. 1952.
— and D. W. RICHARDS: Pulmonary insufficiency. I. Discussion of a physiological classification and presentation of clinical tests. Amer. Rev. Tbc. 44, 123 (1941).
DICKINSON, D. G., J. L. WILSON and B. D. GRAHAM: Studies in respiratory insufficiency. Amer. J. Dis. Childr. 86, 265 (1953).
DIJKSTRA, C.: The demonstration of a disordered lung function by means of a blood-gas analysis. Proc. Kon. Ned. Akad. v. Wetensch. 45, 506 (1942).
DONALD, K. W.: The definition and assessment of respiratory function. Brit. Med. J. 1953 I, 415 and 473.
— A. RENZETTI, R. L. RILEY and A. COURNAND: Analysis of factors affecting concentrations of oxygen and carbon dioxide in gas and blood of lungs. III. Results. J. Appl. Physiol. 4, 497 (1952).
DORNHORST, A. C.: Respiratory insufficiency. Lancet 1955, 1, 1185.
GALDSTON, M., B. BENJAMIN and M. HUSEWITZ: Alveolar air and arterial blood gas tension studies in normal and chronic lung disease patients. Federat. Proc. 10, 47 (1947).
GREIFENSTEIN, F. E., R. M. KING, S. S. LATCH and J. H. COMROE: Pulmonary function studies in healthy men and women 50 years and older. J. Appl. Physiol. 4, 641 (1952).
HEKSCHER, H., u. V. KENT: Über das O_2-Defizit und die CO_2-Spannung in der Alveolarluft. Pflügers Arch. 224, 240 (1930).
HERTZ, C. W.: Störungen der Ventilation. Bad Oeynhausener Gespräche 1956, Springer.
HICKAM, J. B., W. P. WILSON and R. FRAYSER: Observations on the early elevation of serum potassium during respiratory alkalosis. J. Clin. Invest. 35, 601 (1956).
JANSEN, K., H. W. KNIPPING u. K. STROMBERGER: Klinische Untersuchungen über Atmung und Blutgase. Beitr. Tbk. 80, 304 (1932).
JOELS, N., and M. SAMUELOFF: Metabolic acidosis in diffusion respiration. J. of Physiol. 133, 347 (1956).
JULICH, H.: Über die Dyspnoe bei Herzkrankheiten und Emphysematikern und einigen Fragen des Gastransportes. Z. exper. Med. 121, 131 (1953).
— Die chronische Atemnot bei Herzkranken und Emphysematikern. Dtsch. Gesundheitswesen 42, 1438 (1956).
KJERULF-JENSEN, K., and P. KRUHØFFER: The lung diffusion coefficient for carbon monoxide in patients with lung disorders, as determined by C^{14} O. Acta med. scand. (Stockh.) 150, 395 (1954).
KNIPPING, H. W.: Die Pneumonose. Erg. inn. Med. 48, 249 (1935). — Über respiratorische Insuffizienz. Beitr. Klin. Tbk. 89, 469 (1937). — Über das sog. arterielle Sättigungsdefizit und die Auswertung der spirographischen Lungenfunktionsprüfung bei Herz- und Lungenkranken. Beitr. Klin. Tbk. 97, 176 (1941).
— W. LEWIS u. A. MONCRIEFF: Über die Dyspnoe. Beitr. Klin. Tbk. 79, 1 (1931).
KORNFELD, F.: Über Blutgase und Blutreaktion bei dyspnoischen Zuständen. Z. exper. Med. 38, 289 (1923).
LE BLANC, E.: Respiratorischer Gasaustausch und Lungendurchblutung unter normalen und krankhaften Zuständen. Untersuchungen am arteriellen und venösen Blut von Menschen und Tier. Beitr. Klin. Tbk. 50, 22 (1922).
LEWIS, B. I.: Chronic hyperventilation syndrome. J. Amer. Med. Assoc. 155, 1204 (1955).
LUKAS, D. S., and F. PLUM: Pulmonary function in patients convalescing from acute poliomyelitis with respiratory paralysis. Amer. J. Physiol. 12, 388 (1952).
MACCANO, A. L.: Schema di classificazione delle insufficienze respiratorie relevate con metodo di KNIPPING-Scoz. Lotta contro la tubercolosi 1949.
OPITZ, E.: Über die Sauerstoffaufnahme in der Lunge. Beitr. Klin. Tbk. 110, 3 (1953).
OSTERWALD, K. H., J. SEUSING, F. ANSCHÜTZ u. H. C. DRUBE: Untersuchungen über die Häufigkeit und die Ursachen einer erhöhten alveolär-arteriellen Sauerstoffspannungsdifferenz. Dtsch. Arch. klin. Med. 202, 117 (1955).
PETZOLD, G.: Über das arterielle Sauerstoffdefizit, seine Entstehung, seine Auswirkung und die Möglichkeit seiner Auffüllung. Beitr. Klin. Tbk. 92, 183 (1939). — Die klinische Bedeutung der arteriellen Sauerstoffuntersättigung. Beitr. Klin. Tbk. 95, 135 (1940).
RILEY, R. L., C. J. JOHNS, G. COHEN, J. E. COHN, D. G. CARROLL and R. H. SHEPARD: The diffusing capacity of the lungs in patients with mitral stenosis studied post-operatively. J. Clin. Invest. 35, 1008 (1956).
ROSSIER, P. H.: L'insuffisance pulmonaire. Rev. med. Suisse rom. 52, 666 (1932).
— et H. MÉAN: L'insuffisance pulmonaire, ses diverses formes. Schweiz. med. Wschr. 1943, 327. — L'insuffisance pulmonaire globale. Helvet. med. Acta 10, 117 (1943).

ROSSIER, P. H. u. K. WIESINGER: Pathophysiologische Differenzierung durch den Sauerstoff-versuch. Beitr. Klin. Tbk. **101**, 407 (1948). — Fonction pulmonaire et physiopathologie. Revue de la Tbc. **12**, 461 (1948). — L'insuffisance pulmonaire globale, sa pathologie et son traitement. J. Internat. Chir. Thor. **1**, 35 (1949).
— A. BÜHLMANN u. P. LUCHSINGER: Bemerkungen über Diffusionsstörungen der Lunge. Schweiz. med. Wschr. **1954**, 25.
RUSSELL, H. W., W. HOSETH and M. E. DEMPSEY: Respiratory acidosis. Amer. J. Med. **17**, 464 (1954).
SADOUL, P., B. CHABOT, C. PIVOTEAU, P. PILLOT et J. GRAIMPREY: Intérêt de la mesure de la ventilation alvéolaire chez les insuffisants respiratoires. J. franç. Méd. et Chir. thorac. **11**, 55 (1957).
SARNOFF, S. J., J. L. WHITTENBERGER and J. H. AFFELDT: Hypoventilation syndrome in bulbar poliomyelitis. J. Amer. Med. Assoc. **47**, 30 (1951).
SCHJERNING, J.: Über das Problem der Zyanose und den Begriff der Pneumonose. Beitr. Klin. Tbk. **50**, 97 (1922).
SCRIBNER, B. H., K. FREMONT-SMITH and J. M. BURNELL: The effect of acute respiratory acidosis on the internal equilibrium of potassium. J. Clin. Invest. **34**, 1276 (1955).
SEUSING, J., F. ANSCHÜTZ, H. C. DRUBE u. K. H. OSTERWALD: Die Beurteilung der Lungen-funktion durch Bestimmung der Ventilationsreserve und der alveolar-arteriellen Sauerstoff-spannungsdifferenz. Dtsch. Arch. klin. Med. **204**, 68 (1957).
STONE, D. J., A. SCHWARTZ, W. NEWMAN, J. A. FELTMAN and F. J. JOVELOCK: Precipitation by pulmonary infection of acute anoxia, cardiac failure and respiratory acidosis in chronic pulmonary disease. Amer. J. Med. **14**, 14 (1953).
STORSTEIN, O.: Determination of the alveolar-arterial pO_2-gradient as a measurement of the pulmonary function. Scand. J. Clin. Labor. **7**, Suppl. 20, 65 (1955).
UEHLINGER, E.: Die pathologisch-anatomischen Grundlagen der kardiorespiratorischen Insuffizienz. Bibl. tbc. **11**, 43 (1956).
WALKER, I. C., and C. FROTHINGHAM: A comparison in various diseases of the carbon dioxide tension in the alveolar air with the amount of carbon dioxide in the venous blood. Arch. Int. Med. **18**, 304 (1916).
WARRING, F. C. JR.: Ventilatory function: Experience with simple practical procedure for its evaluation in patients with pulmonary tuberculosis. Amer. Rev. Tbc. **51**, 432 (1945).
ZAEPER, G., u. W. WOLF: Über die Erkennung und quantitative Beurteilung pulmonaler Funktionsstörungen. Beitr. Klin. Tbk. **92**, 487 (1939).
ZEILHOFER, R., C. G. BÄR u. F. STOCK: Vergleichende funktionsanalytische und klinische Untersuchungen zur Pathogenese der chronischen alveolären Hypoventilation. Klin. Wschr. **1957**, 91.

11. Pulmonalsklerose (s. auch Emphysem)

ARRILLAGA, F. C.: Sclérose de l'artère pulmonaire secondaire à certains états chroniques (cardiaques noirs). Arch. Mal. Coeur **6**, 518 (1913).
— Sclérose de l'artère pulmonaire (cardiaques noirs). Bull. Soc. méd. Hôp. Paris **1**, 292 (1924).
BEZANÇON, F., CH. O. GUILLAUMIN et J. CÉLICE: Acidose gazeuse et sclérose pulmonaire. Bull. Soc. méd. Hôp. Paris **43**, 1147 (1927).
BINGER, A. C. L., D. BOYD and R. L. MOORE: The effect of multiple emboli of the capillaries and arterioles of one lung. J. of Exper. Med. **45**, 643 (1927).
— G. R. BROW and A. BRANCH: Experimental studies on rapid breathing. I. Tachypnea independant of anoxemia, resulting from multiple emboli in the pulmonary arterioles and capillaries. J. Clin. Invest. **1**, 127 (1924).
— and R. L. MOORE: Changes in carbon dioxide tension and hydrogen ion concentration of the blood following multiple embolism. J. of Exper. Med. **45**, 633 (1927).
BIRCHER, A.: Zur Kenntnis der Pulmonalsklerose. Diss. Zürich 1949.
CUGELL, D. W., A. MARKS, M. F. ELLICOTT, T. L. BADGER and E. A. GAENSLER: Carbon monoxide diffusing capacity during steady exercise. Comparison of physiologic and histologic findings in patients with pulmonary fibroses and granulomatoses. Amer. Rev. Tbc. **74**, 317 (1956).
FEUARDENT, R.: Une cause rare de coeur pulmonaire: l'endofibrose oblitérante idiopathique des artérioles du poumon. Presse méd. **1953**, 594.
GALDSTONE, M., W. M. BREWSTER, J. M. STEELE and J. WEISS: Derangements of pulmonary function in individuals without clinical evidence of disease of heart or lungs. J. Appl. Physiol. **5**, 17 (1952).
HATT, P. Y., et J. P. SEBILLOTTE: Etude angiocardiopneumographique des embolies pul-monaires. Semaine Hôp. **1952**, 91.
KALT, W.: Die Klinik der entzündlich bedingten Pulmonalsklerose (sog. „primär Pulmonal-sklerose") Cardiologia (Basel) **8**, 287 (1944).

Lenègre, J., et A. Gerbaux: Le coeur pulmonaire chronique par thrombose artérielle pulmonaire. Arch. Mal. Coeur 54, 289 (1952).
Müller, C. F.: Les scléroses de l'artère pulmonaire. Diss. Zürich (1942).
Parmley, L. F. jr.: Primary pulmonary arteriosclerosis. Arch. Int. Med. 90, 157 (1952).
Stender, H. St., u. M. Taubert: Zum klinischen Erscheinungsbild der Arteriitis pulmonalis. Ärztl. Wschr. 1953, 121.
Turchetti, A., and G. Schirosa: Essential pulmonary hypertension and its phases of evolution. Cardiologia (Basel) 21, 3 (1952).
Whitteridge, D.: Multiple embolism of the lung and rapid shallow breathing. Physiologic. Rev. 30, 475 (1950).
Wuhrmann, F., u. W. Kalt: Zur Klinik der Pulmonalis-Erkrankungen. Schweiz. med. Wschr. 1945, 58.

12. Morbus Boeck und Lungenfibrosen

Coates, E. O., and J. H. Comroe jr.: Pulmonary function studies in sarcoidosis. J. Clin. Invest. 30, 848 (1951).
Golden, A., and T. T. Bronk: Diffuse interstitial fibrosis of lungs. Arch. Int. Med. 92, 606 (1953).
Haemmerli, U.: Diffuse progressive interstitielle Lungenfibrose (Hamman-Rich Syndrom). Schweiz. med. Wschr. 1955, 597.
Hamman, L., and A. R. Rich: Acute diffuse interstitial fibrosis of the lungs. Bull. Johns Hopkins Hosp. 74, 177 (1944).
Leitner, S. J.: Elektrokardiographische und spirometrische Untersuchungen bei der epitheloidzelligen Granulomatose (M. Besnier-Boeck-Schaumann). Cardiologia (Basel) 10, 379 (1946).
McClement, J. H., A. D. Renzetti, A. Himmelstein and A. Cournand: Cardiopulmonary function in the pulmonary form of Boeck's sarcoid and its modification by cortisone therapy. Amer. Rev. Tbc. 67, 164 (1953).
Spain, D. M.: Patterns of pulmonary fibrosis as related to pulmonary function. Ann. Int. Med. 33, 1150 (1950).
Stone, D. J., A. Schwartz, J. A. Feltman and F. J. Lovelock: Pulmonary function in sarcoidosis. Amer. J. Med. 15, 468 (1953).
Williams, M. H.: Pulmonary function in Boeck's sarcoid. J. Clin. Invest. 32, 909 (1953).
Wright, G. W., and G. F. Filley: Pulmonary fibrosis and respiratory function. Amer. J. Med. 10, 643 (1951).

13. Emphysem

a) Lungenventilation und Emphysem

Austrian, R., J. H. McClement, A. D. Renzetti, K. W. Donald, R. L. Riley and A. Cournand: Clinical and physiological features of some types of pulmonary diseases with impairment of alveolar-capillary diffusion. The syndrome of alveolar-capillary block. Amer. J. Med. 11, 667 (1951).
Baldwin, E. de F., A. Cournand and D. W. Richards: Pulmonary insufficiency. III. A study of 122 cases of chronic pulmonary emphysema. Medicine (Baltimore) 28, 201 (1949).
Barach, A. L.: Physiological methods in diagnosis and treatment of asthma and emphysema. Ann. Int. Med. 12, 454 (1938).
Bates, D. V., J. M. S. Knott and R. V. Christie: Respiratory function in emphysema in relation to prognosis. Quart. J. Med. 25, 137 (1956).
Beck, G. J., A. C. Eastlake and A. L. Barach: Venous pressure as a guide to pneumoperitoneum therapy in pulmonary emphysema. Dis. Chest. 12, 130 (1952).
Beitzke, H.: Zur Mechanik des Gaswechsels beim Lungenemphysem. Dtsch. Arch. klin. Med. 146, 91 (1925).
Boothby, W. M., C. W. Mayo and W. R. Lovelace jr.: One hundred per cent oxygen; indications for its use and methods of administration. J. Amer. Med. Assoc. 113, 477 (1939).
Borden, C., S. K. Sweany and M. A. Lipton: Pulmonary emphysema. Its pathogenesis, pathologic physiology and principles of management. Med. Clin. N. Amer. 40, 97 (1956).
Borden, C. W., R. H. Wilson, R. V. Ebert and H. S. Wells: Pulmonary hypertension in chronic pulmonary emphysema. Amer. J. Med. 8, 6 (1950).
Briscoe, W. A.: Further studies on the intrapulmonary mixing of helium in normal and emphysematous subjects. Clin. Sci. 11, 45 (1952).
Bühlmann, A., C. Maier, M. Hegglin u. R. Kälin: Zur Pathogenese der arteriellen pulmonalen Hypertonie mit besonderer Berücksichtigung des Cor pulmonale beim Emphysem. Cardiologia (Basel) 24, 96 (1954).
Callaway, J. J., and V. A. McKusick: Carbon dioxide intoxication in emphysema; emergency treatment by artifical pneumoperitoneum. New England J. Med. 245, 9 (1951).

CARA, M.: Diagnostic functionnel de l'emphysème pulmonaire. J. franç. Méd. et Chir. thorac. 8, 35 (1954).

CARTER, M. G., E. A. GAENSLER and A. KYLLONEN: Pneumoperitoneum in the treatment of pulmonary emphysemc. New England J. Med. 243, 549 (1950).

COMROE, J. H. JR., E. R. BAHNSON and E. O. COATES JR.: Mental changes occurring in chronically anoxemia patients during oxygen therapy. J. Amer. Med. Assoc. 143, 1044 (1950).

— R. D. DRIPPS, P. R. DUMKE and M. DEMING: Oxygen toxicity: The effect of inhalation of high concentrations of oxygen for twenty-four hours on normal men at sea level and at simulated altitude of 18,000 feet. J. Amer. Med. Assoc. 128, 710 (1945).

COURNAND, A.: Some aspects of the pulmonary circulation in normal man and in chronic cardiopulmonary diseases. Circulation (New York) 2, 641 (1950).

— D. W. RICHARDS and R. C. DARLING: Graphic tracing of respiration in study of pulmonary disease. Amer. Rev. Tbc. 40, 487 (1939).

CRENSHAV, G. L., and D. F. ROWLEY: Surgical management of pulmonary emphysema. J. Thorac. Surg. 24, 398 (1952).

DARLING, R. C., A. COURNAND, J. S. MANSFIELD and D. W. RICHARDS: Studies on intrapulmonary mixture of gases: nitrogen elimination from blood and body tissues during high oxygen breathing. J. Clin. Invest. 19, 591 (1940).

DAUTREBANDE, L.: L'équilibre acide-base chez les emphysémateux. Ses variations au cours de la décompensation cardiaque. C. r. Soc. Biol. (Paris) 93, 1025 (1925).

DEXTER, L., B. M. LEWIS, F. W. HAYNES, R. GORLIN and E. J. HOUSSAY: Chronic cor pulmonale without hypoxia. Bull. New England Med. Centre 14, 69 (1952).

DRESDALE, D. T., M. SCHULTZ and R. J. MICHTOM: Primary pulmonary hypertension. I. Clinical and hemodynamic study. Amer. J. Med. 11, 686 (1951).

FISHMAN, A. P., P. SAMET and A. COURNAND: Ventilatory drive in chronic pulmonary emphysema. Amer. J. Med. 19, 533 (1955).

FLEISCHNER, F. G.: Pathogenesis of chronic substantial (hypertrophic) emphysema. Amer. Rev. Tbc. 62, 45 (1950).

FOWLER, N. O., R. N. WESTCOTT, V. D. HAUENSTEIN, R. C. SCOTT and J. McGUIRE: Observations on autonomic participation in pulmonary arteriolar resistance in man. J. Clin. Invest. 29, 1387 (1950).

FURMAN, R. H., T. M. BLAKER and M. T. STAHLMAN: Circulatory consequences of pneumoperitoneum in pulmonary emphysema. Amer. J. Med. 14, 505 (1953).

GAENSLER, E. A., and M. G. CARTER: Ventilation measurements in pulmonary emphysema treated with pneumoperitoneum. J. Labor. a. Clin. Med. 35, 945 (1950).

HARVEY, R. M., M. I. FERRER, D. W. RICHARDS and A. COURNAND: Influence of chronic pulmonary disease on the heart and circulation. Amer. J. Med. 10, 719 (1951).

HELLEMS, H. K., F. W. HAYNES and L. DEXTER: Pulmonary "capillary" pressure in man. J. Appl. Physiol. 2, 24 (1949).

HERSCHFUS, J. A., E. BRESNICK and M. S. SEGAL: Pulmonary function studies in bronchial asthma. I. In the control state. II. After treatment. Amer. J. Med. 14, 23 (1953).

HICKAM, J. B., and W. H. CARGILL: Effect of exercise on cardiac output and pulmonary arterial pressure in normal persons and in patients with cardiovascular disease and pulmonary emphysema. J. Clin. Invest. 27, 10 (1948).

HURTADO, A., N. L. KALTREIDER, W. W. FRAY, W. D. W. BROOKS and W. S. McCANN: Studies of total pulmonary capacity and its subdivisions. VI. Observations on cases of obstructive pulmonary emphysema. J. Clin. Invest. 13, 1027 (1934).

JULICH, H.: Die venöse Blutbeimischung zum arterialisierten Blut im Lungenkreislauf bei Herzkrankheiten und Emphysematikern. Verh. dtsch. Ges. Kreislaufforsch. 18 (1952). — Die Erregbarkeit des Atemzentrums bei Herzkranken und Emphysematikern. Klin. Wschr. 1952, 638.

KALTREIDER, N. L., and W. S. McCANN: Respiratory response during exercise in pulmonary fibrosis and emphysema. J. Clin. Invest. 16, 23 (1937).

KOUNTZ, W. B., and H. L. ALEXANDER: Non-obstructive emphysema. J. Amer. Med. Assoc. 100, 551 (1933). — Emphysema. Medicine (Baltimore) 13, 351 (1934).

LOTTENBACH, K.: Das Lungenemphysem. In: Handbuch der inneren Medizin. IV. Bd. II. Teil. Berlin-Göttingen-Heidelberg: Springer 1956.

LUKAS, D. S.: Pulmonary function in a group of young patients with bronchial asthma. J. Allergy 22, 411 (1951).

LUNDSGAARD, C., u. K. SCHIERBECK: Untersuchungen über die Volumina der Lungen. IV. Die Verhältnisse bei Patienten mit Lungenemphysem. Acta med. scand. (Stockh.) 58, 541 (1923).

MALONEY, J. V. JR., A. B. OTIS, W. O. FENN and J. L. WHITTENBERGER: Effect of positive pressure breathing on air flow resistance of the tracheobronchial tree. J. Clin. Invest. 29, 832 (1950).

MALONEY, J. V. JR. and J. L. WHTITENBERGER: Clinical implications of pressures used in the body respiratory. Amer. J. Med. Sci. **221**, 425 (1951).
MARX, H. H.: Zur Begutachtung des Lungenemphysems. Medizinische **1953**, 1.
MAYER, E., and J. RAPPAPORT: Pulmonary emphysema. J. Mt. Sinai Hsp. **2**, 505 (1945).
MOTLEY, H. L., and J. F. TOMAS-HEFSKI: Effect of high and low oxygen levels and intermittent positive pressure breathing on oxygen transport in the lungs in pulmonary fibrosis and emphysema. J. Appl. Physiol. **3**, 189 (1950).
MOUSSEY, J. P. D., L. W. RITZMANN, N. J. SELVERSTONE, W. A. BRISCOE and G. A. MCLEMORE: Circulatory changes in severe pulmonary emphysema. Brit. Heart J. **14**, (1952).
PATTERSON, J. L., A. HEYMAN and T. W. DUKE: Cerebral circulation and metabolism in chronic pulmonary emphysema. Amer. J. Med. **12**, 4 (1952).
PLATTS, M. M., and T. HANLEY: The effects of the carbonic anhydrase inhibitor acetazoleamide on chronic respiratory acidosis. Acta med. scand (Stockh.) **154**, 53 (1956).
PROCTOR, D. F., J. B. HARDY and R. MCLEAN: Studies of respiratory air flow. II. Observations on patients with pulmonary disease. Bull. Johns Hopkins Hosp. **87**, 255 (1950).
REICH, L.: Der Einfluß des Pneumoperitoneums auf das Lungen-Emphysem. Wien. Arch. inn. Med. **8**, 245 (1924).
RUSSEL, H. W., W. B. CRAIG and R. V. EBERT: Adaptation to anoxia in chronic pulmonary emphysema. Arch. Internat. Med. **88**, 581 (1951).
SARNOFF, S. J., E. HARDENBERG and J. L. WHITTENBERGER: Electrophrenic respiration. Science (Lancaster, Pa.) **108**, 482 (1948).
SCHILLER, I. W., H. D. BEALE, W. FRANKLIN, F. C. LOWELL and M. H. HALPERIN: The potential danger of oxygen-therapy in severe bronchial asthma. J. Allergy **22**, 423 (1951).
SCHWAB, M.: Zur Behandlung des Lungenemphysems mit chronischer respiratorischer Acidose. Klin. Wschr. **1957**, 157.
SCOTT, R. W.: Observations on the pathologic physiology of chronic pulmonary emphysema. Arch. Int. Med. **26**, 544 (1920).
SEGAL, M. S., M. J. DULFANO and J. A. HERSCHFUS: Recent advances in the physiology and treatment of bronchial asthma. Quart. Rev. Allergy **6**, 399 (1953).
SIEBECK, R.: Über den Gasaustausch zwischen der Außenluft und den Alveolen. III. Die Lungenventilation beim Emphysem. Dtsch. Arch. klin. Med. **102**, 390 (1911).
SIVERTSON, S. E., and W. S. FOWLER: Expired alveolar carbon dioxide tension in health and in pulmonary emphysema. J. Labor. a. Clin. Med. **47**, 869 (1956).
— J. A. HERSCHFUS and E. BRESNICK: Bronchial asthma — a review of the literature. Ann. Allergy **9**, 782 (1951).
SMART, R. H., C. K. DAVENPORT and G. E. PEARSON: Intermittent positive pressure breathing in emphysema and chronic lung diseases. J. Amer. Med. Assoc. **150**, 1385 (1952).
STEAD, W. W., D. L. FRY and R. V. EBERT: The elastic properties of the lung in normal men and in patients with chronic pulmonary emphysema. J. Labor. a. Clin. Med. **40**, 674 (1952).
STEINMANN, B., u. M. SCHMID: Über die sogenannte chronische Emphysembronchitis. Schweiz. med. Wschr. **1953**, 5.
VUYLSTREEK, K., M. VAN DER STRAETEN, J. VERSTRAETEN et R. VERBEKE: Confrontation de l'étude de la ventilation et de la circulation pulmonaires dans l'emphysème chronique. Acta tbc. belg. **2**, 242 (1953).
WEST, J. R., E. DE F. BALDWIN, A. COURNAND: and D. W. RICHARDS Physiopathologic aspects of chronic pulmonary emphysema. Amer. J. Med. **10**, 481 (1951).
WESTCOTT, R. N., N. O. FOWLER, R. C. SCOTT, V. D. HAUENSTEIN and J. MCGUIRE: Anoxia and human pulmonary vascular resistance. J. Clin. Invest. **30**, 957 (1951).
WHITEFIELD, A. G. W.: Emphysema. Brit. Med. J. **1952**, 1227.
WILSON, R. H., C. W. BORDEN and R. V. EBERT: Adaptation to anoxia in chronic pulmonary emphysema. Arch. Int. Med. **88**, 581 (1951).
ZEILHOFER, R., u. C. G. BÄR: Atemdynamik und Lungenvolumina bei der Funktionsdiagnose des Emphysems. Ärztl. Wschr. **1956**, 586.

b) Atemmechanik und Emphysem

ALTMANN, K.: Experimente und Überlegungen zur Frage des Pleuradruckes. Z. exper. Med. **125**, 196 (1955).
BAYLISS, L. E., and G. W. ROBERTSON: The visco-elastic properties of the lungs. Quart. J. Exper. Physiol. **29**, 27 (1939).
BRISCOE, W. A.: Further studies on the intrapulmonary mixing of helium in normal and emphysematous subjects. Clin. Sci. **11**, 45 (1952).
CARSON, J.: On the elasticity of the lungs. Philosophic. Trans. Roy. Soc. (London) **110**, 29 (1820).
CHRISTIE, R. V.: The elastic properties of the emphysematous lung and their clinical significance. J. Clin. Invest. **13**, 295 (1934).

CHRISTIE, R. V.: Dyspnea in relation to the visco-elastic properties of the lung. Proc. Roy. Soc. Med. **46**, 381 (1953).
— Emphysema of the lungs. Brit. Med. J. **1944 I**, 105.
— and J. C. MEAKINS: The intrapleural pressure in congestive heart failure and its clinical significance. J. Clin. Invest. **13**, 323 (1934).
DAYMAN, H.: Mechanics of air flow in health and in emphysema. J. Clin. Invest. **30**, 1175 (1951).
DEAN, R. B., and M. B. VISSCHER: The kinetics of lung ventilation. An evaluation of the viscous and elastic resistance to lung ventilation with particular reference to the effects of turbulence and the therapeutic use of helium. Amer. J. Physiol. **134**, 450 (1941).
DORNHORST, A. C., and G. L. LEATHART: A method of assessing the mechanical properties of lungs and air passages. Lancet **1952**, 109.
FRY, D. L., R. V. EBERT, W. W. STEAD and C. C. BROWN: The mechanics of pulmonary ventilation in normal subjects and in patients with emphysema. Amer. J. Med. **15**, 80 (1954).
HERZOG, H.: Erschlaffung und exspiratorische Invagination des membranösen Teiles der intrathorakalen Luftröhre und der Hauptbronchien als Ursache der asphyktischen Anfälle beim Asthma und bei der chronischen asthmoiden Bronchitis des Lungenemphysems. Schweiz. med. Wschr. **1954**, 217, 221.
LINDGREN, I., J. MEAD, E. A. GAENSLER and J. L. WHITTENBERGER: Pulmonary mechanics in emphysema. Proc. Nat. Meet. Amer. Federat. Clin. Res. 1953.
MARSHALL, R., M. B. McILROY and R. V. CHRISTIE: The work of breathing in mitral stenosis. Clin. Sci. **13**, 137 (1954).
McILROY, M. B., and R. V. CHRISTIE: The work of breathing in emphysema. Clin. Sci. **13**, 147 (1954).
— — A post-mortem study of the visco-elastic properties of the lung in emphysema. Thorax, **7**, 295 (1952).
MEAD, J., I. LINDGREN and E. A. GAENSLER: The mechanical properties of the lungs in emphysema. J. Clin. Invest. **34**, 1005 (1955).
— and J. L. WHITTENBERGER: Physical properties of human lungs measured during spontaneous respiration. J. Appl. Physiol. **5**, 779 (1953).
NEERGAARD, K. V.: Über klinische Fragen der Atemmechanik. b) Über das Wesen der Retraktionskraft der Lunge und ihre klinische Messung beim Emphysem. Schweiz. med. Wschr. **1930**, 463.
— u. K. WIRZ: Über eine Methode zur Messung der Lungenelastizität am lebenden Menschen, insbesondere beim Emphysem. Z. klin. Med. **105**, 35 (1927).
— — Die Messung der Strömungswiderstände in den Atemwegen des Menschen, insbesondere bei Asthma und Emphysem. Z. klin. Med. **105**, 51 (1927).
SCHERRER, M.: Das Lungenemphysem. Helvet. med. Acta **24**, 54 (1957).
STEAD, W. W., D. L. FRY and R. V. EBERT: The elastic properties of the lung in normal men and in patients with chronic pulmonary emphysema. J. Labor. a. Clin. Med. **40**, 674 (1952).
STUTZ, E.: Beitrag zur pathologischen Physiologie des Asthma bronchiale. Z. klin. Med. **149**, 405 (1952).
STRAETEN, M. VAN DER, R. VERBEKE et A. VERMEULEN: Acidose respiratoire provoquée par l'inhalation d'oxygène ou l'administration de morphine. Acta clin. belg. **9**, 383 (1954).
VUILLEUMIER, P.: La signification de la dépression pleurale. Schweiz. med. Wschr. **1939**, 697.
VUYLSTREEK, K., M. VAN DER STRAETEN, J. VERSTRAETEN et R. VERBEKE: Confrontation de l'étude de la ventilation et de la circulation pulmonaires dans l'emphysème chronique. Acta tbc. belg. **2**, 123 (1954).
WEST, J. R., E. DE F. BALDWIN, A. COURNAND and D. W. RICHARDS: Physiopathologic aspects of chronic pulmonary emphysema. Amer. J. Med. **10**, 481 (1951).

14. Asthma bronchiale und Bronchitis

BALDWIN, E. de F.: Bronchial asthma. Amer. J. Med. **1**, 193 (1946).
BATES, D. V.: Impairment of respiratory function in bronchial asthma. Clin. Sci. **11**, 203 (1951).
BIERMER, A.: In: Handbuch der speziellen Pathologie und Therapie. Bd. 5. Erlangen: F. Enke 1854.
BÜHLMANN, A., u. T. WEGMANN: Bronchialspasmen und Adrenalinversuch. Beitr. Klin. Tbk. **105**, 189 (1951).
CURRY, J. J.: Action of histamine on respiratory tract in normal and asthmatic subjects. J. Clin. Invest. **25**, 785 (1947).
FELIX-DAVIES, D., and E. K. WESTLAKE: Corticotrophin in treatment of acute exacerbations of chronic bronchitis. Brit. Med. J. **1956 I**, 780.
FISCHER, F. K.: Bronchialerkrankungen. In: SCHINZ, BAENSCH, FRIEDL und UEHLINGER, Lehrbuch der Röntgendiagnostik. 5. Aufl. Stuttgart: Georg Thieme 1952.

Friebel, H.: Studien am langdauernden Asthma des Meerschweinchens. Arch. exper. Path. u. Pharmakol. **217**, 21 (1953).
— u. A. Basold: Über das steuerbare Meerschweinchenasthma. Arch. exper. Path. u. Pharmakol. **217**, 13 (1953).
Frouchtman, R.: Asma y clima. Rev. clin. españ. **41**, 4 (1951).
— y J. Sanglas: Aspectos endoscopicos del asma bronquial. Med. clinica **19**, 106 (1952).
Gaensler, E. A.: Ventilatory tests in bronchial asthma. J. Allergy **21**, 232 (1950).
Gloor, F.: Zur Pathologie des Asthma bronchiale. Virchows Arch. **325**, 189 (1954).
Hadorn, W.: Über die Bestimmung des Exspirationsstoßes. Z. klin. Med. **130**, 266 (1942).
Herschfus, J. A., E. Bresnick and M. S. Segal: Pulmonary function studies in bronchial asthma. Amer. J. Med. **14**, 23 (1953).
Herxheimer, H.: Experimentelles Asthma beim Menschen. Dtsch. med. Wschr. **1951**, 1171.
Huber, H. L., and K. K. Koessler: The pathology of bronchial asthma. Ann. Int. Med. **30**, 689 (1922).
Junge, W., u. E. Haslreiter: Die Bedeutung des Strömungswiderstandes der Bronchialwege bei der asthmatischen Dyspnoe. Z. Aerosol-Forsch. **4**, 197 (1955).
Kallós, P. H., u. L. Kallós-Deffner: Die experimentellen Grundlagen der Allergielehre. In: Fortschritte der Allergielehre. Bd. I. Basel: S. Karger 1939.
Kartagener, M.: Die Bronchitiden. In: Handbuch der inneren Medizin. Bd. IV., Teil II, 320. Berlin, Göttingen, Heidelberg: Springer 1956.
— Die Bronchiektasen. In: Handbuch der inneren Medizin. Bd. IV. Teil II. Berlin, Göttingen, Heidelberg: Springer 1956.
Kountz, W. B., and H. L. Alexander: Deaths from bronchial asthma. Arch. of Path. **5**, 1003 (1928).
Kourilsky, R., S. Kourilsky, G. Decroix, J. A. Gendrot et A. Mignot: Physio-pathologie clinique de l'asthme. Ann. Méd. **53**, 138 (1952).
Lamson, R. W., and E. M. Butt: Fatal "asthma". A clinical and pathologic consideration of 187 cases. J. Amer. Med. Assoc. **108**, 1943 (1937).
Lerner, R.: Bronchial asthma and asthmatic bronchitis in chemical industry. Industr. Med. a. Surg. **24**, 454 (1955).
Leu, H. J., E. Schwarz u. P. Riniker: Über einen Fall von reinem Asthmatod. Schweiz. med. Wschr. **1954**, 674.
Lewis, W. H.: Einige Beobachtungen über die Lungenventilation bei Asthma bronchiale. Z. exper. Med. **82**, 71 (1932).
Lister, W. A.: Asthma, chronic bronchitis and emphysema. Lancet **1955 II**, 733.
Lopez-Botet, E., F. Wyss u. W. Wilbrandt: Untersuchungen über das experimentelle Histaminasthma. Helvet. med. Acta **19**, 218 (1952).
Macklin, C. C.: The musculature of the bronchi and lungs. Physiologic. Rev. **9**, 1 (1929).
Mahler, L., and J. Georg: The respiratory changes during attacks of bronchial asthma. XXI Scand. Congress for Internal Med.
McIlroy, M. B., and R. Marshall: The mechanical properties of the lungs in asthma. Clin. Sci. **15**, 345 (1956).
Meakins, J. C.: The cause and significance of dyspnoea in pulmonary diseases. Brit. Med. J. **1924**, 613.
Michael, P. P., and A. H. Rowe: Pathology of two cases of bronchial asthma. J. Allergy **6**, 150 (1935).
Minet, J., M. Fontan et A. Bonduelle: Pneumoconiose du mineur et aérosols. Presse méd. **1947**, 389.
Neergaard, K. v., u. K. Wirz: Die Messung der Strömungswiderstände in den Atemwegen des Menschen, insbesondere bei Asthma und Emphysem. Z. klin. Med. **105**, 51 (1927).
Neuhaus, G.: Methodisches zur Gewinnung von Alveolarluft beim Patienten, insbesondere beim Asthmatiker. Z. exper. Med. **119**, 14 (1952).
Noelpp, B., u. I. Noelpp-Eschenhagen: Das experimentelle Asthma bronchiale des Meerschweinchens. I. Mitt. Methoden zur objektiven Erfassung des Asthmaanfalles. Intern. Arch. Allergy **2**, 308 (1951).
— — Das experimentelle Asthma bronchiale des Meerschweinchens. IV. Mitt. Zum Modellcharakter des experimentellen Meerschweinchenasthmas. Intern. Arch. Allergy **3**, 207 (1952).
— — Das experimentelle Asthma bronchiale des Meerschweinchens. V. Mitt. Experimentelle pathophysiologische Untersuchungen. Intern. Arch. Allergy **3**, 302 (1952).
— — Die Rolle bedingter Reflexe beim Asthma bronchiale. Helvet. med. Acta **18**, 142 (1951).
— — Zur Atmungsphysiologie des experimentellen Meerschweinchen-Asthmas. I. Internationaler Allergiekongreß. Basel: S. Karger 1951.
— — u. K. Lottenbach: Das Verhalten der elastischen Lungenspannung und des Gewebs-Deformationswiderstandes bei der experimentellen asthmatiformen Dyspnoe. Intern. Arch. Allergy **5**, 245 (1954).

NOELPP-ESCHENHAGEN, I., and B. NOELPP: New contributions to experimental asthma. In: Fortschritte der Allergielehre. Bd. IV. Basel: S. Karger 1954.

— — K. LOTTENBACH u. G. FORSTER: Untersuchungen zur Genese der Dyspnoe. Z. exper. Med. **123**, 258 (1954).

RACKEMANN, F. M.: Deaths from asthma. J. Allergy **15**, 249 (1944).

— A working classification of asthma. Amer. J. Med. **3**, 601 (1947).

REGLI, J., F. WYSS u. P. STUCKI: Asthma nach stumpfem Thoraxtrauma. Schweiz. med. Wschr. **1954**, 20.

RIVA, G., u. R. PROBST: Der Tod an Asthma bronchiale. Schweiz. med. Wschr. **1950**, 1325.

ROSSIER, P. H.: Pathophysiologie de l'asthme. In: Ier congrès intern. d'allergie. Basel: S. Karger 1951.

— L'épreuve à l'adrénaline, un test de fonction bronchique. Rev. méd. Suisse rom. **69**, 686 (1949).

— A propos de la physiopathologie de l'asthme. In: Rapports du II. congrès international de l'asthme. Ed.: L'expansion scientifique française, 1950.

— et E. F. GUGGISBERG: Les sinusites maxillaires méconnues. Schweiz. med. Wschr. **1929**, 1081.

— et H. MÉAN: L'action de l'adrénaline sur la fonction pulmonaire. Acta Soc. Helvet. Sci. natur. **1936**, 356.

— — Bronchialspasmen und Adrenalinversuch. Praxis (Bern) **1944**, 893.

— H. PIPBERGER, E. MEILI u. R. KÄLIN: Zwerchfell und Asthma. Schweiz. med. Wschr. **1953**, 1095.

ROY, J., H. B. CHAPIN and J. FAVRE: Studies in pulmonary ventilatory function. 1. Vital capacity, first one-second capacity, and forced respiratory curves in patients with asthma: Comparative evaluation of methods. J. Allergy **26**, 590 (1955).

SAMUELSON, S.: Chronic cor pulmonale in bronchial asthma, chronic bronchitis, bronchiectasis and pulmonary emphysema. Acta med. scand. (Stockh.) **143**, 15 (1952).

SCHERRER, M., A. KOSTYAL, H. WIERZEJEWSKI, F. SCHMID u. H. A. v. GEUNS: Zur Pathophysiologie des provozierten bronchial-asthmatischen Anfalls. Internat. Arch. Allergy **9**, 65 (1956).

SCHILLER, I. W., H. D. BEALE, W. FRANKLIN, F. C. LOWELL and M. H. HALPERIN: The potential danger of oxygentherapy in severe bronchial asthma. J. Allergy **22**, 423 (1951).

SCHUBERT, H., u. W. FISCHER: Asthma bronchiale und Tod. Medizinische **1956**, 1129.

SEGAL, M. S., and E. O. ATTINGER: Bronchial asthma. In: Clinical Cardiopulmonary Physiology. New York: Grune and Stratton 1957.

STORM V. LEEUWEN, W., u. J. v. NIEKERK: Die Atmung bei Asthma und funktionellem Emphysem. Münch. med. Wschr. **1933**, 681.

STUCKI, H.: Die Bedeutung des Aleudrintestes in der Diagnose des Asthma bronchiale. Diss. Bern 1950.

STUTZ, E.: Beitrag zur pathologischen Physiologie des Asthma bronchiale. Z. klin. Med. **149**, 405 (1952).

THIEME, E. T., and J. M. SHELDON: A correlation of the clinical and pathologic findings in bronchial asthma. J. Allergy **9**, 246 (1938).

TIFFENEAU, R.: Hypersensibilité pulmonaire de l'asthmatique à l'acétylcholine et à l'histamine Thérapie **11**, 715 (1956).

— et M. BEAUVALLET: Epreuve de bronchoconstriction et de bronchodilatation par aérosols. Bull. Acad. méd. Paris **129**, 165 (1945).

UNGER, L.: Bronchial asthma. In: Fortschritte der Allergielehre. Bd. III. Basel: S. Karger 1952.

WALKER, I. C.: A clinical study of 400 patients with bronchial asthma. Boston Med. a. Sci. J. **179**, 288 (1918).

WOLFER-BIANCHI, R.: Zur Pathologie des Bronchialasthmas. Helvet. med. Acta **10**, 101 (1943)

WYSS, F.: Untersuchungen mit einem neuen Pneumometer. Helvet. med. Acta **17**, 516 (1950).

— u. W. HADORN: Die Pneumometrie. In: Fortschritte der Allergielehre, Bd. III. Basel: S. Karger 1952.

— E. LOPEZ-BOTET u. F. SCHMID: Untersuchungen über die Ursache der asthmatischen Dyspnoe. Helvet. med. Acta **18**, 537 (1951).

— u. J. REGLI: Über physiologische und pathologische respiratorische Bronchialkaliberschwankungen. Helvet. med. Acta **21**, 479 (1954).

— u. F. SCHMID: Beruht die bronchialasthmatische Dyspnoe auf einer Bronchialstenose? Schweiz. med. Wschr. **1951**, 916.

— u. H. STUCKI: Die Bedeutung des Aleudrintestes in der Diagnose des Asthma bronchiale. Helvet. med. Acta **16**, 138 (1949).

— u. W. WILBRANDT: Die quantitative pneumometrische Beurteilung asthmatischer Zustände und ihre pharmako-therapeutische Beeinflussung. Helvet. med. Acta **12**, 819 (1945).

WYSS, O. A. M.: Die tonische Innervation des Zwerchfells. Pflügers Arch. **244**, 712 (1941).
— Prinzipielle Betrachtungen über die Funktionsweise der Bronchialmuskulatur. Schweiz. med. Wschr. **1952**, 988.

15. Stenoseatmung

ANTHONY, A. J., u. W. LENT: Untersuchungen über die Wirkung erhöhter Atemwiderstände. 1. Mitt. Zur Frage der Einwirkung erhöhter Atemwiderstände auf den Gasstoffwechsel. Z. exper. Med. **109**, 624 (1941).
BOLT, W., H. VALENTIN u. H. VENRATH: Beitrag zur Stenosebeurteilung in der Lungenklinik. Beitr. Klin. Tbk. **104**, 450 (1951).
BÜHLMANN, A.: Experimentelle Untersuchungen über Stenoseatmung. Schweiz. Z. Tbk. **6**, 89 (1949).
CHERNIACK, R. M., and D. P. SNIDAL: The effect of obstruction to breathing on the ventilatory response to CO_2. J. Clin. Invest. **35**, 1286 (1956).
ESCHER, F.: Über Bronchialstenosen. Practica oto-rhino-laryngol. **17**, 379 (1955).
— u. F. WYSS: Funktionelle Probleme der Bronchialstenosen. Praxis (Bern) **1955**, 540.
FLEISCH, A.: Neuere Ergebnisse über Mechanik und propriorezeptive Steuerung der Atmungsbewegung. Erg. Physiol. **36**, 249 (1934).
GAVAZZENI, M., u. L. COTTI: Der Einfluß der Stenoseatmung auf die Lungenventilation bei schwerer Arbeit. Beitr. Klin. Tbk. **84**, 433 (1933).
GIULIO, L.: Aumento del consumo di O_2 provocato nell'uomo dalle resistenzie espiratorie. Arch. di Fisiol. **50**, 391 (1951).
LENT, W.: Untersuchungen über die Wirkung erhöhter Atemwiderstände. 2. Mitt. Die Lungenvolumina und die Lungenventilation. Z. exper. Med. **109**, 638 (1941).
LIPPELT, H.: Einfluß der Stenoseatmung auf Lungenventilation und Lungenvolumina beim Gesunden. Beitr. Klin. Tbk. **81**, 520 (1932).
LUBLIN, A.: Gaswechselwerte bei dosierter Behinderung der Atmung. I. Mitt. Untersuchungen bei herzgesunden Menschen. Arch. exper. Path. u. Pharmakol. **182**, 427 (1936). — II. Mitt. Untersuchungen bei dyspnoischen Menschen. Arch. exper. Path. u. Pharmakol. **182**, 437 (1936).
NEERGAARD, K. v.: Über klinische Fragen der Atemmechanik . a) Klinische Messungen pathologisch veränderter Strömungswiderstände in den Atemwegen. Schweiz. med. Wschr **1930**, 429.
NIEKERK, J. VAN, u. J. W. G. TER BRAAK: Die Anpassung des Atmungsvorganges an Widerstandsänderung in den Atmungswegen. Pflügers Arch. **236**, 44 (1935).
VUILLEUMIER, P.: Über eine Methode zur Messung des intraalveolären Druckes und der Strömungswiderstände in den Atemwegen des Menschen. Z. klin. Med. **143**, 698 (1944).

16. Atelektase

ANDRUS, W. D. W.: Observations on the cardiorespiratory physiology following the collapse of one lung by bronchial ligation. Arch. Surg. **10**, 506 (1925).
ANTHONY, A. J., u. X. HEINE: Spirographische Untersuchungen bei Lungenkollaps. Beitr. Klin. Tbk. **71**, 362 (1929).
CORYLLOS, P. K., and G. L. BIRNBAUM: The circulation in the compressed, atelectatic and pneumonic lung. Arch. Surg. **19**, 1346 (1929).
DALE, W. A., and H. RAHN: Rate of gas absorption during atelectasis. Amer. J. Physiol. **170**, 3 (1952).
DRASTICH, L., W. E. ADAMS, A. B. HASTINGS and C. L. COMPORE: The effect of exercise on the acid-base balance and O_2 of the blood following atelectasis and pneumectomy. J. Thorac. Surg. **3**, 341 (1934).
MATSUSHIGE, T.: Experimentelle Untersuchungen über Einfluß bei Ausschaltung der einseitigen Lunge aus der Respiration durch die Bronchialligatur auf Blutgase. Mitt. med. Akad. Kioto **20**, 833 (1937).
MOORE, R. L., and H. W. COCHRAN: The effects of closed pneumothorax, partial occlusion of one primary bronchus, phrenicectomy and the respiration of nitrogen by one lung on pulmonary expansion and the minute volume of blood flowing through the lungs. J. Thorac. Surg. **2**, 468 (1933).

17. Pneumonie

GROSS, L.: Preliminary report on the reconstruction of the circulation of the liver, placenta and lung in health and disease. Canad. Med. Assoc. J. **9**, 632 (1919).
HASTINGS, A. B., S. M. NEILL, H. J. MORGAN and A. L. BINGER: Blood reaction and blood gases in pneumonia. J. Clin. Invest. **1**, 25 (1924).
— — — — The acid-base balance in pneumonia. Proc. Soc. Exper. Biol. a. Med. **21**, 66 (1923).

24*

HENDERSON, Y.: Applications of the physiology of respiration to resuscitation from asphyxia and drowning and to the prevention and treatment of secondary pneumonia. Yale J. Biol. a. Med. 4, 429 (1932).

LEEGAARD, F.: The respiration and the respiratory gas exchange in experimental pneumonia. Acta med. scand. (Stockh.) 67, 401 (1927).

ROSSIER, P. H., et P. MERCIER: Contribution à l'étude de la physio-pathologie de la pneumonie. Schweiz. med. Wschr. 1935, 136. — Le ralentissement circulatoire dans les pneumonies. Helvet. med. Acta 3, 177 (1936).

STADIE, W.: Oxygen of arterial and venous blood in pneumonia and its relation to cyanosis J. of Exper. Med. 30, 215 (1919).

18. Tuberkulose einschließlich Kollapstherapie und Thoraxchirurgie

a) Allgemein

ANTHONY, J. A., u. H. L. KOWITZ: Der Grundumsatz der Lungentuberkulose. Beitr. Klin. Tbk. 68, 18 (1928).

BALĂNESCU, I. V., S. OERIU u. V. VARTIC: Die Wasserstoffionenkonzentration bei Lungentuberkulose. Z. Tbk. 76, 23 (1936).

BLAIR, E., and J. B. HICKAM: Quantitative study of intrapulmonary gas mixing in pulmonary tuberculosis. Amer. Rev. Tbc. 73, 343 (1956).

BLUHM, I. L.: L'épreuve du travail, méthode clinique pour déterminer la fonction des poumons. Son étude chez les tuberculeux et particulièrement dans la collapsthérapie. Acta med. scand. (Stockh.) suppl. 65, 209 (1935).

BÜCHERL, E.: Vergleichende spirometrische Untersuchungen zur Beurteilung der Lungenfunktion für klinische Belange. Thoraxchirurgie 3, 211 (1955).

COBET, R., u. G. APITZ: Kreislauf und Atmung bei Lungentuberkulösen. VII. Die Blutgase bei Kranken mit Lungentuberkulose. Z. klin. Med. 126, 361 (1934).

— u. G. VON DER WETH: Kreislauf und Atmung bei Lungentuberkulose. Z. klin. Med. 126, 709 (1934). — Kreislauf und Atmung bei Lungentuberkulose. VIII. Über den Einfluß der Sauerstoffatmung auf den Kreislauf bei Kranken mit Lungeninsuffizienz. Z. klin. Med. 126, 709 (1934).

DADDI, G.: Das Cor pulmonale bei der Tuberkulose. Verh. dtsch. Ges. Kreislaufforsch. 280, (1955).

DAUTREBANDE, L.: Les variations de l'équilibre acide-base dans la tuberculose pulmonaire. C. r. Soc. Biol. (Paris) 93, 1028 (1925).

DIMARIA, G., e M. CARACCIOLO: La situazione funzionale respiratoria e cardiocircolatoria in soggetti operati di exeresi polmonare parziale o totale per tubercolosi polmonare cronica Giorn. Med. e Tisiol. 4, 1 (1955).

— La valutazione funzionale cardiorespiratoria negli interventi di chirurgia toracica. Giorn. Med. e Tisiol. 1, 1 (1955).

— e L. PROVENZALE: L'associazione del metodo spirografico sec. KNIPPING-SCOZ con la ossimetria arteriosa periferica nella indagine della funzione respiratoria. Rivista della Tubercolosi e delle malatti dell'apparato respiratorio 2, 1 (1954).

GAENSLER, E. A., D. W. CUGELL, I. LINDGREN, J. M. VERSTRAETEN, S. S. SMITH and J. W. STRIEDER: The role of pulmonary insufficiency in mortality and invalidism following surgery for pulmonary tuberculosis. J. Thorac. Surg. 29, 163 (1955).

GAUBATZ, L.: Über Funktionsprüfung vor und nach operativer Kollapstherapie. Beitr. Klin. Tbk. 90, 201 (1938).

GNÜCHTEL, W., B. LÖHR u. W. ULMER: Bronchospirometrische Untersuchungen nach thoraxchirurgischen Eingriffen. II. Mitteilung. Vergleich prä- und postoperativer Untersuchungsergebnisse. Langenbecks Arch. u. Dtsch. Z. Chir. 281, 251 (1955).

HERTZ, C. W.: Der Einfluß thoraxchirurgischer Eingriffe auf den intrapulmonalen Gaswechsel. Thoraxchirurgische Arbeitstagung, Bad Schachen 1957.

JÉQUIER-DOGE, ED.: La valeur des épreuves d'effort pour l'examen fonctionnel des tuberculeux pulmonaires. J. Med. Leysin 7, 1 (1943).

LOPEZ, M., e A. DOMENICI: Sui rapporti fra la circolazione art. bronchiale e la circulazione funzionale del polmonale. Rilievi comparat. fra polmoni, normali, enfisematosi e affetti da Tbc cronica ulcera escavativa. Minerva med. (Torino) 1952, 1.

MAURATH, J.: Das funktionelle Ergebnis und Ziel chirurgischer Eingriffe an den Lungen. Langenbecks Arch. u. Dtsch. Z. Chir. 273, 349 (1953). — Funktionelle Untersuchungen in der Lungenchirurgie. Dtsch. med. Wschr. 1953, 1288.

— u. UHLBACH: Einfluß des offenen Drainagebronchus auf Spirogramm und Blutgasanalysen bei der Kavernentamponade nach MAURER. Beitr. Klin. Tbk. 106, 390 (1951).

NAEGELI, TH.: Die Bedeutung der Atemfunktionsprüfung bei der chirurgischen Behandlung der Lungentuberkulose. Z. Tbk. 79, 161 (1938).

PETZOLD, G.: Ergebnisse der Lungenfunktionsprüfung auf dem Gebiet der Kollapstherapie. Beitr. Klin. Tbk. **81**, 548 (1938).

ROSSIER, P. H., et H. MÉAN: La fonction respiratoire dans la tuberculose pulmonaire. Schweiz. med. Wschr. **1940**, 1170.

SAMUELSSON, S.: Chronic cor pulmonale in pulmonary tuberculosis. Acta med. scand. (Stockh.) **142**, 5 (1952).

SCHERRER, M., u. F. SCHMIDT, Die Pathophysiologie der Atmung in der Tuberkuloseklinik. Wien. Z. inn. Med. **3**, 7 (1956).

SIMONIN, P., P. SADOUL et B. CHABOT: Retentissement ventilatoire de la tuberculose pulmonaire. Revue Tuberculose **20**, 547 (1956).

SUGURO, S.: Experimental studies on thoracotomy, on the effects of thoracotomy upon the blood gases. Arch. Jap. Chir. **10**, 512 (1933).

b) Pneumothorax

AGNELLO, V.: Particolare comportamente della capacità vitale in alcuni casi di pneumotorace bilaterale. Lotta Tbc. **6**, 149 (1935).

ANTHONY, A. J., u. C. MUMME: Die Bewertung der Lungenvolumina beim doppelseitigen Pneumothorax. Beitr. Klin. Tbk. **83**, 753 (1933).

BEERENS, J.: Contribution à l'étude de la respiration au cours du pneumothorax bilatéral simultané. Ann. Méd. **32**, 270. (1932).

BIRATH, G.: Pulmonary function following pneumothorax. Amer. Rev. Tbc. **55**, 4 (1947).

BOCK, A.: Die Thoraxbewegungen bei einseitigem Pneumothorax. Beitr. Klin. Tbk. **87**, 416 (1936).

BRIEGER, E., u. G. PAASCH: Experimentelle und klinische Untersuchung über Lungenlüftung und Gasaustausch beim Doppelpneumothorax. Verh. dtsch. Ges. inn. Med. **44**, 238 (1932).

BUCHER, H., u. R. GLOOR: Bronchospirometrische Untersuchungen nach abgeschlossener Pneumothoraxbehandlung und nach Decortication. Schweiz. Z. Tbk. **10**, 265 (1953).

CHARR, R., and R. RIDDLE: Pulmonary circulation in artificial pneumothorax and anthracosilicosis. Amer. J. Med. Sci. **194**, 311 (1937).

CHRISTIE, R. V., and C. A. MCINTOSH: The lung volume and respiratory exchange after pneumothorax. Quart. J. Med. **5**, 445 (1936).

CHURCHILL, E. D.: The strain on the collateral lung in collapse therapy. Arch. Surg. **18**, 553 (1929).

HEAF, P. J. D., F. J. PRIME: The mechanical aspects of artificial pneumothorax. Lancet, **1954**, 468.

HERTZ, C. W., H. DEREN, W. REGEL u. H. WEMMERS: Pleuraschwarte und Lungenfunktion. III. Bronchospirometrische Untersuchungen. Beitr. Klin. Tbk. **113**, 119 (1955).

— — u. H. WEMMERS: Pleuraschwarte und Lungenfunktion. IV. Röntgenkymographische Untersuchungen der Mediastinalverschieblichkeit bei Blockade eines Hauptbronchus. Beitr. Klin. Tbk. **113**, 301 (1955).

HILTON, R.: La teneur en O_2 du sang artériel dans la tuberculose pulmonaire et au cours du pneumothorax artificiel. Ann. Méd. **17**, 322 (1925). — Some effects of artificial pneumothorax on the circulation. J. of Path. **37**, 1 (1933).

JÉQUIER-DOGE, Ed.: La fonction cardio-pulmonaire dans le double pneumothorax. Helvet. med. Acta **10**, 71 (1943).

KADOKURA, T.: Experimental studies on the influence of pneumothorax, hemothorax and hydrothorax upon the blood oxygen. Mitt. med. Ges. Tokio **53**, 44 (1939).

KOCHS, K.: Studien über die Vitalkapazität bei künstlichem Pneumothorax, bei Phrenicusexairese und einseitigem Brustheftpflasterverband. Beitr. Klin. Tbk. **73**, 734 (1930).

KÖSTER, K.: Über die quantitative Funktionsanalyse der respiratorischen Insuffizienz bei Behinderung der Atembewegung durch Pleuraschwarten vor und nach Behandlung mit Atemgymnastik. Beitr. Klin. Tbk. **109**, 197 (1953).

LIEBERMEISTER, K.: Über die Lungendurchblutung beim geschlossenen Pneumothorax. Arch. exper. Path. u. Pharmakol. **175**, 697 (1934).

MAZETTI, M.: I rapporti fra respirazione e circolazione nel pneumotorace artificiale. Riv. Pat. e Clin. Tbc. **10**, 568 (1936).

MONALDI, V.: La capacità respiratoria e la costituzione nei pneumotoracizzati. Riv. Pat. e Clin. Tbc. **1**, 507 (1927). La grandezza respiratoria e le ossidazioni organiche nei sogetti che hanno abbandonato il pneumotorace terapeutico. Fisiol. e Med. **1**, 650 (1930).

— F. BRECCIA e V. FALASCHI: Contributo alla conoscenza della meccanica respiratoria. Il movimento respiratorio toracico nei pneumotoraci artificiali incompleti e negli idropneumotoraci. Riv. Pat. e Tbc. **4**, 3 (1930).

MYERS, J. A., and W. BAILEY: Studies on the respiratory organs and diseases. XX. The value of the vital capacity test in artificial pneumothorax treatment. Amer. Rev. Tbc. **10**, 597 (1925).

NYLIN, G.: Untersuchungen über das Minutenvolumen des Herzens in 2 Fällen mit einseitigem künstlichen Pneumothorax. Beitr. Klin. Tbk. **83**, 470 (1933).

PETZOLD, G.: Über die Dosierung des künstlichen ein- und doppelseitigen Pneumothorax. Beitr. Klin. Tbk. **92**, 635 (1939).

REICHEL, H.: Atmung und Kreislauf beim künstlichen Pneumothorax. Beitr. Klin. Tbk. **87**, 647 (1936).

SICILIANO, L., e C. BANCI BUONAMICI: La circolazione pulmonate nel pneumotorace. Riv. Pat. e Clin. Tbc. **6**, 123 (1932).

TÖRNING, K.: Experimental pneumothorax. Acta tbc. scand. (Københ.) **7**, 233 (1933).

VORWERK, W.: Die Bedeutung des arteriellen Sauerstoffdefizites bei Lungentuberkulose für die Dosierung des therapeutischen Kollapses. Beitr. Klin. Tbk. **90**, 87 (1937).

WERNLI-HAESSIG, A.: Über die Spätkomplikationen des künstlichen Pneumothorax. Schweiz. Z. Tbk. **6**, 7 (1950).

WÜLLENWEBER, G., u. H. LORENZ: Klinische Erfahrungen und gasanalytische Untersuchungen beim doppelseitigen Pneumothorax. Z. klin. Med. **1922**, 539 (1932).

c) Phrenicuslähmung und Pneumoperitoneum (s. auch Pneumothorax)

BREA, M. M., u. R. C. FERRARI: Zum Studium der Einwirkung der Phrenikektomie auf den Gasstoffwechsel. Bol. Inst. Clin. quir. Univ. Buenos Aires **8**, 323 (1932).

HEINE. F., u. M. HELL: Über den Einfluß der temporären Phrenicusausausscheidung auf die Atemfunktion. Beitr. Klin. Tbk. **109**, 266 (1953).

KOUNTZ, W. B. ,L. GOTTLIEB and R. KING: The influence of changes of abdominal tension upon pulmonary function. J. Clin. Invest. **15**, 601 (1936).

MATHIEU, P., et L. CORNIL: Sur les modifications bilatérales immédiates de la ventilation pulmonaire consécutives à la phrénicectomie expérimentale. C. r. Soc. Biol. (Paris) **93**, 773 (1925).

PETZOLD, G.: Die funktionelle Beurteilung der Phrenicusoperation. Beitr. Klin. Tbk. **97**, 161 (1941).

d) Segmentresektion und Lobektomie

BRILLE, D., et C. HATZFELD: Etude fonctionnelle d'une tumeur bronchique. Résultat avant et après exérèse. J. franç. Méd. et Chir. thorac. **6**, 445 (1952).

KRAAN, J. K., and L. VAN DER DRIFT: Pulmonary function tests before and after segmental resection and lobectomy. Arch. chir. neerl. **4**, 100 (1952).

MOCKENHAUPT, A. J.: Lungenfunktion bei Resektionsbehandlung (Unter besonderer Berücksichtigung von VK und AGW) Beitr. Klin. Tbk. **116**, 487 (1957).

OVERHOLT, R. H., J. H. WALKER and B. ETSTEN: Pulmonary function after multiple segmental resection for bronchiectases. J. Thorac. Surg. **25**, 40 (1953).

SCHMIDT, F., A. KOSTYAL u. M. SCHERRER: Die funktionelle Einbuße durch partielle Lungenresektion bei Tuberkulose. Acta Davosiana **15**, 1 (1956).

STANISCHEFF, A.: Umstellung des Kreislaufes nach ausgedehnten Lungenresektionen. Langenbecks Arch. u. Dtsch. Z. Chir. **266**, 673 (1951).

e) Pneumonektomie und Pneumonektomie mit Plastik

ANDRUS, W. D. W.: Observations on the total lung volume and blood flow following pneumonectomy. Bull. Johns Hopkins Hosp. **34**, 119 (1932).

BJÖRK, V. O., and H. J. HILTY: The arterial oxygen and carbon dioxide tension during the postoperative period in cases of pulmonary resections and thoracoplastics. The change in the arterial oxygen and carbon dioxide tension during voluntary hyperventilation as a test of lung function. J. Thorac. Surg. **27**, 455, 541 (1954).

— and F. SCROSOPPI: The arterial oxygen tension after resection with simultaneous osteoplastic thoracoplasty. J. Thorac. Surg. **27**, 105 (1955).

BLOOMER, W. E., W. HARRISON, G. E. LINDSKOG and A. A. LIEBOW: Respiratory function and blood flow in the bronchial artery after ligation of the pulmonary artery. Amer. J. Physiol. **157**, 317 (1949).

BRUCK, A., B. LÖHR u. W. ULMER: Untersuchungen über die Wirksamkeit der Ventilation nach thoraxchirurgischen Eingriffen (Pleuraeröffnung, Lobektomie, Pneumonektomie). Z. exper. Med. **127**, 605 (1956).

BRUNNER, W.: Die Rolle der Lungenfunktionsprüfung in der Indikationsstellung für Lungenoperationen. Bibl. Tbc. **11**, 130 (1956).

— Operationsrisiko bei Lungenoperationen. Helvet. chir. Acta **23**, 324 (1956).

COURNAND, A., R. L. RILEY, A. HIMMELSTEIN and R. AUSTRIAN: Pulmonary circulation and alveolar ventilation/perfusion relationship after pneumonectomy. J. Thorac. Surg. **19**, 80 (1950).

Denolin, H., A. DeCoster, A. Dumont et S. Cantinieaux-Duwaerts: Modifications cardio-vasculaires consécutives à l'exérèse pulmonaire. Acta cardiol. (Bruxelles) 7, 251 (1952).
Garbagni, R., et P. Sadoul: Etude des fonctions respiratoires dans le cancer bronchique. Poumon et Coeur 9, 1 (1955).
Heuer, G. J., and W. D. W. Andrus: The alveolar and blood gas changes following pneumonectomy. Bull. Johns Hopkins Hosp. 33, 130 (1922).
Maria, G. di e M. Caracciolo: La situazione funzionale respiratoria e cardiocircolatoria in soggetti operati di exeresi polmonare parziale o totale per tubercolosi polmonare cronica. Giorn. di Med. 4, 1 (1955).
Martin, C. J., F. Cline and H. Marshall: Lobar alveolar gas concentration after pneumonectomy. J. Clin. Invest. 34, 875 (1955).
Maurath, J., u. M. Werber: Pathophysiologie der Atmung nach Lob- und Pneumektomie. Langenbecks Arch. u. Dtsch. Z. Chir. 269, 496 (1951).
McIlroy, M. B., and D. V. Bates: Respiratory function after pneumonectomy. Thorax 11, 303 (1956).
Micheli, A. de, et H. Denolin: Etude du comportement cardio-respiratoire au cours de l'effort dans la pneumonectomie. Acta med. belg. 4, 286 (1956).
Rossier, P. H., u. A. Bühlmann: Die Pathophysiologie der Atmung nach Lobektomie und Pneumektomie. Schweiz. Z. Tbk. 7, 1 (1950).
Tanner, E.: Probleme der operierten Lunge. Bibl. tbc. 11, 102 (1956).
Warburg, F.: Investigations into pulmonary circulation and respiration following pneumonectomy. Acta med. scand. (Stockh.) 142, (1952).

f) Decortication

Bucher, H., u. R. Gloor: Bronchospirometrische Untersuchungen nach abgeschlossener Pneumothoraxbehandlung und nach Decortication. Schweiz. Z. Tbk. 10, 265 (1953).
Carroll, D., J. McClement, A. Himmelstein and A. Cournand: Pulmonary function following decortication of the lung. Amer. Rev. Tbc. 63, 231 (1951).
Falk, A., R. T. Pearson and F. E. Martin: A bronchospirometric study of pulmonary function after decortication in pulmonary tuberculosis. Amer. Rev. Tbc. 66, 509 (1952).
Gordon, J., and E. S. Welles: Decortication in pulmonary tuberculosis, including studies of respiratory physiology. J. Thorac. Surg. 18, 337 (1949).
Werber, M., u. J. Maurath: Die Decortication der Lunge unter Berücksichtigung funktioneller Ergebnisse. Langenbecks Arch. u. Dtsch. Z. Chir. 274, 1 (1952).
Wright, G. W., L. B. Yea, G. F. Filley and A. Stranahan: Physiological observations concerning decortication of the lung. J. Thorac. Surg. 18, 372 (1949).

g) Plastik

Björk, V. O.: Thoracoplasty. J. Thorac. Surg. 28, 194 (1954).
— and F. Scrosoppi: The arterial oxygen tension after resection with simultaneous osteoplastic thoracoplasty. J. Thorac. Surg. 29, 105 (1955).
Bolt, W., u. H. Rink: Beitrag zur Funktionsanalyse der oberen Teilplastik und ihrer Korrektur. Schweiz. Z. Tbk. 10, 8 (1953).
Feiermann, I. M.: Einfluß der Thorakoplastik auf die Atmung. Experimentelle Untersuchungen. Arch. klin. Chir. 159, 236 (1930).
Knipping, H. W.: Funktionsprobleme in der Herz- und Lungenklinik nebst einigen Bemerkungen zur Herz- und Lungenchirurgie. Dtsch. med. Wschr. 1952, 478.
Lindahl, T.: Spirometric and bronchospirometric studies in five-ribs thoracoplastics. Thorax 9, 285 (1954).
Lindskog, G. E., and I. Friedman: The effects of thoracoplasty and phrenic paralysis on the total volume of the lung and its component parts. Amer. Rev. Tbc. 34, 505 (1936).
Risi, A.: Die Wirkung des Pneumoperitoneums und Pneumopericards auf die Kreislauf- und Atmungsmechanik. Arch. exper. Path. u. Pharmakol. 183, 225 (1936).
Rossier, P. H., et H. Méan: La fonction respiratoire dans la tuberculose pulmonaire. Schweiz. med. Wschr. 1940, 1176.
Scoz, G., e L. Castaldi: La funzione respiratoria nei malati di tuberculosi polmonare trattati con pneumotorace o frenicoexeresi. Riforma med. 45, (1941).

19. Pneumokoniosen

Aubertin, N., J. M. Gilgenkrantz, P. Pillot, M. Remy, P. Sadoul et F. Heully: Remarques sur l'étiologie de l'insuffisance ventriculaire droite des pneumoconiotiques. Arch. Mal. prof. 6, 537, (1956).
Balmes, A., P. Cazamian, J.-L. Soulé et P. Vincent: Mise en évidence par la méthode statistique de divers facteurs susceptibles de modifier les résultats de la spirographie chez le mineur. Arch. Mal. prof. 17, 149 (1956).

BECKMANN, H.: Häufigkeit der Bronchitis im Verhältnis zum Lebens- und Berufsalter sowie Grad der Silikose. Beitr. Silikoseforsch. 11, 13 (1951).

BÖHME, A.: Der Einfluß körperlicher Arbeit auf das Minutenvolumen der Atmung bei Gesunden und Silikosekranken. Arch. Gewerbepath. 9, 22 (1938).

— u. H. LENT: Silikose und Bronchitis. Beitr. Silikoseforsch. 11, 3 (1951).

BOLT, W.: Zur Methodik der Funktionsprüfungen von Lunge und Kreislauf. Beitr. Silikoseforsch. 7, 51 (1950).

— J. KANN, H. VALENTIN u. H. VENRATH: Vergleichende Untersuchungen gebräuchlicher Herz-Kreislauf-Funktionsprüfungen im Hinblick auf die Beurteilung von Silikosekranken. Arch. Gewerbepath. u. Gewerbehyg. 14, 340 (1956).

BRÜCKNER, G.: Silikose, Atmung und Kreislauf. Verh. dtsch. Ges. Kreislaufforsch. 1935, 192.

CARA, M.: Corrélations entre les taux proposés par l'expert dans la silicose et les données de l'exploration ventilatoire. In: Etudes sur la fonction respiratoire au cours de la silicose. J. lorr. Silicose 1950, 39. Rev. méd. Nancy 1951, Mars-Avril. — Mémento pratique d'un examen fonctionnel élémentaire. In: Etudes sur la fonction respiratoire au cours de la silicose. J. lorr. Silicose 1950, 81. Rev. méd. Nancy 1951, Mars-Avril.

CARSTENS, M.: Die asthmatischen Reaktionen der Bergleute. Arch. Gewerbepath. u. Gewerbehyg. 15, 45 (1956).

COLE, L. G., and W. G. COLE: Dyspnea of silicosis. J. Amer. Med. Assoc. 113, 1216 (1939).

DAUTREBANDE, L.: Etude physiopathologique de la rétention des poussières dans les poumons. Poumon et Coeur, No. 3, Mars. (1956).

DONALD, K. W.: Reaction to carbon dioxide in pneumoconiosis of coal-miners. Clin. Sci. 8, 45 (1949).

DYSON, J. M.: Pulmonary heart disease in pneumoconiosis. Amer. Heart J. 9, 764 (1934).

ENZER, N.: Pneumoconiosis, emphysema and right heart failure. Proc. Inst. Med. Chicago 17, 88 (1948).

FRIEHOFF, F.: Die Bewertung statistischer Zahlen bei der Beurteilung der Zusammenhangsfrage zwischen Silikose und Bronchitis. Beitr. Silikoseforsch. 16, 3 (1952).

FROST, J., and J. GEORG: The clinical evaluation of disability in silicosis. Acta med. scand. (Stockh.) 147, 349 (1953).

GASSMANN, R., J. R. RÜTTNER, M. KIRCHRATH u. A. WYDLER: Cor pulmonale und Silikose. Schweiz. med. Wschr. 1957, 331.

GEEVER, E. F.: Pulmonary vascular lesions in silicosis and related pathologic changes. Amer. J. Med. Sci. 214, 292 (1947).

GIRARD, J.: La cinématique pulmonaire chez les silicotiques. Etudes sur la fonction respiratoire au cours de la silicose. J. lorr. Silicose 1950, 9; Rev. méd. Nancy 1951, Mars-Avril.

GORDON, B.: Emphysema in anthracosilicosis. W. Virgin. Med. J. 45, 11 (1949).

GRANATI, A., e G. PERETTI: Valutazione della capacità lavorativa degli operai nelle minere di carbone, attraverso lo studio del massimo possibile consumo di ossigeno. Arch. di Sci. biol. 26, 154 (1940).

GUILLET, M.: La place de la spirographie dans l'expertise en matière de silicose. Nancy: Grandville 1951.

HURTADO, A., N. L. KALTREIDER, W. W. FRAY, W. D. W. BROOKS and W. S. McCANN: Studies of total pulmonary capacity and its subdivisions. VIII. Observation of cases of pulmonary fibrosis. J. Clin. Invest. 14, 81 (1935).

JÉQUIER-DOGE, Ed., et M. LOB: L'utilité pratique des examens fonctionnels dans la silicose pulmonaire. Z. Unfallmed. u. Berufskrkh. (Zürich) 39, 70 (1946).

KENNEDY, M. S. C.: Nachweis von Bronchialspasmen mittels spirometrischer Aufzeichnung der Vitalkapazität und der maximalen Atemkapazität. Beitr. Silikoseforsch. 10, 21 (1950).

LAVENNE, F.: Le retentissement cardiovasculaire de la silicose et de l'anthraco-silicose. Rev. belg. Path. 21, suppl. 6 (1951).

LORRIAUX, A.: Le fonctionnement cardiovasculaire du silicotique. Rev. Méd. Minière 3, 36 (1950).

LUCHSINGER, P., u. A. BÜHLMANN: Die Lungenfunktion bei der Silikose und die Prognose nach Aufhören der Staubarbeit. Z. Unfallmed. u. Berufskrkh. (Zürich) 46, 282 (1953).

McCANN, W. S.: Physiology of the fibrotic lung. In: Third symposion of silicosis (Trudeau School of Tuberculosis). Wasau: Kuechle 1937.

MEYER, A., et D. BRILLE: Etude clinique et physio-pathologique des manifestations respiratoires observées chez les travailleurs exposés au béryllium. Semaine Hôp. 1949, 78.

MOTLEY, H. L., P. LANG and B. GORDON: Pulmonary emphysema and ventilation measurement in one hundred anthracite coal-miners with respiratory complaints. Amer. Rev. Tbc. 59, 270 (1949). — Studies on the respiratory gas exchange in one hundred anthracite coal miners with pulmonary complaints. Amer. Rev. Tbc. 61, 201 (1950).

PARRISIUS, W.: Bronchitis und Silikose. Beitr. Silikoseforsch. 10, 31 (1950).

Roche, L.: L'appréciation des troubles fonctionnels dans l'expertise des silicotiques. In: Etudes sur la fonction respiratoire au cours de la silicose. J. lorr. Silicose 1950, 73; Rev. méd. Nancy 1951, Mars-Avril.

Rossier, P. H.: A propos de la physio-pathologie de la silicose. Helvet. med. Acta 12, 629 (1945). Funktionelle Prüfung der Atmung bei Staublungen-Erkrankungen. In Jötten-Gärtner, Staublungenerkrankungen. Sonderdruck Wiss. Forschgsber. 60, 45 (1950).

— u. H. Bucher: Pathophysiologie der Silikose. Z. Unfallmed. u. Berufskrkh. (Zürich) 40, 159 (1957).

— — u. K. Wiesinger: Studien über die Pathophysiologie der Atmung bei der Silikose. Die Lungenfunktion in Ruhe bei der Silikose. Vjschr. naturforsch. Ges. Zürich 92, 83 (1947).

— u. A. Bühlmann: Studien über die Pathophysiologie der Atmung bei der Silikose. Die Lungenfunktion im Arbeitsversuch. Vjschr. naturforsch. Ges. Zürich 95, 51 (1950).

Ruyissen, L.: L'examen de la fonction respiratoire dans la pratique courante et la médecine du travail et dans l'expertise. In: Etudes sur la fonction respiratoire au cours de la silicose. J. lorr. Silicose 1950, 44; Rev. méd. Nancy 1951, Mars-Avril.

Sadoul, P., et M. Guillet: Le dépistage des simulateurs par l'exploration fonctionnelle. In: Etudes sur la fonction respiratoire au cours de la silicose. J. lorr. Silicose 1950, 21; Rev. méd. Nancy 1951, Mars-Avril.

Samuelsson, S.: Chronic cor pulmonale in silicosis. Acta med. scand. (Stockh.) Suppl. 266,875 (1952).

Schinz, H. R., u. U. Cocchi: Das Bronchogramm bei Silikose. Vjschr. naturforsch. Ges. Zürich 95, 2/3, 26 (1950).

Schmid, H. J.: Die Klinik der Silikose. In Handbuch der inneren Medizin, Bd. IV. Teil III, 751. Berlin, Göttingen, Heidelberg: Springer 1956.

Schlomka, G., u. L. Schuze: Zur Beurteilung von Herz und Kreislauf bei Steinstaublungenkranken. Klin. Wschr. 1934, 1208.

Seevers, M. H., N. Enzer and T. J. Becker: The respiratory and circulatory anoxia in silicosis and cardio-vascular disease. J. Industr. Hyg. a. Toxicol. 20, 593 (1938).

Simonin, P., P. Sadoul, N. Aubertin et P. Baille: Les trouble ventilatoires des mineurs de fer. Rev. méd. Nancy, Octobre (1956).

Uehlinger, E.: Mischstaubpneumokoniose und Atelektase. Arch. Gewerbepath. u. Gewerbehyg. 13, 496 (1955).

Witz, J.: L'angiopneumographie, moyen d'étude de la fonction respiratoire chez les silicotiques. In: Etudes sur la fonction respiratoire au cours de la silicose. J. lorr. silicose 1950, 34; Rev. méd. Nancy, 1951, Mars-Avril.

Zorn, O.: Funktionsprüfungen von Atmung und Kreislauf mittels der Spiroergometrie nach Brauer-Knipping. Beitr. Silikoseforsch. 7, 23 (1950).

20. Diabetische Acidose

Arsenijevic, M. S., u. H. W. Knipping: Über die Atmung beim Koma diabeticum. Z. exper. Med. 75, 787 (1930).

Bertram, W.: Heilfasten. 2. Die Beeinflussung des Säure-Basenhaushaltes durch Fastenbehandlung. Dtsch. Z. Verdgs.- usw. Krkh. 3, 249 (1940).

Chang, H. C., G. A. Harrop jr., and B. M. Schaub: The circulating blood volume in diabetic acidosis. J. Clin. Invest. 5, 407 (1928).

Christol, P.: Interprétation des valeurs de la réserve alcaline du plasma sanguin au cours des céto-acidoses. C. r. Acad. Sci. (Paris) 188, 1451 (1929).

Cullen, G. E., and L. Jonas: The effect of insulin treatment on the hydrogen ion concentration and alcali reserve of the blood in diabetic acidosis. J. of Biol. Chem. 57, 540 (1932).

Dodds, E. C., and J. D. Robertson: The relation of aceto-acetic acid to diabetic coma and the cause of death. Lancet. 1930 I, 852.

Endres, G.: Das Säure-Basengleichgewicht in der diabetischen Acidose. Dtsch. Arch. klin. Med. 146, 51 (1925).

Fisher, P., and J. I. Kleinerman: Total oxygen consumption and metabolic rate of patients in diabetic acidosis. J. Clin. Invest. 31, 1 (1952).

Klein, O., u. H. Holzer: Über die aktuelle Reaktion des Blutes im Insulinschock beim Menschen. Med. Klin. 1928 II, 1391.

Krehl, L., u. H. Mezger: Beobachtungen über die Behandlung der Acidose bei schwerem Diabetes mellitus. Hoppe-Seylers Z. 130, 108 (1923).

Kusunoki, X.: On the alkalinity of the blood in physiological and pathological states. Tokyo-Igakkai-Zasshi 29, 16 (1914).

Lyman, R. S., E. Nicholls and W. S. McCann: The respiratory exchange and blood sugar curves of normal and diabetic subjects after epinephrin and insulin. Proc. Soc. Exper. Biol. a. Med. 20, 485 (1923).

Lynen, F.: Mécanisme de la β-oxydation des acides gras. Bull. Soc. Chim. biol. 35, 1061 (1953).

MARSHALL, C., W. S. MCCULLOGH and F. NIMS: p_H of the cerebral cortex and arterial blood under insulin. Amer. J. Physiol. **125**, 680 (1939).

OLMSTED, J. M. D., and A. C. TAYLOR: The effect of insulin on the oxygen saturation of hemoglobin. J. of Biol. Chem. **59**, 30 (1924).

PETERS, J. P., H. A. BULGER, A. J. EISENMAN and C. LEE: Total acid-base equilibrium of plasma in health and disease. VI. Studies of diabetes. J. Clin. Invest. **2**, 167 (1925).

POULTON, E. P.: The supposed acid intoxication of diabetic coma. J. of. Physiol. **50**, 1 (1915).

RATHERY, F., et F. BOULET- La tension de l'acide carbonique dans l'air alvéolaire comme méthode d'appréciation de l'acidose dans le diabète. Paris méd. **1921 II** 380.

ROSSIER, P. H., et P. MERCIER: L'acidose du coma diabétique. Arch. internat. Méd. expér. **7**, 85 (1932).

SCHNEIDER, K. W.: Untersuchungen über die Hämodynamik beim Coma diabeticum, hepaticum und uraemicum. Z. klin. Med. **154**, 554 (1957).

SIMONSON, E., u. KL. GOLLWITZER-MEIER: Zur pathologischen Physiologie des Respirationsstoffwechsels. III. Mitt. Der respiratorische Umsatz beim Diabetes. Z. exper. Med. **73**, 25 (1930).

SLYKE, D. D. VAN, E. STILLMAN, G. E. CULLEN and R. FITZ: Studies of acidosis. VI. The blood, urine and alveolar air in diabetic acidosis. J. of Biol. Chem. **30**, 2 (1917).

WISLICKI, L.: Zur Genese atypischer Endzustände beim Diabetes mellitus. (Die Bedeutung der Alkalireserve für die Regulation des Stoffwechsels.) Klin. Wschr. **1932 I**, 56.

21. Hyperventilation, Tetanie und Epilepsie

ARMITAGE, G. H., and W. M. ARNOTT: Effect of voluntary hyperpnea on pulmonary blood flow. J. of Physiol. **109**, 64 (1949). — Air distribution in lungs during hyperventilation. J. of Physiol. **109**, 70 (1949).

BAUDOUIN, A., et H. SCHAEFFER: L'épreuve de l'hyperpnée. Revue neur. **40**, 445 (1933).

BIELSCHOWSKY, P., u. C. MANDOWSKY: Über Zustand und Zustandsänderung im Säure-Basengleichgewicht bei der Pathogenese der Hyperventilationstetanie. Z. klin. Med. **114**, 470 (1930).

BIRREL, R. G. and E. W. H. CRUICKSHANK: Variations in the distribution of CO_2 and chlorides in the cells and plasma of blood in tetany following thyroparathyroidectomy. Proc. Soc. Exper. Biol. a. Med. **21**, 117 (1923).

BROWN, E. B. JR.: Changes in brain p_H response to CO_2 after prolonged hypoxic hyperventilation. J. Appl. Physiol. **2**, 10 (1950).

— G. S. CAMPBELL, J. O. ELAM, F. GOLLAN, A. HEMINGWAY and M. B. VISSCHER: Electrolyte changes with chronic passive hyperventilation. J. Appl. Physiol. **1**, 848 (1949).

CAUSSADE, V., et O. JACOB: Etude de l'équilibre acide-base dans l'épilepsie. Bull. Soc. Pédiatr. Paris **34**, 424 (1936).

CHRISTIAN, P., P. MOHR, M. SCHRENK u. W. ULMER: Zur Phänomenologie der abnormen Atmung beim sog. „Nervösen Atmungssyndrom". Nervenarzt **26**, 191 (1955).

CHRISTIE, R. V.: Some types of respiration in the neurosis. Quart. J. Med. **4**, 427 (1935).

DAUTREBANDE, L.: De la richesse en acide carbonique du plasma artériel par rapport au sang total dans l'hypercapnie. C. r. Soc. Biol. (Paris) **101**, 497 (1929).

DOUGLAS, C. G., and R. E. HAVARD: The changes in the CO_2 pressure and hydrogen ion concentration of the arterial blood of man which are associated with hyperpnea due to CO_2. J. of Physiol. **74**, 471 (1932).

DUZAR, J., J. HOLLO u. ST. WEISS: Über die Wirkung der mechanisch hervorgerufenen Hyperventilation auf das Säurebasengleichgewicht. Z. exper. Med. **45**, 708 (1925).

EULER, U. S. V., u. C. M. HESSER: Beobachtungen über Hemmungen der Sinusdruckreflexe durch Ergotamin, Dihydroergotamin und Hyperventilation. Schweiz. med. Wschr. **1947**, 20.

FOWWEATHER, F. S. C. L. DAVIDSON and L. ELLIS: Spontaneous hyperventilation tetany. Brit. Med. J. **1940**, 373.

FRANK, E., R. LEISER u. ST. WEISS: Überventilationsacetonurie und Überventilationslactacidurie (-lactacidämie). Scheinacidosen und ihre klinische Bedeutung. Z. klin. Med. **114**, 219 (1930).

FRASER, R., and W. SARGANT: Hyperventilation attacks. Brit. Med. J. **1938**, 378.

FRISCH, F., u. E. FRIED: Zur Frage der angeblichen Alkalose bei Epilepsie. Z. exper. Med. **49**, 462 (1926).

GREENWALD, J.: The supposed relation between alcalosis and tetany. J. of Biol. Chem. **54**, 285 (1922).

HADORN, W.: Tetanieproblem. Helvet. med. Acta **13**, 251 (1946).

— u. P. STUCKY: Zur Tetaniefrage. Helvet. med. Acta **18**, 1 (1951).

HARNAPP, G. O.: Die Bedeutung der Kohlensäure für die Formenzustände des Blutkalziums. Mschr. Kinderheilk. **82**, 341 (1940).

HOFF, H., R. CLOTTEN u. W. THURNER: Zur Frage des Hyperventilationssyndroms. Wien. med. Wschr. 1952, 917.

HERXHEIMER, H., u. R. KOST: Untersuchungen über den Gasstoffwechsel bei verschiedenen Arten der Hyperventilation. Z. klin. Med. 116, 88 (1931).

KATZENELNBOGEN, S.: The distribution of calcium between blood and fluid and the carbon dioxide content of the blood in epilepsy. The relation between epilepsy and tetany. J. Nerv. Dis. 74, 636 (1931).

KAWAKAMI, M., and K. OKU: "Washing out" of CO_2 by forced breathing. J. Hyogo Med. Sci. 1, 1 (1951).

LUCCHI, G., e B. MANFREDINI: Ulteriore contributo allo studio della iperventilazione polmonare. Ricerche sul comportamento dell'acido lattico del sangue e della riserva alcalina. Giorn. Clin. med. 12, 1042 (1931).

MEILI, E.: Zur Pathophysiologie des Effort-Syndroms. Helvet. med. Acta 15, 440 (1948).

MONASTERIO, G.: Untersuchungen über Hyperventilation. Z. exper. Med. 81, 276 (1932).

PASCHKIS, K., u. G. BUTTU: Untersuchungen über die Hyperketonämie bei Hyperventilation und anderen alkalotischen Zuständen. Z. klin. Med. 123, 764 (1933).

PIOTROWSKI, G.: Modifications sérologiques dans l'hyperpnée expérimentale chez l'homme. J. Physiol. et Path. gén. 27, 777 (1929).

POPOVICUI, G., et H. POPESCU: Contribution à l'étude du chimisme de la tétanie d'hyperventilation. C. r. Soc. Biol. (Paris) 101, 406 (1929).

RAPOPORT, S.: The role of overventilation in diseases of infancy. Ann. paediatr. (Basel) 176, 137 (1951).

ROHMER, P., et P. WORINGER: Recherches sur le p_H sanguin dans la spasmophilie du nourrisson. Rev. franç. Pédiatr. 2, 319 (1926).

ROSSIER, P. H.: Die Atmungstetanie. Schweiz. med. Wschr. 1939, 357.

— et P. MERCIER: Epilepsie et alcalose. Acta Soc. Helvet. Sci. nat. 1930, 367. — L'équilibre acide-base dans la tétanie parathyroiprive. Acta Soc. Helvet. Sci. nat. 1932, 426. — Les tétanies. Arch. intern, expér. Méd. 7, 5 (1932). — La classification biologique des tétanies. Rev. méd. Suisse rom. 57, 29 (1937).

SCHAUB, F., A. BÜHLMANN u. H. BEHN: Elektrolyt- und EKG-Veränderungen bei Hyperventilation. Cardiologia (Basel) 31, 291 (1957).

SCHWIEGK, H.: Der Einfluß der Kohlensäureatmung und Hyperventilation auf Stoffwechsel und Kreislauf des Menschen. Z. Kreislaufforsch. 22, 669 (1930).

SHORT, J. J.: Hyperventilation. Med. Arts a. Sci. 6, 3 (1952).

TARGOWLA, R., H. MONTASSUT et R. RAFFLIN: Notes sur les variations de l'équilibre acidebase au cours de l'hyperpnée. C. r. Soc. Biol. (Paris) 93, 330 (1925).

WIESINGER, K., u. H. ZELLWEGER: Über eine eigenartige Atmungsstörung bei Epilepsie. Helvet. paediatr. Acta 2, 466 (1947).

WILSON, R. H., C. W. BORDEN, R. V. EBERT and H. S. WELLS: A comparison of the effect of voluntary hyperventilation in normal persons, patients with pulmonary emphysema, and patients with cardiac disease. J. Labor. a. Clin. Med. 36, 1 (1950).

WINGFIELD, A.: Hyperventilation tetany in tropical climates. Brit. Med. J. 1941, 929.

WOOD, P.: Da Costa's syndrome (or effort-syndrome). Brit. Med. J. 1941, 805.

YONEZAWA, SUEZI, YOSITORIA, NISIZAKI and H. MASUZAWA: Contribution to the composition of the alveolar air by the effect of the forced breathing. Okayama-Igakkai-Zasshi 52, 2188 (1940).

22. Medikamentöse Beeinflussung der Atmung

ANREP, G. V., and R. K. CANNEN: The concentration of lactic acid in the blood in experimental alkalaemia and acidaemia. J. of Physiol. 58, 244 (1923).

BAIRD, M. M., C. G. DOUGLAS, J. B. S. HALDANE and J. G. PRIESTLEY: Ammonium chloride acidosis. J. of Physiol. 57, 41 (1923).

BÉNARD, H., et F.-P. MERKLEN: Acidose salicylée. C. r. Soc. Biol. (Paris) 107, 973 (1931).

BÜHLMANN, A., u. H. BEHN: Atemphysiologische Untersuchungen mit „Micoren". Schweiz. med. Wschr. 1957, 135.

— A. LABHART, H. J. HOLTMEIER u. O. SPÜHLER: Verschiebungen im Elektrolyt und Säure-Basen-Gleichgewicht beim Menschen unter Carboanhydrase-Hemmung. Helvet. med. Acta 20, 323 (1953).

CAPE, J., and E. L. SEVRINGHAUS: The rate of change of alkali reserve after ingestion of salts of organic compounds. II. Rate of change of alkali reserve after ingestion of sodium citrate and sodium bicarbonate. J. of Biol. Chem. 121, 549 (1937).

CAPRARO, V., e E. MILLA: Durata dell'alcalosi e acidose sperimentale da ingestione massiva di $NaHCO_3$ e di NH_4Cl. Boll. Soc. ital. Biol. sper. 15, 604 (1940).

CARPENTER, T. M.: The effect of urea on the human respiratory exchange and alveolar carbon dioxide. J. Nutrit. 15, 499 (1938).

COCHRAN, J. B.: The respiratory effects of salicylate. Brit. Med. J. **1952**, 976.

FARBER, H., R. M. J. YIENGST and N. W. SHOCK: The effect of the therapeutic dose of aspirin on the acid-base balance of the blood of normal adults. Amer. J. Med. Sci **217**, 256 (1949).

GISSELSSON, L.: Über die Einwirkung von organischen Calciumsalzen auf das Säure-Basengleichgewicht im Organismus. Acta med. scand. (Stockh.) **104**, 414 (1940).

HALDANE, J. B. S., R. HILL and J. M. LUCK: Calcium chloride acidosis. J. of Physiol. **57**, 301 (1923).

— G. C. LINDER, R. HILTON and F. R. FRASER: The arterial blood in ammonium chloride acidosis. J. of Physiol. **65**, 412 (1928).

HARKINS, H. N., and A. B. HASTINGS: A study of electrolyte equilibrium in the blood in experimental acidosis. J. of Biol. Chem. **90**, 565 (1931).

KRAVCINSKIJ, B.: Die Wirkung intravenöser Injektionen von Milchsäure auf die Alkalireserve im Blut. Russk. fisiol. Z. **11**, 433 (1938).

LOESCHCKE, H. H., u. H. WENDEL: Die Wirkung von Morphin, von Scopolamin und ihrer Kombination auf die Lungenbelüftung beim Menschen. Arch. exper. Path. u. Pharmakol. **215**, 241 (1952).

MYERS, V. C., and E. MUNTWYLER: A study of the acid-base equilibrium of the blood in cases receiving alkali. J. of Biol. Chem. **74**, 34 (1927).

PAISSEAU, G., E. FRIEDMANN et C. VAILLE: Acido-cétose salicylée. Etude biologique. Bull. Soc. méd. Hôp. Paris **50**, 1211 (1934).

PLATTS, M. M., and T. HANLEY: The effects of the carbonic anhydrase inhibitor acetazoleamide on chronic respiratory acidosis. Acta med. scand. (Stockh.) **154**, 53 (1956).

RONZONI, E.: The effect of exercise on breathing in experimental alkalosis produced by ingested sodium bicarbonate. J. of Biol. Chem. **67**, 25 (1926).

ROSSIER, P. H., u. A. BÜHLMANN: Ein Beitrag zur Frage der Salicylsäuredyspnoe. Helvet. med. Acta **17**, 651 (1950).

— u. K. WIESINGER: Lungenfunktion und Säure-Basen-Gleichgewicht des Blutes. Schweiz. med. Wschr. **1947**, 178.

ROUGHTON, F. J. W., D. B. DILL, R. C. DARLING, A. GRAYBIEL, C. A. KNEHR and J. H. TALBOT: Some effects of sulfanilamid on man at rest and during exercise. Amer. J. Physiol. **135**, 77 (1941).

SINGER, R. B. R. C. DEERING and J. K. CLARK: The acute effects in man of a rapid intravenous infusion of hypertonic sodium bicarbonate solution. II. Changes in respiration and output of carbon dioxide. J. Clin. Invest. **35**, 245 (1956).

STAPLETON, T., W. J. CRANSTON, K. W. CROSS and D. A. H. TRYTHALL: The respiratory effects of a carbonic anhydrase inhibitor. Helvet. paediatr. Acta **10**, 210 (1955).

SUSUKI, K.: An experimental study on alkalosis: Jap. J. Med. Sci., Trans. III. Biophysics **1**, 67 (1927).

TENNEY, S. M.: The interpretation of respiratory drug effects in man. Anesthesiology **17**, 82 (1956).

THURZO, E. DE, and S. KATZENELBOGEN: Alkali reserve in blood and in cerebrospinal fluid in experimental acidosis. Arch. of Neur. **33**, 786 (1935).

VELDE, J. VAN DE: Modifications de l'azote sanguin au cours de l'acidose et de l'alcalose expérimentales. Ann. de Physiol. **8**, 414 (1932).

WEST, C. D., and S. RAPOPORT: Absence of respiratory change or manifest tetany with elevation of plasma p_H produced by bicarbonate administration in dogs. J. Labor. a. Clin. Med. **36**, 3 (1950).

WIESINGER, K.: Lungenfunktion und Säure-Basen-Gleichgewicht des Blutes. Schweiz. Naturforsch. Ges. Zürich **1946**, 190.

WUTH, O.: Über die Wirkung experimenteller Alkalose auf den Gaswechsel beim Menschen. Klin. Wschr. **1929 I**, 969.

23. Bronchospasmolytica

BILLEWICZ-STANKIEWICZ, J.: L'influence de l'adrénaline sur le centre respiratoire. C. r. Soc. Biol. (Paris) **120**, 483 (1935).

BINET, L., et M. BURSTEIN: Etude du pouvoir broncho-constricteur des dérivés de la choline. C. r. Soc. Biol. (Paris) **129**, 294 (1938). — Recherches sur la motricité des bronches. Déductions pratiques. Presse méd. **1939**, 217.

— et M. V. STRUMZA: L'éphédrine et ses dérivés dans le traitement de la dyspnée. Presse méd. **1940**, 55.

BONARRIGO, N.: Action de quelques substances pharmacodynamiques sur la musculature bronchique. Bronches **2**, 248 (1952).

BÜHLMANN, A., u. T. WEGMANN: Bronchialspasmen und Adrenalinversuch. Beitr. Klin. Tbk. **105**, 189 (1951).

CHARLIE, E., et E. PHILIPPOT: Modifications pharmacologiques du volume pulmonaire chez l'homme sain. Arch. internat. Pharmacodynamie **78**, 559 (1949).

Cotui, Ch., C. L. Burstein and A. M. Weight: The effect of sympathectomy on the sensitivity to adrenaline of the bronchioles. J. Pharmacol. a. Exper. Ther. 58, 33 (1936).

Czike, A. v.: Lungenvolumenuntersuchungen unter Einwirkung von Atropin, Adrenalin und Strophantin. Z. exper. Med. 74, 20 (1930).

Dautrebande, L.: Aérosols médicamenteux. 3. Possibilités de traitement des états asthmatiformes par aérosols de substances dites bronchodilatatrices. Arch. internat. Pharmacodynamie 66, 379 (1941).

— E. Philippot, R. Charlier, E. Dumoulin et F. Nogarède: Aérosols médicamenteux. 4. Espace nuisible et espace utile de la respiration. Influence sur le degré d'efficacité de la respiration chez l'homme de médicaments pneumodilatateurs. Arch. internat. Pharmacodynamie 68, 117 (1942).

Euler, U. v., u. G. Liljestrand: Die Wirkung von Adrenalin, Sympathol, Tyramin, Ephetonin und Histamin auf Gaswechsel und Kreislauf beim Menschen. Skand. Arch. Physiol. (Berl. u. Lpz.) 55, 1 (1929).

Fleisch, A.: Beeinflussung der propriorezeptiven Atmungsreflexe durch Adrenalin und Atropin. Pflügers Arch. 224, 390 (1930).

Gottsegen, G.: Vitalkapazität und Herzinsuffizienz. I. Mitt.: Über Adrenalin- und Strophantineffekte. Cardiologia (Basel) 19, 174 (1951).

Handovsky, H.: Über die Wirkung des N-methyl, diaethylamino ethyl-ephedrine auf Blutdruck und Bronchialwiderstand im Vergleich mit den entsprechenden Wirkungen des Ephedrins. Arch. internat. Pharmakodynamie 51, 301 (1935).

Heymer, A.: Eine Methode der Lungenfunktionsprüfung durch Histamin. Münch. med. Wschr. 1936 I, 638.

Kennedy, M. C. S., and J. P. P. Stock: The bronchodilator action of khellin. Thorax (London) 7, 1 (1952).

Kuno, Y.: On the effect of adrenaline on the respiratory center. J. of Physiol. 60, 148 (1925).

Labbé, M., et M. Rubinstein: L'action exercée par l'adrénaline sur les échanges respiratoires. C. r. Soc. Biol. (Paris) 112, 637 (1933).

Lageder, K.: Untersuchungen über den Einfluß inhalierten Adrenalins auf die Lungenventilation beim Asthma bronchiale und über dessen Allgemeinwirkung. Beitr. Klin. Tbk. 83, 605 (1933).

Liljestrand, G.: Acetylcholine and respiration. Acta physiol. scand. (Stockh.) 24, 255 (1951).

Pedden, J. R., M. L. Tainter and W. M. Cameron: Comparative actions of sympathomimetic compounds: Bronchodilator actions in experimental bronchial spasms of parasympathetic origin. J. Pharmacol. a. Exper. Ther. 55, 242 (1935).

Rossier, P. H.: L'épreuve à l'adrénaline, un test de fonction bronchique. Rev. méd. Suisse rom. 69, 686 (1949).

— et H. Méan: L'action de l'adrénaline sur la fonction pulmonaire. Actes Soc. Helvet. Sci. Natur. 1936, 356. — Bronchialspasmen und Adrenalinversuch. Praxis (Bern) 1944, 893.

Schlösser, J.: Über eine Atmungsfunktionsprüfung mittels Histaminbelastung. Z. Tbk. 78, 252 (1937).

Scoz, C., e D. de Michele- Azione dell'adrenalina, efotonia e sympatol sulla ventilazione polmonale massima volontaria nei malati di tubercolosi. Boll. Soc. ital. Biol. sper. 18, (1943).

Steiger, P., u. W. Hadorn: Zur Physiologie und Pharmakologie der Bronchialmuskulatur. Helvet. med. Acta 13, 543 (1946).

Tenney, S. M.: Sympatho-adrenal stimulation by carbon dioxide and the inhibitory effect of carbonic acid on epinephrine response. Amer. J. Physiol. 187, 341 (1956).

Thiel, K., u. W. Quednau: Pneumotachographische Studien. Der Einfluß von Medikamenten auf die Asthmakurve. Dtsch. Arch. klin. Med. 167, 196 (1930).

Wyss, F., u. H. Stucki: Die Bedeutung des Aleudrintestes in der Diagnose des Asthma bronchiale. Helvet. med. Acta 16, 138 (1949).

24. Narkose, Schlafmittel und Betäubungsmittelintoxikationen

Ammon, E. v., u. C. Schröder: Zum Säurebasenhaushalt bei der Gasnarkose. Verh. physik.-med. Ges. Würzburg 55, 2 (1930).

Austin, J. H., G. E. Cullen, H. C. Gram and H. W. Robinson: The blood electrolytes changes in ether acidosis. J. of Biol. Chem. 61, 829 (1924).

Beecher, H. K., and C. A. Moyer: Mechanisms of respiratory failure under barbiturate anesthesia. J. Clin. Invest. 20, 549 (1941).

— and A. J. Murphy: Acidosis during thoracic surgery. J. Thorac. Surg. 19, 50 (1950).

Bennet, H. A.: The effect of large dosis of barbiturates, morphine and scopolamine on respiratory minute volume exchange. Anesthesiology 10, 548 (1949).

Björk, V. O., C. G. Engström, O. Friberg, H. Feychting and A. Swensson: Ventilatory problems in thoracic anesthesia. J. Thorac. Surg. 31, 117 (1956).

BLITSTEIN, I., et L. CHRISTOPHE: Modifications chimiques du sang au cours des interventions chirurgicales sous divers anesthésiques. Arch. internat. Méd. expér. **99**, 21 (1934).

BONOMO, V.: Ricerche spirimentali sugli effetti della narcosi sulla riserva alcaline e sul p_H sangue. Ann, ital. Chir. **7**, 1076 (1928).

BRECKENRIDGE, C. G., and H. E. HOFF, Influence of morphine on respiratory patterns. J. of Neurophysiol. **15**, 1 (1952).

BÜHLMANN, A., u. M. HOTZ: Lungenfunktion und Narkose. Helvet. med. Acta **18**, 532 (1951).

BUNKER, J. P., W. R. BREWSTER, R. M. SMITH and H. K. BEECHER: Metabolic effects of anesthesia in man. III. Acid-base balance in infants and children during anesthesia. J. Appl. Physiol. **5**, 233 (1952).

CARA, M.: Enregistrement au cours de l'anesthésie. Anesthésie et Analgésie. **8**, 1 (1951).

COLLIP, J. B.: The effects of surgical anesthesia on the reaction of the blood. Brit. J. Exper. Path. **1**, 282 (1920).

CRANSTON, W. I., M. C. PEPPER and D. N. ROSS: Carbon dioxide and control of respiration during hypothermia. J. of Physiol. **127**, 380 (1955).

CULLEN, G. E., J. H. AUSTIN, K. KORNBLUM and H. W. ROBINSON: The initial acidosis in anaesthesia. J. of Biol. Chem **56**, 625 (1923).

DERRA, E.: Das Operationstrauma in seiner Einwirkung auf Lungenatmung, capillären Gasaustausch und zirkulierende Blutmenge. I. Mitt. Blutgase und Narkose. Dtsch. Z. Chir. **246**, 565 (1936). — II. Mitt. Verhalten der Blutgase bei abdominellen Eingriffen und Schäden. Dtsch. Z. Chir. **246**, 697 (1936).

GIAJA, J., et V. POSOVIC: Sur les échanges des homéothermes refroidis. C. r. Acad. Sci. (Paris) **234**, 11 (1952).

HERXHEIMER, H., u. R. KOST: Die Wirkung des Morphins auf die Atmung Gesunder und Herzkranker bei Grundumsatzverhältnissen und CO_2-Atmung. Arch. exper. Path. u. Pharmakol. **165**, 114 (1932).

HEYMANS, C.: Modifications du volume respiratoire et de l'élimination carbonique par les anesthésiques et par les hypnotiques. Arch. internat. Pharmacodynamie **25**, 493 (1921).

HILL, E. F., and A. D. MACDONALD: The action of local anesthetics on the respiratory apparatus. J. Pharmacol. a. Exper. Ther. **53**, 454 (1935).

KANETA, B.: Einfluß der allgemeinen Narkose auf die Blut- und Harnwasserstoffionenkonzentration. Tohoku J. Exper. Med. **26**, 291 (1935). — Klinische Untersuchungen des Einflusses der allgemeinen Narkose auf die Alkalireserve und die H-Ionenkonzentration des Blutes. Tohoku J. Exper. Med. **26**, 365 (1935).

LOESCHKE, H. H., u. H. WENDEL: Die Wirkung von Morphin, von Scopolamin und ihrer Kombination auf die Lungenlüftung beim Menschen. Arch. exper. Path. u. Pharmakol. **215**, 241 (1952).

MATSUSHIGE, T., u. R. GOTO: Vergleichende Untersuchungen über die durch Inhalations- und intravenös injizierte Narkose hervorgerufenen Veränderungen der Blutgase. Mitt. med. Akad. Kioto **30**, 95 (1940).

NEUSCHLOSZ, S. M.: Die Rolle der Nieren in der Aufrechterhaltung des Säurebasengleichgewichtes während der Narkose. Z. exper. Med. **95**, 627 (1935).

PITT, N. E.: The influence of the ether anesthesia upon the gaseous composition of blood. J. of Physiol. **64**, 24 (1927).

RABINOWITSCH, W.: Unteruschungen über die alveoläre Kohlensäurespannung bei natürlichem Schlaf und bei Wirkung von Schlafmitteln. Z. exper. Med. **66**, 284 (1929).

RAKIETEN, N., H. E. HIMWICH and D. DU BOIS: Morphine acidosis. J. Pharmacol a. Exper. Ther. **52**, 437 (1934).

ROSE, M. E.: Acidosis in surgical anesthesia. Illinois Med. J. **41**, 6 (1922).

ROST, F., u. A. ELLINGER: Weshalb ist bei zu tiefer Narkose das ausfließende Blut dunkel gefärbt? Münch. med. Wschr. **1921**, 772.

SAITO, K., and CH. KAI SHUEH: On the influence of urethane anesthesia upon the gaseous content of the blood. (Blood gas studies performed with a new micro blood gas apparatus.) J. of Biochem. **26**, 247 (1937).

SCHOEN, R.: Zur Kenntnis der Morphinwirkung beim Menschen. I. Mitt. Die Veränderung der Blutreaktion und ihre Begleiterscheinungen. Arch. exper. Path. u. Pharmakol. **101**, 365 (1924).

SEEVERS, M. H., and R. T. STORMONT: Respiratory alkalosis during anesthesia. 2. Influence on survival. J. Pharmacol. a. Exper. Ther. **68**, 383 (1940).

— — and H. R. HATHWAY: Respiratory alkalosis during anesthesia. 1. Effects on circulatory, respiratory and muscular activity. J. Pharmacol. a. Exper. Ther. **68**, 365 (1940).

SLYKE, D. D. VAN, J. H. AUSTIN and G. E. CULLEN: The effect of ether anesthesia on the acid-base balance of the blood. J. of Biochem. **53**, 277 (1922).

STROMONT, R. T., M. H. SEEVERS, F. E. SHIDEMAN and T. J. BECKER: Respiratory alkalosis during anesthesia. 3. Hemoglobinemia following prolonged hyperventilation. J. Pharmacol. a. Exper. Ther. **69**, 68 (1940).

SWANK, R. L., and J. FOLEY: Respiratory, electroencephalographic and blood gas changes in progressive barbiturate narcosis in dogs. J. Pharmacol. a. Exper. Ther. **92** 381 (1948).

TREVAN, G. W., and F. BOOCK: The action of anesthesia on the respiratory center. J. of Physiol. **121**, 54 (1921).

TSCHERKES, A. I., F. N. STERENSSON-GUÉNÈS u. M. I. SLASTON: Veränderungen der Blutgase und des Intermediärstoffwechsels während der Narkose (Chloroform). Exper. Med. **12**, 25 (1936).

WINKLER, H., u. G. BUSEMANN: Zur Frage der Evipan-Langnarkose. 11. Mitt. Veränderungen der Alkalireserve. Z. Geburtsh. **117**, 329 (1938).

25. Künstliche Beatmung (s. auch CO$_2$- und O$_2$-Atmung sowie Narkose)

BJÖRK, V. O., and C. G. ENGSTRÖM: The treatment of ventilatory insufficiency after pulmonary resection with tracheostomy and prolonged artificial ventilation. J. Surg. **30**, 356 (1955).

BJØRNEBOE, M., B. IBSEN, P. ASTRUP, G. EVERBERG, B. HARVALD, T. SØTTRUP, E. H. THAYSEN and C. THORSHAUGE: Active ventilation in treatment of respiratory acidosis. Lancet **1955 II**, 901.

BOUTOURLINE-YOUNG, H. J., and J. L. WHITTENBERGER: The use of artificial respiration in pulmonary emphysema accompanied by high carbon dioxide levels. J. Clin. Invest. **30**, 8 (1951).

BRANDT, H. J.: Die Behandlung der Globalinsuffizienz durch Totraumverkleinerung. Anaesthesist **1**, 29 (1957).

BÜHLMANN, A., u. P. LUCHSINGER: Die künstliche Atmung. Schweiz. med. Wschr. **1955**, 1.
— — Atemphysiologische Bemerkungen zur künstlichen Atmung bei der Behandlung des Tetanus. Helvet. paediatr. Acta **9**, 418 (1954).

CAMPBELL, A.: Carbon dioxide tension and oxygen consumption during artificial respiration. J. of Physiol. **57**, 386 (1923).

CARA, M.: Technique de la respiration artificielle. Anesthésie et Analgésie **5**, 1 (1955).

CHERNIACK, R. M., C. A. GORDON and F. DRIMMER: Physiological effects of mechanical exsufflation on experimental obstructive breathing in human subjects. J. Clin. Invest. **31**, 1028 (1952).

CRANE, M. G., J. E. AFFELDT, E. AUSTIN and A. G. BOWER: Alveolar carbon dioxide levels in acute poliomyelitis. J. Appl. Physiol. **9**, 11 (1956).

ENGHOFF, H., M. H. HOLMDAHL u. L. RISHOLM: The efficacy of artificial respiration tested under narkotal-curare anaesthesia. Acta Soc. Med. Upsaliensis **57**, 61 (1952).

GRULE, C. C. JR., F. L. ELDRIDGE and G. D. FORD: Spirometry as a means for studying ventilatory function of patients in mechanical respirators. Amer. J. Med. Sci. **220**, 511 (1950).

HENDERSON, Y.: The principle of respiratory tonus in various applications, particularly in artificial respiration. Schweiz. med. Wschr. **1941**, 280.

HICKAM, J. B., H. O. SIEKER, W. W. PRYOR and R. FRAYSER: The use of mechanical respiration in patients with a high airway resistance. Ann. New York Acad. Sci. **4**, 866 (1957).

HONEY, G. E., B. E. DWYER, A. CRAMPTON SMITH and J. M. K. SPALDING: Tetanus treated with tubocurarine and intermittent positive-pressure respiration. Brit. Med. J. **1954**, 442.

HOSSLI, G.: Die symptomatische Behandlung des schweren Tetanus. Langenbecks Arch. u. Dtsch. Z. Chir. **284**, 102 (1956).
— Die künstliche Atmung. In Handbuch der inneren Medizin. Berlin: Springer 1956.

LAMES, L., J. WHITTENBERGER and S. J. SARNOFF: Physiologic principles in the treatment of respiratory failure. Med. Clin. N. Amer. **34**, 5 (1950).

LASSEN, H. C. A.,: Treatment of tetanus, with curarisation, general anaesthesia, and intratracheal positive-pressure ventilation. Lancet **1954**, 1040.

LOVEJOY, F. W. JR., F. N. G. YU, R. E. NYE JR., H. A. JOOS and J. H. SIMPSON: Pulmonary hypertension. III. Physiologic studies in three cases of carbon dioxide narcosis treated by artificial respiration. Amer. J. Med. **16**, 4 (1954).

MOTLEY, H. L., and F. TOMASHEFSKI: Effect of high and low oxygen levels and intermittent positive pressure breathing on oxygen transport in the lungs in pulmonary fibrosis and emphysema. J. Appl. Physiol. **3**, 189 (1950).

RADFORD, E. P.: Ventilation standards for use in artificial ventilation. J. Appl. Physiol. **7**, 451 (1955).

ROSSI, E., A. BODMER, M. BETTEX, A. BÜHLMANN, P. LUCHSINGER u. K. GRAF: Curare, „Hibernation" und künstliche Beatmung während mehrerer Wochen zur Behandlung eines schweren Tetanus. Schweiz. med. Wschr. **1954**, 1329.

SARNOFF, S. J., J. WHITTENBERGER and E. HARDENBERGH: Electrophrenic respiration. III. Mechanism of the inhibition of spontaneous respiration. Amer J. Physiol. **155**, 203 (1948).

SEUSING, J., u. H. C. DRUBE: Zur Bestimmung der Ventilationsgröße bei der künstlichen Beatmung mit dem Ultrarotabsorptionsschreiber (URAS) Klin. Wschr. **1955**, 1052.

SIEKER, H. O., and J. B. HICKAM: Carbon dioxide intoxication: The clinical syndrome, its etiology and management with particular reference to the use of mechanical respirators. Medicine **1956**, 389.

— — and W. W. PRYOR: The treatment of carbon dioxide narcosis by the use of an automatic positive-negative resuscitator. Amer. Rev. Tbc. **3**, 309 (1956).

STAUB, W.: La respiration sous l'effet de modifications de pression sur les voies respiratoires. Diss. Lausanne 1951.

STORSTEIN, O.: Respirator treatment of chronic pulmonary insufficiency. Nord. Med. **53**, 933 (1955).

WALTHER, P.: Die intratracheale Überdruckbeatmung bei der poliomyelitischen Atemlähmung. Inaug.-Diss. Bern 1956.

WERKO, L.: The influence of positive pressure breathing on the circulation in man. Acta med. scand. (Stockh.) Suppl. **193**, 1 (1947).

WHITTENBERGER, J., and S. J. SARNOFF: Physiologic principles in the treatment of respiratory failure. Med. Clin. N. Amer. **34**, 1335 (1950).

26. Hypoxämie und Atmung in der Höhe

ANDERSEN, L. L., M. L. WILLCOX, J. STILLIMAN and S. G. BLOUNT: The pulmonary physiology of normal individuals living at an altitude of 1 mile. J. Clin. Invest. **32**, 490 (1953).

ARMSTRONG, H. G.: Anoxia in aviation. J. Aviation Med. **9**, 84 (1938).

ASMUSSEN, E., and H. CHIODI: The effect of hypoxemia on ventilation and circulation in man. Amer. J. Physiol. **132**, 426 (1941).

— and F. C. CONSOLAZIO: The circulation in rest and work on Mount Evans (4300 m). Amer. J. Physiol. **132**, 555 (1941).

— and N. VINTHER-PAULSEN: On the circulatory adaptations to arterial hypoxaemia. Acta physiol. scand. (Stockh.) **19**, 115 (1949).

BARCROFT, J.: Presidential address on anoxaemia. Lancet **1920 I**, 485.

BENZINGER, TH., R. KAMINSKI u. E. OPITZ: Latente Höhenanpassung der Atmung im Hochgebirge und ihr Wirksamwerden unter zusätzlichem Sauerstoffmangel. Luftfahrtmed. **4**, 225 (1940).

BEYNE, J., et G. BOY: Variations de la réserve alcaline sous l'influence de la dépression atmosphérique. C. r. Soc. Biol. (Paris) **135**, 261 (1941).

BLOOD, F. R., and F. E. D'AMOUR: Efficiency of various types of artificial respiration at high altitudes. Amer. J. Physiol. **156**, 52 (1949).

BONNARDEL, R., et W. LIBERSON: Recherches sur la physiologie de l'homme aux hautes altitudes. Trav. hum. **1**, 432 (1933).

BOUCKAERT, J. J., K. S. GRIMSON, C. HEYMANS et A. SAMAAN: Sur le mécanisme de l'influence de l'hypoxémie sur la respiration et la circulation. Arch. internat. Pharmacodynamie **65**, 63 (1941).

BOUTWELL, J. H., C. F. FARMER and A. C. IVY: Studies on acid base balance before and during repeated exposure to altitude or to hypoxia and hyperventilation. J. Appl. Physiol. **2**, 381 (1950).

BRUCER, M., G. L. HERMAN and H. G. SWAN: Interrelationship of the cardiorespiratory events in anoxia. Amer. J. Physiol. **160**, 138 (1950).

BÜHLMANN, A., u. J. R. HOFSTETTER: Arbeitsversuche in mittleren Höhen. Helvet. physiol. Acta **9**, 222 (1951).

CHIODI, H.: Respiratory adaptations to chronic high altitude hypoxia. J. Appl. Physiol. **10**, 81 (1957).

CORDIER, D., et J. FRANÇAIS: Modifications de la fonction respiratoire du sang asphyxique. I. Mém. Etude des variations de la courbe de saturation en oxygène du sang asphyxique. Ann. de physiol. 14, 773 (1938). — II. Mém. Rôle de l'acidose et de la polyglobulie dans les variations de la courbe de saturation en oxygène du sang asphyxique. 14, 788 (1938). — CORDIER, D., R. MAGNE et A. MAYER: Sur le métabolisme au cours de l'asphyxie par manque d'oxygène. Ann. de Physiol. 6, 615 (1930). — CORDIER, M., et A. MAYER: Variations de l'équilibre acide base au cours des asphyxies. Ann. de Physiol. 7, 641 (1931).

DELIUS, L., E. OPITZ u. W. SCHOEDEL: Über Höhenanpassung am Monte Rosa. I. Ruheversuch. Luftfahrtmed. 6, 213 (1942). — Über Höhenanpassung am Monte Rosa. 2. Arbeitsversuch. Luftfahrtmed. 6, 225 (1942).

DIRKENS, M. N. J., and H. HEEMSTRA: The alveolar-arterial difference in oxygen tension. Arch. néerl. Physiol. **28**, 501 (1948).

DOYLE, J. T., J. S. WILSON, and J. V. WARREN: The pulmonary vascular responses to short-term hypoxia in human subjects. Circulation (New York) **5**, 2 (1952).

FENN, W. O., H. RAHN, and A. B. OTIS: A theoretical study of the composition of the alveolar air at altitude. Amer. J. Physiol. **146**, 637 (1946).

— — — and L. E. CHADWICK: Voluntary pressure breathing at high altitudes. J. Appl. Physiol. **1**, 752 (1949). — Physiological observations on hyperventilation at altitude with intermittent pressure breathing by the pneumolator. J. Appl. Physiol. **1**, 773 (1949).

FISHMAN, A. P., J. McCLEMENT, A. HIMMELSTEIN and A. COURNAND: Effects of acute anoxia on the circulation and respiration in patients with chronic pulmonary disease studied during the "steady state". J. Clin. Invest. **31**, 770 (1952).

FLEISCH, A.: Die Atmungsmechanik bei vermindertem Luftdruck. Pflügers Arch. **214**, 595 (1926). — Das Sauerstoffdefizit des arteriellen Blutes bei vermindertem Luftdruck. Pflügers Arch. **218**, 690 (1928).

FORD, M. L., C. L. PETERSLIGE, A. F. YOUNG and C. J. WIGGERS: Effect of acute anoxia on the economy of effort index in man. Proc. Soc. Exper. Biol. a. Med. **45**, 353 (1940).

FRANK, E.: O_2-Schuld bei Sauerstoffmangelatmung. Physiol. Tagg. 29. Sept. bis 1. Okt. 1948.

GOLLWITZER-MEIER, KL.: Einfluß verschiedener Formen von Sauerstoffmangel auf die Zirkulationsgröße. Verh. dtsch. Ges. inn. Med. **39**, 157 (1927). — Über die Acidose des Herzmuskels unter Sauerstoffmangel. Luftfahrtmed. **6**, 296 (1942). — Über die Nachdauer der Atmungsveränderungen des Sauerstoffmangels. Pflügers Arch. **249**, 17 (1947).

GROSSE-BROCKHOFF, F., H. REIN u. W. SCHOEDEL: Über die Empfindlichkeitsänderung der Kreislaufregulationszentren im O_2-Mangel. Pflügers Arch. **245**, 440 (1941).

HALDANE, J. S.: Acclimatization to high altitudes. Brit. Med. J. **1924 II**, 885.

HARTMANN, H., G. HEPP u. U. C. LUFT: Physiologische Beobachtungen am Nanga Parbat 1937/38. Luftfahrtmed. **6**, 1 (1941).

HELMHOLZ, H. F., J. B. BATEMAN and W. M. BOOTHBY: Effects of altitude anoxia on respiratory processes. J. Aviation Med. **15**, 366 (1944).

HENDERSON, Y., E. M. RADLOFF and L. A. GREENBERG: Anoxemia, asphyxia and acidosis. Amer. J. Physiol. **105**, 49 (1933).

HOUSTON, C. S., and R. L. RILEY: Respiratory and circulatory changes during acclimatization to high altitude. Amer. J. Physiol. **149**, 565 (1947).

HUSSON, G., and A. B. OTIS: Adaptive value of respiratory adjustments to shunt hypoxia and to altitude hypoxia. J. Clin. Invest. **36**, 270 (1957).

KEYS, A., F. G. HALL and E. S. GUZMAN BARRON: The position of the oxygen dissociation curve of human blood and high altitude. Amer. J. Physiol. **115**, 292 (1936).

KLINE, R. F.: Increased tolerance to severe anoxia on carbon dioxide administration. Amer. J. Physiol. **151**, 538 (1947).

KNIPPING, H. W.: Über die Funktionsprüfung von Atmung und Kreislauf bei der Fliegereignungsuntersuchung. Luftfahrtmed. **1**, 26 (1936).

KOCH, E.: Die Bindungsfähigkeit des Blutes für O_2 und CO_2 im Unterdruck. Luftfahrtmed. **2**, 185 (1938).

LANGLEY, L. L., L. F. NIMS and R. W. CLARKE: Role of CO_2 in the stress reaction to hypoxia. Amer. J. Physiol. **161**, 331 (1950).

LOESCHKE, H. H.: Plötzlicher Tod durch Sauerstoffmangel. Dtsch. Z. gerichtl. Med. **39**, 480 (1949).

LUFT, U. C., H. G. CLAMANN and H. F. ADLER: Alveolar gases in rapid decompression at high altitudes. J. Appl. Physiol. **2**, 37 (1949).

MARGARIA, R., e T.-LO MONACO CROCE: Influenza della introduzione di uno spazio morto respiratorio sulla resistenza alla depressione barometrica, Riv. Med. aeronaut. **3**, 95 (1940).

MARIA, G. DI: Untersuchungen über die Atemfunktion bei Atmung von niederen O_2-Drucken unter Arbeitsbelastung als dynamischen Funktionstest der Respiration. Lotta Tbc. **22**, 18 (1952).

MATTHES, K., u. R. FALK: Über den Einfluß von Sauerstoffmangel auf den peripheren Kreislauf. Verh. dtsch. Ges. Kreislaufforsch. **109**, 112 (1941).

MAURATH, J., u. P. HAUER: Säure-Basengleichgewicht und Atmungsregulation bei chronischer Hypoxämie. Klin. Wschr. **1952**, 315.

MYERSON, A., J. LOMAN, H. T. EDWARDS and D. B. DILL: The composition of blood in the artery, in the internal jugular vein and in the femoral vein, during oxygen want. Amer. J. Physiol. **98**, 373 (1931).

OCHWADT, B.: Über die Bicarbonatausscheidung und das Kohlensäuresystem im Harn während akuter Hypoxie. Pflügers Arch. **249**, 452 (1947).

D'OLIVEIRA, A., V. JULIO u. ROSSIGNOLI: Die Kohlensäure der Alveolarluft, ihre Veränderung bei Flügen in 2400, 3300 und 4300 m Höhe. Rev. méd. lat.-amer. **24**, 266 (1939).

OPITZ, E.: Über akute Hypoxie. Erg. Physiol. **44**, 315 (1941).

— u. O. TILMANN: Atmung und Blutgas im Unterdruck. Luftfahrtmed. **2** (1938).

Otis, A. B., H. Rahn and L. E. Chadwick: Effects of adding CO_2 to inspired oxygen on tolerance to high altitudes. Proc. Soc. Exper. Biol. a. Med. **70**, 487 (1949).

Rahn, H., and A. B. Otis: Alveolar air during simulated flights to high altitudes. Amer. J. Physiol. **150**, 202 (1947). — Survival differences breathing air and oxygen at equivalent altitudes. Proc. Soc. Exper. Biol. a. Med. **70**, 185 (1949). — Mean respiratory response during and after acclimatization to high altitude. Amer. J. Physiol. **157**, 445 (1949).

Riley, R. L., and C. S. Houston: Composition of alveolar air and volume of pulmonary ventilation during long exposure to high altitude. J. Appl. Physiol. **3**, 526 (1951).

Rothschuh, K. E.: Zur Frage eines „Sparstoffwechsels" bei kurzdauerndem O_2-Mangel. Pflügers Arch. **249**, 175 (1947).

Rotta, A., A. Cânepa, A. Hurtado, T. Velasquez and R. Châvez: Pulmonary circulation at sea level and at high altitudes. J. Appl. Physiol. **9**, 328 (1956).

Rühl, A., H. Ruckert u. S. Thaddea: Über die Wirkung niedrigen Luftdruckes auf die arterielle Kohlensäurespannung. Z. exper. Med. **98**, 133 (1936).

Schneider, E. C.: The respiratory exchange and alveolar air changes in man at high altitudes. Amer. J. Physiol. **65**, 107 (1923). — The vital capacity of the lungs at low barometric pressure. Amer. J. Physiol. **100**, 426 (1932). — Respiration at high altitudes. Yale J. Biol. a. Med. **4**, (1932).

Siebens, A. A., R. E. Smith and C. F. Storey: Effect of hypoxia on pulmonary vessels in man. Amer. J. Physiol. **180**, 428 (1955).

Specht, H., L. Marshall and B. Hoffmaster: Effect of altitude on respiratory flow patterns. Amer. J. Physiol. **157**, 265 (1949).

Strughold, H.: Die Zeitreserve nach Unterbrechung der Sauerstoffatmung in großen Höhen. Luftfahrtmed. **5**, 66 (1940).

Verzár, F.: Die Änderung der Vitalkapazität im Hochgebirge. Schweiz. med. Wschr. **1933**, 17. — Höhenklimaforschung des physiologischen Institutes Basel. Basel: Benno Schwabe 1945.

Westcott, R. N., N. O. Fowler, H. C. Scott, V. D. Hauenstein and J. McGuire: Anoxia and human pulmonary vascular resistance. J. Clin. Invest. **30**, 9 (1951).

Winterstein, H.: Über die Wirkung mittlerer Höhen (1800) auf Blut und Atmung. Tagg. dtsch. physiol. Ges. **27**,—29. Aug. 1951.

27. Sauerstoffinhalation und Sauerstoffvergiftung

Alvery, A., and S. Brody: Cardiovascular and respiratory changes in man during oxygen breathing. Acta physiol. scand. (Stockh.) **15**, 140 (1948).

Anthony, A. J.: Über Sauerstoffatmung. Dtsch. med. Wschr. **1940**, 482.

— W. Lent u. E. M. Müller: Die Wirkung kurzdauernder Sauerstoffatmung auf Herz und Kreislauf. Z. Exper. Med. **108**, 275 (1940).

Barach, A. L., and M. N. Woodwell: Studies in oxygen therapy with determination of the blood gases. I. In cardiac insufficiency and related conditions. Arch. Int. Med. **28**, 367 (1921). — II. In pneumonia and its complications. Arch. Int. Med. **28**, 394 (1921). — III. In a extreme type of shallow breathing occurring in lethargic encephalitis. Arch. Int. Med. **28**, 421 (1921).

Bean, J. W.: Effects of high oxygen pressure on carbon dioxide transport, on blood and tissue acidity and on oxygen consumption and pulmonary ventilation. J. of Physiol. **72**, 27 (1931).

Behnke, A. R., L. A. Shaw, C. W. Shilling, R. M. Thompson and C. A. Messer: Studies on the effects of high oxygen pressure upon the carbon-dioxide and oxygen content, the acidity and carbon-dioxide combining power of the blood. Amer. J. Physiol. **107**, 13 (1934).

Binet, L., et M. Bochet: Hyperoxygénation et hypoglobulie. Sang **14**, 344 (1941).

Bjerknes, W.: Kritische Untersuchungen über Funktionsprüfung in Luft und in Sauerstoff. Beitr. Klin. Tbk. **93**, 454 (1939).

Campbell, J. A., and L. Hill: Concerning the amount of nitrogen gas in the tissues and its removal by breathing almost pure oxygen. J. of Physiol. **71**, 309 (1931).

Cotes, J. E., and J. C. Gilson: Effects of oxygen on exercise ability in chronic respiratory insufficiency. Lancet **1956 I**, 872.

Dautrebande, L.: L'influence de la respiration d'oxygène pur sur la tension artérielle. C. r. Soc. Biol. (Paris) **87**, 793 (1922).

— and J. S. Haldane: The effects of respiration of oxygen on breathing and circulation. J. of Physiol. **55**, 296 (1921).

De Coster, A., et H. Denolin: Modifications respiratoires consécutives à l'inhalation d'oxygène pur chez les sujets normaux et les emphysémateux. Rev. franç. Etude clin. et biol. **2**, 129 (1957).

Dressler, S. H., N. B. Slonim, O. J. Balchum, G. J. Bornfin and A. Ravin: The effect of breathing 100% oxygen on the pulmonary arterial pressure in patients with pulmonary tuberculosis and mitral stenosis. J. Clin. Invest. **31**, 9 (1952).

DRIPPS, R. D., and J. H. COMROE: The effect of the inhalation of high and low O_2-concentration on respiration, pulse rate, ballistocardiogram and arterial O_2 saturation (oximeter) of normal individuals. Amer. J. Physiol. **149**, 277 (1947).

ENGELHARDT, A.: Über den Verlauf der Entlüftung der Lunge bei reiner Sauerstoffatmung. Z. Biol. **99**, 596 (1939).

FASCIOLO, J. C., and H. CHIODI: Arterial O_2 pressure during pure O_2 breathing. Amer. J. Physiol. **147**, 54 (1946).

FOWLER, W. S., and J. H. COMROE: Lung function studies: I. Rate of increase of arterial oxygen saturation during inhalation of 100 per cent O_2. J. Clin. Invest. **27**, 327 (1948).

GOLLWITZER-MEIER, KL.: Über die Wirkung der Sauerstoffatmung auf das Atemzentrum und über ihre Nachdauer. Pflügers Arch. **249**, 32 (1947).

HECK, E.: Wirkung hoher Sauerstoffteildrucke auf die Atmung. Luftfahrtmed. **6**, 105 (1942).

KNIPPING, H. W., u. G. ZIMMERMANN: Über die Sauerstofftherapie bei Herz- und Lungenkranken. Z. klin. Med. **124**, 435 (1933).

KÜHN, H. A., u. J. PICHOTKA: Über die Morphogenese der Lungenveränderungen bei der Sauerstoffvergiftung. Arch. exper. Path. u. Pharmakol. **205**, 667 (1948).

LAMBERTSEN, C. J., J. H. EWING, R. H. KOUGH, R. GOULD and M. W. STROUD: Oxygen toxicity. Arterial and internal jugular blood gas composition in man during inhalation of air, 100% O_2 and 2% CO_2 in O_2 at 3,5 atmospheres ambiant pressure. J. Appl. Physiol. **8**, 255 (1955).

LEMAIRE, R., et P. BOUVEROT: Les modifications du taux des gaz respiratoires dans le sang au cours de l'action paradoxale de l'oxygène. C. r. Soc. Biol. (Paris) **1944**, 564 (1950).

MATTHES, K., J. GIBERT QUERLATO u. X. MALIKIOSIS: Untersuchungen über den Gasaustausch in der menschlichen Lunge. V. Mitt. Über das Verhalten der arteriellen Sauerstoffsättigung bei hoher alveolärer Sauerstoffspannung. Arch. exper. Path. u. Pharmakol. **185**, 622 (1937).

MAURATH, J.: Wirkung der Sauerstoffinhalation auf Spirogramm und Blutgasanalyse bei chronischer Hypoxämie. Tuberkulosearzt **6**, 15 (1952).

MCILROY, M. B., F. L. ELDRIDGE and R. W. STONE: The mechanical properties of the lungs in anoxia, anaemia and thyrotoxicosis. Clin. Sci. **15**, 353 (1956).

MITHOEFER, J. C.: Increased intracranial pressure in emphysema caused by oxygen inhalation. J. Amer. Med. Assoc. **149**, 1116 (1952).

MOTLEY, H. L., and J. F. TOMASHEKSKI: Effect of high and low oxygen levels and intermittent positive pressure breathing on oxygen transport in the lungs in pulmonary fibrosis and emphysema. J. Appl. Physiol. **3**, 189 (1950).

NAGER, G.: Über das sogenannte Sauerstoffdefizit nach UHLENBRUCK-KNIPPING. Diss. Zürich 1946. Schweiz. Z. Tbk. **4**, Suppl. 1 (1947).

NAHAS, G. G., and E. H. MORGAN: Direct measurements of alveolar-arterial differences in oxygen tension in man breathing 100% O_2. Federat. Proc. **10**, 96 (1951).

OHLSSON, W. T. L.: Eine Studie über die Giftigkeit des O_2 bei atmosphärischem Druck, mit besonderer Berücksichtigung der Pathogenese der Lungenschädigung und der klinischen O_2-Behandlung. Acta med. scand. (Stockh.) Suppl. **190**, 1 (1947).

PENROD, K. E.: Nature of pulmonary damage produced by high oxygen pressures. J. Appl. physiol. **9**, 1 (1956).

PETZOLD, G.: Über das arterielle O_2-Defizit, seine Entstehung, seine Auswirkung und die Möglichkeit seiner Auffüllung. Beitr. Klin. Tbk. **183**, 92 (1939).

PEYSER, E., A. SASS-KORTSAK and F. VERZÁR: Influence of O_2-content of inspired air on total lung volume. Amer. J. Physiol. **163**, 11 (1950).

PICHOTKA, J., u. H. A. KÜHN: Untersuchungen zur Frage der chronischen Sauerstoffvergiftung. Arch. exper. Path. u. Pharmakol. **206**, 495 (1949).

PRESTON, S. N., and N. K. ORDWAY: Observations of arterial oxygen content in children during the inhalation of air and 100 per cent oxygen. Amer. J. Physiol. **152**, 696 (1948).

ROSSIER, P. H., u. K. WIESINGER: Patho-physiologische Differenzierung durch den Sauerstoffversuch. Beitr. Klin. Tbk. **101**, 407 (1948).

RÜBSAM, C.: Die Wirkung der Sauerstofftherapie auf das arterielle Blut. Inaug.-Diss. Zürich 1942.

SONNE, E.: Die theoretische Begründung der Sauerstoffinhalationstherapie. Schweiz. med. Wschr. **1940**, 1202.

STORSTEIN, O.: The effect of pure oxygen breathing on the circulation in anoxemia. Acta med. scand. (Stockh.) **143**, Suppl. 269 (1952).

TAYLOR, H. J.: The role of carbon dioxide in oxygen poisoning. J. of Physiol. **109**, 272 (1949).

UHLENBRUCK, P.: Über die Wirksamkeit der Sauerstoffatmung. Z. exper. Med. **74**, 1 (1930).

STRAETEN, M., VAN DER, R. VERBEKE et A. VERMEULEN: Acidose respiratoire provoquée par l'inhalation d'oxygène ou l'administration de morphine. Acta clin. belg. **9**, 383 (1954).

WETERINGS, P. A. A.: The inhibitory effect of the oxygen pressure in blood on respiration through the intermediary of chemo-receptors. Acta med. scand. (Stockh.) **130**, 3 (1948).

WOOD, E. H., and L. CRONIN: Normal oxygen saturation of arterial blood during inhalation of air and oxygen. J. Appl. Physiol. 1, 567 (1949).

28. Einfluß der Kohlensäureatmung auf die Respiration

ADOLPH, E. F., F. D. NANCE and M. S. SCHILLING: The carbon dioxide capacity of the human body and the progressive effects of carbon dioxide upon the breathing. Amer. J. Physiol. 87, 532 (1929).

BARBOUR, J. H., and M. H. SEEVERS: A comparison of the acute and chronic toxcity of CO_2 with special reference to its narcotic action. J. Pharmacol. a. Exper. Ther. 78, 11 (1943).

BROWN, E. B., A. HEMINGWAY and M. B. VISSHER: Arterial blood p_H and pCO_2 changes in response to CO_2 inhalation after 24h of passive hyperventilation. J. Appl. Physiol. 2, 544 (1950).

CAMPBELL, J. A.: The effects of breathing CO_2 and O_2 mixtures upon the CO_2- and O_2-tension in the tissues. J. of Physiol. 66, 1 (1928).

CONSOLAZIO, W. V., M. B. FISCHER, M. PACE, L. J. PECORA, G. C. PITTS and A. R. BEHNKE: Effects on man of high concentrations of carbon dioxide in relation to various oxygen pressures during exposures as long as 72 hours. Amer. J. Physiol. 151, 479 (1947).

COOPER, D. Y., G. L. EMMEL, R. H. KOUGH and C. J. LAMBERTSEN: Effects of CO_2-induced hyperventilation upon the alveolar-arterial pO_2 difference and the functional respiratory dead space in normal men. Federat. Proc. 12, 28 (1953).

CRAIG, F. N.: Pulmonary ventilation during exercise and inhalation of carbon dioxide. J. Appl. Physiol. 7, 467 (1955).

EICHENBERGER, E.: Über die Wirkung der CO_2 auf die Atmung des Kaninchens. Helvet. physiol. Acta 7, 55 (1949).

ETTORI, J., et R. GRANGAUD: Degré d'oxygénation de l'hémoglobine et influence du CO_2 sur le volume globulaire. C. r. Soc. Biol. (Paris) 131, 84 (1939).

FORSSANDER, C. A.: Spontaneous equilibration of inspired CO_2 with mixed venous blood. Some theoretical considerations. J. Appl. Physiol. 3, 216 (1950).

GOIFFON, R., R. PARENT et J. WALTZ: Etudes de spirométrie clinique. L'épreuve de dyspnée provoquée en espace clos. (I. Mém.) Ann. méd. 35, 362 (1934).

GOLLWITZER-MEIER, KL.: Über das Atemvolumen bei der gleichzeitigen Einwirkung von Kohlensäureüberschuß und Sauerstoffmangel. Pflügers Arch. 251, 335 (1949).

HAEBISCH, H.: Über den Gaswechsel bei Ruhe und Arbeit unter kurz- und langfristiger CO_2-Einwirkung. Pflügers Arch. 251, 594 (1949).

HENDERSON, Y., and H. W. HAGGARD: The treatment of CO asphyxia by means of $O_2 + CO_2$-inhalation. A method for rapid elimination of CO from the blood. J. Amer. Med. Assoc. 79, 1137 (1922).

HIMWICH, R. H., E. F. GILDEA, N. RAKIETEN and D. DU BOIS: The effects of inhalation of carbon dioxide on the carbon dioxide capacity of arterial blood. J. of Biol. Chem. 113, 383 (1936).

MALORNY, G.: Das Verhalten der Elektrolyte im Blut und Gewebe bei erhöhter CO_2-Spannung der Atmungsluft. Arch. exper. Path. u. Pharmakol. 205, 684 (1948).

MATTHES, K., u. R. FALK: Untersuchungen über den Einfluß von Sauerstoffmangel und Kohlensäureatmung auf den peripheren Kreislauf. Luftfahrtmed. 5, 127 (1941).

MEESSEN, H.: Chronic carbon dioxide poisoning. Experimental studies. Arch. of Path. 45, 36 (1948).

MIURA, H.: Die Veränderungen der zirkulierenden Blutmenge durch die Einatmung von sauerstoffarmer, -reicher und kohlensäurereicher Luft. Tohoku J. Exper. Med. 30, 72 (1936).

PADGET, P.: The respiratory response to CO_2. Amer. J. Physiol. 83, 384 (1928).

REIN, H., u. U. OTTO: Die Kohlensäure im Dienst der Kreislaufanpassung. Pflügers Arch. 243, 303 (1940).

SCHAEFER, K. E.: Anpassung an lang dauernde Kohlensäureeinwirkung. Physiol. Tagg. 29. Sept. bis 1. Okt. 1948. Atmung und Säure-Basengleichgewicht bei langdauerndem Aufenthalt in 3% CO_2. Pflügers Arch. 251, 689 (1949).

SCHWEIZER, W.: Untersuchungen über das Lungenvolumen bei Sauerstoffmangel und bei Kohlensäureanreicherung. Diss. Basel 1944.

SHOCK, N. W., and M. H. SOLEY: Effect of oxygen tension of inspired air on the respiratory response of normal subjects to carbon dioxide. Amer. J. Physiol. 130, 777 (1940).

TABUSSE, L., et P. BIGET: Le test au CO_2. Méd. aéronaut. 7, 2 (1950).

WICK, H.: Die Wirkung der Kohlensäure auf die Weite der Lungenalveolen. Arch. internat. Pharmacodynamie 89, 1 (1952). — Über die Änderung der Lungenelastizität durch Kohlensäure. Arch. internat. Pharmacodynamie 89, 1 (1952).

29. Fieber und Einfluß der Temperatur auf die Atmung und Gastransporte, Hypothermie

ADAIR, G. S., N. CORDERO and T. C. SHEN: The effect of temperature on the equilibrium of carbon dioxide and blood and the heat of ionization on haemoglobin. J. of Physiol. **67**, 288 (1929).

AXELROD, D. R., and D. E. BASS: Electrolytes and acid-base balance in hypothermia. Amer. J. Physiol. **186**, 31 (1956).

AMBARD, L., et F. SCHMID: Polypnée thermique et réserve alcaline. C. r. Soc. Biol. (Paris) **99**, 217 (1928).

BANUS, M. G., and J. M. WILCOX: The CO_2 absorption curve and buffer value of the blood in physical hyperthermia. Amer. J. Physiol. **38**, 709 (1929).

BARCROFT, J., and W. O. KING: The effect of temperature on the dissociation curve of blood. J. of Physiol. **39**, 374 (1909).

BARR, D. P., and E. F. DU BOIS: The metabolism in malarial fever. Arch. Int. Med. **21**, 627 (1918).

BAZETT, H. C., and L. SRIBYATTA: The effect of local changes in temperature on the tension of O_2 and CO_2 in the subcutaneous tissue. Amer. J. Physiol. **85**, 349 (1928).

BERTRAM, W.: Die Beeinflussung des Säure-Basenhaushaltes durch Fieberbehandlung. Dtsch. Z. Verdgs.- usw. Krkh. **3**, 1 (1940).

BLOOD, F. R., R. M. GLOVER, B. HENDERSON and F. E. D'AMOUR: Relationship between hypoxia, oxygen consumption and body temperature. Amer. J. Physiol. **156**, 62 (1949).

BROWN, W. E. L., and A. V. HILL: The oxygen-dissociation curve of blood and its thermodynamical basis. Proc. Roy. Soc. (London) **94**, 297 (1922).

BRÜHL, H.: Untersuchungen zur Frage der CO_2-Bindungsfähigkeit des Blutes im Fieber. Z. exper. Med. **62**, 525 (1928).

CORRAL, J.: Einfluß der Temperatur auf die aktuelle Reaktion des Blutes. Biochem. Z. **117**, 1 (1921).

CRANSTON, W. I., M. C. PEPPER and D. N. ROSS: Carbon dioxide and control of respiration during hypothermia. J. of Physiol. **127**, 380 (1955).

DANIELSON, W. H., H. WAYNE and R. M. STRECHER: Acid-base balance of blood in hyperthermia. Proc. Soc. Exper. Biol. a. Med. **32**, 1015 (1935).

DAUTREBANDE, L.: De l'influence des bains froids locaux sur l'équilibre acide-base du sang. C. r. Soc. Biol. (Paris) **91**, 94 (1924).

DILL, D. B., and W. H. FORBES: Respiratory and metabolic effects of hyperthermia. Amer. J. Physiol. **132**, 685 (1941).

DU BOIS, E.: The basal metabolism in fever. J. Amer. Med. Assoc. **77**, 352 (1921).

FERGUSON, C., and M. BUCKHOLTZ: Effect of hyperpyrhexia on the p_H figure of the blood. Arch. Physiol. Ther. **22**, 333 (1941).

FRIDERICIA, L. S., u. O. OLSEN: Untersuchungen über die Kohlensäurespannung in der Alveolarluft der Lungen bei akut febrilen Krankheiten. Dtsch. Arch. klin. Med. **107**, 236 (1912).

GEPPERT, I.: Gase des arteriellen Blutes im Fieber. Z. klin. Med. **2**, 355 (1881).

GORDON, E. E., R. C. DARLING and E. SHEA: Effects of physical hyperthermia upon blood gas equilibrium in man. J. Appl. Physiol. **1**, 496 (1949).

HAGGARD, H. W.: Hemato-respiratory functions. VI. The alteration of the CO_2 ratio (H_2CO_3: $NaHCO_3$) in the blood during elevation of the body temperature. J. of Biol. Chem. **44**, 131 (1919).

HAMORI, A.: Die Wirkung hoher Temperaturen auf die zentrale Regulierung der Atmung. Z. exper. Med. **108**, 676 (1941).

MARTIN, C. J., and E. H. LEPPER: The influence of temperature on the p_H of blood. Biochemic. J. **20**, 1071 (1926).

OCHWADT, B.: Über die Abhängigkeit der Wasserstoffionenaktivität im Harn von der Temperatur. Physiol. Tagg. 29. Sept. bis 1. Okt. 1948.

OPPENHEIMER, M. J., and McGRAVEY: Pulmonary circulation time in man at low body temperatures. Proc. Soc. Exper. Biol. a. Med. **46**, 513 (1941).

OTIS, A. B., and J. JUDE: Effect of body temperature on pulmonary gas exchange. Amer. J. Physiol. **188**, 355 (1957).

PAULIAN, D., et I. BISTRICEANO: Les variations du p_H sanguin chez l'homme sous l'action des irradiations à ondes courtes. Bull. Acad. Méd. Paris **116**, 312 (1936).

ROSENTHAL, T. B.: The effect of temperature on the p_H of blood and plasma in vitro. J. of Biol. Chem. **173**, 25 (1948).

ROSSIER, P. H., et H. MÉAN: L'influence de la fièvre sur les échanges respiratoires et les gaz du sang. Helvet. med. Acta **3**, 666 (1936).

SCHÄFER-FINGERLE, E.: Untersuchungen über den Gasstoffwechsel bei künstlichem Fieber. Dtsch. Arch. klin. Med. **181**, 268 (1937).

SEGAR, W. E., P. A. RILEY and T. G. BARILA: Urinary composition during hypothermia Amer. J. Physiol. **185**, 528 (1956).

STREF, G. M.: CO_2 content and p_H of the blood in the tropics. Acta néerl. Physiol. etc. **3**, 28 (1933).

VESSELKINE, P. N.: Du mécanisme de la polypnée thermique. Bull. biol. et Med. exper. URSS **6**, 479 (1938).

WALINSKI, F.: Über das Verhalten der Alkalireserve im Blut bei gesteigerter Körpertemperatur Dtsch. med. Wschr. **1928 II**, 1831.

WHITE, A. C.: The bicarbonate reserve and the dissociation curve of oxyhaemoglobin in febrile condition. J. of Exper. Med. **41**, 315 (1925).

WIESINGER, K., P. H. ROSSIER, E. SABOZ u. SAMPAOLO: Der Einfluß von Temperatur und p_H auf die Konstante pK′ der HASSELBALCH-HENDERSON-Gleichung. Helvet. physiol. Acta **7**, 28 (1948).

YAMAKITA, M.: Changes in the dissociation curve of the blood in experimental fever and feverish diseases. Tohoku J. Exper. Med. **2**, 290 (1921).

30. Anämie

APPERLY, F. L., and M. K. CARY: The mechanism of the compensatory changes in anemia, especially as regards blood CO_2 and p_H. Amer. J. Med. Sci. **197**, 219 (1939).

BANSI, H. W., u. G. GROSCHURTH: Veränderungen der Sauerstoffbindungskurven des Blutes bei Stoffwechsel- und Blutkrankheiten (Anämie und Polycythämie). Z. klin. Med. **113**, 560 (1930).

BARR, P. D., and J. P. PETERS: The carbon dioxide absorption curve and carbon dioxide tension of the blood in severe anaemia. J. of Biol. Chem. **45**, 571 (1921).

BENNETT, M. A.: Some changes in the acid-base equilibrium of the blood caused by hemorrhage J. of Biol. Chem. **69**, 675 (1926).

CURSCHMANN, H., u. FR. BACHMANN: Über den respiratorischen Stoffwechsel bei perniciöser Anämie. Dtsch. Arch. klin. Med. **152**, 280 (1926).

DAUTREBANDE, L.: L'alcalose paradoxale de l'anémie pernicieuse. C. r. Soc. Biol. (Paris) **93**, 1031 (1925).

DILL, D. B., A. V. BOCK, C. VAN CAULAERT, A. FÖLLING, L. M. HURXTHAL and L. J. HENDERSON: Blood as a physiochemical system. VII. The composition and respiratory exchanges of human blood during recovery from pernicious anemia. J. of Biol. Chem. **78**, 191 (1928).

EVANS, C. J.: The reaction of the blood in secondary anemia. Brit. J. Exper. Pharmacol. **2**, 105 (1921).

GESELL, R., H. KRUEGER, G. GORHAM and T. BERNTHAL: The regulation of the respiration. A study of the correlation of numerous factors of respiratory control during hemorrhage and reinjection. Amer. J. Physiol. **94**, 365 (1930).

HAGGARD, H. W., and Y. HENDERSON: Haemorrhage as a form of asphyxia. J. of Physiol. **46**, 11 (1922).

HARROP, J. A.: The oxygen and CO_2 content of arterial and venous bloods in normal individuals and in patients with anaemia and heart diseases. J. of Exper. Med. **30**, 241 (1919).

KENNEDY, A. C., and D. J. VALTIS: The oxygen dissociation curve in anemia of various types. J. Clin. Invest. **33**, 1372 (1954).

KOZA, F., u. J. MELKA: Die Dissociationskurve des Oxyhaemoglobins des Blutes bei Anämien, speziell bei der perniciösen. Bratislav. lék. Listy **9**, 826 (1929).

LITARCZEK, G., H. AUBERT et I. COSMULESCO: Sur l'affinité de l'hémoglobine pour l'oxygène, exprimée par la constante de dissociation k de l'oxyhémoglobine dans quelques cas d'anémies. C. r. Soc. Biol. (Paris) **101**, 220 (1929). — Des causes et de l'utilité des modifications de l'affinité de l'hémoglobine pour l'oxygène dans quelques anémies. C. r. Soc. Biol. (Paris) **101**, 222 (1929).

NEUSCHLOSZ, S. M.: Untersuchungen über den Säure-Basenhaushalt während schwerer durch Blutverluste verursachter Anämie. Z. exper. Med. **95**, 637 (1935).

RICHARDS, D. W., and M. L. STRAUSS: Oxyhaemoglobin dissociation curves of whole blood in anemia. J. Clin. Invest. **4**, 105 (1927).

ROSSIER, P. H., P. MERCIER et G. GLATZ: Remarques sur la courbe de dissociation de l'acide carbonique du sang. Courbes expérimentales et courbes calculées. Anémie et courbe de dissociation. Acta Soc. Helvet. Sci. nat. **1933**, 415.

RYAN, J. M., and J. B. RICKAM: The alveolar-arterial oxygen pressure gradient in anemia. J. Clin. Invest. **31**, 2 (1952).

31. Atmung und Schwangerschaft

BADER, R., A. M. E. BADER, D. J. ROSE and E. BRAUNWALD: Hemodynamics at rest and during exercise in normal pregnancy as studied by cardiac catheterization. J. Clin. Invest. **34**, 1524 (1955).

BARCROFT, J., K. KRAMER and G. A. MILLIKAN: The oxygen in the carotid blood at birth. J. of Physiol. **94**, 571 (1939).

BEHRENDT, H., J. BERBERICH u. H. EUFINGER: Untersuchungen über den Säure-Basenhaushalt während der Schwangerschaft. Arch. Gynäk. **143**, 537 (1931).

BERGONSKY, I., u. J. J. ROSSIGNOLI: Hyperventilation und Säure-Basengleichgewicht in der Schwangerschaft. Rev. Assoc. méd. argent. **45**, 103 (1932).

BOCK, K. A.: Über die Änderung der Wirkung des Ovarialhormons und des gonadotropen Anteils des Hypophysenvorderlappens durch Störung des Säure-Basengleichgewichts. Klin. Wschr. **1935 II**, 1750.

BOCKELMANN, O., u. J. ROTHER: Acidose und Schwangerschaft. I. Die unkomplizierte Gravidität. Z. Geburtsh. **86**, 329 (1923).

BORGARD, W., u. G. EFFKEMANN: Atmung und Sauerstoffbindungskurve des Blutes während der Schwangerschaft. Arch. Gynäk. **167**, 379 (1938).

CUGELL, D. W., N. R. FRANK, E. A. GAENSLER and T. L. BADGER: Pulmonary function in pregnancy: I. Serial observations in normal women. Amer. Rev. Tbc. **67**, 568 (1953).

DIEKMANN, W. J., and C. R. WEGNER: Studies of the blood in normal pregnancy. V. Conductivity, total base, chloride and acide-base equilibrium. Arch. Int. Med. **53**, 527 (1934).

DÖRING, G. K., u. H. H. LOESCHCKE: Atmung und Säure-Basengleichgewicht in der Schwangerschaft. Pflügers Arch. **249**, 437 (1947).

EFFKEMANN, G., u. W. BORGARD: Die Leistungsfähigkeit des Kreislaufes der Schwangeren und Wöchnerinnen. Eine Studie des O_2-Haushaltes in der Ruhe und unter Belastung. Arch. Gynäk. **167**, 539 (1938).

EISMAYER, G., u. A. POHL: Untersuchungen über den Kreislauf und den Gasstoffwechsel in der Schwangerschaft bei Arbeitsversuchen. Arch. Gynäk. **156**, 428 (1934).

GAENSLER, E. A., W. E. PATTON, J. M. VERSTRAETEN and T. L. BADGER: Pulmonary function in pregnancy: III. Serial observations in patients with pulmonary insufficiency. Amer. Rev. Tbc. **67**, 779 (1953).

GELLÉ, P., et J. DREISSENS: Modifications biochimiques du sang au cours de la grossesse. Presse méd. **1940 II**, 851.

GOLDSCHMIDT-FÜRSTNER, P.: Das Verhalten der alveolären Kohlensäurespannung während der Schwangerschaft, Geburt und Wochenbett. Arch. Gynäk. **149**, 205 (1932).

HANNA, G. C. JR.: The basal metabolic rate in normal pregnancy. Amer. J. Obstetr. **35**, 155 (1938).

HOAG, L. A., and W. H. KISER: Acid-base equilibrium of new-born infants. I. Normal standards. Amer. J. Dis. Childr. **41**, 1054 (1931).

KYDD, D. M., H. C. OARD and J. P. PETERS: The acid-base equilibrium in abnormal pregnancy J. of Biol. Chem. **98**, 241 (1932).

LLUSIA, J. B.: Beitrag zur Kenntnis des Säure-Basengleichgewichtes in der Schwangerschaft. Z. Geburtsh. **110**, 74 (1934).

LOESCHCKE, H. H.: Sauerstoffatmung in der Schwangerschaft. Pflügers Arch. **251**, 211 (1949).

MALFATTI, J., u. J. BURTSCHER: Die Beeinflussung der Alkalireserve des Blutes durch Schwangerschaft, Geburt und Wochenbett sowie ihr Verhalten beim Neugeborenen. Arch. Gynäk. **143**, 272 (1930).

MARRACK, J., and W. B. BOONE: The acid-base balance in the plasma in the later stages of pregnancy. Brit. J. Exper. Path. **4**, 261 (1923).

MARZETTI, V.: Prove funzionali dell'apparato respiratorio in gravidanza. Clin. ostetr. **37**, 705 (1935).

MASON, M. F., J. A. KENNEDY and J. BARCROFT: Direct determination of foetal oxygen consumption. J. of Physiol. **93**, 20 (1938).

MYERS, V. C., E. MUNTWYLER and A. H. BILL: The alleged alkalosis in pregnancy. A reply to the paper of KYDD and PETERS. J. of Biol. Chem. **98**, 267 (1932).

NICE, M., J. W. MULL, E. MUNTWYLER and V. C. MYERS: The acid-base balance of the blood during normal pregnancy and puerperium. Amer. J. Obstetr. **32**, 375 (1936).

PATTON, W. E., W. H. ABELMANN, N. R. FRANK, T. L. BADGER and E. A. GAENSLER: Pulmonary function in pregnancy: II. Comparison of the effect of pneumoperitoneum and pregnancy in young women with functionally normal lungs and serial observations during pregnancy and post partum pneumoperitoneum. Amer. Rev. Tbc. **67**, 755 (1953).

PLASS, E. D., and F. W. OBERST: Respiration and pulmonary ventilation in normal nonpregnant, pregnant and puerperal women. With an interpretation of the acid-base balance during normal pregnancy. Amer. J. Obstetr. **35**, 441 (1938).

ROSSENBECK, H.: Ist die physiologische Schwangerschaftsacidose ketogener Natur? Mschr. Geburtsh. **102**, 129 (1936).

ROSSIER, P. H., u. H. HOTZ- Respiratorische Funktion und Säurebasengleichgewicht in der Schwangerschaft. Schweiz. med. Wschr. **1953**, 897.

Rowe, A. W.: Studies on the metabolism in pregnancy. I. Changes in the tension of alveolar CO_2. J. of Biol. Chem. **55**, 28 (1923).
Scheringer, W.: Säure- und Alkalibelastungen bei Schwangeren. Arch. Gynäk. **145**, 446, (1931).
Umbricht, W., u. H. Méan: Wasserstoffionen-Konzentration und Alkalireserve während der Gestation. Zbl. Gynäk. **66**, 714 (1942). — Die Atmungsphysiologie während der Schwangerschaft. Zbl. Gynäk. **67**, 28 (1943).
Vignes, H., et M. Levy: Ventilation pulmonaire et bicarbonate du plasma chez la femme enceinte. C. r. Soc. Biol. (Paris) **114**, 644 (1933). — Equilibre acide-base et grossesse. C. r. Acad. Sci. (Paris) **197**, 794 (1933).
Windfeld, P.: Minutenvolumen und respiratorische Stoffwechselbestimmungen während der Gravidität. Acta obstetr. scand. (Stockh.) **10**, 182 (1930).

32. Cyanose

Brandenburg, R. O., and H. L. Smith: Sulfhemoglobinemia. Study of 62 clinical cases. Amer. Heart J. **42**, 4 (1951).
Campbell, J. M. H., H. G. Hunt and E. P. Poulton: An examination of the blood gases and respiration in disease, with reference to the cause of breathlessness and cyanosis. J. of Path. **26**, 234 (1923).
Comroe, J. H., and S. Y. Bothelho: Unreliability of cyanosis in recognition of arterial anoxemia. Amer. J. Med. Sci. **214**, 1 (1947).
Dautrebande, L.: Cyanose. In: Traité de physiologie normale et pathologique. Bd. V, S. 270. Paris: Masson & Cie. 1934.
Goldschmidt, S., and A. B. Light: A cyanosis, unrelated to oxygen unsaturation, produced by increased peripheral venous pressure. Amer. J. Physiol. **73**, 173 (1925).
Lundsgaard, C.: Studies on cyanosis. I. Primary causes of cyanosis. J. of Exper. Med. **30**, 259 (1919).
— Studies on cyanosis. II. Secondary causes of cyanosis. J. of Exper. Med. **30**, 271 (1919).
— Studies on cyanosis. Acta med. scand (Stockh.) **53**, 712 (1921).
— and E. Moeller: Investigations on the oxygen content of cutaneous blood (so-called capillary blood). J. of Exper. Med. **36**, 559 (1922).
— and D. D. v. Slyke: The quantitative influences of certain factors involved in the production of cyanosis. Proc. Nat. Acad. Sci. **8**, 280 (1922).
Maier, C., A. Bühlmann u. M. Hotz: Die O_2-Dissoziationskurve bei Sulf- und Methämoglobinämien. Z. Exper. Med. **118**, 105 (1951).
Stadie, W. C.: The oxygen of the arterial and venous blood in pneumonia and its relation to cyanosis. J. of Exper. Med. **30**, 215 (1919).
Uhlrenbruck, P., u. A. Merbeck: Über die Erregbarkeit des Atemzentrums bei extremer Cyanose. Z. klin. Med. **114**, 256 (1930).
Wollheim, E.: Zur funktionellen Bedeutung der Cyanose. Z. med. Klin. **108**, 248 (1928).

33. Atmung und Sport

Berggren, G., and E. H. Christensen: Heart rate and body temperature as indices of metabolic rate during work. Arbeitsphysiol. **14**, 255 (1950).
Christensen, E. H., and P. Högberg: The efficiency of anaerobical work. Arbeitsphysiol. **14**, 249 (1950).
— — Steady state, O_2-deficit and O_2-debt at severe work. Arbeitsphysiol. **14**, 251 (1950).
Högberg, P.: Length of stride, stride frequency, "flight" period and maximum distance between the feet during running with different speeds. Arbeitsphysiol. **14**, 431 (1952).
Münchinger, R.: Physiologische Grundlagen der Laufhöchstleistungen. Schweiz. Z. Sportmed. **3**, 66 (1955).
— u. E. Grandjean: Sauerstoffatmung und Leistungsfähigkeit. Schweiz. Z. Sportmed. **3**, 43 (1955).

Sachverzeichnis

Der Gegenstand wird auf den *kursiv* gedruckten Seitenangaben jeweils zusammenhängend behandelt.